普通高等学校"十四五"规划力学类专业精品教材
普通高等教育"十一五"国家级规划教材

理论力学

（第三版）

主编　郑慧明
参编　魏俊红　张　雄

华中科技大学出版社
中国·武汉

内容介绍

本书共14章和8个专题。第1章至第4章为静力学内容，主要介绍各种常见约束的约束力特征，各种平面力系的特征、简化和平衡。第5章至第7章为运动学内容，主要介绍点运动的基本特征和基本计算方法、刚体的基本运动分析方法、点的合成运动分析方法、刚体平面运动分析方法。第8章至第14章为动力学内容，主要介绍动力学三大普遍定理及其综合应用、达朗贝尔原理、虚位移原理、动力学普遍方程和第二类拉格朗日方程、碰撞及空间运动学和动力学。大多数工程类专业根据专业特点学习前11章或前12章即可。专题部分包括在极坐标、柱坐标和球坐标下点的合成运动，质点相对运动动力学，流动流体对管壁的附加动反力及变质量系统，空间运动刚体的动能，平衡稳定性，第一类拉格朗日方程，陀螺运动，单自由度系统的振动。

此外，针对本课程一道题解法众多，但各解法有时难易程度差异较大的特点，本书在各章对所涉及的力学原理和分析方法间的内在联系与差异进行了较深入的剖析；在动力学部分，提出了基于自由度的分析方法；根据不同的问题，基于自由度给出了方法优选判据以及各解法的分析流程。

本书可以作为高等院校工科力学专业和工程类专业的理论力学教材，各专业可以根据需要选学全部或部分内容；也可供有关工程技术人员及参加各类力学竞赛的学生参考。

图书在版编目(CIP)数据

理论力学 / 郑慧明主编. -- 3版. -- 武汉 ：华中科技大学出版社，2024. 11. -- ISBN 978-7-5772-1297-5

Ⅰ. O31

中国国家版本馆CIP数据核字第2024ME8184号

理论力学(第三版)
Lilun Lixue(Di-san Ban)

郑慧明　主编

策划编辑：万亚军
责任编辑：程　青
封面设计：刘　婷　廖亚萍
责任监印：朱　玢

出版发行：华中科技大学出版社(中国·武汉)　　电话：(027)81321913
武汉市东湖新技术开发区华工科技园　　邮编：430223

录　　排：武汉市洪山区佳年华文印部
印　　刷：武汉科源印刷设计有限公司
开　　本：787mm×1092mm　1/16
印　　张：28　　插页：8
字　　数：740千字
版　　次：2024年11月第3版第1次印刷
定　　价：69.80元

第三版前言

本书原为华中科技大学理论力学教研室何锃教授所编，原书于2007年出版。2018年华中科技大学理论力学教研室郑慧明老师对原书进行了修订，出版了第二版。鉴于理论力学中一道题可以用不同的力学原理求解，但各解法有时难易程度差异较大，解法灵活的特点，第二版增加了用理论力学各原理解决工程问题时的优缺点及优选判据。在每一章节增加了典型问题的规律性分析方法总结，修改了部分题目的求解方法。对于一些典型问题，给出了基于规律性分析方法的分析思路。在平面静力学中，增加了作者提出的串并联系统分析方法；在摩擦部分，增加了作者提出的多摩擦面分析方法；在运动学中，增加了作者提出的复杂机构的画线分解法；在动力学中，增加了作者所提出的基于自由度的动力学分析方法优选判据及基于自由度的动力学问题求解规律。第二版的出版受到广大读者的欢迎，许多兄弟院校的教师反馈了宝贵的意见和建议。

为了适应教育发展的需要，根据教学实践的经验及广大教师的意见和建议，郑慧明老师对本书的第二版又做了修订。本次修订仍保持了第二版的理论推导与分析方法并重的特点。在部分章节，增加了思政相关的内容。在第12章增加了初次积分内容。为了满足多学时学生系统全面地学习理论力学知识的需求，按照教育部理论力学教学大纲和周培源大学生力学竞赛大纲，在结构组织上，将一些专业选学或不学的“碰撞”及“刚体空间运动学和动力学”内容单独作为第13章和第14章，并对这两部分内容的分析方法进行了较深入剖析，对专题部分进行重新编排和扩充，增加了“单自由度系统的振动”。在每一章增加了小结。对例题和习题做了部分修改。

希望读者提出宝贵意见，以便不断改进和完善。

作者

2024年3月

第二版前言

根据世界高等教育与历次产业革命互动的规律，面向未来技术和产业发展的新趋势和新要求，需要在总结科学范式、技术范式、工程范式经验的基础上，探索建立新工科范式。以应对变化、塑造未来为指引，以继承与创新、交叉与融合、协同与共享为主要途径，深入开展新工科研究与实践，推动思想创新、机制创新、模式创新，探索实施工程教育人才培养的"新模式"，打造具有国际竞争力的工程教育"新质量"，建立完善中国特色工程教育的"新体系"，从而推动我国从工程教育大国走向工程教育强国，这是我国高校加快改造传统工科、建设和发展新工科的要求。

理论力学是机械、能源、动力、交通、土木、航空航天、力学等专业的一门重要基础课程，一些从这些传统工科专业中孕育出来的新工科专业仍必须学习该课程。对继承与创新能力的培养是新工科的灵魂。新的力学原理大多是在继承先前力学原理基础上创新出现的。为了简化复杂问题的分析而出现的新的力学原理非常明显地体现了继承与创新的特征，该课程正是在继承与创新中建立了力学理论的科学范式，适合学生创新能力的培养。历次产业革命表明，工程改变世界。面对复杂多样的工程问题，研究有规律的工程范式可有效提高生产效率。理论力学是研究机械运动一般规律性的学科，研究力学问题规律性的分析方法，必然蕴含着研究复杂工程问题的规律性分析方法，适合培养学生解决复杂工程问题的工程范式能力。该课程所介绍的力学原理，都是由人类杰出的科学家发现和创立的，在学习力学原理过程中所涉及的哲学思想和科学家的研究经历，是对学生进行人文教育的一个良好载体。力学是工程学重要的基础学科，理论力学又是工程类专业学习力学知识最先了解的基础课程。基于上述特点，该课程一方面可解决实际问题，并为后续专业课程学习打基础。另一方面，有助于培养学生对物理世界客观规律内在联系的洞察力，从而为研究新的问题及提出创新性思想和理论打下基础，实现新形势下所要求的科学基础厚、工程能力强、综合素质高的人才培养目标。

本书是根据国家力学类专业教学指导分委员会提出的工科理论力学教学大纲并结合新工科所要求的科学基础厚、工程能力强等人才培养目标而编写的。在体系上，仍然采用了静力学、运动学和动力学三大模块的传统格局，实践证明，采用这种体系来编写理论力学教材和进行课堂教学是科学的、有效的。理论力学既强调基础理论（如通过引入公理和以此为基础开展数学推导建立力学理论），又强调工程应用（即应用力学理论对各种各样的工程问题进行分析计算和设计）。由于理论力学课程不仅面向力学专业学生，更多的是面向工程类专业的学生和读者，故本书加强了对典型问题规律性分析方法的研究和对工程问题的工程范式分析方法的介绍。针对工程类学生和读者的知识结构及后续专业课对该课程的主干知识的需求特点，本书在前面 13 章除了介绍空间静力学外，重点介绍平面（静力学、运动学和动力学）理论。根据平面问题的特点，介绍易于理解的理论体系和分析方法，侧重于帮助读者理解力学原理的物理意义和如何应用力学理论解决各自领域面临的工程问题。第 14 章针对空间运动学和动力学以及复杂动力学问题，对数理基础要求较高的力学等多学时专业的学生，可以在掌握前面 13 章的平面问题的力学原理和分析方法基础上，重点关注空间运动与平面运动的不同之处，然后再开始学习专题内容。上述内容安排符合由简单到复杂的循序渐进的认知规律。

相比于其他同类教材，本书主要特点如下。

(1) 理论与分析方法并重。该课程的典型力学问题的多种分析方法中蕴含着深刻而丰富的哲学思想和科学的研究方法，本书增加了对典型问题的多种分析方法的比较和剖析，有助于读者深刻了解各力学原理的内在联系及其优缺点，掌握理论力学发展的内在驱动力和脉络，培养独立思考和创新思维能力。

“大学物理”中介绍的部分力学知识注重力学原理本身，较少研究如何应用这些原理分析复杂的工程问题。物理系的理论力学，主要是分析力学，包括拉格朗日力学和哈密顿力学以及一些专题内容。物理系的理论力学为学习电动力学、量子力学打下了基础。本书更多的是面向机械、船舶、航空航天等工程类专业的学生，而工程类专业的理论力学不仅注重力学体系，还要培养学生应用力学原理分析工程中所面临的各种复杂问题的能力，因此也注重高效、有规律的工程范式的分析方法，提高学生分析工程问题的能力。

理论力学在不断克服现有力学分析方法在分析某些典型力学问题时存在的不足，追求新的分析方法，是在“否定之否定”中建立起来的。对于理论力学，揭示力学原理在分析问题的缺点时，典型例题是新工科所期望的培养继承与创新能力的一个很好的载体。理论力学发展到分析力学的目标就是建立范式的统一分析方法，本书就是以对典型例题的多种分析方法的研究为主线，围绕该主线展开并逐步深入来安排学习内容的，主要采用启发式编写方式。即介绍新的力学理论之前，先给出典型例题，使读者发现目前所学理论在分析该问题时的不足，然后再对典型问题的多种解法进行比较和剖析，启发式地引入新的理论，从而培养学生发现问题和自主探索的能力。比如，在介绍动力学多种力学原理时，针对同一道例题，先介绍基于动量定理、动量矩定理的分析方法；然后启发读者发现其需要引入刚体间作用力而导致计算量大的缺点，针对同一例题启发读者借助数学点积思想来避免引入与速度方向垂直的法向力，从而引入功率方程分析方法来克服动量定理、动量矩定理的缺点；接着对该例题稍做改动，将功率方程主要适用于求单自由度系统中做功力的缺点暴露出来，启发读者思考哲学上动、静相互转化的思想，为克服其不足而引入动静法；再对该例题稍做改动，揭示动静法仍无法完全克服不引入任何不待求未知力的不足，启发读者再次思考动、静相互转化的哲学思想，通过利用功率方程求解静力学问题而引入虚功原理；之后通过例题揭示虚功原理的优缺点，再次启发读者思考动、静相互统一的哲学思想，引导读者将虚功原理和动静法结合起来而发现动力学普遍方程，从而实现完全不引入任何不待求未知力；最后针对动力学普遍方程需要补充复杂的运动学加速度关系方程，启发读者用所学的线性代数中的基坐标思想，发现不需要补充运动学加速度关系的拉格朗日方程。如此步步深入来介绍动力学理论。

本书所介绍的力学原理对人类文明进步产生了巨大的影响，是科学巨匠的创新能力的展现和结晶，一些伟大的哲学思想也与该课程的力学原理息息相关。该课程典型问题的多种分析方法中蕴含着深刻而丰富的哲学思想和科学的研究方法，故本书加强了对分析方法的研究，尽量揭示其所蕴含的哲学原理和辩证的分析方法，使读者能以例题为载体，深刻体会科学巨匠如何取得突破，同时在潜移默化的学习中培养科学的世界观，提高人文素养，提高创新思维能力。

本书理论与分析方法并重，相对于其他传统理论力学教材，本书加强了分析方法上的介绍。

(2) 偏重于介绍同一性的求解方法，加强工程范式能力的培养。

本课程基于数学演绎(主要是对时间求导)得到简单的定理和公式，其目的就是针对各种复杂的机械运动，可以直接应用这些结论，避免每次进行机械运动的分析时又重复烦琐、复杂的数学演绎。对于工程类专业的读者，在掌握定理的同时，更重要的是培养针对各种各样的复杂机械系统运用合适的定理的分析能力。与大多数课程不同，本课程一个显著特点是分析方法灵活多样，一道题一般都有多种解法。虽然可以"条条大路通罗马"，但因为可选择的途径太多，分析时有时像进入了迷宫，绕来绕去，不知下一步路如何走，甚至回到同一点。更困难的是对于复杂题目，往往需要列出多个联立方程才能求解。但同时应用多个定理解题时，容易列出相关的方程，而它们的相关性有时很难看出来，未列出该列的方程，或列的方程数目过多，使解题困难。一些读者感到理论力学比较灵活，难以掌握。比如根据功率方程和动静法列出的方程有时表面上不同，本质上是相关的，一些读者会感到困惑，因为有些教科书上并未直接说明功率方程可由动静法推导得到，功率方程本质上也是一个力/力矩方程。鉴于此，对于主要关注应用力学原理解决工程问题的工程类专业学生，面对各种各样的复杂机械系统，其追求分析方法的同一性的愿望可能更为强烈。

本书以典型例题为载体，在一题多解的剖析中，偏重引导读者追求同一性的求解方法。理论力学所研究的客观物理世界具有多样性和同一性，为追求解题方法的同一性提供了可能。此外，从理论力学发展到分析力学，我们的目标就是建立范式的统一分析方法，本书也偏重于介绍同一性的求解方法，故在每一章，通过对典型例题的不同方法的剖析，引导读者归纳总结出一般规律性的分析方法。

(3) 动力学是学习理论力学的难点，相对于其他理论力学教材，本书在分析复杂动力学问题之前，首先引入自由度的概念，然后基于自由度对众多分析方法间的内在联系和差异给出了较深刻的分析，给出了基于自由度选择合适分析方法的判据和选择合适方法后基于自由度确定相应方法(比如动静法、功率方程)的统一分析格式，使读者能有规律地分析复杂的动力学问题。

(4) 增加了一些新的知识点。①增加了多接触面摩擦静平衡问题的数学有解性分析法；②刚体的速度瞬心在动力学分析中有重要的作用，因此在第 7 章，增加了运动学速度瞬心的加速度特点研究，并推导了两个任意连续曲面的刚体做平面相对运动的接触点加速度关系；③在动力学有关章节，给出了如何才能应用简约式动量矩定理、功率方程和惯性力简化的简单判据；④对于单自由度振动系统，增加了运动微分方程中不存在弹簧静变形和重力项的条件的证明，为后续"机械振动"等课程采用简便方法计算势能、求固有频率等重要问题提供了简明判据。

本书主要面向工程类中等学时的专业，遵循由浅入深的编排方式，希望读者能从中较容易地体会到力学原理的优美和简洁，并能轻松地掌握该课程的主干知识。一般读者可跳过标注"*"的知识和题目。

本书由郑慧明主编，魏俊红、张雄老师对全书进行了检查和校正。何锃、江雯、杨汉文、杨洪武、代胡亮、周小强、雷剑、高杰等老师提出了宝贵意见。为了适应教育发展的需要，根据教学实践的经验及广大教师的意见和建议，郑慧明老师对本书进行了修订。本次修订仍保持了理论推导与分析方法并重的特点。部分习题取自华中科技大学理论力学教研室原来编写的《理论力学习题集》，这些习题是经过多年积累形成的。中国科学院大学雷现奇博士审阅了全书，并提出了很多宝贵意见。彭夏尧、董冬冬、田光焱、郭子奇、郑盛煊、钱礼翔、徐登峰、袁菊红、张斯等一些学生从自身学习该课程的角度，对本书部分例题的解题方法和难点阐述方面提出了很多有价值的建议。在此向他们表示衷心的感谢。

由俄罗斯于 2005 年发起的国际大学生工程力学竞赛的赛题以高难度著称，为了演示本书所提分析理论的有效性，本书采用其中一些赛题，但采用基于本书解题理论的解法。在此，对国际大学生工程力学竞赛组委会表示感谢！

感谢华中科技大学将本书列入“百门精品课程教材建设计划”，感谢教育部专家组将本书列为普通高等教育“十一五”国家级规划教材，感谢华中科技大学出版社的领导和编辑为本书出版所付出的辛勤劳动。

由于笔者水平所限，书中缺点和错误在所难免，衷心希望读者批评和指正，使本书不断完善。

编　者

第一版前言

本书是根据国家力学教学指导委员会提出的高等学校工科理论力学教学大纲编写的。在体系上，我们仍然采用了静力学、运动学和动力学三大模块的传统格局，实践证明，采用这种体系来编写理论力学教材和进行课堂教学是科学的、有效的。在内容安排和写作中，我们力图做到理论严谨、逻辑清晰、由浅入深、论述简明。

本书对静力学内容做了一定的简化，但必要的、基本的内容仍然是完备的。对运动学内容做了适当的调整和增减，比如，将刚体定点转动的基本特征在刚体的基本运动中进行论述，对点的合成运动进行了比较严密的推导，但刚体的合成运动则完全没有论及。本书的动力学部分是按照力学专业学生应该掌握的常用知识体系安排的，我们对这部分的内容进行了比较充分的展开和论证，突出了点的动力学分析、动能和功的计算、虚位移基本概念的论证、拉格朗日方程的应用，补充了变形连续体的动量守恒分析。在许多理论力学教材中，有机械振动基础这一章，而本书没有将这一内容编入，主要原因是考虑到目前理论力学课程的教学课时较少，没有时间讲授这方面的内容，而需要学习这方面知识的专业又有专门的振动理论课程。

本书的习题绝大部分取自作者所在理论力学教研室原来编写的理论力学习题集，这些习题是前辈同事们经过多年积累形成的。在此向他们表示衷心的感谢。

在此，还要感谢华中科技大学将本书列入“百门精品课程教材建设计划”，感谢教育部专家组将本书列为普通高等教育“十一五”国家级规划教材，感谢华中科技大学出版社的领导和编辑为本书出版所付出的辛劳。

由于编者水平所限，书中缺点和错误在所难免，衷心希望大家批评和指正，以使本书不断提高和完善。

编　者

专业词汇对照

theoretical mechanics	理论力学

Statics 静力学

mechanical motion	机械运动
mechanical interaction	机械作用
axiom	公理
principle	原理
theorem	定理
constraint	约束
free body	自由体
non-free body	非自由体
rigid body	刚体
action and reaction	作用与反作用
scalar	标量
vector	矢量
sliding vector	滑移矢量
free vector	自由矢量
principal vector	主矢
principal moment	主矩
free-body diagram	受力图
force	力
load	载荷
internal force	内力
external force	外力
active force	主动力
reacting force	反作用力
component force	分力
resultant force	合力
resultant couple	合力偶
moment of couple	力偶矩
line of force action	力作用线
support reaction	支持力
spring force	弹簧力
gravity	重力

roller	滚子
hinge	铰链
bolt	螺栓
nut	螺母
pin	销
stationary disc	静止圆盘
prism	棱柱
rod	杆,棒
mechanism	机构,机械装置
structure	结构
cord,rope,cable	绳索
pulley	滑轮
fixed end	固定端
center of moment	矩心
centroid (centroid of area)	形心
center of gravity	重心
center of mass	质心
center of reduction	简化中心
differential element	微元
coplanar force system	平面力系
general force system	任意力系
static balancing	静平衡
equilibrium force system	平衡力系
concurrent force system	汇交力系
parallel force system	平行力系
force triangle	力三角形
force polygon	力多边形
moment arm	力臂
moment of force about the point A	绕点 A 的力矩
theorem on moment of resultant force	合力矩定理
reduction of force system	力系的简化
equivalent force system	等效力系
equation of static equilibrium	静平衡方程
distributed load	分布载荷
smooth hinge	光滑铰链
two-force member	二力杆
zero-force member	零力杆
statically determinate structure	静定结构
statically indeterminate structure	静不定(超静定)结构

truss	桁架
node	节点
joint	接头
method of joints	节点法
method of sections	截面法
friction	摩擦
Coulomb law of friction	库仑摩擦定律
friction force	摩擦力
static friction	静摩擦
friction factor	摩擦因数
coefficient of static friction	静摩擦因数
coefficient of sliding friction	动摩擦因数
angle of friction	摩擦角
total reaction force	全约束反力
self locking	自锁
impending motion	临界运动
rolling resistance	滚动阻力
rolling resistance couple	滚动摩阻力偶
pure rolling	纯滚动
cross product	叉乘
dot product	点乘
determinant	行列式
spherical hinge	球铰
moment of force about the axis AB	绕轴 AB 的力矩
force screw	力螺旋

Kinematics 运动学

motion	运动
kinematics of particle	质点运动学
position vector	矢径
rectangular coordinate	直角坐标
cylindrical coordinate	柱坐标
polar coordinate	极坐标
arc coordinate	弧坐标
natural method	自然法
natural axis	自然轴
principal normal	主法线
binormal	副法线
tangent	切线

normal plane	法平面
osculating plane	密切面
displacement	位移
velocity	速度
acceleration	加速度
hodograph of velocity	速度矢端曲线
normal acceleration	法向加速度
tangential acceleration	切向加速度
absolute motion path	绝对运动轨迹
rectilinear motion	直线运动
curvilinear motion	曲线运动
parabolic path	抛物线轨迹
projectile motion	抛体运动
radius of curvature	曲率半径
equation of motion	运动方程
general plane motion	一般平面运动
rotation(revolution)	转动
gear	齿轮
axis of rotation	转轴
angle of rotation	转角
translation	平移
angular displacement	角位移
fixed point	定点
moving point	动点
fixed-axis rotation	定轴转动
fixed-point rotation	定点转动
transmission ratio	传动比
time derivative	时间导数
differential	求导
integral	积分
relative derivative	相对导数
composite motion	复合运动
relative motion	相对运动
relative path	相对路径
moving reference system	动参考系
fixed reference system	固定参考系
absolute velocity	绝对速度
relative velocity	相对速度
convected velocity	牵连速度

resultant velocity theorem	速度合成定理
resultant acceleration theorem	加速度合成定理
Coriolis acceleration	科氏加速度
planar motion	平面运动
instantaneous center of velocity	速度瞬心
instantaneous center of acceleration	加速度瞬心
method of pole	基点法
theorem of projection velocity	速度投影定理
method of instantaneous center of velocity	速度瞬心法
instant translation	瞬时平移
planar crank rocker mechanism	平面曲柄摇杆机构

Dynamics 动力学

Newton's second law	牛顿第二定律
particle(material point)	质点
dynamics of particle	质点动力学
initial condition	初始条件
system of particles	质点系
differential equation of motion	运动微分方程
momentum of particle system	质点系的动量
moment of momentum of particle system	质点系的动量矩
theorem of motion of mass center	质心运动定理
theorem of momentum	动量定理
moment of inertia	转动惯量
radius of gyration(inertia)	回转(惯性)半径
parallel axis theorem	平行轴定理
linear momentum	线动量
angular momentum	角动量
theorem of angular momentum	角动量定理
planar kinetics of rigid body	刚体的平面动力学
kinetic energy	动能
potential energy	势能
equipotential surface	等势面
conservative force	保守力(势力)
conservative system	保守系
power	功率
efficiency	效率
deceleration	减速
deformation	变形

elastic potential energy	弹性势能
spring constant	弹簧常量
gravity potential energy	重力势能
theorem of kinetic energy	动能定理
conservation of linear momentum	线动量守恒
conservation of angular momentum	角动量守恒
law of conservation of mechanical energy	机械能守恒定律
power equation	功率方程
geometrical constraint	几何约束
constraint equation	约束方程
steady constraint	定常约束
ideal constraint	理想约束
degree of freedom (DOF)	自由度
multi-degree of freedom	多自由度
impact	碰撞
impulse	冲量
angular impulse	角冲量
direct impact	正碰
oblique impact	斜碰
elastic impact	弹性碰撞
plastic(nonelastic) impact	塑性碰撞
coefficient of restitution	恢复系数
principle of impulse	冲量原理
principle of momentum	冲量矩原理
d'Alembert principle	达朗贝尔原理
inertia force	惯性力
dynamic equilibrium	动平衡
method of dynamic equilibrium	动静法
dynamical reaction	动约束力(动反力)
principle of virtual work	虚功原理
generalized coordinate	广义坐标
Lagrange equation of the second kind	第二类拉格朗日方程
natural vibration frequency	固有振动频率
amplitude	振幅
damping	阻尼
period	周期
angular frequency	角频率
resonance	共振
first integral	首次(初次)积分
cyclic integral	循环积分

目　　录

绪　论

1. 理论力学的研究内容及其发展情况简介

理论力学(theoretical mechanics)是大部分工程技术学科的基础，也称经典力学，其理论基础是牛顿运动定律。20世纪初建立起来的量子力学和相对论，表明经典力学所表述的是相对论力学在物体速度远小于光速时的极限情况，也是量子力学在量子数为无限大时的极限情况。速度远小于光速的宏观物体的运动，包括超音速喷气飞机及宇宙飞行器的运动，都可以用经典力学进行分析。

理论力学是研究物体机械运动的基本规律的学科。它是一般力学各分支学科的基础。理论力学所研究的对象(即所采用的力学模型)为质点或质点系时，称为质点力学或质点系力学；对象为刚体时，称为刚体力学。根据所研究问题的不同，理论力学又可分为静力学、运动学和动力学三部分。静力学研究作用于物体上的力系的简化理论及力系平衡条件；运动学只从几何角度研究物体机械运动特性而不涉及物体的受力；动力学则研究物体机械运动与受力的关系。动力学是理论力学的核心内容。理论力学的重要分支有振动理论、运动稳定性理论、陀螺力学、变质量体力学、多刚体系统动力学、自动控制理论等。这些内容，有时总称为一般力学。理论力学与许多技术学科直接有关，如水力学、材料力学、结构力学、机器与机构理论、外弹道学、飞行力学等，理论力学是这些学科的基础。

下面简要介绍理论力学中静力学、运动学和动力学三部分的研究内容及其发展历史。

静力学(statics)研究质点系受力作用时的平衡规律。平衡是指质点系相对于惯性参考系保持静止的状态。静力学一词是法国数学家、力学家皮埃尔·伐里农于1725年引入的。按研究对象的不同，静力学可分为质点静力学、刚体静力学、流体静力学等；按研究方法的不同可分为几何静力学(或初等静力学)和分析静力学。

几何静力学基于力矢量的概念，主要研究作用于刚体上的力系平衡，故这一部分又称为刚体静力学，处理的是力、力矩等矢量的几何关系。几何静力学从静力学公理出发，通过推理得出力系平衡应满足的条件，即平衡条件；这用数学方程表示，就形成平衡方程。静力学中关于力系简化和物体受力分析的结论，也可应用于动力学。借助达朗贝尔原理，可将动力学问题转化为静力学形式的问题。分析静力学基于功和能量标量的概念，不仅研究刚体而且研究任意质点系(包括变形体、流体)的平衡问题，给出质点系平衡的充分必要条件(虚功原理)。分析静力学是拉格朗日提出来的，它以虚位移原理为基础，以分析的方法为主要研究手段，建立了任意力学系统平衡的一般准则，因此，相对于几何静力学，分析静力学的方法是一种更为普遍的方法。本书前面部分介绍几何静力学，再介绍动力学，最后再介绍分析静力学。

静力学从公元前3世纪开始发展，公元16世纪伽利略奠定了动力学基础，这期间经历了奴隶社会后期、封建社会时期和文艺复兴初期。农业、建筑业的要求，以及同贸易发展有关的精密测量的需要，推动了力学的发展。人们在使用简单的工具和机械的基础上，逐渐总结出了力学的概念和公理。例如，从滑轮和杠杆中得出力矩的概念，从斜面得出力的平行四边形法则等。阿基米德是使静力学成为一门真正学科的奠基者。他在关于平面图形的平衡和重心的著作中,创立了杠杆理论,并且奠定了静力学的主要原理。阿基米德得出的杠杆平衡条件是,若杠杆两臂的长度同其上的物体的质量成反比,则此二物体必处于平衡状态。阿基米德是第一个使用严密推理求出平行四边形、三角形和梯形物体的重心位置的人,他还应用近似法,求出了抛物线段的重心。著名的意大利艺术家、物理学家和工程师达·芬奇是文艺复兴时期的杰出代表,他认为运用实验和数学方法解决力学问题有巨大意义。他应用力矩法解释了滑轮的工作原理,应用虚位移原理的概念分析了起重机构中的滑轮和杠杆系统;研究了物体的斜面运动和滑动摩擦阻力,首先得出了滑动摩擦阻力同物体的摩擦接触面的大小无关的结论。对物体在斜面上的力学问题的研究,最有功绩的是斯蒂文,他得出并论证了力的平行四边形法则。静力学一直到皮埃尔·伐里农提出了著名的伐里农定理(合力矩定理)后才完备起来。伐里农定理和潘索力多边形原理是图解静力学的基础。图解静力学是用作图方式求解问题的一种方法,所得结果的精确度虽不如解析法,但能迅速得出一目了然的答案,故常应用在简单的工程结构的设计中。用此法进行设计,便于随时调整原始数据和快速找出计算过程中的错误,并可用于比较几种设计方案的长处和短处。对于复杂的工程结构,几何静力学常用解析法,即通过平衡条件用代数的方法求解未知约束反作用力。本书主要介绍解析法。

分析静力学是意大利数学家、力学家拉格朗日提出来的,他在大型著作《分析力学》中,根据虚位移原理,用严格的分析方法叙述了整个力学理论。荷兰学者斯蒂文(16 世纪)提出的著名的“黄金定则”,是虚位移原理的萌芽。这一原理的现代提法是瑞士学者约翰·伯努利于 1717 年提出的,而应用这个原理解决力学问题的方法的进一步发展和对它的数学研究却是拉格朗日的功绩。

我国古代科学家对静力学有着重大的贡献。春秋战国时期,伟大的哲学家墨翟(公元前 5 世纪至公元前 4 世纪)在他的代表作《墨经》中,对杠杆、轮轴和斜面做了分析,并明确指出“衡……长重者下,短轻者上”,提出了杠杆的平衡原理。

运动学(kinematics)运用几何学的方法来研究物体的运动,通常不考虑力和质量等因素的影响。用几何方法描述物体的运动必须确定一个参照系,因此,单纯从运动学的观点看,对任何运动的描述都是相对的。这里,运动的相对性是指经典力学范畴内的,即在不同的参照系中时间和空间的量度相同,和参照系的运动无关。不过当物体的速度接近光速时,时间和空间的量度就同参照系有关了。这里的“运动”指机械运动,即物体位置的改变,从几何的角度考虑,即不涉及物体本身的物理性质和加在物体上的力。任何一个物体,如车子、火箭、星球等等,不论其尺寸大小,假若能够忽略其内部的相对运动,其内部的每一部分都朝相同的方向,以相同的速度移动,那么,可以简易地将此物体视为质点,将此物体的质心的位置当作质点的位置。在运动学里,这种质点运动,不论是直线运动还是曲线运动,都是最基本的研究对象。运动学主要研究点和刚体的运动规律。点是指没有大小和质量、在空间占据一定位置的几何点。刚体是指没有质量、不变形、有一定形状、占据空间一定位置的形体。运动学包括点的运动学和刚体运动学两部分。掌握了这两类运动,才可能进一步研究变形体(弹性体、流体等)的运动。在变形体研究中,需把物体中微团的刚性位移和应变分开,这些都随所选的参照系不同而异。而刚体运动学还要研究刚体本身的转动过程、角速度、角加速度等更复杂的运动特征。刚体运动按运动的特性又可分为刚体的平动、刚体定轴转动、刚体平面运动、刚体定点转动和刚体一般运动。运动学为动力学、机械原理(机械学)提供理论基础,也包含自然科学和工程技术很多学科所必需的基本知识。

运动学在发展的初期，从属于动力学，随着动力学而发展。在古代，人们通过对地面物体和天体运动的观察，逐渐形成了物体在空间中的位置变化和时间的概念。在我国战国时期，《墨经》中已有了关于运动和时间先后的描述。亚里士多德在《物理学》中讨论了落体运动和圆周运动，发展了速度的概念。伽利略发现了等加速直线运动中，距离与时间的二次方成正比的规律，建立了加速度的概念。在对弹射体运动的研究中，他得出抛物线轨迹，并建立了运动（或速度）合成的平行四边形法则，伽利略为点的运动学奠定了基础。在此基础上，惠更斯在对摆的运动和牛顿在对天体运动的研究中，各自独立地提出了离心力的概念，从而发现了向心加速度与速度的二次方成正比、同半径成反比的规律。18 世纪后期，由于天文学、造船业和机械业的发展和需要，欧拉用几何方法系统地研究了刚体的定轴转动和刚体的定点运动问题，提出了后人用他的姓氏命名的欧拉角的概念，建立了欧拉运动学方程和刚体有限转动位移定理，并由此得到了刚体瞬时转动轴和瞬时角速度矢量的概念，深刻地揭示了这种复杂运动形式的基本运动特征。所以欧拉可称为刚体运动学的奠基人。此后，拉格朗日和英国数学家哈密顿引入了广义坐标、广义速度和广义动量，为在多维位形空间和相空间中用几何方法描述多自由度质点系统的运动开辟了新的途径，促进了分析动力学的发展。19 世纪末以来，为了适应不同生产需要，可完成不同动作的各种机器相继出现并广泛应用，于是，机构学应运而生。机构学的任务是分析机构的运动规律，根据需要实现的运动设计新的机构和进行机构的综合。现代仪器和自动化技术的发展促进了机构学的进一步发展，出现了各种平面和空间机构运动分析和综合的问题，作为机构学的理论基础，运动学已逐渐脱离动力学而成为经典力学中一个独立的分支。本书主要介绍机构运动学。

动力学（dynamics）研究作用于物体上的力与物体运动的关系。动力学的研究对象是运动速度远小于光速的宏观物体。原子和亚原子粒子的动力学研究属于量子力学，可以比拟光速的高速运动的研究则属于相对论力学。动力学是物理学和天文学的基础，也是许多工程学科的基础。许多数学上的进展常与解决动力学问题有关，所以数学家对动力学有浓厚的兴趣。动力学的研究以牛顿运动定律为基础，牛顿运动定律的建立则以实验为依据。动力学是牛顿力学或经典力学的一部分，但自 20 世纪以来，动力学又常被人们理解为侧重于工程技术应用方面的一个力学分支。动力学的基本内容包括质点动力学、质点系动力学、刚体动力学、达朗贝尔原理等。以动力学为基础而发展出来的应用学科有天体力学、振动理论、运动稳定性理论、陀螺力学、外弹道学、变质量体力学，以及正在发展中的多刚体系统动力学、晶体动力学等。质点动力学有两类基本问题：一是已知质点的运动，求作用于质点上的力，二是已知作用于质点上的力，求质点的运动。求解第一类问题时，只要对质点的运动方程取二阶导数，得到质点的加速度，代入牛顿第二定律，即可求得力；求解第二类问题时，需要求解质点运动微分方程或求积分。所谓质点运动微分方程就是把牛顿第二定律写成包含质点的坐标对时间的导数的方程。动力学普遍定理是质点系动力学的基本定理，它包括动量定理、动量矩定理、动能定理以及由这三个基本定理推导出来的其他一些定理。动量、动量矩和动能是描述质点、质点系和刚体运动的基本物理量。作用于力学模型上的力或力矩与这些物理量之间的关系构成了动力学普遍定理。二体问题和三体问题是质点系动力学中的经典问题。刚体区别于其他质点系的特点是其质点之间距离具有不变性。描述刚体姿态的经典方法是用三个独立的欧拉角。欧拉动力学方程是刚体动力学的基本方程，刚体定点转动动力学则是动力学中的经典理论。陀螺力学的形成说明刚体动力学在工程技术中的应用具有重要意义。多刚体系统动力学是 20 世纪

60 年代以来由于新技术发展而形成的新分支,其研究方法与经典理论的研究方法有所不同。达朗贝尔原理是研究非自由质点系动力学的一个普遍而有效的方法。这种方法是指在牛顿运动定律的基础上引入惯性力的概念,从而用静力学中研究平衡问题的方法来研究动力学中不平衡的问题,所以又称为动静法。本书介绍动力学的基本内容。

动力学的学科基础以及整个力学的奠定时期在 17 世纪。伽利略创立了惯性定律,首次提出了加速度的概念。与静力学中力的平行四边形法则相对应,他应用了运动的合成原理,并把力学建立在科学实验的基础上。伽利略的研究开创了为后人普遍使用的、从实验出发又用实验验证理论结果的研究方法。17 世纪,牛顿和德国数学家莱布尼兹建立了微积分学,使动力学研究进入了一个崭新的时代。牛顿在 1687 年出版的巨著《自然哲学的数学原理》中,明确地提出了惯性定律、质点运动定律、作用力与反作用力定律、力的独立作用定律。他在寻找落体运动和天体运动的原因时,发现了万有引力定律,并根据它导出了开普勒定律,验证了月球绕地球转动的向心加速度同重力加速度的关系,说明了地球上的潮汐现象,建立了十分严格且完善的力学定律体系。动力学以牛顿第二定律为核心,这个定律指出了力、加速度、质量三者间的关系。牛顿首先引入了质量的概念,把它和物体的重力区分开来,说明物体的重力是地球对物体的引力。作用力与反作用力定律建立以后,人们开展了质点动力学的研究。牛顿的力学工作和微积分工作是不可分的。从此,动力学就成为一门建立在实验、观察和数学分析之上的严密学科,从而奠定了现代力学的基础。17 世纪,惠更斯通过对摆的观察,得到了地球重力加速度,建立了摆的运动方程。惠更斯又在研究锥摆时确立了离心力的概念;此外,他还提出了转动惯量的概念。牛顿定律出现约 100 年后,拉格朗日建立了能应用于完整系统的拉格朗日方程。这组方程不同于牛顿第二定律的力和加速度的形式,而是用广义坐标为自变量通过拉格朗日函数来表示的。用拉格朗日体系研究某些类型问题(例如小振动理论和刚体动力学)比牛顿定律更方便。18 世纪,欧拉引入了刚体的概念,把牛顿第二定律推广到刚体,他应用三个欧拉角来表示刚体绕定点转动的角位移,又定义转动惯量,并导出了刚体定点转动的运动微分方程。这样就完整地建立了描述具有六个自由度的刚体普遍运动方程。对于刚体来说,内力所做的功之和为零。因此,刚体动力学就成为研究一般固体运动的近似理论。1755 年,欧拉又建立了理想流体的动力学方程;1758 年,约翰·伯努利的儿子丹尼尔·伯努利得到了关于沿流线的能量积分(称为伯努利方程);1822 年,纳维得到了不可压缩流体的动力学方程;1855 年,法国希贡纽研究了连续介质中的激波。这样动力学就渗透到各种形态物质的领域中去了。例如,在弹性力学中,由于研究碰撞、振动、弹性波传播等问题的需要而建立了弹性动力学,它可以用于研究地震波的传动。理论力学发展的重要阶段是建立了求解非自由质点系力学问题的较有效方法。虚位移原理表示了质点系平衡的普遍条件。利用法国数学家达朗贝尔提出的、后来以他本人名字命名的原理,与虚位移原理结合起来,可以得出质点系动力学问题的分析解法,由此产生了分析力学。19 世纪,哈密顿用变分原理推导出了哈密顿正则方程,此方程是以广义坐标和广义动量为变量,用哈密顿函数表示的一阶方程组,其形式是对称的。用正则方程描述运动所形成的体系,称为哈密顿体系或哈密顿动力学,它是经典统计力学的基础,又是量子力学借鉴的范例。哈密顿体系适用于摄动理论,例如天体力学的摄动问题,并对理解复杂力学系统运动的一般性质有重要作用。拉格朗日动力学和哈密顿动力学所依据的力学原理与牛顿的力学原理,在经典力学的范畴内是等价的,但它们的研究途径或方法则不相同。直接运用牛顿方程的力学体系有时称为矢量力学;拉格朗日动力学和哈密顿动力学则称为分析力学。在目前所研究的力学系统中，需要考虑的因素逐渐增多，例如，变质量、非完整、非线性、非保守及反馈控制、随机因素等，使运动微分方程越来越复杂，可准确求解的问题越来越少，许多动力学问题都需要用数值计算法近似地求解，微型、高速、大容量的电子计算机的应用，解决了计算复杂的问题。目前动力学系统的研究领域还在不断扩大，例如增加热和电等成为系统动力学；增加生命系统的活动成为生物动力学等，这都使得动力学在深度和广度两个方面有了进一步的发展。

2. 理论力学的任务

以牛顿运动定律为基础演化、发展而成的力学知识体系称为牛顿力学或经典力学，理论力学是经典力学的基础部分，它研究质点、质点系或物体在力的作用下做机械运动的基本规律。所谓机械运动，就是指物体之间在空间的相对位置随时间变化。所谓力，是质点、质点系或物体之间的相互机械作用，这种作用使质点、质点系或物体的运动状态发生改变。理论力学研究力与机械运动改变之间的一般规律，物体的平衡（例如相对地球静止、匀速直线运动）是机械运动的特殊情况，所以理论力学也研究物体的平衡规律，但应该指出，在宇宙中没有绝对的平衡，一切平衡都是相对的和暂时的。

由于质点和质点系是力学研究的最基本物质模型，因此，从知识体系上讲，理论力学中的力学定律、定理和基本方程适用于所有其他力学分支，是整个力学的重要基础，学习理论力学是学习和研究力学的起点。

物体的机械运动是生活和工程中最常见的运动，也是最简单的一种物质运动形式。在机械、航空航天、土木、交通、电力等重要工程领域中，需要解决大量的力学问题，其中大部分问题都涉及理论力学的基本概念和基本方法，因此理论力学是现代工程技术的重要理论基础之一。它与其他专业知识结合，可以帮助我们解决实际工程技术问题，促进科学技术和社会经济的发展。作为一名工科大学生或工程技术人员，必须对此有足够的了解，很好地掌握这些理论基础，才能适应实际工作和社会发展的需要。

由于机械运动具有广泛性，因此理论力学也是工科专业的一门重要技术基础课。它为学习后续一系列力学和其他专业课程提供基础，如材料力学、机械原理、机械设计、流体力学、弹塑性力学和振动力学等，这些课程中的理论推导和计算，经常需要用到本书的基本原理和方法。

3. 理论力学的研究方法

理论力学是经过长期的反复实践、深化和提高，逐步归纳总结出来的一个力学知识体系，通常分为三部分，即静力学、运动学和动力学。这种体系是经过长期提炼、发展形成的，它适合理论力学知识的论述，符合人们的认知过程，有利于教学。因此，本书也是按照这种体系编写的。

理论力学的研究方法与物理学中其他领域中的一样，有理论、计算和实验三种。理论分析的作用主要包括四个方面。

(1) 以公理和定律为基础，应用逻辑推理和数学推演，建立质点、质点系和刚体运动的各种基本定理和基本方程。

(2) 对于实际系统，根据实际情况和力学分析的需要，抓住主要因素，忽略次要因素，将其抽象为质点、质点系或刚体组成的力学模型（本书主要研究刚体系统）；再对力学模型进行准确的受力分析，几何、运动分析，然后应用力学基本定理和基本方程建立力学模型的具体力学方程，这样就将实际系统转化成一个数学描述，所以也称为数学模型。

(3) 应用各种数学工具寻求数学模型的解答。

(4) 对得到的解答进行分析，揭示物理意义和各种物理量的变化规律；对于复杂系统，还需要将解答与实验或实际观察结果进行比较，确定解答的准确度和适用范围。

本书对上述(1)进行了比较系统、全面的论述，对(2)(3)和(4)只是针对一些简单问题进行了必要的介绍。

在理论力学范围内，计算和实验两种方法主要用于复杂系统方程的求解、实际系统的实验验证、复杂环节力学特性的实验研究。鉴于理论力学课程的性质特点、课程的基础性和学时限制，本书基本上不涉及这方面的内容。但应该指出，如果条件容许，应该设计一些数值计算方面的题目，开设一些典型的理论力学实验，对学生进行课内或课外的训练，以加强学生的实际认识。

4. 本书的学习要求

本书内容是根据课程大纲和目前工科各专业的教学需要安排的。前面 12 章需要 60～70 学时，如果将第 13、14 章和专题全部讲完，需要 80～90 学时，各专业可以根据需要选用。

学生在学习本书时，希望做好两件主要的事情：

(1) 通过听课、自学、讨论，将课程内容理解透彻并融会贯通，重点关注各力学原理的内在联系与差异，学习选取合适的分析方法；

(2) 一定要独立完成必要的练习或作业，许多细节问题(如受力、运动分析)、具体分析过程、解决问题的思路和技巧等，必须通过练习才能真正体会和掌握。

第 1 章　静力学公理和物体的受力分析

静力学公理
和物体的
受力分析

力学是最古老的科学之一，它是社会生产和科学实践长期发展的产物。随着古代建筑技术的发展、简单机械的应用，静力学逐渐发展完善。古希腊的数学家阿基米德（公元前 3 世纪）提出了杠杆平衡公式（限于平行力）及重心公式，奠定了矢量静力学基础。荷兰学者斯蒂文（16 世纪）解决了非平行力情况下的杠杆问题，发现了力的平行四边形法则，他还提出了著名的“黄金定则”，这是分析静力学问题的另一种方法——虚位移原理的萌芽。

本书前 4 章基于力矢量的概念，介绍几何静力学理论和分析方法。本章介绍静力学的基本概念、静力学公理、常见的平面约束类型及约束力、受力分析和受力图。

1.1　基本概念

基本概念

1. 刚体

任何情况下都不变形的物体称为**刚体**，不变形是指物体上任意两点的距离保持不变。如无特别指出，在本书中物体即指刚体。对于在空间运动的机构，每个构件因材料不同，内部有不同的变形，但这样的变形量相对不是非常高速运转的机械来说，太微小了，可忽略不计，故采用刚体的假设分析一般机械运动仍具有非常高的精度。需要说明的是，当将一个物体视为与其刚化部分固连在一起的无限扩展空间时，空间扩展的那部分只要保持刚性且无质量，由理论力学所得到的结论对该刚体成立，对由其所扩展的无限大空间的物体也成立。可将刚体视为具有这样特征的无限大物体。

2. 力

力的概念来自实践。人类在最早的劳动中就已知如何使用自己的体力。现代科学认为，力总是一个物体对另一个物体的作用，力是造成物体运动变化的原因。在宏观表现上，这种力可以是超距离的，也可以是由接触产生的。一个物体放在桌子上，物体受到地球的引力（即重力）的作用，这是一个超距离的力；物体同时受到桌面的托力，这是一个由接触产生的力。

实践表明，确定一个力，需要说明它的**大小**、**方向**和**作用点**，即一个力有三个要素。因此一个力可以用一个定点矢量 $\boldsymbol{F}$ 来表示，矢量 $\boldsymbol{F}$ 的起点就是力的作用点，长度和方向分别代表力的大小和方向。顺便指出，本书以后一般用斜黑体字母来表示矢量，如 $\boldsymbol{F}$、$\boldsymbol{P}$、$\boldsymbol{W}$；对于需要用两个字母表示的线段矢量，采用两个字母上加箭头的符号来表示，如$\overrightarrow{AB}$、$\overrightarrow{OC}$。

3. 单位制

国际单位制（international system of units，简写为 SI Units*）已被全世界接受。在 SI 制中，长度单位为米（meter：m），时间单位为秒（second：s），质量的单位为千克（kilogram：kg），它们都是基本单位。力的单位为牛顿（newton：N），它是由牛顿第二定律 $\boldsymbol{F}=m\boldsymbol{a}$ 导出的，即 1 N=

---

* SI Units 是法文 Système International d'Unités 的缩写。

1 kg·m/s^2。这种单位也称为导出单位。

美国常用的单位制(US customary system units)为 FPS 制，基本单位有长度单位英尺(foot:ft)，时间单位秒(second:s)，力的单位磅(pound:lb)。质量单位为斯拉格(slug)，它是由牛顿第二定律导出的，即 1 slug=1 lb·s^2/ft。FPS 制和 SI 制部分单位的换算关系如表 1.1 所示。

表 1.1　FPS 制和 SI 制部分单位换算关系

物理量	FPS 制	SI 制
力	lb	4.4482 N
质量	slug	14.9538 kg
长度	ft	0.3048 m

按 SI 制，当物理量的值很大或很小时，往往使用一个前缀符号来表示原量值的倍数，例如 0.006 m=6 mm，50000 N=50 kN 等。在 SI 制中常用的前缀符号与其代表的数量级关系如表 1.2 所示。

表 1.2　SI 制中前缀符号及其代表的数量级

倍数	前缀名称	SI 制中的前缀符号
10^9	giga	G
10^6	mega	M
10^3	kilo	k
10^{-3}	milli	m
10^{-6}	micro	μ
10^{-9}	nano	n

4. 力系

作用于物体上的一群力称为**力系**。作用在物体上的力，可以在离散的点上作用，也可以在物体的一个区域上分布作用，因此按作用形式可以将力分为**集中力**和**分布力**。分布力沿着某条线分布，称为**线分布力**，比如锋利刀口对被切物体的作用力，细线的重力；分布力在某个面上分布，称为**面分布力**或**面力**，比如人行走时脚板对地面的作用力；分布力在物体的体积上分布，称为**体力**，如物体的重力。

5. 平衡和平衡力系

平衡：物体相对绝对静止的物体保持静止或匀速直线运动的状态。

平衡力系：力系中各个力对物体的作用效果彼此抵消的力系，或使物体保持平衡或运动状态不变的力系。因此，平衡物体上作用的力系就是平衡力系。

6. 静力学的研究内容

对于由多个刚体构成的复杂静力学系统，需要确定在已知外力的作用下，其连接处及其受地面的作用反力或构件的内力，获得这些力后就可以应用材料力学等课程的知识分析其承载能力。为了便于分析，对于复杂问题可采用一些简化方法来建立平衡理论。而理论力学是其他力学的基础，静力学理论只能建立在公理基础上。对图 1.1，为了使分析变得简单，请思考需要哪些公理来处理如下问题。

(1) 如何处理点 D 的多个力？

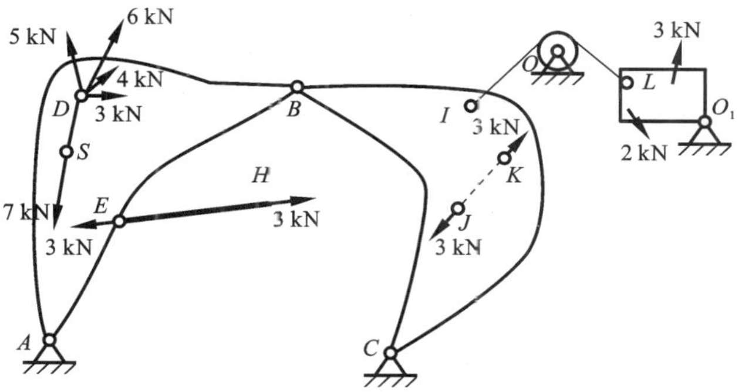

图 1.1　多刚体系统

(2) 在构件 EH 两端分别作用 3 kN 的共线的拉力，该构件是否一定处于静平衡状态？如果是，去除该构件影响系统的平衡状态吗？

(3) 在 J 和 K 处分别施加图 1.1 所示的两个 3 kN 的力对系统的平衡状态有影响吗？

(4) 如何处理构件 AB 与 BC 间的相互作用？

(5) 构件 BC 和 LO_1 通过受拉的柔性绳索连接，如何考虑柔性绳索的作用？

1.2　静力学公理

静力学公理

公理 1(力的平行四边形法则)　作用点相同的两力，可以用平行四边形法则合成为一个合力，对物体的作用效果不会改变，即合成后不改变物体的机械运动规律。

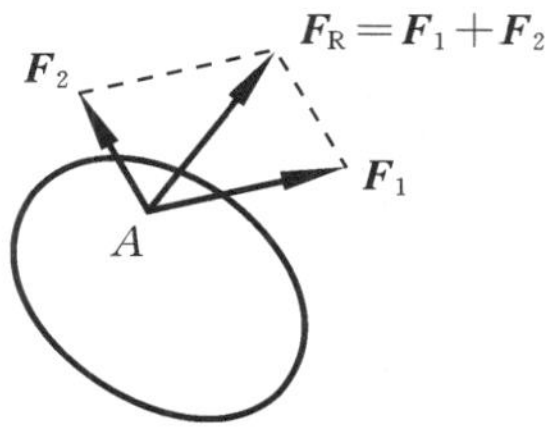

图 1.2　力的平行四边形法则

力的平行四边形法则如图 1.2 所示。有了该公理，分析一个单独的刚体受到多个汇交力时，就可以将多个汇交力合成为一个合力，那么就很容易知道其该如何运动了。对于图 1.1 所示的复杂系统，就可以将图中点 D 的多个汇交在一点的力合成为一个合力，便于分析。

荷兰学者斯蒂文(Simon Stevin，1548—1620)从“永久运动不可能”出发解决了斜面上重物平衡问题，并发现了力合成的平行四边形法则。斯蒂文是静力学的奠基人之一，他起初担任企业的簿记和出纳，23 岁至 29 岁在波兰、丹麦、普鲁士、挪威等国游历，29 岁时在布鲁日的税收办公室做职员，33 岁进入莱顿的拉丁学校学习，35 岁起在莱顿大学读书，44 岁时他担任荷兰联省总督的数学和科学教师及军事顾问，52 岁时他在莱顿大学组建工程学院。他发表了《静力学原理》(*Staticae Elementis*，1586)，通过对滑轮和滑块系统的分析发现了两侧质量与位移的乘积相等，“得之于力则失之于速”，这是虚位移原理的雏形。1586 年，斯蒂文用实验否定了亚里士多德的“落体运动法则”，两个质量相差 10 倍的球自由下落时同时落地，但该结果没有引起足够重视。斯蒂文通过自己的努力，大器晚成，其人生经历激励我们永葆奋斗进取的决心。

公理 2(二力平衡公理)　只有两个力作用的刚体平衡的充要条件是该两力等值、反向，且在同一直线上。

受二力平衡的刚体称为**二力体**或**二力构件**，又因为两个力共线，故也称为二力杆件。二力平衡公理只适用于一个刚体，不能用于变形体，一种典型的情况如图 1.3 所示，不计质量、不可伸长的细绳，在拉力 $\boldsymbol{F}$、$\boldsymbol{F}'$作用下保持平衡，但在压力 $\boldsymbol{P}$、$\boldsymbol{P}'$作用下不能平衡。对于图 1.3(a)所示的细绳在两个力作用下平衡，用矢量表示的平衡方程为 $\boldsymbol{F}+\boldsymbol{F}'=\boldsymbol{0}$。

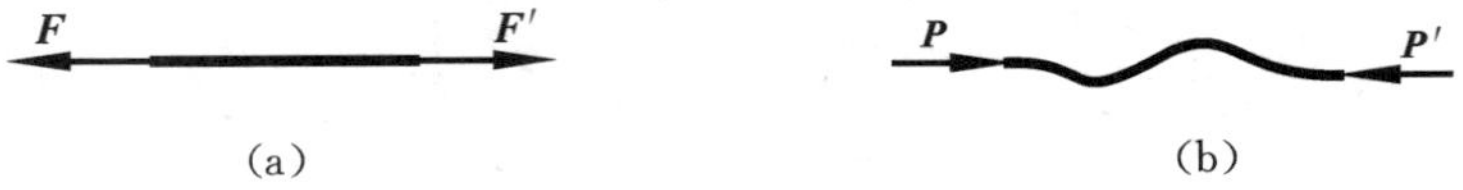

图 1.3 细绳在二力作用下的状态

(a) 细绳受拉平衡 (b) 细绳受压不平衡

公理 3(加减平衡力系公理) 在受力刚体上加、减任意个平衡力系不会改变原受力刚体的状态。该公理只适用于一个刚体。

由以上公理可得到如下推论。

推论(力的可传性) 刚体上的作用力可沿其作用线在该刚体及由其扩展的不计质量的无限大刚体上任意移动而不会改变对刚体的作用效果。

这一推论的证明很简单，参见图 1.4 就可明白。基于公理 2 和公理 3 可推出力的可传性，由力的可传性可知，确定力对刚体的作用效果只需要确定力的大小、方向和作用线，因此，刚体上的作用力可以视为滑动矢量。

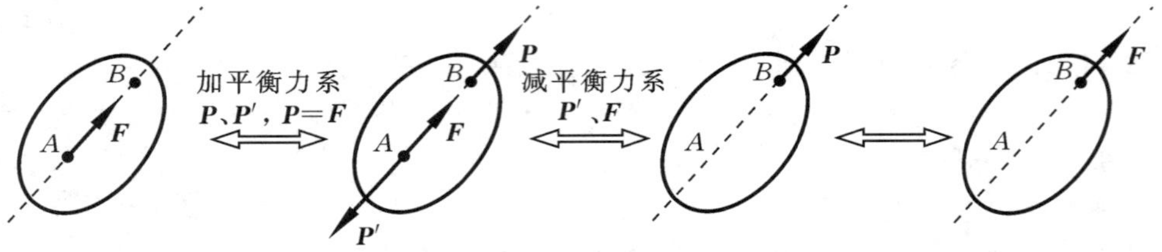

图 1.4 力的可传性证明图示

根据力的可传性，可以将图 1.1 所示的不是作用在点 D 而是作用在点 S 的力滑移到点 D 变成汇交力系，再用公理 1 将汇交力系合成为一个合力，这样就便于分析了。此外，利用公理 2 和公理 3，可以推出以后将介绍的力的平移定理。有了力的平移定理，就可以将任意力移到同一点，变成汇交在一点的多个力和以后将介绍的多个力偶，再进一步合成为一个合力和一个合力偶，以便于建立平衡条件。

推论(三力汇交平衡定理) 若受三个互不平行的力作用的刚体处于平衡状态，则此三力必共面且相交于一点。

该推论对空间任意力系也成立，可利用空间静力学理论证明。下面仅就三力已经共面的情况证明这一推论。如图 1.5 所示，由于三个力 $\boldsymbol{F}_1$、$\boldsymbol{F}_2$、$\boldsymbol{F}_3$ 互不平行，其中任意两力，比如 $\boldsymbol{F}_1$、$\boldsymbol{F}_2$ 必相交，设交点为 O；由公理 1，可将 $\boldsymbol{F}_1$、$\boldsymbol{F}_2$ 合成为合力 $\boldsymbol{F}_{12}=\boldsymbol{F}_1+\boldsymbol{F}_2$，剩下的 $\boldsymbol{F}_3$ 与 $\boldsymbol{F}_{12}$ 要平衡，由公理 2，$\boldsymbol{F}_3$ 与 $\boldsymbol{F}_{12}$ 等值、反向且在同一直线上。这就证明了三力汇交平衡定理。

对于共面的三个平行力系作用下处于平衡状态的物体，可将其视为汇交到无限远处的汇交力系，故从这个意义上，三力汇交平衡定理对三个平行力也成立。此外，若由多个刚体构成的系统处于平衡状态，系统在三个外力作用下处于平衡状态，因为内力相互抵消，三力汇交平衡定理对系统也成立。

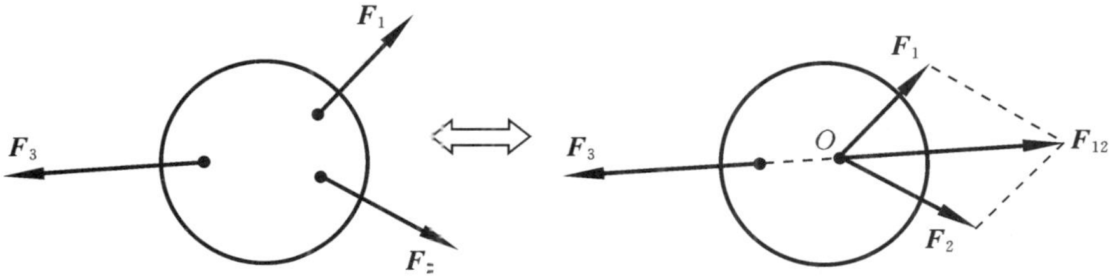

图 1.5　平面上三力汇交平衡的证明

公理 4(作用力与反作用力公理)　相互作用的两个物体(刚体和变形体)间总存在等值、反向、共线且分别作用于两个物体上的一对力，此两力互为作用力和反作用力。

有了该公理，就可以研究图 1.1 所示的多个刚体的复杂系统了。

公理 5(刚化公理)　将变形体视为刚体(刚化)则平衡状态不受影响，反之则不然。

理论力学的研究对象是刚体，对于受拉的绳索，其内部变形很小，相对其空间运动可忽略不计。此外，其变形时两端的拉力与不变形时相同。将受拉绳索视为刚体，就可以研究一些通过绳索连接的多刚体系统，从而拓展理论力学的研究范畴。

进一步研究表明，对于由刚体构成的静力学系统，需要且只需要以上五个静力学公理就可以建立分析静平衡系统的理论。

1.3　力系的等效

力系的等效

以上五个公理构成了静力学的基础，所有静力学的方法和结果都是基于静力学公理经过推理、归纳得到的。实际物体或物体系统(简称物系)上往往作用有比较复杂的力系，静力学的基本任务就是将力系简化并分析其平衡与否，简言之，就是**力系的简化和平衡**。所谓力系的简化，就是将一个给定的复杂力系转化为一个对物体的作用效果等价(机械运动规律相同)的简单力系，这就牵涉到力系的等效问题，实际上，平行四边形法则就是一种力系等效规则，以后我们还要研究力系的其他等效方法。这里只指出，**力系的等效**就是将力系中的力按照静力学公理进行处理的一些操作，或者说，按静力学公理处理后得到的新力系与原力系是两个**等效力系**。

1.4　力的分类

力的分类

为便于研究问题，力有不同的分类方法，本书有时按照内力和外力来分类，有时则按照主动力、约束力来分类。来自研究对象外部的作用力称为外力，来自研究对象内部的相互作用力称为内力。那么主动力和约束反力应如何定义呢?

主动力和约束反力是按力是否做功来定义的。本章为确定受力分析中约束施加在研究对象上的作用力方向，引入约束反力和主动力的概念，学习能量法后，将发现其与按是否做功来分类是对应的关系。

空中飞行的炮弹等物体在空间的位移不受任何限制。位移不受限制的物体称为自由体。有些物体在空间的位移会受到一定的限制，比如由绳索吊住的灯泡，在背离绳索的方向灯泡不能运动。位移受到限制的物体称为非自由体。对非自由体的某些位移起限制作用的周围物体称为约束。从力学的角度来看,约束对物体的限制作用就是力,这种力称为约束反力,简称约束力。因此,约束力的方向必与该约束所能阻碍的位移方向相反。应用这个准则,就可以确定约束力的作用线位置。物体受到的其他已知力称为主动力。约束力的大小是未知的,根据主动力变化而变化。

下面介绍在工程中常见的几种平面约束类型及其约束力特点。

1. 柔性约束

类型:柔绳、胶带、链条等。

特点:只能受拉力,是一种单向约束,忽略柔索的自重且认为柔索不能伸长。

约束反力:物体受到的柔索的约束反力的作用线沿柔索的轴线方向,且柔索处于受拉状态。图 1.6 所示为几种典型的柔性约束。

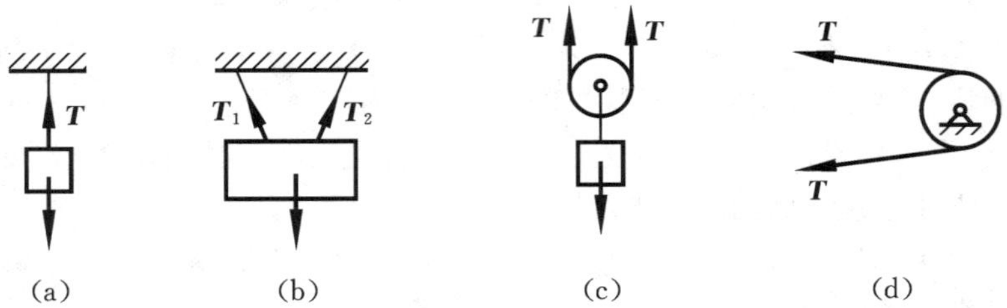

图 1.6 几种典型的柔性约束

(a) 单柔索 (b) 双柔索 (c) 静态条件下跨过动滑轮的柔索 (d) 静态条件下跨过定滑轮的柔索

2. 光滑接触面(线)约束

类型:面-面接触、面-线接触、面-点接触、线-线接触、线-点接触;如图 1.7 所示。

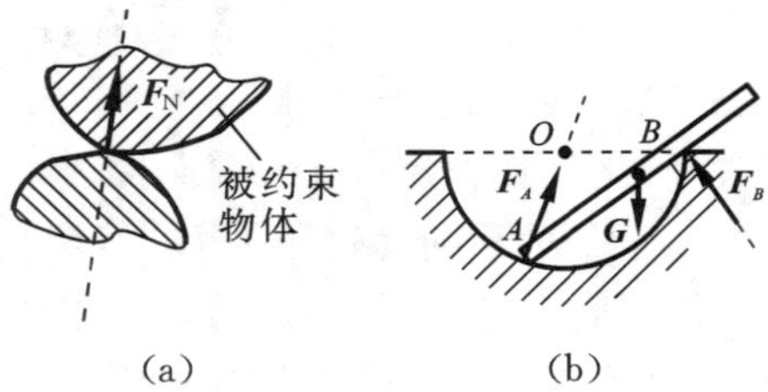

图 1.7 光滑接触面(线)约束

(a) 面(线)-面(线)接触 (b) 面(线)-点接触

约束反力:约束反力的作用线沿两物体接触点处的公法线指向被约束物体。如果 1.7(b)所示,直线 AB 可视为曲率中心在无限远处、半径无限大的圆弧,点 A 和 B 可视为半径为 0 的圆。

3. 铰链约束

构成及符号:由构件和一个销钉连接而成。结构简图和表示符号如图 1.8 所示。

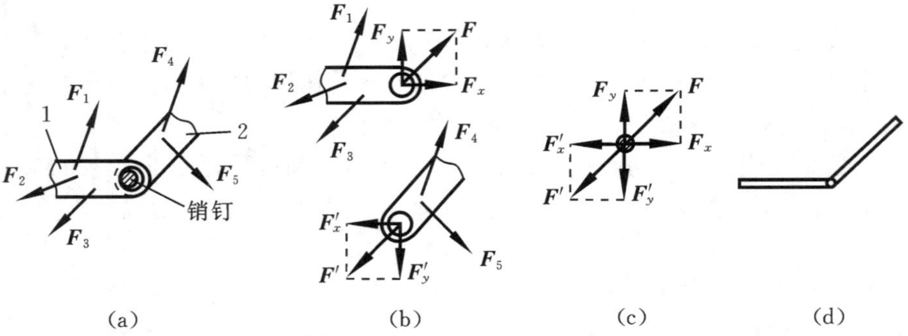

图 1.8 铰链及其约束力

(a) 连接两个构件的铰链 (b) 铰链的约束力 (c) 销钉的受力 (d) 铰链的表示符号

约束反力：铰链的约束反力是指销钉对各构件的作用力。因为销钉与构件之间可以相对转动，所以无约束力矩，只有约束力。这些约束反力通过销钉中心，方向随主动力而变，故一般将其分解为两个正交的未知力，如图 1.8 所示。

在图 1.8 中，铰链只连接两个构件，并且铰链处除了约束力之外无其他力作用，分析销钉的受力可知，销钉上只有两个构件对它的约束力，由二力平衡公理可知这两个力等值、反向，即在这种情况下，销钉对两个构件的约束力等值、反向。在以后的受力分析中可以应用这一结果。

在图 1.9 中，铰链连接三个构件，或铰链虽然只连接两个构件，但销钉上有主动力 $\boldsymbol{P}$ 作用，对于这些情况，由销钉的受力分析可知，销钉对各构件的约束力不是等值、反向的。

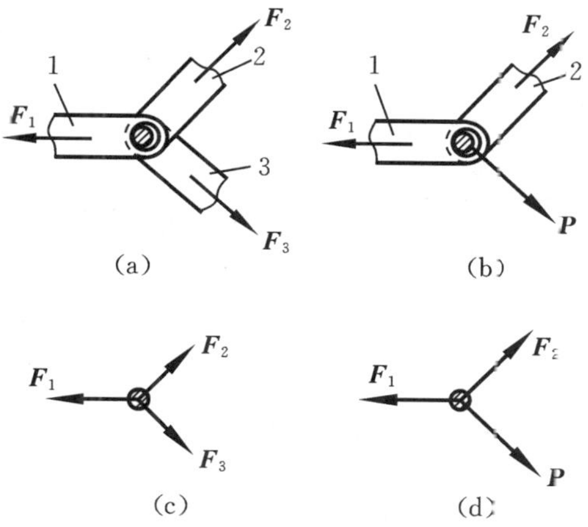

图 1.9　受力比较复杂的铰链

(a) 连接三个构件的铰链

(b) 连接两个构件的铰链，但销钉上有主动力

(c) 图(a)销钉的受力　(d) 图(b)销钉的受力

4. 铰支座约束

构成及符号：由底座、构件和一个销钉连接而成，底座与基础固结。结构简图和表示符号如图 1.10 所示，这种约束也称为**固定铰支座**。

约束反力：铰支座的约束力也称为**支座反力**，是指基础或底座对销钉的作用力 $\boldsymbol{F}$，它通过销钉中心。方向随主动力而变，故一般将其分解为两个正交的未知力，如图 1.10 所示。

与铰链约束类似，如果铰支座只约束一个构件，且销钉上无其他力作用，则底座和构件对销钉的作用力等值、反向，因此底座对销钉的作用力等于销钉对构件的作用力，如图 1.10 所示。但是，如果铰支座约束两个以上的构件或销钉上有主动力作用，则底座对销钉的作用力不等于销钉对构件的作用力。

5. 辊轴支座(活动铰支座)约束

构成及符号：由底座、辊轴、构件和一个销钉连接而成，底座可在基础上滑动。结构简图和表示符号如图 1.11 所示，这种约束也称为**活动铰支座**。

特点：可以沿支承面滑动。

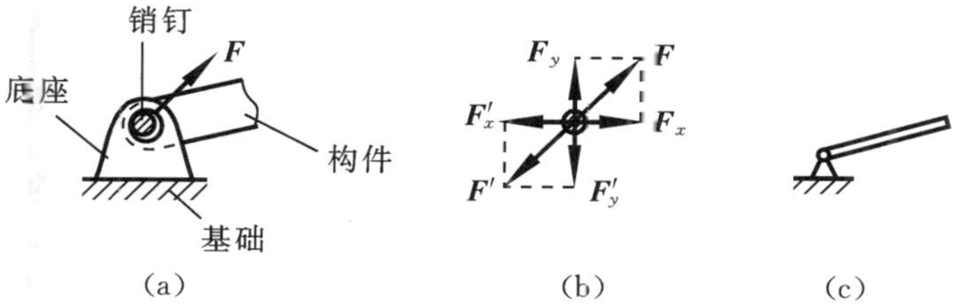

图 1.10　铰支座及其约束力

(a) 铰支座　(b) 销钉的受力　(c) 铰支座的表示符号

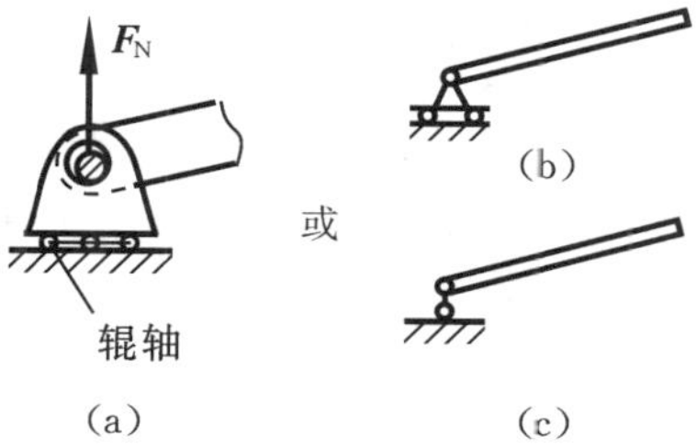

图 1.11　辊轴支座

(a) 辊轴支座结构简图

(b) 辊轴支座的表示符号 1

(c) 辊轴支座的表示符号 2

约束反力:辊轴支座的约束力也称为**支座反力**,是指底座对销钉的作用力,通过销钉中心。由于底座可以沿支承面滑动,所以约束力一定垂直于支承面,如图 1.11 所示。

此外,还有固定端约束,在以后介绍。

1.5 受力分析与受力图

受力分析与受力图

静力学的根本任务是分析、计算物体或物体系统(物系)的受力平衡问题,为此,需要对一个物体、几个物体或整个物系进行受力分析,并将分析结果画成相应的力矢量图,即**受力图**。进行受力分析首先要取分析对象,即把待分析的物体或物系单独抽取出来,这就需要将与之相连的约束解除,因此,需要用到以下的解除约束原理。

解除约束原理 当受约束的物体或物系在主动力的作用下处于平衡状态时,若将部分或全部约束去掉,代之以相应的约束力,则物体或物系的平衡状态不变。

分析对象可以是一个物体(或一个物体的一部分)、几个物体或整体,所谓**整体**是指将被研究系统的所有物体同时抽取出来形成的物系。因此,相对于分析对象,约束可以分成外部约束和内部约束,为了将分析对象抽取出来而需要解除的约束称为该分析对象的**外部约束**;分析对象抽取出来后,对象中各物体之间的约束为该分析对象的**内部约束**。显然,外部约束和内部约束一般是两个相对概念,即一个分析对象的外部约束可能是另一个分析对象的内部约束,而前者的内部约束也可能是后者的外部约束。取定分析对象后,外部约束和内部约束对其均有约束力,内部约束力称为**内力**,外部约束力和对象上作用的主动力称为**外力**。由作用力与反作用力公理,内力总是成对出现的,自动形成平衡力系,因此内力不影响物系的平衡状态。所以,在受力分析和受力图中,只考虑和画出对象的外力。

画受力图是求解静力学问题的第一步,在该步应尽量减少未知量,使后续少列方程,减少计算量。画受力图可以遵循以下步骤:

(1) 取分析对象。

(2) 画上外力。

(3) 分析被解除的约束类型,画出对应的约束力。

(4) 对于静平衡系统,可以进一步确定未知力方向,推荐先分析整体再分析局部,可以通过二力杆、三力汇交平衡定理来确定力的方向。

(5) 对所画各力标上矢量符号,在同一个系统中这些矢量符号要规范和唯一。

画受力图的目的是方便计算,若计算出的力是负值,则说明力的指向与图中指向相反,这并不影响我们对结果的理解。由于在计算之前,往往不能确定约束反力的实际指向,故在画受力图时,只要作用力的方向正确,指向可以不同。

(6) 受力图中不能出现约束,但对整体进行分析时,为了简便,约定外部约束与外部约束反力可同时在受力图中出现。

下面给出几个受力分析的例子。

例 1.1 如图 1.12(a)所示,不计自重,各处光滑,作用在销钉 B 上的力 $F=0$,画 AB(无销钉 B)、销钉 B、BC(无销钉 B)及整体受力图。

解 依据画图步骤,先从整体分析,虽然整体只有 3 点受力,但 A 和 C 处力的方向不能确定,所以此时不能应用三力汇交平衡定理。再观察局部,BC 为一个二力体,受力如图 1.12(b)

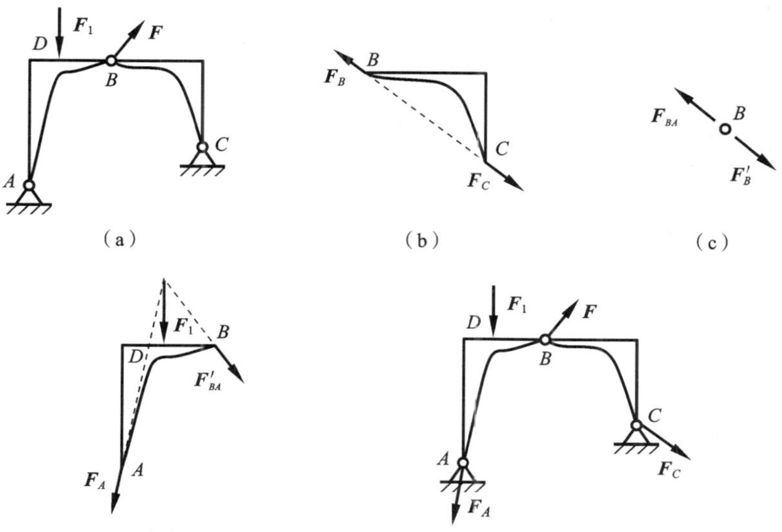

图 1.12　例 1.1 图

所示，其中 $F_C = F_B$。

销钉 B 为二力体，它对杆 BA 的 B 端的作用力与对杆 BC 的 B 端的作用力等值、反向，所以 $F_{BA} = F'_B$。销钉 B 受力如图 1.12(c)所示。

确定了 F_{BA} 的方向，就能对 BA 应用三力汇交平衡定理，受力如图 1.12(d)所示。因为没有进行计算，画受力图时不能准确确定力的指向，但只要其作用线是正确的，图中所画的力的指向即使与实际指向相反，也不会影响计算，只不过结果是负值而已，故图 1.12(d)中 3 个力指向都向下的画法也是正确的。整体受力图如图 1.12(e)所示。

从该例可知，销钉 B 没有外部主动力，可将其视为一个平衡力系，在分析时认为可以去除，或认为销钉 B 对 AB 和 BC 的力是作用力与反作用力。

例 1.2　例 1.1 中，当销钉 B 受到的外部主动力 F 不为 0 时，请解答与例 1.1 同样的问题。

解　CB 的受力如图 1.13(a)所示，但此时销钉 B 不再是二力体，它对杆 BA 的作用力与对杆 BC 的作用力不相等，销钉 B 受力如图 1.13(b)所示。也不能对 BA 应用三力汇交平衡定理，受力如图 1.13(c)所示。整体受力如图 1.13(d)所示。

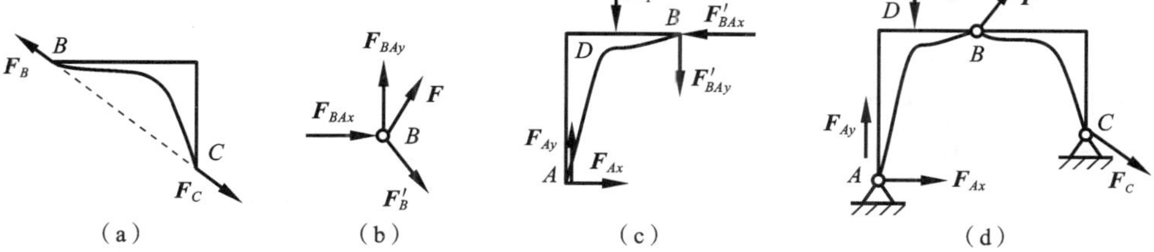

图 1.13　例 1.2 图

从该例可知,当销钉 B 受外部主动力时,销钉 B 对 AB 和 BC 的作用力是不同的。

例 1.3　如图 1.14(a)所示,不计自重,各处光滑,画出 AB、BC 及整体受力图。

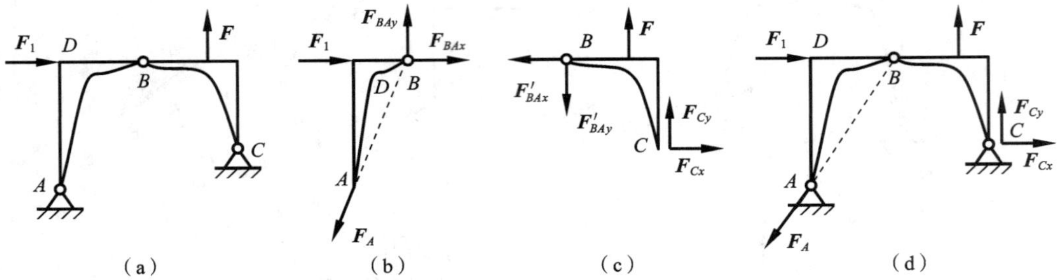

图 1.14　例 1.3 图

解　依据画图步骤,先从整体分析,有 4 点受力,不能应用三力汇交平衡定理。再观察局部,AB 在 3 个点受力,点 B 力大小、方向未知,但F_1 通过点 B,故可应用三力汇交平衡定理确定 F_A,AB 的受力如图 1.14(b)所示。因为销钉没有外部主动力,其有无不影响受力分析,所以该图中也加上了销钉 B。余下的不能再确定约束力的方向,故 BC 和整体的受力分别如图 1.14(c)(d)所示。

例 1.4　如图 1.15(a)所示,不计自重,各处光滑,画 AB(无销钉 B)、销钉 B、BC(无销钉 B)及整体受力图。

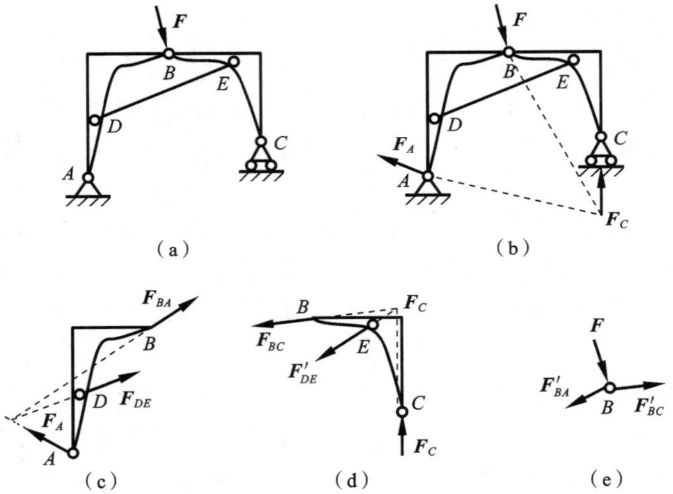

图 1.15　例 1.4 图

解　依据画图步骤,先从整体分析,整体只有 3 点受力,三力汇交平衡定理是由一个刚体得到的,但对于静平衡结构,每一个局部都是平衡的,整体可视为一个刚体,也可应用三力汇交平衡定理,由此确定F_A 的方向,受力如图 1.15(b)所示。DE 为一个二力体,也可以对 BA 和 BC 应用三力汇交平衡定理,受力分别如图 1.15(c)(d)所示。销钉 B 受力如图 1.15(e)所示。

例 1.5　图 1.16(a)所示为起重架结构,分析杆 OA、滑轮 A、物块 M 以及整体的受力,画出受力图。杆和柔索的质量不计。

解　本例中主动力只有物块重力 W。

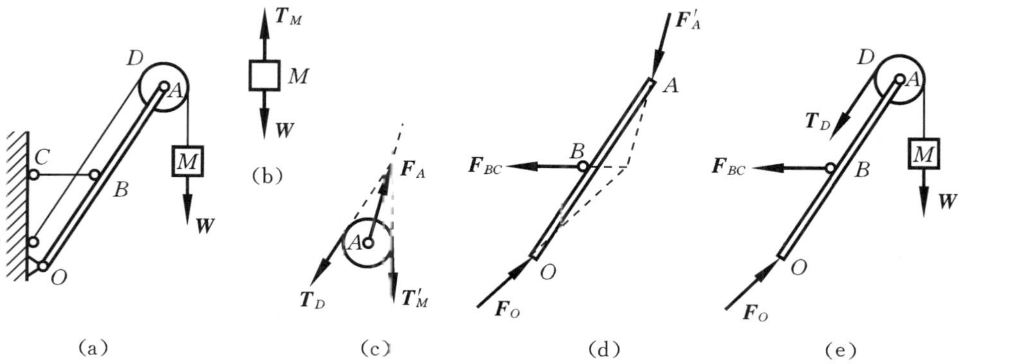

图 1.16　例 1.5 图

物块 M 为一个二力体，受力如图 1.16(b) 所示，其中 $T_M = W$。

滑轮 A 在三个力作用下平衡，根据三力汇交平衡定理，确定 F_A 的方向，滑轮 A 的受力如图 1.16(c) 所示，其中 T_D 为柔索 DE 的约束力，根据跨过滑轮的柔索约束力特性，$T'_D = T'_M = T_M = W$。

销钉 A 为二力体，它对杆 OA 的 A 端的作用力与对滑轮 A 的作用力等值、反向，所以杆 OA 的 A 端受到的约束力为 $\boldsymbol{F}'_A$，杆 OA 还受到柔索 BC 和铰支座 O 的约束，因此它是三力平衡体，其受力如图 1.16(d) 所示，其中 $\boldsymbol{F}_O$ 为铰支座 O 对杆 OA 的约束力，此处即为销钉 O 对杆 OA 的约束力。

将销钉 O 解除，将柔索 BC、DE 剪断，就得到整体，销钉 O 对杆 OA 的约束力 $\boldsymbol{F}_O$ 已经由图 1.16(d) 给出，将它平移到整体受力图中，再画上柔索 BC、DE 的约束力，就得到整体受力图，如图 1.16(e) 所示。

由以上几个例题可知，对初学者来说，受力分析和画受力图并非易事，常见的问题表现为：不能准确取出指定的分析对象，多画或少画力。解决这些问题，一方面要养成尽量用规律性的方法做练习的习惯，每道题可采用上述画受力图的步骤进行训练；另一方面，在具体操作中，要牢记解除约束原理的本质，即必须而且只需在解除约束的地方画出相应的约束力。

此外，以上过程反复使用了三力汇交平衡定理，目的是使学生熟悉该定理；但是，以后将会看到，在力系平衡问题的求解中，很少用这个定理，因为虽然由该定理可以判断出力的方向，但是对于实际问题，其方向角的求解往往比较困难或很麻烦，所以一般宁可去求解一个力的两个分量(或三个分量)，而不是求这个力的大小和方向。

小　　结

小结

1. 刚体的概念

任何情况下都不变形的物体称为**刚体**，不变形是指物体上任意两点的距离保持不变。

2. 静力学公理

1) 5 个公理

(1) 力的平行四边形法则。

(2) 二力平衡公理：适用于一个处于平衡状态的刚体。

(3) 加减平衡力系公理:适用于一个处于任意状态的刚体。

(4) 作用力与反作用力公理。

(5) 刚化公理。

2) 2 个推论

推论 1　力的可传性:适用于一个处于任意状态的刚体。

推论 2　三力汇交平衡定理:适用于由一个或多个刚体组成的平衡系统。

3. 典型约束

(1) 柔性约束。

(2) 光滑接触面(线)约束。

(3) 铰链约束。

(4) 铰支座约束。

(5) 辊轴支座(活动铰支座)约束。

4. 受力分析步骤

(1) 取分析对象;

(2) 画上外力;

(3) 分析被解除的约束类型,画出对应的约束力;

(4) 对于静平衡系统,可以进一步确定未知力方向,推荐先分析整体再分析局部,可以通过二力杆、三力汇交平衡定理来确定力的方向;

(5) 对所画各力标上矢量符号,在同一个系统中这些矢量符号要规范和唯一;

(6) 受力图中不能出现约束,但对整体进行分析时,为了简便,约定外部约束与外部约束反力可同时在受力图中出现。

习　题

1.1　是非题(正确的在括号内画"√",错误的画"×")。

1. 作用于刚体上的力是滑动矢量,作用于变形体上的力是定位矢量。　(　　)

2. 二力构件的约束反力的作用线的方向沿两受力点的连线,指向可假设。　(　　)

3. 加减平衡力系公理不但适用于刚体,还适用于变形体。　(　　)

4. 若两个力大小相等,则这两个力就等效。　(　　)

5. 作用于点 A、共线、反向的两个力 $\boldsymbol{F}_1$ 和 $\boldsymbol{F}_2$ 如题1.1.5图所示,且 $F_1>F_2$,则合力 $\boldsymbol{F}_R=\boldsymbol{F}_1-\boldsymbol{F}_2$。　(　　)

6. 如题 1.1.6 图所示,力 $\boldsymbol{F}$ 可沿其作用线由点 D 滑移到点 E。　(　　)

7. 两物体在光滑斜面 $m—n$ 处接触,不计自重,若力 $\boldsymbol{F}_1$ 和 $\boldsymbol{F}_2$ 的大小相等、方向相反且共线,如题 1.1.7 图所示,则两个物体都处于平衡状态。　(　　)

题 1.1.5 图

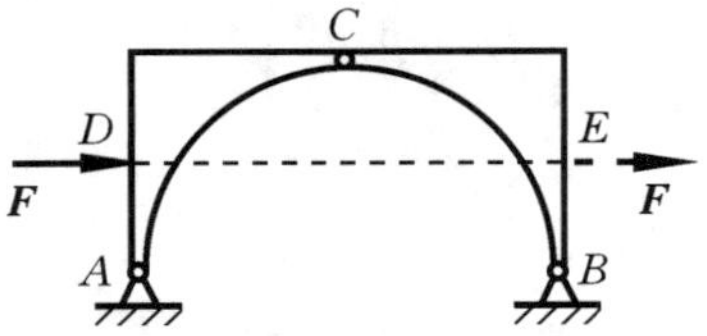

题 1.1.6 图

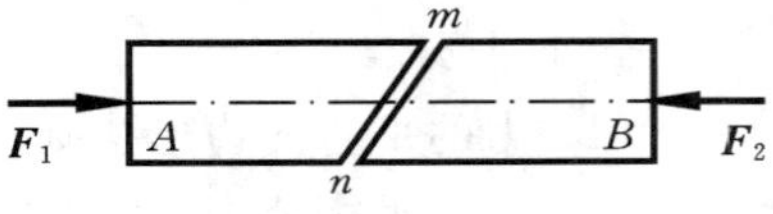

题 1.1.7 图

1.2　选择题(将正确答案前面的序号写在括号内)。

1. 二力平衡公理适用于(　　)。

① 刚体　　② 变形体　　③ 刚体和变形体

2. 作用力与反作用力公理适用于(　　)。

① 刚体　　② 变形体　　③ 刚体和变形体

3. 作用于刚体上的三个相互平衡的力,若其中任意两个力的作用线相交于一点,则其余的一个力的作用线必定(　　)。

① 交于同一点　　② 交于同一点,且三个力的作用线共面

③ 不一定交于同一点

4. 作用于刚体上的平衡力系,如果作用到变形体上,则变形体(　　);反之,作用于变形体上的平衡力系如果作用到刚体上,则刚体(　　)。

① 平衡　　② 不平衡　　③ 不一定平衡

1.3　在对应题图中画出指定物体的受力图。假定各接触处光滑,物体的质量除注明者外均不计。

1. 圆柱体 O。
2. 杆 AB。
3. 弯杆 ABC。
4. 刚架。
5. 杆 AB。
6. 杆 AB。
7. 销钉 A。
8. 杆 AB。

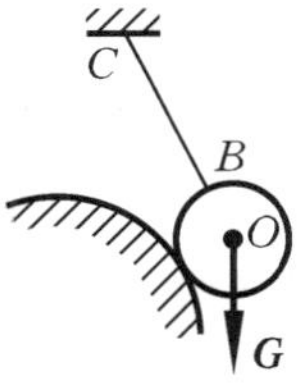

题 1.3.1 图

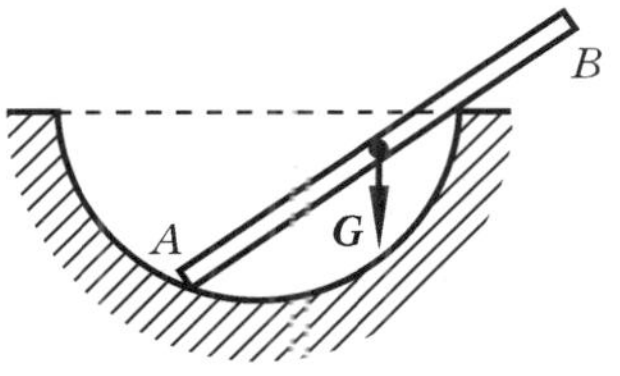

题 1.3.2 图

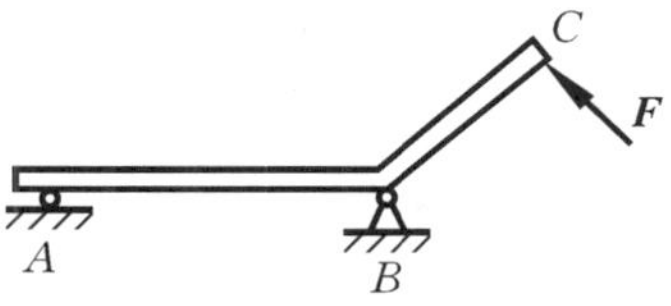

题 1.3.3 图

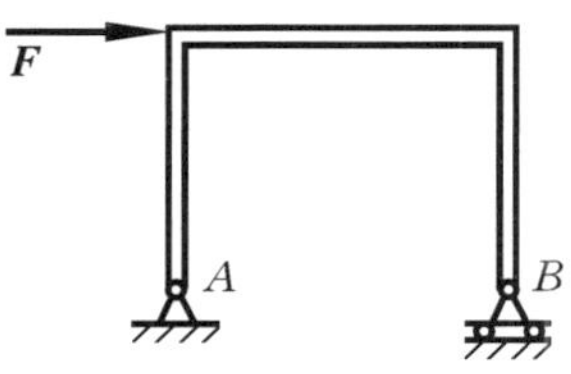

题 1.3.4 图

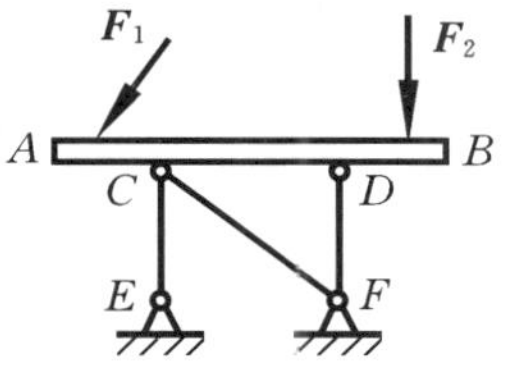

题 1.3.5 图

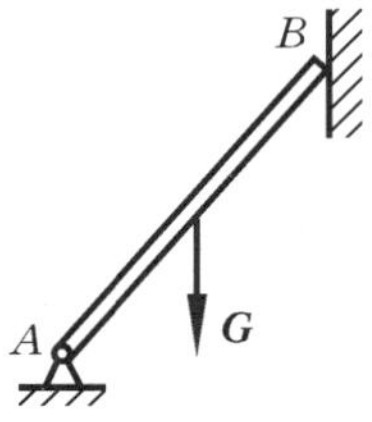

题 1.3.6 图

1.4　题图中各系统均处于静平衡状态,试画出下列各物系中指定物体的受力图。假定各接触处光滑,物体的质量除注明者外均不计。

1. 起重机整体、轮 O、杆 AB、杆 BC。

2. 构架整体、AB 部分、弯杆 BC。

3. 三铰拱整体、AB 部分、BC 部分。

4. “A”形构架整体、杆 AB、杆 BC、杆 DE 及销钉 B(力 $\boldsymbol{F}$ 作用在销钉 B 上)。

5. 二跨静定刚架整体、AD 部分、BDE 部分及杆 EC。

6. 构架整体、杆 AB(连同滑轮)、杆 AB(不含滑轮)。

7. 机构整体、杆 O_1B(包括滑块 B)、杆 OA。

8. 构架整体、杆 AB、杆 AC、杆 BC(均不包括销钉 A、C)、销钉 A、销钉 C。

9. 题 1.4.8 图中,若销钉 A、C 均与杆 AC 固连,画出杆 AC 受力图。又若销钉 A、B 均与杆 AB 固连,画出杆 AB 受力图。

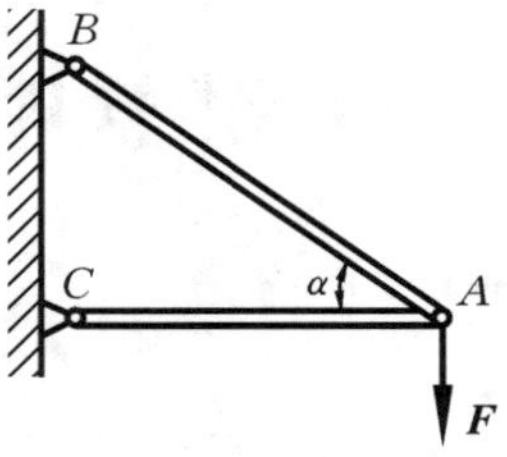

题 1.3.7 图

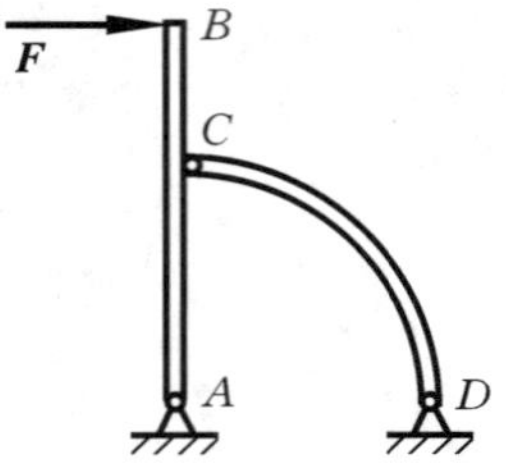

题 1.3.8 图

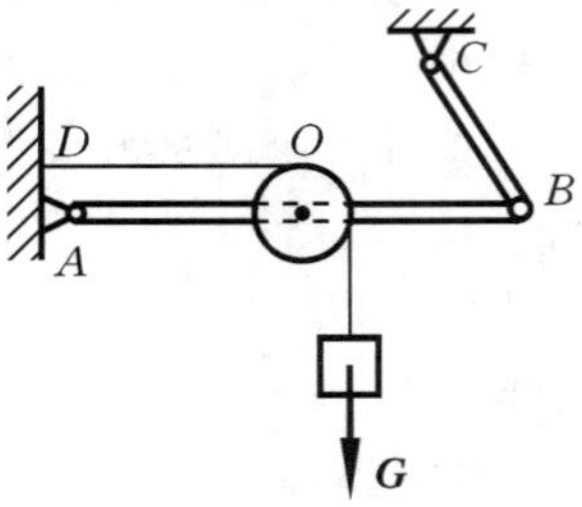

题 1.4.1 图

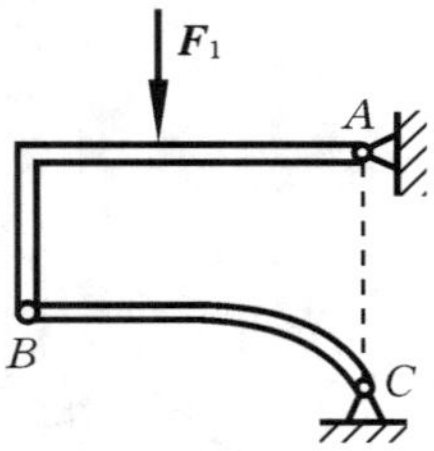

题 1.4.2 图

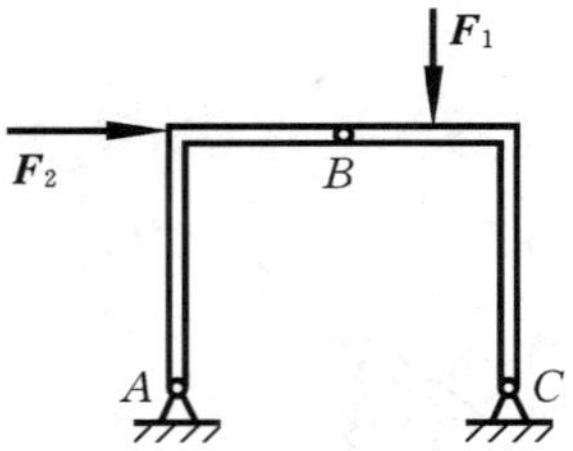

题 1.4.3 图

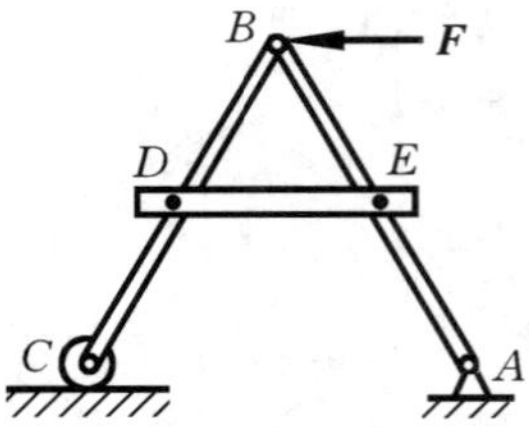

题 1.4.4 图

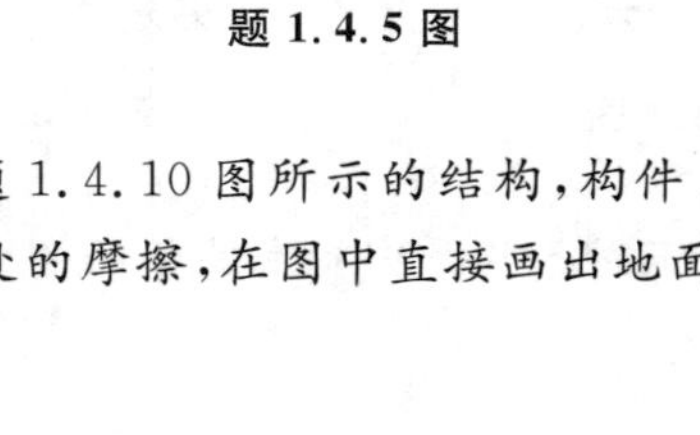

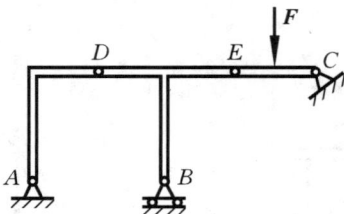

题 1.4.5 图

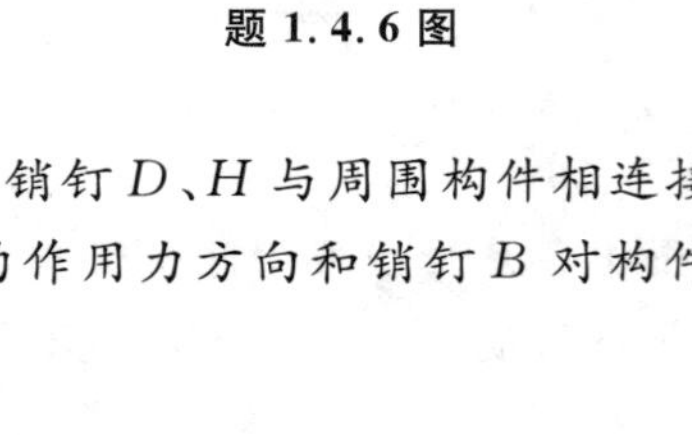

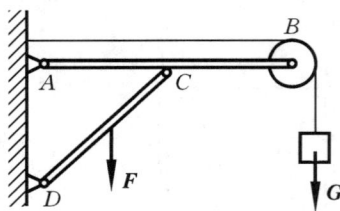

题 1.4.6 图

10. 如题 1.4.10 图所示的结构,构件 DH 通过销钉 D、H 与周围构件相连接。不计构件自重及连接处的摩擦,在图中直接画出地面对 CB 的作用力方向和销钉 B 对构件 BA 的作用力方向。

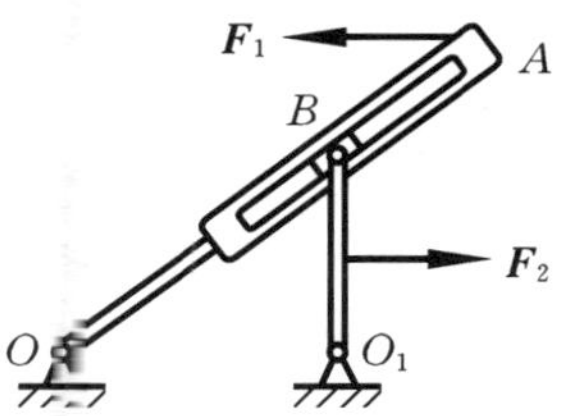

题 1.4.7 图

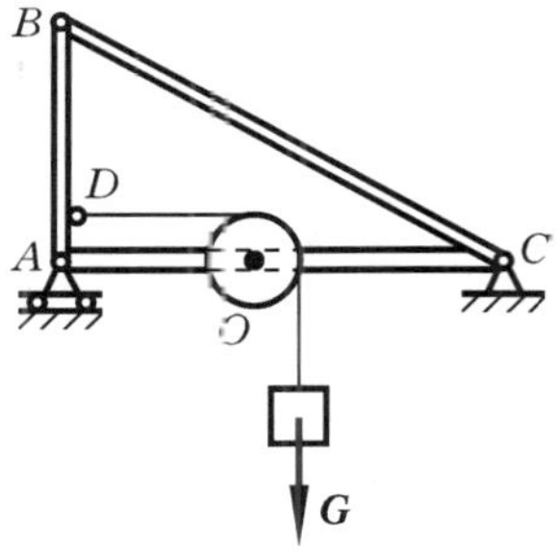

题 1.4.8 图

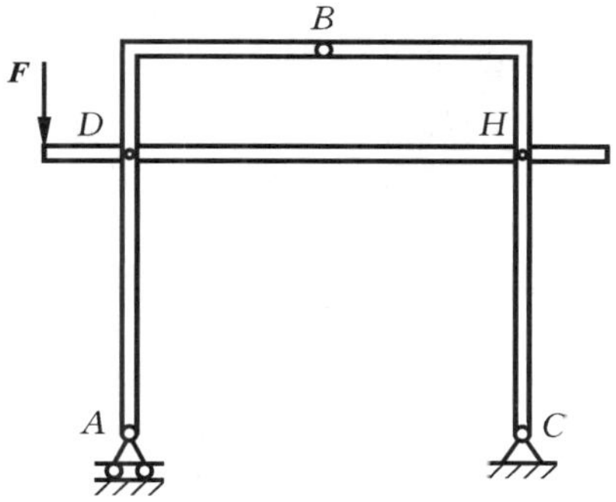

题 1.4.10 图

平面力系的
简化和平衡

第 2 章　平面力系的简化和平衡

静力学的基本任务是力系的简化和平衡，前者是手段，后者是目的。所谓力系的简化，就是通过等效处理将一个给定的力系变为一个更简单或更有利于平衡分析的力系，即力系简化是为了对其进行更有效的平衡分析。对于既不汇交于一点也不是成对出现的力偶的平面任意力系，直接分析比较困难，因为其本质特征容易被复杂、琐碎的信息掩盖，不易取得结果。科学的研究方法一般是先研究简单的问题，搞清楚其本质特征后，从中得到启发而由此推广来研究复杂问题。对复杂问题只需从其与简单问题不同的特殊之处突破。此外，先研究简单问题，由复杂系统得出的结论的正确性可以通过简单系统的结论来验证，若复杂系统的结论退化到简单系统后与简单系统的结论不一致，则可以肯定复杂系统的结论是错误的。对于汇交于一点的平面汇交力系和成对出现的平面力偶系的平衡问题，分析比较简单。将这两个简单力系搞清楚后，就可以将结论推广，研究复杂的平面任意力系了。本章基于这样的科学研究方法，从简单到复杂，先后介绍各种平面力系的简化方法、特征和平衡方程及其应用。

2.1　力的合成与分解

力的合成
与分解

1. 平行四边形(或三角形)法则

如图 2.1(a)(b)所示，作用点相同的两个力 $\boldsymbol{F}_1$ 和 $\boldsymbol{F}_2$ 可合成为一个合力 $\boldsymbol{F}_R$；反之，一个力 $\boldsymbol{F}$ 也可以分解成作用点相同的两个力 $\boldsymbol{F}_1$ 和 $\boldsymbol{F}_2$ 或 $\boldsymbol{P}_1$ 和 $\boldsymbol{P}_2$。前一种操作的结果是唯一的，后一种操作的结果有无数个。

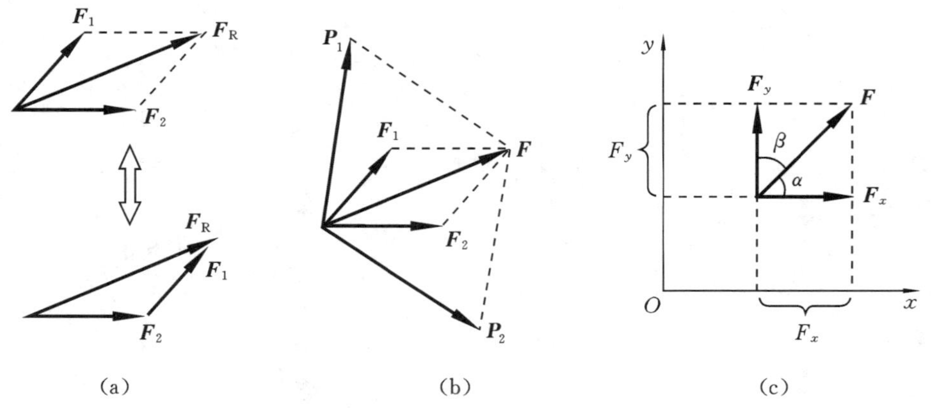

图 2.1　力的合成与分解

(a) 合成　(b) 按平行四边形分解　(c) 按直角坐标系分解

2. 力的投影

力也可用投影表示，一般用正交坐标系作为投影坐标系，如图 2.1(c)所示，有

$$\boldsymbol{F}=\boldsymbol{F}_x+\boldsymbol{F}_y=F_x\boldsymbol{i}+F_y\boldsymbol{j} \tag{2.1}$$

$$F_x = \boldsymbol{F}_x \cdot \boldsymbol{i} = F\cos\alpha, \quad F_y = \boldsymbol{F}_y \cdot \boldsymbol{j} = F\cos\beta \tag{2.2}$$

其中,F_x、F_y 分别称为力 $\boldsymbol{F}$ 在 x、y 轴上的**投影**;$\boldsymbol{i}$、$\boldsymbol{j}$ 分别为 x、y 轴的正向单位矢量;α、β 分别为力 F 与 x、y 轴正方向之间的夹角;F 表示力 $\boldsymbol{F}$ 的大小,它是一个代数量。当 $\boldsymbol{F}$ 是一个已知力时,其方向是确定的,$F=|\boldsymbol{F}|$;当 $\boldsymbol{F}$ 是一个未知力时,其方向只是一个假设方向,因此 $F=|\boldsymbol{F}|$ 或 $F=-|\boldsymbol{F}|$,最终结果取决于力 $\boldsymbol{F}$ 所在力系的平衡条件。

注意:$\boldsymbol{F}_x$、$\boldsymbol{F}_y$ 称为力 $\boldsymbol{F}$ 在 x、y 轴方向的分力,是矢量;而投影 F_x、F_y 是代数量。

2.2 平面汇交力系

平面汇交力系

如图 2.2(a)所示,各力在同一平面上且相交于一点的力系称为**平面汇交力系**。用平行四边形法则将各力依次合成,最后汇交力系可合成为一个**合力** $\boldsymbol{F}_R$,即

$$\boldsymbol{F}_R = \boldsymbol{F}_1 + \boldsymbol{F}_2 + \cdots + \boldsymbol{F}_n = \sum_{i=1}^{n} \boldsymbol{F}_i \tag{2.3}$$

这就是平面汇交力系的简化。由力的三角形法则,式(2.3)可用几何图形表示,将各个力矢量首尾相接,再从第一个力的起点至最后一个力的终点画一个矢量,这个矢量就是合力矢量 $\boldsymbol{F}_R$,它与其他所有分力一起构成一个封闭的力多边形,如图 2.2(b)所示;这就是汇交力系合成的几何解释。该多边形也称为潘索力多边形,它可用于用图解的方法简便求解多个汇交力的合成问题。

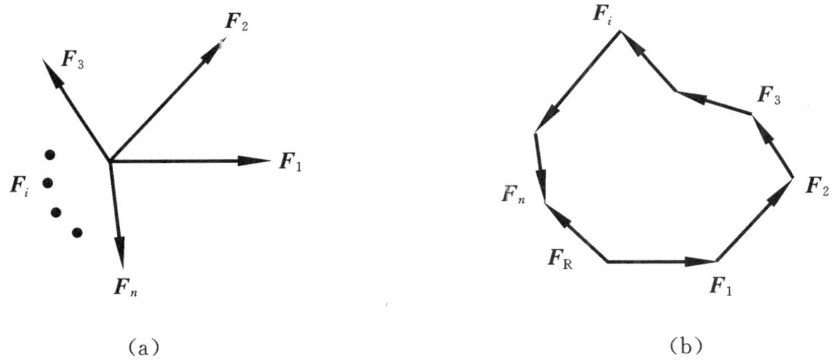

图 2.2　平面汇交力系的合成

(a) 汇交力系　(b) 力多边形

方程(2.3)可以写成投影式,即

$$\boldsymbol{F}_R = F_{Rx}\boldsymbol{i} + F_{Ry}\boldsymbol{j} = \sum_{i=1}^{n}(F_{ix}\boldsymbol{i} + F_{iy}\boldsymbol{j}) = \left(\sum_{i=1}^{n}F_{ix}\right)\boldsymbol{i} + \left(\sum_{i=1}^{n}F_{iy}\right)\boldsymbol{j} \tag{2.4}$$

所以有

$$F_{Rx} = \sum_{i=1}^{n} F_{ix}, \quad F_{Ry} = \sum_{i=1}^{n} F_{iy} \tag{2.5}$$

这就是**合力投影定理**,即合力的投影等于分力投影的代数和。

综上所述,因为平面汇交力系与合力 $\boldsymbol{F}_R$ 等效,因此力系平衡的充要条件为

$$\boldsymbol{F}_R = \boldsymbol{0}$$

即

$$F_{Rx} = \sum_{i=1}^{n} F_{ix} = 0, \quad F_{Ry} = \sum_{i=1}^{n} F_{iy} = 0 \tag{2.6}$$

这就是平面汇交力系的平衡方程,共有两个独立的平衡方程。

例 2.1　图 2.3(a)所示的四连杆机构,各杆自重不计,$Q=1000\ \text{N}$。机构在所示位置时,求:(1) 保持平衡所需的竖直力 $\boldsymbol{P}$ 的大小;(2) 保持机构平衡所需的作用于 C 的最小力的方向和大小。

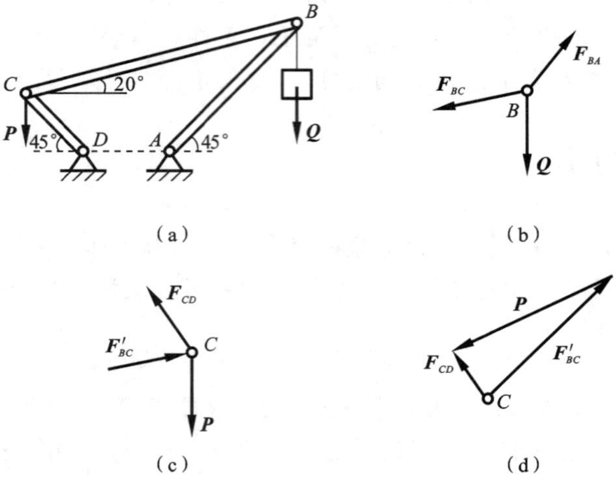

图 2.3　例 2.1 图

解　销钉 B 和 C 分别在汇交力系作用下处于静平衡状态。

(1)【B】受力图如图 2.3(b)所示,垂直于 AB 投影有

$$Q\cos45^\circ-F_{BC}\cos65^\circ=0 \tag{a}$$

【C】受力图如图 2.3(c)所示,垂直于 DC 投影有

$$P\cos45^\circ-F_{BC}\cos25^\circ=0 \tag{b}$$

联立式(a)、式(b)得

$$P=2144.5\ \text{N}$$

(2) 若要求保持机构平衡所需的作用于 C 的力最小,则 P 的方向应与 CD 垂直,如图 2.3(d)所示,与 DA 成 135°。由式(a)解得 F_{BC} 后,得到

$$P=F_{BC}\sin65^\circ\approx1516.2\ \text{N}$$

平面力矩和平面力偶

2.3　平面力矩和平面力偶

力对刚体的作用使刚体的运动状态发生改变,包括移动与转动,力对刚体的移动效应可用力矢来度量,而力对刚体的转动效应可用力对点的矩(简称力矩)来度量,即力矩是度量力对刚体转动效应的物理量。

2.3.1　平面力矩

如图 2.4 所示,力 $\boldsymbol{F}$ 与点 O 位于同一平面内,称点 O 为矩心,点 O 到力 $\boldsymbol{F}$ 作用线的垂直距离 h 为力臂,在此平面中,力 $\boldsymbol{F}$ 使物体绕点 O 转动的效果取决于两个要素:

(1) 力的大小 F 与力臂 h 的乘积;

(2) 力使物体绕矩心转动的方向。

在平面问题中力对点的矩(moment)的定义如下：

力对点之矩是一个代数量，其绝对值等于力的大小与力臂的乘积，其转向用正负号确定，按下法规定：力使物体绕矩心沿逆时针方向转动时为正，反之为负。

力 $\boldsymbol{F}$ 对点 O 的矩以 $M_O(\boldsymbol{F})$ 表示，即

$$M_O(\boldsymbol{F})=\pm Fh \tag{2.7}$$

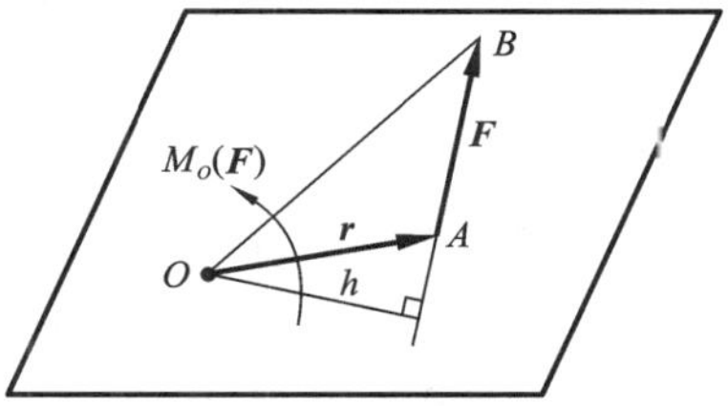

图 2.4　力对点的矩

当力的作用线通过矩心，即力臂等于零时，它对矩心的力矩等于零。力矩的常用单位为N·m 或 kN·m。因为矩心不同，力矩也可能不同，故写力矩时需要用下标来标识矩心。

为和后面空间力对点的矩对应，以 $\boldsymbol{r}$ 表示由点 O 到 A 的矢径(见图 2.4)，平面力 $\boldsymbol{F}$ 对点 O 的矩由矢量积定义，可以表示为 $\boldsymbol{r}\times\boldsymbol{F}$，此矢积的模 $rF\sin\angle OAB=Fh$ 就是力矩，此矢积的方向即力矩的转向符合矢量叉乘的右手定则。

2.3.2　平面力偶系

当作用在一个刚体上的两个力 $\boldsymbol{F}$、$\boldsymbol{F}'$ 大小相等、方向相反，且不共线时，这一对力称为一个力偶，记作$(\boldsymbol{F},\boldsymbol{F}')$。容易证明，力偶具有如下性质：

(1) 力偶对任意点取力偶矩，其大小和转向都相同。

(2) 只要保持力偶矩大小和转向不变，力偶可在其作用面内任意转动，且可以同时改变力偶中力的大小与力臂的长短，而对刚体的作用效果不变。

(3) 力偶在任意方向的投影的合力为 0。

(4) 1 个力偶需要另 1 个反力偶来平衡。

因为力偶矩与矩心无关，故写力偶矩 $M(\boldsymbol{F},\boldsymbol{F}')$时不需要用下标来标识矩心，用简化符号“↶”“↷”分别表示逆时针或顺时针的力偶矩。

当各个力偶都作用在一个平面上时，所成的力系称为**平面力偶系**。以力偶系中任一个力偶为基准，根据力偶的性质，移转和改变力偶臂的长度，可以将平面力偶系中的其他力偶与基准力偶叠合，形成两个汇交力系，这两个汇交力系分别合成后，得到一个新的力偶，这个力偶就是原力偶系所有力偶的合力偶，如图 2.5 所示。显然，合力偶的力偶矩是原来各个力偶矩的代数和，即

$$M=\sum_{i=1}^{n}M_i \tag{2.8}$$

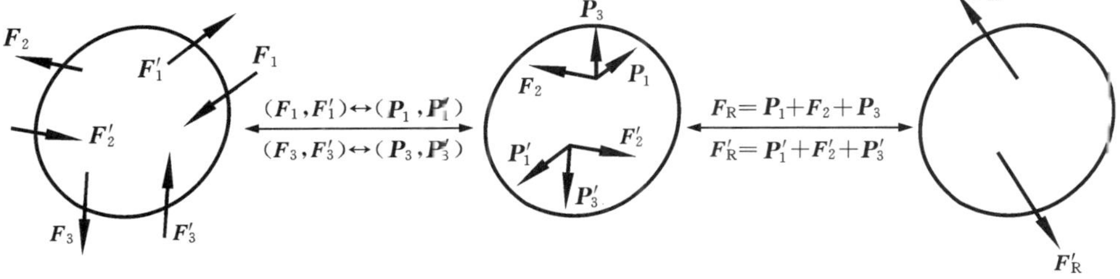

图 2.5　平面力偶系的合成

如果一个刚体只有平面力偶系作用,那么其平衡的充要条件显然为

$$M=0 \tag{2.9}$$

例 2.2 圆柱直齿轮的结构如图 2.6(a)所示,为了减小齿所受的冲击,齿面一般是图 2.6(b)所示的弧形,其中齿槽与齿厚相等的圆称为节圆,工程中常将节圆的半径 r 视为齿轮的半径。一对齿轮传动机构会在两个节圆的相切点接触,接触时齿间的支持力 F_N 沿着图 2.6(b)所示接触处弧面的公法线方向,其与节圆在接触点处公切线的夹角 θ 称为压力角或啮合角。图2.6(c)所示为节圆半径分别为 r_1、r_2 的两个圆柱直齿轮,作用在轮 1 上的主动力偶矩为 M_1,齿轮的压力角为 θ,不计各处摩擦和齿轮质量,求使得齿轮一直保持静止时作用在齿轮 2 上的阻力偶之矩及轴承 A 的约束反力的大小和方向。

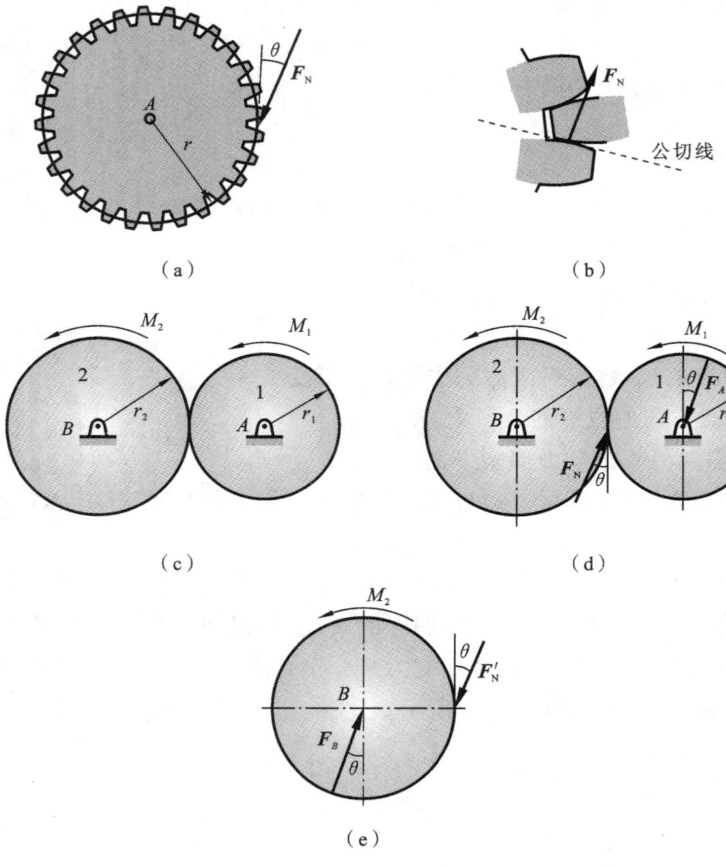

图 2.6 例 2.2 图

解 齿轮 1 所受的来自齿轮 2 的压力 F_N 方向如图 2.6(d)所示,需要平衡力偶矩 M_1,轴承 A 的约束反力 F_A 与 F_N 必须构成一个力偶,故 F_A 的方向与 F_N 平行,方向相反;F_A 的大小为

$$F_A\cos\theta r_1=M_1$$

得

$$F_A=\frac{M_1}{r_1\cos\theta}$$

对于齿轮 2,受力如图 2.6(e)所示,也是力偶系,故

$$M_2=F'_N r_2\cos\theta=F_A r_2\cos\theta=\frac{r_2}{r_1}M_1$$

该题也可以根据力偶系平衡时合力偶矩为 0 来求解。

当两个齿轮匀速转动时，由以后的动力学知识可知，可视为类似该题的静平衡系统。由该题可知，对于不计自重的齿轮传动，处于静平衡状态的一对齿轮作用在各齿轮上的力偶矩之比等于半径反比。

2.4　平面任意力系

平面任意力系

2.4.1　力的平移定理

图 2.7 演示了力 $\boldsymbol{F}$ 平移的整个过程，其本质是应用加减平衡力系公理对力做等效变换。将力 $\boldsymbol{F}$ 由点 A 平移到点 B 后，增加了一个力偶($\boldsymbol{F},\boldsymbol{F}'$)，其力偶矩 M 为

$$M(\boldsymbol{F},\boldsymbol{F}')=M_B(\boldsymbol{F}) \tag{2.10}$$

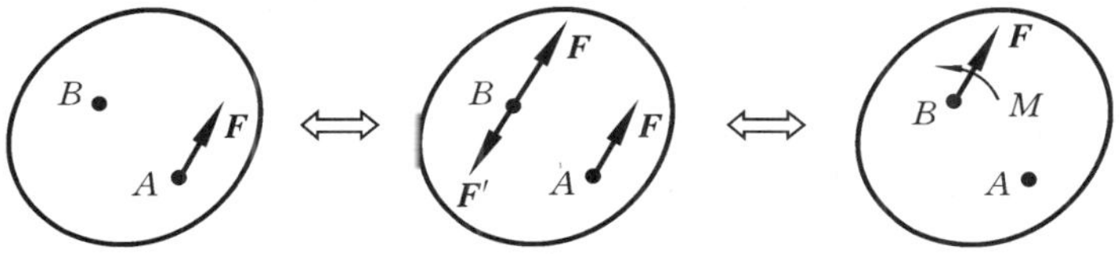

图 2.7　力的平移

由此可得**力的平移定理**：作用于刚体上的力均可平移至刚体内任一点 B，欲不改变该力对刚体的作用，则必须在该力与点 B 所确定的平面内附加一力偶，其力偶矩等于原来的力 F 对点 B 之矩。

2.4.2　平面力系向指定点的简化

如图 2.8 所示，已知平面力系 $\boldsymbol{F}_1,\boldsymbol{F}_2,\cdots,\boldsymbol{F}_n$，在其作用面内任意指定一点 O，称为**简化中心**，将力系中各个力向点 O 平移，假设附加力偶后，得到一个过点 O 的汇交力系 $\boldsymbol{F}_1,\boldsymbol{F}_2,\cdots,\boldsymbol{F}_n$ 和一个力偶系 $M_1,M_2,\cdots,M_n$，最后将这两个力系合成，得到一个合力 $\boldsymbol{F}_{OR}$ 和一个合力偶 M，即

$$\boldsymbol{F}_{OR}=\boldsymbol{F}_1+\boldsymbol{F}_2+\cdots+\boldsymbol{F}_n=\sum_{i=1}^{n}\boldsymbol{F}_i \tag{2.11}$$

$$M=M_1+M_2+\cdots+M_n=\sum_{i=1}^{n}M_i=\sum_{i=1}^{n}M_O(\boldsymbol{F}_i) \tag{2.12}$$

将

$$\boldsymbol{F}_R=\sum_{i=1}^{n}\boldsymbol{F}_i,\quad M_O=\sum_{i=1}^{n}M_O(\boldsymbol{F}_i) \tag{2.13}$$

分别称为力系的**主矢**和**主矩**。

由方程(2.10)至方程(2.13)，显然有

$$\boldsymbol{F}_O=\boldsymbol{F}_R,\quad M=M_O \tag{2.14}$$

以上可归纳为：平面力系向作用面内任一点简化，一般可得到一个合力和一个合力偶，该

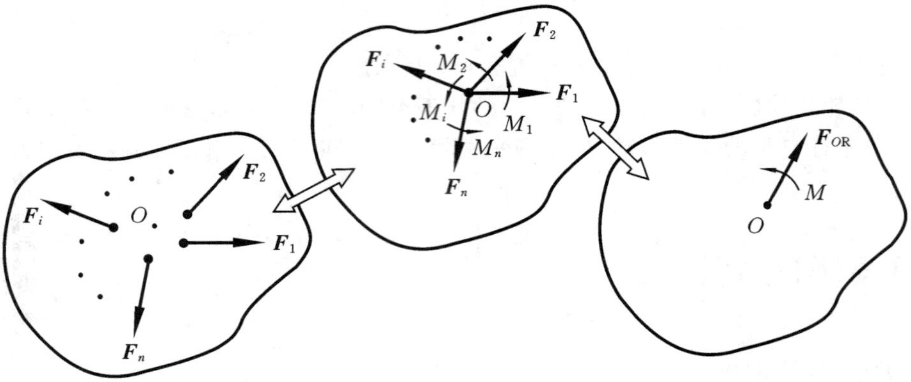

图 2.8　平面任意力系向指定点 O 简化

合力作用于简化中心，其大小、方向与平面力系的主矢相同，合力偶矩等于平面力系对简化中心的主矩。

显然，合力的大小、方向与简化中心无关，即主矢与简化中心无关，对于不是力偶系的情况，得到的合力偶一般与简化中心有关。

当构件插入基础或构件与基础焊接时，在理想情况下，构件的根部既不能移动，也不能转动，基础对构件的这种约束称为固定端约束或插入端约束，如图 2.9(a)所示。固定端的约束力是指基础对构件的作用力，这种作用力一般是围绕构件根部的分布力，如图 2.9(b)所示。由于在固定端约束下，构件既不能移动，也不能转动，因此约束的总效果一般是对构件提供一个约束力和一个约束力偶。由此可以将这个约束分布力系简化成一个作用于构件根部的集中约束力和一个约束力偶；由于约束力的方向和约束力偶的转向随主动力而变，因此，一般将约束力分解为两个分力，如图 2.9(c)所示。注意，约束力偶也是约束力，故求固定端约束反力时，不要漏掉约束力偶。固定端约束反力有 3 项。

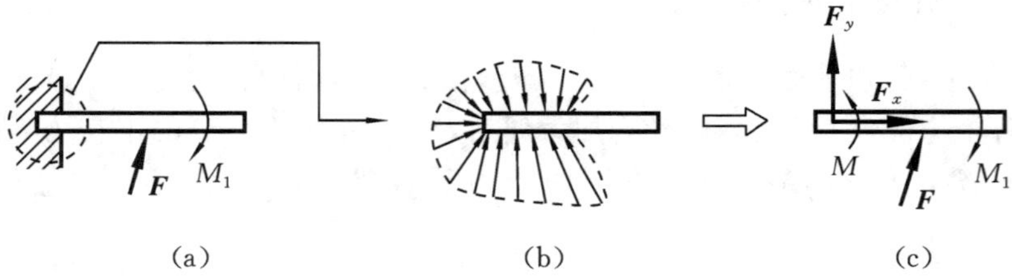

图 2.9　固定端约束

(a) 固定端约束　(b) 分布约束力　(c) 等价的集中约束力和约束力偶

工程中的约束结构往往比较复杂，一般采用简化画法。表 2.1 给出了一些典型平面约束类型的简化画法及其约束力(不计约束处摩擦)，虚线圆圈里的就是所讨论的约束。在类型 1 的图(d)和类型 4 的图(a)中，是根据工程实际来确定其约束反力的，前者约束的宽度相对于力作用点到约束的距离很小，在力的作用下杆件的偏转较大，故仅有支持力；后者则不然，有限制其偏转的力偶矩。因为类型 2 的图(d)画起来比较麻烦，故一些书籍中往往画成图(e)的形式，对于图(e)，不要理解为在与杆连接的公切线方向可以相对运动。类型 3 的图

(c)是工程上焊接符号的画法，将 2 个构件焊接为 1 个物体，故焊接的 2 个构件之间是固定端约束。类型 3 的图(d)中，通过 2 个或多个螺钉/铆钉将 2 个构件连接为一个物体，2 个构件间也视为固定端约束。类型 4 的图(b)所示是双列轴承，每对轴承均承受力，可简化为 1 个合力和 1 个力偶矩。

表 2.1　一些典型平面约束类型的简化画法及其约束力

类型	约束力未知量	约束简化符号
1	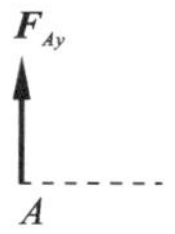	 (a)　(b)　(c)　(d)
2	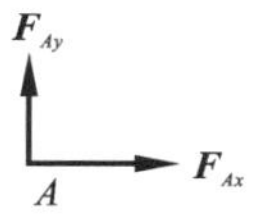	 (a)　(b)　(c)　(d)　(e)
3	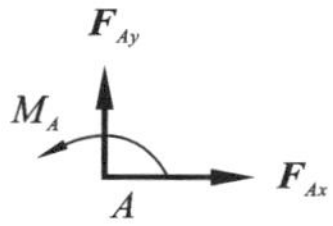	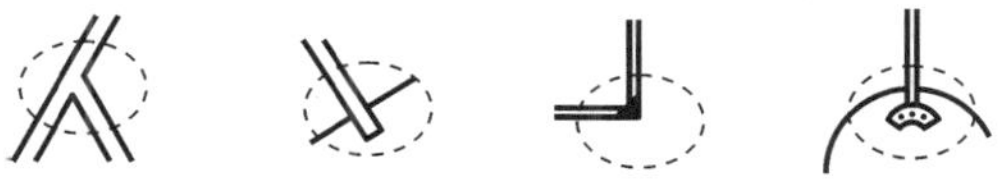 (a)　(b)　(c)　(d)
4	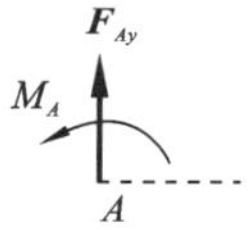	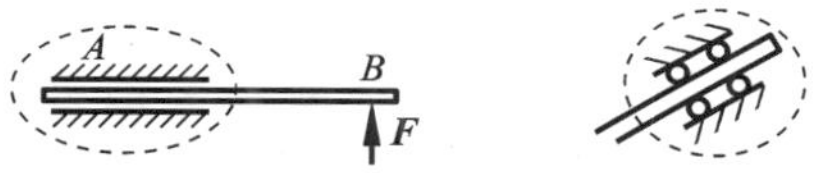 (a)　(b)

2.4.3　简化结果的分析

(1) $\boldsymbol{F}_{\mathrm{R}}=\mathbf{0}$，$M_O=0$，此时，力系平衡。

(2) $\boldsymbol{F}_{\mathrm{R}}=\mathbf{0}$，$M_O\neq 0$，此时，不论力系向哪一点简化，均得到一个力偶，所得力偶均与原力系等效。

(3) $\boldsymbol{F}_{\mathrm{R}}\neq\mathbf{0}$，$M_O=0$，力系简化为一合力，已经是最简力系。

(4) $\boldsymbol{F}_{\mathrm{R}}\neq\mathbf{0}$，$M_O\neq 0$，此时，将 $\boldsymbol{F}_{\mathrm{R}}$ 再向某点 A 平移，使附加力偶矩与 M_O 抵消，力系最终简化为一合力。

结论：当主矢非零时，平面力系可最终简化为一个合力，当主矢为零时，平面力系可最终简化为一个力偶或力系平衡。因此平面力系的最终简化结果为一力、一力偶或平衡。

2.4.4　平面力系的合力矩定理

合力矩定理　当主矢非零时，平面力系最终一定可简化成一个合力 $\boldsymbol{F}_{\mathrm{R}}$，合力 $\boldsymbol{F}_{\mathrm{R}}$ 对平面内任一点 A 的矩等于原力系中各力对同一点之矩的代数和，即

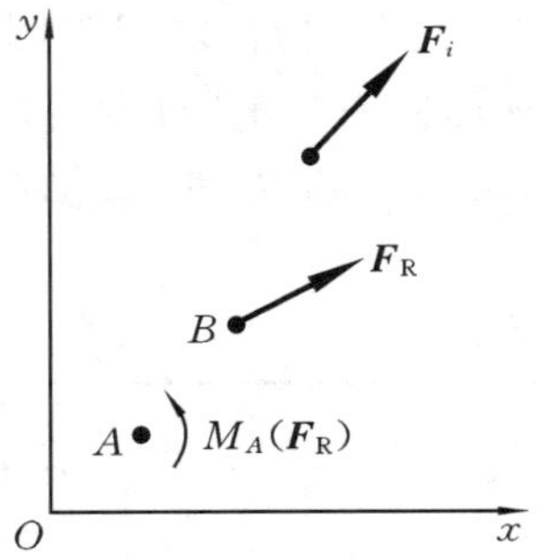

图 2.10　对任一点的合力矩

$$M_A(\boldsymbol{F}_R)=\sum_{i=1}^{n}M_A(\boldsymbol{F}_i) \tag{2.15}$$

证明　如图 2.10 所示，设合力 $\boldsymbol{F}_R$ 作用线上任一点 B 的坐标为(x_B,y_B)，以逆时针方向为矩的参考正向，则原力系向点 B 简化的主矩为零，即

$$\sum_{i=1}^{n}M_B(\boldsymbol{F}_i)=(x_i-x_B)\sum_{i=1}^{n}F_{iy}-(y_i-y_B)\sum_{i=1}^{n}F_{ix}=0 \tag{2.16}$$

应用式(2.16)，合力 $\boldsymbol{F}_R$ 对任意点 $A(x_A,y_A)$的矩为

$$\begin{aligned}M_A(\boldsymbol{F}_R)&=(x_B-x_A)F_{Ry}-(y_B-y_A)F_{Rx}=(x_B-x_A)\sum_{i=1}^{n}F_{iy}-(y_B-y_A)\sum_{i=1}^{n}F_{ix}\\&=(x_B-x_i+x_i-x_A)\sum_{i=1}^{n}F_{iy}-(y_B-y_i+y_i-y_A)\sum_{i=1}^{n}F_{ix}\\&=(x_B-x_i)\sum_{i=1}^{n}F_{iy}+(x_i-x_A)\sum_{i=1}^{n}F_{iy}-(y_B-y_i)\sum_{i=1}^{n}F_{ix}-(y_i-y_A)\sum_{i=1}^{n}F_{ix}\\&=(x_i-x_A)\sum_{i=1}^{n}F_{iy}-(y_i-y_A)\sum_{i=1}^{n}F_{ix}=\sum_{i=1}^{n}M_A(\boldsymbol{F}_i)\end{aligned}$$

证毕。

2.4.5　合力作用线方程

以逆时针方向为矩的正向，如图 2.10 所示，对任意选定的 Oxy 坐标系，设力系向点 O 简化的主矢与主矩分别为

$$\boldsymbol{F}_R=\sum_{i=1}^{n}\boldsymbol{F}_i,\quad M_O=\sum_{i=1}^{n}M_O(\boldsymbol{F}_i)$$

根据合力矩定理，有

$$M_O(\boldsymbol{F}_R)=\sum_{i=1}^{n}M_O(\boldsymbol{F}_i)=M_O \tag{2.17}$$

设合力作用线上任一点的坐标为(x,y)，则由式(2.17)和力矩的计算可得

$$M_O=xF_{Ry}-yF_{Rx} \tag{2.18}$$

这就是**平面任意力系的合力作用线方程**，其中 M_O 为力系对点 O 的主矩。

例 2.3　求图 2.11 所示的矩形、三角形和梯形分布力系简化后的合力，其中 q_0、q_1 为分布强度，量纲为(力/长度)。

解　(1) 矩形分布力系。

显然，这个平行、同向分布力系的主矢非零，最终一定能合成为一个合力。

$$F_R=\int_0^l q_0\,\mathrm{d}x=q_0l,\quad M_A=\int_0^l xq_0\,\mathrm{d}x=q_0\frac{l^2}{2}$$

由合力矩定理，有

$$M_A=F_Rd\quad\Rightarrow\quad d=\frac{l}{2}$$

所以，矩形分布力系的合力作用线为通过矩形形心且与分布力平行的直线，合力大小为矩形的面积。

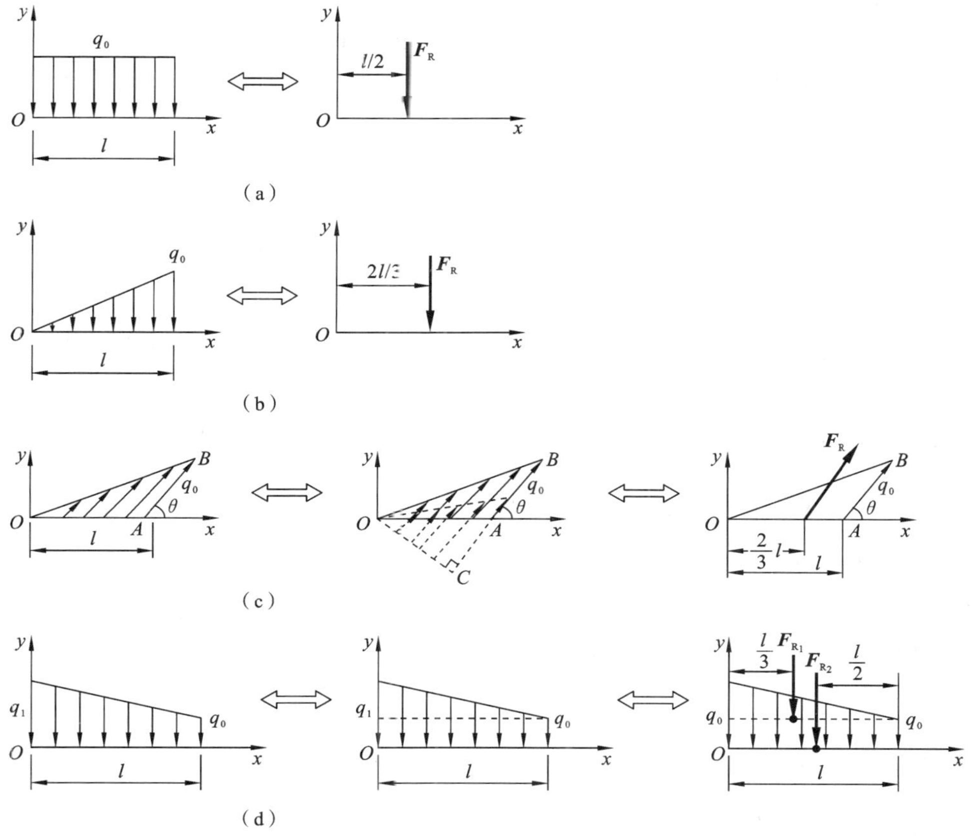

图 2.11　例 2.3 图

(a) 矩形分布力系的简化　(b) 直角三角形分布力系的简化　(c) 斜三角形分布力系的简化　(d) 梯形分布力系的简化

(2) 三角形分布力系。

对于图 2.11(b)所示直角三角形分布力系，这个平行、同向分布力系的主矢非零，最终一定能合成为一个合力。

$$F_R=\int_0^l \frac{x}{l}q_0\,\mathrm{d}x=\frac{1}{2}q_0 l,\quad M_A=\int_0^l x\,\frac{x}{l}q_0\,\mathrm{d}x=q_0\,\frac{l^2}{3}$$

由合力矩定理，有

$$M_A=F_R d\quad\Rightarrow\quad d=\frac{2}{3}l$$

所以，直角三角形分布力系的合力作用线与力系平行，与三角形尖端的距离为力系分布宽度的2/3。

对于图 2.11(c)所示的斜三角形分布力系，根据力的可传性，将分布力起点滑移到与分布力垂直的 OC，其就变成了直角三角形分布力系了，合力大小为斜三角形的面积$\frac{1}{2}q_0 l\sin\theta$，合力作用线仍通过形心。

图 2.11(d)所示的梯形分布力系可分割为矩形分布力系和三角形分布力系，分别用两个简化的合力来等效。

那么任意同向平行分布力系如何简化呢？在上述计算步骤中，求合力大小实际上是求平面图形的面积，求作用线位置实际上是求图形形心坐标，故任意同向平行分布力系可简化为通过图形形心且与分布力平行的一个合力，其大小等于面积。请读者记住该结论，在解题时可以直接应用。

2.4.6 平衡条件和平衡方程

平面任意力系平衡的充要条件是对任一简化中心，主矢、主矩同时等于零。平衡方程有如下三种等价的形式。

$$
(1)\begin{cases}\sum_{i=1}^{n} F_x = 0 \\ \sum_{i=1}^{n} F_y = 0 \\ \sum_{i=1}^{n} M_O(\boldsymbol{F}_i) = 0\end{cases},\quad (2)\begin{cases}\sum_{i=1}^{n} F_x = 0 \\ \sum_{i=1}^{n} M_A(\boldsymbol{F}_i) = 0 \\ \sum_{i=1}^{n} M_B(\boldsymbol{F}_i) = 0\end{cases},\quad (3)\begin{cases}\sum_{i=1}^{n} M_A(\boldsymbol{F}_i) = 0 \\ \sum_{i=1}^{n} M_B(\boldsymbol{F}_i) = 0 \\ \sum_{i=1}^{n} M_C(\boldsymbol{F}_i) = 0\end{cases} \tag{2.19}
$$

可见，平面任意力系的独立平衡方程数目为三个。其中形式(1)的方程组称为**一矩式**；形式(2)的方程组称为**二矩式**，要求矩心 A、B 的连线 AB 与投影轴 x 轴不垂直；形式(3)的方程组称为**三矩式**，要求矩心 A、B、C 不共线。在解题时，可根据需要灵活使用以上三种形式的平衡方程。二矩式和三矩式的限制条件可通过图 2.12 来解释。

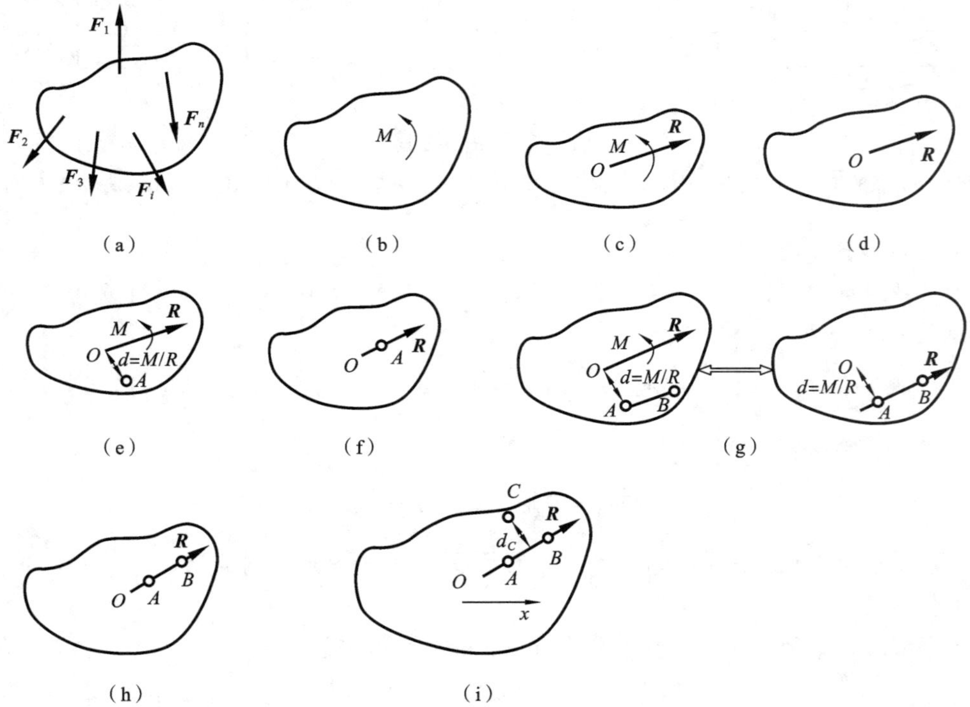

图 2.12　平面力系

如图 2.12(a)所示的平面任意力系，其简化结果若为图 2.12(b)(c)(d)，则其将不平衡。

令 $\sum M_A = 0$，则图 2.12(b) 不可能出现，但图 2.12(c)(d) 仍可能出现，比如图 2.12(e)(f) 的情形。再进一步令 $\sum M_B = 0$，但图 2.12(c)(d) 可能出现，比如图 2.12(g)(h) 的情形。再进一步令 $\sum F_x = 0$，如图 2.12(i) 所示，只要投影轴 x 轴与 AB 不垂直，或令 $\sum M_C = 0$，只要 A、B 和 C 不共线，则图 2.12(b)(c)(d) 不可能出现，故满足上述三个条件，系统只能处于静平衡状态。

需要注意的是，不能列三个力投影方程(即零矩式)，因为平面中任意第三个力矢量必然可以由其他两个力矢量线性组合而成，是相关的。此外，对于平面任意力系，任何第四个方程必然可以由三个已列的独立方程推导得到，是不独立的。任意一组独立的三个方程必然可以转化为另一组独立的三个方程，其具体证明比较困难，学过线性代数的读者可以通过线性代数中坐标变换的方法来证明。

对于平面平行力系，如将 Oxy 坐标系的 x 轴设为与各力垂直，则 x 方向的力平衡方程自动满足，因此这种力系的独立平衡方程只有两个：

$$\sum_{i=1}^{n} F_y = 0, \quad \sum_{i=1}^{n} M_O(\boldsymbol{F}_i) = 0 \tag{2.20}$$

假设平行力与 x 轴的夹角为 $\theta(\theta \neq 90°)$，用一矩式得到 3 个方程，将会发现其中的 2 个力投影方程完全一样。因此，当 Oxy 坐标系的 x 轴与各力不垂直时，平面平行力系的独立平衡方程仍只有两个，且对平面平行力系至多只能列一个力投影方程。有一矩式和二矩式，其中一矩式要求力投影轴不能与力垂直，二矩式要求两个矩心的连线不能与力平行。

例 2.4　如图 2.13(a)所示，T 形立柱 ABD 垂直插入水平地面，尺寸如图所示，重力为 $P=200$ kN，受到的集中力 $F=800$ kN，力偶矩 $M=40$ kN·m，水平方向的分布三角形载荷 $q=40$ kN/m，$l=1$ m。求固定端 A 处的约束反力。

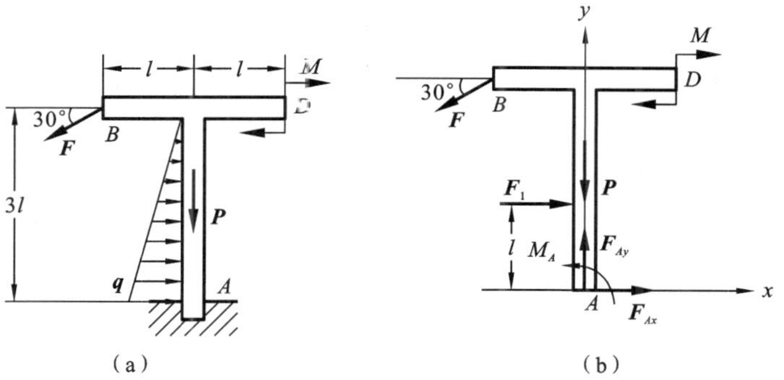

图 2.13　例 2.4 图

分析　该题待求量为 A 处的 3 个约束反力(力偶矩也是约束反力)，构件 ABD 受任意力系作用，因此列 3 个独立方程便可求解。在求解时，力偶矩 M 在力矩平衡方程中对任意点的矩的大小和方向都相同，在力投影方程中不会出现。计算力 F 对点 A 的力矩时采用力乘以力臂的方法不方便，一般将 F 分解为 x 和 y 方向的 2 个分量来计算力矩。分布力直接用一个合力等效。

解　AD 受力如图 2.13(b)所示，其中

$$F_1 = \frac{1}{2}q \times 3l = 60 \text{ kN}$$

$$\sum F_x = 0: \quad F_{Ax} + F_1 - F\sin 60^\circ = 0 \tag{a}$$

$$\sum F_y = 0: \quad F_{Ay} - P - F\cos 60^\circ = 0 \tag{b}$$

$$\sum M_A = 0: \quad M_A - M - F_1 \cdot l + F\cos 60^\circ \cdot l + F\sin 60^\circ \cdot 3l = 0 \tag{c}$$

由式(a)至式(c)解得

$$F_{Ax} = 632.8 \text{ kN}, \quad F_{Ay} = 600 \text{ kN}, \quad M_A = -2378.4 \text{ kN} \cdot \text{m}$$

其中,“—”表示实际方向与图示方向相反。

物系的平衡、静定与超静定问题

2.5　物系的平衡、静定与超静定问题

2.5.1　静定和超静定的概念

由第1章可知道物系上作用的所有力可分成如下两种。

外力:外界作用于物系的力,即主动力和外部约束的约束力;

内力:物系内各物体间的相互作用力,即内部约束的约束力。

物系取定后,由作用力与反作用力公理,内力总是成对出现的,是平衡力系,因此**内力不影响物系的平衡状态**。

对在任意载荷下均处于静平衡状态的系统,在主动力已知的前提下,如果根据理论力学静力学理论对系统中的所有物体列出的独立平衡方程总数 n 等于独立未知力总数 m,那么仅通过静力平衡理论便可求解出所有的约束反力,这样的结构称为**静定结构**,其中作用力和反作用力的大小相等,方向相反,视为相同力。若 $n<m$,那么仅通过静力平衡理论无法求解出所有的约束反力,这样的结构称为**超静定(或静不定)结构**。一般在任意载荷作用下均处于静平衡状态的系统称为结构,可运动的称为机构。当主动力未知的机构处于静平衡状态时,仅利用理论力学静力学理论就可以求解出所有约束反力和主动力的问题以及对静定结构求约束反力的问题,统称为**静定问题**。本书将该类问题的系统称为静定系统。顾名思义,静定问题就是仅利用理论力学静力学理论就可以求出处于静平衡状态系统的所有约束反力和主动力的问题。若 $n>m$,这样的问题是**动力学问题**,多余的独立方程是用来描述力与运动的加速度关系的。当然,在动力学中,所列的独立方程与静力学的有些不同。图2.14所示给出了不同类型。

确定静定问题的具体方法一般如下:将系统拆分为不能再拆分的最基本的单元(刚体),则总的独立平衡方程数 $n=n_1\times2+n_2\times2+n_3\times1+n_4\times3$,其中 n_1 为平面汇交力系个数,n_2 为平面平行力系个数,n_3 为平面力偶系个数,n_4 为平面任意力系个数。所有出现的独立未知约束反力(铰链的力分解为两个独立的力)的数目之和就是总的独立未知力个数 m。为了使计算思路清晰,力偶系和二力杆可视为其两端共有4个约束反力的可列3个独立方程的平面任意力系。

根据以上方法可以确定图2.14中各结构的静定情况。

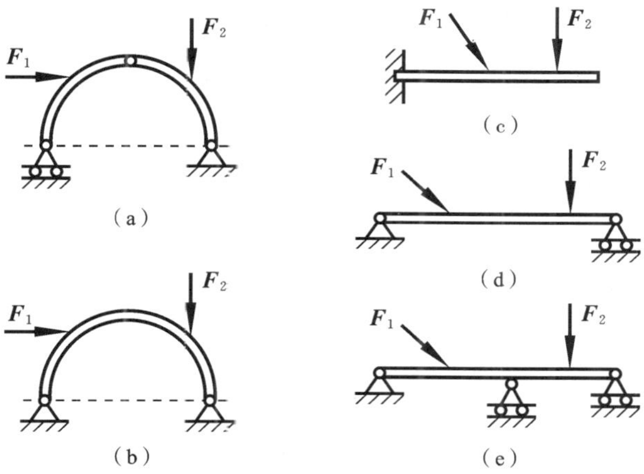

图 2.14　静定和超静定结构

(a) 运动机构　(b) 超静定拱架　(c) 静定悬臂梁　(d) 静定简支梁　(e) 超静定梁

2.5.2　物系的平衡问题分析

研究物系的平衡问题就是研究物系上外力构成的力系的平衡，在平面力系作用下，一个分析对象的独立平衡方程数至多为 3 个，在解题时，如何根据具体情况选择适当的分析对象及其平衡方程来求解未知量是不容易的，下面主要分析这个问题。

1. 方程独立性

对于 n 个未知量，需要列 n 个独立方程。若方程不独立，就会有无数个解，但对于实际的静平衡问题，状态是唯一的，因此只能有唯一解，要求所列的方程不能相关。对于只取一次研究对象的平面任意力系，列二矩式方程和三矩式方程时只要稍加注意限制条件，就可很容易地避免列出相关的方程。但是，对于多刚体静力学平衡系统，往往需要多次选取不同的研究对象，从中寻找有利于解决问题的方程。此时，有可能会列出表面上独立但实际上相关的方程。如何避免列出相关的方程，是分析该类问题所需要注意的。下面讨论容易出现相关性的几种情形。

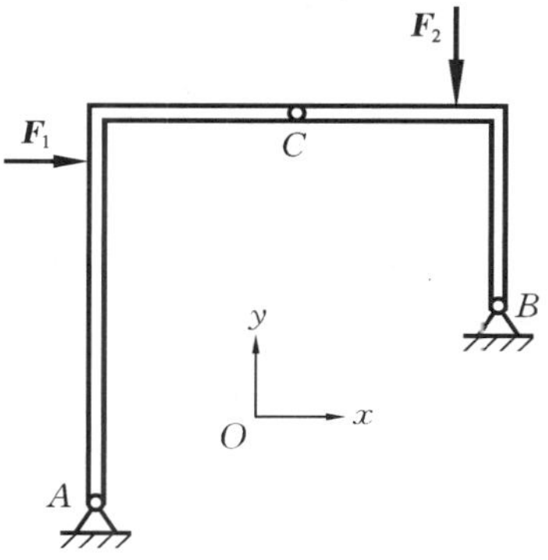

图 2.15　两个刚体构成的系统

对于图 2.15 所示的由两个刚体构成的系统，求 A、B、C 处 6 个约束反力时，有很多方法。下面列出了几种方法。

【方法 1】　分别以杆件 AC、杆件 CB 和整体为研究对象，可以列如下 3 组共 9 个方程。

杆件【AC】

$$\begin{cases} \sum F_x = 0 & (1) \\ \sum F_y = 0 & (2) \\ \sum M_A = 0 & (3) \end{cases}$$

杆件【CB】

$$\begin{cases} \sum F_x = 0 & (4) \\ \sum F_y = 0 & (5) \\ \sum M_A = 0 & (6) \end{cases}$$

【整体】

$$\begin{cases} \sum F_x = 0 & (7) \\ \sum F_y = 0 & (8) \\ \sum M_A = 0 & (9) \end{cases}$$

6 个未知量，却有 9 个方程，如何选取呢？

在上述 9 个方程中,可以看出,第一组 3 个方程中,由方程(1)(4)可得到方程(7),只有 2 个方程是独立的;类似地,第二组(2)(5)(8)3 个方程中只有 2 个是独立的;第三组方程(3)(6)(9)中也只有 2 个方程是独立的。所以,从每组中任选 2 个方程,得到 $C_3^2C_3^2C_3^2=27$ 个独立的方程,故有 27 种方法,当然,采用不同的形式,就有不同的方法,但无论何种方法,独立的方程只有 6 个,每一种方法可以相互推出。但若同时采用方程(3)(6)(9),则方程组是相关的,也就是说,从结构上看,若局部 1(如 AB)+局部 2(如 CB)=更大的局部 3(如 ACB),对每个局部都列力矩方程,则不能对同一点列力矩平衡方程(以下简称为对点取矩)。此外,若对其中一个部分列了 2 个力投影方程,则必然可以推出在任意方向的力投影方程,故不能再对另 2 个部分同一个方向列力投影方程。那么,采用如下两种方法列出的方程是否独立呢?

【方法 2】 对杆件 AC 列了全部 3 个独立方程,但不是对点 A 取矩;杆件 BC 和整体 ABC 对同一点(比如点 A)取矩,这样的 5 个方程是否独立呢?

【方法 3】 对杆件 AC 仅列了 2 个独立方程,没有一个方程对点 A 取矩;杆件 BC 和整体 ABC 对同一点(比如点 A)取矩,列了 2 个方程,这样的 4 个方程是否独立呢?

在方法 2 中,取杆件 AC 为研究对象,列了全部 3 个独立方程。因为任何其他方程必然可由这 3 个方程推出,故可推出对点 A 取矩的方程,其将与以杆件 BC 和整体 ABC 为研究对象时分别对点 A 取矩的 2 个方程相关,因此,这样的 5 个方程是相关的。而在方法 3 中,取杆件 AC 为研究对象,仅列了 2 个独立方程,一般情形下,不能推出对点 A 取矩的方程,这 2 个方程将与以 BC 和整体 ABC 为研究对象时分别对点 A 取矩的 2 个方程不相关,因此,这样的 4 个方程一般是独立的。

综上所述,当需要多次取不同研究对象列方程时,从结构上,若局部 1+局部 2=局部 3,则需注意如下三点:

(1) 若需要对 3 个部分列方程,则不能对每部分同一点取矩,也不能对同一方向列力投影方程;

(2) 若对其中一部分列出了全部 3 个方程,则不能对另 2 个部分同一点取矩,也不能对同一方向列力投影方程。

(3) 若对其中 2 个部分分别列出了各自的所有独立方程,则对第 3 个部分不能再列任何方程。

2. 多刚体静力学平衡系统的分析

客观物理世界具有多样性和同一性,是二者的统一。多样性决定了分析问题具有多种方法,同一性揭示了很多问题具有共同的特征,可能具有统一的分析方法。理论力学是研究客观物理世界机械运动一般规律性的科学,其研究的具体问题也具有这样的两面性,一个理论力学问题往往有很多种分析方法。有时为了了解系统更多的信息,取局部为研究对象,但其计算复杂。有时仅需要了解系统整体某方面信息,去掉部分信息使计算简单,有时又将局部和整体分析方法结合在一起,用不太复杂的方法获得我们关心的信息。有多种解题方法的根本原因是,静力学所有定理都是由五大公理得到的,动力学三大定理都是由公理和牛顿第二定律得到的。这些定理的起源有很多相同之处,往往可用来求解同一个问题,从而导致方法众多。正因为方法众多,但起源可能相同,同时应用多个定理解题时,往往会列出相关的方程,而它们的相关性有时很难看出来,导致该列的独立方程未列出或所列的方程数目过多,思路混乱,解题困难。

静平衡问题分析方法众多,一般有三种分析方法:①分析整个系统的每个构件,列出所有的独立方程联立求解；②使所列方程尽量不联立求解；③尽量不引入不待求未知量，列最少数目的独立方程，然后，再尽量不联立或联立最少的方程求解。

方法①是将系统拆分为最基本的单元，对任意力系可列 3 个方程，对其他力系列出相应数目的方程，所有 n 个方程必然是独立的。对于静定问题，由 n 个独立方程必然可以求解出 n 个独立未知力。该方法思路清晰，分析简单，但计算量很大，故不推荐。读者会问，现在计算机计算能力那么强，只要列出方程，采用计算机编程求解不就变得容易了吗？为何不推荐呢？其原因是即使现在计算机计算能力很强，但计算机对每个变量采用 0 和 1 的近似存储方式，每一步都会存在误差，对于方程数目巨大的方程组，计算步越多，累积误差越大。若减少计算步，增加每一计算步间隔，也会出现误差。在分析复杂的动力学系统时计算机存在的这些问题变得尤为突出。面临复杂的力学问题时，需要寻找列较少数目的方程的方法，发现有效快速的解法。本书的例题中方程数目很少，用计算机计算很简单。然而，本书主要研究重要的力学原理和分析方法，其中蕴含丰富的哲学思想和科学的方法论。正是因为它所具备的这些独特性，学习本书的目的不仅是分析简单例题，更重要的是培养创新思维，使读者在探讨不同分析方法中深刻理解力学原理的优缺点，为后续研究方程数目巨大的复杂静力学和动力学问题奠定基础。

方法②是一种常用的分析方法。为了尽量使所列方程不联立求解，减少计算量，有时需要引入过渡量，分析结构特点，这对培养读者的观察能力很有帮助，但面临如下困境：为了不联立求解，往往需要引入某些过渡量，然而，不待求未知量很多，哪一个适合作为过渡量？过渡量是否一定存在？在一个未知系统中寻找一个可能不存在的量将导致无功而返。因为可引入的过渡量不同，故方法众多，思路比较灵活，也容易列出相关的方程。此外，对于动力学问题，一般不可能实现不联立求解即求出待求量，该方法不易移植到动力学。

方法③基于方程数目最少的原则，尽量不引入不待求未知量，这样，解法不会太多，不需要过多观察具体结构的特点，分析思路相对简单，对一类问题容易建立寻找方程的规律性方法。理论力学后续将发展到分析力学，分析力学主要研究复杂动力学问题和如何建立高效且有规律性的范式分析方法，其中一个特点就是尽量避开无关的未知量。所以，该方法的思想与该课程的发展目标一致，容易移植到动力学的动静法上，建立规律性的分析方法。但列出的方程需要联立求解的可能性比方法②大，对于静力学问题，有时计算量不一定比方法②小。但对于动力学问题，其计算量往往比方法②小。

方法②和③各有其优缺点，读者可根据自己偏好选用，下面例题主要基于方法③，仅供读者参考。

对于多刚体平面静力学平衡系统，为了分析方便，可以类似分析电路一样，将其分为串联和并联系统。

1）串联系统

类似图 2.16(a)所示的系统，从任意节点出发，向前层层推进到下一个节点，不会出现任何外部未知的主动力（若外部支路对线路有约束力，则去掉该约束，该约束对该线路的约束力就变成未知的主动力）。这样的系统，有些类似电路分析中的串联系统，不妨将该类系统称为**串联系统**。

例 2.5　图 2.16(a)所示的构架由直杆 BC、CD 及直角弯杆 AB 组成，各杆自重不计，载荷分布及尺寸如图所示。AB 及 BC 两构件通过销钉 B 铰链连接，在销钉 B 上作用一竖直力 $\boldsymbol{P}$。已知 q、a、M，且 $M=qa^2$。求固定端 A 的约束反力。

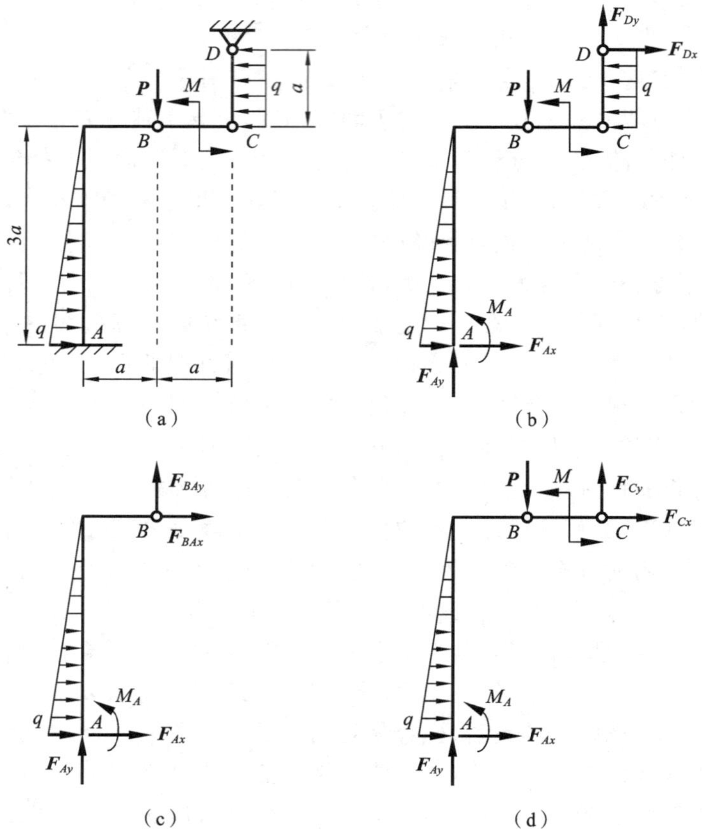

图 2.16　例 2.5 图

分析　静力学问题解法非常灵活，个人偏好不同，方法也不同。对于该类仅求串联系统某一处的力的问题，以下思路可供参考。若仅求 A 的约束反力，A 处总共有 3 个未知力，可采用方法③，按如下思路尽量只列 3 个方程。先取整体为研究对象，可以列 3 个独立方程，但 D 处有 2 个不待求未知约束反力，故能且只能得到 1 个只包含待求量的方程(本书称为有用方程)。还差 2 个方程，只能从局部选取研究对象。为了尽量不引入不待求的未知力，尽量不要随意拆分。可以从 A 出发，由近及远向周围延伸到没有未知力偶矩的连接部位 B，取 AB 为研究对象，对点 B 取矩得到第 2 个方程。还差 1 个方程，再回头继续从 A 处出发，由近及远向周围延伸到更远的 C，取 ABC 为研究对象，对点 C 取矩得到第 3 个方程。因为每次选取研究对象都会引入新的构件，层层推进，所以所列的方程是独立的。

解　【整体】(见图 2.16(b))

$$\sum M_D=0:\quad 4aF_{Ax}-2aF_{Ay}+M_A+3a\times\frac{3aq}{2}+Pa+M-\frac{a}{2}\times qa=0 \tag{a}$$

【局部 AB】(见图 2.16(c))

$$\sum M_B=0:\quad 3aF_{Ax}-aF_{Ay}+M_A+2a\times\frac{3aq}{2}=0 \tag{b}$$

【局部 ABC】(见图 2.16(d))

$$\sum M_C = 0: \qquad 3aF_{Ax} - 2aF_{Ay} + M_A + 2a \times \frac{3aq}{2} + Pa + M = 0 \tag{c}$$

方程(a)～(c)需要联立求解，观察图 2.16，将发现其杆件都是相互垂直或平行的，方程(a)(c)中与 2 个方程的矩心连线 DC 平行的力的力矩相同，力偶矩 M_A 也相同，故方程(a)减方程(c)，可消去很多项，很容易得到

$$F_{Ax} = -qa \tag{d}$$

同理，方程(b)(c)中与 2 个方程的矩心连线 BC 平行的力的力矩相同，力偶矩 M_A 也相同，故方程(b)减方程(c)，可消去很多项，很容易得到

$$F_{Ay} = P + qa \tag{e}$$

将方程(d)(e)代入方程(a)～(c)中最简单的方程(b)，求得

$$M_A = (P + qa)a$$

该题利用了两个力矩方程中与 2 个方程的矩心连线平行的力的力矩相同的特点，采用相减的方法，简化了计算。对于任意位置，即使引入过渡力，往往仍需要求解较复杂的联立方程。求解一般的联立方程组时，可以采用如下步骤：先观察众多方程中是否包含仅有 2 个未知力 X_1、X_2 的方程(若没有，则联立相关方程，设法得到具有这样特点的方程)，将该方程中的 2 个未知力 X_1、X_2 作为自变量，通过其他方程，采用消元法或代入法等将其他未知力 X_i 表示为这 2 个自变量的因变量，再得到第 2 个仅含有因变量 X_1、X_2 的方程，即二元一次方程组：

$$\begin{cases} a_{11}X_1 + a_{12}X_1 = b_1 \\ a_{21}X_1 + a_{22}X_2 = b_2 \end{cases}$$

再直接应用线性代数中的克拉默法则，得到

$$X_1 = \frac{D_1}{D}, \quad X_2 = \frac{D_2}{D}$$

其中

$$D = \begin{vmatrix} a_{11} & a_{12} \\ a_{21} & a_{22} \end{vmatrix}, \quad D_1 = \begin{vmatrix} b_1 & a_{12} \\ b_2 & a_{22} \end{vmatrix}, \quad D_2 = \begin{vmatrix} a_{11} & b_1 \\ a_{21} & b_2 \end{vmatrix}$$

该题可采用引入不待求未知力的方法，比如，先取【$B+BC$】，对 C 取矩得到 F_{CBy}，再取【$B-BC+CD$】，对 C 取矩得到 F_{CBx}，然后取【AB(无 B)】，用一矩式方程求出 A 处 3 个约束反力，这样引入过渡力导致不联立求解方程的方法也比较简单，但其本质上是利用了力矩方程中与 2 个方程的矩心连线平行的力的力矩相同的特点，与上述不引入不待求未知力的方法相比，不引入不待求未知力方法的计算量更小一些。本题中若 BC 不处于图示水平位置，则即使引入过渡力，仍需要联立求解方程。考虑到不引入不待求未知力的方法思路清晰，故本书一般推荐采用该法。

该题若仅求销钉 B 对 BA 的约束反力，可以采用类似的分析思路轻松找到所需的方程：待求量为 2 个，尽量列 2 个方程。先取整体为研究对象，但整体有 5 个不待求未知力，只有 3 个方程可列，故只能选取局部构件为研究对象。从待求量所在的 B 出发，向左延伸到 A 处，但 A 处有未知力偶矩，故放弃。因此只能向右边构件延伸，取销钉 $B+BC$，对点 C 取矩，再进一步延伸，取销钉 B 和 $BC+CD$，对点 D 取矩。

值得注意的是，从待求量所在的 B 出发，要延伸到构件的不会出现力偶矩的连接点处。否则，会引入未知的力偶矩，比如，若选取 AB 的部分 AH(H 是 AB 中的某点)，对点 H 取矩，

则将引入点 H 的未知力偶矩(对于点 H,HB 与 HA 相当于固定端约束,存在力偶矩)。

若同时求多处的力,一般先整体选取仅包含待求量的方程,然后,分别从待求力每一处出发,先选取一个物体,从 3 个方程中挑出仅含待求量(包括其他处的待求量)的方程,再由近及远选择 2 个物体,从 3 个方程中挑出仅含待求量的方程,依次类推,层层推进,遇到不待求的未知力后,不再推进。这样,由多处的分析,将得到比待求量数目多且仅包含待求量的方程,这些方程必然相关。再通过观察,选择计算量少且独立的方程,比如用由单个物体得到的方程替换整体的方程,在需要对一个研究对象同时列全部 3 个方程时,尽量选用力投影方程多的一矩式,然后对不容易确定是否独立的方程再进行仔细的相关性分析。若通过相关性检查,则所挑出的一组方程独立且计算量一般相对较小。比如,例 2.5 中同时求 A 处约束反力及销钉 B 对 BC 的约束反力,有 5 个待求量。先整体对点 D 取矩得到一个方程,再从局部分析。从 A 处出发,先选取一个物体 AB,对 B 取矩得到方程。选取 2 个物体【$AB+B$】,此时出现的都是待求量,可列全部 3 个方程。选取 3 个物体【$AB+B+BC$】,对点 C 取矩。从 B 处出发,向左边延伸选取【$B+AB$】,对点 A 取矩,再从点 B 向右边层层推进选取【BC】,对点 C 取矩,选取【$BC+CD$】,对点 D 取矩等。这样所得到的方程仅含有待求量,但方程数目大于 5,必然相关。在这些方程中,通过观察选取计算量小且独立的方程。这样,可以选取【$AB+B$】列 3 个方程,优选力投影方程多的一矩式来得到这 3 个方程,选取【BC】对点 C 取矩,选取【$BC+CD$】对点 D 取矩。这一组方程计算量小且可以不联立求解。

当一个结构是串联系统时,分析方法几乎与上述提到的方法一样,不再列举该结构的例题。

例 2.6 图 2.17(a)所示的结构由直角弯杆 DAB 与直杆 BC、CD 铰链连接而成,并在 A 处与 B 处用固定铰支座和可动铰支座固定。杆 DC 受均布载荷 q 的作用,杆 BC 受力矩为 $M=qa^2$ 的力偶作用。不计各构件的自重,求铰链 D 受力。

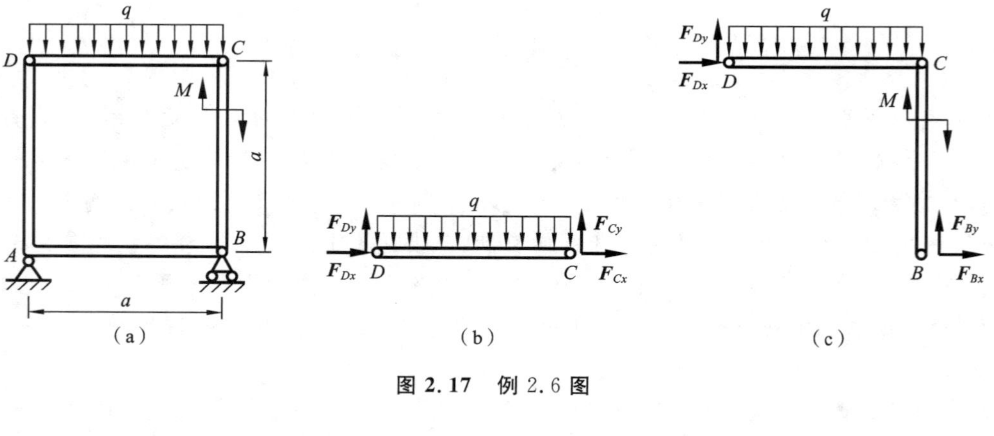

图 2.17 例 2.6 图

分析 该结构虽然不是串联系统,但待求的力来自可以看成串联系统的局部 DCB,可以用串联系统的分析方法。

解 【DC】(见图 2.17(b))

$$\sum M_C = 0: \quad \frac{1}{2}qa^2 - F_{Dy}a = 0 \tag{a}$$

【$DC+CB$】(见图 2.17(c))

$\sum M_B = 0$：　　$\frac{1}{2}qa^2 - F_{Dy}a - F_{Dx}a - M = 0$　　(b)

由方程(a)和方程(b)得到

$$F_{Dx} = -qa, \quad F_{Dy} = \frac{1}{2}qa$$

思考：(1) 该题若只求销钉 B 对 BAD 的约束反力，至少需要列几个方程？

(2) 该题若同时求销钉 B 对 BAD 的约束反力及销钉 D 对 DC 的约束反力，如何只列 4 个方程求解？

以下结论可用于分析多物体系统静平衡问题。对于平面任意力系，若只有 $s(s<3)$ 个不待求未知力，则必然可得到 $3-s$ 个不含不待求力的方程。若 $s=1$，则对不待求力的垂直方向投影和对其作用线上任意点列力矩平衡方程。若 $s=2$，则不待求的 2 个平面力要么相交，要么平行。若相交就对交点取矩列力矩平衡方程；若平行，就对其垂线列力投影方程。对于静定的串联系统，若仅求某一处的所有 N 个约束反力，一定只需要列 N 个方程。若某一处有 N 个约束反力，仅求其中的几个，则至多只需要列 N 个方程。若求多处的 N 个约束反力，则必然可以不引入待求点以外的其他约束反力。

2) 并联系统

对于图 2.18(a)所示的系统，从某一个连接点(比如点 A)向其他的节点延伸，有时要选取 AC 为研究对象，这样必须穿越 AC 间的来自其他构件(如小车)的约束，才能进入一个闭合的子系统(类似电路的并联回路)，那么就将引入来自其他构件的不待求未知量并需将其求出。这样的结构称为并联系统。

例 2.7　均质小车重 P，如图 2.18(a)所示，放在水平组合梁 ACB 上，杆 BD 上作用形状为直角三角形、强度为 q 的分布力，已知 a, l，杆重不计，求支座 A、D 的反力。

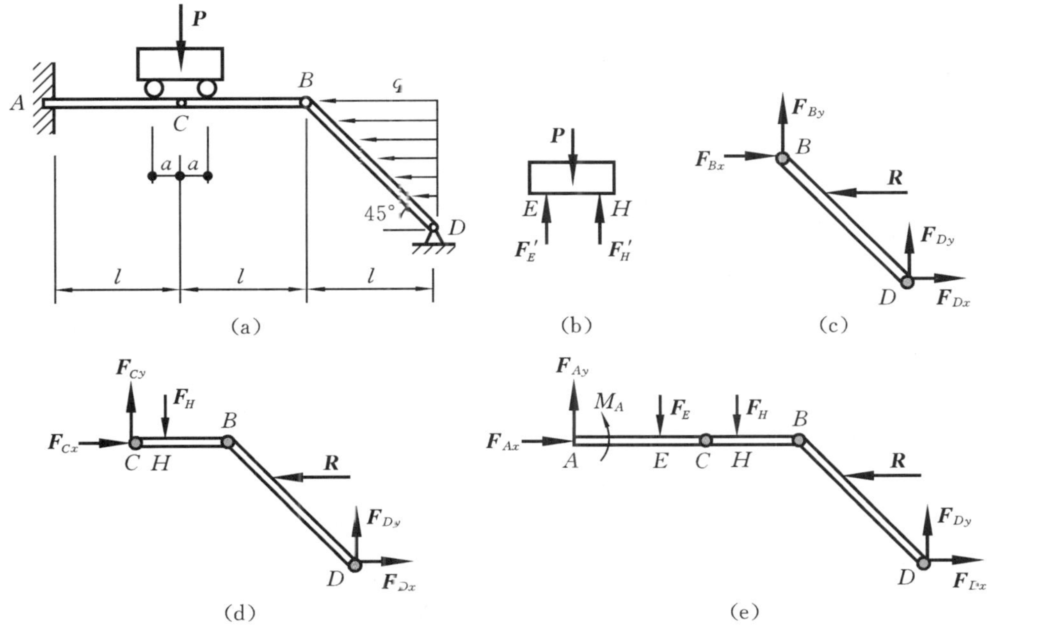

图 2.18　例 2.7 图

分析 本题共5个待求未知量，至少需列5个方程。先取整体为研究对象，可列3个。再取局部，由D出发，取【DB】$\sum M_B=0$，得到第4个。要得到最后一个独立方程，必然要进入闭合结构里的点C，故取【$DB+BC$】$\sum M_C=0$，但这必将引入F_H(见图2.18(d))。再将F_H视为待求量，取小车，$\sum M_E=0$，共6个方程即可求解。然后，尽量不联立或联立最少的方程组求解。具体解题步骤顺序往往与分析思路相反。

解 【小车】(见图2.18(b))

$\sum M_E=0$：
$$Pa-2F_Ha=0 \tag{a}$$

分布力简化为$R=\frac{1}{2}q\cdot BD\cdot\sin45^\circ=\frac{ql}{2}$，简化中心与点$B$的距离为$\frac{l}{3}$。

【DB】(见图2.18(c))

$\sum M_B=0$：
$$F_{Dx}l+F_{Dy}l-\frac{l}{3}R=0 \tag{b}$$

【$DB+BC$】(见图2.18(d))

$\sum M_C=0$：
$$F_{Dx}l+F_{Dy}2l-\frac{l}{3}R-F_Ha=0 \tag{c}$$

由方程(a)至方程(c)解得

$$F_{Dy}=\frac{Pa}{2l},\quad F_{Dx}=\frac{ql}{6}-\frac{Pa}{2l}$$

【整体】(见图2.18(e))

$\sum F_x=0$：
$$F_{Ax}-R+F_{Dx}=0 \tag{d}$$

$\sum F_y=0$：
$$F_{Ay}-P+F_{Dy}=0 \tag{e}$$

$\sum M_A=0$：
$$M_A-Pl-\frac{l}{3}R+3F_{Dy}l+F_{Dx}l=0 \tag{f}$$

由方程(d)至方程(f)解得

$$F_{Ax}=\frac{ql}{3}+\frac{Pa}{2l},\quad F_{Ay}=P-\frac{Pa}{2l},\quad M_A=Pl-Pa$$

例2.8 结构及其尺寸、载荷如图2.19(a)所示。已知$Q=1000$ N，$P=500$ N，力偶矩$M=150$ N·m。除重物Q外，其他构件自重不计。求销钉B对BA及BC的作用力。

分析 销钉B处的具体结构是在构件BA、BC和支座上钻孔，再通过圆柱销插入孔。销钉与各构件的作用分别为铰链连接，有2个独立的约束反力分量，故销钉B总共受到6个独立的约束反力分量。该题只求其中的4个力。去除支座B的所有部分可列3个方程，但只有A处受地面的一个不待求的力F_A，故可得到2个不含F_A的方程(对F_A，可通过对点A列力矩方程和垂直于F_A列力投影方程)。再选取【BC】，对点C取矩。再从B处出发，向前推进，选取【$BC+C+CD$】，对点D取矩得到第4个方程。这种解法比较巧妙，不是很容易想到。类似该题的并联系统的问题，解法一般很多，个人偏好不同，求解方法也不同。对于并联系统，若一时想不到非常巧妙的解法，以下思路可供参考。先从整体寻找不含有不待求未知力的方程，再从与待求量相关的一个构件上找有用方程，遍历各构件，若方程仍不够，再从包含待求量的2个构件上寻找，层层推进，若无法避免不待求未知力，一般先尽量考虑引入方向已知的力。

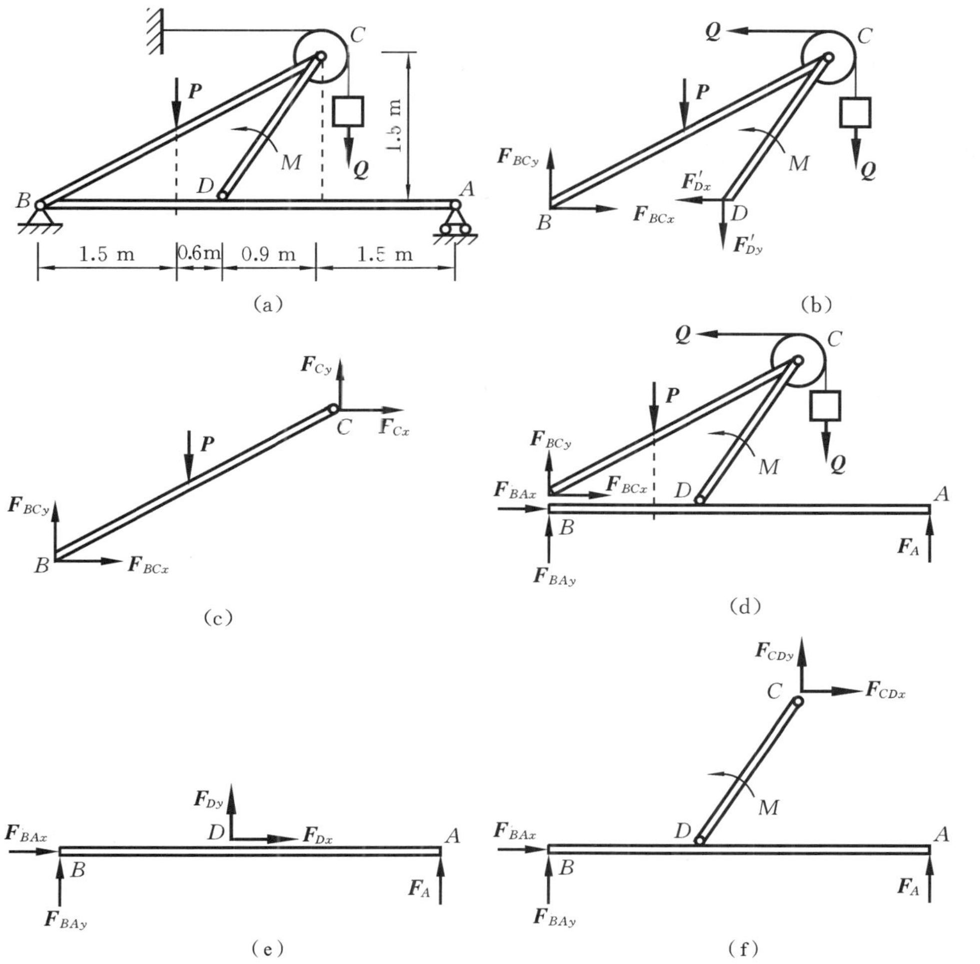

图 2.19　例 2.8 图

若求多处力，则分别从多处出发，寻找有用方程，这些方程的数目往往多于待求量数目，因为它们是相关的。再采用观察和相关性判别等方法，排除相关的方程，并尽量用来自个体的方程替代来自整体的方程，减少计算量。按这样的思路，该题也可分别考虑 B 对 BC 的待求量和对 BA 的待求量。先研究 BC 与销钉 B 的待求力，从 B 处出发，选一个物体 BC，对点 C 取矩。再从 B 处出发选更多物体，向前推进，选取【$BC+C+CD$】，对点 D 取矩。再研究 BA 与销钉 B 的待求力，从 B 处出发，选一个物体 BA，再选取【$BA+DC$】，对点 C 取矩，这样虽无法避开不待求未知力，但可优先考虑引入方向已知的力 F_A，将其视为待求量。本题给出上述两种解法。

解法 1　取去除销钉 B 后的整体(见图 2.19(d))，可列 2 个仅含待求力的方程。再从待求量的点 B 延伸到 C，取 BC 为研究对象，对 C 取矩(见图 2.19(c))。再继续延伸到 D，取 BCD 间所有构件为研究对象(见图 2.19(b))，对 D 取矩。

【BCD 间所有构件】(见图 2.19(b))

$$\sum M_D = 0:\qquad 0.6P+1.5Q+M-2.1F_{BCy}-0.9Q=0 \tag{a}$$

解得

$$F_{BCy}=500\ \text{N}$$

【*BC*】(见图 2.19(c))

$$\sum M_C = 0: \quad 1.5F_{BCx} + 1.5P - 3F_{BCy} = 0 \tag{b}$$

解得
$$F_{BCx} = 500\ \text{N}$$

【去除销钉 *B* 后的整体】(见图 2.19(d))

$$\sum F_x = 0: \quad F_{BAx} + F_{BCx} - Q = 0 \tag{c}$$

解得
$$F_{BAx} = 500\ \text{N}$$

$$\sum M_A = 0: \quad 3P + 1.5Q + 1.5Q + M - 4.5(F_{BCy} + F_{BAy}) = 0 \tag{d}$$

解得
$$F_{BAy} = 533.3\ \text{N}$$

解法 2 【*BCD* 间所有构件】(见图 2.19(b))

$$\sum M_D = 0: \quad 0.6P + 1.5Q + M - 2.1F_{BCy} - 0.9Q = 0 \tag{e}$$

解得
$$F_{BCy} = 500\ \text{N}$$

【*BC*】(见图 2.19(c))

$$\sum M_C = 0: \quad 1.5F_{BCx} + 1.5P - 3F_{BCy} = 0 \tag{f}$$

解得
$$F_{BCx} = 500\ \text{N}$$

【整体】

$$\sum M_B = 0: \quad 4.5F_A + M + 1.5Q - 1.5P - 3Q = 0 \tag{g}$$

解得
$$F_A = \frac{1400}{3}\ \text{N}$$

【*BA*】(见图 2.19(e))

$$\sum M_D = 0: \quad 2.4F_A - 2.1F_{BAy} = 0 \tag{h}$$

解得
$$F_{BAy} = 533.3\ \text{N}$$

【*BA*+*DC*】(见图 2.19(f))

$$\sum M_C = 0: \quad 1.5F_A + 1.5F_{BAx} + M - 3F_{BAy} = 0 \tag{i}$$

解得
$$F_{BAy} = 500\ \text{N}$$

从例 2.7 和例 2.8 可知,对于并联系统,有时需要引入不待求的未知力,此时,一般尽量引入方向已知的未知力。对于静定结构,若有 N 个方向已知的未知力,除非特殊情形,一般至多只需多列 N 个方程,所引入的是 N 个方向已知的力。对于例 2.7 中的系统,小车可移动,故其不是静定结构。

例 2.9 如图 2.20(a)所示,用三根杆连接成一构架,各连接点均为铰链,*B* 处的接触表面光滑,不计各杆的重力。图中尺寸单位为 m。求铰链 *D* 处受力。

分析 该题是静定系统,若无法避免引入不待求未知力,可引入 *B* 处 1 个方向已知的未知力,多列 1 个方程。按照分析方法,先取整体分析,得到的方程无待求量,故放弃该方法。再从局部分析,从待求量处出发,先找包含待求量的一个物体,取 *AE* 为研究对象,无论如何列方程,将引入 *A* 或 *E* 处方向未知的不待求力,故放弃。再取 *DB*,若对点 *C* 列力矩平衡方程,将会引入 *B* 处方向已知的力,考虑到该题结构是并联系统,该力一般要引入,故将该力视为待求量,所以,可以选取 *DB* 为研究对象,得到一个方程。当将 *B* 处方向已知的力视为未知量时,

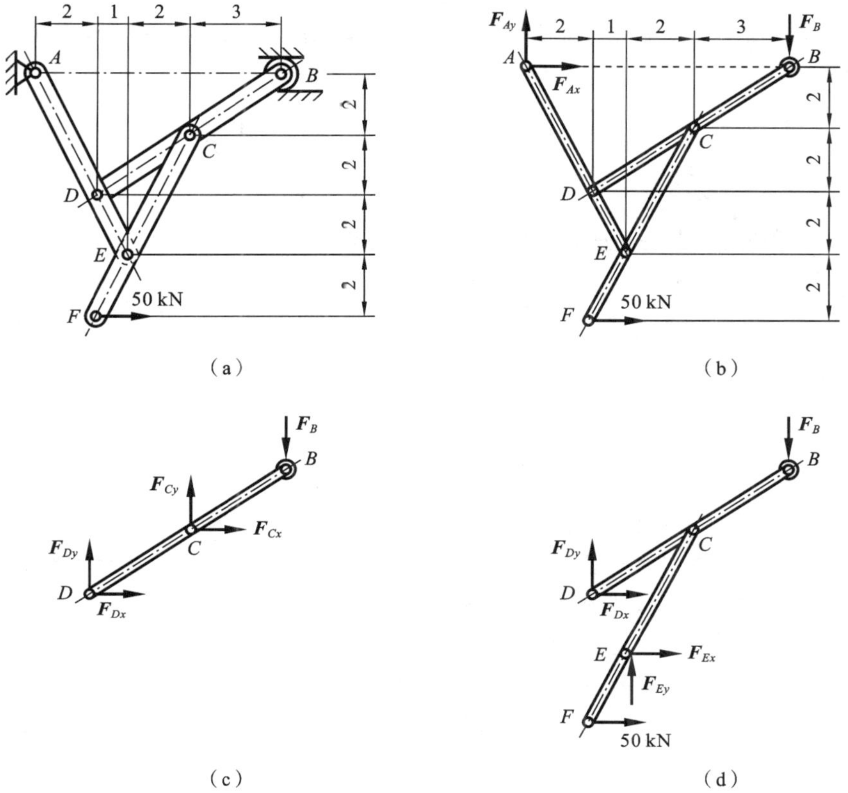

图 2.20　例 2.9 图

待求量变成了 3 个，故还需要列 2 个方程。按层层推进的思路，再选取包含 D 处待求力的 2 个物体的组合，组合有 3 种【$AE+FC$】、【$AE+DB$】、【$DB+FC$】。若取【$AE+FC$】或【$AE+DB$】，有 4 个以上的不待求未知力，而研究对象至多只能列 3 个方程，这样会引入较多不待求未知力，故放弃。若取【$DB+FC$】，对点 E 列力矩平衡方程，除了将会引入 B 处方向已知的力外，不会引入其他不待求力，故可以选取。再将 B 处方向已知的力视为待求量，重复进行先取整体再取局部的分析方法，将发现取整体为研究对象，对点 A 列力矩平衡方程即可。这样得到 3 个方程，而且由于层层推进选取对象，每推进一步会引入新的个体，因此所列的方程是独立的。

解　【整体】(见图 2.20(b))

$$\sum M_A=0:\qquad 8F_B-400=0 \tag{a}$$

解得

$$F_B=50\ \text{kN}$$

【DB】(见图 2.20(c))

$$\sum M_C=0:\qquad 2F_{Dx}-3F_{Dy}-3F_B=0 \tag{b}$$

【$DB+FC$】(见图 2.20(d))

$$\sum M_E=0:\qquad 100-2F_{Dx}-F_{Dy}-5F_B=0 \tag{c}$$

联立方程(b)和方程(c)解得　$F_{Dx}=-37.5\ \text{kN}$，　$F_{Dy}=-75\ \text{kN}$

例 2.10　图 2.21 所示的构架 ABC 由三杆 AB、AC 和 DF 组成，杆 DF 上的销子 E 可在杆 AB 光滑槽内滑动，构架尺寸和载荷如图所示，已知 $M=2400\ \text{N}\cdot\text{m}$，$P=200\ \text{N}$，各构件自重不计。试求固定支座 B 和 C 的约束反力。

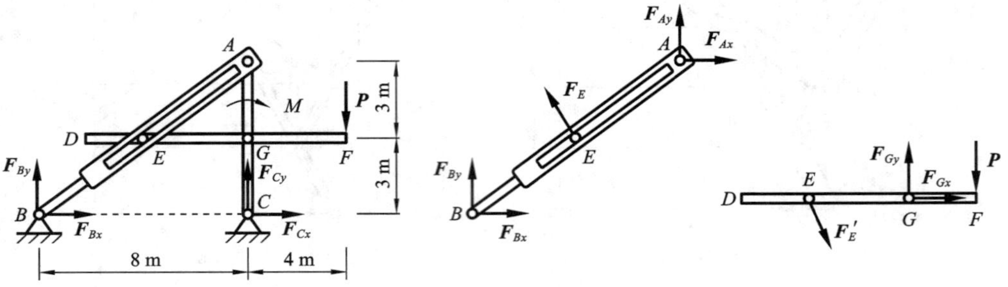

(a)　　　　　　(b)　　　　　　(c)

图 2.21　例 2.10 图

分析　该题求并联系统的多处力。若同时求多处的力，类似串联系统的分析方法，但遇到方向已知的力，一般要将其视为待求量。即：先取整体，选取仅含待求量的方程，再分析局部，分别从待求力的每一处出发，先遍历包含待求量的一个物体，从 3 个方程中挑出仅含待求量（包括其他处的待求量及方向已知的力）的方程，再由近及远遍历 2 个物体，从 3 个方程中挑出仅含待求量的方程，依次层层推进。这样，将得到比待求量数目多且仅包含待求量的方程，这些方程必然相关。通过观察从中挑出计算量小且极可能独立的方程，然后对不容易确定是否独立的方程进行相关性分析。通过相关性分析挑出的一组方程一般独立且计算量相对较小。该题共求两处的 4 个未知力 。先取整体为研究对象，可列 3 个有用方程。再取局部，从待求点 B 或 C 出发，先取一个物体。若从 C 处出发，选取 CA，G、A 处共 4 个不待求未知力，而对 CA 只能列 3 个方程，故放弃。若从 B 处出发，选取 BA，E、A 处共 3 个不待求未知力，但 E 处力的方向已知，一般可视为待求力 ，故可以选取【BA】$\sum M_A=0$，得到第 4 个方程。再将 E 处的力视为待求量，取【DF】$\sum M_G=0$，共 5 个方程，即可求解。

解　【整体】(见图 2.21(a))

$$\sum F_x=0:\qquad F_{Bx}+F_{Cx}=0 \tag{a}$$

$$\sum M_B=0:\qquad F_{Cy}\times 8-P\times 12-M=0 \tag{b}$$

$$\sum M_C=0:\qquad F_{By}\times 8+M+P\times 4=0 \tag{c}$$

【BA】(见图 2.21(b))

$$\sum M_A=0:\qquad F_E\times 5+F_{By}\times 8-F_{Bx}\times 6=0 \tag{d}$$

【DF】(见图 2.21(c))

$$\sum M_G=0:\qquad F_E\times\frac{16}{5}-P\times 4=0 \tag{e}$$

联立方程(a)至方程(e)得

$$F_{Bx}=-325\ \text{N},\quad F_{By}=-400\ \text{N},\quad F_{Cx}=325\ \text{N},\quad F_{Cy}=600\ \text{N}$$

思考：(1) 对整体列了 3 个方程后，若再同时选取【$DF+AC$】$\sum M_A=0$ 和方程(d)，可行吗？如果将方程(d)换成方程(e)呢？

(2) 对整体列了 3 个方程后，若再同时选取【$AC+AB$】$\sum M_E=0$ 与方程(d)，可行吗？如果将方程(d)换成方程(e)呢？

例 2.11　各构件自重不计，各处光滑。四杆 AB、AC、BC、AD 连接及受力如图 2.22(a)所示。其中 AD 与 BC 通过铰链 E 连接。求销钉 C 对构件 CB 的约束反力。

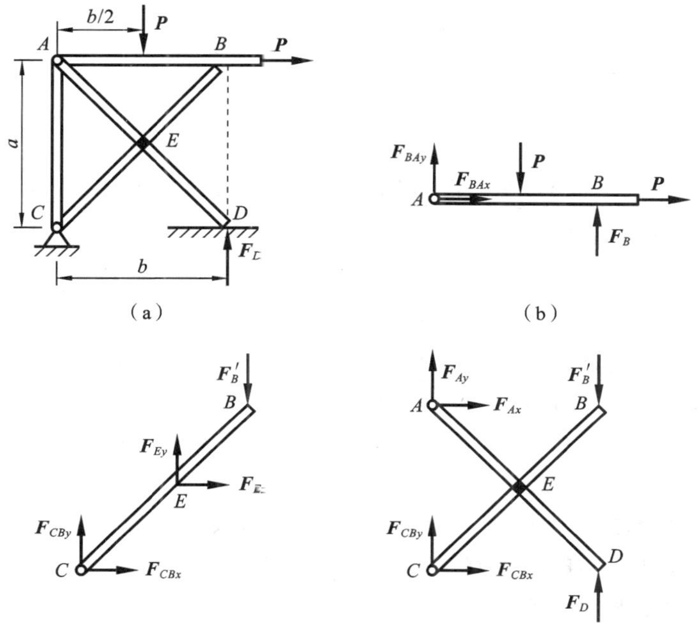

图 2.22　例 2.11 图

分析　此题待求量为 F_{CBx}，F_{CBy}。该题是含有 B 处和 D 处 2 个方向已知的未知力的复杂的并联静定系统，对于复杂并联系统，往往需要引入较多的不待求未知力，引入未知力不同，解法就不同，故解题方法较多，并且有时容易列出相关的方程，这是分析此类问题的难点。为了克服这些难点，不同的人有不同的解决方案，下面给出的方法仅供读者参考。一般优先引入方向已知的力，并按下述方法寻找方程。从待求量处出发，由近及远，尽量先选一个构件，选完后，没有合适的就再选两个，如此层层推进，就不会出现相关的方程，也不会思路混乱。按此方法，该题先选取 CB(见图 2.22(c))，对点 E 取矩。再取两个构件，以 $CB+AD$ 为研究对象(见图 2.22(d))，对点 A 取矩。对于多引入的未知力 F_B 和 F_D，分别选取 AB(见图 2.22(b))和整体(见图 2.22(a))为研究对象即可。

解　【整体】(见图 2.22(a))

$$\sum M_C=0:\qquad F_Db-Pa-P\frac{b}{2}=0 \tag{a}$$

解得

$$F_D=P\left(\frac{1}{2}+\frac{a}{b}\right)$$

【AB】(见图 2.22(b))

$$\sum M_A=0:\qquad -P\frac{b}{2}+F_Bb=0 \tag{b}$$

解得
$$F_B=\frac{P}{2}$$

【CB】(见图 2.22(c))

$\sum M_E=0$:
$$F_{CBx}\frac{a}{2}-F_{CBy}\frac{b}{2}-F_B\frac{b}{2}=0 \tag{c}$$

【$CB+AD$】(见图 2.22(d))

$\sum M_A=0$:
$$F_{CBx}a+F_Db-F_Bb=0 \tag{d}$$

联立方程(c)和(d)得
$$F_{CBx}=-P,\quad F_{CBy}=-P\left(\frac{1}{2}+\frac{a}{b}\right)$$

思考:若同时选取【$CB+AD+AB$】$\sum M_A=0$ 和方程(b)(d),可行吗?

从上述并联系统的例题可知,并联系统问题求解方法更多,更加灵活。这里给出如下建议:并联系统的分析思路与串联系统的基本相同,但往往要引入不待求的未知力,一般尽量引入方向已知的未知力。对于求并联系统多处的力的问题(一个销钉对与其连接的多个物体的力也视为多处的力),若前述所介绍的分析整体后,再遍历单个刚体得到的解法计算量较大,则可以先根据二力构件、一个力偶需要另一个力偶来平衡、平行力系、汇交力系和对称(反对称)等特点,确定一些力的方向(往往引入这些力作过渡量,以简化计算);然后通过观察,选取可得到有用方程的包含待求量的多个构件的局部为研究对象。当不容易找到有用方程时,再类似前面所述,先遍历单个物体,然后遍历两个物体的组合,找有用方程。在寻找有用方程时,要同时考虑对各种力系所能列的独立方程数目,并注意相关性。

下面给出一些可以利用系统特殊性使得求解更简单的例题。

例 2.12　结构和载荷如图 2.23(a)所示,$q_0=2\ \text{kN/m}$,$M=26\ \text{kN}\cdot\text{m}$,$F=4\ \text{kN}$。各杆自重不计,求销钉 D 对杆 DC 的作用力。

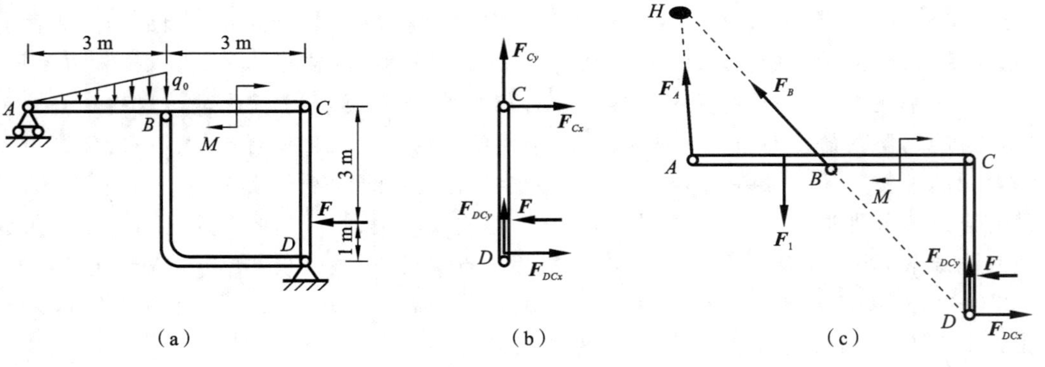

图 2.23　例 2.12 图

【分析】　该题为并联系统,考虑到 BD 是二力构件的特殊性,确定构件 AC 在 B 处的受力沿着 DB 方向。基于此,按照前面的分析思路,可得到简单的解法。

解　【DC】(图 2.23(b))

$\sum M_C=0$:
$$4F_{DCx}-3F=0 \tag{a}$$

解得
$$F_{DCx}=3\ \text{kN}$$

【$DC+CA$】(图 2.23(c))

分布力简化为 $F_1=3$ kN,与点 A 的距离为 2 m。

$$\sum M_H=0: \quad -2F_1-M-7F+8F_{DCx}+6F_{DCy}=0 \tag{b}$$

解得

$$F_{DCy}=6\ \text{kN}$$

例 2.13　对于图 2.24(a)所示的左右对称结构,其载荷及尺寸如图所示,不计各构件自重。求杆 1 的内力。

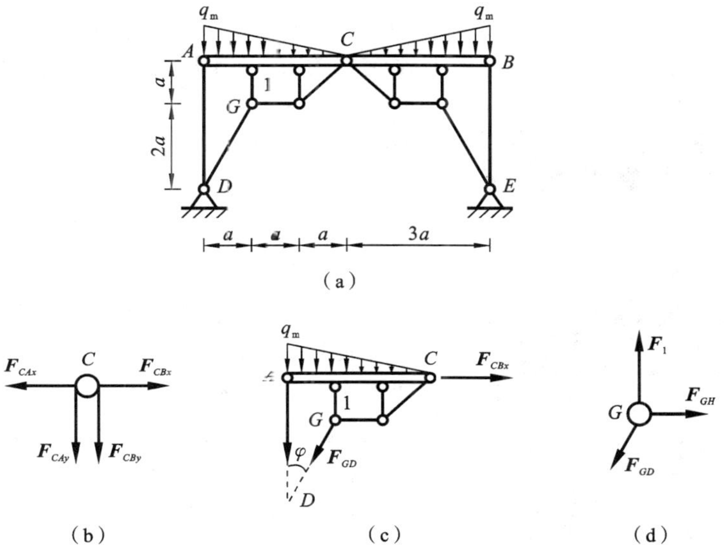

图 2.24　例 2.13 图

【分析】　该题结构和受力相对点 C 对称,可以取其一半为研究对象。

解　不计质量的铰链 C 受力如图 2.24(b)所示,因为结构和受力相对点 C 在 y 方向对称,故 F_{CAy}、F_{CBy} 的方向相同,大小相等,由平衡方程 $F_{CAy}+F_{CBy}=0$ 得到 $F_{CAy}=F_{CBy}=0$。因为结构和受力相对点 C 在 x 方向反对称,故 F_{CAx}、F_{CBx} 的方向相反,大小相等,由平衡方程 $F_{CAx}-F_{CBx}=0$ 只能知道两者大小相等,但不一定为 0。

取左半部分为研究对象,断开杆件 AD、GD,受力如图 2.24(c)所示。$\sin\varphi=\frac{1}{\sqrt{5}}$,$\cos\varphi=\frac{2}{\sqrt{5}}$,分布力简化为合力 $F_R=\frac{3}{2}q_m a$,与点 A 距离为 a。

$$\sum M_A=0: \quad F_{GD}\sin\varphi a+F_{GD}\cos\varphi a+\frac{3}{2}q_m a\cdot a=0 \tag{a}$$

解得

$$F_{GD}=-\frac{\sqrt{5}}{2}q_m a$$

【D】(图 2.24(d))

$$\sum y=0: \quad -F_{GD}\cos\varphi a+F_1=0 \tag{b}$$

解得

$$F_{GD}=-q_m a$$

2.6 简单平面静定桁架

简单平面静定桁架

2.6.1 桁架的用途、定义、特点

要在跨距很长的河流或山谷上架设一座桥梁，若采用图 2.25(a)所示的结构，桥梁就会很重，且难以制造和安装。采用图 2.25(b)所示的开孔结构，桥梁质量将变小，但车辆的载荷会传导到细长的构件上。细长的构件与桥面的连接是固定端约束，在其两端将有弯曲力矩，导致构件容易因弯曲而损坏。那么，如何消除弯曲力矩呢？若采用所学的铰链连接方式，并且构件都是直的(见图 2.25(c))，构件自重相对于外部载荷一般可忽略不计，外部载荷都作用在铰链处，传递到细长构件的力就沿着构件轴向方向，从而在减小桥梁质量的同时，几乎没有降低桥梁承载能力。这类结构称为**桁架**。桁架结构还具有制造安装简单的优点，故广泛用于屋架、桥梁、飞机骨架等大型结构中。

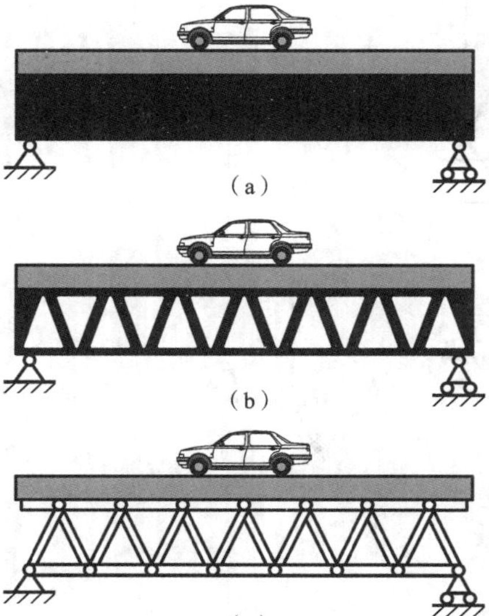

(a)　(b)　(c)

图 2.25　桥梁形式

从上述可知，从力学特性上看，桁架是二力直杆(根据以后材料力学课程定义，受拉压的细长棒称为杆，弯曲的称为梁，扭转的称为轴)，能承受巨大的轴向拉压载荷。具体来说，其结构特点如下：

(1) 所有连接处均视为铰接，称为**节点**(除了杆件的两端之外，这一假设对杆件大部分长度上的内力分析结果影响很小)；

(2) 杆件的轴线都是直线，且通过铰的中心；

(3) 载荷和支座反力均作用在节点(销钉)上；

(4) 各杆自重不计或平均分配到两端节点(销钉)上。

2.6.2 桁架的计算假设和分析

1. 平面静定桁架的构造

我们只研究平面静定桁架，如图 2.26 所示，其构造特征为：

(1) 桁架的全部杆件和受力均在同一平面内；

(2) 以三角形为基础，每附加两个杆组成一个节点，支座反力的分量不超过 3 个(桁架整体在两个支座上简支)。

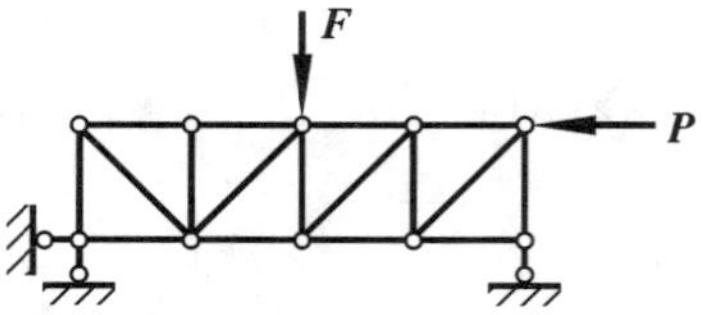

图 2.26　平面静定桁架

杆件数 n_g 和节点数 n_d 之间的关系为

$$n_g = 2n_d - 3$$

对于桁架结构整体来说，一般一端为铰链支座，另一端类似辊轴支座，这样，可以降低冬、夏季温度变化引起的结构内部热应力。这也意味着，取整体为研究对象，必然可以求得整体所受地面的 3 个约束反力。此外，对于由三根通过铰链连接的

杆件构成的三角形结构，在任意外力作用下其几何形状不会改变，可视为一个刚体，由多个这样的三角形组成的系统也可视为一个刚体。

2. 内力计算方法

1）节点法

先求支座反力，再从支座开始，或从某一个节点开始，依次选取一些节点作为分析对象，进行求解。因为桁架结构各杆均为二力直杆，所受的力均沿杆件方向，称为杆的**内力**。在后续材料力学等课程中，计算拉力引起的杆件变形量时，规定沿坐标轴正方向拉伸表示变形量为正，故均假设各杆拉力为正。一个节点是汇交力系，一次对其只能列 2 个独立方程。

例 2.14　桁架的载荷与尺寸如图 2.27 所示。求杆 1～6 的内力。

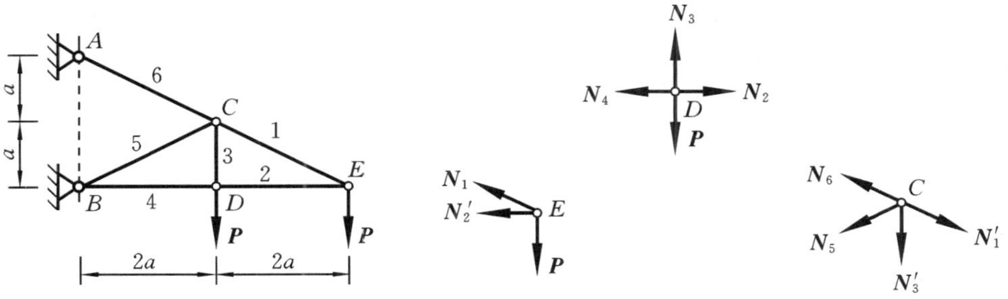

图 2.27　例 2.14 图

解法 1　采用节点法求解。

【节点 E】

$\sum F_y=0$：$$\frac{1}{\sqrt{5}}N_1-P=0$$

所以 $$N_1=\sqrt{5}P$$

$\sum F_x=0$：$$\frac{2}{\sqrt{5}}N_1+N_2=0$$

所以 $$N_2=-2P$$

【节点 D】

$\sum F_x=0$：$$N_4-N_2=0$$

所以 $$N_4=-2P$$

$\sum F_y=0$：$$N_3-P=0$$

所以 $$N_3=P$$

【节点 C】

$\sum F_x=0$：$$\frac{2}{\sqrt{5}}N_6+\frac{2}{\sqrt{5}}N_5-\frac{2}{\sqrt{5}}N_1=0$$

$\sum F_y=0$：$$\frac{1}{\sqrt{5}}N_6-\frac{1}{\sqrt{5}}N_5-\frac{1}{\sqrt{5}}N_1-N_3=0$$

解得 $$N_5=-\frac{\sqrt{5}}{2}P,\quad N_6=\frac{3\sqrt{5}}{2}P$$

节点法的优点是可按规律依次求出所有的力。这常用在初步设计中需要了解所有杆件的受力情形时。但设计完需要校核时,一方面往往采用不同的方法更易验证计算的正确性;另一方面,若仅需要校核一些重要杆件,则该法存在如下不足:每次选取的是汇交力系,只能列 2 个方程,一次只能求解 2 个未知力,计算效率不高,且为了得到一个杆件力,依次需求很多力。而平面任意力系中取一次研究对象可以列 3 个方程,求解 3 个未知力,且为了得到一个杆件力,往往不需求其他的力。因此,这种方法也得到广泛应用。这种方法称为**截面法**。

2) 截面法

截断桁架的某些杆件,使桁架的某一部分从整体中分离出来,以此为分析对象,进行求解。

解法 2 采用截面法求解。

截杆 4、5、6,取右边为研究对象,只有 3 个未知力。若求其中一个力 N_6,在平面内另两个力要么平行要么相交,若相交就对交点取矩,若平行,就向其垂直方向投影。按此方法,可以不联立求解就求出杆 4、5、6 的内力。类似地选用截面法,求出杆 1、2、3 的内力。

解 【截杆 4、5、6,取右边为研究对象】

$\sum M_B = 0$: $$\frac{4a}{\sqrt{5}}N_6 - 2aP - 4aP = 0 \tag{a}$$

求得 $$N_6 = \frac{3\sqrt{5}}{2}P$$

$\sum M_C = 0$: $$-aN_4 - 2aP = 0 \tag{b}$$

求得 $$N_4 = -2P$$

$\sum M_E = 0$: $$\frac{4a}{\sqrt{5}}N_5 + 2aP = 0 \tag{c}$$

求得 $$N_5 = -\frac{\sqrt{5}}{2}P$$

【截杆 1、3、4,取右边为研究对象】

$\sum M_E = 0$: $$-2aN_3 + 2aP = 0 \tag{d}$$

求得 $$N_3 = P$$

【截杆 1、2,取右边为研究对象】

$\sum M_C = 0$: $$-aN_2 - 2aP = 0 \tag{e}$$

求得 $$N_2 = -2P$$

$\sum M_D = 0$: $$\frac{2a}{\sqrt{5}}N_1 - 2aP = 0 \tag{f}$$

求得 $$N_1 = \sqrt{5}P$$

该题截杆 1、2,取右边为研究对象,相当于取节点 E,可以列 2 个独立方程,求 N_1、N_2 的方法很多,比如分别垂直于 N_1、N_2 投影。节点法可视为截面法的特殊情况。

3) 零力杆的判断

内力为零的杆称为**零力杆**。平面静定桁架中的某些零力杆无须计算即可直接判断出来,这些情况只与节点连接的杆件及所受外力有关,如图 2.28 所示。零力杆的判断方法归纳如下:

(1) 一点两杆无外力,则两杆均为零力杆;

(2) 一点两杆有外力,外力沿其中一杆,则另一杆为零力杆;

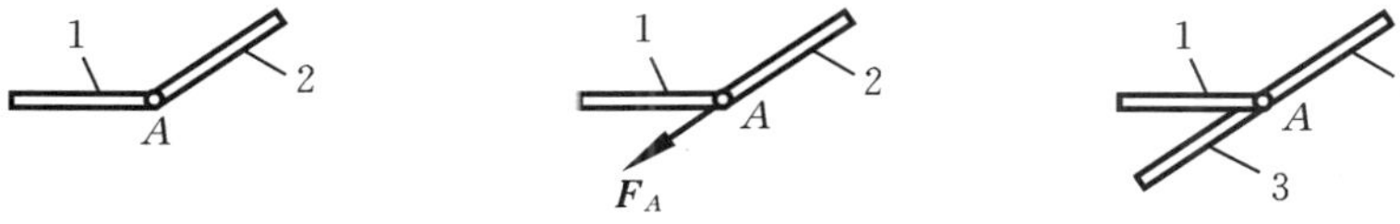

(a)　(b)　(c)

图 2.28　可以直接判断的零力杆

(a) 杆 1、2 均为零力杆　(b) 杆 1 为零力杆　(c) 杆 1 为零力杆

(3) 一点三杆无外力，其中两杆共线，则另一杆为零力杆。

对节点根据平衡条件即可证明以上结果，请读者自己完成。

例 2.15　平面桁架受力如图 2.29(a)所示。ABC 为等边三角形，且 $AD=DB$。求杆 CD 的内力。

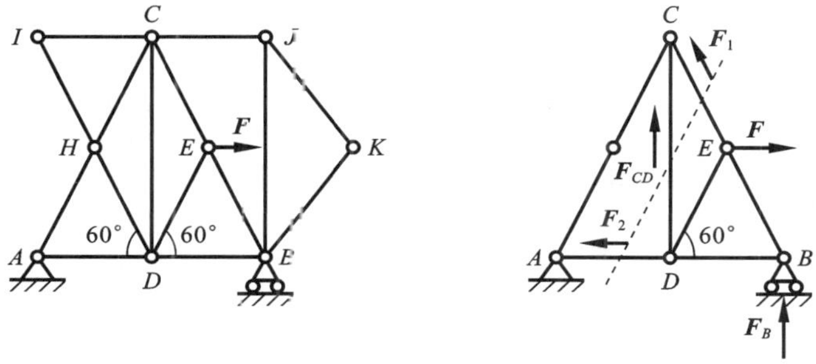

(a)　(b)

图 2.29　例 2.15 图

解　去除图 2.29(a)中零力杆后，得到图 2.29(b)，对图 2.29(b)，截杆 AD、DC、CE，取右边为研究对象，对点 B 取矩，解得 $F_{CD}=-\frac{\sqrt{3}}{2}F$(受压)。

例 2.16　如图 2.30 所示，桁架由以边长为 a 的等腰直角三角形为基本单元构成，已知外力 $F_1=10$ kN，$F_2=F_3=20$ kN。求杆 4、5、7、10 的内力。

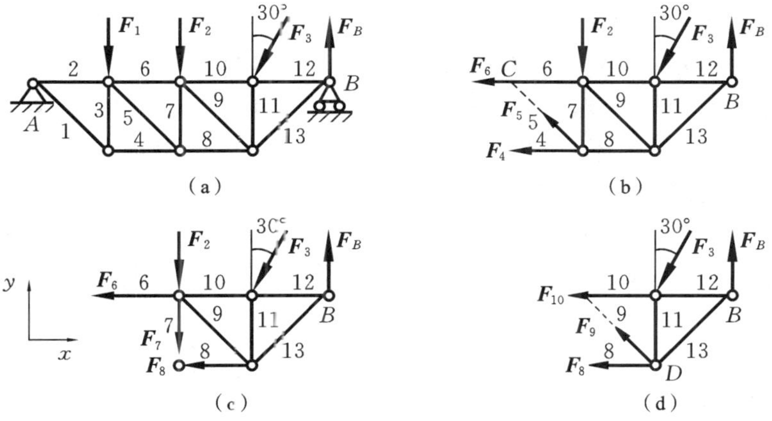

图 2.30　例 2.16 图

解　【整体】(见图 2.30(a))

$$\sum M_A=0:\qquad 4aF_B-cF_1-2aF_2-3a\cos30^\circ F_3=0 \tag{a}$$

$$F_B = \frac{25 + 15\sqrt{3}}{2}\ \text{kN}$$

【截杆 4、5、6,取右边为研究对象】(见图 2.30(b))

$$\sum M_C = 0:\quad -aF_4 - aF_2 - 2a\cos30^\circ F_3 + 3aF_B = 0 \tag{b}$$

$$F_4 = \frac{35 + 5\sqrt{3}}{2}\ \text{kN}$$

$$\sum F_y = 0:\quad F_5\cos45^\circ - F_2 - F_3\cos30^\circ + F_B = 0 \tag{c}$$

$$F_5 = \frac{15\sqrt{2} + 5\sqrt{6}}{2}\ \text{kN}$$

【截杆 6、7、8,取右边为研究对象】(见图 2.30(c))

$$\sum F_y = 0:\quad -F_7 - F_2 - F_3\cos30^\circ + F_B = 0 \tag{d}$$

$$F_7 = -\frac{15 + 5\sqrt{3}}{2}\ \text{kN}$$

【截杆 8、9、10 或杆 10、11、13,取右边为研究对象】(见图 2.30(d))

$$\sum M_D = 0:\quad aF_{10} + a\sin30^\circ F_3 + aF_B = 0 \tag{e}$$

$$F_{10} = -\frac{45 + 15\sqrt{3}}{2}\ \text{kN}$$

平面桁架静力学平衡系统的计算,有节点法和截面法以及两者混合法,各有其优缺点。对于特殊的桁架结构,需要观察其结构特点,找出分析方法。对于一些简单平面静定桁架,以下方法可供参考。

(1) 先去除零力杆。

(2) 一般桁架的一端是固定铰支座,另一端是辊轴支座,对整体分析必可求出所有外力。分析时,先将外力视为已知量,若需要引入外力,一般引入辊轴支座端方向已知的力。

(3) 再从局部出发,一般先采用截面法。采用截面法时应从以下原则入手。

①一次尽量只截出 3 个未知量(因为对平面任意力系最多只能列出 3 个独立方程),并最大限度包含待求未知量。这里的 3 个未知量不包括整体的约束反力。

②使用截面法后,只要能截出 3 个未知量,对于平面任意力系,若求其中一个未知量,则另两个未知量要么平行,要么相交。若相交就对交点取矩,若平行,就向其垂直方向投影。

(4) 若一次无法截出 3 个未知量,就尝试一次截出 4 个未知量,在 4 个未知量中再尝试用上述方法求出其中一个过渡的未知量,或引入一个新的过渡量,与已出现的未知量用 2 个方程联立求出或消去过渡量,或将多个共线力视为一个未知力来处理。如此多次循环,一般就可找到合适的方法。

小结

小　　结

1. 平面汇交力系

1) 平面汇交力系的合力计算

几何法:力多边形法则,合力作用线通过汇交点。

解析法：

$$\boldsymbol{F}_R = \sum F_{ix}\boldsymbol{i} + \sum F_{iy}\boldsymbol{j}$$

在画图估算合力时，一般采用几何法；当列方程计算时，优选解析法。

2）平面汇交力系的平衡条件

几何条件：平面汇交力系的力多边形自行封闭。

解析条件：$\sum F_{ix} = 0$，$\sum F_{iy} = 0$，只需要投影轴 x、y 不平行即可。

对于一个汇交力系作用下的研究对象，能且只能列 2 个独立方程，有一矩式、二矩式。任何由该研究对象得到的第 3 个方程必然可由已列的 2 个方程推出，是相关的，不用再列方程。

2. 平面力偶系

（1）力矩：平面内的力对点 O 的矩 $M_O(\boldsymbol{F}_A)=\pm Fh$，一般规定逆时针方向为正，采用如下的分解方法计算更简单。$M_O(\boldsymbol{F}_A)=xF_y-yF_x$。矩心不同，力矩不同，故力矩要利用下标来标识矩心。

（2）力偶：力偶是作用在一个刚体上两个不共线的等值、反向的平行力组成的力系，其在任意方向的力投影之和为 0，需要用反力偶来平衡。

力偶矩的大小和转向与矩心无关，故不用标识矩心。即

$$M=\pm Fd$$

作用在同一刚体同一平面内的两个力偶，如果力偶矩相等，则彼此等效，故平面力偶作用的唯一量度是力偶矩，而不仅是力或力偶臂。

合力偶矩等于各分力偶矩的代数和，即

$$M = \sum M_i$$

（3）力偶系的平衡条件为

$$\sum M_i = 0$$

对于平面力偶系，能且只能列 1 个独立方程。因为可能是力偶系，故合力为 0 的平面力系不一定平衡。

3. 平面任意力系

（1）力的平移定理：力可以平移到其作用的刚体上的其他点，但需要附加一个力偶。该定理适用于刚体，并不要求刚体处于静平衡状态。

（2）平面任意力系向任意点简化，一般会得到一个合力和一个力偶矩。平面任意力系进一步可以简化为 3 种情况：1 个合力，1 个力偶，平衡。

（3）同向平行的分布力可简化为一个合力，其大小等于分布力图形的面积，方向通过图形的形心。

（4）对于平行力系，能且只能列 2 个独立方程，有一矩式、二矩式（2 个矩心连线不能与力方向平行），至多只能列 1 个力投影方程。

（5）平面任意力系的平衡条件：

取一次研究对象，对于平面任意力系，能且只能列 3 个独立方程，但至多只能列 2 个力投影方程。独立方程有一矩式、二矩式（2 个矩心连线不能与力方向平行）和三矩式（3 个矩心不

能共线),其他根据该研究对象列出的第 4 个方程必然可由已列的 3 个独立方程推出,不用再列。

当需要多次选取不同的研究对象对其列方程时,可采用如下判据以避免列不独立的方程。从结构上,若【局部 1】+【局部 2】=【局部 3】,则:①若对 3 个部分都列方程,则每部分不能对同一点取矩,也不能对同一方向列力投影方程;②若对其中一部分列出全部独立方程,则对另外两个部分,不能对同一点取矩,也不能对同一方向列力投影方程;③若对其中两部分列出所有独立方程,则对第三个部分不用列任何方程。

4. 多物体系统解题分析思路

多物体系统从组成上可分为串联和并联系统。对于串联系统,有如下规律,若仅求某一处的所有 N 个约束反力,则一定可以只需要列 N 个方程,若仅求其中的几个,则至多需要列 N 个方程;若求多处的 N 个约束反力,则必然可以不引入待求点以外的其他约束反力。对于并联系统,有时需要引入不待求未知力,此时,一般优先考虑引入方向已知的约束反力。

从分析方法上,一般有 3 种分析思路。①分析整体系统每个构件,列出所有独立方程再联立求解;②使所列方程尽量不联立求解;③尽量不引入不待求未知量,列最少数目的独立方程,再尽量不联立或联立最少的方程求解。本书建议尽量采用方法③,按如下步骤寻找所需列的独立方程。

(1) 预简化处理:先利用如下特征确认一些力的方向,即①二力杆;②对于受 N 个力作用的研究对象,若其中 $N-1$ 个力平行(或相交),则第 N 个力必然与其他力平行(或相交);③若一个物体上作用有一个力偶和一个方向已知的力 F,则另一个约束反力必然与 F 构成一个反力偶。

经过预处理后,确定待求力的数目 n,尽量列最少数目的方程,尽量避免引入不待求的未知力,只包含待求未知量。当下述方法相对引入过渡量的方法复杂很多时,可考虑引入二力杆的力或其他力作为过渡量。

(2) 先整体:若整体有 s 个不待求未知力,从整体的 3 个方程中,挑出 $k=3-s$ 个无不待求未知力的独立方程。

(3) 再局部,补充 $m=n-k$ 个独立方程。从待求量出发,先遍历一个物体,再由近及远,向周围延伸至没有未知力偶矩的点,取该部分为研究对象,对该点取矩或垂直于不待求力投影,若遇到不待求未知力,暂且放弃该路线 。

若求多个点处的 n 个力,从每一点出发得到相应的仅含待求量(其他处的待求量也视为该点处的待求量)的 n_1、n_2、n_3 个方程,得到 $p=n_1+n_2+n_3$ 个方程。在 p 个方程中按如下顺序挑出 n 个独立的且计算量小的方程:①挑出不联立求解的方程;②用来自个体的方程代替来自整体的方程;③尽量用力投影方程代替力矩平衡方程;④对于仍无法判断独立性的,用排除相关性的方法判断。

5. 桁架

桁架由不计自重的二力直杆铰接而成。求平面静定桁架平衡问题有节点法和截面法以及两者混合法。对于一些简单的平面静定桁架平衡问题,可采用如下分析步骤。

(1) 先去除零力杆。

(2) 一般桁架的一端是固定铰支座,另一端是辊轴支座,对整体分析必可求出所有外力。

分析时，先将外力视为已知量，若需要引入外力，一般引入辊轴支座端方向已知的力。

(3) 再从局部出发，一般先采用截面法。采用截面法时应从以下原则入手。

①一次尽量只截出 3 个未知量(因为对平面任意力系最多只能列出 3 个独立方程)，并最大限度包含待求未知量。这里的 3 个未知量不包括整体的约束反力。

②使用截面法后，只要能截出 3 个未知量，对于平面任意力系，若求其中一个未知量，则另两个未知量要么平行，要么要交。若相交就对交点取矩，若平行，就向其垂直方向投影。

(4) 若一次无法截出 3 个未知量，就尝试一次截出 4 个未知量，在 4 个未知量中再尝试用上述方法求出其中一个过渡的未知量，或引入一个新的过渡量，与已出现的未知量用 2 个方程联立求出或消去过渡量。或将多个共线力视为一个未知力来处理。依次多次循环，一般就可找到合适的方法。

习　题

2.1　思考题。

1. 对于平面汇交力系($\boldsymbol{F}_1$、$\boldsymbol{F}_2$、$\boldsymbol{F}_3$)，这三个力构成的力三角形分别如题 2.1.1 图(a)、(b)所示，分别说明两个力系的合成结果。

题 2.1.1 图

2. 刚体受汇交力系($\boldsymbol{F}_1$、$\boldsymbol{F}_2$、$\boldsymbol{F}_3$、$\boldsymbol{F}_4$)作用，这四个力构成的力多边形分别如题 2.1.2 图(a)(b)(c)所示。试说明哪种情况不平衡，如果不平衡，力系的合力是怎样的？

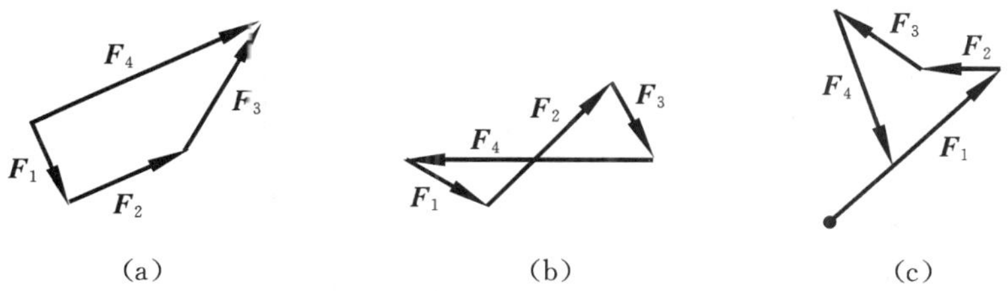

题 2.1.2 图

3. 平面汇交力系、平面平行力系、平面力偶系、平面一般力系的独立平衡方程数各为多少？

4. 圆轮在力偶矩为 M 的力偶和力 $\boldsymbol{F}$ 的共同作用下平衡，如题 2.1.4 图所示，这是否说明一个力偶可用一个合适的力与之平衡？

5. 在刚体上 A、B、C、D 四点各作用一力，如题 2.1.5 图所示，其力多边形封闭，问刚体是否平衡？

6. 不计各构件自重，确定题 2.1.6 图所示结构中支座 A 和 B 的约束力方向。

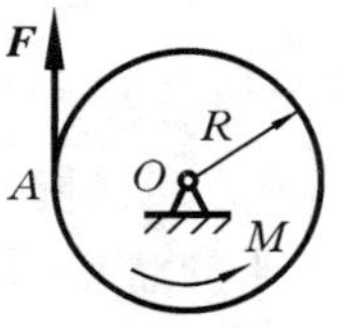

题 2.1.4 图

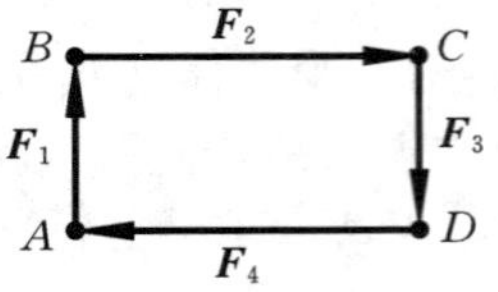

题 2.1.5 图

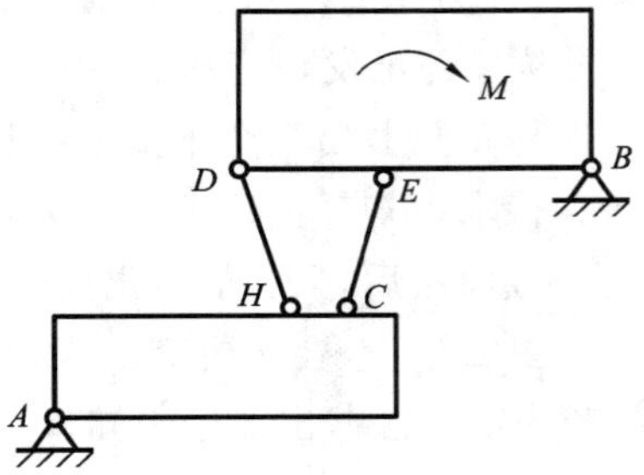

题 2.1.6 图

2.2　选择题。

1. 如题 2.2.1 图所示质量为 m 的圆球，以绳索挂在墙上，若绳长等于球的半径，则球对墙的压力大小为(　　)。

① mg　　② $mg/2$　　③ $\sqrt{3}mg/3$　　④ $2mg$

2. 如题 2.2.2 图所示，两绳 AB、AC 悬挂一重为 W 的重物，已知 $\alpha<\beta<\gamma=90°$，则绳的张力 T_{AB}、T_{AC} 与重力 W 三力之间的关系为(　　)。

① T_{AB} 最大　　② T_{AB} 最小　　③ T_{AC} 最大　　④ T_{AC} 最小

3. 如题 2.2.3 图所示三铰拱架中，若将作用于构件 AC 上的力偶 M 移到构件 BC 上，则 A、B、C 各处的约束力(　　)。

① 都不变　　② 只有 C 处的不改变

③ 都改变　　④ 只有 C 处的改变

4. 如题 2.2.4 图所示，若矩形平板受力偶矩为 $M=60\ \text{N}\cdot\text{m}$ 的力偶作用，不计各构件自重。则直角弯杆 ABC 对平板的约束力为(　　)。

① 15 N　　② 20 N　　③ 12 N　　④ 60 N

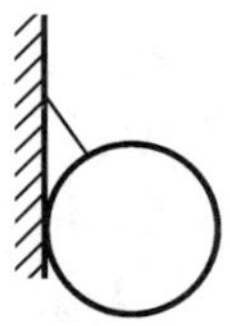

题 2.2.1 图

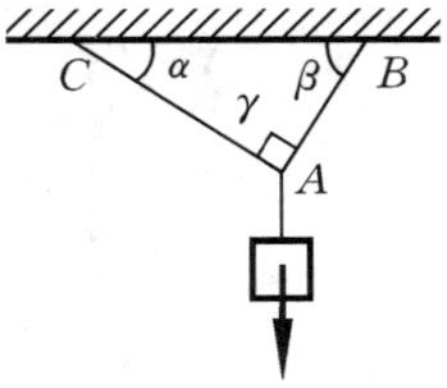

题 2.2.2 图

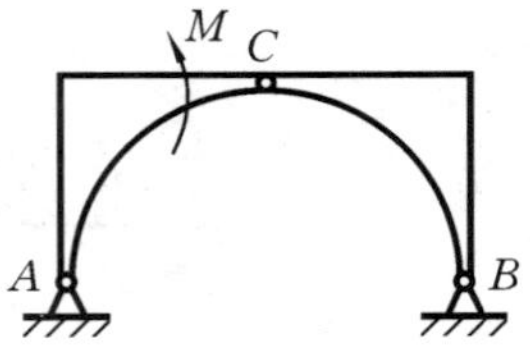

题 2.2.3 图

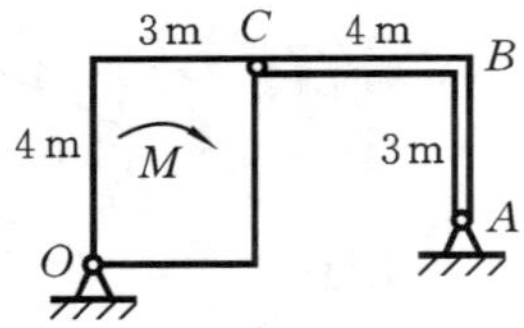

题 2.2.4 图

2.3　如题 2.3 图所示，平面汇交系 $F_1=173$ N，$F_2=50$ N，$\boldsymbol{F}_3$ 的大小未知，此三力的合力 $\boldsymbol{F}_R$ 的方位已知，如图所示，试求 $\boldsymbol{F}_R$ 的大小和指向。若 $\boldsymbol{F}_2$ 的大小未知，但 $F_R=0$，试求此情况下力 $\boldsymbol{F}_2$ 的大小。

2.4　液压式压紧机构如题 2.4 图所示，已知力 P 及角 α。不计各构件自重，请分别用 4 个、3 个方程求滑块 E 受到工件 H 和光滑滑道的作用力。

2.5　如题 2.5 图所示，输电线 ACB 架在两电线杆之间，形成一下垂曲线，下垂距离 $CD=f=1$ m，两电线杆距离 $AB=40$ m，电线 ACB 段重 $P=400$ N，其质量可近似认为沿 AB 连线均匀分布。求电线中点和两端的拉力。

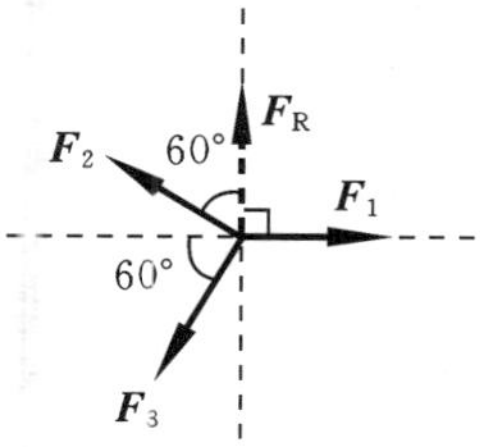

题 2.3 图

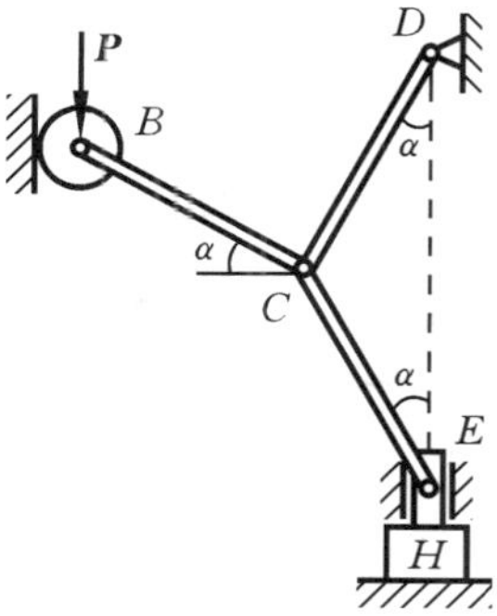

题 2.4 图

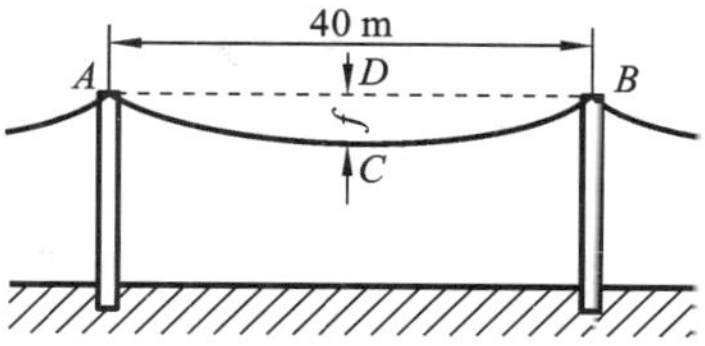

题 2.5 图

2.6　如题 2.6 图所示，利用铰链机构从四面挤压水泥立方块 M，其中杆 AB、BC 和 CD 分别与正方形 $ABCD$ 的三边重合，杆 1、2、3、4 完全相同，分别沿着正方形的对角线分布。大小相等、方向相反的一对力 $\boldsymbol{P}$ 分别作用在 A、D 两点上。设 $P=50$ kN，求作用在立方块的压力 N_1、N_2、N_3、N_4 以及杆 AB、BC 和 CD 的内力 S_1、S_2、S_3。

2.7　如题 2.7 图所示，在平衡系统中，大小相同的矩形物块 AB 和 BC 上分别作用有力偶 M_1、M_2，$M_1=M_2=M$。不计重力，求支座 A、C 的约束力。

2.8　如题 2.8 图所示，两个小球 A、B 放置在光滑圆柱面上，用长 0.2 m 的线连接两小球。圆柱的轴线水平，半径 $OA=0.1$ m。球 A 重力为 1 N，球 B 重力为2 N。求小球平衡时 OA 与 OB 分别与竖直方向的夹角 φ_1 和 φ_2，并求在点 A 和点 B 处小球对圆柱的压力 N_1 和 N_2。小球的尺寸不计。

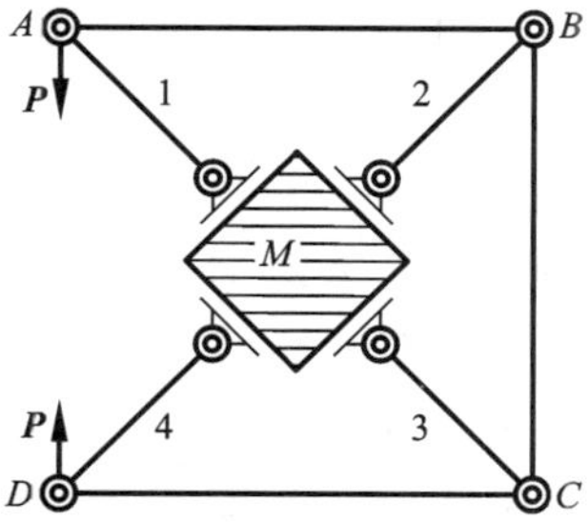

题 2.6 图

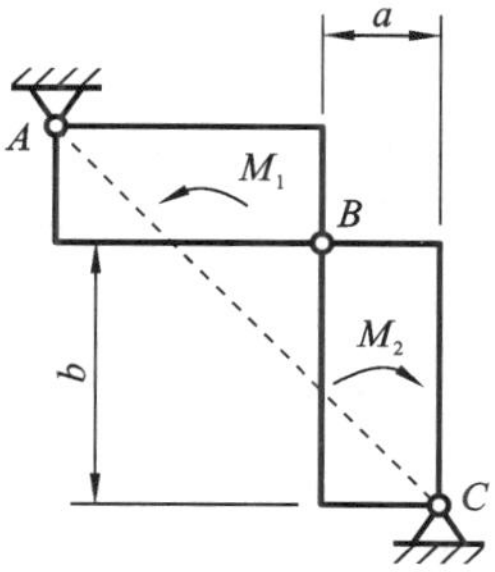

题 2.7 图

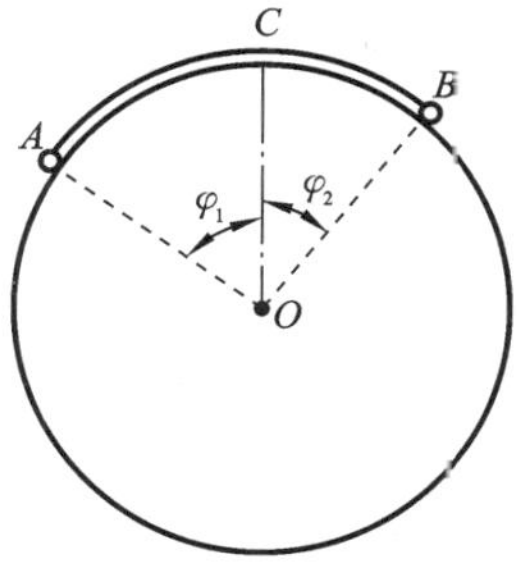

题 2.8 图

2.9　如题 2.9 图所示，灌渠的长方形闸门 AB 可绕轴 O 转动，如果水位不高，闸门就关闭，当水位达到一定高度 H 时，闸门绕轴翻转，打开水渠。不计摩擦和闸门质量，求闸门打开时的水位高度 H。

2.10　如题 2.10 图所示，蒸汽锅炉的安全阀 A 用杆 AB 连接在均质杠杆 CD 上，CD 长 50 cm、重 10 N，可绕固定点 C 转动。阀的直径 $d=6$ cm，臂 $BC=7$ cm，锅炉内气压为 1100 kPa 时安全阀自动开启。求杠杆 D 端的配重 Q。

2.11　如题 2.11 图所示，相同的均质板彼此堆叠，每一块板都比下面的一块伸出一段，在这些板处于平衡时，求各伸出段的极限长度。

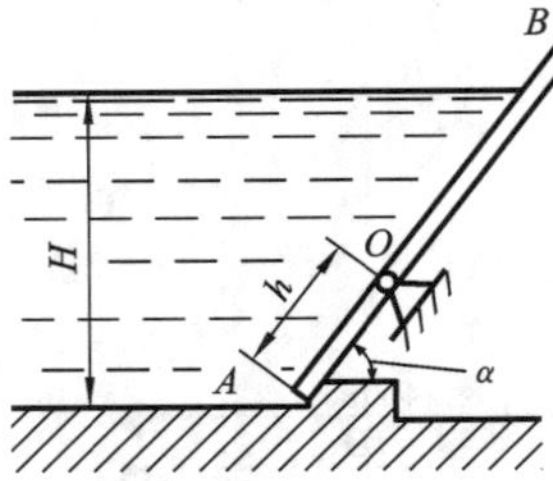

题 2.9 图

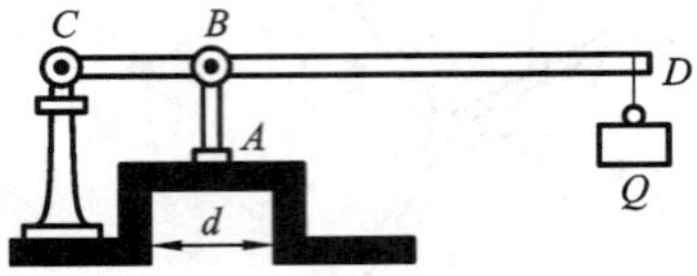

题 2.10 图

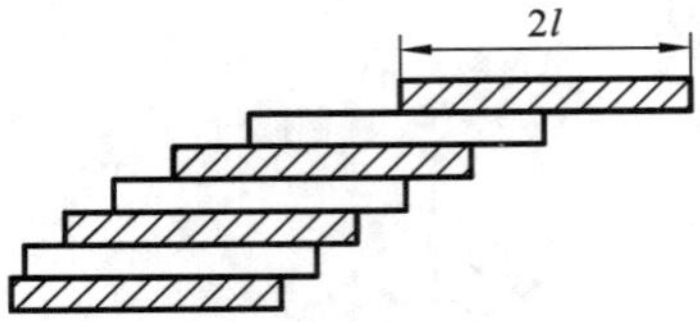

题 2.11 图

2.12 如题 2.12 图所示，为了测量较大的力 Q，把两根不等臂杠杆 ABC 和 EDF 用拉杆 CD 连成一个系统。点 B 和点 E 为固定点，重 125 N 的 P 可沿杠杆 EDF 移动，作用在点 A 的力 Q 平衡该重物。已知 P 到点 D 的距离为 l，当力 Q 增加到 10 kN 时，需要将重物 P 移出多大距离 x 才能保持平衡？图示尺寸：$a=3.3$ mm，$b=660$ mm，$c=50$ mm。

2.13 两根长度均为 L、质量相同的均质杆通过铰链连接，如题 2.13 图所示，A 端铰接在液体容器壁上。处于静平衡状态时，液面正好位于 AB 的中点，求此时杆件 CB 露出液面部分 CD 的长度。

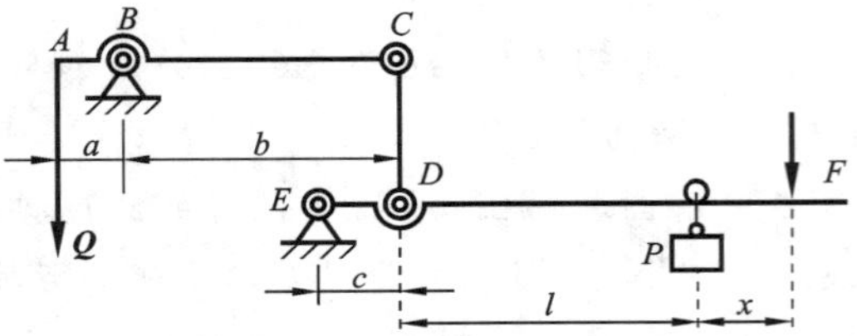

题 2.12 图

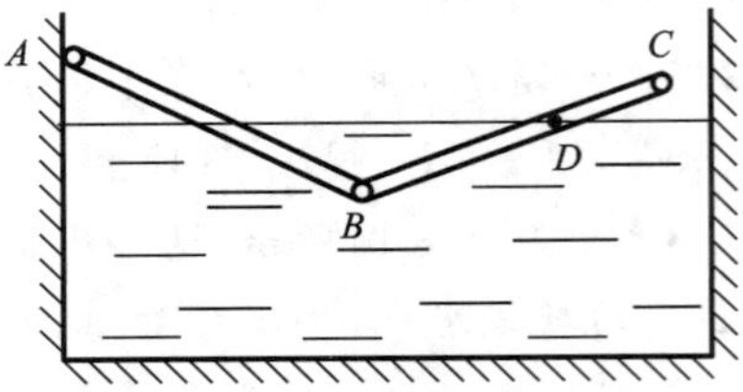

题 2.13 图

2.14 如题 2.14 图所示，机械手操纵器的机构在竖直平面内处于平衡状态。由于铰链不能传递力偶矩，因此，机械手的铰链中安装了产生力矩的装置。各杆长度 $l_1=0.8$ m，$l_2=0.5$ m，$l_3=0.3$ m；各杆质量 $m_1=40$ kg，$m_2=25$ kg，$m_3=15$ kg。求各铰链中的力矩。设操纵器的抓手 CD 携带着质量为 $m_D=15$ kg 的载荷，各杆均可视为均质杆。

2.15 如题 2.15 图所示，杆 AB 上有导槽，套在杆 CD 的销子 E 上，在杆 AB 和杆 CD 上各有一力偶作用，已知 $M_1=1000$ N·m，求平衡时作用在杆 CD 上的力偶矩 M_2，不计杆重以及所有的摩擦阻力。如果导槽在杆 CD 上，销子 E 在杆 AB 上，则结果又如何？

2.16 为求题 2.16 图所示结构中 A、B 两处反力，可将力 $\boldsymbol{P}$ 与矩为 M 的力偶先合成为虚线所示的力 $\boldsymbol{P}'$ 以简化计算，对否？试说明理由。

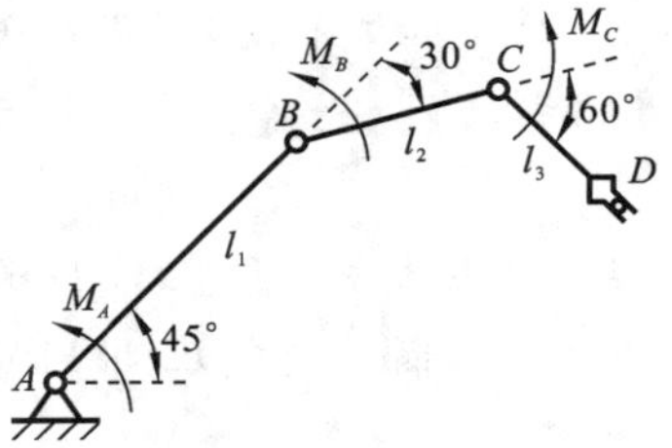

题 2.14 图

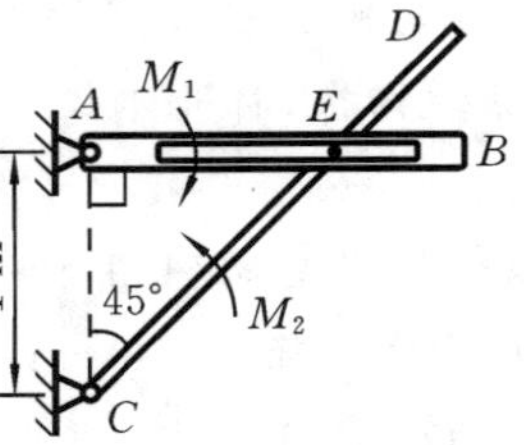

题 2.15 图

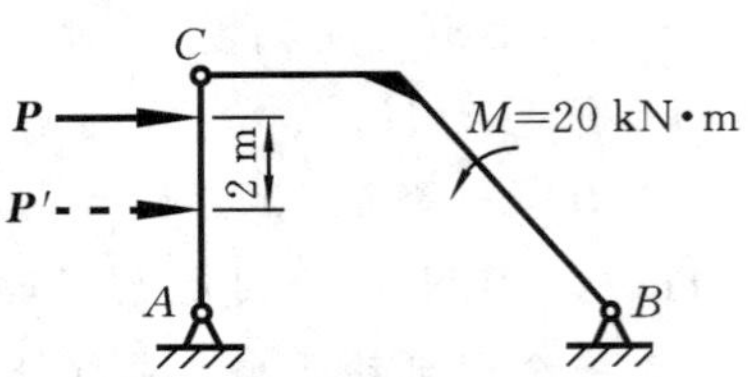

题 2.16 图

2.17　题 2.17 图所示结构中，不计杆重，试判断哪些结构是静定的，哪些结构是超静定的。为什么？

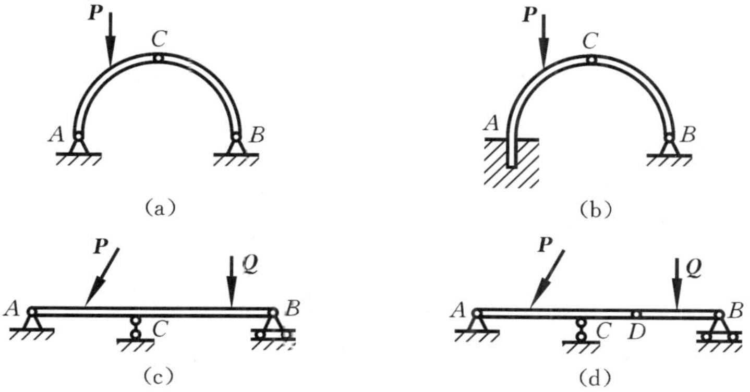

题 2.17 图

2.18　试直接指出题 2.18 图所示桁架中哪些杆件的内力为零，并说明理由。

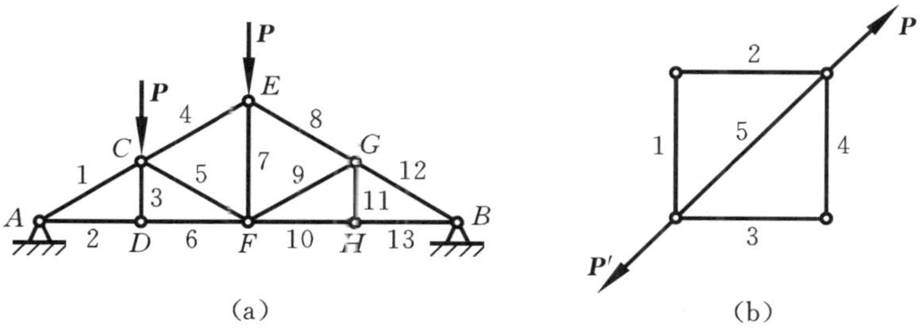

题 2.18 图

2.19　求题 2.19 各图中分布力的合力及作用线方程。

2.20　如题 2.20 图所示，求不计自重的梁在图示载荷作用下固定端 A 的反力。

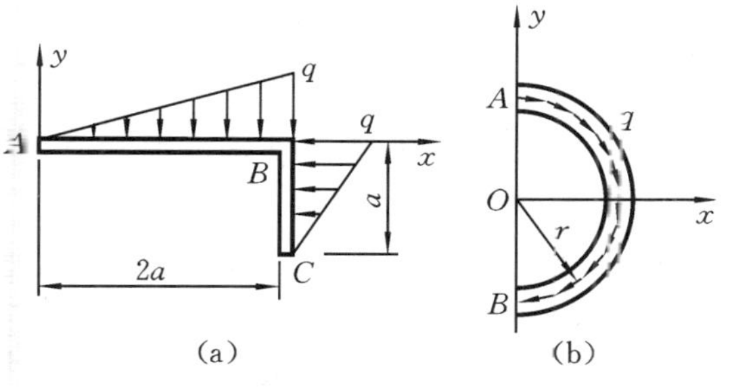

题 2.19 图

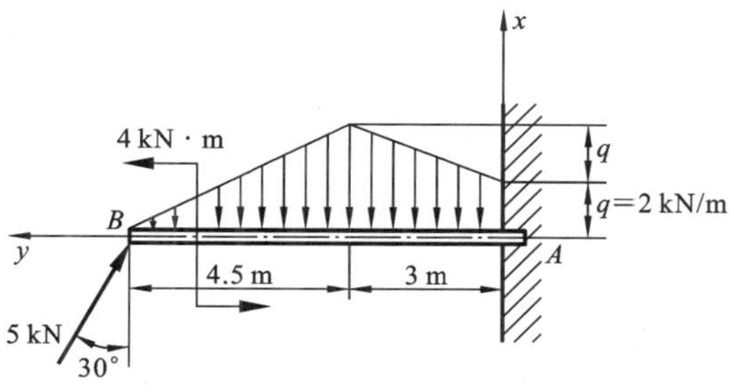

题 2.20 图

2.21　如题 2.21 图所示，两个光滑均质球 C_1 和 C_2 的半径分别为 R_1 和 R_2，重力分别为 P 和 P_2，这两球用绳子 AB 和 AD 挂在点 A，且 $AB=l_1$，$AD=l_2$，$l_1+R_1=l_2+R_2$，$\angle BAD=\alpha$。求绳子 AD 与水平面 AE 的夹角 θ、绳子的张力 T_1 和 T_2，以及两球之间的压力。

2.22　如题 2.22 图所示，构架由直杆 BC、CD 及直角弯杆 AB 组成，各杆自重不计，载荷分布及尺寸如图所示。AB 及 BC 两构件通过销钉 B 铰链连接，在销钉 B 上作用一垂向力 $\boldsymbol{P}$。

已知 q、a、M，且 $M=qa^2$。求固定端 A 及销钉 B 对 BA 和 BC 的约束反力。

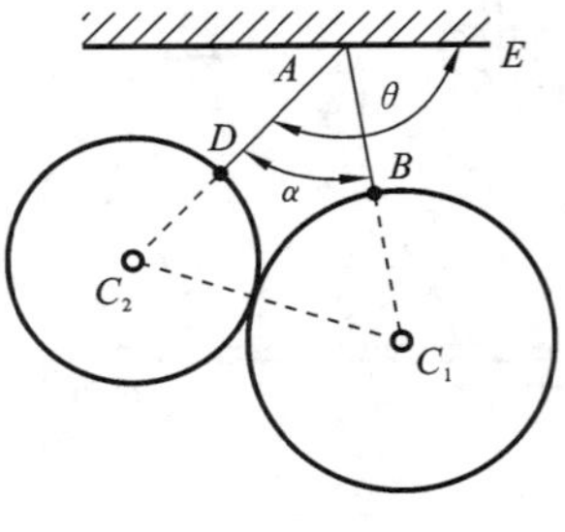

题 2.21 图

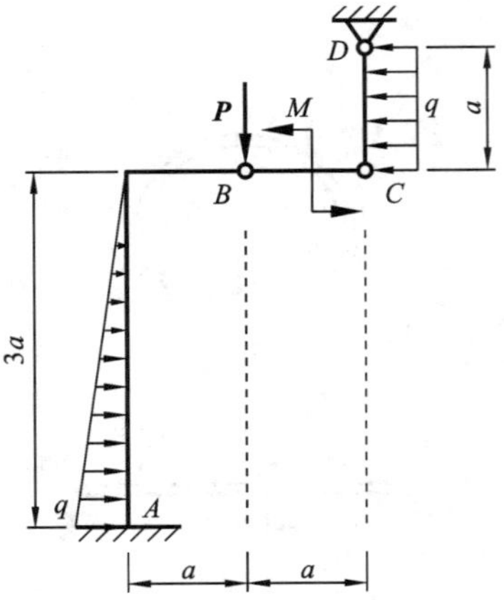

题 2.22 图

2.23　如题 2.23 图所示，桥由两相同的水平梁构成，用铰链 A 相互连接，并用刚杆 1、2 和 3、4 铰接在基础上。外面两杆是竖直的，中间两杆与水平面的夹角 $\alpha=60°$，$BC=6$ m，$AB=8$ m。设桥承受载荷 $P=15$ kN，此载荷到点 B 的距离 $a=4$ m。求各杆的内力和铰链 A 的反力。

2.24　如题 2.24 图所示(尺寸单位为 m)，不计各构件自重。载荷 $F_1=120$ kN，$F_2=75$ kN。求杆 AC 及 AD 所受的力。

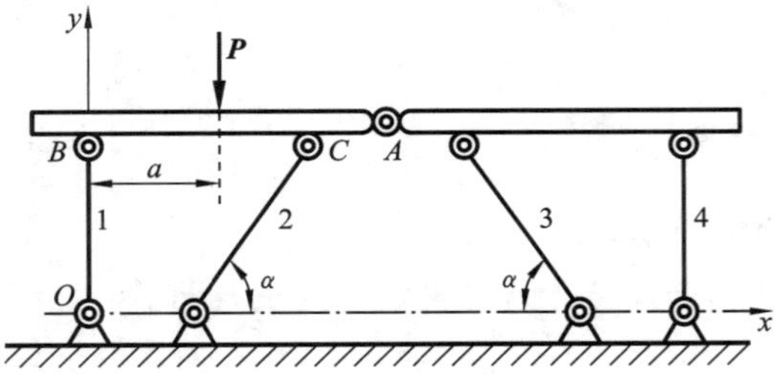

题 2.23 图

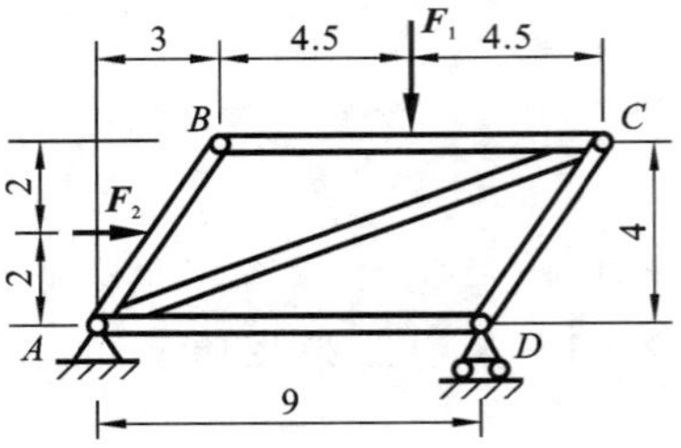

题 2.24 图

2.25　如题 2.25 图所示，连续梁 ACB 上有一起重机，重 $G=40$ kN，重心在垂向线 CK 上，力臂 $KL=4$ m，所吊重物 $P=10$ kN，试求两端支座 A、B 的反力。图中长度单位是 m，不计各构件自重。

2.26　如题 2.26 图所示，铰接支架由杆 AB 和杆 BC 组成，载荷 $P=20$ kN。已知 $AD=DB=1$ m，$AC=2$ m，两个滑轮的半径 r 都是 0.3 m，不计各构件自重。求铰链 B 对各杆的作用力。

2.27　如题 2.27 图所示，"A"形架由三杆铰接组成，$\boldsymbol{P}$、$\boldsymbol{Q}$ 二力作用在杆 AE 的 A 端。不计各构件自重。(1) 求销钉 A 对杆 AD、杆 AE 的约束力；(2) 若 $\boldsymbol{P}$、$\boldsymbol{Q}$ 二力作用在销钉 A 上，其结果有何变化？

2.28　已知题 2.28 图所示结构由直杆 CD、BC 和曲杆 AB 组成，杆重不计，且 $M=12$ kN·m，$P=13$ kN，$q=10$ kN/m，试求固定铰支座 D 及固定端 A 处的约束反力。

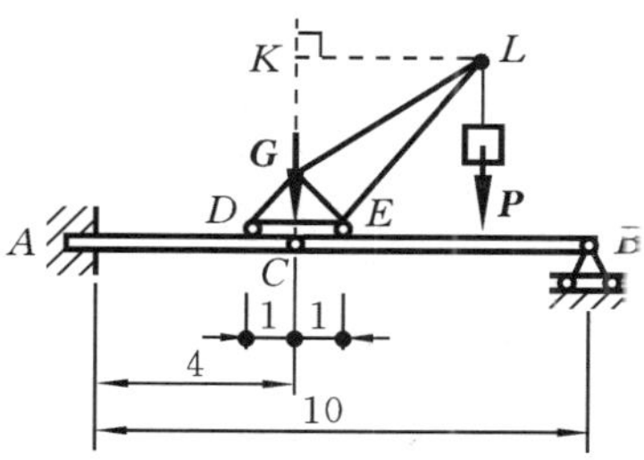

题 2.25 图

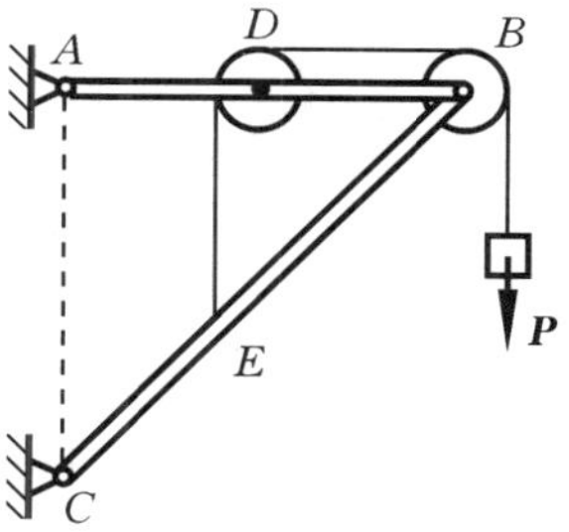

题 2.26 图

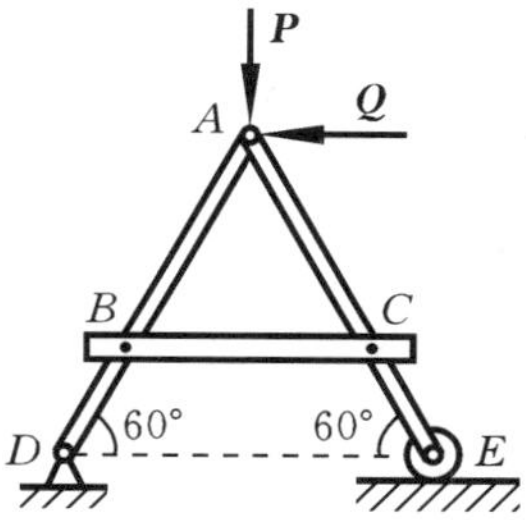

题 2.27 图

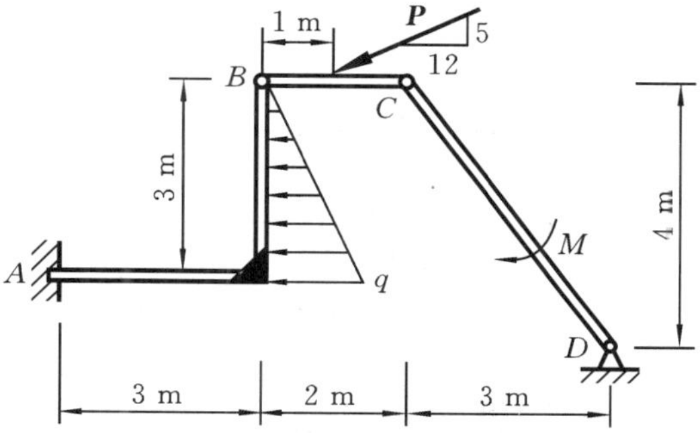

题 2.28 图

2.29　杆 AB、AC、BC、AD 连接如题 2.29 图所示。水平杆 AB 上作用有垂直向下的力 $\boldsymbol{P}$。不计各构件自重。求证无论 $\boldsymbol{P}$ 的位置如何，杆 AC 总是受到大小等于 P 的压力（只允许列三个方程求解）。

2.30　构架 BAC 由杆 AB、AC 和 DF 组成，杆 DF 上的销子 E 可在杆 AB 光滑槽内滑动，构架尺寸和载荷如题2.30图所示，已知 $M=2400\ \text{N}\cdot\text{m}$，$P=200\ \text{N}$，不计各构件自重，试求固定铰支座 C 的约束反力（要求平衡方程个数最少，且不联立求解）。

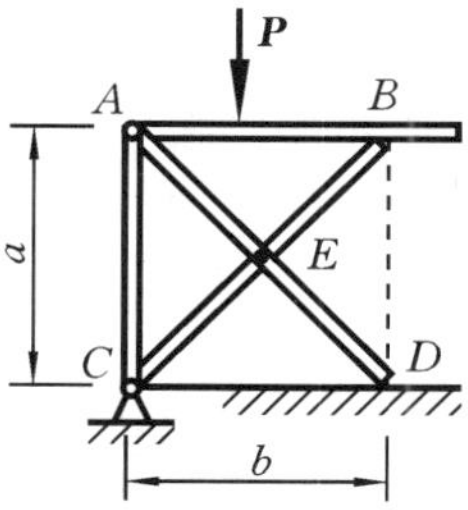

题 2.29 图

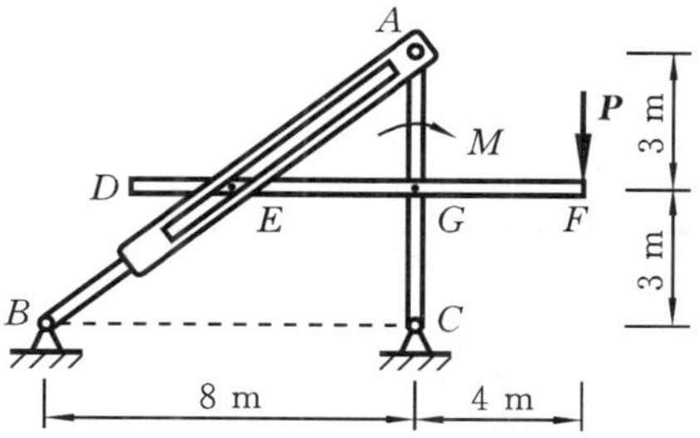

题 2.30 图

2.31　求题 2.31 图所示桁架中标有数字的杆件的内力。

***2.32**　求题 2.32 图所示桁架中杆 AB 的内力（要求只用两个平衡方程求解）。

2.33　求题 2.33 图所示桁架中杆 1、2、3、4 的内力。

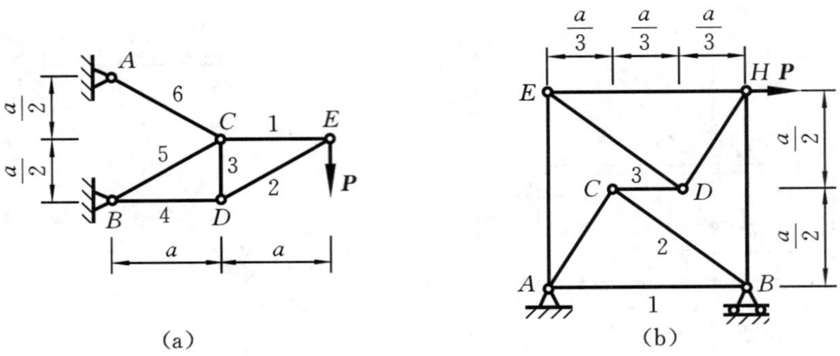

题 2.31 图

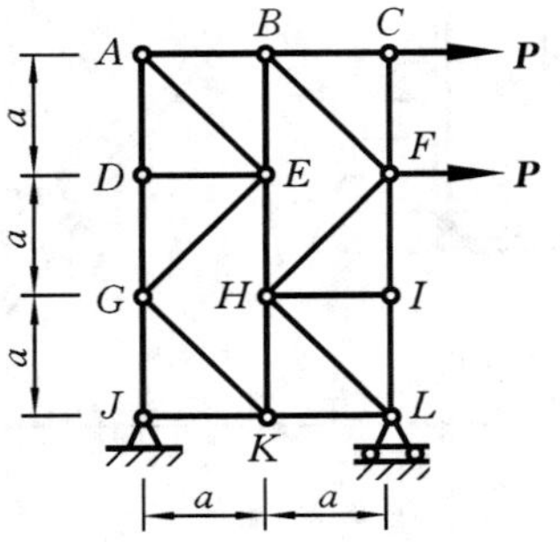

题 2.32 图

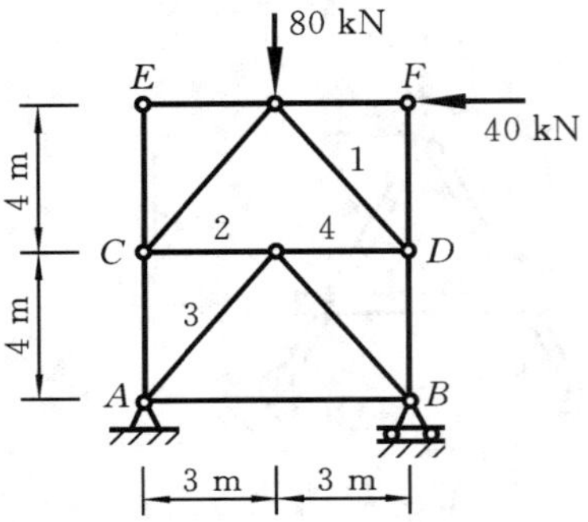

题 2.33 图

2.34　一拱架支承及载荷如题 2.34 图所示，$P=20\ \mathrm{kN}$，$Q=10\ \mathrm{kN}$，自重不计，求支座 A、B、C 的约束反力。

2.35　物体重 $Q=12\ \mathrm{kN}$，由杆 AB、BC 和 CE 组成的支架及滑轮 E 的支持方式如题 2.35 图所示，已知 $AD=BD=2\ \mathrm{m}$，$CD=DE=1.5\ \mathrm{m}$，不计杆与滑轮的质量，求支座 A 的约束力以及杆 BC 的内力。

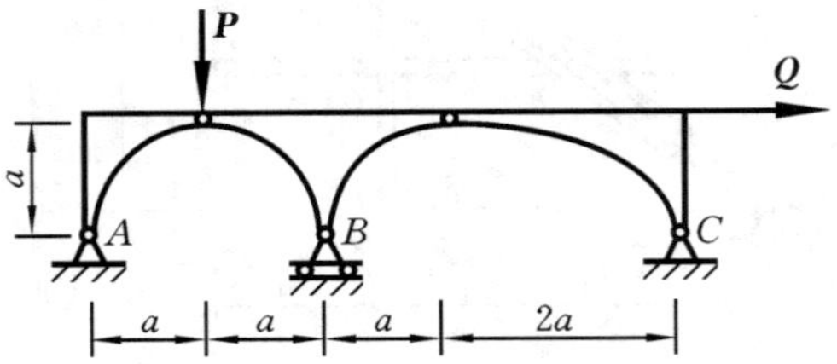

题 2.34 图

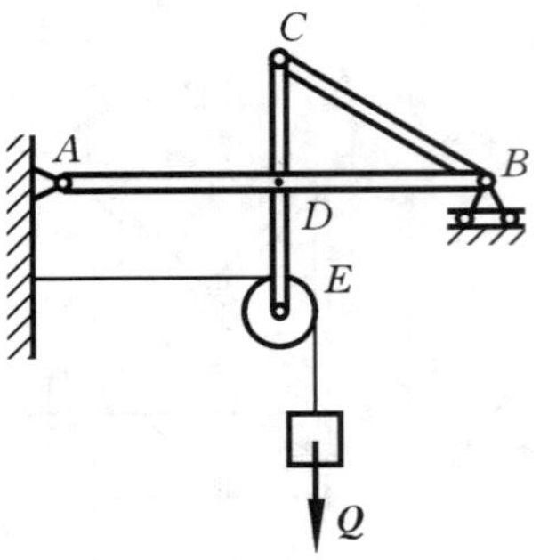

题 2.35 图

2.36　组合结构的载荷及尺寸如题 2.36 图所示，长度单位为 m，不计各构件自重，求各二力杆的内力。

***2.37**　如题 2.37 图所示，6 根质量分别为 m、长为 b 的均质杆件通过铰链连接，在竖直

面处于静平衡状态。此时 KC、CD、DE、EK 形成正方形，若 $L=(\sqrt{2}+\sqrt{3})b$，求弹簧力的大小。

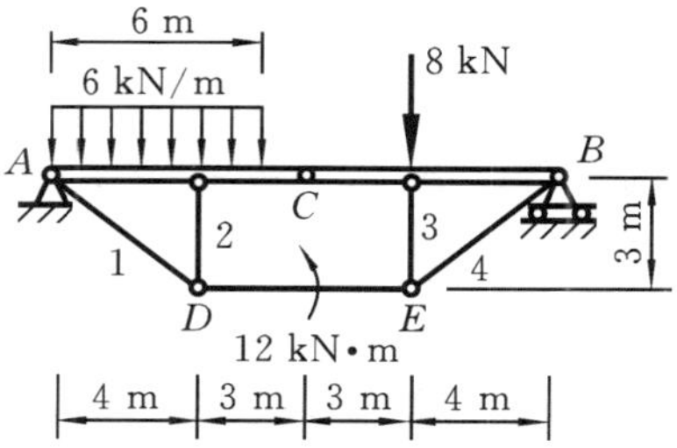

题 2.36 图

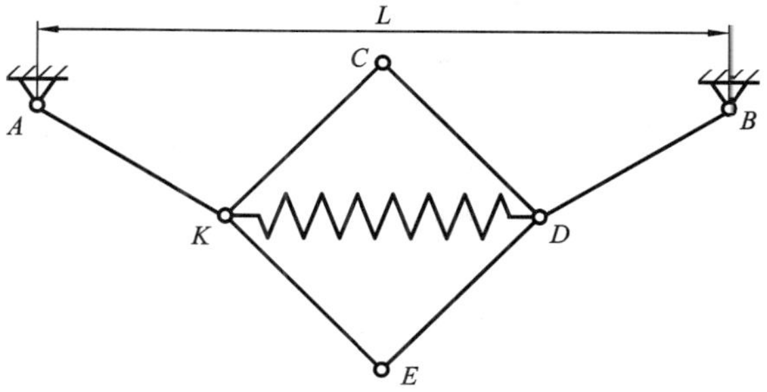

题 2.37 图

*2.38　在题 2.38 图所示的平衡系统中，物体Ⅰ、Ⅱ、Ⅲ、Ⅳ之间分别通过光滑铰链 A、B、C 连接。O、E 为固定支座，D、F、G、H 处为杆约束。尺寸如图所示，$b/a=1.5$。物体Ⅱ受大小为 M 的力偶作用。假定全部力均在图示平面内，且不计所有构件的自重，杆 O_3G 的内力不为零，求杆件 O_4H 与 O_5H 所受的内力之比。

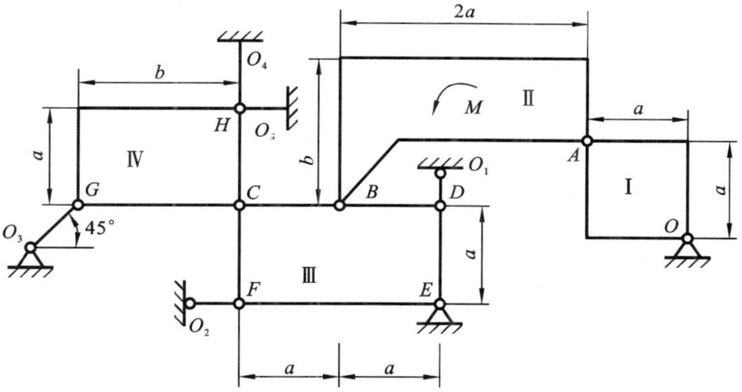

题 2.38 图

*2.39　平面结构如题 2.39 图所示，AB 在点 A 固支，并与等腰直角三角板 BCD 在点 B 铰接，点 D 处吊起一重为 W 的物块，在作用力 F 的作用下平衡。已知力 F 沿 DC 方向，各构件自重不计，求 A 处的约束力偶矩 M_A。

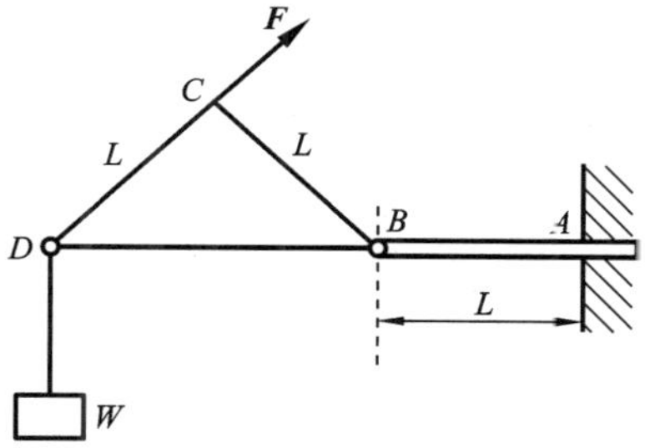

题 2.39 图

*2.40　如题 2.40 图所示，质量为 P、宽度为 b 的无底均质长方体空箱子放在光滑水平地面上。箱子相对竖直面对称。半径为 r 的均质圆柱和棱长为 $a(a<b)$ 的三棱柱放置在盒子里，其棱角为 α。不计各处摩擦，求保持系统平衡的三棱柱的质量 Q(要求只列 2 个方程)。

*2.41　如题 2.41 图所示，静定桁架由水平杆、竖直杆和 45°斜杆组成，在 B 处受固定铰支座约束，A、C 两处由可水平运动的铰支座支承。桁架上作用了三个大小同为 F 的载荷，求杆件 BE 的内力。

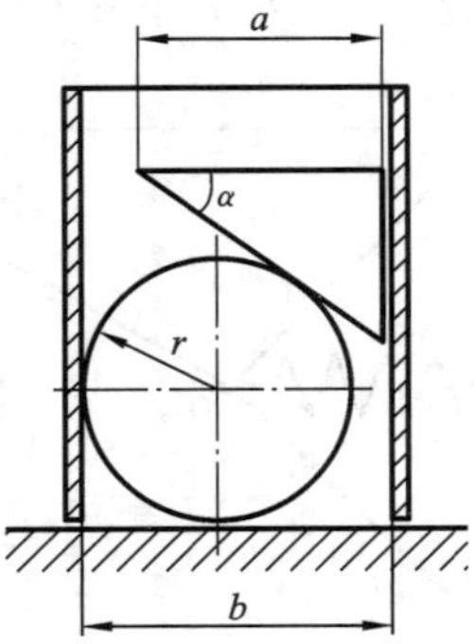

题 2.40 图

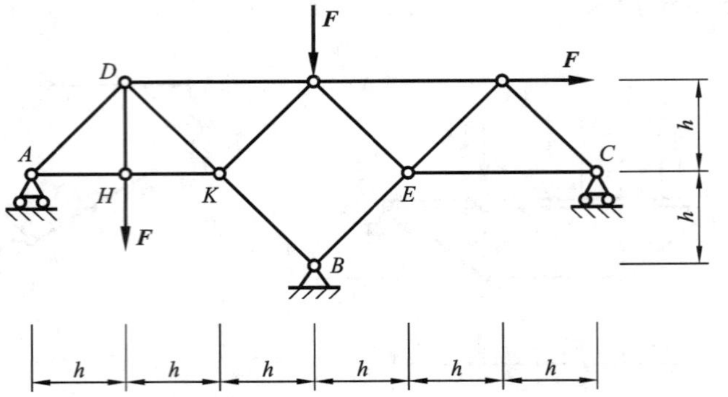

题 2.41 图

*2.42　如题 2.42 图所示,桁架 $ABCDEH$ 是边长为 a 的正八边形的一半。求图示 AB 杆内力。

*2.43　桁架结构如题 2.43 图所示,求杆件 1、2 的内力。

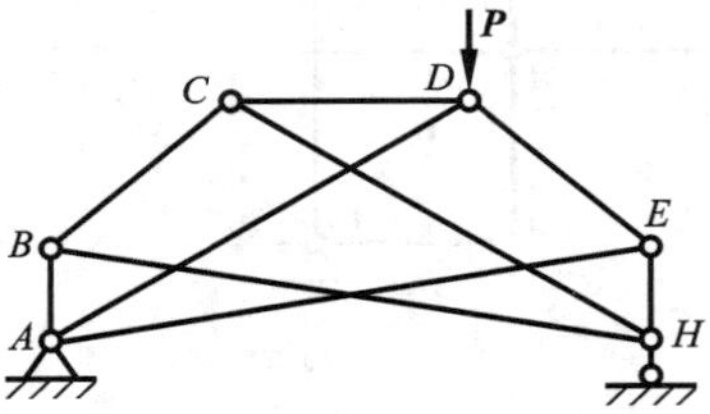

题 2.42 图

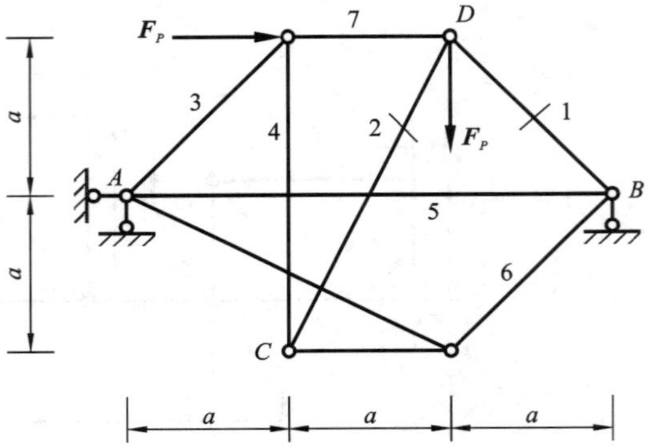

题 2.43 图

第3章　摩　　擦

摩擦

当两个物体产生相对运动或具有相对运动趋势时，在其接触处会产生一种阻止相对运动或相对运动趋势的效应，这种效应便是**摩擦**。摩擦有几种，主要有滑动摩擦、黏性摩擦和滚动摩擦，这几种摩擦的机理各不相同。当两个接触面是干的、接触点具有沿接触面切线方向的运动或运动趋势时，产生的摩擦称为**滑动摩擦**(也称**干摩擦**或 Coulomb **摩擦**)；如果两接触面之间有一薄层流体，产生的摩擦称为**黏性摩擦**；当两个物体做相对滚动，或具有相对滚动趋势，即接触点的瞬时相对速度为零时，产生的摩擦称为**滚动摩擦**。本章介绍滑动摩擦和滚动摩擦，从宏观的角度研究摩擦对物体产生的作用力，即**摩擦力**，主要目的是解决带摩擦力的物系平衡问题。

3.1　滑动摩擦

滑动摩擦

3.1.1　滑动摩擦力

如图 3.1 所示，物体 A 在主动力作用下，如果产生相对滑动趋势，周围物体(图示为约束面)会对该物体产生一个与相对滑动趋势方向相反的力 $\boldsymbol{F}_s$，它总是力图阻止相对滑动的发生，这个力 $\boldsymbol{F}_s$ 就是**滑动摩擦力**。$\boldsymbol{F}_s$ 沿接触点的公切线，其指向总是与相对运动趋势方向相反。实验表明，摩擦力的大小随主动力增大而增大，当物体即将滑动(将动未动)时，摩擦力达到最大值，因此有

$$0 \leqslant F_s \leqslant F_{max} \tag{3.1}$$

其中，最大摩擦力 F_{max} 称为**临界摩擦力**。物体处于平衡的临界状态，称为**临界平衡状态**。F_{max} 的值由库仑摩擦定律决定，即

$$F_{max} = F_N f_s \tag{3.2}$$

其中，F_N 表示正压力的大小；f_s 称为**静摩擦因数**，是一个无量纲的常数，与接触处的材料及其表面粗糙度、润滑条件有关，与接触面积和正压力大小无关。

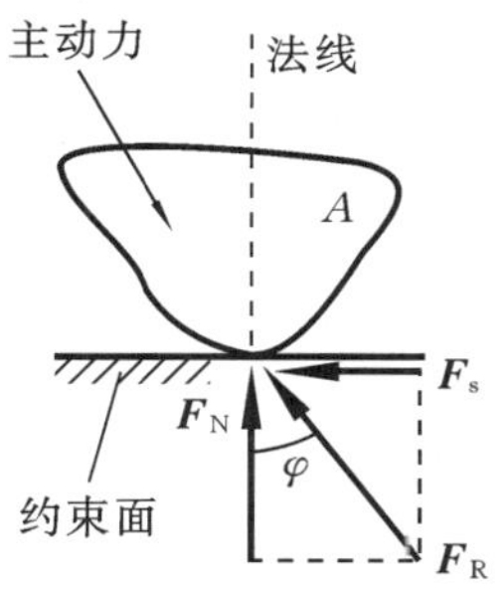

图 3.1　滑动摩擦

当物体已经做相对运动时，摩擦力 $\boldsymbol{F}_d$ 仍然沿接触点的公切线方向，其指向总是与相对运动方向相反，只有在低速范围内时，其大小才近似与正压力 F_N 成正比，即式(3.2)仍然近似成立，但是，其中的摩擦因数符号需要改动，有

$$F_d = F_N f_d \tag{3.3}$$

其中，F_d 表示动摩擦力 $\boldsymbol{F}_d$ 的大小；f_d 称为**动摩擦因数**，对于确定的两种材料，一般 $f_d < f_s$。表 3.1 列出了一些常用材料的摩擦因数。

值得指出的是，以上关于摩擦力的规律只是对常规情况的近似，比如物体表面没有做特殊的光洁处理、没有涂润滑油(这些措施一般会使摩擦力减小)，接触面之间没有喷洒增大摩擦力的介质(在金属物体之间撒细砂等)或气候变化导致空气湿度改变。特殊情况下需要重新测

定。滑动摩擦因数也可能大于 1，比如某些橡胶轮胎与沥青地面的摩擦因数。

表 3.1　常用材料的滑动摩擦因数

材料名称	静摩擦因数		动摩擦因数	
	干摩擦	润滑	干摩擦	润滑
钢-钢	0.15	0.1～0.12	0.15	0.05～0.1
钢-软钢	—	—	0.2	0.1～0.2
钢-铸铁	0.3	—	0.18	0.05～0.15
钢-青铜	0.15	0.1～0.15	0.15	0.1～0.15
软钢-铸铁	0.2	—	0.18	0.05～0.15
软钢-青铜	0.2	—	0.18	0.07～0.15
铸铁-铸铁	—	0.18	0.15	0.07～0.12
铸铁-青铜	—	—	0.15～0.2	0.07～0.15
青铜-青铜	—	0.1	0.2	0.07～0.1
皮革-铸铁	0.3～0.5	0.15	0.6	0.15
橡皮-铸铁	—	—	0.8	0.5
木材-木材	0.4～0.6	0.1	0.2～0.5	0.07～0.15

3.1.2　摩擦角、自锁

如图 3.1 所示，$\boldsymbol{F}_R=\boldsymbol{F}_N+\boldsymbol{F}_s$，称为**全约束反力**，它与接触面法线之间有一个夹角 φ，当摩擦力达到最大时，夹角 φ 也达到最大，记为 φ_f，称为**摩擦角**。显然有

$$\tan\varphi_f=f_s \tag{3.4}$$

因此，对于确定的两种材料，摩擦角为常值。

利用摩擦角的概念可以阐明一个很重要的物系平衡现象。如图 3.2(a)所示，当包括自重的主动力合力 $\boldsymbol{F}_A$ 的作用线在摩擦角内时，此时为了平衡，全约束反力 $\boldsymbol{F}_R$ 中需要的摩擦力值为线段 AB 的长度，而接触面可以提供的最大摩擦力的值为线段 AC 的长度，因此接触面总能提供保持平衡所需的摩擦力，进而物体处于平衡状态；当主动力合力 $\boldsymbol{F}_A$ 的方向、大小改变时，只要 $\boldsymbol{F}_A$ 的作用线在摩擦角内，则点 C 总是在点 B 右侧，物体总是保持平衡，这种平衡现象称为**摩擦自锁**。反之，对于图3.2(b)所示的情况，主动力合力 $\boldsymbol{F}_A$ 的作用线在摩擦角外，此时接触面所能提供的最大摩擦力(线段 AC)小于保持平衡所需的摩擦力(线段 AB)，因此物体不平衡。

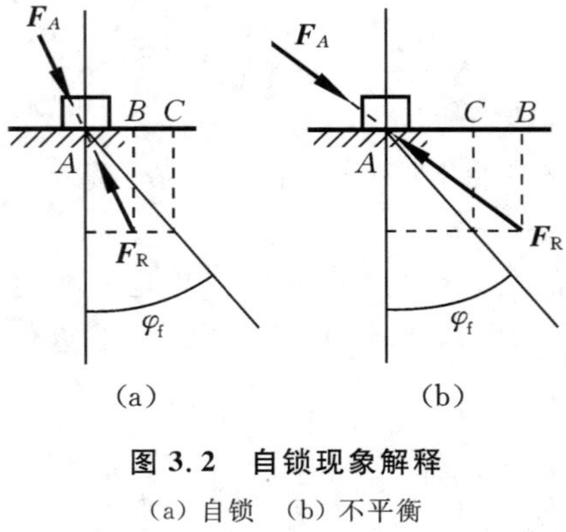

图 3.2　自锁现象解释

(a) 自锁　(b) 不平衡

自锁现象在生活和工程设施中很常见，下面列举两例。

第一例，图 3.3(a)所示为一螺杆，假定与螺杆连接的物体对螺纹接触面的作用力沿螺杆

轴线方向。由图3.3(b)(c)可见,螺杆与被连接物体的关系可以等效为斜面上放置一个物体,物体受到的主动力(即连接力)为 $\boldsymbol{P}$,如图3.3(c)所示。螺纹连接的自锁条件为

$$\alpha \leqslant \varphi_f \tag{3.5}$$

即螺纹升角 α 要小于摩擦角 φ_f。如果螺杆和连接件均由钢制成,摩擦因数取有润滑情况的下限值0.1,则摩擦角 $\varphi_f = 5°43'$。螺旋千斤顶就是利用螺纹连接自锁现象制成的起重装置,其螺纹升角 $\alpha = 4° \sim 4.5°$。

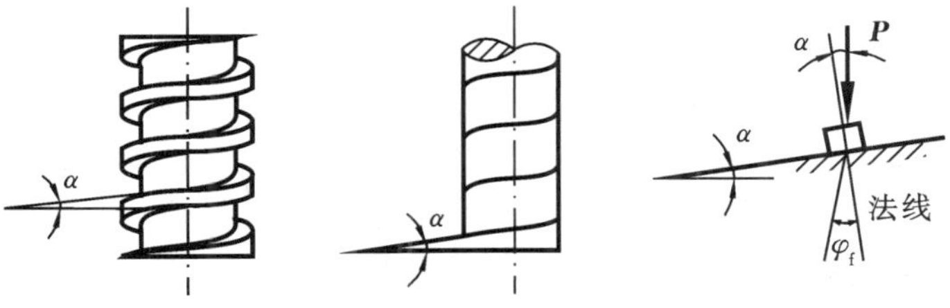

(a)　(b)　(c)

图3.3　螺纹连接的自锁

第二例,图3.4所示为门锁的示意图,将锁身视为固定,设锁舌受到门框作用力的合力为 $\boldsymbol{F}_A$,锁身对锁舌的约束力合力为 $\boldsymbol{F}_R$,图示情况下,$\boldsymbol{F}_A$ 的作用线在摩擦角之内,锁舌自锁,此时门无法锁上。我们平时经常发现,房门用一段时间后,门锁就不易锁上,这实际上是由锁舌自锁导致的,加点润滑剂,减小锁舌的摩擦角,就可以解决。

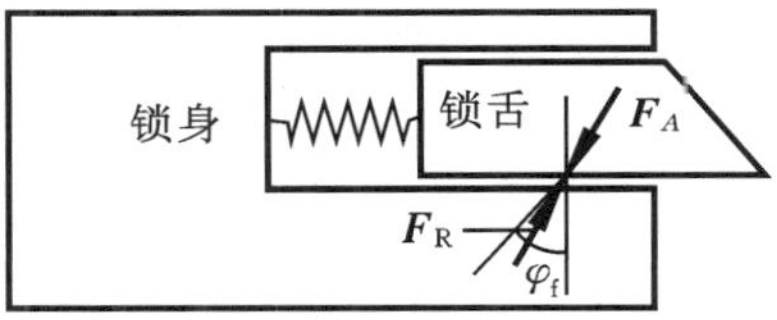

图3.4　门锁的自锁

例3.1　如图3.5(a)所示,不计自重的木楔3,连接构件1和2,木楔与构件1和2的摩擦角 φ 均为30°。当两构件受水平拉力 F 时,假设不破坏,请问楔角 θ 不超过多大时,无论 F 多大,木楔打入后都不会退出?

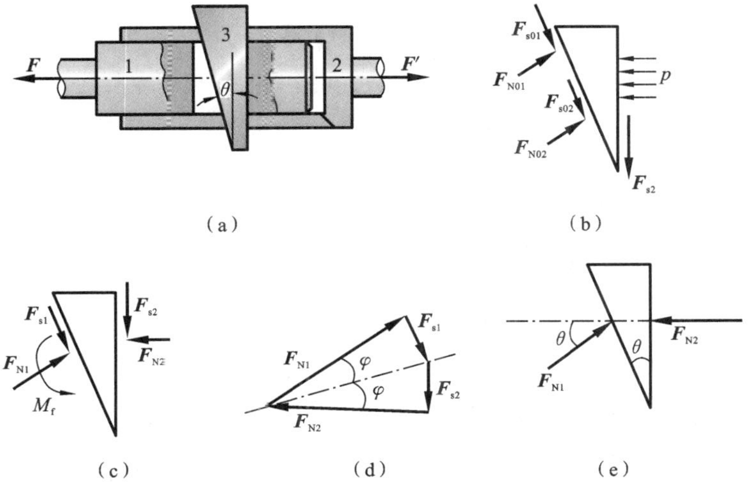

图3.5　例3.1图

解　木楔受力如图 3.5(b)所示。木楔左侧有两处受力，这两处的力向左侧面任意点简化得到支持力的合力 F_{N1} 和摩擦力的合力 F_{s1} 以及附加力偶矩 M_f，右侧受到均布力 p，向分布力中点简化得到 F_{N2}，无附加力偶矩，简化结果如图 3.5(c)所示。因为不需要求 M_f，所以不需要列力矩平衡方程，只需分析在何条件下主矢为 0，这可视为汇交力系平衡问题。对于多个力的汇交力系的平衡，可用力多边形自行封闭的几何法来确定楔角 θ。封闭的力多边形如图 3.5(d)所示。由图 3.5(d)可知，处于临界状态时，F_{N1} 和 F_{N2} 的夹角为 2φ。而根据图 3.5(e)所示的受力分析图可知，F_{N1} 和 F_{N2} 的夹角为 θ。因此楔角 θ 不超过 $2\varphi=60°$ 时，木楔将不会退出。

图 3.6　减速机图

如图 3.6 所示的减速机，上盖与底座通过螺钉连接后，螺孔间仍存在间隙，工作时上盖相对底座会水平错动，导致减速机里的润滑油由于密封损坏而泄漏，故还要安装圆锥形定位销，使上盖与底座实现无缝隙连接。该定位销不能因工作时上盖相对底座会水平错动而被推出，故要求其锥角比自锁角小，其计算方法类似例 3.1。

例 3.2　捶击图 3.7(a)所示的楔块可以产生较大的冲击力而使 C 移动。求使自重 2 kN 的物块 C 刚开始向右滑动时，作用于楔块 B 上的力 P 的大小，不计楔块自重。已知各接触面间摩擦角均为 15°。

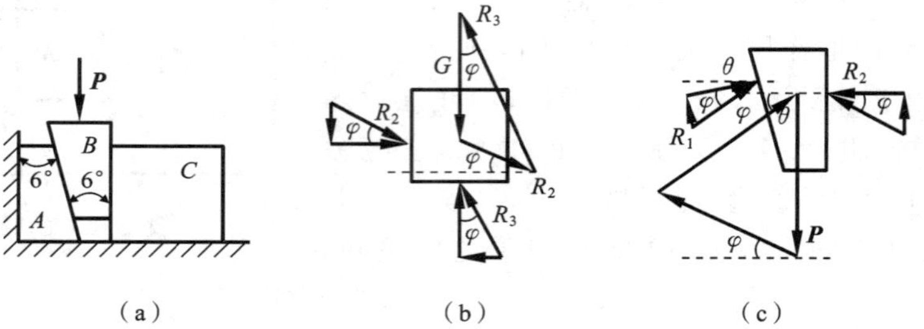

图 3.7　例 3.2 图

分析　各摩擦面受到的是分布力，分布力向其作用的摩擦面上的任一个接触点简化，得到支持力和摩擦力，以及力偶矩 M_f。考虑到该题列力矩平衡方程的目的仅是求不待求的未知力偶矩 M_f，而该题只求 P，故只需要研究主矢为 0 的条件，可视为汇交力系平衡问题。此题涉及多个研究对象，单独一个研究对象有多个大小未知的力，各研究对象之间的未知力又存在关联，如果类似例 3.1 应用力多边形自行封闭的几何法平衡条件，则画封闭的力多边形时需要综合考虑几个物体，涉及较多的不确定量，比较复杂，故不采用力多边形自行封闭的方法。利用摩擦角的概念确定每个摩擦面的全约束反力方向，对每个物体分别列力投影方程，分析起来就简单一些。

解　物块 C 向右滑动时，接触面间均为动摩擦(取 $\varphi=15°$，$\theta=6°$)。

【物体 C】受力分析如图 3.7(b)所示。

垂直于 R_3 方向：

$$G\sin\varphi=R_2\cos(2\varphi)$$

【物体 B】受力分析如图 3.7(c)所示。

垂直于 R_1 方向：

$$R_2\sin(\theta+2\varphi)=P\cos(\theta+\varphi)$$

解得

$$P=\frac{\sin(\theta+2\varphi)\sin\varphi}{\cos(\theta+\varphi)\cos(2\varphi)}G=0.376\ \text{kN}$$

例 3.3 设皮带与固定圆柱之间的摩擦因数为 f，皮带绕过的角度为 ϕ，如图 3.8(a)所示。问皮带静止时，两端拉力 T_1 和 T_2 满足什么关系？皮带自重不计。

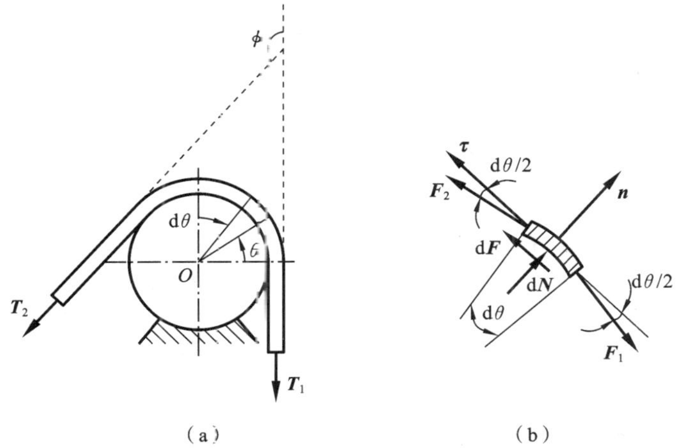

图 3.8 例 3.3 图

(a) 圆柱上绕过的皮带 (b) 皮带微元的受力

解 假设皮带沿顺时针方向达到临界状态。在 θ 处取一个皮带微元，其中心角为 $\mathrm{d}\theta$，画出它的受力图，如图 3.8(b)所示。微元两端的张力为

$$F_1 = T, \quad F_2 = T + \mathrm{d}T \tag{a}$$

微元受到的正压力为 $\mathrm{d}N$、摩擦力为 $\mathrm{d}F$。取微元中心的切向 $\boldsymbol{\tau}$ 和法向 $\boldsymbol{n}$，在这两个方向上建立微元的平衡方程，有

$\sum F_n = 0$：
$$\mathrm{d}N - (F_1 + F_2)\sin\frac{\mathrm{d}\theta}{2} = 0 \tag{b}$$

$\sum F_t = 0$：
$$\mathrm{d}F + (F_2 - F_1)\cos\frac{\mathrm{d}\theta}{2} = 0 \tag{c}$$

补充方程：
$$\mathrm{d}F = \mathrm{d}N \cdot f \tag{d}$$

因为
$$\sin\frac{\mathrm{d}\theta}{2} \approx \frac{\mathrm{d}\theta}{2}, \quad \cos\frac{\mathrm{d}\theta}{2} \approx 1 \tag{e}$$

将方程(a)(d)(e)代入方程(b)和方程(c)，得

$$\mathrm{d}N - T\mathrm{d}\theta = 0$$

$$\mathrm{d}N \cdot f + \mathrm{d}T = 0$$

所以
$$\mathrm{d}T = -fT\mathrm{d}\theta \tag{f}$$

将式(f)在 $\theta = 0° \sim \phi$ 上积分，得

$$\int_{T_1}^{T_2} \frac{\mathrm{d}T}{T} = -f\int_0^{\phi} \mathrm{d}\theta$$

因此得
$$\frac{T_1}{T_2} = \mathrm{e}^{f\phi} \tag{g}$$

这是皮带沿顺时针方向达到临界状态时的结果。如果皮带沿逆时针方向达到临界状态，则有

$$\frac{T_2}{T_1} = \mathrm{e}^{f\phi} \quad 或 \quad \frac{T_1}{T_2} = \mathrm{e}^{-f\phi} \tag{h}$$

所以皮带静止时，两端拉力 T_1 和 T_2 满足的关系为

$$e^{-f\phi}\leqslant\frac{T_1}{T_2}\leqslant e^{f\phi} \tag{i}$$

为了使上述结果有一个定量概念，设有一绳子绕木桩两周，木桩与绳之间的摩擦因数为 0.5，绳的一端作用有拉力 $T_1=10$ kN，则另一端只需拉力 $T_2=18.67$ N 就能保持绳不滑动。

3.2 滚动摩擦

3.2.1 滚阻及其规律

滚动摩擦

如图 3.9(a)所示，一个柱形物体(滚子)放置在一个约束面上，如果两者均为刚体，则形成点(或线)接触，接触处只有集中力作用，因此，只要主动力合力对接触点之矩非零，滚子就会滚动(或转动)。但实际情况并非如此，只有当主动力合力对接触点之矩达到某一值时，滚子才能滚动，这表明接触处存在一个阻止滚子滚动的约束力偶。因此刚体假设不能解释这一现象。实际上，因为滚子与约束面为非平面接触，容易使接触处变形，因而在变形处产生分布的相互作用力，如图 3.9(a)所示；滚子在这一分布力系下，能产生一个约束力合力和约束力偶来抵抗主动力合力和主动力偶，使滚子平衡。这种由非平面接触产生的、阻止物体滚动的效应称为**滚动摩擦**。

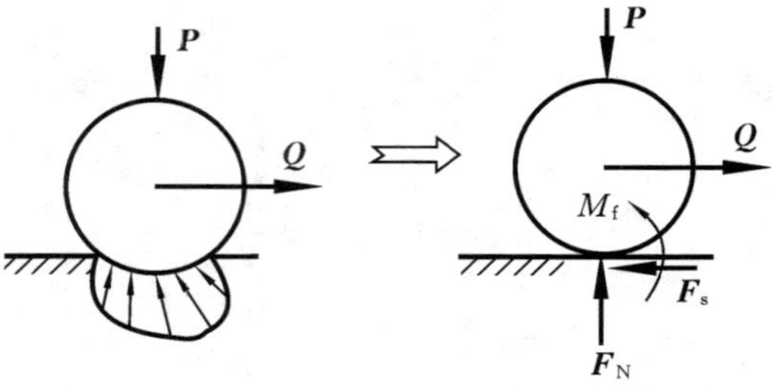

(a) (b)

图 3.9 滚动摩擦分析

由于接触处的变形一般很小，为了处理问题方便，还是将各个物体看作刚体，将这一分布力系向接触中心简化成图 3.9(b)所示的 $\boldsymbol{F}_s$、$\boldsymbol{F}_N$、M_f，其中 $\boldsymbol{F}_s$、$\boldsymbol{F}_N$ 分别为阻止滑动的摩擦力和正压力，M_f 为阻止物体滚动的约束力偶，称为**滚动摩阻力偶**，简称**滚阻力偶**或**滚动摩擦**。滚阻力偶的转向总是与滚子的滚动方向或滚动趋势方向相反。实践表明，当主动力对接触中心的主矩从零逐渐增大时，滚阻力偶的值也随着增大，当主动力的主矩增大到某个值时，滚子达到滚动的临界状态(将滚未滚)，此时滚阻力偶达到最大值，称为**最大滚阻力偶**，用 M_{max} 表示。所以有

$$0\leqslant M_f\leqslant M_{max} \tag{3.6}$$

实验证明，M_{max} 有如下近似表达式：

$$M_{max}=\delta F_N \tag{3.7}$$

这就是**滚动摩擦定律**。其中，δ 称为**滚阻系数**，它是一个具有长度量纲的常量，其值与物体的材料

和状态有关，一般与滚子的曲率半径、接触面积和正压力无关。常用的滚阻系数列于表 3.2。

表 3.2　常用的滚阻系数 δ

材料名称	δ/mm	材料名称	δ/mm
铸铁-铸铁	0.5	软钢-钢	0.5
钢轮-钢轨	0.05	有滚珠轴承的料车-钢轨	0.09
木材-钢	0.3～0.4	无滚珠轴承的料车-钢轨	0.21
木材-木材	0.5～0.8	钢轮-木轨	1.5～2.5
软木-软木	1.5	轮胎-路面	2～10
淬火钢珠-钢	0.01		

3.2.2　滚动摩擦与滑动摩擦的对比

下面对滑动摩擦和滚动摩擦的异同点、分析问题时的注意事项进行总结，结果如下。

(1) 任何带摩擦的物体在主动力作用下，一般都同时具有滑动和滚动两种运动或运动趋势，因此摩擦面上同时具有滑动摩擦力和阻止滚动的约束力偶，对柱形物体和矩形(或多边形)物体均如此。

比如，对于矩形物体，当主动力变化时，接触面上的正压力和摩擦力实际上是一个分布力系，该力系向接触面上某点简化，得到平时所指的正压力和摩擦力，一般还会有一个约束力偶，它可以平衡主动力系对同一点简化的合力偶。在求解滑动临界状态时，只需用到分布力系的合力，不需要知道合力作用点的位置，或者不需要知道该力系向任一点简化的合力偶，所以将这一问题掩盖了。

(2) 矩形物体一般同时存在滑动临界状态和翻倒临界状态。柱形物体同样如此，只是在一般情况下，柱形物体会先达到滚动临界状态。比如，在图 3.9 中，圆柱在滚动临界状态下有矩平衡关系：

$$Q_{滚}R=M_{max}=\delta F_N \quad \Rightarrow \quad Q_{滚}=\frac{\delta F_N}{R} \tag{3.8}$$

而圆柱在滑动临界状态下有力平衡关系：

$$Q_{滑}=F_s=F_N f_s \tag{3.9}$$

所以

$$\frac{Q_{滚}}{Q_{滑}}=\frac{\delta}{R f_s} \tag{3.10}$$

由表 3.1 和表 3.2 可见，一般有

$$\frac{\delta}{R} \ll f_s \tag{3.11}$$

所以通常滚子总是滚动而不滑动。滚动摩擦对结果影响很小，在本书中若未加以说明，滚动摩擦部分的影响默认为可以忽略不计。

需要注意的是，库仑摩擦定律以及表 3.1 中常用材料的滑动摩擦因数是有适用条件的。在一些工业生产中，摩擦呈现的规律是非常复杂的。了解摩擦规律有助于更好地提高社会生产力。例如，人类进入机器生产时代后，需要钢铁快速成形的设备，其中轧钢机是一个主要设备，轧钢机辊轧时，需要由摩擦力提供咬入力，故需要了解摩擦特性。最早有记载的轧钢机设

计是达·芬奇于1480年设计的轧钢机草图,其涉及的轧制原理就需要研究摩擦规律。在轧钢机工作时,轧制区域摩擦规律复杂,有时甚至会导致无法正常生产,这样的案例在中国钢铁工业发展过程中也出现过。中华人民共和国成立后,百废待兴,在中国共产党的领导和中国人民的努力下,中国的钢铁工业得到了飞速发展。在中国钢铁工业发展过程中有一个著名的一米七轧机工程,该工程经毛泽东、周恩来批准引进,建在武汉钢铁公司。一米七轧机系统具有大型化、高速化、连续化和自动化的特点。1980年12月,一米七轧机工程正式投产,投产开始时,采用花大量外汇购买的日本进口钢坯,生产正常,后来为了节省外汇,采用国产坯料,但经常出现无法咬入等异常现象,严重地影响了正常生产。武汉钢铁公司组织攻关研究,结果表明,在轧制变形区,因为材料塑性变形等,轧辊与钢材之间的摩擦因数除了具有一般规律外,还与轧制速度、压下量等多个工艺参数有复杂的关系。经过日夜奋战和大量实践,终于得到了一套实用的适合国产坯料的连轧轧机的摩擦因数模型,解决了咬入问题;掌握了轧钢过程中的摩擦规律,开发了具有自主知识产权的热轧板连续自动轧制模型,还极大提高了轧制的稳定性与带材的控制精度。一米七轧机工程因此改变了我国板材依赖进口的局面。一米七轧机工程是中国民族工业从引进和消化吸收,到创新突破,实现民族工业腾飞的一个缩影。

3.3 多接触面带摩擦力的平衡问题

多接触面带摩擦力的平衡问题

对于例3.1和例3.2的问题,因为不需要求摩擦面处未知的力偶矩,故不需要列力矩平衡方程,只需列力投影方程,即只研究主矢为0的情况,便可求解相应的问题。可用力多边形自行封闭的几何法或利用摩擦角确定全约束反力方向,将问题视为汇交力系平衡问题,然后利用类似汇交力系的解析法,使得计算变得简单。由此可知,只要能将问题转化为汇交力系问题,则只需要研究主矢为0的条件,此时采用几何法求解,问题将变得简单。但对于多于3个力的平面任意力系的平衡问题或一些带摩擦力的多接触面复杂问题,往往需要列力矩平衡方程,仅通过主矢为0的条件无法求解,采用下面介绍的分类讨论的解析法更合适。

当把摩擦力和支持力当作独立变量时,带摩擦力的物系平衡问题可以分为两类。一类是未知量数目等于平衡方程数目,只需按照前面各章的方法列平衡方程求解即可。另一类是未知量数目大于平衡方程数目,往往需要将临界条件下的摩擦定律作为补充方程。对于具有多个摩擦面的问题,需要事先假定某个或某些摩擦面达到临界状态。处理这些问题往往是一个难点。为了解决这些问题,一般采用基于运动可能性的分析法。该方法假设所有需要考虑的可能的基本运动(一种可能的运动已包含在其他可能的运动中,那它就不是基本运动),然后在所假设的临界运动状态下分别讨论每一种可能的运动。但是,该方法需要穷尽所有的基本运动,当需要考虑滚动摩擦时,这种方法有时是比较困难的。为了克服这种方法的困难,本书提出基于数学有解性的分析方法,以供参考。下面先以例3.4为例,介绍多个摩擦面问题的分析方法。

例3.4 如图3.10(a)所示的物块A(视为质点)重$P_1=50$ N,轮轴O重$P_2=100$ N,轮轴的两个半径分别为$R=10$ cm和$r=5$ cm。物块与轮轴以水平绳连接,在轮轴上绕一细绳,此绳跨过光滑的滑轮,在其端点上系一重物C,如物块A与水平面间的静摩擦因数为

0.5，而轮轴与水平面间的静摩擦因数为0.2，不计滚动摩擦，求使物系平衡时，重物 C 的最大重力 Q。

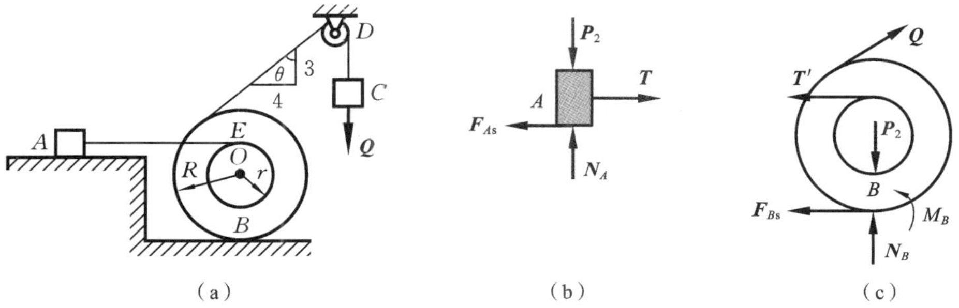

图3.10 例3.4图

分析 该题具有多个有摩擦力的接触面，可采用如下的基于数学有解性的分析方法。

(1) 确定需补充的摩擦方程的个数。

如图3.10所示，系统分为物块 A 和轮轴 B 两个物体，能列 $n=5$ 个独立的静平衡方程，但若将摩擦面的摩擦力和支持力视为独立量，且不考虑图3.10(c)中的滚动摩擦 M_B，则有 $s=6$ 个未知力，要使方程能求解，则还需且只需补充 $k=s-n=1$ 个方程。

(2) 确定所有的、基本的、可能需要讨论的临界情形。

设多个摩擦面可提供 p 个摩擦方程，从 p 个方程中选 k 个方程的组合称为基本可能情形。对于选出的 k 个摩擦方程，设摩擦力达到最大，且设定指向(不是设定滑移方向)。补充的1个方程的可能来源：① A 处摩擦力最大，方向向左或向右；② B 处静滑动摩擦力最大，方向向左或向右。故有4种补充一个方程的情形。

(3) 排除无须讨论的基本情形。

首先根据运动可能性来排除：根据题意，A 不可能向左运动，故排除不需要讨论的其摩擦力向右的情形。

其次，根据力学原理排除不可能发生的运动。假设轮轴脱离地面，在这种情形下，取轮轴为研究对象，对点 E 取矩，将发现即使 Q 无限小，轮轴的力矩也不平衡，说明在这种临界情形发生时，其他的临界情形早已出现，故不需要讨论轮轴脱离地面的情形。这种情形也可通过如下方法排除：轮轴脱离地面时，可补充支持力和静摩擦力均为0的2个方程，而该题只需要补充1个方程，说明脱离地面的情形必然包含在只补充1个方程的情形中。

然后，将每种讨论的情形视为集合，根据集合方法来排除已被其他集合包含的情形。对于本题，当轮轴 B 处所受的摩擦力最大且方向向左(集合1)时，A 必须向右滑动，而 A 向右滑动的情形(集合2)包含 B 处所受的摩擦力的任意情形，故集合1包含在集合2中，不需要讨论集合1。

由上面的分析得到，当不考虑轮轴的滚动摩擦时，只需要讨论如下2种情形。

情形1：A 处摩擦力最大，方向向左。

情形2：B 处摩擦力最大，方向向右。

解 根据题意，只需要讨论如下2种情形，其他情形要么不可能发生，要么必然被所讨论的情形包含。

(1) 设 A 处摩擦力满足

$$F_{A\text{smax}}=f_{As}N_A(\text{向左})$$

【整体】

$\sum M_B=0$：　$F_{A\text{smax}}(R+r)-QR(1+\sin\theta)=0$

【A】

$\sum F_y=0$：　$N_A-P_1=0$

联立解得

$$Q_1=\frac{P_1(R+r)}{2R(1+\sin\theta)}=\frac{125}{6}\ \text{N}\approx 20.83\ \text{N}$$

(2) 设 B 处摩擦力满足

$$F_{B\text{smax}}=f_{Bs}N_B(\text{向右})$$

【整体】

$\sum M_A=0$：　$F_{B\text{smax}}(R+r)-Q\sin\theta(R\sin\theta-r)-QR\cos^2\theta=0$

【轮 O】

$\sum F_y=0$：　$N_B+Q\cos\theta-P_2=0$

联立解得

$$Q_2=\frac{P_2(R+r)}{R(5+\cos\theta)+r(\cos\theta-5\sin\theta)}=\frac{500}{13}\ \text{N}\approx 38.46\ \text{N}$$

所以 Q 的最大值为 20.83 N。

思考：若考虑图 3.10(c)中的滚动摩擦 M_B，则至少需要讨论几种情形？

例 3.5　如图 3.11(a)所示，重 $P_1=450$ N 的水平均质梁 AB 的 A 端为固定铰支座，另一端搁置在重 $W=343$ N 的线圈架的芯轴上，轮心 C 为线圈架的重心。线圈架与梁 AB 和水平地面间的静摩擦因数分别为 $f_{s1}=0.4$，$f_{s2}=0.2$，不计滚动摩擦，线圈架的半径 $R=0.3$ m，芯轴的半径 $r=0.1$ m。在线圈架的芯轴上绕一不计质量的软绳，求使线圈架由静止开始运动的水平拉力 $\boldsymbol{F}$ 的最小值。

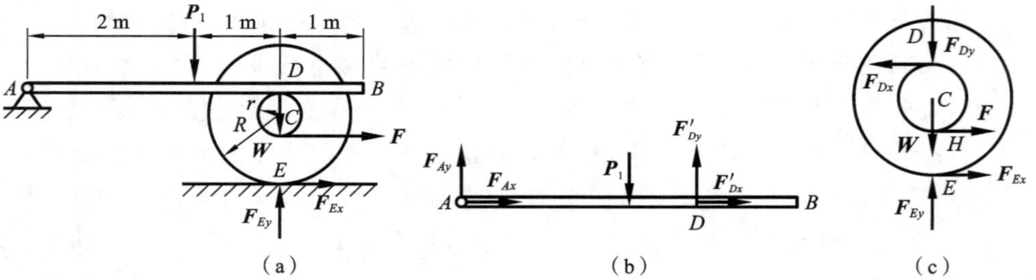

图 3.11　例 3.5 图

解　如图 3.11(b)(c)所示，该系统有 6 个独立方程，有 7 个未知力，尽管有两个摩擦面，但仅需根据摩擦条件补充一个临界方程。假设轮 C 的 D 处所受摩擦力最大，有两种可能的方向，但对轮 C 的点 E 取矩，排除了摩擦力向右的情形。再假设轮 C 的 E 处所受摩擦力最大，有两个可能的方向，但对轮 C 的点 D 取矩，排除了摩擦力向右的情形。

根据以上分析，只需讨论如下两种可能性。

(1) 假设轮 C 的 D 处所受摩擦力最大，方向向左。

【轮 C】(见图 3.11(c))

$$\sum M_E = 0: \quad F_{Dx} \times 0.4 - F \times 0.2 = 0 \tag{a}$$

【AB】(见图 3.11(b))

$$\sum M_A = 0: \quad P_1 \times 2 - F_{Dy} \times 3 = 0 \tag{b}$$

再补充 D 处摩擦方程：

$$F_{Dx} = f_{s1} F_{Dy}\text{（向左）} \tag{c}$$

解得

$$F = 240\ \text{N}$$

(2) 假设轮 C 的 E 处所受摩擦力最大，方向向左。

【轮 C】(见图 3.11(c)，图中 F_{Ex} 方向在此情形下向左)

$$\sum M_D = 0: \quad -F_{Ex} \times 0.4 + F \times 0.2 = 0 \tag{d}$$

【整体】

$$\sum M_A = 0: \quad W \times 3 + P_1 \times 2 - F \times 0.2 + F_{Ex} \times 0.4 - F_{Ey} \times 3 = 0 \tag{e}$$

再补充 E 处摩擦方程：

$$F_{Ex} = f_{s2} F_{Ey}\text{（向左）} \tag{f}$$

解得

$$F = 257.2\ \text{N}$$

所以水平拉力 F 的最小值为 240 N。

对于该题，若在芯轴的中心 C 处还作用有一个水平向左的已知力，按上述方法，则需要讨论 4 种情形。此时，为了减少计算量，在讨论 D 处摩擦力最大的情形时，可以将摩擦方程写为 $F_{Ds} = k_1 f_{s1} F_{DN}$，从而可求出包含参数 k_1 的 $F(k_1)$，再分别令 $k_1 = \pm 1$，便可讨论 D 处摩擦力向左和向右的两种情形。对 E 处的摩擦力也采用同样的处理方法。

综上所述，对于多接触面、存在多种临界状态的摩擦问题，采用先假设临界运动可能性再分别讨论的逻辑推理法，容易漏掉真解，且较复杂。而基于数学有解性的方法，首先根据数学有解性确定需要补充的摩擦方程的数目，再给出得到真解至多应考虑的可能情形。然后利用运动特点，排除不需讨论的临界运动可能性。该方法保证了真解总在所讨论的可能范围内，可用统一的格式解决任意多个接触面、任意多种临界状态的复杂摩擦问题。

注意，若待求量不是在临界运动的状态下产生的，则上述方法不再适用，可以列出多个摩擦不等式，然后联立方程求解。

小　结

小结

(1) 按接触面的运动特征，摩擦分为滑动摩擦和滚动摩擦两类。滑动摩擦力是两个物体在相互接触的表面有相对滑动趋势或相对滑动时，试图阻止公切线方向的相对运动的约束反力，沿公切线方向，与相对运动趋势相反。滚动摩擦是两个物体相互接触的表面有相对滚动趋势或相对滚动时，试图阻止相对滚动的约束反力偶矩，与相对滚动趋势方向或滚动方向相反。

(2) 物体处于临界平衡状态时的全约束反力和接触面法线间的夹角，称为摩擦角。当主动力的合力作用线在摩擦角之内时会发生自锁现象。

(3) 摩擦问题方法优选判据。

当采用解析法不需要列力矩方程时,一般采用力多边形自行封闭的几何法或利用摩擦角将支持力和摩擦力用全约束反力表示,再采用三力汇交平衡定理等方法;否则,选择列力矩方程的解析法。

(4) 多摩擦面问题分析思路。

①确定需补充的摩擦方程数 k。

将系统拆分为最基本单元,设摩擦力与支持力独立,得到系统所有独立的未知量数 s、对系统所能列的独立方程数 n,则 $k=s-n$。

②确定所有的、基本的、可能需要讨论的临界情形。

假设多个摩擦面可提供 p 个摩擦方程,从 p 个方程中选 k 个方程的组合称为基本可能情形。对于选出的 k 个摩擦方程,假设摩擦力达到最大,且设定指向(不是设定滑移方向)。

③排除不可能情形,一般方法如下。

a. 运动可能性法:根据题意,根据不可能发生的运动排除不可能的情形。

b. 力学方法:根据力学理论排除不可能的情形。

c. 集合法:若集合 A 包含集合 B,则仅讨论集合 A。

d. 极值法:根据题意待求的是最大值还是最小值来排除不可能的情形。

习　　题

3.1　选择题。

1. 如题 3.1.1 图所示,物块 A 重 $P=60$ kN,拉力 $T=20$ kN,A 与地面间的摩擦因数 $f=0.5$,物块平衡,则物块 A 所受的摩擦力大小为(　　)。

① 30 kN　　② 25 kN　　③ $10\sqrt{3}$ kN

2. 如题 3.1.2 图所示,两物块 A 和 B 叠放在水平面上,它们的重力分别 P_A、P_B,设 A 和 B 间的摩擦因数为 f_1,B 与水平面间的摩擦因数为 f_2,试问,施加水平拉力 $\boldsymbol{P}$ 拉动物块 B,图示两种情况中较省力的是(　　)。

① 图(a)　② 图(b)

3. 如题 3.1.3 图所示,若楔子两侧面与槽之间的摩擦角均为 ϕ_s,楔子被打入槽后,槽受到外力可能会挤压楔子,欲使楔子被打入槽后不致自动滑出,楔重不计,α 角应为(　　)。

① $\alpha\leqslant\phi_s$　② $\alpha\leqslant2\phi_s$　③ $\alpha\geqslant\phi_s$　④ $\alpha\geqslant2\phi_s$

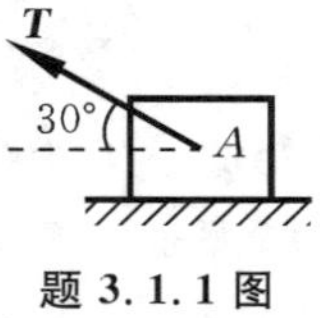

题 3.1.1 图

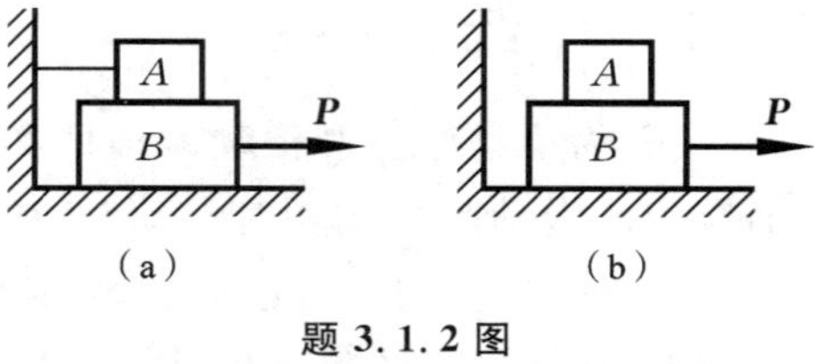

题 3.1.2 图

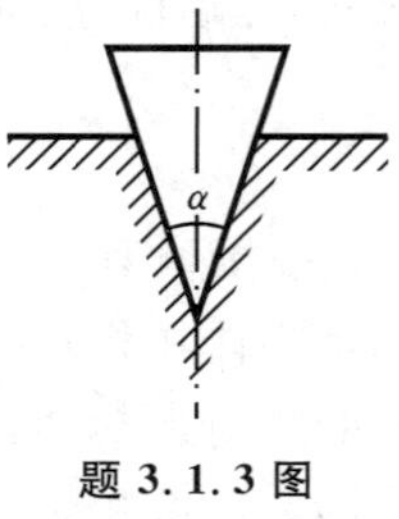

题 3.1.3 图

3.2　欲转动一置于"V"形槽中的棒料,如题 3.2 图所示,需作用一力偶矩 $M=1500$ N·cm 的力偶,已知棒料重 $P=400$ N,直径 $D=25$ cm,试求棒料与"V"形槽的摩擦因数 f。

3.3　如题3.3图所示，滑块B重力为G，放在倾角为θ的斜面上，摩擦因数为f；杆OA上作用一个已知力偶M，$OA=r$。杆OA垂直、杆AB水平，两杆质量不计。求系统平衡时，G的容许范围（其余各处摩擦不计，认为系统不会自锁）。

3.4　如题3.4图所示，两无重刚杆在B处用套筒式无重滑块连接，在杆AD上作用一力偶$M_A=40\ \text{N}\cdot\text{m}$，滑块和杆$AD$间的摩擦因数为$f=0.3$。求系统保持平衡时，力偶矩$M_C$的范围。

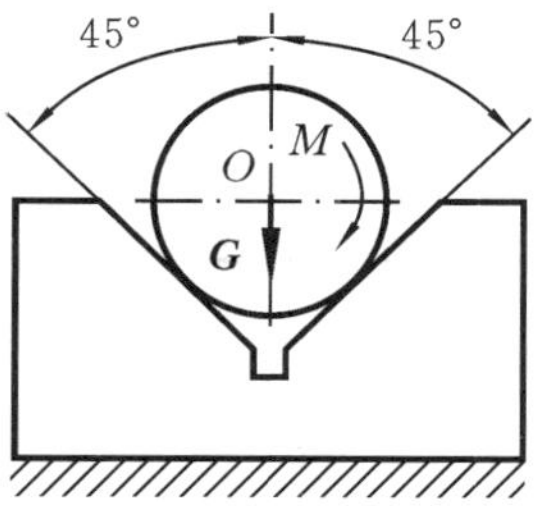

题3.2图

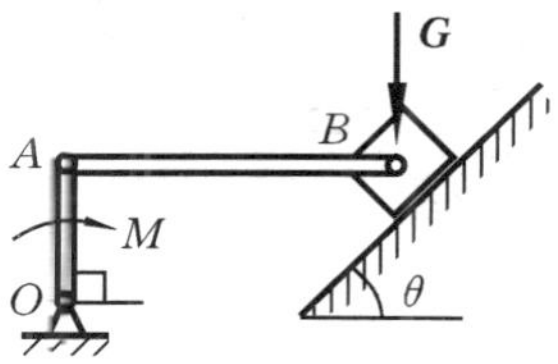

题3.3图

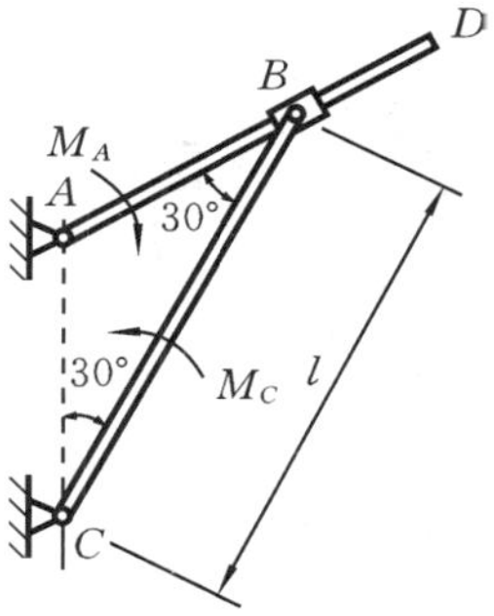

题3.4图

3.5　修电线的工人攀登电线杆所用的脚上套钩如题3.5图所示。已知电线杆的直径$d=30$ cm，套钩的尺寸$b=10$ cm，套钩与电线杆之间的滑动摩擦因数$f=0.3$，套钩的质量略去不计，试求踏脚处到电线杆轴线间的距离a为多大才能保证工人安全操作。

3.6　如题3.6图所示的砖夹，曲杆AGB与GCD在点G铰接。设矩形横截面的砖块重力为P，提起砖的力F作用在砖夹的中心线上，砖夹与砖间的摩擦因数为f_s，求距离b_1、b_2为多大才能把砖夹起（要求砖与砖夹接触的边总保持竖直，GB保持水平）。

3.7　如题3.7图所示，木板AO_1、BO_1用光滑铰固定于点O_1，在木板间放一重Q的均质圆柱，并用大小等于P的两个水平力维持平衡。设圆柱与木板间的摩擦因数为f，不计木板质量，求平衡时P的范围（排除圆柱上滑自锁的情况）。

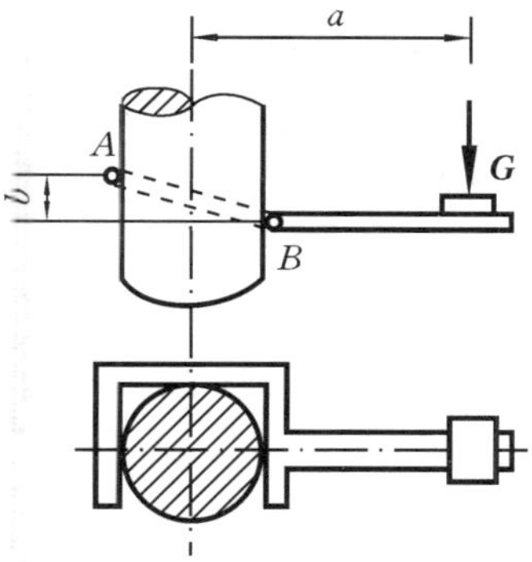

题3.5图

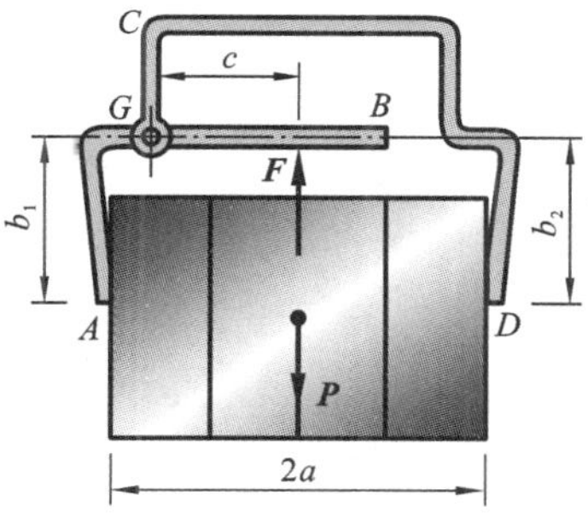

题3.6图

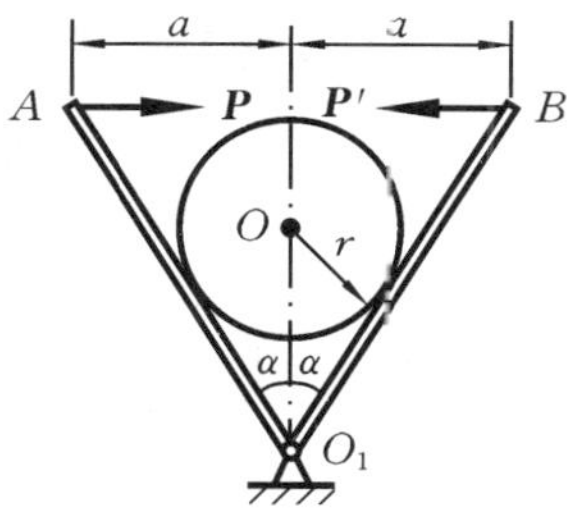

题3.7图

3.8　如题3.8图所示，均质长方体A，宽1 m、高2 m、重10 kN，置于30°的斜面上，长方体与斜面间的摩擦因数$f=0.8$，在长方体上系一与斜面平行的绳子，绳子绕过一光滑圆轮，下端挂一重Q的重物B，求平衡时重力Q的范围。

3.9　如题 3.9 图所示,一叠纸片按图示形状堆叠,露出的自由端用纸粘连,成为两叠彼此独立的纸本 A 和 B。每张纸片重 0.06 N,纸片总数有 200 张,纸与纸之间以及纸与桌面之间的摩擦因数都是 0.2。假设其中一叠纸是固定的,求拉出另一叠纸所需的水平力 P。

***3.10**　如题 3.10 图所示,2 个相同尺寸和质量的均质杆 AB 和 BC 通过铰链连接,放置在 2 个粗糙的棱 D 和 E 上,各处摩擦因数为 f。图示 AB 处于水平位置,图中尺寸 a 为已知量。求系统平衡时,杆件 AB 的长度。

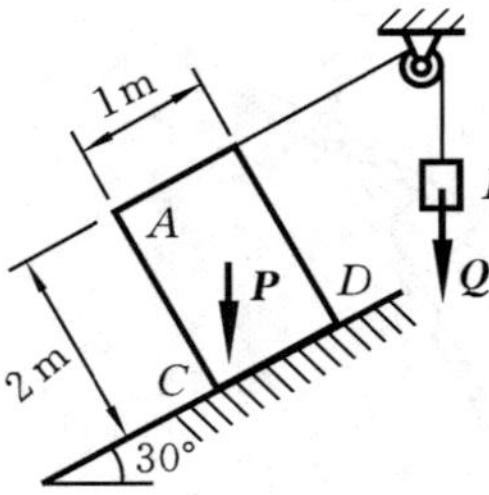

题 3.8 图

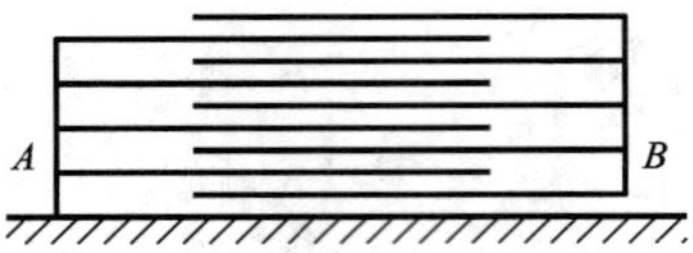

题 3.9 图

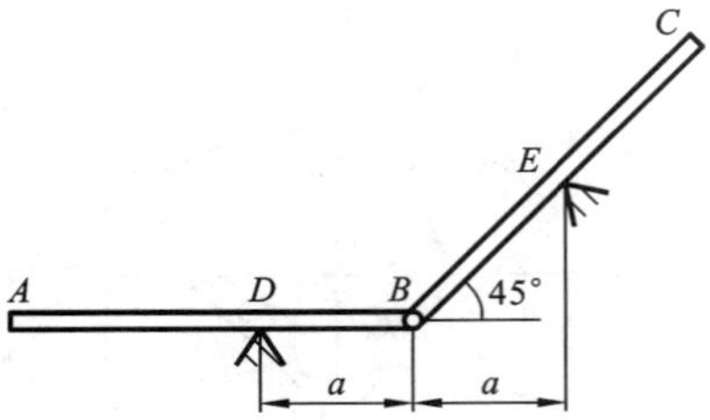

题 3.10 图

3.11　重为 P_1、半径为 r 的均质圆柱 A 与重为 P_2 的物块 B 由绕过定滑轮 C 的软绳互相连接,且放在粗糙斜面上,如题 3.11 图所示。设接触面间的滑动摩擦因数为 f,滚阻系数为 δ,试求能拉动物块 B 所需力 $\boldsymbol{Q}$ 的大小。略去绳和滑轮的质量及其与轴承的摩擦,绳及力 $\boldsymbol{Q}$ 均与斜面平行,设 A 先达到滚动临界状态。

3.12　如题 3.12 图所示,重为 G 的均质圆柱放置在 2 个对称的垂直支撑 A 和 B 上,各支撑处的摩擦因数为 f,$\alpha=60°$。在圆柱的图示位置施加一个竖直力 T。求圆柱处于静止状态时 T 的大小。

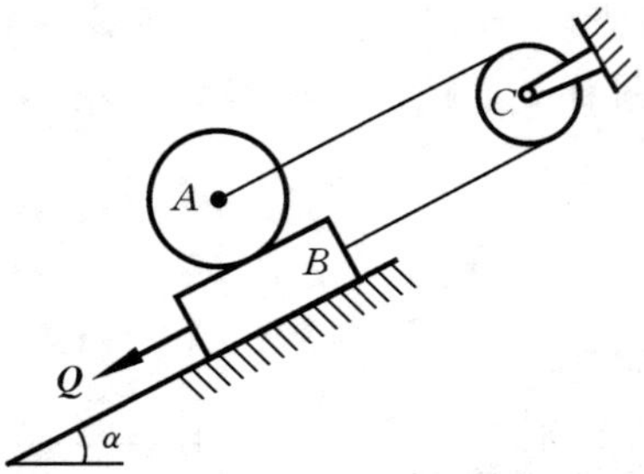

题 3.11 图

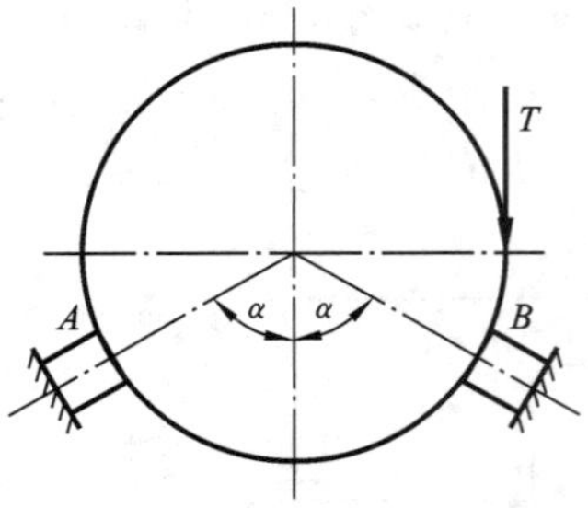

题 3.12 图

第 4 章　空间力系的简化和平衡

空间力系的
简化和平衡

各力作用线不在一个平面内的力系称为**空间力系**。本章介绍空间汇交力系、空间力矩和力偶理论、空间力偶系的简化和平衡、空间一般力系的简化和平衡。大部分分析方法可以由第 2 章相应的方法移植得到，因此，请读者对照第 2 章相关部分学习。

4.1　空间汇交力系

空间汇交力系

4.1.1　空间力的投影

如图 4.1(a)所示，在直角坐标系中，已知力 $\boldsymbol{F}$ 与坐标轴正方向的夹角分别为 α、β、γ，那么力 $\boldsymbol{F}$ 的三个投影分别为

$$F_x = F\cos\alpha,\quad F_y = F\cos\beta,\quad F_z = F\cos\gamma \tag{4.1}$$

此法称为**直接投影法**。其中 α、β、γ 不独立，有约束关系

$$\cos^2\alpha + \cos^2\beta + \cos^2\gamma = 1 \tag{4.2}$$

直接投影法需要补充约束方程，比较复杂。一般采用**二次投影法**，如图 4.1(b)所示，投影为

$$F_x = F\sin\gamma\cos\varphi,\quad F_y = F\sin\gamma\sin\varphi,\quad F_z = F\cos\gamma \tag{4.3}$$

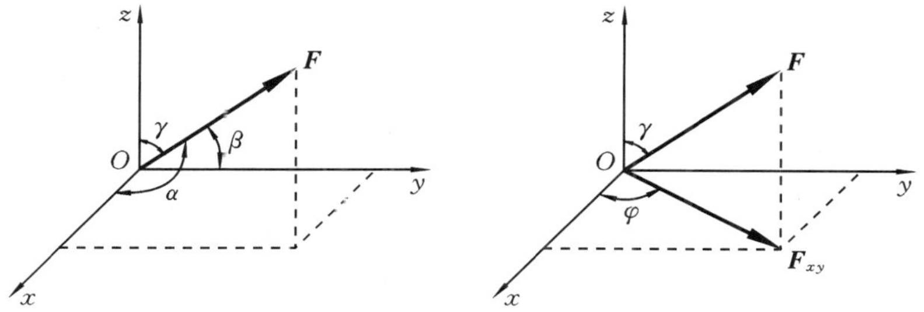

(a)　　　　(b)

图 4.1　力的空间投影

4.1.2　空间汇交力系的合成与平衡

空间汇交力系中的任意两力可以按平行四边形法则合成，因此将各力依次合成，最后汇交力系可合成为一个通过汇交点的合力 $\boldsymbol{F}_{\mathrm{R}}$，即

$$\boldsymbol{F}_{\mathrm{R}} = \boldsymbol{F}_1 + \boldsymbol{F}_2 + \cdots + \boldsymbol{F}_n = \sum_{i=1}^{n}\boldsymbol{F}_i \tag{4.4}$$

用投影表示为

$$\boldsymbol{F}_{\mathrm{R}} = F_{\mathrm{R}x}\boldsymbol{i} + F_{\mathrm{R}y}\boldsymbol{j} + F_{\mathrm{R}z}\boldsymbol{k} = \left(\sum_{i=1}^{n}F_{ix}\right)\boldsymbol{i} + \left(\sum_{i=1}^{n}F_{iy}\right)\boldsymbol{j} + \left(\sum_{i=1}^{n}F_{iz}\right)\boldsymbol{k} \tag{4.5}$$

所以有

$$F_{Rx}=\sum_{i=1}^{n}F_{ix},\quad F_{Ry}=\sum_{i=1}^{n}F_{iy},\quad F_{Rz}=\sum_{i=1}^{n}F_{iz} \tag{4.6}$$

由此,空间汇交力系平衡的充要条件为

$$\sum_{i=1}^{n}\boldsymbol{F}_i=\boldsymbol{0} \tag{4.7}$$

或

$$\sum_{i=1}^{n}F_{ix}=0,\quad \sum_{i=1}^{n}F_{iy}=0,\quad \sum_{i=1}^{n}F_{iz}=0 \tag{4.8}$$

对于空间汇交力系的平衡问题,应用解析法求解时,其求解步骤与平面汇交力系相同,只是可列 3 个平衡方程,求解 3 个未知量。

空间力矩理论

4.2　空间力矩理论

1. 力对点之矩

实践表明,一个力 $\boldsymbol{F}$ 可使刚体产生转动或转动趋势,其转轴过点 O 且垂直于由力 $\boldsymbol{F}$ 与点 O 确定的平面,转向绕转轴顺着力 $\boldsymbol{F}$ 的方向;这种转动效应的大小与力 $\boldsymbol{F}$ 的大小和力 $\boldsymbol{F}$ 的作用线到点 O 垂直距离的乘积成正比,如图 4.2 所示。因此,对于空间力系,各力使刚体绕同一点 O 产生的转动不再共轴,此时用平面力矩理论无法表征空间力系使刚体产生的转动效应的总和。

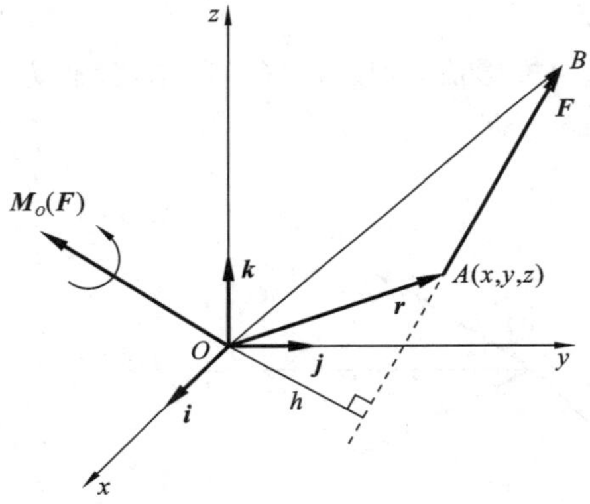

图 4.2　力对点之矩

根据上面的论述,需要引入一个矢量来表征空间力系中任意力 $\boldsymbol{F}$ 使刚体产生的转动效应(大小和转向),称为**力矩矢**,简称**力矩**;力矩矢的指向根据转轴和转向应用右手定则确定,力矩矢的大小为力 $\boldsymbol{F}$ 的大小和力 $\boldsymbol{F}$ 的作用线到转动点 O 垂直距离的乘积,转动点 O 称为**矩心**,力矩矢的作用点就是矩心。用矢量符号 $\boldsymbol{M}_O(\boldsymbol{F})$ 表示力矩矢,则有

$$\boldsymbol{M}_O(\boldsymbol{F})=\boldsymbol{r}\times\boldsymbol{F} \tag{4.9}$$

如图 4.2 所示,可见,力矩矢为一个定位矢量(即矢量只能作用在该点或该矢量方向且在该刚体的其他点上),这样定义得到的力矩矢称为力对点之矩,该定义式应用到平面力矩中时,与第 2 章的结果完全相同。

在图 4.2 所示的直角坐标系中,$\boldsymbol{r}=x\boldsymbol{i}+y\boldsymbol{j}+z\boldsymbol{k}$, $\boldsymbol{F}=F_x\boldsymbol{i}+F_y\boldsymbol{j}+F_z\boldsymbol{k}$,根据矢量运算法则,力矩矢在直角坐标系下可写为

$$\boldsymbol{M}_O(\boldsymbol{F})=\boldsymbol{r}\times\boldsymbol{F}=\begin{vmatrix}\boldsymbol{i} & \boldsymbol{j} & \boldsymbol{k}\\ x & y & z\\ F_x & F_y & F_z\end{vmatrix} \tag{4.10}$$

力矩矢在直角坐标中的三个投影为

$$\begin{cases} M_{Ox}(\boldsymbol{F}) = yF_z - zF_y \\ M_{Oy}(\boldsymbol{F}) = zF_x - xF_z \\ M_{Oz}(\boldsymbol{F}) = xF_y - yF_x \end{cases} \tag{4.11}$$

2. 力对轴之矩

如果刚体上安装了转轴或设想安装一根转轴，那么力 $\boldsymbol{F}$ 将使刚体绕该轴转动或产生转动趋势，如图 4.3 所示。这种转动效应用**力对轴之矩**来度量。参见图4.3，$\boldsymbol{F}_{xy}$ 为力 $\boldsymbol{F}$ 在与转轴垂直的 Oxy 平面上的分力，显然只有分力 $\boldsymbol{F}_{xy}$ 才对刚体的转动有贡献，因此，可以在刚体上取一个垂直于转轴且与刚体固联的平面，在此平面上考虑分力 $\boldsymbol{F}_{xy}$ 使该刚性平面绕点 O 的转动效应，这就是力对轴之矩。空间力系中的其他力可按同样的方法处理，因此，空间力系对轴之矩变为一个平面力矩问题。由此，定义力对轴之矩为该力在垂直于转轴的平面上的分力对刚体的平面力矩，矩心为轴线与该平面的交点，即

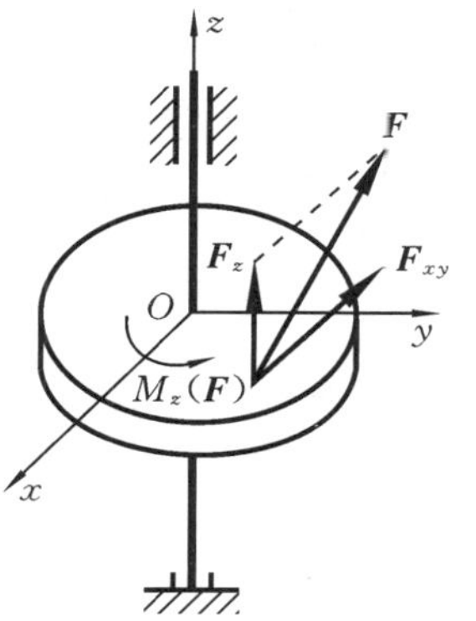

图 4.3　力对轴之矩 1

$$M_z(\boldsymbol{F}) = M_C(\boldsymbol{F}_{xy}) = \pm F_{xy}h = xF_y - yF_x \tag{4.12}$$

从式(4.12)和式(4.11)可知，力对点 O 的矩矢对通过该点的 z 轴的投影等于力对 z 轴的矩。又因为过点 O 的坐标轴可以任意选取，故该结论也适用于计算力对过点 O 的任意轴 ξ 的矩，即 $M_\xi(\boldsymbol{F}) = \boldsymbol{M}_O(\boldsymbol{F}) \cdot \boldsymbol{n}, \boldsymbol{n} = \dfrac{\boldsymbol{\xi}}{\xi}$，为 $\boldsymbol{\xi}$ 的单位向量。

由于计算力臂一般比较复杂，因此计算力对轴之矩时一般采用如下两种方法。

方法 1：先将力向轴的正交平面分解，再计算该分力对轴的平面力矩。

方法 2：利用力对轴之矩等于该力对轴上任一点之矩在该轴上的投影来计算。这一结论称为力矩矢量投影定理。

当力在各坐标轴的投影有较多零分量时，采用方法 1 一般更简单些，对于其他情形，建议优选方法 2。

例 4.1　手柄 $ABCE$ 位于平面 Axy 内，在 D 处作用一力 $\boldsymbol{F}$，它在垂直于 y 轴的平面内，偏离竖直方向的角度为 θ，如图 4.4 所示。$CD=a$，杆 BC 平行于 x 轴，杆 CE 平行于 y 轴，$AB=BC=l$，求力 $\boldsymbol{F}$ 对 x、y、z 轴的矩。

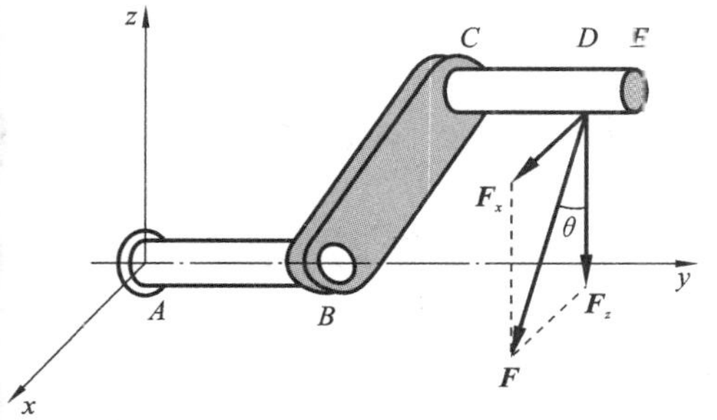

图 4.4　例 4.1 图

解　将力 $\boldsymbol{F}$ 沿坐标轴分解为 F_x 和 F_z 两个分力，其中

$$F_x = F\sin\theta, \quad F_z = F\cos\theta$$

采用计算力矩的方法 1 有

$$M_x(\boldsymbol{F}) = M_x(\boldsymbol{F}_z) = -F_z \cdot (AB+CD) = -F(l+a)\cos\theta$$

$$M_y(\boldsymbol{F}) = M_y(\boldsymbol{F}_z) = -F_z \cdot BC = -Fl\cos\theta$$

$$M_z(\boldsymbol{F}) = M_z(\boldsymbol{F}_x) = -F_x \cdot (AB+CD) = -F(l+a)\sin\theta$$

也可以采用计算力矩的方法 2。

例 4.2　长方体各边长分别为 $a=b=0.2$ m，$c=0.1$ m，如图 4.5 所示，沿对角线 AB 作用

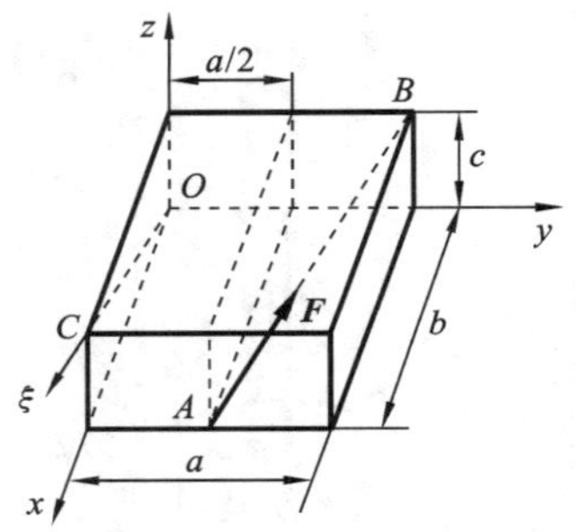

图 4.5 例 4.2 图

的力 $F=10\sqrt{6}$ N。求力 $\boldsymbol{F}$ 对轴 ξ 之矩。

解 因为轴 ξ 通过点 O,因此先求力 $\boldsymbol{F}$ 对点 O 之矩 $\boldsymbol{M}_O(\boldsymbol{F})$。

$$\boldsymbol{F}=F\frac{\overrightarrow{AB}}{AB}=10\sqrt{6}\times\frac{10}{\sqrt{6}}(-0.2\boldsymbol{i}+0.1\boldsymbol{j}+0.1\boldsymbol{k})$$

$$=-20\boldsymbol{i}+10\boldsymbol{j}+10\boldsymbol{k}$$

$$\overrightarrow{OA}=0.2\boldsymbol{i}+0.1\boldsymbol{j}$$

力 $\boldsymbol{F}$ 对点 O 之矩为

$$\boldsymbol{M}_O(\boldsymbol{F})=\overrightarrow{OA}\times\boldsymbol{F}=\begin{vmatrix}\boldsymbol{i} & \boldsymbol{j} & \boldsymbol{k}\\ 0.2 & 0.1 & 0\\ -20 & 10 & 10\end{vmatrix}=\boldsymbol{i}-2\boldsymbol{j}+4\boldsymbol{k}$$

因此,力 $\boldsymbol{F}$ 对轴 ξ 之矩为

$$M_\xi=\boldsymbol{M}_O(\boldsymbol{F})\cdot\frac{\overrightarrow{OC}}{OC}=\boldsymbol{M}_O(\boldsymbol{F})\cdot\frac{1}{\sqrt{5}}(2\boldsymbol{i}+\boldsymbol{k})=\frac{6\sqrt{5}}{5}\ \text{N}\cdot\text{m}$$

空间力偶理论

4.3 空间力偶理论

4.3.1 空间力偶

将平面力偶理论推广到空间力偶系,主要变化是各个力偶的作用面和旋转方向是空间分布的,因此为了度量各个力偶对刚体的转动效应,需要定义**力偶矩矢**,它定义为力偶中的两个力对空间任意一点之矩的矢量和,即

$$\boldsymbol{M}(\boldsymbol{F},\boldsymbol{F}')=\boldsymbol{M}_O(\boldsymbol{F})+\boldsymbol{M}_O(\boldsymbol{F}')=\boldsymbol{r}_{AB}\times\boldsymbol{F}\tag{4.13}$$

其中,$\boldsymbol{r}_{AB}$ 为从力 $\boldsymbol{F}'$ 作用线上任一点指向力 $\boldsymbol{F}$ 作用线上任一点的长度矢量,易证明,对于确定的力偶,$\boldsymbol{M}(\boldsymbol{F},\boldsymbol{F}')$ 为常矢量。该定义式应用到平面力偶时,情况与第 2 章中的结果完全相同。实际上,力偶矩矢的指向可以根据力偶的转向用右手定则确定,其大小则是其中一力的大小乘以力偶臂。

力偶等效定理 在一个刚体上作用面平行的两个力偶,若其力偶矩的大小相等、转向相同,则两力偶等效。

证明如下。如图 4.6 所示,设刚体上有两个平行平面 α、β,力偶 $(\boldsymbol{F},\boldsymbol{F}')$ 作用在 α 平面。根据加减平衡力系公理,可在 α、β 平面间垂直直线的中点 O 上加一个平衡力系 $2\boldsymbol{F}$。然后,作 AO 的延长线与平面 β 交于点 A_1。在 A_1A 与 $2\boldsymbol{F}'$ 构成的平面上,根据力的平移定理,A 处的力 $\boldsymbol{F}$ 和 O 处的力 $2\boldsymbol{F}'$ 分别向点 A_1 平移,由于两者的附加力偶矩大小相等、转向相反,故两个力向 A_1 平移仅得到一个向上的力 $\boldsymbol{F}'$。同理,B 处的力 $\boldsymbol{F}'$ 和 O 处的力 $2\boldsymbol{F}$ 分别向点 B_1 平移得到一个向下的力 $\boldsymbol{F}$。

由此可知,在保持力偶矩矢大小和指向不变的条件下,空间力偶可以在作用面和平行于作用面的任意平面之间任意移转而不改变对刚体的作用。因此力偶矩矢为自由矢量,它可以在空间自由平移。

对于一个空间力偶系,由上述结论,可以将其中所有力偶矩矢平移到某一点,形成一个汇交的力偶矩矢量系,再将各个力偶矩矢量叠加,就得到合力偶矩矢,即

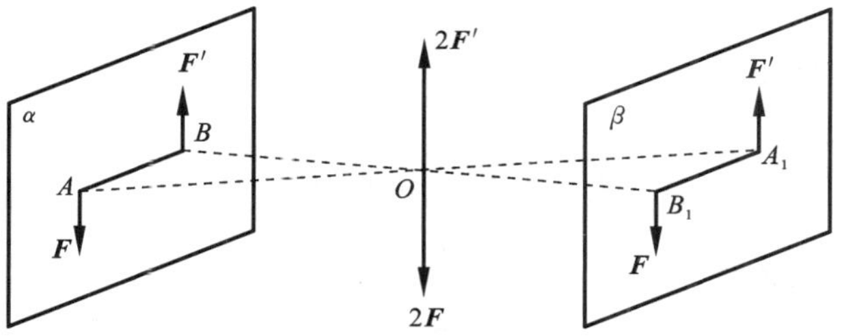

图 4.6　空间力偶的等效

$$\boldsymbol{M} = \boldsymbol{M}_1 + \boldsymbol{M}_2 + \cdots + \boldsymbol{M}_n = \sum_{i=1}^{n} \boldsymbol{M}_i = \underbrace{\left(\sum_{i=1}^{n} M_{ix}\right)\boldsymbol{i} + \left(\sum_{i=1}^{n} M_{iy}\right)\boldsymbol{j} + \left(\sum_{i=1}^{n} M_{iz}\right)\boldsymbol{k}}_{\text{投影表示}} \quad (4.14)$$

因此空间力偶系平衡的充要条件为

$$\sum_{i=1}^{n} M_{ix} = 0,\quad \sum_{i=1}^{n} M_{iy} = 0,\quad \sum_{i=1}^{n} M_{iz} = 0 \quad (4.15)$$

4.3.2　任意空间力偶的合成方法

例 4.3　对图 4.7 所示的物体，相应力偶作用在各表面上，求合力偶。

解　$\boldsymbol{M}_i = M_i \boldsymbol{n}_i$，$\boldsymbol{n}_i$ 为 $\boldsymbol{M}_i$ 作用面的外法线单位向量。

建立坐标系，按如下方法求合力偶。对于面 ABC，按 ABC 顺序根据右手定则可得其法向量方向，因此 $\boldsymbol{n}_i = \boldsymbol{r}_{AB} \times \boldsymbol{r}_{BC} / |\boldsymbol{r}_{AB} \times \boldsymbol{r}_{BC}|$。总的合力偶 $\boldsymbol{M} = \sum M_i \boldsymbol{n}_i$。

一些简单力偶合成用其他方法将更简单，但上述方法对任意力偶的合成均适用。

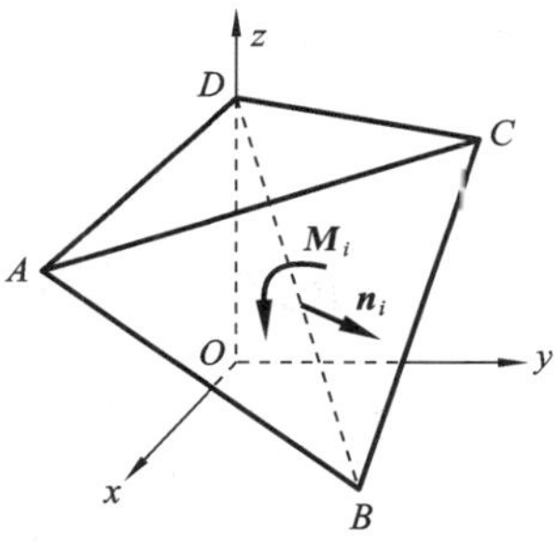

图 4.7　例 4.3 图

4.4　空间任意力系的简化

4.4.1　空间任意力系向指定点简化

空间任意力系的简化

显然，力的平移定理在空间力系中仍然适用，只是附加的力偶要看成空间力偶，其力偶矩矢等于原来的力对指定点之矩。

应用力的平移定理，将空间力系的各力向指定的简化中心 O 平移，得到一个在点 O 汇交的汇交力系和汇交力偶系，分别将这两个力系合成，得到通过简化中心 O 的一个合力 $\boldsymbol{F}_{OR}$ 和合力偶 $\boldsymbol{M}$，如图 4.8 所示。合力为原力系中各力的矢量和，合力偶的力偶矩矢等于原力系中各力对指定点之矩的矢量和，主矢和主矩一般成任意角度，写成表达式为

$$\begin{cases} \boldsymbol{F}_{OR} = \boldsymbol{F}_1 + \boldsymbol{F}_2 + \cdots + \boldsymbol{F}_n = \sum\limits_{i=1}^{n} \boldsymbol{F}_i \\ \boldsymbol{M} = \boldsymbol{M}_1 + \boldsymbol{M}_2 + \cdots + \boldsymbol{M}_n = \sum\limits_{i=1}^{n} \boldsymbol{M}_i = \sum\limits_{i=1}^{n} \boldsymbol{M}_O(\boldsymbol{F}_i) \end{cases} \quad (4.16)$$

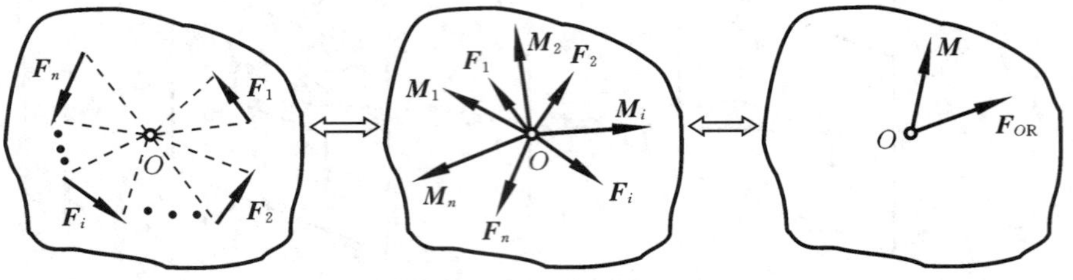

图 4.8 空间力系向指定点 O 简化

将
$$F_R = \sum_{i=1}^{n} F_i, \quad M_O = \sum_{i=1}^{n} M_O(F_i) \tag{4.17}$$
分别称为力系的**主矢**和**主矩**，由方程(4.16)和(4.17)，显然有
$$F_R = F_{OR}, \quad M_O = M \tag{4.18}$$

以上可归纳为：**空间力系向空间内任一点简化，一般可得到一个合力和合力偶，该合力作用于简化中心，其大小、方向与原力系的主矢相同，合力偶矩矢等于原力系对简化中心的主矩。**

注意：(1) 合力的大小、方向与简化中心无关，即主矢与简化中心无关，但合力具有明确的作用点 O(简化中心)，因此合力为定位矢量，主矢为自由矢量。

(2) 合力偶矩矢的大小和方向与简化中心 O 有关，但一旦形成，却是一个自由矢量，而主矩是以点 O 为作用点的定位矢量。

4.4.2 简化结果的分析

(1) $F_R=0, M_O=0$，此时力系平衡。

(2) $F_R=0, M_O \neq 0$，此时，不论力系向哪一点简化，均得一力偶 ，所得力偶均与原力系等效，由等效的传递性和力偶等效定理，所得力偶矩均相等。

(3) $F_R \neq 0, M_O=0$，力系简化为一合力，已经是最简力系。

(4) $F_R \neq 0, M_O \neq 0$，但 $F_R \perp M_O$，如图 4.9 所示。此时可将 F_R 在合力偶的作用面内再平移一次，使附加力偶与 M_O 抵消，力系最终简化为一个合力。

(5) $F_R \neq 0, M_O \neq 0$，但 $F_R /\!/ M_O$，如图 4.10 所示。此时如果将 F_R 平移，则会使力系更复杂，因此这种情况下力系不能再简化。由此得，平行的 F_R 与 M_O 组成的力系是一种最简力系，称为**力螺旋**。

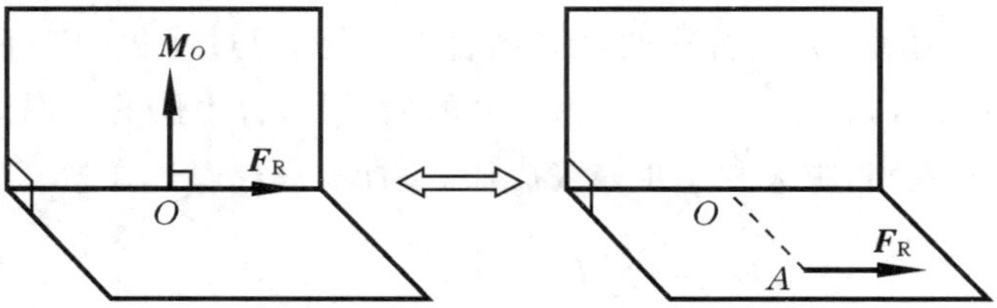

图 4.9 主矢、主矩垂直时，力系进一步简化为一合力

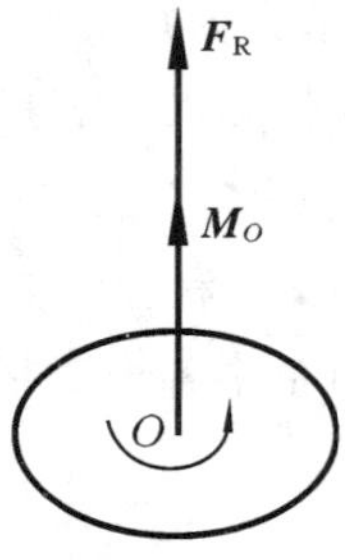

图 4.10 力螺旋

(6) $\boldsymbol{F}_R \neq \boldsymbol{0}, \boldsymbol{M}_O \neq \boldsymbol{0}, \boldsymbol{F}_R$、$\boldsymbol{M}_O$ 成任意角，如图 4.11 所示。此时将 $\boldsymbol{M}_O$ 在 $\boldsymbol{F}_R$ 与 $\boldsymbol{M}_O$ 组成的平面内正交分解，再将 $\boldsymbol{F}_R$ 在分力偶 $\boldsymbol{M}_{O1}$ 的作用面内再平移一次，使附加力偶与 $\boldsymbol{M}_{O1}$ 抵消，力系最终简化为一力螺旋。

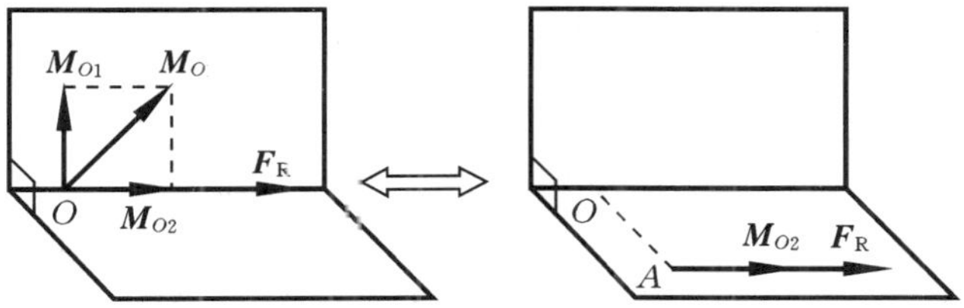

图 4.11　主矢、主矩成任意角时，力系最终简化为力螺旋

结论：空间力系最终可简化成四种情况之一：一力、力偶、力螺旋或平衡。因此空间力系的最简力系为一力，或一力偶，或一力螺旋。

4.4.3　合力矩定理

定理　当空间力系可合成为一个合力时，则合力对任一点之矩等于原力系中各力对同一点之矩的矢量和。

该定理的证明不难，请学生自行试证。

例 4.4　如图 4.12(a)所示，长方体受三个力 $\boldsymbol{P}_1$、$\boldsymbol{P}_2$、$\boldsymbol{P}_3$ 作用，三力的大小均为 P，求要使力系简化为一合力，长方体边长 a、b、c 应满足的条件。

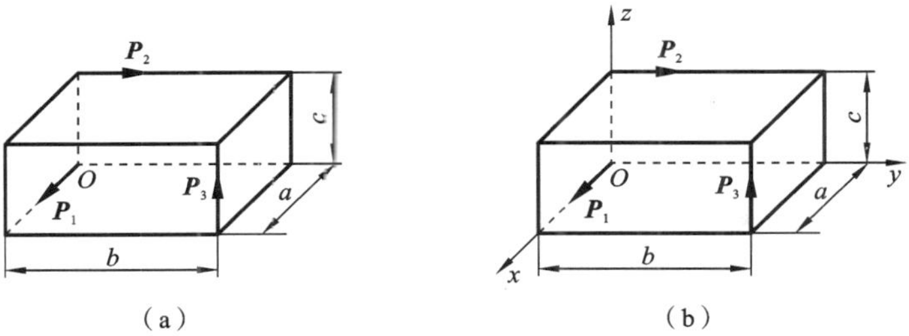

图 4.12　例 4.4 图

解　建立图 4.12(b)所示的直角坐标系，所有力向点 O 平移(简化)。

$$\boldsymbol{F}_R = P(\boldsymbol{i}+\boldsymbol{j}+\boldsymbol{k})$$

$$\boldsymbol{M}_O(\boldsymbol{P}_1)=\boldsymbol{0};\quad \boldsymbol{M}_O(\boldsymbol{P}_2)=-Pc\boldsymbol{i};\quad \boldsymbol{M}_O(\boldsymbol{P}_3)=Pb\boldsymbol{i}-Pa\boldsymbol{j}$$

故

$$\boldsymbol{M}_O = P(b-c)\boldsymbol{i}-Pa\boldsymbol{j}$$

欲使力系简化为一个合力，则必须满足 $\boldsymbol{F}_R \perp \boldsymbol{M}_O$，即 $\boldsymbol{F}_R \cdot \boldsymbol{M}_O = 0$。由此得到 $b=c+a$。

思考：力对不同点简化，其合力矢量与简化中心无关，但合力矩一般与简化中心有关，那么，该题中，力系向点 O 以外的其他点简化是否能得到同样的结论呢？

由如下证明可知，力系向其他的点简化也能得到同样的结论。

证明：如图 4.13 所示，设力系向点 O 简化得到 $\boldsymbol{F}_R$ 和 $\boldsymbol{M}_O$。$\boldsymbol{M}_O$ 可平移到刚体上任一点 A。

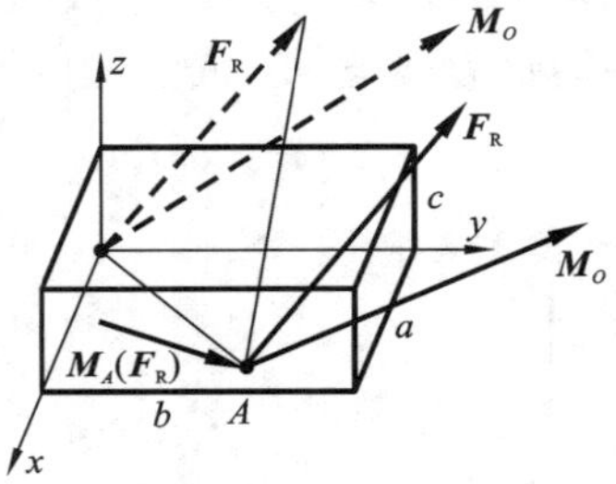

图 4.13　力系简化

但 $\boldsymbol{F}_R$ 向点 A 平移,还需要附加力偶矩 $\boldsymbol{M}_A(\boldsymbol{F}_R)$,其方向如图 4.13 所示,垂直于 $\boldsymbol{F}_R$ 与 $\boldsymbol{r}_{OA}$ 构成的平面。

$$\boldsymbol{M}_A(\boldsymbol{F}_R)=\boldsymbol{r}_{OA}\times\boldsymbol{F}_R$$

故
$$\boldsymbol{M}_A(\boldsymbol{F}_R)\perp\boldsymbol{F}_R$$

所以
$$\boldsymbol{M}_A(\boldsymbol{F}_R)\cdot\boldsymbol{F}_R=0$$

而
$$\boldsymbol{M}_A=\boldsymbol{M}_O+\boldsymbol{M}_A(\boldsymbol{F}_R)$$

由 $\boldsymbol{M}_A\cdot\boldsymbol{F}_R=[\boldsymbol{M}_O+\boldsymbol{M}_A(\boldsymbol{F}_R)]\cdot\boldsymbol{F}_R$ 得到

$$\boldsymbol{M}_A\cdot\boldsymbol{F}_R=\boldsymbol{M}_O\cdot\boldsymbol{F}_R$$

由此可知,力系向任意点简化,附加的力偶矩 $\boldsymbol{M}$ 虽然不同,但 $\boldsymbol{M}$ 与合力的点积均相同。

例 4.5　如图 4.14 所示,正方体边长为 c,其上作用四个力 $\boldsymbol{F}$,大小相同。若此力系可简化为一力螺旋,求该力螺旋的力偶矩大小。

解　根据例 4.4 结论,力系向任意点简化,附加的力偶矩 $\boldsymbol{M}$ 虽然不同,但 $\boldsymbol{M}$ 与合力的点积均相同。对于该题,力系向点 A 简化更简单,故以点 A 为坐标原点建立图示的直角坐标系。

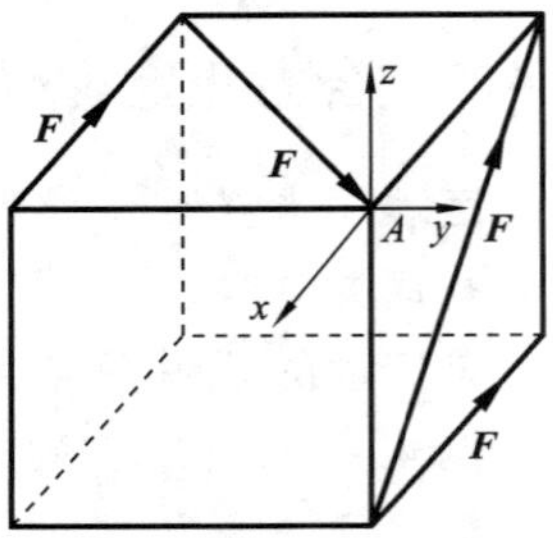

图 4.14　例 4.5 图

设力系向点 A 简化得到的力偶矩可分解为分别与合力 $\boldsymbol{F}_R$ 平行和垂直的分量 $\boldsymbol{M}_A^{/\!/}$ 与 $\boldsymbol{M}_A^{\perp}$。$\boldsymbol{M}_A^{/\!/}$ 为待求的力偶矩。

由于
$$\boldsymbol{M}_A\cdot\boldsymbol{F}_R=(\boldsymbol{M}_A^{/\!/}+\boldsymbol{M}_A^{\perp})\cdot\boldsymbol{F}_R=M_A^{/\!/}F_R \tag{a}$$

故
$$M_A^{/\!/}=\boldsymbol{M}_A\cdot\frac{\boldsymbol{F}_R}{F_R} \tag{b}$$

其中
$$\boldsymbol{F}_R=-2F\boldsymbol{i}+\frac{\sqrt{2}}{2}F(\boldsymbol{j}+\boldsymbol{k}) \tag{c}$$

$$\boldsymbol{M}_A=cF\left[\left(\frac{\sqrt{2}}{2}+1\right)\boldsymbol{j}-\boldsymbol{k}\right] \tag{d}$$

将式(c)、式(d)代入式(b),得

$$M_A^{/\!/}=\frac{\sqrt{5}}{10}cF$$

4.5　空间任意力系的平衡

4.5.1　空间任意力系的平衡条件

空间任意力系的平衡

空间任意力系平衡的充要条件显然为主矢和主矩同时等于零,因此平衡方程为

$$\begin{cases}\sum\limits_{i=1}^{n}F_{ix}=0\\ \sum\limits_{i=1}^{n}F_{iy}=0,\\ \sum\limits_{i=1}^{n}F_{iz}=0\end{cases}\quad\begin{cases}\sum\limits_{i=1}^{n}M_{Ox}(\boldsymbol{F}_i)=0\\ \sum\limits_{i=1}^{n}M_{Oy}(\boldsymbol{F}_i)=0\\ \sum\limits_{i=1}^{n}M_{Oz}(\boldsymbol{F}_i)=0\end{cases} \tag{4.19}$$

对于空间力系，因为一个空间力矢量总可以由 3 个独立分力表示，可列 3 个力投影方程，那么任何一个力投影方程总可以由该 3 个方程推出，所以对空间力系最多只能列 3 个力投影方程。但一个轴的力矩与距离有关，故可以有三、四、五、六矩式。但注意，因为通过同一点的任意轴对应的矢量必然可以由通过该点的不共面的 3 根轴分别对应的矢量的组合来表示，故**不能对通过同一点的 3 根以上的轴取矩列力矩方程**。类似地，认为 4 根平行轴通过无限远的同一点，所以也**不能对 3 根以上的平行轴取矩列力矩方程**。或者说，对过一点的不共面的 3 根轴(或不共面的 3 根平行轴)的力矩方程必然是独立的。

对于**空间平行力系**，取 z 轴平行于力系，则平衡方程退化为

$$\sum_{i=1}^{n} F_{iz} = 0, \quad \sum_{i=1}^{n} M_{Ox}(\boldsymbol{F}_i) = 0, \quad \sum_{i=1}^{n} M_{Oy}(\boldsymbol{F}_i) = 0 \tag{4.20}$$

对于平行力系，最多只能列 1 个力投影方程，可以有二矩或三矩式。

在分析空间结构时，约束类型和约束力比平面结构更多、更复杂，表4.1给出了一些典型的空间约束类型及其约束力，在解决实际问题时可参考使用。需要说明的是，根据工程实际情况，认为第 3 行中所示的径向轴承和蝶形铰链(蝶铰)只受 2 个分力，而第 5 行中与径向轴承画法相似的导向轴承还承受力偶矩。图 4.15(a)(b)所示的 2 种轴承支承方式，当轴(比如齿轮 B)上有一个载荷时，轴将偏转导致载荷作用的 B 处有一定的位移。若如图 4.15(a)所示，轴承相对轴的长度很短，若只用一个轴承支承，则在轴上承受最大载荷的 B 处偏离轴线的位移较大，工程上认为轴发生了转动，该轴承无法提供限制其转动的力偶矩，类似一个点，只有 2 个方向的约束力分量，该轴承只能限制轴上轴承处的径向位移，称为径向轴承。而图 4.15(b)所示的支承方式中，轴承相对轴长有可比性长度，若只用一个轴承，则在轴上承受最大载荷的 B 处偏离轴线的位移不大，认为轴受到力偶矩的限制，没有偏转。该轴承使轴只可在轴向移动或绕该轴线转动，故称为导向轴承，导向轴承都画得很长，只装一个轴承即可限制相对轴线偏转。对于图 4.15(c)所示的安装 3 个蝶铰的门，若只安装一个蝶铰，则门的重力合力作用点及开门时的外力作用点与蝶铰的距离远大于蝶铰的尺寸，类似图 4.15(a)，也认为有 2 个分量。为了能灵活转动，单个蝶铰的两个活页在轴向有间隙，故认为无轴向约束反力。对于安装了 2 个蝶铰的门，2 个蝶铰共同的作用使得门在轴向不会有过大的移动，满足了门实际使用的要求。表 4.1 第 3 行中给出的其他几种约束的受力类似图 4.15(a)的受力，认为是一个点约束，只有 2 个约束反力。

表 4.1　一些典型空间约束的类型及其约束力

序号	约束力未知量	约 束 类 型
1	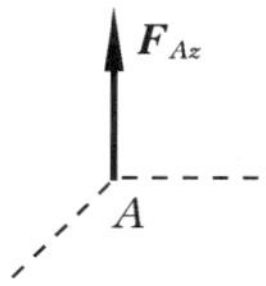	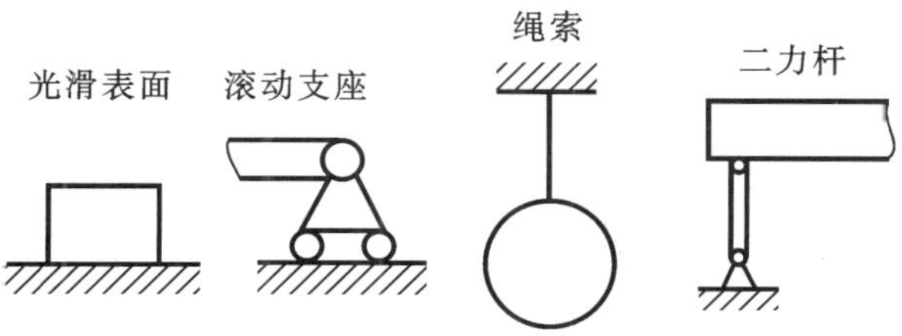

续表

序号	约束力未知量	约束类型
2	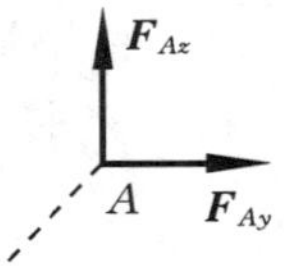	径向轴承 圆柱铰链 铁轨 蝶形铰链 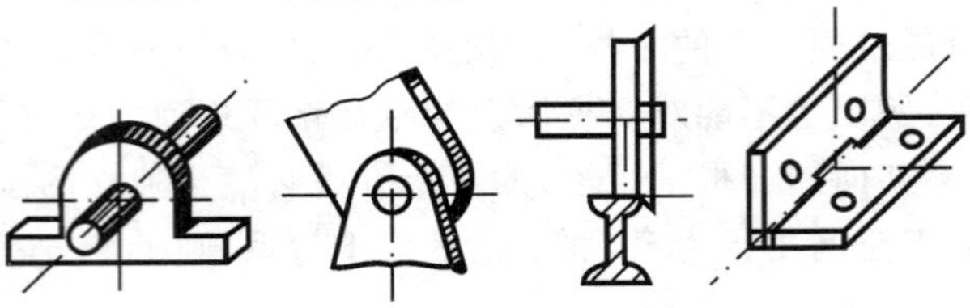
3	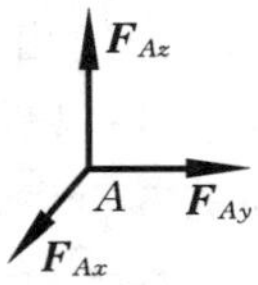	球形铰链 止推轴承 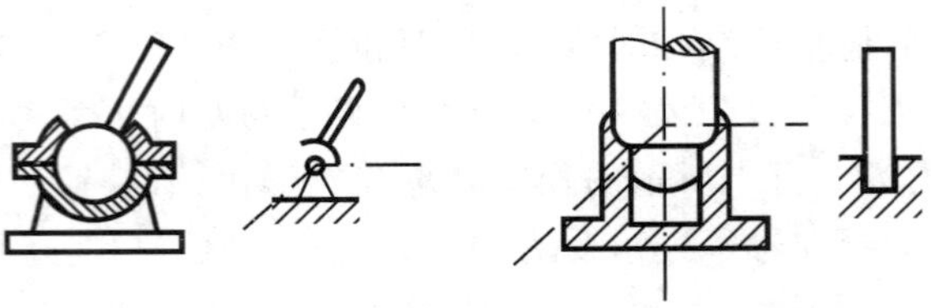
4	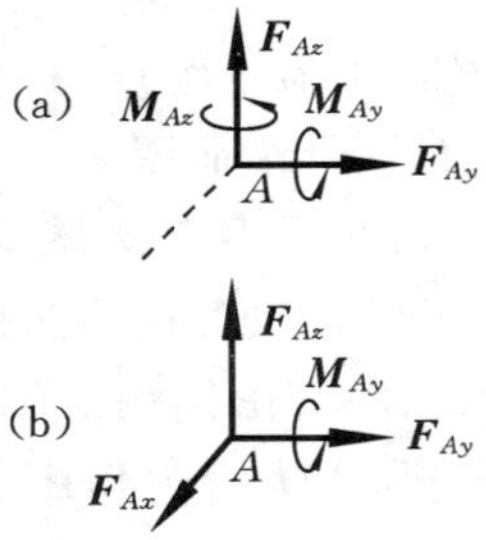	导向轴承 万向接头 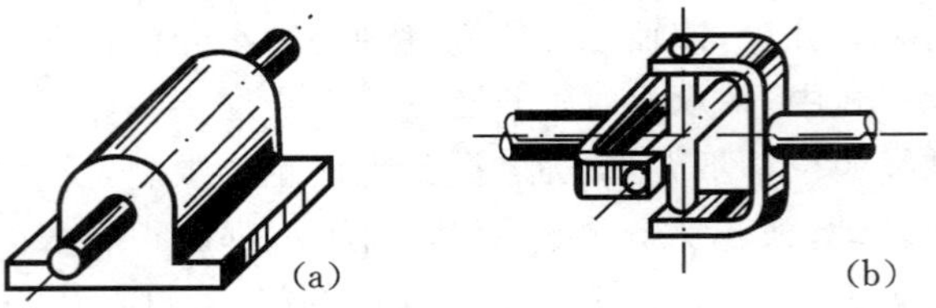
5	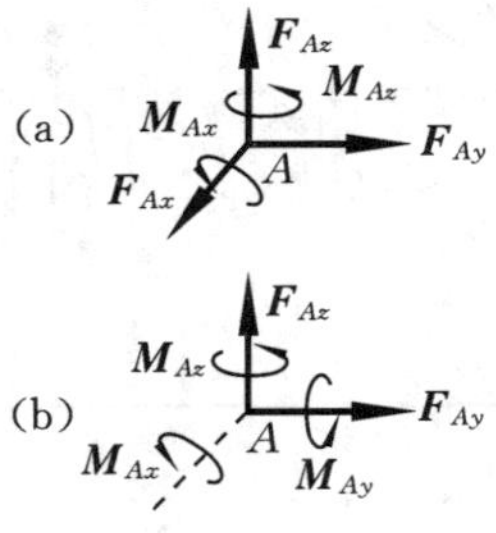	带有销子的夹板 导轨 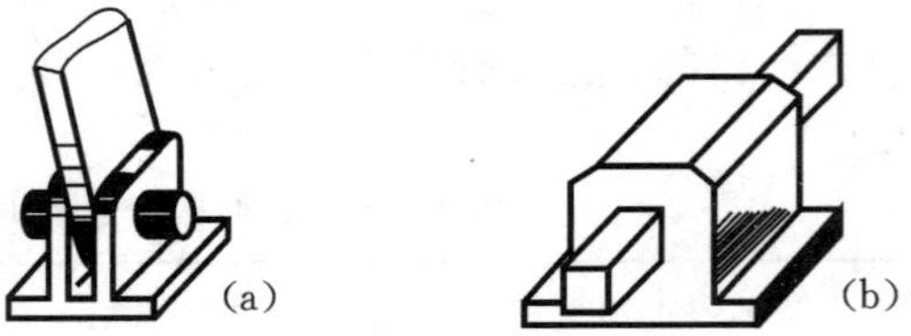
6	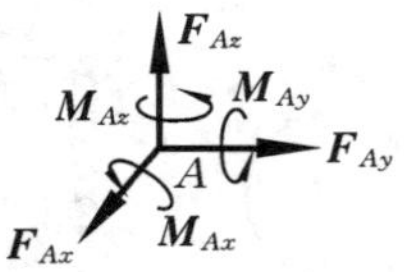	空间的固定端支座 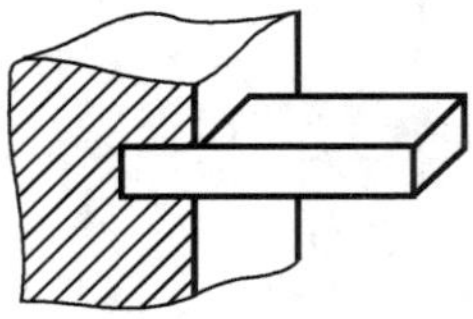

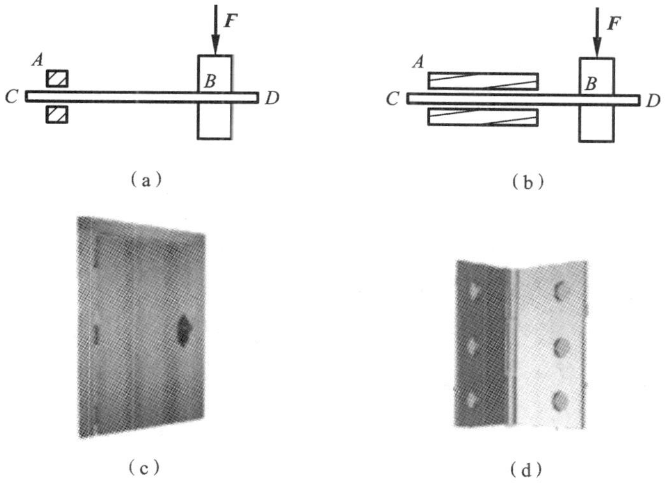

图 4.15　径向轴承及蝶形铰链的受力特点

4.5.2　空间任意力系的平衡问题分析

例 4.6　重 P 的均质长方体由不计自重的杆件支承，在水平位置处于平衡状态，各尺寸如图 4.16 所示，P 作用在 $ABCD$ 的中心。求杆 1～6 的内力。

分析　空间平衡问题分析方法众多，各有其优缺点。虽然可以对点列力矩方程 $\sum \boldsymbol{M}_O = \sum \boldsymbol{r}_{Oi} \times \boldsymbol{F}_i = \boldsymbol{0}$ 来求解，但该方程是矢量方程，等价于列了 3 个对轴取矩的方程。而实际解题时，往往不需要所有这 3 个方程，一般直接对轴列力矩方程。

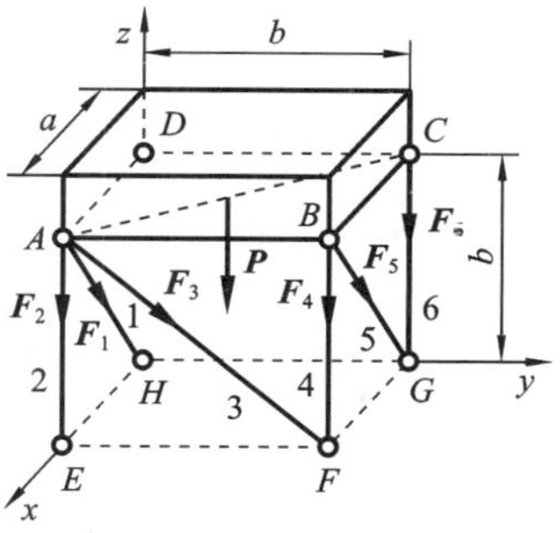

图 4.16　例 4.6 图

对于简单的空间结构，以下方法仅供参考。

(1) 选取最多未知力的汇交点(如 A)，作为轴的第一个点。

(2) 选取另一个点 B，使得不待求的力对 AB 的矩尽量为 0(即 $\boldsymbol{F}$ 通过轴或平行于轴)，并让 AB 尽量与轴 x、y、z 平行(为方便计算力臂)，最多只能对过同一点的 3 根不共面的轴取矩。类似地，也不能对超过 3 根不共面的平行轴取矩。

(3) 然后选取次多未知力的汇交点(如 B)，作为轴的第二个点。依次类推。

(4) 对具有一个研究对象的空间任意力系可列 6 个独立方程，若方程数目不够，则可列出所有 6 个方程。

解　$\sum M_{AB} = 0$：
$$0.5aP + aF_6 = 0 \tag{a}$$
解得
$$F_6 = -0.5P$$
$\sum M_{AE} = 0$：
$$bF_5 \cos\angle GBC = 0 \tag{b}$$
解得
$$F_5 = 0$$
$\sum M_{AD} = 0$：
$$0.5bP + bF_4 + F_5 \cos\angle FBG + bF_6 = 0 \tag{c}$$
解得
$$F_4 = 0$$

$\sum F_x = 0$:　　$F_5 + F_1 = 0$　　(d)

解得　　$F_1 = 0$

$\sum F_y = 0$:　　$F_3 \cos\angle FAB = 0$　　(e)

解得　　$F_3 = 0$

$\sum F_z = 0$:　　$F_2 + F_4 + F_6 + P = 0$　　(f)

解得　　$F_2 = -0.5P$

例 4.7　两个均质杆 AB 和 BC 分别重 P_1 和 P_2,其端点 A 和 C 用球铰固定在水平面上,另一端 B 由球铰链相连接,靠在光滑的垂直墙上,墙面与 AC 平行,如图 4.17(a)所示。若 AB 与水平线交角为 45°,$\angle BAC = 90°$,求 A 和 C 的支座约束力以及墙上点 B 所受的压力。

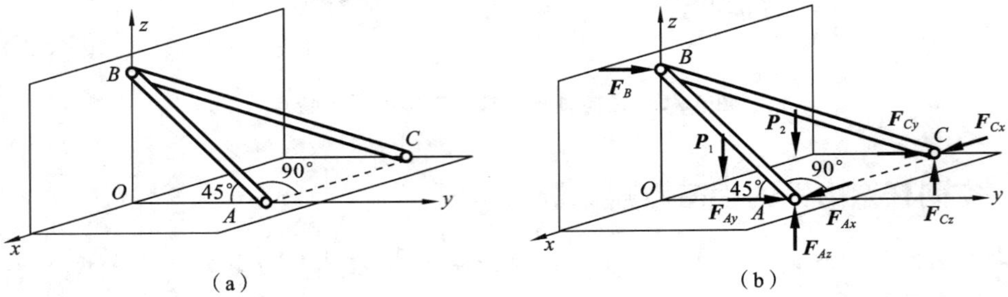

图 4.17　例 4.7 图

解　【整体】

$\sum M_{AC} = 0$:　　$OB \cdot F_B - 0.5OA \cdot P_1 - 0.5OA \cdot P_2 = 0$　　(a)

解得　　$F_B = 0.5(P_1 + P_2)$

【整体】

$\sum M_{Cz} = 0$:　　$AC \cdot F_{Ay} + AC \cdot F_B = 0$　　(b)

解得　　$F_{Ay} = -0.5(P_1 + P_2)$

【整体】

$\sum M_{Ay} = 0$:　　$AC \cdot F_{Cz} - 0.5AC \cdot P_2 = 0$　　(c)

解得　　$F_{Cz} = 0.5P_2$

【整体】

$\sum M_{Cy} = 0$:　　$0.5AC \cdot P_2 + AC \cdot P_1 - AC \cdot F_{Az} = 0$　　(d)

解得　　$F_{Az} = P_1 + 0.5P_2$

【整体】

$\sum M_{Az} = 0$:　　$AC \cdot F_{Cy} = 0$　　(e)

解得　　$F_{Cy} = 0$

【AB】

$\sum M_{By} = 0$:　　$OA \cdot F_{Ax} = 0$　　(f)

解得　　$F_{Ax} = 0$

【整体】

$$\sum F_x = 0: \qquad F_{Ax} + F_{Cx} = 0 \tag{g}$$

解得

$$F_{Cx} = 0$$

例 4.8　六棱四面体在空间任意力系作用下保持平衡，证明该力系分别对其 6 个棱边之主矩为 0 的方程必然是独立的。

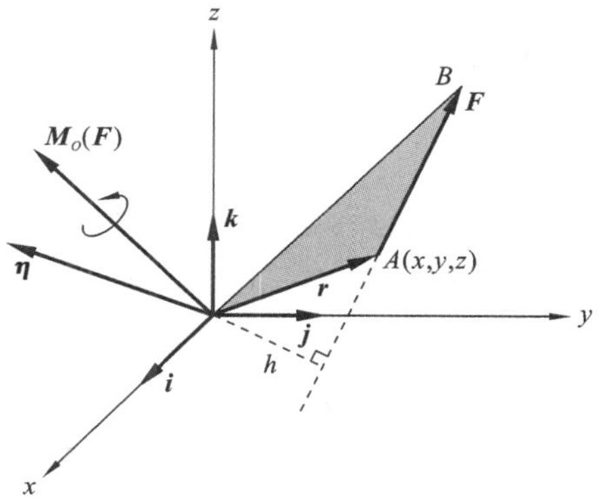

图 4.18　例 4.8 图

证明　该六棱四面体在力系作用下处于平衡状态，在图 4.18 的坐标系下，则有

$$\sum M_x = \left[\sum (\boldsymbol{r}_{Oi} \times \boldsymbol{F}_i)\right] \cdot \boldsymbol{i} = 0 \tag{a}$$

$$\sum M_y = \left[\sum (\boldsymbol{r}_{Oi} \times \boldsymbol{F}_i)\right] \cdot \boldsymbol{j} = 0 \tag{b}$$

$$\sum M_z = \left[\sum (\boldsymbol{r}_{Oi} \times \boldsymbol{F}_i)\right] \cdot \boldsymbol{k} = 0 \tag{c}$$

设过点 O 的任意矢量 $\boldsymbol{\eta} = x\boldsymbol{i} + y\boldsymbol{j} + z\boldsymbol{k}$，由平衡条件，则有

$$\sum M_\eta = \left[\sum (\boldsymbol{r}_{Oi} \times \boldsymbol{F}_i)\right] \cdot \boldsymbol{\eta} = 0 \tag{e}$$

而方程(a)$\times x$＋方程(b)$\times y$＋方程(c)$\times z = \sum M_\eta$，因此，对轴列的力矩方程的相关性可以用轴之间的相关性来判断。因为过一点的任意一个矢量必然可以由过该点的 3 个独立的基向量线性组合得到，故对过一点的 3 个不共面的不同轴列的力矩方程必然是独立的。类似地，对 3 个不共面的平行轴列的力矩方程也必然是独立的。而六棱四面体的 6 个棱的矢量彼此是独立的，故该力系分别对其 6 个棱边之主矩为 0，方程必然是独立的。

小　结

小结

（1）力对点的矩为

$$\boldsymbol{M}_O(\boldsymbol{F}) = \boldsymbol{r} \times \boldsymbol{F}$$

（2）力对轴的矩可按下面 2 种方法计算。

方法 1：先将力向轴的正交平面分解，再计算该分力对轴的平面力矩。

方法 2：利用力对轴之矩等于该力对轴上任一点之矩在该轴上的投影来计算。这一结论称为力矩矢量投影定理。

当力在各坐标轴的投影有较多零分量时，采用方法 1 一般更简单些，对于其他情形，建议优选方法 2。

（3）力 $\boldsymbol{F}$ 对轴 η 的矩 M_η 等于 F 对轴 η 上任意点 O 的矩矢量 $\boldsymbol{M}_O$ 在该轴上的投影，即

$$M_\eta(\boldsymbol{F}) = \boldsymbol{M}_O(\boldsymbol{F}) \cdot \frac{\boldsymbol{\eta}}{\eta}$$

（4）空间力系最终简化结果有 4 种情况：平衡，1 个力偶，1 个合力，1 个力螺旋。简化为 1 个合力的条件为合力与力偶矩矢量垂直，即 $\boldsymbol{M}_O(\boldsymbol{F}) \cdot \boldsymbol{F}_{\mathrm{R}} = 0$。

（5）对在空间汇交力系、空间力偶系和空间平行力系作用下的平衡系统，均可列 3 个独立方程，求解 3 个未知量。

（6）对空间任意力系可列 6 个独立方程，但最多只能列 3 个力投影方程。对过一点的非共面的 3 根轴或非共面的 3 根平行轴所列的力矩方程必然独立。

(7) 简单的空间任意力系平衡问题的一般分析步骤如下:

①选取未知力最多的汇交点(如 A)作为轴的第一个点。

②选取另一个点 B,使得不待求的力对 AB 的矩尽量为 0(即 $\boldsymbol{F}$ 通过轴或平行于轴),并让 AB 尽量与轴 x、y、z 平行(为方便计算力臂),最多只能对过同一点的 3 根不共面的轴取矩。类似地,最多只能对不共面的 3 根平行轴取矩。

③选取次多未知力的汇交点(如 B)作为轴的第二个点。依次类推。

习　题

4.1　是非题(正确的在括号内画"√",错误的画"×")。

1. 空间力对某一点之矩在任意轴上的投影等于力对该轴的矩。 (　　)
2. 空间平行力系不可能简化为力螺旋。 (　　)
3. 空间汇交力系不可能简化为合力偶。 (　　)
4. 空间平行力系的平衡方程可表示为两投影方程和一矩方程。 (　　)
5. 空间任意力系向某点 O 简化,主矢 $\boldsymbol{F}_R \neq \boldsymbol{0}$,主矩 $\boldsymbol{M}_O \neq \boldsymbol{0}$,则该力系一定能简化为一个合力。 (　　)
6. 力偶可在刚体同一平面内任意移转,也可在不同平面之间移转,而不改变力偶对刚体的作用效果。 (　　)
7. 用解析法求汇交力系的平衡问题,需选定坐标系再建立平衡方程 $\sum F_x = 0$,$\sum F_y = 0$,$\sum F_z = 0$,所选的轴 x、y、z 必须彼此垂直。 (　　)
8. 固定空间物体,至少需要 6 根二力杆。 (　　)
9. 不能对空间平衡力系通过同一点的 3 根以上的轴列力矩方程。 (　　)
10. 不能对空间平衡力系 3 根以上的平行轴列力矩方程。 (　　)

4.2　选择题。

1. 力 $\boldsymbol{F}$ 作用在 $OABC$ 平面内,如题 4.2.1 图所示。$\boldsymbol{F}$ 对轴 Ox、Oy、Oz 之矩为(　　)。

① $M_x(\boldsymbol{F})=0, M_y(\boldsymbol{F})=0, M_z(\boldsymbol{F})=0$

② $M_x(\boldsymbol{F})=0, M_y(\boldsymbol{F})=0, M_z(\boldsymbol{F})\neq 0$

③ $M_x(\boldsymbol{F})\neq 0, M_y(\boldsymbol{F})\neq 0, M_z(\boldsymbol{F})=0$

④ $M_x(\boldsymbol{F})\neq 0, M_y(\boldsymbol{F})=0, M_z(\boldsymbol{F})=0$

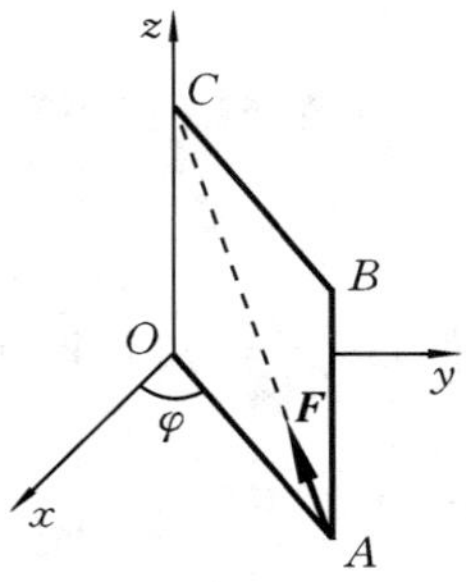

题 4.2.1 图

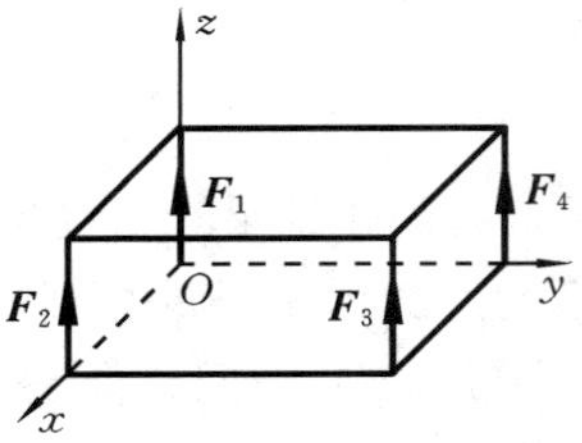

题 4.2.2 图

2. 空间同向平行力系 $\boldsymbol{F}_1$,$\boldsymbol{F}_2$,$\boldsymbol{F}_3$,$\boldsymbol{F}_4$ 如题 4.2.2 图所示。该力系向点 O 简化,主矢和主矩

分别用 $\boldsymbol{F}_{\mathrm{R}}$、$\boldsymbol{M}_O$ 表示，则(　　)。

① $\boldsymbol{F}_{\mathrm{R}}\neq\boldsymbol{0},\boldsymbol{M}_O\neq\boldsymbol{0}$　② $\boldsymbol{F}_{\mathrm{R}}\neq\boldsymbol{0},\boldsymbol{M}_O=\boldsymbol{0}$　③ $\boldsymbol{F}_{\mathrm{R}}=\boldsymbol{0},\boldsymbol{M}_O\neq\boldsymbol{0}$　④ $\boldsymbol{F}_{\mathrm{R}}=\boldsymbol{0},\boldsymbol{M}_O=\boldsymbol{0}$

3. 题4.2.2中，简化的最后结果是(　　)。

① 一合力　② 一合力偶　③ 一力螺旋　④ 平衡

4.3　长方体的顶点 A 和 B 处分别作用有力 $\boldsymbol{P}$ 和 $\boldsymbol{Q}$，$P=500$ N，$Q=700$ N。求此二力在轴 x、y、z 上的投影。$Oxyz$ 坐标系如题4.3图所示。

4.4　有一重力为 P、边长为 $2a$ 的正方形均质钢板，以三根绳子 AD、BD、CD 悬挂于水平位置，如题4.4图所示。设点 D 与板的重心 O 在同一竖直线上，$OD=a$，求绳子的拉力。

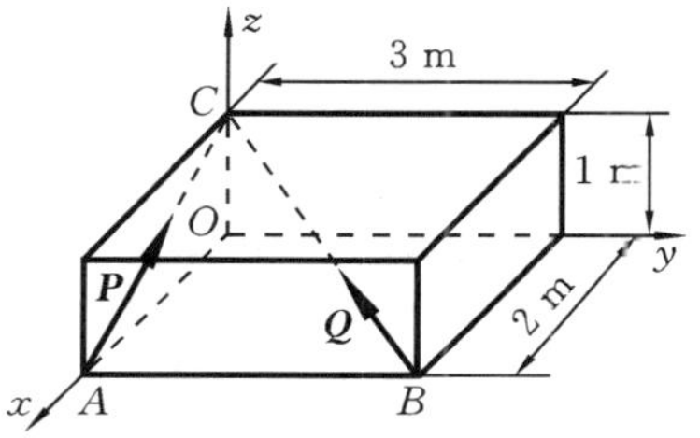

题4.3图

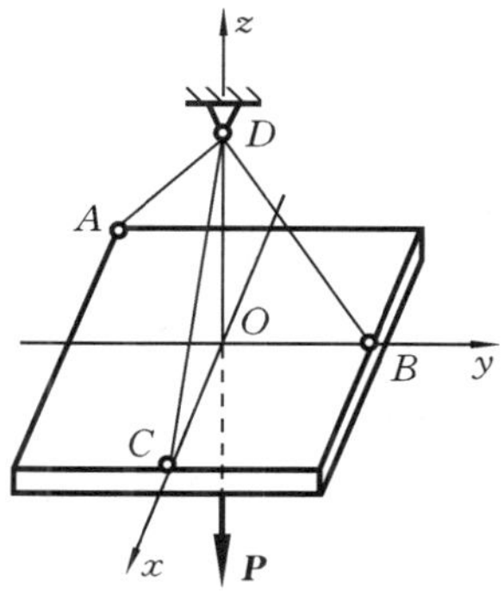

题4.4图

4.5　在边长为 a 的正方体顶点 O、F、C 和 E 上作用有大小都等于 P 的力，方向如题4.5图所示，求此力系的最终简化结果。

4.6　如题4.6图所示，$P=10$ N，$\alpha=30°$，点 A 的坐标为(3,4,−2)，单位为 m。求力 $\boldsymbol{P}$ 对轴 x、y、z 之矩。

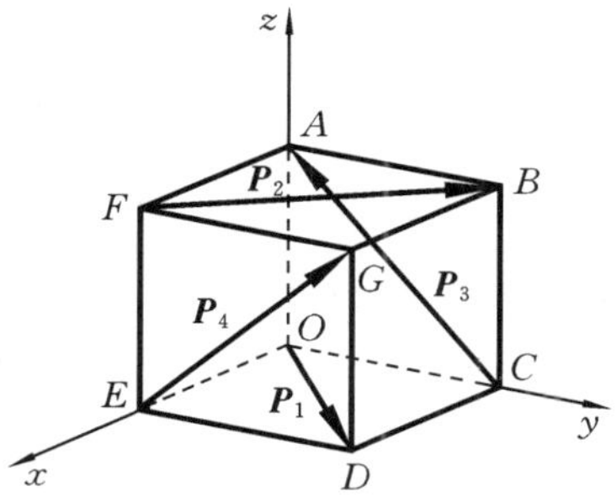

题4.5图

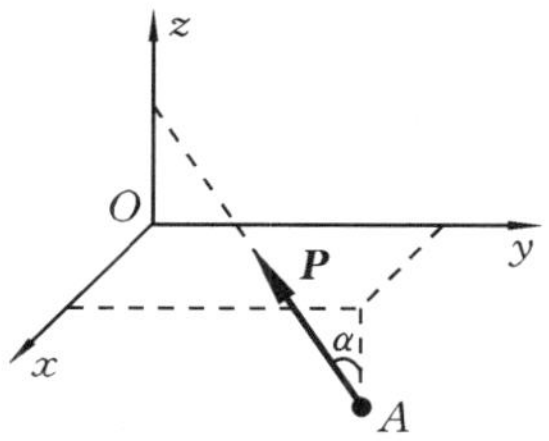

题4.6图

4.7　将题4.7图所示三力偶合成。已知 $F_1=F_2=F_3=F_4=F_5=F_6=100$ N，正方体边长 $L=1$ m。

4.8　如题4.8图所示，一物体由三圆盘 A、B、C 和轴组成。圆盘半径分别是 $r_A=15$ cm，$r_B=10$ cm，$r_C=5$ cm。轴 OA、OB、OC 在同一平面内，且$\angle BOA=90°$；在这三个圆盘的边缘上各自作用有力偶($\boldsymbol{P}_1$,$\boldsymbol{P}'_1$)、($\boldsymbol{P}_2$,$\boldsymbol{P}'_2$)和($\boldsymbol{P}_3$,$\boldsymbol{P}'_3$)，物体保持平衡。已知 $P_1=100$ N，$P_2=200$ N，求 P_3 和角 α。

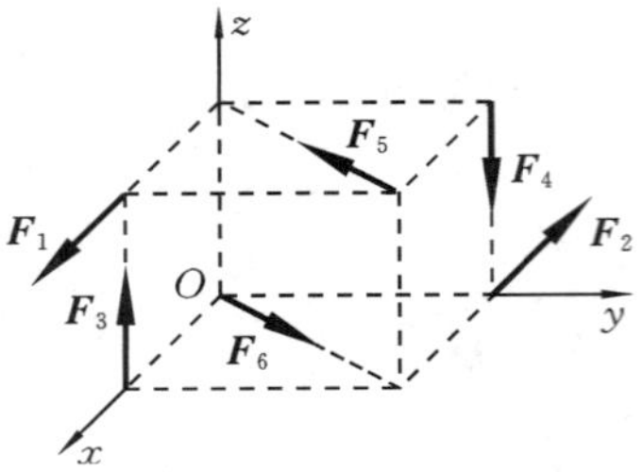

题 4.7 图

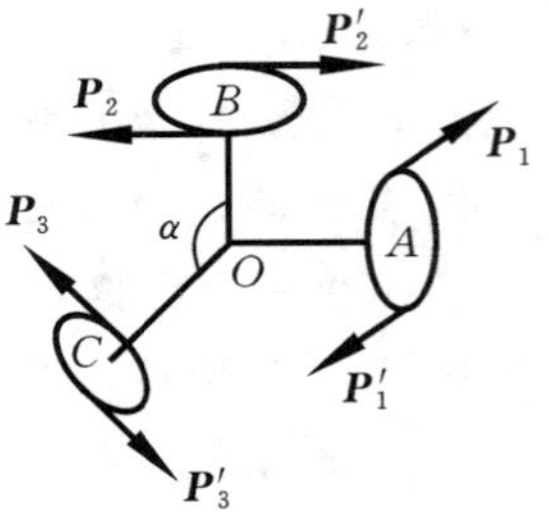

题 4.8 图

4.9　如题 4.9 图所示,长方体各边长分别为 $a=4$ m,$b=2$ m,$c=1$ m,作用于顶点 A 处的力 $F=3$ kN。求力 $\boldsymbol{F}$ 对轴 ξ 之矩。

4.10　杆系由铰链连接,位于立方体的边和对角线上,如题 4.10 图所示。在节点 D 作用有力 $\boldsymbol{Q}$,沿对角线 LD 方向;在节点 C 作用有力 $\boldsymbol{P}$,沿 CH 边竖直向下。如铰链 B、L、H 是固定的,求杆的内力。各杆质量不计。

4.11　如题 4.11 图所示,正四面体的三个侧面 ABD、ACD 和 BCD 上各作用有一个力偶。设各力偶矩的大小 $M_1=M_2=M_3=M$,求合力偶。又如在第四个面 ABC 上施加 $M_4=M$ 的另一力偶,试问此力偶能否平衡前面的三个力偶?

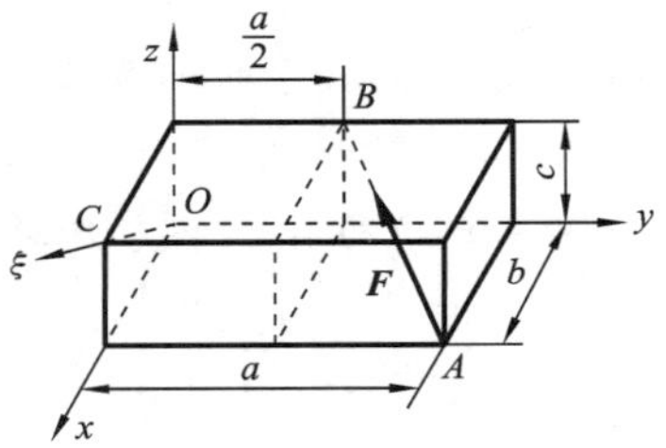

题 4.9 图

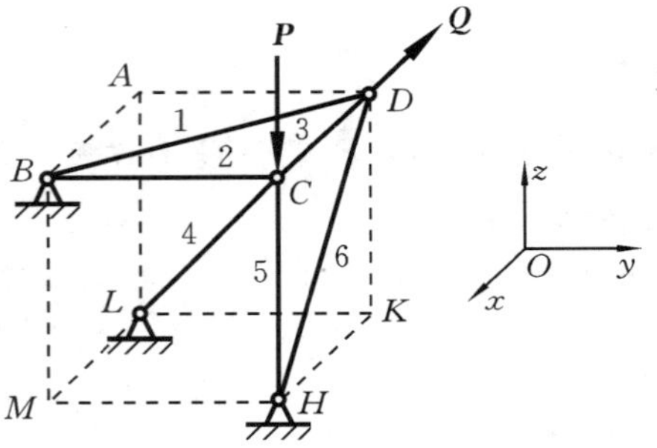

题 4.10 图

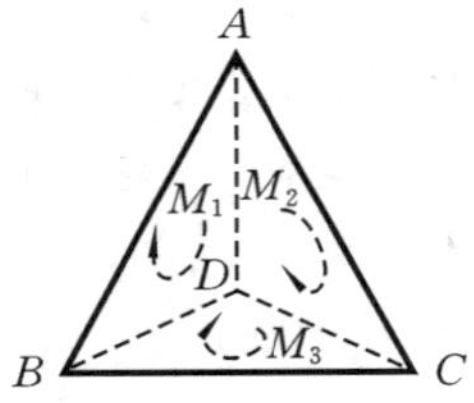

题 4.11 图

4.12　将题 4.12 图所示立方体上的四力向点 O 简化为一等效力系,并求其合成的最后结果。已知 $F_1=300$ N,$F_2=100$ N,$F_3=F_4=100\sqrt{2}$ N,立方体的边长为 2 m。

4.13　将题 4.13 图所示空间力系(两个力和两个力偶)向点 A 简化为一等效力系,并求出力系对轴 AB 的主矩。已知 $F_1=20$ N,$F_2=50$ N,$M_1=80$ N·m,$M_2=100$ N·m,其中力偶 M_1 作用在 ACD 面上,力偶 M_2 作用在 $BCDE$ 面上。

4.14　如题 4.14 图所示,长方形门的转轴 AB 是竖直的,门打开 60°角,并用两根绳子维持平衡。其中一绳系在点 C,跨过小滑轮 D 悬挂着重力为 $P=320$ N 的物体,另一绳 EF 系在地板的点 F 上。门重 $Q=640$ N,宽 $AC=AD=1.8$ m,高 $AB=2.4$ m。求绳子 EF 的张力 T 及轴承 A、B 的约束力。

4.15　如题 4.15 图所示,重 $G=10$ kN 的重物被电动机通过链条传动的水平轮轴 AB 匀速提升,链条两边都和水平面成 α 角($\alpha=30°$)。已知鼓轮半径 $r=10$ cm,链轮半径 $R=20$ cm,链条主动边(紧边)的拉力 T_1 是从动边(松边)拉力 T_2 的两倍。求轴承 A 和 B 的约束力以及链条拉力的大小。图中长度单位是 cm(轮轴的自重不计)。

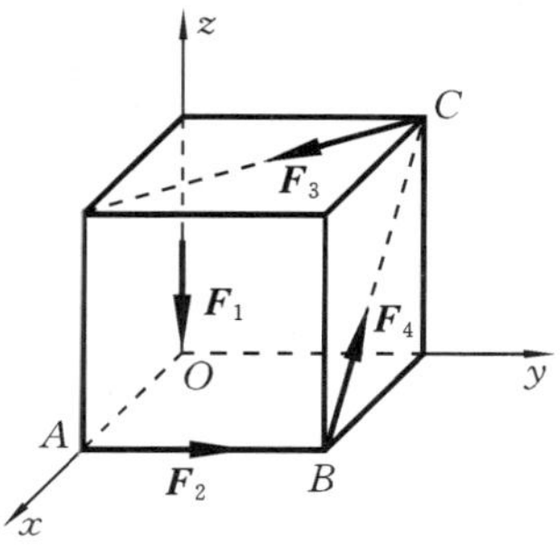

题 4.12 图

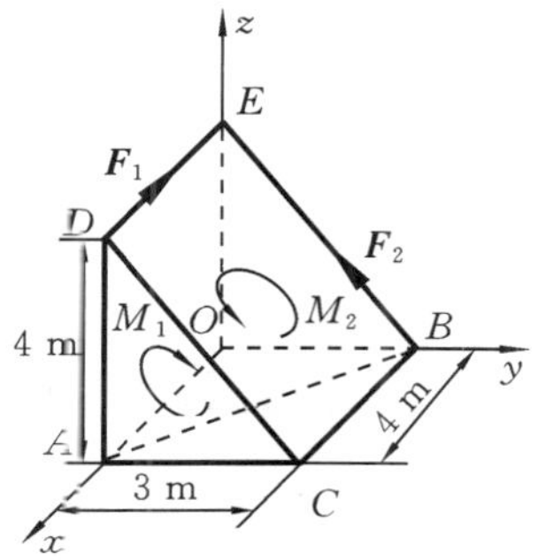

题 4.13 图

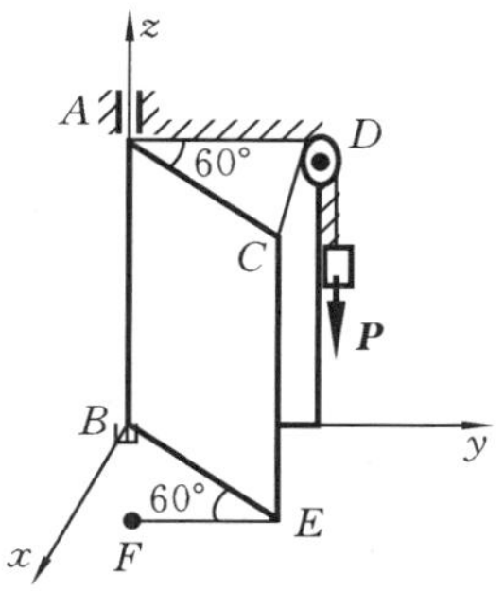

题 4.14 图

4.16　水平均质吊臂 AB 重 $Q=500$ N，长 $AB=5$ m，由 A 处的球铰链及从点 C 到在 Ayz 平面内的点 D 和 E 的两索支持在 Axy 平面内，与轴 x 成30°倾角，如题4.16图所示。若吊臂在 B 处承受一个 $P=5000$ N 的载荷，求平衡时铰链 A 的约束力(只允许列 3 个方程求解)。

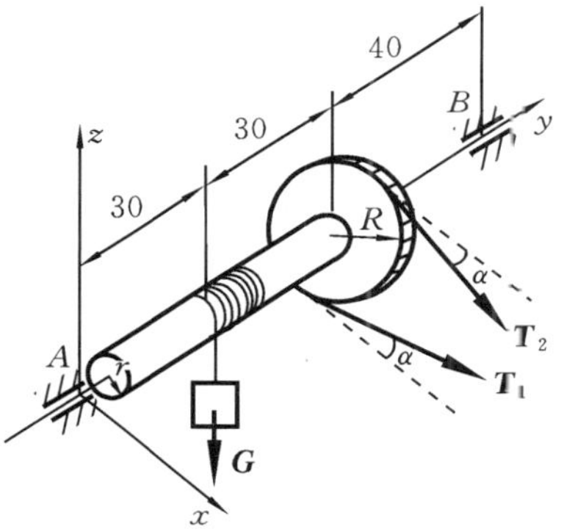

题 4.15 图

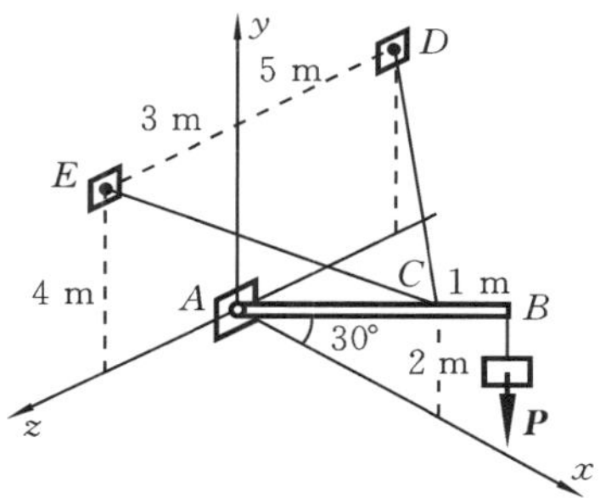

题 4.16 图

4.17　如题 4.17 图所示，用球铰链 A 和蝶形铰链 B 将重 200 N 的均质矩形框架固定在墙上，并用绳 CE 将它维持在水平位置，绳 CE 缚在框架的点 C 并挂在墙上的钉子 E 上，$\angle ECA=\angle BAC=30°$。求绳子的张力和支点的反力。

4.18　重 50 N 的方块放在倾斜的粗糙面上，斜面的边 AB 与 BC 垂直，如题 4.18 图所示。如在方块上施加水平力 F，与 BC 边平行，此力由零逐渐增加，方块与斜面间的静摩擦因数为 0.6。求保持方块平衡时，水平力 F 的最大值。

***4.19**　三条长度分别等于 l_1、l_2、l_3 的细绳系在一重为 W 的均匀三角形板的三个顶点上，细绳的另一端合系于一固定点，三角形板不在竖直面内，如题 4.19 图所示。证明：细绳中的张力分别等于 kWl_1、kWl_2、kWl_3，其中

$$k=[3(l_1^2+l_2^2+l_3^2)-(a^2+b^2+c^2)]^{-1/2}$$

a、b、c 为三角形板的三边长。

***4.20**　用空间力系平衡理论证明三力平衡平面汇交定理。

***4.21**　用空间力系平衡理论证明：(1) 对通过同一点的 3 根以上轴列的力矩平衡方程必然相关；(2) 对 3 根以上的平行轴列的力矩平衡方程必然相关。

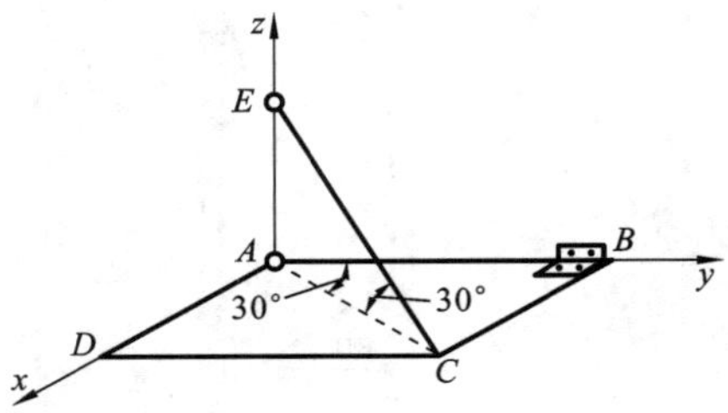

题 4.17 图

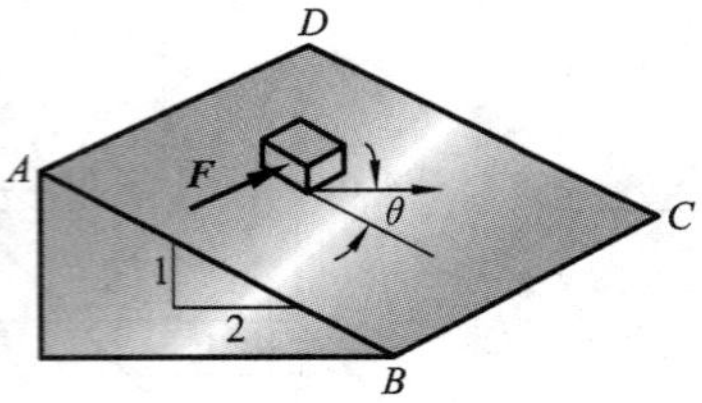

题 4.18 图

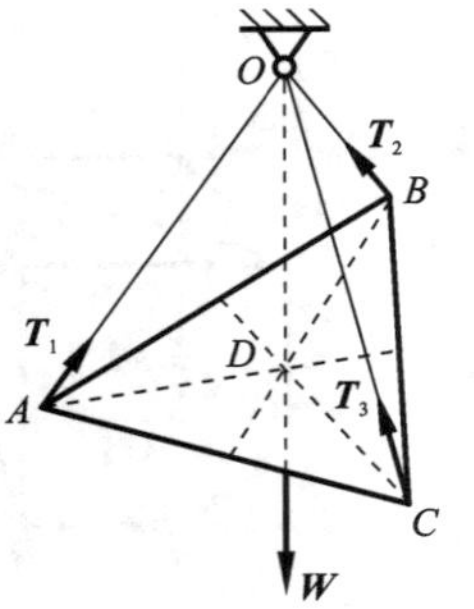

题 4.19 图

第 5 章　点的运动学和刚体的基本运动

点的运动学和刚体的基本运动

本章和第 6、第 7 章为运动学内容。运动学中只研究点和物体的几何位置随时间的变化关系，不涉及引起这种变化的原因。动力学研究力与运动之间的关系，所以运动学的内容是研究动力学问题的基础。运动学的知识也可直接应用于实际，如机械设计中经常需要做的机构运动分析。

质点系是力学研究中最基本的模型，质点也是组成物体的最基本单元。由于运动学研究的问题与质点的质量无关，可以将质点视为没有大小和形状的几何点，因此研究点的运动具有基本意义。要研究点和物体的运动，首先要确定它们的几何位置，这只能由它们与周围物体的相互关系来描述，指明被考察的点和物体相对周围哪个物体做运动，做参考的物体称为**参考体**。为度量点和物体相对参考体的位置，在参考体上固定一个坐标标架，称为**参考系**。建立参考系解决了物体运动的位置度量问题，而运动物体的位置是随时间变化的，所以引入时间的两个概念：**瞬时**（或**时刻**）、**时间间隔**。瞬时是指某个时间点或时间轴上的一个点，时间间隔是指任意两个不同时刻之间的一段时间或时间轴上的一个区间。为了方便，规定时间间隔为一个正实数。点的运动由三个物理量来描述：**位移**、**速度**和**加速度**。相对参考系运动的点称为**动点**；在任意一个时间间隔，动点从起始位置到终止位置的长度矢量称为动点在该时间间隔上的**位移**；位移的大小和方向随时间的变化率就是**速度**，速度描述了动点运动的快慢和方向；速度的大小和方向随时间的变化率就是**加速度**。

从上述可知，运动学研究位移、速度和加速度问题。其中一种方法是采用数学的方法，根据几何关系建立任意时刻的几何位置与时间的关系来求解位移函数，比如 $x(t)$，然后将 $x(t)$ 分别对时间求一阶和二阶导数得到速度和加速度。但对于复杂的机构，不仅建立任意位置的几何关系复杂，且求导计算量可能非常大。本章主要介绍基于求导的合成运动分析法。该方法基于动点动系得到点的速度合成定理和加速度合成定理以及基于这些定理推出的新的理论，以便求某时刻或某位置的速度与加速度问题。采用合成运动分析法得到的是线性方程，可以克服坐标求导法计算复杂的问题。鉴于由速度合成定理容易得到任意位置的速度关系，再积分便可得到位移，而积分仅是数学问题，且有时没有解析解，需要进行数值积分，故本书的运动学部分主要研究如何应用合成运动分析法求解某时刻或某位置的速度与加速问题，而很少涉及与过程有关的位移计算问题。

点的运动有多种描述方法，描述方法不同，在分析不同问题时可能难易程度差异较大。本章主要介绍矢量法、直角坐标法和自然轴系法。极坐标、柱坐标和球坐标下的描述方法可参考专题 1“在极坐标、柱坐标和球坐标下的合成运动”。

5.1　矢量法

矢量法

选取参考系上某确定点 O 为坐标原点，自点 O 向动点 M 作矢量 $\boldsymbol{r}$，称 $\boldsymbol{r}$ 为点 M 相对原点 O 的位置矢量，简称矢径，故矢量法也称为矢径法。当动点 M 运

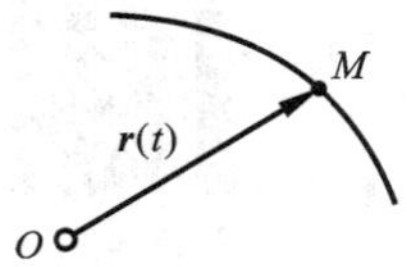

图 5.1　矢端曲线

动时，矢径 $\boldsymbol{r}$ 随时间而变化，并且是时间的单值连续函数，即

$$\boldsymbol{r}=\boldsymbol{r}(t) \tag{5.1}$$

式(5.1)称为以矢量表示的点的运动方程。动点 M 在运动过程中，其矢径 $\boldsymbol{r}$ 的末端描绘出一条连续曲线，称为**矢端曲线**。显然，矢径 $\boldsymbol{r}$ 的矢端曲线就是动点 M 的运动轨迹，如图 5.1 所示。

因为动点的速度是位移的时间变化率，由动点位置的矢径描述法，设动点在微小时间段 Δt 内的位移为 $\Delta\boldsymbol{r}$，则**速度** $\boldsymbol{v}$ 定义为

$$\boldsymbol{v}=\lim_{\Delta t\to 0}\frac{\Delta\boldsymbol{r}}{\Delta t}=\frac{\mathrm{d}\boldsymbol{r}}{\mathrm{d}t} \tag{5.2}$$

如图 5.2(a)所示。显然动点的速度是一个矢量，它沿轨迹的切线方向，表示动点运动的瞬时方向和快慢。

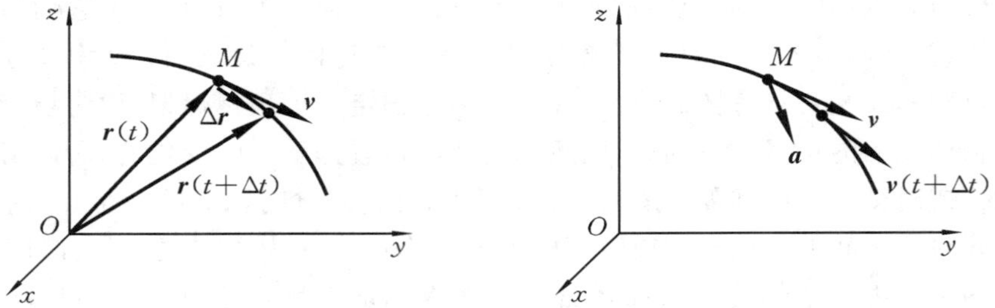

(a)　　　　(b)

图 5.2　速度 $\boldsymbol{v}$ 和加速度 $\boldsymbol{a}$ 的定义

(a) 位移和速度　(b) 速度的改变与加速度

动点的加速度为动点速度矢量的时间变化率，表示动点在任意瞬时运动速度的大小和方向改变的程度。因此**加速度**定义为

$$\boldsymbol{a}=\lim_{\Delta t\to 0}\frac{\Delta\boldsymbol{v}}{\Delta t}=\frac{\mathrm{d}\boldsymbol{v}}{\mathrm{d}t} \tag{5.3}$$

如图 5.2(b)所示。动点的加速度也是一个矢量，但加速度矢量一般与速度矢量不同向，偏向轨迹凹的一侧。

矢量法的优点是研究矢径随时间变化的理论时，对矢量求导，既可同时考虑矢量大小与方向变化的问题，又便于考虑大小变化与方向变化相互耦合的问题，在推导公式和定理时相对其他方法更方便，所以，在建立矢量变化的相关理论时，常采用此方法。本书在推导各种定理时就是采用此方法。其缺点是，在具体解题时，对矢量求导比较复杂，一般直接利用由矢量法求导推出的结论或利用由矢量法与其他运动描述法的关系推出的结论来简化问题的分析。解题时一般不采用矢量法。

5.2　直角坐标法

直角坐标法

在直角坐标系中，坐标轴相互正交，便于确定点的位置，又因为表示坐标轴方向的单位向量 $\boldsymbol{i}$、$\boldsymbol{j}$、$\boldsymbol{k}$ 方向不变，在对运动方程求导时，$\boldsymbol{i}$、$\boldsymbol{j}$、$\boldsymbol{k}$ 为常量，故求导方便。有时采用直角坐标系来描述点的运动。

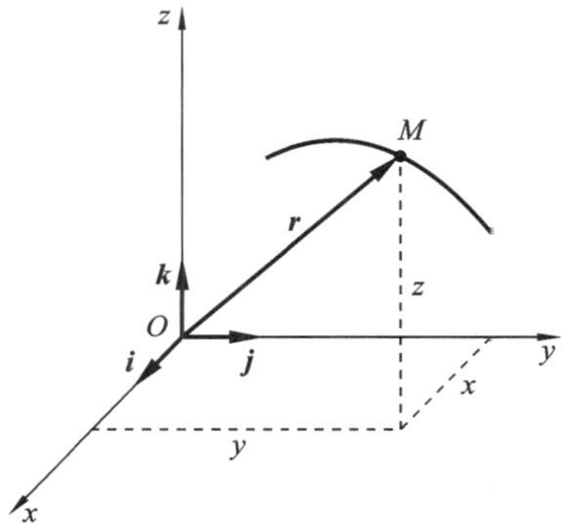

图 5.3　点的空间位置

取一固定的直角坐标系 $Oxyz$，则动点 M 在任意瞬时的空间位置既可以用它相对坐标原点 O 的矢径 $\boldsymbol{r}$ 表示，也可以用它的三个直角坐标 x、y、z 表示，如图 5.3 所示。

由于矢径的原点与直角坐标系的原点重合，因此有如下关系

$$\boldsymbol{r}=x\boldsymbol{i}+y\boldsymbol{j}+z\boldsymbol{k} \tag{5.4}$$

式中：$\boldsymbol{i}$、$\boldsymbol{j}$、$\boldsymbol{k}$ 分别为沿三个坐标轴的单位矢量，如图 5.3 所示。由于 $\boldsymbol{r}$ 是时间的单值连续函数，因此 x、y、z 也是时间的单值连续函数。利用式(5.4)，可以将运动方程(5.1)写为

$$x=f_1(t),\quad y=f_2(t),\quad z=f_3(t) \tag{5.5}$$

这些方程称为**以直角坐标表示的点的运动方程**。如果知道了点的运动方程(5.5)，就可以求出任意时刻 t 时点的坐标 x、y、z 的值，也就完全确定了该时刻动点的位置。

将式(5.4)代入式(5.2)，分别对时间求一阶导数和二阶导数得到速度和加速度在直角坐标系的表示，即

$$\boldsymbol{v}=\frac{\mathrm{d}\boldsymbol{r}}{\mathrm{d}t}=\frac{\mathrm{d}x}{\mathrm{d}t}\boldsymbol{i}+\frac{\mathrm{d}y}{\mathrm{d}t}\boldsymbol{j}+\frac{\mathrm{d}z}{\mathrm{d}t}\boldsymbol{k}=v_x\boldsymbol{i}+v_y\boldsymbol{j}+v_z\boldsymbol{k} \tag{5.6}$$

其中，$v_x=\dfrac{\mathrm{d}x}{\mathrm{d}t}$；$v_y=\dfrac{\mathrm{d}y}{\mathrm{d}t}$；$v_z=\dfrac{\mathrm{d}z}{\mathrm{d}t}$。

$$\boldsymbol{a}=\frac{\mathrm{d}\boldsymbol{v}}{\mathrm{d}t}=\frac{\mathrm{d}^2x}{\mathrm{d}t^2}\boldsymbol{i}+\frac{\mathrm{d}^2y}{\mathrm{d}t^2}\boldsymbol{j}+\frac{\mathrm{d}^2z}{\mathrm{d}t^2}\boldsymbol{k}=\frac{\mathrm{d}v_x}{\mathrm{d}t}\boldsymbol{i}+\frac{\mathrm{d}v_y}{\mathrm{d}t}\boldsymbol{j}+\frac{\mathrm{d}v_z}{\mathrm{d}t}\boldsymbol{k}=a_x\boldsymbol{i}+a_y\boldsymbol{j}+a_z\boldsymbol{k} \tag{5.7}$$

其中，$a_x=\dfrac{\mathrm{d}v_x}{\mathrm{d}t}=\dfrac{\mathrm{d}^2x}{\mathrm{d}t^2}$；$a_y=\dfrac{\mathrm{d}v_y}{\mathrm{d}t}=\dfrac{\mathrm{d}^2y}{\mathrm{d}t^2}$；$a_z=\dfrac{\mathrm{d}v_z}{\mathrm{d}t}=\dfrac{\mathrm{d}^2z}{\mathrm{d}t^2}$。

直角坐标法是比较常见的点的运动描述方法，但坐标系是固定不动的，该方法用于分析点相对运动物体的相对运动的加速度问题时不太方便。本书所研究的点往往做曲线运动，一般运动轨迹及速度大小是已知的，实际上就已知了法向加速度。在求解其加速度时，若采用直角坐标法，加速度要假设为 a_x、a_y、a_z 三个未知量(对于平面运动，则假设为 a_x、a_y 两个未知量)，而这样的假设将会导致出现更多的未知量。本书常采用点的加速度合成定理来简化问题的分析，加速度合成定理中的相对加速度量采用直角坐标法描述会导致公式非常复杂，不利于分析问题。而下述的自然轴系法就可以解决此问题，使分析加速度问题变得相对简便。

5.3　自然轴系法

自然轴系法

如图 5.4 所示，以点 O 为坐标原点，以轨迹为自然坐标轴，则动点 M 在瞬时 t 的位置可用弧长 s 来唯一确定，弧长 s 称为弧坐标。这样利用点的运动轨迹建立弧坐标和自然轴系，并用它们来描述和分析点的运动的方法称为自然轴系法。

如图 5.5 所示，在动点轨迹上任一点 M 处，以 M 为坐标原点可以作出一套正交轴系，各轴的正向单位矢量为 $\boldsymbol{\tau}$、$\boldsymbol{n}$、$\boldsymbol{b}$，它们分别为轨迹上点 M 处的切线、主法线和副法线单位矢量，其中，$\boldsymbol{\tau}$ 的正向与轨迹的假设正向一致，$\boldsymbol{\tau}$ 与 $\boldsymbol{n}$ 位于密切面上。这样得到的坐标原点在轨迹上移动的正交轴系称为**自然轴系**。下面建立自然轴系，同时将速度和加速度矢量用自然轴系中的

投影式来表示。

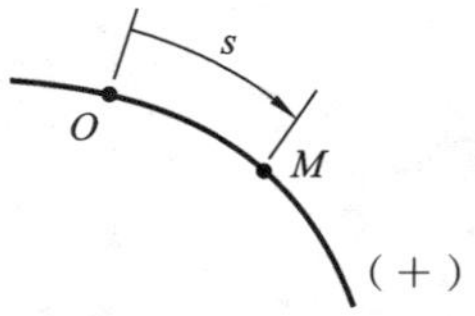

图 5.4　轨迹的弧坐标

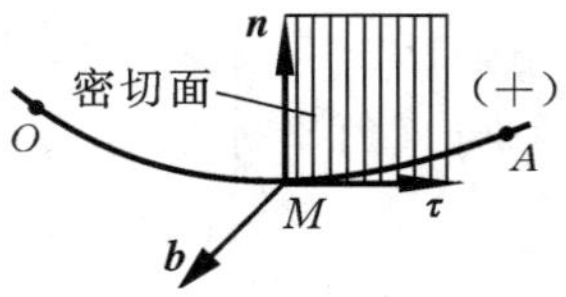

图 5.5　轨迹的自然轴系

如图 5.6(a)所示,在轨迹上任意点 M 及其邻近作出切向单位矢量 $\boldsymbol{\tau}(t)$ 和 $\boldsymbol{\tau}(t+\Delta t)$,于是可以在 $\boldsymbol{\tau}(t)$ 和 $\boldsymbol{\tau}(t+\Delta t)$ 所在平面上作出与 $\boldsymbol{\tau}(t)$ 和 $\boldsymbol{\tau}(t+\Delta t)$ 相切的圆 C。显然,$\boldsymbol{\tau}(t)$ 和 $\boldsymbol{\tau}(t+\Delta t)$ 所夹的圆弧与所夹的轨迹弧段 Δs 是很接近的。当 $\Delta s \to 0$ 时,两者趋于同一值,圆 C 趋于一个确定的圆,其半径 ρ 就是 $\Delta s/\Delta\phi$ 的极限。这样得到的圆 C 称为轨迹上点 M 的曲率圆,圆心 C 称为**曲率中心**,其半径 ρ 称为**曲率半径**,曲率半径的倒数称为**曲率**。对照图 5.6(a)和图 5.5 可知,密切面就是曲率圆所在的平面,在密切面上作出主法线矢量 $\boldsymbol{n}$,它垂直于 $\boldsymbol{\tau}$ 指向曲率中心,副法线单位矢量 $\boldsymbol{b}=\boldsymbol{\tau}\times\boldsymbol{n}$,这样就建立了自然轴系。基于上述,轨迹在点 M 处的曲率和曲率半径为

$$\kappa=\lim_{\Delta s\to 0}\frac{|\Delta\phi|}{|\Delta s|},\quad \rho=\frac{1}{\kappa} \tag{5.8}$$

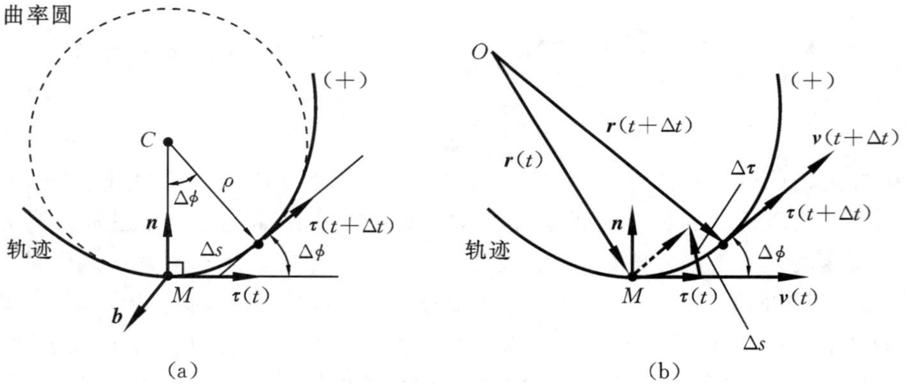

图 5.6　轨迹的曲率、速度及其变化和自然轴系的关系

(a) 轨迹的曲率和自然轴系　(b) 速度及其变化与自然轴系的关系

下面来推导速度、加速度的自然轴系表达式。如图 5.6(b)所示,速度为

$$\boldsymbol{v}=\frac{\mathrm{d}\boldsymbol{r}}{\mathrm{d}t}=\frac{\mathrm{d}\boldsymbol{r}}{\mathrm{d}t}\frac{\mathrm{d}s}{\mathrm{d}s}=\frac{\mathrm{d}\boldsymbol{r}}{\mathrm{d}s}\frac{\mathrm{d}s}{\mathrm{d}t}$$

而

$$\frac{\mathrm{d}\boldsymbol{r}}{\mathrm{d}s}=\lim_{\Delta s\to 0}\frac{\Delta\boldsymbol{r}}{\Delta s}=\boldsymbol{\tau}$$

所以

$$\boldsymbol{v}=\frac{\mathrm{d}s}{\mathrm{d}t}\boldsymbol{\tau}=v\boldsymbol{\tau} \tag{5.9}$$

其中

$$v=\frac{\mathrm{d}s}{\mathrm{d}t} \tag{5.10}$$

可见，速度矢量 $\boldsymbol{v}$ 与 $\boldsymbol{\tau}$ 平行，所以 v 就是速度矢量 $\boldsymbol{v}$ 的代数值，当 $\boldsymbol{v}$ 与 $\boldsymbol{\tau}$ 同向时 v 为正值，反之为负值。

加速度
$$\boldsymbol{a}=\frac{\mathrm{d}(v\boldsymbol{\tau})}{\mathrm{d}t}=\frac{\mathrm{d}v}{\mathrm{d}t}\boldsymbol{\tau}+\frac{\mathrm{d}\boldsymbol{\tau}}{\mathrm{d}t}v$$

由图 5.6(b)可知，$\Delta\boldsymbol{\tau}$ 的极限方向趋于主法线 $\boldsymbol{n}$ 方向，因此有

$$\frac{\mathrm{d}\boldsymbol{\tau}}{\mathrm{d}t}=\lim_{\Delta t\to 0}\frac{\Delta\boldsymbol{\tau}}{\Delta t}=\lim_{\Delta t\to 0}\frac{\Delta\boldsymbol{\tau}}{\Delta s}\frac{\Delta s}{\Delta t}=v\lim_{\Delta s\to 0}\frac{\Delta\boldsymbol{\tau}}{\Delta s}=v\lim_{\Delta s\to 0}\frac{|\Delta\tau|}{|\Delta s|}\boldsymbol{n}=v\lim_{\Delta s\to 0}\frac{|\Delta\phi|}{|\Delta s|}\boldsymbol{n}=\frac{v}{\rho}\boldsymbol{n}$$

所以
$$\boldsymbol{a}=\frac{\mathrm{d}(v\boldsymbol{\tau})}{\mathrm{d}t}=\frac{\mathrm{d}v}{\mathrm{d}t}\boldsymbol{\tau}+\frac{v^2}{\rho}\boldsymbol{n}=\frac{\mathrm{d}^2 s}{\mathrm{d}t^2}\boldsymbol{\tau}+\frac{v^2}{\rho}\boldsymbol{n} \tag{5.11}$$

或写成
$$\boldsymbol{a}=\boldsymbol{a}_{\mathrm{t}}+\boldsymbol{a}_{\mathrm{n}}=a_{\mathrm{t}}\boldsymbol{\tau}+a_{\mathrm{n}}\boldsymbol{n} \tag{5.12}$$

其中，$\boldsymbol{a}_{\mathrm{t}}$ 称为**切向加速度**，$\boldsymbol{a}_{\mathrm{t}}=\frac{\mathrm{d}v}{\mathrm{d}t}\boldsymbol{\tau}=\frac{\mathrm{d}^2 s}{\mathrm{d}t^2}\boldsymbol{\tau}$，它反映速度大小的变化；$\boldsymbol{a}_{\mathrm{n}}$ 称为**法向加速度**，$\boldsymbol{a}_{\mathrm{n}}=\frac{v^2}{\rho}\boldsymbol{n}$，总是沿主法线方向，它反映速度方向的变化。

在复杂的机构中，机构上点的运动往往是曲线运动，在第 6 章的合成运动分析方法中，选取合适的动点、动系后，一般其运动轨迹及其速度大小是已知的，若采用弧坐标描述，法向加速度就是已知量了，要求的仅是切向加速度，未知量变少了，这样就可直接应用点的加速度合成定理来分析问题，使运动分析变得相对简单。

例 5.1　如图 5.7 所示，半径为 R 的圆轮在直线轨道上做纯滚动（只滚不滑）。轮心速度为常数 u，M 为轮缘上的一点，求：

(1) 点 M 的运动方程及轨迹方程。

(2) 点 M 在任意位置的速度大小和方向。

(3) 点 M 到达最高点处时其轨迹的曲率半径。

(4) 点 M 与地面接触时的速度和加速度的大小与方向。

解　(1) 建立图 5.7(a)所示的直角坐标系 Oxy，设轮缘上一点 M 初始时在原点 O，此时轮心 C 在 y 轴上，经过时间 t 后轮心移动距离 $OC=OA=ut$。又因为圆轮做纯滚动运动，故 $OA=\overset{\frown}{AM}$，从而有

$$\theta=\frac{ut}{R}=\omega t\quad\left(这里令\ \omega=\frac{u}{R}\right)$$

用直角坐标法表示的点 M 的运动方程为

$$x=OA-MC\cdot\sin\theta=R(\omega t-\sin\omega t),\quad y=MC-MC\cdot\cos\theta=R(1-\cos\omega t) \tag{a}$$

消去方程(a)中的变量 t 或 θ，得到轨迹方程

$$\left[\arccos\left(1-\frac{y}{R}\right)-\frac{x}{R}\right]^2+\left(1-\frac{y}{R}\right)^2=1 \tag{b}$$

其轨迹为图 5.7(b)所示的旋转线。

(2) 将式(a)对时间 t 求导有

$$v_x=\dot{x}=R\omega(1-\cos\omega t),\quad v_y=\dot{y}=R\omega\sin\omega t \tag{c}$$

注意：根据求导的定义，因为 $\Delta t>0$，而 $\dot{\theta}=\lim\limits_{\Delta t\to 0}\frac{\Delta\theta}{\Delta t}$，故角度 θ 增大的方向是 $\dot{\theta}$ 的正方向，图 5.7(a)中 ω 的方向与 $\dot{\theta}$ 的方向相同，故 $\omega=+\dot{\theta}$；同理，$\dot{x}$ 的正方向与 x 的正方向相同。

点 M 的速度大小为

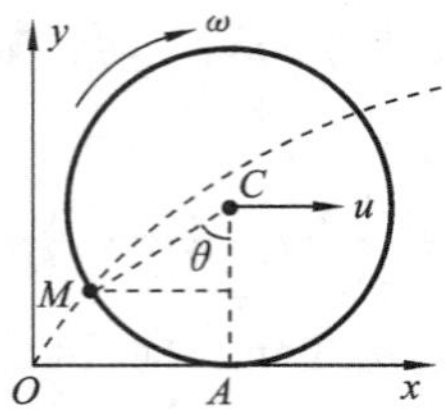

(a)

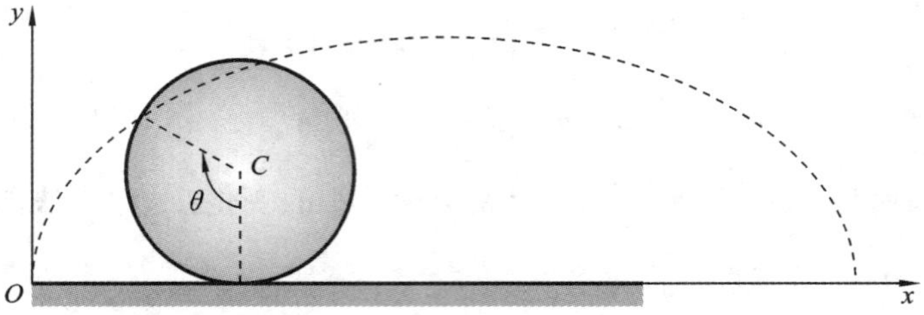

(b)

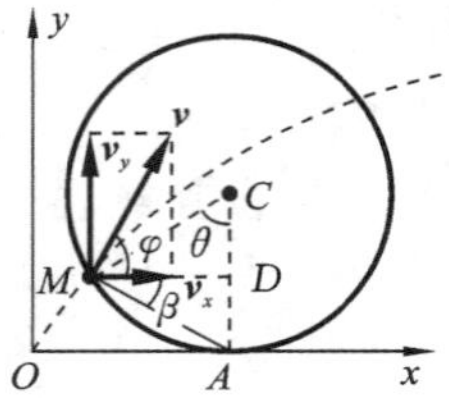

(c)

图 5.7　例 5.1 图

$$v=\sqrt{v_x^2+v_y^2}=R\omega\sqrt{2(1-\cos\omega t)}=2R\omega\sin\frac{\omega t}{2} \tag{d}$$

如图 5.7(c)所示，有

$$\tan\varphi=\frac{v_y}{v_x}=\frac{\sin\theta}{1-\cos\theta}=\frac{2\sin\frac{\theta}{2}\cos\frac{\theta}{2}}{2\sin^2\frac{\theta}{2}}=\cot\frac{\theta}{2}$$

故
$$\varphi=\frac{\pi}{2}-\frac{\theta}{2}$$

又因为
$$\beta=\left(\frac{\pi}{2}-\frac{\theta}{2}\right)-\angle CMD=\left(\frac{\pi}{2}-\frac{\theta}{2}\right)-\left(\frac{\pi}{2}-\theta\right)=\frac{\theta}{2}$$

故
$$\varphi+\beta=\frac{\pi}{2}$$

由此可知点 M 的速度方向总是与 MA 垂直。

(3) 式(c)对时间 t 求导有

$$a_x=\dot{v}_x=R\omega^2\sin\omega t,\quad a_y=\dot{v}_y=R\omega^2\cos\omega t \tag{e}$$

由此得到全加速度

$$a=R\omega^2 \tag{f}$$

将式(d)对时间 t 求导，得点 M 的切向加速度

$$a_t = \dot{v} = R\omega^2 \cos\frac{\omega t}{2} \tag{g}$$

法向加速度

$$a_n = \sqrt{a^2 - a_t^2} = R\omega^2 \sin\frac{\omega t}{2} \tag{h}$$

由于 $a_n = \dfrac{v^2}{\rho}$，得

$$\rho = \frac{v^2}{a_n} = 4R\sin\frac{\omega t}{2} \tag{i}$$

当点 M 到达最高点时，$\dfrac{\omega t}{2} = \dfrac{\pi}{2}$，此时曲率半径 $\rho = 4R$，是圆轮直径的 2 倍。

(4) 当点 M 与地面接触时，$\omega t = k \cdot 2\pi (k = 0,1,2,\cdots)$，由方程(d)可知，轮缘与地面接触点的速度为 0，因此轮做纯滚动时，轮缘与地面的接触点的运动特点与地面无相对滑动的特点相一致。由式(e)(f)可知，轮缘与地面接触点的加速度大小 $a = a_y = R\omega^2$，指向轮心，由式(e)(g)(h)可知，轮缘上与地面接触点的加速度 a_y 就是切向加速度。

根据轨迹方程(b)，也可以按照数学上的曲率公式求得曲率半径，但这样的方法会导致运算复杂，所以，本书中，曲率半径往往通过求出法向加速度和速度来求解。

*__例 5.2__　如图 5.8(a)所示，滑块 A 被细绳牵引沿导杆滑动。绳绕在半径为 r 的鼓轮上，图示 φ 位置时，鼓轮转动的角速度和角加速度分别为 ω、α(逆时针)，求图示位置滑块 A 的速度和加速度。

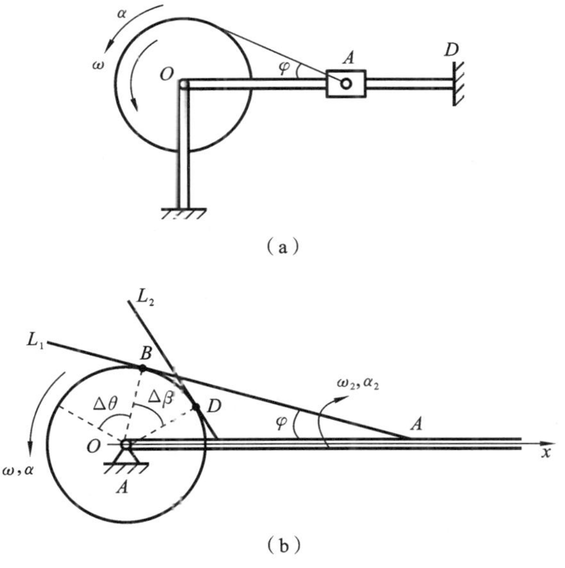

图 5.8　例 5.2 图

解　如图 5.8(b)所示，设在微小时间内轮 O 转过 $\Delta\theta$，张紧的绳子相对圆轮的运动可视为刚性杆件相对圆轮做图示的顺时针纯滚动。设在 t 时刻绳子与轮在点 B 接触，轮子转过 $\Delta\theta$ 后，接触点将变为点 D。AB 长度变成了 AD，其变短的量等于弧长 BD。而弧长对应的圆心角为

$$\Delta\beta = \Delta\theta + \Delta\varphi = (\omega + \omega_2)\Delta t \tag{a}$$

式中：$\omega=\dfrac{\mathrm{d}\theta}{\mathrm{d}t}$，$\omega_2=\dfrac{\mathrm{d}\varphi}{\mathrm{d}t}$，转向为图中对应角度增大的方向。

故有

$$r(\omega+\omega_2)\mathrm{d}t=-\mathrm{d}(AB) \tag{b}$$

即

$$r\mathrm{d}(\theta+\varphi)=-\mathrm{d}(AB) \tag{c}$$

又因为

$$AB=r\cot\varphi \tag{d}$$

由式(c)(d)得到

$$\mathrm{d}(\theta+\varphi)=-\mathrm{d}(\cot\varphi) \tag{e}$$

式(e)对时间求导，得

$$\omega+\omega_2=\frac{\omega_2}{\sin^2\varphi} \tag{f}$$

解得

$$\omega_2=\tan^2\varphi\omega \tag{g}$$

因为

$$x_A=\frac{r}{\sin\varphi} \tag{h}$$

式(h)对时间求导，并将式(g)代入得到

$$\dot{x}_A=-r\omega/\cos\varphi \tag{i}$$

式(i)对时间求导，并将式(g)代入得到

$$\begin{aligned}\ddot{x}_A&=\frac{r}{\cos\varphi}\alpha+\frac{\sin\varphi}{\cos^2\varphi}\omega_2 r\omega=\frac{r}{\cos\varphi}\alpha+\frac{\sin\varphi}{\cos^2\varphi}\tan^2\varphi r\omega^2\\&=\frac{r}{\cos\varphi}\alpha+\frac{\sin^3\varphi}{\cos^4\varphi}r\omega^2\end{aligned}$$

求点的速度和加速度问题一般有两大类方法，一类就是类似上面所述以某些位置量或时间为自变量，通过几何关系建立其他位置量与自变量的关系，再进行求导，本书中称为**坐标求导法**。采用该方法时，建议取角度为自变量，并以角度增大的方向为其对时间导数的正方向。这样在计算和求导时就可以利用三角函数求导公式或三角恒等变换简化计算。另一类就是本书后续重点讲解的**合成运动方法**。当所有相关位置关系不都是通过直角三角形或比例关系得到时，坐标求导法将涉及对来自余弦定理的带根号函数的求导，非常复杂，建议采用后续介绍的合成运动方法。

5.4　刚体的平动和定轴转动

刚体的平动和定轴转动

机器不做超高速运转时，作为机器的机构可以视为多个刚体构成的系统。在机器设计与运行中，需要掌握各刚体的运动规律，尤其是所关心位置的速度和加速度等。刚体与点的不同之处是它有大小，即至少有一维的尺度非零，因此刚体内存在由点连成的直线段，当刚体运动时，如果其上所有线段相对参考系不发生角度变化，发生的运动是**刚体的平动**。但是，通常的情况是，刚体上的线段相对参考系会发生角度变化，发生的运动是**刚体的转动**。刚体的转动需要用角度变化来描述，这是刚体运动与点运动的最大区别。刚体的转动有**定轴转动**和**定点转动**两种形式。刚体的任何运动可以由**平动**、**定轴转动**和**定点转动**这三种(或其中两种)运动叠加而成，因此这三种运动是刚体的三种基本运动。下面先来研

究刚体平动和定轴转动的基本特性。

5.4.1　刚体的平动

定义　刚体在运动过程中其内任一直线的方向不改变，则称刚体做平行移动，简称平动。

平动定理　当刚体平动时，刚体内各点轨迹的形状相同(或重叠)，在同一瞬时各点都有相同的速度和加速度。

该定理的证明非常简单，请学生自证。由以上定理，平动刚体的运动可归结为刚体上任一点的运动，因此，刚体的平动可以视为点的运动。由 4 根杆件通过铰链连接的平行四边形机构若一边固定，则固定边的对边做平动运动。

5.4.2　刚体的定轴转动

定义　当刚体运动时，刚体及其所扆开的无穷大空间上有一直线上的所有点始终保持不动。刚体的这种运动称为**定轴转动**，该直线称为**转轴**。

如图 5.9 所示，AB 为刚体的转轴。过转轴作一个固定平面 π_1，过转轴作另一个与刚体固连的平面 π_2，这两个平面之间的瞬时夹角 φ 称为**转角**，显然，只要每一瞬时的转角已知，刚体的位置也随之确定，因此只需用转角这个参数就可以完全确定定轴转动刚体的位置，转角随时间变化的函数称为**转动方程**，即

$$\varphi=\varphi(t) \tag{5.13}$$

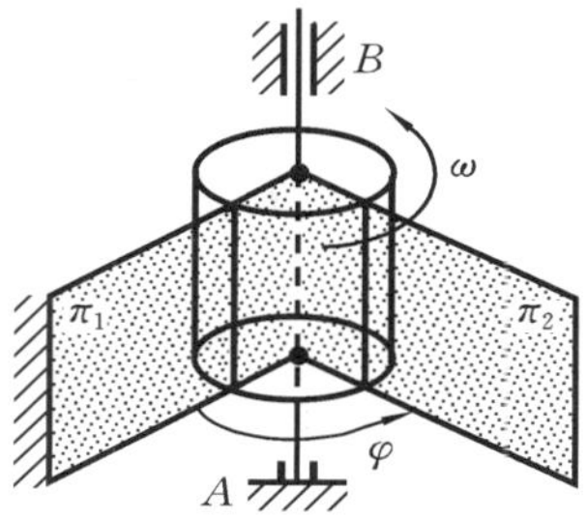

图 5.9　刚体的定轴转动

以上定义的转角是个代数量，其方向与参考正方向相同时为正转角，反之为负转角。若规定了转轴的正方向，则规定转角参考正向为面对转轴的箭头的逆时针方向。这样的规定是为了和数学上的规定保持一致，以便直接应用数学中的各种结论，静力学中的力矩和后面要学习的角速度、角加速度正负的规定都是基于这个原因。转角的标准单位为 rad。

转角对时间的导数称为**角速度**，用 ω 表示，它表征了转动的方向和快慢，即

$$\omega=\frac{\mathrm{d}\varphi}{\mathrm{d}t}=\dot{\varphi}(\mathrm{rad/s}) \tag{5.14}$$

角速度对时间的导数称为**角加速度**，用 α 表示，它表征了角速度变化的方向和快慢，即

$$\alpha=\frac{\mathrm{d}\omega}{\mathrm{d}t}=\frac{\mathrm{d}^2\varphi}{\mathrm{d}t^2}=\ddot{\varphi}\ (\mathrm{rad/s^2}) \tag{5.15}$$

角速度和角加速度也是代数量，当它们与参考正方向相同时为正，反之为负。

在上述对转角 φ 求导得到角速度 ω 和角加速度 α 的过程中，需要注意各个量的正方向。根据数学求导规则的定义，角度增大的方向为其导数的正方向。故在图 5.9 中，若角速度 ω 的转向定为角度减小的方向，则在求导过程中用 ω 表示 $\dot{\varphi}$ 时，有 $\omega=-\dot{\varphi}$。角加速度 α 的正方向的定义与 ω 类似。为了避免错误，一般将 ω 和 α 的转向定为角度增大的方向。

5.4.3　定轴转动刚体上各点的速度与加速度

定轴转动刚体上任意点的轨迹为圆，其弧坐标运动方程为

$$s=r\cdot\varphi(t) \tag{5.16}$$

其中,r 为点到转轴的距离,称为**转动半径**。该点的速度由式(5.10)、式(5.16)确定,即

$$v=\frac{\mathrm{d}s}{\mathrm{d}t}=\dot{\varphi}(t)r=\omega r \tag{5.17}$$

速度矢量 $\boldsymbol{v}$ 的正方向与 ω 的参考正向一致。

由式(5.12)可知,定轴转动刚体上任意点的加速度为

$$\boldsymbol{a}=\boldsymbol{a}_{\mathrm{t}}+\boldsymbol{a}_{\mathrm{n}}=a_{\mathrm{t}}\boldsymbol{\tau}+a_{\mathrm{n}}\boldsymbol{n} \tag{5.18}$$

其中,切向加速度的大小为 $a_{\mathrm{t}}=\dot{v}=\alpha r$,法向(径向)加速度的大小为 $a_{\mathrm{n}}=v^2/r=\omega^2 r$。切向加速度矢量 $\boldsymbol{a}_{\mathrm{t}}$ 的方向与 α 的参考正向一致。

例 5.3　揉茶机由图 5.10(a)所示三个互相平行的曲柄来带动,ABC 和 $A'B'C'$ 为两个等边三角形机构。根据该机构的运动原理,可以设计不同功能的机器。比如设计揉茶桶,揉茶时堆积的茶叶不会倾翻出来,或设计自动揉面机或使医院久置混浊的药水变均匀的振动器等。已知每一曲柄长均为 $r=15$ cm,且都以匀速 $n=45$ r/min分别绕轴 A、B、C 转动,求揉茶机中心 O 的轨迹、速度和加速度(要求在图上标出点 O 速度、加速度方向)。

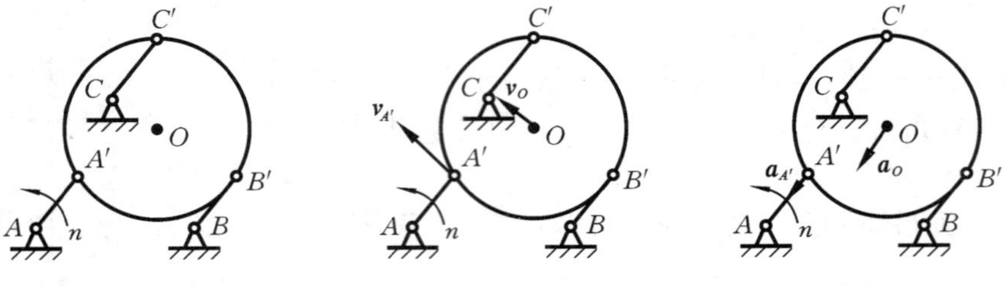

图 5.10　例 5.3 图

解　根据题中条件知,$AA'BB'$、$CC'BB'$、$AA'CC'$ 为平行四边形,在运动过程中,平面 $A'B'C'$ 保持平动,所以每一点的轨迹都与 A' 一样,均为半径 r 的圆。各点速度与加速度也与 A'相同,而点 A'做定轴转动,求得 $v_O\approx70.7$ cm/s,$a_O\approx333$ cm/s^2。点 O 速度、加速度方向分别如图 5.10(b)(c)所示。

例 5.4　机构如图 5.11 所示,滑块 B 在半径为 R 的圆槽上运动,$AB=OA=\frac{\sqrt{2}}{2}R$。已知图示位置 OA 的角速度和角加速度分别为 ω 和 α。求点 B 和点 A 的加速度大小之比。

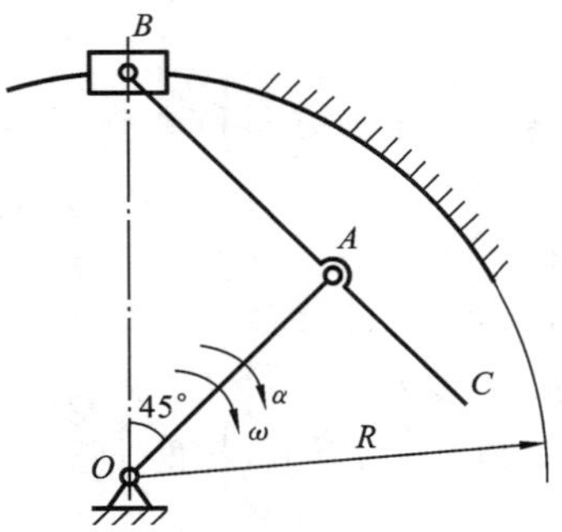

图 5.11　例 5.4 图

解　因为在不同的位置上,OB 的大小均为 R,故三角形 OAB 是几何形状不变的结构,可视为一个刚体。这样,机构的运动便是绕 O 的定轴转动。所以,

$$a_B=R\sqrt{\alpha^2+\omega^4},\quad a_A=\frac{\sqrt{2}}{2}R\sqrt{\alpha^2+\omega^4}$$

故

$$\frac{a_B}{a_A}=\sqrt{2}$$

5.4.4　轮系的传动比

旋转机械的旋转运动及能量通常采用齿轮(或摩擦轮)、皮带轮进行传递。图 5.12 所示为

一对齿轮啮合传动的情况。

1. 齿轮传动

根据两个齿轮的安装方式，齿轮传动分为外啮合和内啮合，如图 5.13 所示；外啮合时两轮转向相反，内啮合时两轮转向相同。两轮的接触点称为啮合点，无论是外啮合还是内啮合，两轮在啮合点的速度相同（无相对滑动），每对啮合齿轮的齿厚和齿间距相同，有

$$v_1 = v_2$$

$$v_1 = \omega_1 R_1, \quad v_2 = \omega_2 R_2$$

所以

$$\frac{\omega_1}{\omega_2} = \frac{R_2}{R_1} \tag{5.19}$$

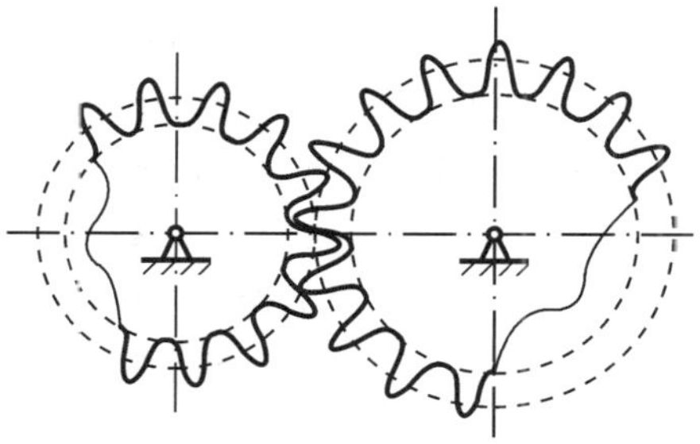

图 5.12　齿轮传动

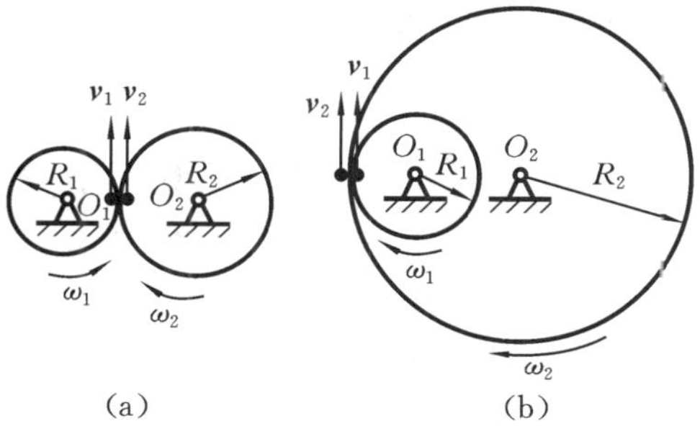

图 5.13　齿轮传动的运动分析

(a) 外啮合　(b) 内啮合

对于两个啮合的齿轮，其齿数 Z_1、Z_2 与齿轮的半径 R_1、R_2 成正比，即

$$\frac{R_2}{R_1} = \frac{Z_2}{Z_1} \tag{5.20}$$

机械学中，将两个齿轮的角速度比称为**传动比**，用 i_{12} 表示，有

$$i_{12} = \frac{\omega_1}{\omega_2} = \frac{R_2}{R_1} = \frac{Z_2}{Z_1} \tag{5.21}$$

若转速为同一转向，则有 $\frac{\omega_1}{\omega_2} = \pm\frac{R_2}{R_1}$（内啮合为正，外啮合为负）。

齿轮传动能传动的力矩大，传动精度高，但传递距离近，成本高。

2. 带传动

图 5.14 所示是带传动。两带轮的转向相同。不考虑带的厚度，假设带与带轮之间无相对滑动且带的变形量忽略不计，则带上各点速度的大小相同且等于轮缘的速度大小。因此有

$$v_1 = v_2$$

$$v_1 = \omega_1 R_1, \quad v_2 = \omega_2 R_2$$

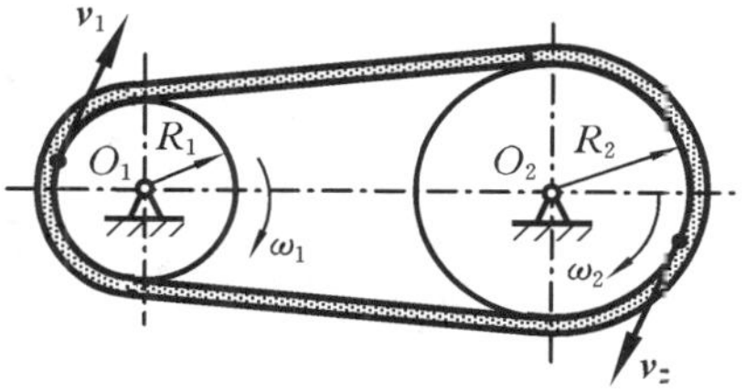

图 5.14　带传动运动分析

所以带轮的传动比为

$$i_{12} = \frac{\omega_1}{\omega_2} = \frac{R_2}{R_1} \tag{5.22}$$

带传动能传动的力矩不大，此外，因为张紧的带会变形，并可能与轮子产生滑动，所以传动

精度不高。但其成本低,简单易行,可以远距离传动,且在外部载荷过大时,带打滑或断裂,可以保护更关键的部件,有时作为安全防护的保护装置。

5.4.5 定轴转动刚体的角速度、角加速度,其上各点的速度、加速度的矢量表示

如图 5.15 所示,可以按右手定则将定轴转动刚体的角速度、角加速度的代数量 ω、α 转化为角速度、角加速度矢量 $\boldsymbol{\omega}$、$\boldsymbol{\alpha}$。进一步,可以写出刚体上任一点 A 的速度、加速度矢量表达式,参见图 5.15,可得速度矢量为

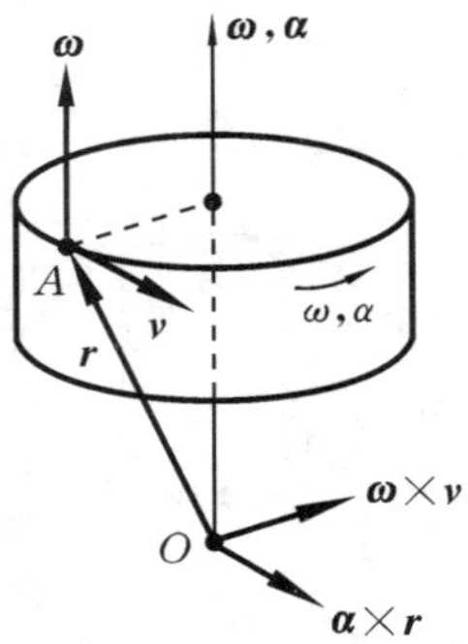

图 5.15　定轴转动刚体各个运动量的矢量表示

$$\boldsymbol{v}=\boldsymbol{\omega}\times\boldsymbol{r} \tag{5.23}$$

其中,$\boldsymbol{r}$ 为转轴上任一点 O 至刚体上点 A 的矢径。式(5.23)的正确性按速度矢量的大小、方向,参照图 5.15 容易证明,请学生自证。点的运动轨迹是一条线,故有时也称点的速度和加速度分别为线速度和线加速度。需要说明的是,点的角速度这个说法严格来说是不正确的,应理解为该点与固定点的连线相对参考线的夹角的变化率。角速度指的是一个刚体的角速度或一根线的角速度,但描述点的运动时指的是线速度和线加速度,简称速度和加速度。

加速度的矢量表达式可将式(5.23)对 t 求导数得到:

$$\boldsymbol{a}=\frac{\mathrm{d}\boldsymbol{v}}{\mathrm{d}t}=\frac{\mathrm{d}(\boldsymbol{\omega}\times\boldsymbol{r})}{\mathrm{d}t}=\frac{\mathrm{d}\boldsymbol{\omega}}{\mathrm{d}t}\times\boldsymbol{r}+\boldsymbol{\omega}\times\frac{\mathrm{d}\boldsymbol{r}}{\mathrm{d}t}=\boldsymbol{\alpha}\times\boldsymbol{r}+\boldsymbol{\omega}\times\boldsymbol{v}$$

即

$$\boldsymbol{a}=\boldsymbol{\alpha}\times\boldsymbol{r}+\boldsymbol{\omega}\times\boldsymbol{v} \tag{5.24}$$

注意:$\boldsymbol{r}$ 的起点必须在 $\boldsymbol{\omega}$ 的轴上。此外,在式(5.23)所示的叉乘速度关系式中,转动量在前。本书后续建立的叉乘运动量关系式都具有同样的特征,即转动量在前,比如式(5.24)。其原因在于所有的叉乘运动量关系式都是由式(5.23)或类似式(5.23)的转动量在前的基本形式推导得到的。

例 5.5　如图 5.16 所示,某定轴转动刚体的转轴通过 $M_0(2,1,3)$,其角速度的方向余弦为 0.6,0.48,0.64,角速度的大小为 25 rad/s。求刚体上点 $M(10,7,11)$ 的速度矢量。

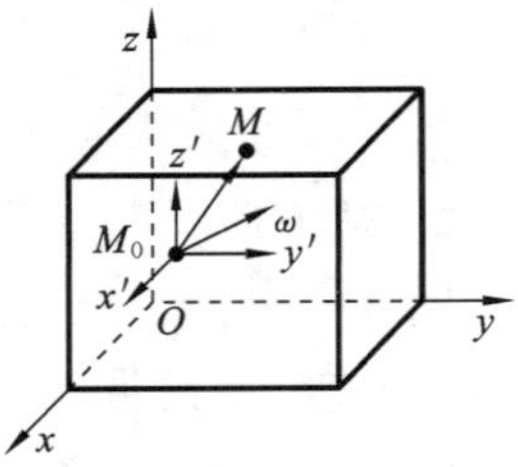

图 5.16　例 5.5 图

解　角速度矢量

$$\boldsymbol{\omega}=\omega\boldsymbol{n}$$

其中 $\boldsymbol{n}=(0.6,0.48,0.64)$,点 M 相对转轴上一点 M_0 的矢径为

$$\boldsymbol{r}=\boldsymbol{r}_M-\boldsymbol{r}_{M_0}=(10,7,11)-(2,1,3)=(8,6,8)$$

$$\boldsymbol{v}=\boldsymbol{\omega}\times\boldsymbol{r}=\omega(\boldsymbol{n}\times\boldsymbol{r})=\omega\begin{vmatrix} \boldsymbol{i} & \boldsymbol{j} & \boldsymbol{k} \\ 0.6 & 0.48 & 0.64 \\ 8 & 6 & 8 \end{vmatrix}=8\boldsymbol{j}-6\boldsymbol{k}$$

刚体的定点转动

*5.5　刚体的定点转动

定义　刚体运动时,如果其上有一点始终不动,则称该刚体做**定点转动**。

为了研究刚体的定点转动，先来推导速度投影定理。如图5.17所示，取刚体上任意两点A、B，设它们在同一瞬时的速度分别为$\boldsymbol{v}_A$、$\boldsymbol{v}_B$，则有

$$\boldsymbol{v}_B=\frac{\mathrm{d}\boldsymbol{r}_B}{\mathrm{d}t}=\frac{\mathrm{d}\boldsymbol{r}_A}{\mathrm{d}t}+\frac{\mathrm{d}\overrightarrow{AB}}{\mathrm{d}t}=\boldsymbol{v}_A+\frac{\mathrm{d}\overrightarrow{AB}}{\mathrm{d}t} \tag{5.25}$$

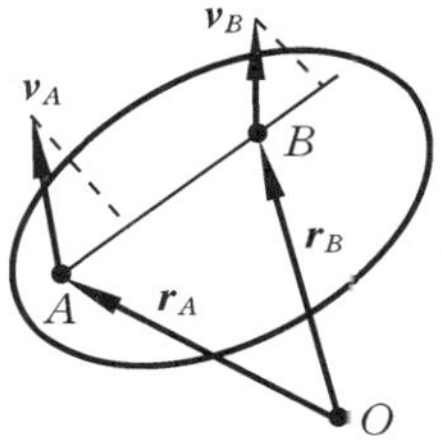

图5.17　速度投影

式(5.25)两边点乘矢量$\overrightarrow{AB}$，得

$$\boldsymbol{v}_B\cdot\overrightarrow{AB}=\boldsymbol{v}_A\cdot\overrightarrow{AB}+\frac{\mathrm{d}\overrightarrow{AB}}{\mathrm{d}t}\cdot\overrightarrow{AB}=\boldsymbol{v}_A\cdot\overrightarrow{AB}+\frac{1}{2}\frac{\mathrm{d}\,(AB)^2}{\mathrm{d}t}$$

由于长度AB为常值，所以$\mathrm{d}\,(AB)^2/\mathrm{d}t=0$，因此

$$\boldsymbol{v}_B\cdot\overrightarrow{AB}=\boldsymbol{v}_A\cdot\overrightarrow{AB} \tag{5.26}$$

将方程(5.26)中的$\overrightarrow{AB}$换成AB连线方向的单位矢量$\boldsymbol{e}_{AB}$($\boldsymbol{e}_{AB}$可以沿AB方向或BA方向)显然成立，即

$$\boldsymbol{v}_B\cdot\boldsymbol{e}_{AB}=\boldsymbol{v}_A\cdot\boldsymbol{e}_{AB} \tag{5.27}$$

方程(5.27)就是刚体的**速度投影定理**，用文字叙述为：刚体上任意两点在同一瞬时的速度在两点连线方向的投影相等。

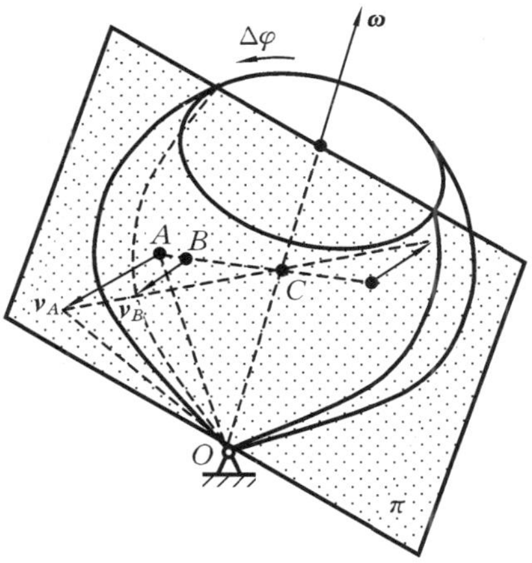

图5.18　定点转动刚体运动分析

下面研究定点转动刚体的角速度、角加速度和其上各点的速度、加速度。如图5.18所示，设t瞬时定点转动刚体上某点A的速度$\boldsymbol{v}_A\neq\boldsymbol{0}$(只要刚体运动，一定有这样的点)，根据速度投影定理，$\boldsymbol{v}_A\perp OA$，由此，过线OA一定可作出平面$\pi\perp\boldsymbol{v}_A$，这时，再根据速度投影定理可知，平面π上所有点的速度均垂直于该平面。平面π可视为绕瞬时轴转动，故平面π上任意直线上各点的速度必须直线分布，否则Δt时间后，该直线将弯曲或伸缩，这对刚体是不容许的。

再在平面π上、异于线OA任取一点B，使$\boldsymbol{v}_B\neq\boldsymbol{v}_A$(一定可以找到这样的点$B$，因为线$OB$上的速度是直角三角形分布的)，由于线$AB$上各点的速度也必须是直线分布的，同时$\boldsymbol{v}_A$与$\boldsymbol{v}_B$矢端的连线不平行于平面$\pi$，因此这条矢端连线一定会与平面$\pi$相交，设交点为$C$，那么$\boldsymbol{v}_C=\boldsymbol{0}$。由于线$OC$上所有点的速度必须直线分布，因此线$OC$上所有点的速度为零，如图5.18所示。

显然，在t瞬时，线OC是唯一的。因为，如果刚体上还有一条速度为零的直线，则可推知由这两条直线确定的平面上所有点的速度为零，进一步可推知整个刚体的速度为零，这与$\boldsymbol{v}_A\neq\boldsymbol{0}$矛盾。

因此，在t至$t+\Delta t$时间内，平面π只能绕线OC转动一个微小角度$\Delta\varphi$，否则，在$t+\Delta t$瞬时，平面π将沿线OC折成一个角或变成凹凸不平的曲面，这对刚体是不容许的。由于平面π与刚体固连，在t至$t+\Delta t$时间内，刚体的运动也只能跟随平面π绕线OC转动一个微小角度$\Delta\varphi$。因此在t到$t+\Delta t$时间内，可以将刚体看成绕线OC做定轴转动，转过的角度为$\Delta\varphi$，如图5.18所示。线OC称为刚体在t瞬时的**瞬时转动轴**，简称**瞬轴**。

由以上分析得：定点转动刚体在每一瞬时都有一根瞬轴，刚体的定点转动是刚体绕一系列瞬轴转动的合成运动。

在每一瞬时 t，$\Delta\varphi(t)/\Delta t$ 便是刚体的**瞬时角速度的值**，按右手定则化为矢量，便是**瞬时角速度矢量 $\boldsymbol{\omega}$**，$\boldsymbol{\omega}$ 与瞬轴共线。

通过角速度矢量定义定点转动刚体的**角加速度矢量 $\boldsymbol{\alpha}$**，定义为

$$\boldsymbol{\alpha}=\frac{\mathrm{d}\boldsymbol{\omega}}{\mathrm{d}t} \tag{5.28}$$

与定轴转动刚体相比，定点转动刚体的瞬轴无论相对刚体的位置，还是相对参考系的位置，一般都在变化，因此定点转动刚体角速度矢量 $\boldsymbol{\omega}$ 的大小、方向一般是随时间变化的，但其作用线总是通过固定点 O；由方程(5.28)可知，定点转动刚体的角加速度矢量 $\boldsymbol{\alpha}$ 的大小、方向一般也是随时间变化的，并且 $\boldsymbol{\alpha}$ 与 $\boldsymbol{\omega}$ 的方向一般不在同一直线上。

根据前面的分析，定点转动刚体上任意点的瞬时速度矢量为

$$\boldsymbol{v}=\boldsymbol{\omega}\times\boldsymbol{r} \tag{5.29}$$

其中，$\boldsymbol{r}$ 为固定点 O 指向刚体上一点的矢径。式(5.29)对 t 求导数，可得定点转动刚体上任意点的瞬时加速度矢量

$$\boldsymbol{a}=\boldsymbol{\alpha}\times\boldsymbol{r}+\boldsymbol{\omega}\times\boldsymbol{v} \tag{5.30}$$

式(5.30)与定轴转动刚体的相同，但 $\boldsymbol{\omega}$ 与 $\boldsymbol{\alpha}$ 的方向是变化的。

小　结

小结

(1) 点的运动方程是动点在空间的几何位置与时间的关系方程。点的轨迹方程是由点的运动方程消去时间 t 得到的描述动点的空间运动的一条连续曲线。

(2) 描述点的位置有多种方法，其中常见的有矢量法、直角坐标法和自然轴系法。矢量法在推导理论公式上具有优势。

(3) 点的速度和加速度都是矢量，以自然坐标的分量表示分别为

$$\boldsymbol{v}=v\boldsymbol{\tau}=\dot{s}\boldsymbol{\tau},\quad \boldsymbol{a}=\boldsymbol{a}_{\mathrm{t}}+\boldsymbol{a}_{\mathrm{n}}=a_{\mathrm{t}}\boldsymbol{\tau}+a_{\mathrm{n}}\boldsymbol{n}$$

$$a_{\mathrm{t}}=\ddot{s},\quad a_{\mathrm{n}}=\frac{v^2}{\rho},\quad a=\sqrt{a_{\mathrm{t}}^2+a_{\mathrm{n}}^2}$$

点的切向加速度方向一定与速度方向平行，只反映速度大小的变化率。法向加速度方向一定与速度方向垂直，只反映速度方向变化的快慢。

(4) 刚体的基本运动有三种：平动、定轴转动和定点转动。刚体的任何运动可以由这 3 种或其中 2 种运动叠加而成。

(5) 刚体平行移动：刚体在运动过程中其内任一直线的方向不改变，则称刚体做平行移动，或称为平动。刚体做平动时，在同一瞬时刚体内各点的速度和加速度大小、方向相同，刚体内各点的轨迹形状完全相同，各点的轨迹可能是直线也可能是曲线。对于由 4 根杆件通过铰链连接形成的平行四边形机构，若其中一边固定，则其对边做平动运动。

(6) 刚体绕定轴转动：刚体运动时，其上及其所展开的无穷大空间上有一条直线上的所有点都保持不动，此种运动称为刚体绕定轴转动。转角对时间的一阶和二阶导数分别称为刚体转动的角速度和角加速度，其正方向为转角增大的方向。

(7) 绕定轴转动的刚体上点的速度 $\boldsymbol{v}$、加速度 $\boldsymbol{a}$ 与角速度 $\boldsymbol{\omega}$、角加速度 $\boldsymbol{\alpha}$ 的关系为 $\boldsymbol{v}=\boldsymbol{\omega}\times$

$\boldsymbol{r}$，$\boldsymbol{a}_t=\boldsymbol{\alpha}\times\boldsymbol{r}$，$\boldsymbol{a}_n=\boldsymbol{\omega}\times\boldsymbol{v}$，其中 $\boldsymbol{r}$ 为起点在转轴上的矢径。本书的叉乘运动量关系式都可基于此矢量关系式推导得到。速度和加速度的代数值为 $v=r\omega$，$a_t=r\alpha$，$a_n=r\omega^2$，$a=r\sqrt{\omega^4+\alpha^2}$。

(8) 齿轮传动比为 $i_{12}=\dfrac{\omega_1}{\omega_2}=\pm\dfrac{R_2}{R_1}=\pm\dfrac{Z_2}{Z_1}$（内啮合为正，外啮合为负）。

习　题

5.1　选择题。

1. 点做直线运动，方程为 $x=12-t^3$（x 的单位为 cm，t 的单位为 s），可算出点在 0～3 s 内经过的路程为（　　）。

① 30 cm　　② 15 cm　　③ 27 cm

2. 如题 5.1.2 图所示，点 M 做圆周运动，运动方程为 $s=\pi Rt^2/2$（s 的单位为 mm，t 的单位为 s），当第一次到达 y 坐标最大值时，点 M 的加速度在轴 x、y 上的投影分别为（　　）。

① $a_x=\pi R, a_y=2\pi^2 R$　　② $a_x=-\pi R, a_y=\pi^2 R$

③ $a_x=\pi R, a_y=-\pi^2 R$

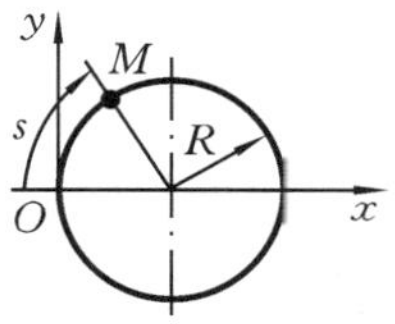

题 5.1.2 图

3. 动点的运动方程以弧坐标表示为 $s=f(t)$，在某一瞬时沿坐标正向运动，但越来越慢，则（　　）。

① $\dfrac{ds}{dt}<0, \dfrac{d^2s}{dt^2}<0$　② $\dfrac{ds}{dt}>0, \dfrac{d^2s}{dt^2}>0$　③ $\dfrac{ds}{dt}<0, \dfrac{d^2s}{dt^2}>0$　④ $\dfrac{ds}{dt}>0, \dfrac{d^2s}{dt^2}<0$

5.2　填空题。

1. 动点的运动方程以直角坐标表示为 $x=t^2+1$，$y=2t^2$（x、y 的单位为 mm），则 $t=1$ s 时，加速度为（　　），此时动点所处位置的曲率半径为（　　）。

2. 动点在运动过程中，当切向加速度恒等于零时，则动点做（　　）运动；当法向加速度恒等于零时，则动点做（　　）运动；当动点的加速度恒等于零时，则动点做（　　）运动。

3. 点沿题 5.2.3 图所示轨迹运动，请按下列条件标出各点的加速度 $\boldsymbol{a}$。

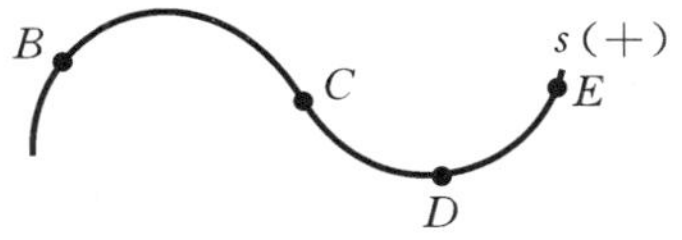

题 5.2.3 图

(1) 动点在点 B 附近沿弧坐标正向运动，速度越来越大。

(2) 动点在点 C（拐点）沿弧坐标正向运动，速度大小没有变化。

(3) 动点在点 D 附近沿弧坐标正向匀速运动。

(4) 动点沿弧坐标正向减速接近点 E，到达点 E 时速度恰好为零，并开始反向运动。

5.3　指出题 5.3 图所示机构中，刚体 1、2 各做什么形式的运动（答案填在括号内）。

5.4　是非题（对的在括号内画"√"，错的画"×"）。

1. 某瞬时平动刚体上各点速度大小相等而方向可以不同。（　　）

2. 定轴转动刚体的转动轴不能在外形轮廓之外。（　　）

3. 定轴转动刚体上与转动轴平行的直线，其上各点的速度均相等。（　　）

4. 平动刚体上各点的轨迹一定是直线。（　　）

5. 定轴转动刚体的角速度为 ω，角加速度为 α，其上各点的速度与转动半径垂直，则各点加速度与转动半径的夹角为 $\theta=\arctan\dfrac{|\alpha|}{\omega^2}$。（　　）

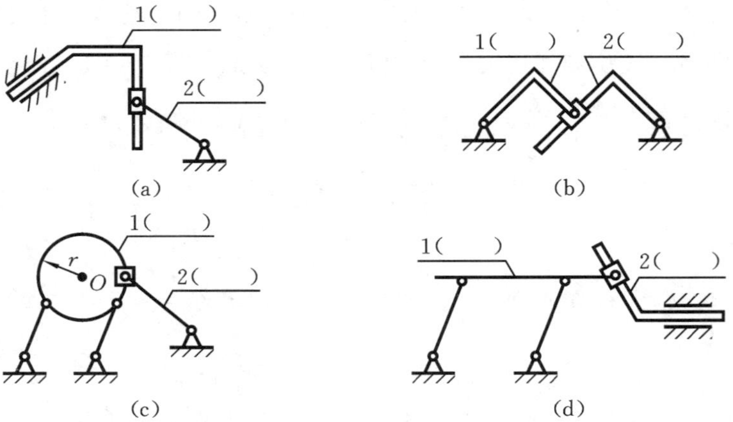

题 5.3 图

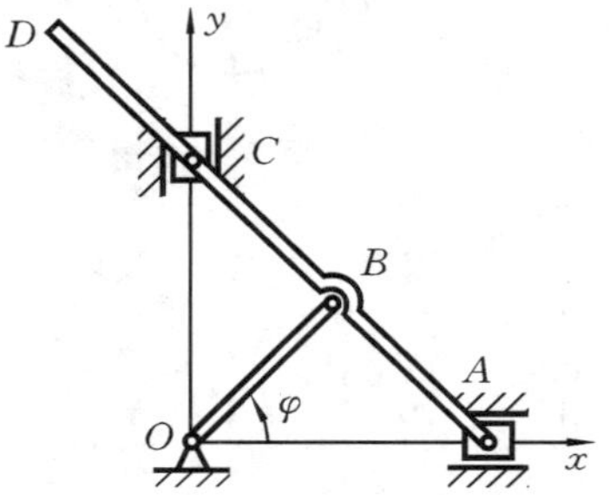

题 5.5 图

5.5　如题 5.5 图所示，曲柄 OB 的转动规律为 $\varphi=2t$，它带动杆 AD，使杆 AD 上的点 A 沿水平轴 Ox 运动，点 C 沿垂直轴 Oy 运动。设 $AB=OB=BC=CD=0.12$ m，求当 $\varphi=45°$ 时，杆上点 D 的速度，并求点 D 的轨迹方程。

5.6　点的运动方程用直角坐标表示为 $x=5\sin 5t^2$，$y=5\cos 5t^2$，如改用弧坐标描述点的运动方程，自运动开始时的位置计算弧长，求点的弧坐标形式的运动方程。

5.7　点 M 的运动方程为 $x=t^2$，$y=t^3$(x、y 的单位为 cm，t 的单位为 s)，试求点 M 在点(1 cm，1 cm)处的曲率半径。

5.8　点沿一平面上的曲线轨迹运动，其速度在 y 轴上的投影为一常数 C，试证明加速度值 $a=v^3/(C\rho)$，其中 v 为速度，ρ 为曲率半径。

5.9　小车 A 与 B 以绳索相连，如题 5.9 图所示，小车 A 高出小车 B 1.5 m，令小车 A 以 $v_A=0.4$ m/s 匀速拉动小车 B，开始时 $BC=L_0=4.5$ m，求 5 s 后小车 B 的速度与加速度(滑轮尺寸不计)。

5.10　如题 5.10 图所示，某飞轮绕固定轴 O 转动，在转动过程中，其轮缘上任一点的加速度与轮半径的交角恒为60°。当转动开始时其转角 ϕ_0 等于零，其角速度为 ω_0，求飞轮的转动方程、角速度和转角间的关系。

5.11　题 5.11 图所示为连续印刷过程，纸(厚 b)以匀速 v 水平输送，试用纸盘的半径 r 表示纸盘的角加速度 α。

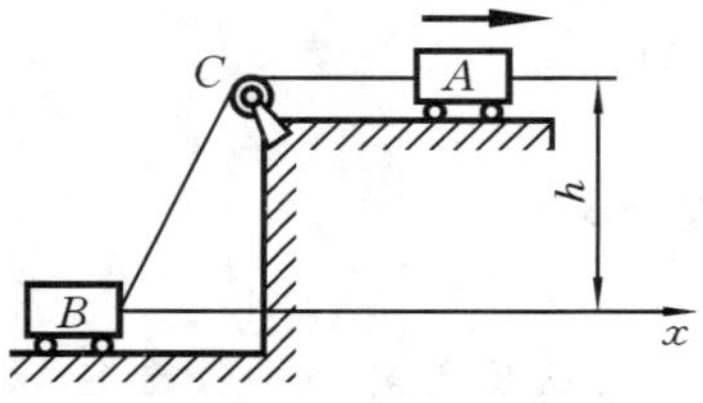

题 5.9 图

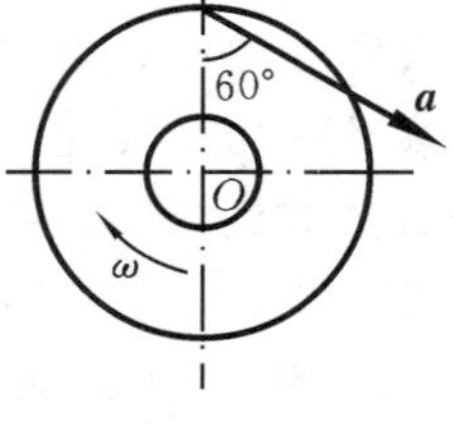

题 5.10 图

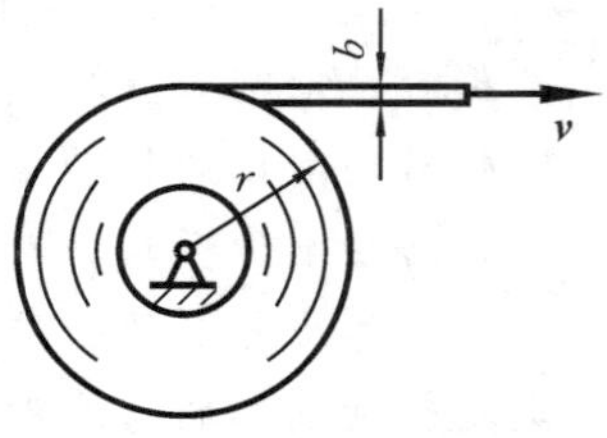

题 5.11 图

5.12　题 5.12 图所示为车床走刀机构，已知齿轮的齿数分别为 $z_1=40$，$z_2=90$，$z_3=60$，$z_4=20$，主轴转速 $n_1=120$ r/min，丝杠每转一圈，刀架移动一个螺距 $h=6$ mm，求走刀速度。

5.13　如题 5.13 图所示，杆 AB 以匀速 v 沿竖直导轨向下运动，其一端 B 靠在直角杠杆 CDO 的边 CD 上，使杠杆绕导轨轴线上一点 O 转动，试求杠杆上一点 C 的速度和加速度大小（表示为角 φ 的函数）。假定 $OD=a$，$CD=2a$。

5.14　如题 5.14 图所示，直角坐标系 $Oxyz$ 固定不动，已知某瞬时刚体以角速度 $\omega=18$ rad/s 绕过原点的轴 OA 转动，点 A 的坐标为(10,40,80)，求此瞬时刚体上另一点 M(20，−10,10)的速度 v_M（坐标的单位为 mm）。

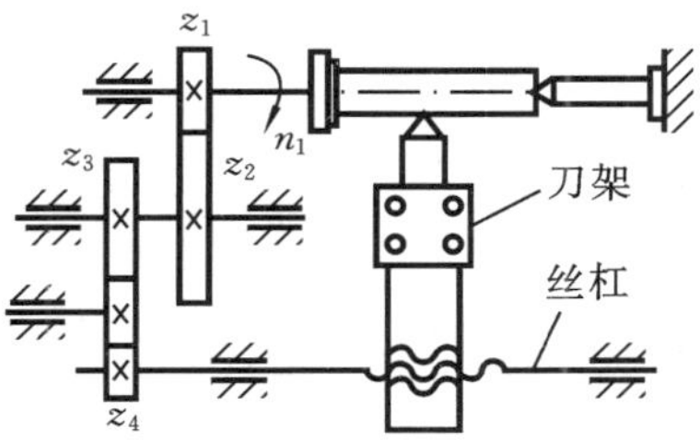

题 5.12 图

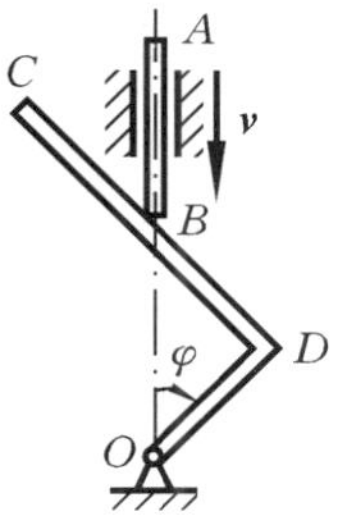

题 5.13 图

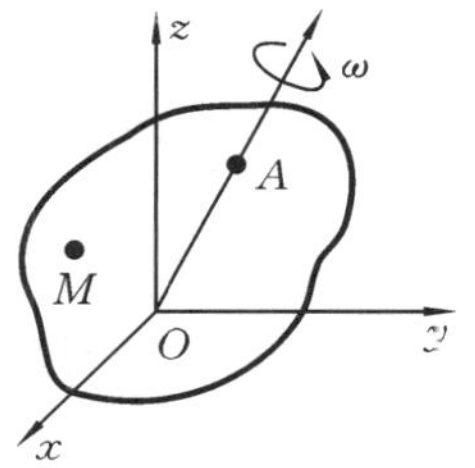

题 5.14 图

5.15　如题 5.15 图所示，在千斤顶机构中，摇柄 A 转动时，齿轮 1、2、3、4 与 5 开始转动，并带动千斤顶的齿条 B。各齿轮的齿数分别是：$z_1=6$，$z_2=24$，$z_3=8$，$z_4=32$。第 5 个齿轮的半径是 $r_5=4$ cm。已知摇柄 A 以角速度 π rad/s 转动，求齿条的速度。

5.16　如题 5.16 图所示，为了获得周期变化的角速度，将两个相同的椭圆齿轮啮合在一起。其中一个齿轮以 9π rad/s 的角速度绕轴 O 匀速转动，另一齿轮由第一个齿轮带动绕轴 O_1 转动，轴 O 与 O_1 相互平行并各自通过椭圆的焦点。距离 OO_1 等于 50 cm，椭圆长半轴和短半轴分别为 25 cm 和 15 cm。求齿轮 O_1 的最小角速度和最大角速度。

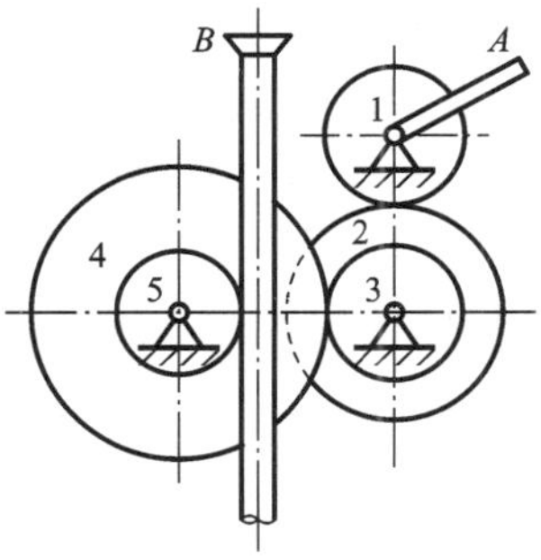

题 5.15 图

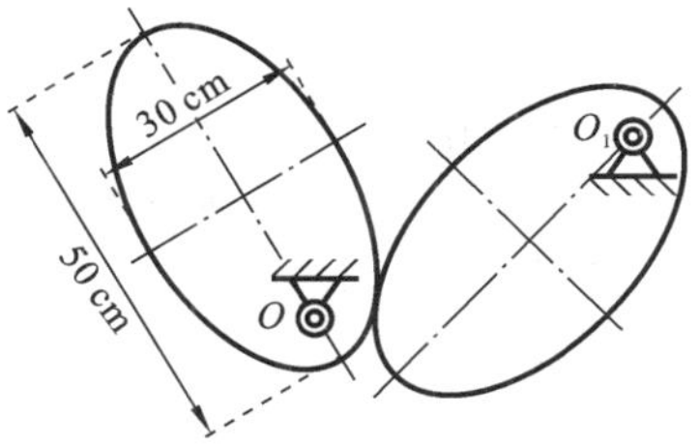

题 5.16 图

第 6 章　点的合成运动

点的合成运动

第 5 章论述了点运动的一般规律和刚体的基本运动。一个动点可以是单个质点，也可以是刚体上的一点。在数学上，只需建立坐标系，给出动点的运动方程，对时间求导就可以得到速度和加速度以时间表示的关系式，代入具体位置便可。然而，一些机构往往由多个构件组成，它们的运动关系可能非常复杂，以上求速度和加速度的解析法（数学求导法）需要给出动点在一个运动过程中复杂的几何关系函数，还需进行求导运算。对于容易找到函数关系的简单机构是可行的，但对于做复杂运动的机构就不太合适，所以，需要研究更合适的分析方法。现在用第 5 章的知识作为基本工具来解决具体动点的运动问题。解决的思路是先将点的复杂运动分解为一些简单运动，再将简单运动合成，这称为点的**合成运动**（或**点的复合运动**）方法。所谓合成运动，并非是指点的一种运动类型，而是相对于点的分解运动而言的。本章介绍点运动的分解方法、速度和加速度合成定理及其推导，在推导时，需要同时引入刚体任意运动的分解、运动矢量的相对导数和绝对导数等概念和知识。

6.1　点合成运动的基本概念

点合成运动的基本概念

6.1.1　动点、静参考系、动参考系

如图 6.1 所示，点 M 相对于管 OB 运动，而管 OB 绕轴 O 做定轴转动，这时地球上的观察者看到的点 M 的运动是比较复杂的。但是，点 M 相对管 OB 做直线运动，管 OB 相对地球做定轴转动，都是简单运动。将点的复杂运动在不同参考系中分解为比较简单的运动，然后再按一定的规则叠加而得到点的原来的运动规律，这就是**点的合成运动方法**。为了建立这种方法，先介绍动点、静参考系、动参考系这三个概念。

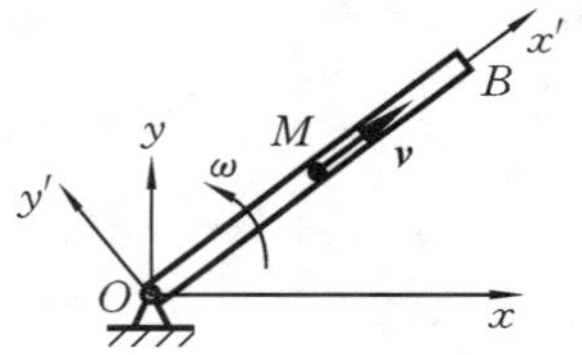

图 6.1　点的合成运动例子

动点指选取的、便于分析问题的点，可以是运动的点，也可以是相对运动物体的地面上的点。

静参考系简称**静系**，它是被指定用来研究动点运动规律的参考系，一般与地球固结。

动参考系简称**动系**，它是相对于静系运动的任何参考系。

例如图 6.1 中，Oxy 为静系，$Ox'y'$为动系，M 为动点。动系通常与某个刚体固连，为简单起见，以后直接将该刚体称为动系。

6.1.2　绝对运动、相对运动、牵连运动及其速度和加速度

为将动点的运动向静系和动系分解，先给出三种运动的概念。

绝对运动：动点相对于静系的运动。

相对运动：动点相对于动系的运动。

牵连运动:动系相对于静系的运动。

绝对运动和相对运动只是一个点的运动,而牵连运动是动系所展开的无穷空间上所有点的运动的集合。

对应于这三种运动,定义点的三种速度和加速度。

绝对速度、绝对加速度:动点相对于静系的速度、加速度,分别用 $\boldsymbol{v}_a$、$\boldsymbol{a}_a$ 表示。

相对速度、相对加速度:动点相对于动系的速度、加速度,分别用 $\boldsymbol{v}_r$、$\boldsymbol{a}_r$ 表示。

牵连速度、牵连加速度:动系(研究平面问题时是一个无穷大平面图形)上与动点相重合的点(称为牵连点)相对于静系的瞬时速度和瞬时加速度,分别用 $\boldsymbol{v}_e$、$\boldsymbol{a}_e$ 表示。

前两种速度和加速度是相对动点而言的,牵连速度和牵连加速度则是相对牵连点而言的。下面用一个具体问题来说明这些速度和加速度。

如图 6.2 所示的凸轮顶杆机构,凸轮做匀速转动,为了研究顶杆(丁字杆 ABD)的平动,可以取圆凸轮的圆心 C 作为动点,丁字杆 ABD 作为动系(凸轮不能作为动系,否则相对速度为零,应用合成定理时会得到一个恒等式,对解题没有任何意义)。此时,地球为静系,绝对运动为圆周运动,相对运动为直线运动,牵连运动为平动;绝对速度、相对速度和牵连速度如图 6.2(a)所示,绝对加速度、相对加速度和牵连加速度如图 6.2(b)所示。其中,牵连速度和牵连加速度是顶杆上与点 C 相重合的点相对于静系的瞬时速度和瞬时加速度,实际的顶杆与点 C 没有重合点,可以假想将顶杆这一刚体扩大,扩大后就有重合点了,这样做不会改变顶杆原来的运动。因此,也可以这样说,牵连速度和牵连加速度分别是顶杆(扩大后)上与点 C 位置重合的点的绝对速度和绝对加速度。实际上,有尺寸的刚体理解为无穷大的平面图形更合适。

画出图 6.2(a)(b)中的速度、加速度矢量的过程称为**速度分析**和**加速度分析**,这两个图分别称为**速度分析图**和**加速度分析图**。它们如同静力学中的受力图一样重要,如果图画错了,后面的分析一定错。类似受力图,只要速度和加速度的方向正确,其指向即使与实际指向相反也可以。

选取凸轮与顶杆的接触点 E 作为动点,此时,绝对运动分析和牵连运动分析与上述类似。此外,由凸轮与顶杆既不能脱离也不能侵彻可知,图示瞬时相对速度的方向必须沿接触点的切向,如图 6.2(c)所示。但是相对加速度的分析将遇到麻烦,因为点 E 是固连在凸轮上的,随着

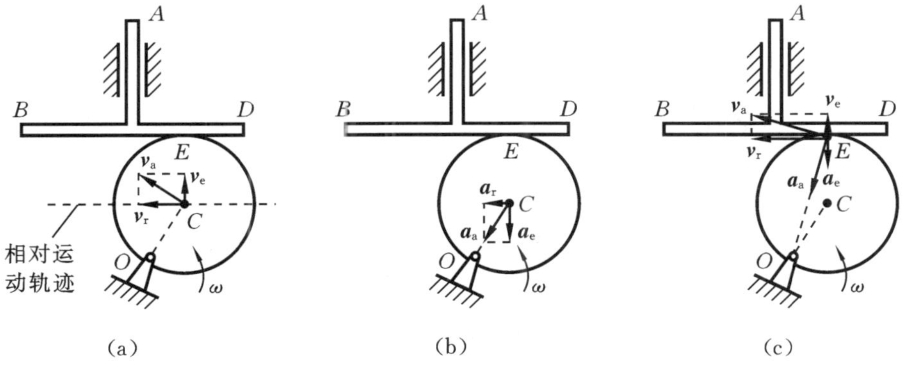

图 6.2　凸轮顶杆机构取不同动点时的合成运动分析

(a) 动点为点 C 时的速度分析　(b) 动点为点 C 时的加速度分析

(c) 动点为点 E 时的速度和部分加速度分析

运动的进行，下一时刻，点 E 就不是接触点了，只能看到点 E 相对于顶杆的运动轨迹为一条向下凹的曲线。于是，相对加速度有两个分量 $\boldsymbol{a}_r^n$ 和 $\boldsymbol{a}_r^t$，$a_r^t=\dfrac{\mathrm{d}v_r}{\mathrm{d}t}$，在应用下文的加速度合成定理时，求解 a_r^t 不是用求导的方法，所以 a_r^t 是未知量。$a_r^n=\dfrac{v_r^2}{\rho_r}$，即使 v_r 方向假设正确，可以求出，但 ρ_r 未知，故 a_r^t 也无法求出。这样，在加速度合成定理的一个矢量方程中仅相对加速度就有两个未知分量，利用一个矢量方程没有办法求解第 3 个未知量(比如绝对切向加速度或牵连切向加速度)。这会给以后的求解带来很大的困难，甚至无法求解。

6.2 点的速度和加速度合成定理

点的速度和加速度合成定理

6.2.1 点的速度合成定理

下面利用相对导数推导动点相对静系和动系的绝对速度与相对速度的关系。如图 6.3 所示，$Oxyz$ 为固定坐标系(静系)，$O'x'y'z'$ 为动坐标系(动系)，$\boldsymbol{i}'$、$\boldsymbol{j}'$、$\boldsymbol{k}'$ 为动系坐标轴单位向量，$\boldsymbol{r}_{O'}$ 为动系原点在静系中的矢径。M 为动点，$\boldsymbol{r}_{OM}$、$\boldsymbol{r}'_{O'M}$ 分别为动点在静系和动系中的矢径，用 M' 表示牵连点，它在静系中的矢径用 $\boldsymbol{r}_{M'}$ 表示。

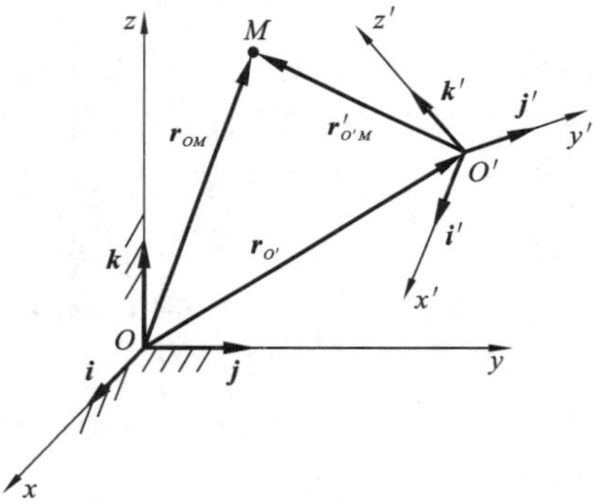

图 6.3 点的速度合成定理

有

$$\boldsymbol{r}_{OM}=\boldsymbol{r}_{O'}+\boldsymbol{r}'_{O'M} \tag{6.1}$$

$$\boldsymbol{r}'_{O'M}=x'\boldsymbol{i}'+y'\boldsymbol{j}'+z'\boldsymbol{k}' \tag{6.2}$$

在图示位置，有

$$\boldsymbol{r}_{OM}=\boldsymbol{r}_{M'} \tag{6.3}$$

下面先讨论相对速度 $\boldsymbol{v}_r$。

在微小时间 Δt 内，在动系下观察动点 M，其坐标分量 x'、y'、z' 发生了改变，故动点 M 相对动系的矢径改变量为

$$(\dot{x}'\boldsymbol{i}'+\dot{y}'\boldsymbol{j}'+\dot{z}'\boldsymbol{k}')\Delta t \tag{6.4}$$

因此动点的相对速度 $\boldsymbol{v}_r$ 为

$$\boldsymbol{v}_r=\lim_{\Delta t\to 0}\frac{(\dot{x}'\boldsymbol{i}'+\dot{y}'\boldsymbol{j}'+\dot{z}'\boldsymbol{k}')\Delta t}{\Delta t}=\dot{x}'\boldsymbol{i}'+\dot{y}'\boldsymbol{j}'+\dot{z}'\boldsymbol{k}' \tag{6.5}$$

从式(6.5)可知，该式是将式(6.2)中 $\boldsymbol{i}'$、$\boldsymbol{j}'$、$\boldsymbol{k}'$ 视为常量对时间求导的结果。由于相对速度 $\boldsymbol{v}_r$ 是动点相对动系的速度，因此对式(6.2)求导时，必须将动系的 3 个单位向量 $\boldsymbol{i}'$、$\boldsymbol{j}'$、$\boldsymbol{k}'$ 视为常量。为了区分，将动点在静系的矢径等运动矢量对时间的导数称为绝对导数，而动点在动系的相对矢径等运动矢量对时间的导数称为相对导数，数学上表述时一般在导数符号上加“～”。在求导时，将其中的 $\boldsymbol{i}'$、$\boldsymbol{j}'$、$\boldsymbol{k}'$ 视为常量。故相对速度 $\boldsymbol{v}_r$ 可表示为

$$\boldsymbol{v}_r=\frac{\tilde{\mathrm{d}}\boldsymbol{r}_{O'M}}{\mathrm{d}t}=\dot{x}'\boldsymbol{i}'+\dot{y}'\boldsymbol{j}'+\dot{z}'\boldsymbol{k}' \tag{6.6}$$

再讨论牵连速度 $\boldsymbol{v}_e$。

牵连速度是动系上与动点位置重合的点，即牵连点 M' 相对静系的速度。在静系下观察 M'，有

$$\boldsymbol{r}_{M'}=\boldsymbol{r}_{O'}+\boldsymbol{r}_{O'M'}=\boldsymbol{r}_{O'}+x'\boldsymbol{i}'+y'\boldsymbol{j}'+z'\boldsymbol{k}'$$

从静系上看，$\boldsymbol{r}_{O'}$会变化，动系的单位向量 $\boldsymbol{i}'$、$\boldsymbol{j}'$、$\boldsymbol{k}'$方向可能会改变。而 x'、y'、z'是在动系下的坐标分量，牵连点是动系上的点，其与动系无相对运动，故牵连点在动系中的位置分量 x'、y'、z'是不变量。这样将上式对时间求导时，x'、y'、z'是常数，故得到牵连速度 $\boldsymbol{v}_e$ 为

$$\boldsymbol{v}_e=\frac{d\boldsymbol{r}_{M'}}{dt}=\dot{\boldsymbol{r}}_{O'}+x'\dot{\boldsymbol{i}}'+y'\dot{\boldsymbol{j}}'+z'\dot{\boldsymbol{k}}' \tag{6.7}$$

再讨论绝对速度 $\boldsymbol{v}_a$。

动点 M 在静系下的矢径 $\boldsymbol{r}_{OM}$和动系下的矢径 $\boldsymbol{r}'_{O'M}$的关系可由式(6.1)和式(6.2)得到

$$\boldsymbol{r}_{OM}=\boldsymbol{r}_{O'}+x'\boldsymbol{i}'+y'\boldsymbol{j}'+z'\boldsymbol{k}' \tag{6.8}$$

动点相对动系也有相对运动，故式(6.2)中，x'、y'、z'不是常数。从静系上观察，式(6.8)中等号右边的每个量都是变量。由此将式(6.8)对时间求导便得到绝对速度 $\boldsymbol{v}_a$ 为

$$\boldsymbol{v}_a=\frac{d\boldsymbol{r}_{OM}}{dt}=\dot{\boldsymbol{r}}_{O'}+\dot{x}'\boldsymbol{i}'+x'\dot{\boldsymbol{i}}'+\dot{y}'\boldsymbol{j}'+y'\dot{\boldsymbol{j}}'+\dot{z}'\boldsymbol{k}'+z'\dot{\boldsymbol{k}}' \tag{6.9}$$

将式(6.6)、式(6.7)代入式(6.9)，得到

$$\boldsymbol{v}_a=\boldsymbol{v}_e+\boldsymbol{v}_r \tag{6.10}$$

这就是点的速度合成定理：在某瞬时，动点的绝对速度等于牵连速度和相对速度的矢量和。

在上述推导速度合成定理时，并没有限制动系的运动形式，故该定理适用于动系做任何运动(包括空间运动)的情形。

6.2.2　点的加速度合成定理

为了便于理解，先推导泊松(Poisson)公式：对于以角速度 $\boldsymbol{\omega}_e$ 做定点转动的动系，动系的单位向量对时间的导数具有如下的关系：

$$\dot{\boldsymbol{i}}'=\boldsymbol{\omega}_e\times\boldsymbol{i}',\quad \dot{\boldsymbol{j}}'=\boldsymbol{\omega}_e\times\boldsymbol{j}',\quad \dot{\boldsymbol{k}}'=\boldsymbol{\omega}_e\times\boldsymbol{k}' \tag{6.11}$$

如图 6.4 所示，设动系 $O'x'y'z'$以角速度 $\boldsymbol{\omega}_e$ 做定点转动，为便于理解，假设静系的原点 O 是动系转动的定点。

先分析 $\boldsymbol{k}'$对时间的导数。$\boldsymbol{k}'$的矢端点 C 速度为

$$\boldsymbol{v}_C=\frac{d\boldsymbol{r}_{OC}}{dt} \tag{6.12}$$

动系可视为一个刚体，对于定点转动刚体上的任意一点 C 的速度矢量，由式(5.29)(对于定轴转动，采用式(5.23))有

$$\boldsymbol{v}_C=\boldsymbol{\omega}_e\times\boldsymbol{r}_{OC} \tag{6.13}$$

如图 6.4 所示，有

$$\boldsymbol{r}_{OC}=\boldsymbol{r}_{O'}+\boldsymbol{k}' \tag{6.14}$$

由式(6.12)至式(6.14)有

$$\frac{d\boldsymbol{r}_{O'}}{dt}+\frac{d\boldsymbol{k}'}{dt}=\boldsymbol{\omega}_e\times(\boldsymbol{r}_{O'}+\boldsymbol{k}') \tag{6.15}$$

而 O'也是刚体上的点，故也有

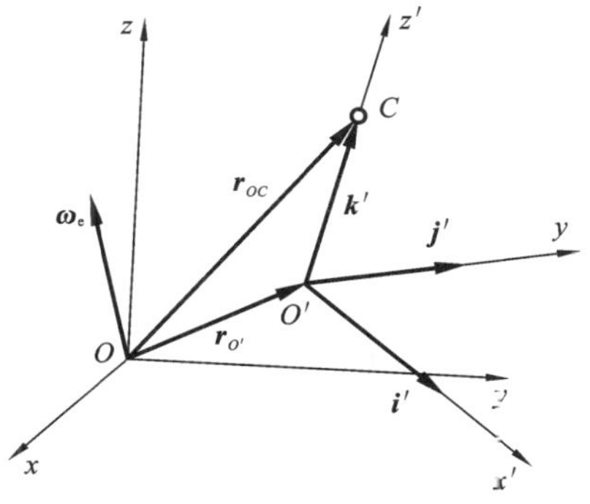

图 6.4　点的加速度合成定理

$$\boldsymbol{v}_{O'}=\frac{\mathrm{d}\boldsymbol{r}_{O'}}{\mathrm{d}t}=\boldsymbol{\omega}_{\mathrm{e}}\times\boldsymbol{r}_{O'} \tag{6.16}$$

将式(6.16)代入式(6.15)得

$$\dot{\boldsymbol{k}}'=\boldsymbol{\omega}_{\mathrm{e}}\times\boldsymbol{k}' \tag{6.17}$$

类似地,对于 $\boldsymbol{i}'$、$\boldsymbol{j}'$ 也有类似的结论,故式(6.11)得证。

下面推导点的加速度合成定理。在图 6.3 中,设动系该瞬时的角速度为 $\boldsymbol{\omega}_{\mathrm{e}}$。与求相对速度相同,求导时 $\boldsymbol{i}'$、$\boldsymbol{j}'$、$\boldsymbol{k}'$ 相对动系是常量,故动点相对动系的相对加速度为

$$\boldsymbol{a}_{\mathrm{r}}=\frac{\tilde{\mathrm{d}}^2\boldsymbol{r}_{O'M}}{\mathrm{d}t^2}=\ddot{x}'\boldsymbol{i}'+\ddot{y}'\boldsymbol{j}'+\ddot{z}'\boldsymbol{k}' \tag{6.18}$$

与求牵连速度相同,求导时 x'、y'、z' 是常数,故牵连加速度 $\boldsymbol{a}_{\mathrm{e}}$ 为

$$\boldsymbol{a}_{\mathrm{e}}=\frac{\mathrm{d}^2\boldsymbol{r}_{M'}}{\mathrm{d}t^2}=\ddot{\boldsymbol{r}}_{O'}+x'\ddot{\boldsymbol{i}}'+y'\ddot{\boldsymbol{j}}'+z'\ddot{\boldsymbol{k}}' \tag{6.19}$$

与求绝对速度相同,求导时 x'、y'、z' 和 $\boldsymbol{i}'$、$\boldsymbol{j}'$、$\boldsymbol{k}'$ 都是变量,故绝对加速度 $\boldsymbol{a}_{\mathrm{a}}$ 为

$$\begin{aligned}\boldsymbol{a}_{\mathrm{a}}&=\frac{\mathrm{d}\boldsymbol{v}_{\mathrm{a}}}{\mathrm{d}t}=\frac{\mathrm{d}}{\mathrm{d}t}(\dot{\boldsymbol{r}}_{O'}+\dot{x}'\boldsymbol{i}'+x'\dot{\boldsymbol{i}}'+\dot{y}'\boldsymbol{j}'+y'\dot{\boldsymbol{j}}'+\dot{z}'\boldsymbol{k}'+z'\dot{\boldsymbol{k}}')\\&=\ddot{\boldsymbol{r}}_{O'}+(\ddot{x}'\boldsymbol{i}'+\ddot{y}'\boldsymbol{j}'+\ddot{z}'\boldsymbol{k}')+(x'\ddot{\boldsymbol{i}}'+y'\ddot{\boldsymbol{j}}'+z'\ddot{\boldsymbol{k}}')+2(\dot{x}'\dot{\boldsymbol{i}}'+\dot{y}'\dot{\boldsymbol{j}}'+\dot{z}'\dot{\boldsymbol{k}}')\end{aligned} \tag{6.20}$$

由式(6.6)和式(6.11)有

$$\begin{aligned}2(\dot{x}'\dot{\boldsymbol{i}}'+\dot{y}'\dot{\boldsymbol{j}}'+\dot{z}'\dot{\boldsymbol{k}}')&=2[\dot{x}'(\boldsymbol{\omega}_{\mathrm{e}}\times\boldsymbol{i}')+\dot{y}'(\boldsymbol{\omega}_{\mathrm{e}}\times\boldsymbol{j}')+\dot{z}'(\boldsymbol{\omega}_{\mathrm{e}}\times\boldsymbol{k}')]\\&=2\boldsymbol{\omega}_{\mathrm{e}}\times(\dot{x}'\boldsymbol{i}'+\dot{y}'\boldsymbol{j}'+\dot{z}'\boldsymbol{k}')=2\boldsymbol{\omega}_{\mathrm{e}}\times\boldsymbol{v}_{\mathrm{r}}\end{aligned} \tag{6.21}$$

将式(6.18)、式(6.19)、式(6.21)代入式(6.20),有

$$\boldsymbol{a}_{\mathrm{a}}=\boldsymbol{a}_{\mathrm{e}}+\boldsymbol{a}_{\mathrm{r}}+\boldsymbol{a}_{\mathrm{k}} \tag{6.22}$$

式中:$\boldsymbol{a}_{\mathrm{k}}=2\boldsymbol{\omega}_{\mathrm{e}}\times\boldsymbol{v}_{\mathrm{r}}$,是科利奥里(Coriolis,1792—1843)于 1832 年发现的,简称为**科氏加速度**(Coriolis acceleration)。

上述加速度合成定理是在动系做定点转动(包括定轴转动)的情况下推出的。当动系(视为刚体)做空间任意运动时,任意运动可以分解为绕刚体上某一个动点 D 的相对定点转动以及一个原点为点 D 的做平动的动系的相对运动。因为平动的角速度和角加速度为 0,故仍能得到式(6.22)。因此,当牵连运动为任意运动(包括空间运动)时,式(6.22)仍成立。

物体以角速度 $\boldsymbol{\omega}$ 转动,当采用矢量表示 $\boldsymbol{\omega}$ 时,按图 6.5(a)所示的右手定则确定矢量的方向。计算科氏加速度 $\boldsymbol{a}_{\mathrm{k}}$ 时,要注意其大小和方向。对于图 6.5(b)所示的相对速度 $\boldsymbol{v}_{\mathrm{r}}$ 和角速度 $\boldsymbol{\omega}$ 的方向,根据矢积运算规则,$\boldsymbol{a}_{\mathrm{k}}$ 的大小为 $a_{\mathrm{k}}=2\omega v_{\mathrm{r}}\sin\theta$,其中 θ 为 $\boldsymbol{\omega}$ 和 $\boldsymbol{v}_{\mathrm{r}}$ 两个矢量间的最

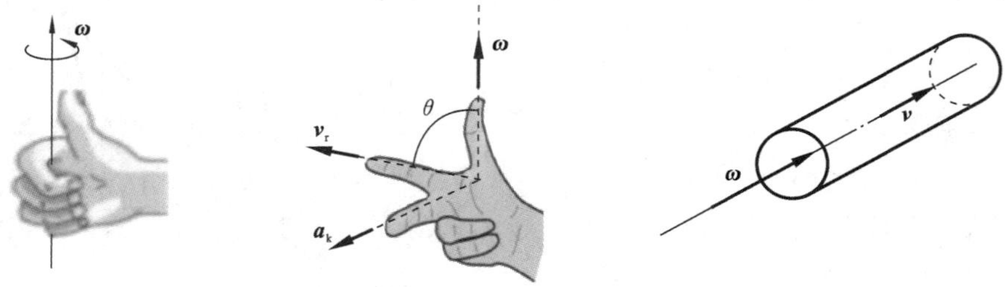

(a)　　(b)　　(c)

图 6.5　矢量方向

小夹角，矢量 $\boldsymbol{a}_{\mathrm{k}}$ 垂直于 $\boldsymbol{\omega}$ 和 $\boldsymbol{v}_{\mathrm{r}}$ 构成的平面，方向按右手定则确定。

如图 6.5(c)所示，当水流在绕轴线旋转的直管中流动时，取管道为动系，水流为动点，其科氏加速度 $a_{\mathrm{k}}=2\omega v_{\mathrm{r}}\sin\theta=0$。因此，即使相对速度和转速都不为 0，$a_{\mathrm{k}}$ 也可能为 0。

6.2.3　对合成定理的讨论

应用点的速度合成定理和加速度合成定理分析问题时，只需要考虑待求瞬时的位置关系，不需要对建立的位置关系求导，克服了坐标求导法求速度和加速度的难点，是后续利用合成法分析运动学问题的重要定理和基础定理，深刻地了解该定理，有助于后续的学习。下面针对如下 3 个问题对合成定理进行进一步的讨论。

【问题 1】　如何理解科氏加速度的产生原因？

【问题 2】　在推导加速度合成定理时，式(6.18)中 $\boldsymbol{a}_{\mathrm{r}}=\dfrac{\tilde{\mathrm{d}}^2\boldsymbol{r}_{O'M}}{\mathrm{d}t^2}$，那么 $\boldsymbol{a}_{\mathrm{r}}=\dfrac{\mathrm{d}\boldsymbol{v}_{\mathrm{r}}}{\mathrm{d}t}$吗？式(6.19)中 $\boldsymbol{a}_{\mathrm{e}}=\dfrac{\mathrm{d}^2\boldsymbol{r}_{M'}}{\mathrm{d}t^2}$，那么 $\boldsymbol{a}_{\mathrm{e}}=\dfrac{\mathrm{d}\boldsymbol{v}_{\mathrm{e}}}{\mathrm{d}t}$吗？

【问题 3】　动系原点不同，利用合成定理得到的结果相同吗？

下面先根据图 6.6(a)所示的简单示例用几何法推导该种情形下的加速度合成定理，然后解释问题 1。

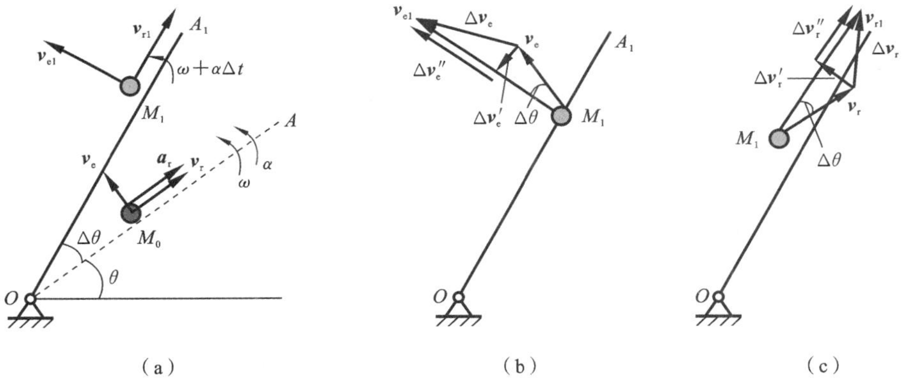

图 6.6　简单示例

如图 6.6(a)所示，设在 $t=t_0$ 时，有

$$\boldsymbol{v}_{M_0}=\boldsymbol{v}_{\mathrm{e}}+\boldsymbol{v}_{\mathrm{r}} \tag{6.23}$$

$t=t_0+\Delta t$ 时，有

$$\boldsymbol{v}_{M_1}=\boldsymbol{v}_{\mathrm{e1}}+\boldsymbol{v}_{\mathrm{r1}} \tag{6.24}$$

$\Delta t\to 0$ 时，

$$\Delta\theta=\omega\Delta t,\quad v_{\mathrm{r1}}=v_{\mathrm{r}}+a_{\mathrm{r}}\Delta t \tag{6.25}$$

$$v_{\mathrm{e1}}=OM_1\cdot(\omega+\alpha\Delta t)=(OM_0+v_{\mathrm{r}}\Delta t)\cdot(\omega+\alpha\Delta t) \tag{6.26}$$

$$\boldsymbol{a}_{\mathrm{a}}=\lim_{\Delta t\to 0}\frac{\boldsymbol{v}_{M_1}-\boldsymbol{v}_{M_0}}{\Delta t}=\lim_{\Delta t\to 0}\frac{\boldsymbol{v}_{\mathrm{e1}}-\boldsymbol{v}_{\mathrm{e}}}{\Delta t}+\lim_{\Delta t\to 0}\frac{\boldsymbol{v}_{\mathrm{r1}}-\boldsymbol{v}_{\mathrm{r}}}{\Delta t} \tag{6.27}$$

先分析牵连速度改变量。

如图 6.6(b)所示，$\Delta \boldsymbol{v}_e$ 可分解为垂直于 $\boldsymbol{v}_{e1}$ 和沿着 $\boldsymbol{v}_{e1}$ 的 2 个分量 $\Delta \boldsymbol{v}'_e$ 和 $\Delta \boldsymbol{v}''_e$。

$$\lim_{\Delta t\to 0}\frac{\boldsymbol{v}_{e1}-\boldsymbol{v}_e}{\Delta t}=\lim_{\Delta t\to 0}\frac{\Delta \boldsymbol{v}_e}{\Delta t}=\lim_{\Delta t\to 0}\frac{\Delta \boldsymbol{v}'_e}{\Delta t}+\lim_{\Delta t\to 0}\frac{\Delta \boldsymbol{v}''_e}{\Delta t} \tag{6.28}$$

其中，

$$\lim_{\Delta t\to 0}\left|\frac{\Delta \boldsymbol{v}'_e}{\Delta t}\right|=\lim_{\Delta t\to 0}\frac{v_e\Delta\theta}{\Delta t}=v_e\omega=OM\cdot\omega^2=a_e^n \tag{6.29}$$

其方向与 $\boldsymbol{a}_e^n$ 的方向相同。

$$\begin{aligned}\lim_{\Delta t\to 0}\left|\frac{\Delta \boldsymbol{v}''_e}{\Delta t}\right|&=\lim_{\Delta t\to 0}\left|\frac{v_{e1}-v_e}{\Delta t}\right|=\lim_{\Delta t\to 0}\left|\frac{OM_0\cdot\alpha\Delta t+\omega v_r\Delta t+\omega\alpha(\Delta t)^2}{\Delta t}\right|\\&=\lim_{\Delta t\to 0}\left|a_e^t+\omega v_r\right|\end{aligned} \tag{6.30}$$

其方向与切向加速度 $\boldsymbol{a}_e^t$ 及 $\boldsymbol{\omega}\times\boldsymbol{v}_r$ 的方向一致 。

由式(6.29)和式(6.30)可知，牵连速度对时间的导数包括牵连加速度 $\boldsymbol{a}_e=\boldsymbol{a}_e^t+\boldsymbol{a}_e^n$ 和 $\boldsymbol{\omega}\times\boldsymbol{v}_r$ 两部分。由式(6.30)可知，科氏加速度的一部分来源于 $\boldsymbol{\omega}$ 大小不变时，$\boldsymbol{v}_r$ 导致的牵连点位置变化，以及动系旋转引起的牵连速度大小变化。

再分析相对速度改变量。

如图 6.6(c)所示，$\Delta \boldsymbol{v}_r$ 可分解为垂直于 $\boldsymbol{v}_{r1}$ 和沿着 $\boldsymbol{v}_{r1}$ 的 2 个分量 $\Delta \boldsymbol{v}'_r$ 和 $\Delta \boldsymbol{v}''_r$。

$$\lim_{\Delta t\to 0}\frac{\Delta \boldsymbol{v}_r}{\Delta t}=\lim_{\Delta t\to 0}\frac{\Delta \boldsymbol{v}'_r}{\Delta t}+\lim_{\Delta t\to 0}\frac{\Delta \boldsymbol{v}''_r}{\Delta t} \tag{6.31}$$

其中，$\lim\limits_{\Delta t\to 0}\dfrac{\Delta \boldsymbol{v}'_r}{\Delta t}$的方向与 $\boldsymbol{\omega}\times\boldsymbol{v}_r$ 的方向相同，大小为

$$\lim\left|\frac{\Delta \boldsymbol{v}'_r}{\Delta t}\right|=\lim\left|\frac{v_r\Delta\theta}{\Delta t}\right|=v_r\omega \tag{6.32}$$

即

$$\lim_{\Delta t\to 0}\frac{\Delta \boldsymbol{v}'_r}{\Delta t}=\boldsymbol{\omega}\times\boldsymbol{v}_r \tag{6.33}$$

$\lim\dfrac{\Delta \boldsymbol{v}''_r}{\Delta t}$的方向与 $\boldsymbol{a}_r$ 的方向相同，其大小为

$$\lim_{\Delta t\to 0}\left|\frac{\Delta \boldsymbol{v}''_r}{\Delta t}\right|=\lim_{\Delta t\to 0}\left|\frac{v_{r1}-v_r}{\Delta t}\right|=\lim_{\Delta t\to 0}\left|\frac{v_r+a_r\Delta t-v_r}{\Delta t}\right|=a_r \tag{6.34}$$

从式(6.33)和式(6.34)可知，相对速度对时间 t 的绝对导数等于式(6.18)所表示的相对速度对时间 t 的相对导数和科氏加速度的一半之和。$\boldsymbol{\omega}\times\boldsymbol{v}_r$ 来源于 $\boldsymbol{v}_r$ 大小不变时，动系转动导致的 $\boldsymbol{v}_r$ 方向改变。

根据上面的几何法，科氏加速度是因为牵连运动和相对运动相互影响而产生的。有了上面的分析就容易理解问题 2。

在式(6.18)中，$\boldsymbol{a}_r=\dfrac{\tilde{\mathrm{d}}^2\boldsymbol{r}_{O'M}}{\mathrm{d}t^2}$是相对于动系得到的，此时动系坐标轴的单位向量视为常数，而 $\boldsymbol{a}_r=\dfrac{\mathrm{d}\boldsymbol{v}_r}{\mathrm{d}t}$表示静系下的相对速度变化率。从静系上观察，动系坐标轴的单位向量方向在改变，导致图 6.6(c)中 $\Delta \boldsymbol{v}'_r$ 的出现，从而导致 $\boldsymbol{\omega}\times\boldsymbol{v}_r$ 项的出现。

在式(6.19)中，$\boldsymbol{a}_e=\dfrac{\mathrm{d}^2\boldsymbol{r}_{M'}}{\mathrm{d}t^2}$表示当前瞬时动点位置对应的牵连点 M' 的绝对矢径的绝对导

数，此时，M'相对动系位置固定，即 $\boldsymbol{a}_e=\frac{\mathrm{d}\boldsymbol{v}_{M'}}{\mathrm{d}t}$。而按照式(6.28)，在 Δt 时刻后的动点位置对应的牵连点位置，并不是前一时刻动点位置对应的牵连点位置，在 Δt 时刻前后，牵连点在动系上的不同位置，因此，其在动系上的坐标分量是时间 t 的变量，故求牵连速度对时间的绝对导数时，不能如式(6.19)那样将相对坐标视为常量，而应视为变量，这样会引起图 6.6(b)中 $\Delta\boldsymbol{v}''_e$ 的出现，从而导致 $\boldsymbol{\omega}\times\boldsymbol{v}_r$ 项的出现。

下面仅根据对速度合成定理推导过程的分析来回答问题 3。

由点的速度合成定理(式(6.10))可知，选取动点动系后，无论动系的原点选在何处，其牵连点仍是动系上与动点位置重合的点，故牵连速度与坐标原点的选取无关，而相对速度是由式(6.6)的相对导数得到的。若动系原点取为与 O'不同的点 B，由于点 B 和点 O'都是动系上的点，从动系上观察，$\boldsymbol{r}_{BO'}$是常量，因此相对导数$\frac{\tilde{\mathrm{d}}\boldsymbol{r}_{BO'}}{\mathrm{d}t}=\boldsymbol{0}$。这样，若取点 B 为动系的原点，则有

$$\boldsymbol{v}_{r1}=\frac{\tilde{\mathrm{d}}\boldsymbol{r}_{BM}}{\mathrm{d}t}=\frac{\tilde{\mathrm{d}}\boldsymbol{r}_{BO'}}{\mathrm{d}t}+\frac{\tilde{\mathrm{d}}\boldsymbol{r}_{O'M}}{\mathrm{d}t}=\frac{\tilde{\mathrm{d}}\boldsymbol{r}_{O'M}}{\mathrm{d}t}=\boldsymbol{v}_r \tag{6.35}$$

由式(6.35)可知，在应用合成定理时，动系选取后，动系的原点可选取在任意位置，故以后在分析问题时，只说明动系所在的物体，不说明动系的原点。

此外，相对速度是在动系下引入的概念，由速度合成定理可知，其等于动点速度与动系上和动点位置重合点的牵连点的速度矢量差。日常生活中所说的点 A 相对于点 B(不同于点 A)的相对速度，实际上指在原点为 B、做平动的坐标系下观察的点 A 的速度，动系做平动，牵连点的速度与点 B 的速度相同。

6.3　点的速度和加速度合成定理的应用

点的速度和加速度合成定理的应用

6.3.1　求导法与合成法优选判据

分析任何一个运动学中的速度和加速度问题，一定可以采用建立坐标的求导法和应用合成定理的两种方法，但不同方法计算量有时差异较大。本书主要面向工科专业的读者，其不仅需要掌握基础理论，也需要懂得如何选择合适方法高效地解决问题。下面通过例题演示求导法与合成法的各自特点，从而确定求导法与合成法的优选判据。

例 6.1　如图 6.7(a)所示，杆件 AD 和 CB 在 B 处用套筒式滑块连接，AC 和 CB 的长度分别为 a、b。AD 以角速度 ω 逆时针匀速转动，求图示位置时，杆 CB 的角速度和角加速度。

该题解法众多，下面给出 2 种典型的解法，以便读者了解各解法的优缺点。

***解法 1**　坐标求导法。

1. 求角速度

如图 6.7(a)所示，取 φ 为自变量，建立任意位置 φ_1 与 φ 的几何关系。

由余弦定理有

$$AB=\sqrt{a^2+b^2-2ab\cos\varphi} \tag{a}$$

由 Rt△APB，得到

$$\cos\varphi_1=-\frac{AP}{AB}=\frac{a-b\cos\varphi}{AB} \tag{b}$$

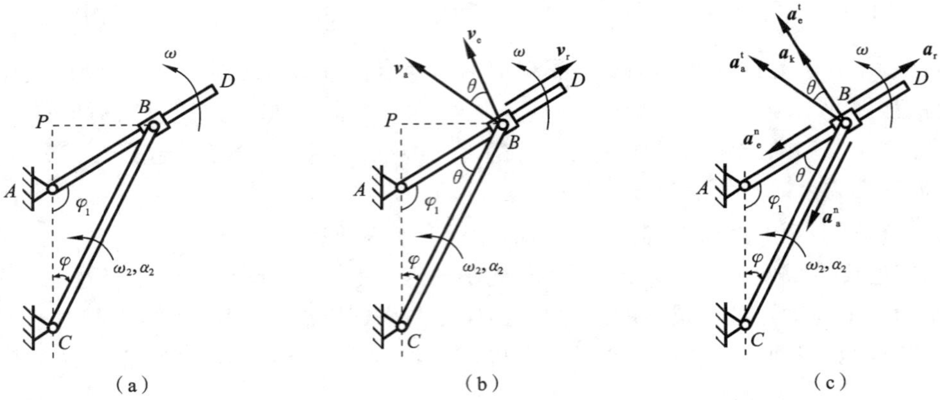

图 6.7 例 6.1 图

将方程(b)对时间求导,得

$$-\sin\varphi_1\dot{\varphi}_1=\frac{b\sin\varphi}{AB}\dot{\varphi}-\frac{(a-b\cos\varphi)ab\sin\varphi}{(a^2+b^2-2ab\cos\varphi)\sqrt{a^2+b^2-2ab\cos\varphi}}\dot{\varphi} \tag{c}$$

由正弦定理有

$$\sin\varphi_1=\frac{b\sin\varphi}{AB} \tag{d}$$

将式(a)、式(d)代入式(c),有

$$\dot{\varphi}_1=\frac{b^2-ab}{a^2+b^2-2ab\cos\varphi}\dot{\varphi} \tag{e}$$

因此,

$$\dot{\varphi}=\frac{a^2+b^2-2ab\cos\varphi}{b^2-ab}\dot{\varphi}_1 \tag{f}$$

因为角度增大的方向是该角度的时间导数的正方向,故图 6.7(a)中,

$$\omega=\dot{\varphi}_1,\quad \omega_2=-\dot{\varphi},\quad \alpha_2=-\ddot{\varphi}$$

故

$$\omega_2=-\dot{\varphi}=\frac{a^2+b^2-2ab\cos\varphi}{ab-b^2}\omega \tag{g}$$

2. 求角加速度

将式(g)对时间 t 求导,得

$$\alpha_2=\dot{\omega}_2=-\ddot{\varphi}=\frac{a^2+b^2-2ab\cos\varphi}{ab-b^2}\dot{\omega}+\frac{2ab\sin\varphi}{ab-b^2}\dot{\varphi}\omega=\frac{2ab\sin\varphi}{ab-b^2}\dot{\varphi}\omega \tag{h}$$

将式(f)代入式(h)并化简得

$$\alpha_2=\frac{2ab\sin\varphi(a^2+b^2-2ab\cos\varphi)}{(ab-b^2)^2}\omega^2$$

在上述求导步骤中,涉及对式(c)中分母的根号内的变量的求导,计算复杂。

从上述求解过程可知,在任意位置,△ABC 不都是直角三角形,计算 AB 的长度需要利用余弦定理,从而求导计算复杂。而在机构中位置关系一般不都能由直角三角形或比例关系得到,往往需要利用余弦定理,故在运动分析时,常采用合成定理的方法来克服其求导复杂的问题。

解法 2　合成法。

因为滑块上的点 B 相对杆件 AD 做直线运动，其相对法向加速度为 0，为方便计算，取滑块上的点 B 为动点，杆 AD 为动系。

1. 求速度

其速度关系如图 6.7(b)所示。

在计算之前，有时难以确定矢量的实际指向，特别是加速度矢量，故在速度矢量图和加速度矢量关系图中只要方向正确，指向可任意假设，若计算结果为负，则表明实际指向与假设指向相反。在图 6.7(b)中，假设 $\boldsymbol{v}_r$ 指向与实际指向相反。

由速度合成定理有

$$\boldsymbol{v}_a=\boldsymbol{v}_e+\boldsymbol{v}_r \tag{i}$$

其中，

$$v_a=v_E=b\omega_2,\quad v_e=AB\cdot\omega \tag{j}$$

由余弦定理有

$$AB=\sqrt{a^2+b^2-2ab\cos\varphi} \tag{k}$$

由 Rt△APB，得到

$$\cos\varphi_1=-\frac{AP}{AB}=\frac{a-b\cos\varphi}{AB} \tag{l}$$

由正弦定理有

$$\sin\varphi_1=\frac{b\sin\varphi}{AB} \tag{m}$$

$$\cos\theta=\cos(\pi-\varphi_1-\varphi)=\sin\varphi_1\sin\varphi-\cos\varphi_1\cos\varphi \tag{n}$$

将方程(i)向垂直于 $\boldsymbol{v}_r$ 方向投影，在规定正方向后，根据矢量投影方法，将方程(i)左边的投影写在左边，右边的投影写在右边，得到

$$v_a\cos\theta=v_e=AB\cdot\omega \tag{o}$$

由式(j)至式(o)，可得

$$\omega_2=-\dot{\varphi}=\frac{a^2+b^2-2ab\cos\varphi}{ab-b^2}\omega \tag{p}$$

将式(i)向垂直于 $\boldsymbol{v}_e$ 方向投影，得到

$$v_r=-v_a\sin\theta \tag{q}$$

其中，

$$\sin\theta=\sin(\pi-\varphi_1-\varphi)=\sin\varphi_1\cos\varphi+\cos\varphi_1\sin\varphi \tag{r}$$

2. 求加速度

加速度关系如图 6.7(c)所示。

由加速度合成定理有

$$\boldsymbol{a}_a^n+\boldsymbol{a}_a^t=\boldsymbol{a}_e^n+\boldsymbol{a}_e^t+\boldsymbol{a}_r^n+\boldsymbol{a}_r^t+\boldsymbol{a}_k \tag{s}$$

其中，

$$a_a^t=b\alpha_2,\quad a_a^n=b\omega_2^2,\quad a_e^t=0,\quad a_e^n=AB\cdot\omega^2,\quad a_r^n=0,\quad a_r^t=a_r \tag{t}$$

科氏加速度 $\boldsymbol{a}_k=2\boldsymbol{\omega}\times\boldsymbol{v}_r$，其方向在速度图中由假设的 $\boldsymbol{v}_r$ 的指向按右手定则确定，若求出的 v_r 是负数，则应在 $a_k=2\omega v_r$ 中代入负值。

将式(s)向垂直于 $\boldsymbol{a}_r$ 方向投影，有

$$a_a^t\cos\theta-a_a^n\sin\theta=a_e^n+a_k \tag{u}$$

将式(j)至式(o)、式(t)及 a_k 代入式(u)，化简后得

$$\alpha_2=\frac{2ab\sin\varphi(a^2+b^2-2ab\cos\varphi)}{(ab-b^2)^2}\omega^2$$

从上述求解步骤可知，采用合成定理法只需要计算 AB 的长度，不需要对其求导，比解法1简单。特别是实际工程中一般都会已知长度 a、b 及 φ 的具体数值，直接代入具体数值，相比解法1中先对变量建立函数关系，对变量求导后再代入具体数值，计算更简单。

在例5.2中，可以通过比例关系和直角三角形关系建立点 A 与相关转角的关系，求导较容易。而采用合成法，需要取圆心 O 为动点，绳为动系，这样会引入做平面运动的点的速度和加速度未知量，需要列多个速度矢量方程和加速度矢量方程，因此没有采用求导法简单。

由此，可以给出求导法与合成法优选判据：当位置关系不都能通过直角三角形或比例关系得到时，优选合成法；当位置关系都能通过直角三角形或比例关系得到，应用合成法需要列多个速度矢量方程和加速度矢量方程时，采用求导法，需要列的方程较少时，仍推荐合成法以及由合成定理得到的二次结论的方法。

6.3.2　合成法的分析规律

对于合成法，熟知牵连速度和加速度的计算、正确判断科氏加速度方向后，只要选择合适的动点动系，然后直接应用合成定理求解问题即可。以例6.1为例，下面给出选择动点动系需注意的问题。

(1) 该例若取 CB 为动系，CB 上的点 B 为动点，由速度合成定理将得到 $\boldsymbol{v}_B=\boldsymbol{v}_B$ 的恒等式，对解决问题没有任何作用，故为保证动点相对动系有相对运动，一定不能选动系上的点为动点。

(2) 若取 CB 为动系，AD 上与点 B 重合的点为动点，在应用速度合成定理时，若得到其相对速度沿着 AD 方向，仍能得到正确的角速度。因为求速度时只需要判断该时刻的速度方向即可，相对比较简单，但求加速度时需要了解相对运动的轨迹，如此选取动点动系，会因为难以确定相对运动轨迹而无法确定曲率半径，导致相对法向加速度 $a_r^n=\dfrac{v_r^2}{\rho_r}$ 是未知量，无法求出角加速度。故选取动点动系时，需要使动点相对动系做直线运动或圆周运动，或曲率半径已知，使 $a_r^n=\dfrac{v_r^2}{\rho_r}$ 为已知量。此外，在相互接触的两个构件间选取动点动系时，若中间有过渡的构件，除非特殊情形，否则，很难观察相对运动轨迹。

(3) 若取套筒 B 为动系，AD 上与点 B 重合的点为动点，此时，牵连点正好是 CB 上的点，其牵连速度和加速度已知，也能求解。但套筒 B 做平面运动，一般情形下牵连点的运动还需要通过补充方程来求解，相比之下，取套筒上点 B 为动系、做定轴转动的 AD 为动系更简单。故当做平动或定轴转动的物体为动系，其运动能够求解时，尽量不要选做平面运动的物体为动系。

此外，因为求速度时，只需要判断该时刻的速度方向即可，但求加速度时需要了解相对运动的轨迹，故根据求速度时选取的动点动系不一定能求出加速度，但根据求加速度时选取的动点动系一定可求出速度。因此，动点动系一般依据能否方便地求解加速度问题来选取。因为在求加速度时需要求出相对法向加速度和科氏加速度所涉及的相对速度，故求速度和加速度时选取同样的动点动系。

选择合适的动点动系后，在速度合成定理中只有3个矢量，每个矢量有大小和方向2个信息，故只要已知其中4个信息，便一定可以求出速度。求出速度后，在加速度合成定理中，所有与速度相关的法向加速度和科氏加速度便可视为已知量，此时，加速度合成定理中只有3个切向加速度，一般相对切向加速度未知，若已知其他2个切向加速度中的一个，选取一次动点动系便可以求解。

若求速度和加速度时选取同样的动点动系，则求加速度的步骤将与求速度的步骤相似。画加速度图时，只需要将速度图中的速度换成指向相同的切向加速度，再补充法向加速度和科氏加速度。未知的速度对应的切向加速度一般也是未知的。求解加速度的每一步思路几乎与求对应速度相同。此外，设某位置时点速度为 $v=s(\varphi)\omega$，则其切向加速度为 $a^{\mathrm{t}}=\frac{\mathrm{d}v}{\mathrm{d}t}=s(\varphi)\alpha+\frac{\mathrm{d}s}{\mathrm{d}\varphi}\frac{\mathrm{d}\varphi}{\mathrm{d}t}\omega=s\alpha+\frac{\mathrm{d}s}{\mathrm{d}\varphi}\omega^2$。由此可知，切向加速度中与角加速度有关的项与速度具有相似性，即系数 s 相同，将速度表达式中的 ω 替换为 α 即可，可据此检查计算速度和切向加速度表达式是否错误。

当选用合成法时，只要掌握用合成法分析问题的规律，便容易解决工程中各种各样的问题了。在机构运动中，要实现运动的传递，构件间一般都要一直保持接触。对于做平面运动(不包括空间运动)的机构，其运动的基本形式只有如下4种：①点与线间相对滑动；②线与线间相对转动；③线与线间相对滑动；④两个构件通过铰链连接而相互运动。复杂机构的运动必然可以分解为这4种运动，只要掌握这4种运动的合成法分析规律，研究复杂机构的运动就变得简单了。下面通过例题介绍前三种形式的求解方法。

例6.2　如图6.8(a)所示，半径为 $R=2$ m 的圆盘，绕在圆边缘的 O 轴转动，杆 AB 在滑道中上下平动。在图示位置，$\varphi=60°$，AB 与 OC 垂直，角速度 $\omega=1$ rad/s，角加速度 $\alpha=1$ rad/s^2。求图示位置时杆件 AB 的速度和加速度。

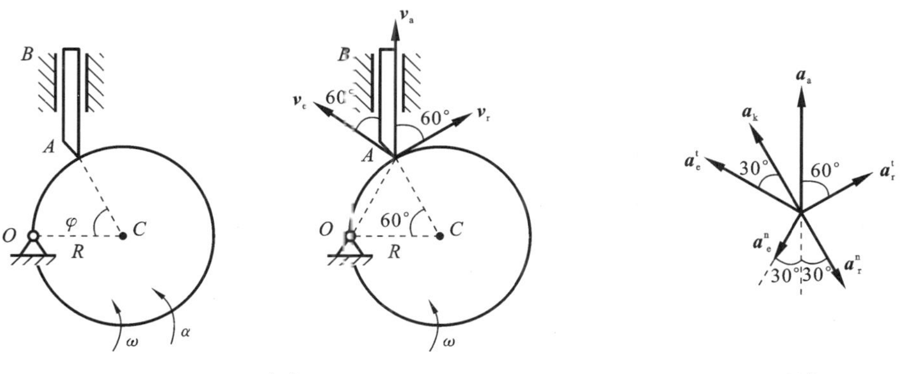

图6.8　例6.2图1

分析　当取圆盘 C 为动系(指固结在圆盘上的无限大物体)时，若取圆心 C 为动系原点，会发现运动过程中，AB 上的点 A 与动系原点距离均为 R，故相对运动为圆周运动。因此有如下解法1。

解法1　动点为 AB 上的点 A，动系为圆盘 C。

1. 求速度

速度关系如图6.8(b)所示，有

$$\boldsymbol{v}_{a}=\boldsymbol{v}_{e}+\boldsymbol{v}_{r} \tag{a}$$

其中，$v_a=v_A$，$v_e=OA\cdot\omega=2\ \mathrm{m/s}$。

将方程(a)垂直于 $\boldsymbol{v}_r$ 投影，有 $v_A\cos30^\circ=v_e\cos30^\circ$，得 $v_A=2\ \mathrm{m/s}$。

将方程(a)垂直于 $\boldsymbol{v}_a$ 投影，有 $0=-v_A\cos30^\circ+v_r\cos30^\circ$，得 $v_r=2\ \mathrm{m/s}$。

2. 求加速度

加速度关系如图 6.8(c)所示，有

$$\boldsymbol{a}_{a}=\boldsymbol{a}_{e}^{n}+\boldsymbol{a}_{e}^{t}+\boldsymbol{a}_{r}^{n}+\boldsymbol{a}_{r}^{t}+\boldsymbol{a}_{k} \tag{b}$$

其中，

$$a_a=a_A,\quad a_e^t=R\alpha=2\ \mathrm{m/s^2},\quad a_e^n=OB\cdot\omega^2=2\ \mathrm{m/s^2},\quad a_r^n=\frac{v_r^2}{R}=2\ \mathrm{m/s^2},\quad a_k=2\omega v_r=4\ \mathrm{m/s^2}$$

将方程(b)垂直于 $\boldsymbol{a}_r^t$ 投影，有 $a_A\cos30^\circ=a_e^t\cos30^\circ-a_e^n\sin30^\circ+a_k-a_r^n$，得到

$$a_A=\left(2+\frac{2\sqrt{3}}{3}\right)\ \mathrm{m/s^2}$$

在解法 1 中，因为动系转动，故需要计算科氏加速度。考虑到 AB 做平动，若取其为动系，此时，圆心 C 与 AB 上点 A 的距离一直为 R，取 C 为动点，则相对运动轨迹为半径为 R 的圆。这样，在计算加速度时没有科氏加速度，计算更简单。下面给出该解法。

解法 2　动点为圆心 C，动系为 AB。

1. 求速度

速度关系如图 6.9(a)所示，有

$$\boldsymbol{v}_{a}=\boldsymbol{v}_{e}+\boldsymbol{v}_{r} \tag{c}$$

其中 $v_e=v_A$，$v_a=OC\cdot\omega=2\ \mathrm{m/s}$。

(注意：牵连点是动系上与动点重合的点，动系实际上是由杆 AB 扩展而来的无限大物体，不仅是有限尺寸的杆 AB。)

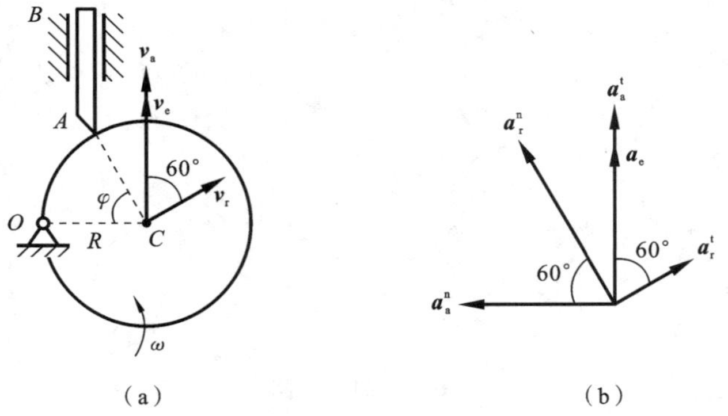

图 6.9　例 6.2 图 2

将方程(c)垂直于 $\boldsymbol{v}_r$ 投影，有 $v_A\cos30^\circ=v_e\cos30^\circ$，得 $v_A=2\ \mathrm{m/s}$。

将方程(c)垂直于 $\boldsymbol{v}_e$ 投影，得 $v_r=0$。

2. 求加速度

加速度关系如图 6.9(b)所示，有

$$\boldsymbol{a}_{a}^{n}+\boldsymbol{a}_{a}^{t}=\boldsymbol{a}_{e}+\boldsymbol{a}_{r}^{n}+\boldsymbol{a}_{r}^{t} \tag{d}$$

其中，

$$a_e = a_A,\quad a_a^t = OC \cdot \alpha = 2\ \text{m/s}^2,\quad a_a^n = OC \cdot \omega^2 = 2\ \text{m/s}^2,\quad a_r^n = \frac{v_r^2}{R} = 0$$

将方程(d)垂直于 $\boldsymbol{a}_r^t$ 投影，得到

$$a_A = \left(2 + \frac{2\sqrt{3}}{3}\right)\ \text{m/s}^2$$

该题若取圆盘上点 A 为动点，AB 为动系，若相对速度沿着圆的切向方向，在求速度时，也能得到正确的结果。但在求加速度时，因为相对运动轨迹既不是圆周也不是直线，无法确定 a_r^n，故不采用如此的动点动系。

由该例两种解法可知，求加速度的步骤与求速度的步骤很相似。

类似例 6.1、例 6.2 及图 6.10 所示的机构，两接触构件间的相对运动属于点与线间相对滑动，在运动过程中，总有一个构件上的点保持接触，不妨将该类问题称为有不变接触点(或称为有持续接触点)的问题。对于该类问题，可以按照如下的方法选取合适的动点动系，其中要注意的是若物体轮廓曲线是任意曲线，利用接触处的微小弧长可拟合得到曲率圆，如图 6.10(a)所示。

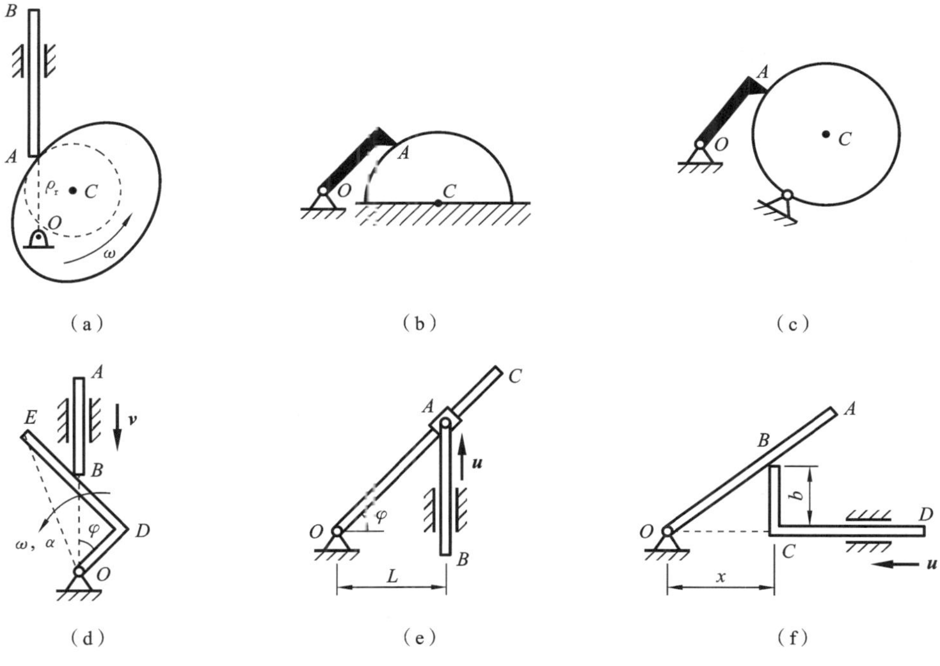

图 6.10　有不变接触点机构

(1) 一般选取不变接触点为动点，另一个物体为动系。动点相对另一个物体的接触弧线拟合的曲率圆中心做相对圆周运动，如图 6.10(b)(c)和例 6.2 解法 1。若接触弧线拟合为直线，则做相对直线运动，如例 6.1 解法 2 和图 6.10(d)～(f)。

(2) 若其中一个构件做平动，则优选其为动系，另一个物体的接触弧线拟合的曲率圆中心为动点，动点相对平动物体做相对圆周运动，如例 6.2 解法 2 和图 6.10(a)(b)(图(b)中点 A 可视为半径为 0 的曲率圆)。

(3) 若两个物体既不做定轴转动,又不做平动,则在接触处拟合两个曲率圆,任取其中一个曲率圆的圆心 O_1 为动点,另一个曲率圆圆心 O_2 所在的物体为动系,此瞬时前后一段微小时间段内,O_1 相对 O_2 做半径为 O_1O_2 的圆周运动。若其中一个物体的接触处是直线,则取该物体为动系,在另一物体上拟合的曲率圆圆心为动点。涉及的未知牵连速度通过后文介绍的同一动系上两点速度关系得到,未知的牵连加速度也如此。

例 6.3 对于存在不变接触点的机构,不变接触点在机构工作时总处于接触状态,容易磨损。有时采用图 6.11 所示的机构来降低磨损。如图所示,半径为 R 的圆轮 D 以匀角速度 ω 绕轮缘上的轴 O_1 转动,杆 OA 做定轴转动并始终与圆轮接触。求图示瞬时杆 OA 的角速度和角加速度。

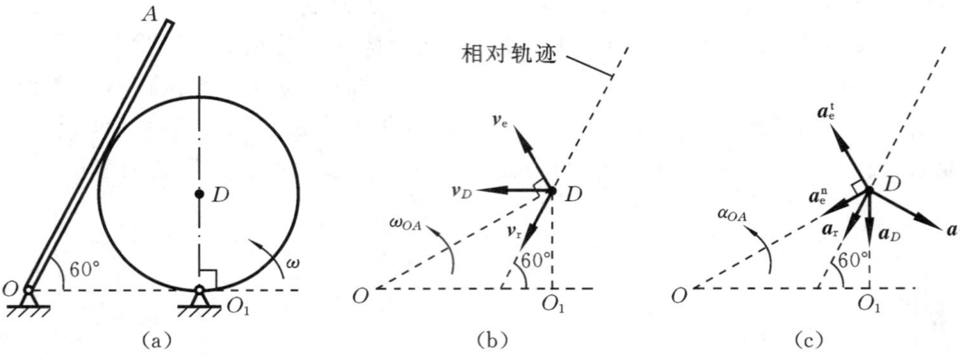

图 6.11 例 6.3 圈

解 动点为轮心 D,动系为杆 OA。速度和加速度分析如图 6.11(b)(c)所示。

由速度合成定理得

$$\boldsymbol{v}_D=\boldsymbol{v}_r+\boldsymbol{v}_e \tag{a}$$

式(a)分别向垂直于 $\boldsymbol{v}_e$ 和 $\boldsymbol{v}_r$ 方向投影,得

$$v_r=v_D=\omega R,\quad v_e=v_r=\omega R$$

于是

$$\omega_{OA}=\frac{v_e}{OD}=\frac{\omega}{2}$$

由加速度合成定理得

$$\boldsymbol{a}_D=\boldsymbol{a}_r+\boldsymbol{a}_e^n+\boldsymbol{a}_e^t+\boldsymbol{a}_k \tag{b}$$

式(b)向 $\boldsymbol{a}_k$ 所在方向投影,得

$$a_D\sin30°=-a_e^n\sin30°-a_e^t\cos30°+a_k$$

所以

$$a_e^t=\frac{\sqrt{3}}{3}(2a_k-a_e^n-a_D) \tag{c}$$

因为 $$a_D=\omega^2R,\quad a_k=2\omega_{OA}v_r=\omega^2R,\quad a_e^n=\omega_{OA}^2\times OD=\frac{\omega^2R}{2}$$

代入式(c),得

$$a_e^t=\frac{\sqrt{3}}{6}\omega^2R$$

所以杆 OA 的角加速度为

$$a_{OA}=\frac{a_e^t}{OD}=\frac{\sqrt{3}}{12}\omega^2$$

对于该例，求速度时，若判断出圆盘与 OA 的接触点 E 相对 OA 的速度沿着杆件方向，则取 E 为动点，OA 为动系，也能得到正确结果。但在求加速度时，因为相对运动轨迹既不是圆也不是直线，无法确定 a_r^n，故不采用这样的动点动系。

由该例解法可知，求加速度的步骤与求速度的步骤很相似。

思考：该例接触点可视为一个套环 P，因为点 P 和圆心 D 的连线总是垂直于杆 OA，故 P 相对杆件的速度与圆心 D 相对杆件 OA 的速度相同，相对加速度也类似。那么，如何求解图 6.12(a)的接触点 A 相对构件 1 的速度和加速度呢？

类似例 6.11 和图 6.12 所示的机构，其运动属于线与线间相对转动，在运动过程中不存在一个不变的接触点，不妨将该类问题称为无不变接触点(或无持续接触点)问题。对于该类问题，可以按照如下方法选取合适的动点动系。其中要注意的是，若物体轮廓曲线是任意曲线，则利用接触处的微小弧长拟合得到曲率圆，如图 6.12(a)所示。

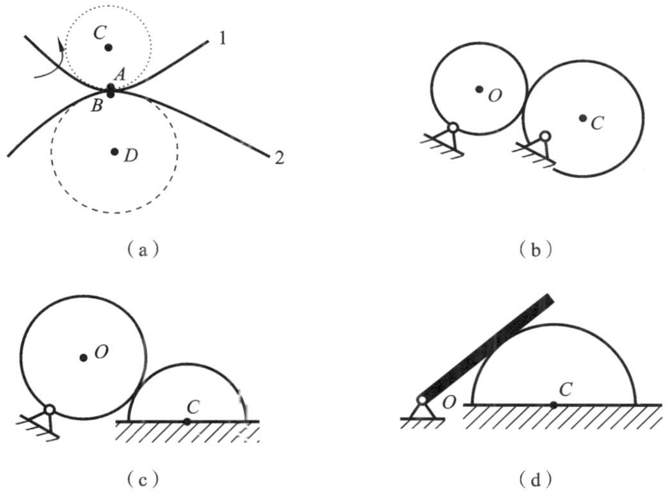

图 6.12　无不变接触点机构

(1) 若相互接触的两个物体都不做平动或定轴转动，则选取能确定的曲率中心为动点(直线的曲率中心在无穷远处，视为曲率中心不能确定)，另一物体为动系，动点相对动系的曲率中心做圆周运动，如图 6.12(a)所示。未知的牵连速度通过后文介绍的同一动系上两点速度关系得到，未知的牵连加速度也如此。

(2) 若两个构件接触处都不是直线，优选平动的物体为动系，另一物体接触处拟合曲率圆圆心为动点，如图 6.12(c)所示。若两个物体都做定轴转动，任意选取其中一个物体为动系，如图 6.12(b)所示。

(3) 若其中一个构件是直线，则选取该构件为动系，另一物体接触处拟合曲率圆圆心为动点，如图 6.12(d)所示。

例 6.4　如图 6.13(a)所示的机构，杆 OA 以匀角速度 ω 转动，$OA=r$，图示瞬时 $AO\perp OB$。求该瞬时：

(1) 杆 AD 的角速度和角加速度。

(2) 杆件上与套筒的定轴转动点 B 重合的点 C 的速度和切向加速度、法向加速度。

(3) 杆件上与套筒的定轴转动点 B 重合的点 C 的运动轨迹在该处的曲率半径。

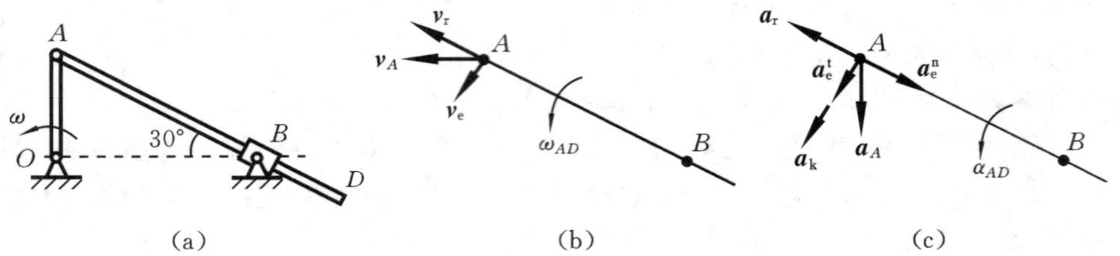

图 6.13 例 6.4 **图**

解 (1) 求杆 AD 的角速度和角加速度。

动点为点 A;动系为套筒 B。速度和加速度分析分别如图 6.13(b)(c)所示。

由速度合成定理得

$$\boldsymbol{v}_A=\boldsymbol{v}_r+\boldsymbol{v}_e \tag{a}$$

所以

$$v_r=v_A\cos30°=\frac{\sqrt{3}}{2}\omega r,\quad v_e=v_A\sin30°=\frac{1}{2}\omega r$$

于是

$$\omega_{AD}=\frac{v_e}{AB}=\frac{\omega}{4}$$

由加速度合成定理得

$$\boldsymbol{a}_A=\boldsymbol{a}_r+\boldsymbol{a}_e^n+\boldsymbol{a}_e^t+\boldsymbol{a}_k \tag{b}$$

将式(b)向 $\boldsymbol{a}_k$ 所在方向投影,得

$$a_A\cos30°=a_e^t+a_k$$

所以

$$a_e^t=\frac{\sqrt{3}}{2}a_A-a_k \tag{c}$$

因为

$$a_A=\omega^2 r,\quad a_k=2\omega_{AD}v_r$$

代入式(c),得

$$a_e^t=\frac{\sqrt{3}}{4}\omega^2 r$$

所以,杆 AD 的角加速度为

$$\alpha_{AD}=\frac{a_e^t}{AB}=\frac{\sqrt{3}}{8}\omega^2$$

(2) 求杆 AD 上与套筒上点 B 重合的点 C 的速度和加速度。

取杆 AD 上与套筒上点 B 重合的点 C 为动点,套筒为动系,有

$$\boldsymbol{v}_C=\boldsymbol{v}_{r1}+\boldsymbol{v}_e \tag{d}$$

因为点 A 和点 C 相对套筒的运动规律相同,故 $\boldsymbol{v}_{r1}$ 与式(a)中的 $\boldsymbol{v}_r$ 相等,故

$$v_C=v_r=\frac{\sqrt{3}}{2}r\omega$$

将式(b)垂直于 $\boldsymbol{a}_e^t$ 投影,得到

$$a_r=-\frac{3}{8}r\omega^2$$

$$\boldsymbol{a}_a^n + \boldsymbol{a}_a^t = \boldsymbol{a}_{r1} + \boldsymbol{a}_k \tag{e}$$

故
$$\boldsymbol{a}_a^n = \boldsymbol{a}_k, \quad \boldsymbol{a}_a^t = \boldsymbol{a}_{r1} = \boldsymbol{a}_r$$

因
$$a_C^n = a_a^n = 2\omega_{AD} v_r = \frac{\sqrt{3}}{4} r\omega^2, \quad a_C^t = a_a^t = a_r = -\frac{3}{8} r\omega^2$$

(3) 求曲率半径。

由 $a_C^n = \dfrac{v_r^2}{\rho_r}$ 得

$$\rho_r = \frac{v_r^2}{a_C^n} = \sqrt{3} r$$

由该题解法可知，求加速度的步骤与求速度的步骤很相似。

注意：(1) 由该例可知，当杆件相对绕固定轴 B 转动的套筒滑动时，杆件上与点 B 重合的点的绝对速度等于其相对套筒的相对速度，方向沿着杆件方向。这一结论以后可以直接使用。但该点的绝对加速度不沿着杆件方向，其法向加速度等于科氏加速度。

(2) 本例如果取杆 AD 为动系，套筒上的点 B 为动点，点 B 相对杆 AD 做直线运动，尽管 $a_r^n=0$，但牵连速度的方向未知，牵连加速度的法向分量未知，所以，还要补充建立新的动点、动系，得到新的方程，计算复杂，故一般不这样选取动点动系。不妨将这类问题称为套筒/滑杆(当滑杆很短时，称之为滑块)问题。

(3) 从上述分析可知，对于套筒/滑杆(滑块)问题，无论选取套筒还是滑杆(滑块)作为动系，动点相对动系的法向加速度分量均为 0，但兼顾牵连速度和加速度，一般选取做基本运动(平动或定轴转动，平动优先)的构件为动系，其他构件上待求点或部分信息已知的点为动点。视为有不变接触点问题的图 6.7 和图 6.10(e)所示的问题也可以归为此类问题。

(4) 对既无平动又无定轴转动的情形，任选其中一个物体为动系，未知的牵连速度通过后面给出的同一动系上两点速度关系得到，未知的牵连加速度也如此。

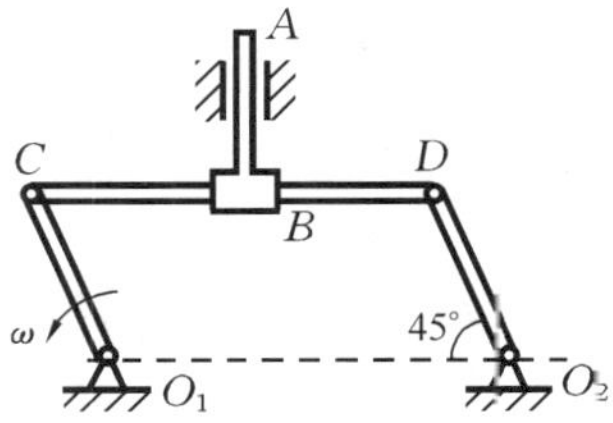

图 6.14　均为平动的问题

对于图 6.14 所示的机构，套筒 B 和滑杆 CD 都做平动，对于这类运动，若取一个构件上的点为动点，其相对另一个物体的运动轨迹为圆或直线，因为动系的原点可为动系上的任一点，则任取其中一个构件上的点为动点，另一个构件为动系，其相对运动轨迹也为圆或直线，将会得到同样的结果。故对于都做平动的两个物体，可以有无数种动点动系选取方法。

图 6.15(a)所示的杆件的相关运动量问题，可以转化为图 6.15(b)所示的套筒/滑杆问题。

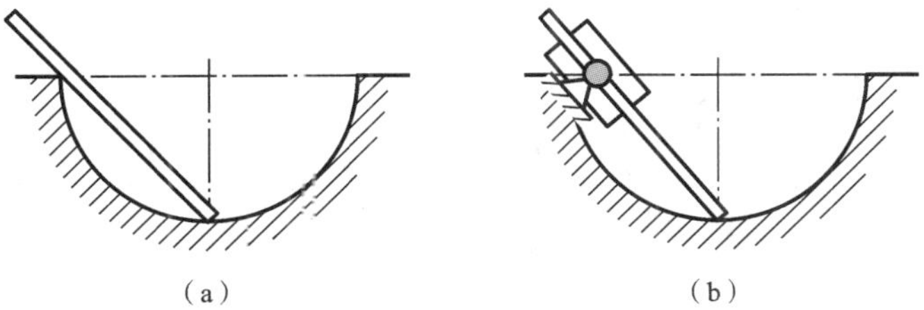

(a)　　(b)

图 6.15　杆件问题

6.3.3　定轴转动的空间运动合成法

例 6.5　圆盘半径 $r=50$ mm，以匀角速度 $\omega_1=5$ rad/s 绕水平轴 A_1A_2 转动，同时框架和轴 A_1A_2 以匀角速度 $\omega_2=3$ rad/s 绕通过圆盘中心 O 的垂直轴 B_1B_2 转动，ω_1、ω_2 的方向如图 6.16 所示。求最高点 1 和水平点 2 的绝对加速度。

解　(1) 求点 1 的绝对加速度。

取圆盘上的点 1 为动点，动系为框架。加速度关系如图 6.16 所示。则有

$$\boldsymbol{a}_{\mathrm{n}}=\boldsymbol{a}_{\mathrm{e}}+\boldsymbol{a}_{\mathrm{r}}+\boldsymbol{a}_{\mathrm{k}}$$

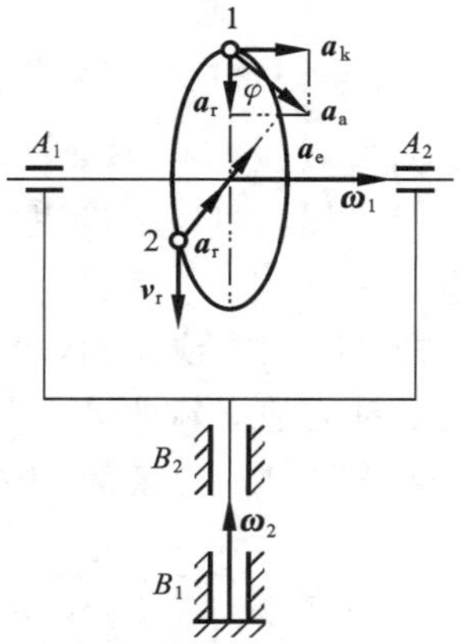

图 6.16　**例** 6.5 **图**

其中

$$a_{\mathrm{e}}=0,\quad a_{\mathrm{r}}=r\omega_1^2=1.25\ \mathrm{m/s^2}$$

$$a_{\mathrm{k}}=2\omega_2 v_{\mathrm{r}}\sin 90^\circ=2\omega_2\omega_1 r=1.5\ \mathrm{m/s^2}$$

$\boldsymbol{a}_{\mathrm{k}}$ 垂直于圆盘平面，方向如图所示。

因此，点 1 的绝对加速度大小为 $a_{\mathrm{n}}=\sqrt{a_{\mathrm{r}}^2+a_{\mathrm{k}}^2}=1.953\ \mathrm{m/s^2}$。

其与垂直线的夹角 $\varphi=\arctan\dfrac{a_{\mathrm{k}}}{a_{\mathrm{r}}}=50.2^\circ$。

(2) 求点 2 的绝对加速度。

取圆盘上的点 2 为动点，动系为框架。加速度关系如图所示。则有

$$\boldsymbol{a}_{\mathrm{n}}=\boldsymbol{a}_{\mathrm{e}}+\boldsymbol{a}_{\mathrm{r}}+\boldsymbol{a}_{\mathrm{k}}$$

其中

$$a_{\mathrm{e}}=r\omega_2^2=0.45\ \mathrm{m/s^2},\quad a_{\mathrm{r}}=r\omega_1^2=1.25\ \mathrm{m/s^3},$$

$$a_{\mathrm{k}}=2\omega_2 v_{\mathrm{r}}\sin 180^\circ=0$$

因此，点 2 的绝对加速度大小为 $a_{\mathrm{n}}=a_{\mathrm{e}}+a_{\mathrm{r}}=1.7\ \mathrm{m/s^2}$，方向指向圆盘中心。

***例 6.6**　如图 6.17(a)所示，一个正方形板以恒定角加速度 α 绕竖直轴做定轴转动，其初始角速度不为 0。在初始时刻点 M 在点 A 处，沿着板的对角线 AB 向下运动。运动时，M 的绝对加速度矢量一直在板的平面内。证明点 M 不会超过对角线的中点 C。

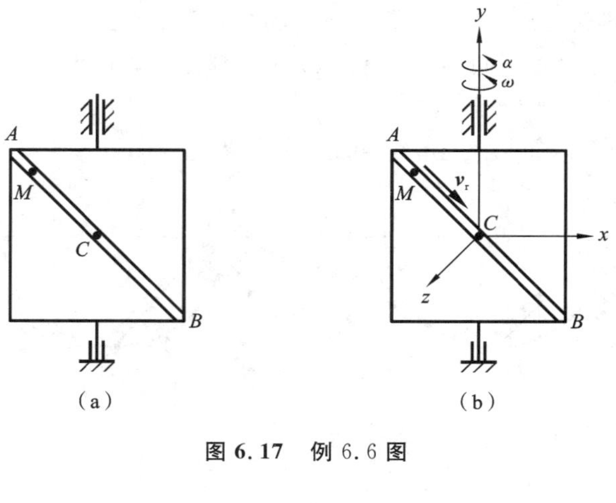

图 6.17　**例** 6.6 **图**

证明 由题意，点 M 的加速度方向始终在平板平面内。建立图 6.17(b)所示的 $Cxyz$ 固定坐标系。取板为动系，点 M 为动点。有

$$\boldsymbol{a}_M=\boldsymbol{a}_e^n+\boldsymbol{a}_e^t+\boldsymbol{a}_r+\boldsymbol{a}_k \tag{a}$$

其中，$\boldsymbol{a}_e^t=-x\alpha\boldsymbol{k}$，$\boldsymbol{a}_k=2\boldsymbol{\omega}\times\boldsymbol{v}_r$，均垂直于板的平面。
因此有

$$\boldsymbol{a}_e^t+\boldsymbol{a}_k=\boldsymbol{0} \tag{b}$$

设 $\boldsymbol{v}_r$ 以斜向下方向为正，则有

$$-x\alpha-2\omega v_r\sin45°=0 \tag{c}$$

因为

$$v_r\sin45°=\frac{dx}{dt} \tag{d}$$

且

$$\omega=\omega_0+\alpha t\ (\omega_0\neq0) \tag{e}$$

将式(d)(e)代入式(c)，有

$$\frac{dx}{dt}=\frac{-\alpha x}{2(\omega_0+\alpha t)} \tag{f}$$

$$\frac{dx}{x}=\frac{-\alpha}{2(\omega_0+\alpha t)}dt \tag{g}$$

对式(d)积分，有

$$\ln x=-\frac{1}{2}\ln(\omega_0+\alpha t)+D \tag{h}$$

设板的边长为 $2b$，有

$$t=0,\quad x=-b$$

代入式(h)，有

$$D=\ln b\omega_0^{1/2} \tag{i}$$

将式(i)代入式(h)，有

$$x=-b\left(\frac{\omega_0}{\omega_0+\alpha t}\right)^{1/2}$$

故 x 恒小于 0，点 M 不会超过对角线的中点 C。

***例 6.7** 如图 6.18(a)所示，工件绕 AB 轴以角速度 ω 匀速转动，工件当前状态的圆锥角为 2θ。刀具 D 以速度 u 在工件表面沿着母线做匀速直线运动。求当刀尖 M 距离工件轴线 R 时，刀尖 M 相对工件的相对运动轨迹在此位置的曲率半径 ρ_r。

分析 由例 6.5 得到的速度和加速度矢量方向仍然在同一平面，有的量虽然大小不知，但能确定其方向在平面内，容易用投影方法求解。但对于该例，得到的加速度矢量不在同一平面，相对法向加速度方向未知。对于空间矢量计算的问题，为了计算方便，一般建立坐标系，将每个矢量用 $\boldsymbol{i}$、$\boldsymbol{j}$、$\boldsymbol{k}$ 分量表示，然后进行矢量运算，比如叉乘或点积，简化计算。

解 建立固定坐标系 $Oxyz$，如图 6.18(b)所示。取刀尖 M 为动点，工件为动系，有

$$\boldsymbol{v}_a=\boldsymbol{v}_e+\boldsymbol{v}_r \tag{a}$$

$$\boldsymbol{v}_a=\boldsymbol{u}=u\cos\theta\boldsymbol{i}+u\sin\theta\boldsymbol{k},\quad \boldsymbol{v}_e=-\omega R\boldsymbol{j}$$

故

$$\boldsymbol{v}_r=u\cos\theta\boldsymbol{i}+R\omega\boldsymbol{j}+u\sin\theta\boldsymbol{k} \tag{b}$$

$$\boldsymbol{a}_a=\boldsymbol{a}_e^n+\boldsymbol{a}_r+\boldsymbol{a}_k \tag{c}$$

$\boldsymbol{a}_e^n$ 和 $\boldsymbol{a}_k$ 方向能够确定，如图 6.18(c)确定。

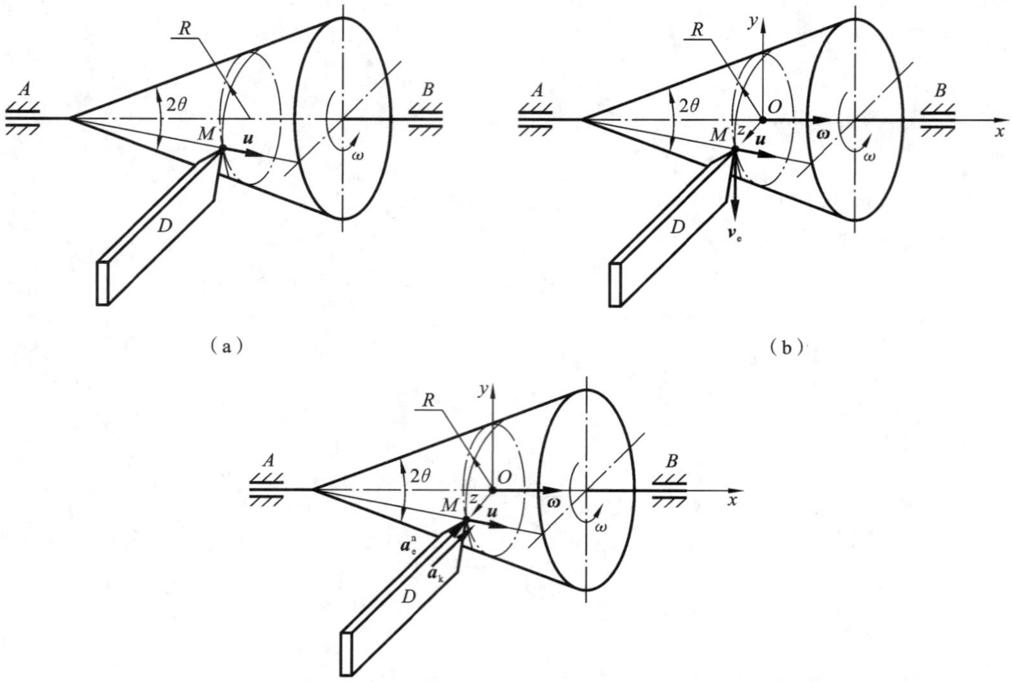

图 6.18　例 6.7 图

$$a_a = a_M = 0, \quad \boldsymbol{a}_e^n = -R\omega^2\boldsymbol{k}$$

$$\boldsymbol{a}_k = 2\boldsymbol{\omega}\times\boldsymbol{v}_r = -2u\omega\sin\theta\boldsymbol{j} + 2R\omega^2\boldsymbol{k}$$

由式(c)得 M 相对工件的加速度为

$$\boldsymbol{a}_r = -\boldsymbol{a}_e^n - \boldsymbol{a}_k = 2u\omega\sin\theta\boldsymbol{j} - R\omega^2\boldsymbol{k} \tag{d}$$

将 $\boldsymbol{a}_r$ 向 $\boldsymbol{v}_r$ 方向投影得 a_r^t：

$$a_r^t = \boldsymbol{a}_r\cdot\frac{\boldsymbol{v}_r}{|\boldsymbol{v}_r|} = \frac{Ru\omega^2\sin\theta}{\sqrt{R^2\omega^2+u^2}}$$

$$|a_r^n| = \sqrt{|\boldsymbol{a}_r|^2 - |\boldsymbol{a}_r^t|^2} = \sqrt{\frac{3R^2u^2\omega^4 + 4R^2u^4\omega^2\sin^2\theta}{R^2\omega^2+u^2} + R^2\omega^4}$$

刀尖 M 相对工件的曲率半径 ρ_r 为

$$\rho_r = \frac{|v_r|^2}{|a_r^n|} = (R^2\omega^2+u^2)^{3/2}(3R^2u^2\omega^4 + 4R^2u^4\omega^2\sin^2\theta)^{-1/2}$$

上述三道例题演示了应用合成定理分析动系做定轴转动的空间运动问题的特点。

6.3.4　多构件运动合成法

前述介绍的都是只需要选取一次动点动系便能求解的问题。对于多个构件的运动问题，往往需要多次选取动点动系，不过，只要将其分解为典型的有不变接触点、无不变接触点和套筒/滑杆问题，分别选取合适的动点动系，应用合成定理列出各自的速度关系和加速度关系方程，联立求解即可。下面以交点问题为例简要介绍。

例 6.8　如图 6.19(a)所示，杆 AB 和半径为 R 的圆环 E 均以匀角速度 ω 做定轴转动，图示瞬时，杆 AB 与圆环竖直中心线垂直，$AB=DE=R$。求该瞬时两物体的交点 P 的速度和加速度的大小。

解　两物体的交点 P 可用有形的套环 P 来理解。套环与套筒不同，套环很薄，认为相对其套上的杆件可以偏转，其角速度可以与杆件不同。而套筒是较长的筒，相对滑杆不能偏转，其角速度与滑杆相同。

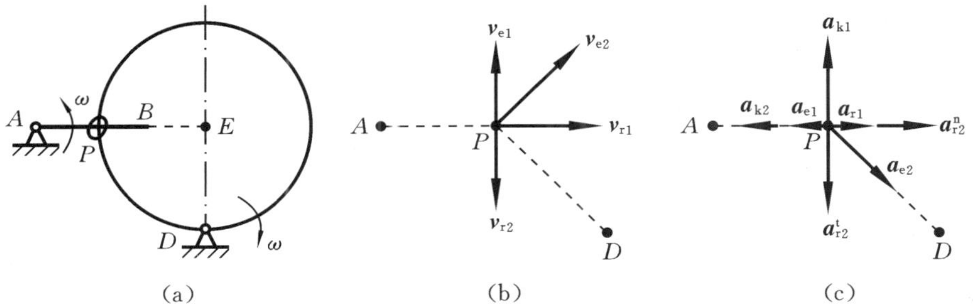

图 6.19　**例** 6.8 **图**

这样，该问题可分解为两个动点动系问题：(1) 取环 P 为动点，杆件 AB 为动系；(2) 取环 P 为动点，圆环 E 为动系。这两种都是典型的有不变接触点的问题。

速度分析和加速度分析分别如图 6.19(b)(c)所示，其中下标中带“1”的量对应动系 1，下标中带“2”的量对应动系 2。

由速度合成定理，有

$$\boldsymbol{v}_P=\boldsymbol{v}_{r1}+\boldsymbol{v}_{e1} \tag{a}$$

$$\boldsymbol{v}_P=\boldsymbol{v}_{r2}+\boldsymbol{v}_{e2} \tag{b}$$

其中，v_{e1}、v_{e2} 的大小已知，只要求出 v_{r1}、v_{r2} 中的任一个，就可由式(a)或式(b)求出 v_P。为此，将式(a)(b)合并，得

$$\boldsymbol{v}_{r1}+\boldsymbol{v}_{e1}=\boldsymbol{v}_{r2}+\boldsymbol{v}_{e2} \tag{c}$$

将式(c)向 $\boldsymbol{v}_{r1}$ 所在方向投影，得

$$v_{r1}=\frac{\sqrt{2}}{2}v_{e2}=\frac{\sqrt{2}}{2}\omega\cdot\sqrt{2}R=\omega R$$

考虑到 $\boldsymbol{v}_{r1}\perp\boldsymbol{v}_{e1}$，得

$$v_P=\sqrt{v_{r1}^2+v_{e1}^2}=\sqrt{(\omega R)^2+(\omega R)^2}=\sqrt{2}\omega R$$

将式(c)向 $\boldsymbol{v}_{r2}$ 所在方向投影，得

$$v_{e1}=-v_{r2}+\frac{\sqrt{2}}{2}v_{e2}\quad\Rightarrow\quad v_{r2}=0$$

因为求速度和加速度选取的是同样的动点动系，故可以利用和求速度之间的相似性来求加速度，只需要将速度量换成对应的切向加速度(对于 v_x、v_y，则换成 a_x、a_y)，再补充法向加速度和科氏加速度即可。

由加速度合成定理得

$$\boldsymbol{a}_P=\boldsymbol{a}_{r1}+\boldsymbol{a}_{e1}+\boldsymbol{a}_{k1} \tag{d}$$

$$\boldsymbol{a}_P=\boldsymbol{a}_{r2}^{n}+\boldsymbol{a}_{r2}^{t}+\boldsymbol{a}_{e2}+\boldsymbol{a}_{k2} \tag{e}$$

将式(d)(e)合并,得

$$\boldsymbol{a}_{r1}+\boldsymbol{a}_{e1}+\boldsymbol{a}_{k1}=\boldsymbol{a}_{r2}^{n}+\boldsymbol{a}_{r2}^{t}+\boldsymbol{a}_{e2}+\boldsymbol{a}_{k2} \tag{f}$$

将式(f)向 $\boldsymbol{a}_{r1}$ 所在方向投影,得

$$a_{r1}-a_{e1}=a_{r2}^{n}+\frac{\sqrt{2}}{2}a_{e2}-a_{k2} \tag{g}$$

因为

$$a_{e1}=\omega^2R,\quad a_{e2}=\sqrt{2}\omega^2R,\quad a_{r2}^{n}=\frac{v_{r2}^2}{R}=0,\quad a_{k2}=2\omega v_{r2}=0$$

代入式(g),得

$$a_{r1}=2\omega^2R$$

所以

$$\begin{aligned}a_P&=\sqrt{(a_{r1}-a_{e1})^2+a_{k1}^2}=\sqrt{(\omega^2R)^2+(2\omega v_{r1})^2}\\&=\sqrt{(\omega^2R)^2+(2\omega^2R)^2}=\sqrt{5}\omega^2R\end{aligned}$$

小结

小　结

1. 牵连速度和牵连加速度

牵连速度、牵连加速度:动系(研究平面问题时是一个无穷大平面图形)上与动点相重合的点(称为牵连点)相对于静系的瞬时速度和瞬时加速度,分别用 $\boldsymbol{v}_e$、$\boldsymbol{a}_e$ 表示。

2. 科氏加速度

$$\boldsymbol{a}_k=2\boldsymbol{\omega}_e\times\boldsymbol{v}_r,\quad a_k=2\omega_e v_r\sin\theta$$

矢量 $\boldsymbol{a}_k$ 垂直于 $\boldsymbol{\omega}_e$ 和 $\boldsymbol{v}_r$ 构成的平面,指向按右手定则确定。

3. 点的速度和加速度合成定理

$$\boldsymbol{v}_a=\boldsymbol{v}_e+\boldsymbol{v}_r$$

$$\boldsymbol{a}_a^{n}+\boldsymbol{a}_a^{t}=\boldsymbol{a}_e^{n}+\boldsymbol{a}_e^{t}+\boldsymbol{a}_r^{n}+\boldsymbol{a}_r^{t}+\boldsymbol{a}_k$$

选择合适的动点动系后,在速度合成定理中只有 3 个矢量,每个矢量有大小和方向 2 个信息,故只要已知其中 4 个信息,便一定可以求出速度。求出速度后,在加速度合成定理中,所有与速度相关的法向加速度和科氏加速度便可视为已知量,此时,加速度合成定理中只有 3 个切向加速度,一般相对切向加速度未知,若已知其他 2 个切向加速度中的一个,选取一次动点动系便可以求解。

4. 科氏加速度来源

$$\frac{\mathrm{d}\boldsymbol{v}_e}{\mathrm{d}t}=\boldsymbol{a}_e+\boldsymbol{\omega}\times\boldsymbol{v}_r$$

牵连速度的导数中的部分科氏加速度来源于 $\boldsymbol{\omega}$ 大小不变时,$\boldsymbol{v}_r$ 导致的牵连点位置变化,以及动系旋转引起的牵连速度大小变化。

$$\frac{\mathrm{d}\boldsymbol{v}_r}{\mathrm{d}t}=\boldsymbol{a}_r+\boldsymbol{\omega}\times\boldsymbol{v}_r$$

相对速度导数中的部分科氏加速度来源于 $\boldsymbol{v}_r$ 大小不变时,动系转动导致的 $\boldsymbol{v}_r$ 方向变化。

5. 求导法与合成法优选判据

当位置关系不都能通过直角三角形或比例关系得到时,优选合成法;当位置关系都能通过直角三角形或比例关系得到,应用合成法需要列多个速度矢量方程和加速度矢量方程时,采用

求导法,需要列的方程较少时,仍推荐采用合成法以及由合成定理得到的二次结论的方法。

6. 动点动系选取注意事项

(1) 动系原点选择不同,应用合成定理得到的结果相同。

(2) 动系上的点一定不能选为动点,需要保证动点相对动系有相对运动。

(3) 选取动点动系时,需要使得动点相对动系做直线运动或圆周运动,或曲率半径已知,使 $a_r^n=\dfrac{v_r^2}{\rho_r}$ 为已知量。此外,在相互接触的两个构件间选取动点动系,当中间有过渡的构件时,除非特殊情形,否则,很难观察相对运动轨迹。

(4) 当以做平动或定轴转动的物体为动系能够求解问题时,尽量不要选做平面运动的物体为动系。

(5) 因为求速度时,只需要判断该时刻的速度方向即可,但求加速度需要了解相对运动的轨迹,故根据求速度时所选取的动点动系不一定能求出加速度,但根据求加速度时所选取的动点动系一定可求出速度。因此选取动点动系的依据是求解加速度问题是否方便。由于在求加速度时需要求出相对法向加速度和科氏加速度所涉及的相对速度,故求速度和加速度时选取同样的动点动系。

7. 求速度和加速度问题的相似性

若求速度和加速度时选取同样的动点动系,则求加速度的步骤将与求速度的步骤相似。画加速度图时,只需要将速度图中的速度换成指向相同的切向加速度,再补充法向加速度和科氏加速度。未知的速度对应的切向加速度一般也是未知的。求解加速度的每一步思路几乎与求对应速度相同。此外,设某位置时点速度为 $v=s(\varphi)\omega$,则其切向加速度为 $a^{\tau}=\dfrac{\mathrm{d}v}{\mathrm{d}t}=s(\varphi)\alpha+\dfrac{\mathrm{d}s}{\mathrm{d}\varphi}\dfrac{\mathrm{d}\varphi}{\mathrm{d}t}\omega=s\alpha+\dfrac{\mathrm{d}s}{\mathrm{d}\varphi}\omega^2$。由此可知,切向加速度中与角加速度有关的项与速度具有相似性,即系数 s 相同,将速度表达式中的 ω 替换为 α 即可,可据此检查计算速度和切向加速度表达式是否有误。

8. 典型的动点动系问题

在机构运动中,要实现运动的传递,构件间一般都要一直保持接触。对于做平面运动(不包括空间运动)的机构,其运动的基本形式只有如下 4 种:①点与线间相对滑动;②线与线间相对转动;③线与线间相对滑动;④两个构件通过铰链连接而相互运动。复杂机构的运动必然可以分解为这 4 种运动。

9. 定轴转动的空间运动合成法

对于定轴转动空间运动,若加速度矢量不在同一平面,则未知的相对法向加速度方向未知。对于这类空间矢量计算的问题,为了计算方便,一般建立坐标系,将每个矢量用 $\boldsymbol{i}$、$\boldsymbol{j}$、$\boldsymbol{k}$ 分量表示,然后进行矢量运算,比如叉乘或点积,简化计算。

习　题

6.1　在题 6.1 图所示的机构中,选取适当的动点及动系,分析三种运动,画出图示位置时三种速度矢量图。

6.2　选择题。

1. 在点的复合运动中,有(　　)。

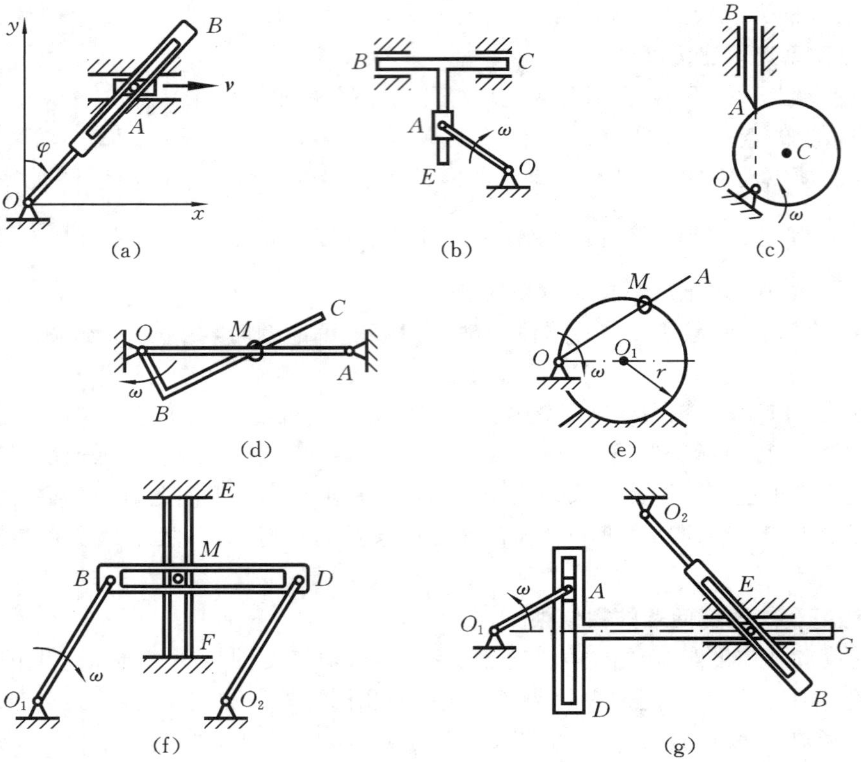

题 6.1 图

① 牵连运动是指动系相对于静系的运动

② 牵连运动是指动系上在该瞬时与动点重合之点对静系的运动

③ 牵连速度和加速度是指动系相对于静系的运动速度和加速度

④ 牵连速度和加速度是指动系上在该瞬时与动点相重合之点相对于静系的运动速度和加速度

2. $\boldsymbol{a}_{\mathrm{e}}=\dfrac{\mathrm{d}\boldsymbol{v}_{\mathrm{e}}}{\mathrm{d}t}$和$\boldsymbol{a}_{\mathrm{r}}=\dfrac{\mathrm{d}\boldsymbol{v}_{\mathrm{r}}}{\mathrm{d}t}$两式对 t 的导数为绝对导数，则这两式(　　)。

① 只有当牵连运动为平动时成立

② 只有当牵连运动为转动时成立

③ 无论牵连运动为平动还是转动均成立

④ 无论牵连运动为平动还是转动均不成立

3. 在应用点的合成运动方法进行加速度分析时，若牵连运动为转动，动系的角速度用 $\boldsymbol{\omega}$ 表示，动点的相对速度用 $\boldsymbol{v}_{\mathrm{r}}$ 表示，则在某瞬时(　　)。

① 只要 $\boldsymbol{\omega}\neq\mathbf{0}$，动点在该瞬时的科氏加速度 $\boldsymbol{a}_{\mathrm{k}}$ 就不会等于零

② 只要 $\boldsymbol{v}_{\mathrm{r}}\neq\mathbf{0}$，动点在该瞬时就不会有 $\boldsymbol{a}_{\mathrm{k}}=\mathbf{0}$

③ 只要 $\boldsymbol{\omega}\neq\mathbf{0}$，$\boldsymbol{v}_{\mathrm{r}}\neq\mathbf{0}$，动点在该瞬时就不会有 $\boldsymbol{a}_{\mathrm{k}}=\mathbf{0}$

④ $\boldsymbol{\omega}\neq\mathbf{0}$ 且 $\boldsymbol{v}_{\mathrm{r}}\neq\mathbf{0}$，动点在该瞬时也可能有 $\boldsymbol{a}_{\mathrm{k}}=\mathbf{0}$

4. 在题 6.2.4 图所示机构中，圆盘以匀角速度 ω 绕轴 O 转动，取杆 AB 上的点 A 为动点，动系与圆盘固连，则在图示位置时，动点 A 的速度平行四边形为(　　)。

① 图(a)所示　　② 图(b)所示　　③ 图(c)所示　　④ 图(d)所示

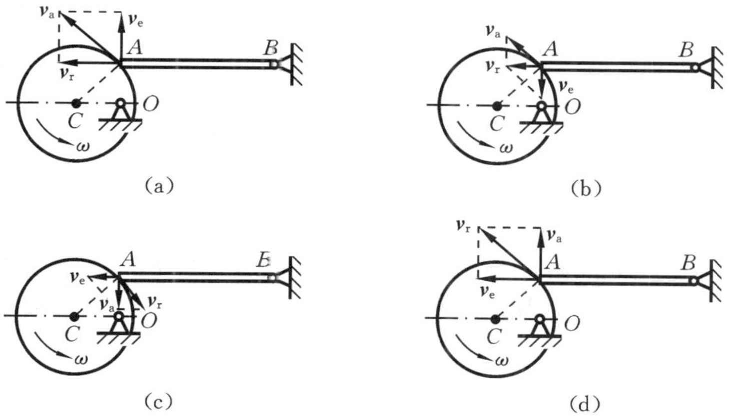

题 6.2.4 图

5. 在题 6.2.5 图所示机构中，杆 O_2B 以匀角速度 ω 绕轴 O_2 转动，取 O_2B 上的点 B 为动点，动系与 O_1A 固定，则动点 B 在图示位置时的各项加速度可表示为(　　)。

① 图(b)所示　　② 图(c)所示　　③ 图(d)所示　　④ 图(e)所示

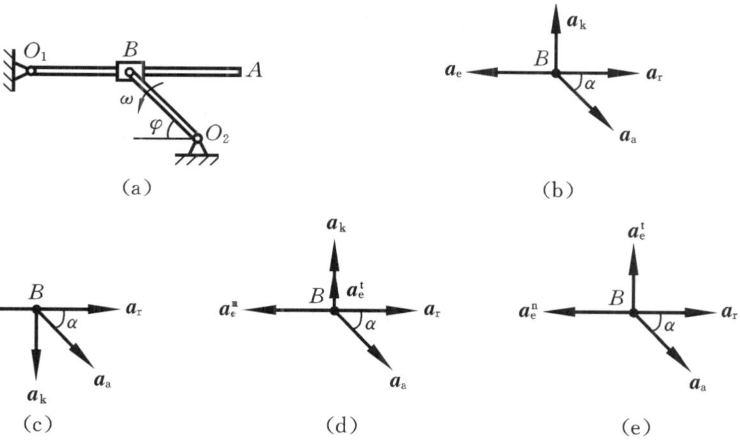

题 6.2.5 图

6. 如题 6.2.6 图所示的曲柄滑道机构，设 $OA=r$，已知角速度 ω 与角加速度 α，转向如图所示。取 OA 上的点 A 为动点，动系与“T”形构件固连，点 A 的加速度矢量图如图所示，为求 a_r、a_e，取坐标系 Axy，根据加速度合成定理有(　　)。

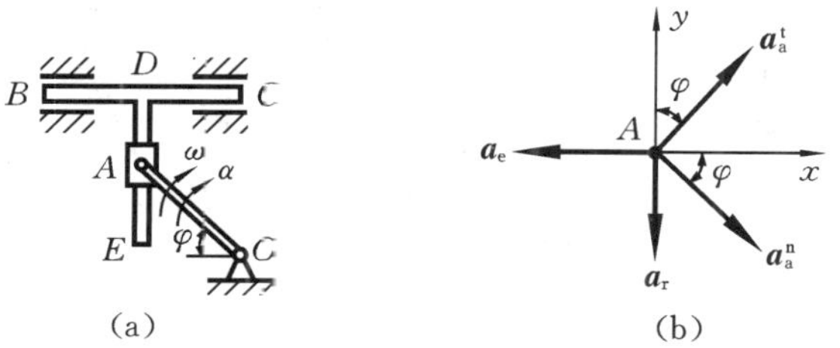

题 6.2.6 图

① $a_a^n\cos\varphi + a_a^t\sin\varphi = a_e, a_a^t\cos\varphi - a_a^n\sin\varphi = a_r$

② $a_a^n\cos\varphi + a_a^t\sin\varphi = a_e, a_a^t\cos\varphi + a_a^n\sin\varphi = a_r$

③ $a_a^n\cos\varphi + a_a^t\sin\varphi = -a_e, a_a^t\cos\varphi - a_a^n\sin\varphi = -a_r$

④ $a_a^n\cos\varphi - a_a^t\sin\varphi = -a_e, a_a^t\cos\varphi + a_a^n\sin\varphi = -a_r$

6.3　由直角推杆 BCD 推动长为 L 的杆 OA 在题 6.3 图所示平面内绕点 O 转动，已知推杆以速度 v 向左匀速运动距离 b。求当 $OC=x$ 时，杆端 A 的速度和加速度大小(表示为距离 x 的函数)。

6.4　如题 6.4 图所示机构中，水平杆 CD 与摆杆 AB 铰接，杆 CD 做平动，而摆杆 AB 插在绕点 O 转动的导管内，设水平杆速度为 $\boldsymbol{v}$。求图示瞬时导管的角速度及摆杆在导管中运动的速度。

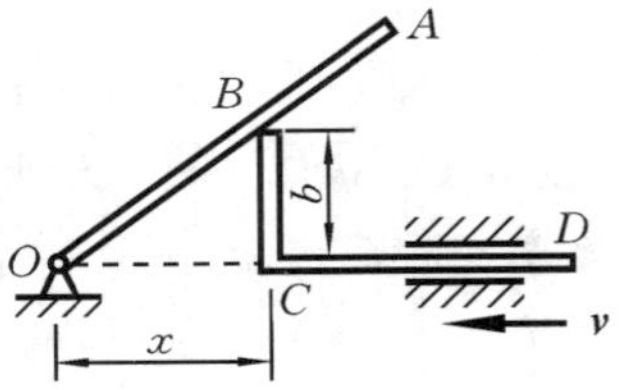

题 6.3 图

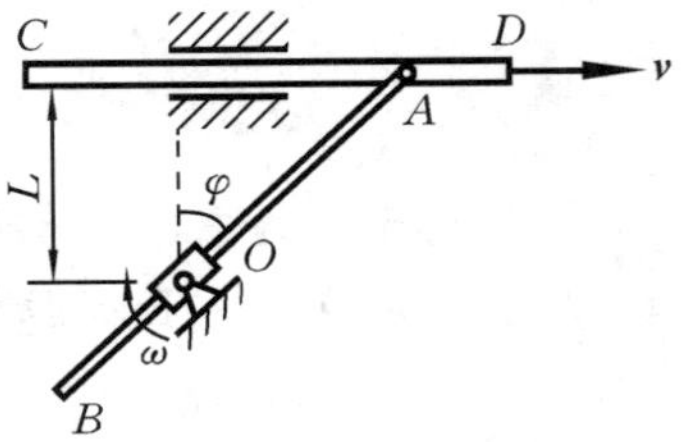

题 6.4 图

6.5　如题 6.5 图所示，杆 $O_1A=r$，以匀角速度 ω 绕轴 O_1 逆时针转动，图示位置 O_1A 水平，$O_2A=AB=L$，O_2B 的倾角为60°，杆 CDE 的 CD 段水平，DE 段在倾角为60°的滑槽内滑动。求杆 CDE 的速度。

6.6　水流在水轮机工作轮入口处的绝对速度 $v_a=15$ m/s，并与竖直方向成 60°角，如题 6.6 图所示。工作轮的外缘半径 $R=2$ m，转速 $n=30$ r/min。为避免水流与工作轮叶片相冲击，叶片应恰当地安装，以使水流对工作轮的相对速度与叶片相切。求在工作轮外缘处水流对工作轮的相对速度的大小和方向。

6.7　计算机构处于题 6.7 图所示位置时杆 CD 上点 D 的速度和加速度。设图示瞬时水平杆 AB 的角速度为 ω，角加速度为零，$AB=r$，$CD=3r$。

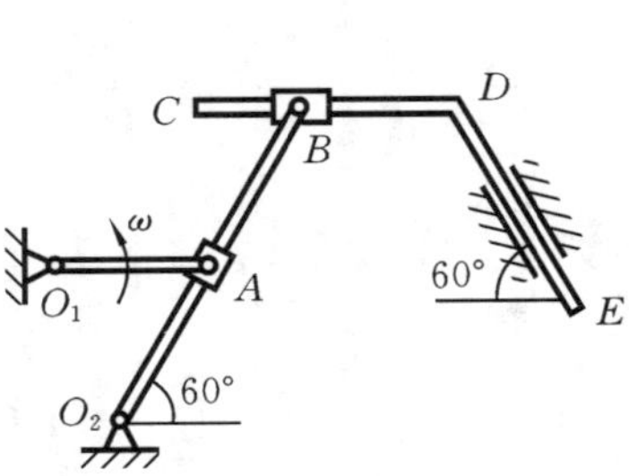

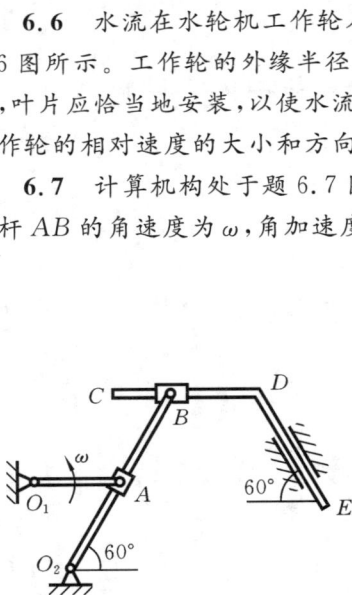

题 6.5 图

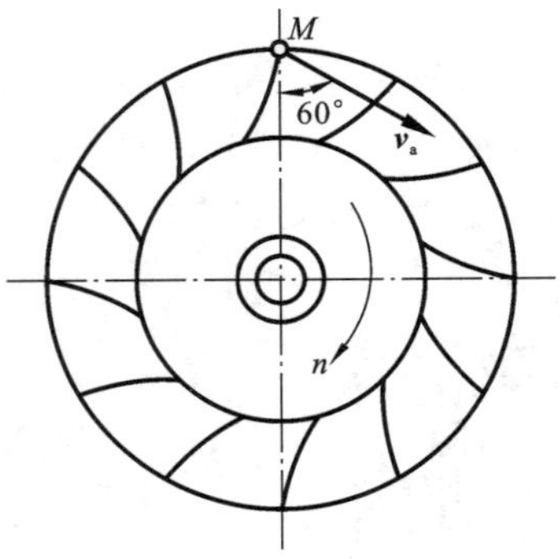

题 6.6 图

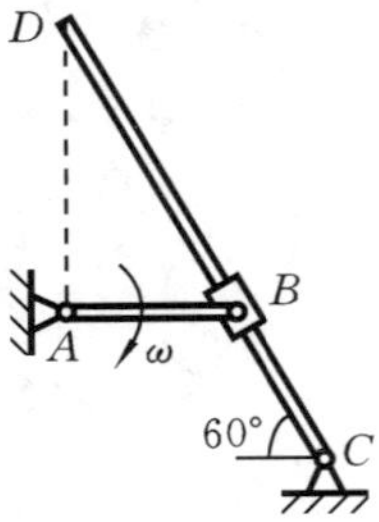

题 6.7 图

6.8　在题 6.8 图所示连杆机构中，当 $\varphi=\pi/4$ 时，求摇杆 OC 的角速度和角加速度。设杆

AB 以匀速 $\boldsymbol{v}$ 向上运动，开始时 $\varphi=0$。

6.9　在题 6.9 图所示机构中，长度皆为 0.2 m 的杆 O_1A 和 O_2B 按规律 $\varphi=5\pi t^3/48$ 分别绕轴 O_1 和 O_2 转动，并带动半径为 $r=0.16$ m 的细半圆环在图示平面内运动，点 M 沿圆环按 $AM=s=0.01\pi t^2$（单位为 m）的规律运动。试求在 $t=2$ s 时，点 M 的绝对速度和绝对加速度。

6.10　在题 6.10 图所示机构中，曲柄 $O_1A=r$，角速度 ω 为常量，$L=4r$，试以 r 和 ω 表示在图示位置时水平杆 CD 的速度和加速度。

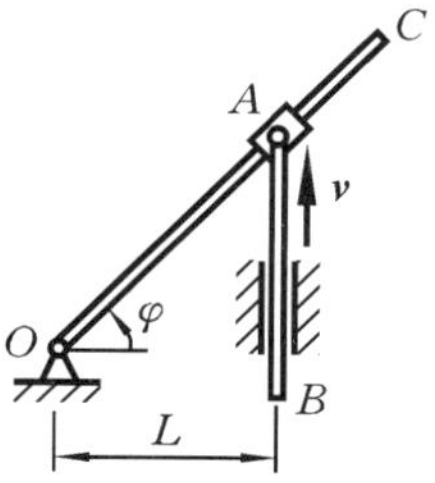

题 6.8 图

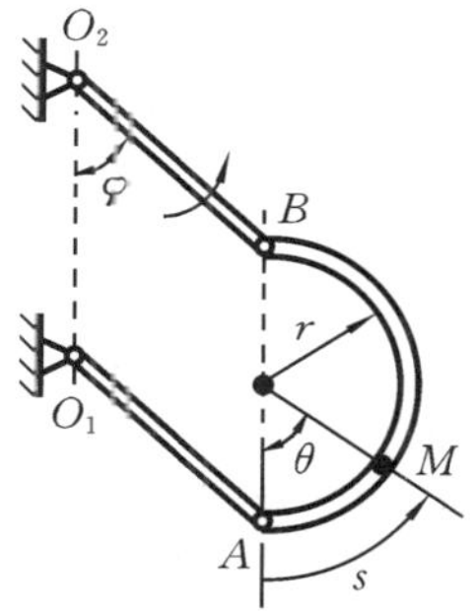

题 6.9 图

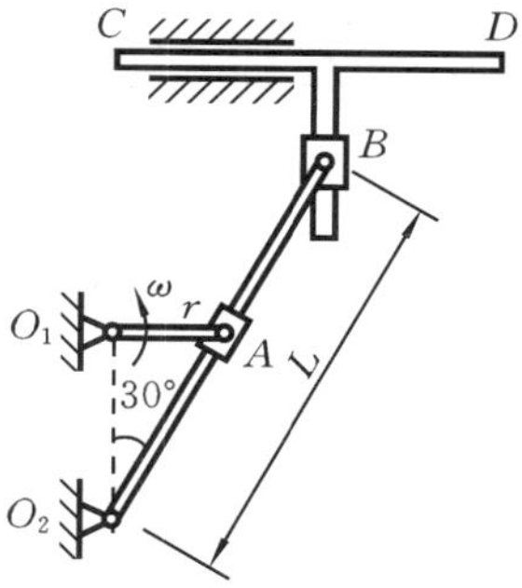

题 6.10 图

6.11　如题 6.11 图所示，点 M 按 $OM=s=2.5t^2$（单位为 cm）的规律沿截锥母线运动，截锥以匀角速度 $\omega=0.5$ rad/s 绕自身轴线转动，截锥上下底面半径分别为 $r=20$ cm，$R=50$ cm，母线长度 $L=60$ cm。求在 $t=4$ s 时，点 M 的绝对速度和绝对加速度。

6.12　一偏心圆盘凸轮机构如题 6.12 图所示，圆盘 C 的半径为 R，偏心距为 e，设凸轮以匀角速度 ω 绕轴 O 转动，求图示 φ 位置时，导板 AB 的速度和加速度。

6.13　如题 6.13 图所示，圆盘以角速度 $\omega=2t$ rad/s 绕轴 O_1O_2 转动，点 M 沿圆盘的半径 OA 以离开圆心的方向做相对运动，其运动规律为 $OM=4t^2$（长度的单位为 cm，时间的单位为 s），半径 OA 与 O_1O_2 的夹角为60°，求在 $t=1$ s 时，点 M 的绝对加速度的大小。

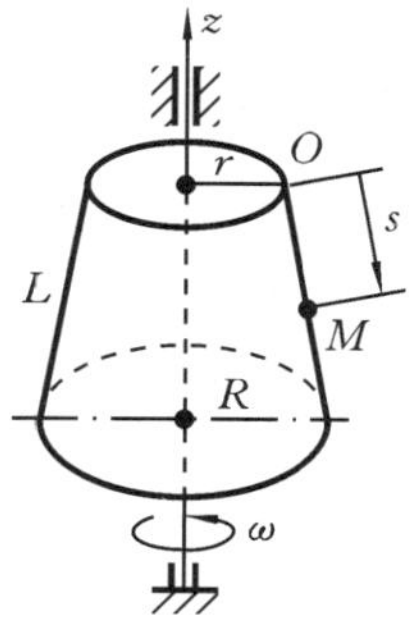

题 6.11 图

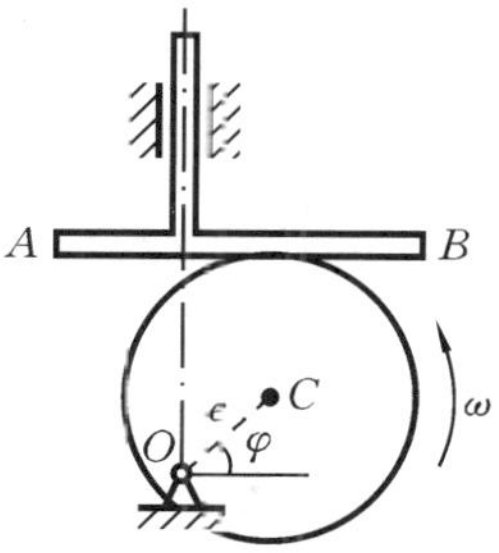

题 6.12 图

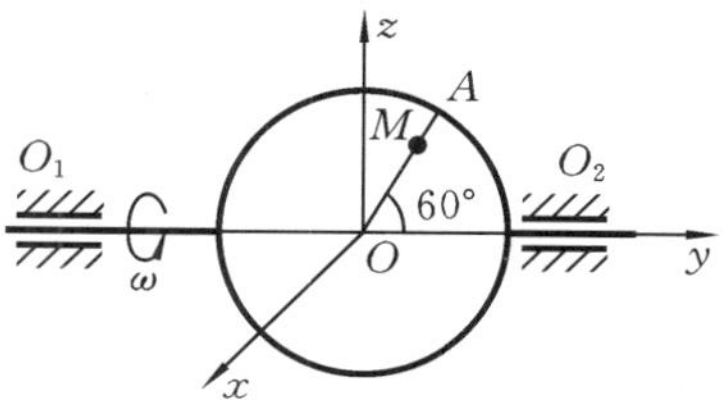

题 6.13 图

6.14　如题 6.14 图所示，圆环状构件绕转轴以匀角速度 ω 转动，转过一圈时，在与之连接的半径为 r 的圆环上做匀速运动的质点 M 沿圆环也走过一圈。求质点经过圆环上 A 和 B 两点时的加速度(分题 6.14 图(a)(b)两种情况)。

6.15　如题 6.15 图所示，杆 OA 绕轴 O 转动，图示瞬时 OA 水平，角速度为 ω，角加速度为零,杆 BC 平动,两杆都穿过小环 P,该瞬时杆 BC 与 OA 垂直,离点 O 的距离为 L,速度大小为 v,加速度为零,试分析该瞬时小环 P 的运动,求出小环 P 的绝对速度和绝对加速度的大小。

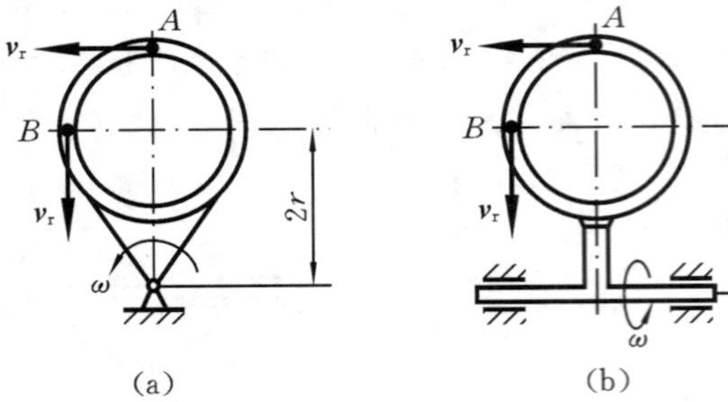

题 6.14 图

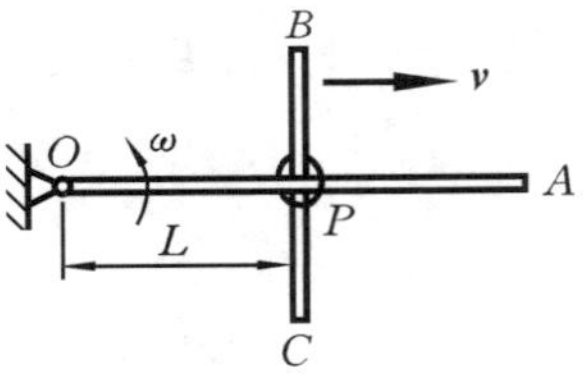

题 6.15 图

6.16　如题 6.16 图所示,半径为 R 的圆轮以匀角速度 ω 绕轴 O 顺时针转动,从而带动杆 AB 绕轴 A 转动,试求在图示位置时,杆 AB 的角速度 ω_{AB} 和角加速度 α_{AB}。

6.17　如题 6.17 图所示的行星轮机构,中心轮 1 的角速度和角加速度分别为 ω,α,中心轮 1 的半径为 r_1,行星轮 2 的半径为 r_2。点 M 在杆件 AB 上运动,图示位置正好是 AB 的中点,此时 M 的绝对加速度沿着 AB 方向,求此时点 M 相对杆 AB 的速度。

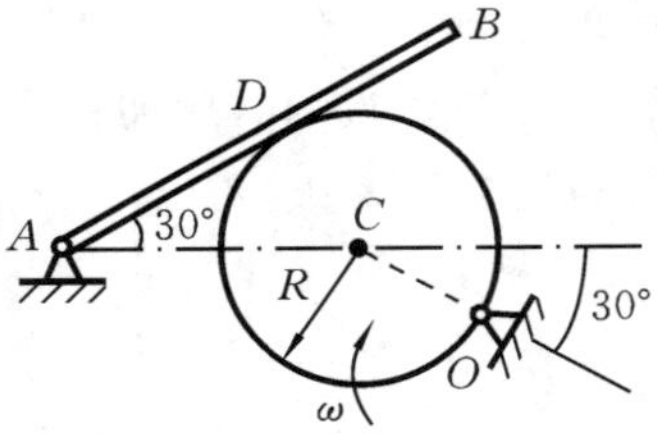

题 6.16 图

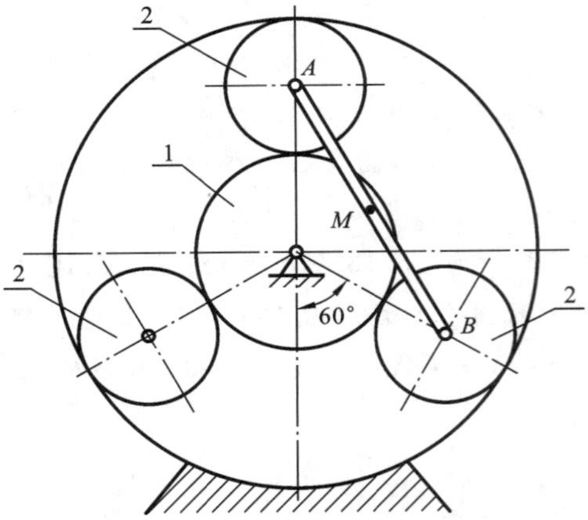

题 6.17 图

6.18　平面机构如题 6.18 图所示,已知 $CD /\!/ EG$,B 为杆 DG 的中点,$CD=EG=0.2$ m,$DG=0.5$ m,$OA=0.4$ m,在图示位置,杆 CD 竖直,$OA /\!/ CD$,$v_B=0.2$ m/s,方向水平向左,点 B 的加速度沿水平方向的分量 $a_{Bx}=0.1\ \mathrm{m/s^2}$,$\tan\theta=0.3$。求此瞬时:(1) 杆 CD 的角速度;(2) 点 B 的加速度沿竖直方向的分量;(3) 杆 OA 的角加速度。

6.19　在题 6.19 图所示的机构中,已知 v 为常量,当 O、A、D 处于同一水平直线上时,$\varphi=30°$,$OA=AD=R$,试求该瞬时杆 AB 的角速度 ω_{AB} 和角加速度 α_{AB}。

6.20　如题 6.20 图所示,自行车在水平直线道路上按规律 $s=0.1t^2$(s 以 m 为单位,t 以 s 为单位)行驶。已知:$R=0.35$ m,$l=0.18$ m,齿数 $z_1=18$,$z_2=48$。当 $t=10$ s 时,曲柄 MN 在竖直位置,求此时自行车踏板轴 M 和 N 的绝对加速度(假定车轮做纯滚动)。

6.21　如题 6.21 图所示,河宽 500 m,水以 1.5 m/s 的速度从南向北流动。已知水面垂

直于重力加速度 g 和科氏加速度负向的合成矢量。求北纬 60°处水质点的科氏加速度。又问：靠哪一岸的水面较高？高出多少？

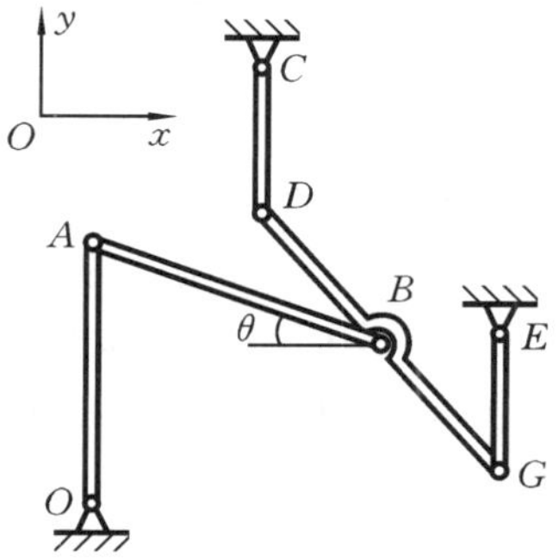

题 6.18 图

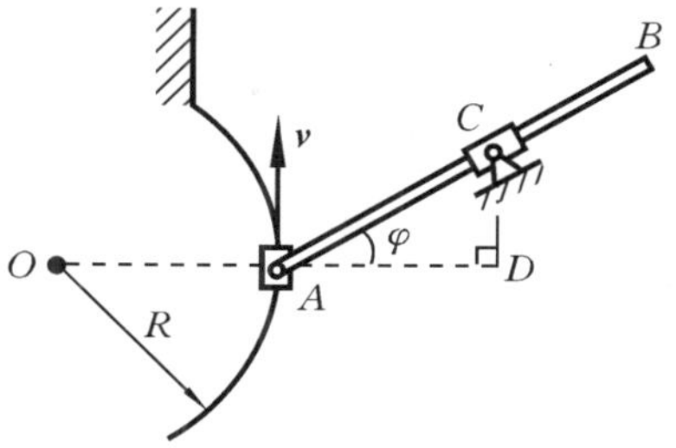

题 6.19 图

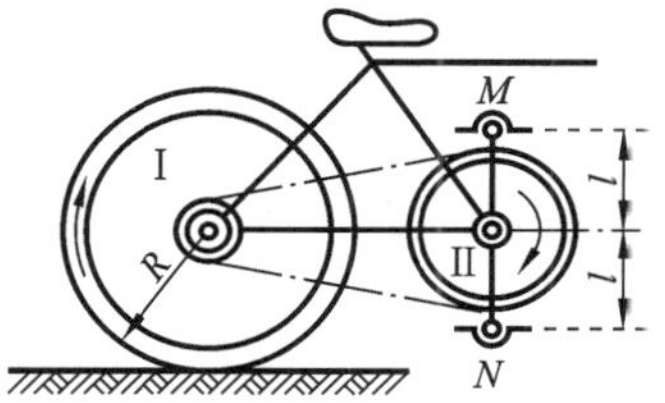

题 6.20 图

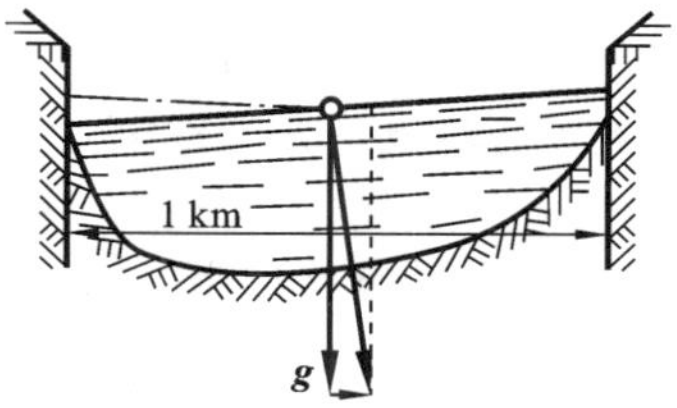

题 6.21 图

6.22　如题 6.22 图所示，瓦特离心调速器绕其竖直轴转动。已知瞬时转动角速度为 $\omega=\pi/2$ rad/s、角加速度为 $\varepsilon=1$ rad/s^2；与此同时，调速器的两个重球以角速度 $\omega_1=\pi/2$ rad/s、角加速度 $\varepsilon_1=0.4$ rad/s^2 分开。球柄长 $l=0.5$ m，两球柄的悬挂轴相距 $2e=0.1$ m，此时调速器的张角为 $2\alpha=90°$。求重球的绝对加速度。重球的尺寸略去不计，可将重球看作一个点。

6.23　如题 6.23 图所示，秋千 $ABCD$ 按规律 $\varphi=\varphi_0\sin\omega t$ 绕水平轴 O_1O_2 摆动，在横木 AB 上做练习的运动员以相对角速度 $\omega=$常数绕横木转动。已知 $BC=AD=l$，在初始瞬时运动员处于竖直位置，头朝上，秋千 $ABCD$ 在竖直最低位置。求 $t=\pi/\omega$ s、运动员脚底 M 到横木 AB 的距离为 a 时，点 M 的绝对加速度。

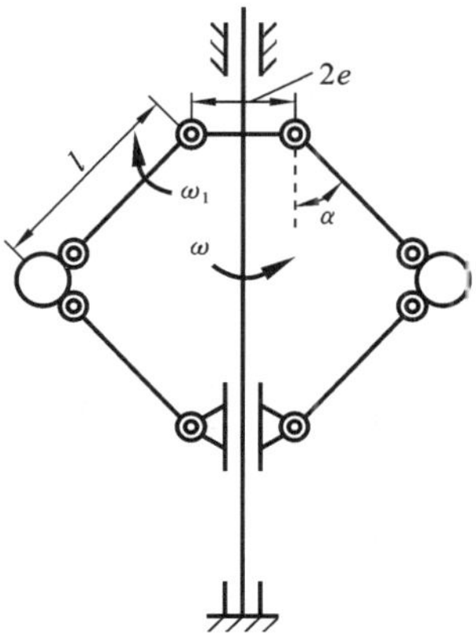

题 6.22 图

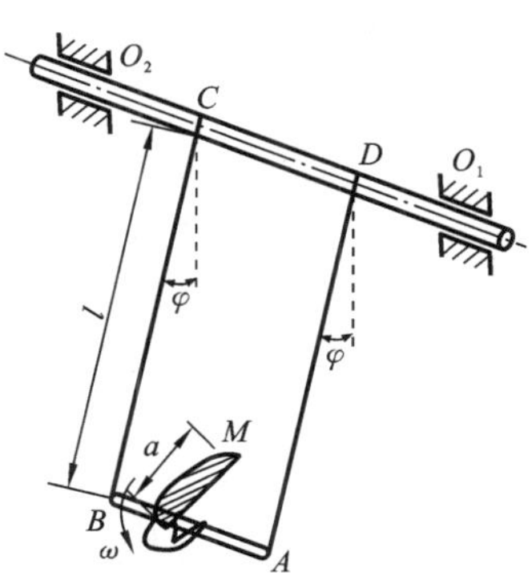

题 6.23 图

刚体的平面运动

第 7 章 刚体的平面运动

在第 6 章例 6.4 的套筒/滑杆问题中，取杆 AC 为动系，此时杆 AC 在平面内的运动既不是平动也不是定轴转动，像这样在平面内的运动，称为刚体的平面运动。刚体的平面运动是一种常见的刚体运动，实际中有很多平面运动的机构和可以简化成平面运动的机构，如曲柄连杆机构、气缸活塞机构、传动减速机构、振动机构等，如图 7.1 所示。刚体的平面运动在变形体的力学分析中也是经常使用的，比如在梁的变形运动中，其轴线的弯曲通常假设为某一平面内的运动。因此，学习刚体平面运动分析方法是很重要的。就分析方法而言，刚体平面运动分析只是点的合成运动分析的一个特例，但这样的特例在机构设计与运动分析中经常遇到。一个刚体的角加速度和质心的加速度可以通过动力学理论得到，但该刚体与其他刚体一般通过质心以外的点的连接来传递运动，所以需要研究同一刚体上两点间的速度和加速度关系。对这种特例，在点的合成运动分析方法的基础上，针对同一刚体上两点间距离不变的特点，获得快捷、简便和高效的方法对那些长期从事此方面工作的人来说，会节省很多时间，具有非常重要的意义。因此将这方面的内容专门用一章来介绍。

(a) (b) (c) (d)

图 7.1 平面运动机构例子

(a) 曲柄连杆机构 (b) 气缸活塞机构 (c) 传动减速(行星轮)机构 (d) 振动机构

刚体的平面运动及其分解

7.1 刚体的平面运动及其分解

刚体平面运动定义 一个刚体运动时，如果存在一个与之固连的平面，在刚体运动过程中该平面始终与某个固定平面平行且距离恒定，则该刚体做平面运动。

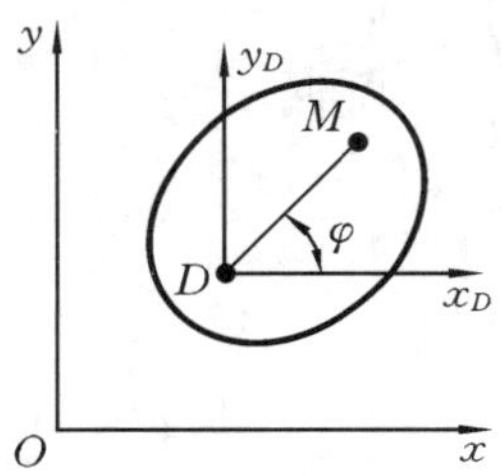

图 7.2 平面运动的分解

由定义可知，刚体内与固定平面平行的任意两个刚性平面的运动状况完全相同，因此刚体内与固定平面平行的任意一个刚性平面的运动代表了整个刚体的运动，因此，研究刚体的平面运动只需研究其上的一个平面图形即可。

图 7.2 所示为一个做平面运动的平面图形，在该图形上任取一点 D，称为**基点**，再人为附加一个随基点平动的坐标系 Dx_Dy_D；显然，在动系 Dx_Dy_D 中的观察者看到该图形绕轴 D 转动。设基点 D 在固

定直角坐标系 Oxy 中的瞬时坐标为(x_D, y_D)，该图形上的一条直线 DM 在动系中的瞬时转角为 φ，显然，只要每一瞬时的(x_D, y_D)和 φ 已知，该图形的瞬时位置也就确定了，因此平面运动图形(或平面运动刚体)的运动方程形式为

$$x_D = x_D(t), \quad y_D = y_D(t), \quad \varphi = \varphi(t) \tag{7.1}$$

根据以上分析，平面运动图形的运动可以分解为一系列连续的随基点的平动和绕基点的转动。转角 φ 对时间 t 的一阶和二阶导数分别称为**平面运动刚体的角速度 ω 和角加速度 α**，即

$$\omega = \dot{\varphi}(t), \quad \alpha = \ddot{\varphi}(t) \tag{7.2}$$

ω、α 为代数量，其正负号的确定方法与定轴转动刚体中的相同。

以上论述没有规定基点一定要选在何处，因此基点的选取是任意的，根据实际问题的需要而定。对于同一平面运动图形，选取不同的基点不影响角速度和角加速度的大小与转向，这是因为 φ 是在平动动系中定义的，而任意平动动系与固定坐标系 Oxy 之间均没有角度的变化，因此在 Δt 时间内，任意平动动系与固定坐标系 Oxy 中的观察者将测得相同的转角增量 $\Delta\varphi$(大小和转向)，进而所有平动动系中的观察者与固定坐标系 Oxy 中的观察者看到的角速度和角加速度相同。这与任意运动刚体的角速度和角加速度矢量与基点选取无关是一样的道理。图 7.3 很好地说明了以上的论述，图中杆 AB 做平面运动，在 Δt 时间内，从 AB 位置运动到 $A'B'$ 位置，A、B 两处的观察者看到的转角增量 $\Delta\varphi_1$ 与 $\Delta\varphi_2$ 显然相等。若 C 为由刚体 AB 所确定的平面上的点，因为 ABC 为同一刚体，所以以 C 为基点来观察 A、B 两点，看到的转角增量的大小和转向也是相同的。综上所述可得：平面运动刚体的角速度与角加速度的大小和转向与选取的基点无关，即 $\omega_{AB} = \omega_{BA} = \omega_{AC} = \omega_{CB} = \cdots = \omega$，$\alpha_{AB} = \alpha_{BA} = \alpha_{AC} = \alpha_{CB} = \cdots = \alpha$。

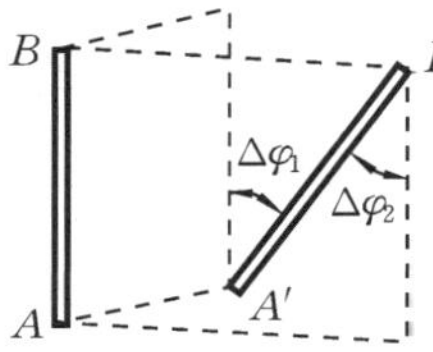

图 7.3 不同基点的转角增量相等

7.2 平面运动图形上任意点速度的求法

平面运动图形上任意点速度的求法

7.2.1 基点法

如图 7.4 所示，在平面运动图形上取基点 A，附加平动动系 Ax_Ay_A，需要知道该图形上任意点 B 的瞬时速度 $\boldsymbol{v}_B$。为此，令点 B 为动点，Ax_Ay_A 为动系，设点 A 的瞬时速度为 $\boldsymbol{v}_A$，根据点的速度合成定理，有

$$\boldsymbol{v}_B = \boldsymbol{v}_A + \boldsymbol{v}_{BA}, \quad v_{BA} = \omega \cdot AB \tag{7.3}$$

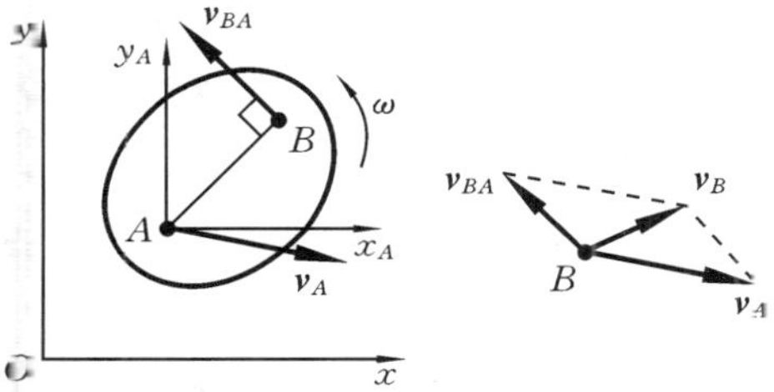

图 7.4 平面运动速度分析

其中，$\boldsymbol{v}_A$ 为基点速度，它也是牵连速度；$\boldsymbol{v}_{BA}$ 是相对速度，这里专门将其称为 **B 相对于 A 的速度**。其中，$\boldsymbol{v}_{BA}$ 写成矢量形式表示为 $\boldsymbol{v}_{BA} = \boldsymbol{\omega} \times \boldsymbol{r}_{AB}$。这种分析方法称为平面运动速度分析的**基点法**。基点的选取无一定的规则，具体问题需要具体分析，一般选取速度已知的点作为基点。

方程(7.3)为一个平面矢量方程，等价于两个独立的代数方程，因此可以求解其中的任意两个未知量。

7.2.2　速度投影法

将方程(7.3)沿 AB 连线方向上投影，得

$$\boldsymbol{v}_A \cdot \boldsymbol{e}_{AB} = \boldsymbol{v}_B \cdot \boldsymbol{e}_{AB} \tag{7.4}$$

其中，$\boldsymbol{e}_{AB}$ 表示 AB 连线方向上的单位矢量。式(7.4)在 AB 连线方向投影，其结果为投影长度相等，指向相同。这种方法称为**速度投影法**，也就是式(5.27)的速度投影定理。该定理对空间任意运动刚体也成立，它表征了刚体上任意两点的距离始终不变的特性。

在仅求速度关系，比如图 7.5(a)所示的连杆机构中应用该方法比较方便。此外，如图 7.5(b)所示，受拉的绳索中 BC 段可视为相对轮 C 做纯滚动的刚体，应用速度投影定理很容易确定物体 B 与 A 的速度关系。

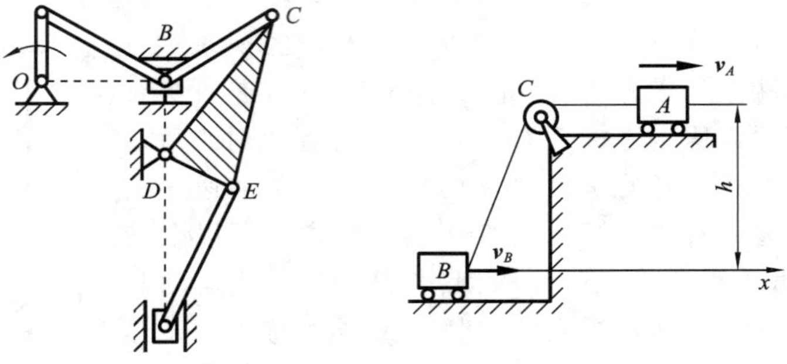

图 7.5　连杆机构

7.2.3　速度瞬心法

应用基点法时，若基点的速度为 0，其计算就很简单了。那么能否很容易地找到这一特殊点呢？对于图 7.6 所示的刚体，当 $\omega \neq 0$ 时，过点 A 作 $\boldsymbol{v}_A$ 的垂线，在该垂线上取 $AC = v_A/\omega$，根据方程(7.3)，点 C 的速度为零，而且这样的作法是唯一的。这样的在做平面运动的平面图形上(或其扩大部分上)瞬时速度为零的点叫作**速度瞬心**，简称**瞬心**。但是，在不同的时刻，无论是瞬心的绝对位置还是其相对于平面图形自身的位置一般不是固定的，而是随时间变化的。且不同的刚体有不同的速度瞬心。速度瞬心是角速度不为 0 时，刚体所在无限大平面上速度为 0 的点，每个刚体该瞬时的速度瞬心是唯一的。对于物体由静止释放这一特殊状态，每个点的速度均为 0，为了叙述方便，不妨定义由静止释放的物体在该位置有角速度时其速度瞬心为静止状态的速度瞬心。

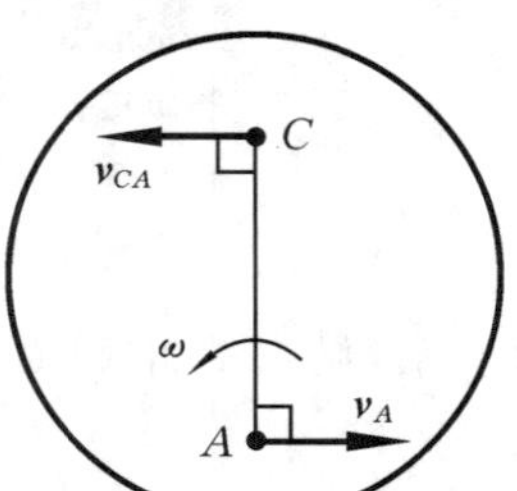

图 7.6　速度瞬心的位置

当运动的平面图形不做平动，但某瞬时 $\omega = 0$，根据方程(7.3)，此时平面图形上所有点的瞬时速度相等，这种情况称为**瞬时平动**。因此刚体瞬时平动的瞬间，其没有瞬心，或认为瞬心在无穷远处。虽然在瞬时平动的瞬间，平面图形上点的速度分布特性与平动的情况相同，但在其他瞬时，两者的速度分布特性可能是不同的。此外，两者加速度的分布特性即使在瞬时平动的瞬间也可能是完全不同的，因此，一定要注意，瞬时平动不等于平动，平动需满足的条件更

多，可以认为平动是瞬时平动的特殊情形。

瞬时平动有以下两种情形：①两点速度方向平行，且与两点连线不垂直；②速度方向与两点连线垂直，两点速度方向和大小相同。

速度瞬心 C 找到后，该瞬时平面图形的运动可视为绕 C 做定轴转动（仅速度的分布），因此平面图形上任一点 M 的瞬时速度值为

$$v_M=\omega\cdot MC \tag{7.5}$$

速度的方向与角速度 ω 的转向一致。这种速度分析方法称为**速度瞬心法**。

速度瞬心的求法：根据以上分析，速度瞬心一定在任意点速度矢量的垂线上，因此，一般只要知道任意两点的速度方向，作它们的垂线，交点就是速度瞬心，如图 7.7(a)所示；图 7.7(b)(c)所示为两种确定瞬心的特殊情况，需要利用方程(7.5)所示的点的速度与其至瞬心的距离成正比的特性；图 7.7(d)为瞬时平动的情况。

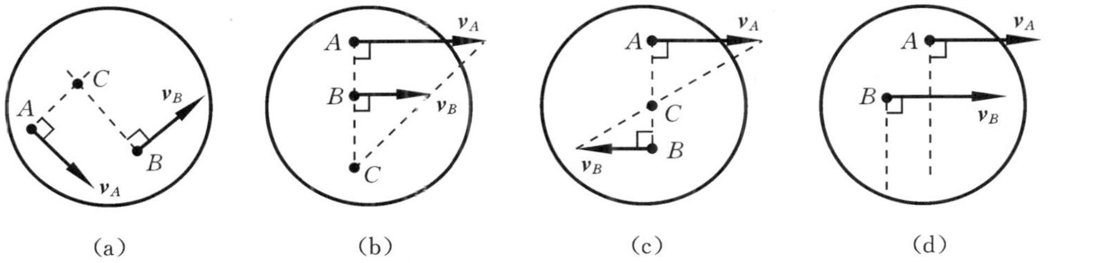

图 7.7　速度瞬心的确定方法

(a) 两速度不平行　(b) 两速度平行同向　(c) 两速度平行反向　(d) 无瞬心

下面来考察平面运动刚体在地面上滚动的情况。如图 7.8 所示，刚体 A 做平面运动，假定其与地面始终接触，那么刚体与地面在接触点 C 处既不能相互离开，也不能相互侵彻，所以刚体上的接触点 C 的速度 $\boldsymbol{v}_C$ 一定沿接触处的切线方向或者为零。当 $\boldsymbol{v}_C$ 不恒等于零且接触点相对于刚体的位置不断改变时，刚体的运动称为**有滑动的滚动**；当 $\boldsymbol{v}_C$ 恒等于零且接触点相对于刚体的位置不断改变时，刚体的运动称为**无滑动的滚动或纯滚动**。因此，在静止物体上做纯滚动的刚体，每一瞬时的接触点就是刚体的速度瞬心。实际中做纯滚动的物体很多，如各种车轮在常规情况下就做纯滚动，纯滚动是刚体的一种重要运动形式。

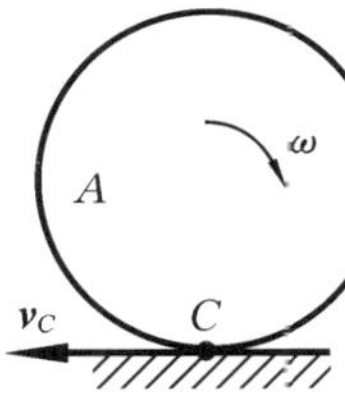

图 7.8　刚体的滚动

例 7.1　如图 7.9(a)所示，滚压机构的滚子沿水平面做纯滚动。曲柄 OA 长 r，连杆 AB 长 l，滚子半径为 R。已知曲柄以匀角速度 ω 绕轴 O 转动，$\angle AOB=\varphi$。求杆 AB、滚子的角速度。

解　杆 AB 做平面运动，下面采用不同方法求解。

(1) 用基点法和速度投影法，如图 7.9(b)所示。

以 A 为基点，得

$$\boldsymbol{v}_B=\boldsymbol{v}_A+\boldsymbol{v}_{BA} \tag{a}$$

其中，$v_A=\omega r$。式(a)向竖直方向投影，得

$$v_A\cos\varphi-v_{BA}\cos\angle ABO=0\quad\Rightarrow\quad v_{BA}=\frac{v_A\cos\varphi}{\cos\angle ABO}$$

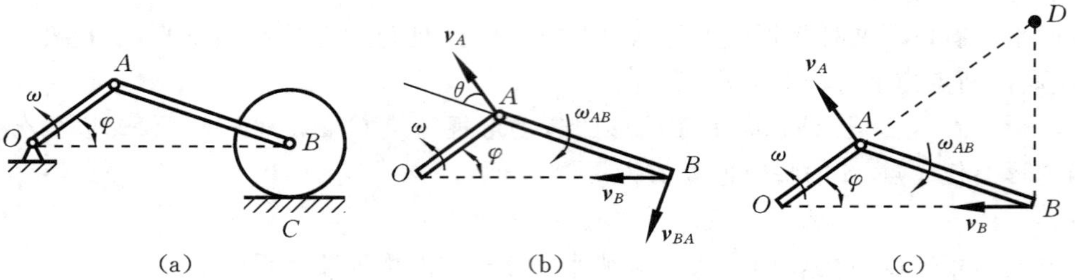

图 7.9　例 7.1 图

(a) 滚压机构　(b) 基点法速度分析　(c) 瞬心法速度分析

由正弦定理得

$$\frac{\sin\angle ABO}{r}=\frac{\sin\varphi}{l}$$

所以
$$\sin\angle ABO=\frac{r\sin\varphi}{l},\quad \cos\angle ABO=\frac{\sqrt{l^2-r^2\sin^2\varphi}}{l}$$

进而
$$v_{BA}=\frac{v_A l\cos\varphi}{\sqrt{l^2-r^2\sin^2\varphi}}=\frac{\omega rl\cos\varphi}{\sqrt{l^2-r^2\sin^2\varphi}}$$

$$\omega_{BA}=\frac{v_{BA}}{l}=\frac{\omega r\cos\varphi}{\sqrt{l^2-r^2\sin^2\varphi}}$$

由速度投影法得

$$v_A\cos\theta=v_B\cos\angle ABO \quad\Rightarrow\quad v_B=\frac{v_A\cos\theta}{\cos\angle ABO}$$

而
$$\begin{aligned}\cos\theta&=\sin\angle OAB=\sin(\varphi+\angle ABO)\\&=\sin\varphi\cos\angle ABO+\cos\varphi\sin\angle ABO\\&=\frac{(\sqrt{l^2-r^2\sin^2\varphi}+r\cos\varphi)\sin\varphi}{l}\end{aligned}$$

所以

$$v_B=\omega r\left(1+\frac{r\cos\varphi}{\sqrt{l^2-r^2\sin^2\varphi}}\right)\sin\varphi$$

滚子的角速度 ω_B 为

$$\omega_B=\frac{v_B}{R}=\frac{\omega r}{R}\left(1+\frac{r\cos\varphi}{\sqrt{l^2-r^2\sin^2\varphi}}\right)\sin\varphi$$

(2) 用瞬心法,如图 7.9(c)所示。

杆 AB 的瞬心为点 D,可得

$$\omega_{BA}=\frac{v_A}{AD},\quad v_B=\omega_{BA}\cdot BD$$

由几何关系求出 AD、BD 后可得相同的结果,具体过程请读者自行完成。

从例 7.1 可知,基点法相对计算量大一些。当仅求刚体间各点的速度关系时,若速度与投影轴的角度余弦容易计算,应用速度投影定理比较方便。当能找到速度瞬心时,若仅求角速度或同时要求速度和角速度,一般采用速度瞬心法更简单些。当不能确定速度瞬心或速度瞬心的距离计算复杂时，可应用基点法。

采用速度瞬心法时需要计算点到速度瞬心的距离。可通过几何方法，应用正弦定理或余弦定理等；若应用几何法较复杂，可利用解析法建立坐标方程，得到相关速度点和速度瞬心的坐标，进而得到两点间的距离；若通过两个已知方向的速度的交点确定速度瞬心，则可以建立速度矢量的直线方程，求解两个直线方程得到速度瞬心的坐标。该题若采用建立坐标求导的方法，则因为三角形 OAB 不总是直角三角形，求导十分复杂。

例 7.2　如图 7.10(a) 所示，曲柄机构在其连杆 AB 的中点 C 以铰链与 CD 连接。而杆 CD 又与杆 DE 铰接，杆 DE 可绕点 E 转动。已知 OAB 水平，曲柄 OA 的角速度 $\omega=8$ rad/s，$OA=0.25$ m，$DE=1$ m，$\angle CDE=90°$。求图示位置时，杆 DE 的角速度。

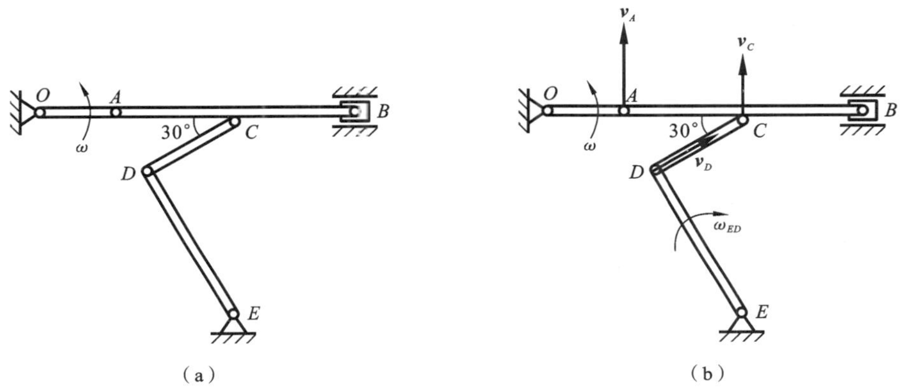

图 7.10　例 7.2 图

解　如图 7.10(b) 所示，点 A 速度方向垂直于 AB，点 B 速度方向沿着 AB，由速度投影定理得 $v_B=0$，故点 B 是 AB 的速度瞬心。

$$v_C=\frac{BC}{AB}v_A=1\ \text{m/s}$$

【DC】由速度投影定理有

$$v_D=v_C\cos 60°=0.5\ \text{m/s}$$

$$\omega_{ED}=\frac{v_D}{DE}=0.5\ \text{rad/s}$$

例 7.3　如图 7.11(a) 所示瞬时，$\omega=1$ rad/s，$O_1A=1$ m。套筒绕 AB 的中点 O_2 做定轴转动。求该瞬时滑块 C 的速度。

解　由例 6.4 可知，AB 上与 O_2 重合的点的速度与该点相对套筒 O_2 的速度矢量相同。故 AB 的速度瞬心为图 7.11(b) 所示的点 P。根据图中几何关系可知 $\triangle APB$ 为等边三角形，故

$$v_B=v_A=1\ \text{m/s}$$

【BC】由速度投影定理有

$$v_C\cos 60°=v_B\cos 60°$$
$$v_C=1\ \text{m/s}$$

* **例 7.4**　如图 7.12(a)(b) 所示的两个机构，在图 (a) 中，$AB=BC=CD=AD=OB=CE$。

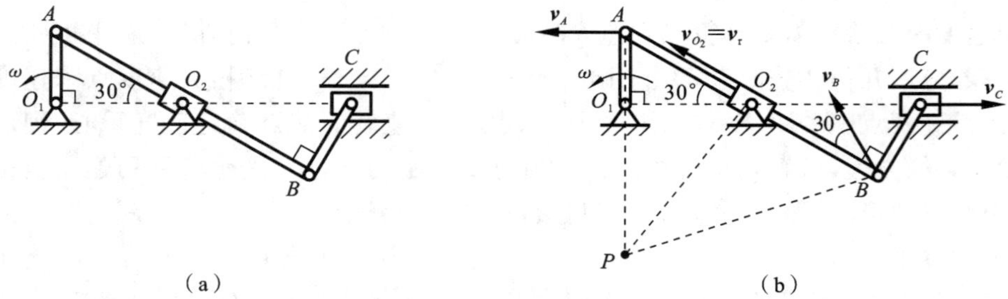

图 7.11　例 7.3 图

I 为 BC 的中点。在图(b)中，$AD=DB=BC=CE$。则两个机构中杆件 BC 的速度瞬心分别是哪一个？

① C,B　　② C,I　　③ I,I　　④ I,B

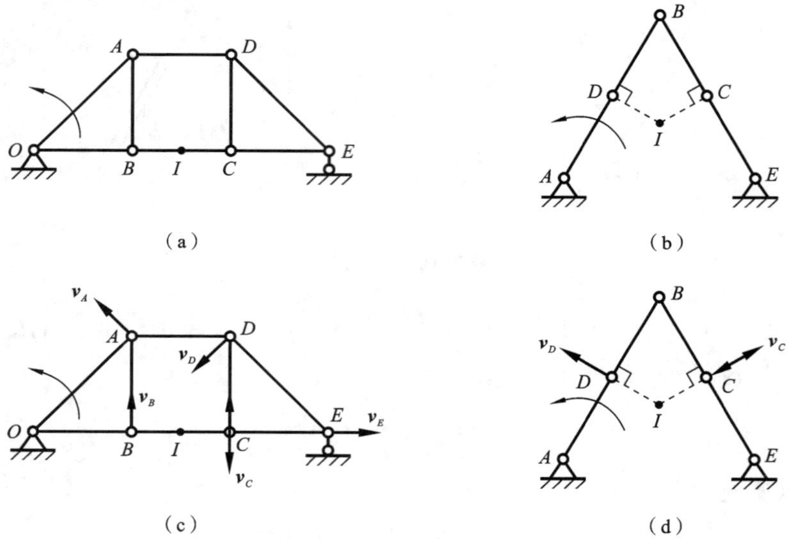

图 7.12　例 7.4 图

解　(1) 对于图 7.12(a)所示机构，点 B 速度 $\boldsymbol{v}_B$ 指向如图 7.12(c)所示，因为 $\boldsymbol{v}_B\perp BC$，故 BC 的速度瞬心一定在 BC 及其延长线上，$\boldsymbol{v}_C$ 方向必然与 BC 垂直，指向未定。对于 CE，由速度投影定理可知，点 E 为 CE 的速度瞬心。对于由铰链连接的 3 根杆件构成的三角形，其可视为 1 个刚体，故$\triangle OAB$ 和$\triangle DCE$ 可分别视为 2 个刚体。由此得到点 A 速度方向且点 D 速度方向垂直于 DE，对于 AD，由速度投影定理得 $\boldsymbol{v}_D$ 指向如图 7.12(c)所示，从而确定 $\boldsymbol{v}_C$ 指向向下。因为 I 为 BC 中点，故 I 为 BC 的速度瞬心。

(2) 对于图 7.12(b)所示机构，点 D 速度方向垂直于 BD，则 BD 的速度瞬心必然在 BD 及其延长线上。而点 C 速度方向垂直于 BC，则 BC 的速度瞬心必然在 BC 及其延长线上。故交点 B 分别为 BD 和 BC 的速度瞬心。

故选项④正确。

*例 7.5　图 7.13(a)(b)所示的机构中，杆 AB 均可在构件 OC 中滑动，且其 A 端一直与地面保持接触。图 7.13(a)中 OC 与 AB 垂直。在图中画出两个机构中杆 AB 的速度瞬心的位置。

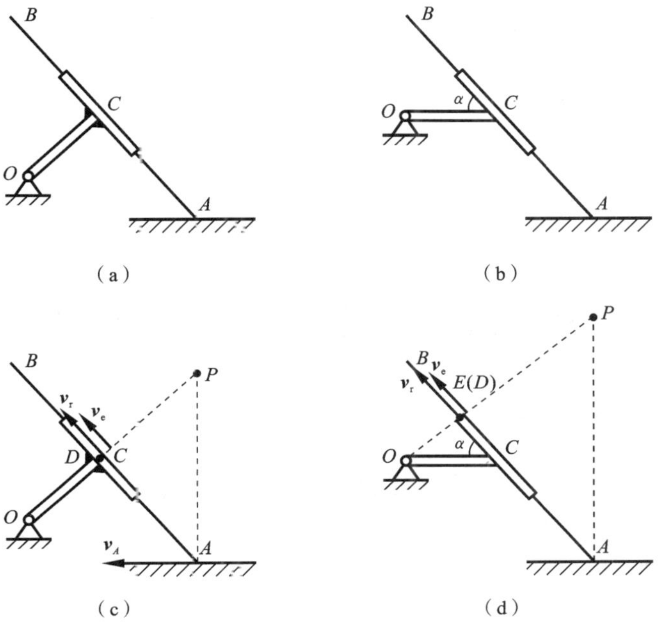

图 7.13　例 7.5 图

解　(1) 对于图 7.13(a)所示机构，如图 7.13(c)所示，取 AB 上与点 C 重合的点 D 为动点，OC 为动系，得到 $\boldsymbol{v}_C$ 方向沿着 AB 方向，而点 A 速度方向已知，故 AB 的速度瞬心为图 7.13(c)中的点 P。

(2) 对于图 7.13(b)所示机构，如图 7.13(d)所示，过点 O 作 AB 的垂线得到垂足点 E，则 AB 上点 E 的速度沿着 AB 方向，故得到 AB 的速度瞬心为图 7.13(d)所示的点 P。

*例 7.6　如图 7.14(a)所示，重 $G=100$ N、长为 1 m 的均质杆件 AB 放在摩擦因数 $f=0.5$ 的水平平面上，在 A 端施加一个与 AB 垂直的力 F，问 AB 保持静止时 F 的最大值。

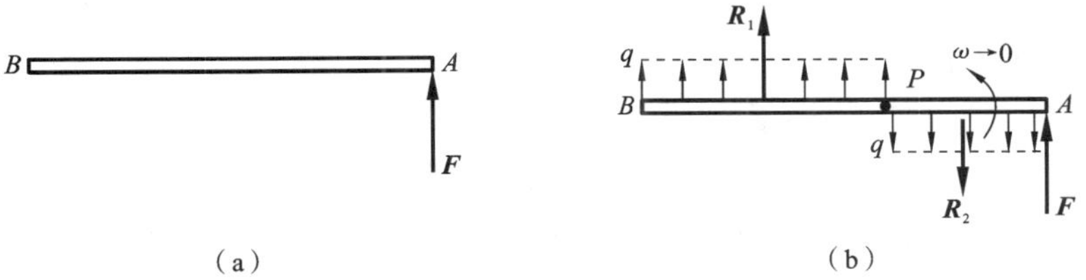

图 7.14　例 7.6 图

解　在力 F 作用下，AB 有图 7.14(b)所示的逆时针转动的趋势，设 AB 即将转动时，其速度瞬心为 P，$PA=x$。此时系统仍处于静平衡状态。微小单元 $\mathrm{d}x$ 受到的摩擦力为 $fq\mathrm{d}x$，$q=100$ N/m。

则 AP 段所受的摩擦力合力为 $R_2=fGx$，BP 段所受的摩擦力合力为 $R_1=fG(1-x)$，由

力平衡方程有

$$F+R_1=R_2 \tag{a}$$

由力矩平衡方程有

$$\sum M_A=0: \quad R_2\frac{x}{2}-R_1\left(x+\frac{1-x}{2}\right)=0 \tag{b}$$

由方程(b),解得

$$x=\frac{\sqrt{2}}{2}\ \mathrm{m} \tag{c}$$

将 x 的值代入式(a),得

$$F=50(\sqrt{2}-1)\ \mathrm{N}$$

平面运动图形上任意点加速度的求法

7.3 平面运动图形上任意点加速度的求法

7.3.1 基点法

如图 7.15 所示,在平面运动图形上取基点 A,在点 A 上附加一个平动动系(图中未画出),希望求出该图形上任一点 B 的加速度 $\boldsymbol{a}_B$。为此,以 B 为动点,以附加平动动系为动系,由加速度合成定理,得

$$\boldsymbol{a}_B=\boldsymbol{a}_A+\boldsymbol{a}_{BA}^{\mathrm{n}}+\boldsymbol{a}_{BA}^{\mathrm{t}} \tag{7.6}$$

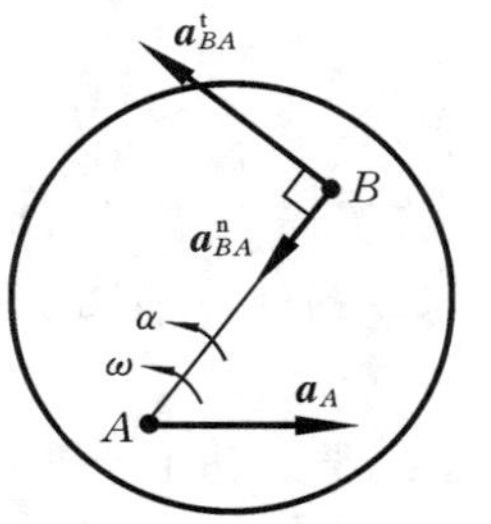

图 7.15　平面运动加速度分析

其中,$\boldsymbol{a}_A$ 为牵连加速度;$\boldsymbol{a}_{BA}^{\mathrm{n}}$、$\boldsymbol{a}_{BA}^{\mathrm{t}}$ 分别为相对加速度的法向和切向分量,这里专门将其称为 B **相对于** A **的加速度**。$\boldsymbol{a}_{BA}^{\mathrm{n}}$、$\boldsymbol{a}_{BA}^{\mathrm{t}}$ 采用矢量表示时可写成 $\boldsymbol{a}_{BA}^{\mathrm{n}}=\boldsymbol{\omega}\times\boldsymbol{v}_{BA}=\boldsymbol{\omega}\times(\boldsymbol{\omega}\times\boldsymbol{r}_{AB})$,$\boldsymbol{a}_{BA}^{\mathrm{t}}=\boldsymbol{\alpha}\times\boldsymbol{r}_{AB}$。$\boldsymbol{a}_{BA}^{\mathrm{n}}$、$\boldsymbol{a}_{BA}^{\mathrm{t}}$ 的大小分别为

$$a_{BA}^{\mathrm{n}}=\omega^2\cdot AB=\frac{v_{BA}^2}{AB},\quad a_{BA}^{\mathrm{t}}=\alpha\cdot AB \tag{7.7}$$

这种分析方法称为平面运动加速度分析的基点法。基点的选取无一定的规则,具体问题需要具体分析,一般选取加速度已知的点作为基点。

方程(7.6)为一个平面矢量方程,等价于两个独立的代数方程,因此可以求解其中的任意两个未知量。

推论 1　A、B、C 为同一刚体上的三点,当 C 为 AB 的中点时,有

$$\boldsymbol{v}_C=(\boldsymbol{v}_A+\boldsymbol{v}_B)/2;\quad \boldsymbol{a}_C=(\boldsymbol{a}_A+\boldsymbol{a}_B)/2 \tag{7.8}$$

推论 2　当刚体的角速度为 0 时,同一刚体上的点 A、B 的加速度间有类似速度投影定理的关系:

$$\boldsymbol{a}_A\cdot\boldsymbol{e}_{AB}=\boldsymbol{a}_B\cdot\boldsymbol{e}_{AB} \tag{7.9}$$

上述 2 个推论读者自行推导。

* **推论 3**　当 ω 或 α 不同时为 0 时,平面图形上一定存在唯一一个加速度为 0 的点,该点称为加速度瞬心。设点 D 为加速度瞬心,点 A 和点 B 为同一平面图形上的两点,其加速度分别为 $\boldsymbol{a}_A$,$\boldsymbol{a}_B$,则有

(1)
$$a_A = AD \cdot \sqrt{\omega^4 + \alpha^2} \tag{7.10a}$$

(2)
$$\frac{a_A}{a_B} = \frac{AD}{BD} \tag{7.10b}$$

(3) 刚体上每一个点的总加速度矢量与该点和加速度瞬心的连线的角度均满足

$$\tan\theta = \frac{\alpha}{\omega^2} \tag{7.10c}$$

证明　对于点 B 和点 D，由式(7.6)有

$$\boldsymbol{a}_B = \boldsymbol{a}_D + \boldsymbol{a}_{BD}^{\mathrm{t}} + \boldsymbol{a}_{BD}^{\mathrm{n}}$$

若 $\boldsymbol{a}_D = \boldsymbol{0}$，则得到 $\boldsymbol{a}_B$ 方向如图 7.16 所示。当 ω 或 α 不同时为 0 且 $\boldsymbol{a}_D = \boldsymbol{0}$ 时，$\boldsymbol{a}_B$ 不为 $\boldsymbol{0}$，在已知 $\boldsymbol{a}_B$ 的大小和方向时，可以由 $\tan\theta = \frac{\alpha}{\omega^2}$ 画出 DB 的方向，再由 $BD = \frac{a_B \sin\theta}{\alpha}$ 确定点 D 的位置。上述确定的点 D 的位置是唯一的，故由此证明，当 ω 或 α 不同时为 0 时，平面图形上一定存在唯一一个加速度为 0 的点，该点称为加速度瞬心。

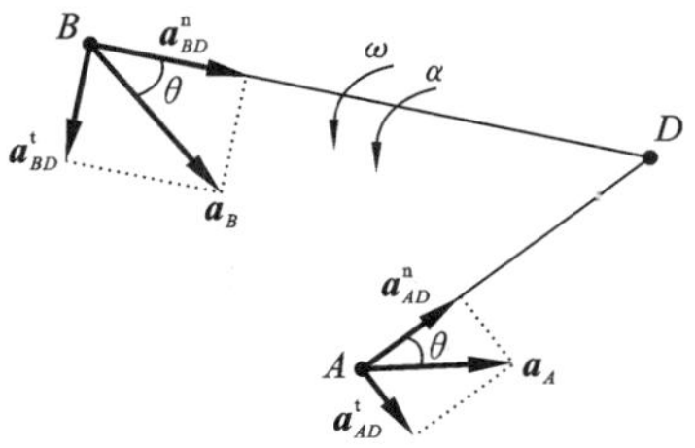

图 7.16

根据上面的步骤，很容易证明式(7.10a)～式(7.10c)，不再赘述。

*__例 7.7__　对于图 7.17(a)所示的做平面运动的正方形板 $ABCD$，在某一瞬时，其点 B 和点 D 的加速度大小相等，方向如图所示。分别求该瞬时点 A 和点 C 的加速度大小之比。

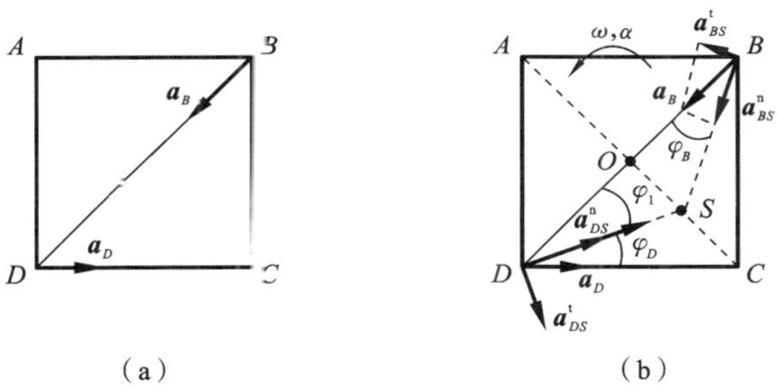

图 7.17　例 7.7 图

解　不失一般性，假设正方形板边长为 b，角速度 ω 和角加速度 α 如图 7.17(b)所示。

因为 $a_B = a_D$，则加速度瞬心 S 一定在 BD 的垂直平分线上，假设为图 7.17 所示正方形板对角线 AC 上的点 S，故

$$\varphi_B = \varphi_1 \tag{a}$$

以加速度瞬心为基点，可以证明，B、D 两点的加速度矢量与其到加速度瞬心 S 的连线的角度相等。

$$\varphi_B = \varphi_D \tag{b}$$

而

$$\varphi_1 + \varphi_D = \frac{\pi}{4} \tag{c}$$

由式(a)、式(c)得

$$\varphi_1 = \frac{\pi}{8}$$

因此，

$$OS=\frac{\sqrt{2}}{2}b\tan\frac{\pi}{8}$$

可以证明，

$$\frac{a_A}{a_C}=\frac{AS}{CS}=\frac{1+\tan\frac{\pi}{8}}{1-\tan\frac{\pi}{8}}=1+\sqrt{2}$$

例 7.8　如图 7.18 所示，杆件 O_1A 以角速度 ω_1 顺时针匀速转动。在图示瞬时，$O_1A /\!/ O_2B$，$O_1A=O_2B=r$，$O_1A \perp O_1B$。求图示瞬时：

(1) 杆 AB 和 O_2B 的角加速度。

(2) 杆 AB 的中点 C 的切向和法向加速度。

(3) 杆 AB 的中点 C 的轨迹在该瞬时的曲率半径。

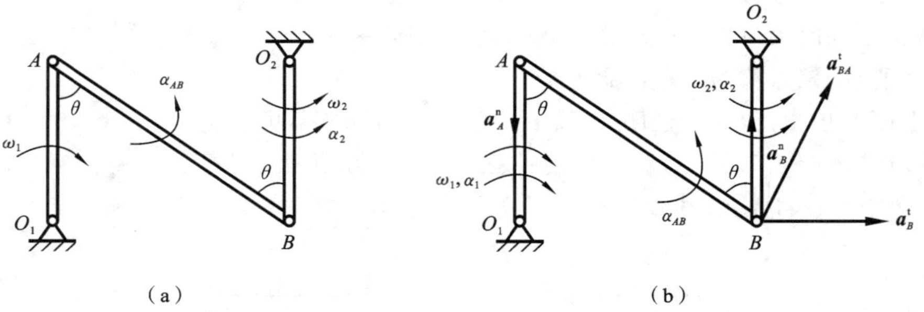

图 7.18　例 7.8 图

解　(1) 因为 A、B 两点速度平行且与 AB 不垂直，故 AB 做瞬时平动，有 $\omega_{AB}=0$，$\boldsymbol{v}_A=\boldsymbol{v}_B$，其大小为 $r\omega_1$。

点 A、B 的加速度关系如图 7.18(b)所示，由基点法有

$$\boldsymbol{a}_B^t+\boldsymbol{a}_B^n=\boldsymbol{a}_A^n+\boldsymbol{a}_{BA}^n+\boldsymbol{a}_{BA}^t \tag{a}$$

其中，

$$a_B^t=r\alpha_2,\quad a_B^n=a_A^n=r\omega_1^2,\quad a_{BA}^n=0,\quad a_{BA}^t=AB\cdot\alpha_{AB}=\frac{r\alpha_{AB}}{\cos\theta}$$

将式(a)垂直于 $\boldsymbol{a}_{BA}^t$ 投影，得

$$\alpha_2=2\omega_1^2\cot\theta$$

将式(a)垂直于 $\boldsymbol{a}_B^t$ 投影，得

$$\alpha_{AB}=2\omega_1^2\cot\theta$$

(2) 分别取点 A 和点 B 为基点，可得

$$\boldsymbol{a}_C=\frac{\boldsymbol{a}_A+\boldsymbol{a}_B}{2} \tag{b}$$

点 C 的切向加速度与其速度方向平行，法向加速度与其速度方向垂直。故由式(b)有

$$a_C^n=0,\quad a_C^t=\frac{a_B^t}{2}=r\omega_1^2\cot\theta \tag{c}$$

(3) 因为 $a_C^n=\dfrac{v^2}{\rho}$，故 $\rho=\infty$。其原因是该瞬时点 C 是运动轨迹的拐点。

由该例可知，瞬时平动物体的角加速度一般不为0。

由于按推论3确定加速度瞬心的方法比较复杂，故求同一刚体两点的加速度关系时一般仍类似例7.8采用基点法。仅类似例7.7的特殊问题以及在特殊情形下容易确定速度瞬心的加速度为0从而变成加速度瞬心时，才优选加速度瞬心法。

7.3.2　速度瞬心的加速度

刚体的速度瞬心容易知道，研究特殊速度瞬心的加速度对运动学分析特别是对动力学的分析有重要的作用。本小节通过例题研究特殊速度瞬心的加速度特点，例题的结论常用来分析动力学问题。

例7.9　证明：如图7.19所示的平面运动图形上，两点A、B的瞬时加速度矢量为$\boldsymbol{a}_A$和$\boldsymbol{a}_B$，当$\boldsymbol{a}_A$满足如下条件之一时：

(1) 当该刚体绕A做定轴转动时；

(2) $\boldsymbol{a}_A=\boldsymbol{0}$（称为加速度瞬心）；

(3) $\boldsymbol{a}_A$不等于$\boldsymbol{0}$，但通过点B。

则有$a_{Bx}=BA\cdot\alpha$（其中a_{Bx}是$\boldsymbol{a}_B$分解为沿AB和垂直于AB的两个分量中垂直于AB的一个）。或者用一句话概括：点A加速度通过点B（当认为加速度为0的矢量可以沿任意方向时）。

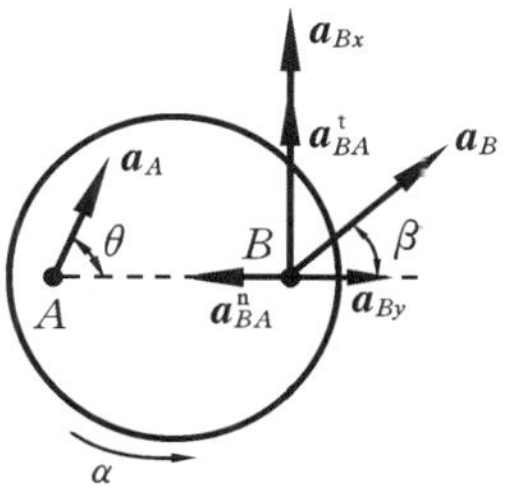

图7.19　例7.9图

证明

【AB】　　$\boldsymbol{a}_{Bx}+\boldsymbol{a}_{By}=\boldsymbol{a}_A+\boldsymbol{a}_{BA}^{n}+\boldsymbol{a}_{BA}^{t}$

$\perp AB$：　　$a_{Bx}=\boldsymbol{a}_A|_{\perp AB}+BA\cdot\alpha$

当点A加速度满足以上三个条件之一时，有

$$a_{Bx}=BA\cdot\alpha$$

上述结论对解题很有用，但要利用该题结论，该点需满足一些条件。该点所需满足的条件(1)很容易判断，条件(2)或(3)比较难判断。刚体的速度瞬心容易知道，速度瞬心在某些条件下，其加速度能满足上述条件(2)或(3)。研究速度瞬心的加速度不仅有助于一些刚体平面运动问题的分析，而且对动力学分析有重要的作用。下面通过例题重点研究速度瞬心的加速度特点。

例7.10　如图7.20所示，一半径为r的圆轮在半径为R的固定圆形轨道上做纯滚动，圆轮的角速度为ω，角加速度为α。求圆轮上速度瞬心（接触点）C的加速度。

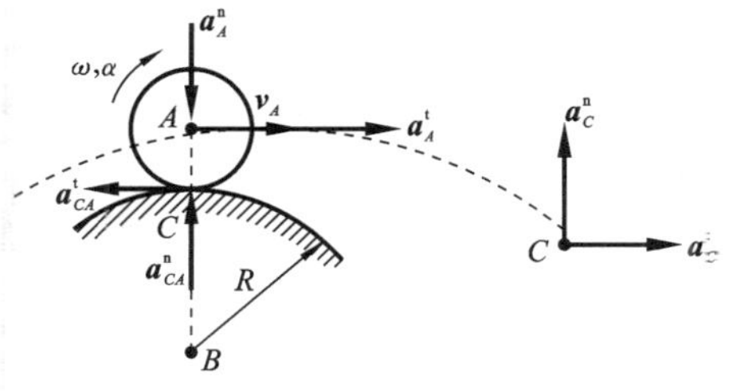

(a)　　(b)

图7.20　例7.10图

解　C为圆轮的速度瞬心，有

$$v_A=AP(t)\omega(t) \tag{a}$$

其中，P表示圆轮任意时刻的速度瞬心，图示位置P为轮与地面的接触点C。因为轮心A的轨迹为其绕点B做半径为$R+r$的圆周运动时形成的圆，所以

$$a_A^{n}=\frac{v_A^2}{R+r}=\frac{\omega^2r^2}{R+r}$$

$$a_A^{t}=\frac{\mathrm{d}v_A}{\mathrm{d}t}=\frac{\mathrm{d}[AP(t)\omega(t)]}{\mathrm{d}t}=\frac{\mathrm{d}[AP(t)]}{\mathrm{d}t}\omega(t)+\frac{AP(t)\mathrm{d}[\omega(t)]}{\mathrm{d}t} \tag{b}$$

因为圆轮在轨道上做纯滚动，$AP(t)=r$，因此

$$a_A^{\mathrm{t}}=\frac{\mathrm{d}v_A}{\mathrm{d}t}=AP(t)\cdot\frac{\mathrm{d}\omega}{\mathrm{d}t}=r\alpha$$

再以 A 为基点求点 C 的加速度，有

$$\boldsymbol{a}_C=\boldsymbol{a}_A^{\mathrm{n}}+\boldsymbol{a}_A^{\mathrm{t}}+\boldsymbol{a}_{CA}^{\mathrm{n}}+\boldsymbol{a}_{CA}^{\mathrm{t}} \tag{c}$$

其中

$$a_{CA}^{\mathrm{n}}=\omega^2 r,\quad a_{CA}^{\mathrm{t}}=\alpha r \tag{d}$$

令

$$\boldsymbol{a}_C=\boldsymbol{a}_C^{\mathrm{n}}+\boldsymbol{a}_C^{\mathrm{t}} \tag{e}$$

其中，如图 7.16(b)所示，$\boldsymbol{a}_C^{\mathrm{n}}$ 为 $\boldsymbol{a}_C$ 在地面与轮的接触点的弧的公法线方向的分量，$\boldsymbol{a}_C^{\mathrm{t}}$ 为 $\boldsymbol{a}_C$ 在地面与轮的接触点的弧的公切线方向的分量。由式(c)(d)可得

$$a_C^{\mathrm{n}}=a_{CA}^{\mathrm{n}}-a_A^{\mathrm{n}}=\omega^2 r-\frac{\omega^2 r^2}{R+r}=\frac{\omega^2 Rr}{R+r} \tag{f}$$

$$a_C^{\mathrm{t}}=a_A^{\mathrm{t}}-a_{CA}^{\mathrm{t}}=\alpha r-\alpha r=0 \tag{g}$$

注意，上述的 a_C^{t} 和 a_C^{n} 并不是点 C 的切向加速度和法向加速度。点的切向加速度沿着点的运动轨迹的切向，因为速度瞬心的速度为 0，故其法向加速度必为 0，总的加速度就是其切向加速度。a_C^{t} 和 a_C^{n} 应该分别是点 C 的法向加速度和切向加速度。

由例 7.10 的式(b)(f)和式(g)，可得到如下重要结论：

(1) 刚体角速度 $\omega\neq 0$ 时，若 $\frac{\mathrm{d}[AP(t)]}{\mathrm{d}t}=0$，速度瞬心 P 的加速度不为 0，但在接触点的公法线上，$a_P=\frac{Rr}{R\pm r}\omega^2$(分母中的负号表示两曲率圆内切，正号表示外切)。取 P 为基点，可知，若刚体的形心在公法线上，则形心 C 的切向加速度等于该刚体的角加速度与形心到速度瞬心 P 的距离的乘积，即 $a_C^{\mathrm{t}}=PC\cdot\alpha$。公法线上任意点 D 的切向加速度 $a_D^{\mathrm{t}}=DP\cdot\alpha$。

(2) 若刚体在某一位置的角速度不为 0，点 P 为其速度瞬心，则在同一位置，当角速度为 0 时，该刚体所在平面的点 P 的加速度为 0。

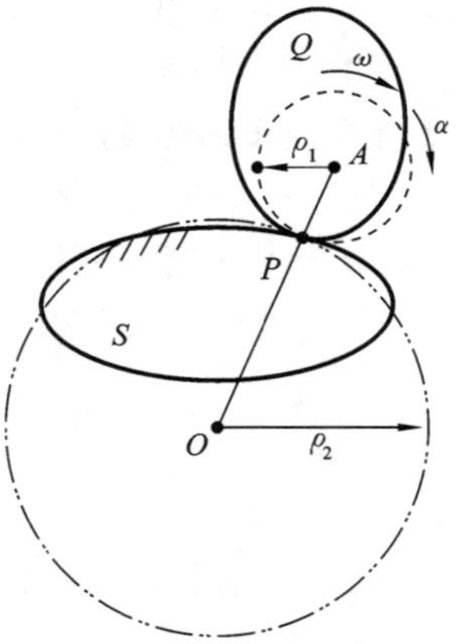

图 7.21　任意曲线边缘的刚体纯滚动

对于图 7.21 所示的任意曲线边缘的刚体，其在任意曲线边缘的地面上做纯滚动，其接触点为速度瞬心 P，那么，点 P 的加速度具有怎样的特点呢？如图7.21 所示，物体 Q 与任意形状边缘的地面 S，在接触点处可以拟合为半径分别为 ρ_1 和 ρ_2 的曲率圆。在微小时间段，该图情形就等价于例 7.10 的情形，得到的结论也适用于任意边缘的纯滚动情形。

应用该结论就可确定图 7.22 所示的在地面上做纯滚动的椭圆的速度瞬心的加速度特点。

在图 7.22(a)中，椭圆中心不在接触点的公法线上，而图 7.22(b)中的椭圆中心却在公法线上。这可以通过条件 $\frac{\mathrm{d}[AP(t)]}{\mathrm{d}t}\omega(t)=0$ 来理解。对椭圆求导来判断该条件是否成立比较复杂，要判别 $\frac{\mathrm{d}[AP(t)]}{\mathrm{d}t}=0$，可以根据导数的定义，判断该位置的上一个无限小变更的位置 CP 长度是否等于下一个无限小变更的位置 CP 长度。故可判断图 7.22(b)满足该条件，而图 7.22(a)就不满足。

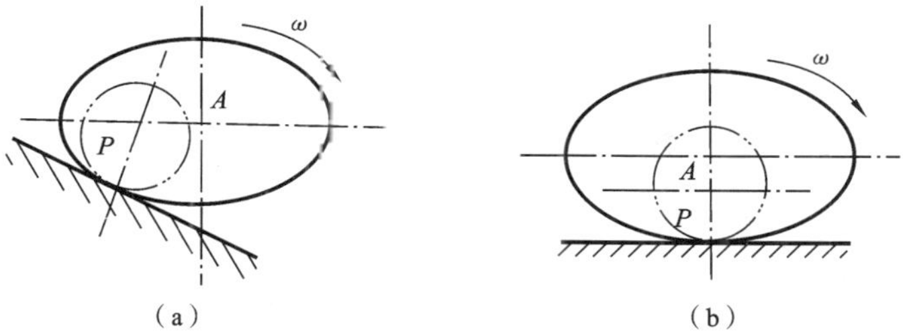

图 7.22　纯滚动的椭圆

对于图 7.23 所示的刚体，当速度瞬心并不是刚体与地面的接触点时，该如何分析其加速度呢？

对于图 7.20 所示的在地面做纯滚动的圆盘，其速度瞬心的轨迹与地面的轮廓重合。当刚体的速度瞬心不是与地面接触的点时，可以将刚体视为在轮廓形状与速度瞬心轨迹重合的地面做纯滚动。如图 7.24 所示，AB 的速度瞬心 P 的运动轨迹为 $P_{-1}PP_{+1}P_{+2}$，AB 所展开的刚体可视为在轮廓形状为 $P_{-1}PP_{+1}P_{+2}$ 的地面做纯滚动，这样，上述结论(1)(2)对这样的情形也适用。因此，当 $\omega=0$ 时，图7.23(a)(b)所示的 AB 展开平面上的速度瞬心点 P 的加速度为0。当 $\omega\neq0$ 时，图 7.23(a)中 $\frac{\mathrm{d}[AP(t)]}{\mathrm{d}t}\neq0$（按导数定义，该位置的上一个无限小变更的位置 CP 长度不等于下一个无限小变更的位置 CP 长度），故在图 7.23(a)中，AB 的速度瞬心 P 的加速度不通过中心点 C。而图 7.23(b)中，当 $\theta=90^\circ$时，CP 为常数，AB 的速度瞬心 P 的加速度通过中心点 C；当 $\theta\neq90^\circ$时，AB 的速度瞬心 P 的加速度不通过中心。

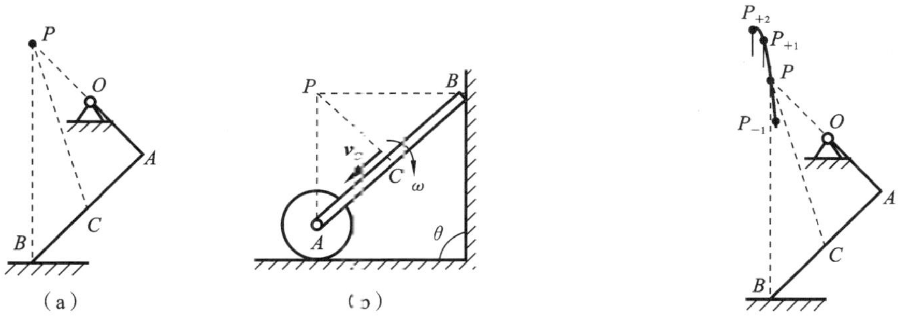

图 7.23　运动系统　　　　图 7.24　运动系统瞬心

例 7.11　如图 7.25(a)所示，杆件 OD 和半径为 R 的圆盘的绝对角速度和绝对角加速度分别为 ω_2、α_2、ω_1、α_1，转向如图所示，$b=\sqrt{3}R$，圆盘相对杆件做纯滚动。分别求在图示位置时接触处圆盘的接触点 A 与杆件上的接触点 B 的公切线的加速度分量之差和公法线的加速度分量之差。

解　(1) 求圆心 C 的加速度。

如图 7.25(b)所示，取圆心 C 为动点，OD 为动系，因为本例假设圆盘与杆件的角速度方向相反，故 $\boldsymbol{v}_\mathrm{r}$ 方向如图所示时，$v_\mathrm{r}=R(\omega_1-\omega_2)$；因为圆盘与杆件的角加速度相同，故 $\boldsymbol{a}_\mathrm{r}$ 方向如图所示时，$a_\mathrm{r}=-R(\alpha_1-\alpha_2)$。

由加速度合成定理有

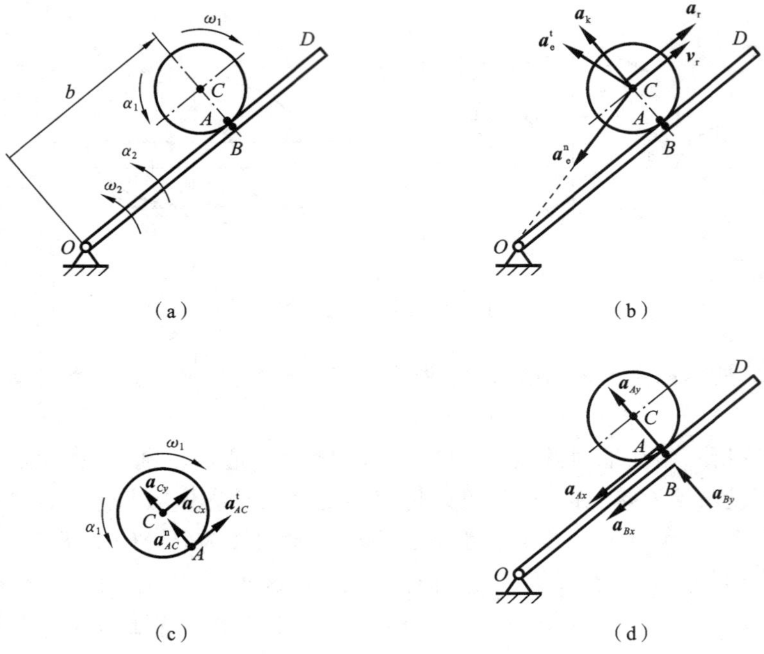

图 7.25　例 7.11 图

$$\boldsymbol{a}_C=\boldsymbol{a}_{\mathrm{e}}^{\mathrm{n}}+\boldsymbol{a}_{\mathrm{e}}^{\mathrm{t}}+\boldsymbol{a}_{\mathrm{r}}+\boldsymbol{a}_{\mathrm{k}} \tag{a}$$

其中

$$a_{\mathrm{r}}=-R(\alpha_1-\alpha_2),\quad a_{\mathrm{k}}=2\omega_2R(\omega_1+\omega_2),\quad \boldsymbol{a}_{\mathrm{e}}=\boldsymbol{a}_{C_1}$$

C_1 为牵连点。

【C_1B】由基点法有(加速度图略)

$$\boldsymbol{a}_{C_1}=\boldsymbol{a}_{Bx}+\boldsymbol{a}_{By}+\boldsymbol{a}_{C_1B}^{\mathrm{t}}+\boldsymbol{a}_{C_1B}^{\mathrm{n}} \tag{b}$$

其中,$a_{C_1B}^{\mathrm{t}}=R\alpha_2$,$a_{C_1B}^{\mathrm{n}}=R\omega_2^2$,$\boldsymbol{a}_{Bx}$、$\boldsymbol{a}_{By}$ 如图 7.25(d)所示。

(2) 求接触点处圆盘上点 A 的加速度。

【AC】(见图 7.25(c))

$$\boldsymbol{a}_{Ax}+\boldsymbol{a}_{Ay}=\boldsymbol{a}_C+\boldsymbol{a}_{AC}^{\mathrm{t}}+\boldsymbol{a}_{AC}^{\mathrm{n}} \tag{c}$$

将式(b)代入式(a)后,再将式(a)代入式(c),有

$$\boldsymbol{a}_{Ax}+\boldsymbol{a}_{Ay}=\boldsymbol{a}_{Bx}+\boldsymbol{a}_{By}+\boldsymbol{a}_{C_1B}^{\mathrm{t}}+\boldsymbol{a}_{C_1B}^{\mathrm{n}}+\boldsymbol{a}_{\mathrm{r}}+\boldsymbol{a}_{\mathrm{k}}+\boldsymbol{a}_{AC}^{\mathrm{t}}+\boldsymbol{a}_{AC}^{\mathrm{n}} \tag{d}$$

式(d)分别沿着杆件方向与垂直于杆件方向投影得

$$a_{Ax}-a_{Bx}=0\ \Rightarrow\ a_{Ax}=a_{Bx} \tag{e}$$

$$a_{Ay}-a_{By}=R(\omega_1+\omega_2)^2$$

从该例可得到如下结论。

(1) 圆盘相对直线做纯滚动,在接触处,两个接触点的加速度在公切线方向的分量相等,但公法线方向的分量的关系为 $a_{Ay}-a_{By}=R(\omega_1\mp\omega_2)^2$(转向相同为负号),与角加速度无关。

(2) 在直线地面上以角速度 ω_1 做纯滚动的任意曲线边缘的物体,物体上与地面的接触点(即速度瞬心)的加速度为 $\rho\omega_1^2$,指向该处曲率半径为 ρ 的曲率圆的圆心。

(3) 直线杆件相对半径为 R 的静止圆盘边缘以转速 ω_2 做纯滚动,其上与圆盘接触的点的

加速度为 $R\omega_2^2$，方向从圆心指向接触点。

7.4　运动学的综合应用举例

运动学的综合应用举例

如图 7.26 所示，平面运动有 4 种典型问题：①存在不变接触点问题；②不存在不变接触点问题；③套筒/滑杆（滑块）问题；④同一刚体两点关系（刚体平面运动）问题。

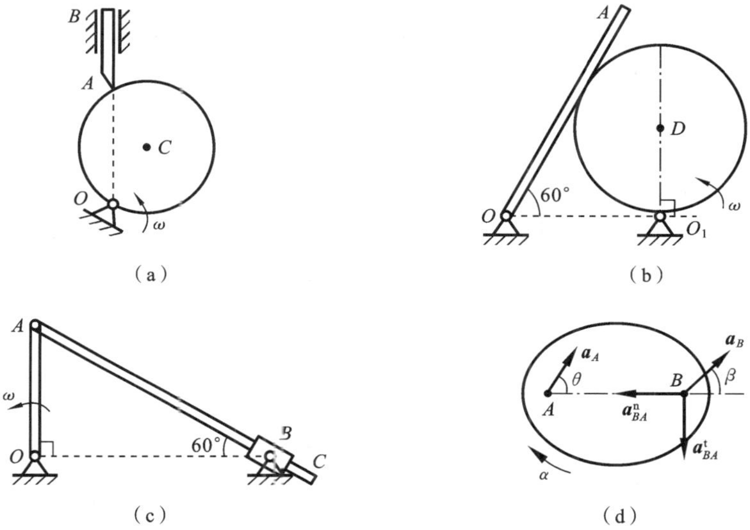

图 7.26　平面运动典型问题

第 6 章介绍的点的合成运动主要研究刚体以外的点相对刚体的运动，不仅动系坐标原点固定在刚体上，坐标轴也固定在刚体上，动系的运动规律与所固定的刚体相同，若刚体做转动，则将会出现科氏加速度项 $2\boldsymbol{\omega}\times\boldsymbol{v}_r$。本章所研究的是同一刚体两点间的运动量关系，为了分析方便，仅动系的原点固结在刚体中已知信息的基点上，而坐标轴与刚体无关，动系做平动。这种方法使得动点到动系原点的连线相对动系的角速度和角加速度与刚体的绝对角速度和绝对角加速度相同，且不会出现科氏加速度，牵连点的速度、加速度与基点的也相同，这样便于分析同一刚体上两点间的运动关系。

工程中由多个刚体构成的复杂机构的平面运动（不包括空间运动）的分析方法很多。复杂机构的平面运动可以分解为第 6 章所归纳的 4 种典型问题和本章的刚体平面运动。只是 4 种典型的动点动系问题中，动系所在的刚体有时做平面任意运动。若动系做平面任意运动，则可进一步用本章的知识来补充牵连点与动系上其他点的运动关系。当复杂问题分解为所熟悉的典型问题后，分析就变得简单且具有规律性。

机构中的各刚体相对不平行的轴做转动（不是定点转动）的简单空间运动，可以分解为两刚体间的相对运动，其动点动系的选取很容易，选取后分别对其应用合成定理即可，未归入 4 种典型问题中。关于刚体做空间任意运动的内容，感兴趣的读者请阅读第 14 章。

例 7.12　如图 7.27(a)所示，半径为 r 的圆盘 B，由连杆 AB 和曲柄 OA 带动，在半径为 $5r$ 的固定圆上做纯滚动。$AB=4r$，$OA=2r$。杆 OA 以匀角速度 3ω 转动，求图示瞬时：(1) AB

的中点 C 的加速度沿 AB 和垂直于 AB 方向的分量;(2) 圆盘 B 的角速度和角加速度。

分析 求速度比较简单。为了得到加速度量间的关系,需要利用待求点与机构间连接点的相互关系。运动的机构中各构件的运动都相互联系,分析运动时必须体现出这些联系。找出这些关系的方法很多,如下方法仅供参考。可如图 7.27(b)画线,画线的方法是:若两构件接触处有相对运动,对该处就可以画一根线体现两个物体在此处的联系(属于 4 种典型的动点动系问题之一)。若通过一个过渡物体采用铰链的方式将另外两个物体连接起来,则可以画一根线来体现两个铰链之间的关系(属于同一刚体两点之间的刚体平面运动)。若刚体中间有一点为待求点,则将刚体中间的该点与两个连接点连线,这两根线与两个连接点的线共三根线,形成一个闭合回路,三根线反映的信息重复,只能三选二。通过这样的画线方法,可将复杂的平面运动分解为 4 种典型的问题。得到的线条体现了刚体间所有的独立的联系,其中一根线对应一个矢量方程。然后,再画线体现连接点与外部的联系。本题图 7.27(b)中线 1 体现待求点 C 与另一刚体 OA 的联系,对应同一刚体两点关系的典型问题(刚体平面运动)。线 3 体现点 C 与圆盘 B 的联系,也对应同一刚体两点关系的典型问题。其他线体现刚体与外部的联系(线 2 体现点 A 绕 O 做圆周转动,线 4 体现点 B 绕圆形地面的圆心 O_1 做圆周转动,线 5 体现圆盘 B 做纯滚动)。

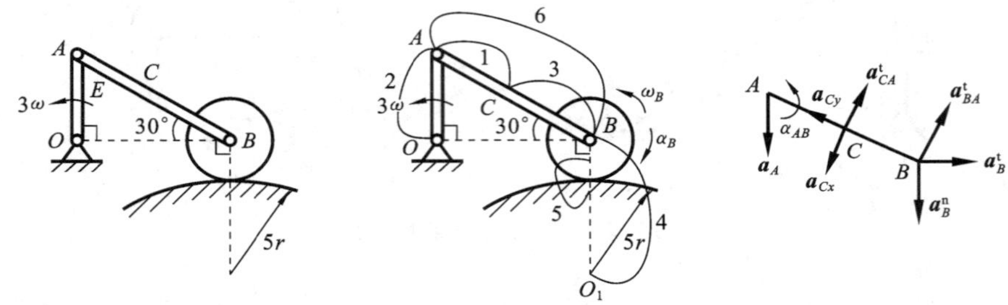

图 7.27 例 7.12 图

此外,线 6 体现部分信息已知的点 B 与另一刚体 OA 的联系,也对应同一刚体两点关系的典型问题。但线 1、3 和 6 构成闭合回路,其中两条线必然包含了另一条的信息,不能三条线都选。在线 1、3 和 6 中三选二,故该题至少有三种解法。因为线 6 已知信息最多,更方便分析,线 1 次之,线 3 最少,所以选取线 1 与线 6 的组合最佳。本书将上述寻找运动学方程的方法称为画线分解法。下面给出线 1 与线 6 组合的解法。

解 (1) 求速度。

因为 AB 做瞬时平动,圆盘 B 做纯滚动,所以

$$\omega_{AB}=0,\quad v_B=v_A=6r\omega,\quad \omega_B=v_B/r=6\omega$$

(2) 求加速度:加速度关系如图 7.27(c)所示。

【CA】

$$\boldsymbol{a}_{Cx}+\boldsymbol{a}_{Cy}=\boldsymbol{a}_A+\boldsymbol{a}_{CA}^{t} \tag{a}$$

方程(a)中,$a_A=18r\omega^2$,$a_{CA}^{t}=2r\alpha_{AB}$。

【AB】

$$\boldsymbol{a}_B^{n}+\boldsymbol{a}_B^{t}=\boldsymbol{a}_A+\boldsymbol{a}_{BA}^{t} \tag{b}$$

方程(b)中,$a_B^{n}=\dfrac{v_B^2}{6r}$,$a_{BA}^{t}=4r\alpha_{AB}$。

由上述两个矢量方程可知，有4个未知量 a_{Cx}，a_{Cy}，α_{AB}，a_B^t，只要4个独立方程（由一个平面矢量方程可得到两个代数方程）即可求解。因为做纯滚动圆盘 B 的速度瞬心到轮心的距离不变。所以

$$a_B^t = r\alpha_B \tag{c}$$

联立两个矢量方程(a)(b)及式(c)，采用不同的求解方程组的方法，均可得到

$$a_{Cy} = 9\omega^2 r,\quad a_{Cx} = 5\sqrt{3}\omega^2 r,\quad \alpha_B = 4\sqrt{3}\omega^2$$

例 7.13　如图7.28(a)所示的机构中，转臂 OA 以匀角速度 ω 绕 O 转动，转臂中有垂直于 OA 的滑道，杆 DE 可在滑道中相对滑动。图示瞬时 DE 垂直于地面，求此时点 D 的速度、加速度。

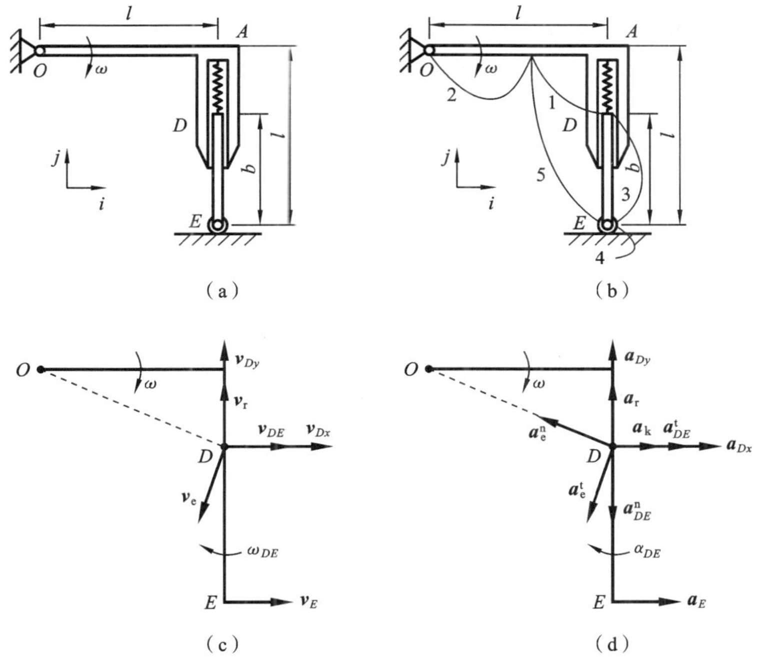

图 7.28　例 7.13 图

分析　按图7.28(b)画线，题目中点 D 是待求点，线1体现待求点 D 与另一刚体 OA 的联系，对应套筒/滑杆问题。线3体现刚体 DE 上点 D 与轮 E 的联系，对应刚体平面运动问题。其他线体现刚体与外部的联系。此外，线5体现部分信息已知的点 E 与另一刚体 OA 的联系，对应套筒/滑杆问题。但线1、3和5构成闭合回路，不能三条线都选。在线1、3和5中三选二，该题至少有三种方法。下面选用线1和线3的组合，因为这样画线先左后右，且以待求点作为目标点是很容易想到的。

解　(1) 求速度 v_{Dx}，v_{Dy}。

选取 DE 上的点 D 为动点，OA 为动系（见图7.28(c)）。则

$$\boldsymbol{v}_{Dx} + \boldsymbol{v}_{Dy} = \boldsymbol{v}_e + \boldsymbol{v}_r \tag{a}$$

方程(a)中，$v_e = OD \cdot \omega$。

【DE】如图7.28(c)所示。

$$\boldsymbol{v}_{Dx}+\boldsymbol{v}_{Dy}=\boldsymbol{v}_E+\boldsymbol{v}_{DE} \tag{b}$$

方程(b)中,$v_{DE}=DE\cdot\omega_{DE}$。

因为 DE 在滑道内,所以 $\omega_{DE}=\omega$。

由方程(a)(b)可得到 4 个代数方程,只有 4 个未知量。对方程(a)垂直于 $\boldsymbol{v}_r$ 投影,再对方程(b)垂直于 $\boldsymbol{v}_E$ 投影,得到仅含 v_{Dx} 和 v_{Dy} 的两个方程,求得 v_{Dx} 和 v_{Dy},再求出 v_r。具体结果如下:

$$v_{Dx}=-\omega(l-b),\quad v_{Dy}=0,\quad v_r=\omega l$$

(2) 求加速度 a_{Dx},a_{Dy}。

因为求速度和求加速度都采用同样的动点动系,故求速度和求加速度的分析方法类似。分析加速度时,只要将速度量换成切向加速度,再补充法向加速度和科氏加速度(动系转动时),未知量对应的位置也是相同的。因此,方程的求解思路也相同。

选取 DE 上的点 D 为动点,OA 为动系,如图 7.28(d)所示,则

$$\boldsymbol{a}_{Dx}+\boldsymbol{a}_{Dy}=\boldsymbol{a}_e^n+\boldsymbol{a}_e^t+\boldsymbol{a}_r+\boldsymbol{a}_k \tag{c}$$

方程(c)中,$a_e^n=OD\cdot\omega^2$,$a_e^t=0$,$a_k=2\omega v_r$。

【DE】

$$\boldsymbol{a}_{Dx}+\boldsymbol{a}_{Dy}=\boldsymbol{a}_E+\boldsymbol{a}_{DE}^t+\boldsymbol{a}_{DE}^n \tag{d}$$

方程(d)中,$a_{DE}^t=DE\cdot\alpha_{DE}$,$a_{DE}^n=DE\cdot\omega_{DE}^2$。

因为 DE 在滑道内,所以 $\alpha_{DE}=\alpha_{OA}=0$。

由方程(c)(d)可得到 4 个代数方程,只有 4 个未知量。对方程(c)垂直于 $\boldsymbol{a}_r$ 投影,再对方程(d)垂直于 $\boldsymbol{a}_E$ 投影,得到仅含 a_{Dx}、a_{Dy} 的两个方程,求得 a_{Dx} 和 a_{Dy}。具体结果如下:

$$a_{Dx}=\omega^2 l,\quad a_{Dy}=-\omega^2 b$$

例 7.14　如图 7.29(a)所示的机构中,杆 OA 以匀角速度 ω 转动,$OA=r$,图示瞬时,$AO\perp OB$。求该瞬时杆 AC 上与地面点 B 重合的点 D 的加速度。

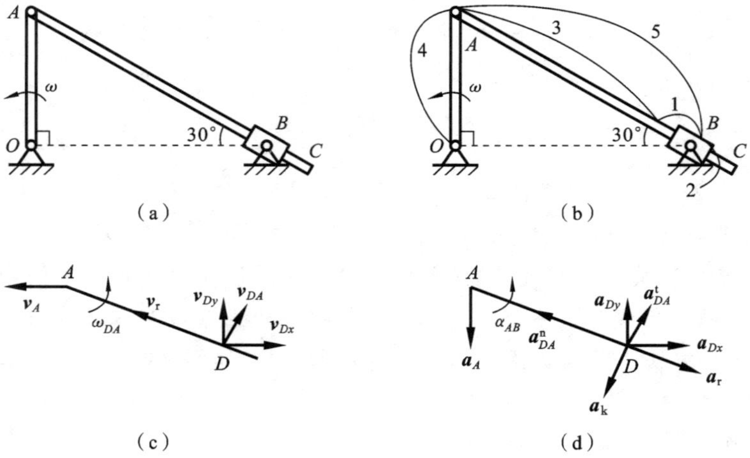

图 7.29　例 7.14 图

分析　点 D 是待求点,如图 7.29(b)所示,线 1 体现刚体 AC 上点 D 与套筒 B 的联系,对应套筒/滑杆问题。线 3 体现 AC 上点 D 与刚体 OA 上点 A 的联系,对应刚体平面运动问题。

线2和线4体现刚体与外部地面的联系。线5体现点 A 与套筒 B 的联系,也对应套筒/滑杆问题。但线1、3和5构成闭合回路,不能三条线都选。线1、3、5中三选二,故该题至少有三种解法。为与例6.4解法比较,下面选取线1和线3的组合。

解　(1) 求速度 ω_{DA},v_r。

选取 AC 上的点 D 为动点,套筒 B 为动系,速度关系如图7.29(c)所示,则

$$\boldsymbol{v}_{Dx}+\boldsymbol{v}_{Dy}=\boldsymbol{v}_e+\boldsymbol{v}_r \tag{a}$$

方程(a)中,$v_e=v_B=0$。

【DA】如图7.29(c)所示。

$$\boldsymbol{v}_{Dx}+\boldsymbol{v}_{Dy}=\boldsymbol{v}_A+\boldsymbol{v}_{DA} \tag{b}$$

方程(b)中,$v_A=r\omega$,$v_{DA}=DA\cdot\omega_{DA}$。

方程(a)(b)的右边相等,故

$$\boldsymbol{v}_e+\boldsymbol{v}_r=\boldsymbol{v}_A+\boldsymbol{v}_{DA} \tag{c}$$

对方程(c)垂直于 $\boldsymbol{v}_r$ 投影得

$$\omega_{DA}=\frac{\omega}{4}$$

对方程(c)平行于 $\boldsymbol{v}_r$ 投影得

$$v_r=\frac{\sqrt{3}}{2}\omega r$$

(2) 求加速度 a_{Dx},a_{Dy}

选取 DA 上的点 D 为动点,套筒 B 为动系,加速度关系如图7.29(d)所示,则

$$\boldsymbol{a}_{Dx}+\boldsymbol{a}_{Dy}=\boldsymbol{a}_e+\boldsymbol{a}_r+\boldsymbol{a}_k \tag{d}$$

方程(d)中,$a_e=a_B=0$,$a_k=2\omega_{DA}v_r$。

【DE】如图7.29(d)所示。

$$\boldsymbol{a}_{Dx}+\boldsymbol{a}_{Dy}=\boldsymbol{a}_A+\boldsymbol{a}_{DA}^t+\boldsymbol{a}_{DA}^n \tag{e}$$

方程(e)中,$a_A=r\omega^2$,$a_{DA}^n=DA\cdot\omega_{DA}^2$。

由方程(d)(e)可得到4个代数方程,只有4个未知量。对方程(d)垂直于 $\boldsymbol{a}_r$ 投影,再对方程(e)垂直于 $\boldsymbol{a}_{DA}^t$ 投影,得到仅含 a_{Dx}、a_{Dy} 的两个方程,求得 a_{Dx} 和 a_{Dy}。具体结果如下:

$$a_{Dx}=\frac{\sqrt{3}}{16}\omega^2 r,\quad a_{Dy}=-\frac{9}{16}\omega^2 r$$

例7.14可以在图7.29(b)的线1、3、5中三选二来求解,有三种方法。该题若求速度,则可选取与求加速度时相同的动点动系。求速度后,求加速度时只需将速度量替换为切向加速度量,再补充法向加速度和科氏加速度项,分析格式与求速度的相同,只是计算量大些而已。求 ω_{DA} 和 v_r 也可以采用更简单的速度瞬心法。对于刚体平面运动问题,求速度采用速度瞬心法而不用基点法时,求速度和加速度(常用基点法)的分析格式就不同了。但若求速度采用的是基点法,则求速度和求加速度的格式相同。对于刚体以外的点相对刚体运动,求速度和加速度所选的动点动系往往相同,此时,求速度和求加速度的格式相同。

例7.15　如图7.30(a)所示,杆 AB 的 A 端沿水平线以匀速 $\boldsymbol{v}_A$ 运动,在运动过程中杆 AB 始终与一固定的半圆周相切,半圆周的半径为 R,求当杆与水平线夹角 $\theta=30°$ 时,杆 AB 的角速度和角加速度。

分析　如图7.30(b)所示,线1体现地面点O与AB的联系,对应无不变接触点问题,此时,动系做平面任意运动,牵连点的加速度大小、方向均未知。线2体现牵连点与点A的关系,对应刚体平面运动问题。线3的未知信息最多,不选该线。选取线1和线2的组合,分析加速度时,只要将速度量换成切向加速度,再补充法向加速度和科氏加速度,未知量对应的位置也是相同的。因此,能分析速度,必然就可以分析加速度了。

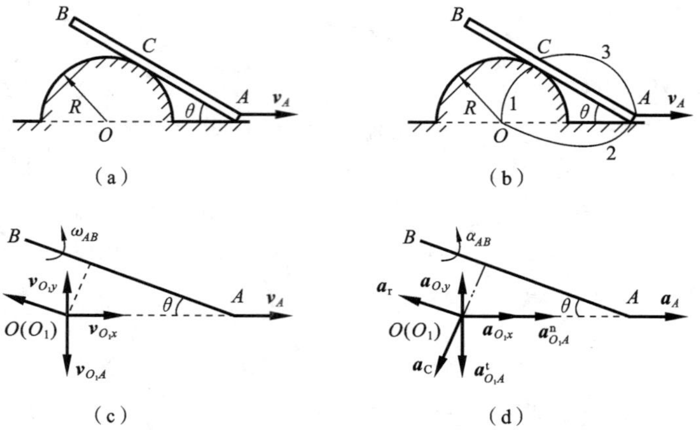

图7.30　例7.15图

解　(1) 求角速度ω_{AB}。

选取地面点O为动点,AB为动系,速度关系如图7.30(c)所示,则

$$\boldsymbol{v}_O=\boldsymbol{v}_e+\boldsymbol{v}_r \tag{a}$$

方程(a)中,$v_O=0$,$v_e=v_{O_1}$(O_1为动系上与地面点O重合的点)。

【O_1A】速度关系如图7.30(c)所示。

$$\boldsymbol{v}_{O_1}=\boldsymbol{v}_A+\boldsymbol{v}_{O_1A} \tag{b}$$

方程(b)中,$v_{O_1}=v_e$,$v_{O_1A}=O_1A\cdot\omega_{AB}$。

将方程(b)中的$\boldsymbol{v}_{O_1}$代入方程(a)后得到一个矢量方程,对该矢量方程垂直于$\boldsymbol{v}_r$和$\boldsymbol{v}_{O_1A}$投影得

$$v_r=\frac{\sqrt{3}}{2}v_A,\quad \omega_{AB}=\frac{\sqrt{3}}{6R}v_A$$

(2) 求角加速度α_{AB}。

选取地面点O为动点,AB为动系,加速度关系如图7.30(d)所示,则

$$\boldsymbol{a}_O=\boldsymbol{a}_e+\boldsymbol{a}_r+\boldsymbol{a}_k \tag{c}$$

方程(c)中,$a_O=0$,$a_k=2\omega_{AB}v_r$,$a_e=a_{O_1}$。

【O_1A】加速度关系如图7.30(d)所示。

$$\boldsymbol{a}_{O_1x}+\boldsymbol{a}_{O_1y}=\boldsymbol{a}_{O_1}=\boldsymbol{a}_A+\boldsymbol{a}^t_{O_1A}+\boldsymbol{a}^n_{O_1A} \tag{d}$$

方程(d)中,$a_{O_1}=a_e$,$a^t_{O_1A}=O_1A\cdot\alpha_{AB}$,$a^n_{O_1A}=O_1A\cdot\omega^2_{AB}$,$a_A=0$。

将方程(d)中的$\boldsymbol{a}_{O_1}$代入方程(c)后得到一个矢量方程,对该矢量方程垂直于$\boldsymbol{a}_r$投影得

$$\alpha_{AB}=-\frac{7\sqrt{3}v_A^2}{36R^2}$$

该题中求速度可用速度瞬心法，但求加速度需要知道方程(a)中的 v_r，故求速度不推荐速度瞬心法。

思考1：该题杆件的运动可转化为图7.13(a)中杆 AB 的运动，如何只列一个加速度方程求解角加速度呢？

思考2：求解任何一个运动学问题，一定有建立坐标方程求导的方法和基于合成运动的方法。当任意位置关系都可通过直角三角形关系或比例关系建立，且采用合成运动的方法需要列多个速度关系和加速度关系方程时，采用建立坐标方程求导的方法简单一些，比如该题。那么，如何用建立坐标方程求导的方法求解该题呢？

例7.16　如图7.31(a)所示，机构在同一垂直面内运动，在某瞬时到达图示位置，O_1B 水平，B、D、O 三点在同一竖直线上，杆 ECH 的 CH 段水平，$EC \perp CH$，A、B、D 处均为铰链连接，杆 ECH 通过套筒 A 与三角形 ABD 相连。轮 O 的半径为 r，$BD=AB=AD=2r$，$O_1B=r$。轮沿地面只滚不滑，轮心速度 v_O 为常数。求此瞬时杆 ECH 的速度与加速度。

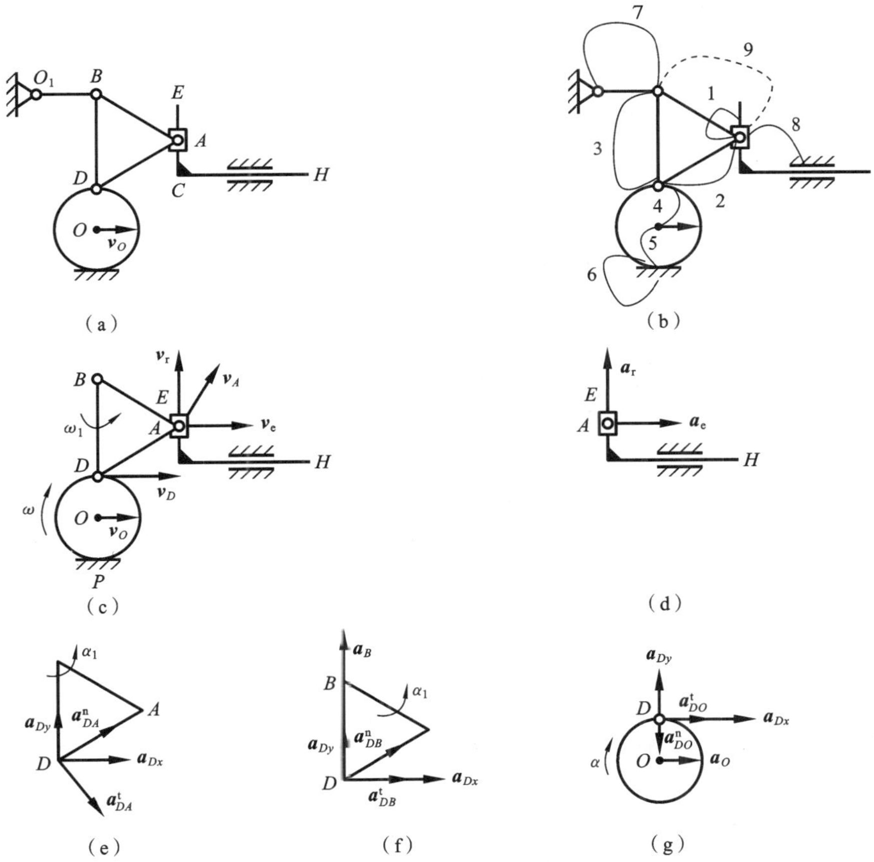

图7.31　**例7.16图**

分析　求速度时未采用基点法而采用速度瞬心法，用画线方法来找速度关系思路不太清晰，采用速度瞬心法会使问题变得比较简单，难点是如何找到加速度关系式。如图7.31(b)所示，线1～4体现了刚体间的所有4种联系(分别分解为套筒/滑杆问题和平面刚体间问题)，可得到4个矢量方程。线5～8体现了刚体与外部的联系，其中线6表示的是轮 O 做纯滚动，有

关系式 $a_O=r\alpha_O=0$。此外，线 9 与线 2、3 构成闭合回路，信息重复，三选二即可，线 2 和线 3 的组合中已知信息更多，故本题选取线 2 和线 3 组合。线 1～8 已体现出该机构的所有联系，由此得到的对应的运动学矢量方程必然可以求解。

解　(1) 求速度(见图 7.31(c))。

B、P 分别为 BDA 和轮 O 的速度瞬心，因此

$$\omega=\frac{v_O}{r},\quad v_D=2v_O,\quad \omega_1=\frac{v_D}{BD},\quad v_A=v_D$$

取套筒 A 为动点，ECH 为动系，则

$$\boldsymbol{v}_A=\boldsymbol{v}_e+\boldsymbol{v}_r \tag{a}$$

将式(a)向垂直于 $\boldsymbol{v}_r$ 方向投影得 $v_{ECH}=v_e=v_O$。

(2) 求加速度。

由图 7.31(b)中的线 1～4 得到如下 4 个矢量方程。

如图 7.31(d)所示，取套筒 A 为动点，ECH 为动系，则

$$\boldsymbol{a}_A=\boldsymbol{a}_e+\boldsymbol{a}_r \tag{b}$$

【DA】如图 7.31(e)所示。

$$\boldsymbol{a}_D=\boldsymbol{a}_A+\boldsymbol{a}_{DA}^{n}+\boldsymbol{a}_{DA}^{t} \tag{c}$$

【DB】如图 7.31(f)所示。

$$\boldsymbol{a}_D=\boldsymbol{a}_B+\boldsymbol{a}_{DB}^{n}+\boldsymbol{a}_{DB}^{t} \tag{d}$$

【DO】如图 7.31(g)所示。

$$\boldsymbol{a}_D=\boldsymbol{a}_O+\boldsymbol{a}_{DO}^{n}+\boldsymbol{a}_{DO}^{t} \tag{e}$$

由式(d)和式(e)得

$$\boldsymbol{a}_B+\boldsymbol{a}_{DB}^{n}+\boldsymbol{a}_{DB}^{t}=\boldsymbol{a}_O+\boldsymbol{a}_{DO}^{n}+\boldsymbol{a}_{DO}^{t} \tag{f}$$

式(b)代入式(c)后，再由式(c)至式(e)得

$$\boldsymbol{a}_e+\boldsymbol{a}_r+\boldsymbol{a}_{DA}^{n}+\boldsymbol{a}_{DA}^{t}=\boldsymbol{a}_O+\boldsymbol{a}_{DO}^{n}+\boldsymbol{a}_{DO}^{t} \tag{g}$$

在式(f)和式(g)中，

$$a_{DB}^{n}=DB\cdot\omega_1^2,\quad a_{DB}^{t}=DB\cdot\alpha_1,\quad \alpha=0,\quad a_O=0,\quad a_{DO}^{t}=0,\quad a_{DO}^{n}=r\omega^2$$

$$a_{DA}^{n}=DA\cdot\omega_1^2,\quad a_{DA}^{t}=DB\cdot\alpha_1,\quad a_e=a_{ECH}$$

对式(f)垂直于 $\boldsymbol{a}_B$ 投影得 $\alpha_1=0$。

对式(g)垂直于 $\boldsymbol{a}_r$ 投影得 $a_{ECH}=-\dfrac{\sqrt{3}v_O^2}{r}$。

例 7.17　如图 7.32(a)所示，曲柄连杆机构带动摇杆 O_1C 绕轴 O_1 摆动。在连杆 AB 上装有两个滑块，滑块 B 在水平槽内滑动，而滑块 D 则在摇杆 O_1C 的槽内滑动，并且摇杆 O_1C 绕 O_1 做定轴转动。已知：曲柄长 $r=50$ mm，绕轴 O 转动的匀角速度 $\omega=10$ rad/s。在图示位置时，曲柄 OA 与水平线间成 90°角，$\angle OAB=60°$，摇杆与水平线间成 60°角；距离 $O_1D=L=70$ mm。求摇杆的角速度和角加速度。

分析　如图 7.32(b)所示，线 1 体现滑块 D 与 O_1C 的相对运动(有持续接触点或套筒/滑杆问题)，线 2、3 体现滑块 B 分别与 D、A 的关系(同一刚体两点关系问题)。线 4 体现点 A 与点 D 两点间的联系。但线 2、3 和线 4 形成了闭合线路，信息重复，三选二即可，线 3 和线 4 组合比线 3 和线 2 组合的已知信息更多，故不选线 2。该题只需由线 1、3 和 4 列出三个关键的刚

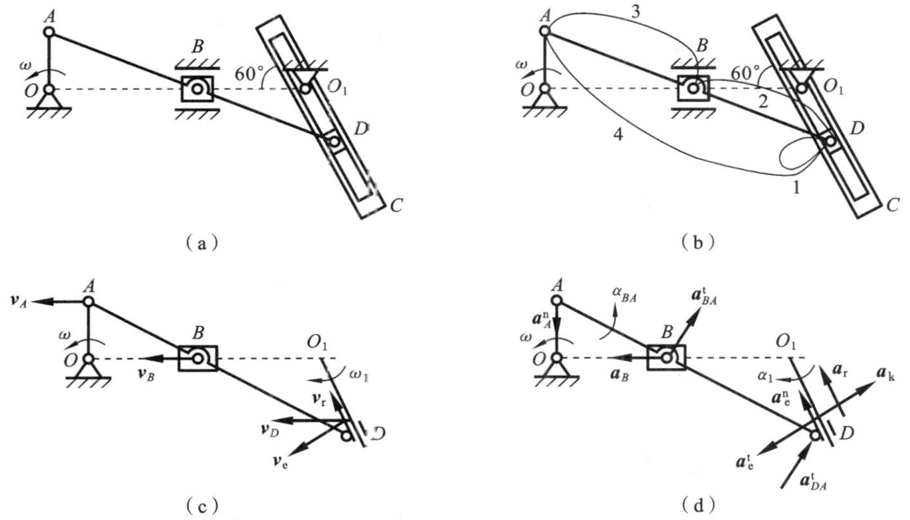

图 7.32　例 7.17 图

体间联系的矢量方程，再补充相应点与外部联系的方程即可。

解　(1) 求速度。

取滑块 D 为动点，O_1C 为动系，DBA 做瞬时平动，速度关系如图 7.32(c)所示，则

$$\boldsymbol{v}_D=\boldsymbol{v}_e+\boldsymbol{v}_r \tag{a}$$

$$v_D=v_A=r\omega=0.50\ \text{m/s},\quad v_r=v_D\cos60^\circ=0.25\ \text{m/s}$$

$$v_e=v_D\sin60^\circ,\quad \omega_1=\frac{v_e}{L}=6.186\ \text{rad/s}$$

(2) 求加速度。

取滑块 D 为动点，O_1C 为动系，DBA 做瞬时平动，加速度关系如图 7.32(d)所示，则

$$\boldsymbol{a}_D=\boldsymbol{a}_e^t+\boldsymbol{a}_e^n+\boldsymbol{a}_r+\boldsymbol{a}_k \tag{b}$$

【DA】
$$\boldsymbol{a}_D=\boldsymbol{a}_A^n+\boldsymbol{a}_{DA}^t \tag{c}$$

【BA】
$$\boldsymbol{a}_B=\boldsymbol{a}_A^n+\boldsymbol{a}_{BA}^t \tag{d}$$

由式(b)(c)等号左边相等得

$$\boldsymbol{a}_e^t+\boldsymbol{a}_e^n+\boldsymbol{a}_r+\boldsymbol{a}_k=\boldsymbol{a}_{DA}^t+\boldsymbol{a}_A^n \tag{e}$$

其中，

$$a_A^n=r\omega^2,\quad a_{BA}^t=BA\cdot\alpha_{BA},\quad a_{DA}^t=DA\cdot\alpha_{BA},\quad a_k=2\omega_1 v_r,\quad a_e^n=L\omega_1^2,\quad a_e^t=L\alpha_1$$

将式(d)垂直于 $\boldsymbol{a}_B$ 投影得 $\alpha_{BA}=\dfrac{100}{\sqrt{3}}\text{rad/s}^2$。

将式(e)垂直于 $\boldsymbol{a}_r$ 投影得 $\alpha_1=-70.08\ \text{rad/s}^2$。

***例 7.18**　牛头刨床机构如图 7.33(a)所示。已知 $O_1A=200$ mm，以角速度 $\omega_1=2$ rad/s 匀速转动。求图示位置滑枕 CD 的速度和加速度。

分析　如图 7.33(b)所示，线 1 体现滑块 A 与 O_2B 的相对运动(有持续接触点或套筒/滑杆问题)，线 2 体现滑块 B 与 CB 的相对运动(有持续接触点或套筒/滑杆问题)。线 4 体现 A 与 B 两点间的联系，线 3 和线 5 分别体现 A 与 B 两点与外部的联系。但线 3、4 和线 5 形成了闭合线路，信息重复，只能三选二，线 3 和线 5 组合比线 3 和线 4 组合的已知信息更多，故不选

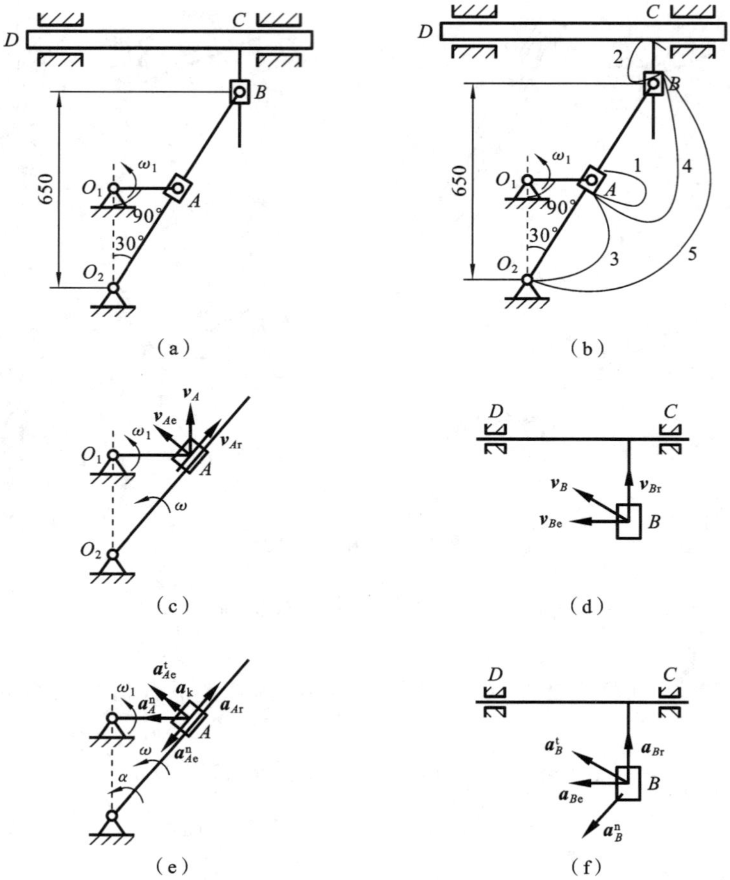

图 7.33　例 7.18 图

用线 4。综上,该题只需由线 1 和线 2 列出两个关键的刚体间联系的矢量方程,再补充相应点与外部的联系方程即可。

解　(1) 求速度。

取 O_1A 上 A 为动点,O_2B 为动系,速度关系如图 7.33(c)所示,则

$$\boldsymbol{v}_A=\boldsymbol{v}_{Ae}+\boldsymbol{v}_{Ar} \tag{a}$$

其中
$$v_A=\omega_1\cdot O_1A=0.4\ \mathrm{m/s},\quad v_{Ae}=\omega\cdot O_2A$$

由式(a)得
$$v_{Ar}=0.20\sqrt{3}\ \mathrm{m/s},\quad \omega=0.5\ \mathrm{rad/s}$$

取 O_2B 上 B 为动点,CD 为动系,速度关系如图 7.33(d)所示,则

$$\boldsymbol{v}_B=\boldsymbol{v}_{Be}+\boldsymbol{v}_{Br} \tag{b}$$

其中
$$v_{Be}=\omega\cdot O_2B$$
$$v_{CD}=v_{Be}=0.325\ \mathrm{m/s}$$

(2) 求加速度。

求加速度和求速度时选取相同的动点动系,只需将上述求速度的公式中的速度量换成切向加速度,再补充法向加速度和科氏加速度(如果存在)即可,加速度的关系如图 7.33(e)(f)所示,其他计算步骤也同上述近似。由此求得 $a_{CD}=0.657\ \mathrm{m/s^2}$,具体过程请读者自行完成。

***例 7.19**　如图 7.34(a)所示放大机构中,杆 BI 和 AE 分别以速度 v_1 和 v_2 沿箭头方向

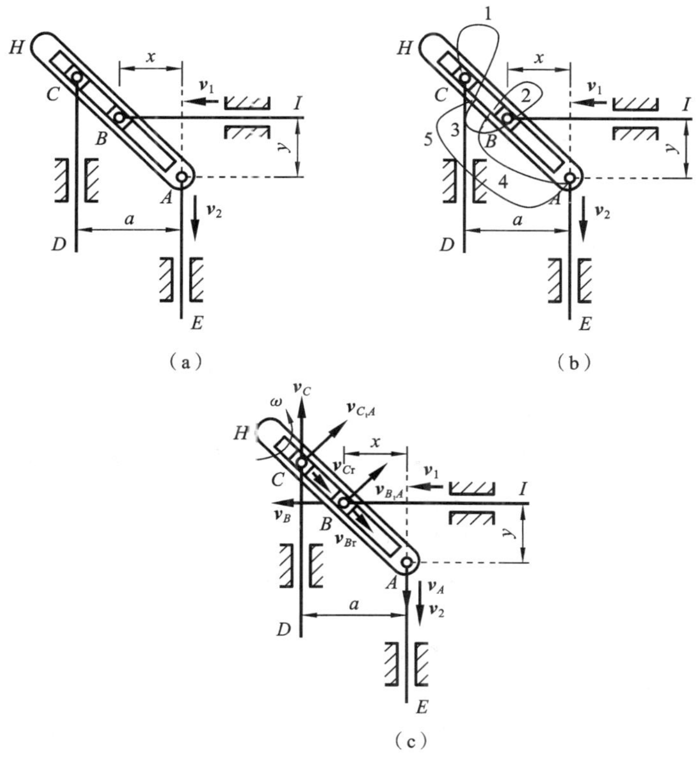

图 7.34 例 7.19 图

匀速运动，其位移分别以 x 和 y 表示。假设杆 AE 与杆 CD 平行，其间距离为 a，求：(1) 杆 CD 的速度和加速度；(2) 滑道 AH 的角速度及其角加速度。

分析 如图 7.34(b)所示，线 1、2 分别体现滑块 B 和 C 相对于 AH 的关系(分解为两个套筒/滑杆问题)，得到两个矢量方程。由此引入 AH 上的牵连点 C_1(与 C 重合)和 B_1(与 B 重合)，线 3～5 体现 A 分别与 C_1 和 B_1 的联系，但三选二，选取信息量更多的线 4 和 5 组合。根据线 4 和线 5 采用基点法可得到两个矢量方程。

解 (1) 求速度(见图 7.34(c))，C_1 和 B_1 分别为 AH 上与点 C 与点 B 重合的点。

取滑块 C 为动点，AH 为动系，则

$$\boldsymbol{v}_C=\boldsymbol{v}_{C_1}+\boldsymbol{v}_{Cr} \tag{a}$$

【C_1A】
$$\boldsymbol{v}_{C_1}=\boldsymbol{v}_A+\boldsymbol{v}_{C_1A} \tag{b}$$

将式(b)代入式(a)得

$$\boldsymbol{v}_C=\boldsymbol{v}_A+\boldsymbol{v}_{C_1A}+\boldsymbol{v}_{Cr} \tag{c}$$

取滑块 B 为动点，AH 为动系，则

$$\boldsymbol{v}_B=\boldsymbol{v}_{B_1}+\boldsymbol{v}_{Br} \tag{d}$$

【B_1A】
$$\boldsymbol{v}_{B_1}=\boldsymbol{v}_A+\boldsymbol{v}_{B_1A} \tag{e}$$

将式(e)代入式(d)得

$$\boldsymbol{v}_B=\boldsymbol{v}_A+\boldsymbol{v}_{B_1A}+\boldsymbol{v}_{Br} \tag{f}$$

式(c)和式(f)中，$v_A=v_1$，$v_B=v_2$，$v_{C_1A}=C_1A\cdot\omega$，$v_{B_1A}=B_1A\cdot\omega$，其中 v_C，v_{Cr}，v_{Br}，ω 为未知量。

将式(f)垂直于 $\boldsymbol{v}_{Br}$ 投影得

$$\omega=\frac{v_1 y-v_2 x}{x^2+y^2} \tag{g}$$

将式(g)代入式(c),将式(c)垂直于 $\boldsymbol{v}_{Cr}$ 投影得

$$v_C=v_2+\frac{a\omega}{\sin^2\theta}=v_1\ \frac{ay}{x^2}-v_2\ \frac{a-x}{x}$$

(2) 因为求速度和求加速度时采用同样的动点动系,故只需将求速度的公式中的速度量换成切向加速度,再补充法向加速度和科氏加速度(如果存在)即可,其计算步骤同求速度类似,具体过程请读者自行完成。

对于运动的机构,各构件间的运动是相互联系的,采用画线分解法易于准确把握其客观存在的内在联系,并找到合适的求解方法。画线分解法是基于事物之间具有联系的观点而提出的。事物之间的联系有时是多种多样的,需要根据需要解决的问题,找出相关的内在联系,这有时并不容易,但用联系的观点来分析有助于解决问题。日常生活中的表面现象所涉及的内在因素往往是很复杂的,想要不被表面现象所迷惑而做出错误的行为,就要学会用普遍联系的观点看问题,同时要考虑局部联系对整体联系的影响。但切忌主观臆造,需要把握事物的客观联系。

7.5 刚体绕平行轴转动的合成

刚体绕平行轴转动的合成

如图 7.35 所示,刚体 A 同时绕平行轴 O、A 公转和自转。刚体相对于固定参考系的转角称为绝对转角,记为 φ_a;以转轴连线 OA 为动系,刚体相对于转轴连线 OA 的转角称为相对转角,记为 φ_r;转轴连线 OA 的转角称为牵连转角,记为 φ_e。将 φ_a、φ_r 和 φ_e 三者的参考正向取为一致,由图可得

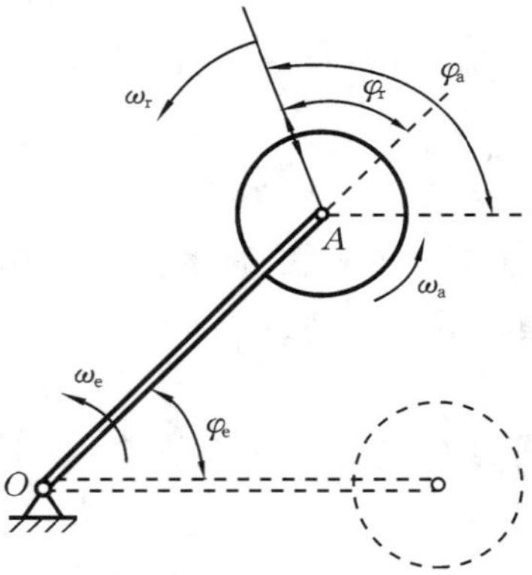

图 7.35　刚体绕平行轴转动

$$\varphi_a=\varphi_r+\varphi_e \tag{7.11}$$

式(7.11)对时间 t 求导数,得平行轴转动合成公式:

$$\omega_a=\omega_r+\omega_e,\quad \alpha_a=\alpha_r+\alpha_e \tag{7.12}$$

式中各量分别为绝对、相对和牵连角速度及角加速度。注意,式(7.12)中的角速度(角加速度)的转向都为同一方向,且都是角度增大的方向。否则,需要改变相关量的正负号,容易产生错误。

例 7.20　如图 7.36(a)所示的行星轮机构,中间的主动轮 A 的角速度和角加速度分别为 ω、α,半径为 r_1,行星轮 B 的半径为 r_2,固定轮 C 的半径为 $r_3=r_1+2r_2$。求曲柄 AB 和行星轮 B 的角速度与角加速度。

解　以曲柄 AB 为动系,其角速度即为牵连角速度 ω_e。角速度分析如图 7.36(b)所示,要注意的是,在曲柄 AB 上看,3 个轮子做定轴转动,若每个轮子的绝对角速度方向假设为实际转向,则在计算相对角速度时容易将正负号搞错,故如图 7.36(b)所示,将所有的角速度和角加速度都假设为同一转向,这样,对于外啮合,相对转速之比等于负的半径反比,对于内啮合,相对转速之比等于正的半径反比,不需要分析各构件的实际转向。

因此，有

$$\omega_{1r}=\omega_{1a}-\omega_e=\omega-\omega_e \tag{a}$$

$$\omega_{2r}=\omega_{2a}-\omega_e \tag{b}$$

$$\omega_{3r}=\omega_{3a}-\omega_e=-\omega_e \tag{c}$$

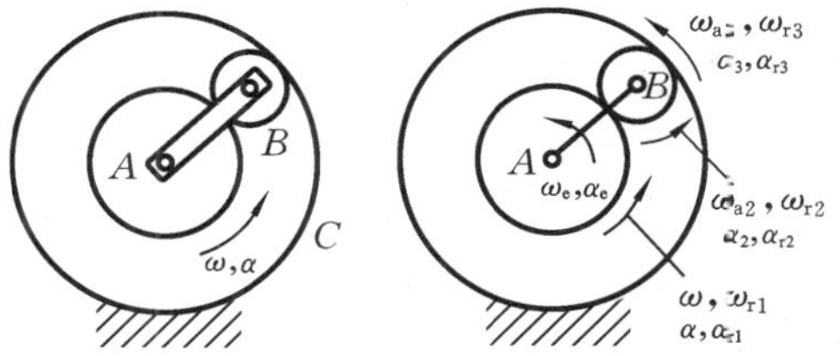

(a)　　(b)

图 7.36　例 7.20 图

因为轮 A 和轮 B 外啮合，故

$$\frac{\omega_{1r}}{\omega_{2r}}=-\frac{r_2}{r_1} \tag{d}$$

轮 C 和轮 B 内啮合，故

$$\frac{\omega_{2r}}{\omega_{3r}}=\frac{r_3}{r_2} \tag{e}$$

将式(a)至式(c)代入式(d)(e)后，解得

$$\omega=\frac{r_3}{r_1}\omega_e+\omega_e,\quad \omega_{a2}=\omega_e-\frac{r_3}{r_2}\omega_e$$

$$\omega_{AB}=\omega_e=\frac{r_1}{r_1+r_3}\omega=\frac{r_1}{2(r_1+r_2)}\omega$$

$$\omega_B=\omega_{a2}=-\frac{r_1}{2r_2}\omega\text{（负号表示实际方向与图中转向相反）}$$

对于角加速度，采用同样的方法得到

$$\alpha_{AB}=\alpha_e=\frac{r_1}{2(r_1+r_2)}\alpha,\quad \alpha_B=-\frac{r_1}{2r_2}\alpha$$

该题若仅求角速度，则将轮 B 上与静止轮 C 的接触点作为轮 B 的速度瞬心，根据速度瞬心及两轮相接触的两点的速度矢量大小和方向相同，利用基点法来求解更简单。但求角加速度时，在两轮相接触的两点上，仅切向加速度分量相等，用基点法求解时涉及法向加速度关系，比较复杂。由该题可知，对类似该题的相对纯滚动轮（可归类为行星轮机构），若仅求转速关系，当速度瞬心容易找到时，优选速度瞬心法，否则优选本题的解法（下面称为半径反比法）；当求角加速度或相关点的加速度时，选择相对角加速度之比等于半径反比的方法更简单。

在上述问题中，取动线而不是动点，且所研究的仅是角度变化的关系，所以，取转动的 AB 为动系，不涉及科氏加速度，这种方法在机械专业课程“机械原理”中会深入讲解。此外，若已知或求解过程中出现线速度、线加速度信息，则取 AB 为动系会引入科氏加速度，且牵连速度和牵连加速度的计算麻烦，因此此类问题最好采用基点法，不要选取 AB 为动系。

当刚体在空间运动时，取 A 为平动动系的原点，采用类似推导平面运动的基点法，可得到刚体上 A 和 B 两点的速度和加速度关系，用矢量表示为

$$\boldsymbol{v}_B=\boldsymbol{v}_A+\boldsymbol{v}_{AB}=\boldsymbol{v}_A+\boldsymbol{\omega}\times\boldsymbol{r}_{AB} \tag{7.13}$$

$$\boldsymbol{a}_B=\boldsymbol{a}_A+\boldsymbol{a}_{BA}^{n}+\boldsymbol{a}_{BA}^{t}=\boldsymbol{a}_A+\boldsymbol{\omega}\times\boldsymbol{v}_{AB}+\boldsymbol{\alpha}\times\boldsymbol{r}_{AB}=\boldsymbol{a}_A+\boldsymbol{\omega}\times(\boldsymbol{\omega}\times\boldsymbol{r}_{AB})+\boldsymbol{\alpha}\times\boldsymbol{r}_{AB} \tag{7.14}$$

小　　结

小结

(1) 刚体平面运动：刚体（视为无限大物体）上任意一点在运动过程中始终与某一固定平面的距离保持不变。

(2) 求做平面运动的刚体上两点速度或加速度间的关系，有建立坐标方程的求导法和基

于合成运动(包括基点法)的方法。当任意位置坐标关系都可通过直角三角形关系或比例关系建立,且采用基点法等基于合成运动的方法需要列较多的矢量关系方程时,优选建立坐标方程的求导法,其他情形下优选基于合成运动的方法。

(3) 求同一刚体上点 A 和点 B 的速度间的关系可采用如下基于合成运动的三种方法。

① 基点法:动系的原点在基点 A,其做平动,得到 $\boldsymbol{v}_B=\boldsymbol{v}_A+\boldsymbol{v}_{AB}$,其中 $\boldsymbol{v}_{AB}=\boldsymbol{\omega}\times\boldsymbol{r}_{AB}$,$\boldsymbol{\omega}$ 为刚体的绝对角速度。

② 速度投影法:点 A 和点 B 的速度矢量在 AB 方向的投影大小相等,指向相同。

③ 速度瞬心法:当做平面运动的物体的角速度不为 0 时,刚体上速度为 0 的点称为速度瞬心 P,此时,刚体上任意点 I 的速度矢量垂直于 PI,大小等于 $PI\cdot\omega$。不同时刻的速度瞬心可能不同,不同物体的速度瞬心不同。

(4) 对于平面运动刚体,在选用基于合成运动的方法后,若仅求速度关系,则一般优选速度投影法;若求角速度,则一般优选速度瞬心法;在速度方向未知或不容易确定速度瞬心等情形下,采用基点法。

(5) 求同一刚体上点 A 和点 B 的加速度间的关系可采用如下基于合成运动的三种方法。

① 基点法:动系的原点在基点 A,其做平动,得到 $\boldsymbol{a}_B=\boldsymbol{a}_A+\boldsymbol{a}_{BA}^{\rm n}+\boldsymbol{a}_{BA}^{\rm t}$,其中 $\boldsymbol{a}_{BA}^{\rm n}=\boldsymbol{\omega}\times\boldsymbol{v}_{AB}$,$\boldsymbol{a}_{BA}^{\rm t}=\boldsymbol{\alpha}\times\boldsymbol{r}_{AB}$,$\boldsymbol{\omega}$ 和 $\boldsymbol{\alpha}$ 分别为刚体的绝对角速度和角加速度。

② 加速度投影法:对于做平面运动的刚体,当刚体的角速度为 0 时,点 A 和点 B 的加速度矢量在 AB 方向的投影大小相等,指向相同。该结论对空间运动的刚体也成立。

③ 加速度瞬心法:若加速度瞬心容易找到,则可选择其为基点,得到刚体上其他点的加速度。

(6) 重要的二次结论。

① 瞬时平动:物体上至少存在一点,当其速度不为 0 时,角速度为 0 的运动。

当物体上点 A 和点 B 的速度方向平行且与 AB 方向不垂直时,刚体的角速度一定为 0,每一点的速度矢量相同,是瞬时平动的一种情况。

② A、B、C 为同一刚体上的三点,当点 C 为 AB 的中点时,有

$$\boldsymbol{v}_C=(\boldsymbol{v}_A+\boldsymbol{v}_B)/2,\quad \boldsymbol{a}_C=(\boldsymbol{a}_A+\boldsymbol{a}_B)/2$$

③ 当 ω 或 α 不同时为 0 时,平面运动图形上一定存在唯一的加速度为 0 的点,该点称为加速度瞬心。设点 D 为加速度瞬心,点 A 和点 B 为同一平面图形上的两点,其加速度分别为 $\boldsymbol{a}_A$、$\boldsymbol{a}_B$,则有 $a_A=AD\cdot\sqrt{\omega^4+\alpha^2}$,$\dfrac{a_A}{a_B}=\dfrac{AD}{BD}$,刚体上每一个点的总加速度矢量与该点和加速度瞬心连线的角度均满足 $\tan\theta=\dfrac{\alpha}{\omega^2}$。

④ 当 P 为物体的速度瞬心时,若 $\omega\neq0$ 且 $\dfrac{\mathrm{d}(PC)}{\mathrm{d}t}=0$,则点 P 的加速度通过点 C。由静止释放的物体,其上对应速度瞬心的点 P 的加速度为 0。PC 连线上的任意点 D 的切向加速度为 $a_D^{\rm t}=DP\cdot\alpha$,法向加速度为 $a_D^{\rm n}=DP\cdot\omega^2-a_P$(设 a_P 方向为由 P 指向 D)。

(7) 对于行星轮机构,当求角速度时,若容易找到速度瞬心,则优选速度瞬心法,否则优选半径反比法。

半径反比法:相互啮合的两个行星轮相对两行星轮轮心连线的角速度之比等于半径反比,即

$$\frac{\omega_{2a}-\omega_e}{\omega_{1a}-\omega_e}=\pm\frac{R_1}{R_2}\text{（内啮合取正号，外啮合取负号）}$$

当求角加速度时，优选半径反比法。

$$\frac{\alpha_{2a}-\alpha_e}{\alpha_{1a}-\alpha_e}=\pm\frac{R_1}{R_2}\text{（内啮合取正号，外啮合取负号）}$$

(8) 复杂机构的画线分解法：当不应用二次结论求复杂机构的运动学加速度问题时，可采用画线分解法。

习　题

7.1　找出题7.1图所示的机构中做平面运动的构件在图示瞬时的速度瞬心位置。

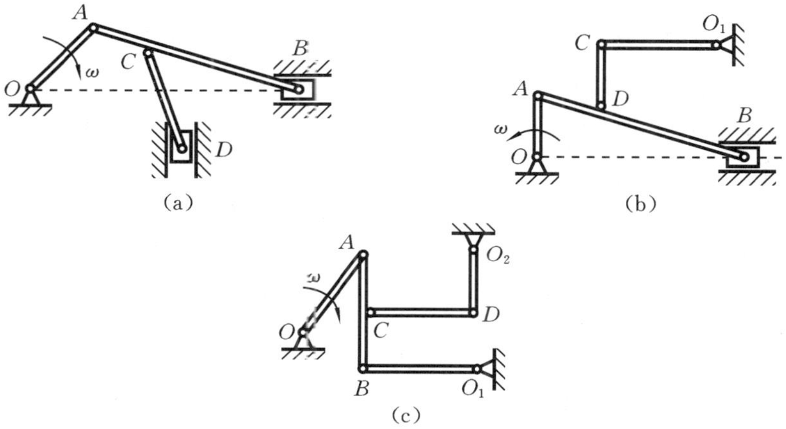

题 7.1 图

7.2　题7.2图所示为平面运动机构，证明在图示瞬时，点 D 的速度为有限值时，AC 的角速度为0。

7.3　如题7.3图所示，半径为 r 的圆盘分别在水平面上、圆周曲线的内侧以及圆周曲线的外侧做无滑动的滚动，角速度 ω 为常数，试分别求出图示各种情况下圆盘中心点 A、圆盘边缘点 B 以及圆盘速度瞬心点 P 的加速度。

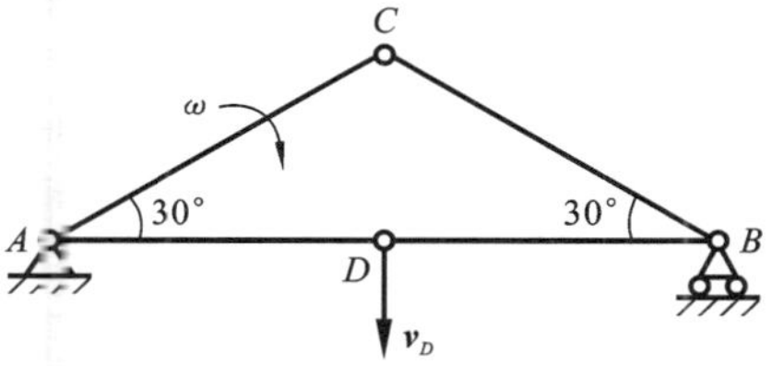

题 7.2 图

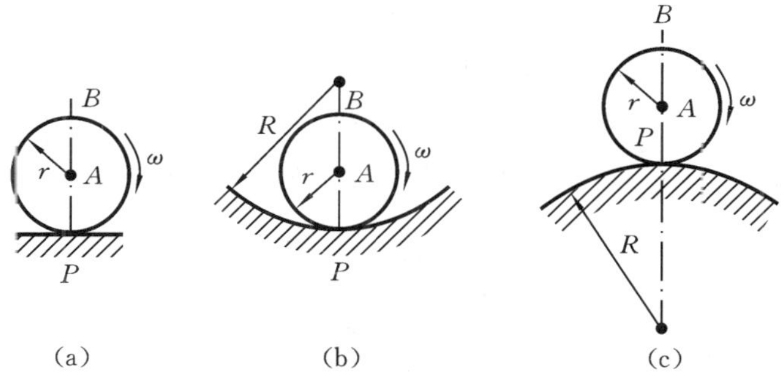

题 7.3 图

7.4　如题7.4图所示，曲柄 OA 长为12 cm，以匀转速 $n=60$ r/min 转动。连杆 AC 长34 cm，齿轮半径 $r=6$ cm。B 为固定齿条。在图示位置时，$\varphi=30°$，AC 水平，求连杆 AC 的角速度与齿条 D 的速度。

7.5 如题7.5图所示，在曲柄齿轮椭圆规中，齿轮 A 和曲柄 O_1A 固结为一体，齿轮 C 和齿轮 A 半径为 $r=0.15$ m，并互相啮合，齿轮 C 圆心与 AB 铰接。图中 $AB=O_1O_2$，$O_1A=O_2B=0.4$ m，$CM=0.1$ m。O_1A 以恒定的角速度 ω 绕 O_1 转动，$\omega=0.2$ rad/s。求此时齿轮 C 上点 M 的速度和加速度的大小。

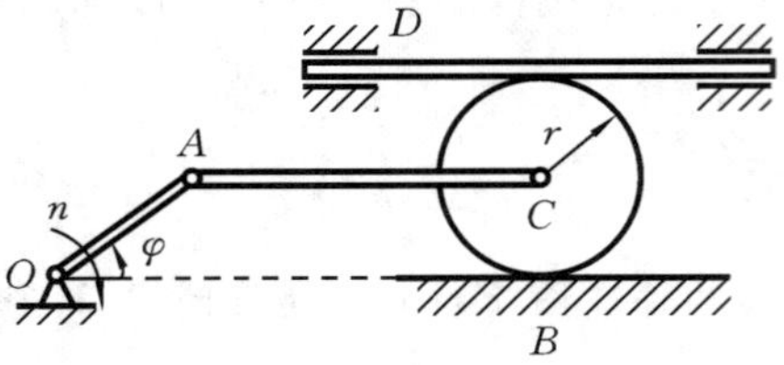

题 7.4 图

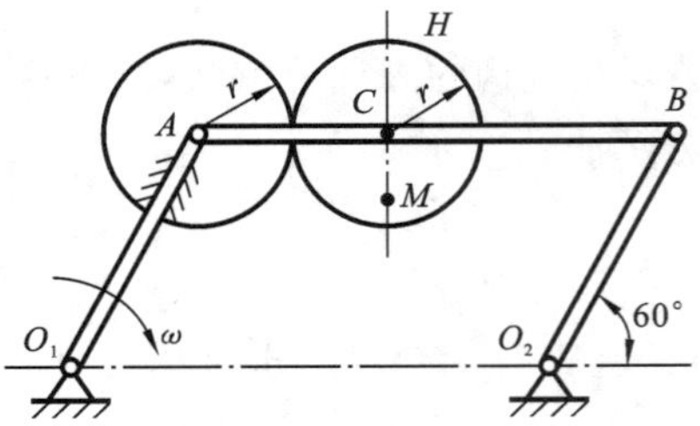

题 7.5 图

7.6 如题7.6图所示的机构中，杆 AB 以匀角速度 ω 绕轴 A 转动，半径为 r 的圆轮 C 在半径为 R 的圆形轨道上做纯滚动，$AB=b$。图示瞬时，$\angle BAC=60°$。求此时杆 BC 和圆轮 C 的角速度、角加速度。

7.7 如题7.7图所示，轮 O 在水平面上滚动而不滑动，轮缘上有一固定销 B，固定销 B 可在摇杆 O_1A 的槽内滑动，并带动摇杆绕轴 O_1 转动。已知轮 O 的半径 $R=0.5$ m，在图示位置时，O_1A 是轮 O 的切线，轮心的速度 $v_O=0.2$ m/s，摇杆与水平面的夹角为60°。求摇杆的角速度。

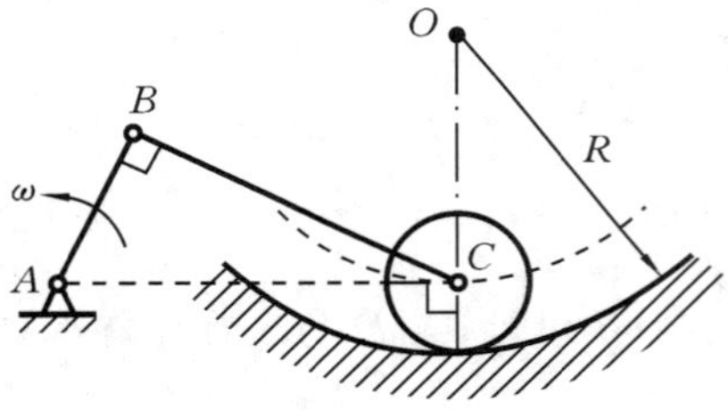

题 7.6 图

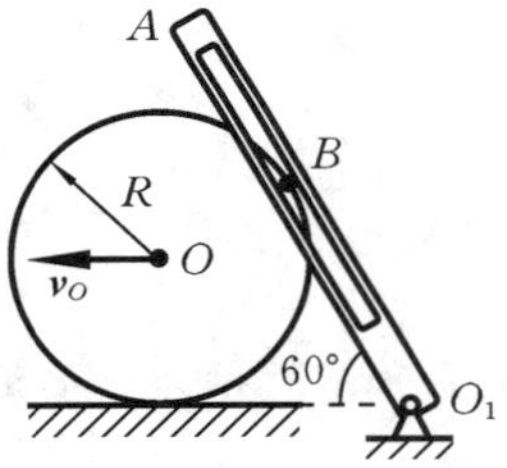

题 7.7 图

7.8 如题7.8图所示，销子 B 通过套筒带动摇杆 O_1C，销子 B 又与水平运动的滑块相连，设 $\varphi=\pi t/3$，$OA=AB=0.15$ m，$OO_1=0.2$ m，$O_1C=0.5$ m，试求在瞬时 $t=7$ s 时，点 C 的速度。

7.9 在题7.9图所示的瓦特行星传动机构中，平衡杆 O_1A 绕轴 O_1 转动，并借连杆 AB 带动曲柄 OB 绕定轴 O 转动，在轴 O 上还装有齿轮Ⅰ。齿轮Ⅱ与连杆 AB 连为一体，并带动齿轮Ⅰ转动。已知 $r_1=r_2=0.3\sqrt{3}$ m，$O_1A=0.75$ m，$AB=1.5$ m，平衡杆的角速度 $\omega_{O_1}=6$ rad/s，求当 $\theta=60°$ 和 $\beta=90°$ 时，曲柄 OB 及齿轮Ⅰ的角速度。

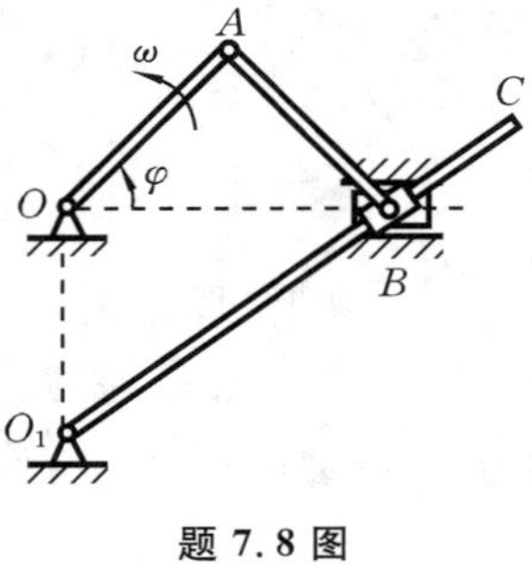

题 7.8 图

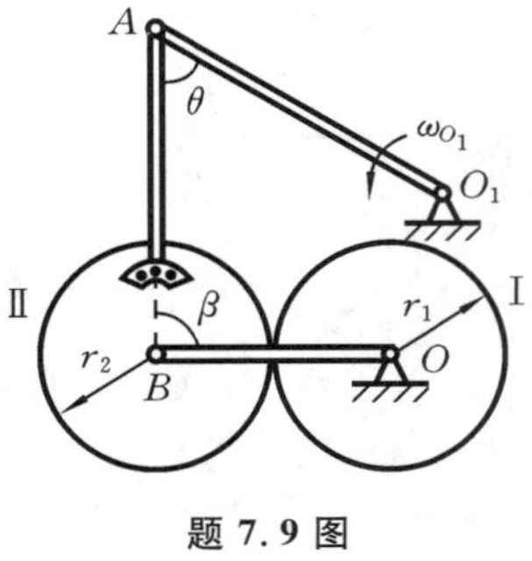

题 7.9 图

7.10　如题 7.10 图所示，直线 AB 在图面内运动。A 端始终在半圆 CAD 上，且该直线始终通过直径 CD 上的点 C。当半径 OA 垂直于 CD 时，点 A 的速度等于 4 m/s，求此时直线上与点 C 重合的点的速度。

7.11　题 7.11 图所示是一种求和机构，其中杆 1 和 2 可沿竖直导轨运动。这两杆都用圆柱铰链与摇臂 AB 连接，两个铰销各自可在摇臂的槽中滑动。杆 3 铰接于摇臂 AB 的中心 O，可沿竖直导轨滑动。已知杆 1 和杆 2 分别以速度 v_1 和 v_2 运动，试证明杆 3 的速度大小等于

$$v=\frac{b}{a+b}v_1+\frac{a}{a+b}v_2$$

其中 a 和 b 的尺寸如图所示，并求摇臂 AB 的角速度。

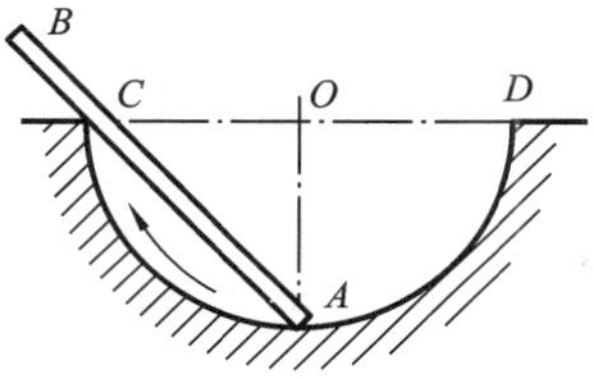

题 7.10 图

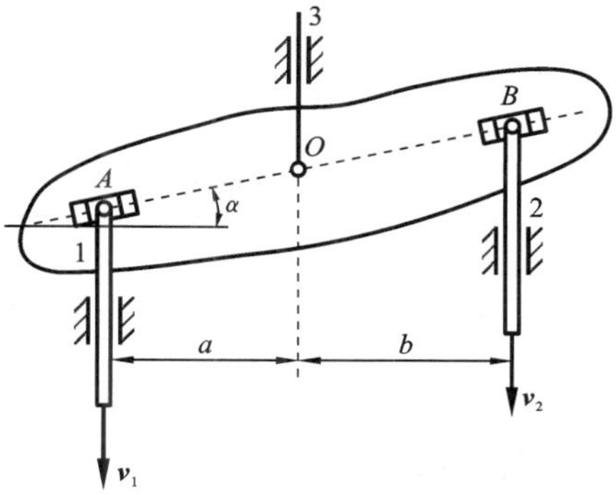

题 7.11 图

7.12　如题 7.12 图所示，杆 AB 的运动如下：点 A 以点 O 为圆心、r 为半径做圆周运动，杆 AB 始终通过圆周上的给定点 N。求杆 AB 的速度瞬心轨迹。

7.13　如题 7.13 图所示，水压机的活塞 D 由铰接杠杆机构 $OABD$ 带动。在图示位置，杠杆 OL 具有角速度 $\omega=2$ rad/s，角加速度 $\alpha=4$ rad/s²。设 $OA=15$ cm，求该瞬时活塞 D 的加速度和杆 AB 的角加速度。

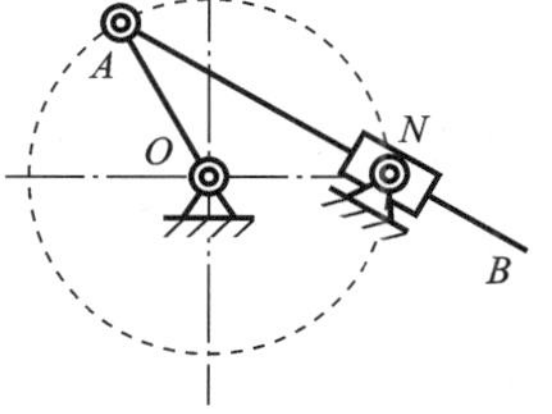

题 7.12 图

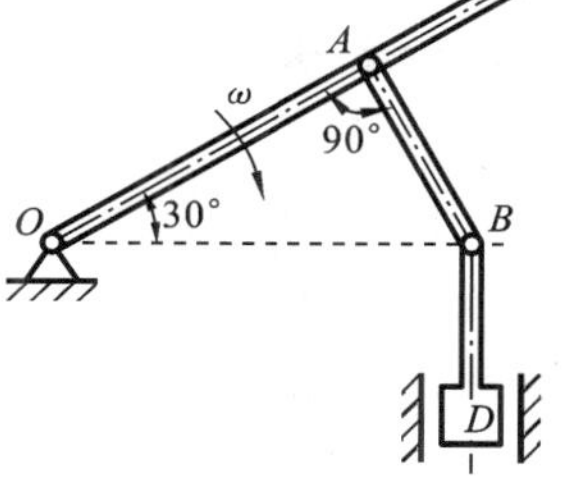

题 7.13 图

7.14　如题 7.14 图所示，为了剪断金属，剪刀的活动刀刃 L 由铰接杠杆机构 $AOBD$ 带动。在图示位置，杠杆 AB 的角速度为 2 rad/s，角加速度为 4 rad/s²，$OB=5$ cm、$O_1D=10$ cm。求铰链 D 在该位置的加速度和杆 BD 的角加速度。

7.15　如题 7.15 图所示，边长 $L=2$ cm 的正方形 $ABCD$ 做平面运动。在图示位置，其顶点 A 与 B 的加速度分别为 $a_A=2$ cm/s²，$a_B=4\sqrt{2}$ cm/s²，方向如图所示。求正方形顶点 C 的加速度。

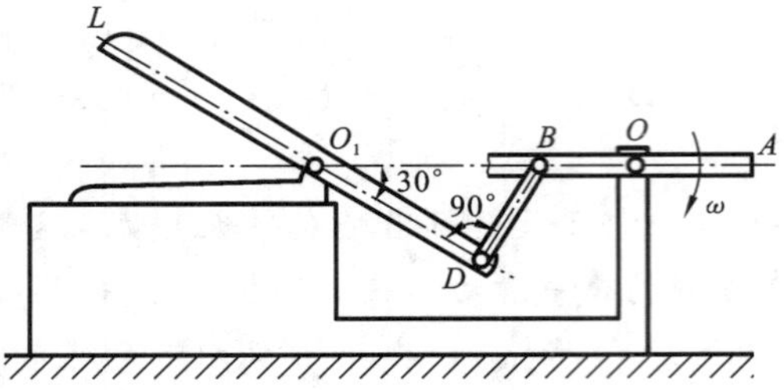

题 7.14 图

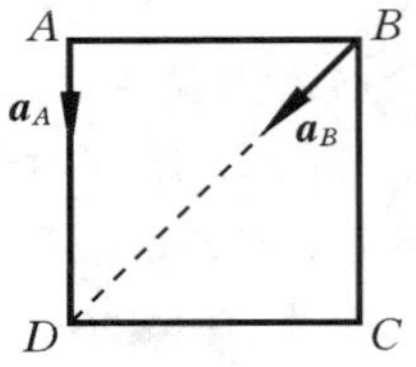

题 7.15 图

*7.16　如题 7.16 图所示，杆 AB 长 $L=0.8$ m，其 A 端搁置在斜面 AC 上，B 端与圆轮铰接。圆轮的半径 $r=0.2$ m，斜面 CD 与水平面成30°角，设圆轮沿 CD 斜面做匀速纯滚动，其轮心的速度 $v_O=0.12$ m/s。求当杆 AB 位于图示水平位置时的角速度和角加速度，以及点 B 的运动轨迹在图示位置的曲率半径。

7.17　如题 7.17 图所示，滑块 A 和 B 可分别沿相互垂直的两直线导轨运动。滑块间用两杆 AC 和 BC 铰接，且 $AC=L_1$、$BC=L_2$，试求当两杆分别垂直于两导轨时，点 C 的速度和加速度的大小。设这时两滑块分别具有速度 $\boldsymbol{v}_A$ 和 $\boldsymbol{v}_B$，如图所示，并分别具有任意数值的加速度。

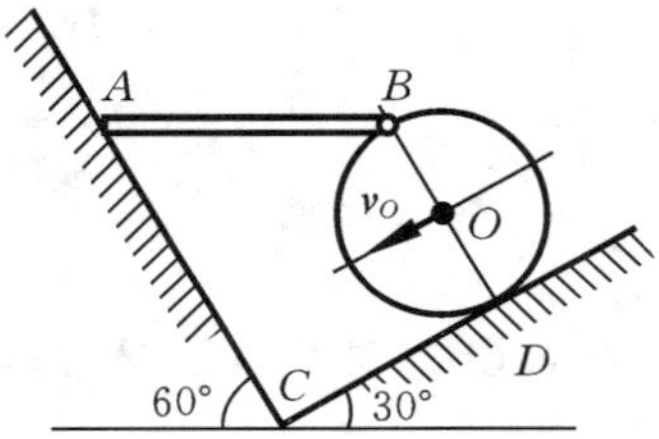

题 7.16 图

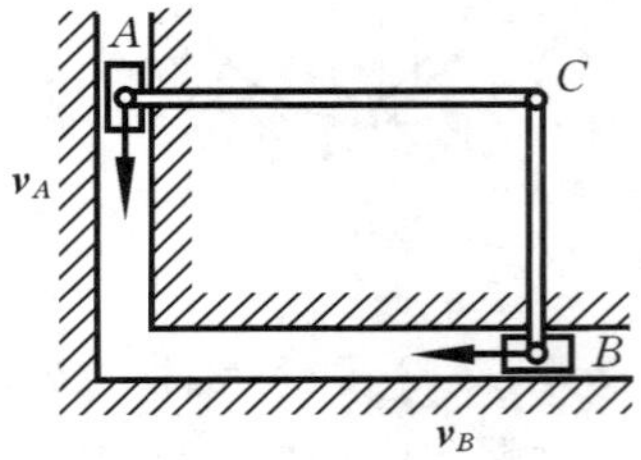

题 7.17 图

7.18　在题 7.18 图所示的曲柄连杆机构中，曲柄 OA 绕轴 O 转动，其角速度为 ω_O，角加速度为 α_O，在某瞬时，曲柄与水平线成60°角，而连杆 AB 与曲柄 OA 垂直，滑块 B 在圆弧槽内滑动，此时半径 O_1B 与连杆成30°角。假设 $OA=r$，$AB=2\sqrt{3}r$，$O_1B=2r$，求在该瞬时滑块 B 的切向加速度和法向加速度。

7.19　如题 7.19 图所示，在行星齿轮差动机构中，曲柄和半径为 r_1 的轮Ⅰ都做变速运动。在给定瞬时已知半径为 r_2 的轮Ⅱ节圆上啮合点 A 的加速度大小等于 a_1，而方向指向轮Ⅱ的中心，同一直径上对称点 B 的加速度大小等于 a，而方向偏离直径 AB 一锐角 β。试求该给定瞬时曲柄 O_1O_2 和齿轮Ⅱ的角速度和角加速度的大小。

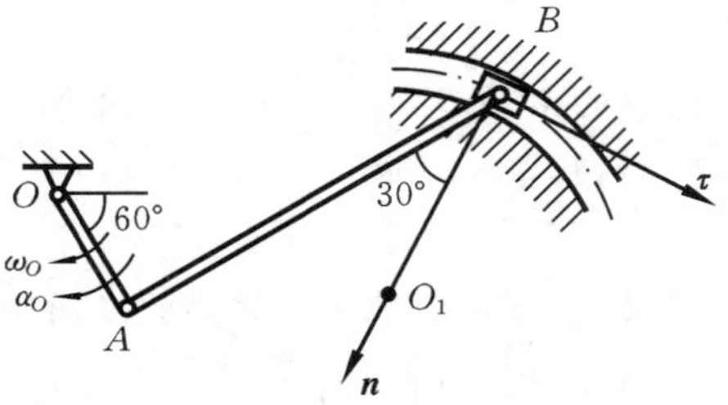

题 7.18 图

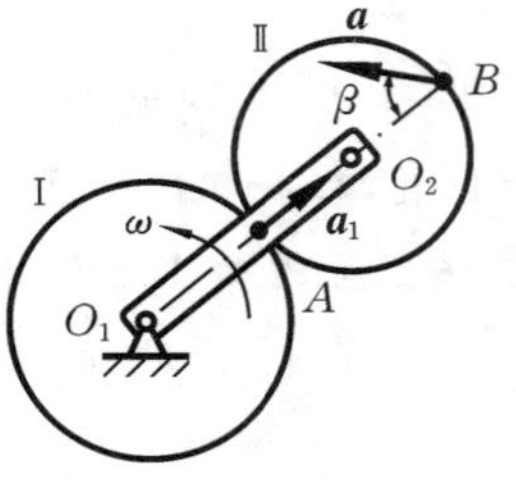

题 7.19 图

7.20　在题7.20图所示的配汽机构中，曲柄 OA 长为 r，以等角速度 ω_O 绕轴 O 转动。在某瞬时，$\varphi=60°$，$\beta=90°$，$AB=6r$，$BC=3\sqrt{3}r$。求机构在图示位置时，滑块 C 的速度和加速度。

7.21　如题7.21图所示，曲柄 OA 绕固定齿轮中心轴 O 转动，在曲柄上安装一个双联齿轮和一个小齿轮。已知曲柄转速 $n_0=30$ r/min，固定齿轮齿数 $z_0=60$，双联齿轮齿数 $z_1=40$ 和 $z_2=50$，小齿轮齿数 $z_3=25$。求小齿轮的转速和转向。

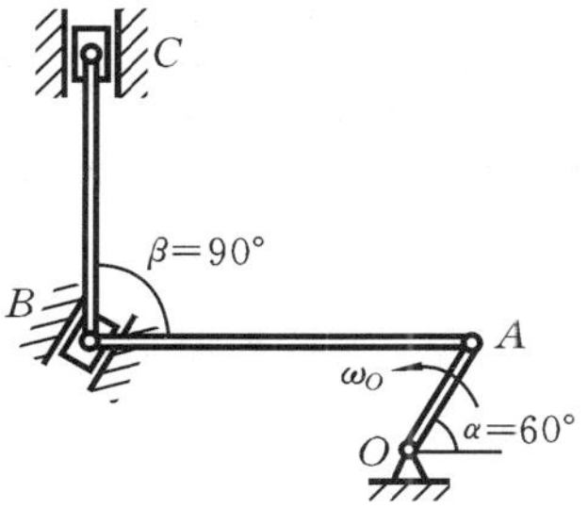

题7.20图

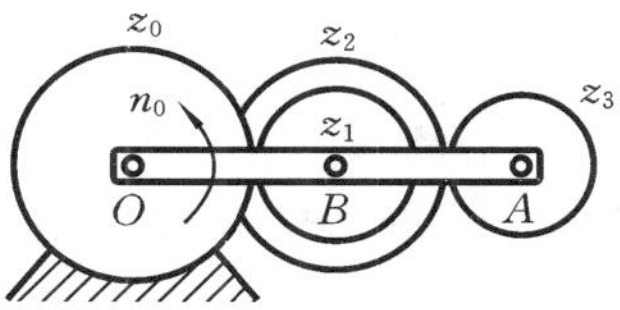

题7.21图

7.22　在题7.22图所示机构中，曲柄 OA 长为 r，以匀角速度 ω_O 绕轴 O 转动，连杆 AB 长为 L，滑块 B 在水平滑道内滑动。在连杆的中点 C 铰接一滑块，滑块可在摇杆 O_1D 槽内滑动，从而带动摇杆 O_1D 绕轴 O_1 转动。当 $\theta=60°$，$O_1C=2r$ 时，试求摇杆 O_1D 的角速度 ω 及角加速度 α。

***7.23**　如题7.23图所示机构中，$AB=CD=r$，$DE=2r$，AB 以匀角速度 ω 转动。在图示位置时，B 位于 DE 的中点。求此时杆 CD 的角速度和角加速度。

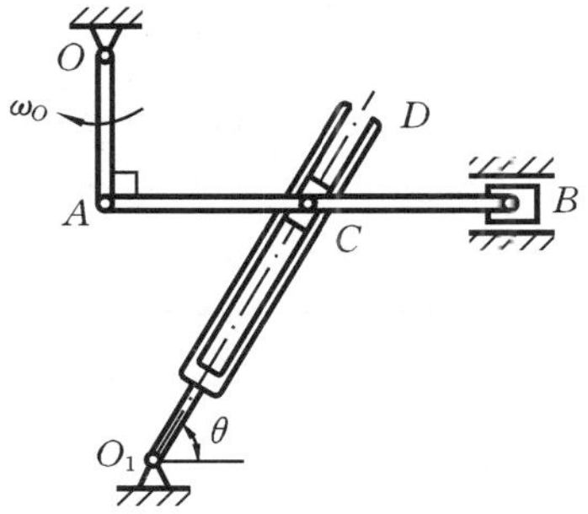

题7.22图

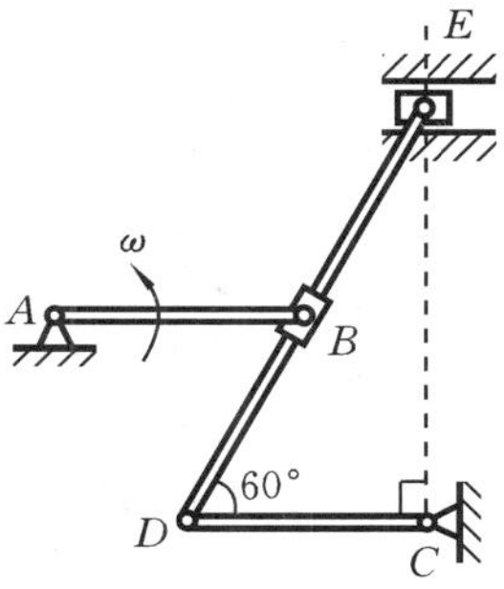

题7.23图

***7.24**　在题7.24图所示机构中，曲柄 O_1A 的角速度 $\omega_1=4$ rad/s，曲柄 O_2B 的角速度 $\omega_2=2$ rad/s，两杆均以匀角速度转动，杆 BD 可在套筒 AC 中滑动。若曲柄 O_2B 处于水平位置，曲柄 O_1A 处于垂直位置，尺寸如图所示，求图示瞬时杆 BD 的角速度和角加速度。

7.25　如题7.25图所示，蒸汽机车的车轮由连杆 AB 连接。车轮沿轨道向左做纯滚动，半径 $r=80$ cm。当由静止状态开始运动后，车轮的转角 $\varphi=\angle PO_1A$ 按规律 $\varphi=\dfrac{3\pi}{4}t^2$ 变化（φ 以 rad 为单位），滑块 M 沿连杆 AB 按规律 $s=AM=(10+40t^2)$ 运动（s 以 cm 为单位）。已知 $O_1O_2=AB$，$O_1A=O_2B=\dfrac{r}{2}$。求 $t=1$ s 的瞬时滑块 M 的绝对速度和绝对加速度。

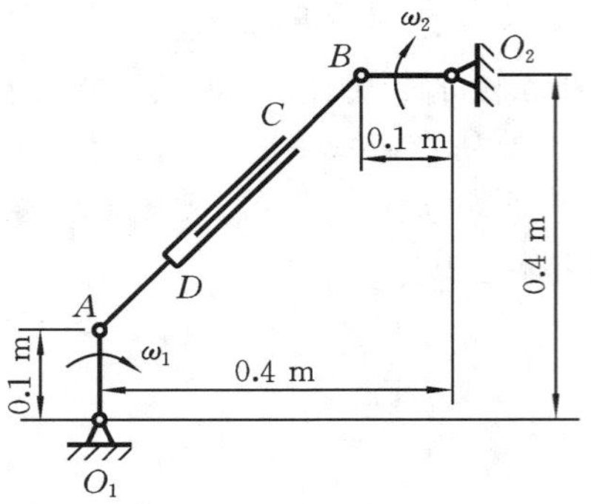

题 7.24 图

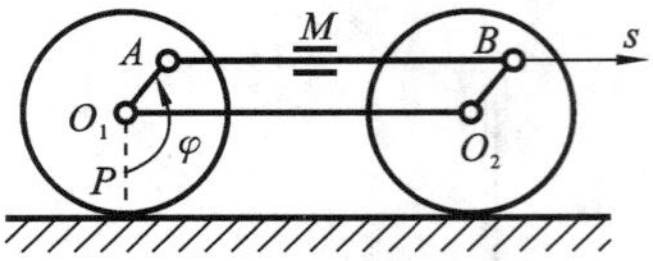

题 7.25 图

7.26　如题 7.26 图所示，转式起重机以角速度 $\omega=1\ \text{rad/s}$ 绕竖直固定轴转动，小车沿着与轴 s 重合的水平悬臂做纯滚动。后轮的半径是 10 cm，质心 C 按规律 $s_C=OC=60(1+t)$ 运动(s_C 以 cm 为单位)。当 $t=1$ s，有 $\angle MCD=30°$。求此时轮缘上点 M 的绝对速度。又知在 $t=1$ s，有 $\angle ACD=90°$，求此时轮缘上点 A 和点 D 的绝对加速度。

***7.27**　如题 7.27 图所示，陀螺仪安装在水平平台 L 上，平台以匀角速度 $\omega_1=2\pi\ \text{rad/s}$ 绕固定竖直轴 O_1O_1' 转动，陀螺仪的圆盘以匀角速度 $\omega_2=8\pi\ \text{rad/s}$ 绕水平轴 O_2O_2' 转动，其半径 $r=10$ cm。同时，轴 O_2O_2' 按规律 $\varphi_3=2\pi t^2$(φ_3 以 rad 为单位)绕竖直轴 O_3O_3' 转动，当 $t=0$ 时，圆盘和轴 O_1O_1' 位于同一竖直平面内，φ_3 角由此平面按图示方向计量，O_2O_2' 与 O_3O_3' 相交于圆盘中心 K。已知平行轴 O_1O_1'、O_3O_3' 之间的距离 $OO_3=30$ cm。求 $t=1$ s 时圆盘竖直直径 AB 顶端 A 的绝对速度和绝对加速度大小。

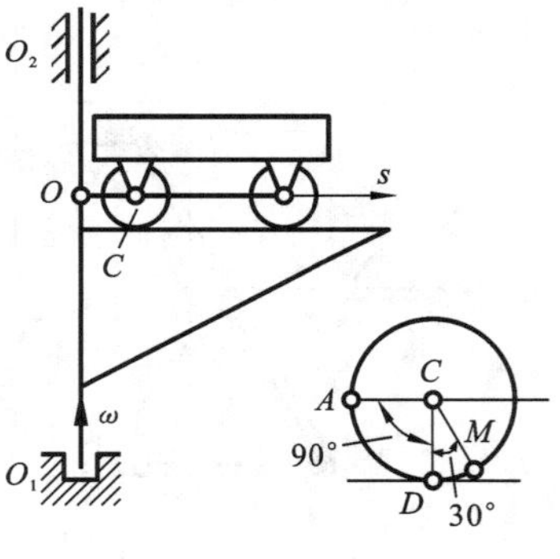

题 7.26 图

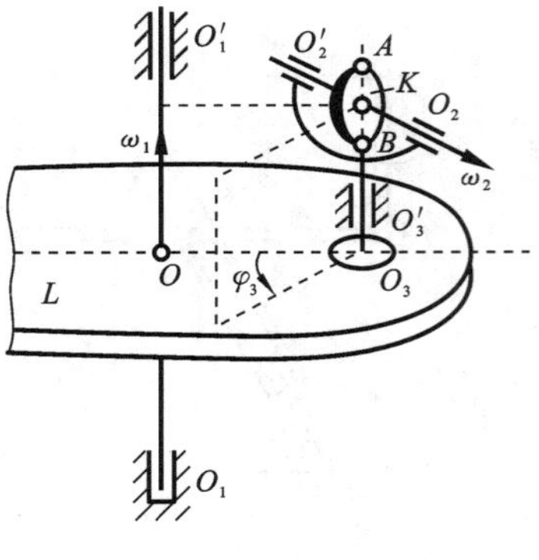

题 7.27 图

***7.28**　如题 7.28 图所示，半径为 r 的圆盘在水平地面做纯滚动，其圆心 C_1 的速度为常数。长为 $2r$ 的杆件 AB 与圆盘在圆盘边缘于 A 处铰接，B 端在地面滑动。求点 A 到达圆盘最高点时，杆件中点 C_2 与圆盘圆心 C_1 的速度大小之比。

***7.29**　如题 7.29 图所示，对于做平面运动的等边六边形板 $ABCDEF$，点 A 和点 B 的加速度大小相等，点 C 的加速度大小是点 B 的 2 倍。求点 E 与点 F 加速度大小之比。

***7.30**　如题 7.30 图所示，等边三角形 ABC 做平面运动，在图示位置，点 A 和点 B 的加速度大小相等，其加速度矢量方向与 AB 的角度分别为未知的 α、β，但满足 $\alpha-\beta=\dfrac{\pi}{3}$。求图示位置三角形顶点 C 和 A 的加速度大小之比。

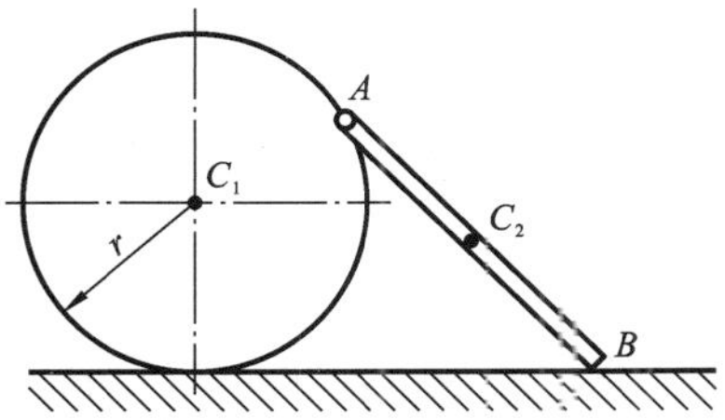

题 7.28 图

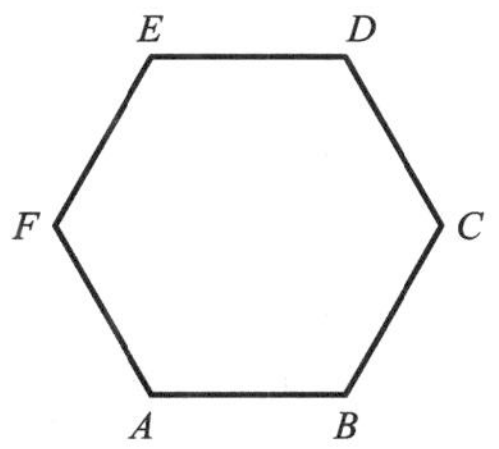

题 7.29 图

*7.31　如题 7.31 图所示，半径为 $R=2$ m 的半圆 AB 在半径为 2 m 的半圆槽内，分别以角速度 $\omega=1$ rad/s(顺时针)$\alpha=\sqrt{3}$rad/s^2(分别为逆时针和顺时针)运动。求图示瞬时当 α 分别为顺时针和逆时针方向时，半圆上最大加速度点的加速度大小。

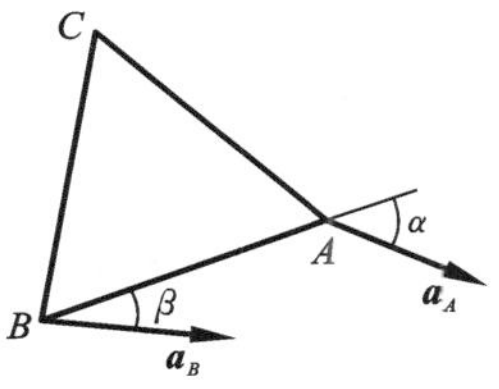

题 7.30 图

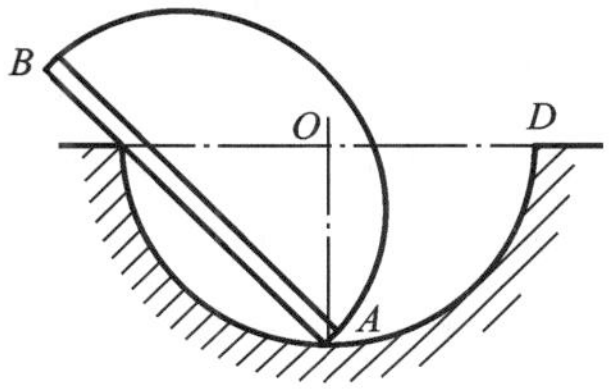

题 7.31 图

*7.32　如题 7.32 图所示，半径为 R 的圆盘在地面做纯滚动，与滑块 B 连接的绳子缠绕在圆盘上。在图示 θ 位置时，圆心 C 的速度和加速度分别为 $\boldsymbol{v}$、$\boldsymbol{a}$，求此时滑块 B 的加速度。

*7.33　任意曲线边缘的两运动刚体，在接触点处可拟合为题 7.33 图所示的两个半径分别为 ρ_1 和 ρ_2 的曲率圆 C 和 O。两个曲率圆的角速度分别为 ω_1 和 ω_2，角加速度分别为 α_1 和 α_2，曲率圆 O 的接触点 B 的加速度已知，曲率圆 C 的接触点 A 相对点 B 在公切线方向有相对速度 v_r。

证明　两个物体在接触处的点 A 和点 B 的加速度在公切线 x 方向和公法线 y 方向的分量间的关系为

$$a_{Ax}-a_{Bx}=\frac{\mathrm{d}v_r}{\mathrm{d}t}$$

$$a_{Ay}-a_{By}=2v_r\frac{\rho_1\omega_1+\rho_2\omega_2}{\rho_1+\rho_2}+\frac{\rho_1\rho_2(\omega_1-\omega_2)^2-v_r^2}{\rho_1+\rho_2}$$

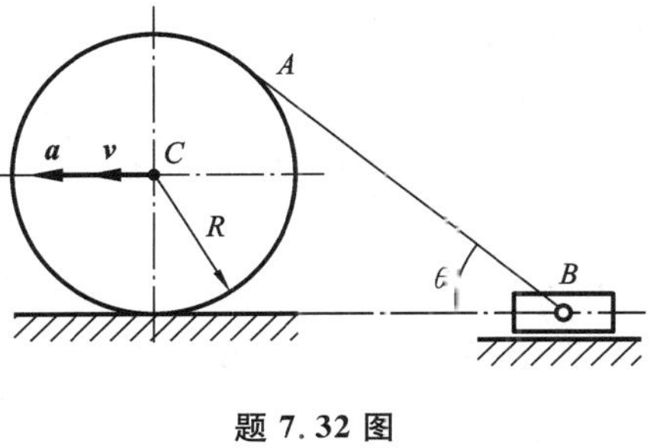

题 7.32 图

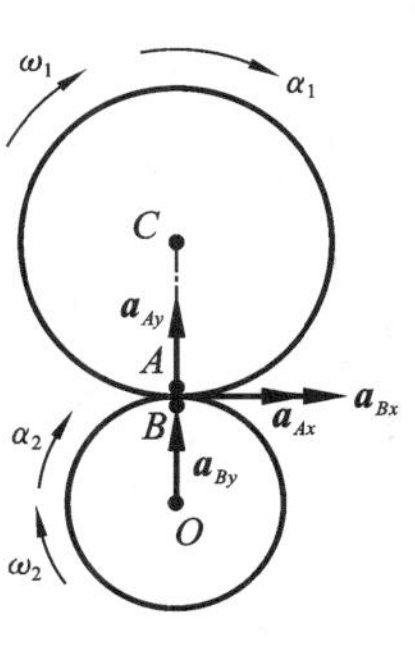

题 7.33 图

第 8 章　动力学普遍定理

动力学
普遍定理

本书前面 7 章为静力学和运动学内容。在静力学中只研究力与力之间的平衡关系，不考虑质点和物体的运动，静力学问题主要特征是与时间无关；而在运动学中，只研究在选定参考系中质点和物体的位置随时间变化的分析方法，不考虑引起这种运动所需要的力。本书从本章开始研究力与运动之间的关系，这就是动力学。实际上，静力学只是动力学的特殊情况，而运动学是研究动力学必要的基础。

力学研究中最基本的物质模型是质点。动力学的学科基础以及整个力学的奠定时期在 17 世纪。意大利物理学家伽利略创立了惯性定律，首次提出了加速度的概念。他应用运动的合成原理，与静力学中力的平行四边形法则相对应，并把力学建立在科学实验的基础上。英国物理学家牛顿推广了力的概念，引入质量的概念，总结出机械运动的三大定律(1687 年)。牛顿运动定律完整地描述了质点的动力学规律，由牛顿定律可以进一步推导出质点系的动力学规律，因此牛顿定律是动力学的基础，也是整个力学学科最基本的物理定律。

艾萨克·牛顿(Isaac Newton)是英国物理学家、数学家、天文学家和自然哲学家。他在 1687 年 7 月 5 日发表的《自然哲学的数学原理》中提出的万有引力定律以及牛顿运动定律是经典力学的基石。牛顿把地球上物体的力学和天体力学统一到一个基本的力学体系中，创立了经典力学理论体系，正确地反映了宏观物体低速运动的宏观运动规律，实现了自然科学的第一次大统一。这是人类对自然界认识的一次飞跃。

牛顿运动定律只解决了单个质点的动力学问题，但是在经典力学范围内，绝大部分力学对象是由很多质点组成的一个集合，即质点系，如物体(刚体、变形体)、散体集合(如干沙、煤、谷物等粉体或颗粒物质)等。一般质点系中质点的数量庞大，特别是刚体，可视为由无限个质点构成的质点系，质点之间的相互作用力未知，因此试图用牛顿运动定律得到每个质点的运动规律一般是不可能的，实际上，也是不必要的。以牛顿和德国人莱布尼兹所发明的微积分为工具，瑞士数学家欧拉系统地研究了质点动力学问题，并奠定了刚体力学的基础。从本章开始，我们研究质点系的整体动力学基本规律，即动量定理、动量矩定理和动能定理。这三个定理分别有导数形式和积分形式。对于同一种形式，三个定理中只有两个是独立的。动能定理不用考虑与速度方向垂直的力(或做功之和为零的一对约束力副)，在一些情形下可以取代动量定理和动量矩定理，使计算变得简单。应用动量定理、动量矩定理和动能定理，可求解经典力学的动力学问题。它们一般称为动力学普遍定理，所谓普遍是指它们适用于任何质点系的宏观力学特性研究。鉴于“大学物理”等课程中已介绍了动力学部分知识，特别是质点动力学，本书重点介绍刚体动力学理论。基于循序渐进、由浅入深的认知规律，本书先介绍刚体平面动力学理论，刚体空间动力学的部分理论在第 14 章及专题中介绍。

8.1 质点的运动微分方程描述方法

质点的运动微分方程描述方法

1. 矢量形式

矢量形式的质点运动微分方程为

$$m\frac{\mathrm{d}^2\boldsymbol{r}}{\mathrm{d}t^2}=\boldsymbol{F} \tag{8.1}$$

2. 直角坐标形式

在直角坐标系中，令 $\boldsymbol{r}=x\boldsymbol{i}+y\boldsymbol{j}+z\boldsymbol{k}$，$\boldsymbol{F}=F_x\boldsymbol{i}+F_y\boldsymbol{j}+F_z\boldsymbol{k}$，则方程(8.1)变为

$$m\frac{\mathrm{d}^2x}{\mathrm{d}t^2}=F_x,\quad m\frac{\mathrm{d}^2y}{\mathrm{d}t^2}=F_y,\quad m\frac{\mathrm{d}^2z}{\mathrm{d}t^2}=F_z \tag{8.2}$$

这就是直角坐标形式的质点运动微分方程。

3. 自然坐标形式

加速度 $\boldsymbol{a}$ 和力 $\boldsymbol{F}$ 在自然轴系中的表达式为

$$\boldsymbol{a}=\frac{v^2}{\rho}\boldsymbol{n}+\frac{\mathrm{d}v}{\mathrm{d}t}\boldsymbol{\tau}=\frac{v^2}{\rho}\boldsymbol{n}+\frac{\mathrm{d}^2s}{\mathrm{d}t^2}\boldsymbol{\tau}$$

$$\boldsymbol{F}=F_{\mathrm{n}}\boldsymbol{n}+F_{\mathrm{t}}\boldsymbol{\tau}+F_{\mathrm{b}}\boldsymbol{b}$$

代入方程 $\boldsymbol{F}=m\boldsymbol{a}$，得

$$m\frac{v^2}{\rho}=F_{\mathrm{n}},\quad m\frac{\mathrm{d}^2s}{\mathrm{d}t^2}=F_{\mathrm{t}}\quad 或\quad m\frac{\mathrm{d}v}{\mathrm{d}t}=F_{\mathrm{t}},\quad 0=F_{\mathrm{b}} \tag{8.3}$$

这就是自然坐标形式的质点运动微分方程。

以上微分方程均为二阶方程，每个位移变量的通解中有两个待定常数，需要给定初始位置和速度两个初始条件才能确定解，如求方程(8.2)中的位移坐标 x、y、z。在应用初始条件之前，每个位移及其速度(位移的一阶导数)是可以独立取值的，即它们是相互独立的变量。

上述三种描述牛顿第二定律的方法各有所长。矢量形式一般用于推导动力学原理(比如动量定理、动能定理)；自然坐标形式中的法向加速度为已知量，使得在动力学问题中要进一步补充的运动学加速度关系方程中的未知量变少。

上述给出的是质点在惯性系中的运动与力之间的关系。研究质点在非惯性系中的运动与力之间的关系，可解决一些实际问题，比如，交通工具上质点的相对运动，流体质点在转动坐标系中的运动，高速、大范围运动物体(炮弹、导弹、飞船等)相对地球的运动等。本书重点介绍刚体动力学问题，关于质点在非惯性系中的运动与力之间的关系，读者可采用第 10 章的动静法来分析，也可采用专题 2“质点相对运动动力学”中介绍的方法来分析。

8.2 动量定理

动量定理

8.2.1 质点系动量定理

质点的质量与其瞬时速度的乘积 $m\boldsymbol{v}$ 称为**质点的动量**。对于质点系中任意一个质量为 m_i 的质点，由牛顿第二定律，有

$$\frac{\mathrm{d}(m_i \boldsymbol{v}_i)}{\mathrm{d}t} = \boldsymbol{F}_i^{(e)} + \boldsymbol{F}_i^{(i)} \tag{8.4}$$

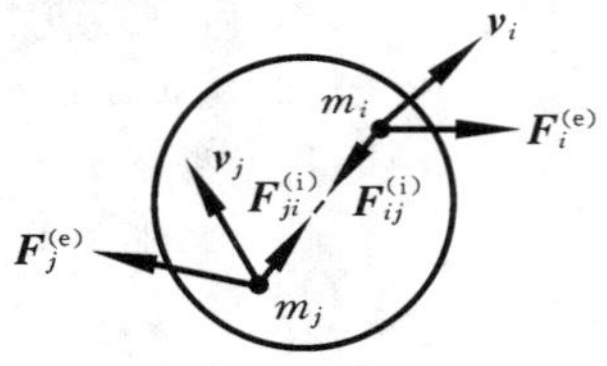

图 8.1　质点系的动量和质点的受力

其中，$\boldsymbol{F}_i^{(e)}$ 为质点系的外部对质点 m_i 的作用力的合力，即质点 m_i 受到的外力合力；$\boldsymbol{F}_i^{(i)}$ 为质点系中其他质点对质点 m_i 的作用力的合力，即质点 m_i 受到的内力合力，如图 8.1 所示。方程(8.4)对质点系中所有质点均成立，假定质点系有 N 个质点，将 N 个方程(8.4)相加，得

$$\sum_{i=1}^{N} \frac{\mathrm{d}(m_i \boldsymbol{v}_i)}{\mathrm{d}t} = \sum_{i=1}^{N} \boldsymbol{F}_i^{(e)} + \sum_{i=1}^{N} \boldsymbol{F}_i^{(i)} \tag{8.5}$$

根据定义，$\boldsymbol{F}_i^{(i)}$ 可写为

$$\boldsymbol{F}_i^{(i)} = \sum_{j=1, j\neq i}^{N} \boldsymbol{F}_{ij}^{(i)}, \quad \boldsymbol{F}_{ii}^{(i)} \equiv \boldsymbol{0}$$

其中，$\boldsymbol{F}_{ij}^{(i)}$ 表示质点 m_j 对质点 m_i 的作用力。设质点 m_i 对质点 m_j 的作用力为 $\boldsymbol{F}_{ji}^{(i)}$，由作用力与反作用力定律有 $\boldsymbol{F}_{ij}^{(i)} = -\boldsymbol{F}_{ji}^{(i)}$。将所有的 $\boldsymbol{F}_{ij}^{(i)}$ 排成一个矩阵，有

$$\begin{bmatrix} \boldsymbol{0} & \boldsymbol{F}_{12}^{(i)} & \cdots & \boldsymbol{F}_{1N}^{(i)} \\ \boldsymbol{F}_{21}^{(i)} & \boldsymbol{0} & \cdots & \boldsymbol{F}_{2N}^{(i)} \\ \vdots & \vdots & & \vdots \\ \boldsymbol{F}_{N1}^{(i)} & \boldsymbol{F}_{N2}^{(i)} & \cdots & \boldsymbol{0} \end{bmatrix}$$

可见，以上矩阵的第 i 行元素之和为 $\boldsymbol{F}_i^{(i)}$，所有元素之和为 $\sum_{i=1}^{N} \boldsymbol{F}_i^{(i)}$，但由于矩阵元素关于对角线反对称，因此所有元素之和为零，即

$$\sum_{i=1}^{N} \boldsymbol{F}_i^{(i)} \equiv \boldsymbol{0} \tag{8.6}$$

于是方程(8.5)可写为

$$\frac{\mathrm{d}}{\mathrm{d}t}\left(\sum_{i=1}^{N} m_i \boldsymbol{v}_i\right) = \sum_{i=1}^{N} \boldsymbol{F}_i^{(e)} \tag{8.7}$$

令

$$\boldsymbol{p} = \sum_{i=1}^{N} m_i \boldsymbol{v}_i, \quad \boldsymbol{F}^{(e)} = \sum_{i=1}^{N} \boldsymbol{F}_i^{(e)} \tag{8.8}$$

称矢量 $\boldsymbol{p}$ 为**质点系的动量**，它是质点系中所有质点动量的矢量和；$\boldsymbol{F}^{(e)}$ 为质点系受到的所有外力的矢量和，即外力主矢。动量的量纲为【质量】×【长度】/【时间】。

这样方程(8.5)可写为

$$\frac{\mathrm{d}\boldsymbol{p}}{\mathrm{d}t} = \boldsymbol{F}^{(e)} \tag{8.9}$$

方程(8.9)就是质点系**动量定理**的数学表达式，称为动量定理的微分形式，用语言表述为：质点系动量的时间变化率等于质点系受到的所有外力之和。

方程(8.9)可以写成积分形式，有

$$\mathrm{d}\boldsymbol{p} = \boldsymbol{F}^{(e)}\,\mathrm{d}t \tag{8.10}$$

对式(8.10)积分，得

$$\boldsymbol{p}_2 - \boldsymbol{p}_1 = \int_{t_1}^{t_2} \boldsymbol{F}^{(e)}\,\mathrm{d}t \tag{8.11}$$

或写为
$$\boldsymbol{p}_2 - \boldsymbol{p}_1 = \boldsymbol{I}_{12} \tag{8.12}$$
其中
$$\boldsymbol{p}_1 = \left[\sum_{i=1}^{N} m_i \boldsymbol{v}_i\right]_{t=t_1},\quad \boldsymbol{p}_2 = \left[\sum_{i=1}^{N} m_i \boldsymbol{v}_i\right]_{t=t_2},\quad \boldsymbol{I}_{12} = \int_{t_1}^{t_2} \boldsymbol{F}^{(e)} \mathrm{d}t \tag{8.13}$$
$\boldsymbol{F}^{(e)}\mathrm{d}t$ 和 $\boldsymbol{I}_{12}$ 分别称为**力的元冲量**和**冲量**。方程(8.11)就是动量定理的积分形式。

由方程(8.9)(8.11)可见，动量定理不需要考虑质点系的内力，只需知道整体的动量或外力，正是这一点为它的应用提供了简便的分析方法。

以上推导过程表明，**动量定理成立的前提条件是质点系的质量不能变化**，否则，如果被研究质点系中的质点或质量跑出该质点系，或者从其他质点系中提取质点或质量，同时仍然将原来的质点系作为分析对象，则内力将不平衡。因此，在应用动量定理时，质点系一旦取定，以后不管如何变化，初始属于该质点系的所有质量始终属于该质点系，也不接纳外来质量，请读者牢记这一点。对于与外界有质量交换的质点系，需要将交换质量始终计入质点系从而构成一个质量封闭系统，这样才能应用动量定理。

将矢量方程(8.9)(8.11)在任取的直角坐标系 $Oxyz$ 中投影，可得动量定理的代数方程。
$$\begin{cases}\dfrac{\mathrm{d}}{\mathrm{d}t}(mv_x) = F_x\\[2mm] \dfrac{\mathrm{d}}{\mathrm{d}t}(mv_y) = F_y\\[2mm] \dfrac{\mathrm{d}}{\mathrm{d}t}(mv_z) = F_z\end{cases},\quad \begin{cases}mv_{2x} - mv_{1x} = \displaystyle\int_{t_1}^{t_2} F_x \mathrm{d}t = I_{12x}\\ mv_{2y} - mv_{1y} = \displaystyle\int_{t_1}^{t_2} F_y \mathrm{d}t = I_{12y}\\ mv_{2z} - mv_{1z} = \displaystyle\int_{t_1}^{t_2} F_z \mathrm{d}t = I_{12z}\end{cases} \tag{8.14}$$
质点系的动量保持常值，即有以下两种**动量守恒**的情况。

(1) 当 $\boldsymbol{F}^{(e)} \equiv \boldsymbol{0}$ 时，有 $\boldsymbol{p}=$ 常矢量；

(2) 当 $F_i^{(e)} \equiv 0, i=x,y,z$ 时，有 $p_i=$ 常数。

8.2.2 质心运动定理

一个运动刚体可以认为是由无数个质点构成的质点系，其动量为 $\boldsymbol{p} = \sum_{i=1}^{\infty} m_i \boldsymbol{v}_i$，若要能应用动量定理，需要解决 $\boldsymbol{p}$ 中所涉及的无限问题。那么，如何解决这一问题呢？

1. 质点系的质心和动量的计算

选取惯性参考系中某一确定点 O 为坐标原点，自点 O 到任一质点 i 的矢量为 $\boldsymbol{r}_i$，则其速度为 $\boldsymbol{v}_i = \dfrac{\mathrm{d}\boldsymbol{r}_i}{\mathrm{d}t}$，代入式(8.8)，注意到质量 m_i 是不变的，则有
$$\boldsymbol{p} = \sum m_i \boldsymbol{v} = \sum m_i \frac{\mathrm{d}\boldsymbol{r}_i}{\mathrm{d}t} = \frac{\mathrm{d}}{\mathrm{d}t}\sum m_i \boldsymbol{r}_i \tag{8.15}$$
令 $M = \sum m_i$ 为质点系的总质量，定义质点系质量中心(简称质心)C 的矢径为
$$\boldsymbol{r}_C = \frac{\sum m_i \boldsymbol{r}_i}{M} \tag{8.16}$$
将式(8.16) 代入式(8.15) 得到系统动量为
$$\boldsymbol{p} = \frac{\mathrm{d}}{\mathrm{d}t}\sum m_i \boldsymbol{r}_i = \frac{\mathrm{d}}{\mathrm{d}t}(M\boldsymbol{r}_C) = M\boldsymbol{v}_C \tag{8.17}$$
引入质心的概念，质点系的动量就可以用式(8.16) 所确定的质心的速度和系统总的质量

来简单表示了。对于图 8.2 所示的质心为 C 的均质圆盘,图 8.2(a) 所示的定轴转动圆盘虽然转动,但动量为 0。图 8.2(b) 和(c) 所示的均质圆盘的运动状态虽然不同,但动量相同。

式(8.16) 就是求质心的公式,其在直角坐标系的 3 个分量分别为

$$x_C = \sum m_i x_i / M,\quad y_C = \sum m_i y_i / M,\quad z_C = \sum m_i z_i / M \tag{8.18a}$$

对于由多个物体组成的系统,其质心的计算公式为

$$x_C = \sum m_i x_{iC} / M,\quad y_C = \sum m_i y_{iC} / M,\quad z_C = \sum m_i z_{iC} / M \tag{8.18b}$$

式中:m_i、x_{iC}、y_{iC}、z_{iC} 分别为第 i 个物体的质量及其质心的坐标分量。

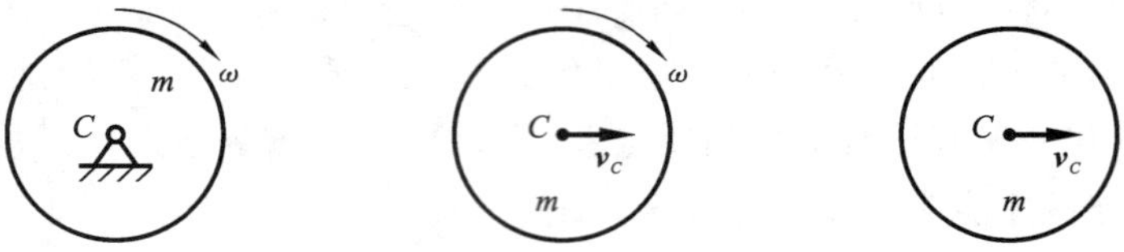

(a)　　(b)　　(c)

图 8.2　均质圆盘

需要说明的是,类似质量和重量是不同的概念,质心与重心也是不同的概念。

通常一物体的重心是指该物体在地球表面附近受到的地球引力合力的作用点。由于地球引力源自两物体间的引力,它的精确计算应满足万有引力公式。因此,一个物体的重心不仅与其自身的质量分布有关,还与施加引力的地球的质量分布有关,而质心只与该物体的质量分布有关,由此可见,重心这一特征点显然比质心特征点复杂。

将物体和地球视为由多个质点构成的质点系,各质点间的万有引力并不是平行的。不过,对于工程问题来说,地球半径很大,由地球表面物体所组成的各质点的重力可以视作平行力系,此平行力系的中心就可以视为物体的重心。平行力系的中心是平行力系合力通过的一个点,按照静力学力系简化的方法,可得到类似质心的计算平行力系中心的公式:

$$\boldsymbol{r}_C = \frac{\sum F_i \boldsymbol{r}_i}{\sum F_i} \tag{8.19}$$

若将地球表面物体的重力视为平行力系,则得到的质心与重心是物体上同一个点。此外,如果物体是均质的,则物体的质心就是物体的几何中心,即形心。当将地球表面物体的重力视为平行力系且物体是均质的时,重心与形心重合。一些简单均质物体的重心位置如表 8.1 所示。

表 8.1　一些简单均质物体的重心位置

图　　形	重 心 位 置	图　　形	重 心 位 置
三角形 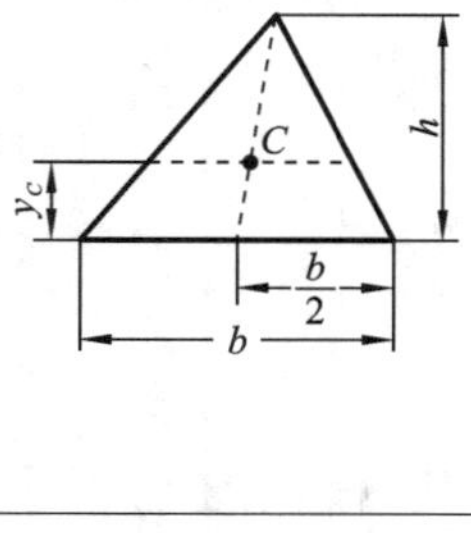	在中线的交点 $y_C = \frac{1}{3}h$	梯形 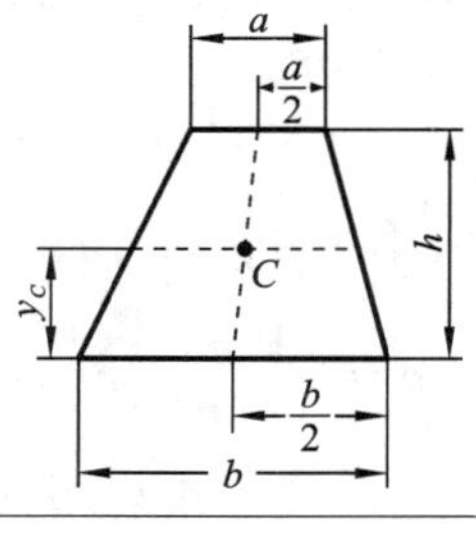	$y_C = \frac{h(2a+b)}{3(a+b)}$

续表

图　形	重心位置	图　形	重心位置
圆弧 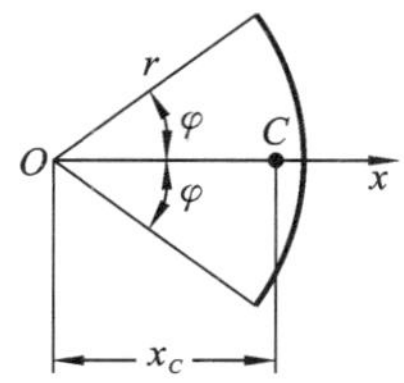 	$x_C=\frac{r\sin\varphi}{\varphi}$ 对于半圆弧 $x_C=\frac{2r}{\pi}$	弓形 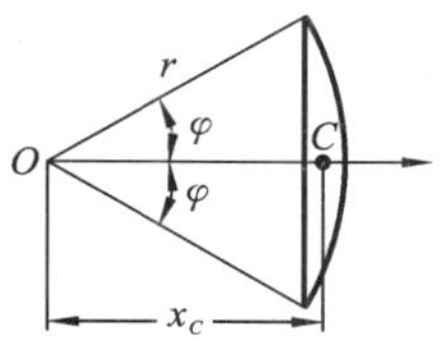 	$x_C=\frac{2}{3}\frac{r^3\sin^3\varphi}{A}$ 面积 $A=\frac{r^2(2\varphi-\sin2\varphi)}{2}$
扇形 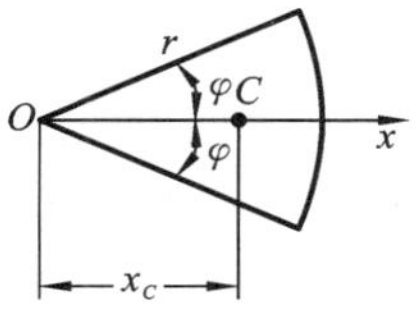 	$x_C=\frac{2}{3}\frac{r\sin\varphi}{\varphi}$ 对于半圆扇形 $x_C=\frac{4r}{3\pi}$	部分圆环 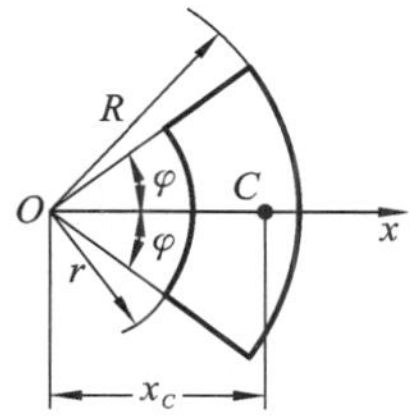 	$x_C=\frac{2}{3}\frac{R^3-r^3}{R^3+r^3}\frac{\sin\varphi}{\varphi}$
二次抛物线面 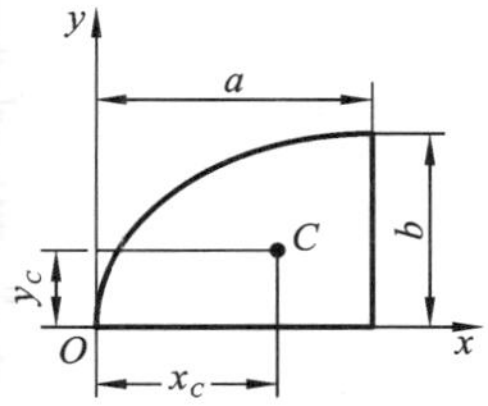 	$x_C=\frac{5}{8}a$ $y_C=\frac{2}{5}b$	二次抛物线面 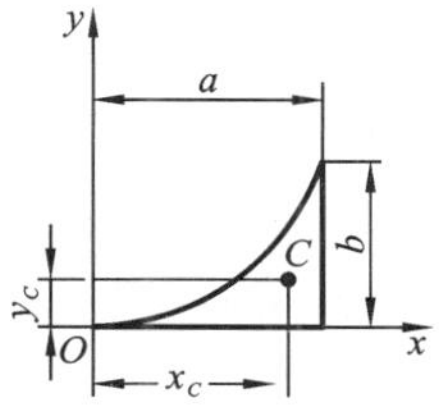 	$x_C=\frac{3}{4}a$ $y_C=\frac{3}{10}b$
正圆锥体 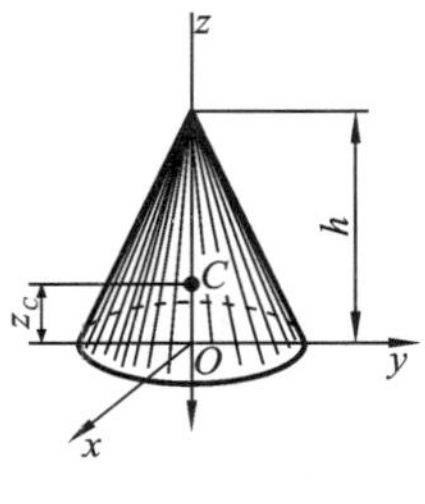 	$z_C=\frac{1}{4}h$	正角锥体 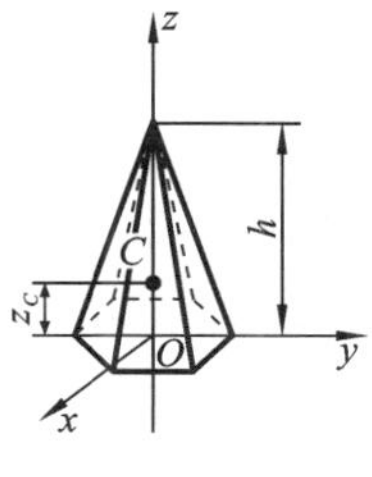 	$z_C=\frac{1}{4}h$
半圆球 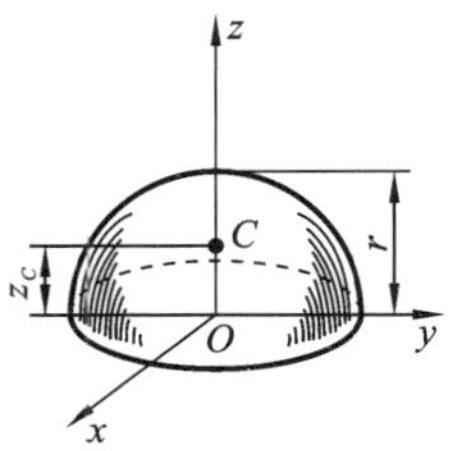 	$z_C=\frac{3}{8}r$	锥形筒体 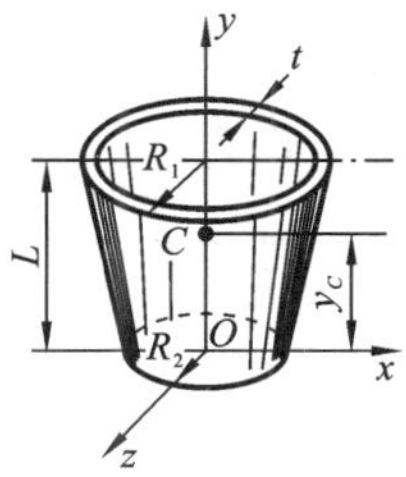 	$y_C=\frac{4R_1+2R_2-3t}{6(R_1+R_2-t)}L$

2. 质心运动定理

将式(8.17)代入式(8.9),得

$$M\boldsymbol{a}_C=\boldsymbol{F}^{(e)} \tag{8.20}$$

其中,$\boldsymbol{a}_C$ 为质心加速度。

方程(8.20)就是**质心运动定理**,即质点系的总质量与质心加速度的乘积等于质点系所受的外力合力。

将方程(8.20)在直角坐标系中投影,可得

$$\begin{cases} Ma_{Cx}=M\ddot{x}_C=\sum F_x^{(e)} \\ Ma_{Cy}=M\ddot{y}_C=\sum F_y^{(e)} \\ Ma_{Cz}=M\ddot{z}_C=\sum F_z^{(e)} \end{cases} \tag{8.21}$$

由以上结果可得如下结论。①不管质点系内各质点的运动如何复杂,其质心的运动只受控于质点系所受的外力。比如爆炸现象中,各个碎片的运动是很复杂的,一般难以估计,但对其质心的运动预测却是可能的,定向爆破就需要用质心运动定理作为一个理论基础。②质心运动定理相当于将质点系的质量集中到质心,形成一个"质点",将所有外力集中到这个"质点"上,再对质心这个含有质点系总质量的"质点"应用牛顿第二定律。同时可见,质心运动定理与动量定理是完全等价的,因此,我们说动量定理是牛顿运动定律在质点系中的直接推广,它控制了质点系的整体线运动规律,即质点系质心的运动规律。

引入质心的概念,就将质点系,尤其是刚体中无限个质点的动量矢量和可转化为一个点的速度问题,这些不能精确求解的无限问题转化为有限问题,这就是质心的重要意义。这种转化方法是研究问题的一种重要思想,请读者仔细体会。

由动量表达式(8.17)可知,质点系的动量守恒与质心速度恒定是等价的,质心速度恒定的情况称为**质心运动守恒**。由质心运动定理可知有两种守恒情况:

(1) 当 $\boldsymbol{F}^{(e)}\equiv\boldsymbol{0}$ 时,有 $\boldsymbol{v}_C=$ 常矢量;

(2) 当 $F_i^{(e)}\equiv 0, i=x,y,z$ 时,有 $v_i=$ 常量。

进一步,如果上述常量为零,则还可得**质心位置守恒**的两种情况:

(1) 如果 $\boldsymbol{v}_C=$ 常矢量 $=\boldsymbol{0}$,则 $\boldsymbol{r}_C=$ 常矢量,即质心位置不变;

(2) 如果 $v_{Ci}=$ 常量 $=0, i=x,y,z$,则 $x_C(y_C、z_C)=$ 常量,即某一质心坐标不变。

例 8.1 如图 8.3(a)所示,半径为 r、质量为 m_1 的光滑圆柱放在光滑水平面上,一质量为 m_2 的小球 A,从圆柱顶点无初速下滑,试求小球离开圆柱前的轨迹。假设题中参数能保证小

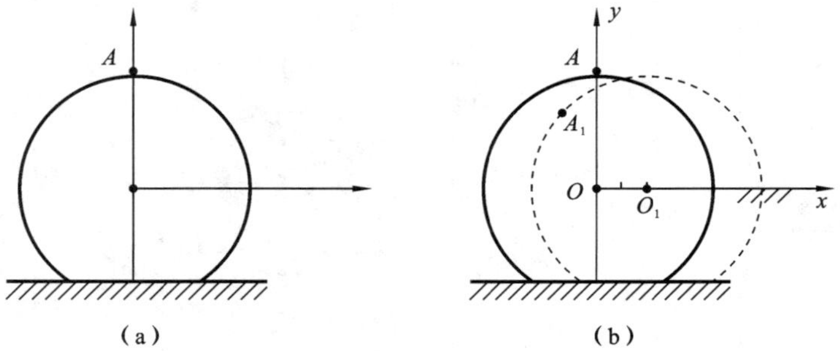

图 8.3 例 8.1 图

球离开圆柱前，圆柱不会倾翻。

解　由系统质心水平位置恒定得

$$m_1 x_O + m_2 x_A = 0 \tag{a}$$

由几何位置关系得

$$(x_O - x_A)^2 + {y_A}^2 = r^2 \tag{b}$$

由式(a)和式(b)消去 x_O，得到 A 的运动轨迹方程：

$$\frac{x_A^2}{\left(\dfrac{m_1 r}{m_1+m_2}\right)^2} + \frac{y_A^2}{r^2} = 1$$

引入质心的概念，就能将由无数个质点构成的质点系的动量用一个中心点的动量表示，其整体的运动趋势由质心的运动特征决定。抓住了质心的特征就抓住了系统运动的主要特征，从而可通过调整系统的合外力来调控系统总的发展趋势。

8.3　动量矩定理

动量矩定理

动量定理或质心运动定理只解决了质点系和物体随质心的平动问题，或者说对于质量相同、质心速度相同的两个质点系，动量定理不能揭示它们之间的运动差别。一个很典型的例子是，对于绕过质心的任意轴做定轴转动的刚体，由动量定理得到的信息与该刚体静止时的一样。根据实践经验，刚体的转动是由力矩或力偶造成的，这就启发我们，需要考察在力矩或力偶作用下质点系的运动规律，本节将要研究的动量矩定理就可用于解决这类问题。

8.3.1　固定点的质点动量矩定理

1. 方程推导

将牛顿第二定律写为

$$\frac{\mathrm{d}(m\boldsymbol{v})}{\mathrm{d}t} = \boldsymbol{F} \tag{8.22}$$

转动一般是由力矩引起的，要研究转动问题，需将牛顿第二定律中表示力的量变为力矩，力矩为 $\boldsymbol{r}\times\boldsymbol{F}$，$\boldsymbol{r}$ 为从固定点 O 出发到质点的矢径，如图 8.4 所示。将 $\boldsymbol{r}$ 与方程(8.22)做矢量积，得

$$\boldsymbol{r}\times\frac{\mathrm{d}(m\boldsymbol{v})}{\mathrm{d}t} = \boldsymbol{r}\times\boldsymbol{F} \tag{8.23}$$

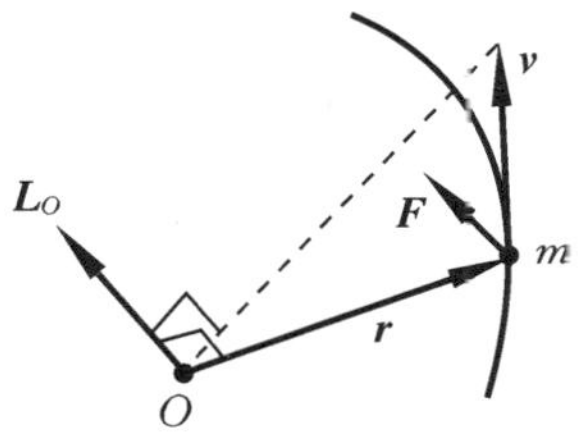

图 8.4　质点的动量矩

这样，方程(8.23)等号右边就是质点上作用的合力 $\boldsymbol{F}$ 对点 O 的力矩，再将方程(8.23)等号左边做如下处理：

$$\begin{aligned}\boldsymbol{r}\times\frac{\mathrm{d}(m\boldsymbol{v})}{\mathrm{d}t} &= \frac{\mathrm{d}(\boldsymbol{r}\times m\boldsymbol{v})}{\mathrm{d}t} - \boldsymbol{v}\times(m\boldsymbol{v}) \\ &= \frac{\mathrm{d}(\boldsymbol{r}\times m\boldsymbol{v})}{\mathrm{d}t} = \frac{\mathrm{d}\boldsymbol{L}_O(m\boldsymbol{v})}{\mathrm{d}t}\end{aligned} \tag{8.24}$$

因为当 O 为惯性系中任意选取的一个固定点 O 时，有 $\dfrac{\mathrm{d}\boldsymbol{r}}{\mathrm{d}t}=\boldsymbol{v}$，故当 O 为惯性系中任意选取的一个固定点时，式(8.24)都成立。其中

$$\boldsymbol{L}_O(m\boldsymbol{v})=\boldsymbol{r}\times m\boldsymbol{v} \tag{8.25}$$

式(8.25)是质点的动量矢量 $m\boldsymbol{v}$ 对点 O 之矩，其含义和计算方法与力矩类似，称为质点的**动量矩**。于是方程(8.23)变为

$$\frac{\mathrm{d}\boldsymbol{L}_O(m\boldsymbol{v})}{\mathrm{d}t}=\boldsymbol{r}\times\boldsymbol{F}=\boldsymbol{M}_O(\boldsymbol{F}) \tag{8.26}$$

方程(8.26)就是**质点的动量矩定理**，即质点对任意固定点 O 的动量矩对时间的导数等于质点上的合力对同一点之矩。它揭示了矩心为任意固定点时，质点上作用的力矩与其动量矩(即运动)之间的关系。

注意，若点 O 不是固定点，则上述定理将会变得很复杂，难以用来解决实际问题，所以，这里强调的是固定点的质点动量矩定理。

方程(8.26)在直角坐标系中的投影式为

$$\begin{cases}\dfrac{\mathrm{d}}{\mathrm{d}t}L_x(m\boldsymbol{v})=M_x(\boldsymbol{F})\\[2mm]\dfrac{\mathrm{d}}{\mathrm{d}t}L_y(m\boldsymbol{v})=M_y(\boldsymbol{F})\\[2mm]\dfrac{\mathrm{d}}{\mathrm{d}t}L_z(m\boldsymbol{v})=M_z(\boldsymbol{F})\end{cases} \tag{8.27}$$

2. 动量矩守恒

在某些情况下，选取合适的矩心，动量矩可守恒。由方程(8.26)、(8.27)有

(1) $\boldsymbol{M}_O(\boldsymbol{F})\equiv\boldsymbol{0}\quad\Rightarrow\quad\boldsymbol{L}_O(m\boldsymbol{v})=$ 常矢量；

(2) $M_i(\boldsymbol{F})\equiv 0\quad\Rightarrow\quad L_i(m\boldsymbol{v})=$ 常量，$i=x,y,z$。

8.3.2　固定点的质点系动量矩定理

1. 定理的推导

显然，对于质点系中任意一个质量为 m_i 的质点，方程(8.26)都成立，只是质点 m_i 受到的合力可分为内力合力与外力合力，所以有

$$\frac{\mathrm{d}(\boldsymbol{r}_i\times m_i\boldsymbol{v})}{\mathrm{d}t}=\boldsymbol{r}_i\times\boldsymbol{F}_i^{(\mathrm{e})}+\boldsymbol{r}_i\times\boldsymbol{F}_i^{(\mathrm{i})} \tag{8.28}$$

假定质点系有 N 个质点，将 N 个方程相加，得

$$\frac{\mathrm{d}}{\mathrm{d}t}\sum_{i=1}^{N}\boldsymbol{r}_i\times m_i\boldsymbol{v}=\sum_{i=1}^{N}\boldsymbol{r}_i\times\boldsymbol{F}_i^{(\mathrm{e})}+\sum_{i=1}^{N}\boldsymbol{r}_i\times\boldsymbol{F}_i^{(\mathrm{i})}=\boldsymbol{M}_O^{(\mathrm{e})}+\boldsymbol{M}_O^{(\mathrm{i})} \tag{8.29}$$

方程(8.29)等号右边第一项为外力矩之和，第二项为内力矩之和。令

$$\boldsymbol{L}_O=\sum_{i=1}^{N}\boldsymbol{r}_i\times m_i\boldsymbol{v},\quad\boldsymbol{M}_O^{(\mathrm{e})}=\sum_{i=1}^{N}\boldsymbol{r}_i\times\boldsymbol{F}_i^{(\mathrm{e})},\quad\boldsymbol{M}_O^{(\mathrm{i})}=\sum_{i=1}^{N}\boldsymbol{r}_i\times\boldsymbol{F}_i^{(\mathrm{i})} \tag{8.30}$$

其中，$\boldsymbol{L}_O$ 为**质点系的动量矩**。所以方程(8.29)可写为

$$\frac{\mathrm{d}\boldsymbol{L}_O}{\mathrm{d}t}=\boldsymbol{M}_O^{(\mathrm{e})}+\boldsymbol{M}_O^{(\mathrm{i})} \tag{8.31}$$

内力 $\boldsymbol{F}_i^{(\mathrm{i})}$ 可写为

$$\boldsymbol{F}_i^{(\mathrm{i})}=\sum_{j=1,j\neq i}^{N}\boldsymbol{F}_{ij}^{(\mathrm{i})},\quad\boldsymbol{F}_{ii}^{(\mathrm{i})}\equiv\boldsymbol{0} \tag{8.32}$$

其中，$\boldsymbol{F}_{ij}^{(\mathrm{i})}$ 表示质点 m_j 对质点 m_i 的作用力，且有 $\boldsymbol{F}_{ij}^{(\mathrm{e})}=-\boldsymbol{F}_{ji}^{(\mathrm{e})}$。将方程(8.32)代入方程(8.31)

后，将所有内力矩的项 $\boldsymbol{r}_i\times\boldsymbol{F}_{ij}^{(i)}$ 排成一个矩阵：

$$\begin{pmatrix} \boldsymbol{0} & \boldsymbol{r}_1\times\boldsymbol{F}_{12}^{(i)} & \cdots & \boldsymbol{r}_1\times\boldsymbol{F}_{1N}^{(i)} \\ \boldsymbol{r}_2\times\boldsymbol{F}_{21}^{(i)} & \boldsymbol{0} & \cdots & \boldsymbol{r}_2\times\boldsymbol{F}_{2N}^{(i)} \\ \vdots & \vdots & & \vdots \\ \boldsymbol{r}_N\times\boldsymbol{F}_{N1}^{(i)} & \boldsymbol{r}_N\times\boldsymbol{F}_{N2}^{(i)} & \cdots & \boldsymbol{0} \end{pmatrix}$$

显然，该矩阵所有元素之和为 $\boldsymbol{M}_O^{(i)}$。下面考察关于对角线对称的任意两个元素 $\boldsymbol{r}_i\times\boldsymbol{F}_{ij}^{(i)}$ 与 $\boldsymbol{r}_j\times\boldsymbol{F}_{ji}^{(i)}$ 之和，如图 8.5 所示，可得 $\boldsymbol{r}_i$ 与 $\boldsymbol{r}_j$ 虽然不同，但点 O 到 $\boldsymbol{F}_{ij}^{(i)}$ 与 $\boldsymbol{F}_{ji}^{(i)}$ 的力臂相同，因此可得

$$\begin{aligned}\boldsymbol{r}_i\times\boldsymbol{F}_{ij}^{(i)}+\boldsymbol{r}_j\times\boldsymbol{F}_{ji}^{(i)}&=\boldsymbol{r}_i\times\boldsymbol{F}_{ij}^{(i)}+(\boldsymbol{r}_i+\boldsymbol{r}_{ij})\times\boldsymbol{F}_{ji}^{(i)}\\&=\boldsymbol{r}_i\times\boldsymbol{F}_{ij}^{(i)}+\boldsymbol{r}_i\times\boldsymbol{F}_{ji}^{(i)}\\&=\boldsymbol{r}_i\times\boldsymbol{F}_{ij}^{(i)}-\boldsymbol{r}_i\times\boldsymbol{F}_{ij}^{(i)}\equiv\boldsymbol{0}\end{aligned}\tag{8.33}$$

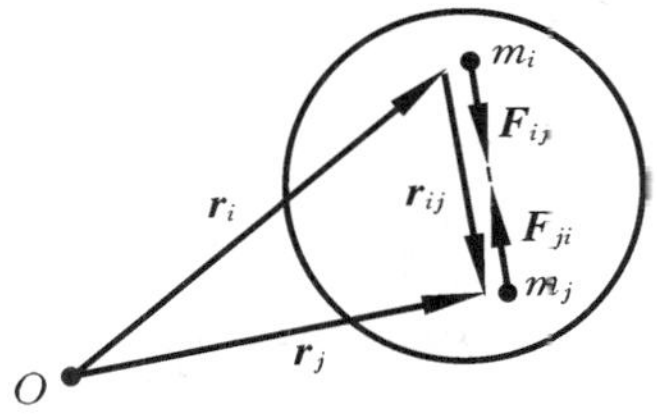

图 8.5　任意两个质点相互作用的内力和矢径关系

矩阵的所有元素都是由这种成对的元素组成的，所以 $\boldsymbol{M}_O^{(i)}\equiv\boldsymbol{0}$。于是方程(8.31)可写为

$$\frac{\mathrm{d}\boldsymbol{L}_O}{\mathrm{d}t}=\boldsymbol{M}_O^{(e)}\tag{8.34}$$

方程(8.34)就是固定点的质点系**动量矩定理**，用语言表述为：质点系对任一固定点 O 的动量矩的时间变化率等于质点系受到的所有外力对同一点 O 的主矩。

在直角坐标系中，方程(8.34)的投影式为

$$\frac{\mathrm{d}L_x}{\mathrm{d}t}=M_x^{(e)},\quad\frac{\mathrm{d}L_y}{\mathrm{d}t}=M_y^{(e)},\quad\frac{\mathrm{d}L_z}{\mathrm{d}t}=M_z^{(e)}\tag{8.35}$$

2. 动量矩守恒

对于恰当选取的矩心，在某些情况下，质点系的动量矩可守恒。由方程(8.34)、(8.35)有

(1) $\boldsymbol{M}_O^{(e)}\equiv\boldsymbol{0}\quad\Rightarrow\quad\boldsymbol{L}_O=$ 常矢量；

(2) $M_i^{(e)}\equiv 0\quad\Rightarrow\quad L_i=$ 常量，　$i=x,y,z$。

8.3.3　定轴转动刚体的动力学

一个运动刚体可以认为是由无数个质点构成的质点系，其对固定点 O 的动量矩为 $\boldsymbol{L}_O=\sum_{i=1}^{\infty}\boldsymbol{r}_i\times m_i\boldsymbol{v}_i$，若要能应用动量矩定理，需要解决 $\boldsymbol{L}_O$ 中所涉及的无限个质点的问题。能否借鉴引入质心来解决动量定理中的无限问题的思想，引入一个特殊量，也将无限问题变成有限问题来解决呢？解决该问题时，科学的研究方法一般是将复杂问题简单化，先研究既简单又体现转动的本质特征的特殊问题，将简单问题研究清楚后，再尝试将其推广到复杂问题。因此，一个做定轴转动的刚体是最合适的选择。

1. 动力学方程

设一刚体绕某定轴 z 转动，如图 8.6 所示，可得

$$\frac{\mathrm{d}L_z}{\mathrm{d}t}=M_z^{(e)}\tag{8.36}$$

其中，$M_z^{(e)}$ 为刚体上作用的所有外力对轴 z 之矩，L_z 为定轴转动刚体对轴 z 的动量矩，它们均

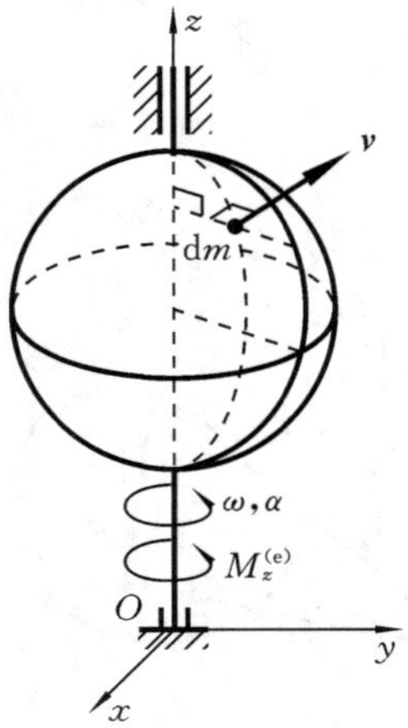

图 8.6　定轴转动刚体

为代数量，其正负号根据参考正转向来确定，从面对 z 轴的正向看，逆时针为正，顺时针为负。L_z 的计算可以仿照力对轴之矩进行，如图 8.6 所示，可得

$$L_z = \int_M r(v\mathrm{d}m) = \int_M \omega r^2 \mathrm{d}m = \omega \int_M r^2 \mathrm{d}m = J_z\omega \tag{8.37}$$

其中

$$J_z = \int_M r^2 \mathrm{d}m \tag{8.38}$$

由于刚体的形状不变，它与转轴的相对位置一旦确定，无论刚体转速多大，J_z 都是一个不变量。引入 J_z 这个不变量，就将质点系，尤其是刚体中无限个质点的动量矩矢量之和不能精确求解的无限问题转化为有限问题，使刚体转动动力学分析变得简单可行，这一重要量称为**转动惯量**。

对于由不同刚体构成的可以相对运动的构件，在运动过程中，J_z 是变化的，在动量矩定理中需要对 J_z 求导，问题会变得很复杂。所以，转动惯量一般是对一个刚体来说的，对于由不同刚体构成的可以相对运动的构件，定义转动惯量是没有意义的。此外，有时为了理解方便或建立用质点替代刚体的等效分析方法，假设刚体所有质量集中于距离转轴 ρ 处的质点，用该质点的转动等效刚体的转动，这样研究刚体问题就转化为研究质点问题(对于动量定理，也可以认为全部质量在质心 C，将其看作质点的动量定理)，因此也将转动惯量写成如下形式：

$$J_z = M\rho_z^2 \tag{8.39}$$

其中，ρ_z 具有长度的量纲，称为刚体对轴 z 的**回转半径**(或惯性半径)。

将式(8.37)代入式(8.36)，得

$$J_z\alpha = M_z^{(e)} \tag{8.40}$$

这就是定轴转动刚体的动力学方程，也称为转动微分方程。

2. 刚体对轴的转动惯量计算

1) 平行轴定理

设有平行的两轴 z 和 z_C，轴 z_C 通过刚体的质心 C，令 J_z、J_C 分别为同一刚体对两轴的转动惯量，M 为刚体的质量，d 为两轴间的距离，如图 8.7(a)所示。图 8.7(b)中的 x_m、y_m 表示矢量 $\boldsymbol{r}_m$ 在坐标系 Oxy 中的投影，根据质心坐标的计算公式，得

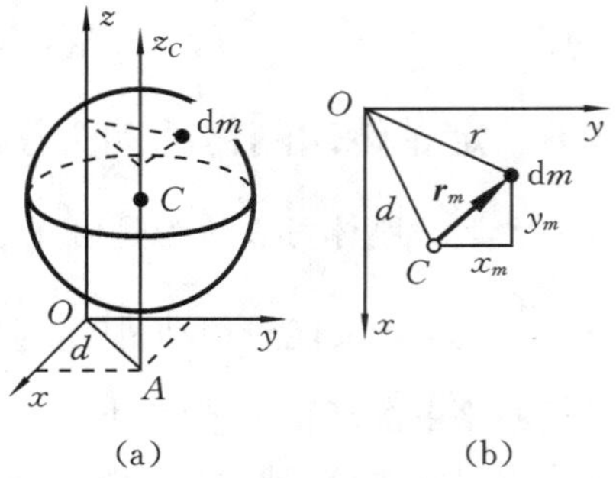

图 8.7　刚体对平行轴的转动惯量

$$x_C = \frac{\int_M x_m \mathrm{d}m}{M} = 0, \quad y_C = \frac{\int_M y_m \mathrm{d}m}{M} = 0$$

所以转动惯量 J_z 为

$$\begin{aligned} J_z &= \int_M r^2 \mathrm{d}m = \int_M (x^2 + y^2)\mathrm{d}m = \int_M [(x_C + x_m)^2 + (y_C + y_m)^2]\mathrm{d}m \\ &= \int_M (x_m^2 + y_m^2)\mathrm{d}m + \int_M (x_C^2 + y_C^2)\mathrm{d}m + 2x_C\int_M x_m \mathrm{d}m + 2y_C\int_M y_m \mathrm{d}m \\ &= J_C + Md^2 \end{aligned}$$

即

$$J_z = J_C + Md^2 \tag{8.41}$$

由式(8.41)可知，通过质心的转动惯量最小。此外，式(8.41)并不要求刚体是均质的。

2）复杂形状刚体的转动惯量

按如下一般公式进行解析或数值积分计算：

$$J_z = \int_M r^2 \mathrm{d}m = \begin{cases} \int_V r^2 \rho \mathrm{d}V, \text{对于非均质刚体} \\ \rho \int_V r^2 \mathrm{d}V, \text{对于均质刚体} \end{cases} \tag{8.42}$$

其中，V 为刚体的体积；$\rho=\rho(x,y,z)$ 为刚体的密度。

3）简单形状刚体的转动惯量

对于由若干个简单形状刚体通过焊接等方式组合成的刚体，可按下式计算转动惯量：

$$J_z = \sum (J_{C_i} + M_i d_i^2) \tag{8.43}$$

其中，J_{C_i} 为第 i 个简单形状刚体的质心轴(平行于轴 z)转动惯量；d_i 为第 i 个刚体的质心 C_i 与轴 z 之间的距离，若刚体中挖去某一部分，在求和中取负号。一些简单均质物体的转动惯量如表 8.2 所示。

表 8.2　一些简单均质物体的转动惯量

物体的形状	简　　图	转 动 惯 量	惯 性 半 径	体积
细直杆	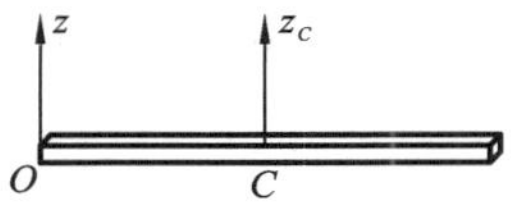	$J_{z_C}=\frac{m}{12}l^2$ $J_z=\frac{m}{3}l^2$	$\rho_{z_C}=\frac{l}{2\sqrt{3}}$ $\rho_z=\frac{l}{\sqrt{3}}$	—
薄壁圆筒	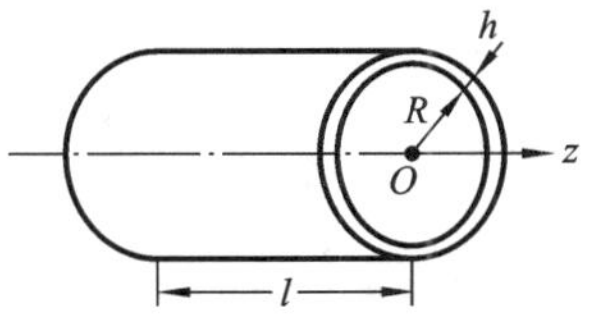	$J_z=mR^2$	$\rho_z=R$	$2\pi Rlh$
圆柱	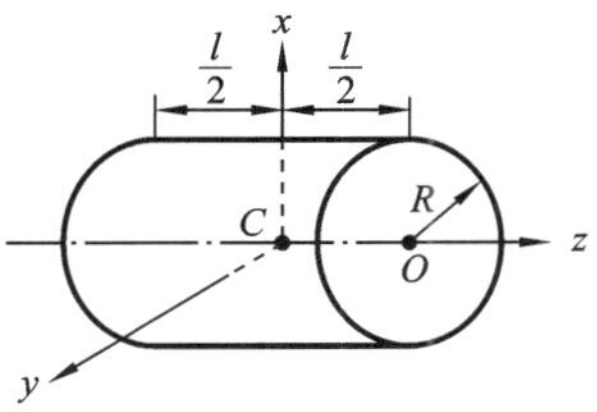	$J_z=\frac{1}{2}mR^2$ $J_x=J_y$ $=\frac{m}{12}(3R^2+l^2)$	$\rho_z=\frac{R}{\sqrt{2}}$ $\rho_x=\rho_y$ $=\sqrt{\frac{1}{12}(3R^2+l^2)}$	$\pi R^2 l$
空心圆柱	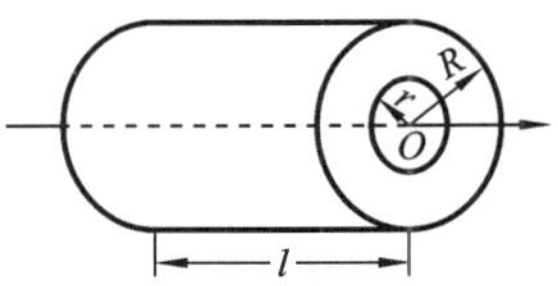	$J_z=\frac{m}{2}(R^2+r^2)$	$\rho_z=\sqrt{\frac{1}{2}(R^2+r^2)}$	$\pi l(R^2-r^2)$

续表

物体的形状	简图	转动惯量	惯性半径	体积
薄壁空心球	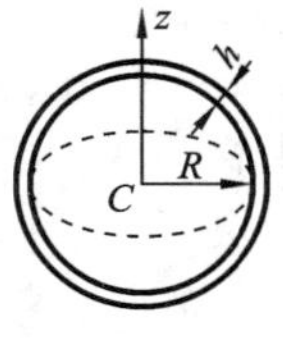	$J_z=\frac{2}{3}mR^2$	$\rho_z=\sqrt{\frac{2}{3}}R$	$\frac{3}{2}\pi Rh$
实心球	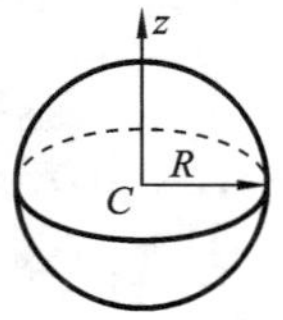	$J_z=\frac{2}{5}mR^2$	$\rho_z=\sqrt{\frac{2}{5}}R$	$\frac{4}{3}\pi R^3$
圆锥体	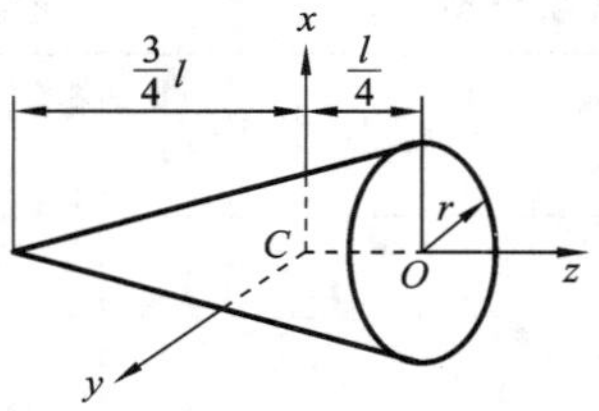	$J_z=\frac{3}{10}mr^2$ $J_x=J_y$ $=\frac{3}{80}m(4r^2+l^2)$	$\rho_z=\sqrt{\frac{3}{10}}r$ $\rho_x=\rho_y$ $=\sqrt{\frac{3}{80}(4r^2+l^2)}$	$\frac{\pi}{3}r^2l$
圆环	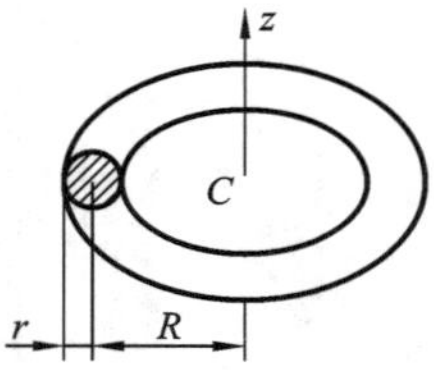	$J_z=m\left(R^2+\frac{3}{4}r^2\right)$	$\rho_z=\sqrt{R^2+\frac{3}{4}r^2}$	$2\pi^2r^2R$
椭圆形薄板	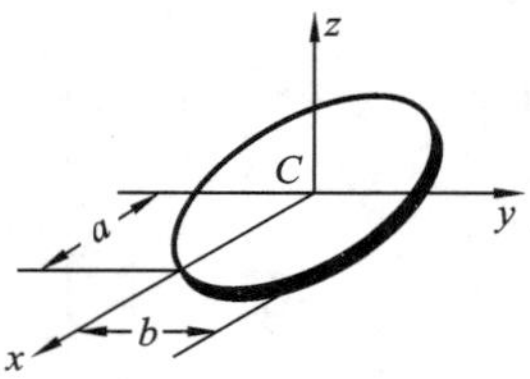	$J_z=\frac{m}{4}(a^2+b^2)$ $J_y=\frac{m}{4}a^2$ $J_x=\frac{m}{4}b^2$	$\rho_z=\frac{1}{2}\sqrt{a^2+b^2}$ $\rho_y=\frac{a}{2}$ $\rho_x=\frac{b}{2}$	πabh
长方体	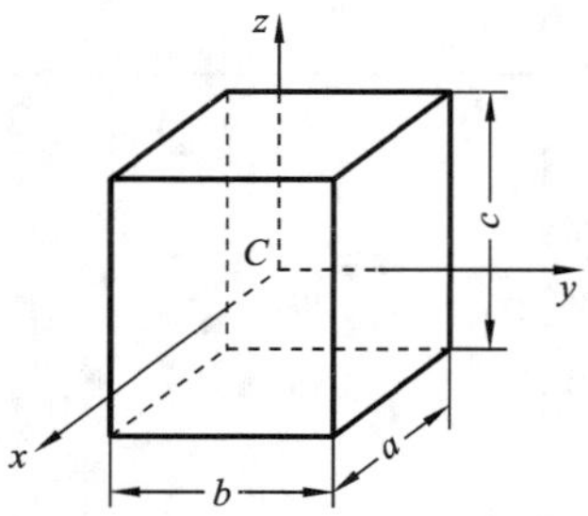	$J_z=\frac{m}{12}(a^2+b^2)$ $J_y=\frac{m}{12}(a^2+c^2)$ $J_x=\frac{m}{12}(b^2+c^2)$	$\rho_z=\sqrt{\frac{1}{12}(a^2+b^2)}$ $\rho_y=\sqrt{\frac{1}{12}(a^2+c^2)}$ $\rho_x=\sqrt{\frac{1}{12}(b^2+c^2)}$	abc

续表

物体的形状	简　图	转动惯量	惯性半径	体积
矩形薄板	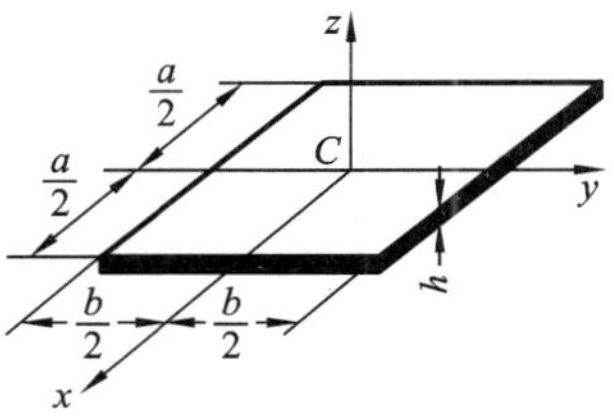	$J_z=\dfrac{m}{12}(a^2+b^2)$ $J_y=\dfrac{m}{12}a^2$ $J_x=\dfrac{m}{12}b^2$	$\rho_z=\sqrt{\dfrac{1}{12}(a^2+b^2)}$ $\rho_y=0.289a$ $\rho_x=0.289b$	abh

例 8.2　如图 8.8 所示，均质直角三角板的质量为 $m_1=1$ kg，边长 $AB=6$ m，$\theta=30°$，AB 边处于水平位置，其顶点 D 与光滑的半圆形槽圆心 O 的高度相同。在图示位置，三角板由静止释放，求释放瞬时三角板的角加速度。

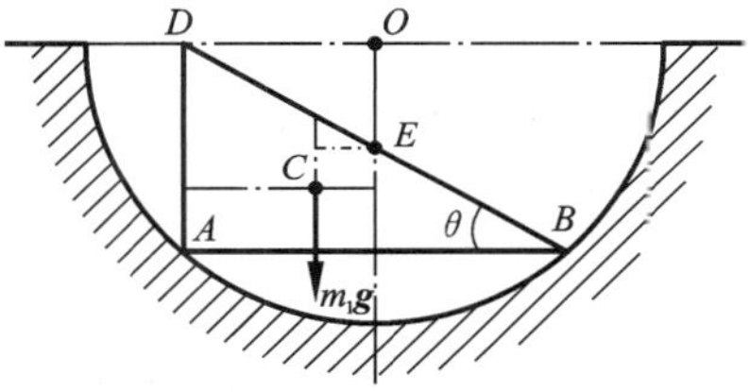

图 8.8　例 8.2 图

解　因为 A、B 两点到圆心 O 的距离不变，故三角板绕点 O 做定轴转动。如图 8.8 所示，点 C 为三角板的形心，点 E 为斜边的中点。

槽对板的 A 和 B 处的作用力通过圆心 O，由动量矩定理有

$$\sum M_O=J_O\alpha:\ m_1 g\frac{AB}{6}=J_O\alpha \qquad \text{(a)}$$

下面利用平行轴定理计算 J_O。

如图 8.8 所示，由几何关系可知，

$$OD=3\ \text{m},\quad AD=2\sqrt{3}\ \text{m},\quad DB=4\sqrt{3}\ \text{m},\quad OE=\sqrt{3}\text{m},$$

$$CE^2=\frac{4}{3}\ \text{m}^2,\quad OC^2=\frac{19}{3}\ \text{m}^2$$

因为均质三角板对斜边中点 E 的转动惯量 J_E 等于长为 AB、宽为 AD、质量为 $2m_1$ 的均质板对均质板质心 E 的转动惯量的一半，故

$$J_E=\frac{1}{2}\times\frac{1}{12}\times 2\times m_1\times(AB^2+AD^2)=4\ \text{kg}\cdot\text{m}^2$$

对于三角板，由平行轴定理有

$$J_E=J_C+m_1\cdot CE^2 \qquad \text{(b)}$$

$$J_O=J_C+m_1\cdot OC^2 \qquad \text{(c)}$$

式(c)减去式(b)有

$$J_O=J_E+m_1\cdot(OC^2-CE^2)=9\ \text{kg}\cdot\text{m}^2 \qquad \text{(d)}$$

式(d)代入式(a)有

$$\alpha=\frac{1}{9}g(1/\text{s}^2)=\frac{1}{9}g\ (\text{rad/s}^2)$$

例 8.3　如图 8.9(a)所示，为测得非规则刚体对通过重心 G 的轴 AB 的转动惯量，用两杆 AD、BE 与刚体牢固连接，并用两杆将刚体松动地挂在水平轴 DE 上。轴 AB 平行于 DE，使

刚体绕轴 DE 做微小摆动，振动周期为 T。如果刚体的质量为 m，轴 AB 与 DE 间的距离为 h，杆 AD、BE 和轴 AB、DE 的质量忽略不计，忽略摩擦。求测量得到的刚体对轴 AB 的转动惯量。

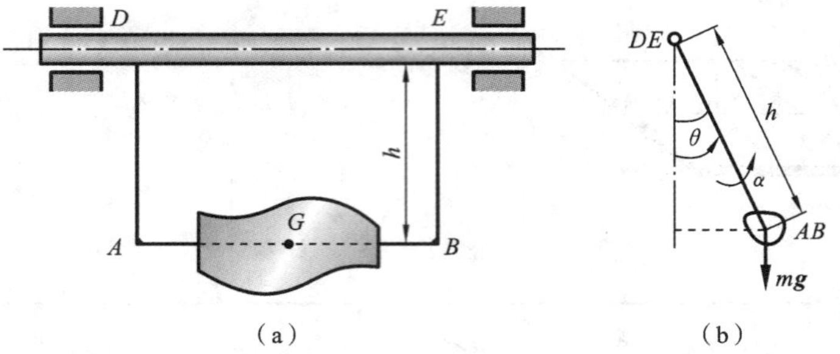

图 8.9　例 8.3 **图**

解　该系统做定轴转动，可用图 8.9(b)所示的简化模型来表示，由动量矩定理有

$$-mgh\sin\theta = J_D\alpha \tag{a}$$

在方程(a)中，因为角度增大的方向是 $\ddot{\theta}$ 的正方向，即其正方向为逆时针方向，在图 8.9(b)中 $\alpha = +\ddot{\theta}$，所以

$$J_D\ddot{\theta} + mgh\sin\theta = 0 \tag{b}$$

令 $\omega_n^2 = \dfrac{mgh}{J_D}$，并考虑对于微幅摆动，有 $\sin\theta \approx \theta$，故方程(b)可写为

$$\ddot{\theta} + \omega_n^2\theta = 0 \tag{c}$$

方程(c)是常系数二阶微分方程，可用特征方程法求解。其对应的特征方程为

$$r^2 + \omega_n^2 = 0 \tag{d}$$

由方程(d)得到其特征根为 $r_1 = \omega_n \mathrm{i}$，$r_2 = -\omega_n \mathrm{i}$，故方程(c)的通解为

$$\theta = C\mathrm{e}^{\mathrm{i}\omega_n t} + D\mathrm{e}^{-\mathrm{i}\omega_n t} \tag{e}$$

方程(e)可用初始位置 θ_0 和振幅 A 的正弦函数方程表示为

$$\theta = A\sin\omega_n t + \theta_0 \tag{f}$$

方程(f)表示的运动现象是：物体 AB 在偏离静平衡位置一个微小位移处由静止释放后，将一直以频率 ω_n 做正弦周期振动，在振动理论中，该类振动称为无阻尼自由振动，ω_n 称为无阻尼振动的固有频率。在实际运动中，因为空气阻力等系统振动将会衰减，振动称为阻尼振动。

由方程(f)可知，只要测得振动周期 T，便可由

$$T = \frac{2\pi}{\omega_n} = 2\pi\sqrt{\frac{J_D}{mgh}}$$

得到

$$J_D = \frac{mghT^2}{4\pi^2}$$

$$J_{AB} = \frac{mghT^2}{4\pi^2} - mh^2$$

由该题可知，只要能由动力学理论得到类似方程(c)的方程，其通解便具有方程(e)的形式。这是一种常见的方程，掌握其通解方程(e)，便可直接应用以求解方程(f)及其自由振动的固有频率。有关阻尼振动和强迫振动等的内容，可阅读专题8“单自由度系统的振动”。

8.3.4　质点系的相对运动动量矩定理

1. 定理的推导

前述得到的动量矩定理要求矩心为惯性系中的一个固定点，计算动量矩时的速度为绝对速度，其可以称为绝对运动动量矩定理。在很多场合，它应用起来很不方便，为此，下面来推导质点系相对于动矩心的动量矩定理，即所谓的相对运动动量矩定理。如图8.10所示，设动矩心 D 以速度 $\boldsymbol{v}_D$ 和加速度 $\boldsymbol{a}_D$ 在惯性系 $Oxyz$ 中运动。任取一个随 D 一起平动的坐标系 $Dx_Dy_Dz_D$，在平动坐标系 $Dx_Dy_Dz_D$ 中的观察者，按照所观察到的各个质点的速度和动量矩的计算方法，每一瞬时都可以计算出质点系关于点 D 的动量矩，这个动量矩就是相对运动动量矩，它的变化规律就是相对于动矩心的动量矩定理或相对运动动量矩定理。这个定理可以由绝对运动动量矩定理演化得到。

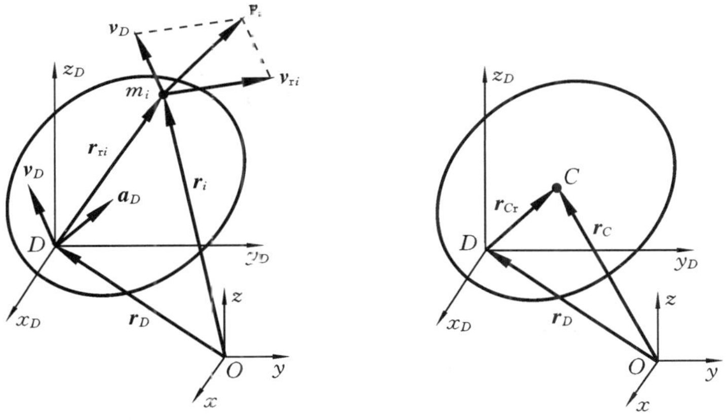

图8.10　质点系相对于动矩心 D 的运动

(a) 任意质点 m_i 的复合运动　(b) 质心的运动

设质点系中任一质点 m_i 的瞬时绝对速度为 $\boldsymbol{v}_i$，由合成运动方法，有

$$\boldsymbol{v}_i=\boldsymbol{v}_{ri}+\boldsymbol{v}_D \tag{8.44}$$

则质点系对固定点 O 的绝对运动动量矩为

$$\begin{aligned}\boldsymbol{L}_O &= \sum \boldsymbol{r}_i\times m_i\boldsymbol{v}_i=\sum[(\boldsymbol{r}_{ri}+\boldsymbol{r}_D)\times(m_i\boldsymbol{v}_{ri}+m_i\boldsymbol{v}_D)]\\ &=\sum \boldsymbol{r}_{ri}\times m_i\boldsymbol{v}_{ri}+\boldsymbol{r}_D\times\sum m_i\boldsymbol{v}_{ri}+\sum \boldsymbol{r}_{ri}\times m_i\boldsymbol{v}_D+\boldsymbol{r}_D\times\sum m_i\boldsymbol{v}_D\\ &=\boldsymbol{L}_{Dr}+\boldsymbol{r}_D\times M\boldsymbol{v}_{Cr}+\boldsymbol{r}_{Cr}\times M\boldsymbol{v}_D+\boldsymbol{r}_D\times M\boldsymbol{v}_D\\ &=\boldsymbol{L}_{Dr}+\boldsymbol{r}_D\times M\boldsymbol{v}_C+\boldsymbol{r}_{Cr}\times M\boldsymbol{v}_D\end{aligned} \tag{8.45}$$

其中，$\boldsymbol{L}_{Dr}=\sum \boldsymbol{r}_{ri}\times m_i\boldsymbol{v}_{ri}$ 为质点系的相对运动动量矩，而

$$\boldsymbol{r}_{Cr} = \frac{\sum m\boldsymbol{r}_{ri}}{M}, \quad \boldsymbol{v}_{Cr} = \frac{\sum m\boldsymbol{v}_{ri}}{M} \tag{8.46}$$

分别为质心 C 的相对运动矢径和相对速度。

注意,在方程(8.44)、(8.45)中所有质点的牵连速度均为 $\boldsymbol{v}_D$,这只有在平动动系中才是正确的,因此 $\boldsymbol{L}_{Dr}$ 必须在平动动系中计算。

对式(8.45)求时间的绝对导数,并注意到 $\boldsymbol{r}_C = \boldsymbol{r}_D + \boldsymbol{r}_{Cr}$,$\boldsymbol{v}_C = \boldsymbol{v}_D + \boldsymbol{v}_{Cr}$,得

$$\frac{\mathrm{d}\boldsymbol{L}_O}{\mathrm{d}t} = \frac{\mathrm{d}\boldsymbol{L}_{Dr}}{\mathrm{d}t} + \boldsymbol{v}_D \times M\boldsymbol{v}_C + \boldsymbol{r}_D \times M\boldsymbol{a}_C + \boldsymbol{v}_{Cr} \times M\boldsymbol{v}_D + \boldsymbol{r}_{Cr} \times M\boldsymbol{a}_D \tag{8.47}$$

式(8.47)等号右边第二、第四项之和为零,即

$$\frac{\mathrm{d}\boldsymbol{L}_O}{\mathrm{d}t} = \frac{\mathrm{d}\boldsymbol{L}_{Dr}}{\mathrm{d}t} + \boldsymbol{r}_D \times M\boldsymbol{a}_C + \boldsymbol{r}_{Cr} \times M\boldsymbol{a}_D \tag{8.48}$$

外力对固定点 O 的主矩为

$$\begin{aligned}\boldsymbol{M}_O^{(e)} &= \sum \boldsymbol{r}_i \times \boldsymbol{F}_i^{(e)} = \sum (\boldsymbol{r}_{ri} + \boldsymbol{r}_D) \times \boldsymbol{F}_i^{(e)} = \sum \boldsymbol{r}_{ri} \times \boldsymbol{F}_i^{(e)} + \sum \boldsymbol{r}_D \times \boldsymbol{F}_i^{(e)} \\ &= \boldsymbol{M}_D^{(e)} + \boldsymbol{r}_D \times \sum \boldsymbol{F}_i^{(e)}\end{aligned} \tag{8.49}$$

将式(8.48)、式(8.49)代入动量矩定理 $\dfrac{\mathrm{d}\boldsymbol{L}_O}{\mathrm{d}t} = \boldsymbol{M}_O^{(e)}$,得

$$\frac{\mathrm{d}\boldsymbol{L}_{Dr}}{\mathrm{d}t} = \boldsymbol{M}_D^{(e)} + \boldsymbol{r}_D \times \left(\sum \boldsymbol{F}_i^{(e)} - M\boldsymbol{a}_C\right) - \boldsymbol{r}_{Cr} \times M\boldsymbol{a}_D \tag{8.50}$$

由质心运动定理,有 $\sum \boldsymbol{F}_i^{(e)} - M\boldsymbol{a}_C = \boldsymbol{0}$,所以方程(8.50)变为

$$\frac{\mathrm{d}\boldsymbol{L}_{Dr}}{\mathrm{d}t} = \boldsymbol{M}_D^{(e)} + \boldsymbol{r}_{Cr} \times (-M\boldsymbol{a}_D) \tag{8.51}$$

方程(8.51)中的 $\mathrm{d}\boldsymbol{L}_{Dr}/\mathrm{d}t$ 是在惯性参考系 $Oxyz$(即静系)中对时间求导,故其适用于静止参考系,但基于以下原因,其也适用于平动动系。

将 $\boldsymbol{L}_{Dr}$ 中的 $\boldsymbol{r}_{ri}$、$\boldsymbol{v}_{ri}$ 用动系的单位向量 $\boldsymbol{i}'$、$\boldsymbol{j}'$、$\boldsymbol{k}'$ 及相对坐标分量 x'、y'、z' 表示时,有

$$\boldsymbol{r}_{ri} = x'\boldsymbol{i}' + y'\boldsymbol{j}' + z'\boldsymbol{k}', \quad \boldsymbol{v}_{ri} = v_{rx}\boldsymbol{i}' + v_{ry}\boldsymbol{j}' + v_{rz}\boldsymbol{k}' \tag{8.52}$$

在静系中,式(8.52)对时间 t 求导得到绝对导数,有

$$\frac{\mathrm{d}\boldsymbol{r}_{ri}}{\mathrm{d}t} = \frac{\mathrm{d}x'}{\mathrm{d}t}\boldsymbol{i}' + x'\frac{\mathrm{d}\boldsymbol{i}'}{\mathrm{d}t} + \frac{\mathrm{d}y'}{\mathrm{d}t}\boldsymbol{j}' + y'\frac{\mathrm{d}\boldsymbol{j}'}{\mathrm{d}t} + \frac{\mathrm{d}z'}{\mathrm{d}t}\boldsymbol{k}' + z'\frac{\mathrm{d}\boldsymbol{k}'}{\mathrm{d}t} \tag{8.53}$$

由于 $Dx_Dy_Dz_D$ 平动,故动系的单位向量 $\boldsymbol{i}'$、$\boldsymbol{j}'$、$\boldsymbol{k}'$ 为常向量,于是式(8.53)就变成

$$\frac{\mathrm{d}\boldsymbol{r}_{ri}}{\mathrm{d}t} = \frac{\mathrm{d}x'}{\mathrm{d}t}\boldsymbol{i}' + \frac{\mathrm{d}y'}{\mathrm{d}t}\boldsymbol{j}' + \frac{\mathrm{d}z'}{\mathrm{d}t}\boldsymbol{k}' = \frac{\tilde{\mathrm{d}}\boldsymbol{r}_{ri}}{\mathrm{d}t} \tag{8.54}$$

由方程(8.54)可知,$\boldsymbol{r}_{ri}$ 在惯性参考系(即静系)中对 t 的绝对导数与在做平动的动系中对 t 的相对导数相同;同理,$\boldsymbol{v}_{ri}$ 也如此。故由 $\boldsymbol{r}_{ri}$、$\boldsymbol{v}_{ri}$ 得到的 $\boldsymbol{L}_{Dr} = \sum \boldsymbol{r}_{ri} \times m_i\boldsymbol{v}_{ri}$ 也如此,即:在方程(8.51)中,$\mathrm{d}\boldsymbol{L}_{Dr}/\mathrm{d}t$ 在惯性参考系(即静系)中对 t 的绝对导数等于在平动动系 $Dx_Dy_Dz_D$ 中对 t 的相对导数。故在静系下得到的方程(8.51)在平动动系 $Dx_Dy_Dz_D$ 中也适用,这就是质点系的相对运动动量矩定理。

方程(8.51)右边的第二项应用起来一般很困难,为了消除这一项,只要

$$\boldsymbol{r}_{Cr} = \boldsymbol{0} \quad 或 \quad \boldsymbol{a}_D = \boldsymbol{0} \quad 或 \quad \boldsymbol{r}_{Cr} /\!/ \boldsymbol{a}_D \tag{8.55}$$

不管哪种情况，都有

$$\boldsymbol{r}_{C\mathrm{r}}\times(-M\boldsymbol{a}_D)=\boldsymbol{0} \tag{8.56}$$

选择以下三种点为动矩心 D：

(1) 质心 C；

(2) 加速度为零的点；

(3) 加速度矢量通过质心的点。

质点系相对运动动量矩定理方程(8.51)可简化为

$$\frac{\mathrm{d}\boldsymbol{L}_{D\mathrm{r}}}{\mathrm{d}t}=\boldsymbol{M}_D^{(\mathrm{e})} \tag{8.57}$$

当选取随质心 C 一起平动的坐标系时，式(8.45)中的 $\boldsymbol{r}_{C\mathrm{r}}=\boldsymbol{0}$。由式(8.45)，质点系对任一固定点 O 的动量矩 $\boldsymbol{L}_O$ 为

$$\boldsymbol{L}_O=\boldsymbol{L}_{C\mathrm{r}}+\boldsymbol{r}_C\times m\boldsymbol{v}_C=\boldsymbol{L}_{C\mathrm{r}}+\boldsymbol{r}_C\times\boldsymbol{p}=\boldsymbol{L}_{C\mathrm{r}}+\boldsymbol{M}_C(\boldsymbol{p}) \tag{8.58}$$

式中：$\boldsymbol{p}$ 为系统的动量。从式(8.58)可知，任意质点系对固定点 O 的动量矩矢量等于系统相对其质心的相对运动动量矩与系统动量相对固定点 O 的动量矩的矢量和。

相对运动动量矩定理方程(8.51)是在任意质点系及空间任意运动的条件下推导出的，对于特殊动矩心，方程(8.57)是方程(8.51)的简化形式，故方程(8.51)、方程(8.57)和方程(8.58)适用于任意运动质点系(包括空间运动)，其也是后续推导刚体等各种特殊问题的动力学方程的基础。

工程中，做平面运动的刚体常常具有质量对称平面，且平行于此平面运动，对于这类问题，可以将方程(8.57)进一步处理，得到更便于应用的形式。本章只介绍此类平面运动问题的动力学方程，做空间运动的刚体的动力学方程比较复杂，在第 14 章"刚体空间运动学和动力学"中介绍。

2. 平面运动刚体动量矩的计算

1) 平面运动的单个刚体动量矩

对于角速度为 $\boldsymbol{\omega}$ 的刚体 AB，其上任意一点 i 相对点 A 的相对速度为

$$\boldsymbol{v}_{iA}=\boldsymbol{\omega}\times\boldsymbol{v}_{Ai} \tag{8.59}$$

刚体对点 A 的相对动量矩为

$$\boldsymbol{L}_{A\mathrm{r}}=\sum\boldsymbol{r}_{Ai}\times m\boldsymbol{v}_{iA}=\sum\boldsymbol{r}_{Ai}\times m(\boldsymbol{\omega}\times\boldsymbol{r}_{Ai}) \tag{8.60}$$

刚体做平面运动时，如图 8.11 所示，$\boldsymbol{\omega}\perp\boldsymbol{r}_{Ai}$，$\boldsymbol{v}_{iA}\perp\boldsymbol{r}_{Ai}$。

利用三个矢量 $\boldsymbol{a}$、$\boldsymbol{b}$、$\boldsymbol{c}$ 的三重矢积公式：

$$\boldsymbol{a}\times\boldsymbol{b}\times\boldsymbol{c}=(\boldsymbol{a}\cdot\boldsymbol{c})\boldsymbol{b}-(\boldsymbol{a}\cdot\boldsymbol{b})\boldsymbol{c} \tag{8.61}$$

或直接根据图 8.11 所示的各矢量方向关系，由式(8.60)得

$$\boldsymbol{L}_{A\mathrm{r}}=\left(\sum m_i r_{Ai}^2\right)\boldsymbol{\omega}=J_A\boldsymbol{\omega} \tag{8.62}$$

当 A 为质心 C 时，得到刚体相对其质心 C 的相对动量矩为

$$\boldsymbol{L}_{C\mathrm{r}}=J_C\boldsymbol{\omega} \tag{8.63}$$

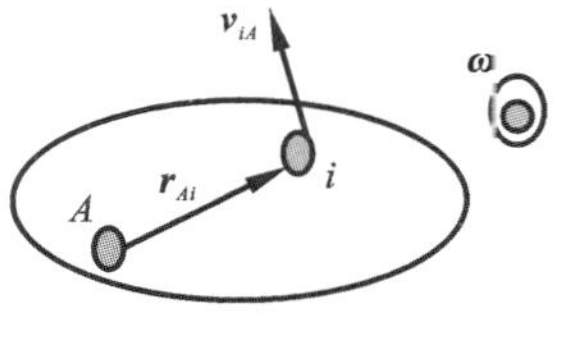

图 8.11　平面运动单个刚体的动量矩计算

当刚体做平面运动时，将式(8.63)代入式(8.58)有

$$\boldsymbol{L}_O=J_C\boldsymbol{\omega}+\boldsymbol{r}_C\times m\boldsymbol{v}_C \tag{8.64}$$

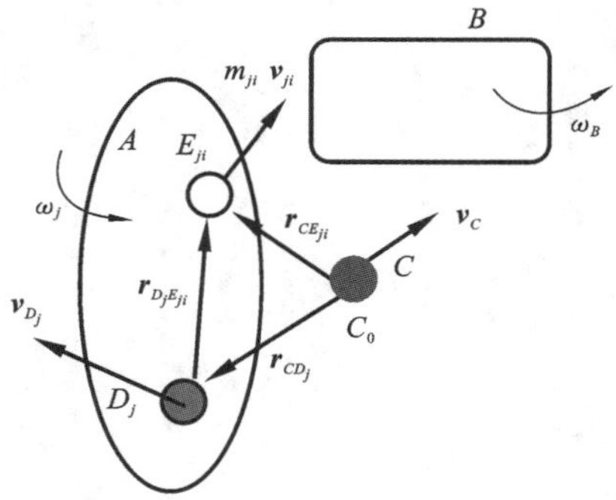

图 8.12　平面运动多个刚体的动量矩计算

从式(8.64)可知，当 O 为该瞬时与刚体上质心 C 重合的固定点时，$\boldsymbol{r}_C=\boldsymbol{0}$，故 $\boldsymbol{L}_O=\boldsymbol{L}_{Cr}=J_C\boldsymbol{\omega}$，即相对动量矩等于绝对动量矩，而当点 O 不是与质心重合的固定点时，相对动量矩则不等于绝对动量矩。

2）平面运动的多个刚体动量矩

如图 8.12 所示，设 D_j 和 M_{D_j} 分别为 n 个刚体中第 j 个刚体的质心和质量，$\boldsymbol{v}_{ji}$ 为第 j 个刚体上质点 E_{ji} 的绝对速度，m_{ji} 为第 j 个刚体上质点 E_{ji} 的质量，M 为系统总的质量，C 为系统的质心，C_0 为该瞬时与 C 重合的固定点。

系统相对质心 C 的动量矩为

$$\begin{aligned}
\boldsymbol{L}_{Cr} &= \sum_{j=1}^{n}\sum_{i=1}^{\infty}\boldsymbol{r}_{CE_{ji}}\times m_{ji}(\boldsymbol{v}_{ji}-\boldsymbol{v}_C)=\sum_{j=1}^{n}\sum_{i=1}^{\infty}\boldsymbol{r}_{CE_{ji}}\times m_{ji}\boldsymbol{v}_{ji}-\Big(\sum_{j=1}^{n}\sum_{i=1}^{\infty}m_{ji}\boldsymbol{r}_{CE_{ji}}\Big)\times\boldsymbol{v}_C\\
&=\sum_{j=1}^{n}\sum_{i=1}^{\infty}(\boldsymbol{r}_{CD_j}+\boldsymbol{r}_{D_jE_{ji}})\times m_{ji}\boldsymbol{v}_{ji}-M\boldsymbol{r}_{CC}\times\boldsymbol{v}_C\\
&=\sum_{j=1}^{n}\boldsymbol{r}_{CD_j}\times\Big(\sum_{i=1}^{\infty}m_{ji}\boldsymbol{v}_{ji}\Big)+\sum_{j=1}^{n}\sum_{i=1}^{\infty}\boldsymbol{r}_{D_jE_{ji}}\times m_{ji}\boldsymbol{v}_{ji}\\
&=\sum_{j=1}^{n}\boldsymbol{r}_{CD_j}\times M_j\boldsymbol{v}_{D_j}+\sum_{j=1}^{n}\sum_{i=1}^{\infty}\boldsymbol{r}_{D_jE_{ji}}\times m_{ji}(\boldsymbol{v}_{D_j}+\boldsymbol{v}_{E_{ji}D_j})\\
&=\sum_{j=1}^{n}\boldsymbol{r}_{CD_j}\times M_j\boldsymbol{v}_{D_j}+\sum_{j=1}^{n}\Big(\sum_{i=1}^{\infty}m_{ji}\boldsymbol{r}_{D_jE_{ji}}\Big)\times\boldsymbol{v}_{D_j}+\sum_{j=1}^{n}\Big(\sum_{i=1}^{\infty}m_{ji}\boldsymbol{r}_{D_jE_{ji}}\times\boldsymbol{v}_{E_{ji}D_j}\Big)\\
&=\sum_{j=1}^{n}\boldsymbol{r}_{CD_j}\times M_j\boldsymbol{v}_{D_j}+\sum_{j=1}^{n}M_j\boldsymbol{r}_{D_jD_j}\times\boldsymbol{v}_{D_j}+\sum_{j=1}^{n}\Big[\sum_{i=1}^{\infty}m_{ji}\boldsymbol{r}_{D_jE_{ji}}\times(\boldsymbol{\omega}_j\times\boldsymbol{r}_{D_jE_{ji}})\Big]\\
&=\sum_{j=1}^{n}\boldsymbol{r}_{CD_j}\times M_j\boldsymbol{v}_{D_j}+\sum_{j=1}^{n}J_{D_j}\boldsymbol{\omega}_j
\end{aligned}\tag{8.65}$$

根据式(8.65)利用相对质心公式得到

$$\Big(\sum_{j=1}^{n}\sum_{i=1}^{\infty}m_{ji}\boldsymbol{r}_{CE_{ji}}\Big)=M\boldsymbol{r}_{CC}=\boldsymbol{0},\quad \sum_{i=1}^{\infty}m_{ji}\boldsymbol{r}_{D_jE_{ji}}=M_j\boldsymbol{r}_{D_jD_j}=\boldsymbol{0}$$

利用刚体的动量计算公式得到

$$\sum_{i=1}^{\infty}m_{ji}\boldsymbol{v}_{ji}=M_j\boldsymbol{v}_{D_j}\tag{8.66}$$

利用矢量运算公式 $\boldsymbol{a}\times(\boldsymbol{b}\times\boldsymbol{c})=(\boldsymbol{a}\cdot\boldsymbol{c})\boldsymbol{b}-(\boldsymbol{a}\cdot\boldsymbol{b})\boldsymbol{c}$ 得到

$$\sum_{i=1}^{\infty}m_{ji}\boldsymbol{r}_{D_jE_{ji}}\times(\boldsymbol{\omega}_j\times\boldsymbol{r}_{D_jE_{ji}})=\sum_{i=1}^{\infty}m_{ji}\boldsymbol{r}^2_{D_jE_{ji}}\boldsymbol{\omega}_j=J_{D_j}\boldsymbol{\omega}_j\tag{8.67}$$

系统中所有刚体对与系统质心 C 重合的固定点 C_0 的绝对运动动量矩的计算结果就是式(8.65)，故有

$$\boldsymbol{L}_{Cr}=\boldsymbol{L}_{C_0}\tag{8.68}$$

即多刚体系统对其质心 C 的相对运动动量矩等于该瞬时与点 C 重合的固定点 C_0 的绝对运动动量矩。在一些需要利用相对质心动量矩守恒的问题中，运用该结论通过式(8.64)计算绝对运动动量矩，以代替计算每个刚体相对系统质心的动量矩更方便。

例 8.4　如图 8.13 所示，长度为 $4R$、质量为 m 的均质杆件 AB，在光滑的水平面上以速度 v 平动。在某一时刻从空中垂直落下一质量为 m 的泥块 P，并恰好黏附在杆件的 A 端。求泥块附在点 A 上后，杆 AB 的角速度和泥块的速度大小。

解法 1　如图 8.13 所示，$\boldsymbol{v}_O$ 和 $\boldsymbol{v}'_O$ 分别为泥块黏附在点 A 前后 AB 的质心 O 的速度，$\boldsymbol{\omega}$ 和 $\boldsymbol{v}_P$ 分别为泥块黏附后杆件的角速度和泥块的速度。因为泥块黏附在点 A 前后系统动量守恒，故有

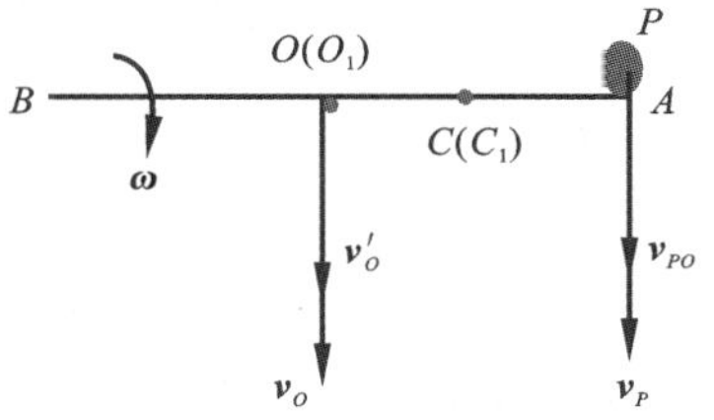

图 8.13　例 8.4 图

$$m\boldsymbol{v}=m\boldsymbol{v}'_O+m\boldsymbol{v}_P \tag{a}$$

碰撞结束时，泥块 P 与点 A 速度相同，由基点法有

$$\boldsymbol{v}_P=\boldsymbol{v}'_O+\boldsymbol{v}_{PO} \tag{b}$$

其中，$v_{PO}=2R\omega$。

由方程(b)

$$v_P=v'_O+2R\omega \tag{c}$$

由方程(a)和方程(b)可知，方程(a)中速度矢量方向都与 $\boldsymbol{v}$ 方向平行。将式(c)代入式(a)有

$$mv=2mv'_O+2Rm\omega \tag{d}$$

泥块黏附在点 A 前后，系统相对质心 C 的动量矩守恒，并考虑到系统对质心 C 的动量矩等于其对与质心 C 重合的固定点 C_1 的绝对运动动量矩，故有

$$\boldsymbol{r}_{C_1O}\times m\boldsymbol{v}=\boldsymbol{r}_{C_1O}\times m\boldsymbol{v}'_O+J_O\boldsymbol{\omega}+\boldsymbol{r}_{C_1P}\times m\boldsymbol{v}_P \tag{e}$$

由式(e)有

$$-Rmv=-Rmv'_O+\frac{4}{3}mR^2\omega+Rmv_P \tag{f}$$

联立式(c)、式(d)和式(f)，得

$$\omega=-\frac{3}{10}\frac{v}{R},\quad v_P=\frac{1}{5}v$$

解法 2　泥块黏附在点 A 前后，系统对任一固定点的动量矩守恒，故取与杆件质心 O 重合的固定点 O_1，由动量矩守恒，有

$$\boldsymbol{0}=J_O\boldsymbol{\omega}+\boldsymbol{r}_{O_1P}\times m\boldsymbol{v}_P \tag{g}$$

由式(g)得

$$0=\frac{4}{3}mR^2\omega+2Rmv_P \tag{h}$$

碰撞结束时，泥块 P 与点 A 速度相同，由基点法有

$$\boldsymbol{v}_P=\boldsymbol{v}'_O+\boldsymbol{v}_{PO} \tag{i}$$

其中，$v_{PO}=2R\omega$。

由式(i)有

$$v'_O=v_P-2R\omega \tag{j}$$

由于泥块黏附在点 A 前后系统动量守恒，并考虑式(j)有

$$mv=m(v_P-2R\omega)+mv_P \tag{k}$$

联立式(h)和式(k)，解得

$$\omega=-\frac{3}{10}\frac{v}{R},\quad v_P=\frac{1}{5}v$$

8.3.5　刚体平面运动动力学

现在将质点系相对运动动量矩定理应用于具有质量对称平面，且平行于此平面运动的刚体。对于由多个刚体组成的系统，即使选取了特殊动矩心 D，方程(8.57)中$\frac{\mathrm{d}\boldsymbol{L}_{D\mathrm{r}}}{\mathrm{d}t}$的计算也很复杂。对于单个刚体，就简单得多。对于单个刚体，可将刚体的平面运动简化为通过质心的平面图形运动，并且假设将刚体的质量沿该平面的垂线方向压缩到该平面上，因此，平面运动图形有质量分布，且其总质量等于原刚体的质量。该平面图形的运动可分解为随质心 D 的平动和绕基点 D 的转动，如图 8.14 所示。取基点 D 为使式(8.57)成立的三种特殊的动矩心之一，由质心运动定理和相对运动动量矩定理，得

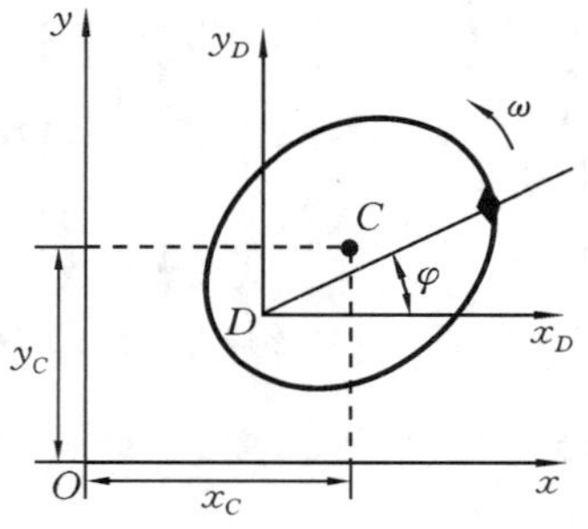

图 8.14　平面运动刚体

$$\begin{cases} M\boldsymbol{a}_C=\boldsymbol{F}^{(e)} \\ \dfrac{\mathrm{d}L_{D\mathrm{r}}}{\mathrm{d}t}=M_D^{(e)} \end{cases} \tag{8.69}$$

因为质点系做平面运动，有 $L_{D\mathrm{r}}=J_D\omega$。又因为选取的特殊动矩心 D 为推导式(8.57)的平动动系的坐标原点，故在 $L_{D\mathrm{r}}=J_D\omega$ 中 J_D 是常数，所以

$$\frac{\mathrm{d}L_{D\mathrm{r}}}{\mathrm{d}t}=\frac{\mathrm{d}J_D}{\mathrm{d}t}\omega+J_D\frac{\mathrm{d}\omega}{\mathrm{d}t}=J_D\dot{\omega}=J_D\ddot{\varphi}$$

注意：$\ddot{\varphi}$ 的正方向是 φ 增大的方向。将式(8.69)中第一个质心运动定理的方程写成投影式，得

$$\begin{cases} Ma_{Cx}=F_x^{(e)} \\ Ma_{Cy}=F_y^{(e)} \\ J_D\dot{\omega}=M_D^{(e)} \end{cases} \text{或} \begin{cases} M\dot{v}_{Cx}=F_x^{(e)} \\ M\dot{v}_{Cy}=F_y^{(e)} \\ J_D\alpha=M_D^{(e)} \end{cases} \text{或} \begin{cases} M\ddot{x}_C=F_x^{(e)} \\ M\ddot{y}_C=F_x^{(e)} \\ J_D\ddot{\varphi}=M_D^{(e)} \end{cases} \tag{8.70}$$

加速度是位移的二阶微分，所以这组方程也称为**刚体平面运动微分方程**。

对于一个刚体，选择以下四种点为动矩心 D，可使式(8.70)中每个投影式组的第 3 个公式成立：

(1) 该刚体绕其做定轴转动的点；

(2) 质心 C；

(3) 加速度为零的点；

(4) 加速度矢量通过质心的点。

这也可概括为**加速度矢量通过质心的点**。本书将式(8.70)每个投影式组中的第 3 个公式称为**简约式动量矩定理**。

对于上述(3)和(4)的两种特殊动矩心，实际应用时并不易判别。刚体的速度瞬心 P 很容易确定，若能对其应用简约式动量矩定理 $\sum M_P=J_P\alpha$，计算会相对简单。下面给出成立条件。

如图 8.15 所示，图中 P 为速度瞬心。O 为与 P 重合的固定点。由式(8.64)知，该刚体对固定点 O 的动量矩为

$$\boldsymbol{L}_O=\boldsymbol{r}_{OC}\times m\boldsymbol{v}_C+J_C\boldsymbol{\omega}$$

因为 O 为与 P 重合的固定点，所以

$$L_O=mr_{OC}^2\omega+J_C\omega \tag{8.71}$$

$$\frac{\mathrm{d}L_O}{\mathrm{d}t}=mr_{OC}^2\alpha+J_C\alpha+2mr_{OC}\frac{\mathrm{d}r_{OC}}{\mathrm{d}t}\omega=J_P\alpha+2mr_{OC}\frac{\mathrm{d}r_{OC}}{\mathrm{d}t}\omega \tag{8.72}$$

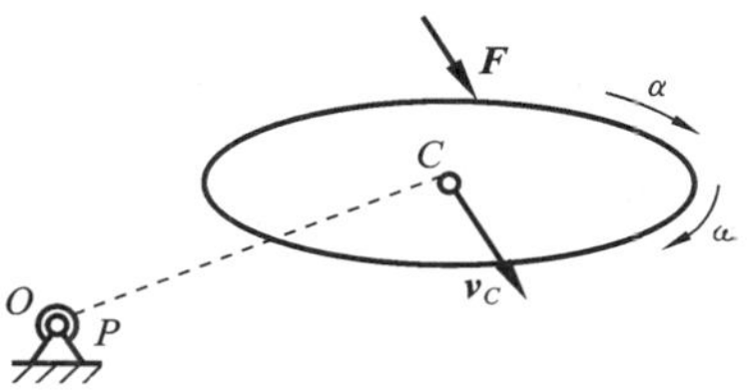

图 8.15　运动刚体

由式(8.72)可知，$\sum M_P=J_P\alpha$ 成立的条件为 $r_{PC}=0$ 或 $\frac{\mathrm{d}r_{PC}}{\mathrm{d}t}=0$ 或 $\omega=0$。

对于均质物体，其质心位置就是形心。实际上，当 $r_{PC}=0$ 时，P 就是质心。当 P 为速度瞬心且满足 $\frac{\mathrm{d}r_{PC}}{\mathrm{d}t}=0$ 时，其加速度通过形心，$\omega=0$ 时其加速度为 0。也就是此时速度瞬心满足使式(8.70)成立的条件(2)(3)和(4)。

由上述结论可知，对于图 7.23(a)的均质杆 AB，其角速度为 0 时，速度瞬心是特殊动矩心，否则就不是。在图 7.23(b)中，当 $\theta=90°$时，无论 AB 速度是否为 0，其速度瞬心都是特殊动矩心；但若 $\theta\neq 90°$，仅 AB 速度为 0 时，其速度瞬心才是特殊动矩心。根据刚体平面运动知识，对于在任意形状地面做纯滚动的非圆形刚体，若转速不为 0，当其质心在公法线上时，其速度瞬心(与地面的接触点)才是特殊动矩心。

此外，由上述推导过程可知，要求转动惯量不变，故式(8.70)中动量矩定理仅适用于一个刚体，且对特殊动矩心才成立。对于多刚体系统，需要取分离体为研究对象，应用该式时往往会引入刚体间的相互作用力，这也是简约式动量矩定理的不足之处。

例 8.5　如图 8.16(a)所示，质量为 m 的均质圆柱，半径为 r，放在倾角为 60°的斜面上，一细绳绕于其上，绳的一端固于点 A，绳段 AB 与斜面平行，若圆柱与斜面的摩擦因数为 $f=1/3$，试求圆柱体中心下落的加速度 a_C。

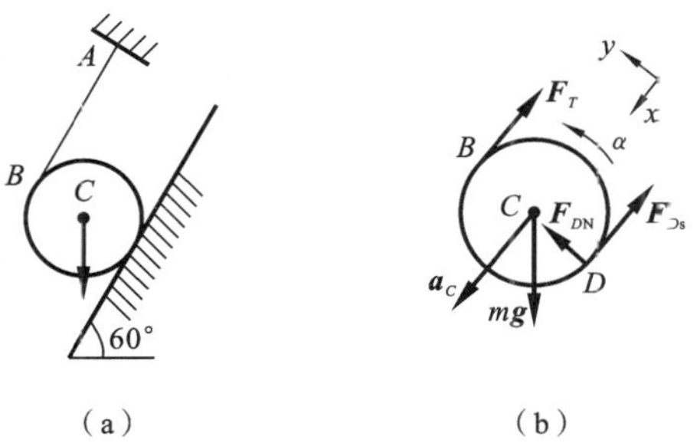

(a)　　　　(b)

图 8.16　例 8.5 图

解法 1　圆柱的受力及相关加速度量如图 8.16(b)所示，由动力学方程有

$\sum F_{ix}=ma_C$：

$$mg\sin 60°-fF_{DN}-F_T=ma_C \tag{a}$$

$\sum F_{iy}=0$：

$$-mg\cos 60°+F_{DN}=0 \tag{b}$$

$\sum M_C=J_C\alpha$：

$$fF_{DN}r-F_Tr=\frac{1}{2}mr^2\alpha \tag{c}$$

【运动学】　根据图 8.16(b)中 a_C 和 α 的方向，并且圆柱相对静止的绳子做纯滚动，有

$$a_C=-r\alpha \tag{d}$$

联立式(a)至式(d)，解得

$$a_C=\frac{3\sqrt{3}-2}{9}g$$

解法 2　因为圆柱相对静止的绳子做纯滚动，故圆柱上与绳子的接触点 B 的加速度通过质心 C，由此可知：

$\sum M_B = J_B\alpha$：　　$-rmg\sin60°r + fF_{DN}r = \dfrac{3}{2}mr^2\alpha$　　(e)

此外，$\sum F_{iy} = 0$：　　$-mg\cos60° + F_{DN} = 0$　　(f)

【运动学】 根据图 8.16(b)中 a_C 和 α 的方向,并且圆柱相对静止的绳子做纯滚动,有

$$a_C = -r\alpha \tag{g}$$

联立式(e)至式(g),解得

$$a_C = \frac{3\sqrt{3}-2}{9}g$$

例 8.6 如图 8.17 所示,质量 $m=50$ kg 的均质杆 AB,A 端搁在光滑的水平面上,另一端由质量不计的绳子系住,与固定点 O 平行,ABO 在同一垂直面内,当绳子在水平位置时,杆由静止释放。求释放瞬时杆的角加速度。已知 AB 长 $L=2.5$ m,绳 BO 长 $b=1$ m,点 O 高出地面 $h=2$ m。

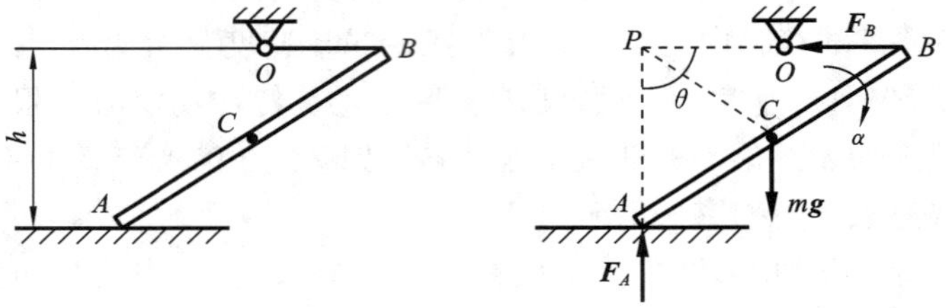

图 8.17　例 8.6 图

解 因为刚体由静止释放,AB 角速度为 0,故速度瞬心 P 的加速度为 0,是特殊动矩心,可直接应用

$$\sum M_P = J_P\alpha$$

解得　　$\alpha = 3.53\ \text{rad/s}^2$

思考:该题中若 AB 此时存在角速度,则上述方法可行吗?

例 8.7 如图 8.18(a)所示,质量为 m 的均质杆 AB 长 $2L$,靠在光滑的墙面上,墙面与光滑水平地面的夹角 $\varphi=90°$,在 $\theta=30°$时,$\omega=1$ rad/s,求此时杆 AB 的角加速度 α。

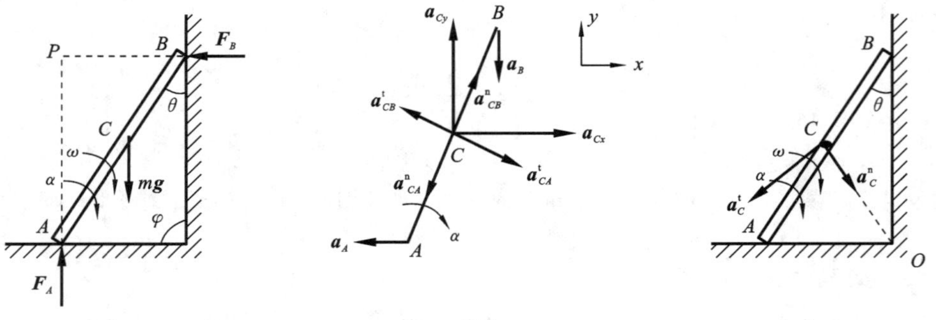

图 8.18　例 8.7 图

解法1　【动力学】

设杆 AB 的角加速度 α 和质心 C 的加速度 a_{Cx}、a_{Cy} 如图 8.18(b)所示，由动力学方程有

$$\sum F_{ix}=ma_{Cx}:\qquad -F_B=ma_{Cx} \tag{a}$$

$$\sum F_{iy}=ma_{Cy}:\qquad -mg+F_A=ma_{Cy} \tag{b}$$

$$\sum M_C=J_C\alpha:\qquad F_AL\sin\theta-F_BL\cos\theta=\frac{1}{3}mL^2\alpha \tag{c}$$

【运动学】　如图 8.18(b)所示，由基点法有

$$\boldsymbol{a}_{Cx}-\boldsymbol{a}_{Cy}=\boldsymbol{a}_B+\boldsymbol{a}_{CB}^{t}+\boldsymbol{a}_{CB}^{n} \tag{d}$$

$$\boldsymbol{a}_{Cx}-\boldsymbol{a}_{Cy}=\boldsymbol{a}_A+\boldsymbol{a}_{CA}^{t}+\boldsymbol{a}_{CA}^{n} \tag{e}$$

其中，$a_{CB}^{t}=L\alpha$，$a_{CB}^{n}=L\omega^2$，$a_{CA}^{t}=L\alpha$，$a_{CA}^{n}=L\omega^2$。

【求解】

方程(d)垂直于 $\boldsymbol{a}_B$ 投影和方程(e)垂直于 $\boldsymbol{a}_A$ 投影，得到 2 个方程，再联立方程(a)至方程(c)求解，得

$$\alpha=\frac{3}{8}\frac{g}{L}$$

解法2　如图 8.18(c)所示，当 $\varphi=90°$ 时，$AC=OC=L$，故连线 OC 绕 O 做定轴转动，其角速度和角加速度分别与 AB 的角速度和角加速度大小相等，转向相反，故有

$$a_C^{t}=L\alpha,\quad a_C^{n}=L\omega^2 \tag{f}$$

将式(f)和方程(a)至方程(c)联立求解，得

$$\alpha=\frac{3}{8}\frac{g}{L}$$

解法3　如图 8.18(a)所示，AB 的速度瞬心为 P，在运动过程中，因为 APB 总是直角三角形，故速度瞬心 P 到 C 的距离不变，由此可证明 P 的加速度通过点 C，进一步可以证明：

$$\sum M_P=J_P\alpha:\qquad mgL\sin\theta=J_P\alpha,\quad J_P=\frac{4}{3}mL^2$$

解得

$$\alpha=\frac{3}{8}\frac{g}{L}$$

由该题可知，运用运动学和动力学解题时可应用不同的结论，故本书一个动力学问题解法众多，但不同解法的计算量有时差异很大。建议掌握本例解法 2 和解法 3 的一些常用的结论，解题时对这些结论稍加说明后可直接应用。

思考：该题若 AB 角速度不为 0 且 $\varphi\neq90°$，上述 3 种解法都可行吗？

例 8.8　如图 8.19(a)所示，质量为 $m=12$ kg、长为 $L=2$ m 的均质细杆 AB，一端搁在光滑水平地面上，一端用细绳吊住，系统在图示位置静止。求当细绳被剪断瞬间，杆上点 B 的加速度大小。

解　由 $\sum F_{ix}=ma_{Cx}:0=ma_{Cx}$ 得

$$a_{Cx}=0 \tag{a}$$

因为杆由静止释放，由式(a)积分得到 $v_{Cx}=0$，故点 C 即将运动时，其速度沿竖直方向，由此得到杆即将运动的瞬时，其速度瞬心为图 8.19(b)所示的点 P。可以证明，杆由静止释放时对应速度瞬心点 P 的加速度为 0，由此，可进一步证明：

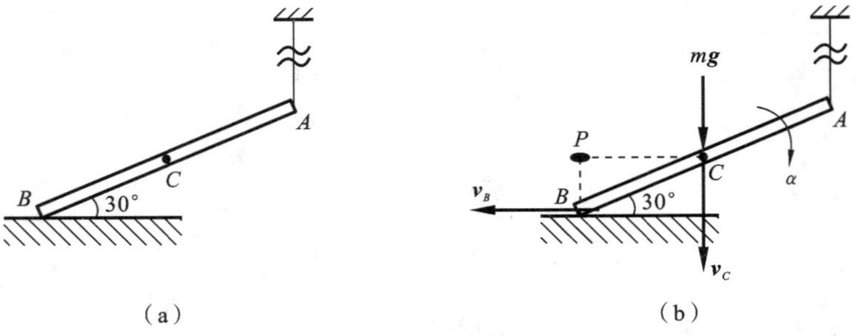

图 8.19　例 8.8 图

$$\sum M_P = J_P\alpha: \qquad mg\frac{L}{2}\cos30° = \left[\frac{1}{12}mL^2 + m\left(\frac{L}{2}\cos30°\right)^2\right]\alpha \qquad \text{(b)}$$

由式(b)解得
$$\alpha = \frac{6\sqrt{3}}{13}g\ \text{rad/s}^2$$

$$a_B = BP\cdot\alpha = \frac{3\sqrt{3}}{13}g$$

在光滑水平面上,根据水平动量守恒可知,由静止释放的物体的质心速度沿竖直方向,从而可找到速度瞬心。本例利用了这一特点,对于此类问题,一般可利用该特点来求解。

例 8.9　内燃机动力机构或冲孔机构等可简化为图 8.20 所示的曲柄滑块机构。均质曲柄 OA 长度为 r,质量为 m,在变化的未知力偶矩 M 作用下,在垂直面内,以匀角速度 ω 转动,均质连杆 AB 长度为 $2r$,质量为 m。已知滑块的工作阻力为 F,不计滑块 B 的质量,忽略所有阻碍运动的摩擦力。求图示瞬时滑道对滑块 B 的约束力。OB 处于水平位置。

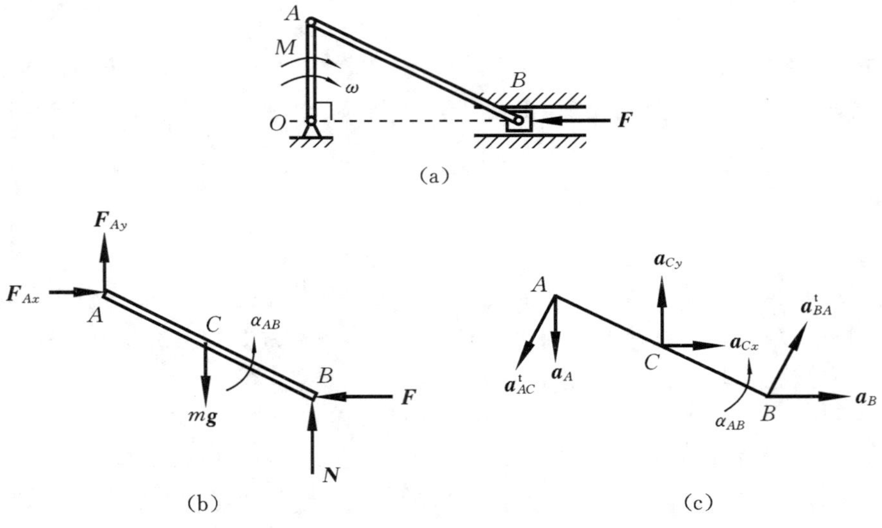

图 8.20　例 8.9 图

解　由杆 AB 平面运动动力学方程,得

$$\begin{cases} ma_{Cx} = F_{Ax} - F \\ ma_{Cy} = F_{Ay} + N - mg \\ \left(\frac{1}{12}m\times4r^2\right)\alpha_{AB} = -\frac{1}{2}(F+F_{Ax})r + \frac{\sqrt{3}}{2}(N-F_{Ay})r \end{cases} \qquad \text{(a)}$$

方程组(a)中有 a_{Cx}、a_{Cy}、α_{AB}、F_{Ax}、F_{Ay}、N 6 个未知量，需要补充 3 个方程才能使方程组封闭。对于 OA，虽然还可以列 3 个动力学方程，但会引入 3 个不待求的未知力 F_{Ox}、F_{Oy}和 M，从中挑不出有用方程。余下除了运动学关系之外，没有其他可以补充的关系。分析杆 AB 的加速度，可得

以 A 为基点求 $\boldsymbol{a}_B$：

$$\boldsymbol{a}_B=\boldsymbol{a}_A+\boldsymbol{a}_{BA}^{\mathrm{t}} \tag{b}$$

以 C 为基点求 $\boldsymbol{a}_A$：

$$\boldsymbol{a}_A=\boldsymbol{a}_{Cx}+\boldsymbol{a}_{Cy}+\boldsymbol{a}_{AC}^{\mathrm{t}} \tag{c}$$

方程(b)向竖直方向投影，得

$$0=a_A-\frac{\sqrt{3}}{2}a_{BA}^{\mathrm{t}} \tag{d}$$

由式(d)得

$$\alpha_{AB}=\frac{\sqrt{3}}{3}\omega^2 \tag{e}$$

方程(c)分别向水平和竖直方向投影，得

$$0=a_{Cx}-\frac{1}{2}a_{AC}^{\mathrm{t}},\quad a_A=-a_{Cy}+\frac{\sqrt{3}}{2}a_{AC}^{\mathrm{t}}$$

由此得

$$a_{Cx}=\frac{\sqrt{3}}{6}\omega^2 r \tag{f}$$

$$a_{Cy}=-\frac{1}{2}\omega^2 r \tag{g}$$

方程(e)(f)和(g)就是 3 个补充方程。将它们代入方程组(a)，解得

$$N=\frac{1}{2}mg+\frac{\sqrt{3}}{3}F-\frac{1}{18}mr\omega^2$$

该题若求销钉 A 对 OA 的约束反力，当考虑销钉的质量时，根据牛顿第二定律，销钉对两个物体的作用力大小并不相等。不过，因为销钉质量相对其他构件的质量可以忽略不计，故可不计销钉质量，这样，销钉对两个物体的作用力可视为作用力与反作用力。

思考：由该题可知，对于多刚体动力学问题，取整体为研究对象，应用动量矩定理时，$\frac{\mathrm{d}\boldsymbol{L}_O}{\mathrm{d}t}$的计算一般很复杂，故往往取单个刚体为研究对象，这样刚体间必然会出现相互作用力。而简练式动量矩定理只对特殊动矩心成立，一般会引入刚体间相互作用力，使得动力学方程数目增多。从分析方法上来看，若对每个刚体列 3 个方程，分析思路将非常简单，但计算量过大。那么，能否建立一种新的分析方法来尽量避免引入刚体间相互作用力，克服计算量大的缺点呢？

8.4　动能定理积分形式

动能定理积分形式

在外力作用一段时间后，物体在一个运动过程中速度大小及方向会发生改变。一般关注开始运动后某一个位置处的速度大小。应用动量定理和动量矩定理的积分形式可以求解这一问题。但是这样会引入很多不需要的未知力，比如与速度方向垂直的力。与速度方向垂直的力仅改变速度方向，不会改变速度大小。如果有一种方法可以不引入与速度方向垂直的力，就可以得到一个更简便的分析物体在一个运动过程中速度大小

变化的方法,能在一些情形下克服动量定理和动量矩定理的积分形式计算量大的缺点。我们知道,在数学上将作用点的力矢量与该点速度矢量进行点积运算,与速度方向垂直的法向力与速度矢量的点积为零。此数学方法启发我们寻找一个替代动量定理和动量矩定理的积分形式的计算方法,这样的分析方法就是动能定理的积分形式。该定理主要用于求解一个过程中的速度变化,其与求某一瞬时加速度的动量定理和动量矩定理的导数形式,构成了3个独立的定理。此外,动能定理引入动能、势能及功的概念,逐渐发展出基于能量的拉格朗日力学体系,该体系比基于力和加速度概念的牛顿力学体系更便于分析复杂的动力学问题。下面主要介绍动能定理的积分形式及其简单的应用。

8.4.1 质点的动能定理

对于牛顿第二定律 $m\boldsymbol{a}=\boldsymbol{F}$,为了不引入与速度方向垂直的力,在数学上将作用点的力矢量与该点速度矢量进行点积,得

$$m\boldsymbol{a}\cdot\boldsymbol{v}=\boldsymbol{F}\cdot\boldsymbol{v}$$

因此

$$m\frac{\mathrm{d}\boldsymbol{v}}{\mathrm{d}t}\cdot\boldsymbol{v}=\boldsymbol{F}\cdot\boldsymbol{v}$$

$$m\boldsymbol{v}\cdot\mathrm{d}\boldsymbol{v}=\boldsymbol{F}\cdot\boldsymbol{v}\mathrm{d}t=\boldsymbol{F}\cdot\mathrm{d}\boldsymbol{r}$$

得

$$\mathrm{d}\left(\frac{1}{2}mv^2\right)=\delta W \tag{8.73}$$

这就是**质点动能定理的微分形式**,其中$\frac{1}{2}mv^2$ 称为质点的**动能**,而

$$\delta W=\boldsymbol{F}\cdot\mathrm{d}\boldsymbol{r} \tag{8.74}$$

称为力 $\boldsymbol{F}$ 对质点所做的(微)**元功**。δW 是一个代数量,并且一般与力 $\boldsymbol{F}$ 的运行路径有关,因此不是某个函数 W 的全微分,所以一般不用全微分符号 $\mathrm{d}W$ 表示元功。

对方程(8.74)两边积分,得

$$\int_{v_1}^{v_2}\mathrm{d}\left(\frac{1}{2}mv^2\right)=\int_{r_1}^{r_2}\boldsymbol{F}\cdot\mathrm{d}\boldsymbol{r}$$

即

$$\frac{1}{2}mv_2^2-\frac{1}{2}mv_1^2=W_{12} \tag{8.75}$$

$$W_{12}=\int_{r_1}^{r_2}\boldsymbol{F}\cdot\mathrm{d}\boldsymbol{r} \tag{8.76}$$

可见,动能定理是由牛顿定律经过直接的数学变形得到的,其中用到的速度、力的功都必须相对惯性系计算。由上述推导过程可知,质点动能定理实际上是牛顿定律在质点的运动切向方向的分量形式,舍弃与速度方向垂直的法向分量形式,从而不引入与速度方向垂直的力,应用这种方法将给动力学问题的研究带来很大的便利。动能定理揭示了动能与功的转换关系,它是力学系统必须遵守的基本力学定理之一。

功的标准单位为J(焦耳),1 J=1 N·m。

8.4.2 质点系的动能定理

对质点系中的每一质点 m_i,设其上的外力、内力的合力分别为 $\boldsymbol{F}_i^{(\mathrm{e})}$、$\boldsymbol{F}_i^{(\mathrm{i})}$,则有

$$\mathrm{d}\left(\frac{1}{2}m_iv_i^2\right)=\delta W_i^{(\mathrm{e})}+\delta W_i^{(\mathrm{i})}$$

其中，$\delta W_i^{(e)} = \boldsymbol{F}_i^{(e)} \cdot \mathrm{d}\boldsymbol{r}_i$ 为质点 m_i 上的外力的合力 $\boldsymbol{F}_i^{(e)}$ 对质点 m_i 所做的功，简称**外力功**；$\delta W_i^{(i)} = \boldsymbol{F}_i^{(i)} \cdot \mathrm{d}\boldsymbol{r}_i$ 为质点 m_i 上的内力的合力 $\boldsymbol{F}_i^{(i)}$ 对质点 m_i 所做的功，简称**内力功**。与动量定理和动量矩定理中不出现内力不同，系统内力有时会做功，所以，动能定理中有时会出现内力。

对整个质点系，可得

$$\mathrm{d} \sum_i \left(\frac{1}{2} m_i v_i^2 \right) = \sum_i \delta W_i^{(e)} + \sum_i \delta W_i^{(i)}$$

令

$$T = \sum_i \left(\frac{1}{2} m_i v_i^2 \right) \tag{8.77}$$

这就是**质点系的动能**。于是**质点系动能定理的微分形式**为

$$\mathrm{d}T = \delta W^{(e)} + \delta W^{(i)} \tag{8.78}$$

其中

$$\delta W^{(e)} = \sum_i \delta W_i^{(e)} = \sum_i \boldsymbol{F}_i^{(e)} \cdot \mathrm{d}\boldsymbol{r}_i, \quad \delta W^{(i)} = \sum_i \delta W_i^{(i)} = \sum_i \boldsymbol{F}_i^{(i)} \cdot \mathrm{d}\boldsymbol{r}_i \tag{8.79}$$

分别为质点系的外力功之和和内力功之和。无法证明质点系的内力功之和 $\sum \delta W^{(i)}$ 恒为零，恰恰相反，它一般不等于零。比如电动机定子与转子之间有相对转动，其内力矩对转子做功；包含弹簧的系统，弹簧所引起的内力会做功。

对方程(8.78)两边积分，可得**质点系动能定理的积分形式**为

$$T_2 - T_1 = W_{12} \tag{8.80}$$

其中

$$W_{12} = \sum_i \int_{\boldsymbol{r}_1}^{\boldsymbol{r}_2} \boldsymbol{F}_i^{(e)} \cdot \mathrm{d}\boldsymbol{r}_i + \sum_i \int_{\boldsymbol{r}_{i1}}^{\boldsymbol{r}_{i2}} \boldsymbol{F}_i^{(i)} \cdot \mathrm{d}\boldsymbol{r}_i \tag{8.81}$$

T_1 为质点系起始时刻 t_1 的动能；T_2 为质点系终止时刻 t_2 的动能；W_{12} 为这段时间内质点系上所有力对质点系所做的功。

8.4.3　力对质点之功

1. 力对质点之功在直角坐标系中的表示

在图 8.21 所示的直角坐标系 $Oxyz$ 中，$\boldsymbol{F} = F_x \boldsymbol{i} + F_y \boldsymbol{j} + F_z \boldsymbol{k}$，$\mathrm{d}\boldsymbol{r} = \mathrm{d}x \boldsymbol{i} + \mathrm{d}y \boldsymbol{j} + \mathrm{d}z \boldsymbol{k}$，所以力 $\boldsymbol{F}$ 对质点所做的元功为

$$\delta W = \boldsymbol{F} \cdot \mathrm{d}\boldsymbol{r} = F_x \mathrm{d}x + F_y \mathrm{d}y + F_z \mathrm{d}z \tag{8.82}$$

质点从 M_1 运动到 M_2，力 $\boldsymbol{F}$ 沿曲线 $\overparen{M_1 M_2}$ 对质点所做的功 W 为

$$W = \int_{\overparen{M_1 M_2}} \delta W = \int_{\overparen{M_1 M_2}} \boldsymbol{F} \cdot \mathrm{d}\boldsymbol{r}$$

$$= \int_{\overparen{M_1 M_2}} (F_x \mathrm{d}x + F_y \mathrm{d}y + F_z \mathrm{d}z) \tag{8.83}$$

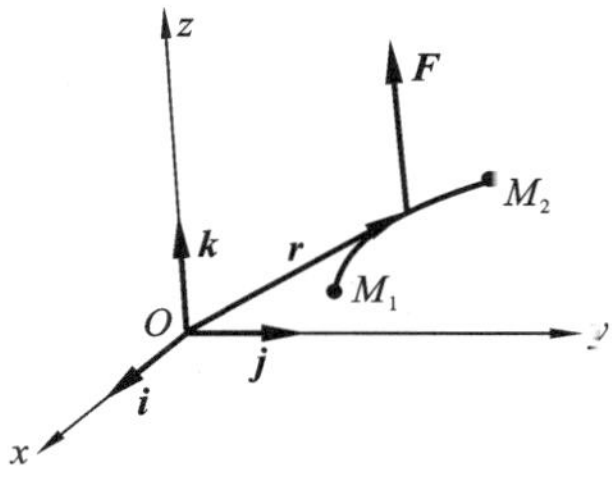

图 8.21　力做功

显然上述线积分一般与路径有关。

2. 合力对质点所做的功

质点 m 同时受 n 个力 $\boldsymbol{F}_1, \boldsymbol{F}_2, \cdots, \boldsymbol{F}_n$ 的作用，其合力 $\boldsymbol{F}_R$ 为

$$\boldsymbol{F}_R = \boldsymbol{F}_1 + \boldsymbol{F}_2 + \cdots + \boldsymbol{F}_n$$

则合力对该质点所做的功为

$$\begin{aligned} W &= \int_{\widehat{M_1M_2}} \boldsymbol{F}_{\mathrm{R}} \cdot \mathrm{d}\boldsymbol{r} = \int_{\widehat{M_1M_2}} (\boldsymbol{F}_1 + \boldsymbol{F}_2 + \cdots + \boldsymbol{F}_n) \cdot \mathrm{d}\boldsymbol{r} \\ &= \int_{\widehat{M_1M_2}} \boldsymbol{F}_1 \cdot \mathrm{d}\boldsymbol{r} + \int_{\widehat{M_1M_2}} \boldsymbol{F}_2 \cdot \mathrm{d}\boldsymbol{r} + \cdots + \int_{\widehat{M_1M_2}} \boldsymbol{F}_n \cdot \mathrm{d}\boldsymbol{r} \\ &= W_1 + W_2 + \cdots + W_n \end{aligned} \tag{8.84}$$

即合力对质点的功等于各个分力对质点的功的代数和。

8.4.4 常见力的功的计算

1. 重力的功

在图 8.22 所示的直角坐标系 $Oxyz$ 中,一质点的重力 $\boldsymbol{P}=0\boldsymbol{i}+0\boldsymbol{j}-P\boldsymbol{k}$,所以重力的功为

$$W = \int_{\widehat{M_1M_2}} (0\mathrm{d}x + 0\mathrm{d}y - P\mathrm{d}z) = -\int_{z_1}^{z_2} P\mathrm{d}z = P(z_1 - z_2) \tag{8.85}$$

其中:$z_1 - z_2$ 为起点与终点的高度差。

由此可见,重力的功与路径无关。另外,当质点从高处往低处运动时,重力对质点做正功,反之做负功。高度不变时,重力不做功。

在图 8.23 所示的直角坐标系 $Oxyz$ 中,质量为 M 的刚体在重力和 $\boldsymbol{F}$ 的共同作用下,质心从位置 C_1 运动到位置 C_2 并发生转动,重力在该运动路径所做的功为构成刚体的无数个质点的重力所做的功之和,即

$$W_{12} = \sum m_i(z_{1i} - z_{2i})g = Mg(z_{1C} - z_{2C}) \tag{8.86}$$

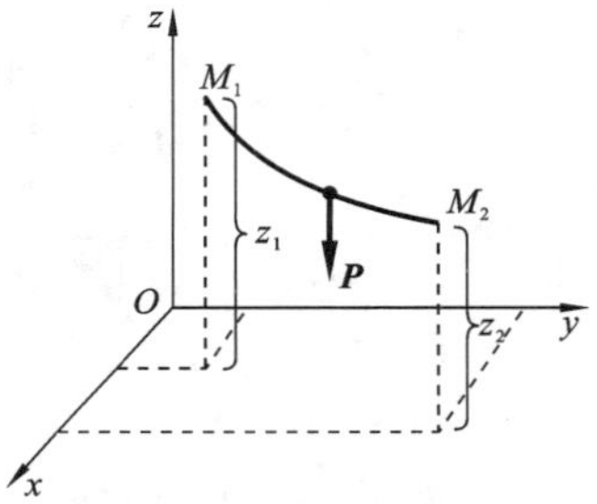

图 8.22 质心的重力做功

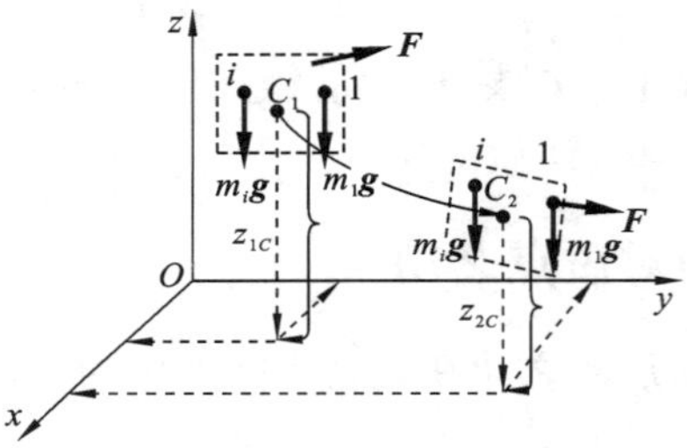

图 8.23 刚体的重力做功

由式(8.86)可知,刚体重力所做的功仅仅与质心的起始位置有关,与路径及刚体上其他点的位置变化无关。

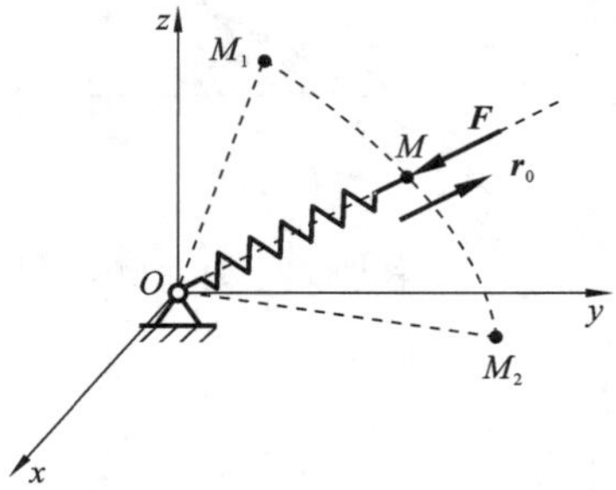

图 8.24 拉压弹簧的弹性力

2. 弹性力的功

1) 拉压弹簧对质点的功

图 8.24 所示为拉压弹簧,在这种弹簧的两端作用拉力或压力时,弹簧会伸长或缩短,没有受轴向外力时弹簧的轴向长度称为**自然长度**或**原长**,记为 l_0。在弹簧-质点系统的运动中,质点会受到弹簧的作用力,这种力称为弹性力,其大小一般与弹簧的伸长或缩短长度成正比,比例系数称为弹簧的**刚度系数**或**刚度**,记为 k(其标准单位为 N/m);由于弹性力的方向总是使弹簧的长度回复到原长,因此弹簧的

作用力也称为**恢复力**。

参见图8.24，设弹簧端点从起点 M_1 运动到终点 M_2，这两点处弹簧长度分别为 $OM_1=l_1$ 和 $OM_2=l_2$，中间过程中弹簧的瞬时长度为 l。设质点矢径方向的单位矢量为 $\boldsymbol{r}_0$，根据前述弹性力的性质，弹簧弹性力矢量 $\boldsymbol{F}$ 为

$$\boldsymbol{F}=-k(l-l_0)\boldsymbol{r}_0 \tag{8.87}$$

从 M_1 到 M_2，弹性力对质点所做的功为

$$\begin{aligned}W_{12}&=\int_{\widehat{M_1M_2}}\boldsymbol{F}\cdot\mathrm{d}\boldsymbol{r}=\int_{\widehat{M_1M_2}}-k(l-l_0)\boldsymbol{r}_0\cdot\mathrm{d}\boldsymbol{r}=\int_{l_1}^{l_2}-k(l-l_0)\boldsymbol{r}_0\cdot\boldsymbol{r}_0\mathrm{d}l\\&=\int_{l_1}^{l_2}-k(l-l_0)\mathrm{d}l=\frac{1}{2}k(\Delta l_1^2-\Delta l_2^2)\end{aligned}$$

即

$$W_{12}=\frac{1}{2}k(\Delta l_1^2-\Delta l_2^2) \tag{8.88}$$

式中：$\Delta l_1=l_1-l_0$ 为弹簧的初变形量；$\Delta l_2=l_2-l_0$ 为弹簧的终变形量。

故弹性力对质点做的功只与弹簧的初、终变形量有关，而与质点的运动路径无关。

2）平面扭转弹簧（扭簧）对质点的功

图8.25所示为扭转弹簧的示意图，当扭簧自由地放在光滑水平面上时，呈现的形状就是其自然状态。当扭簧不在自然状态时，会对被约束的质点产生作用力，即扭簧的弹性力。扭簧的弹性力 $\boldsymbol{F}$ 的径向分量很小，可以忽略，可以认为 $\boldsymbol{F}$ 总是垂直于扭簧的径向（即扭簧两端的瞬时连线方向）。扭簧弹性力的特征，可用弹性力对扭簧中心的力矩，即弹性力矩来描述。弹性力矩的转向总是力图使扭簧回复到自然状态，其大小与扭簧的扭转角成正比，扭转角是指扭簧的瞬时径向线与自然状态时的径向线之间的夹角。比例系数称为扭簧的**刚度系数**或**刚度**，记为 k（其标准单位为 N·m/rad）。

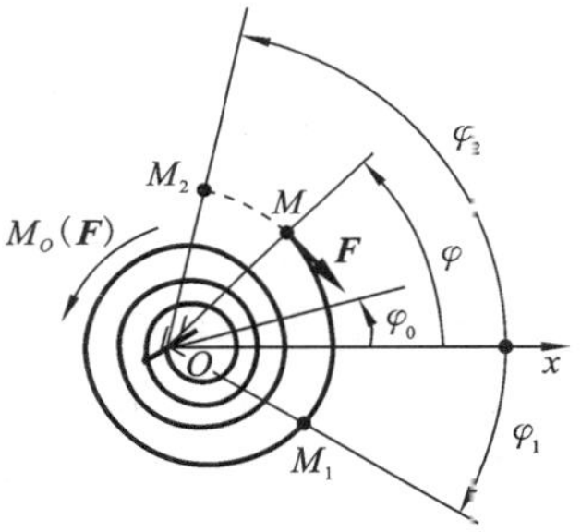

图8.25 扭转弹簧的弹性力

参见图8.25，设 x 轴为任意一条过扭簧中心的固定参考线，扭簧自然状态时径向线与 x 轴的夹角为 φ_0，扭簧瞬时径向线与 x 轴的夹角为 φ，根据扭簧的特性，其弹性力矩的表达式为

$$M_O(\boldsymbol{F})=-k(\varphi-\varphi_0) \tag{8.89}$$

设质点从起点 M_1 运动到终点 M_2，对应的位置角分别为 φ_1、φ_2。则在这个过程中扭簧对质点所做的功为

$$\begin{aligned}W_{12}&=\int_{\widehat{M_1M_2}}\boldsymbol{F}\cdot\mathrm{d}\boldsymbol{r}=\int_{\widehat{M_1M_2}}-F\mathrm{d}s=\int_{\varphi_1}^{\varphi_2}-F\cdot r\mathrm{d}\varphi=\int_{\varphi_1}^{\varphi_2}M_O(\boldsymbol{F})\mathrm{d}\varphi\\&=\int_{\varphi_1}^{\varphi_2}-k(\varphi-\varphi_0)\mathrm{d}\varphi=\frac{1}{2}k(\Delta\varphi_1^2-\Delta\varphi_2^2)\end{aligned}$$

即

$$W_{12}=\frac{1}{2}k(\Delta\varphi_1^2-\Delta\varphi_2^2) \tag{8.90}$$

式中：$\Delta\varphi_1=\varphi_1-\varphi_0$ 为扭簧的初角位移；$\Delta\varphi_2=\varphi_2-\varphi_0$ 为扭簧的终角位移。

故扭簧弹性力对质点做的功只与弹簧的初角位移和终角位移有关，而与质点的运动路径无关。

3. 摩擦力做功

如图8.26所示的系统，放在水平地面上的木板的 B 上有圆盘，P 为圆盘的重力，不考虑

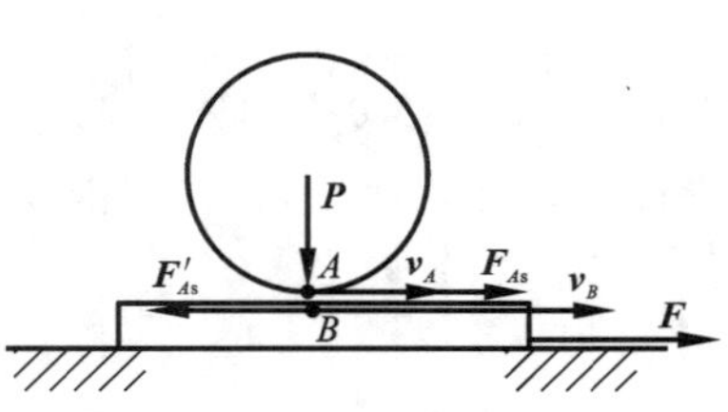

图 8.26　摩擦力做功

圆盘与板间的滚动摩擦力矩，板在外力 $\boldsymbol{F}$ 作用下以速度 $\boldsymbol{v}_B$ 运动，圆盘与板接触点 A 处的速度为 $\boldsymbol{v}_A$。接触处作用在两个物体上的滑动摩擦力分别为 $\boldsymbol{F}_{As}$、$\boldsymbol{F}'_{As}$(包括纯滚动的静滑动摩擦力)。现在来考察接触点处摩擦力做功问题。根据功的定义，作用在点 A 的摩擦力 $\boldsymbol{F}_{As}$所做的微元功为

$$\delta W(\boldsymbol{F}_{As})=\boldsymbol{F}_{As}\cdot \mathrm{d}\boldsymbol{r}_A=\boldsymbol{F}_{As}\cdot \boldsymbol{v}_A\mathrm{d}t \tag{8.91}$$

类似地，作用在点 B 的摩擦力 $\boldsymbol{F}'_{As}$所做的微元功为

$$\delta W(\boldsymbol{F}'_{As})=\boldsymbol{F}'_{As}\cdot \mathrm{d}\boldsymbol{r}_B=-\boldsymbol{F}_{As}\cdot \boldsymbol{v}_B\mathrm{d}t \tag{8.92}$$

由式 (8.91)和式(8.92)可知，摩擦力可以做正功，也可以做负功，还可以不做功。但是摩擦力总是成对出现的，一对摩擦力称为摩擦力副。将式(8.91)和式(8.92) 相加便得到摩擦力副所做的微元功

$$\delta W(\boldsymbol{F}_{As},\boldsymbol{F}'_{As})=\boldsymbol{F}_{As}\cdot(\boldsymbol{v}_A-\boldsymbol{v}_B)\mathrm{d}t \tag{8.93}$$

当 $v_A<v_B$ 时，摩擦力方向如图 8.26 所示，此时摩擦力 $\boldsymbol{F}_{As}$与相对速度 $\boldsymbol{v}_{AB}$的方向相反，故摩擦力副做负功。当 $v_A>v_B$ 时，摩擦力与图 8.26 所示的方向相反，此时摩擦力 $\boldsymbol{F}_{As}$仍与相对速度 $\boldsymbol{v}_{AB}$的方向相反，摩擦力副仍然做负功。当 $v_A=v_B$，即无相对滑动(圆盘相对木板做纯滚动便是这种情形)时，在微小时间段 $\mathrm{d}t$ 内摩擦力副做功为 0。由此可知，摩擦力副不可能做正功。摩擦力副所做的负功一般转化为热能。

圆盘相对板做纯滚动，无论木板运行多远，圆盘与木板间的一对摩擦力在每个时刻所做的微元功互相抵消，故摩擦力副做功之和为 0(不考虑滚动摩擦时)。又因为接触点处的一对支持力总与 $\boldsymbol{v}_{AB}$垂直，故支持力也不做功。在运动过程中，做相对纯滚动的物体间的所有约束反力做功之和为 0，取圆盘与木板一起为研究对象，计算内力功时，不需要考虑摩擦力副做的功。

当板固定不动(相当于静止的地面)，圆盘相对木板做纯滚动时，取圆盘为研究对象，只需要计算地面施加给圆盘的摩擦力 $\boldsymbol{F}_{As}$所做的功 。不过，由式(8.91) 可知，因为圆盘在静止物体上做纯滚动，圆盘上与地面接触的点的速度总为 0，在微小时间段 $\mathrm{d}t$ 内，$\delta W(\boldsymbol{F}_{As})=\boldsymbol{F}_{As}\cdot \boldsymbol{v}_A\mathrm{d}t=\boldsymbol{F}_{As}\cdot \boldsymbol{0}\mathrm{d}t=0$。这表明，圆盘与地面接触的瞬时，受到的地面的摩擦力不做功。在下一个时刻，圆盘上新的点与地面接触，受到的地面的摩擦力仍不做功，因此，当不考虑滚动摩擦时，无论圆盘运动距离多远，即使仅取圆盘为研究对象，在应用动能定理积分形式时，也无须考虑地面对纯滚动圆盘的摩擦力做功问题。

对于一任意边缘曲线的物体在另一物体上做纯滚动，上述结论同样成立。

4. 力偶矩做功

图 8.27(a)所示的刚体 OA 在力偶矩 M 作用下绕通过点 O 的轴以角速度 ω 做定轴转动，M 可以采用图 8.27(b)所示的力偶($\boldsymbol{F}_O,\boldsymbol{F}_A$)来替代，其中 $F_O=F_A=M/OA$。因此，在微小时间段 $\mathrm{d}t$ 内，M 所做的微元功为

$$\begin{aligned}\delta W(M)&=\delta W(\boldsymbol{F}_A,\boldsymbol{F}_O)=\boldsymbol{F}_A\cdot \mathrm{d}\boldsymbol{r}_A+\boldsymbol{F}_O\cdot \mathrm{d}\boldsymbol{r}_O=\boldsymbol{F}_A\cdot \boldsymbol{v}_A\mathrm{d}t+\boldsymbol{F}_O\cdot \boldsymbol{v}_O\mathrm{d}t=F_Av_A\mathrm{d}t\\&=F_A\cdot OA\cdot \omega\mathrm{d}t=M\omega\mathrm{d}t=M\mathrm{d}\varphi\end{aligned} \tag{8.94}$$

根据微分的定义，角度 φ 增大的方向是 $\mathrm{d}\varphi$ 的正方向。当角速度 ω 的转向是角度 φ 增大的方向时，$\omega=+\dot{\varphi}$，否则 $\omega=-\dot{\varphi}$。因此，对于图 8.27(a)所示的相关量，$\omega=\dot{\varphi}$，力偶矩 M 的转向与角度 φ 增大的方向相同，其做的功为正的 $M\mathrm{d}\varphi$。

在 $t_1 \sim t_2$ 时间段，力偶矩 M 所做的功为

$$W(M) = \int_{t_1}^{t_2} \delta W(\boldsymbol{F}_A, \boldsymbol{F}_O) = \int_{t_1}^{t_2} M\omega \, \mathrm{d}t = \int_{\varphi_1}^{\varphi_2} M \mathrm{d}\varphi \tag{8.95}$$

由式(8.95)可知，当力偶矩为常数时，

$$W(M) = M\Delta\varphi \tag{8.96}$$

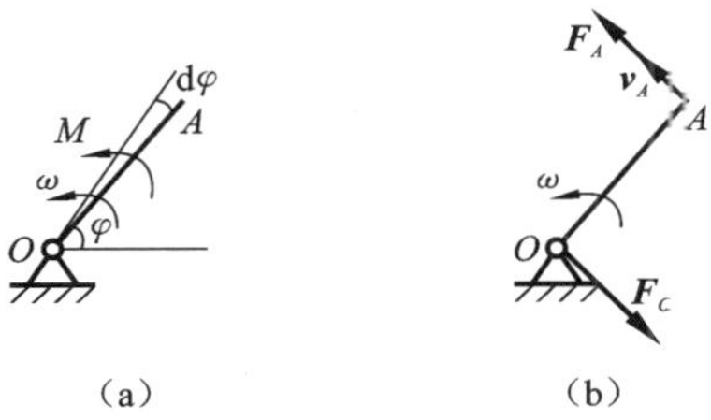

图 8.27　力偶矩对定轴转动刚体做功

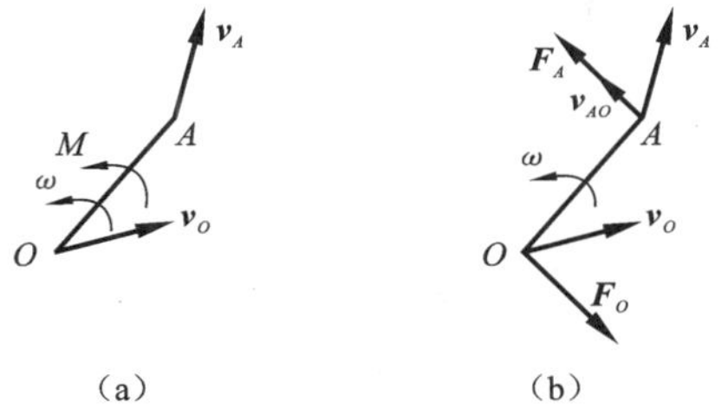

图 8.28　平面运动刚体的力偶矩做功

图 8.28(a)所示的平面运动刚体 OA，其上作用力偶矩 M，其角速度为 ω。M 可以采用图 8.28(b)所示的力偶$(\boldsymbol{F}_O, \boldsymbol{F}_A)$来替代，其中 $F_O = F_A = M/OA$。因此，在微小时间段 $\mathrm{d}t$ 内，M 所做的微元功为

$$\begin{aligned}\delta W(M) &= \delta W(\boldsymbol{F}_A, \boldsymbol{F}_O) = \boldsymbol{F}_A \cdot \mathrm{d}\boldsymbol{r}_A + \boldsymbol{F}_O \cdot \mathrm{d}\boldsymbol{r}_O = \boldsymbol{F}_A \cdot \boldsymbol{v}_A \mathrm{d}t - \boldsymbol{F}_A \cdot \boldsymbol{v}_O \mathrm{d}t = \boldsymbol{F}_A \cdot \boldsymbol{v}_{AO} \mathrm{d}t \\ &= F_A v_{AO} \mathrm{d}t = F_A \cdot OA \cdot \omega \mathrm{d}t = M\omega \mathrm{d}t = M\mathrm{d}\varphi \end{aligned} \tag{8.97}$$

由式(8.94)和式(8.97)可知，平面运动刚体的力偶矩做功的计算公式与力偶矩对定轴转动刚体做功的计算公式完全相同。

在本书前面的介绍中，力有时按照内力和外力来分类，有时则按照主动力和约束力来分类。那么，在具体问题中到底如何分类呢？在应用动量、动量矩定理或列静力学平衡方程时，由于作用在所选取的研究对象上的内力不会在方程中出现，因此按照内力和外力来分类更方便计算。而在应用动能定理及后续的能量法分析问题时，使物体在某方向不能产生位移的力不做功，此时，从是否做功的角度，将不做功的力称为约束反力，做功的力称为主动力，这样约束反力不会在能量方程中出现。故本书在基于能量的分析方法中，涉及的力往往用主动力和约束反力来分类。对于图 8.26 所示的系统，当圆盘相对木板做纯滚动时，不考虑滚动摩擦（实际上其对滚动影响很小，一般忽略不计），接触处所有约束反力做功之和为 0，这样的约束称为理想约束，在功的计算中，无须考虑。图 8.29 所示是几种理想约束。如图 8.29(a)所示的**固定光滑接触面约束**，物体受到约束力 $\boldsymbol{N}$、地面受到约束力 $\boldsymbol{N}'$，地面上受力点的速度恒为零，物体上受力点的速度总是与 $\boldsymbol{N}$ 垂直，这种约束的约束力做功之和恒为零。如图8.29(b)所示的**光滑铰支座约束**，这种约束是由销钉和底座构成的光滑接触面约束，与上述情况相同，这种约

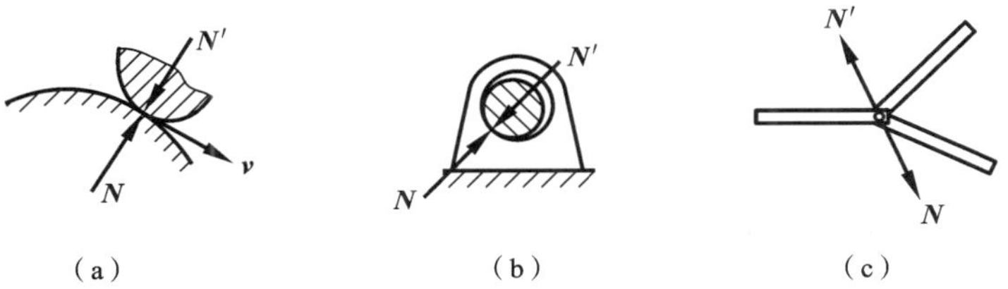

图 8.29　三种典型的理想约束

束的约束力做功之和也恒为零。如图 8.29(c)所示的**光滑铰链约束**,各个构件受到的约束力合力为 $\boldsymbol{N}$,销钉受到的约束力合力为 $\boldsymbol{N}'$,如果忽略销钉的大小和质量,则 $\boldsymbol{N}$ 与 $\boldsymbol{N}'$ 始终等值、反向,而且受力点始终重合,这种约束的约束力做功之和 $\boldsymbol{N}\mathrm{d}\boldsymbol{r}+\boldsymbol{N}'\mathrm{d}\boldsymbol{r}$ 恒为零。

8.4.5 质点系和刚体的动能计算

1. 质点系动能的分解计算

一个运动刚体可以认为是由无数个质点构成的质点系,其动能 $T=\sum_{i=1}^{\infty}\frac{1}{2}m_iv_i^2$,要能应用动能定理,需要解决 T 中所涉及的无限个质点的问题。下面利用质心和转动惯量等概念来解决这一问题,得到刚体动能的两种表述形式。

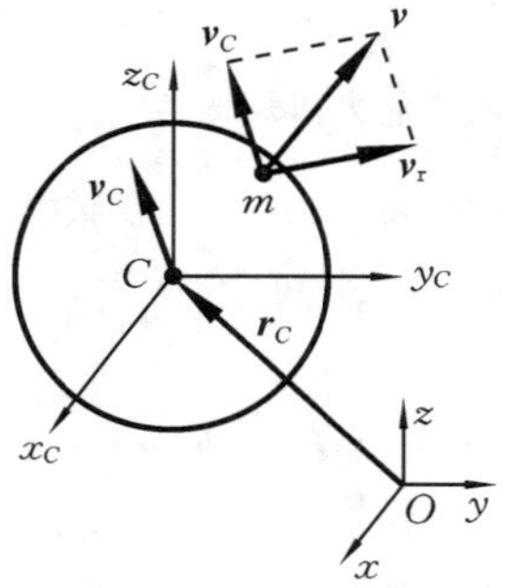

图 8.30　质点系运动分解

对于任意质点系,将其动能分解为随质心的平动动能和相对于质心的相对运动动能。如图 8.30 所示,在质点系的质心 C 附加一个随点 C 平动的动系 $Cx_Cy_Cz_C$,将各个质点 m 的速度 $\boldsymbol{v}$ 分解为相对速度 $\boldsymbol{v}_\mathrm{r}$ 和牵连速度 $\boldsymbol{v}_C$,则质点系的动能为

$$
\begin{aligned}
T&=\frac{1}{2}\sum mv^2=\frac{1}{2}\sum m(\boldsymbol{v}_\mathrm{r}+\boldsymbol{v}_C)\cdot(\boldsymbol{v}_\mathrm{r}+\boldsymbol{v}_C)\\
&=\frac{1}{2}\sum mv_\mathrm{r}^2+\frac{1}{2}\sum mv_C^2+\sum m\boldsymbol{v}_C\cdot\boldsymbol{v}_\mathrm{r}\\
&=\frac{1}{2}Mv_C^2+T_\mathrm{r}+\boldsymbol{v}_C\cdot\sum m\boldsymbol{v}_\mathrm{r}\\
&=\frac{1}{2}Mv_C^2+T_\mathrm{r}+M\boldsymbol{v}_C\cdot\boldsymbol{v}_{C\mathrm{r}}\xrightarrow{\boldsymbol{v}_{C\mathrm{r}}\equiv\boldsymbol{0}}=\frac{1}{2}Mv_C^2+T_\mathrm{r}
\end{aligned}
$$

即

$$T=\frac{1}{2}Mv_C^2+T_\mathrm{r}\tag{8.98}$$

其中

$$T_\mathrm{r}=\frac{1}{2}\sum mv_\mathrm{r}^2\tag{8.99}$$

M 为质点系的总质量,$\frac{1}{2}Mv_C^2$ 为随质心的平动动能,T_r 为相对于质心的相对运动动能。

2. 刚体的动能

1) 平动刚体的动能

平动刚体上同一瞬时各点速度相等,动能为

$$T=\sum\frac{1}{2}mv^2=\frac{1}{2}v^2\sum m=\frac{1}{2}Mv^2\tag{8.100}$$

其中,v 为平动刚体上任一点的速度。

2) 定轴转动刚体的动能

定轴转动刚体上同一瞬时各点速度为 $v=\omega r$,动能为

$$T=\sum\frac{1}{2}mv^2=\sum\frac{1}{2}m(\omega r)^2=\frac{1}{2}\omega^2\sum mr^2=\frac{1}{2}J_O\omega^2\tag{8.101}$$

其中,J_O 为刚体绕转轴 O 的转动惯量。

3) 平面运动刚体的动能

如果平面运动刚体某一时刻做瞬时平动,则该瞬时刚体上各点速度相等,此时动能的计算

与平动刚体相同。在其他时刻,刚体的角速度 $\omega \neq 0$,一定有速度瞬心 D,此时平面运动刚体上同一瞬时各点速度为 $v=\omega r_D$,r_D 为各点至瞬心 D 的距离,如图 8.31 所示,动能为

$$T=\frac{1}{2}J_D\omega^2 \tag{8.102}$$

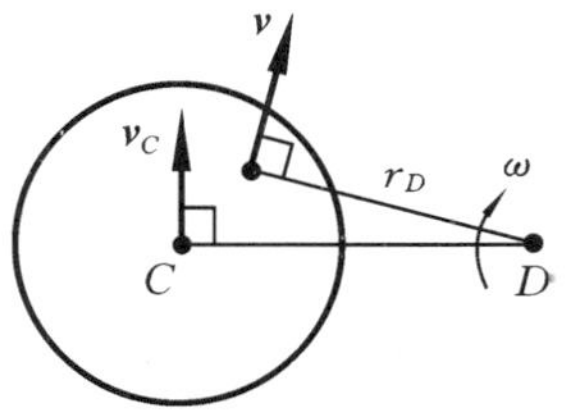

图 8.31 平面运动刚体的速度分布

其中,J_D 为刚体绕瞬心轴 D 的转动惯量。由转动惯量的平行轴定理有

$$J_D=J_C+M\cdot CD^2$$

将此代入式(8.102),平面运动刚体的动能也可写为

$$T=\frac{1}{2}M\omega^2\cdot CD^2+\frac{1}{2}J_C\omega^2=\frac{1}{2}Mv_C^2+\frac{1}{2}J_C\omega^2 \tag{8.103}$$

其中,$\frac{1}{2}Mv_C^2$ 为随质心的平动动能,$\frac{1}{2}J_C\omega^2$ 为绕质心的转动动能。

8.4.6 动能定理积分形式的简单应用

对于一个动力系统在力作用一段时间后的速度变化问题,若求速度与时间的关系,则一般在建立二阶微分方程后对时间积分,这类问题的积分运算往往较难。有时更关心系统到达某一位置的速度问题,此时,动能定理的积分形式不需要对时间积分,求解更简单。换言之,动能定理积分形式一般不用于求变量与时间 t 的关系问题。

当求到达某位置的速度问题时,联合运用动量定理和动量矩定理的积分形式虽然可以求解,但一般会引入与运动方向垂直的不做功的力,而应用动能定理积分形式可以克服这些缺点。相对于动量定理和动量矩定理的积分形式,对于单自由度(第 9 章将详细介绍自由度的概念)系统,若所有做功的力或力偶矩都已知,则速度问题用动能定理积分形式求解尤为方便。对于多自由度系统,分析方法比较复杂,将在第 9 章讨论,本章仅介绍动能定理在单自由度系统中的简单应用。

例 8.10 如图 8.32(a)所示行星轮机构,三齿轮均可视为均质圆盘,质量均为 m,半径为 R。曲柄 O_1O_3 可视为均质细杆,质量为 m_1。作用在曲柄上的力矩 M 为常量,整个机构在水平面内由静止开始运动,不计摩擦。求曲柄的角速度和角加速度(表示为曲柄转角 φ 的函数)。

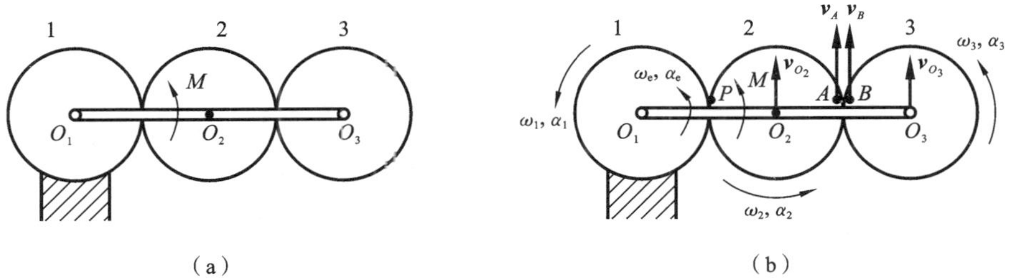

图 8.32 例 8.10 图

解法 1 设各构件的角速度和角加速度等如图 8.32(b)所示,曲柄的角速度为 ω_e。在任意位置,系统动能的表达式为

$$T=\frac{1}{2}J_{O_1}\omega_e^2+\frac{1}{2}J_P\omega_2^2+\left(\frac{1}{2}J_{O_3}\omega_3^2+\frac{1}{2}mv_{O_3}^2\right) \tag{a}$$

其中,

$$J_{O_1}=\frac{16}{3}m_1R^2,\quad J_P=\frac{3}{2}mR^2,\quad J_{O_3}=\frac{1}{2}mR^2$$

因为点 P 为轮 2 的速度瞬心,故

$$v_A=2R\omega_2 \tag{b}$$

因为相对纯滚动的轮 2 和轮 3 的接触点的速度矢量相同,并考虑 $v_{O_2}=2R\omega_e=R\omega_2$,有

$$\omega_2=2\omega_e,\quad v_B=v_A=2R\omega_2 \tag{c}$$

对轮 3 上的两点 B 和 O_3,并考虑 $v_{O_3}=4R\omega_e$ 及式(c),由基点法有

$$4R\omega_e=2R\omega_2+R\omega_3 \tag{d}$$

由式(d)得

$$\omega_3=0$$

因此

$$T=\left(\frac{8}{3}m_1+11m\right)R^2\omega_e^2$$

功

$$W=M\varphi$$

由动能定理有

$$\left(\frac{8}{3}m_1+11m\right)R^2\omega_e^2=M\varphi \tag{e}$$

得到

$$\omega_e=\frac{1}{R}\sqrt{\frac{3M\varphi}{8m_1+33m}} \tag{f}$$

因为方程(e)在任意位置都成立,故将方程左右两边对时间求导,得

$$2\left(\frac{8}{3}m_1+11m\right)R^2\omega_e\alpha_e=M\omega_e \tag{g}$$

消去方程(g)左右两边 ω_e 后得到

$$\alpha_e=\frac{3M}{(16m_1+66m)R^2}$$

解法 2 设各构件的角速度和角加速度等如图 8.32(b)所示,曲柄的角速度为 ω_e,考虑 $\omega_1=0$,利用行星轮机构的相对转速之比等于半径反比的半径反比法,有

$$\frac{\omega_2-\omega_e}{\omega_1-\omega_e}=-\frac{R_1}{R_2}=-1$$

得到

$$\omega_2=2\omega_e$$

由

$$\frac{\omega_2-\omega_e}{\omega_3-\omega_e}=-1$$

得到

$$\omega_3=0$$

将其代入解法 1 中的动能表达式后,再利用动能定理便可求解。

由该题可知,对于类似该题的行星轮机构,当速度瞬心不容易找到时,采用半径反比法更简单。

由该题可知,求角加速度时,可以先用动能定理积分形式求出角速度的表达式,然后对其求导。对于速度,求导得到的是切向加速度。这是求加速度的一种方法。

相对于本书其他求加速度的方法,对于具有理想约束的单自由度多物体系统,所有速度关系都是比例或直角三角形关系,且同时求速度和加速度时,该方法才比较合适。

例 8.11 在图 8.33 所示垂直面内,均质曲柄 OA 上作用一常力偶矩 M_1,使 OA 以变角

速度逆时针转动，并通过不计质量的连杆 AB 带动半径均为 r 的圆盘 B 和 C 在粗糙的水平地面上做纯滚动。曲柄 OA 和连杆 BC 的质量均为 m，均质圆盘 B 和 C 的质量分别为 m 和 $2m$，$AB=4r$，$OA=2r$。不计地面对圆盘的滚动摩擦，但需考虑静滑动摩擦力。在图示位置时，$\varphi=90°$，$\omega=\omega_0$。求当杆 OA 转到水平位置（$\varphi=180°$）时，OA 的角速度 ω_2。

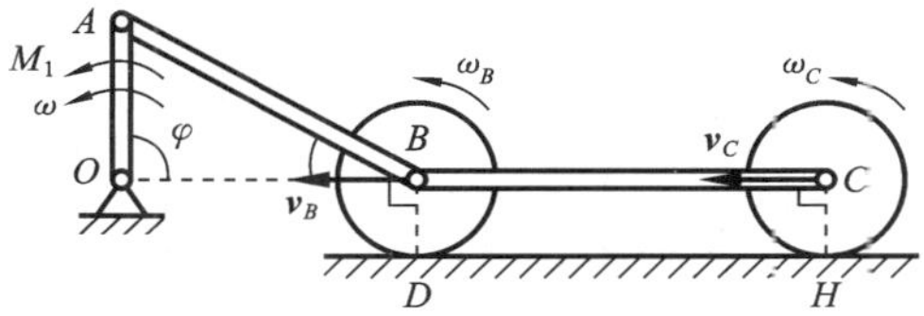

图 8.33　例 8.11 图

解　$\varphi=90°$时，AB 做瞬时平动，故此时

$$\omega_{AB}=0$$

$$\omega=\omega_0,\quad v_B=v_C=v_A=2r\omega_0$$

所以

$$\omega_B=\omega_C=2\omega_0$$

$$T_1=\frac{1}{2}J_O\omega^2+\frac{1}{2}J_D\omega_B^2+\frac{1}{2}J_H\omega_C^2+\frac{1}{2}mv_B^2=\frac{35}{3}mr^2\omega^2$$

$\varphi=180°$时，B 为 AB 的速度瞬心，则

$$v_B=v_C=0,\quad \omega_B=\omega_C=0$$

故

$$T_2=\frac{1}{2}J_O\omega_2^2$$

$$W_{12}=M_1\pi/2+mgr$$

根据动能定理

$$W_{12}=T_2-T_1$$

得出，当 $\varphi=180°$时，有

$$\omega_2^2=\frac{2}{J_O}(W_{12}-T_1)=\frac{6mgr+70r^2\omega_0^2+3M_1\pi}{4mr^2}$$

$$\omega_2=\frac{1}{2r}\sqrt{\frac{6mgr+70r^2\omega_0^2+3M_1\pi}{m}}$$

思考：当杆转到水平位置时，如何求圆盘 B 的角加速度？

例 8.12　如图 8.34(a)所示，长为 L 的均质杆置于水平桌面上，质心 C 与桌边 E 的距离 $CE=kl$（k 为常数），杆将以 E 为支点由静止开始转动，设杆与桌边的摩擦因数为 f，试求杆开始转动时杆与水平线的夹角 θ。

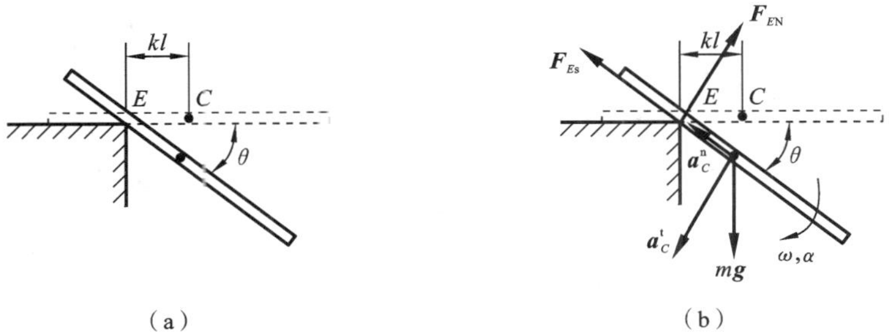

图 8.34　例 8.12 图

解法 1　在杆开始转动时，其绕点 E 做定轴转动，在即将滑移时，E 为 AB 的速度瞬心，故杆滑动之前，动能可用速度瞬心表示为$\frac{1}{2}J_E\omega^2$。在位置 θ 时，$\omega=\dot{\theta}$，$\alpha=\ddot{\theta}$。

由动能定理积分形式(或机械能守恒定律)有

$$mg \cdot kl \cdot \sin\theta = \frac{1}{2} J_E \omega^2 \tag{a}$$

方程(a)左右两边对时间求导,有

$$mg \cdot kl \cdot \cos\theta\omega = J_E \omega\alpha \tag{b}$$

方程(b)对于定轴转动是成立的。在即将打滑的临界状态,对于EC,由基点法可得到点E的加速度为0,按照第9章的结论,方程(b)也成立。

消去方程(b)中的ω,得到

$$\alpha = \frac{mg \cdot kl \cdot \cos\theta}{J_E} \tag{c}$$

因此,有

$$a_C^{\mathrm{n}} = kl\omega^2, \quad a_C^{\mathrm{t}} = kl\alpha \tag{d}$$

由动量定理有

$$mg\sin\theta - fF_{EN} = -ma_C^{\mathrm{n}} \tag{e}$$

$$mg\cos\theta - F_{EN} = ma_C^{\mathrm{t}} \tag{f}$$

将式(a)和式(c)代入式(d),然后代入式(e)和式(f),消去F_{EN},得到

$$\theta = \arctan\frac{f}{1+36k^2}$$

解法2　在即将打滑时,可将桌面处等效为一个定轴转动的套筒,取套筒为动系,杆件上E为动点,因为相对速度为0,故可得到点E的加速度通过杆件的质心C,故$\sum M_E = J_E\alpha$成立,可用其替换动能定理,求导得到α。之所以能替换,是因为对于单个刚体,对动能定理公式求导结果可根据动量、动量矩定理推导得到。

例8.13　如图8.35(a)所示,置于水平面的均质杆ABC的质量为m,杆端A受到一常值但始终与杆垂直的力$\boldsymbol{P}$作用,由静止开始运动。静止时$\theta=180°$,且A、B、C与O共线。求当B到达点O时(此时$\theta=0°$)杆的角速度。各处光滑,滚子B与曲柄OC的质量不计。

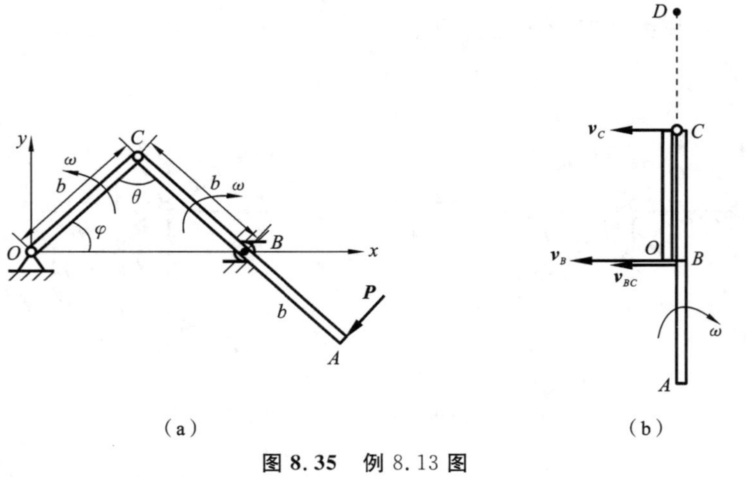

图8.35　例8.13图

解法1　因为$\angle BOC = \angle OBC = \varphi$,故$OC$与$CB$的角速度大小相等,转向相反。在$\theta=0$时,$v_C = b\omega$。

设 BC 的速度瞬心 D 如图 8.35(b)所示，$DC=\dfrac{v_C}{\omega}=b$，因此，$v_B=2b\omega$，$v_A=3b\omega$。

在 $\theta=0$ 时，系统动能为

$$T=\frac{1}{2}mv_B^2+\frac{1}{2}J_B\omega^2=\frac{13}{6}mb^2\omega^2$$

根据力的平移定理，一个力可以平移到其作用的刚体上的任意一点，再附加一个力偶矩，故可将点 P 平移到点 B，附加一个顺时针力偶矩 Pb。因为杆 AB 在运动过程中，θ 按顺时针方向由大变小，故附加力偶矩做正功，大小为 $\dfrac{\pi}{2}Pb$。

在图 8.35(a)所示直角坐标系 Oxy 下，$x_B=2b\sin\dfrac{\theta}{2}$。作用在点 B 的力 P 在 x 方向的分量为 $-P\cos\dfrac{\theta}{2}$，其做功为

$$\int_{\pi}^{0}-P\cos\frac{\theta}{2}\mathrm{d}x_B=\int_{\pi}^{0}-Pb\cos^2\frac{\theta}{2}\mathrm{d}\theta=\frac{Pb\pi}{2}$$

由动能定理有

$$Pb\pi=\frac{13}{6}mb^2\omega^2$$

得

$$\omega=\sqrt{\frac{6P\pi}{13mb}}$$

解法2　因为 $\varphi=\angle BOC=\dfrac{\pi}{2}-\dfrac{\theta}{2}$，故 $\omega=\dot{\varphi}=-\dfrac{\dot{\theta}}{2}$。

在图 8.35(a)所示直角坐标系 Oxy 下，$x_B=2b\sin\dfrac{\theta}{2}$，则

$$v_B=\dot{x}_B=b\cos\frac{\theta}{2}\dot{\theta}=-2b\cos\frac{\theta}{2}\omega\bigg|_{\theta=0}=-2b\omega$$

其中，负号表示 v_B 方向与 x 轴正方向相反。

则 $\theta=0$ 时，系统动能为

$$T=\frac{1}{2}mv_B^2+\frac{1}{2}J_B\omega^2=\frac{13}{6}mb^2\omega^2 \tag{a}$$

因为　$\boldsymbol{r}_{OA}=3b\sin\dfrac{\theta}{2}\boldsymbol{i}-b\cos\dfrac{\theta}{2}\boldsymbol{j}$，　$\mathrm{d}\boldsymbol{r}_{OA}=\dfrac{3}{2}b\cos\dfrac{\theta}{2}\mathrm{d}\theta\boldsymbol{i}+\dfrac{1}{2}b\sin\dfrac{\theta}{2}\mathrm{d}\theta\boldsymbol{j}$

$$\boldsymbol{P}=-P\left(\cos\frac{\theta}{2}\boldsymbol{i}+\sin\frac{\theta}{2}\boldsymbol{j}\right)$$

所以 P 所做的功为

$$W=\int_{\pi}^{0}\boldsymbol{P}\cdot\mathrm{d}\boldsymbol{r}_{OA}=-Pb\int_{\pi}^{0}\left(\frac{3}{2}\cos^2\frac{\theta}{2}+\frac{1}{2}\sin^2\frac{\theta}{2}\right)\mathrm{d}\theta=\pi Pb \tag{b}$$

将式(a)和式(b)代入动能定理方程有

$$Pb\pi=\frac{13}{6}mb^2\omega^2$$

得

$$\omega=\sqrt{\frac{6P\pi}{13mb}}$$

由功与能量的转换可知，在同样的力作用下，单位时间内要获得更大的动能，需要作用力

与作用点的速度方向相同。这一物理规律可以给我们一些启示：当我们做一件事时，若要具有高效率，应将精力用在与我们期望的目标一致的行为上。作为新时代的大学生，肩负着实现中华民族伟大复兴的历史使命，需要珍惜有限的大学时光，将精力集中于提升自己的道德修养和专业技能，通过高效学习，为报效祖国储备更多的动能，蓄势待发。

小结

小　结

1. 质点系的质心公式

质点系的质心公式为

$$\boldsymbol{r}_{OC}=\frac{\sum m_i\boldsymbol{r}_{Oi}}{\sum m_i}$$

当 O 为固定点时，该公式用于求绝对坐标系下的质心公式；当 O 为运动的点时，该公式用于求相对坐标系下的质心公式。当选取的点 O 与质心 C 重合时，$\sum m_i\boldsymbol{r}_{Ci}=\boldsymbol{0}$，可利用此特点将复杂的定理简单化。

2. 动量定理

(1) 动量 $\boldsymbol{p}=m\boldsymbol{v}_C=\sum m_i\boldsymbol{v}_{C_i}$，其是矢量。对于多刚体系统，只需要用运动学的方法求出刚体质心的速度矢量，便可求出系统的动量。

(2) 元冲量为 $\mathrm{d}\boldsymbol{I}=\boldsymbol{F}\mathrm{d}t$，冲量 $\boldsymbol{I}=\int\boldsymbol{F}\mathrm{d}t$。

(3) 动量定理：$\sum\boldsymbol{F}_i^{(e)}=\dfrac{\mathrm{d}\boldsymbol{p}}{\mathrm{d}t}\overset{\text{质量不变}}{=\!=\!=\!=}m\boldsymbol{a}_C$。

动量定理也称为质心运动定理或质心运动微分方程。作用在质点系上所有外力的矢量和等于系统动量的变化率，对于质量不变的质点系，则等于系统总的质量乘以其质心 C 的加速度。

动量定理揭示外力与质心加速度的关系，不能揭示系统内部质点间的相互运动关系。

3. 质点系对固定点 O 的动量矩定理

质点系对固定点 O 的动量矩定理为

$$\sum\boldsymbol{M}_O(\boldsymbol{F}_i^{(e)})=\sum\boldsymbol{r}_{Oi}\times\boldsymbol{F}_i^{(e)}=\frac{\mathrm{d}\boldsymbol{L}_O}{\mathrm{d}t}$$

对固定点 O 的动量矩 $\boldsymbol{L}_O=\sum\boldsymbol{r}_{Oj}\times(m_j\boldsymbol{v}_j)$，动量矩是矢量。

该公式对于任意质点系都成立，但应用起来很不方便，当刚体做特殊运动时可得到简化形式。

(1) 刚体绕固定轴 O 做定轴转动的动量矩定理为

$$\sum M_O(\boldsymbol{F}_i^{(e)})=J_O\alpha$$

其中引入了刚体转动惯量 $J_O=\sum m_ir_{Oi}^2$ 和回转半径 $\rho_O=\sqrt{\dfrac{J_O}{m}}$。转动惯量和回转半径需要利用下标来标识是针对哪一个轴的。转动惯量是一个不变量，仅针对一个刚体来定义。

(2) 平行轴定理公式为

$$J_O = J_C + md^2$$

式中：J_O 和 J_C 分别是过点 O 和点 C 的两根平行轴的转动惯量；d 为两平行轴的垂直距离。该公式不要求刚体是均质的。过质心 C 的转动惯量最小。

4. 质点系的相对运动动量矩定理

(1) 取以动点 D 为原点做平动的坐标系，得到质点系相对运动动量矩定理：

$$\frac{\mathrm{d}\boldsymbol{L}_{D\mathrm{r}}}{\mathrm{d}t} = \boldsymbol{M}_D(\boldsymbol{F}_i^{(\mathrm{e})}) + \boldsymbol{r}_{C\mathrm{r}} \times m\boldsymbol{a}_D$$

$$\boldsymbol{L}_{D\mathrm{r}} = \sum \boldsymbol{r}_{Di} \times m_i \boldsymbol{v}_{iD}$$

(2) 当 D 为特殊动矩心时，可得到简单形式的相对运动动量矩定理：

$$\frac{\mathrm{d}\boldsymbol{L}_{D\mathrm{r}}}{\mathrm{d}t} = \boldsymbol{M}_D(\boldsymbol{F}_i^{(\mathrm{e})})$$

特殊动矩心的情形如下：

(a) D 为质心，(b) $\boldsymbol{a}_D = \boldsymbol{0}$，(c) $\boldsymbol{a}_D \neq \boldsymbol{0}$，但通过质心 C。

上述结论(1)(2)对任意运动的质点系(包括空间运动的刚体)都成立。

5. 平面运动刚体的动力学方程

对于具有质量对称面且平行于该对称面做平面运动的刚体，有

(1) 对固定点 O 的动量矩为

$$\boldsymbol{L}_O = J_C\boldsymbol{\omega} + \boldsymbol{r}_{OC} \times m\boldsymbol{v}_C$$

(2) 对刚体上点 A 的相对运动动量矩为

$$\boldsymbol{L}_A = J_A\boldsymbol{\omega}$$

(3) 多刚体系统对系统质心 C 的相对运动动量矩等于其对与质心 C 重合的固定点的绝对运动动量矩。

(4) 简约式动量矩定理为

$$\sum M_D(\boldsymbol{F}_i^{(\mathrm{e})}) = J_D\alpha$$

该公式成立的条件为刚体做平面运动，且点 D 为刚体上满足如下条件之一的特殊动矩心：①刚体绕过点 D 的轴做定轴转动；②D 为质心，③$\boldsymbol{a}_D = \boldsymbol{0}$，④$\boldsymbol{a}_D \neq \boldsymbol{0}$，但通过质心 C。其中③和④可利用特殊速度瞬心 P 来判断。

对于由静止释放的物体，其上对应速度不为0时的速度瞬心点 P 的加速度为0。

物体的角速度不为0，且 $\dfrac{\mathrm{d}(PC)}{\mathrm{d}t} = 0$（可通过当前位置前后极限时刻的 PC 长度相等来判断）时，则 $\boldsymbol{a}_P$ 通过质心 C。

(5) 平面运动单个刚体微分方程(动力学方程)

$$\sum F_{ix}^{(\mathrm{e})} = ma_{Cx}$$

$$\sum F_{iy}^{(\mathrm{e})} = ma_{Cy}$$

$$\sum M_D(\boldsymbol{F}_i^{(\mathrm{e})}) = J_D\alpha \quad \text{(其中 } D \text{ 为特殊动矩心)}$$

对具有大小的做平面运动的刚体只能列3个独立的动力学方程，其他任何形式的第4个动力学方程必然与此3个方程相关。

6. 动能定理

(1) 平面运动刚体的动能为

$$T=\frac{1}{2}J_P\omega^2=\frac{1}{2}J_C\omega^2+\frac{1}{2}mv_C^2$$

(2) 力做的功的计算公式如下。

① 一般力做功的计算公式:

微元功　$\delta W(\boldsymbol{F}_i)=\boldsymbol{F}_i\cdot \mathrm{d}\boldsymbol{r}_i=F_{ix}\mathrm{d}x+F_{iy}\mathrm{d}y+F_{iz}\mathrm{d}z$

功　$W(\boldsymbol{F}_i)=\int \boldsymbol{F}_i\cdot \mathrm{d}\boldsymbol{r}_i=\int (F_{ix}\mathrm{d}x+F_{iy}\mathrm{d}y+F_{iz}\mathrm{d}z)$

② 典型力做功计算公式:

重力做功为

$W(mg)=mg(z_{1C}-z_{2C})$(z_{1C}、z_{2C}为刚体在始末位置质心的高度)

弹性力做功为

$W(F_k)=\frac{1}{2}k(\delta_1^2-\delta_2^2)$($\delta_1$、$\delta_2$ 为始末位置弹簧的变形量)

摩擦力副做功为

$$\delta W(\boldsymbol{F}_s,\boldsymbol{F}'_s)=\boldsymbol{F}_s\cdot \boldsymbol{v}_r\mathrm{d}t$$

两个物体做相对纯滚动,静滑动摩擦力副中其中一个摩擦力做正功,另一个摩擦力做同样大小的负功,故静滑动摩擦力副做功之和为零。滚动摩擦会做功。

在地面做纯滚动的轮子,地面对轮子的静滑动摩擦力不做功,轮子对地面的静滑动摩擦力也不做功。

力偶矩做功:

$$\delta W(M)=M\mathrm{d}\varphi$$

(3) 动能定理积分形式为

$$W_{12}=T_2-T_1$$

习　　题

8.1　动量定理简单计算题。

1. 如题 8.1.1 图所示的各均质物体,质量均为 m,计算它们的动量大小,并在图中画出动量的方向。

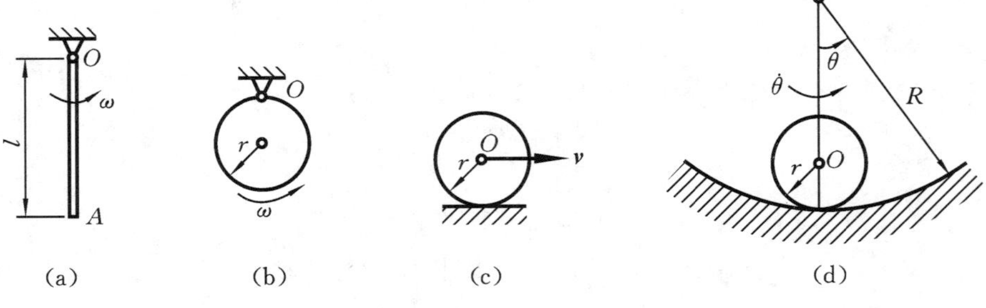

题 8.1.1 图

2. 如题 8.1.2 图所示机构中，已知 $O_1A=O_2B$，$O_1A/\!/O_2B$，$O_3M=r$，杆 O_3G 绕轴 O_3 转动的角速度为 ω，求杆 MD 的动量(均质杆 MD 的质量为 m)。

3. 如题 8.1.3 图所示，曲柄 O_1O_2 质量为 m_1，长为 L，角速度为 ω；小齿轮质量为 m_2，半径为 L，在半径为 $2L$ 的固定内齿轮上滚动，啮合点为 C；导杆 AB 质量为 m_3。图示瞬时，A、B、O_1 三点共线且 $CB\perp AB$，令 $\angle O_2O_1B=\theta$。求此机构在图示位置时的动量。

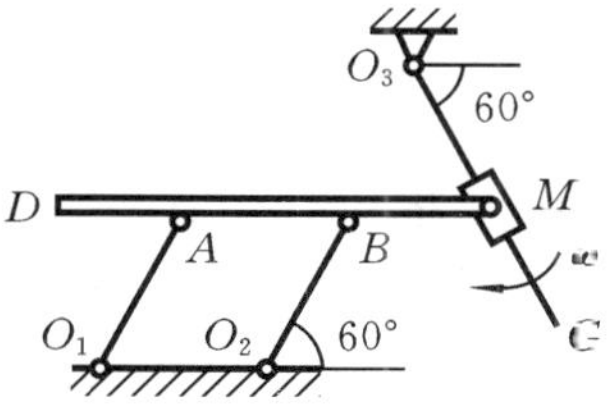

题 8.1.2 图

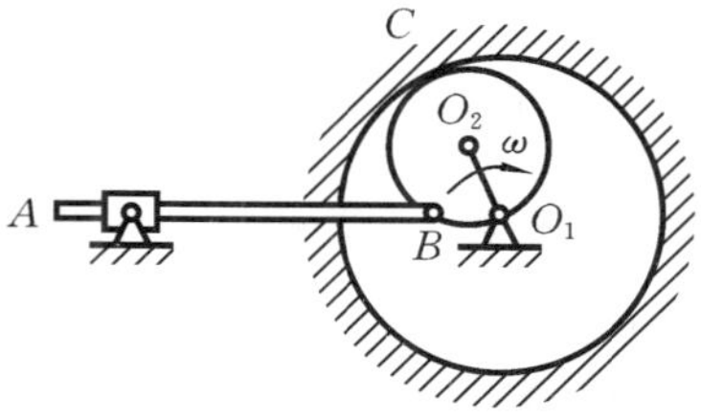

题 8.1.3 图

4. 棒球的质量 $m=0.14$ kg，以速度 $v_0=50$ m/s 向右沿水平方向运动，如题 8.1.4 图所示。它被球棒打击后速度方向改变，与 v_0 成 $\alpha=135°$角(向左朝上)，速度大小降至 $v=40$ m/s，试计算球棒作用于球的冲量的水平及竖直分量各多少。

5. 在如题 8.1.5 图所示曲柄机构中，曲柄 OA 在未知力偶矩驱动下以匀角速度 ω 绕轴 O 转动。开始时，曲柄 OA 的位置水平向右。已知曲柄质量为 m_1，滑块 A 质量为 m_2，滑杆质量为 m_3，曲柄的质心在 OA 的中点，$OA=L$，滑杆的质心 E 至滑槽 AB 的距离为$L/2$。求此机构质心的运动方程。

6. 椭圆规尺 AB 的重力为 $2P$，曲柄 OC 的重力为 P，滑块 A、B 的重力均为 Q，如题 8.1.6 图所示。已知 $OC=AC=CB=L$，直尺与曲柄均可视为均质杆，滑块可视为质点。求当曲柄 OC 在未知力偶矩驱动下以角速度 ω 转动时，此椭圆机构质心的运动方程和轨迹。

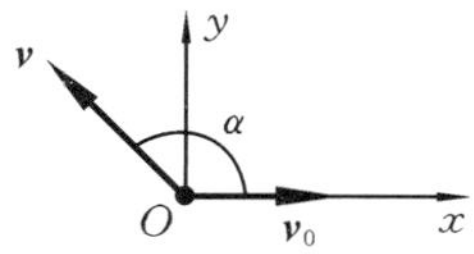

题 8.1.4 图

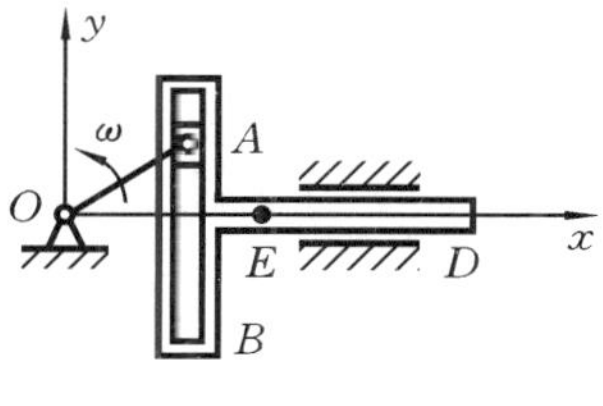

题 8.1.5 图

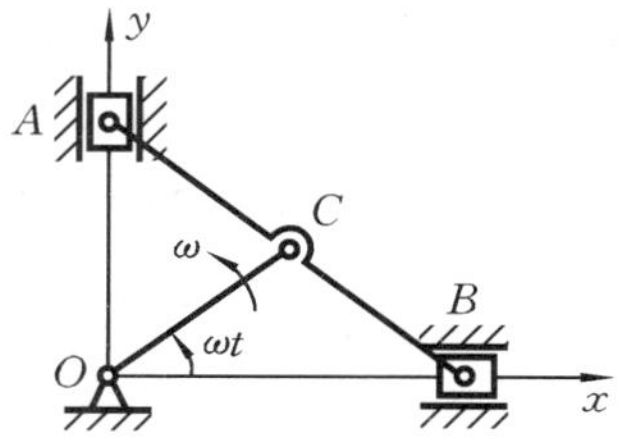

题 8.1.6 图

8.2 如题 8.2 图所示，椭圆规连接在置于光滑水平面上的底座上，底座重 G，曲柄 OC 重 P，规尺 AB 重 $2P$，滑块 A、B 各重 G_1，$OC=AC=BC=L$，曲柄以匀角速度 ω 转动，且 $t=0$ 时，$\varphi=0$，底座的速度 $v_0=0$。求曲柄 OC 在未知力偶矩驱动下转动至任意位置 φ 时底座的速度 v。已知曲柄和规尺都是均质的，底座不会跳离水平面。

8.3 如题 8.3 图所示凸轮机构中，半径为 r、偏心距为 e 的圆形凸轮在未知力偶矩驱动下绕轴 A 以匀角速度 ω 转动，并带动滑杆 BD 在套筒 E 中做水平方向的往复运动。已知凸轮重 P，滑杆重 G，求任一瞬时机座与螺钉的附加动反力。

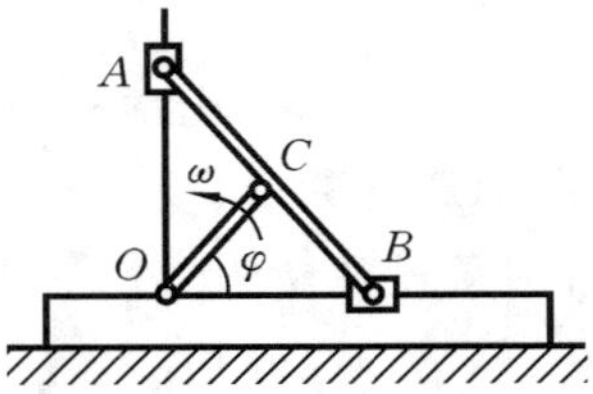

题 8.2 图

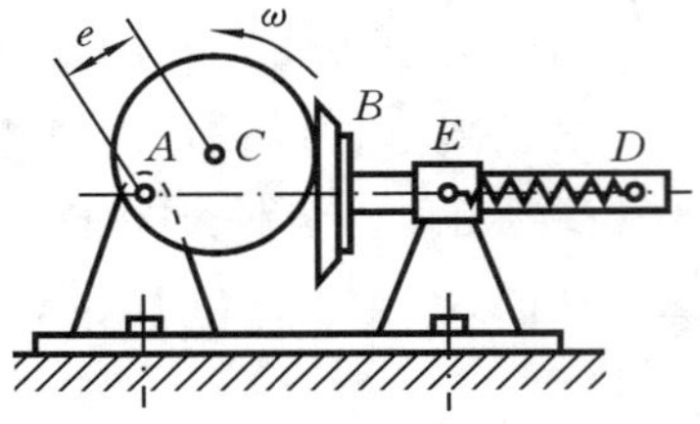

题 8.3 图

8.4　如题 8.4 图所示，曲柄滑道机构连在重 G 的底座 BC 上，底座放在光滑水平面上。均质曲柄 OA 重 P_1、长 L，滑块 A 重 P_2，滑道重 P_3。当曲柄在未知力偶矩驱动下从一个水平位置转到另一个水平位置时，如果底座被凸台嵌住，而曲柄 OA 以匀角速度 ω 转动，求底座对凸台的最大水平压力。

8.5　如题 8.5 图所示水平安放的发动机，曲柄 OA 重 P_1，连杆 AB 重 P_2，活塞 BD 重 P_3，$OA=r$，$AB=6r$，曲柄在未知力偶矩驱动下以匀角速度 ω 旋转。求曲柄位于水平位置时，外壳对支座 E 和 F 的水平压力。

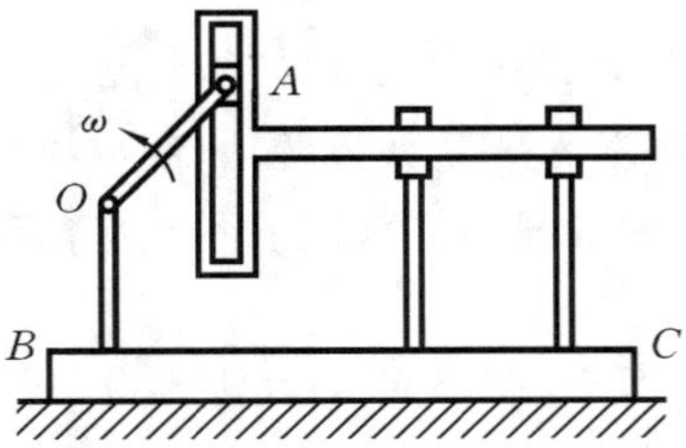

题 8.4 图

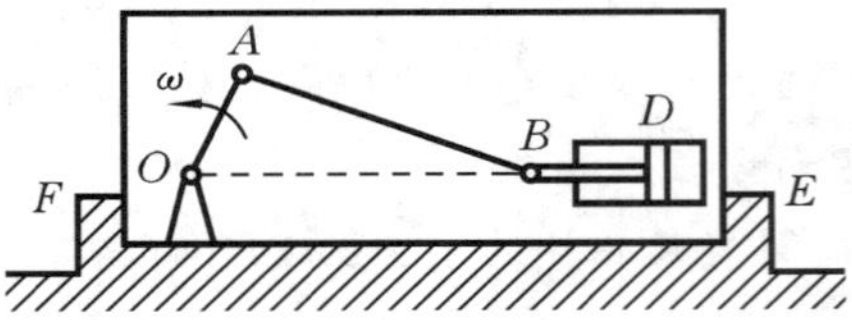

题 8.5 图

8.6　如题 8.6 图所示，坦克履带的质量为 m，两个车轮的质量均为 m_1。车轮可看作均质圆盘，半径为 R，两车轮间的距离为 πR。设坦克前进速度为 $\boldsymbol{v}$，计算此质点系的动量。

8.7　质量均布的各平面物体尺寸如题 8.7 图所示，单位是 cm，求它们的质心坐标。

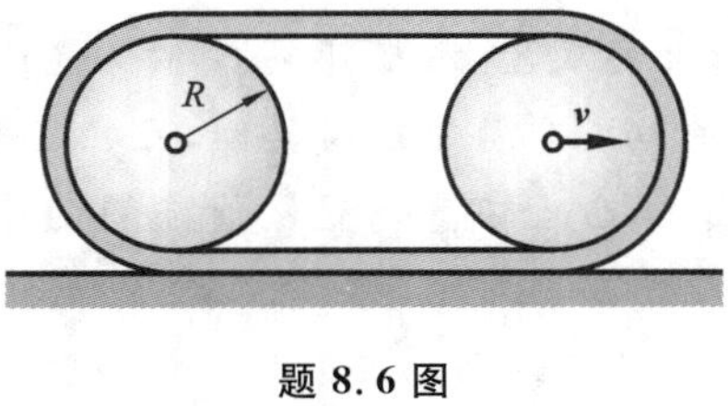

题 8.6 图

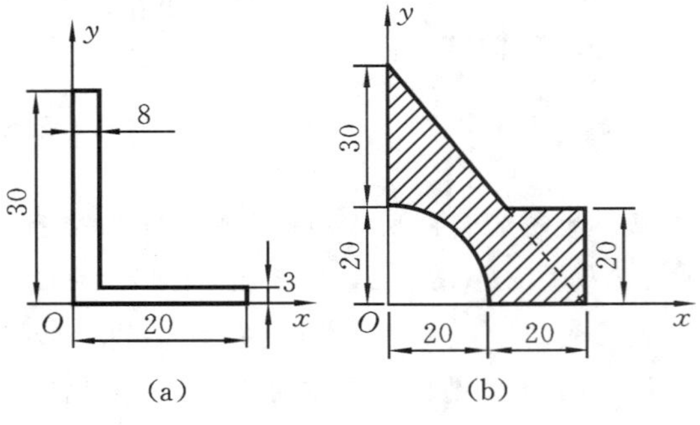

题 8.7 图

8.8　均质的细长杆被弯成如题 8.8 图所示的形状，求质心的坐标。图中长度单位是 mm。

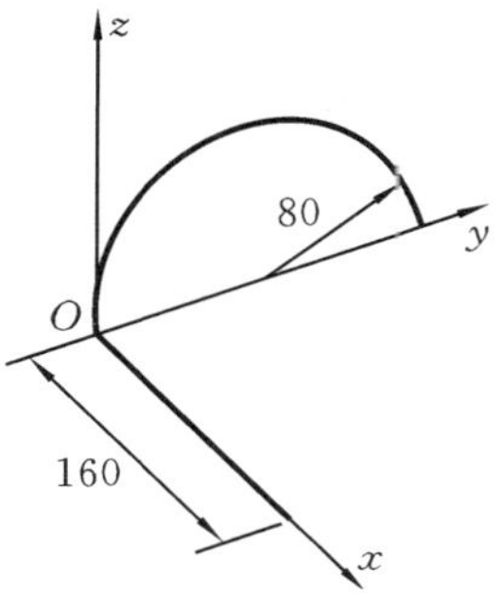

题 8.8 图

8.9 动量矩定理选择题。

1. 质量为 m、半径为 r 的均质半圆形薄板(见题 8.9.1 图),对过圆心且垂直于板面的轴 O 的转动惯量为(　　)。

① $\frac{1}{4}mr^2$　② $\frac{1}{2}mr^2$　③ mr^2　④ $2mr^2$

2. 如题 8.9.2 图所示,均质矩形板的质量为 m,轴 z_1、z_2、z_3 相互平行,薄板对三轴的转动惯量分别为 J_{z1}、J_{z2}、J_{z3},则(　　)。

① J_{z1} 最小,J_{z2} 最大　　② J_{z1} 最小,J_{z3} 最大

③ J_{z1} 最大,J_{z2} 最小　　④ J_{z1} 最小,J_{z3} 最小

3. 如题 8.9.3 图所示,轮Ⅰ、轮Ⅱ均为半径为 r、质量为 m 的均质圆盘,轮Ⅰ上绳的一端受拉力 G,轮Ⅱ上绳的一端挂一重物,重力为 G。设轮Ⅰ的角加速度为 α_1,绳的张力为 T_1;轮Ⅱ的角加速度为 α_2,绳的张力为 T_2,则(　　)。

① $\alpha_1<\alpha_2$, $T_1<T_2$　　② $\alpha_1>\alpha_2$, $T_1>T_2$

③ $\alpha_1<\alpha_2$, $T_1>T_2$　　④ $\alpha_1>\alpha_2$, $T_1<T_2$

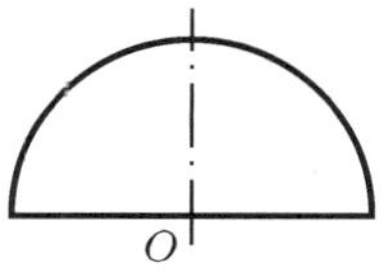

题 8.9.1 图

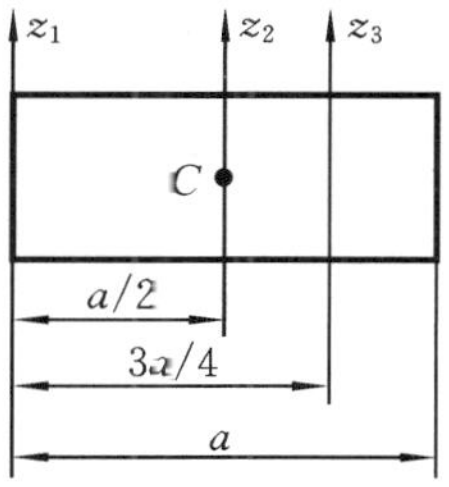

题 8.9.2 图

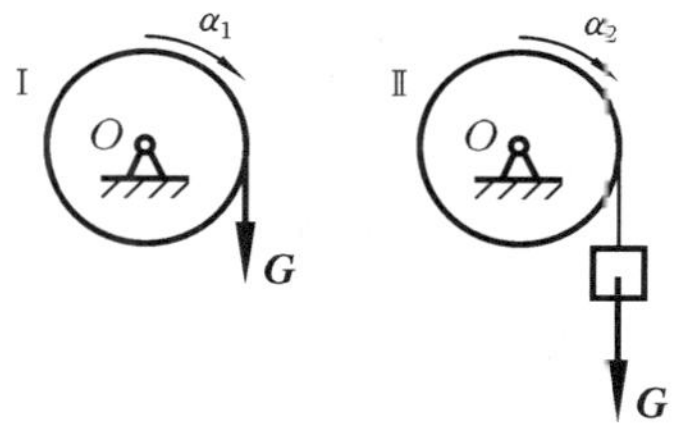

题 8.9.3 图

4. 均质杆长为 L,质量为 m,在题 8.9.4 图所示位置,质心速度为 v_C,则此杆对轴 O 的动量矩为(　　)。

① $\frac{1}{2}mv_C$　② $\frac{2L}{3}mv_C$　③ $\frac{L}{3}mv_C$

5. 圆环以角速度 ω 绕轴 z 转动(见题 8.9.5 图),转动惯量为 J_z,在圆环顶点 A 处放一质量为 m 的小球,由于微小干扰,小球离开点 A 运动,不计摩擦,则此系统在运动过程中(　　)。

① ω 不变,对轴 z 的动量矩守恒　　② ω 改变,对轴 z 的动量矩守恒

③ ω 改变,对轴 z 的动量矩不守恒　④ ω 不变,对轴 z 的动量矩不守恒

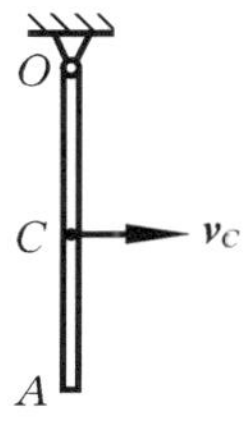

题 8.9.4 图

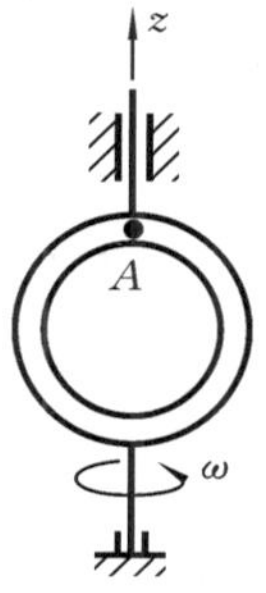

题 8.9.5 图

8.10　动量矩定理简单计算。

1. 各均质物体质量均为 m，尺寸和角速度如题 8.10.1 图所示，分别计算出物体对轴 O 的动量矩。

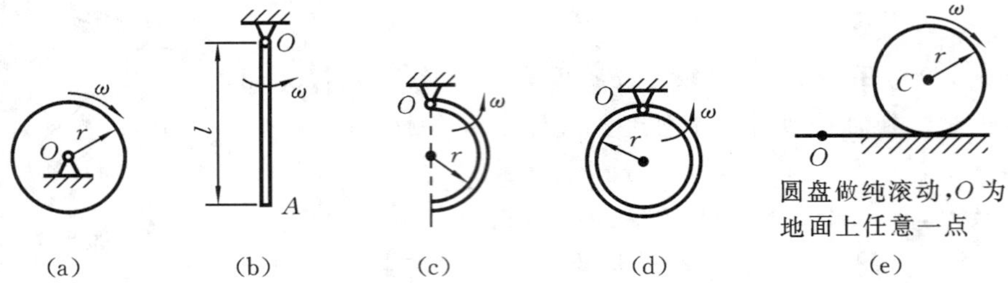

题 8.10.1 图

2. 如题 8.10.2 图所示，各均质物体质量均为 m，以不同连接形式组合在一起，尺寸和角速度如图所示，其中 ω_A 为圆盘相对于杆的角速度。分别计算出系统对轴 O 的动量矩。

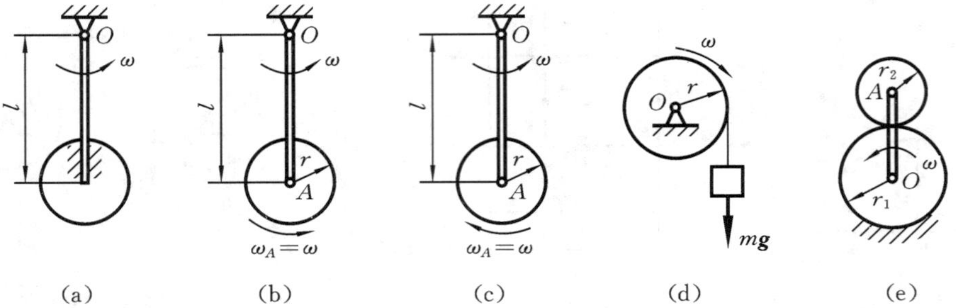

题 8.10.2 图

8.11　如题 8.11 图所示，跨在滑轮上的软绳两端各有一人，两人质量相等，从静止开始分别相对于软绳以 v_1、v_2 的速度向上运动，不计滑轮和轴承的摩擦，试就下列两种情况计算两人的绝对速度：

(1) 不计滑轮的质量；

(2) 视滑轮为均质圆盘，质量为人的一半，与绳没有相对滑动。

8.12　如题 8.12 图所示，电动绞车提升一重 P 的物体 C，其主动轴上作用有一常值力矩 M，主动轴和从动轴部件对各自转轴的转动惯量分别为 J_1 和 J_2，传动比 $z_2/z_1=k$，z_1、z_2 分别为齿轮的齿数，鼓轮的半径为 R，不计轴承的摩擦和吊索的质量，求重物的加速度。主、从动轴均水平。

8.13　如题 8.13 图所示，轮子质量 $m=100$ kg，半径 $r=1$ m，可视为均质圆盘，当轮以转速 $n=120$ r/min 绕定轴 C 转动时，在杆的 A 端施加竖直常力 $\boldsymbol{P}$，经 10 s 轮子停止转动，设轮与闸块间的动摩擦因数 $f=0.1$，试求力 P 的大小(不计轴承的摩擦及闸块的厚度)。不计水平杆 OA 自重。

8.14　如题 8.14 图所示，水平圆盘对轴 O 的转动惯量为 J_O，其上一质量为 m 的质点以匀速 v_0 相对圆盘做半径为 r 的圆周运动，圆心在圆盘上的点 O_1 上，$OO_1=L$。当质点在位置 M_0

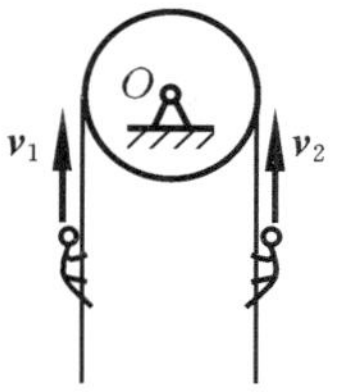

题 8.11 图

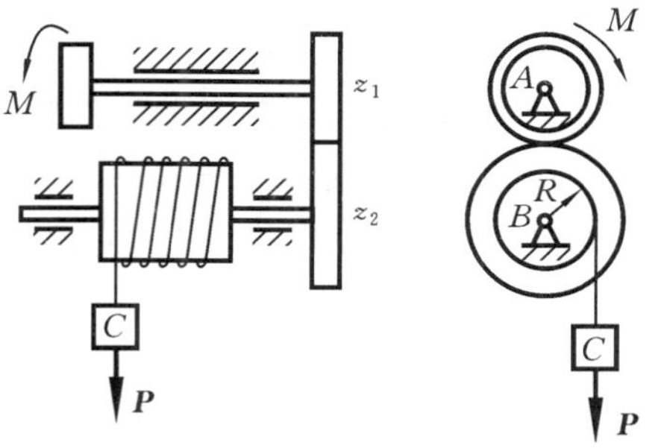

题 8.12 图

时,圆盘的转速为 $\omega_0=0$,不计摩擦。试求:

(1) 质点在位置 M_0 时系统对轴 O 的动量矩;

(2) 质点在位置 M 时(φ 视为已知)圆盘的角速度。

8.15 　均质圆柱重 P,半径为 r,如题 8.15 图所示放置,并具有初始角速度 ω_0,设在 A 和 B 处的摩擦因数均为 f,问经过多长时间圆柱停止转动?墙与水平地面垂直。

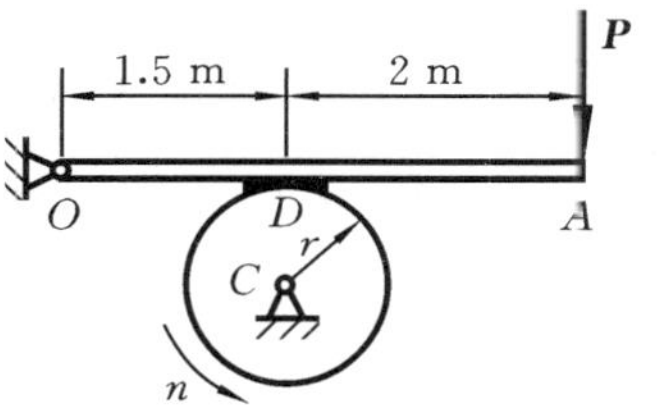

题 8.13 图

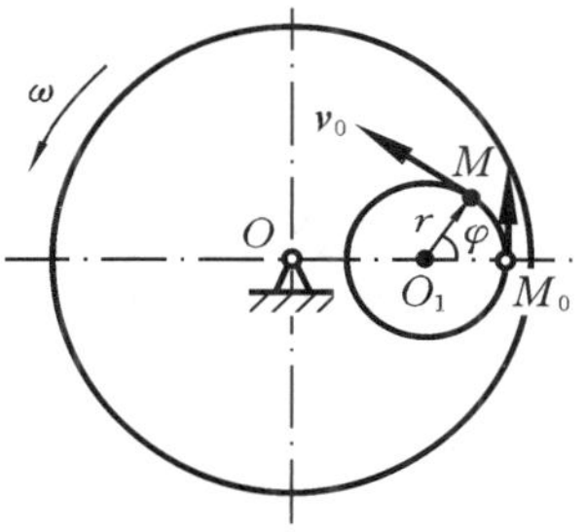

题 8.14 图

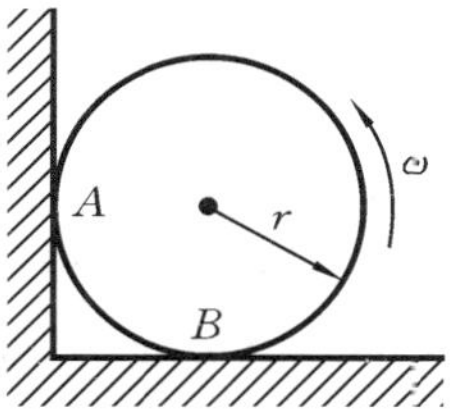

题 8.15 图

8.16 　如题 8.16 图所示,平板的质量为 m_1,受水平力 F 作用而沿水平面运动,板与水平面间的摩擦因数为 f,在平板上放一质量为 m_2、半径为 r 的均质圆柱体,它相对平板只滚不滑,求平板的加速度。

8.17 　如题 8.17 图所示,质量 $m=50$ kg 的均质杆 AB,A 端搁在光滑的水平面上,另一端由质量不计的绳子系住,与固定点 O 平行,且 ABO 在同一垂直面内,当绳子在水平位置时,杆的角速度为 $\omega=1$ rad/s。求此时杆的角加速度。已知 AB 长 $L=2.5$ m,绳 BO 长 $b=1$ m,点 O 高出地面 $h=2$ m。

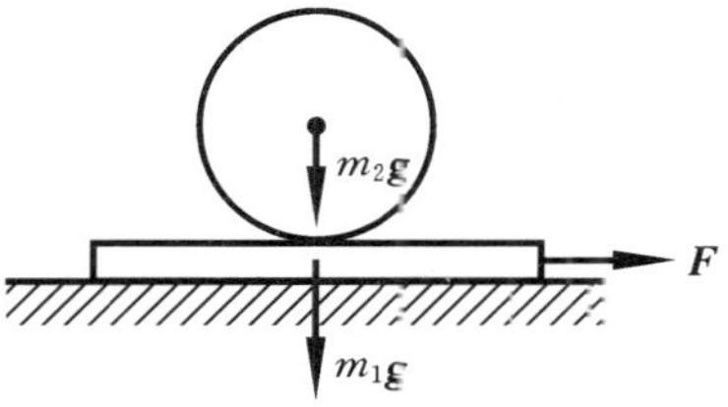

题 8.16 图

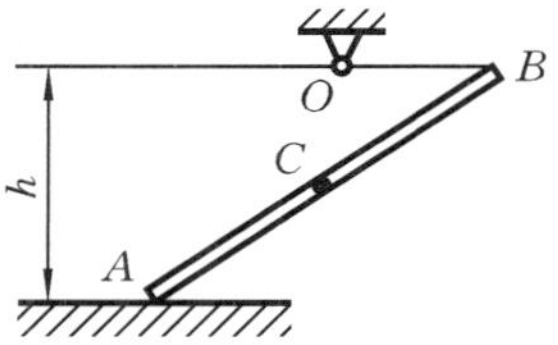

题 8.17 图

8.18　如题8.18图所示，平面机构由两均质杆AB、BO组成，两杆的质量均为m，长度均为l，在竖直平面内运动。杆AB上作用一不变的力偶矩M，从图示位置由静止开始运动。不计摩擦，求当杆端A即将碰到铰支座O时杆端A的速度。

8.19　如题8.19图所示，滚轮A与鼓轮B可视为均质圆盘，它们的质量都是m，半径均为R，若在鼓轮B上加一常值力偶，其矩为M，使滚轮A沿倾角为θ的斜面做纯滚动。鼓轮轮心D在斜面延长线上，垂直杆DC长为L，不计杆和绳的质量，试求：

(1) 滚轮A中心O的加速度和绳子的张力；

(2) 杆DC固定端C的约束力。

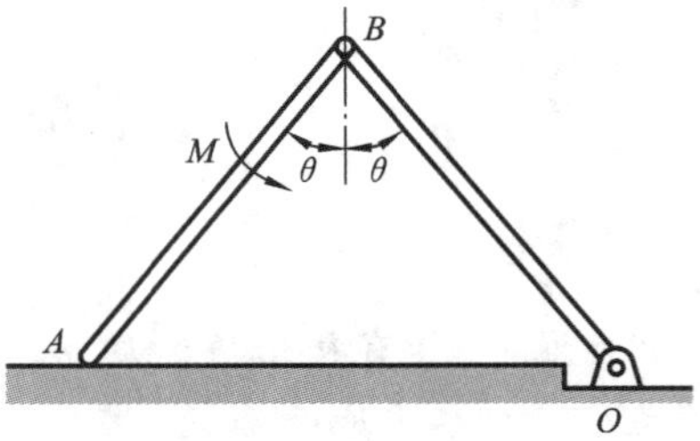

题8.18图

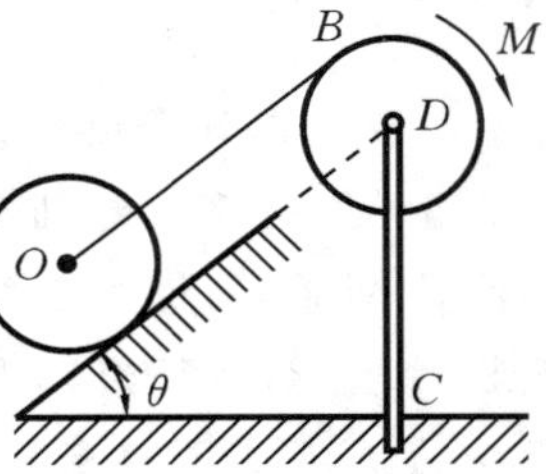

题8.19图

8.20　计算动能。

1. 如题8.20.1图所示，图(a)(b)中各均质物体分别绕定轴转动，图(c)中的均质圆盘在水平面上滚动而不滑动。设物体的质量都为m，物体的角速度均为ω，杆子的长度是L，圆盘的半径是r，试分别计算各物体的动能。

2. 拖车的车轮A和垫滚B的半径均为r，设拖车与垫滚B、轮A与地面之间均无滑动，并设拖车质量为m_1，均质轮A质量为m_2，均质垫滚B质量为m_3，如题8.20.2图所示。求当拖车以速度v前进时，整个系统的动能。

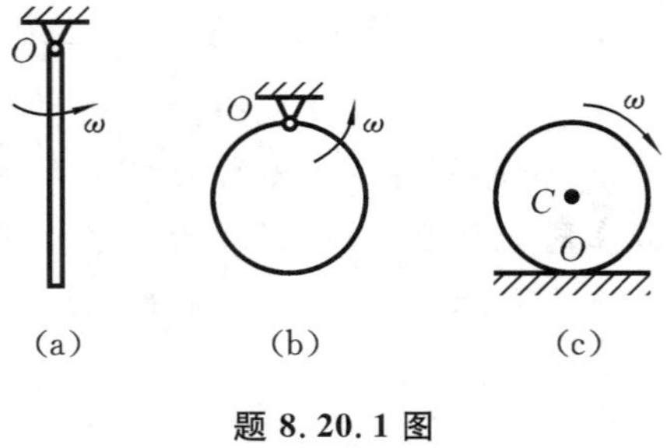

题8.20.1图

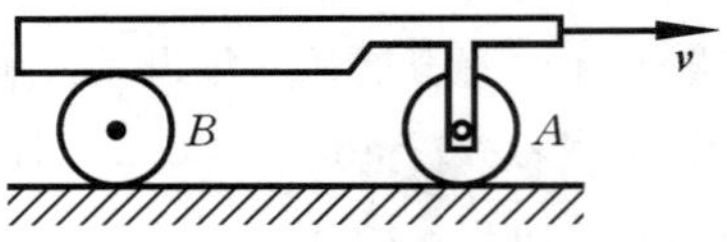

题8.20.2图

3. 如题8.20.3图所示，已知边长为a的均质等边三角板的质量为m，对质心的回转半径为ρ，ρ可通过计算得到具体数值，此题用ρ表示即可。$O_1D \parallel O_2E$，$O_1D=O_2E=r$，O_1D绕轴O_1转动的角速度为ω，图示瞬时D、E、B、C在同一水平线上。试求三角板的动能。

4. 如题8.20.4图所示，输送器A以$v=10$ m/s的速度沿轨道运动，其上用轻杆吊一重450 N、半径为0.3 m的均质圆盘。若圆盘以$\omega=5$ rad/s的角速度转动，试计算圆盘在此瞬时的动能。

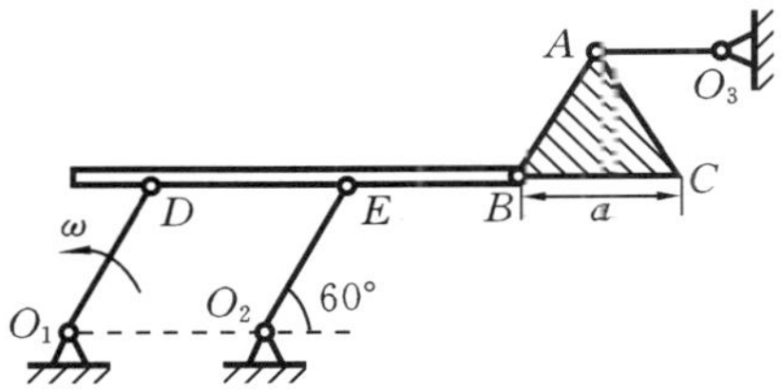

题 8.20.3 图

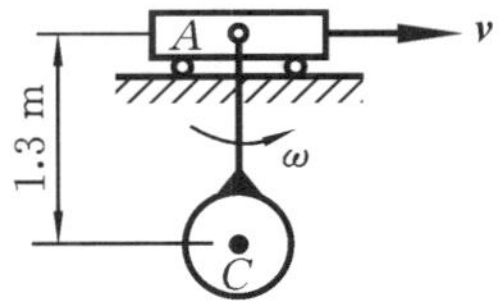

题 8.20.4 图

8.21 计算力的功。

1. 连接两个滑块 A 和 B 的弹簧原长 $L_0=0.04$ m，刚度系数 $k=4.9$ kN/m，试求当两滑块分别从位置 A_1 和 B_1 运动到位置 A_2 和 B_2 的过程中弹性力做的功。各点的位置坐标分别是 $A_1(0.04,0)$、$B_1(0,0.03)$、$A_2(0.06,0)$、$A_2(0,0.06)$，单位为 m，如题 8.21.1 图所示。

2. 如题 8.21.2 图所示，质点 M 沿轨迹 $x^2/25+y^2/9=1$ 运动，求其上某一作用力 $\boldsymbol{F}=-5x\boldsymbol{i}-5y\boldsymbol{j}$（力的单位为 N）在由 $M_0(5,0)$ 至 $M_1(0,3)$ 的路程上所做的功。

3. 如题 8.21.3 图所示，均质杆 OA 和 O_1A_1 均重 P、长为 L，杆 AA_1 重为 P_1，盘重 G；盘与 AA_1 固结在一起，求系统由 $\varphi=0°$ 运动到 $\varphi=90°$ 重力做的功。OO_1 水平。

4. 如题 8.21.4 图所示，初始时 M_2 与 M_1 均处于静止状态，弹簧为自由长度，当一恒力 $\boldsymbol{F}$ 作用后，刚性系数为 k 的弹簧压缩了 δ，滑块 M_1 沿光滑水平面移动了 s 位移，力 $\boldsymbol{F}$ 做了多少功？设 m_1 和 m_2 分别为 M_1 和 M_2 的质量。力 $\boldsymbol{F}$ 所做的功是否等于 M_1 和 M_2 的动能之和？

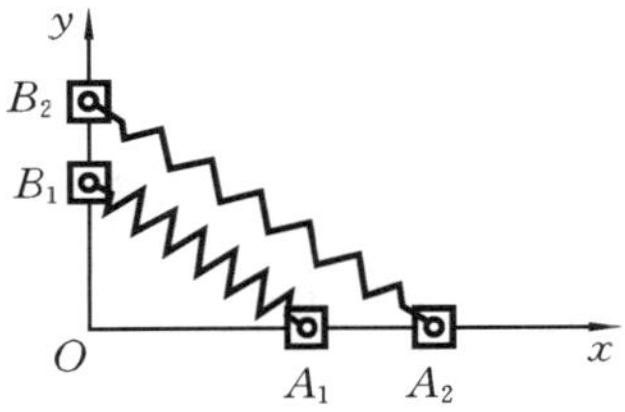

题 8.21.1 图

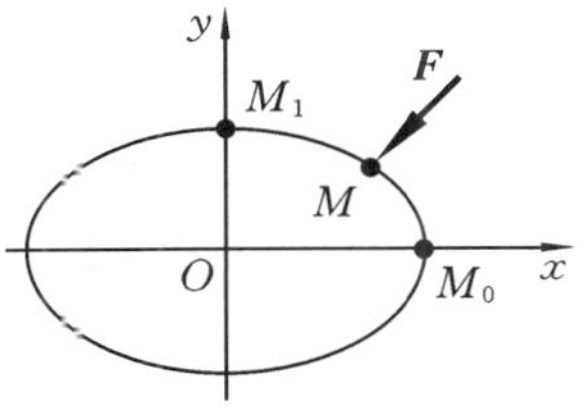

题 8.21.2 图

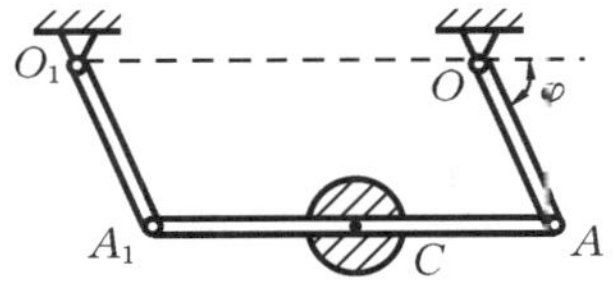

题 8.21.3 图

8.22 如题 8.22 图所示，已知轮子半径为 r，对转轴 O 的转动惯量为 J_O；连杆 AB 长 L，质量为 m_1，并可视为均质细杆；滑块 A 的质量为 m_2，可沿光滑竖直导槽滑动。滑块在最高位置（$\theta=0°$）受微小扰动后，由静止开始运动。求当滑块到达最低位置时轮子的角速度（各处的静摩擦均不计）。

8.23 等长、等重的三根均质杆用光滑铰链连接，在垂直平面内摆动，如题8.23图所示。求自图示位置无初速地运动到平衡位置时，杆 AB 中点 C 的速度，设杆长 $L=1$ m。O_1O_2 水平。

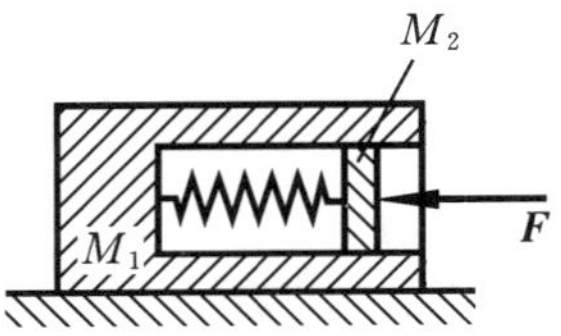

题 8.21.4 图

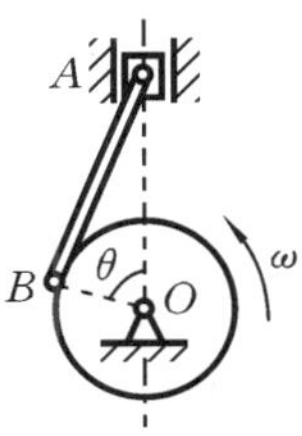

题 8.22 图

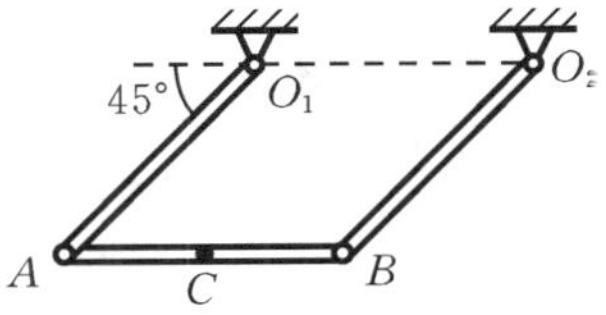

题 8.23 图

8.24　如题 8.24 图所示，链条全长 $l=1\ \mathrm{m}$，单位长度质量为 $\rho=2\ \mathrm{kg/m}$，悬挂在半径 $R=0.1\ \mathrm{m}$、质量 $m=1\ \mathrm{kg}$ 的滑轮上，在图示位置受扰动由静止开始下落。设链条与滑轮无相对滑动，滑轮为均质圆盘，求链条离开滑轮时的速度。

8.25　如题 8.25 图所示，正圆锥体可绕其中心竖直轴 z 自由转动，转动惯量为 J。当它处于静止状态时，一质量为 m 的小球自圆锥顶 A 无初速地沿此圆锥表面的光滑螺旋槽滑下。滑至锥底点 B 时，小球沿水平切线方向脱离锥体。一切摩擦均可忽略。求刚脱离的瞬时，小球的速度 v 和锥体的角速度 ω。

8.26　如题 8.26 图所示，为了避免飞轮爆裂发生事故，可利用如下的安全装置：在飞轮缘上安装物体 A，由弹簧 S 将其压入轮内；当飞轮转速达到极限值时，物体 A 的一端碰到活门栓 CD 的凸角 B，活门栓即将气缸的入口关闭。设物体 A 的质量为 1.5 kg，凸角 B 到飞轮边缘的距离 e 等于 2.5 cm，飞轮的极限转速是 120 r/min，又设物体 A 的质量集中在离飞轮转轴 147.5 cm 的一点，求弹簧的刚度系数。

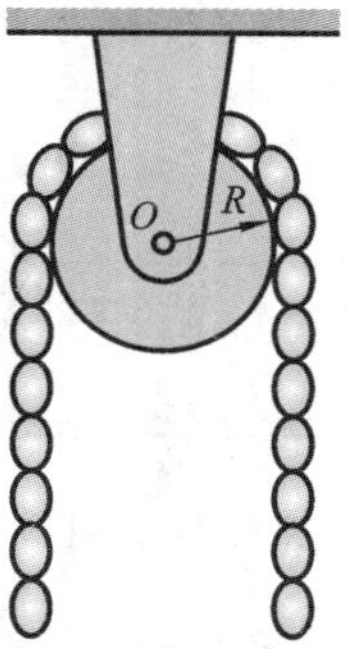

题 8.24 图

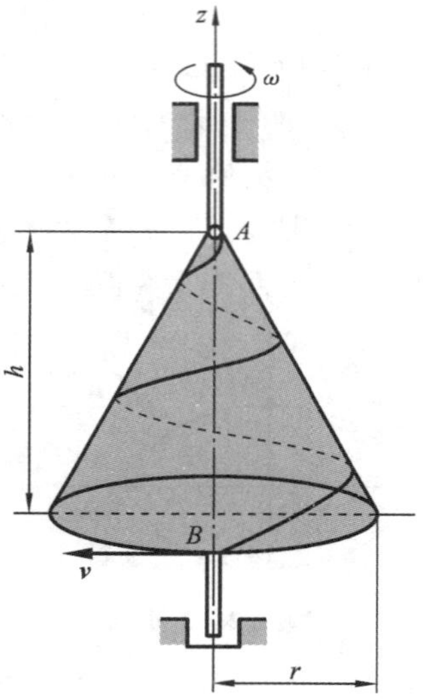

题 8.25 图

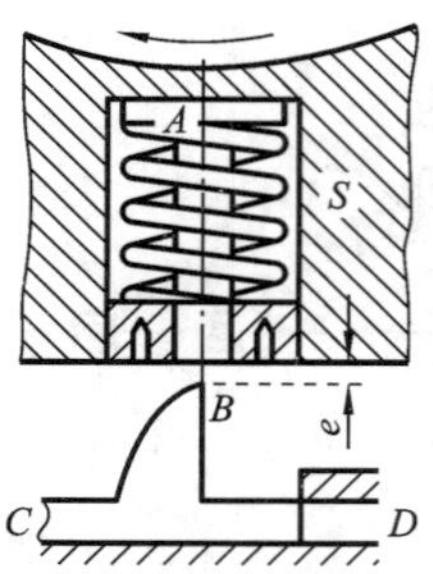

题 8.26 图

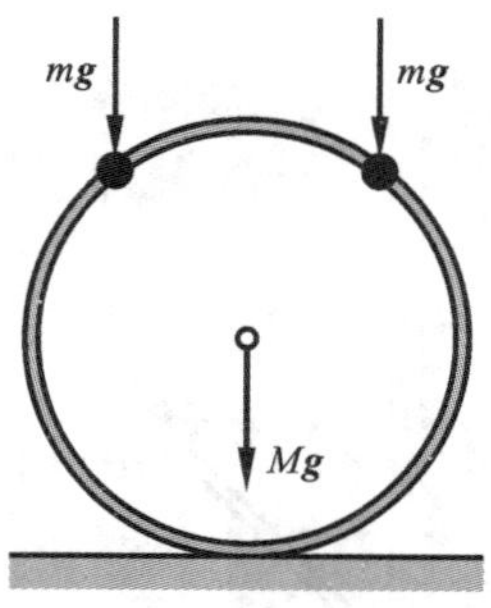

题 8.27 图

8.27　如题 8.27 图所示，质量为 m 的两个相同的小珠，串在光滑圆环上，无初速地自最高处滑下，圆环竖直地立在地面上。问环的质量 M 和小珠的质量 m 什么关系时，圆环才可能从地面跳起。

8.28　一质点以初速度 v_0 竖直上抛，其加速度 $a=-(g+kv^2)$，其中 g 为重力加速度，k 为常数，v 为质点的速度。求质点上升的最大高度。

8.29　静止的潜艇在力 p 作用下向水底平稳下沉。当 p 不大时，水的阻力可以认为与下沉速度成正比，等于 kSv。其中 k 是比例常数，S 是潜艇的水平投影面积，v 是下沉速度。潜艇的质量是 M，设当 $t=0$ 时，$v_0=0$，求潜艇下沉速度 v。

8.30　圆形水池的中心竖立一根上端封口的竖直水管，在管子的 1 m 高处沿侧表面钻了许多小孔。假设从这些孔喷出的水柱的仰角为变量 $\varphi(\varphi<\pi/2)$，各水柱的初速度为 $v_0=\sqrt{\dfrac{4g}{3\cos\varphi}}$（以 m/s 为单位），其中 g 为重力加速度，管高为 1 m。不论池壁怎样低，管子喷出的水都应该全部落入水池中，求水池的最小半径 R。

8.31　为了迅速制动大飞轮，可以采用一种电制动器。电制动器由安置在直径两端的一对电极构成，电极上绕有直流电线圈。在飞轮运动过程中，飞轮实体内产生感应电流，形成阻力矩 $M_1=kv$，其中 v 为飞轮边缘的速度，k 为常数（与磁通量和飞轮尺寸有关）。设轴承中阻力矩 M_2 可认为不变，飞轮直径为 D，对转轴的转动惯量为 J。问：以角速度 ω_0 转动的飞轮经过多长时间才停止？

8.32　如题 8.32 图所示，为了确定物体 A 对竖直轴 Oz 的转动惯量，把物体连接在竖直弹性杆 OO_1 上。扭转弹性杆，使物体绕轴 Oz 转过一个小角度 φ_0，然后释放。测得扭转振动的周期为 T_1，对轴 Oz 的弹性力矩为 $M_z=-c\varphi$。为了确定系数 c，进行了第二个实验：把半径为 r、质量为 M 的均质圆盘安装在杆 OO_1 上，测得扭转振动周期为 T_2。求物体 A 的转动惯量 J_z。

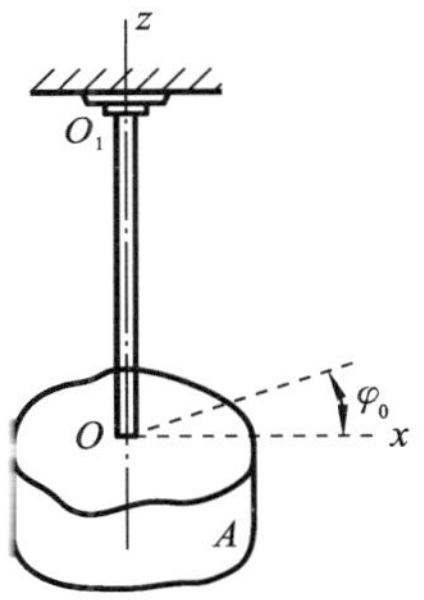

题 8.32 图

第 9 章　动力学普遍定理的综合应用

动力学普遍定理的综合应用

前面章节仅给出了动量定理、动量矩定理和动能定理的简单应用。动力学问题分析方法众多，但难易程度差异很大，特别是不知到底需要列多少个动力学方程，列出的方程是否独立。如何应用动力学普遍定理分析复杂的动力学问题，有时并不容易。

系统之所以能够运动，是因为它是自由的。如何列出所需的以方便问题求解的动力学方程以及能否建立规律性的动力学分析格式，与自由度有内在联系。所以本章先引入自由度的概念及其计算方法，然后基于自由度，介绍如何应用动力学普遍定理分析动力学问题。本章后续章节内容都是介绍如何基于自由度选择合适的方法及如何规律性地分析动力学问题。

9.1　约束及其分类

约束及其分类

9.1.1　约束

在第 1 章中为了分析约束反力，将对非自由体的某些位移起限制作用的周围物体称为约束。

为了方便分析动力学问题，从广义上将约束定义为对非自由质点系中的质点位置或速度所加的几何或运动学的限制条件。

非自由质点系的约束条件可用约束方程表示为

$$f_j(\boldsymbol{r}_1,\boldsymbol{r}_2,\cdots,\boldsymbol{r}_N,\dot{\boldsymbol{r}}_1,\dot{\boldsymbol{r}}_2,\cdots,\dot{\boldsymbol{r}}_N,t)=0,\quad j=1,2,\cdots,m \tag{9.1a}$$

或用坐标表示为

$$f_j(x_1,y_1,z_1,x_2,y_2,z_2,\cdots,x_N,y_N,z_N,\dot{x}_1,\dot{y}_1,\dot{z}_1,\dot{x}_2,\dot{y}_2,\dot{z}_2,\cdots,\dot{x}_N,\dot{y}_N,\dot{z}_N,t)=0,\quad j=1,2,\cdots,m \tag{9.1b}$$

在方程(9.1)中只包含坐标对时间的一阶导数，即速度量。实际上，在自动控制系统中，有时会设定需满足包含加速度量或坐标对时间更高阶导数的复杂约束方程，对于直接给出加速度与时间关系的方程，对其直接积分便可以变成非定常约束的几何方程，而对于含有高阶导数的复杂约束方程，本书不涉及。故本书后续的约束方程最多只包含坐标对时间的一阶导数的速度量。

9.1.2　约束的分类

动力学问题的分析方法众多，难易程度差异很大，不同的分析方法适合于不同类型的问题。不同约束可根据约束方程的特点来分类，有多种约束分类方法，下面主要介绍与本书内容密切相关的三种分类方法。

1. 定常约束与非定常约束

根据约束方程是否与时间参数 t 有关，将约束分为定常约束与非定常约束。定常约束指

约束与时间参数 t 无关。定常约束方程的一般形式为

$$f(x_1, x_2, x_3, \cdots, x_n, \dot{x}_1, \dot{x}_2, \dot{x}_3, \cdots, \dot{x}_n) = 0 \tag{9.2a}$$

非定常约束指约束与时间参数 t 有关。非定常约束方程的一般形式为

$$f(x_1, x_2, x_3, \cdots, x_n, \dot{x}_1, \dot{x}_2, \dot{x}_3, \cdots, \dot{x}_n, t) = 0 \tag{9.2b}$$

对于图9.1(a)所示的约束,其约束方程为

$$x^2 + y^2 = l^2 \tag{9.2c}$$

对于图9.1(b)所示的约束,其约束方程为

$$x^2 + y^2 = (l_0 - v_0 t)^2 \tag{9.2d}$$

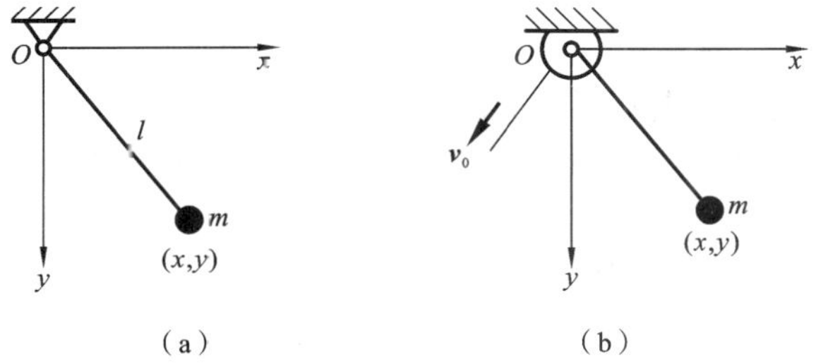

图9.1 约束1

方程(9.2c)和方程(9.2d)分别对应定常和非定常约束。

2. 几何约束与运动约束

根据约束方程是否含有坐标对时间的导数,将约束分为几何约束和运动约束。几何约束只限制系统中各质点在空间的位置,而不限制其运动速度以及位置对时间求高阶导数得到的高阶导数量等,即在约束方程中不显含质点坐标对时间的导数。几何约束的约束方程的一般形式为

$$f(x_1, x_2, x_3, \cdots, x_n, t) = 0 \tag{9.2e}$$

运动约束对质点的运动参数进行限制,也就是说在约束方程中将显含坐标对时间的导数。运动约束的约束方程的一般形式为

$$f(x_1, x_2, x_3, \cdots, x_n, \dot{x}_1, \dot{x}_2, \dot{x}_3, \cdots, \dot{x}_n, \cdots, \ddot{x}_i, \cdots, \ddot{x}_n, t) = 0 \tag{9.2f}$$

方程(9.2f)中包含坐标对时间的二阶导数,即对加速度的限制,还可以包含坐标对时间的更高阶导数,求解这样的含有加速度等高阶导数的运动约束方程比较复杂。本书将运动约束方程的一般形式限定为显含坐标对时间的一阶导数的形式,称为一阶线性约束方程,如方程(9.1)。

图9.2(a)所示的半径为 r 的车轮沿着水平直线轨道做纯滚动,直线轨道的约束条件为

$$y_C = r \tag{9.2g}$$

车轮沿直线轨道做纯滚动的约束条件为车轮上与轨道接触的点 A 处的速度为0,即

$$\dot{x}_C - r\dot{\Phi} = 0 \tag{9.2h}$$

如图9.2(b)所示的做平面运动的冰刀 AB,在变化的控制力作用下,中点 C 的速度一直与其轴线垂直,且转角 θ 是一个变量,这样,其约束方程为

$$\dot{x}_C = -\tan\theta \dot{y}_C \tag{9.2i}$$

按几何约束和运动约束分类,方程(9.2c)、(9.2d)和(9.2g)对应几何约束;方程(9.2h)和(9.2i)对应运动约束。

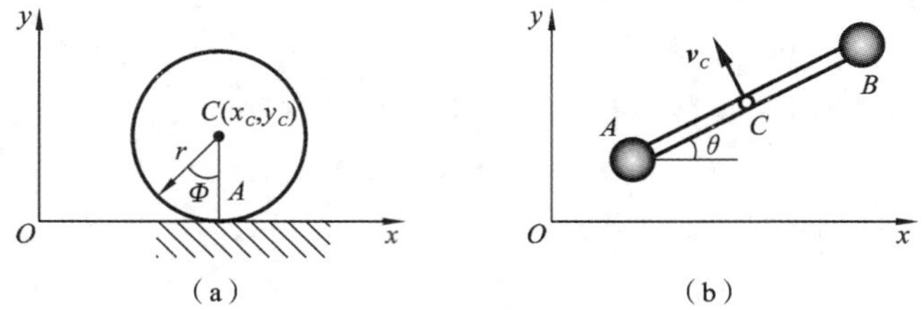

图 9.2　几何约束与运动约束

需要说明的是,约束方程不仅在某一时刻成立,而是在一段时间内均成立。因此,方程(9.2i)实际上是对某一时刻的加速度的一种限制。

由于运动约束方程显含质点坐标对时间的导数,因此运动约束方程是一个微分方程(或微分方程组),如果该方程或方程组不需要借助动力学方程便可以积分为几何约束形式的方程,就称该约束是可积分的,否则是不可积分的。对于不可积分的约束方程,需要补充动力学方程,而对约束进行分类的目的就是便于建立动力学二阶微分方程,故对于不可积分的约束方程需要在建立了动力学方程后一起联立求解。而可积分约束方程不需要动力学方程便可以积分,转化为几何约束方程,这类约束问题的求解比不可积分约束方程的问题简单。

运动约束方程(9.2h)可直接积分,转化为几何约束方程 $x_C=x_0+r\Phi$,可视为几何约束。而方程(9.2i)中转角 θ 是一个变量,不联立动力学方程就无法积分为几何约束方程,是不可积分约束方程,但若 θ 为常数,则其可直接积分为几何约束方程 $x_C=-\tan\theta y_C+C$。

对于某一个物体,已知其角加速度为 $f(t)$,则 $f(t)$ 可以直接积分为含时间 t 的几何约束方程,本书中例题或习题中的此类问题可视为一个几何约束。

3. 完整约束与非完整约束

约束方程可积分为有限形式的运动约束,积分后就转化为几何约束。几何约束的数学形式中不显含质点坐标对时间的导数。约束方程可积分的运动约束和几何约束类型的问题相较于约束方程不可积分的约束问题,求解方法不同,求解相对简单。将约束方程可积分的约束称为完整约束,而不可积分的称为非完整约束。

完整约束方程(包括可积分运动约束方程积分后的形式)的一般形式为

$$f_k(x_1,x_2,x_3,\cdots,x_n,t)=0,\quad k=1,2,\cdots,s \tag{9.2j}$$

其中,s 是完整约束的个数。

非完整约束方程的一般形式为

$$f_k(x_1,x_2,x_3,\cdots,x_n,\dot{x}_1,\dot{x}_2,\dot{x}_3,\cdots,\dot{x}_n,\cdots,\ddot{x}_i,\cdots,\ddot{x}_n,t)=0,\quad k=1,2,\cdots,p \tag{9.2k}$$

其中,p 表示非完整约束的个数。

在前述所有约束方程中,方程(9.2i)对应非完整约束,其他都对应完整约束。

求解具有完整约束和非完整约束的系统的动力学问题的方法不同,对于包含非完整约束的系统,即使只有一个非完整约束,其解法也比都是完整约束的系统复杂。一个力学系统,如果仅受到完整约束的作用,则其称为完整系统,否则称为非完整系统。

对于完整系统,不需要考虑动力学微分方程便可根据运动约束方程找到各个质点坐标之间的代数关系。而非完整系统由于存在非完整约束,这些约束的约束方程本身在不考虑动力学微分方程的条件下是不可积分的,因此,若不考虑动力学方程则找不到各个质点坐标之间的代数关系。求解完整系统和非完整系统的动力学问题的方法是不同的，后者比前者困难得多。工程中常见的是完整系统，本书前 14 章中所涉及的动力学系统都是完整系统，读者暂时不必刻意判断目前所研究的系统是否是完整系统。

在介绍约束分类后，本书从本章开始引入与约束密切相关的广义坐标概念。广义坐标是分析力学中的基本概念，也是分析力学的特色之一，它比笛卡儿坐标意义更广泛。广义坐标不仅克服了应用笛卡儿坐标描述非自由质点系位形带来的困难，而且可用最少的参数描述系统位形。广义坐标的概念由拉格朗日提出，它的提出虽然只是描述方法上的改进，但是对力学发展产生了深远的影响。

在分析力学中，伴随广义坐标的另一重要概念为自由度，自由度是由质点系本身特征决定的，与坐标选择无关。如何确定系统的自由度是个基本而重要的问题。理解广义坐标和自由度的关系，涉及广义坐标的独立性和广义坐标变分的独立性等一些比较难以理解的理论。本章引入自由度的概念，主要目的是介绍基于自由度的动力学分析方法，故仅简要介绍广义坐标及其变分的概念和自由度的计算。

9.2　广义坐标与自由度

广义坐标与自由度

9.2.1　广义坐标与广义速度

能确定系统几何位置的、彼此独立的一组变量称为该系统的**广义坐标**，或称**独立坐标**。

例如，图 9.3 所示为由两个质点构成的双摆，约束方程为

$$\begin{cases} x_1^2+y_1^2=l_1^2 \\ (x_2-x_1)^2+(y_2-y_1)^2=l_2^2 \end{cases}$$

故 x_1,y_1,x_2,y_2 四个坐标变量不是独立的，其中只有两个变量是独立的。可选

$$\varphi_1=\arctan\frac{x_1}{y_1},\quad \varphi_2=\arctan\frac{x_2-x_1}{y_2-y_1}$$

作为广义坐标，但不能选互不独立的 x_1 与 y_1 或 x_2 与 y_2 作为广义坐标。

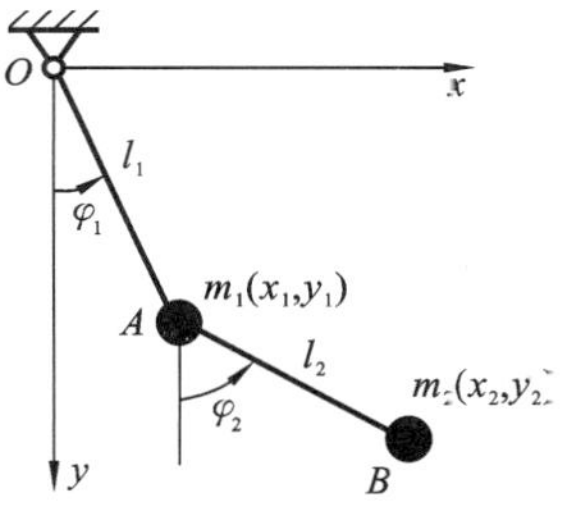

图 9.3　双摆及其广义坐标

广义坐标对时间的导数称为**广义速度**。

根据广义坐标和广义速度的定义，在下面几个问题中，系统有几个广义坐标和广义速度呢？

【问题 1】　在图 9.3 中，当 OA 以给定的恒定角加速度 α 运动时，该系统有几个广义坐标和广义速度呢？给定 α，等价于对系统施加了限制 $\varphi_1(t)=C_0+C_1t+\frac{1}{2}\alpha t^2$，$\varphi_1(t)$不再是变量，视为已知量，只需要再给定 φ_2，便可以确定系统的几何位置，故 φ_1 不是广义坐标，广义坐标只有 1 个，可以选取 φ_2、x_2 或 y_2 为广义坐标。此外，根据广义速度的定义，既然 φ_1 不是广义坐标，$\dot{\varphi}_1$ 便不是广义速度，只有一个广义速度。

【问题 2】　对于图 9.2(b)所示的冰刀，存在非完整约束 $\dot{x}_C=-\tan\theta\dot{y}_C$，该系统有几个广义坐标和广义速度呢？若无约束，确定冰刀的几何位置需要 3 个独立坐标(x_C,y_C,θ)。因为非完

整约束是不可积分的运动约束,对坐标没有直接的限制作用,在与动力学二阶微分方程联立之前,无法通过积分得到坐标之间的几何关系。而动力学二阶微分方程是在建立广义坐标理论后才能得到的,此时这些动力学方程视为不可得到的,在确定质点系几何位置时,无法利用非完整约束方程,因此,x_C,y_C,θ 仍视为独立坐标,故广义坐标数目为 3,根据广义速度的定义,对应 3 个广义速度,但非完整约束会导致 $\dot{x}_C$ 与 $\dot{y}_C$ 不独立。故广义速度数目与广义坐标数目相同,广义坐标一定独立,但广义速度不一定独立。

由上面分析可知,一个由 N 个质点组成的质点系,内有 r 个完整约束和 s 个非完整约束,描述质点系的位形可采用 N 个质点的 $3N$ 个笛卡儿坐标,不过,这 $3N$ 个坐标并非都是独立的,它们受到 r 个完整约束的限制。至于非完整约束,由于其是约束方程不可积分的运动约束,对这些坐标没有直接的限制作用。因此,在这 $3N$ 个笛卡儿坐标中,只有 $l=3N-r$ 个坐标是独立的。故对于完整和非完整系统,广义坐标的数目均为

$$l=3N-r$$

9.2.2 广义坐标变分及其独立性

*1. 广义坐标的选取

广义坐标的选取完全取决于系统的完整约束。如果没有约束,系统就是完全自由的,系统中每个质点的运动范围是整个空间,N 个质点的 $3N$ 个直角坐标就可以作为系统的广义坐标。如果有约束,系统每个质点只能在约束规定的空间范围内运动,并且该质点可能到达这个空间范围内的任意位置。因此,所谓"系统的几何位置"是由约束规定的一个空间范围。具体来说,设系统有 l 个完整约束方程,m 个非完整约束方程,$l+m<3N$,即

$$f_j(x_1,y_1,z_1,x_2,y_2,z_2,\cdots,x_N,y_N,z_N,t)=0,\quad j=1,2,\cdots,l$$

$$g_i(x_1,y_1,z_1,x_2,y_2,z_2,\cdots,x_N,y_N,z_N,\dot{x}_1,\dot{y}_1,\dot{z}_1,\dot{x}_2,\dot{y}_2,\dot{z}_2,\cdots,\dot{x}_N,\dot{y}_N,\dot{z}_N,t)=0,$$
$$i=1,2,\cdots,m$$

满足这 $l+m$ 个方程的 $3N$ 维位置向量 $\boldsymbol{x}=(x_1,y_1,z_1,x_2,y_2,z_2,\cdots,x_N,y_N,z_N)^{\mathrm{T}}$,它的所有取值就是系统的几何位置。用 A 表示系统的几何位置集合,只满足完整约束的位置向量 $\boldsymbol{x}$ 的全体取值的集合记为 B,下面证明 $A=B$。

证明　如果 $\boldsymbol{x}\in A$,则 $\boldsymbol{x}$ 一定满足完整约束,所以 $\boldsymbol{x}\in B$。

反之,如果 $\boldsymbol{x}\in B$,则 $\boldsymbol{x}$ 的任何一组值,一定能满足 m 个非完整约束方程:

$$g_i(x_1,y_1,z_1,x_2,y_2,z_2,\cdots,x_N,y_N,z_N,\dot{x}_1,\dot{y}_1,\dot{z}_1,\dot{x}_2,\dot{y}_2,\dot{z}_2,\cdots,\dot{x}_N,\dot{y}_N,\dot{z}_N,t)=0,$$
$$i=1,2,\cdots,m$$

这是因为,在以上 m 个方程中,有 $3N$ 个速度分量 $\dot{x}_1,\dot{y}_1,\dot{z}_1,\dot{x}_2,\dot{y}_2,\dot{z}_2,\cdots,\dot{x}_N,\dot{y}_N,\dot{z}_N$ 可以调节,其中一定可以选出 $3N-m$ 个独立变量,使非完整约束方程组成立。因此 $\boldsymbol{x}$ 满足全部约束,进而 $\boldsymbol{x}\in A$。这就证明了 $A=B$。

由此可知,质点系位置向量 $\boldsymbol{x}=(x_1,y_1,z_1,x_2,y_2,z_2,\cdots,x_N,y_N,z_N)^{\mathrm{T}}$ 只需要满足完整约束方程。另外,在 l 个完整约束方程中,有 $3N$ 个位置变量$(x_1,y_1,z_1,x_2,y_2,z_2,\cdots,x_N,y_N,z_N)$,且 $3N>l$,所以一定可以选出 $n=3N-l$ 个独立变量 $q_1,q_2,\cdots,q_n$,使完整约束方程组成立,这组独立变量完全确定了系统的位置。根据定义,$q_1,q_2,\cdots,q_n$ 就是系统的一组广义坐标。显然,任意一组满足完整约束的独立变量都可作为广义坐标,因此广义坐标的选取一般不唯一。

由于广义坐标已经满足完整约束，因此，对于完整系统，广义坐标已没有任何限制，可以自由变动。

*2. 广义坐标的变分及其独立性

将广义坐标向量 $\boldsymbol{q}=(q_1,q_2,\cdots,q_n)^{\mathrm{T}}$ 的全体取值形成的集合称为系统的**位形空间**；广义坐标的每一组值是位形空间中的一个点，称它为**位形点**。

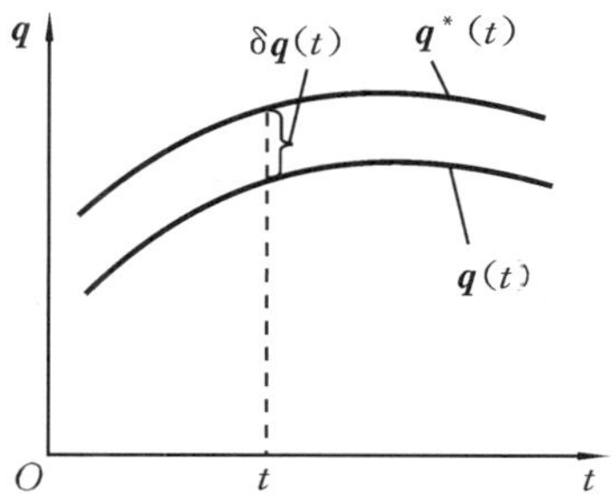

图 9.4　位形曲线和坐标变分

从几何观点来看，一个位形点在位形空间中的任意一次运动对应于在位形空间中画出的一条位形曲线，如图 9.4 所示。根据广义坐标的定义，任意一条位形曲线都满足系统的完整约束，因此在任意一条位形曲线附近一定还存在其他位形曲线，否则，所有位形点被约束在这条位形曲线上，这意味着位形空间中将出现完整约束，与广义坐标的定义矛盾。如果一条位形由线是实际可以实现的，则称其为真实位形曲线；如果一条位形曲线只满足系统的全部约束而不知它是否能真正实现，则称其为可能位形曲线。

现在来考察两条邻近的真实或可能位形曲线 $\boldsymbol{q}(t)$ 和 $\boldsymbol{q}^*(t)$，如图 9.4 所示。对这两条位形曲线，可以求出同一时刻 t 的广义坐标的差值：

$$\delta\boldsymbol{q}(t)=\boldsymbol{q}^*(t)-\boldsymbol{q}(t) \tag{9.3}$$

$\delta\boldsymbol{q}(t)=(\delta q_1(t),\delta q_2(t),\cdots,\delta q_n(t))^{\mathrm{T}}$。$\delta q_1(t),\delta q_2(t),\cdots,\delta q_n(t)$ 是 n 个广义坐标的**等时变分**，将这 n 个量称为**广义坐标变分**或**坐标变分**。

如何理解等时变分呢？这需要了解分析力学研究方法的思想。基于能量法的分析力学主要研究如何根据能量最小的思想，利用优化的数学方法建立 t 时刻力与加速度之间关系的动力学方程。$\delta q_k(t)$中的 t 仅表示研究的时刻是 t 时刻，引入广义坐标的变分本质上不涉及时间的问题。比如，在 t 时刻，在实际力作用下系统处于静平衡状态，此位置用广义坐标表示为(x_C,y_C,θ)。若力与实际力有无限小的差异，则物体新的平衡位置将与先前的平衡位置有无限小的差异(即变更，或称为变分)，其实际平衡位置为$(x_C+\delta x_C,y_C+\delta y_C,\theta+\delta\theta)$。在后续利用虚位移原理建立静平衡方程时，基于虚功为 0，即能量最小的思想，应用求极值的优化理论，目的是在几何约束允许的所有可能的位置中找到与实际力对应的实际平衡位置，这些可能位置并不涉及时间问题。

对于完整系统，$\delta q_1(t),\delta q_2(t),\cdots,\delta q_n(t)$之间已没有任何限制(否则，$q_1,q_2,\cdots,q_n$ 之间会有完整约束，与广义坐标的定义矛盾)，因此，对于完整系统，$\delta q_1(t),\delta q_2(t),\cdots,\delta q_n(t)$是相互独立的，各个量可以独立地自由变动。

对于非完整系统，在任意位形点，系统的广义速度要满足非完整约束。将非完整约束方程用广义坐标形式写为

$$g_i(q_1,q_2,\cdots,q_n,\dot{q}_1,\dot{q}_2,\cdots,\dot{q}_n,t)=0,\quad i=1,2,\cdots,m \tag{9.4}$$

假定 $\dot{q}_{10},\dot{q}_{20},\cdots,\dot{q}_{n0}$ 为 t 时刻满足方程(9.4)的广义速度的某组确定取值，即有

$$g_i(q_1,q_2,\cdots,q_n,\dot{q}_{10},\dot{q}_{20},\cdots,\dot{q}_{n0},t)=0,\quad i=1,2,\cdots,m \tag{9.5}$$

由于广义坐标的取值只取决于完整约束，因此可以固定 $q_1,q_2,\cdots,q_n,t$，将方程(9.4) 在 $\dot{q}_{10}$，$\dot{q}_{20},\cdots,\dot{q}_{n0}$附近做泰勒展开，得

$$\sum_{k=1}^{n}\frac{\partial g_i}{\partial \dot{q}_{k0}}(\dot{q}_k-\dot{q}_{k0})+\cdots=0,\quad i=1,2,\cdots,m$$

即
$$\sum_{k=1}^{n}\frac{\partial g_i}{\partial \dot{q}_{k0}}\frac{\mathrm{d}q_k}{\mathrm{d}t}-\sum_{k=1}^{n}\frac{\partial g_i}{\partial \dot{q}_{k0}}\dot{q}_{k0}+\cdots=0,\quad i=1,2,\cdots,m \tag{9.6}$$
两边同乘以 dt,得
$$\sum_{k=1}^{n}\frac{\partial g_i}{\partial \dot{q}_{k0}}\mathrm{d}q_k-\sum_{k=1}^{n}\frac{\partial g_i}{\partial \dot{q}_{k0}}\dot{q}_{k0}\mathrm{d}t+\cdots=0,\quad i=1,2,\cdots,m \tag{9.7}$$
因为 $\dot{q}_{10},\dot{q}_{20},\cdots,\dot{q}_{n0}$ 可以为 t 时刻满足方程(9.4)的任意一组广义速度的取值,因此$\partial g_i/\partial \dot{q}_{k0}$可以写为$\partial g_i/\partial \dot{q}_k$,再令 d$t$=0,则 d$q_k$ 变为 δq_k,于是有
$$\sum_{k=1}^{n}\frac{\partial g_i}{\partial \dot{q}_k}\delta q_k=0,\quad i=1,2,\cdots,m \tag{9.8}$$
这就是由非完整约束产生的对坐标变分的约束方程。由此可见,在非完整系统中,坐标变分 $\delta q_1(t),\delta q_2(t),\cdots,\delta q_n(t)$需要满足方程(9.8)的 m 个方程,因此它们不相互独立,其中独立的坐标变分数目为 $n-m$ 个。

假设一个系统的位置需要用 n 个广义坐标 $q_1,q_2,\cdots,q_n$ 来确定,受到 m 个线性非完整约束
$$\sum_{k=1}^{n}a_{jk}\dot{q}_k+a_j=0,\quad j=1,2,\cdots,m$$
根据方程(9.8),坐标变分 $\delta q_1(t),\delta q_2(t),\cdots,\delta q_n(t)$需要满足的约束方程为
$$\sum_{k=1}^{n}a_{jk}\delta q_k=0,\quad j=1,2,\cdots,m$$

3. 自由度

设一个系统需要用 n 个广义坐标 $q_1(t),q_2(t),\cdots,q_n(t)$才能确定它的瞬时位置,那么可以做出 n 个坐标变分 $\delta q_1(t),\delta q_2(t),\cdots,\delta q_n(t)$。如果这些坐标变分相互独立,那么系统在位形空间的任意方向上,都可能发生一个满足约束的微小变动;否则,系统只在位形空间的某些方向上,才有可能发生一个满足约束的微小变动。可见,坐标变分 $\delta q_1(t),\delta q_2(t),\cdots,\delta q_n(t)$的独立分量的多少,表征了系统可以自由变动的程度的大小。由前面的讨论可知,对于具有 n 个广义坐标 $q_1(t),q_2(t),\cdots,q_n(t)$的完整系统和非完整系统,独立的坐标变分数目是不同的。因此,一个系统自由变动的程度不能用广义坐标的数目来衡量,只能用独立的坐标变分数目来表征。

由此,系统自由度的定义为:系统独立的坐标变分数目称为该系统的**自由度**(degree of freedom,DOF)。自由度的数目就是系统在广义坐标空间中可以独立变动的方向数目。

可以证明,广义坐标的变分之比等于广义速度之比,故广义坐标的变分间的独立性与广义速度之间的独立性相同。因此,9.2.1 节中问题 1 的广义坐标及其变分的数目都为 1,独立的广义坐标的变分数目也为 1,独立的广义速度的数目为 1,自由度为 1。问题 2 的广义坐标及其变分的数目都为 3,独立的广义坐标变分的数目为 2,独立的广义速度的数目为 2,自由度为 2。

9.2.3 完整系统自由度的计算

1. 计算自由度的广义坐标法

如图 9.5 所示的平面运动刚体,若给以完整约束
$$x_C^2+y_C^2=r^2$$
则其广义坐标数为 2(可选 θ,ϕ),其自由度为 2。

若给以非完整约束

$$\dot{x}_C \tan\phi - \dot{y}_C = 0$$

则其广义坐标数为 3(可选 x_C, y_C, ϕ),其自由度为 2,因为 δx_C,δy_C 之间应满足约束

$$\delta x_C \tan\phi - \delta y_C = 0 \quad 或 \quad \frac{\delta x_C}{\delta y_C} = \tan\phi$$

本书除了专题 6"第一类拉格朗日方程"研究非完整系统外,其他地方研究的系统都是完整系统,所提出的规律性分析方法都是基于完整系统得到的,**完整系统的自由度等于广义坐标的数目**,请读者注意。

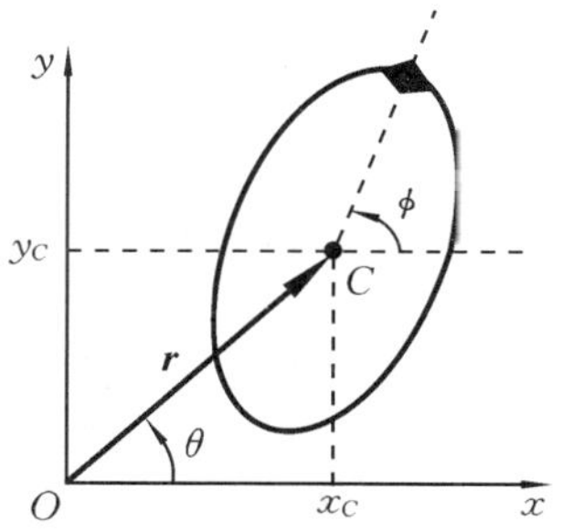

图 9.5　平面运动刚体的广义坐标和自由度

为了便于理解本书所提出的基于自由度的动力学分析方法,在本书(包括下面例题)中,除特别说明外,系统自由度是在未给定任何速度随时间变化的约束方程的假设下,按照完整约束来计算的。此外,按此方法计算得到的自由度与根据"机械原理"课程中的方法计算得到的自由度是相同的。

例 9.1　如图 9.6 所示,圆盘做平面运动,计算图 9.6(a)(b)(c)中的自由度。其中图 9.6(b)中圆盘相对地面滑动,图 9.6(c)中圆盘做纯滚动。

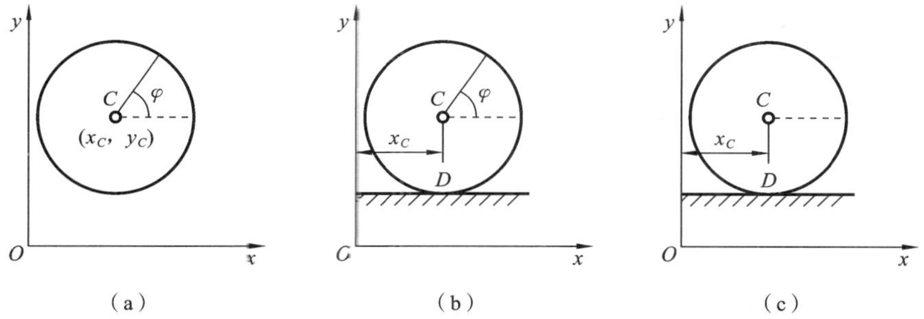

图 9.6　例 9.1 图

解　图 9.6(a)需要给定点 C 的 2 个独立坐标以及转角,自由度为 3。图 9.6(b)需要给定点 C 的 x_C 以及转角 φ,自由度为 2。图 9.6(c)只需要给定点 C 的 x_C,自由度为 1。

例 9.2　对图 9.7 中给出的 10 个完整系统,分别选取一组广义坐标,指出它们的自由度。

解　这 10 个系统均为完整系统,所以自由度数等于广义坐标数。

图 9.7(a)所示的机构若限制在平面内运动,点 D 的位置确定后,因为 OA 的长度还可以改变,故 DA 还可以绕点 D 转动,可选取 y_D 和 DA 的转角为广义坐标,系统自由度为 2。

图 9.7(b)中用 φ_1 表示 AB 的位置,BC 与 AB 通过圆柱销连接,用 φ 表示杆 BC 的位置,故选角 φ_1、φ 为广义坐标,系统自由度为 2。若限制 AB 以转速 ω 匀速转动,则 φ_1 不是广义坐标,只需选取 φ 为广义坐标,故系统自由度为 1。

图 9.7(c)中若圆柱在三角块上做纯滚动,三角块做直线平动,以位移坐标 x 定位,再用 φ 表示圆柱相对于三角块的纯滚动位置,则 x、φ 为广义坐标,系统自由度为 2。

图 9.7(d)中,细绳缠绕圆柱后系到固定点 O,绳做定轴转动,以 φ 定位;再以角 θ 表示圆柱相对细绳的纯滚动位置,则 φ、θ 为广义坐标,系统自由度为 2。

图 9.7(e)中物块 A 做直线平动,以位移坐标 x 定位,再以 φ_1 表示杆 AB 绕点 A 的转动位

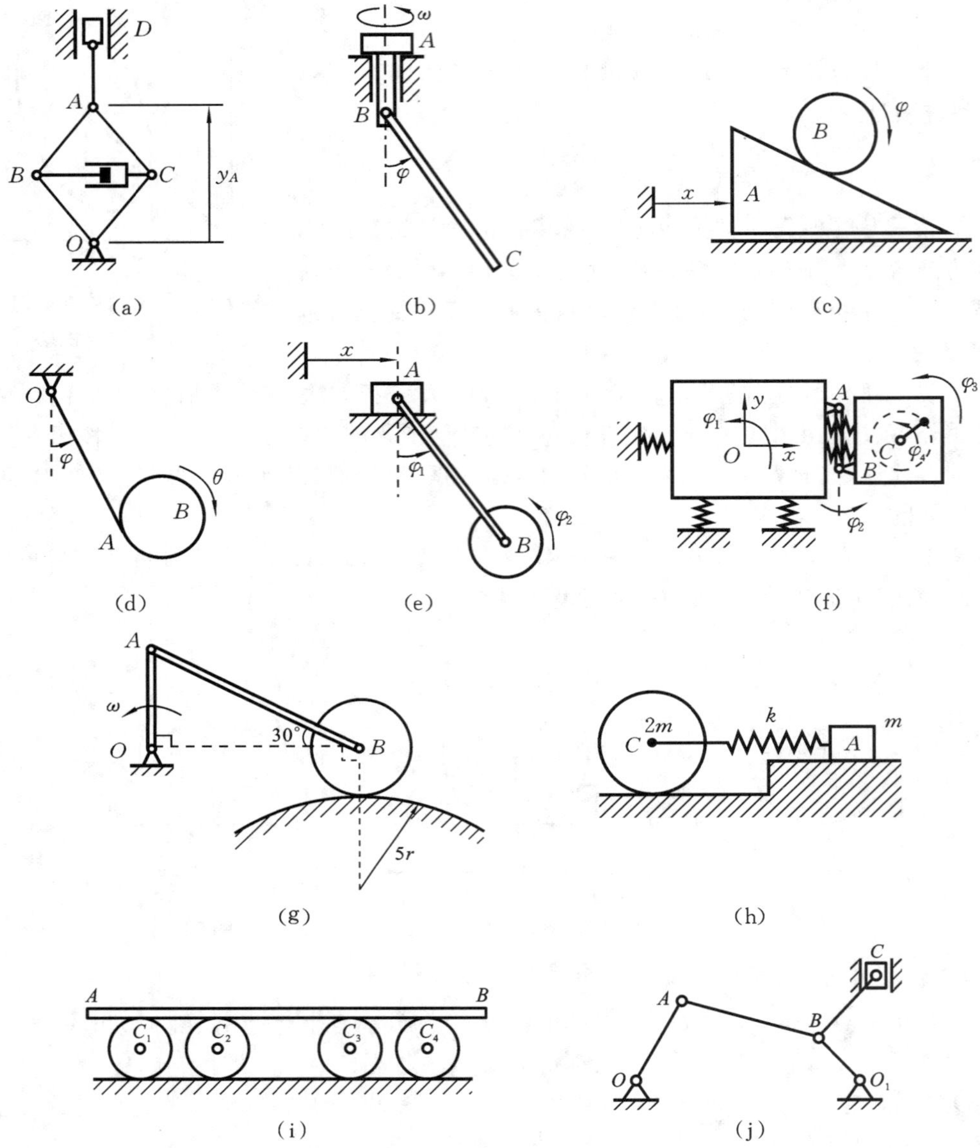

图 9.7　例 9.2 图

置，以 φ_2 表示圆盘绕点 B 的平面运动转角。所以 x、φ_1、φ_2 为广义坐标，系统自由度为 3。

图 9.7(f)所示为一个振动机构，部件 O 做平面运动，其位置用 x、y 和角 φ_1 确定；再用角 φ_2 表示杆 AB 的平面运动转角，用角 φ_3 表示部件 C 的平面运动转角，最后用角 φ_4 表示 C 内的转子相对于部件 C 的转动。所以 x、y、φ_1、φ_2、φ_3、φ_4 为广义坐标，系统自由度为 6。

图 9.7(g)中，若轮 B 做纯滚动，$\angle BOA$ 确定，所有构件就确定了，系统自由度为 1；若轮 B 相对地面可以滑动，则还需要确定轮 B 转动的角度，系统自由度为 2 。

图 9.7(h)中，若轮 C 做纯滚动，位置由一个角确定，但滑块 A 仍可运动，则系统自由度为 2。

图 9.7(i)中，假设半径相等的各圆轮相对水平地面和平板 AB 都做纯滚动，用 x 表示平板的位移，所有构件位置便确定，故系统自由度为 1。

图 9.7(j)中，判断所需要给定的广义坐标个数不太容易，但仔细分析，将发现给定滑块 C 上下移动的位移 y，所有构件位置便确定，故系统自由度为 1。

2. 动力学方程数与约束反力数之差法

采用广义坐标法求自由度，需要清楚了解机构间的运动关系，对于复杂机构，有时这并不容易，例如图 9.7(g)(j)所示的机构。对于完整系统，约束是限制位移的几何约束，可以从计算约束力数的角度，从侧面来计算自由度。自由度等于系统独立方程的总数减去系统中限制位移的独立的约束反力的总数。将系统拆分为不能再拆分的刚体，对每个刚体列出相应数目的独立方程，其中会出现约束反力。所有刚体的独立方程数之和就是系统独立方程的总数，每个刚体所出现的所有限制位移的独立的约束反力数之和就是系统中限制位移的独立的约束反力的总数。

如图 9.7(g)所示，如果未能清楚了解机构间的运动关系，在轮 B 做纯滚动和滑动两种情形下，采用广义坐标法，可能得不到正确的自由度 。

对于图 9.7(g)所示机构，有 3 个构件，总共有 9 个独立动力学方程，但 O、A 和 B 三处铰链共有 6 个独立约束反力。轮 B 与地面有支持力 F_{BN}、摩擦力 F_{Bs} 和滚动摩擦力矩 M_f 三个约束反力。当系统做纯滚动时，M_f 达到最大，$M_f=M_f^{max}=\delta F_{BN}$，故 M_f 与 F_{BN} 是不独立的，总的独立约束反力个数为 8，系统自由度为 9－8＝1。若轮 B 相对地面既滚动又滑动，F_{Bs} 也达到最大，$F_{Bs}=F_{Bs}^{max}=f_sF_{BN}$，故 F_{Bs} 与 F_{BN} 也是不独立的，总的独立约束反力个数为 7，系统自由度为 9－7＝2。

尤其值得注意的是，自由度与限制位移的独立约束反力才有关系，如图 9.7(h)中弹簧的约束反力并不限制位移，在计算自由度时就不考虑。此外，自由度还与题中所给条件有关，比如图 9.7(c)和图 9.7(g)，若圆盘出现了相对滑动，则自由度会增加 1 个。

根据主动力和约束反力的定义，做功的力是主动力，则弹簧力、发生滑动的摩擦力和滚动摩擦力矩都做功，是主动力，所以，约束反力必然是限制相应位移的相互独立的力。严格来说，自由度等于系统独立方程的总数减去系统中的约束反力总数。

对于图 9.7(i)，动力学方程数目为 15 个，独立的约束反力有 16 个(每个接触点有静滑动摩擦力和支持力)，按方程与约束力之差计算得到的自由度不是 1，这是因为该系统运动规律与只需要 2 个轮子的系统的运动规律相同，有 2 个轮子是多余的，这 2 个多余轮子称为多余约束。采用方程与约束力之差计算具有多余约束的系统的自由度时，需要将多余的约束去除。这样图 9.7(i)所示系统就变成具有 2 个轮子的系统，有 9 个方程，8 个独立约束反力，得到的自由度便是 1 。

对于图 9.7(j)，销钉 B 分别与 3 个构件均有 2 个独立的约束反力，共有 6 个约束反力，而对于销钉 B 只能得到 2 个方程。对于类似销钉 B 这样的复合铰链，计算时不能认为其只有 2 个独立约束反力。

利用上面方法计算得到的自由度是在未给定系统任何速度与时间关系的约束条件下得到的。若某一个构件匀速转动，则自由度将减 1。基于方程数目与约束反力数之差的方法可得到计算复杂机构自由度的方法，该方法在“机械原理”课程将有更多的介绍。

9.2.4　自由度与动力学方程数目的关系

设在未给定任何速度和时间 t 关系的约束下，系统自由度为 n，对于这样的具有 n 个自由度的完整系统，其自由度等于广义坐标数。假设其广义坐标为 $x_i(t)$，$i=1,2,3,\cdots,n$，给定 t 时刻 n 个 $x_i(t)$，就可以确定系统该时刻的位形，因此可以确定系统的任意点 P 的坐标，比如 $x_P(t)=f(x_1,x_2,x_3,\cdots,x_n)$。

当位形确定时，该时刻的 $\dfrac{\partial f}{\partial x_i}$ 就可确定。当给定 n 个独立的速度量时，比如 $\dot{x}_i(t)$，$i=1,2,3,\cdots,n$，系统的任意点 P 的速度分量比如 $\dot{x}_P(t)=\sum\limits_{i=1}^{n}\dfrac{\partial f}{\partial x_i}\dot{x}_i$ 就可以确定了。

当位形确定时，若已知 n 个独立的速度量，比如 $\dot{x}_i(t)$，$i=1,2,3,\cdots,n$，再已知 s 个加速度分量 $\ddot{x}_i(t)$，$i=1,2,3,\cdots,s$，则系统任意一点 P 的加速度分量 $\ddot{x}_P(t)$ 可表示为

$$\ddot{x}_P(t)=\sum_{i=1}^{s}\left[\sum_{j=1}^{s}\frac{\partial^2 f}{\partial x_i\partial x_j}\dot{x}_i\dot{x}_j+\frac{\partial f}{\partial x_i}\ddot{x}_i\right]+\sum_{i=s+1}^{n}\left[\sum_{j=1}^{n}\frac{\partial^2 f}{\partial x_i\partial x_j}\dot{x}_i\dot{x}_j+\frac{\partial f}{\partial x_i}\ddot{x}_i\right] \tag{9.9}$$

当位形确定时，该时刻的 $\dfrac{\partial f}{\partial x_i}$、$\dfrac{\partial^2 f}{\partial x_i\partial x_j}$ 就可确定。求某一时刻的速度问题，必然要已知 n 个独立的速度量。从式(9.9)可知，$\dfrac{\partial^2 f}{\partial x_i^2}(\dot{x}_i)^2$ 本质上与法向加速度相关，由给定速度确定。$\dfrac{\partial f}{\partial x_i}\ddot{x}_i$ 本质上与切向加速度或角加速度有关。求系统该时刻任意点的加速度，当已知 s 个加速度分量 $\ddot{x}_i(t)$ 时，对 $\ddot{x}_i(t)$ 积分可得到 s 个非定常几何约束，自由度变成 $n-s$。故还需要与自由度数目相同的与切向加速度或角加速度有关的量。对于动力系统，只有通过动力学方程才能利用这些量描述力与 $n-s$ 个未知切向加速度或角加速度关系。因此，可以得到如下结论：若只求未知加速度与已知主动力的关系，对于 n 个自由度系统，若能不引入任何未知力，求出所有广义加速度(广义速度对时间的导数)，则需且只需要列 n 个动力学方程(求部分加速度，方程数目可能少于 n)。

对于自由度为 n 的系统，若求所有的广义加速度，则只需要列 n 个动力学二阶微分方程的结论也可以这样来理解。由 N 个相互独立的质点组成的质点系，在笛卡儿坐标系下有 $3N$ 个独立的加速度量，已知任意形式的约束方程(约束方程是描述一段时间内的坐标或者速度的方程)，将该方程对时间求导便可得到加速度的关系方程，将 r 个完整约束和 s 个非完整约束方程对时间求导可得到 $r+s$ 个加速度关系方程，故系统独立的加速度数目为 $3N-r-s$，等于自由度数。要求出所有未知的加速度就必须列 $3N-r-s$ 个动力学二阶微分方程。因此对于非完整系统，也能得到需列的动力学方程数目等于自由度数目的结论。

需要说明的是，为了便于理解本书所提出的基于自由度的动力学分析方法，在本书后续章节中，除非特殊说明，系统自由度指的是在未给定任何速度随时间变化的约束方程的假设下，按照完整约束来计算的。按这样的自由度定义，则可得到如下结论。

对于 n 个自由度系统，若已知 s 个与切向加速度(或角加速度)有关的加速度量，不求任何未知力，则至少需 $k=n-s$ 个动力学二阶微分方程；若还需求 m 个力，则至少还需补充 m 个动力学二阶微分方程。若利用某种理论能不引入其他不待求的未知力，则需且只需列 $k=n-s+m$ 个动力学二阶微分方程(若待求的是仅与法向加速度有关的法向约束力，则 $k=n-s$)。由其他任何动力学理论得到的未引入其他不待求的未知力的动力学二阶微分方程必然可由这

这个方程联合运动学加速度关系推出，是不独立的，不需要再列。

9.3　机械能守恒定律

机械能守恒定律

有的时候动能定理积分形式可以转化为更简单的形式，比如机械能守恒定律。在机械能守恒定律中引入势能的概念，用能量变化来表示功的作用效果，这样的转化在物理学研究中具有很重要的意义。势能和机械能的概念不仅有助于机械系统的分析，而且可推广应用到多物理场复杂系统的动力学分析上。各物理场所遵循的规律有些不同，但采用能量来描述，各物理场之间可通过能量这一共同量建立相互作用的桥梁，使得分析多物理场耦合问题变得相对方便。

9.3.1　势力和势能

1. 势力与势能

如果质点在一个空间区域内的任意位置上，受到确定大小和方向的作用力，这个力为矢量，是位置的单值、有界和可微的函数，则这个区域称为**力场**，力场对质点的作用力称为**场力**。如果一个场力 $\boldsymbol{F}=\boldsymbol{F}(x,y,z)=\boldsymbol{F}(\boldsymbol{r})$ 所做的功与路径无关，则 $\boldsymbol{F}$ 称为**势力**（或**有势力**）或**保守力**，对应的力场称为**势力场**或**保守力场**。

在直角坐标系 $Oxyz$ 中，设势力为

$$\boldsymbol{F}(x,y,z)=F_x\boldsymbol{i}+F_y\boldsymbol{j}+F_z\boldsymbol{k} \tag{9.10}$$

如图 9.8 所示，当质点从点 $M(x,y,z)$ 运动到点 $M_0(x_0,y_0,z_0)$ 时，势力所做的功记为 V。让 M_0 不变而改变 M，因为势力做功与路径无关，所以 V 是点 M 的矢径 $\boldsymbol{r}$ 或坐标 (x,y,z) 的单值函数，这个单值函数 $V(x,y,z)$ 称为势力 $\boldsymbol{F}$ 的势能，有

$$V(x,y,z)=\int_{\widehat{MM_0}}\boldsymbol{F}\cdot \mathrm{d}\boldsymbol{r}=\int_{\widehat{MM_0}}(F_x\mathrm{d}x+F_y\mathrm{d}y+F_z\mathrm{d}z) \tag{9.11}$$

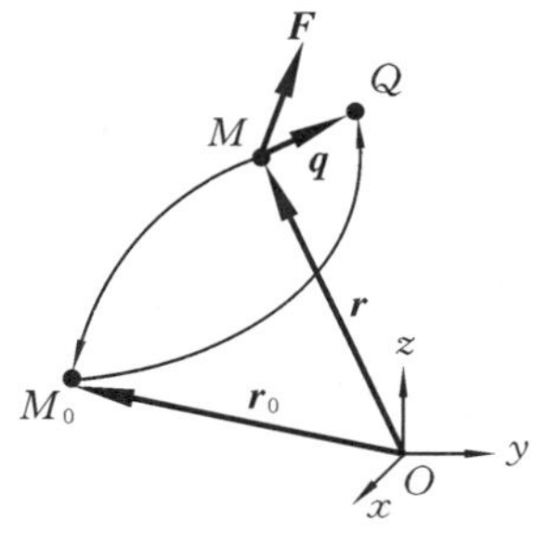

图 9.8　势力在微小位移上做功

显然，不管点 M_0 取在何处，都有 $V(x_0,y_0,z_0)=0$，所以点 M_0 称为**零势点**。从方程(9.11)易知，对同一个势力场，选取不同的零势点，势能的结果只相差一个常数，因此，计算势能时，零势点可以视方便任意选取。

***2. 势力与势能的关系**

由 $V(x,y,z)=$常数所确定的空间曲面称为**等势面**。显然，质点在等势面上运动，势力不做功。由前面功的计算已知，重力和弹性力对质点做功与路径无关，因此它们是势力。由这两种力做功的计算公式可知，重力的等势面是任意一个水平面；而一端固定的拉伸弹簧，其弹性力的等势面为任意一个球面。

下面来推导势能与势力的微分关系。如图 9.8 所示，在势力场中，质点以任意路径到达点 $M(x,y,z)$ 后，再让它沿任意路径到达点 M 邻域内的任意点 Q，由于势力做功与路径无关，从点 M 到点 Q，势力 $\boldsymbol{F}$ 所做的功为

$$\delta W_{MQ}=\boldsymbol{F}\cdot\boldsymbol{q} \tag{9.12}$$

其中
$$\boldsymbol{q}=\overrightarrow{MQ}=q_x\boldsymbol{i}+q_y\boldsymbol{j}+q_z\boldsymbol{k},\quad |\boldsymbol{q}|\to 0 \tag{9.13}$$
即 $\boldsymbol{q}$ 为一个任意长度的微元矢量。由方程(9.11)并考虑方程(9.13),功 δW_{MQ} 也可用势能来表示,即

$$\begin{aligned}\delta W_{MQ}&=\int_{\overset{\frown}{MQ}}\boldsymbol{F}\cdot \mathrm{d}\boldsymbol{r}=\int_{\overset{\frown}{MM_0}}\boldsymbol{F}\cdot \mathrm{d}\boldsymbol{r}+\int_{\overset{\frown}{M_0Q}}\boldsymbol{F}\cdot \mathrm{d}\boldsymbol{r}\\&=-\left(\int_{\overset{\frown}{QM_0}}\boldsymbol{F}\cdot \mathrm{d}\boldsymbol{r}-\int_{\overset{\frown}{MM_0}}\boldsymbol{F}\cdot \mathrm{d}\boldsymbol{r}\right)\\&=-[V(x+q_x,y+q_y,z+q_z)-V(x,y,z)]\\&=-\left(\frac{\partial V}{\partial x}q_x+\frac{\partial V}{\partial y}q_y+\frac{\partial V}{\partial z}q_z\right)\\&=-\left(\frac{\partial V}{\partial x}\boldsymbol{i}+\frac{\partial V}{\partial y}\boldsymbol{j}+\frac{\partial V}{\partial z}\boldsymbol{k}\right)\cdot(q_x\boldsymbol{i}+q_y\boldsymbol{j}+q_z\boldsymbol{k})\\&=-(\mathbf{grad}V)\cdot\boldsymbol{q}\end{aligned} \tag{9.14}$$

其中
$$\mathbf{grad}V=\frac{\partial V}{\partial x}\boldsymbol{i}+\frac{\partial V}{\partial y}\boldsymbol{j}+\frac{\partial V}{\partial z}\boldsymbol{k} \tag{9.15}$$
为势能函数 $V(x,y,z)$ 的梯度矢量。由于 $\mathbf{grad}V$ 也是在空间分布的一个函数,因此也称为势能函数 $V(x,y,z)$ 的梯度场。由式(9.12)和式(9.14)得
$$\boldsymbol{F}\cdot\boldsymbol{q}=-(\mathbf{grad}V)\cdot\boldsymbol{q} \tag{9.16}$$
由于矢量 $\boldsymbol{q}$ 的大小和方向都是任意的,因此由式(9.16)可知
$$\boldsymbol{F}=-(\mathbf{grad}V)=-\left(\frac{\partial V}{\partial x}\boldsymbol{i}+\frac{\partial V}{\partial y}\boldsymbol{j}+\frac{\partial V}{\partial z}\boldsymbol{k}\right) \tag{9.17}$$
或
$$F_x=-\frac{\partial V}{\partial x},\quad F_y=-\frac{\partial V}{\partial y},\quad F_z=-\frac{\partial V}{\partial z} \tag{9.18}$$

以上实际上证明了一个结论:势力一定是某个空间函数的梯度。这里取了势能这个功函数。

这个结论的逆命题也是成立的,即如果一个场力是某个空间函数的梯度,则该力做功一定与路径无关,也一定是势力。证明比较简单,请读者自己完成。

9.3.2 具有势力时系统的动能定理

一个质点系中的所有力可以分成势力(保守力)和非势力(非保守力)。由上面的结果已知,势力对质点系中每个质点所做的功可以用势能来描述,显然,将质点系中各个质点的势能叠加就得到整个质点系的势能,仍然记为 V。在图 9.9 中,仅有势力作用的质点系在 t_1 到 t_2 时刻,从位置 1 运动到位置 2,因为势力做功与路径无关,所以势力对质点系所做的功可以等效为质点系从位置 1 运动到位置 0,再运动到位置 2。设位置 0 为势力的零势能点,因此
$$W_{12}=W_{10}+W_{02}=V_1-V_2 \tag{9.19}$$
其中,V_1、V_2 分别代表质点系在 t_1、t_2 时刻的势能。可将仅有势力做功的动能定理写成
$$T_2+V_2=T_1+V_1 \tag{9.20}$$

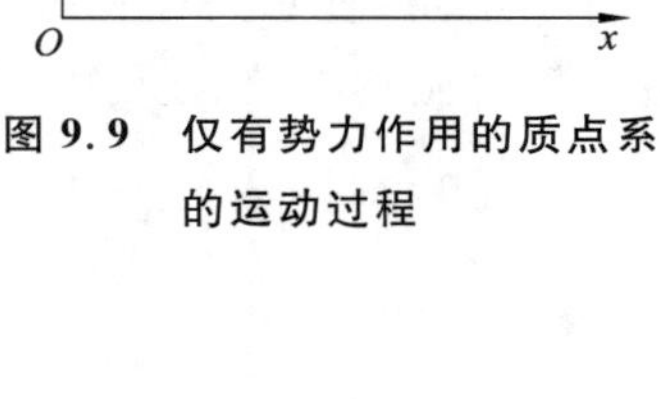

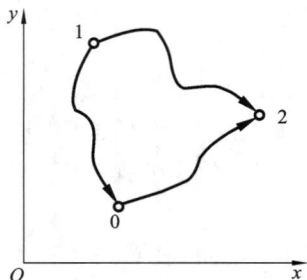

图 9.9　仅有势力作用的质点系的运动过程

图 9.10 所示为由具有质量的物体和弹簧构成的系统,其受

到扰动后就可以一直振动下去，体现了机械运动最基本的特征，是最简单的机械系统。因此将弹簧所具有的势能与物体所具有的重力势能和动能的总和称为**机械能**，记为 E，即

$$E=T+V \tag{9.21}$$

则方程(9.20)可写为

$$E_2=E_1 \tag{9.22}$$

这就是在势力作用下，质点系动能定理的积分形式。将 E_1 固定，对式(9.22)微分，可得动能定理的微分形式

$$\mathrm{d}E=0 \tag{9.23}$$

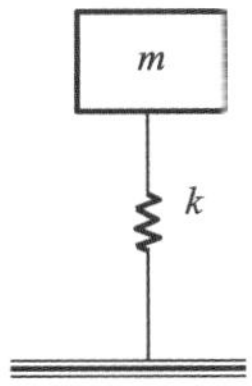

图 9.10　具有质量的物体和弹簧构成的系统

当质点系只有势力和做功恒为零的力作用时，该质点系称为保守系统。对于该系统，有

$$E=常数 \tag{9.24}$$

上述定律称为机械能守恒定律。

9.3.3　带弹簧的动力学问题

例 9.3　如图 9.11(a)所示，光滑斜面上有一质量为 m 的物块 A 在与斜面平行的刚度系数为 k 的弹簧作用下，在图 9.11(b)位置处于静平衡位置，其中 Δ 为处于静平衡位置时弹簧拉伸变形量。若在静平衡位置时物块以速度 v 沿斜面向下运动，求：(1) 弹簧拉伸变形为 $x+\Delta$ 时，物块 A 的速度 v_2；(2) 物块 A 在静平衡位置附近做微幅振动的运动微分方程。

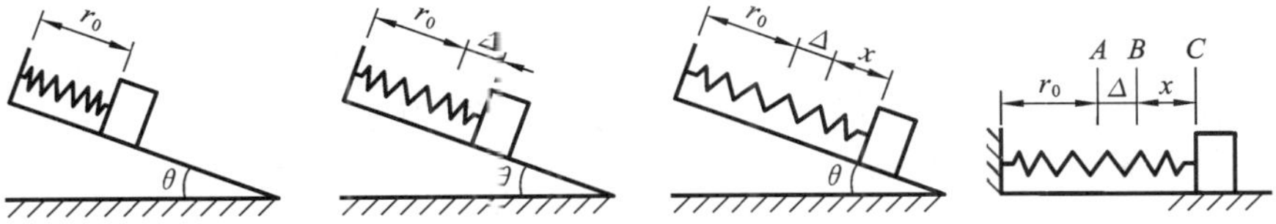

(a)　(b)　(c)　(d)

图 9.11　例 9.3 图

解　(1) 求速度。

方法 1　取弹簧原长位置为弹性势能和重力势能的零势能点。

如图 9.11(b)所示，处于静平衡位置(弹簧拉伸变形为 Δ)时，有

$$mg\sin\theta=k\Delta \tag{a}$$

$$U_1=-mg\Delta\sin\theta+\frac{1}{2}k\Delta^2 \tag{b}$$

如图 9.11(c)所示，当弹簧拉伸变形为 $x+\Delta$ 时，有

$$U_2=-mg(x+\Delta)\sin\theta+\frac{1}{2}k\,(x+\Delta)^2 \tag{c}$$

由式(a)至式(c)有

$$U_2-U_1=-mgx\sin\theta+\frac{1}{2}kx^2+kx\Delta=\frac{1}{2}kx^2$$

由机械能守恒定律有

$$\frac{1}{2}mv_2^2=\frac{1}{2}mv^2-\frac{1}{2}kx^2 \tag{d}$$

故
$$v_2=\sqrt{v^2-\frac{k}{m}x^2}$$

方法 2　取系统处于静平衡状态的位置为弹性势能和重力势能零势能点。

$$mg\sin\theta=k\Delta$$
$$U_1=0$$
$$U_2=-mg\sin\theta x+\frac{1}{2}k\ (x+\Delta)^2-\frac{1}{2}k\Delta^2=-mg\sin\theta x+\frac{1}{2}kx^2+kx\Delta=\frac{1}{2}kx^2$$

由机械能守恒定律有

$$\frac{1}{2}mv_2^2=\frac{1}{2}mv^2-\frac{1}{2}kx^2 \tag{e}$$

故
$$v_2=\sqrt{v^2-\frac{k}{m}x^2}$$

(2) 求物块 A 在静平衡位置附近做微幅振动的运动微分方程。

由牛顿第二定律，有

$$mg\sin\theta-k(x+\Delta)=\frac{m\mathrm{d}^2(x+\Delta)}{\mathrm{d}t^2} \tag{f}$$

将式(a)代入式(f)得到运动微分方程：

$$\frac{\mathrm{d}^2x}{\mathrm{d}t^2}+\omega_{\mathrm{n}}^2x=0 \tag{g}$$

其中
$$\omega_{\mathrm{n}}=\sqrt{\frac{k}{m}}$$

从上面分析可知，选取的零势能点不同，各时刻的势能也不同，但前后时刻的势能差不变，故计算结果相同，取静平衡位置计算一般要简单些。此外，从例 9.3 可知，系统处于静平衡位置是因为重力与弹性力平衡，故能够建立重力与弹性力关系式，将该关系式代入势能表达式。如果弹性势能从静平衡方程开始计算，就可以不考虑重力，问题就变得简单，如此，系统就可以等效为图 9.11(d)所示的光滑水平面上的质量弹簧系统，不用计算重力，只用计算弹性系数乘以相对于静平衡位置的变形量的部分弹性力。式(g)是振动问题中固有频率为 ω_{n} 的周期振动的运动微分方程。式(g)表明，运动微分方程或固有频率中没有弹簧静变形和重力项。那么，什么条件下才能采用这样的简单方法呢?

在学习虚功原理后，可以得到如下简单的判据。对于大幅振动的单自由度保守系统，应用机械能守恒定律求速度问题时，若在振动过程中系统同时满足如下两个条件，则在计算势能时，不考虑弹簧静变形和重力势能：①势力作用点处的速度与速度自变量的比例系数一直保持不变；②势力作用点处的速度矢量与势力矢量夹角一直保持不变。需要说明的是，上述仅是充分条件。

例 9.4　有一系统如图 9.12 所示，当物块 M 距离地面 h 时，系统处于平衡。现在给 M 一向下的初速度 v_0，使其恰能到达地面处，问 v_0 应为多少? 已知物块 M 和滑轮 A、B 所受的重力均为 P，且滑轮可看成均质圆盘，弹簧的刚度系数为 k，绳与轮之间无滑动。

解法 1　取弹簧原长所处位置为弹性势能零点，地面为重力势能零点。最右边的绳子可以视为固定地面，圆盘 B 相对其做纯滚动，点 D 为其速度瞬心，故其角速度为$\frac{v_0}{2r}$，因此，系统总

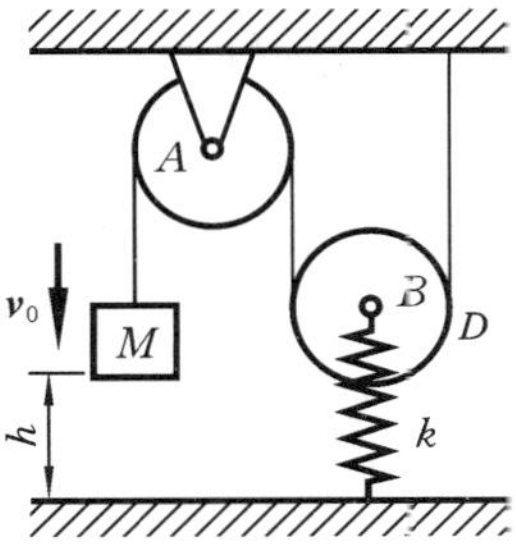

图 9.12　例 9.4 图

动能为

$$T_1=\frac{1}{2}\frac{P}{g}v_0^2+\frac{1}{2}\frac{1}{2}\frac{P}{g}r^2\frac{v_0^2}{r^2}+\frac{1}{2}\frac{3}{2}\frac{P}{g}r^2\left(\frac{v_0}{2r}\right)^2=\frac{15}{16}\frac{P}{g}v_0^2$$

$$T_2=0,\quad U_1=Ph+\frac{k}{2}\delta_s^2+Pd+U_A$$

式中：δ_s 为弹簧静平衡时伸长量；d 为滑轮 B 的质心在静平衡时距离地面的高度；U_A 为滑轮 A 的重力势能。

$$U_2=\frac{k}{2}\left(\delta_s+\frac{h}{2}\right)^2+P\left(d+\frac{h}{2}\right)+U_A$$

故

$$U_1-U_2=\frac{Ph}{2}-\frac{1}{2}k\delta_s h-\frac{kh^2}{8}$$

由滑轮 B 的静力平衡可得

$$k\delta_s=P$$

所以

$$U_1-U_2=-\frac{kh^2}{8}$$

由机械能守恒定律得

$$v_0=h\sqrt{\frac{2kg}{15P}}$$

解法 2　系统动能为

$$T_1=\frac{1}{2}\frac{P}{g}v_0^2+\frac{1}{2}\frac{1}{2}\frac{P}{g}r^2\frac{v_0^2}{r^2}+\frac{1}{2}\frac{3}{2}\frac{P}{g}r^2\left(\frac{v_0}{2r}\right)^2=\frac{15}{16}\frac{P}{g}v_0^2,\quad T_2=0$$

该题同时满足上述可以消除重力的两个条件，故取静平衡位置为弹性势能及重力势能的零点，有

$$V_1=U_A,\quad V_2=\frac{1}{2}k\left(\frac{h}{2}\right)^2+U_A=\frac{1}{8}kh^2+U_A$$

得

$$v_0=h\sqrt{\frac{2kg}{15P}}$$

9.4　功率方程及其应用

功率方程
及其应用

9.4.1　功率方程

在例 8.9 中，若求作用在杆 OA 上的力偶矩 M，应用动量和动量矩定理会引入很多不待求的未知力，计算量过大。那么，能否建立一种新的分析方法，在一定程度上克服应用动量和动量矩定理导数形式求加速度与力的关系问题时计算量大的缺点呢？能否借鉴推导动能定理积分形式，采用点积的数学方法来解决此问题呢？下文探讨该思路是否可行。为不引入与速度方向垂直的力，应用牛顿第二定律 $m\boldsymbol{a}=\boldsymbol{F}$，将图 9.13 所示的作用点的力矢量与该点速度矢量点积可得

$$\boldsymbol{F}\cdot\boldsymbol{v}=m\boldsymbol{a}\cdot\boldsymbol{v}\tag{9.25}$$

$$\boldsymbol{F}\cdot\boldsymbol{v}=m\frac{\mathrm{d}\boldsymbol{v}}{\mathrm{d}t}\cdot\boldsymbol{v}=\frac{\mathrm{d}\left(\frac{1}{2}mv^2\right)}{\mathrm{d}t}=\frac{\mathrm{d}T}{\mathrm{d}t}\tag{9.26}$$

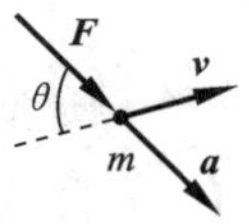

图 9.13　力矢量和速度矢量

力对系统做同样的功，或者系统对外做同样的功，可以多花一些时间，也可以少花一些时间。在日常生活中，大家有这样的体会，搬运同样的重物(做功相同)，搬快了人明显感到吃力。由此可见，系统做功的快慢表征了系统的一种性能或能力。因此将系统做功的时间变化率，即式(9.26)左边称为**功率**，记为 P。定义式为

$$P=\frac{\delta W}{\mathrm{d}t}=\boldsymbol{F}\cdot\boldsymbol{v} \tag{9.27}$$

从式(9.26)可知功率等于动能的变化率，方程(9.26)称为**功率方程**。

如图 9.13 所示，由式(9.26)得

$$Fv\cos\theta=ma^{\mathrm{t}}v \tag{9.28}$$

对于质点系，功率方程表示为

$$\sum\boldsymbol{F}_i\cdot\boldsymbol{v}_i+\sum\boldsymbol{M}_j\cdot\boldsymbol{\omega}_j=\frac{\mathrm{d}T}{\mathrm{d}t}$$

方程(9.27)中，若功率用$\frac{\delta W}{\mathrm{d}t}$表示，则功率方程写作

$$\frac{\delta W}{\mathrm{d}t}=\frac{\mathrm{d}T}{\mathrm{d}t} \tag{9.29}$$

从式(9.28)等号左边可知，式(9.29)的微元功 δW 中的力及位置量 θ 应当作常量，$\frac{\delta W}{\delta t}$应采用除法法则而不是如同动能一样应用求导法则。实际上，式(9.28)就是牛顿第二定律的切向分量形式，舍弃不做功的法向分量，避免引入与速度方向垂直的力，用来求解切向加速度，揭示的是质点在微小时间段 $\mathrm{d}t$ 内做匀加速直线运动，故力与速度夹角保持不变，力的大小也认为不变。

转动的物体作用于被连接物体的力对转轴的矩为**转矩**，转矩 M 的功率为

$$P=\frac{\delta W}{\mathrm{d}t}=\frac{M\mathrm{d}\varphi}{\mathrm{d}t}=M\omega \tag{9.30}$$

其中，ω 为物体转动的角速度。功率的标准单位为 W(瓦)，1 W=1 J/s。

从力学的观点看，大部分机械系统是要对外做功去完成某个预定任务的。在任意时刻 t，一个机械系统在 Δt 时间内所做的功，可以分为外界输入系统的功(input work)δW_{I}、系统为了完成要求的任务而对外做的有用功(effective work)δW_{E} 以及系统所做的无用功(unavailable work)δW_{U}。当这些量按以上定义都为正值时，则动能定理可以写成

$$\mathrm{d}T=\delta W_{\mathrm{I}}-\delta W_{\mathrm{E}}-\delta W_{\mathrm{U}} \tag{9.31}$$

必须指出，式(9.31)等号右边各个功的计算不能死板地套用前面功的计算公式，而需要先将系统所受的力分类，再分别计算各类力做功之和的绝对值，然后再赋以正确的符号，其中 δW_{I} 以能源向系统输入能量为正，δW_{E} 以系统向外界做有效功为正，δW_{U} 以系统消耗不必要的(预定任务之外的)能量为正。式(9.31)两边除以 $\mathrm{d}t$ 得

$$\frac{\mathrm{d}T}{\mathrm{d}t}=P_{\mathrm{I}}-P_{\mathrm{E}}-P_{\mathrm{U}} \tag{9.32}$$

其中，P_{I}、P_{E}、P_{U} 分别为输入功率、有用功率和无用功率。可知：

当 $P_{\mathrm{I}}>P_{\mathrm{E}}+P_{\mathrm{U}}$ 时，$\mathrm{d}T/\mathrm{d}t>0$，系统加速运行；

当 $P_I < P_E + P_U$ 时，$dT/dt < 0$，系统减速运行；

当 $P_I = P_E + P_U$ 时，$dT/dt = 0$，系统恒速运行。

实际中，总是希望将输入功率尽可能转化为有用功率，机械系统的这种性能称为**机械效率**，定义为

$$\eta = \frac{P_E}{P_I} \times 100\% \tag{9.33}$$

例 9.5　一电动机功率为 4 kW 的水泵机组，其效率为 0.6，如果要将 900 m^3 的水送到 12 m 高的地方，问需要多少时间？

解　有用功率为

$$P_E = P_I \eta = 4 \times 0.6\ \text{kW} = 2.4\ \text{kW}$$

将 900 m^3 的水送到 12 m 高的地方，需要做的功为

$$W_E = mgh = 900 \times 10^3 \times 9.8 \times 12\ \text{J} = 1.0584 \times 10^8\ \text{J}$$

设送水所需时间为 T，则有

$$P_E T = W_E$$

所以

$$T = \frac{W_E}{P_E} = \frac{1.0584 \times 10^8}{2.4 \times 10^3}\ \text{s} = 44100\ \text{s} = 12.25\ \text{h}$$

9.4.2　功率方程的应用

例 9.6　已知质量为 m、半径为 R 的均质圆盘，圆心 C 通过刚度系数为 k 的弹簧水平连接在固定墙面上，圆盘放置在粗糙水平地面上，如图 9.14(a)所示。在力偶矩 M 和力 F 作用下，当弹簧压缩量为 δ 时，圆盘由静止释放后做纯滚动，求释放瞬时圆盘的角加速度。

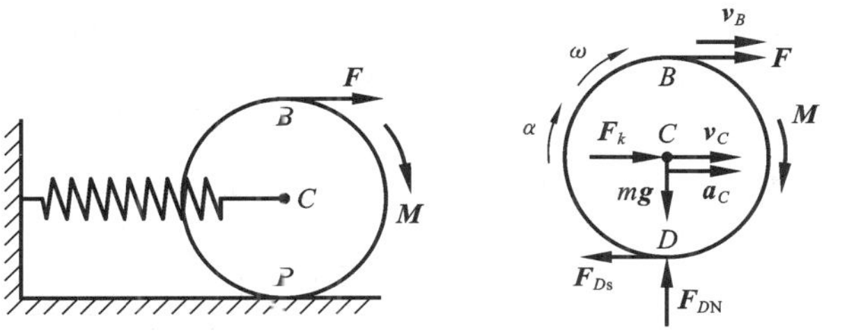

图 9.14　例 9.6 图

分析　该题为 1 个自由度系统，未知任何与切向加速度和角加速度有关的信息，所以至少需列 1 个动力学方程。当然，可以应用动量矩定理。这里采用功率方程来分析，探讨用功率方程求加速度问题的一般格式。

解　虽然此时 $\omega = 0$，但在求导之前，根据数学求导的本质，应将 ω 视为时间的变量，而不能代入具体值，故设圆盘角速度为 ω，则

$$T = \frac{1}{2} m v_C^2 + \frac{1}{2} J_C \omega^2 \tag{a}$$

$$\frac{dT}{dt} = m a_C^t v_C + J_C \alpha \omega \tag{b}$$

由功率方程有

$$\boldsymbol{F}_k \cdot \boldsymbol{v}_C + \boldsymbol{F} \cdot \boldsymbol{v}_B + \boldsymbol{M} \cdot \boldsymbol{\omega} = \mathrm{d}T/\mathrm{d}t \tag{c}$$

由式(c)得

$$v_C k\delta + F v_B + M\omega = \mathrm{d}T/\mathrm{d}t = m a_C^{\mathrm{t}} v_C + J_C \alpha\omega \tag{d}$$

由运动学速度关系有：

$$v_B = 2R\omega, \quad v_C = R\omega \tag{e}$$

将式(e)代入式(d)得

$$(Rk\delta + 2RF + M)\omega = (m a_C^{\mathrm{t}} R + J_C \alpha)\omega \tag{f}$$

对式(f)消去变量 ω 得

$$Rk\delta + 2RF + M = m a_C^{\mathrm{t}} R + J_C \alpha \tag{g}$$

由运动学加速度关系：

$$a_C^{\mathrm{t}} = R\alpha \tag{h}$$

将式(h)代入式(g)得

$$\alpha = \frac{2}{3mR^2}(Rk\delta + 2RF + M)$$

刚体的速度瞬心容易找到，若采用速度瞬心来表示动能，在一定条件下可得到 $\frac{\mathrm{d}T}{\mathrm{d}t} = J_P \alpha\omega$，这样计算更简单。下面给出其成立条件。

如图 8.15 所示，有

$$T = \frac{1}{2} J_C \omega^2 + \frac{1}{2} m v_C^2 = \frac{1}{2} J_C \omega^2 + \frac{1}{2} m r_{PC}^2 \omega^2$$

$$\frac{\mathrm{d}T}{\mathrm{d}t} = (J_C + m r_{PC}^2)\alpha\omega + m r_{PC} \frac{\mathrm{d}r_{PC}}{\mathrm{d}t}\omega^2 = J_P \alpha\omega + m r_{PC} \frac{\mathrm{d}r_{PC}}{\mathrm{d}t}\omega^2 = \left(J_P \alpha + m r_{PC} \frac{\mathrm{d}r_{PC}}{\mathrm{d}t}\omega\right)\omega \tag{i}$$

将式(i)代入方程(9.26)有

$$\left(\sum F_i s_i\right)\omega = \left(J_P \alpha + m r_{PC} \frac{\mathrm{d}r_{PC}}{\mathrm{d}t}\omega\right)\omega \tag{j}$$

式(j)的左右两边消去速度 ω 后便可得到类似动量矩形式的方程：

$$\sum F_i s_i = J_P \alpha + m r_{PC} \frac{\mathrm{d}r_{PC}}{\mathrm{d}t}\omega \tag{k}$$

式中：s_i 是单自由度系统中做功力 F_i 作用点处的速度与速度 ω 的关系系数。

若式(k)能变成 $\sum F_i s_i = J_P \alpha$，则功率方程 $\sum \boldsymbol{F}_i \cdot \boldsymbol{v}_i = J_P \alpha\omega$ 成立条件为 $\frac{\mathrm{d}r_{PC}}{\mathrm{d}t} = 0$(求导比较复杂，可利用导数定义，由左极限与右极限相等来确定)或 $\omega = 0$ 或 $r_{PC} = 0$(即速度瞬心为质心，此时并不要求 $\frac{\mathrm{d}r_{PC}}{\mathrm{d}t} = 0$)。这也是对速度瞬心应用简约式动量矩定理的成立条件。对于单个刚体，功率方程与满足上述条件的特殊速度瞬心的简约式动量矩定理是相同的。对于在任意形状地面做纯滚动的任意曲面刚体，当质心在与地面接触面对应点 P 的公法线上时，$\frac{\mathrm{d}T}{\mathrm{d}t} = J_P \alpha\omega$ 才成立。

对于无滑动摩擦或滑动摩擦力对应的支持力容易求解的单自由度系统，由例 9.6 可以发现，利用功率方程求解其力与加速度关系的问题具有如下格式。

(1) 给出待求位置的功率和任意位置的动能表达式。

假设系统由 2 个刚体组成，其中刚体 1 的动能用质心来求得，刚体 2 的速度瞬心 P_2 是满足简约式动量矩定理的特殊速度瞬心，其动能用速度瞬心求得。

$$T=\left[\frac{1}{2}m_1(v_{C_1x}^2+v_{C_1y}^2)+\frac{1}{2}J_{C_1}\omega_1^2\right]+\frac{1}{2}J_{P_2}\omega_2^2 \tag{9.34}$$

$$\frac{\mathrm{d}T}{\mathrm{d}t}=m_1(a_{C_1x}v_{C_1x}+a_{C_1y}v_{C_1y})+J_{C_1}\alpha_1\omega_1+J_{P_2}\alpha_2\omega_2 \tag{9.35}$$

(2) 对于单自由度系统，任选某一速度量(比如 ω_1，$\omega_1=\dot{\theta}_1$，最好便于计算其他速度)为速度自变量，对于任意速度因变量 $\dot{x}_i(\theta_1)$，由运动学理论必然可得到如下关系

$$\dot{x}_i(\theta_1)=s_i(\theta_1)\omega_1+0 \tag{9.36}$$

将式(9.36)代入功率方程，得到

$$\left(\sum F_ik_i\cos\varphi_i+\sum M_jk_j\right)\omega_1=\omega_1f_1(a_{C_1x},a_{C_1y},\alpha_1,\alpha_2) \tag{9.37}$$

方程(9.37)左右两边同时消去 ω_1 后，再取某一个切向加速度或角加速度为自变量(比如 α_1)，由运动学知识建立式(9.37)中加速度与 α_1 的关系，得

$$\sum F_is_i\cos\varphi_i+\sum M_js_j=f_1(\alpha_1,\omega_1^2) \tag{9.38}$$

利用式(9.38)便可得到做功的力与角加速度的关系。求出加速度自变量后，由运动学知识可求任意待求的与切向加速度或角加速度有关的加速度量。

本书将该方法称为功率方程方法 1。

对于动能表达式(式(9.34))，也可以利用式(9.36)先将其中速度量以自变量 ω_1 来表示，得到仅含有 1 个速度量和速度关系系数 $s_i(\theta_1)$ 的动能表达式：

$$T=\left[\frac{1}{2}m_1(v_{C_1x}^2+v_{C_1y}^2)+\frac{1}{2}J_{C_1}\omega_1^2\right]+\frac{1}{2}J_{P_2}\omega_2^2=\frac{1}{2}\sum m_i(s_i(\theta_1)\omega_1)^2 \tag{9.39}$$

$$\frac{\mathrm{d}T}{\mathrm{d}t}=\sum m_is_i(\theta_1)\frac{\mathrm{d}s_i}{\mathrm{d}\theta_1}\omega_1^3+\sum m_is_i^2(\theta_1)\omega_1\alpha_1 \tag{9.40}$$

将式(9.36)代入功率方程，并考虑式(9.40)，得到

$$\left(\sum F_is_i\cos\varphi_i+\sum M_js_j\right)\omega_1=\omega_1\left[\sum m_is_i(\theta_1)\frac{\mathrm{d}s_i}{\mathrm{d}\theta_1}\omega_1^2+\sum m_is_i^2(\theta_1)\alpha_1\right] \tag{9.41}$$

方程(9.41)左右两边同时消去 ω_1，便可得到做功的力和角加速度的关系。

由合成运动方法得到方程(9.36)，再基于方程(9.39)得到方程(9.41)的方法，本书称为功率方程方法 2。对于建立坐标关系，然后对时间求导得到方程(9.36)，其他步骤同方法 2 的方法，本书将其称为功率方程方法 3。

方法 2 与方法 3 求解步骤差异不大，但与方法 1 差异较大。当方程(9.36)都可由比例关系或直角三角形关系得到时，s_i 是常数或简单的三角函数，计算方程(9.41)中的 $\frac{\mathrm{d}s_i}{\mathrm{d}\theta_1}$ 不是很复杂。否则，计算 $\frac{\mathrm{d}s_i}{\mathrm{d}\theta_1}$ 将涉及由余弦定理或正弦定理导致的对根号内的变量求导。方法 1 利用合成运动方法回避了求导运算，当方程(9.36)不都由比例关系或直角三角形关系得到时，该法更简单。利用机械能守恒并求导的方法实际上就是功率方程方法 2 或方法 3。

选取合适的方法分析动力学问题尤为重要。基于上面的分析，并结合后续课程的内容，有如下的结论：

(1) 对于单自由度多刚体系统，若无滑动摩擦或与滑动摩擦力对应的支持力易求，仅求做

功的力或与角加速度、切向加速度相关的量，不求约束反力，则优选功率方程方法。对于单刚体单自由度系统，求解类似问题时用动静法更简单。

(2) 确定选择功率方程方法后，若动能表达式中的相关速度关系都是比例关系或由直角三角形关系得到的简单三角函数，则比较方法 2(方法 3)与方法 1 后进行选择，一般对于由较多刚体组成的系统，方法 2(方法 3)比方法 1 简单。若动能表达式中的相关速度关系不都是比例关系或由直角三角形得到的简单三角函数，则方法 1 比方法 2(方法 3)更简单。

此外，需要注意的是，因为 ω_1 是自变量(在数学上，在求导或积分之前，所有的变量，无论此时是何值，都应将其视为时间的变量)，所以，在对功率方程中的动能项求导之前，不能代入该时刻自变量的具体值，后续计算不涉及任何求导，便可代入具体时刻的值。以后例题中采用的机械能守恒微分法就是功率方程方法 2 或方法 3 的变形，因此，其具有方法 2 或方法 3 的特点，当在任意位置建立的速度关系不都是比例关系或由直角三角形建立的简单三角函数时，优选功率方程方法 1；否则，与方法 1 比较后再选择。

功率方程不仅给出了分析力与加速度关系的一种新方法，而且该方法引入能量与功的思想，当系统以无限小速度匀速转动时，该方法就可能转化为分析静平衡问题的虚功原理法，克服静力学不能实现一定不引入不待求力的缺陷，为发现高效的动力系统分析方法奠定基础。比如，采用广义坐标得到的第二类拉格朗日方程与采用广义坐标的多自由度功率方程的方法 2 有内在的联系。

例 9.7　电动机输出的运动一般都是整圈的圆周运动，有时要求实现在一定角度范围内的摆动，比如擦拭车玻璃的雨刷所做的运动。这样的运动可以通过图 9.15 所示的曲柄摇杆机构来实现。如图所示，已知均质杆 OA 的角速度 ω_0 为常值，质量为 m，长度为 r，杆 BD 视为均质细杆，质量为 $8m$，长度为 $3r$；OB 为竖直线，图示瞬时，OA 水平，$\theta=30°$；整个机构在垂直面内，不计滑块 A 的质量和各处摩擦。求图示瞬时驱动力偶矩 M。

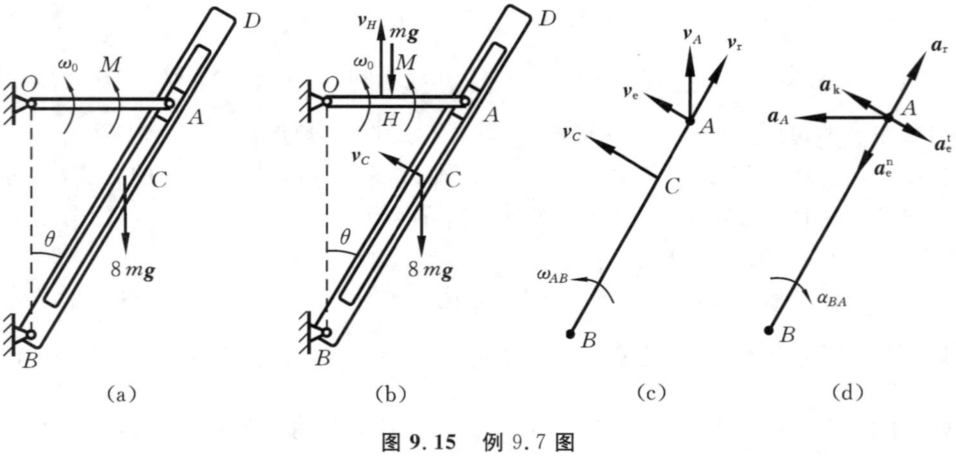

图 9.15　例 9.7 图

分析　当题意未给定 OA 匀速转动时，该题系统为 1 个自由度系统，已知角加速度，求做功力，可选用功率方程方法求解。又因为在运动过程中，$\triangle OAB$ 不总是直角三角形，若采用功率方程方法 2 或 3 得到系数 s_i，将需要利用余弦或正弦定理，可能需要对根号里的表达式进行二阶求导计算，计算量大。故选用功率方程方法 1。

解　系统动能为

$$T=\frac{1}{2}J_0\omega_0^2+\frac{1}{2}J_B\omega_{BA}^2 \tag{a}$$

由功率方程有

$$m\boldsymbol{g}\cdot\boldsymbol{v}_H+M\omega_0+8m\boldsymbol{g}\cdot\boldsymbol{v}_C=\frac{\mathrm{d}T}{\mathrm{d}t} \tag{b}$$

由式(b)有

$$-mgv_H+M\omega_0-8mgv_C\sin\theta=J_0\alpha_{OA}\omega_0+J_B\alpha_{BA}\omega_{BA} \tag{c}$$

取 ω_0 为自变量，$v_H=\frac{1}{2}r\omega_0$，$v_A=r\omega_0$。

速度关系：取滑块 A 为动点，BD 为动系，速度关系如图 9.15(b)所示。有

$$\boldsymbol{v}_A=\boldsymbol{v}_\mathrm{e}+\boldsymbol{v}_\mathrm{r} \tag{d}$$

由式(d)得 $v_\mathrm{r}=\frac{\sqrt{3}}{2}r\omega_0$，$\omega_{BA}=\frac{\omega_C}{4}$，因此

$$v_C=\frac{3}{2}r\omega_{BA}=\frac{3r\omega_0}{8} \tag{e}$$

将上述各速度量代入式(c)得

$$\left(-\frac{1}{2}mgr+M-3mgr\sin\theta\right)\omega_0=\left(J_0\alpha_{OA}+\frac{1}{4}J_B\alpha_{BA}\right)\omega_0 \tag{f}$$

其中
$$J_0=\frac{1}{3}mr^2,\quad J_B=24mr^2$$

取 OA 的角加速度 α_0 为自变量，取滑块 A 为动点，BD 为动系，加速度关系如图 9.15(d)所示。有

$$\boldsymbol{a}_A=\boldsymbol{a}_\mathrm{e}^\mathrm{n}+\boldsymbol{a}_\mathrm{e}^\mathrm{t}+\boldsymbol{a}_\mathrm{r}+\boldsymbol{a}_\mathrm{k} \tag{g}$$

其中
$$a_\mathrm{k}=2\omega_{BA}v_\mathrm{r},\quad a_\mathrm{e}^\mathrm{t}=2r\alpha_{BA},\quad a_\mathrm{e}^\mathrm{n}=2r\omega_{BA}^2,\quad a_A=r\omega_0^2$$

将式(g)向 $\boldsymbol{a}_\mathrm{k}$ 方向投影得

$$\alpha_{BA}=\frac{a_\mathrm{e}^\mathrm{t}}{BA}=-\frac{\sqrt{3}\omega_0^2}{8} \tag{h}$$

将式(h)代入式(f)得

$$M=2mgr-\frac{3\sqrt{3}mr^2\omega_0^2}{4}$$

该题中若滑块 A 处有摩擦，则该系统具有非理想约束，功率方程中必将引入非理想约束力。对于该题中的情形，采用功率方程方法没有采用动量、动量矩定理或以后将学习的动静法合适。

例 9.8　内燃机动力机构或冲孔机构等可简化为图 9.16 所示的曲柄滑块机构。在垂直面内，均质曲柄 OA 长度为 r，质量为 m，在变化的未知力偶矩 M 作用下，以匀角速度 ω 转动；均质连杆 AB 长度为 $2r$，质量为 m。已知滑块的工作阻力为 F，不计滑块 B 的质量，忽略所有阻碍运动的摩擦。求图示瞬时驱动力偶矩 M。OB 水平。

分析　当题意未给定 OA 匀速转动时，该题系统为 1 个自由度系统，已知 1 个角加速度，求做功的力矩，可选用功率方程方法。又因为在运动过程中，$\triangle OAB$ 不总是直角三角形，故选用功率方程方法 1。

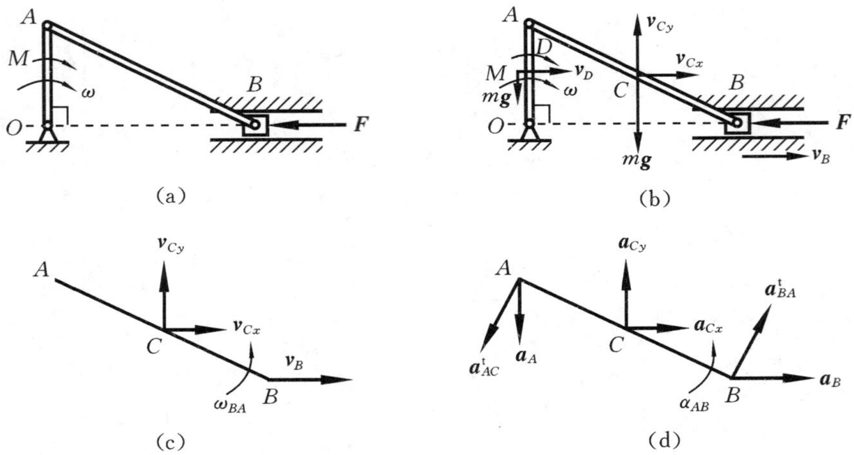

图 9.16　例 9.8 图

解　系统动能为

$$T=\frac{1}{2}J_0\omega^2+\frac{1}{2}mv_{Cx}^2+\frac{1}{2}mv_{Cy}^2+\frac{1}{2}J_C\omega_{AB}^2 \tag{a}$$

由功率方程有

$$m\boldsymbol{g}\cdot\boldsymbol{v}_D+M\omega+m\boldsymbol{g}\cdot\boldsymbol{v}_C+\boldsymbol{F}\cdot\boldsymbol{v}_B=\frac{\mathrm{d}T}{\mathrm{d}t} \tag{b}$$

结合图 9.16(b),由式(b)有

$$M\omega-mgv_{Cy}-Fv_B=J_0\alpha_{OA}\omega+J_C\alpha_{BA}\omega_{BA}+ma_{Cx}v_{Cx}+ma_{Cy}v_{Cy} \tag{c}$$

取 ω 为自变量,因为 AB 瞬时平动,由图 9.16(c)的速度关系得 $v_{Cy}=0$,$\omega_{BA}=0$,$v_{Cx}=v_B=v_A=r\omega$。

将上述各速度量代入式(c)得

$$(M-Fr)\omega=(J_0\alpha_{OA}+ma_{Cx}r)\omega \tag{d}$$

其中

$$J_0=\frac{1}{3}mr^2,\quad J_C=\frac{1}{3}mr^2$$

取 OA 的角加速度 α_0 为自变量,分析杆 AB 的加速度,如图 9.16(d)所示,可得

以 A 为基点,求 $\boldsymbol{a}_B$:

$$\boldsymbol{a}_B=\boldsymbol{a}_A+\boldsymbol{a}_{BA}^{t} \tag{e}$$

以 C 为基点,求 $\boldsymbol{a}_A$:

$$\boldsymbol{a}_A=\boldsymbol{a}_{Cx}+\boldsymbol{a}_{Cy}+\boldsymbol{a}_{AC}^{t} \tag{f}$$

将式(e)向竖直方向投影,得

$$0=a_A-\frac{\sqrt{3}}{2}a_{BA}^{t} \tag{g}$$

由式(f)得

$$\alpha_{AB}=\frac{\sqrt{3}}{3}\omega^2 \tag{h}$$

将式(f)分别向水平和竖直方向投影,得

$$0=a_{Cx}-\frac{1}{2}a_{AC}^{t}$$

由此得

$$a_{Cx}=\frac{\sqrt{3}}{6}\omega^2 r \tag{i}$$

将式(i)代入式(d)得

$$M=Fr+\frac{\sqrt{3}mr^2\omega^2}{6}$$

例 9.8 中做瞬时平动的杆 AB 的动能也可直接表示为 $T=\frac{1}{2}mv_C^2$，对其求导得到的 $a_C^t=\frac{dv_C}{dt}$ 的方向与 v_C 的方向一致，是切向加速度，即该题中的 a_{Cx}。若如此，注意求加速度关系时不要漏掉与 v_C 垂直的未知的法向加速度分量，即该题中的 a_{Cy}。

例 9.9　如图 9.17 所示，均质圆柱 A 的半径为 r，质量为 M；均质杆 AB 的长度为 l，质量为 m。铰 A 和墙 B 处都是光滑接触，地面粗糙使得圆柱做纯滚动，墙面与水平地面垂直。初始时系统静止，且 $\theta=45°$，然后释放，求初始时刻杆 AB 的角加速度、点 A 和点 B 的加速度。

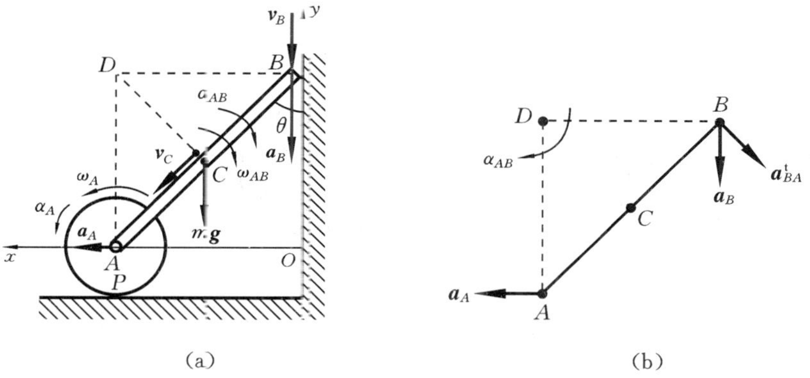

图 9.17　例 9.9 图

解法 1（功率方程方法 1）　系统动能为

$$T=\frac{1}{2}J_P\omega^2+\frac{1}{2}J_D\omega_{AB}^2 \tag{a}$$

由功率方程有

$$m\boldsymbol{g}\cdot\boldsymbol{v}_C=\frac{dT}{dt} \tag{b}$$

由式(b)有

$$mgv_C\cos\theta=J_P\alpha_A\omega_A+J_D\alpha_{BA}\omega_{BA} \tag{c}$$

取 ω_A 为自变量，由图 9.17(a)的速度关系得 $\omega_{BA}=\frac{v_A}{AD}=\frac{\sqrt{2}r\omega_A}{l}$，$v_C=\frac{l}{2}\omega_{BA}=\frac{\sqrt{2}r\omega_A}{2}$。

将上述各速度量代入式(c)得

$$\frac{r\omega_A mg}{2}=\left(J_P\alpha_A+J_D\alpha_{BA}\frac{\sqrt{2}r}{l}\right)\omega_A \tag{d}$$

其中
$$J_P=\frac{3}{2}mr^2,\quad J_D=\frac{1}{3}mL^2$$

取待求量 a_A 为自变量，有
$$\alpha_A=\frac{a_A}{r} \tag{e}$$

对杆 AB 做加速度分析，如图 9.17(b)所示。以 A 为基点分析点 B 的加速度，得
$$\boldsymbol{a}_B=\boldsymbol{a}_A+\boldsymbol{a}_{BA}^{\mathrm{t}} \tag{f}$$

将式(f)向水平方向投影，得
$$a_A+\frac{\sqrt{2}}{2}a_{BA}^{\mathrm{t}}=0\quad\Rightarrow\quad a_A-\frac{\sqrt{2}}{2}l\alpha_{AB}=0 \tag{g}$$

由式(g)得
$$\alpha_{AB}=\frac{\sqrt{2}a_A}{l} \tag{h}$$

将式(e)和式(h)代入式(d)得
$$a_A=\frac{3mg}{4m+9M} \tag{i}$$

再由式(e)和式(f)分别得到
$$\alpha_{AB}=\frac{3\sqrt{2}mg}{l(4m+9M)},\quad a_B=\frac{3mg}{4m+9M}$$

因为该题条件特殊，故即使应用功率方程，方法也有多种。上述采用的是功率方程的方法1。因为 D 为 AB 的加速度瞬心，故按照上述方法，在求解加速度关系时，利用加速度瞬心的特点来求更简单。此外，因为计算动能所涉及的速度量与速度自变量的系数是常数及可通过直角三角形 ADB 得到，故该题采用机械能守恒定律微分(功率方程方法 2)或功率方程方法 3 更简单。当 AB 有角速度时也是如此。

下面通过该题给出应用机械能守恒定律求导来求解的两种解法。在建立速度关系时，一种解法是由运动学合成运动(包括刚体平面运动的速度瞬心法等)，另一种解法是通过建立坐标关系，然后对时间求导得到速度关系。这两种求导法分别对应功率方程方法 2 和 3，下面通过这两种方法演示当全部位置或速度关系在运动过程中总保持比例关系或可由直角三角形得到的关系时，采用功率方程方法 2 和 3 解法的优点。

解法 2　【机械能守恒求导法一(等价于功率方程方法 2)】

取图 9.17(a)中的 x 轴为重力势能零点：
$$U=mgl\cos\theta/2,\quad T=\frac{1}{2}J_P\omega_A^2+\frac{1}{2}J_D\omega_{AB}^2 \tag{j}$$

由机械能守恒定律有
$$T+U=mgl\cos45°/2 \tag{k}$$

对图 9.17(a)中任意 θ 位置，取 $\omega_{AB}=\dot{\theta}$ 为速度自变量。由运动学速度瞬心法有
$$v_A=l\cos\theta\dot{\theta},\quad \omega_A=v_A/r=\frac{l}{r}\cos\theta\dot{\theta},\quad v_B=l\sin\theta\dot{\theta} \tag{l}$$

将式(l)代入动能表达式有
$$T=\frac{1}{2}J_P\left(\frac{l\cos\theta}{r}\right)^2\dot{\theta}^2+\frac{1}{2}J_D\dot{\theta}^2 \tag{m}$$

将式(m)代入式(j)，然后对时间求导，有

$$\left[-\frac{1}{2}mgl\sin\theta+\left(J_D+\frac{J_Pl^2\cos^2\theta}{r^2}\right)\ddot{\theta}+\left(-\frac{J_Pl^2}{r^2}\sin\theta\cos\theta\right)\dot{\theta}^2\right]\dot{\theta}=0 \tag{n}$$

消去式(n)中速度自变量 $\dot{\theta}$，将 $\theta=45°,\dot{\theta}=0,J_D=\frac{1}{3}ml^2,J_P=\frac{3}{2}Mr^2$ 代入后得到

$$\ddot{\theta}=\alpha_{AB}=\frac{3\sqrt{2}mg}{l(4m+9M)}$$

将 $\ddot{\theta}$ 代入式(l)，有

$$a_A=\frac{3mg}{4m+9M},\quad a_B=\frac{3mg}{4m+9M}$$

解法 3 【机械能守恒求导法二(等价于功率方程方法 3)】

建立图 9.17(a)所示的 x、y 坐标轴，取 x 轴为重力势能零点：

$$U=mgl\cos\theta/2,\quad T=\frac{1}{2}J_P\omega_A^2+\frac{1}{2}J_D\dot{\theta}^2$$

由机械能守恒定律有

$$T+U=mgl\cos45°/2 \tag{o}$$

取 θ 为坐标自变量，则

$$x_A=l\sin\theta,\quad \varphi_A=x_A/r,\quad y_B=l\cos\theta$$

$$\dot{x}_A=l\cos\theta\dot{\theta},\quad \ddot{x}_A=l\cos\theta\ddot{\theta}-l\sin\theta\dot{\theta}^2,$$

$$\omega_A=\frac{l\cos\theta}{r}\dot{\theta},\quad \alpha_A=\ddot{x}_A/r,\quad \ddot{y}_B=-l\sin\theta\ddot{\theta} \tag{p}$$

将式(p)代入动能表达式有

$$T=\frac{1}{2}J_P\left(\frac{l\cos\theta}{r}\right)^2\dot{\theta}^2+\frac{1}{2}J_D\dot{\theta}^2 \tag{q}$$

将式(q)代入式(o)并对时间求导，有

$$\left[-\frac{1}{2}mgl\sin\theta+\left(J_D+\frac{J_Pl^2\cos^2\theta}{r^2}\right)\ddot{\theta}+\left(-\frac{J_Pl^2}{r^2}\sin\theta\cos\theta\right)\dot{\theta}^2\right]\dot{\theta}=0 \tag{r}$$

消去式(r)中的 $\dot{\theta}$，将 $\theta=45°,\dot{\theta}=0,J_D=\frac{1}{3}ml^2,J_P=\frac{3}{2}Mr^2$ 代入后得到

$$\ddot{\theta}=\alpha_{AB}=\frac{3\sqrt{2}mg}{l(4m+9M)}$$

将 $\ddot{\theta}$ 代入式(p)，有

$$a_A=a_A^t=\ddot{x}_A=\frac{3mg}{4m+9M},\quad a_B=a_B^t=-\ddot{y}_B=\frac{3mg}{4m+9M}$$

从该题几种解法可知，对于多刚体系统，在任意位置当各速度或位置关系都可以通过比例关系或直角三角形关系建立时，采用功率方程方法 2 或方法 3 可以得到一个合并以后的动能表达式，再对其求导，相对于功率方程方法 1 简单一些。

思考：当墙面与地面不垂直且 AB 有角速度时，该题采用何种方法较合适呢？

例 9.10 如图 9.18(a)所示，质量为 m、长度为 L 的均质杆 OA 在竖直面内静平衡位置附近做微幅摆动，O 端为光滑铰支座。弹簧的刚度系数为 k，杆在水平位置处于静平衡状态，此时弹簧轴线与 OA 垂直。求杆 OA 的运动微分方程。

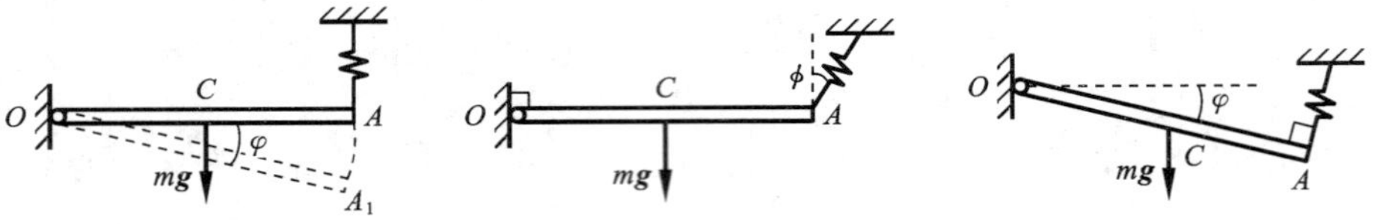

图 9.18　例 9.10 图

解　该题计算势能时可不考虑弹簧静变形和重力项。

由机械能守恒定律有

$$\frac{1}{2}J_O\dot{\varphi}^2+\frac{1}{2}k(L\varphi)^2=\text{常数} \tag{a}$$

其中

$$J_O=\frac{1}{3}mL^2$$

式(a)对时间 t 求导,得运动微分方程:

$$m\ddot{\varphi}+3k\varphi=0$$

该题也可以采用功率方程法或动量矩定理求解。

思考:杆 OA 在图 9.18(b)(c)所示的位置处于静平衡状态,均质杆 OA 在竖直面静平衡位置附近做微幅摆动,如何求其运动微分方程?

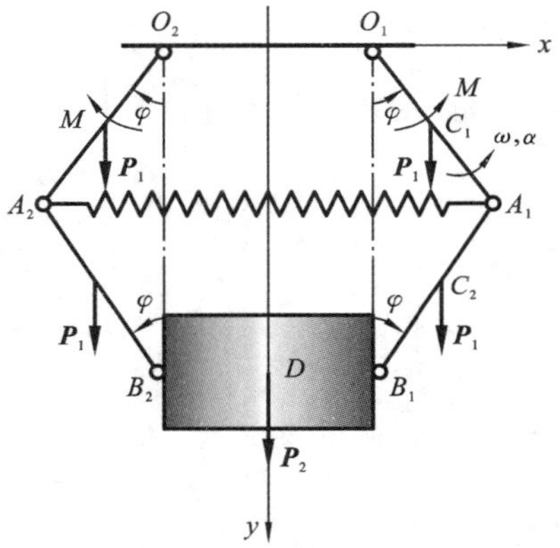

图 9.19　例 9.11 图

例 9.11　图 9.19 所示的平面对称机构为一测速仪的自动装置。它由两个曲柄连杆机构 $O_1A_1B_1$ 和 $O_2A_2B_2$ 及滑块 D 组成。其中 $O_1O_2=O_1A_1=O_2A_2=A_1B_1=A_2B_2=2r$。在 A_1 与 A_2 之间连有一弹簧,其刚度系数为 k。当曲柄 O_1A_1 与 O_2A_2 竖直向下(即 $\varphi=0$)时,弹簧 A_1A_2 为原长。设各均质杆 O_1A_1、O_2A_2、A_1B_1、A_2B_2 的质量均为 m,滑块质量为 m,弹簧的质量及各处摩擦略去不计。今从静止位置 $\varphi=0$ 开始,在曲柄 O_1A_1 与 O_2A_2 上分别作用一个力偶,其力偶矩均为 $M=$常量,方向如图所示。试求当夹角为 $\varphi=30°$ 时,曲柄 O_1A_1 的角速度 ω 和角加速度 α。

解　建立图 9.19 所示的坐标系,则有

$$\begin{aligned}&x_{C_1}=x_{C_2}=r+r\sin\varphi,\quad y_{C_1}=r\cos\varphi,\quad x_{A_1}=x_{B_1}=r+2r\sin\varphi,\\&y_{C_2}=3r\cos\varphi,\quad y_{B_1}=y_D=4r\cos\varphi\end{aligned} \tag{a}$$

将上述相关量对时间求导,有($\omega=\dot{\varphi}$):

$$\begin{aligned}&v_{C_1x}=v_{C_2x}=\dot{x}_{C_1}=r\cos\varphi\omega,\quad v_{C_1y}=\dot{y}_{C_1}=-r\sin\varphi\omega,\\&v_{C_2y}=\dot{y}_{C_2}=-3r\sin\varphi\omega,\quad v_D=\dot{y}_D=-4r\sin\varphi\omega\end{aligned} \tag{b}$$

系统的动能为

$$T_1=0$$

$$T_2=2\left[\frac{1}{2}J_{O_1}\omega^2+\left(\frac{1}{2}J_{C_2}\omega^2+\frac{1}{2}mv_{C_2x}^2+\frac{1}{2}mv_{C_2y}^2\right)\right]+\frac{1}{2}mv_D^2 \tag{c}$$

将式(b)和 $J_{O_1}=\frac{4}{3}mr^2$,$J_{C_2}=\frac{1}{3}mr^2$ 代入式(c),并整理简化后有

$$T_2=\left(\frac{8}{3}+16\sin^2\varphi\right)mr^2\omega^2 \tag{d}$$

系统力所做的功为

$$W=2M\varphi-\frac{1}{2}k(x_{A_1}-x_{A_2})^2-2mgr(1-\cos\varphi)-2mg\cdot 3r(1-\cos\varphi)-mg\cdot 4r(1-\cos\varphi)$$
$$=2M\varphi-8kr^2\sin^2\varphi-12mgr(1-\cos\varphi)$$

由动能定理 $W=T_2-T_0$ 得到

$$2M\varphi-8kr^2\sin^2\varphi-12mgr(1-\cos\varphi)=\left(\frac{8}{3}+16\sin^2\varphi\right)mr^2\omega^2 \tag{e}$$

当 $\varphi=30°$ 时，由方程(e)得到

$$\omega=\dot{\varphi}=\sqrt{\frac{\pi M-18(2-\sqrt{3})mgr-6kr^2}{20mr^2}} \tag{f}$$

将方程(e)左右两边对时间 t 求导，并将 $\varphi=30°$ 及式(f)代入，得

$$\ddot{\varphi}=\frac{3}{100mr^2}[(5-\sqrt{3}\pi)M-4\sqrt{3}kr^2+(36\sqrt{3}-69)mgr]$$

该题若采用功率方程方法 1 求角加速度，则需列较多的速度关系和加速度关系方程，而采用上述的坐标求导法，得到动能表达式(c)后，可以简化为简单的表达式(d)，再对其求导，从而简化计算。故对于类似该题的速度关系都可以通过比例关系或直角三角形得到的多刚体机构，求加速度与做功力关系的问题，优选功率方程方法 3。

例 9.12　两相同均质杆和两相同的均质圆柱滚子，用光滑铰链组成图 9.20(a)所示的系统，两杆用弹簧拉住。设滚子在水平地面上做纯滚动，已知杆子的质量为 m，长为 l，$CS=CE=b$，滚子的半径为 r，质量为 M，弹簧刚度系数为 k，原长为 l_0。求当铰链 C 沿同一条竖直线运动时，系统的运动微分方程(用图示 θ 角表示)。

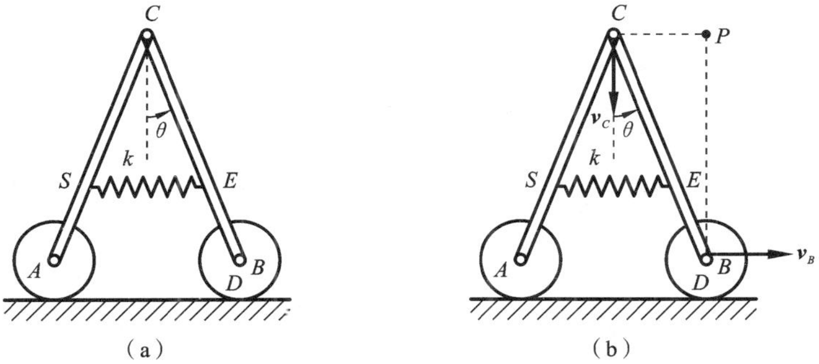

图 9.20　例 9.12 图

分析　求运动微分方程实际上就是已知某位置及其速度，求该时刻的切向加速度或角加速度问题。该题中机构对称，质量分布对称，主动力也对称，因此，销钉 C 速度沿竖直方向，如图 9.20(b)所示，点 P 为 AB 的速度瞬心，系统可视为单自由度系统。对于单自由度系统，所有做功的力均已知，仅求角加速度 $\ddot{\theta}$，可采用功率方程方法。由于该题机构较多，用功率方程方法 1 需列较多的加速度关系方程，而该机构位置关系或速度关系可通过比例关系或直角三角形关系得到，故用功率方程方法 3 和 2 都很简单。考虑到该系统机械能守恒，用功率方程方法 2 或 3 的变式，即机械能守恒微分法更简单。下面给出机械能守恒微分法解法。

解　如图 9.20(b)所示，点 P 为杆 BC 的速度瞬心，系统的动能为

$$T=2\left[\frac{1}{2}J_D\omega_B^2+\frac{1}{2}J_P\omega_{BC}^2\right]=2\left[\frac{1}{2}J_D\left(\frac{v_B}{r}\right)^2+\frac{1}{2}J_P\dot{\theta}^2\right]$$
$$=\frac{1}{3}ml^2\dot{\theta}^2+\frac{3}{2}Ml^2\dot{\theta}^2\cos^2\theta$$

以水平线 AB 所在的位置作为重力势能的零势位，取弹簧保持原长时末端所处位置为弹性势能的零势位，则系统的势能为

$$V=mgl\cos\theta+\frac{1}{2}k\,(2b\sin\theta-l_0)^2$$

由系统机械能守恒，得

$$\frac{1}{3}ml^2\dot{\theta}^2+\frac{3}{2}Ml^2\dot{\theta}^2\cos^2\theta+mgl\cos\theta+\frac{1}{2}k\,(2b\sin\theta-l_0)^2=常数$$

上式对 t 求导，即得系统的运动微分方程，为

$$\left(\frac{2}{3}ml^2+3Ml^2\cos^2\theta\right)\ddot{\theta}-3Ml^2\cos\theta\sin\theta\dot{\theta}^2-mgl\sin\theta+4k\left(b\sin\theta-\frac{1}{2}l_0\right)b\cos\theta=0$$

该题系统不满足计算势能时不考虑弹簧静变形和重力项的 2 个条件，故运动微分方程包含弹簧静变形和重力项。

例 9.13　证明对一个做平面运动的刚体所建立的功率方程与动量、动量矩定理是不独立的，并分析多刚体系统的类似问题。

证明　一个受平面任意力系作用的刚体，将各个力分别向质心平移将得到一个合力和力偶矩。如图 9.21(a)所示，由动量定理有

$$\boldsymbol{F}=m\boldsymbol{a}_C \tag{a}$$

式(a)写成切向与法向分量的形式，有

$$\boldsymbol{F}^{\mathrm{t}}=m\boldsymbol{a}_C^{\mathrm{t}} \tag{b}$$
$$\boldsymbol{F}^{\mathrm{n}}=m\boldsymbol{a}_C^{\mathrm{n}} \tag{c}$$

由动量矩定理有

$$\boldsymbol{M}=J_C\boldsymbol{\alpha} \tag{d}$$

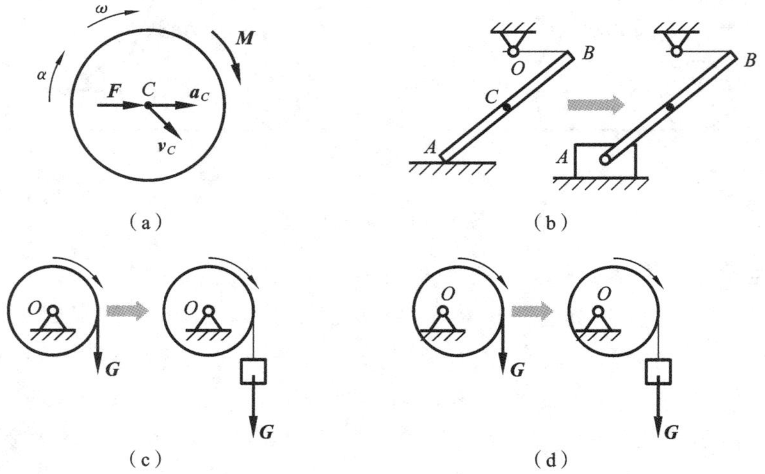

图 9.21　**例** 9.13 **图**

式(b)点乘 $\boldsymbol{v}_C$，加上式(c)点乘 $\boldsymbol{v}_C$，再加上式(d)点乘 $\boldsymbol{\omega}$，得到

$$\boldsymbol{F}^{\mathrm{n}}\cdot\boldsymbol{v}_C+\boldsymbol{F}^{\mathrm{t}}\cdot\boldsymbol{v}_C+\boldsymbol{M}\cdot\boldsymbol{\omega}=m\boldsymbol{a}_C^{\mathrm{n}}\cdot\boldsymbol{v}_C+m\frac{\mathrm{d}v_C}{\mathrm{d}t}v_C+m\frac{\mathrm{d}\omega}{\mathrm{d}t}\omega \tag{e}$$

在式(e)中，左边和右边第一项均为0，故有

$$\boldsymbol{F}^{\mathrm{t}}\cdot\boldsymbol{v}_C+\boldsymbol{M}\cdot\boldsymbol{\omega}=\frac{\mathrm{d}}{\mathrm{d}t}\left(\frac{1}{2}mv_C^2+\frac{1}{2}m\omega^2\right)=\frac{\mathrm{d}T}{\mathrm{d}t} \tag{f}$$

式(f)就是功率方程。

由此可知，对于一个做平面运动的刚体，对其所建立的功率方程与动量方程和动量矩方程是不独立的。更准确地说，质心运动方程的切向分量形式、动量矩方程和功率方程这3个方程是相关的，只有其中2个是独立的。可以证明，对于一个做平面运动的刚体，动量矩方程若是通过对满足特殊动矩心条件的速度瞬心取矩得到的，则该方程与由功率方程方法得到的方程相同，不独立。此外，对于多刚体动力学系统，取整体为研究对象，由动量定理、动量矩定理所列的3个方程，与由功率方程方法得到的方程一般是独立的。

可以证明，对于图9.21(b)(c)所示的在单刚体上连接物体但不增加外部约束和自由度而形成的多刚体单自由度系统，取整体为研究对象，根据动量定理和动量矩定理所列的方程与功率方程不独立，其方程间的独立性与单刚体单自由度系统的情况相同。图9.21(d)则变成了2个自由度系统，则不具有上述特征。

而对于除此之外的多刚体系统，取整体为研究对象，根据动量定理和动量矩定理所列的方程与功率方程是独立的。其证明比较复杂，可以定性地来理解。如图9.22所示的系统，取整体为研究对象，在功率方程中出现的滑块 A 与滑槽间做功的摩擦力不会在动量方程和动量矩方程中出现，说明方程之间是独立的。即使假设滑块处光滑，也不会改变问题的本质，故功率方程与根据动量定理和动量矩定理所列的方程间仍是独立的。

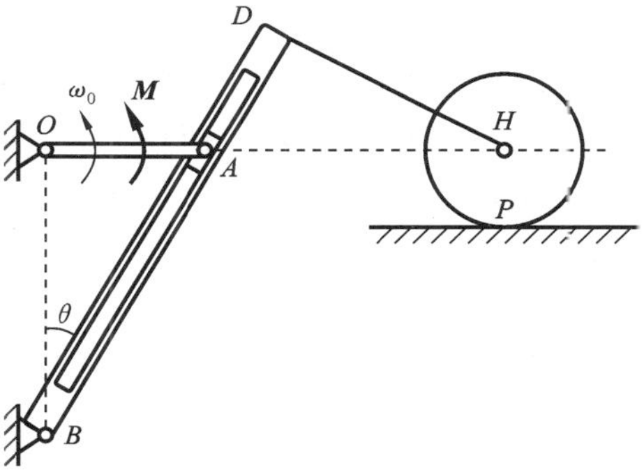

图9.22 复杂机构

利用上述结论，可以有目的地预判所列的方程是否独立。功率方程可以不引入不做功的力，方便有些问题的分析。在什么情况下选择功率方程方法呢？下面建议可供参考。对于无滑动摩擦或滑动摩擦力对应的支持力容易求得的单自由度多物体系统：①当所有未知力均不做功时，只求任意与切向加速度或角加速度相关的加速度量；②已知任一与切向加速度或角加速度相关的加速度量，仅求做功的力。在这两种情况下一般选用功率方程方法。当得到的速度关系不都是比例关系或可通过直角三角形得到的关系时，就选用功率方程方法1，否则，对三种功率方程方法进行比较后选择。

思考：例9.12中若轮 A 质量是 B 的2倍，请思考自由度是多少。若要求不引入任何不待求未知力，又如何求解此题？

9.5 求一个过程的速度及位置问题

求一个过程的速度及位置问题

对于单自由度系统，求一个过程中外力所引起的速度变化问题，一般应

用动能定理积分就可求解(在做功外力未知时,采用动量定理和动量矩定理积分),第 8 章给出了一些例题,比较简单。但对于多自由度系统,涉及求解积分方程组,分析就比较复杂。

前文给出了自由度与动力学加速度关系方程数目的关系,可用来分析加速度问题。上述思想也可以推广到求一个过程的速度变化问题。对具有 n 个自由度的完整约束系统,已知待求位置 s 个速度(或角速度),若仅求速度,则至少需 $k=n-s$ 个根据动力学理论建立的积分方程。若利用某些理论得到的动力学积分方程能不引入其他不待求的未知力冲量,则需且只需列 $k=n-s$ 个动力学微分方程再积分(比如动能定理的积分形式、动量守恒定理和动量矩守恒定理)。由其他任何动力学理论得到的不引入其他不待求的未知力冲量的动力学积分形式的方程必然可由这 k 个方程联合运动学速度关系推出,是不独立的,不需再列。

对于单个刚体,类似功率方程可由动量、动量矩定理得到,动能定理积分形式也可以由动量、动量矩定理积分形式得到,它们是相关的。

求解 n 个自由度系统到达某位置的速度问题是本书的难点,往往无解析解,当有解析解时,其解法灵活,可以采用如下寻找积分方程的步骤。

第一步:先看能否根据动能定理列积分形式的方程。若所有做功的力均已知,则先根据动能定理(包括机械能守恒定律)列一个积分形式方程,否则不列。

第二步:从整体或局部寻找是否存在动量守恒、对固定点动量矩守恒或相对质心的动量矩守恒的方程。

对于一些不复杂的问题,按照上述 2 个步骤,一般就可找到数目与自由度相同的动力学一重积分方程,再补充运动学速度关系方程即可求解。较复杂问题的分析方法在后续章节介绍。

下面根据上述步骤求解不复杂的到达某位置的速度问题。

例 9.14　如图 9.23 所示,均质圆柱 C 半径为 r,质量为 $2m$,可沿粗糙水平轨道做纯滚动,物块 A 质量为 m,可沿光滑水平轨道滑动,C、A 两点在同一水平直线上,用刚度系数为 k 的弹簧相连。初始瞬时弹簧伸长量为 δ,无初速度释放,求当弹簧恢复到自然长度时,圆柱轴心 C 的速度。

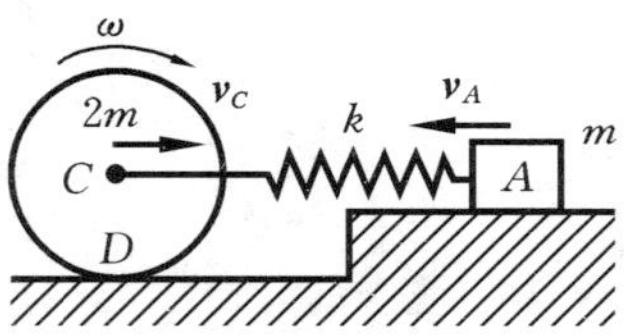

图 9.23　例 9.14 图

解　该系统自由度为 2,故至少需列并尽量列两个动力学积分方程。若不易直接得到 2 个积分方程,则可尝试引入未知力,建立二阶微分方程组,消去引入的不待求力后再积分。下面给出该解法过程。

【整体】　由动能定理,有

$$T_1=0,\quad T_2=\frac{1}{2}\frac{3}{2}2mr^2\left(\frac{v_C}{r}\right)^2+\frac{1}{2}mv_A^2=\frac{3}{2}mv_C^2+\frac{1}{2}mv_A^2 \tag{a}$$

$$W_{12}=\frac{k}{2}\delta^2$$

故

$$\frac{3}{2}mv_C^2+\frac{1}{2}mv_A^2=\frac{k}{2}\delta^2 \tag{b}$$

取圆柱 C 为研究对象,设 F_k 为弹簧力,对轮的速度瞬心点 D 应用简约式动量矩定理,有

$$F_k r=J_D\alpha_C \tag{c}$$

取物块 A 为研究对象,有

$$F_k=ma_A \tag{d}$$

将式(d)代入式(c)，得

$$ma_A r = J_D \alpha_C \tag{e}$$

式(c)和式(d)在运动过程中均成立，故对式(e)积分有

$$v_A = 3r\omega \tag{f}$$

由运动学有

$$v_C = r\omega \tag{g}$$

由式(b)、式(f)和式(g)解得

$$v_C = \frac{\delta}{2}\sqrt{\frac{k}{3m}}$$

本例中两个物体的重力与各自的支持力相互抵消，地面对圆柱的静滑动摩擦力通过地面上的点，系统对地面的固定点动量矩守恒，从而可得到动能定理积分形式以外的第 2 个积分方程，这样解法将比上述解法更简单。

例 9.15　如图 9.24 所示，两质量皆为 m、长度皆为 l 的相同均质杆 AB 与 BC，在点 B 处用光滑铰链连接。在两杆中点之间连有一无质量的弹簧，弹簧刚度系数为 k，原长为 $l/2$。初始时将此两杆拉开成一直线，静止放在光滑的水平面上。求杆受微小干扰而合拢成相互垂直状态时，点 B 的速度和各杆的角速度。

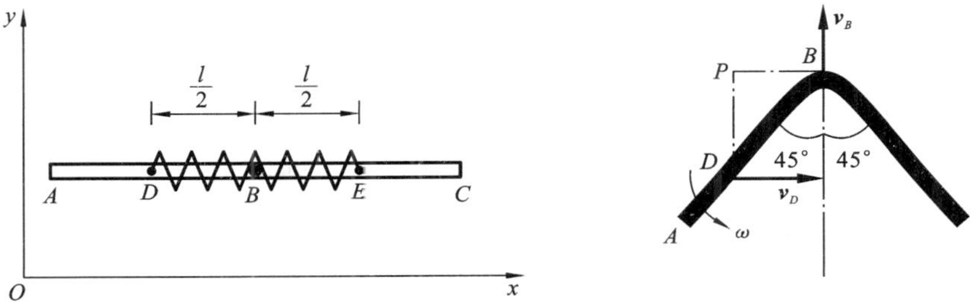

(a)　(b)

图 9.24　例 9.15 图

分析　该题系统有 4 个自由度，需要列 4 个积分方程，但利用对称性该系统容易转化成 1 个自由度的系统，然后，就可以应用动能定理积分形式方程求解。取整体为研究对象，由 x 和 y 方向外力恒为 0 可知质心位置不变，由系统质心动量矩守恒和对称性，通过定性分析便可得到：点 B 速度沿着 y 方向，杆件 AB 和 BC 的角速度大小相等，转向相反，两杆中点的速度只能沿 x 方向，但方向相反。由此可列出 3 个动力学方程，只需要再列 1 个独立方程。根据前文介绍的多刚体系统方程独立性，动能定理积分形式方程与上述 3 个动力学方程是独立的。

解　杆件 AB 的相关速度量如图 9.24(b)所示，点 P 为 AB 的速度瞬心。

动能为

$$T_0 = 0, \quad T_2 = 2 \times \frac{1}{2} J_P \omega^2 \tag{a}$$

其中，

$$J_P = \frac{1}{12}ml^2 + m\left(\frac{\sqrt{2}}{2}l\right)^2 = \frac{5}{24}ml^2$$

功为

$$W = \frac{\sqrt{2}-1}{4}kl^2 \tag{b}$$

由动能定理 $W=T_2-T_0$，得

$$\omega=\sqrt{\frac{6(\sqrt{2}-1)k}{5m}}$$

$$v_B=PB\cdot\omega=\frac{l}{2}\sqrt{\frac{3(\sqrt{2}-1)k}{5m}}$$

例 9.16　如图 9.25(a)所示，在光滑的水平桌面上，质量 $m=1$ kg、可视为质点的小球 A 与长为 $4L=4.8$ m、质量为 $m=1$ kg 的均质绳索连接，绳索 B 端穿过桌面上光滑的孔 O_1 并悬垂。初始位置时，$O_1A=2L=2.4$ m，绳索处于张紧状态，A 的速度为 $v_0=1.2$ m/s，且垂直于绳索 O_1A。假设桌面上的绳子张紧后近似为直线。求绳索下降高度 L 时绳索的速度(重力加速度 $g=10$ m/s²)。

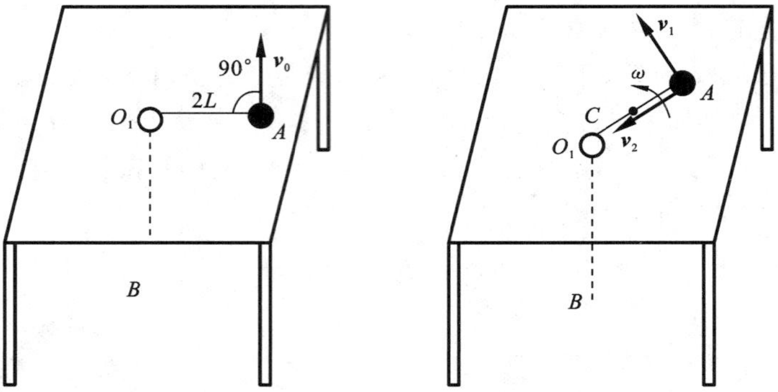

图 9.25　例 9.16 图

分析　该例系统有 2 个自由度，需列 2 个积分方程，分别由机械能守恒和过孔 O_1 的竖直轴的动量矩守恒得到。

解　在初始位置，取绳子上点 O_1 为动点，建立平动坐标系(或将张紧的绳子视为刚体，应用基点法)，得到 $v_{O_1}=0$，即点 O_1 是 O_1A 的速度瞬心，此时系统的动能为

$$T_1=T_1^{球}+T_1^{绳}=\frac{1}{2}mv_0^2+\frac{1}{2}J_{O_1}\omega^2=\frac{1}{2}mv_0^2+\frac{1}{2}\left(\frac{1}{3}\frac{m}{2}4L^2\right)\frac{v_0^2}{4L^2}=\frac{7mv_0^2}{12} \tag{a}$$

系统对孔 O_1 的竖直轴的动量矩为

$$L_1=L_1^{球}+L_1^{绳}=2Lmv_0+J_{O_1}\omega=2Lmv_0+\left(\frac{1}{3}\frac{m}{2}4L^2\right)\frac{v_0}{2L}=\frac{7mLv_0}{3} \tag{b}$$

当绳下降高度 L 时，设绳子速度为 v，此时 $v_{O_1}=v$，如图 9.25(b)所示，将 O_1A 视为刚体，由基点法得到

【O_1A】
$$\boldsymbol{v}_1+\boldsymbol{v}_2=\boldsymbol{v}_{O_1}+\boldsymbol{v}_{AO_1} \tag{c}$$

【O_1C】
$$\boldsymbol{v}_C=\boldsymbol{v}_{O_1}+\boldsymbol{v}_{CO_1} \tag{d}$$

其中，$v_{AO_1}=L\omega_2$，$v_{CO_1}=\dfrac{L}{2}\omega_2$。

系统的动能为

$$T_2=T_2^{球}+T_2^{绳}=\frac{1}{2}mv_A^2+\left[\left(\frac{1}{2}J_C\omega_2^2+\frac{1}{2}\times\frac{1}{4}mv_C^2\right)+\frac{1}{2}\times\frac{3}{4}mv_{O_1}^2\right]$$

$$=\frac{1}{2}m(v_{O_1}^2+v_{AO_1}^2)+\left[\frac{1}{2}\times\frac{1}{12}\times\frac{m}{4}L^2\omega_2^2+\frac{1}{2}\times\frac{1}{4}m(v_{O_1}^2+v_{CO_1}^2)+\frac{1}{2}\times\frac{3}{4}mv_{O_1}^2\right]$$

$$=mv^2+\frac{13}{24}mL^2\omega_2^2 \tag{e}$$

系统对孔 O_1 的竖直轴的动量矩为

$$L_2=L_2^{球}+L_2^{绳}=Lmv_{AO_1}+\left(\frac{L}{2}\frac{m}{4}v_{CO_1}+J_C\omega_2\right)=\frac{13mL^2}{12}\omega_2 \tag{f}$$

绳子悬垂部分伸长 L，系统做的功可以理解为伸长部分做的功。伸长部分质心初始时在桌面，现在距离桌面的高度为原来悬挂的绳索长度加上伸长部分长度的一半，故系统做功为

$$W=\frac{mg}{4}\left(2L+\frac{L}{2}\right)=\frac{5mgL}{8} \tag{g}$$

由动能定理 $W=T_2-T_1$ 有

$$mv^2+\frac{13}{24}mL^2\omega_2^2-\frac{7}{12}mv_0^2=\frac{5}{8}mgL$$

代入参数具体值，得

$$100v^2+78\omega_2^2=834 \tag{h}$$

由动量矩守恒，即 $L_2=L_1$，有

$$\frac{13mL^2}{12}\omega_2=\frac{7}{3}Lmv_0$$

代入参数具体值，得

$$\omega_2=\frac{28}{13}\ \text{rad/s} \tag{i}$$

联立式(h)、式(i)，舍去负根，得

$$v=2.17\ \text{m/s}$$

例 9.17　如图 9.26 所示，滑轮 O 上悬有一根绳子，绳子两端离过轴 O 的水平线的距离分别为 l_1 和 l_2。两个质量分别为 m_1 和 m_2 的人抓着绳子的两端，同时开始向上爬并同时到达过轴 O 的水平线。滑轮半径为 r，绳子相对滑轮无相对滑动，不计滑轮和绳子的质量，忽略所有运动的阻力。求两人同时到达的时间。

解　设 m_1 和 m_2 的绝对速度分别为 $\boldsymbol{v}_1$、$\boldsymbol{v}_2$，两人同时到达的时间为 T，则系统对轴 O 的动量矩为

$$L_O=m_1v_1r-m_2v_2r$$

由动量矩定理，得

$$\frac{\mathrm{d}L_O}{\mathrm{d}t}=(m_2g-m_1g)r$$

即

$$\frac{\mathrm{d}}{\mathrm{d}t}(m_1v_1-m_2v_2)=m_2g-m_1g \tag{a}$$

对式(a)积分并考虑到初始动量矩为零，得

$$m_1v_1-m_2v_2=(m_2g-m_1g)t \tag{b}$$

式(b)在 $0\sim T$ 上对时间积分，得

$$m_1\int_0^T v_1\mathrm{d}t-m_2\int_0^T v_2\mathrm{d}t=\frac{1}{2}(m_2g-m_1g)T^2 \tag{c}$$

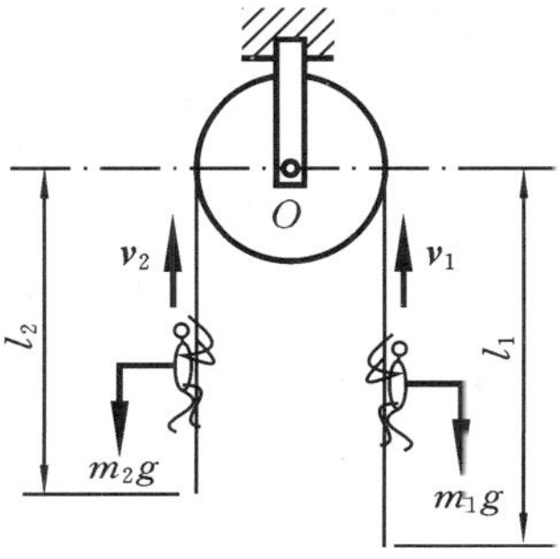

图 9.26　例 9.17 图

在时间 T 内，两人上升的绝对路程分别为 l_1 和 l_2，由此得

$$l_1 = \int_0^T v_1 \mathrm{d}t, \quad l_2 = \int_0^T v_2 \mathrm{d}t \tag{d}$$

将式(d)代入式(c)，得

$$m_1 l_1 - m_2 l_2 = \frac{1}{2}(m_2 g - m_1 g) T^2$$

所以

$$T = \sqrt{\frac{2(m_1 l_1 - m_2 l_2)}{(m_2 - m_1) g}}$$

思考：

(1) 若不考虑绳子能在平面内摆动，则该题中系统有 3 个自由度，已知隐藏条件 $v_2/v_1 = l_2/l_1$，则需列 2 个动力学积分方程，可该题为何只列了 1 个呢？

(2) 若均质滑轮半径为 r，质量为 m，那么该题又如何计算呢？此种情形下，左端绳子下降多少呢？

上述两个问题实际上是一个问题。对于问题(2)，系统对滑轮 O 的动量矩为 $L_O = m_1 v_1 r - m_2 v_2 r + J_O \omega$，积分两次得

$$m_1 \int_0^T v_1 \mathrm{d}t - m_2 \int_0^T v_2 \mathrm{d}t + \frac{J_O}{r} \int_0^T \omega \mathrm{d}t = \frac{1}{2}(m_2 g - m_1 g) T^2$$

从而有

$$m_1 l_1 - m_2 l_2 + \frac{J_O}{r} \int_0^T \omega \mathrm{d}t = \frac{1}{2}(m_2 g - m_1 g) T^2$$

由此可知，该题无法求解，或认为任意相同时刻都可以实现同时到达。为什么如此呢？因为考虑轮子质量时，轮子自由转动，绳子可以运动。两人作用在绳上的力不同，绳子运动的快慢就不同，只要两人同时用力且保持一定的比，就可以在任意相同时刻同时到达。那么，不考虑滑轮质量，为何有唯一时间呢？不考虑滑轮质量，绳子相对于滑轮又无滑动，对轮子应用动量矩定理，得到轮子两侧的拉力相等，则轮子不转动，绳子在此情形下就无运动。故该题实际上隐藏着给了两个已知速度条件，不考虑滑轮质量的假设隐藏着轮的角速度恒为 0，故问题(1)只用列一个动力学方程。在问题(2)中，没有给定轮的角速度，要能有解，就需要给定同时达到的时间 T，求 T 时间内的其他问题，比如绳子下降的距离。

从该题可知，对多自由度系统，利用自由度来分析，可以较容易地找到不同方法的联系和差异，深刻了解问题的本质特点。

小结

小　　结

1. 约束的不同分类

根据不同的研究目的，约束有不同分类：

(1) 定常与非定常约束；

(2) 几何约束与运动约束；

(3) 完整约束与非完整约束：能积分为几何约束的运动约束和几何约束称为完整约束，不能积分为几何约束的运动约束称为非完整约束。

所有约束都是完整约束的系统称为完整系统，否则称为非完整系统。

2. 广义坐标及自由度

(1) 广义坐标指的是能确定系统几何位置的一组独立的变量。广义坐标间必然是相对独立的。

(2) 广义坐标对时间的导数称为广义速度，对于非完整系统，有的广义速度间不独立。

(3) 广义坐标的变分指的是广义坐标的微小变更。

(4) 系统独立的广义坐标变分的数目等于自由度的数目。

(5) 完整系统的广义坐标变分间相互独立，独立变分的数目与广义坐标数目相同。非完整系统的广义坐标变分间不都相互独立，独立变分的数目少于广义坐标数目。

(6) 对于有 N 个质点、r 个完整约束、s 个非完整约束的系统，广义坐标和广义速度的数目是 $3N-r$，独立广义速度和独立的广义坐标变分的数目及自由度都是 $3N-r-s$。

3. 自由度与需列的动力学方程数目的关系

对于 n 个自由度系统，若不求任何未知力，需要求出所有未知的广义加速度，则需且只需列 n 个动力学二阶微分方程。

4. 机械能守恒定律

当质点系只有势力和做功恒为零的力作用时，其机械能(动能和势能之和)保持不变。

5. 功率方程

(1) 功率方程为

$$\sum \boldsymbol{F}_i \cdot \boldsymbol{v}_i + \sum \boldsymbol{M}_j \cdot \boldsymbol{\omega}_j = \frac{\mathrm{d}T}{\mathrm{d}t}$$

(2) 质点的功率方程等价于牛顿第二定律切向的方程。

(3) 功率方程在应用时有多种形式，主要有两类：

形式 1：
$$T=\left[\frac{1}{2}m_1(v_{C_1x}^2+v_{C_1y}^2)+\frac{1}{2}J_{C_1}\omega_1^2\right]+\frac{1}{2}J_{P_2}\omega_2^2$$

P_2 为刚体 2 的满足简约式动量矩定理的特殊速度瞬心。

$$\frac{\mathrm{d}T}{\mathrm{d}t}=m_1(a_{C_1x}v_{C_1x}+a_{C_1y}v_{C_1y})+J_{C_1}\alpha_1\omega_1+J_{P_2}\alpha_2\omega_2$$

再根据运动学建立速度与速度自变量 ω_1 的关系，代入功率方程，得到

$$\left(\sum F_ik_i\cos\varphi_i+\sum M_jk_j\right)\omega_1=\omega_1 f_1(a_{C_1x},a_{C_1y},\alpha_1,\alpha_2)$$

消去 ω_1，再根据运动学建立加速度与加速度自变量 α_1 的关系，得到

$$\sum F_ik_i\cos\varphi_i+\sum M_jk_j=f_1(\alpha_1,\omega_1^2)$$

利用以上公式求出做功的力或角加速度量，进而求任意待求的加速度量。

形式 2：先将动能表达式中速度量都用速度自变量表示，得到仅含有 1 个速度量和一些速度关系系数的动能表达式，即

$$T=\left[\frac{1}{2}m_1(v_{C_1x}^2+v_{C_1y}^2)+\frac{1}{2}J_{C_1}\omega_1^2\right]+\frac{1}{2}J_{P_2}\omega_2^2=\frac{1}{2}\sum m_i(s_i(\theta_1)\omega_1)^2$$

然后再求导。

6. 功率方程优选判据

(1) 对于单自由度多刚体系统，若无滑动摩擦或与滑动摩擦力对应的支持力易求，仅求做功的力或求与角加速度切向加速度相关的量，不求约束反力，则优选功率方程方法。

(2) 在确定选择功率方程方法后，若建立的动能表达式中的相关速度关系都是比例关系或由直角三角形得到的简单三角函数关系时，比较方法 2(方法 3)与方法 1 后再选择，一般系统中的刚体越多，采用方法 2(方法 3)比采用方法 1 越简单。若建立的动能表达式中的相关速

度关系不都是比例关系或由直角三角形得到的简单三角函数关系时,功率方程方法 1 比方法 2(方法 3)简单得多。

7. 求到达某位置速度问题的分析方法

求解 n 个自由度系统到达某位置时的速度问题,当有解析解时,可以采用如下寻找积分方程的步骤。

第一步:先看能否根据动能定理列积分形式的方程。若所有做功的力均已知,则先根据动能定理(包括机械能守恒定律)列 1 个积分形式方程,否则不列。

第二步:从整体或局部,寻找是否存在动量守恒、对固定点动量矩守恒或相对质心的动量矩守恒的方程。

对于一些不复杂的问题,按照上述 2 个步骤,一般就可找到与自由度数目相同的动力学一重积分方程,再补充运动学速度关系方程即可求解。

习　　题

9.1　判断下列各系统的自由度。

1. 一个刚体有一个固定铰接点,一个刚体有两个固定铰接点,一个刚体有三个固定铰接点(三点不共线),各有多少自由度?

2. 直角三角块 A(见题 9.1.2 图)可沿水平面滑动,在三角块的斜面上有做纯滚动的均质圆柱体 B,其上绕有不可伸长的绳索,绳索又通过滑轮 C 悬挂重物 D,问系统有多少自由度?指出如何选择广义坐标(绳与滑轮间无相对滑动)。

3. 平面连杆机构如题 9.1.3 图所示,有多少自由度?

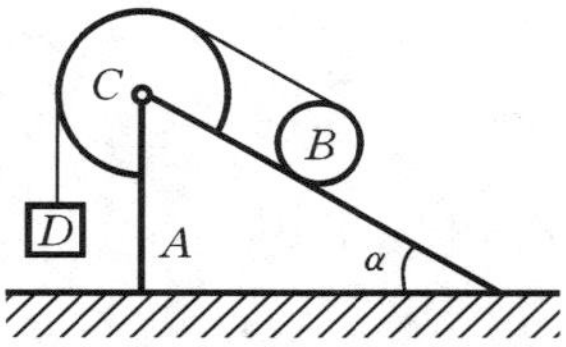

题 9.1.2 图

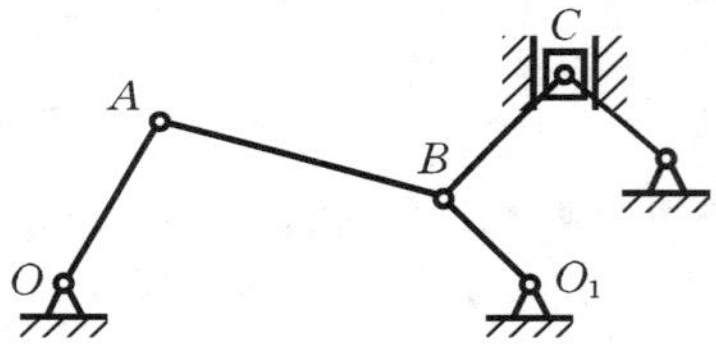

题 9.1.3 图

4. 平面连杆机构如题 9.1.4 图所示,有多少自由度?

5. 平面连杆机构 $ABCD$ 如题 9.1.5 图所示,其中 A 和 B 可沿水平槽移动,该机构有多少自由度?

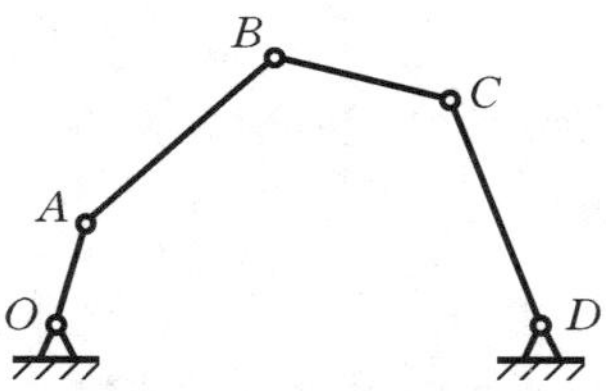

题 9.1.4 图

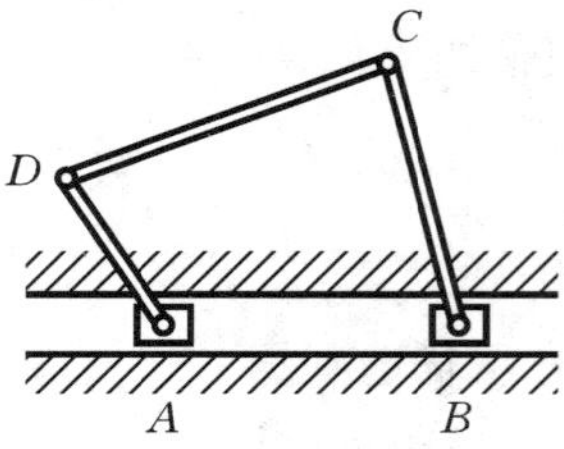

题 9.1.5 图

6. 如题 9.1.6 图所示,刚度系数为 k 的弹簧 OA,O 端固定,A 端连接长 L、重 P 的均质杆 AB 在竖直面内运动,系统有多少自由度?并指出广义坐标。

7. 平面连杆机构如题 9.1.7 图所示,有多少自由度?

9.2　如题 9.2 图所示，摆的质量为 m，点 D 为其质心，端 O 为光滑铰支座，在点 C 处用弹簧悬挂，可在垂直面摆动。设摆对水平轴 O 的转动惯量为 J_O，弹簧的刚度系数为 k，摆杆在水平位置处于静平衡状态。设 $OC=DC=b$，求摆从水平位置以初始角速度 ω_0 向下做微幅摆动时，摆的角度 θ 与转速的关系。

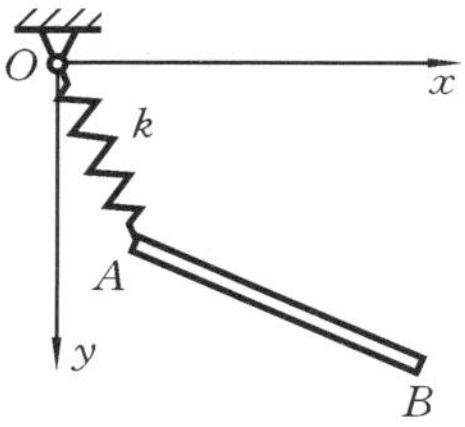

题 9.1.6 图

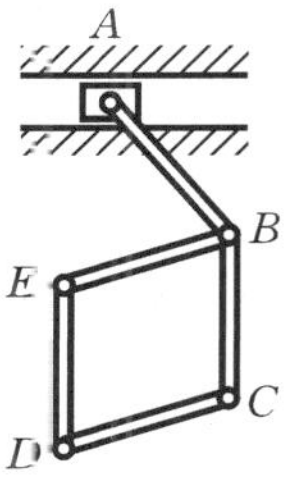

题 9.1.7 图

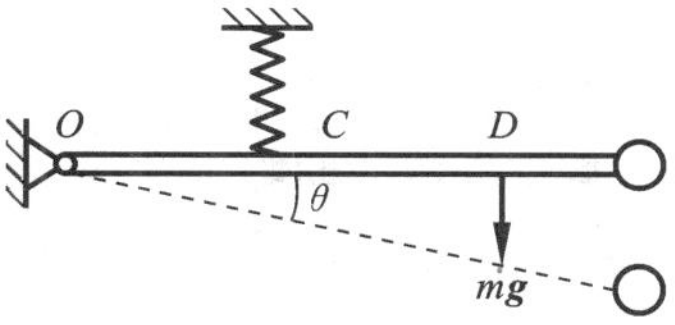

题 9.2 图

9.3　如题 9.3 图所示，均质平板 AB 质量为 m_1，放在 n 个半径均为 r、质量分别为 $m_2+\frac{i-1}{n}m_2(i=1,2,3,\cdots,n)$ 的均质圆形轮子上。平板上作用一大小不变的水平力 $\boldsymbol{F}$，轮子在水平面上做纯滚动，平板与轮子之间无相对滑动。平板从静止开始运动，求平板移动 L 时，AB 的加速度。

9.4　如题 9.4 图所示，均质杆 O_1A 在竖直面内绕水平轴 O_1 转动时，推动均质圆盘在水平面上做纯滚动。已知圆盘质量为 m_0，半径为 R；杆的质量为 m_1，长为 $2R$，不计杆与圆盘间摩擦。试求系统在杆的重力作用下，自图示位置（圆盘圆心 O 正好位于 O_1 的正下方，且 $\angle AO_1O=45°$）由静止开始运动时，杆 O_1A 的角加速度。

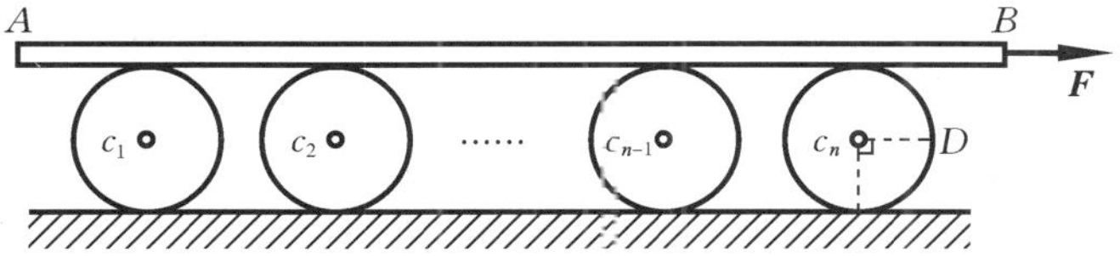

题 9.3 图

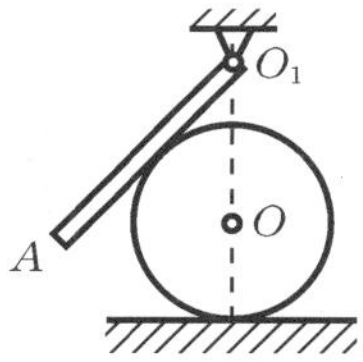

题 9.4 图

9.5　如题 9.5 图所示的机构，均质杆 OA 在竖直面内绕水平轴 O 转动时，推动均质圆盘 B、C、D 在粗糙水平面上做纯滚动，盘 D 的圆心通过刚度系数 $k=1\times10^5$ N/m 的弹簧水平连接，圆盘 B、C、D 质量分别为 m_1、$2m_1$ 和 $3m_1$，半径均为 R。杆 OA 的质量为 $0.75m_1$，长为 $2R$，$R=\frac{\sqrt{2}}{2}$ m，不计杆与圆盘间的摩擦。杆 BCD 的质量为 m_1，不计地面对圆盘的滚动摩擦，但需考虑静滑动摩擦力。图示瞬时，B、O 在共线的竖直线上，$\theta=45°$，圆盘 C 上作用有力偶矩 $M=500\sqrt{2}$ N·m，弹簧的压缩量 $\delta=1$ cm。杆 OA 逆时针转动，其角速度 $\omega_1=1$ rad/s。求图示瞬时圆盘 B 圆心的加速度（重力加速度 $g=10$ m/s^2）。

9.6　如题 9.6 图所示，整个机构在竖直面内。已知质量为 m、长度为 r 的均质杆 OA 在未知力偶矩 M 驱动下以角速度 ω_0 匀速转动；杆 BD 长度为 $3r$；OB 为竖直线；半径为 R、质量为 m 的均质圆盘的质心 H 通过不计质量的细绳系在 BD 的端点 D，由细绳带动在粗糙水平地面做纯滚动。图示瞬时，O、A、H 在同一水平线上，$\theta=30°$，绳 DH 与杆 BD 垂直；不计杆 BD 和滑块 A 的质量及其相互间的摩擦，也不考虑圆盘 H 与地面的滚动摩擦。求图示瞬时驱动力

偶矩 M。

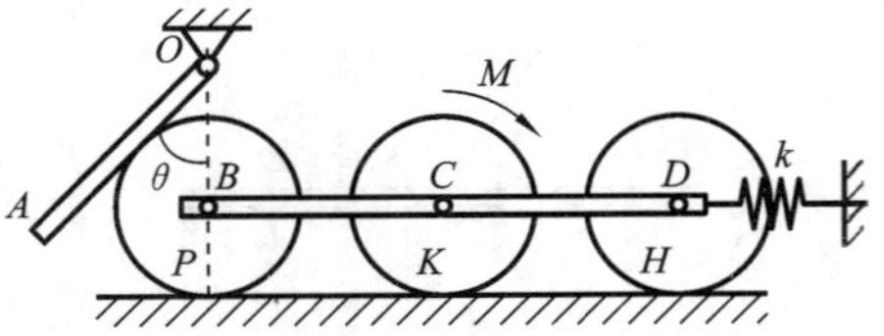

题 9.5 图

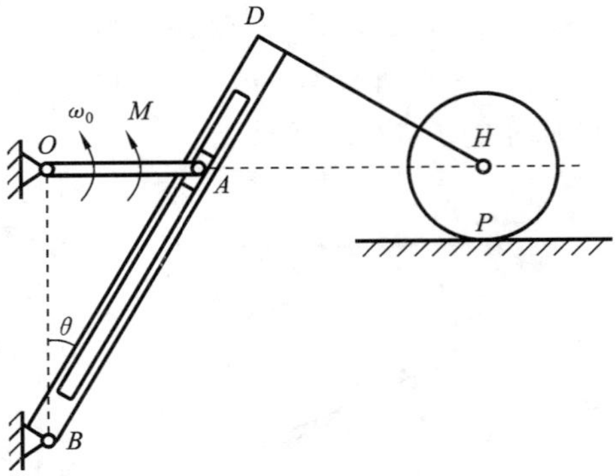

题 9.6 图

9.7　如题 9.7 图所示，质量为 m、半径为 r 的均质圆柱，在其质心 C 与 O 同一高度时，由静止开始沿斜面滚动而不滑动。求滚至半径为 R 的圆弧 $\overset{\frown}{AB}$ 上时，作用于圆柱上的正压力及摩擦力，并表示为 θ 的函数。

9.8　一质量 $m_1=15$ kg、半径 $R=0.135$ m 的均质圆盘，圆心 B 与长 $L=0.225$ m 的均质杆 AB 连接，如题 9.8 图所示。杆的质量 $m_2=6$ kg，A 端为光滑连接。圆盘由图示位置无初速地释放，试求点 B 在通过最低点时的速度。

(1) 假定圆盘与杆焊接在一起；

(2) 假定圆盘与杆在 B 点处用光滑销钉连接。

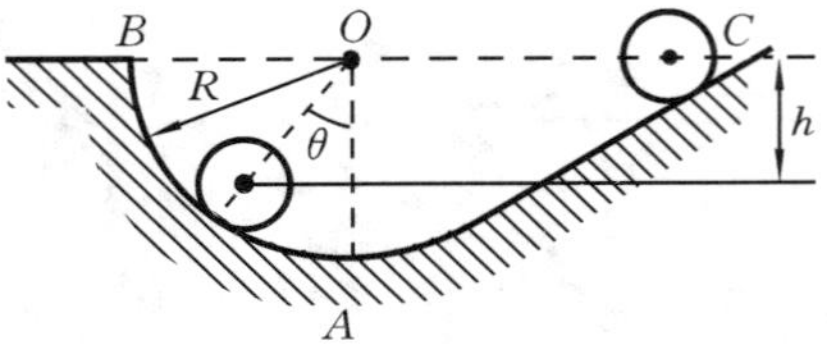

题 9.7 图

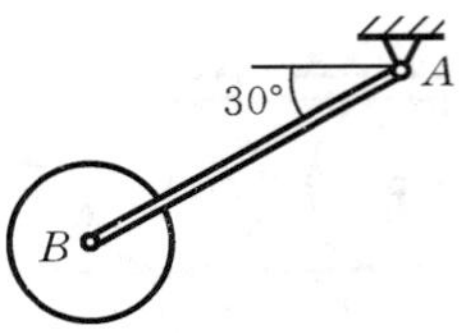

题 9.8 图

9.9　如题 9.9 图所示，长为 $2a$、重为 P 的均质杆 AB 可在半径为 $\sqrt{2}a$ 的光滑半圆筒内运动。开始时杆处于 A_0B_0 位置且在竖直平面内。若将杆无初速地释放，则杆将在自身重力作用下运动。试求任意瞬时杆的角速度及 A、B 两端的反力(以图示 φ 角表示)。

9.10　如题 9.10 图所示，均质圆盘半径为 R，质量为 m，偏心矩 $OC=R/4$，开始时圆盘重心 C 在 O 的正上方。在轮缘上固连一质量为 $m/4$ 的质点 A。设圆盘受扰动后，由静止进入运动。求 OA 到达水平位置($\theta=0°$)时，圆盘的角速度 ω、角加速度 α 及 O 所受的水平方向的约束反力。

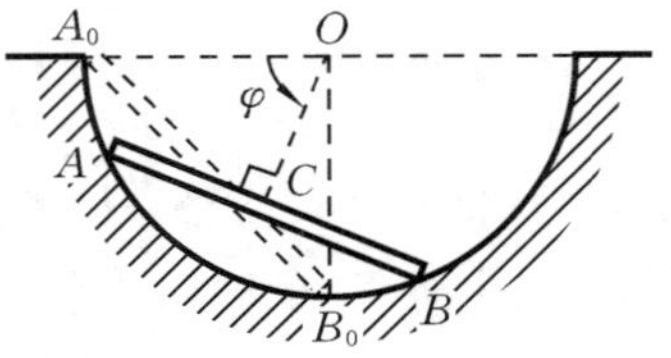

题 9.9 图

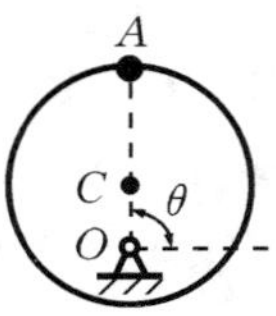

题 9.10 图

第 10 章　达朗贝尔原理

达朗贝尔原理

机械系统一般由多个构件组成以实现期望的运动，对于多刚体构成的复杂系统的动力学分析，探索高效的分析方法尤为必要。比如，如图 10.1 所示的内燃机机构，在分析计算某一时刻活塞对缸套 B 的支持力时，对于该图所示机构，为了应用简约式动量矩定理 $\sum M_D = J_D\alpha$，从例 8.9 可知，必须取单个刚体为研究对象，而该定理只对特殊的动矩心 D 成立，故不可避免会引入刚体间不待求的相互作用力，比如图中 A 处的约束反力，增加计算量。而应用功率方程，对单自由度系统且待求的力做功时，才比较合适。那么，能否建立功率方程方法以外的一种新的分析方法来尽量避免引入刚体间相互作用力，克服应用动量定理和动量矩定理分析问题计算量大的缺点呢？

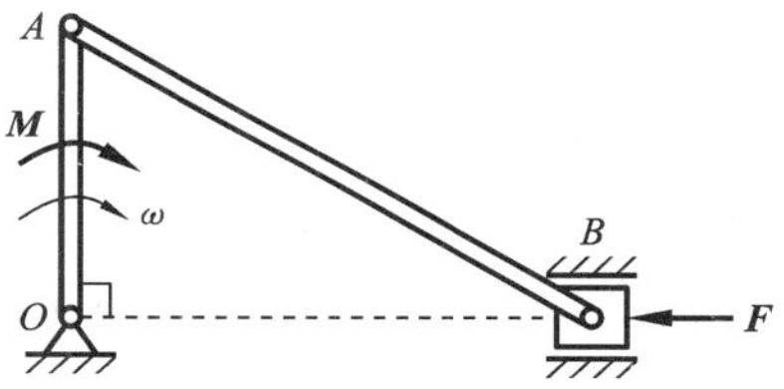

图 10.1　内燃机机构

若图 10.1 的机构处于静平衡状态，则在静力学中可以取一个或任意多个物体为研究对象，对任意点取矩。这样就可以对刚体间的相互作用点处列矩方程，解决应用动量矩定理会引入不待求的刚体间的相互作用力的问题。受此启发，能否将动力学方程转化为形式上类似静力学形式的平衡方程呢？哲学上认为，世界是运动的，静止是运动的特殊情形，二者在一定条件下可以相互转化。这个转化条件从哲学上讲是很抽象的条件。虽然抽象，至少从哲学上讲，动力学问题是一定可以转化为类似静平衡问题的。那么，是否有某种方法，在明确具体的条件下，可将上述动力学问题转化为类似静平衡问题呢？本章探讨动力学问题转化为类似静平衡问题的具体条件，介绍达朗贝尔原理。

牛顿提出的牛顿第二定律及由此推导出的动力学三大定理——动量定理、动量矩定理与动能定理，构成了经典力学的牛顿-欧拉体系，也是矢量力学的主要内容。达朗贝尔原理是动力学基本规律的另一种叙述方法，它可看成牛顿第二定律的演变。依据达朗贝尔原理建立起来的动静法是解决工程问题的一种实用方法。更重要的是，为了克服经典力学的牛顿-欧拉体系的缺点，将本章的达朗贝尔原理与第 11 章的虚位移原理结合起来，可以得出质点系动力学问题的动力学普遍方程，进而产生了分析力学。分析力学在某些类型的问题中比牛顿-欧拉体系更便于应用，是分析非自由质点系力学问题的较有效方法。如果说矢量力学以力作为核心概念，则分析力学将核心概念由力转移到能量。在经典力学范围内，以力为核心概念与以能量为核心概念是等价的；但在物理学的其他领域，力与加速度的概念可能显得没有意义，而能量的概念却无处不在。因此，分析力学成为经典力学与现代物理学的桥梁。达朗贝尔原理与虚位移原理是矢量力学发展到分析力学的重要阶段，从本章开始，介绍分析力学的部分内容。

达朗贝尔原理

10.1　达朗贝尔原理

10.1.1　惯性力及质点的达朗贝尔原理

如图 10.2 所示,设光滑水平面上的质量为 m 的质点,受主动力 $\boldsymbol{F}$、重力 $\boldsymbol{P}$ 和地面的约束力 $\boldsymbol{F}_{\mathrm{N}}$,由牛顿定律有

$$\boldsymbol{F}+\boldsymbol{P}+\boldsymbol{F}_{\mathrm{N}}=m\boldsymbol{a}$$

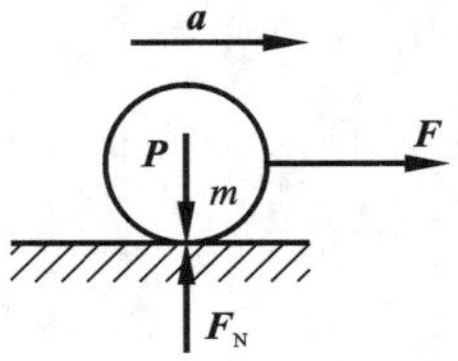

图 10.2　质点受力

将上式移项写为

$$\boldsymbol{F}+\boldsymbol{P}+\boldsymbol{F}_{\mathrm{N}}-m\boldsymbol{a}=\boldsymbol{0}$$

令

$$\boldsymbol{F}_{\mathrm{I}}=-m\boldsymbol{a} \tag{10.1}$$

有

$$\boldsymbol{F}+\boldsymbol{P}+\boldsymbol{F}_{\mathrm{N}}+\boldsymbol{F}_{\mathrm{I}}=\boldsymbol{0} \tag{10.2}$$

$\boldsymbol{F}_{\mathrm{I}}$ 具有力的量纲,且与质点的质量有关,称为质点的**惯性力**。它的大小等于质点的质量与加速度的乘积,方向与 $\boldsymbol{a}$ 方向相同。式(10.2)可解释为作用在质点上的主动力、约束反力和虚加的惯性力在形式上组成平衡力系。这就是质点的达朗贝尔原理,也称为**动静法**或**惯性力法**。

需要说明的是:惯性力是力学中的一个重要概念。但对其物理意义的解释,各类力学书籍说法不同。传统的说法有两种。一些《工程力学》和工科用《理论力学》把它解释为完全真实的力。即物体在受力作用产生加速度的同时,由于本身的惯性而表现出的对施力物体的一种反抗作用,这种反抗作用就定义为惯性力,这是从施力物体的角度来定义的。而多数理科用《理论力学》和普通物理力学用《理论力学》则把惯性力解释为一种虚拟的"假想力"。即惯性力是为了使真实力和虚加的惯性力从形式上组成平衡力系而引入的一个概念,其量纲与力相同,但并不是真实的力。这是从所研究的受力物体的角度来定义的。质点并非处于平衡状态,引入惯性力的目的是使得我们可利用静力学方法来解决动力学问题。本书采用后一种说法。一个原因是与先前所学的物理中的概念一致,避免与先前观念冲突。概念的引入是为了方便研究问题,学习动静法最重要的是学习其分析方法及其力学转化的思想,本书不过分关注惯性力的物理意义。另一个原因是,为了在非惯性系中继续使用牛顿运动定律,可以假想在这个非惯性系中,除了相互作用所引起的力之外系统还受到一种由非惯性系引起的力,即惯性力。从这个角度来看,惯性力概念是在非惯性坐标系里为了方便而引入的,不是一个实际的力。

10.1.2　质点系的达朗贝尔原理

设有 N 个质点的质点系,每个质点上的主动力 $\boldsymbol{F}_i$、约束力 $\boldsymbol{F}_{\mathrm{N}i}$ 和惯性力 $\boldsymbol{F}_{\mathrm{I}i}$ 组成形式上的静平衡力系,有

$$\boldsymbol{F}_i+\boldsymbol{F}_{\mathrm{N}i}+\boldsymbol{F}_{\mathrm{I}i}=\boldsymbol{0},\quad i=1,2,\cdots,N \tag{10.3}$$

现在来考察整个质点系的主矢方程和主矩方程。

对式(10.3)的所有方程求和得到主矢方程为

$$\sum\boldsymbol{F}_i+\sum\boldsymbol{F}_{\mathrm{N}i}+\sum\boldsymbol{F}_{\mathrm{I}i}=\boldsymbol{0} \tag{10.4}$$

再以任一点 D 为矩心对式(10.3)取力矩运算后求和，得到主矩方程：

$$\sum \boldsymbol{M}_D(\boldsymbol{F}_i) + \sum \boldsymbol{M}_D(\boldsymbol{F}_{\mathrm{N}i}) + \sum \boldsymbol{M}_D(\boldsymbol{F}_{\mathrm{I}i}) = \boldsymbol{0} \tag{10.5}$$

这里，力矩 $\boldsymbol{M}_D(\boldsymbol{F}_i) = \boldsymbol{r}_{Di} \times \boldsymbol{F}_i$。

定义

$$\boldsymbol{F}_\mathrm{I} = \sum \boldsymbol{F}_{\mathrm{I}i}, \quad \boldsymbol{M}_\mathrm{I} = \sum \boldsymbol{M}_D(\boldsymbol{F}_{\mathrm{I}i}) \tag{10.6}$$

分别为惯性力系的主矢(简称惯性力)和惯性力系的主矩(简称惯性力矩)。以上就是**质点系的达朗贝尔原理表达式**。

需要指出的是，上述推导达朗贝尔原理时，是从力是否做功的角度将系统实际受到的力分解为主动力和约束反力，而主动力和约束反力既可能是内力也可能是外力，导致式(10.4)和式(10.5)的表达式较复杂。若将系统实际受到的力分解为内力 $\boldsymbol{F}_i^{(\mathrm{i})}$ 和外力 $\boldsymbol{F}_i^{(\mathrm{e})}$，则系统内力在静力学形式的平衡方程中不会出现，可得到更简单的平衡方程，即

$$\sum \boldsymbol{F}_i^{(\mathrm{e})} + \sum \boldsymbol{F}_{\mathrm{I}i} = \boldsymbol{0} \tag{10.7}$$

$$\sum \boldsymbol{M}_D(\boldsymbol{F}_i^{(\mathrm{e})}) + \sum \boldsymbol{M}_D(\boldsymbol{F}_{\mathrm{I}i}) = \boldsymbol{0} \tag{10.8}$$

从静力学平衡方程的角度来看，将系统实际受到的力分解为内力和外力更合理。那为何推导达朗贝尔原理时将系统实际受到的力分解为主动力和约束反力呢？这是因为在后面的章节中，需要基于式(10.4)和式(10.5)，从做功与能量的角度采用能量的分析方法研究动力学问题。在只采用达朗贝尔原理研究动力学问题时，将系统实际受到的力分解为内力和外力，再应用式(10.7)和式(10.8)即可。

与专题 2 的非惯性系动力学不同的是，在应用达朗贝尔原理时不需要统一的非惯性参考系，而是将动力系统内各质点在任一瞬时的“惯性力”附加在该质点上，从而使各点状态转化为“静力状态”来使整个动力系统处于“静态平衡”。尽管这一转化从数学方程上看只是移项处理，但它蕴涵的方法论意义却十分重大，因为这不仅仅简化了动力学计算，更重要的是这一原理为开创新的动力学方法，即分析力学提供了重要的前提与基础。

例 10.1　如图 10.3(a)所示，一均质杆 AB，长为 l，质量为 m，A 端与竖直轴铰接，B 端用一段水平细绳与转轴相连，转轴以匀角速度 ω 转动。求绳的张力。

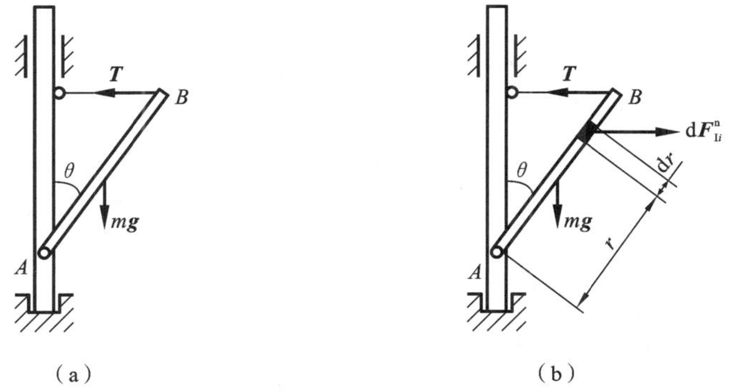

图 10.3　例 10.1 图

解　取 AB 的微元段 $\mathrm{d}r$，质量为 $\mathrm{d}m = \dfrac{m}{l}\mathrm{d}r$，其惯性力大小为 $\mathrm{d}F_{\mathrm{I}i} = \mathrm{d}F_{\mathrm{I}i}^{\mathrm{n}} = \dfrac{m}{l}\mathrm{d}r \cdot r\sin\theta\omega^2$，方向如图 10.3(b)所示。

【杆 AB】对于过点 A 垂直于杆 AB 和包括转轴的平面的轴 x，根据空间静力学平衡方程，得到

$$\sum M_x = 0: \qquad Tl\cos\theta - mg\frac{l}{2}\sin\theta - \int_0^l r\cos\theta \mathrm{d}F_{\mathrm{I}i} = 0 \tag{a}$$

将 $\mathrm{d}F_{\mathrm{I}i}$ 代入式(a)并积分，然后求解得

$$T = \frac{1}{3}m\omega^2 l\sin\theta + \frac{1}{2}mg\tan\theta$$

10.1.3　平面运动刚体的惯性力简化

用质点系的达朗贝尔原理求解质点系动力学问题，需要给质点系内每个质点加上各自的惯性力，这些惯性力也形成一个力系，称为惯性力系。对于由无限个质点构成的刚体，其惯性力系中有无限个惯性力，这给分析带来了困难。然而，利用静力学力系简化的理论，求出惯性力系的主矢和主矩，将给解题带来极大的方便。

本章仅介绍平面运动刚体的惯性力简化。

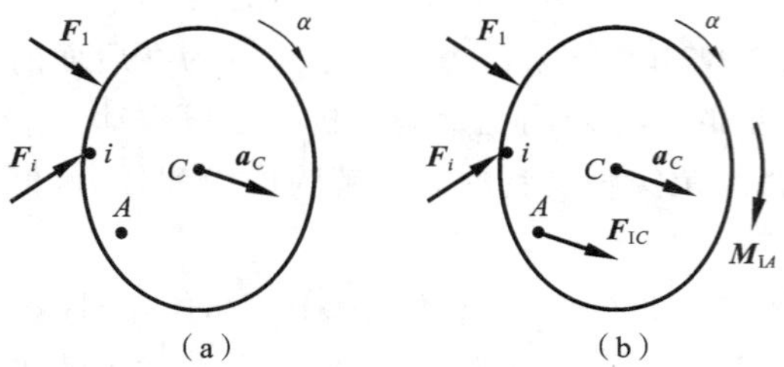

图 10.4　平面运动刚体

如图 10.4(a)所示，对于一个具有质量对称平面，且平行于此平面做平面运动的刚体，由动量定理，有

$$\sum \boldsymbol{F}_i = m\boldsymbol{a}_C$$

根据特殊动矩心的动量矩定理，有

$$\sum \boldsymbol{M}_A = J_A\boldsymbol{\alpha}$$

其中，点 A 为使简约式动量矩定理表达式(8.70)中第 3 个投影式成立的特殊动矩心。

令 $\boldsymbol{F}_{\mathrm{IC}} = -m\boldsymbol{a}_C$，$\boldsymbol{M}_{\mathrm{IA}} = -J_A\boldsymbol{\alpha}$，于是有

$$\sum \boldsymbol{F}_i + \boldsymbol{F}_{\mathrm{IC}} = \boldsymbol{0} \tag{10.9}$$

$$\sum \boldsymbol{M}_i + \boldsymbol{M}_{\mathrm{IA}} = \boldsymbol{0} \tag{10.10}$$

式(10.9)、式(10.10)可视为静力学形式的平衡方程，这两个方程是直接由动量定理、动量矩定理转化而来的，若将 $\boldsymbol{F}_{\mathrm{IC}}$、$\boldsymbol{M}_{\mathrm{IA}}$ 视为静力学形式的力和力偶矩，那么，在受力图中如何画 $\boldsymbol{F}_{\mathrm{IC}}$、$\boldsymbol{M}_{\mathrm{IA}}$ 才能得到这 2 个方程呢？

如图 10.4(b)所示，当惯性力向特殊动矩心点 A 简化时，$\boldsymbol{F}_{\mathrm{IC}}$ 必须通过点 A 但指向与质心加速度 $\boldsymbol{a}_C$ 指向相同，才能得到式(10.10)。由 $\boldsymbol{F}_{\mathrm{IC}} = -m\boldsymbol{a}_C$，从数学的矢量方向定义来看，$-m$ 仅是一个系数，因此 $\boldsymbol{F}_{\mathrm{IC}}$ 指向应该与矢量 $\boldsymbol{a}_C$ 指向相同，若令 $\boldsymbol{F}_{\mathrm{IC}} = m\boldsymbol{a}_C$，则在图 10.4 中，$\boldsymbol{F}_{\mathrm{IC}}$ 方向必须与 $\boldsymbol{a}_C$ 方向相反。$\boldsymbol{M}_{\mathrm{IA}}$ 的转向在图 10.4 中的画法也同理，只是 $\boldsymbol{M}_{\mathrm{IA}}$ 视为力偶矩，只要其大小和转向不变，可画在该刚体的任何位置。

将动力学方程转化为静力学形式的平衡方程后，是否就可以像列静力学力矩平衡方程一样，对一个刚体任意点取矩，结果等于 0 吗？可以取多个刚体为研究对象，对任意点取矩，结果等于 0 吗？答案是肯定的，证明如下。

证明　如图 10.5(a)所示，将惯性力 $\boldsymbol{F}_{\mathrm{IC}}$ 和惯性力矩 $\boldsymbol{M}_{\mathrm{IA}}$ 画在受力图上(点 A 为特殊动矩心，点 C 为质心)。

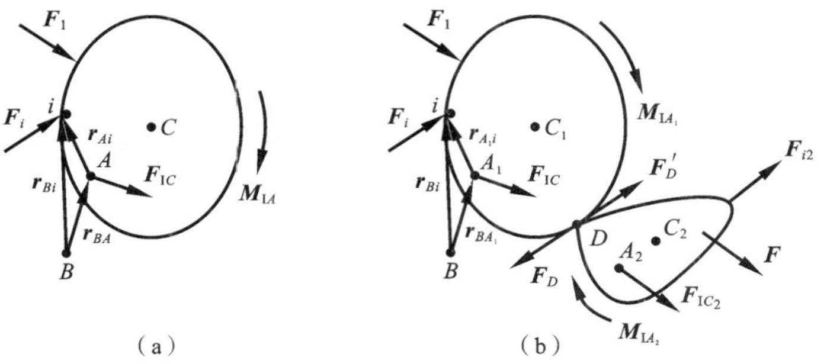

图 10.5　刚体系统

(1) 对于图 10.5(a)所示的单个刚体,任选取一点 B,则

$$\sum \boldsymbol{M}_B(\boldsymbol{F}_i) = \sum \boldsymbol{r}_{Bi} \times \boldsymbol{F}_i = \sum (\boldsymbol{r}_{BA} + \boldsymbol{r}_{Ai}) \times \boldsymbol{F}_i = \sum \boldsymbol{M}_A(\boldsymbol{F}_i) + \boldsymbol{r}_{BA} \times \sum \boldsymbol{F}_i \tag{10.11}$$

所有力(包括惯性力 $\boldsymbol{F}_{IC}$ 和惯性力矩 $\boldsymbol{M}_{IA}$)对点 B 的矩为

$$\sum \boldsymbol{M}_B = \sum \boldsymbol{M}_B(\boldsymbol{F}_i) + \boldsymbol{r}_{BA} \times \boldsymbol{F}_{IC} + \boldsymbol{M}_{IA} = \left[\sum \boldsymbol{M}_A(\boldsymbol{F}_i) + \boldsymbol{M}_{IA}\right] + \boldsymbol{r}_{BA} \times \left(\sum \boldsymbol{F}_i + \boldsymbol{F}_{IC}\right) \tag{10.12}$$

将式(10.9)和式(10.10)代入式(10.12)得

$$\sum \boldsymbol{M}_B = \boldsymbol{0} \tag{10.13}$$

因此,只要将刚体角加速度及其质心的加速度转化为类似静力学形式的力偶矩 $\boldsymbol{M}_{IA}$ 和力 $\boldsymbol{F}_{IC}$,按图 10.5(a)所示正确地画在受力图上,就可以对任意点 B 取矩,结果等于 0。

(2) 对于图 10.5(b)所示由 2 个刚体构成的系统,每个刚体的加速度量转化为类似静力学形式中的力偶矩 $\boldsymbol{M}_{IA_i}$ 和力 $\boldsymbol{F}_{IC_i}$(画在对应刚体的特殊动矩心点 A_i 上)。每个刚体对任意点 B 取矩,会出现刚体间作用点 D 处的相互作用力 $\boldsymbol{F}_D$ 和 $\boldsymbol{F}'_D$。将 2 个刚体对点 B 的矩方程相加,相互作用力 $\boldsymbol{F}_D$ 和 $\boldsymbol{F}'_D$ 就会相互抵消,得到不包含 $\boldsymbol{F}_D$ 的矩方程。该方程就是取 2 个刚体为研究对象,所有力对任意点 B 取矩的方程。因此,对于多个刚体,只要刚体上的加速度量按图 10.5(b)所示的画法转化为类似静力学形式中的力偶矩 $\boldsymbol{M}_{IA_i}$ 和力 $\boldsymbol{F}_{IC_i}$,就可以对任意点 B 取矩,结果等于 0。

为了方便,解题时令 $\boldsymbol{F}_{IC} = m\boldsymbol{a}_C$,故图中 $\boldsymbol{F}_{IC}$ 与 $\boldsymbol{a}_C$ 方向相反。$\boldsymbol{M}_{IA}$ 同理。

例 10.2　如图 10.6(a)、10.7(a)所示,长为 L、质量为 m 均质杆件 AB,点 C 为其质心。在图示位置,其角速度为 ω,则图中惯性力简化正确的是哪个?

(1) $\omega \neq 0$,其惯性力简化如图(b)(c)(d)所示。

(2) ① $\omega \neq 0$,其惯性力简化如图(b)(c)所示;② $\omega = 0$,惯性力简化如图 10.7(d)(e)所示。

解　(1) 都正确。其中图 10.6(d)的简化依据是平面内一个力和力矩一定能简化为一个通过特定点的合力。由该例可知,惯性力可向任意点简化,向特殊动矩心简化便于后续计算,故求解动力学问题时都只向特殊动矩心简化。

(2) 图 10.7(b)中,速度瞬心 P 不是特殊动矩心,错误。图(c)中,M_{IC} 的转向应该与 α 转向相反,错误。由静止释放时,速度瞬心 P 的加速度为 0,故是特殊动矩心,惯性可向点 P 简化。图(d)中,M_{IP} 与 α 转向相同,故 $M_{IP} = -J_P\alpha$,正确。图(e)中,M_{IC} 与 α 转向相反,此时 $M_{IC} = +J_C\alpha$,错误。

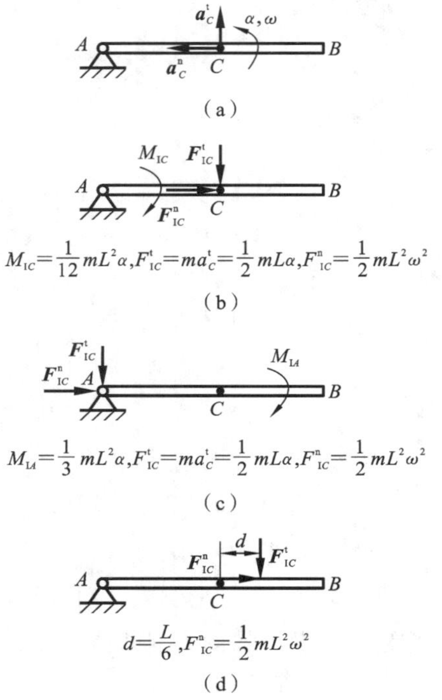

$$M_{IC}=\frac{1}{12}mL^2\alpha,F^t_{IC}=ma^t_C=\frac{1}{2}mL\alpha,F^n_{IC}=\frac{1}{2}mL^2\omega^2$$

(b)

$$M_{IA}=\frac{1}{3}mL^2\alpha,F^t_{IC}=ma^t_C=\frac{1}{2}mL\alpha,F^n_{IC}=\frac{1}{2}mL^2\omega^2$$

(c)

$$d=\frac{L}{6},F^n_{IC}=\frac{1}{2}mL^2\omega^2$$

(d)

图 10.6　例 10.2 图 1

$$F^t_{IC}=ma^t_C,F^n_{IC}=ma^n_C,M_{IP}=J_P\alpha$$

(b)

$$F^t_{IC}=ma^t_C,F^n_{IC}=ma^n_C,M_{IC}=J_C\alpha$$

(c)

$$F^t_{IC}=ma^t_C,M_{IP}=-J_P\alpha$$

(d)

$$F^t_{IC}=ma^t_C,M_{IP}=-J_C\alpha$$

(e)

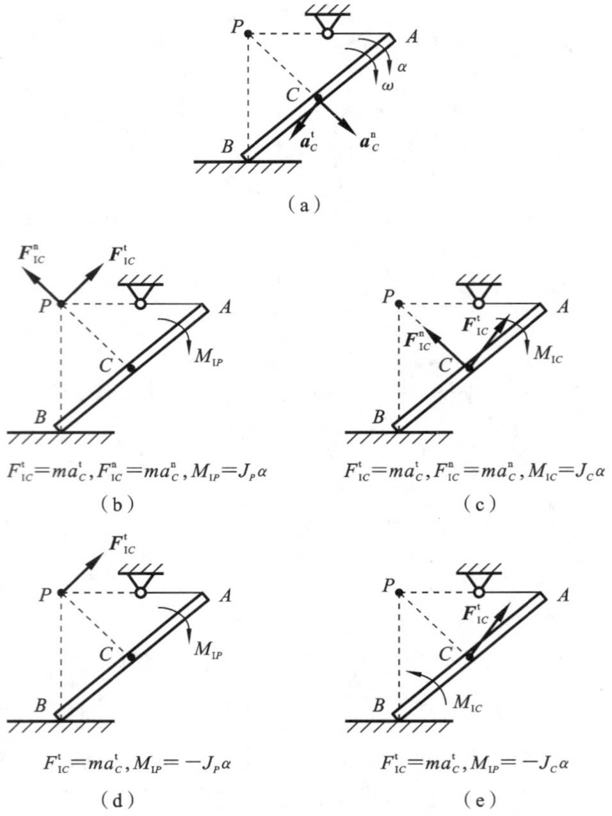

图 10.7　例 10.2 图 2

　　从本例可知,惯性力可向任意点简化,但一般向特殊动矩心简化便于后续计算,本书提到的向特殊动矩心简化,是从方便计算的角度来考量的。

　　做空间任意运动的刚体的惯性力简化的推导比较复杂,读者可阅读第 14 章"刚体空间运动学和动力学"。

达朗贝尔原理的应用

10.2　达朗贝尔原理的应用

10.2.1　求解加速度与力的关系问题

　　第 9 章已证明,由自由度与动力学方程数目的关系,假设系统未给定任何与切向加速度或角加速度有关的量,系统的自由度为 n,有如下结论:求系统的加速度,若已知 s 个与切向加速度(或角加速度)有关的量,不求任何未知力,则至少需 $k=n-s$ 个基于动力学理论的方程;若还需求 m 个待求真实力,则至少还需补充 m 个方程。利用动静法可对任意点列力矩平衡方程,对不是由多物体组成的系统,往往能不引入或少引入其他不待求的未知力。若用动静法列了 $k=n-s+m$ 个类似静力学形式不引入不待求未知力的动力学方程,则由其他任何动力学理论(比如功率方程)得到的动力学方程要么会引入新的真实未知力,要么可由已列的 k 个动力学方程联合运动学加速度关系经过复杂推导得到,是不独立的,因此无须再列。

在应用动量矩定理时，因为往往要引入刚体间作用力，不容易实现只列 k 个动力学方程，所以上述结论往往对解题帮助不大。有了达朗贝尔原理，动力学问题就可以转化为类似静力学形式的问题，对多个刚体的任意点取矩，很多情况下可以实现不引入不待求未知力，或者即使要引入不待求未知力也很容易发现需要引入哪些量，从而很容易地列出最少数目的独立动力学方程，因此能建立基于自由度的动静法统一分析步骤，使动力学问题的分析步骤也变得有规律可循。

基于自由度的动静法统一分析步骤如下。

（1）惯性力简化。

每个刚体的质心 C_i 的加速度 $\boldsymbol{a}_{C_i}$ 和角加速度 α_i 向各自的特殊动矩心 A_i 简化，转为类似静力学形式的力偶矩 $\boldsymbol{M}_{\mathrm{IA}_i}$ 和力 $\boldsymbol{F}_{\mathrm{IC}_i}$。其中 $M_{\mathrm{IA}_i}=J_{A_i}\alpha_i$（方向与 α_i 相反），$\boldsymbol{F}_{\mathrm{IC}_i}=m_i\boldsymbol{a}_{C_i}$（方向与 $\boldsymbol{a}_{C_i}$ 相反，画在对应刚体的特殊动矩心 A_i 上）。特殊动矩心是使简约式动量矩定理 $\sum M_A = J_A\alpha$ 成立的 4 个特殊点。

（2）确定至少需要列的动力学方程数目 k，$k=n-s+m$。

（3）得到 k 个类似静力学形式的平衡方程。

借鉴静力学中列静力平衡方程的方法得到 k 个类似静力学形式的动力学方程。尽量不引入不待求真实未知力，先由整体得到 $q=3-p$ 个方程，其中 $p(p\leqslant 3)$ 为不待求真实未知力个数。为了得到这样的方程，对不待求真实未知力的作用点取矩或向垂直于不待求真实未知力的方向投影。然后，再从局部找到 $k-q$ 个不包含不待求真实未知力的有用方程。先从包含待求力（惯性力也视为待求力）的一个物体上找，若只有 $p_1(p_1<3)$ 个不待求真实力，则可得到 $3-p_1$ 个有用方程（当所选取的物体所受的力为任意力系时）。若不够，再从包含待求力的 2 个物体上寻找，如此层层推进。若无法避免引入不待求的真实力，就将其视为待求量，多列相应数目的方程。

（4）补充运动学方程。

因为动力学方程表示的是刚体角加速度和质心加速度与力的关系，所以运动学方程首先需要建立加速度关系。因为加速度关系可能会引入法向加速度和科氏加速度，故有时还需进一步补充运动学的速度关系。

为了得到加速度间的关系，需要利用待求点（质心是待求点）与机构间连接点的相互关系。运动的机构中各构件的运动都是通过连接点传递的，分析运动时必须体现出所有的这些联系。对于一般情形，找这样的关系可按照运动学中介绍的画线分解法：将质心与刚体间的连接点连线，体现刚体间的联系，将机构复杂运动分解为运动学中所介绍的几种典型问题。对应相应的问题，应用合成定理建立加速度关系方程。再考虑刚体与外部的联系。

对运动过程所涉及的所有速度关系都总保持比例关系或可由直角三角形得到的特殊情形，比较求导法和合成法后，选择相对简单的方法。

（5）求解。

在运动学加速度方程中消去动力学方程中未出现的加速度量，得到新的仅含有在动力学方程中出现的加速度量的方程，与 k 个动力学方程联立求解即可。

当然，也可以先列运动学方程，再列类似静力学形式的动力学方程。此外，具体解题步骤在表述往往与上述思路顺序相反。

例 10.3　质量为 $m=1000$ kg,半径为 $R=3$ m 的均质实心圆盘 O,在图 10.8(a)位置挖出半径为 $r=1$ m 的圆孔 A。圆盘垂直放在粗糙水平面上做纯滚动,图示瞬时的角速度为 $\omega=1$ rad/s。试用动静法求图示位置圆盘角加速度($g=10$ m/s^2)。

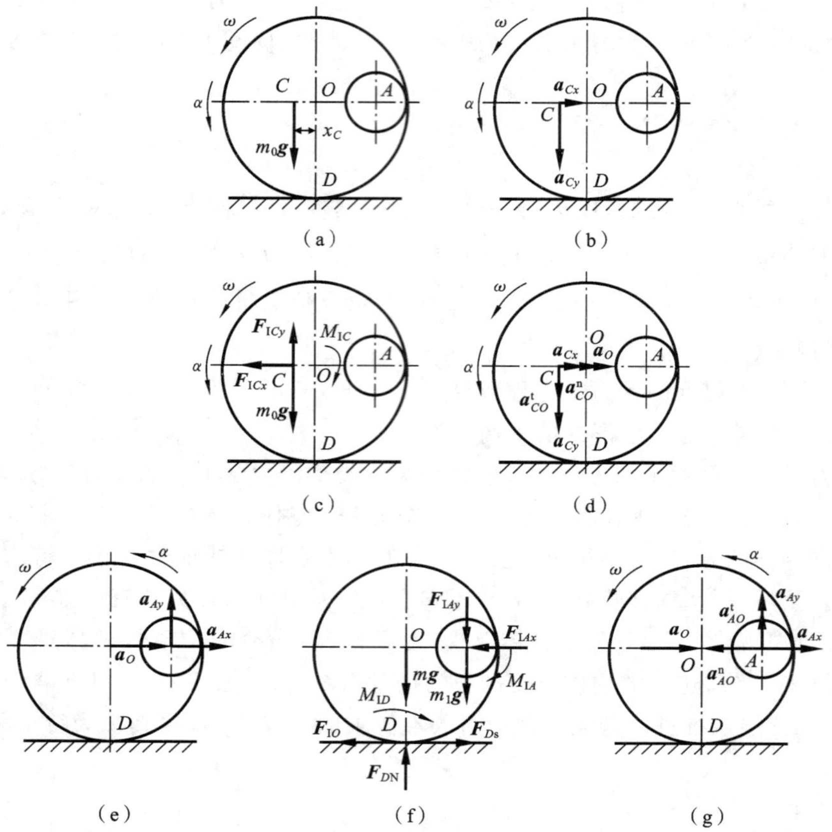

图 10.8　例 10.3 图

解法 1　(1) 惯性力简化。

挖去部分的质量 $m_1=\left(\frac{r}{R}\right)^2 m$,挖孔后圆盘的总质量 $m_0=\left[1-\left(\frac{r}{R}\right)^2\right]m$,质心 $x_C=r^2/(R+r)$,转动惯量 $J_C=\frac{1}{2}mR^2+mx_C^2-\left[\frac{1}{2}m_1r^2+m_1(R-r+x_C)^2\right]$。质心位置如图 10.8(a)所示 ,质心加速度如图 10.8(b)所示。该题速度瞬心 D 不满足简化条件,不能向其简化,只能向质心 C 简化。惯性力简化如图 10.8(c)所示。其中 $M_{\mathrm{I}C}=J_C\alpha$,$F_{\mathrm{I}Cx}=m_0a_{Cx}$,$F_{\mathrm{I}Cy}=m_0a_{Cy}$。

(2) 系统自由度为 1,未给定任何角加速度或切向加速度,不求力,故尽量只列 1 个动力学方程。

$$\sum M_D=0:\qquad M_{\mathrm{I}C}+(F_{\mathrm{I}Cy}-m_0g)x_C-F_{\mathrm{I}Cx}R=0 \tag{a}$$

(3) 补充加速度关系。

加速度关系如图 10.8(d)所示。

【OC】
$$\boldsymbol{a}_{Cx}+\boldsymbol{a}_{Cy}=\boldsymbol{a}_O+\boldsymbol{a}_{CO}^{\mathrm{t}}+\boldsymbol{a}_{CO}^{\mathrm{n}} \tag{b}$$

其中
$$a_O=-R\alpha,\quad a_{CO}^{\mathrm{t}}=x_C\alpha,\quad a_{CO}^{\mathrm{n}}=x_C\omega^2$$

方程(a)和矢量方程(b)共包含3个代数方程，只包含3个未知量，故可求解。联立求解得

$$J_C\alpha+(m_0\alpha x_C-m_0g)x_C-m_0(x_C\omega^2-\alpha R)R=0$$
$$\alpha=0.2407\ \mathrm{rad/s^2}$$

解法2　解法1计算质心位置和转动惯量比较麻烦，实际上也可将挖去孔的圆盘视为两个圆盘，孔A(视为圆盘)的质量和转动惯量视为负值，系统自由度仍为1。

(1) 惯性力简化。

孔A的质量$m_1=-\left(\dfrac{r}{R}\right)^2m$，转动惯量$J_A=-\dfrac{1}{2}m_1r^2$。两部分的质心加速度如图10.8(e)所示。实心均质圆盘惯性力可向其速度瞬心点D简化，孔的惯性力向其质心点A简化。惯性力简化如图10.8(f)所示。其中

$$M_{\mathrm{IA}}=J_A\alpha,\quad F_{\mathrm{IA}x}=m_1a_{Ax},\quad F_{\mathrm{IA}y}=m_1a_{Ay},\quad M_{\mathrm{ID}}=J_D\alpha=\frac{3}{2}mR^2\alpha,\quad F_{\mathrm{IO}}=ma_O$$

(2) 系统自由度为1，未给定任何角加速度或切向加速度，不求力，故尽量只列1个动力学方程。

$$\sum M_D=0:\quad M_{\mathrm{IA}}+M_{\mathrm{ID}}+(F_{\mathrm{IA}y}+m_1g)(R-r)-F_{\mathrm{IA}x}R=0 \tag{c}$$

(3) 补充加速度关系。

加速度关系如图10.8(g)所示。

【OA】
$$\boldsymbol{a}_{Ax}+\boldsymbol{a}_{Ay}=\boldsymbol{a}_O+\boldsymbol{a}_{AO}^{\mathrm{t}}+\boldsymbol{a}_{AO}^{\mathrm{n}} \tag{d}$$

其中
$$a_O=-R\alpha,\quad a_{AO}^{\mathrm{t}}=(R-r)\alpha,\quad a_{AO}^{\mathrm{n}}=(R-r)\omega^2$$

由式(d)得
$$a_{Ax}=-R\alpha-(R-r)\omega^2,\quad a_{Ay}=(R-r)\alpha \tag{e}$$

方程(e)代入方程(c)得

$$\alpha=0.2407\ \mathrm{rad/s^2}$$

例10.4　如图10.9(a)所示，质量$m=50$ kg的均质杆AB，A端搁在光滑的水平面上，另一端由质量不计的绳子系在固定点O，且A、B、O在同一竖直面内。当绳子在水平位置时，杆的角速度为$\omega=1$ rad/s，求此时杆的角加速度。已知杆AB长$L=2.5$ m，绳BO长$b=1$ m，O点高出地面$h=2$ m。

分析　该题系统有1个自由度，已知0个切向加速度信息，至少需要列1个动力学方程。当AB的角速度不为0时，AB的速度瞬心不是特殊动矩心，故惯性力只能向质心C简化。

解　(1) 惯性力简化。

质心加速度如图10.9(b)所示，此题中AB的惯性力只能向质心C简化。惯性力简化如图10.9(c)所示，其中

$$M_{\mathrm{IC}}=J_C\alpha,\quad F_{\mathrm{IC}x}=ma_{Cx},\quad F_{\mathrm{IC}y}=ma_{Cy}$$

(2) 列1个类似静力学形式的动力学方程。

【BA】

$$\sum M_P=0:\quad M_{\mathrm{IC}}-\frac{1}{2}L(mg+F_{\mathrm{IC}y})\cos\varphi-\frac{1}{2}LF_{\mathrm{IC}x}\sin\varphi=0 \tag{a}$$

其中
$$\cos\varphi=\frac{3}{5},\quad \sin\varphi=\frac{4}{5}$$

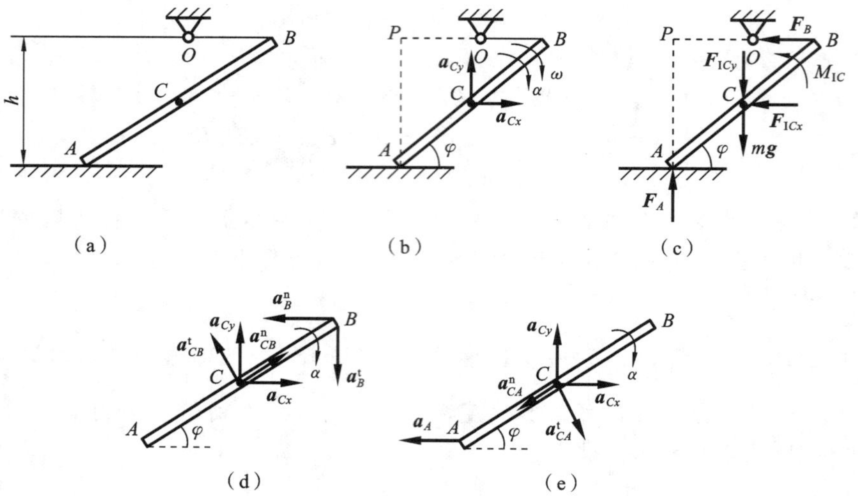

图 10.9　例 10.4 图

(3) 补充加速度关系。

CB 的加速度关系如图 10.9(d)所示，应用基点法得

$$\boldsymbol{a}_{Cx}+\boldsymbol{a}_{Cy}=\boldsymbol{a}_B^{\mathrm{t}}+\boldsymbol{a}_B^{\mathrm{n}}+\boldsymbol{a}_{CB}^{\mathrm{t}}+\boldsymbol{a}_{CB}^{\mathrm{n}} \tag{b}$$

其中，

$$a_B^{\mathrm{n}}=\frac{v_B^2}{b}=\frac{(BP\cdot\omega)^2}{b}=2.25,\quad a_{CB}^{\mathrm{t}}=\frac{\alpha L}{2},\quad a_{CB}^{\mathrm{n}}=\frac{\omega^2 L}{2}$$

式(b)垂直于 $\boldsymbol{a}_B^{\mathrm{t}}$ 方向投影，得

$$a_{Cx}=-2.25+0.75-\alpha=-1.5-\alpha \tag{c}$$

CA 的加速度关系如图 10.9(e)所示，应用基点法得

$$\boldsymbol{a}_{Cx}+\boldsymbol{a}_{Cy}=\boldsymbol{a}_A+\boldsymbol{a}_{CA}^{\mathrm{t}}+\boldsymbol{a}_{CA}^{\mathrm{n}} \tag{d}$$

其中，

$$a_{CA}^{\mathrm{t}}=\frac{\alpha L}{2},\quad a_{CA}^{\mathrm{n}}=\frac{\omega^2 L}{2}$$

式(d)垂直于 $\boldsymbol{a}_A$ 方向投影，得

$$a_{Cy}=-0.75\alpha-1 \tag{e}$$

联立式(a)(c)(e)，解得

$$\alpha=2.52\ \mathrm{rad/s^2}$$

上述两题都是单刚体单自由度系统，其速度瞬心不是特殊动矩心，采用动量、动量矩定理会引入不待求的未知力。而采用功率方程方法，动能用质心表示，则可以如同动静法一样，不引入不待求未知力。不过，按功率方程方法的步骤，需要找速度关系，然后消去速度自变量，而动静法则不需要这一步。在补充加速度关系方面，动静法与功率方程方法完全一样，因此，对于单刚体单自由度系统，可以用功率方程方法，但采用动静法比功率方程方法稍简单些。具体分析上述两题将发现，对于单自由度的单刚体，由功率方程得到的 1 个动力学方程用动静法必然也能得到，进一步可证明，该结论对任意自由度的单个刚体都成立，读者可自行证明。故对于单个刚体，一般不必采用功率方程方法来求解，用动静法即可。此外，对于单个刚体，由动静法可得到 3 个独立方程，而由功率方程方法也必然可得到 1 个方程，而 1 个独立的刚体只有 3 个自由度，因此，这 4 个方程必然相关。对于多刚体系统，从下文介绍的例题中将发现这个结论不成立。

例 10.5 如图 10.10 所示，曲柄滑块圆盘机构在竖直面内，均质杆 OA 在未知变化的力偶矩 M 作用下，通过均质连杆 AB 带动半径为 r 的均质圆盘 B 在半径为 $5r$ 的固定圆上做纯滚动。$AB=4r$，$OA=2r$。杆 OA 以匀角速度 3ω 转动，求图示瞬时地面对圆盘 B 的约束力。曲柄 OA、圆盘 B 和连杆 AB 的质量均为 m。OB 水平。

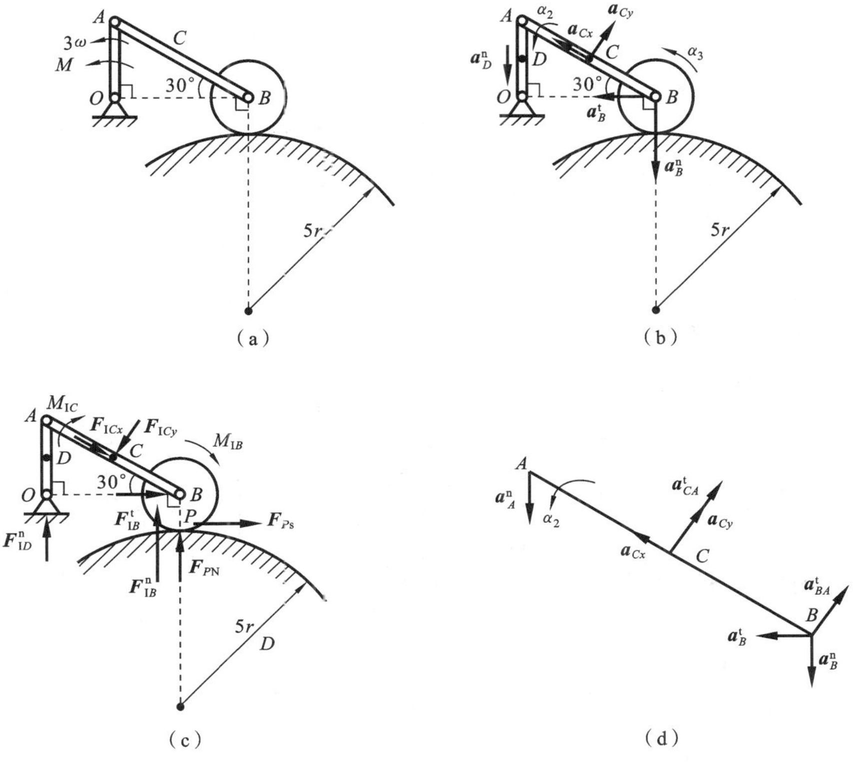

图 10.10 例 10.5 图

分析 该题若未给定 OA 的角加速度，则其自由度为 1，现已知 OA 角加速度为 0 这 1 个切向加速度信息，求 2 个真实力，至少需要列 2 个动力学方程。

解 (1) 惯性力简化。

质心加速度如图 10.10(b)所示，AB 的惯性力只能向点 C 简化，OA 的惯性力可向点 D 或 O 简化（一般向点 O 简化计算更简单），圆盘 B 的惯性力可向点 P 或 B 简化（该题向点 B 简化计算更简单）。惯性力简化如图 10.10(c)所示，其中 $M_{IO}=J_O\alpha_1=0$，$F_{ID}^{t}=ma_D^{t}=0$，$F_{ID}^{n}=ma_D^{n}=9mr\omega^2$，$M_{IC}=J_C\alpha_2$，$F_{ICx}=ma_{Cx}$，$F_{ICy}=ma_{Cy}$，$M_{IB}=J_B\alpha_3$，$F_{IB}^{t}=ma_B^{t}$，$F_{IB}^{n}=ma_B^{n}$。

(2) 列 2 个类似静力学形式的动力学方程。

【圆盘 B】

$$\sum M_B=0:\qquad F_{Ps}r-M_{IB}=0 \tag{a}$$

【圆盘 B+杆 BA】

$\sum M_A=0$：

$$3rF_{Ps}+2\sqrt{3}r(F_{PN}-mg+F_{IB}^{n})+2rF_{IB}^{t}-M_{IB}-M_{IC}-2rF_{ICy}-\sqrt{3}rmg=0 \tag{b}$$

(3) 补充加速度关系。

AB 做瞬时平动

$$\omega_{AB}=0,\quad \omega_B=\frac{v_B}{r}=\frac{v_A}{r}=6\omega$$

【AC】
$$\boldsymbol{a}_{Cx}+\boldsymbol{a}_{Cy}=\boldsymbol{a}_A^{\mathrm{n}}+\boldsymbol{a}_{CA}^{\mathrm{t}} \tag{c}$$

【BA】
$$\boldsymbol{a}_B^{\mathrm{n}}+\boldsymbol{a}_B^{\mathrm{t}}=\boldsymbol{a}_A^{\mathrm{n}}+\boldsymbol{a}_{BA}^{\mathrm{t}} \tag{d}$$

式(c)和(d)中,

$$a_A^{\mathrm{n}}=OA\cdot\omega_1^2,\quad a_{CA}^{\mathrm{t}}=CA\cdot\alpha_2,\quad a_{BA}^{\mathrm{t}}=BA\cdot\alpha_2,\quad a_B^{\mathrm{n}}=\frac{v_B^2}{6r},\quad a_B^{\mathrm{t}}=r\alpha_3$$

考虑加速度关系,将方程(a)(b)和 2 个矢量方程(c)(d)联立求解得

$$F_{\mathrm{PN}}=\frac{3}{2}mg-\frac{11}{3}mr\omega^2,\quad F_{\mathrm{Ps}}=-2\sqrt{3}mr\omega^2$$

例 10.6　在光滑水平面上放置一直角三棱柱体 A,其质量为 m_1,可沿光滑水平面运动;质量为 m_2、半径为 r 的均质圆柱体,由三棱柱体的斜面滚下而不滑动,如图 10.11 所示。设三棱柱体的倾角为 θ,试求三棱柱体的加速度。

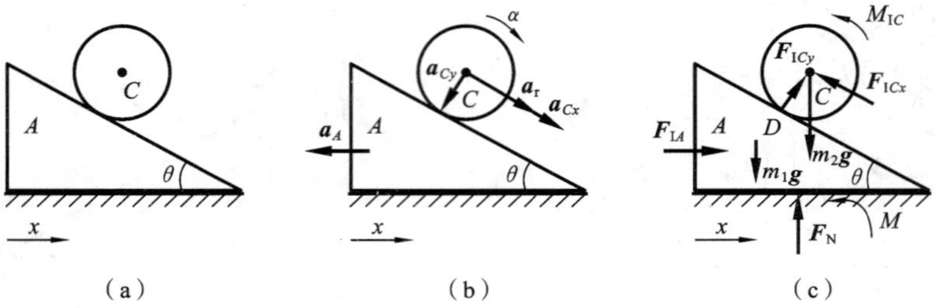

图 10.11　例 10.6 图

分析　该题系统有 2 个自由度,未已知任何切向加速度信息,不求任何真实力,至少需要列 2 个动力学方程。

解　(1) 惯性力简化。

加速度如图 10.11(b)所示。圆盘 C 的惯性力只能向点 C 简化,惯性力简化如图 10.11(c)所示,其中 $M_{\mathrm{IC}}=J_C\alpha=\frac{1}{2}m_2r^2\alpha$,$F_{\mathrm{IC}x}=m_2a_{Cx}$,$F_{\mathrm{IC}y}=m_2a_{Cy}$,$F_{\mathrm{IA}}=m_1a_A$。

(2) 列 2 个类似静力学形式的动力学方程。

【整体】

$\sum F_x=0$:
$$F_{\mathrm{IC}y}\sin\theta-F_{\mathrm{IC}x}\cos\theta+F_{\mathrm{IA}}=0 \tag{a}$$

【圆盘 C】

$\sum M_D=0$:
$$F_{\mathrm{IC}x}r-m_2gr\sin\theta+M_{\mathrm{IC}}=0 \tag{b}$$

(3) 补充加速度关系。

取 C 为动点,动系为三棱柱体 A,有

$$\boldsymbol{a}_{Cx}+\boldsymbol{a}_{Cy}=\boldsymbol{a}_A+\boldsymbol{a}_{\mathrm{r}} \tag{c}$$

利用纯滚动条件得到

$$a_{\mathrm{r}}=r\alpha \tag{d}$$

联立式(a)至式(d)解得

$$a_A=\frac{m_2 g\sin 2\theta}{3(m_1+m_2)-2m_2\cos^2\theta}$$

该题中轮与斜面接触的点 D 不是特殊简化中心，惯性力不能向该点简化。证明如下。

【DC】

$$\boldsymbol{a}_{Dx}+\boldsymbol{a}_{Dy}=\boldsymbol{a}_C+\boldsymbol{a}_{DC}^{\mathrm{n}}+\boldsymbol{a}_{DC}^{\mathrm{t}}=\boldsymbol{a}_A+\boldsymbol{a}_{\mathrm{r}}+\boldsymbol{a}_{DC}^{\mathrm{n}}+\boldsymbol{a}_{DC}^{\mathrm{t}}=\boldsymbol{a}_A+\boldsymbol{a}_{DC}^{\mathrm{n}}$$

其中，$\boldsymbol{a}_{Dx}$、$\boldsymbol{a}_{Dy}$ 分别是与斜面平行和垂直的分量。由此可知，在静止瞬时，$\boldsymbol{a}_{Dx}=\boldsymbol{a}_A\cos\theta\neq\boldsymbol{0}$，$\boldsymbol{a}_D$ 不通过质心 C。也可以直接根据例 7.11 的式(d)，利用 $a_{Ax}-a_{Bx}=0$ 来判断。

思考：该题中若三棱柱的斜面倾角 $\theta=30°$，地面与三棱柱间的摩擦因数为 $\frac{\sqrt{3}}{3}$，在摩擦力作用下三棱柱能向左运动。如何在不引入任何不待求未知力的情况下用动静法求解同样的问题？

例 10.7　如图 10.12 所示，均质杆 AB、BC 长度均为 l，质量均为 m，点 A、B 处光滑铰接。系统在杆 AB 水平、杆 BC 垂直位置静止释放。求释放瞬时支座 A 的反力。

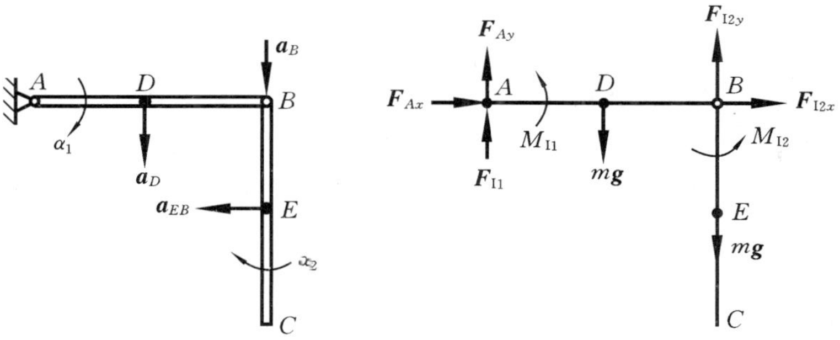

(a)　　　　(b)

图 10.12　例 10.7 图

分析　该题系统有 2 个自由度，未已知任何切向加速度信息，求 2 个真实力，至少需要列 4 个动力学方程。

解　(1) 运动学分析及惯性力简化。

杆 AB 的惯性力系向点 A 简化，惯性力主矢和主矩分别为

$$F_{I1}=ma_D=\frac{1}{2}ml\alpha_1,\quad M_{I1}=\frac{1}{3}ml^2\alpha_1 \tag{a}$$

因为系统由静止释放，点 B 只有切向加速度，故在图示位置，点 B 的加速度 $\boldsymbol{a}_B$ 通过杆 BC 的质心 E，所以可将杆 BC 的惯性力系向点 B 简化，因为

$$\boldsymbol{a}_E=\boldsymbol{a}_B+\boldsymbol{a}_{EB}^{\mathrm{t}}$$

所以杆 BC 的惯性力主矢和主矩为

$$F_{I2x}=ma_{EB}^{\mathrm{t}}=\frac{1}{2}ml\alpha_2,\quad F_{I2y}=ma_B=ml\alpha_1,\quad M_{I2}=\frac{1}{3}ml^2\alpha_2 \tag{b}$$

(2) 列 4 个静力学形式的动力学方程。

【杆 BC】

$\sum M_B = 0$:　　$M_{I2} = 0$

考虑到式(b),得
$$\alpha_2 = 0,\quad F_{I2x} = 0 \tag{c}$$

【整体】

$\sum M_A = 0$:　　$M_{I1} - \frac{1}{2}mgl - mgl + F_{I2y}l = 0$

考虑到式(a)(b),得
$$\alpha_1 = \frac{9g}{8l} \tag{d}$$

$\sum F_x = 0$:　　$F_{Ax} + F_{I2x} = 0$

得
$$F_{Ax} = 0$$

$\sum F_y = 0$:　　$F_{Ay} + F_{I1} + F_{I2y} - 2mg = 0$

考虑到式(a)至式(d),得
$$F_{Ay} = \frac{5}{16}mg$$

该题演示了先求解速度和加速度,再列静力学形式的方程的解题步骤。与先列静力学形式的方程的解题步骤、思路是一致的,只是表述顺序不同而已。具体表述顺序读者可根据自己习惯确定。

例 10.8　擦拭车玻璃的雨刷可以实现在一定角度范围内的摆动,如图 10.13(a)所示,已知杆 OA 的角速度 ω_0 为常值,均质杆 OA 质量为 m,长度为 r;杆 BD 视为均质细杆,质量为 $8m$,长度为 $3r$;OB 为竖直线。图示瞬时,OA 水平,$\theta = 30°$,整个机构在竖直面内,不计滑块 A 的质量和各处摩擦,求图示瞬时驱动力偶矩 M 及 O 处的约束力。

分析　该题若未给定 OA 的角加速度,则系统自由度为 1,若仅求力偶矩 M,采用功率方程方法 1 最合适。但该题还要求 O 处的约束力,所以用动静法更合适。根据动静法的求解步骤,惯性力简化后,尽量只列 3 个类似静力学形式的方程。取整体为研究对象,B 处有 2 个不待求未知力,故可得到 1 个不引入不待求未知力的方程,即 $\sum M_B = 0$,取 OA 为研究对象,A 处有 1 个不待求未知力 F_A,可得到另外 2 个方程。

解　(1) 运动学分析。

速度关系如图 10.13(b)所示,取滑块 A 为动点,BD 为动系,则
$$\boldsymbol{v}_A = \boldsymbol{v}_r + \boldsymbol{v}_e \tag{a}$$

解得
$$v_r = \frac{\sqrt{3}}{2}v_A = \frac{\sqrt{3}}{2}\omega_0 r$$

$$\omega_{BA} = \frac{v_e}{BA} = \frac{\omega_0}{4}$$

因此
$$a_k = 2\omega_{BA}v_r = \frac{\sqrt{3}\omega_0^2 r}{4}$$

加速度关系如图 10.13(c)所示,取滑块 A 为动点,BD 为动系,则
$$\boldsymbol{a}_A = \boldsymbol{a}_r + \boldsymbol{a}_e^n + \boldsymbol{a}_e^t + \boldsymbol{a}_k \tag{b}$$

将式(b)向 $\boldsymbol{a}_k$ 方向投影得
$$a_e^t = a_k - \frac{\sqrt{3}}{2}a_A = -\frac{\sqrt{3}\omega_0^2 r}{4},\quad \alpha_{AB} = \frac{a_e^t}{BA} = -\frac{\sqrt{3}\omega_0^2}{8}$$

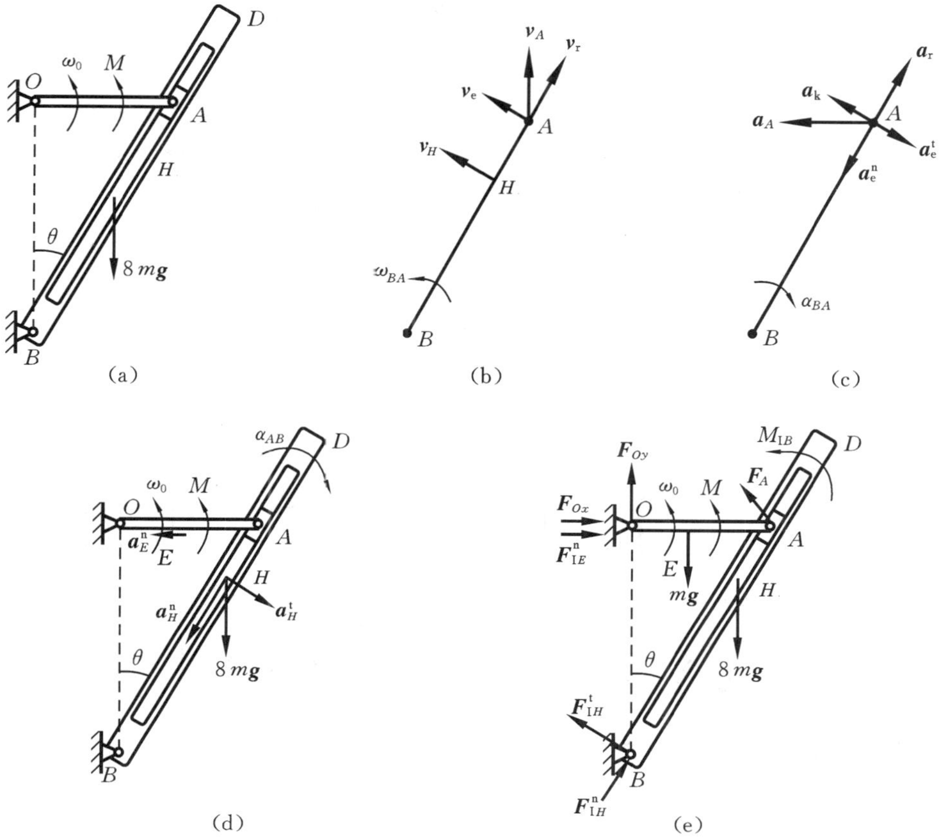

图 10.13　例 10.8 图

(2) 动力学分析。

各构件质心加速度与角加速度如图 10.13(d)所示，惯性力简化如图 10.13(e)所示，其中

$$M_{IO}=J_O\alpha=0,\quad F_{IE}^{t}=ma_E^{t}=0,\quad F_{IE}^{n}=ma_E^{n}=\frac{1}{2}mr\omega_0^2$$

$$M_{IB}=J_B\alpha_{AB}=24mr^2\alpha_{AB},\quad F_{IH}^{t}=8ma_H^{t}=12mr\alpha_{AB},\quad F_{IH}^{n}=8ma_H^{n}=12mr\omega_{AB}^2$$

列 3 个类似静力学形式的动力学方程。

【整体】

$$\sum M_B=0:\quad -M_{IB}+\sqrt{3}r(F_{Ox}-F_{IE}^{n})+\frac{1}{2}mgr-M+6mgr=0 \tag{c}$$

【*OA*】

$$\sum M_A=0:\qquad rF_{Oy}-\frac{1}{2}mgr-M=0 \tag{d}$$

向垂直于 $\boldsymbol{F}_A$ 的方向投影得

$$\frac{\sqrt{3}}{2}(F_{Oy}-mg)+\frac{1}{2}(F_{Ox}+F_{IE}^{n})=0 \tag{e}$$

求出速度和加速度量，就得到惯性力。将惯性力代入式(c)至式(e)，联立解得

$$M=2mgr-\frac{3\sqrt{3}}{4}mr^2\omega_0^2,\quad F_{Ox}=-\frac{3\sqrt{3}}{2}mg-\frac{11}{4}mr\omega_0^2,\quad F_{Oy}=\frac{5}{2}mg+\frac{3\sqrt{3}}{4}mr\omega_0^2$$

例 10.9　求例 9.9 中地面对轮 A 的支持力。

分析　该题系统有 1 个自由度，求 1 个不做功的力，至少需列 2 个动力学方程。用动静法将引入不待求未知力，可考虑采用动静法与功率方程方法相结合的混合法，发挥各自的优点。

解　(1) 由功率方程求出与惯性力有关的加速度量。

取图 10.14(a)的点 O 为重力势能零点，势能为

$$U=mgl\cos\theta/2$$

动能

$$T=\frac{1}{2}J_P\omega_A^2+\frac{1}{2}J_D\omega_{AB}^2$$

其中

$$\omega_A=\dot{\varphi}_A,\quad \omega_{AB}=\dot{\theta}$$

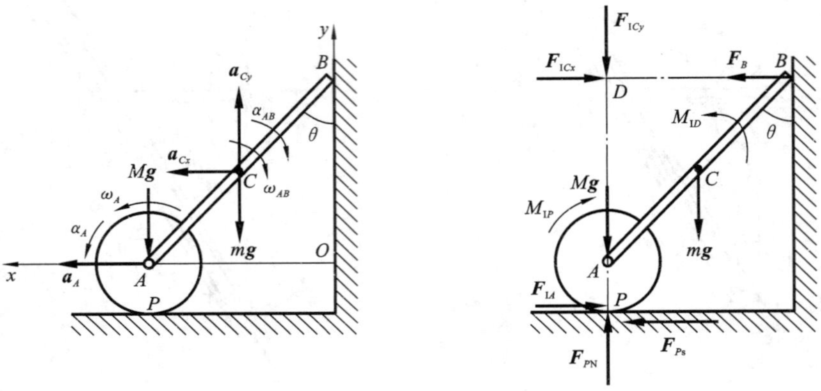

图 10.14　例 10.9 图

由机械能守恒定律有

$$T+U=mgl\cos45°/2 \tag{a}$$

取 θ 为坐标自变量，由几何关系有

$$x_A=l\sin\theta,\quad \varphi_A=l\sin\theta/r,\quad y_C=l\cos\theta/2 \tag{b}$$

将 $\varphi_A=l\sin\theta/r$ 对时间求导有

$$\omega_A=\frac{l\cos\theta}{r}\dot{\theta} \tag{c}$$

将式(c)代入动能表达式有

$$T=\frac{1}{2}J_P\left(\frac{l\cos\theta}{r}\right)^2\dot{\theta}^2+\frac{1}{2}J_D\dot{\theta}^2$$

将动能和势能表达式代入式(a)后，对时间求导，有

$$\left[-\frac{1}{2}mgl\sin\theta+\dot{\theta}\left(J_D+\frac{J_Pl^2\cos^2\theta}{r^2}\right)\ddot{\theta}+\left(-\frac{J_Pl^2}{r^2}\sin\theta\cos\theta\right)\dot{\theta}^2\right]\dot{\theta}=0 \tag{d}$$

由式(d)得到

$$-\frac{1}{2}mgl\sin\theta+\dot{\theta}\left(J_D+\frac{J_Pl^2\cos^2\theta}{r^2}\right)\ddot{\theta}+\left(-\frac{J_Pl^2}{r^2}\sin\theta\cos\theta\right)\dot{\theta}^2=0 \tag{e}$$

当 $\theta=45°$ 时，$\dot{\theta}=0$，$J_D=\frac{1}{3}ml^2$，$J_P=\frac{3}{2}Mr^2$，代入式(e)得

$$\ddot{\theta}=\alpha_{AB}=\frac{3\sqrt{2}mg}{l(4m+9M)}$$

式(b)对时间求二阶导数，有

$$a_A=\ddot{x}_A=l\cos\theta\ddot{\theta}-l\dot{\theta}\sin\theta=\frac{3mg}{4m+9M}$$

$$\alpha_A=\frac{\ddot{x}_A}{r}=\frac{3mg}{r(4m+9M)} \tag{f}$$

$$a_{Cy}=-\frac{l}{2}\sin\theta\ddot{\theta}=-\frac{3mg}{2(4m+9M)}$$

(2) 用动静法求地面对轮 A 的支持力。

质心加速度如图 10.14(a)所示，惯性力分别向特殊简化中心 P、D 简化，如图 10.14(b)所示，其中

$$F_{\text{ICy}}=ma_{Cy},\quad F_{\text{ICx}}=ma_{Cx},\quad M_{\text{ID}}=J_D\alpha_{AB},\quad F_{\text{IA}}=Ma_A,\quad M_{\text{IP}}=J_P\alpha_A$$

【整体】

$\sum F_y=0$： $$-F_{\text{ICy}}+F_{\text{PN}}-(m+M)g=0 \tag{g}$$

由式(f)(g)得

$$F_{\text{PN}}=(m+M)g-\frac{3m^2g}{2(4m+9M)}$$

思考：(1) 对于该题，由功率方程方法求出所有与惯性力有关的加速度量后，采用动静法将系统转化为静平衡形式。按静力学方法，对于整体，可列 3 个独立方程，求出整体所受的 3 个不做功的外力：地面对轮 A 的静滑动摩擦力和支持力，墙对 B 的支持力。功率方程加上来自整体的平衡方程共 4 个方程，可求出 3 个力和 1 个加速度量，说明方程是独立的。而对于单个刚体，根据功率方程与动静法所列的 3 个方程必然相关。那么，对于多刚体任意自由度系统，对整体由动静法所列的 3 个独立方程是否一定与功率方程独立呢？

(2) 例 9.9 中，若墙面与 E 的滑动摩擦因数 $f_s=\frac{\sqrt{3}}{3}$，仅求轮 A 的角加速度，如何不引入不待求未知力求解？

例 10.10 如图 10.15(a)所示，曲柄 OA 质量为 m_1，长为 r，电动机给 OA 施加一变化的大偶矩 M，驱使 OA 以等角速度 ω 绕水平轴 O 逆时针转动。曲柄 OA 推动质量为 m_2 的滑杆 BC，使其沿竖直方向运动。忽略摩擦，求当曲柄与水平方向的夹角为 30°、电动机输出力偶矩 M 为 0 时的角速度 ω，并求该条件下轴承 O 的约束力。

分析 可采用转化法将该题转化为已知角速度，求 M 的典型问题。可得到关系式 $M=f(\omega)$，然后，代入条件 $M=0$，从而求得 ω。若该题仅求角速度，用功率方程方法 1 较合适，但该题还求不做功的约束力，用动静法可实现不引入不待求未知力，故用动静法求解。

解 (1) 运动学分析。

取曲柄 OA 上点 A 为动点，动系固结于滑杆 BC，则由加速度合成定理得到如图 10.15(b)所示的点 C 的加速度 $a_C=\frac{1}{2}r\omega^2$。因为 BC 平动，所以质心的加速度与点 C 相同。

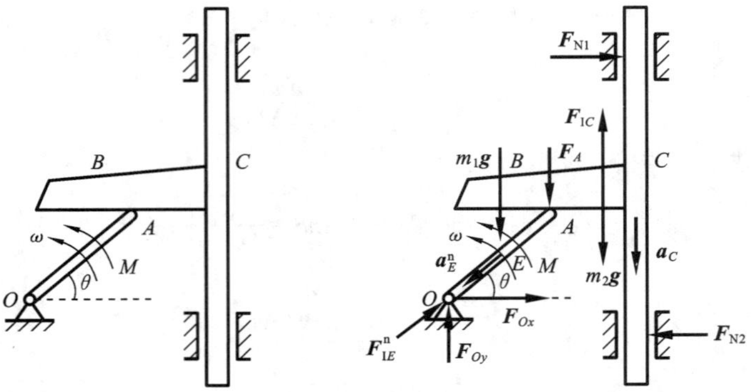

(a)　　　　(b)

图 10.15　例 10.10 **图**

(2) 动力学分析。

各构件质心加速度及其惯性力受力和简化如图 10.15(b)所示，其中 $F_{IE}^n = m_1 a_E^n = \frac{1}{2}m_1 r\omega^2$，$F_{IC} = m_2 a_C$。因为对 BC 未列力矩方程，故 BC 的惯性力可以画在 BC 上任一点。

列 3 个类似静力学形式的动力学方程。

【整体】

$$\sum F_y = 0: \qquad F_{Oy} - (m_1 + m_2)g + F_{IE}^n \sin\theta + F_{IC} = 0 \tag{a}$$

由式(a)得

$$F_{Oy} = (m_1 + m_2)g - \frac{m_1 + 2m_2}{4} r\omega^2$$

【OA】垂直于 $\boldsymbol{F}_A$ 投影得

$$F_{Ox} + F_{IE}^n \cos\theta = 0 \tag{b}$$

由式(b)得

$$F_{Ox} = -\frac{\sqrt{3}}{4} m_1 r\omega^2$$

$$\sum M_A = 0: \qquad F_{Ox} r\sin\theta - F_{Oy} r\cos\theta + \frac{1}{2} m_1 g r\cos\theta + M = 0 \tag{c}$$

由式(c)得

$$M = \frac{\sqrt{3}}{4} r[(m_1 + 2m_2)g - m_2 r\omega^2] \tag{c}$$

当 $M=0$ 时，由式(c)得

$$\omega = \sqrt{\frac{(m_1 + 2m_2)g}{m_2 r}} \tag{d}$$

因此，有

$$F_{Ox} = \frac{\sqrt{3}}{4}\frac{m_1(m_1 + 2m_2)g}{m_2}, \quad F_{Oy} = (m_1 + m_2)g - \frac{(m_1 + 2m_2)^2}{4m_2} g$$

对于类似该题求解满足某些条件的动力学问题，可假设待求量 y 已知，将所要满足的条件的相关参数 x 假设为未知，求出以待求量表示的关系式 $y(x)$，然后根据所要满足的条件反求出 x。一些求纯滚动轮即将滑动的临界条件等问题，都可转化为假设待求量已知，得到静滑动摩擦力及支持力与待求量的关系式，再利用滑动摩擦力与支持力的关系求出待求量。

10.2.2　求解速度变化问题

目前求解动力学中一个过程的速度变化问题，有时应用动能定理的积分形式，有时应用动量定理的积分形式（动量守恒），有时应用动量矩定理的积分形式（动量矩守恒），有时联合使用。对于多自由度系统，选用哪些定理的积分形式并不那么容易确定。类似上述求解做平面运动的机构的切向加速度或角加速度问题，对于速度问题由第 9 章也能得到如下结论：对于未给定任何速度与时间关系的约束的具有 n 个自由度的系统，已知待求位置 s 个速度时，至少需要列 $n-s$ 个动力学一重积分方程，若已得到 $n-s$ 个不引入不待求未知力的冲量的积分方程，则再由其他任何动力学理论得到的不引入不待求未知力的冲量的积分方程，必然可由已列的 $n-s$ 个积分方程与运动学的速度关系方程联立推出。

采用动静法的积分形式，相对于动量、动量矩定理，因为其更容易避免引入刚体间作用点处不待求未知力（更准确说是冲量），往往可以使这类问题的分析也变得有规律。与求加速度稍不同的是，对于 n 个自由度系统，所有做功的力均已知时，先选用动能定理积分形式（因为其可以不引入与速度方向垂直的力，且不似功率方程中既有速度量又有加速度量）。因为一般情形下，多个动力学二阶微分方程积分无解析解，只有特殊问题才有，故所差方程一般根据动量守恒、动量矩守恒来寻找。若仍不易找到，可按照动静法得到微分方程再积分。运动关系要补充的是速度关系，其他步骤同求加速度类似。

例 10.11　如图 10.16(a)所示，半径为 R、质量为 m 的均质薄壁圆环直立在光滑水平面上。环上有一质量为 m 的甲虫 A，原来环和甲虫静止，后甲虫突然运动，在系统位置发生改变后相对圆环以匀速 u 沿圆环逆时针爬行。求甲虫开始运动时圆环的角速度。

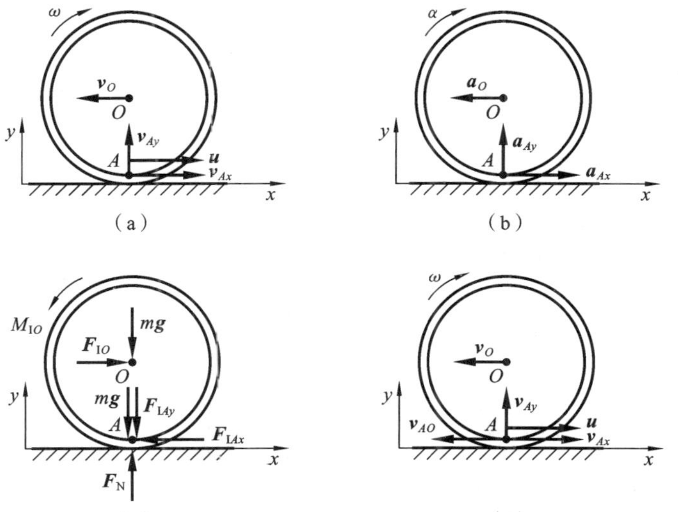

图 10.16　例 10.11 图

分析　已知甲虫相对圆环的相对速度，至少需列 2 个动力学积分方程。又因为虫子自身利用生物能所做的功未知，所以不能应用动能定理积分形式。应用动静法，取整体为研究对象，只有地面一个不待求支持力 F_N，可列 3−1=2 个动力学方程。因此，垂直于 F_N 投影和对 F_N 作用点(地面)取矩，然后积分。再补充运动学的速度关系。对于此题，也可以对 F_N 作用线上任意点比如点 O 取矩，但这样的方程未引入任何新的未知力，其必然可以通过此 2 个动力学积分方程再联合运动学速度关系，经过复杂的推导得到。

解　(1) 惯性力简化：质心加速度如图 10.16(b)所示，简化结果如图 10.16(c)所示，其中

$$F_{IO}=ma_O,\quad M_{IO}=J_O\alpha,\quad F_{IAx}=ma_{Ax},\quad F_{IAy}=ma_{Ay}$$

(2) 列 2 个类似静力学形式的方程。

【整体】

$\sum F_x=0$：　　$F_{IO}-F_{IAx}=0$

积分得

$$mv_O-mv_{Ax}=0 \tag{a}$$

方程(a)即是系统水平动量守恒方程。

$\sum M_A=0$：　　$M_{IO}-F_{IO}R=0$

积分得

$$mR\omega-mv_O=0 \tag{b}$$

方程(b)即是系统对与甲虫 A 位置重合的固定点的动量矩守恒方程。

(3) 补充运动学关系。

取甲虫 A 为动点，动系固连在环 O 上，速度关系如图 10.16(d)所示，有

$$\boldsymbol{v}_{Ax}+\boldsymbol{v}_{Ay}=\boldsymbol{v}_O+\boldsymbol{v}_{AO}+\boldsymbol{v}_r \tag{c}$$

式(c)垂直于 $\boldsymbol{v}_{Ay}$ 投影有

$$v_{Ax}=-v_O-R\omega+u \tag{d}$$

联立式(a)(b)(d)解得 $\omega=\dfrac{u}{3R}$。

例 10.12　如图 10.17 所示，均质圆柱 C 半径为 r，质量为 $2m$，可沿粗糙水平轨道做纯滚动，物块 A 质量为 m，可沿光滑水平轨道滑动，C、A 两点在同一水平直线上，用刚度系数为 k 的弹簧相连。初瞬时弹簧伸长为 δ，无初速地释放，求当弹簧回复到自然长度时，圆柱轴心 C 的速度。

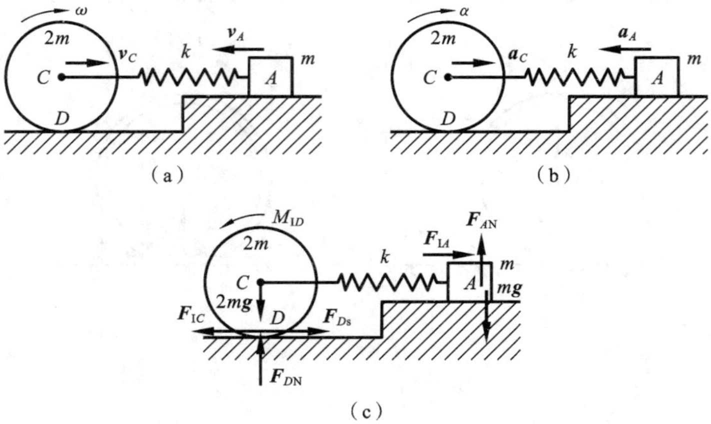

图 10.17　例 10.12 图

解　该系统自由度为2，故至少需列2个动力学积分方程，质心速度如图10.17(a)所示。

【整体】　所有做功的力均已知，故优先应用动能定理积分形式，有

$$T_1=0,\quad T_2=\frac{1}{2}\times\frac{3}{2}2mr^2\left(\frac{v_C}{r}\right)^2+\frac{1}{2}mv_A^2=\frac{3}{2}mv_C^2+\frac{1}{2}mv_A^2$$

$$W_{12}=\frac{k}{2}\delta^2$$

故

$$\frac{3}{2}mv_C^2+\frac{1}{2}mv_A^2=\frac{k}{2}\delta^2 \tag{a}$$

采用动静法再补充一个动力学方程。质心加速度如图10.17(b)所示，惯性力简化如图10.17(c)所示。其中

$$F_{IC}=ma_C,\quad F_{IA}=ma_A,\quad M_{ID}=J_D\alpha$$

【整体】　对与圆柱 C 的特殊动矩心 D 重合的地面上的点列力矩平衡方程，有

$$\sum M_D=0:\qquad M_{ID}-F_{IA}r+(F_{AN}-mg)r=0 \tag{b}$$

【A】

$$F_{AN}=mg \tag{c}$$

由式(b)(c)得

$$M_{ID}-F_{IA}r=0 \tag{d}$$

整个运动过程中，式(d)均成立，故对式(d)积分得

$$v_A=3r\omega=3v_C \tag{e}$$

联立式(a)(e)解得

$$v_C=\frac{\delta}{2}\sqrt{\frac{k}{3m}}$$

需要说明的是，上述用动静法求速度问题仅说明应用动静法可以使问题分析变得更有规律。当然，若能想到动量矩守恒，用例9.14提到的动量矩守恒方法更简单。

10.2.3　求解轨迹问题

上述思想也可以推广到求一个过程的轨迹问题。在求点 (x,y) 的轨迹问题时，将系统中某一个坐标(比如 x)当作自变量，轨迹问题就转化为已知 x 时，求点 (x,y) 的位置的问题。

例10.13　如图10.18所示，半径为 r，质量为 m_1 的光滑圆柱放在光滑水平面上，一质量为 m_2 的小球，从圆柱顶点无初速地下滑，试求小球离开圆柱前的轨迹。设小球与圆柱分离之前圆柱不倾翻。

分析　如例8.1，该题利用系统质心水平位置不变求解当然最简单，但有时不易想到该方法。那么，对于本题，如何一定能想到质心 $x_C=0$？又为何只列1个动力学方程呢？若从动静法入手，那就很容易想到，只是步骤烦琐些。按动静法分析步骤，该题有2个自由度，求轨迹，可将问题转化为：已知 x_O，求对应的小球的坐标 $A(x,y)$。由于假设了一个坐标变量 x_O，有2个自由度，1个已知坐标 x_O，所以需列的动力学方程数为 $2-1=1$ 个。故惯性力简化后，取整体为研究对象，地面对圆柱 O 有未知支持力和力偶矩，故可列 $3-2=1$ 个类似静力学形式的方程 $\left(\sum F_x=0\right)$，二次积分后就可知系统质心水平位置不变。然后再补充小球与圆柱的中心 O 距离为 r 的几何位置关系，得到用自变量 x_O 表示的 $A(x,y)$，消去自变量 x_O，就得到小球轨迹。

解　将原系统转化为图10.18(b)所示的系统，求已知 x_O 时 A 的位置。加速度如图

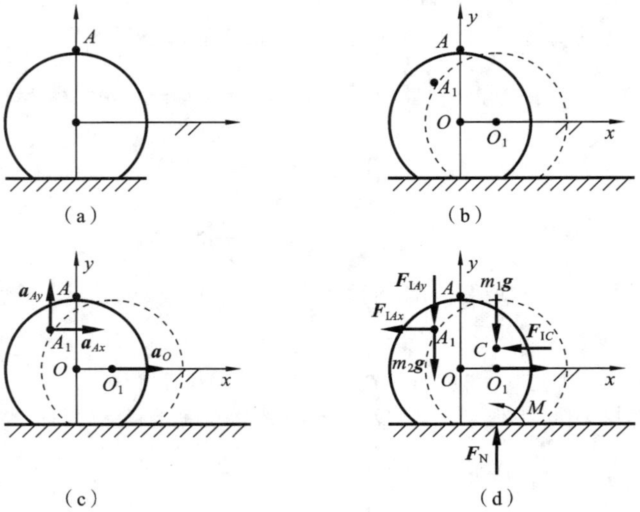

图 10.18　例 10.13 图

10.18(c)所示,惯性力简化如图 10.18(d)所示,其中,$F_{IC}=m_1a_C=m_1a_O$,$F_{IAx}=m_2a_{Ax}$,$F_{IAy}=m_2a_{Ay}$。

【整体】

$\sum F_x=0$:
$$F_{IC}+F_{IAx}=0 \tag{a}$$

式(a)在运动过程中均成立,故可对式(a)进行二次积分,得

$$m_1x_O+m_2x_A=0 \tag{b}$$

补充几何位置关系方程

$$(x_O-x_A)^2+{y_A}^2=r^2 \tag{c}$$

由式(b)(c)消去 x_O,得到 A 的运动轨迹方程:

$$\frac{x_A^2}{\left(\dfrac{m_1r}{m_1+m_2}\right)^2}+\frac{y_A^2}{r^2}=1$$

10.2.4　动力学综合问题分析方法

前面章节主要介绍了求某时刻的加速度与力的关系问题以及一些简单的过程问题。多自由度系统问题求解涉及一个过程的动力学综合问题,有时无解析解,需采用数值积分的方法。但数值积分会导致计算误差及复杂性等问题。得到解析解或部分方程的解析解将有利于分析一个过程的相关问题。对于动力学综合问题,解法众多,但各方法难易程度差异很大。下面通过一些典型问题探讨其分析方法。

1. 求运动规律问题

求运动规律问题指的是求相关量与时间 t 的关系。对于 n 个自由度系统,一般只能先建立 n 个二阶微分方程,若有解析解,一般都能转化为高等数学中典型的二阶微分方程的积分问题。该类问题涉及时间,采用动能定理积分方法会很复杂,不推荐通过动能定理等得到积分方程。

例 10.14　如图 10.19(a)所示,一圆盘在水平面 Oxy 内,在一变化力偶矩作用下,以匀角速度 ω 绕其中心轴 Oz 转动。沿盘的直径有一光滑槽,一质量为 m 的质点 A 在槽内运动。质点在开始时与盘心的距离为 b,其相对槽的初速度等于零,求质点沿槽的相对运动规律及槽给质点的反作用力 F_N。

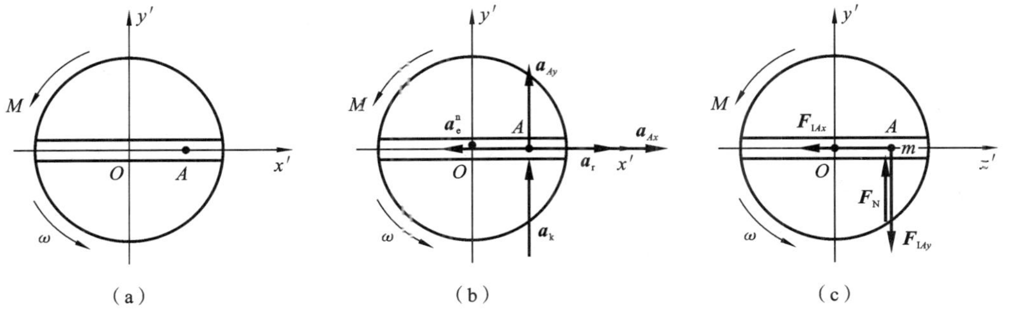

图 10.19　例 10.14 图

分析　若未给定圆盘做匀速转动,则该系统自由度为 2。现已知 1 个角加速度,求支持力。故列 2−1+1=2 个动力学二阶微分方程,然后积分。

解　取质点 A 为研究对象,设质点 A 的加速度如图 10.19(b)所示,则惯性力简化如图 10.19(c)所示。其中 $F_{IAx}=ma_{Ax}$,$F_{IAy}=ma_{Ay}$。

【动力学】

$\sum X'=0$:
$$ma_{Ax}=0 \tag{a}$$

$\sum Y'=0$:
$$F_N-ma_{Ay}=0 \tag{b}$$

【运动学】

取质点 A 为动点,圆盘为动系,则

$$\boldsymbol{a}_{Ax}+\boldsymbol{a}_{Ay}=\boldsymbol{a}_e+\boldsymbol{a}_r+\boldsymbol{a}_k \tag{c}$$

其中,$a_e=x'\omega^2$,$a_r=\ddot{x}'$,$a_k=2\omega\dot{x}'$,$Ox'y'$ 为固结在圆盘上的动系。

将方程(c)向 x' 方向投影,得到

$$a_{Ax}=\ddot{x}'-x'\omega^2 \tag{d}$$

将式(d)代入方程(a),有

$$\ddot{x}'-\omega^2x'=0 \tag{e}$$

方程(e)是常系数二阶微分方程,可采用特征方程法求解。其特征方程为

$$r^2-\omega^2=0$$

特征根为

$$r_{1,2}=\pm\omega$$

所以方程(e)的通解为

$$x'=C_1e^{\omega t}+C_2e^{-\omega t} \tag{f}$$

考虑初始条件 $t=0$:$x'=b$,$\dot{x}'=0$,得到式(f)的待定系数 $C_1=C_2=\dfrac{b}{2}$。

故 A 的相对运动规律为

$$x'=\frac{b}{2}(e^{\omega t}+e^{-\omega t})=b\cosh\omega t \tag{g}$$

将方程(c)向 y' 方向投影，得到

$$a_{A_y}=2\omega\dot{x}' \tag{h}$$

由式(g)对时间求导得到 $\dot{x}'$，代入式(h)后，再代入方程(b)，得到

$$F_N=m\omega^2 b(e^{\omega t}-e^{-\omega t})=2m\omega^2 b\sinh\omega t$$

对于类似该题的求运动规律问题，一般都只能先建立二阶微分方程，再对时间进行积分。对于求位置量与时间的关系问题，若有解析解，一般都可变成常系数二阶微分方程的形式。

该题若求质点到达 $2b$ 位置时其相对圆盘的相对速度，则不涉及时间，一般采用基于能量的分析方法。

方程(e)左右两边同时乘以速度 $\dot{x}'$ 得到

$$\dot{x}'\ddot{x}'-\omega^2 x'\dot{x}'=0 \tag{i}$$

由式(i)可得

$$d\left(\frac{1}{2}\dot{x}'^2\right)-d\left(\frac{1}{2}\omega^2 x'^2\right)=0 \tag{j}$$

对方程(j)积分，再乘以质量 m，实际上得到一个能量守恒方程：

$$\frac{1}{2}m\dot{x}'^2-\frac{1}{2}\omega^2 x'^2 m=\text{const} \tag{k}$$

将 $x'=b,\dot{x}'=0$ 代入式(k)，得到 $\dot{x}'=\sqrt{3}b\omega$。

得到方程(i)，也可以利用 $\ddot{x}'=\frac{d\dot{x}'}{dt}=\frac{d\dot{x}'}{dx'}\frac{dx'}{dt}=\dot{x}'\frac{d\dot{x}'}{dx'}$，将方程(e)转化为 $\dot{x}'\frac{d\dot{x}'}{dx'}-\omega^2 x'=0$，从而得到与方程(j)类似的形式 $\dot{x}'d\dot{x}'-\omega^2 x'dx'=0$。

将方程(e)转化为方程(j)的方法是避开对时间求导来求到达某位置的速度问题的常用方法，也是推导动能定理积分形式的方法。该方法实际上基于最基本的能量分析方法思想，故求到达 $2b$ 位置时质点的相对速度也可以用后文基于此思想得到的 Jacobi 能量积分或相对动能定理积分来求解。

* **例 10.15**　如图 10.20(a)所示，两个半径分别为 r_1 和 r_2、质量分别为 m_1 和 m_2 的均质圆盘上缠绕不计质量的细绳，两细绳通过不计质量的刚度系数为 k 的弹簧连接。初始处于静止状态，然后在圆盘 1 上施加一个常力偶 M。求圆盘 1 的角速度变化规律。

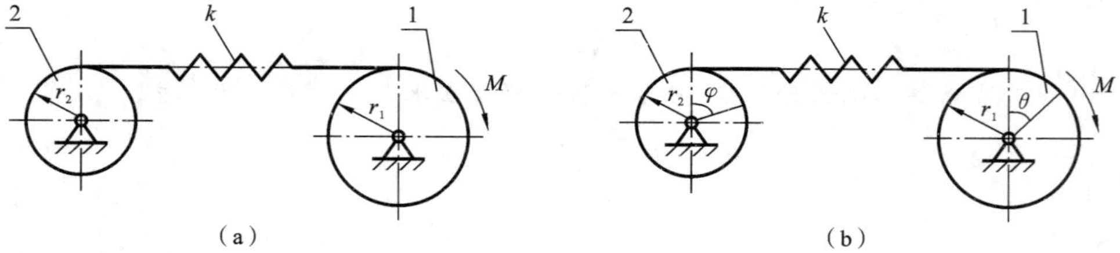

图 10.20　例 10.15 图

分析　该例中系统有 2 个自由度，建立 2 个二阶微分方程，若有解析解，一般可得到高等数学微积分中的典型方程。

解　设圆盘 1、2 的转角分别为图 10.20(b)所示的 θ、φ，弹簧力为 F_k，则 $\dot{\theta}$ 和 $\dot{\varphi}$ 的正方向

是顺时针方向。

【盘 1】

$$M-F_k r_1=J_1\ddot{\theta} \tag{a}$$

【盘 2】

$$F_k r_2=J_2\ddot{\varphi} \tag{b}$$

其中，

$$F_k=k(r_1\theta-r_2\varphi) \tag{c}$$

联立式(a)至式(c)可得

$$M-J_2\ddot{\varphi}\frac{r_1}{r_2}=J_1\ddot{\theta} \tag{d}$$

对方程(d)积分得

$$\frac{1}{2}Mt^2-D_1t+D_0-J_2\varphi\frac{r_1}{r_2}=J_1\theta$$

由初始条件 $t=0:\theta=\varphi=0,\dot{\theta}=\dot{\varphi}=0$，有 $D_0=D_1=0$。故

$$\varphi=\left(\frac{1}{2}Mt^2-J_1\theta\right)\frac{r_1}{J_2r_2}$$

由以上各式可得

$$\ddot{\theta}+\frac{2(m_1-m_2)k}{m_1m_2}\theta=\frac{2Mk}{m_1m_2r_1^2}t^2+\frac{2M}{m_1r_1^2} \tag{e}$$

方程(e)为二阶常系数线性微分方程，可采用特征方程法求出通解和特解，然后利用初始条件解得

$$\dot{\theta}=\frac{AC-2B}{A^{\frac{3}{2}}}\sin\sqrt{A}t+\frac{2B}{A}t$$

其中，$A=\dfrac{2(m_1+m_2)k}{m_1m_2}$，$B=\dfrac{2Mk}{m_1m_2r_1^2}$，$C=\dfrac{2M}{m_1r_1^2}$。

该题难点在于如何对耦合的二阶微分方程组积分。有解析解的耦合微分方程组一般都有一定的特殊性，比如该例方程可转化为同一个广义坐标表示的常系数二阶微分方程。此外，因为该例涉及与时间有关的问题，采用动能定理积分方法会很复杂，不推荐。

2. 求到达某位置时的速度相关问题

多自由度系统问题涉及到达某位置时的速度的相关问题，解法众多，但难易程度差异很大。一般有如下的分析规律：对于 n 个自由度系统，若能建立 n 个积分方程(包括动能定理积分形式、动量守恒方程、动量矩守恒方程以及后续章节介绍的循环积分方程)，此时优先列 n 个积分方程，然后补充根据运动学知识建立的速度关系方程联立求解，得到待求位置的速度后，对速度关系方程或 n 个积分方程求导，进一步得到待求位置的加速度或力。若无法直接建立所有 n 个积分方程，一般先建立 n 个二阶微分方程，再根据方程组的特殊性进行求解。

例 10.16　如图 10.21(a)所示，质量均为 m、半径分别为 r 和 $2r$ 的均质圆盘 B 和 A 焊接一起，竖立放置在光滑水平地面上，受到一微小扰动后运动。求两圆盘的中心连线运动到水平位置时，系统的角速度和角加速度。

分析　该例中系统有 2 个自由度，需要列 2 个积分方程，可由水平动量守恒和机械能守恒得到。在建立速度关系方程时，有不同的方法。下面给出 2 种解法。

解法 1　(常规法)

1. 求速度

将系统视为 2 个角速度和角加速度均相同的物体——圆盘 A 和圆盘 B，AB 连线到达图

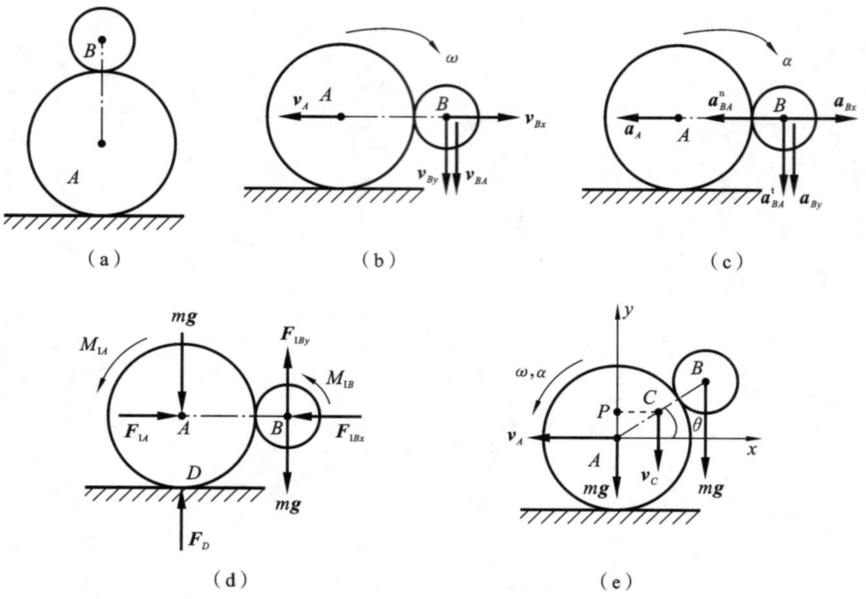

图 10.21　例 10.16 图

10.21(b)所示的水平位置时,由水平动量守恒和机械能守恒(取圆心 A 为零势能点)有

$$mv_{Bx}-mv_A=0 \tag{a}$$

$$\frac{1}{2}mv_{Bx}^2+\frac{1}{2}mv_{By}^2+\frac{1}{2}J_B\omega^2+\frac{1}{2}mv_A^2+\frac{1}{2}J_A\omega^2=3mgr \tag{b}$$

其中,

$$J_B=\frac{1}{2}mr^2,\quad J_A=2mr^2$$

【AB】 (图 10.21(b))由基点法有

$$\boldsymbol{v}_{Bx}+\boldsymbol{v}_{By}=\boldsymbol{v}_A+\boldsymbol{v}_{BA} \tag{c}$$

其中,$v_{BA}=3r\omega$。

将方程(c)垂直于 $\boldsymbol{v}_{By}$ 投影,有

$$v_{Bx}=-v_A \tag{d}$$

将方程(c)垂直于 $\boldsymbol{v}_A$ 投影,有

$$v_{By}=3r\omega \tag{e}$$

由方程(a)(d)得

$$v_{Bx}=v_A=0 \tag{f}$$

将方程(e)(f)代入方程(b),得

$$\omega=2\sqrt{\frac{3g}{23r}}$$

2. 求加速度

加速度如图 10.21(c)所示,惯性力简化如图 10.21(d)所示,其中 $F_{IBy}=ma_{By}$,$F_{IBx}=ma_{Bx}$,$F_{IA}=ma_A$,$M_{IA}=2mr^2\alpha$,$M_{IB}=\frac{1}{2}mr^2\alpha$。

$$\sum X=0: \qquad F_{\text{IA}}-F_{\text{IB}x}=0 \tag{g}$$

$$\sum M_D=0: \qquad r(F_{\text{IA}}-F_{\text{IB}x})+3r(mg-F_{\text{IB}y})-M_{\text{IA}}-M_{\text{IB}}=0 \tag{h}$$

【AB】 (图10.21(c))由基点法有

$$\boldsymbol{a}_{Bx}+\boldsymbol{a}_{By}=\boldsymbol{a}_A+\boldsymbol{a}_{BA}^{\text{n}}+\boldsymbol{a}_{BA}^{\text{t}} \tag{i}$$

其中，$a_{BA}^{\text{n}}=3r\omega^2=\dfrac{36}{23}g$，$a_{BA}^{\text{t}}=3r\alpha$。

联立方程(g)(h)(i)，解得

$$\alpha=\frac{6g}{23r}$$

解法2　假设角速度ω和角加速度α如图10.21(e)所示，因此$\omega=\dot{\theta}$，$\alpha=\ddot{\theta}$。由水平动量守恒可知，在任意位置质心C的速度沿竖直方向，由此得到点P为系统在位置θ时的速度瞬心。有

$$PC=1.5r\cos\theta \tag{j}$$

由机械能守恒定律(取圆心A为零势能点)有

$$\frac{1}{2}J_P\omega^2=3mgr(1-\sin\theta) \tag{k}$$

其中，

$$J_P=J_C+2m(1.5r\cos\theta)^2=7mr^2+4.5mr^2\cos^2\theta \tag{l}$$

将式(l)代入式(k)，并令$\theta=0$，得

$$\omega=2\sqrt{\frac{3g}{23r}} \tag{m}$$

将式(l)代入式(k)并对时间求导有

$$J_P\omega\alpha-\frac{9}{4}mr^2\sin2\theta\omega^2\dot{\theta}=-3mgr\cos\theta\dot{\theta} \tag{n}$$

方程(n)左右两边除以$\dot{\theta}$，令$\theta=0$，并将式(m)代入得

$$\alpha=-\frac{6g}{23r}$$

由以上2种解法可知，该题具有特殊性。单个刚体放在光滑水平面上，初始时处于静止状态，受到微小扰动后，由水平动量守恒得到质心C的水平速度恒为0，系统相当于变成了1个自由度系统，由此便可以得到用速度瞬心表示的动能，进而由动能定理求出任意位置的角速度，再对时间求导(或对由动能定理得到的方程求导)，便可得到角加速度，一般来说，该方法比解法1要简单一些。

* **例10.17**　如图10.22(a)所示，一光滑的半圆柱体放在光滑的水平面上，其质量为M，半径为R，现有一质量为m的光滑小球沿此半圆柱体的表面下滑，初始位置小球与半圆柱体圆心O的连线和竖直方向成α角，假设系统开始时是静止的，试求：

(1) 小球与半柱体圆心O的连线与竖直方向成θ角时小球绕圆心O的角速度；

(2) 若$M=m$，角$\alpha=0$，计算小球与半圆柱体分离时的角度θ。

分析　该例系统有2个自由度，需要列2个积分方程，可由水平动量守恒和机械能守恒得到。在建立速度关系方程时，可以采用建立坐标求导的方法或应用速度合成定理的方法。求小球与半圆柱体分离时的角度，转化为求给定角度θ时小球所受支持力，有多种方法。

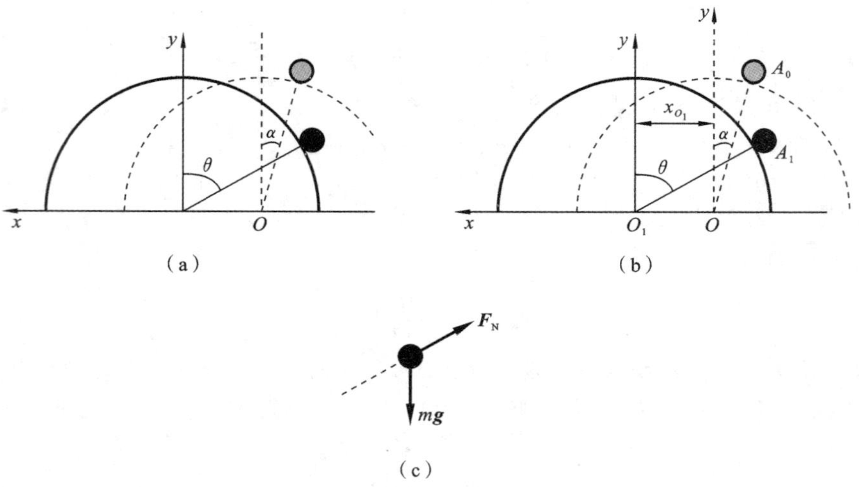

图 10.22　例 10.17 图

解法 1　1. 求速度

建立图 10.22(b)所示的坐标系,则

$$x=x_{A_1}=x_{O_1}-R\sin\theta,\quad y=y_{A_1}=R\cos\theta \tag{a}$$

将式(a)对时间求导,有

$$\dot{x}=\dot{x}_{A_1}=\dot{x}_{O_1}-R\cos\theta\dot{\theta},\quad \dot{y}=\dot{y}_{A_1}=-R\sin\theta\dot{\theta} \tag{b}$$

以小球和半圆柱体组成系统,由于系统水平方向未受外力,故在水平方向上系统的动量守恒,有

$$M\dot{x}+m(\dot{x}-R\dot{\theta}\cos\theta)=0 \tag{c}$$

解得

$$\dot{x}=\frac{mR}{m+M}\dot{\theta}\cos\theta \tag{d}$$

根据机械能守恒,有

$$\frac{1}{2}M\dot{x}^2+\frac{1}{2}m[(\dot{x}-\dot{\theta}R\cos\theta)^2+(R\dot{\theta}\sin\theta)^2]+mgR\cos\theta=mgR\cos\alpha \tag{e}$$

即

$$\frac{1}{2}(M+m)\dot{x}^2+\frac{1}{2}mR^2\dot{\theta}^2-mR\dot{x}\dot{\theta}\cos\theta=mgR(\cos\alpha-\cos\theta) \tag{f}$$

由方程(d)(f)解得

$$\dot{\theta}=\sqrt{\frac{2g}{R}\frac{\cos\alpha-\cos\theta}{1-\frac{m}{m+M}\cos^2\theta}} \tag{g}$$

2. 求支持力

系统自由度为 2,求支持力,需要列 3 个动力学二阶微分方程。

【小球】　如图 10.22(c)所示,在 x 方向由动量定理有

$$-F_N\sin\theta=m\ddot{x} \tag{h}$$

还需要列 2 个动力学二阶微分方程。可以由已列的积分方程(c)和方程(f)对时间求导得到,

其中对方程(g)求导比对方程(f)求导简单，得到

$$\ddot{x}=-\frac{mR\dot{\theta}^2}{m+M}\sin\theta+\frac{mR\ddot{\theta}}{m+M}\cos\theta=\frac{mR}{m+M}(-\dot{\theta}^2\sin\theta+\ddot{\theta}\cos\theta) \tag{i}$$

$$\ddot{\theta}=\frac{gR\left[\frac{\sin\theta}{4}-\frac{mR\cos\alpha}{2(m+M)}\cos\theta\sin\theta+\frac{mR\cos^2\theta}{4(m+M)}\sin\theta\right]}{\left[\frac{1}{2}R-\frac{mR}{2(m+M)}\cos^2\theta\right]^2} \tag{j}$$

联立方程(h)～(j)，解得

$$F_{\mathrm{N}}=\frac{-mR}{m+M}\cdot\frac{\frac{3}{4}gR\cos\theta-\frac{gR}{2}\cos\alpha-\frac{mgR}{4(m+M)}\cos^3\theta}{\left[\frac{1}{2}R-\frac{mR}{2(m+M)}\cos^2\theta\right]^2}$$

当小球与半圆柱体分离时，小球所受到半圆柱体的支持力 $F_{\mathrm{N}}=0$，故

$$\frac{3}{4}gR\cos\theta-\frac{gR}{2}\cos\alpha-\frac{mgR}{4(m+M)}\cos^3\theta=0$$

即

$$\frac{m}{m+M}\cos^3\theta-3\cos\theta+2\cos\alpha=0 \tag{k}$$

考虑到 $M=m$，$\alpha=0$，此时式(k)变为

$$\cos^3\theta-6\cos\theta+4=0$$

解得

$$\theta=\arccos(\sqrt{3}-1)\doteq 43^\circ$$

此时，小球与半圆柱体恰好分离。

解法 2　求速度方法同解法 1。在求出待求位置速度后，求支持力便变成了求力与加速度关系的问题，此时，按照动静法流程求解即可。惯性力简化后，【整体】$\sum X=0$；【小球 A】分别在沿支持力方向和垂直于支持力方向列力投影方程得到两个方程，补充的运动学加速度关系方程，可通过方程(b)对时间求导得到，也可取小球 A 为动点、半圆柱体为动系，由加速度合成定理得到。具体过程请读者自行完成。一般推荐解法 1。

从该例可知，对于 n 个自由度系统，求到达某位置的力问题，若能找到 n 个守恒方程，其求解流程为：将除动能定理积分形式以外的守恒方程与由运动学知识建立的在任意位置的速度关系方程联立后，便可用一个速度自变量表示其他速度量，代入动能定理积分方程，便可求出任意位置的速度自变量。再对速度自变量求导，便可得到切向加速度，从而得到与待求位置的未知力相关的加速度量，再由动静法或动量、动量矩定理，便可求出待求力。

***例 10.18**　如图 10.23 所示，半径为 R、质量为 m 的均质薄壁圆环放在光滑水平面上，环上有一质量为 m 的甲虫，原来环和甲虫静止，后甲虫突然启动，相对圆环以匀速 v 沿圆环逆时针爬行。当甲虫爬完一周时，求圆环绕其中心转过的角度和圆环中心绕整个系统的质心转过的角度。

解　该题若未给定甲虫相对匀速运动，则有 4 个自由度，现已知相对速度，要列 3 个动力学积分方程。整体未受任何未知外力，取整体为研究对象就有可能不引入任何未知力得到这 3 个方程。具体求解过程如下。

系统在水平面内无外力，所以系统整体质心 C 位置不动，同时整体对点 C 动量矩守恒。

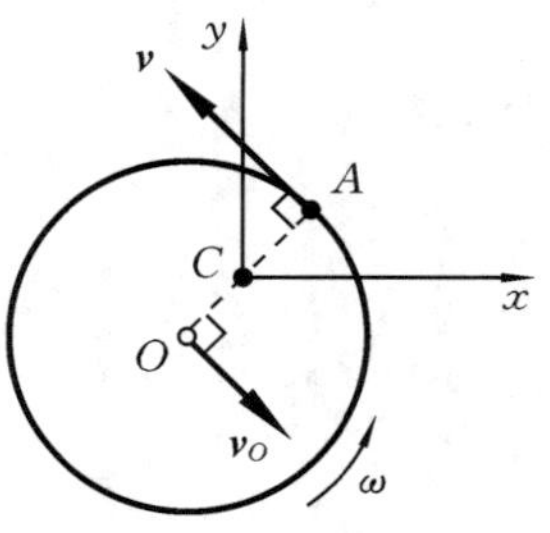

图 10.23　例 10.18 图

以 C 为原点建立固定直角坐标系 Cxy，如图 10.23 所示。显然，点 C 位于圆环中心 O 和甲虫 A 连线的中点，因此圆环中心 O 和甲虫 A 的轨迹均为以点 C 为圆心、半径为 $R/2$ 的圆。设圆环的绝对角速度为 ω，中心 O 的速度为 $\boldsymbol{v}_O$，则甲虫的绝对速度 $\boldsymbol{v}_A$ 为

$$\boldsymbol{v}_A=\boldsymbol{v}+\boldsymbol{v}_O+\boldsymbol{v}_{AO}$$

其中 $v_{AO}=\omega R$，所以 $\boldsymbol{v}_A$ 沿 $\boldsymbol{v}$ 方向，大小为

$$v_A=v+\omega R-v_O$$

由系统动量守恒可知 $v_A=v_O$，所以

$$v_A=v_O=\frac{v+\omega R}{2}$$

计算系统对 C 的动量矩，并由动量矩守恒，得

$$mv_O\frac{R}{2}+mR^2\omega+mv_A\frac{R}{2}=0$$

所以

$$\omega=-\frac{v}{3R}\tag{a}$$

甲虫爬完一周所需时间为

$$t=\frac{2\pi R}{v}\tag{b}$$

由式(a)(b)可得圆环绕其中心转过的角度 φ_{AO} 为

$$\varphi_{AO}=\omega t=-\frac{v}{3R}\frac{2\pi R}{v}=-\frac{2\pi}{3}$$

负号表示与假设的 ω 的转向相反，即圆环绕其中心的转向与甲虫的爬行方向相反。

圆环中心 O 相对于整体质心 C 的角速度 ω_{OC} 为

$$\omega_{OC}=\frac{v_O}{R/2}=\frac{2v}{3R}$$

所以圆环中心 O 绕整体质心 C 转过的角度 φ_{OC} 为

$$\varphi_{OC}=\omega_{OC}t=\frac{4\pi}{3}$$

φ_{OC} 为正值表明其与假设的 ω 的转向相同，即与甲虫的爬行方向相同。

***例 10.19**　如图 10.24(a)所示，半径为 R、质量为 m 的均质薄壁圆环直立在光滑水平面上，环上有一质量为 m 的甲虫，原来环和甲虫静止，后甲虫突然启动相对圆环以匀速 u 沿圆环逆时针爬行。甲虫在相对于环的速度达到 u 之前，系统位置视为不变。

(1) 求甲虫开始运动时圆环的角速度；

(2) 相对速度 u 多大时，甲虫才能爬到与圆环中心 O 同样的高度？

分析　第(1)问，系统有 3 个自由度，现已知待求位置的相对速度 u，只需列 2 个积分方程。甲虫在启动的过程中会做功，但所做的功未知，故不采用动能定理积分方程方法。系统整体水平方向动量守恒，所有外力对与环的支持力作用线重合的地面上任一点力矩恒为 0，故对与环心 O 重合的固定点的动量矩也守恒。下面利用这一点来求解，以演示与例 10.11 中利用动静法建立二阶微分方程再积分的方法的相似性。第(2)问：该问题可转化为甲虫到达待求位置时的速度问题。该过程中甲虫的相对切向加速度为 0，故只需要列 2 个动力学积分方程。

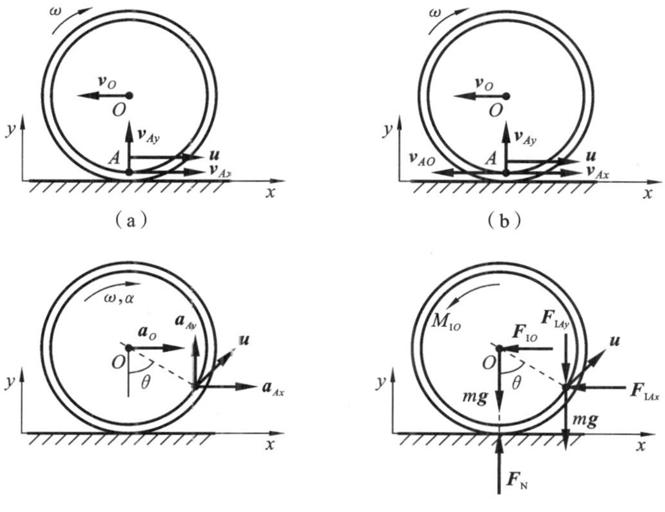

图 10.24　例 10.19 图

解　(1) 求圆环的角速度。

【整体】　由水平方向动量守恒有

$$mv_O - mv_{Ax} = 0 \tag{a}$$

由与甲虫位置重合的地面固定点的动量矩守恒有

$$mR^2\omega - mv_O R = 0 \tag{b}$$

补充运动学关系。

取虫 A 为动点，环 O 为动系，速度关系如图 10.24(b)所示，有

$$\boldsymbol{v}_{Ax} + \boldsymbol{v}_{Ay} = \boldsymbol{v}_O + \boldsymbol{v}_{AO} + \boldsymbol{v}_r \tag{c}$$

将式(c)垂直于 $\boldsymbol{v}_{Ay}$ 投影，有

$$v_{Ax} = -v_O - R\omega + u \tag{d}$$

联立式(a)(b)(d)解得 $\omega = \dfrac{u}{3R}$。

(2)求相对速度 u。

对于任意位置，加速度如图 10.24(c)所示，惯性力简化如图 10.24(d)所示。采用动静法有

【整体】$\sum X = 0$：

$$ma_{Ax} + ma_O = 0 \tag{e}$$

$\sum M_O = 0$：

$$mR^2\alpha - mR\cos\theta a_{Ax} - mR\sin\theta a_{Ay} - mR\sin\theta g = 0 \tag{f}$$

【运动学】

$$x_A = x_O + R\sin\theta,\quad y_A = R - R\cos\theta \tag{g}$$

将式(g)对时间求二阶导数，有

$$a_{Ax} = a_O + R\cos\theta\ddot{\theta} - R\sin\theta\dot{\theta}^2 \tag{h}$$

$$a_{Ay} = R\sin\theta\ddot{\theta} + R\cos\theta\dot{\theta}^2 \tag{i}$$

将方程(e)代入方程(h)，有

$$a_{Ax}=\frac{1}{2}(R\cos\theta\ddot{\theta}-R\sin\theta\dot{\theta}^2) \tag{j}$$

又有

$$\frac{u}{R}=(\dot{\theta}+\omega) \tag{k}$$

对方程(k)求导得

$$\alpha=-\ddot{\theta} \tag{l}$$

将方程(h)(i)(j)代入方程(f),得到仅用 θ 相关量表示的 1 个动力学方程为

$$R(\sin^2\theta+3)\ddot{\theta}+R\sin\theta\cos\theta\dot{\theta}^2+2g\sin\theta=0 \tag{m}$$

观察方程(m),为了能积分,可类似推导动能定理积分方程的方法,将方程左右两边同时乘以 $\dot{\theta}$,有

$$R(\sin^2\theta+3)\ddot{\theta}\dot{\theta}+R\sin\theta\cos\theta\dot{\theta}^2\dot{\theta}+2g\sin\theta\dot{\theta}=0 \tag{n}$$

对方程(n)积分有

$$R(\sin^2\theta+3)\dot{\theta}^2-4g\cos\theta=C \tag{o}$$

将初始条件 $\theta=0:\dot{\theta}(0)=\frac{u}{R}-\omega_0=\frac{2u}{3R}$ 代入方程(o),得到

$$C=\frac{4u^2}{3R}-4g \tag{p}$$

$$\theta=90^\circ:\quad \dot{\theta}^2=\frac{u^2}{3R^2}-\frac{g}{R} \tag{q}$$

将方程(g)对时间求导,有

$$\dot{y}_A=R\sin\theta\dot{\theta} \tag{r}$$

甲虫能爬到与环心 O 同样高度时,要求 $\dot{y}_A=R\dot{\theta}\geqslant0$,即 $\dot{\theta}\geqslant0$。

由方程(q)有

$$\dot{\theta}^2=\frac{u^2}{3R^2}-\frac{g}{R}\geqslant0$$

故

$$u\geqslant\sqrt{3gR}$$

该题第(2)问是求 2 个自由度系统到达某位置时的速度问题,一般采用建立二阶微分方程的方法得到 2 个二阶微分方程,此时,只有特殊方程组才有解析解。本书中解微分方程组往往采用该例的解法,将其变成仅用一个广义坐标表示的二阶微分方程,再将方程左右两边同时乘以该广义速度后积分。

***例 10.20** 如图 10.25(a)所示,半径为 R、质量为 $m_1=nm$ 的均质薄圆圈 M 放在光滑水平面上;圆圈上有一个质量 m 的小环 A,圆圈与环之间无摩擦,系统静止。若 A 沿着圆圈的切线突然有一个初速度 v_0,则

(1) 圆圈是否转动?

(2) 此系统质心 C 做何运动,其速度大小是多少?

(3) 圆圈中心相对质心做何运动?求圆心的绝对速度大小(用小环相对圆心的位置矢量与小环初始位置矢量的夹角 θ 表示)。

(4) 求圆圈对小环的作用力大小及方向。

解 (1)【圆圈】 在任意位置,有

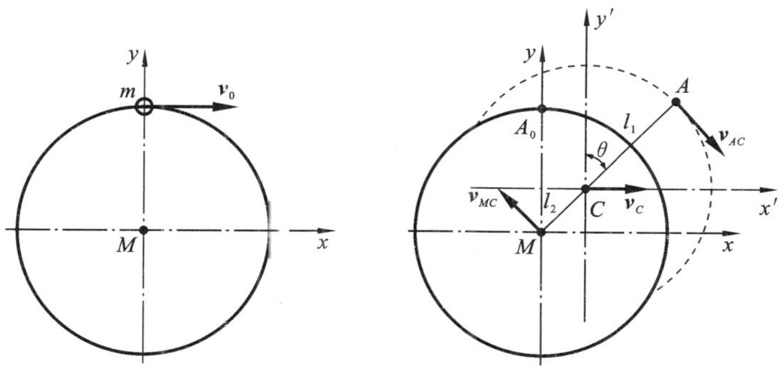

(a)　　　　(b)

图 10.25　例 10.20 图

$$\sum M_M = J_M \alpha_M \tag{a}$$

得到 $\alpha_M=0$，故 $\omega_M=0$，圆圈不转动。

(2) 由整体动量守恒得到系统质心 C 的速度方向与 v_0 方向相同，即质心做匀速直线运动。

因为 $(nm+m)v_C=mv_0$，故

$$v_C=\frac{1}{n+1}v_0 \tag{b}$$

(3) 设 O 为某一固定点，由质心计算公式：

$$(n+1)m\boldsymbol{r}_{OC}=nm\boldsymbol{r}_{OM}+m\boldsymbol{r}_{OA} \tag{c}$$

得到

$$m(\boldsymbol{r}_{OC}-\boldsymbol{r}_{OA})+nm(\boldsymbol{r}_{OC}-\boldsymbol{r}_{OM})=\boldsymbol{0} \tag{d}$$

$$\boldsymbol{r}_{CA}=-n\boldsymbol{r}_{CM} \tag{e}$$

由方程(e)可知，C、A 和 M 共线，且 $l_2=r_{CM}=\dfrac{R}{n+1}$，$l_1=r_{CA}=\dfrac{nR}{n+1}$，由方程(d)可知 $ml_1=nml_2$，故圆环中心 M 相对系统质心 C 做半径为 $\dfrac{R}{n+1}$ 的匀速圆周运动。

下面给出基于自由度求圆心 M 绝对速度的分析方法。系统自由度为 4，需要列 4 个积分方程，由整体动量守恒和相对质心动量矩守恒可得到 3 个方程，还需要补充 1 个积分方程，其尽管可以由整体机械能守恒得到，但机械能守恒方程比较复杂，故取圆圈为研究对象，由方程(e)得到 $\omega_M=0$，替换机械能守恒方程。

得到式(b)和 $\omega_M=0$，实际上采用了 3 个积分方程，还需利用系统相对质心 C 的动量矩守恒得到所需的第 4 个积分方程。

由质心计算公式，即方程(e)，得到 C、A 和 M 一直共线，且三点间距离不变，故 A、C、M 间的运动可视为一个刚体上 3 个点的运动，如图 10.25(b)所示，取 C 为基点得到

$$\boldsymbol{v}_M=\boldsymbol{v}_C+\boldsymbol{v}_{MC} \tag{f}$$

$$\boldsymbol{v}_A=\boldsymbol{v}_C+\boldsymbol{v}_{AC} \tag{g}$$

其中，$v_{MC}=l_1\dot{\theta}$，$v_{AC}=l_2\dot{\theta}$。

由系统相对质心 C 的动量矩 $\boldsymbol{L}_{Cr}$ 守恒，并利用 $\boldsymbol{L}_{Cr}$ 与系统对与点 C 重合的固定点的绝对动量矩相等，有

$$\boldsymbol{L}_{Cr}(\theta)=\boldsymbol{L}_{Cr}(\theta=0) \tag{h}$$

其中

$$\begin{cases}\boldsymbol{L}_{Cr}(\theta)=\boldsymbol{r}_{CM}\times nm\boldsymbol{v}_M+J_M\boldsymbol{\omega}_M+\boldsymbol{r}_{CA}\times m\boldsymbol{v}_A\\ \boldsymbol{L}_{Cr}(\theta=0)=\boldsymbol{r}_{CA}\times m\boldsymbol{v}_0\end{cases} \tag{i}$$

将方程(f)(g)(i)代入方程(h),有

$$nml_2^2\dot{\theta}-nml_2\cos\theta v_C+ml_1^2\dot{\theta}+ml_1\cos\theta v_C=ml_1v_0 \tag{j}$$

考虑 $ml_1=nml_2$,并将方程(b)代入方程(j),得

$$\dot{\theta}=\frac{v_0}{R} \tag{k}$$

将方程(k)代入方程(f),得

$$v_{Mx}=v_C(1-\cos\theta),\quad v_{My}=v_C\sin\theta \tag{l}$$

因此

$$v_M=\sqrt{v_{Mx}^2+v_{My}^2}=\frac{2v_0}{n+1}\sin\frac{\theta}{2} \tag{m}$$

(4) 求 4 个自由度系统的作用力问题,可以采用 2 种方法。方法 1 是利用动静法得到所有的 5 个动力学二阶微分方程(对圆环列 3 个方程,对小球列 2 个方程),再补充运动学中的加速度关系方程。方法 2 是对 4 个守恒方程求导或对由守恒方程得到的任意位置的速度求导,得到与支持力相关的加速度量,再应用动量定理求出支持力。因为前面已得到了速度,故优选方法 2。方法 2 也有常规解法和利用特殊性的解法。

常规解法:由式(g)有

$$\boldsymbol{v}_A=v_{Ax}\boldsymbol{i}+v_{Ay}\boldsymbol{j}=(v_C+l_1\dot{\theta}\cos\theta)\boldsymbol{i}+l_1\dot{\theta}\sin\theta\boldsymbol{j} \tag{n}$$

式(n)对时间求导得

$$a_{Ay}=\frac{\mathrm{d}}{\mathrm{d}t}(l_1\dot{\theta}\sin\theta)=l_1\ddot{\theta}\sin\theta+l_1\dot{\theta}^2\cos\theta=l_1\dot{\theta}^2\cos\theta \tag{o}$$

在 y 方向上有

$$F_{\mathrm{N}}\cos\theta=ma_{Ay}=ml_1\dot{\theta}^2\cos\theta$$

故

$$F_{\mathrm{N}}=ml_1\dot{\theta}^2=\frac{n}{n+1}\frac{v_0^2}{R}$$

圆圈对小环的作用力方向由圆圈中心指向 A。

特殊解法:小环相对圆圈做匀速圆周运动,取圆圈为动系,环为动点。因为圆圈的绝对运动为匀速平动,故

$$a_A^{\mathrm{n}}=a_{\mathrm{r}}^{\mathrm{n}}=\frac{v_{\mathrm{r}}^2}{l_1}=\frac{(l_1\dot{\theta})^2}{l_1}=l_1\dot{\theta}^2=\frac{n}{n+1}\frac{v_0^2}{R}$$

$$F_{\mathrm{N}}=ma_A^{\mathrm{n}}=\frac{mn}{n+1}\frac{v_0^2}{R}$$

***例 10.21** 如图 10.26 所示,一个质量为 m、倾角为 θ 的直角三棱柱放在光滑的水平面上,其上刚度系数为 k 的水平弹簧另一端与墙固定连接。视为质点、质量为 m 的滑块 A 放在三棱柱的光滑斜面上。在初始时刻,弹簧保持原长,滑块高度为 h,系统处于静止状态。求在系统运动的过程中,弹簧力的最大值。

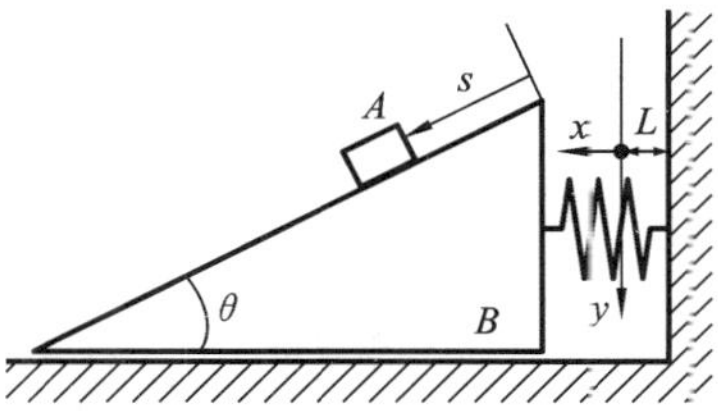

图 10.26　例 10.21 图

分析　当弹簧力最大时三棱柱的速度为 0，故该例实际上是求到达某位置时的 2 个自由度系统的速度问题。对该类问题不能直接得到 2 个积分方程，故采用建立 2 个二阶微分方程的方法。此时二阶微分方程组若有解析解，一般是特殊微分方程，需要根据方程组的特殊性来求解。

解　系统自由度为 2，取图 10.26 所示的 x、s 为广义坐标，x 为弹簧的变形量。设弹簧原长为 L，弹簧保持原长时其左端为 x 的坐标原点，三棱柱最高点处为 y 的坐标原点。

$$x_A = x + s\cos\theta,\quad y_A = s\sin\theta \tag{a}$$

$$\ddot{x}_A = \ddot{x} + \ddot{s}\cos\theta,\quad \ddot{y}_A = \ddot{s}\sin\theta \tag{b}$$

由动力学知识可得到

【整体】

$$-kx = m\ddot{x} + m\ddot{x}_A \tag{c}$$

【滑块 A】　沿斜面方向，由动量定理有

$$(mg - m\ddot{y}_A)\sin\theta = m\ddot{x}_A\cos\theta \tag{d}$$

将式(b)代入式(c)(d)有

$$2\ddot{x} + \cos\theta\ddot{s} + \frac{k}{m}x = 0 \tag{e}$$

$$\ddot{x}\cos\theta + \ddot{s} - g\sin\theta = 0 \tag{f}$$

观察方程(f)和方程(e)将发现，将方程(f)中的 $\ddot{s}$ 用 $\ddot{x}$ 表示后代入方程(e)，便可得到仅用 x 表示的常系数二阶微分方程：

$$(1+\sin^2\theta)\ddot{x} + \frac{k}{m}x + \frac{1}{2}g\sin2\theta = 0 \tag{g}$$

方程(g)具有如下的形式：

$$\ddot{x} + \omega_n^2 x + c = 0 \tag{h}$$

其中

$$\omega_n^2 = \frac{k}{m(1+\sin^2\theta)},\quad c = \frac{g\sin2\theta}{2(1+\sin^2\theta)}$$

初始条件为 $t=0$：$x=0$，$\dot{x}=0$。方程(h)的通解为

$$x = -c(1-\cos\omega_n t)/\omega_n^2 \tag{i}$$

$$\dot{x} = -\frac{c}{\omega_n}\sin\omega_n t$$

当 $\dot{x}=0$ 时，弹簧变形量最大。此时 $\omega_n t = \pi, 2\pi, \cdots, n\pi$，$x_{max} = -2c/\omega_n^2$，故最大弹簧力 $F_{Nmax} = -2kc/\omega_n^2 = -mg\sin2\theta$，负号表示弹簧受压，即最大弹簧力出现在弹簧受压时。

10.2.5　动力学问题分析方法优选判据

动力学问题包括 3 类：(1) 求某瞬时的力与加速度关系问题；(2) 求到达某位置时的速度问题；(3) 求运动规律，即求速度或位移与时间的关系问题。每一类问题可能有多种解法，但各解法难易程度有时差异较大。下面给出针对具体问题的分析方法优选判据。

1. 求某瞬时的力与加速度关系问题

目前求解加速度与力的关系问题的方法有：①利用动量、动量矩定理的方法；②动静法；

③功率方程方法(包括方法1、方法2和方法3);④利用机械能守恒定律、动能定理微分形式的方法;⑤用动能定理积分形式求出速度表达式后对其求导的方法。其中方法⑤是方法④在存在非保守力时的拓展形式。方法⑤和方法④本质上与功率方程方法2或方法3相同。因此,总的说来,目前只有前3种方法。

动量、动量矩定理是除了牛顿第二定律以外的动力学最基本的定理,常用来建立新的动力学理论,在力学发展中具有重要的地位。但对于刚体系统,从分析具体问题的难易程度方面比较,方法①几乎可以被方法②取代。那么,如何应用方法②和③分析复杂的平面动力学问题呢?这需要了解功率方程与动静法的相关性,有如下规律。

(1) 对于单个刚体,若由功率方程得到1个动力学微分方程,则采用动静法也一定可以得到,由动静法得到的3个独立方程必然与功率方程相关。

(2) 对于在单刚体上连接物体,但不增加外部约束和自由度而形成的多刚体系统,对整体由动静法所列的方程与功率方程间的相关性与单个刚体的情况相同。

(3) 对于除(2)以外的多刚体任意自由度系统,对整体由动静法列3个独立方程,或仅由其中的一个局部列3个独立方程,则该3个方程必然与以整体为研究对象所得到的功率方程相互独立,可以根据问题,从中任意挑选,不需要考虑方程间的相关性。若除了功率方程外,由动静法对整体或局部再只需要列1个方程,则这2个方程必然独立。但若既有从整体又有从局部得到的2个及以上的方程,则这些方程在特殊情形下可能与功率方程相关。

学习虚功原理后,读者可结合虚功原理证明以上结论。利用上述规律,在分析问题时,就可以有目的地预判所列的方程是否独立,避免列出相关性方程。

对于力与加速度的关系问题,分析方法众多,比较灵活。对于常见问题,如何选择合适的分析方法呢?下面的建议可供参考。

(1) 对于单刚体单自由度系统,能用功率方程求解的,用动静法更简单,因为采用动静法不需要如功率方程那样消去速度自变量。

(2) 对于在单刚体上连接物体,但不增加外部约束和自由度而形成的多刚体单自由度系统,求解过程选择方法与单刚体单自由度系统相同。

(3) 对于可用动量、动量矩定理分析的问题,用动静法一般更简便。

(4) 优选功率方程的情形:对于无滑动摩擦或与滑动摩擦有关的支持力易求的多刚体单自由度系统,有两种情形。①所有做功力均已知,只求任意与切向加速度或角加速度相关的加速度量;②已知任一与切向加速度或角加速度相关的加速度量,求做功的力。功率方程方法又分几种不同方法。当所有速度关系不都是比例关系或可通过直角三角形关系得到时,就选用功率方程方法1,否则,比较几种功率方程方法后再进行选择。

(5) 对于多刚体单自由度系统,在应用动静法会引入过多不待求未知力的情形下,可尝试功率方程方法与动静法相结合的混合法。

(6) 对于n个自由度系统,求一个过程中某位置的力与加速关系问题,若能直接得到n个动力学积分方程,利用积分方程求出任意位置的速度后,求加速度与力等,一般优先对n个积分方程求导或对速度方程求导得到加速度,再用动静法等建立待求力与加速度的关系。若不得能到全部n个积分方程,一般采用动静法建立二阶微分方程。

(7) 其他情形下,一般选用动静法。

因为所有的动力学方程都来源于$\boldsymbol{F}=m\boldsymbol{a}$,故其具有线性方程$y=kx+b$的特征。而由运动学补充的加速度关系一定具有 $a_i = s\alpha + g\omega^2$ 的形式，与速度有关的非线性项——法向加速度和科氏加速度必然可以通过速度关系求出，只有切向加速度或角加速度才是真正的未知量，其也具有线性方程 $y=kx+b$ 的特征。这样，将角加速度量视为 x，力视为 y，任何求力和加速度关系的方程都是线性方程，采用线性代数的知识便可求解。

2. 求到达某位置时的速度问题

求解 n 个自由度系统到达某位置时的速度问题是本书的难点，往往无解析解。当有解析解时，其解法灵活，求解该类问题时可以采用如下规律性方法。

对于 n 个自由度系统，若能直接找到 n 个动力学一重积分方程(包括对某些加速度间的比例关系积分的方程)，则列出 n 个积分方程，再补充运动学速度关系方程，联立求解。寻找 n 个积分方程的步骤如下。

第一步：先看能否列动能定理积分形式的方程。若所有做功的力均已知，则先列一个动能定理积分形式方程。

第二步：考虑整体或局部，寻找是否存在动量守恒、对固定点动量矩守恒或相对质心的动量矩守恒方程。

对于一些有解析解的简单问题，按照上述 2 个步骤，一般就可找到与自由度数目相同的动力学一重积分方程，再补充运动学速度关系方程即可求解。对于较复杂问题，可确定是否存在初次积分(第 12 章介绍)等。

对于 n 个自由度系统，按上述步骤若不能列出所有积分方程，则建立任意位置处的两个加速度量的比例关系，然后积分得到速度关系，从而得到 n 个积分方程。

若按上述步骤仍得不到 n 个积分方程，则一般只能按照建立二阶微分方程的方法，建立 n 个二阶微分方程，此时，若有解析解，方程一般是特殊形式的，经过转化后可变成常见的用一个广义坐标表示的常系数二阶微分方程或可分离变量的二阶微分方程，抑或方程左右两边同时乘以广义速度便可积分的方程。

3. 求运动规律问题

对于求运动规律问题，一般先建立二阶微分方程，若有解析解，则其一般是特殊形式方程组，经过转化后可变成常见的用一个广义坐标表示的常系数二阶微分方程或可分离变量的二阶微分方程，抑或伯努利微分方程等，然后采用高等数学的方法求解。

小　　结

小结

1. 达朗贝尔原理

达朗贝尔原理方法也称为动静法。动静法是将每个物体角加速度和质心加速度转化惯性力后，按照静平衡的方法来分析，可以对多个物体关于任意点列力矩平衡方程，因此，动静法相对于动量、动量矩定理方法在求解某瞬时的动力学问题时具有明显的优势。

2. 基于自由度的动静法统一分析步骤

(1) 惯性力简化。

每个刚体的质心 C_i 的加速度 $\boldsymbol{a}_{C_i}$ 和角加速度 α_i 向各自的特殊动矩心 A_i 简化，转为类似静力学形式的力偶矩 $\boldsymbol{M}_{\mathrm{IA}_i}$ 和力 $\boldsymbol{F}_{\mathrm{IC}_i}$。其中 $M_{\mathrm{IA}_i}=J_{A_i}\alpha_i$(方向与 α_i 相反)，$\boldsymbol{F}_{\mathrm{IC}_i}=m_i\boldsymbol{a}_{C_i}$(方向与 $\boldsymbol{a}_{C_i}$ 相反，画在对应刚体的特殊动矩心 A_i 上)。特殊动矩心是使简约式动量矩定理 $\sum M_A = J_A\alpha$ 成立的 4 个特殊点。

(2) 确定至少需要列的动力学方程数目 k，$k=n-s+m$。

(3) 得到 k 个类似静力学形式的平衡方程。

借鉴静力学中列静力平衡方程的方法得到 k 个类似静力学形式的动力学方程。尽量不引入不待求真实未知力，先由整体得到 $q=3-p$ 个方程，其中 $p(p\leqslant 3)$ 为不待求真实未知力个数。为了得到这样的方程，对不待求真实未知力的作用点取矩或向垂直于不待求真实未知力的方向投影。然后，再从局部找到 $k-q$ 个不包含不待求真实未知力的有用方程。先从包含待求力(惯性力也视为待求力)的一个物体上找，若只有 $p_1(p_1<3)$ 个不待求真实力，则可得到 $3-p_1$ 个有用方程(当所选取的物体所受的力为任意力系时)。若不够，再从包含待求力的 2 个物体上寻找，如此层层推进。若无法避免引入不待求的真实力，就将其视为待求量，多列相应数目的方程。

(4) 补充运动学方程。

因为动力学方程表示的是刚体角加速度和质心加速度与力的关系，所以运动学方程首先需要建立加速度关系。因为加速度关系可能会引入法向加速度和科氏加速度，故有时还需进一步补充运动学的速度关系。

为了得到加速度间的关系，需要利用待求点(质心是待求点)与机构间连接点的相互关系。运动的机构中各构件的运动都是通过连接点传递的，分析运动时必须体现出所有的这些联系。对于一般情形，找这样的关系可按照运动学中介绍的画线分解法：将质心与刚体间的连接点连线，体现刚体间的联系，将机构复杂运动分解为运动学中所介绍的几种典型问题。对应相应的问题，应用合成定理建立加速度关系方程。再考虑刚体与外部的联系。

对运动过程所涉及的所有速度关系都总保持比例关系或可由直角三角形得到的特殊情形，比较求导法和合成法后，选择相对简单的方法得到加速度关系。

(5) 求解。

在运动学加速度方程中消去动力学方程中未出现的加速度量，得到新的仅含有在动力学方程中出现的加速度量的方程，与 k 个动力学方程联立求解即可。

习　　题

10.1　如题 10.1 图所示，质量 $m=0.01$ kg 的质点，在半径 $r=0.1$ m 的圆环内按箭头方向以相对速度 $v=0.5$ m/s 做匀速运动，圆环以匀角速度 $\omega=5$ rad/s 绕轴 O 转动。求此质点在点 A、B 处的惯性力的大小，并将惯性力的方向画在图上。

10.2　如题 10.2 图所示，已知曲柄 $OA /\!/ O_1B$，$OA=O_1B=r$，转动角速度和角加速度分别为 ω 和 α。$ABCD$ 为一个弯杆，滑块 E 的质量为 m。求滑块 E 的惯性力的大小，并将惯性力的方向画在图上。

10.3　如题 10.3 图所示，质量为 m、半径为 r 的均质圆轮沿水平轨道做纯滚动。已知轮心在某瞬时的速度 v_C 和加速度 a_C，此时惯性力系向速度瞬心简化所得的主矢和主矩的大小为(　　)。

① $F_{\mathrm{I}}=mv_C^2/r$，$M_{\mathrm{I}}=\dfrac{1}{2}mra_C$　　② $F_{\mathrm{I}}=mv_C^2/r$，$M_{\mathrm{I}}=\dfrac{3}{2}mra_C$

③ $F_{\mathrm{I}}=ma_C$，$M_{\mathrm{I}}=\dfrac{1}{2}mra_C$　　④ $F_{\mathrm{I}}=ma_C$，$M_{\mathrm{I}}=\dfrac{3}{2}mra_C$

⑤ $F_{\mathrm{I}}=m\sqrt{a_C^2+\dfrac{v_C^4}{r^2}}, M_{\mathrm{I}}=\dfrac{3}{2}mra_C$

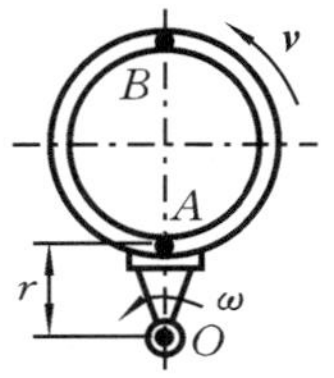

题 10.1 图

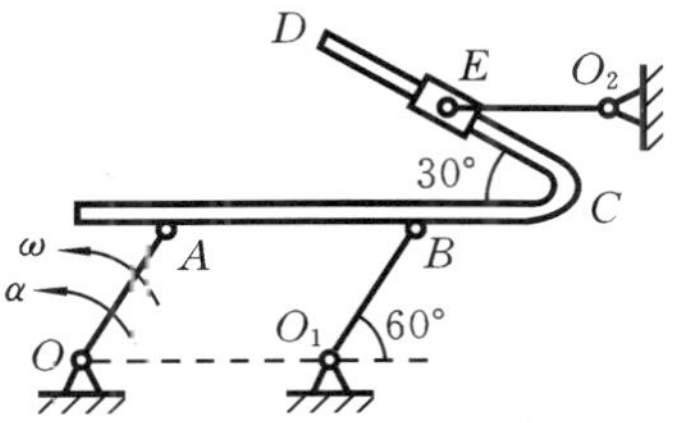

题 10.2 图

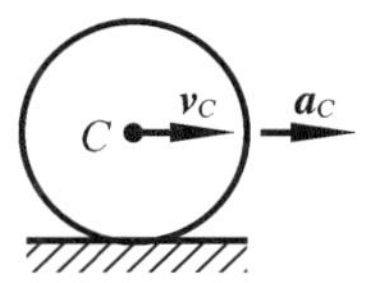

题 10.3 图

10.4　题 10.4 图中各处光滑，处于垂直面的构件 AB 质量均匀分布。AB 的角加速度和质心 C 的加速度不能向其速度瞬心 P 转化为惯性力 $\boldsymbol{F}_{\mathrm{IC}}=-m\boldsymbol{a}_C$（作用在速度瞬心 P 上）和惯性力矩 $M_{\mathrm{IP}}=-J_P\alpha$（$\alpha$ 为角加速度，ω 为角速度）的是（　　）。

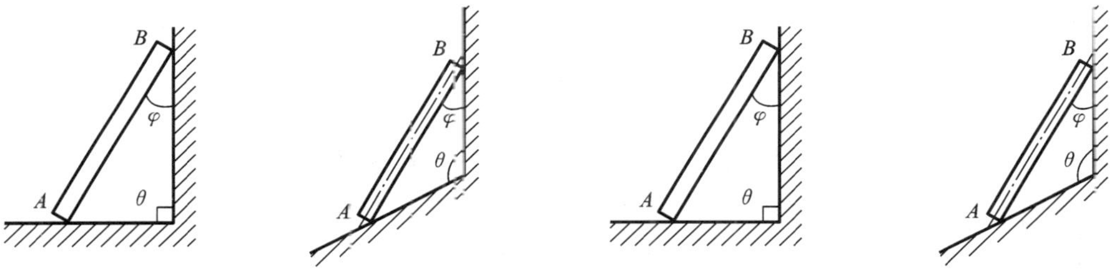

① $\omega_{AB}=1\ \mathrm{rad/s}, \theta=90°$　② $\omega_{AB}=0, \theta=120°$　③ $\omega_{AB}=0, \theta=90°$　④ $\omega_{AB}=1\ \mathrm{rad/s}, \theta=120°$

题 10.4 图

10.5　如题 10.5 图所示，质量为 m、长为 L 的均质细直杆绕轴 O 转动，角速度 ω 与角加速度 α 均沿逆时针方向，下列惯性力系简化方法正确的是（　　）。

① $M_{\mathrm{I}}=\dfrac{1}{3}mL^2\alpha, F_{\mathrm{I}}^{\mathrm{t}}=\dfrac{1}{2}mL^2\alpha, F_{\mathrm{I}}^{\mathrm{n}}=\dfrac{1}{2}mL\omega^2$

② $M_{\mathrm{I}}=\dfrac{1}{12}mL^2\alpha, F_{\mathrm{I}}^{\mathrm{t}}=\dfrac{1}{2}mL^2\alpha, F_{\mathrm{I}}^{\mathrm{n}}=\dfrac{1}{2}mL\omega^2$

③ $M_{\mathrm{I}}=\dfrac{1}{12}mL^2\alpha, F_{\mathrm{I}}^{\mathrm{t}}=\dfrac{1}{2}mL\alpha, F_{\mathrm{I}}^{\mathrm{n}}=\dfrac{1}{2}mL\omega^2$

④ $M_{\mathrm{I}}=\dfrac{1}{3}mL^2\alpha, F_{\mathrm{I}}^{\mathrm{t}}=\dfrac{1}{2}mL\alpha, F_{\mathrm{I}}^{\mathrm{n}}=\dfrac{1}{2}mL\omega^2$

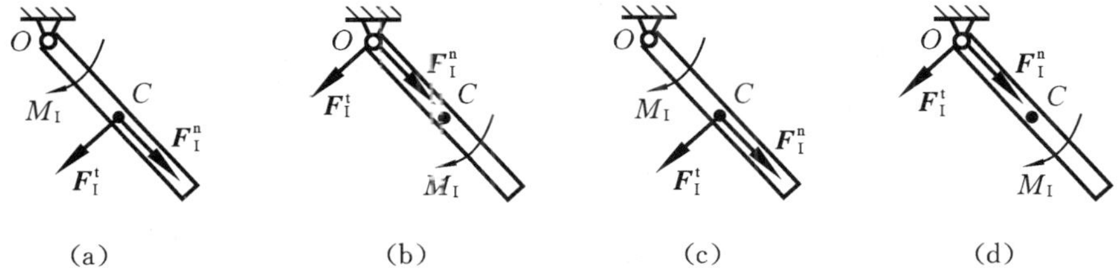

题 10.5 图

10.6　如题 10.6 图所示，边长为 $L=0.5$ m 的均质立方体 A 重为 $P=1$ kN，放在水平运输车 B 上，接触面间的摩擦因数 $f=0.2$，试问车的加速度取何值时，才能保证重物安全运输(既不翻转，也不滑动)。

10.7　均质长方形平板 $ABCD$，其质量 $m=27$ kg，尺寸如题 10.7 图所示。将该平板于点 A 处用光滑铰链悬挂起来，自 AB 边处于水平位置时由静止释放，求释放瞬时板绕 A 转动的角加速度和 A 点的约束反力。

10.8　如题 10.8 图所示，均质杆 AB 长 $2L$，重 P，沿光滑的圆弧轨道运动，杆的质心 C 与圆弧中心 O 的距离为 L。开始运动时，杆与水平直径成 $\theta=45°$，初速度为零。求此时轨道对杆的约束力。

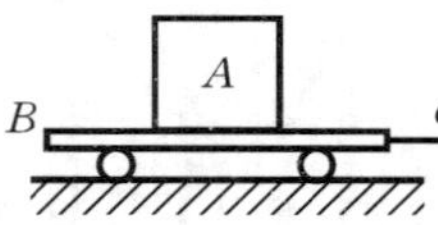

题 10.6 图

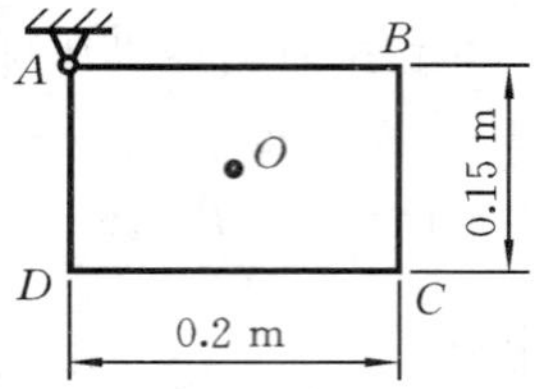

题 10.7 图

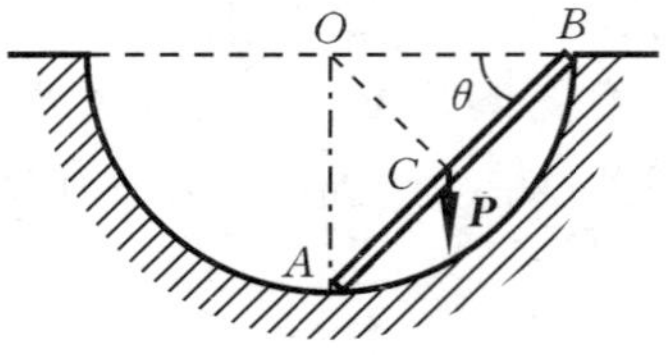

题 10.8 图

10.9　如题 10.9 图所示，嵌入墙内的悬臂梁的 B 端装有重为 G、半径为 R 的均质鼓轮(可视为均质圆盘)，有主动转矩 M 作用于鼓轮以提升重为 P 的重物 C。设 $AB=L$，梁和绳的重力都略去不计，求固定端支座 A 处的约束反力。梁 AB 水平。

10.10　水平的均质杆重为 P，长为 L，用两根等长的绳索悬挂，如题 10.10 图所示。求一根绳突然断开时，杆的质心加速度 a_C 及另一根绳的拉力 T。

10.11　在题 10.11 图所示机构中，质量为 m 的均质圆盘在一变化力偶矩作用下，以角速度 $\omega_0=12$ rad/s 绕垂直于纸面的轴 A 转动(逆时针方向)，均质杆 BD 长 $4r$，质量为 m，不计套筒 E 质量。若机构在水平面内，试求图示瞬时套筒 E 对杆 BD 的约束力(不计摩擦)。

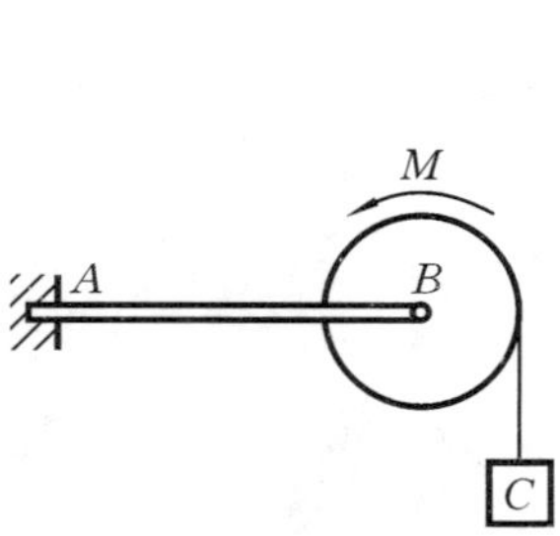

题 10.9 图

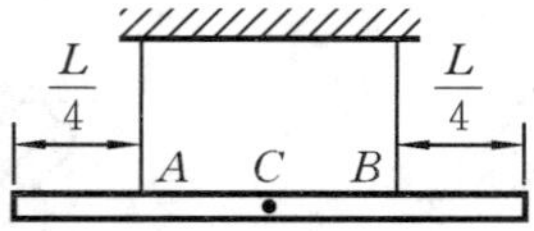

题 10.10 图

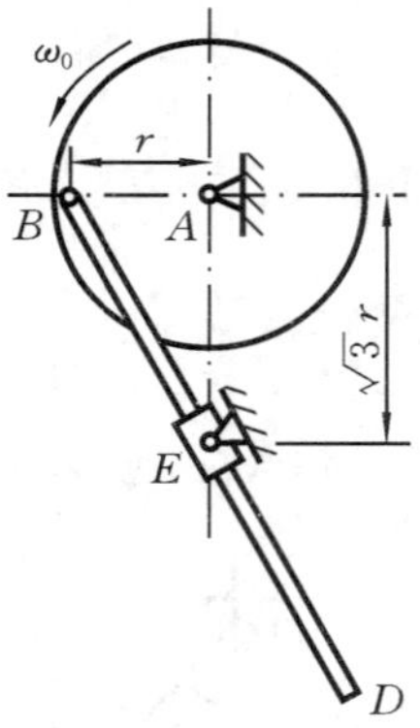

题 10.11 图

10.12　如题 10.12 图所示，长为 L、质量为 m 的两个相同的水平均质杆 AB 和 CD 以软绳 AC 与 BD 相连，并在 AB 的中点用铰链 O 固定。求当绳 BD 被剪断的瞬间 B 与 D 两点的加速度。

10.13　如题 10.13 图所示，均质杆长 $L=1$ m，质量 $m_1=10$ kg，B 端铰接于直径 $d=0.5$

m、质量 $m_2=20$ kg 的均质圆盘上。B 与圆盘中心 C 相距 $e=0.23$ m，处于静平衡状态。若在圆盘上施加力偶矩为 $M=15$ N·m 的力偶，试求此瞬时杆 AB 和圆盘的角加速度。

10.14　如题 10.14 图所示，均质杆 OA 长为 r，重为 P，均质杆 AB 长为 L，重为 G，两者用铰链连接。杆 OA 的 O 端用铰链固定，距离地面的高度为 r。杆 AB 的 B 端在光滑的水平面上。初始时，杆 OA 水平，将系统由静止状态自由释放，求在重力作用下，杆 OA 即将运动到竖直位置(此时杆 AB 仍只有点 B 与地面接触)时，点 B 的速度及水平面对 B 的反力。

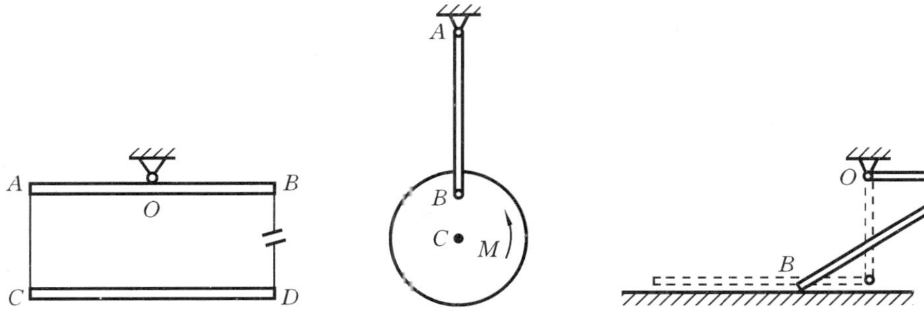

题 10.12 图　　题 10.13 图　　题 10.14 图

10.15　如题 10.15 图所示，均质鼓轮 A 用一绳悬于天花板上，另一绳悬重物 B，绳重不计。开始时鼓轮和重物同时由静止释放。鼓轮重 $P_A=50$ kN，重物重 $P_B=100$ kN，$r=0.1$ m，$R=0.2$ m，鼓轮对中心轮的回转半径 $\rho=0.15$ m。求鼓轮中心 A 与重物 B 的加速度。

10.16　如题 10.16 图所示，一质量为 m_1、长为 L 的单摆，其上端连在圆轮的中心 O 上。圆轮的质量为 m_2，半径为 r，可视为均质圆盘。圆轮放在水平面上，圆轮与平面间有足够的摩擦力阻止滑动。求单摆在图示位置无初速地开始运动时轮心 O 的加速度。

10.17　如题 10.17 图所示，在粗糙水平面上放置一直角三棱柱体 A，其质量为 m_1，通过两个不计质量的小滚轮放置在地面上。小滚轮相对水平面和三棱柱体做纯滚动。重力为 Q 的物块通过水平绳索和不计质量的定滑轮 O 与三棱柱体相连，质量为 m_2、半径为 r 的均质圆柱体 C 由三棱柱体的斜面滚下而不滑动，三棱柱体的倾角为 θ，试求三棱柱体的加速度。

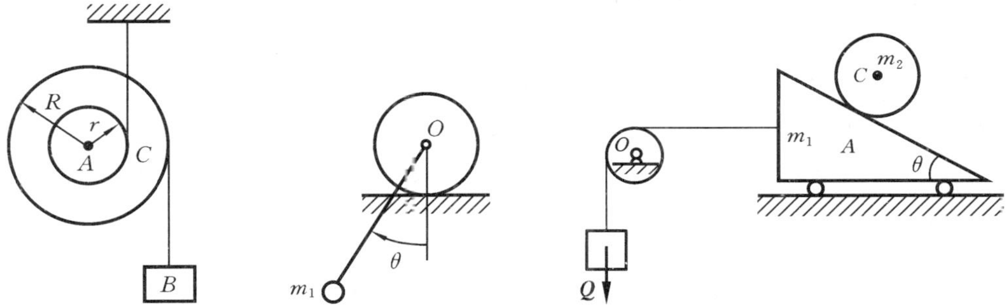

题 10.15 图　　题 10.16 图　　题 10.17 图

10.18　如题 10.18 图所示，质量为 m、半径为 r 的圆环 O 在水平面上做纯滚动。在圆环的边缘上刚性连接一质量为 m 的质点 A。试用动静法建立系统的运动微分方程。

10.19　质量为 m 的均质直角三角形薄板绕直角边 AB 以匀角速度 ω 转动，尺寸如题 10.19 图所示，求在图示位置时轴承 A、B 的附加动反力。

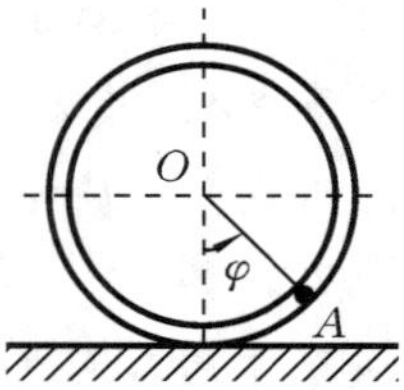

题 10.18 图

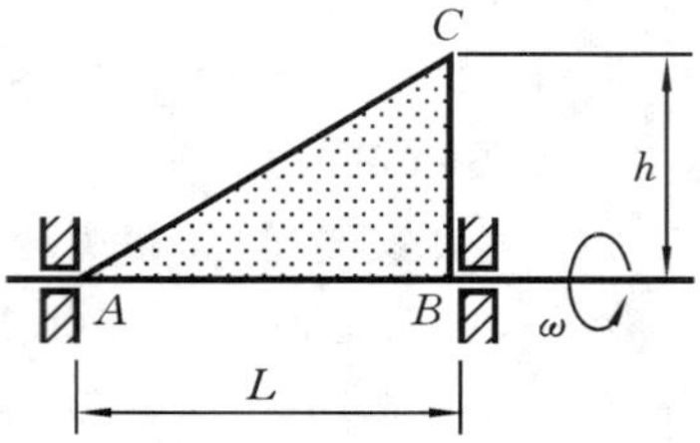

题 10.19 图

10.20　如题 10.20 图所示,一圆盘在水平面 Oxy 内,在一变化力偶矩作用下,以匀角速度 ω 绕其中心轴 Oz 转动。过盘的中心线有一光滑槽,一质量为 m 的质点 A 在槽内运动。如质点在开始时与盘心的距离为 b,其相对槽的初速度等于零,求力偶矩 $M(t)$。

10.21　如题 10.21 图所示,细直管在水平面内,在一变化力偶矩作用下,以匀角速度 ω 绕管上一点 O 转动。小球可以在管中无摩擦地运动。在初瞬时 $t_0=0$,球离 O 的距离 $OM_0=r_0$。试写出小球的相对运动微分方程,并求出通解。欲使球能以无限小的速度无限地接近轴心 O,则小球相对于直管的初速度应满足什么条件?小球相对于直管的运动规律又是什么?

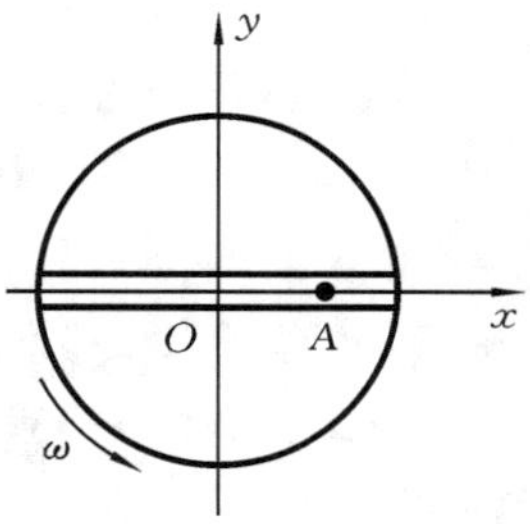

题 10.20 图

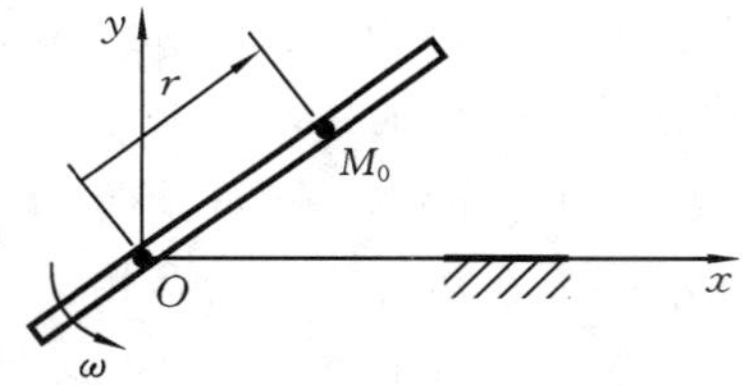

题 10.21 图

10.22　如题 10.22 图所示,均质圆柱 A 的半径为 r,质量为 M,均质杆 AB 的长度为 l,质量为 m。铰 A 和杆端 B 处都是光滑接触,地面粗糙使得圆柱做纯滚动,竖直墙面与水平地面垂直。初始时系统静止,且 $\theta=45^\circ$,然后释放,求初始时刻:

(1) 地面对轮 A 的静摩擦力(要求不引入不待求的未知力);

(2) 铰链 A 对 AB 的约束反力(要求不引入不待求的未知力)。

10.23　在很多机器内,如压气机、牛头刨床等,为了使负荷平稳及转速均匀,常装有题 10.23 图所示的飞轮,为了使飞轮的效用高,飞轮必须以很大的角速度旋转,这样在轮缘和轮辐

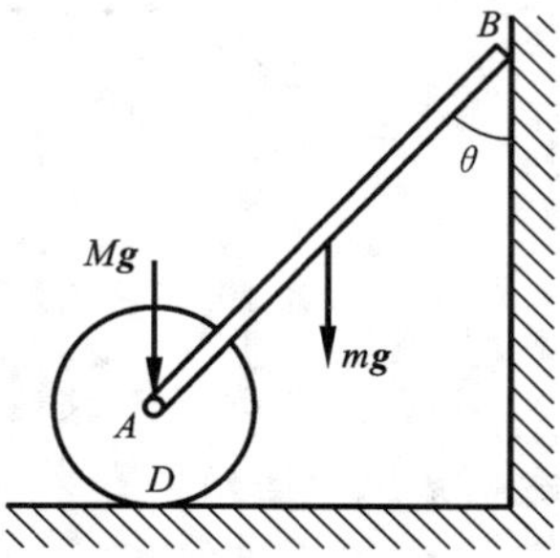

题 10.22 图

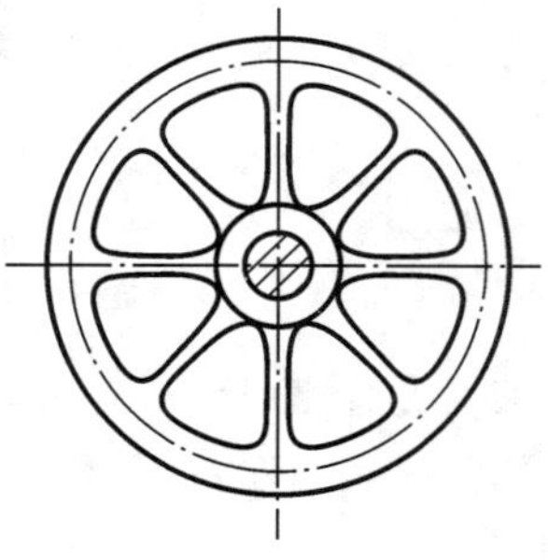

题 10.23 图

由于法向惯性力(离心力)的作用将产生很大的动应力。设轮缘厚度远小于半径 R,略去轮辐的影响,把飞轮简化为半径为 R、绕垂直于其几何中心的轴旋转的均质圆环(这样的结构强度偏于安全),材料的密度为 ρ,许用拉应力为 $[\sigma]$(单位面积上的拉力)。求飞轮的极限转速。

10.24　当发射卫星实现星箭分离时,打开卫星整流罩的一种方案如题 10.24 图所示。先由释放机构将整流罩缓慢送到图示位置,然后令火箭加速,加速度为 a,从而使整流罩向外转。当其质心 C 转到位置 C' 时,O 处铰链自动脱开,使整流罩离开火箭。设整流罩质量为 m,对轴 O 的回转半径为 ρ,质心到轴 O 的距离 $OC=r$。问:整流罩脱落时,其角速度为多大?

10.25　转速表的简化模型如题 10.25 图所示。杆 CD 的两端各有质量为 m 的球 C 和球 D,杆 CD 与转轴 AB 铰接于各自的中点,质量不计。当转轴 AB 转动且外载荷变化时,杆 CD 的转角 φ 就发生变化。设 $\omega=0$ 时,$\varphi=\varphi_0$,且盘簧中无力。盘簧产生的力矩 M 与转角 φ 的关系为 $M=k(\varphi-\varphi_0)$,k 为盘簧刚度系数。$AO=OB=b$。求:(1) 角速度 ω 与角 φ 之间的关系;(2) 当系统处于图示平面时,轴承 A、B 的约束力。

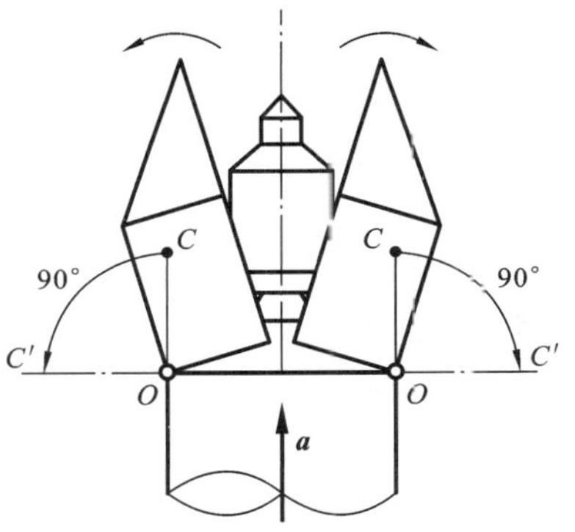

题 10.24 图

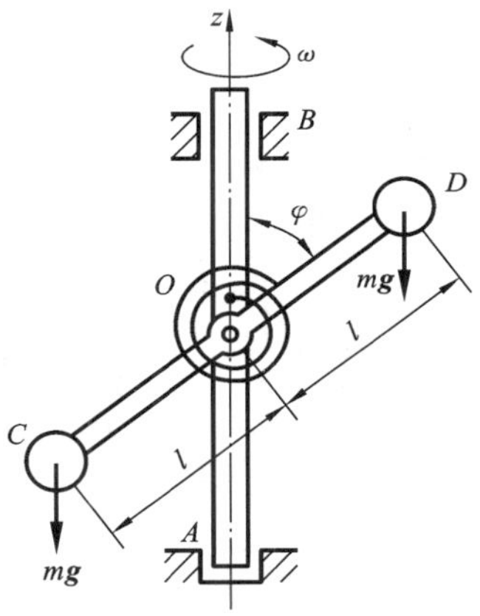

题 10.25 图

虚位移原理

第 11 章　虚位移原理

应用达朗贝尔原理可以将图 11.1 所示的动力学问题转化为类似静力学问题来分析，实现动向静的转化，从而在很大程度上避免引入刚体间相互作用力，克服应用动量定理和动量矩定理分析问题计算量大的缺点；但在基于自由度确定所需列的动力学方程数目时，只能确定至少所需列的方程的数目，有时还需要引入不待求未知力，多列动力学方程，特别是对于由多个物体构成的系统，往往会引入过多的不做功的约束反力。此外，对于图 11.1 所示的机构，当 OA 的转速 ω 为 0，角加速度也为 0 时，系统在未知力偶矩 M 和已知力 F 的作用下处于静平衡状态。然而，即使是静平衡系统，若需求 M，静力学分析方法仍然不能保证一定不引入不待求的未知力，这是以前所学的静力学(初等静力学)分析方法固有的不足，同样也是动静法的不足。如何克服这一缺陷呢？

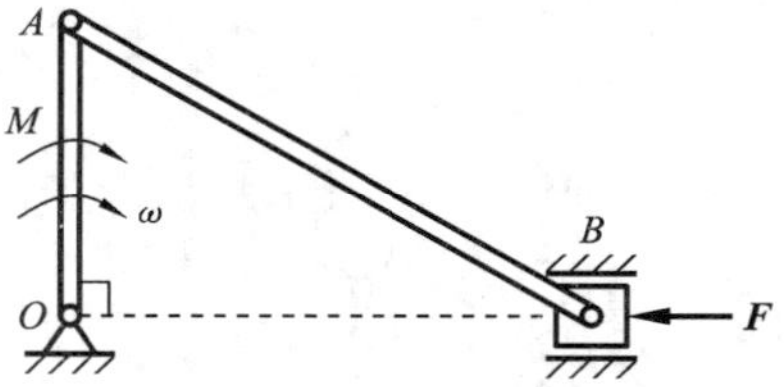

图 11.1　平衡系统

若图 11.1 所示的静平衡系统的曲柄 OA 以无限小的转速匀速转动，则该系统是运动的还是静止的呢？若认为是运动的，则可以应用功率方程来分析。对于单自由度系统，得到如下功率方程：

$$f_1(F_1,F_2,F_3,\cdots,F_i,M_1,M_2,\cdots,M_j)=f_2(\alpha_1,\omega_1^2) \tag{11.1}$$

由该式可知，若 OA 以无限小的转速匀速转动，式(11.1)右边为 0，就能实现不引入不待求力而求出 M 了，该方程实际上就是另一种形式的静平衡方程。该方法启发我们，可能有一种有别于动静法的新思想：若不希望引入某个力，只要让该力不做功即可。但该方法却不能求不做功的力，比如滑道对滑块 B 的支持力。因为运动的机构，其运动状态是唯一确定的，力是否做功是不以人的意志为转移的。这一问题如何解决呢？

哲学上认为，世界是运动的，静止是运动的特殊情形，那么，能否将静平衡系统看作以无限小的速度运动呢？既然是静止的，那么，运动的可能性能否在一定条件下按我们所希望的目的来假设呢？比如，假设每一个不待求未知力在作用点处以垂直于该力且无限小的速度运动，那样，该力就不做功了，在所假设的运动模式下，应用功率方程就不会引入该力了。系统在 n 个未知作用力下处于静平衡状态，为了求其中一个力，若能假设其他 $n-1$ 个力在作用点处的速度与其垂直，对静平衡系统就能实现应用一次功率方程求某一个力了，当然该功率方程是想象出来的。那么这能否成为可能呢？哲学上认为，动静在一定条件下可以相互转化。达朗贝尔原理给出了明确、具体的转化条件，实现了动向静的转化，证实了哲学原理。现在的问题是如何实现静向动的转化。既然从哲学原理上来说是可以的，那么其明确、具体的转化条件是什么呢？本章将探讨静向动转化的具体条件。

11.1　虚位移原理

虚位移原理

11.1.1　可能位移、实位移和虚位移

设有 N 个质点的质点系，已选定广义坐标 q_k，$k=1,2,\cdots,n$，因为广义坐标

确定系统的位置，因此质点 $m_i, i=1,2,\cdots,N$ 的位置矢径 $\boldsymbol{r}_i$ 由广义坐标和时间 t 确定

$$\boldsymbol{r}_i=\boldsymbol{r}_i(q_1,q_2,\cdots,q_n,t),\quad i=1,2,\cdots,N \tag{11.2}$$

对定常系统，式(11.2)中不显含 t。若在 $\mathrm{d}t$ 时间内各广义坐标改变了 $\mathrm{d}q_k, k=1,2,\cdots,n$，则有

$$\mathrm{d}\boldsymbol{r}_i=\frac{\partial \boldsymbol{r}_i}{\partial q_1}\mathrm{d}q_1+\frac{\partial \boldsymbol{r}_i}{\partial q_2}\mathrm{d}q_2+\cdots+\frac{\partial \boldsymbol{r}_i}{\partial q_n}\mathrm{d}q_n+\frac{\partial \boldsymbol{r}_i}{\partial t}\mathrm{d}t,\quad i=1,2,\cdots,N \tag{11.3}$$

如果 $\mathrm{d}q_k, k=1,2,\cdots,n$ 满足约束，则位移 $\mathrm{d}\boldsymbol{r}_i, i=1,2,\cdots,N$ 是各质点在 $(t,t+\mathrm{d}t)$ 时间内可能实现的一组位移。这种在 $\mathrm{d}t$ 时间内产生、满足所有约束条件的位移 $\mathrm{d}\boldsymbol{r}_i, i=1,2,\cdots,N$ 称为系统的**可能位移**。

如果可能位移还满足系统的运动微分方程和初始条件，则一定是系统的一组真实运动位移，称为系统的**实位移**。显然实位移是可能位移中的一组位移。

在系统任意一个确定时刻 t 可能存在的位形（真实位形和可能位形）上，如果给系统一组满足约束的坐标变分 $\delta q_k(t), k=1,2,\cdots,n$，则系统所有质点会产生一组等时位移，即与时间无关的位移，用 $\delta\boldsymbol{r}_i(t), i=1,2,\cdots,N$ 表示，有

$$\delta\boldsymbol{r}_i(t)=\frac{\partial \boldsymbol{r}_i}{\partial q_1}\delta q_1+\frac{\partial \boldsymbol{r}_i}{\partial q_2}\delta q_2+\cdots+\frac{\partial \boldsymbol{r}_i}{\partial q_n}\delta q_n+\frac{\partial \boldsymbol{r}_i}{\partial t}=\frac{\partial \boldsymbol{r}_i}{\partial q_1}\delta q_1+\frac{\partial \boldsymbol{r}_i}{\partial q_2}\delta q_2+\cdots+\frac{\partial \boldsymbol{r}_i}{\partial q_n}\delta q_n,\quad i=1,2,\cdots,N \tag{11.4}$$

虚位移是等时位移，与时间无关，所以式(11.4)中 $\dfrac{\partial \boldsymbol{r}_i}{\partial t}=\boldsymbol{0}$。式(11.4)对任何约束系统均适合。

虚位移与时间无关，其原因与第 9 章广义坐标的变分 $\delta q_k(t)$ 与时间无关相同。$\delta\boldsymbol{r}_i(t)$ 中的时间 t 仅表示研究的时刻是 t 时刻。在 t 时刻，在实际力作用下系统处于静平衡状态，此时每个点的位置用矢径 $\boldsymbol{r}_i$ 表示。若力与实际力有无限小的差异，则系统在新的平衡位置的位形与原平衡位置的位形有无限小的差异，这个差异量就是虚位移 $\delta\boldsymbol{r}_i$。利用虚位移原理来解题就是基于求极值的优化理论，在 t 时刻的几何约束允许下，利用与平衡位置位形有微小变更，即虚位移，来建立一种求平衡问题的方法，这些可能的无限小位形的变更，只是几何位置的差异，并不需要时间 t 来实现。

前面已经知道，实位移是可能位移的一组，这对任何系统都如此。但是，实位移与虚位移之间、虚位移与可能位移之间的关系，需要根据系统是否定常来确定。

对于定常系统，$\boldsymbol{r}_i=\boldsymbol{r}_i(q_1,q_2,\cdots,q_n), i=1,2,\cdots,N$，各质点的可能位移为

$$\mathrm{d}\boldsymbol{r}_i=\frac{\partial \boldsymbol{r}_i}{\partial q_1}\mathrm{d}q_1+\frac{\partial \boldsymbol{r}_i}{\partial q_2}\mathrm{d}q_2+\cdots+\frac{\partial \boldsymbol{r}_i}{\partial q_n}\mathrm{d}q_n,\quad i=1,2,\cdots,N \tag{11.5}$$

因此对于定常系统，无限小的可能位移组成的集合与虚位移组成的集合相同，进而无限小实位移是某一组虚位移。

对于非定常约束系统，可能位移和虚位移二者却完全不同，不能混同。三种位移之间并没有普遍明确的关系，但是从各自对应的系统位形集合来看，它们之间却存在普遍明确的关系（注意位移和位形的区别）。首先，因为可能位移包含了真实位移，所以由可能位移规定的系统位形集合一定包含系统的真实位形。其次，因为虚位移是在任意一个真实位形和可能位形上瞬时满足约束的位移，所以，由所有时刻的虚位移规定的系统位形集合一定包含系统的可能位形和真实位形。

综上所述，任意时刻的虚位移给出了该时刻系统可能出现的所有位形，但在具体、真实的

力作用下，其真实位形是唯一的。力学的一个主要任务就是在所有可能的位形中挑选出系统在具体、真实的力作用下的真实位形。

11.1.2　虚位移的分析计算

虚位移的分析包括各点虚位移的大小、方向的确定和各点虚位移之间的数量比例关系，主要有以下两种分析方法。

1. 解析法

选取一个坐标系，将各点的坐标表示为广义坐标的函数，再求等时变分。

2. 几何法

先根据系统的约束和运动关系画出各点的虚位移间的几何关系，再分析计算，称为几何法。分析方法一般又可分为2种。方法1是直接根据几何学知识，比如相似三角形、平行四边形性质和三角恒等变换等知识得到虚位移之间的关系。该方法一般比较复杂，可用方法2替代，即系统虚位移的确定和分析是通过速度分析方法完成的。其原理和做法如下：将系统的任意一组虚位移除以 $\mathrm{d}t$，便得到一组具有速度量纲的量，称为**虚速度**。换言之，虚速度是在时间固定的条件下，系统可能出现的一组瞬时速度。显然，任意一组虚速度均满足系统的约束，并且各点的虚速度与各点的虚位移方向相同、大小成比例。因此，我们可以将任一组虚位移看成系统的一组瞬时速度(在时间固定的条件下)，虚速度之比等于虚位移之比，进而可用速度分析的方法来分析虚位移，不妨称该方法为**虚速度法**。

需要说明的是，虚速度的定义在虚位移原理发展的过程中有些不同。上述定义的虚速度是先提出的，其有一定的缺点，在后续分析力学的虚功率方程中，虚速度的定义是系统位形固定时，位形上点的可能速度之差。可以证明，对于分析力学中定义的虚速度，在分析虚位移时，虚速度之比仍等于虚位移之比，故采用本章所定义的虚速度并不影响计算。鉴于读者目前的知识，在虚速度法中采用本章中虚速度的定义。

例 11.1　在图11.2所示机构中，杆 OA 与直角弯杆 BCD 始终接触，$OA=l$，$BC=b$，以 φ 为广义坐标。求点 A 与点 D 的虚位移大小之间的比值。

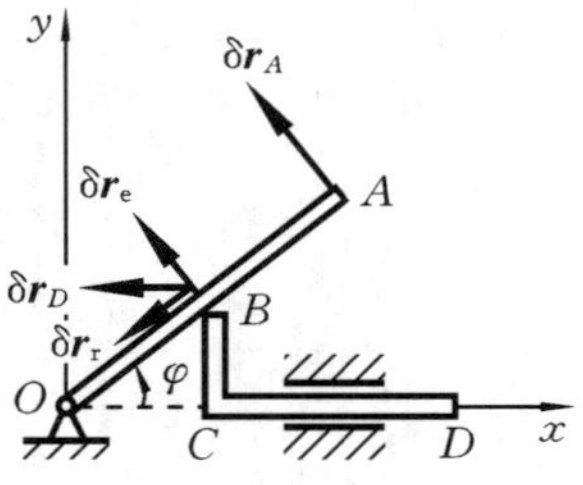

图 11.2　例 11.1 图

解　(1) 解析法。

建立坐标系 Oxy，点 A 和点 D 的坐标分别为

$$x_A=l\cos\varphi,\quad y_A=l\sin\varphi$$

$$x_D=b\cot\varphi+CD,\quad y_D=0$$

坐标的变分为

$$\delta x_A=-l\delta\varphi\sin\varphi,\quad \delta y_A=l\delta\varphi\cos\varphi$$

$$\delta x_D=-\frac{b\delta\varphi}{\sin^2\varphi},\quad \delta y_D=0$$

所以点 A 和点 D 的虚位移大小分别为

$$\delta r_A=\sqrt{(\delta x_A)^2+(\delta y_A)^2}=l\delta\varphi$$

$$\delta r_D=|\delta x_D|=\frac{b\delta\varphi}{\sin^2\varphi}$$

因此

$$\frac{\delta r_A}{\delta r_D}=\frac{\sqrt{(\delta x_A)^2+(\delta y_A)^2}}{|\delta x_D|}=\frac{l}{b}\sin^2\varphi$$

注意，类似微分的特点，在利用解析法计算虚角度位移时，虚角度位移的正方向是转角增大的方向。

(2) 几何法。取 BCD 上的 B 为动点，OA 为动系，根据速度合成定理有

$$\boldsymbol{v}_B=\boldsymbol{v}_{\mathrm{e}}+\boldsymbol{v}_{\mathrm{r}}\quad \text{（各虚速度方向与图 11.2 中虚位移方向相同）}$$

可得
$$\frac{v_A}{v_D}=\frac{l}{b}\sin^2\varphi$$

所以
$$\frac{\delta r_A}{\delta r_D}=\frac{l}{b}\sin^2\varphi$$

11.1.3　虚功

设一个有 N 个质点、n 个自由度的完整质点系，广义坐标为 q_k，$k=1,2,\cdots,n$，各质点 m_i 的矢径可表示为

$$\boldsymbol{r}_i=\boldsymbol{r}_i(q_1,q_2,\cdots,q_n,t),\quad i=1,2,\cdots,N$$

各质点 m_i 的虚位移为

$$\delta\boldsymbol{r}_i=\sum_{k=1}^{n}\frac{\partial\boldsymbol{r}_i}{\partial q_k}\delta q_k,\quad i=1,2,\cdots,N \tag{11.6}$$

质点上作用的力与对应虚位移的点积之和称为该力系的虚功。

在应用动能定理分析动力学问题时，为了分析方便，将约束用约束处的一对作用力与反作用力在运动过程中做功之和是否为零来分类。做功之和为零的称为理想约束，反之为非理想约束。类似地，在应用下文的虚位移原理分析静力学问题时，为了分析方便，约束可根据约束处的一对作用力与反作用力在所选取的虚位移模式下做虚功之和是否为零来分类。做虚功之和为零的称为理想约束，反之为非理想约束。

在图 11.3(a)中，弹簧 k 是滑块 A 和轮 C 的约束，因为作用在点 C 和滑块 A 上的一对作用力与反作用力（约束反力）在滑块 A 向左、轮 C 向右运动的虚位移模式下，其虚功之和不为零，所以弹簧 k 不是理想约束。若假设轮 C 在地面做纯滚动且不考虑地面对轮 C 的滚动摩擦力偶的虚位移模式，在此虚位移模式下，地面对轮 C 的力做的虚功和轮对地面的作用力做的虚功都为零，其虚功之和为零，所以接触点 D 处的约束是理想约束。在图 11.3(b)中，假设三棱体运动，轮 C 相对其做纯滚动，在此虚位移模式下，三棱体对轮 C 的力做的虚功和轮 C 对三棱体的作用力做的虚功都不为零，但其虚功之和为零，所以接触点 D 处的约束是理想约束。

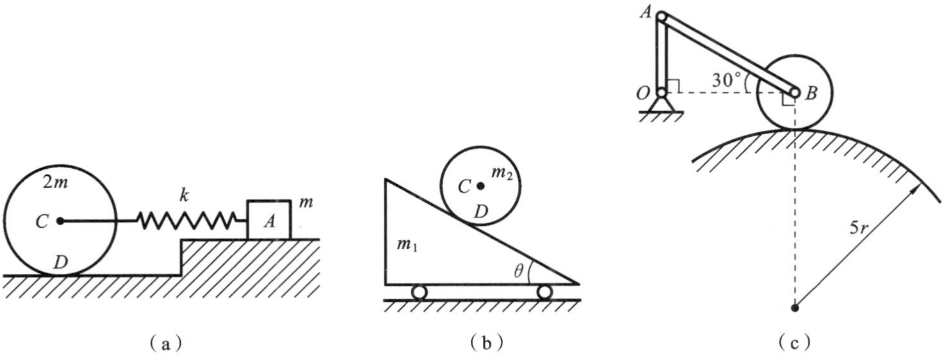

图 11.3　常见约束

当然,若考虑接触面间的滚动摩擦力偶,D 处约束就不是理想约束。假设轮相对于三棱体只滑动不滚动,接触面间的一对摩擦力副在该虚位移模式下做的虚功之和不为零,故不是理想约束。在图 11.3(c)中,假设构件连接铰链 O、A 和 B 处光滑,在这些约束处,相互作用力大小相等、方向相反,作用点的虚位移矢量相同,所以也是理想约束。

需要说明的是,理想约束是分析力学中必不可少的基本概念,其形成经历了很长的时间,有不同的定义。其中一个定义是 Lurie 给出的如下有关双面和单面理想约束的定义:无论是完整约束还是非完整约束,只要满足约束力在系统任何虚位移上的元功之和等于零,称之为**双面理想约束**;无论是完整约束还是非完整约束,只要满足约束力在系统任何虚位移上的元功之和大于或等于零,称之为**单面理想约束**。

基于上述理想约束的定义,如果约束是非理想的,例如摩擦力和系统间的弹簧力等约束力,其在系统任何虚位移上的元功之和不等于零,这时可将摩擦力和弹簧力视为主动力。这样,研究非自由质点系的静力学的虚位移原理和后面介绍的动力学普遍方程时,就可消除理想约束的约束反力,从而使得分析多物体的复杂系统的问题变得简单。

11.1.4 虚位移原理

虚位移原理也称为虚功原理,其形成和发展也经历了很长的时间,有多种不同的表述。其中“主动力的虚功之和等于零”在多种表述中是一致的,但成立条件的约束不一样。一般性表述为:不论是理想约束还是非理想约束,不论是完整约束还是非完整约束,不论是定常约束还是非定常约束,只要限制约束是双面约束,则虚位移原理就可表述为,对具有双面约束的质点系,其保持平衡的充要条件是主动力和约束力在任意虚位移上所做的虚功之和等于零。

虚位移原理一般性表述的充分性的严格证明超出了本书的范畴,下面仅结合一定的附加条件来加以证明。

附加条件的虚位移原理:对于具有双面理想定常约束的完整系统,若其原处于静止状态(即所有点的速度均为零),则系统保持静平衡的充要条件是:作用在质点系上的所有主动力在任意虚位移上所做的虚功之和等于零。

证明如下。

必要性　设质点 m_i 所受的约束力的合力为 $\boldsymbol{N}_i$,系统平衡意味着每个质点都处于平衡状态,即

$$\boldsymbol{F}_i+\boldsymbol{N}_i=\boldsymbol{0},\quad i=1,2,\cdots,N$$

故对系统的任何一组虚位移均有

$$\sum_{i=1}^{N}(\boldsymbol{F}_i+\boldsymbol{N}_i)\cdot\delta\boldsymbol{r}_i=0 \tag{11.7}$$

由于系统具有理想约束,故 $\sum_{i=1}^{N}\boldsymbol{N}_i\cdot\delta\boldsymbol{r}_i=0$,进而$\sum_{i=1}^{N}\boldsymbol{F}_i\cdot\delta\boldsymbol{r}_i=0$。必要性证毕。

充分性　用反证法。假定任一组虚位移方程均成立,但系统不能保持平衡。因此至少有一个质点 m_i 不平衡,所以 $\boldsymbol{F}_i+\boldsymbol{N}_i\neq\boldsymbol{0}$,进而质点 m_i 将沿 $\boldsymbol{F}_i+\boldsymbol{N}_i$ 的方向产生加速度。若运动开始时质点 m_i 处于静止状态,则在 $\mathrm{d}t$ 时段内其必沿 $\boldsymbol{F}_i+\boldsymbol{N}_i$ 的方向产生实位移 $\mathrm{d}\boldsymbol{r}_i$,因而必有

$$(\boldsymbol{F}_i+\boldsymbol{N}_i)\cdot\mathrm{d}\boldsymbol{r}_i>0 \tag{11.8}$$

式(11.8)适用于任何不平衡质点,从而有

$$\sum_{i=1}^{N}(\boldsymbol{F}_i+\boldsymbol{N}_i)\cdot \mathrm{d}\boldsymbol{r}_i>0$$

由于系统具有定常约束，实位移是某一组虚位移，故可将上面的实位移作为某组虚位移，即可以令 $\mathrm{d}\boldsymbol{r}_i=\delta\boldsymbol{r}_i$，同时考虑到系统具有理想约束，所以有

$$\sum_{i=1}^{N}\boldsymbol{F}_i\cdot\delta\boldsymbol{r}_i>0$$

与原假设矛盾。

对于图 9.1(a)所示的系统，若绳索可以松弛，则是单面约束。当绳索张紧，在绳索张力和重力及外力作用下系统处于静平衡状态时，若小球 m 在绳索松弛方向有虚位移分量，则所有主动力所做的虚功之和小于零。而假设绳索只能处于张紧状态，则其视为双面约束，这时所有主动力所做的虚功之和等于零。

当存在力偶矩 $\boldsymbol{M}_j$ 时，虚功可以表示为

$$\delta W=\sum\boldsymbol{F}_i\cdot\delta\boldsymbol{r}_i+\sum\boldsymbol{M}_j\cdot\delta\boldsymbol{\Phi}_j$$

虚位移原理始于荷兰学者 S. 斯蒂文(16 世纪)提出的著名的"黄金定则"。这一原理的现代提法是瑞士学者约翰·伯努利(Johann Bernoulli，1667 年—1748 年)于 1717 年提出的。虚位移原理提供了一个准则，把系统的静止状态与同样约束条件下运动学上可能的其他运动区分开来，它是静力学的一个变分原理，由此，以前的基于力的概念的几何静力学分析方法转变为基于能量概念的分析静力学分析方法。将静力学问题转化为动力学问题，从数学方程上看只是对静平衡方程两边进行简单的点积处理，但它蕴含的方法论意义却十分重大。从后续介绍中可以看出，由此不仅可以实现分析静平衡问题不引入任何不待求的未知力，而且更为重要的是，这一原理与达朗贝尔原理结合起来，为开创新的动力学方法——分析力学方法提供了重要的前提和基础。

11.2　虚位移原理的应用

虚位移原理的应用

例 11.2　如图 11.4(a)所示，长度为 $2L$ 的均质杆 OA 质量为 m_1，长度为 $1.5L$ 的非均质杆 AB 的质量为 m_2，质心 D 距离 A 的长度为 L。在竖直面内，在 A、B 处分别作用与 OA、AB 垂直的未知力 F_A、F_B，在 $\varphi_1=60°$、$\varphi_2=30°$ 位置，系统处于静平衡状态。求图示位置的 F_A。

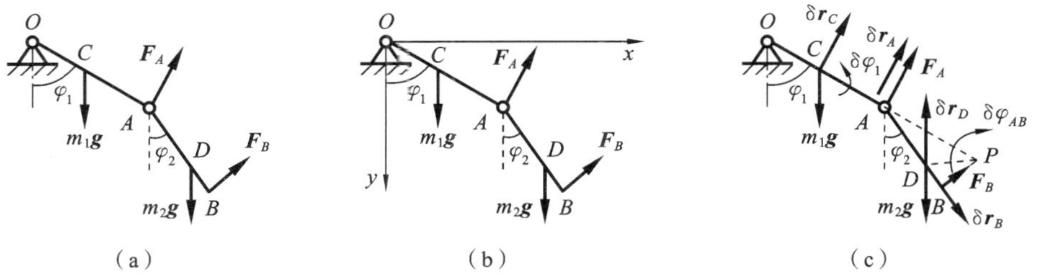

图 11.4　例 11.2 图

解　(1) 解析法。

建立图 11.4(b)所示坐标系 Oxy，点 C、A、D 和 B 的坐标分别为

$$x_C = L\sin\varphi_1,\quad y_C = L\cos\varphi_1$$
$$x_A = 2L\sin\varphi_1,\quad y_A = 2L\cos\varphi_1$$
$$x_D = 2L\sin\varphi_1 + L\sin\varphi_2,\quad y_D = 2L\cos\varphi_1 + L\cos\varphi_2$$
$$x_B = 2L\sin\varphi_1 + 1.5L\sin\varphi_2,\quad y_B = 2L\cos\varphi_1 + 1.5L\cos\varphi_2$$

其虚位移分别为

$$\delta x_C = L\cos\varphi_1\delta\varphi_1,\quad \delta y_C = -L\sin\varphi_1\delta\varphi_1$$
$$\delta x_A = 2L\cos\varphi_1\delta\varphi_1,\quad \delta y_A = -2L\sin\varphi_1\delta\varphi_1$$
$$\delta x_D = 2L\cos\varphi_1\delta\varphi_1 + L\cos\varphi_2\delta\varphi_2,\quad \delta y_D = -2L\sin\varphi_1\delta\varphi_1 - L\sin\varphi_2\delta\varphi_2$$
$$\delta x_B = 2L\cos\varphi_1\delta\varphi_1 + 1.5L\cos\varphi_2\delta\varphi_2,\quad \delta y_B = -2L\sin\varphi_1\delta\varphi_1 - 1.5L\sin\varphi_2\delta\varphi_2$$

由虚功原理有

$$m_1 g\delta y_C - F_A\sin\varphi_1\delta y_A + F_A\cos\varphi_1\delta x_A + m_2 g\delta y_D - F_B\sin\varphi_2\delta y_B + F_B\cos\varphi_2\delta x_B = 0 \tag{a}$$

将虚位移代入式(a)得

$$f_1(F_A, F_B)\delta\varphi_1 + f_2(F_A, F_B)\delta\varphi_2 = 0 \tag{b}$$

因为 $\delta\varphi_1$ 与 $\delta\varphi_2$ 可为任意无限小量,故使式(b)成立的条件为

$$f_1(F_A, F_B) = 0,\quad f_2(F_A, F_B) = 0 \tag{c}$$

由条件(c),解得

$$F_A = \frac{\sqrt{3}}{4}m_1 g + \frac{\sqrt{3}}{3}m_2 g$$

上述建立坐标系、对坐标进行变分的方法是解析法。从该题可知,该方法若只需求 1 个力,往往需要引入不待求的未知力,需列多个动力学方程。

(2) 几何法(虚速度法)。

图 11.4(a)所示的系统的自由度为 2。假设点 B 的虚位移 $\delta\boldsymbol{r}_B$ 与不待求的未知力 $\boldsymbol{F}_B$ 垂直,使 $\boldsymbol{F}_B$ 不做虚功。做这样一个假设,相当于给系统施加了一个约束,这样,系统就变成了 1 个自由度的系统。为了求该 1 个自由度系统各虚位移间的关系,可以利用虚速度法。

对于 1 个自由度的系统,可假设虚位移模式如图 11.4(c)所示。由虚位移原理有

$$\delta W = m_1\boldsymbol{g}\cdot\delta\boldsymbol{r}_C + \boldsymbol{F}_A\cdot\delta\boldsymbol{r}_A + m_2\boldsymbol{g}\cdot\delta\boldsymbol{r}_D = 0 \tag{d}$$

若采用虚速度法,则有

$$m_1\boldsymbol{g}\cdot\boldsymbol{v}_C + \boldsymbol{F}_A\cdot\boldsymbol{r}_A + m_2\boldsymbol{g}\cdot\boldsymbol{v}_D = 0 \tag{e}$$

式(e)中的虚速度关系类似图 11.4(c)的虚位移关系,只需把虚位移改成虚速度即可。

由式(e)得

$$-m_1 g v_C\sin\varphi_1 + F_A v_A - m_2 g v_D\sin(\varphi_1 + \varphi_2) = 0 \tag{f}$$

类似功率方程,对于 1 个自由度的系统,取虚角速度 $\omega = \dot{\varphi}_1$ 为自变量,对于其他任一虚速度,一定有 $v_i = s_i\omega$。对于该题,由运动学求速度的方法可得

$$v_C = L\omega,\quad v_A = 2L\omega,\quad \omega_{AB} = \frac{v_A}{AP} = \frac{2}{\sqrt{3}}\omega,\quad v_D = PD\cdot\omega_{AB} = \frac{2}{\sqrt{3}}L\omega$$

将上述速度关系代入式(f)得

$$\left[-m_1 gL\cos\varphi_1 + 2LF_A - m_2 g\frac{2L}{\sqrt{3}}\sin(\varphi_1 + \varphi_2)\right]\omega = 0 \tag{g}$$

消除 ω,由式(g)得

$$F_A=\frac{\sqrt{3}}{4}m_1 g+\frac{\sqrt{3}}{3}m_2 g$$

处于静平衡状态的系统，其自由度为 0。为了叙述方便，下面所提到的 n 个自由度指的是系统不处于静平衡状态，即未给定任何与角加速度或切向加速度相关量时计算得到的自由度。n 个自由度系统静定，相当于已知 n 个加速度为 0，一定有 n 个未知主动力。采用解析法建立坐标，对坐标进行变分，若只需求 1 个力，往往需要引入不待求的未知力，需列多个动力学方程。这也是一种应用虚位移原理的方法。解析法实际上对应运动学中采用数学求导求速度的方法，而几何法基于运动学的点的速度合成定理。从运动学知识可知，对于复杂机构，坐标关系一般不都是比例关系或由直角三角形得到的简单关系。采用数学求导法没有直接应用点的速度合成定理方便，所以，下面重点介绍基于几何法的虚位移原理的一般分析方法。

对于静定问题，类似例 11.2 的几何法，若仅求某一力，采用虚速度法一定可不引入不待求未知力，分析方法如下。

(1) 对于零自由度的完整系统，主动力一定已知，在求任意方向的约束力或力矩时，将该待求力对应方向的约束去除，该系统便变成 1 个自由度系统。对于 1 个自由度系统，在其几何约束允许下，将任意一个虚速度作为自变量，得到虚速度模式，对该模式对应的类似虚位移模式应用虚位移原理。

(2) 对于 n 个自由度的完整系统，一定有 n 个未知主动力，若求主动力 F，假设其他 $n-1$ 个未知主动力作用点处分别有一与其方向垂直的虚速度(对于未知力偶矩，假设其作用的刚体虚角速度为 0)，这样，相当于施加了 $n-1$ 个约束，该系统便变成 1 个自由度系统；若求某一方向的约束力或力矩，将该待求力对应方向的约束去除，并假设所有未知主动力作用点处有一与其方向垂直的虚速度，这样系统就变成 1 个自由度系统。对于 1 个自由度系统，在其几何约束允许下，得到虚速度模式，对该模式对应的类似虚位移模式应用虚位移原理。

(3) 对于一些特殊问题，比如内部具有多个弹簧的静定问题等，可通过假设弹簧两端所连接的物体的虚速度具有一定的关系来消除不待求的未知弹簧内力，系统仍能变成 1 个自由度系统。对于 1 个自由度系统，在其几何约束允许下，得到虚速度模式，对该模式应用虚位移原理。

例 11.2 的解析法和几何法的内在联系，可通过线性代数求解方程组的过程来理解。在线性代数中，将需要联立求解的方程通过一系列坐标变换变成对角矩阵，得到对角矩阵，就实现了不联立求解方程的目的，其变换过程所体现的意义比较抽象。例 11.2 的几何法就是通过虚速度来求解的方法，从几何上直接实现了解耦。对于本课程，应用所学的点的速度合成定理，较容易实现数学上方程组的解耦，省去了采用解析法得到联立方程组后再求解(相当于进行解耦)的步骤，故若不考虑运动速度关系，该方法比解析法简单。但计算运动速度关系时要计算一些线段长度，若线段长度计算很复杂，有时解析法计算量要小些。两种方法各有优劣，读者可综合考虑后，选择相应解法。从解题简便性上，如下判据可供参考：当所有相关坐标都可通过比例关系或直角三角形关系得到，且不引入不待求未知力时，解析法一般比较简单；否则，虚速度法相对简单。解析法在后续力学分析中也有很重要的作用，只需要建立广义坐标，采用数学上类似微分的变分法，代入虚位移原理即可。下面通过例题主要介绍几何法(虚速度法)要注意的问题。

例 11.3 如图 11.5(a)所示，半径为 R 的滚子放在粗糙水平面上，连杆 AB 的两端分别与轮缘上的点 A 和滑块 B 铰接。现在滚子上施加力矩为 M 的力偶，使系统在图示位置处于平衡状态，D、A、B 共线。忽略滚动摩阻和各构件的重力，弹簧刚度系数为 k，不计滑块和各铰接处的摩擦。求平衡时弹簧变形量 Δ。

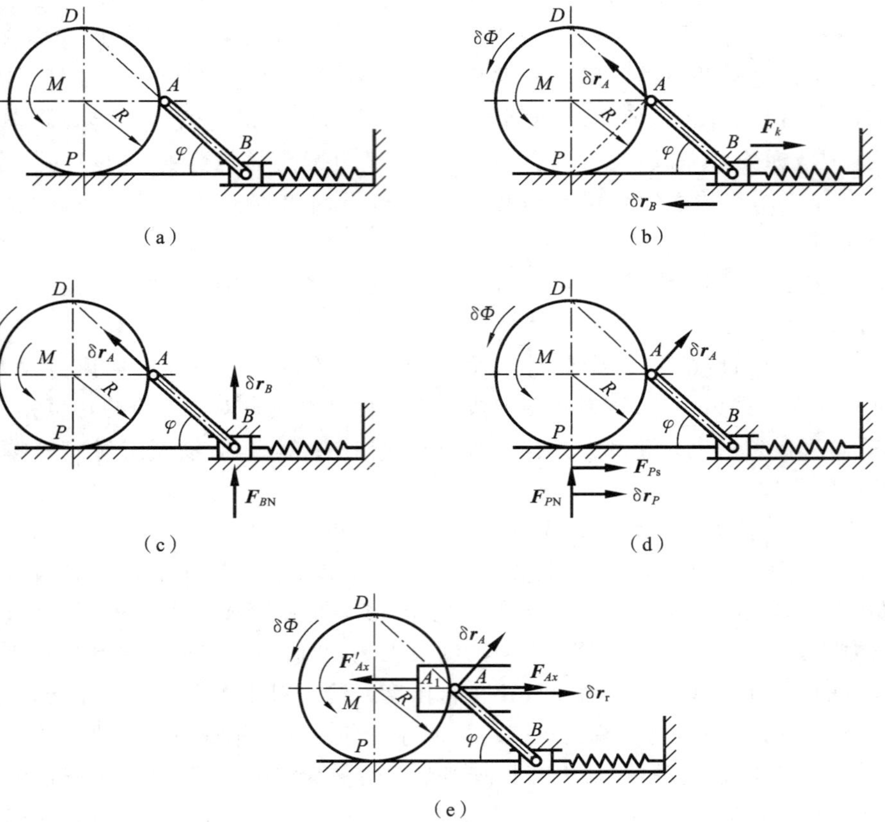

图 11.5 例 11.3 图

解 (1) 系统处于平衡状态时，弹簧处于拉伸状态，假设圆盘做纯滚动，其虚位移如图 11.5(b)所示，由虚位移原理有

$$\delta W = M\delta\Phi - F_k \delta r_B = 0$$

其中，

$$F_k = k\Delta$$

若用虚速度法，有

$$M\omega - F_k v_B = 0 \tag{a}$$

式(a)中的虚速度关系类似图 11.5(b)中的虚位移关系，只需把虚位移改成虚速度即可。对于 1 个自由度系统，取虚角速度 $\omega = \dot{\varphi}$ 为自变量，对于其他任一虚速度一定有 $v_1 = s_i \omega$。对于该题，由运动学知识可得

$$v_B = v_A / \cos\varphi = \sqrt{2} R\omega / \cos\varphi \tag{b}$$

将式(b)代入式(a)得

$$(M-2Rk\Delta)\omega=0$$

故

$$\Delta=\frac{M}{2Rk}$$

弹簧力所做的虚功也可以如此计算：

$$\delta W=\frac{1}{2}k(\Delta+\delta r_B)^2-\frac{1}{2}k\Delta^2=k\Delta\delta r_B-\frac{1}{2}k(\delta r_B)^2 \tag{c}$$

因为 δr_B 是虚位移，根据定义是无穷小量，其是实际弹簧变形量 Δ 的无穷小量。故式(c)变成 $\delta W=k\Delta\delta r_B$，该结果与将弹簧力视为常力得到的结果一样。

(2) 该题若仅求滑块受轨道的支持力 F_{BN}，在图示实际约束中，该力不做功，那么如何处理呢？可去除轨道约束，则该系统变成2个自由度。为了不引入弹簧力 F_k，假设 B 的虚位移 $\delta\boldsymbol{r}_B$ 与 $\boldsymbol{F}_k$ 垂直，圆盘做纯滚动，于是系统又变成了1个自由度系统，虚位移如图11.5(c)所示。由虚位移原理有

$$\delta W=M\delta\Phi+F_{BN}\delta r_B=0$$

若用虚速度法，有

$$M\omega+F_{BN}v_B=0 \tag{d}$$

式(d)中的虚速度关系类似图11.5(c)中的虚位移关系，只需把虚位移改成虚速度即可。

取虚角速度 $\omega=\dot{\varphi}$ 为自变量，由运动学知识可得

$$v_B=v_A/\sin\varphi=2R\omega \tag{e}$$

将式(e)代入式(d)得

$$(M+2RF_{BN})\omega=0$$

故

$$F_{BN}=-\frac{M}{2R}$$

(3) 该题若仅求圆盘受地面的静滑动摩擦力，为不引入不待求未知力，可假设虚位移如图11.5(d)所示，$\delta\boldsymbol{r}_P$ 与地面支持力 $\boldsymbol{F}_{PN}$ 垂直，滑块 B 的虚位移为0。系统于是变成了1个自由度系统，由虚位移原理有

$$\delta W=M\delta\Phi+F_{Ps}\delta r_P=0$$

若用虚速度法，有

$$M\omega+F_{Ps}v_P=0 \tag{f}$$

式(f)中的虚速度关系类似图11.5(d)中的虚位移关系，只需把虚位移改成虚速度即可。取虚角速度 $\omega=\dot{\varphi}$ 为自变量，D 为圆盘的虚速度瞬心，由运动学知识可得

$$v_P=2R\omega \tag{g}$$

将式(g)代入式(f)得

$$F_{Ps}=-\frac{M}{2R}$$

(4) 该题若仅求铰链 A 对圆盘的水平约束反力，则可将 A 处的约束解除，如图11.5(e)所示，杆 AB 上的点 A 相对圆盘有水平虚位移 $\delta\boldsymbol{r}_r$，圆盘做纯滚动，滑块 B 的虚位移为0。系统于是变成了1个自由度系统，由虚位移原理有

$$\delta W=\boldsymbol{M}\cdot\delta\boldsymbol{\Phi}+\boldsymbol{F}_{Ax}\cdot\delta\boldsymbol{r}_A+\boldsymbol{F}'_{Ax}\cdot\delta\boldsymbol{r}_{A_1}=0 \tag{i}$$

考虑到 $\boldsymbol{F}_{Ax}$ 与 $\boldsymbol{F}'_{Ax}$ 是一对相互作用力，且 $\delta\boldsymbol{r}_A-\delta\boldsymbol{r}_{A_1}=\delta\boldsymbol{r}_r$，故式(i)可写成

$$\delta W=\boldsymbol{M}\cdot\delta\boldsymbol{\Phi}+\boldsymbol{F}_{Ax}\cdot\delta\boldsymbol{r}_r=0 \tag{j}$$

若用虚速度法,有

$$M\omega+F_{Ax}v_{\mathrm{r}}=0 \tag{k}$$

式(k)中的虚速度关系类似图 11.5(e)中的虚位移关系,只需把虚位移改成虚速度即可。取 AB 上点 A 为动点,圆盘为动系,则

$$\boldsymbol{v}_A-\boldsymbol{v}_{A_1}=\boldsymbol{v}_{\mathrm{r}} \tag{l}$$

其中

$$\boldsymbol{v}_{A_1}=\sqrt{2}R\omega$$

取虚角速度 $\omega=\dot{\varphi}$ 为自变量,将式(l)垂直于 $\boldsymbol{v}_A$ 投影,得

$$v_{\mathrm{r}}=2R\omega \tag{m}$$

将式(m)代入式(k)得

$$F_{Ax}=-\frac{M}{2R}$$

需要说明的是,在图 11.5(e)中,在圆盘上画一个水平槽来形象地说明所假设的杆 AB 上的点 A 相对圆盘有一个水平虚位移。若对虚位移理解不深刻,这样的画法将会引起一些误解:若在图中画出了一个有形的槽约束,则杆 AB 上的点 A 相对圆盘的相对加速度也是沿着槽的方向,那么,分析虚位移时,将发现在下一微小时刻圆盘被槽锁死,不能运动,从而无法理解虚位移的产生。这要从虚位移的真正意义来理解。虚速度是设想约束瞬间“凝固”、质点保持原有位置不变时约束允许发生的可能速度,与加速度无关。画虚位移图时,画出有形约束仅为方便说明,有形约束仅示意虚速度的关系,不涉及约束所隐含的加速度关系。或可这样理解,在圆盘转动后下一个无限小时刻,圆盘上的槽变成了一个新的水平槽。

例 11.4　求图 11.6(a)所示的不计自重的组合梁固定端 A 处的垂直反力和反力偶。已知 $q=2$ kN/m,$P=5$ kN,$M=6$ kN·m,$L=2$ m。

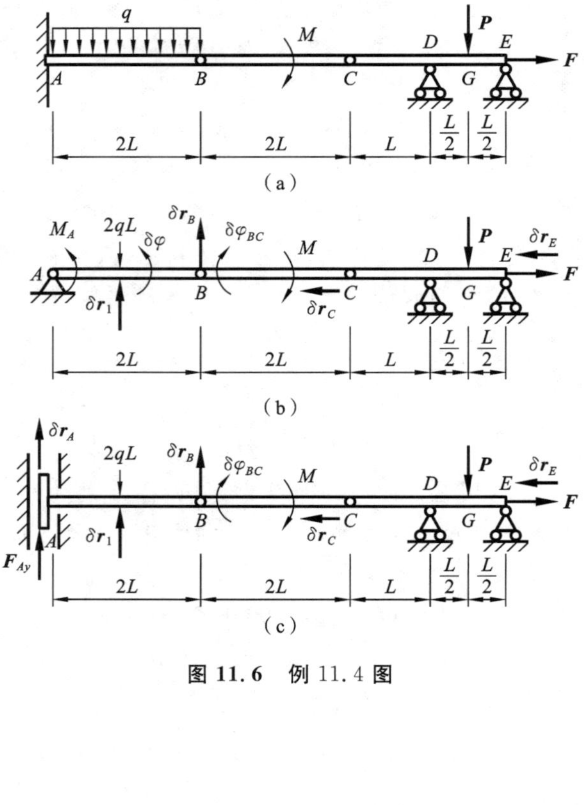

图 11.6　例 11.4 图

解　虚速度法。

(1) 求 M_A。

将 A 处固定端约束变成如图 11.6(b)所示的铰链附加一力偶矩 M_A 的形式，系统变成 1 个自由度系统，其虚位移如图 11.6(c)所示。由虚位移原理有

$$\delta W = M_A\delta\varphi - 2qL\delta r_1 + M\delta\varphi_{BC} - F\delta r_E = 0$$

若用虚速度法，有

$$M_A\omega - 2qLv_1 + M\omega_{BC} - Fv_E = 0 \tag{a}$$

式(a)中的虚速度关系类似图 11.6(b)中的虚位移关系，只需把虚位移改成虚速度即可。其中，对 BC 应用速度投影定理得 $v_C=0$，故 C 是 BC 的速度瞬心，这也意味点 B 垂直方向的虚位移所引起的点 C 的水平虚位移是无穷小量，点 E 的虚位移与点 C 相同。故作用在点 E 的水平力的虚功可忽略不计。

由运动学知识可得

$$v_1 = L\omega,\quad \omega_{BC} = \frac{v_B}{2L} = \frac{2L\omega}{2L} = \omega,\quad v_E = v_C = v_B\cos 90^\circ = 0 \tag{b}$$

将式(b)代入式(a)得

$$M_A = 2qL^2 - M = 10\ \text{kN}\cdot\text{m}$$

(2) 求 F_{Ay}。

将 A 处固定端约束变成图 11.6(c)所示的约束附加一力 F_{Ay} 的形式，系统变成 1 个自由度系统。其虚位移如图 11.6(c)所示。由虚位移原理有

$$\delta W = F_{Ay}\delta r_A - 2qL\delta r_1 + M\delta\varphi_{BC} - F\delta r_E = 0$$

若用虚速度法，有

$$F_{Ay}v_A - 2qLv_1 + M\omega_{BC} - Fv_E = 0 \tag{c}$$

式(c)中的虚速度关系类似图 11.6(c)中的虚位移关系，只需把虚位移改成虚速度即可。由运动学知识可得

$$v_B = v_1 = v_A,\quad \omega_{BC} = \frac{v_B}{2L} = \omega,\quad v_E = v_C = v_B\cos 90^\circ = 0 \tag{d}$$

将式(d)代入式(c)得

$$F_{Ay} = 2qL - \frac{M}{2L} = 6.5\ \text{kN}$$

例 11.5　如图 11.7 所示，桁架中节点 C 处作用有水平力 P。试用虚位移原理证明杆 CD 的内力为 0。

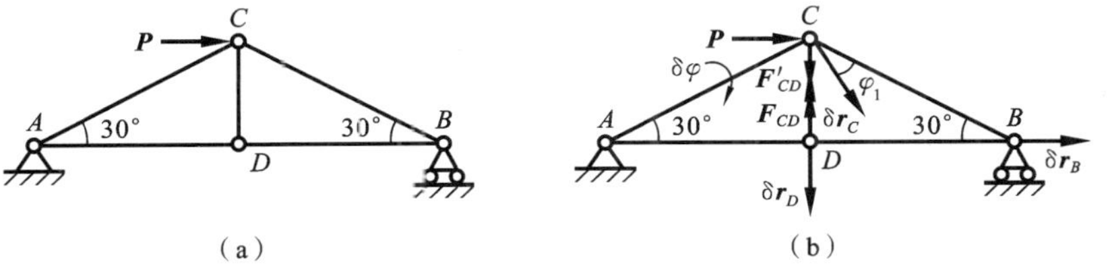

图 11.7　例 11.5 图

证明　断开 CD，系统变成 1 个自由度系统。虚位移如图 11.7(b)所示。由虚位移原理有

$$\delta W = \boldsymbol{P}\cdot\delta\boldsymbol{r}_C + \boldsymbol{F}'_{CD}\cdot\delta\boldsymbol{r}_C + \boldsymbol{F}_{CD}\cdot\delta\boldsymbol{r}_D = 0$$

若用虚速度法，有

$$\boldsymbol{P}\cdot\boldsymbol{v}_C+\boldsymbol{F}'_{CD}\cdot\boldsymbol{v}_C+\boldsymbol{F}_{CD}\cdot\boldsymbol{v}_D=0 \tag{a}$$

式(a)中的虚速度关系类似图11.7(b)中的虚位移关系，只需把虚位移改成虚速度即可。

对于BD，由速度投影定理得

$$v_B=0\cdot v_D \tag{b}$$

对于BC，由速度投影定理得

$$v_B\cos30°=v_C\cos\varphi_1 \tag{c}$$

由式(b)(c)得

$$v_C=0\cdot v_D \tag{d}$$

将式(d)代入式(a)得$F_{CD}=0$。

***例 11.6**　求如图11.8(a)所示桁架中杆AB的内力。

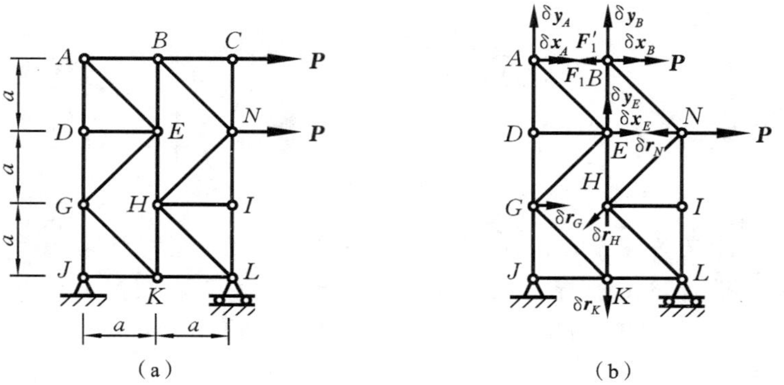

图 11.8　例 11.6 图

解　断开AB，系统变成1个自由度系统。虚位移如图11.8(b)所示。由虚位移原理有

$$\delta W=F_1\delta x_A-F'_1\delta x_B+P\delta x_B-P\delta r_N=0 \tag{a}$$

若用虚速度法，有

$$F_1v_{Ax}-F'_1v_{Bx}+Pv_{Bx}-Pv_N=0 \tag{b}$$

式(b)中的虚速度v_{Ax}、v_{Bx}、v_N关系类似图11.7(b)的虚位移δx_A、δx_B、δr_N的关系，只需把虚位移改成虚速度即可。

取虚速度v_K为自变量，对GK，由速度投影定理得

$$v_G=v_K \tag{c}$$

因为L为$LKHN$的速度瞬心，所以

$$v_H=\sqrt{2}v_K,\quad v_N=2v_K \tag{d}$$

对EH，由速度投影定理得

$$v_{Ey}=-v_H\cos45° \tag{e}$$

对EG，由速度投影定理得

$$v_{Ey}+v_{Ex}=v_G \tag{f}$$

由式(d)(e)(f)得

$$v_{Ey}=-v_K,\quad v_{Ex}=2v_K \tag{g}$$

对 GA，由速度投影定理得

$$v_{Ay}=0 \tag{h}$$

对 EA，由速度投影定理得

$$-v_{Ay}+v_{Ax}=v_{Ex}-v_{Ey} \tag{i}$$

由式(g)(h)(i)得

$$v_{Ax}=3v_K \tag{j}$$

对 EB，由速度投影定理得

$$v_{By}=v_{Ey}=-v_K \tag{k}$$

对 NB，由速度投影定理得

$$v_{By}-v_{Bx}=v_N \tag{l}$$

由式(d)(k)(l)得

$$v_{Bx}=-3v_K \tag{m}$$

将用 v_K 表示的 v_{Bx}、v_N、v_{Ax} 代入式(b)得

$$F_1=\frac{5}{6}P$$

该题采用静力平衡方程方法，引入地面对支座 L 的支持力，列 2 个静力学平衡方程，将更简单，但得到 2 个静力学平衡方程的解题思路比较巧妙，不易想到。从此题可知，仅求静平衡问题，虚位移原理不一定最简单。但是，从此题也可以发现，对于静定的复杂桁架结构，若不考虑计算虚速度的计算量，求任意一个杆件内力，应用虚位移的虚速度法，必然可以不引入不待求的未知力，求解方法更有规律。从具体解题难易程度来考量，选择静力平衡方程方法还是虚位移原理，需要视具体问题而定。

* **例 11.7**　推导单自由度振动系统的运动微分方程中，弹簧静变形和重力项消失的条件。

解　(1) 动能中弹簧静变形。

图 11.9(a)所示为由均质刚体 HN 和均质圆盘 C_1 构成的机构，圆盘 C_1 在静平衡位置做微幅纯滚动的振动，其代表单自由度的复杂机构。对于该类单自由度系统，已知圆盘 C_1 转角 $\varphi(t)$，就可以确定系统该时刻的位形，因此可以确定系统的任意点 i 的坐标，选取 $\varphi(t)$ 为自变量，则 $x_i(t)=f_i(\varphi)$。当位形确定时，该时刻的 $\dfrac{\partial f_i}{\partial\varphi}$ 就可确定了，i 的速度分量 $\dot{x}_i(t)=\dfrac{\partial f_i}{\partial x_i}\dot{\varphi}=\dfrac{\partial f_i}{\partial x_i}\omega$ 就可以确定。i 的加速度分量

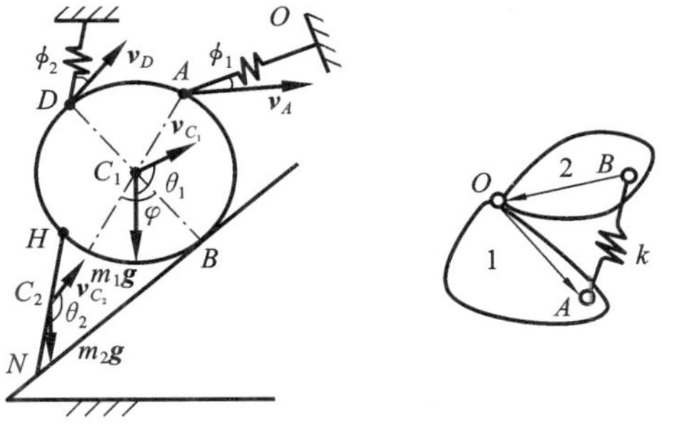

(a)　(b)

图 11.9　例 11.7 图

(a) 单自由度振动系统

(b) 弹簧两端点运动传递路径

$$\ddot{x}_i(t)=\frac{\partial^2 f_i}{\partial^2\varphi}(\dot{\varphi})^2+\frac{\partial f_i}{\partial\varphi}\ddot{\varphi}=g_i(\varphi)\omega^2+c_i(\varphi)\alpha$$

对于单自由度仅具有有势力的振动系统，取 φ、$\omega_0=\dot{\varphi}$ 和 $\alpha_0=\ddot{\varphi}$ 分别为坐标、角速度和角加速度的自变量，则系统动能可以表示为

$$T=\sum\left(\frac{1}{2}m_i v_{C_i}^2+\frac{1}{2}J_{C_i}\omega_i^2\right) \tag{a}$$

其中，m_i、v_{C_i}、J_{C_i}、ω_i 分别为第 i 个刚体质量、质心的速度、对质心的转动惯量和角速度。当 $J_{C_i}=0$ 时，式(a)就退化为质点的动能表达式。速度因变量为

$$v_{C_i}=\frac{\mathrm{d}s_{C_i}}{\mathrm{d}t}=\frac{\partial s_{C_i}}{\partial \varphi}\omega_0=a_i(\varphi)\omega_0$$

类似地，$\omega_i=b_i(\varphi)\omega_0$。$s_{C_i}$ 为质心运动轨迹的弧长，$a_i(\varphi)$、$b_i(\varphi)$为比例系数，与坐标自变量 φ 有关。因此，单自由度系统的动能可用自变量 ω_0 表示为

$$T=\sum\left(\frac{1}{2}m_i a_i^2+\frac{1}{2}J_{C_i}b_i^2\right)\omega_0^2 \tag{b}$$

因为弹簧不限制其连接点的位移，只传递力而不传递运动，因此弹簧两端点的速度是独立的，也不会影响系统自由度。对于单自由度系统中的弹簧，如图 11.9(b)所示，若其两端点都可以运动，则至少是 2 个自由度系统。若是单自由度系统，弹簧一端必须是固定的，所以该点的速度与 ω_0 之比为 0。弹簧的另一运动端必然全部是通过没有弹簧的构件与坐标自变量 φ 建立联系的，如图 11.9(b)中，点 A、B 的运动是通过 $B\rightarrow O\rightarrow A$ 来传递的，式(b)中，a_i、b_i 与弹簧静变形无关。因此，对于单自由度系统，弹簧静变形不会在动能中出现。

(2) 势能中弹簧静变形和重力消失的条件。

对于处于静平衡位置的仅具有有势力的单自由系统，取实际位移为虚位移，则由虚位移原理的虚速度方法有

$$\sum m_i\boldsymbol{g}_i\cdot\tilde{\boldsymbol{v}}_i+\sum\boldsymbol{F}_j\cdot\tilde{\boldsymbol{v}}_j=0 \tag{c}$$

其中，$\tilde{\boldsymbol{v}}_i$、$\tilde{\boldsymbol{v}}_j$ 为虚速度，$\boldsymbol{F}_j$ 为弹簧力。

对于单自由度系统，不妨取 φ 为坐标自变量，则虚角速度 $\tilde{\omega}=\dfrac{\delta\varphi}{\delta t}$，$\delta\varphi$ 为虚位移，δt 可以理解为虚时间。$\tilde{v}_i=s_i(\varphi_0)\tilde{\omega}$，$F_j=k_i\Delta_j$，$\varphi_0$、$\Delta_j$ 分别为静平衡时的位置和第 j 个弹簧的静变形量。将其代入式(c)有

$$\sum m_i g c_i(\varphi_0)\cos\theta_{i0}+\sum k_j\Delta_j c_j(\varphi_0)\cos\phi_{j0}=0 \tag{d}$$

其中，θ_{i0}、ϕ_{j0} 分别为重力、弹力与相应作用点的虚速度的夹角。

对于单自由度仅具有有势力的振动系统，由功率方程 $\sum\boldsymbol{F}_i\cdot\boldsymbol{v}_i=\dfrac{\mathrm{d}T}{\mathrm{d}t}$ 有

$$\sum m_i\boldsymbol{g}_i\cdot\boldsymbol{v}_i+\sum\boldsymbol{F}_j\cdot\boldsymbol{v}_j=h(\varphi,\omega_0^2,\alpha_0)\omega_0 \tag{e}$$

因为系统是单自由度系统，$\dfrac{\mathrm{d}T}{\mathrm{d}t}$必然可以有式(e)右边的形式，上述已证明式(b)与弹簧静变形无关，与此时刻的位置、速度和加速度的自变量有关。所以下面只需考察势能中弹簧静变形和重力项消失的条件。

对于类似图 11.9(a)的机构，其在静平衡位置做微幅振动时，$v_i(t)=c_i(\varphi)\omega_0$，将其代入式(e)，消去自变量 ω_0 有

$$\sum m_i g c_i\cos\theta_i+\sum(k_j\delta_j+k_j\Delta_j)c_j\cos\phi_j=h(\varphi,\omega_0^2,\alpha_0) \tag{f}$$

因机构在静平衡位置做微幅振动时，式(f)左边为

$$\sum m_i g c_i(\varphi_0+\Delta\varphi)\cos(\theta_{i0}+\Delta\theta_i)+\sum(k_j\delta_j+k_j\Delta_j)c_j(\varphi_0+\Delta\varphi)\cos(\phi_{j0}+\Delta\phi_j) \tag{g}$$

保留一阶小量，式(g)可近似为

$$\sum m_i g\left[c_i(\varphi_0)+\frac{\partial c_i}{\partial \varphi}(\varphi_0)\Delta\varphi\right][\cos\theta_{i0}\cos\Delta\theta_i-\sin\theta_{i0}\sin\Delta\theta_i]$$

$$+\sum(k_j\delta_j+k_j\Delta_j)\left[c_j(\varphi_0)+\frac{\partial c_j}{\partial \varphi}(\varphi_0)\Delta\varphi\right][\cos\phi_{i0}\cos\Delta\phi_i-\sin\phi_{i0}\sin\Delta\phi_i] \tag{h}$$

考虑到 $\Delta\varphi$、$\Delta\theta_i$、$\Delta\phi_i$ 为一阶小量，故 $\sin\Delta\theta_i=\Delta\theta_i$，$\sin\Delta\phi_i=\Delta\phi_i$，且

$$\cos\Delta\theta_i=1-2\sin^2\frac{\Delta\theta_i}{2}=1-\frac{(\Delta\theta_i)^2}{2}=1,$$

类似地，$\cos\Delta\phi_i=1$。

因此，式(h)变为

$$\sum m_i g c_i(\varphi_0)\cos\theta_{i0}+\sum m_i g\frac{\partial c_i}{\partial \varphi}(\varphi_0)\Delta\varphi\cos\theta_{i0}$$

$$-\sum m_i g c_i(\varphi_0)\sin\theta_{i0}\Delta\theta_i-\sum m_i g\frac{\partial c_i}{\partial \varphi}(\varphi_0)\sin\theta_{i0}\Delta\theta_i\Delta\varphi$$

$$+\sum k_j\delta_j\left[c_j(\varphi_0)+\frac{\partial c_j}{\partial \varphi}(\varphi_0)\Delta\varphi\right](\cos\phi_{i0}-\sin\phi_{i0}\Delta\phi_i)$$

$$+\sum k_j\Delta_j c_j(\varphi_0)\cos\phi_{i0}-\sum k_j\Delta_j c_j(\varphi_0)\sin\phi_{i0}\Delta\phi_i$$

$$+\sum k_j\Delta_j\frac{\partial c_j}{\partial \varphi}(\varphi_0)\Delta\varphi(\cos\phi_{i0}-\sin\phi_{i0}\Delta\phi_i) \tag{i}$$

考虑式(i)中 $\Delta\theta_i\cdot\Delta\varphi$ 为二阶小量，将式(d)代入式(i)，若式(i)中不包含弹簧静变形和重力项，则要求下式成立：

$$\sum m_i g\frac{\partial c_i}{\partial \varphi}(\varphi_0)\Delta\varphi\cos\theta_{i0}+\sum k_j\Delta_j\frac{\partial c_j}{\partial \varphi}(\varphi_0)\Delta\varphi(\cos\phi_{i0}-\sin\phi_{i0}\Delta\phi_i)$$

$$-\sum m_i g c_i(\varphi_0)\sin\theta_{i0}\Delta\theta_i-\sum k_j\Delta_j c_j(\varphi_0)\sin\phi_{i0}\Delta\phi_i=0 \tag{j}$$

式(j)就是单自由度系统在静平衡位置做微幅振动的固有频率中不包含弹簧静变形和重力项的充要条件。

从式(j)可知，只要同时满足以下两个条件，式(j)便成立。

① $\frac{\partial c_i}{\partial \varphi}=0$，$\frac{\partial c_j}{\partial \varphi}=0$：有势力作用点处的速度与速度自变量的比例系数 c_i、c_j 保持不变；或 c_i、c_j 对坐标变量 φ 的二阶导数为 0。

② $\theta_i=0,\pi$ 及 $\phi_i=0,\pi$，即在静平衡位置的有势力作用点处的速度矢量与有势力矢量共线或 $\Delta\theta_i=0$，$\Delta\phi_i=0$，即有势力作用点处的速度矢量与有势力矢量夹角 θ_i、ϕ_i 保持不变。

上述两个条件仅是充分条件，研究弹簧静变形和重力项消失条件的目的就是便于采用简单的分析方法。其他满足式(j)的情形很少见，即使遇到，也需要经过复杂的分析才能确定是否满足条件(j)，在这样的情形下，还不如不应用简单的分析方法。所以，了解这些充分条件对于分析工程问题就足够了。基于同样的考量，上述条件中相关变量对坐标变量的二阶导数计算也很复杂，所以，也不用考虑这样的特殊条件。因此，在工程应用中，计算势能时只需以下两个条件同时成立即可不考虑弹簧静变形和重力势能：①机构在静平衡位置做微幅振动时，有势力作用点处的速度与速度自变量的比例系数 c_i、c_j 一直保持不变；②在静平衡位置有势力作用点处的速度矢量与有势力矢量共线，或在静平衡位置做微幅振动时，有势力作用点处的速度矢量与有势力矢量夹角 θ_i、φ_i 一直保持不变。如图 11.10 所示的 4 个单自由度系统，在静平衡位

置弹簧轴线与其端点速度方向一致，均质圆盘在静平衡位置附近做微幅纯滚动的振动。根据简单的判据容易知道，推导图 11.10(a)所示系统的运动微分方程时，计算势能不需要考虑弹簧静变形和重力项。但其他图就不容易判断，那么，就不一定要采用这种简单方法。虽然图 11.10(c)也可以采用简单方法，因为可证明其$\frac{\partial c_i}{\partial \varphi}=0$，$\frac{\partial c_j}{\partial \varphi}=0$，但证明过程比较复杂，所以就不必刻意采用简单方法。经过复杂推导，可以证明其他两种情况不能同时满足条件①②，故推导其运动微分方程时，计算势能需考虑弹簧静变形和重力项。

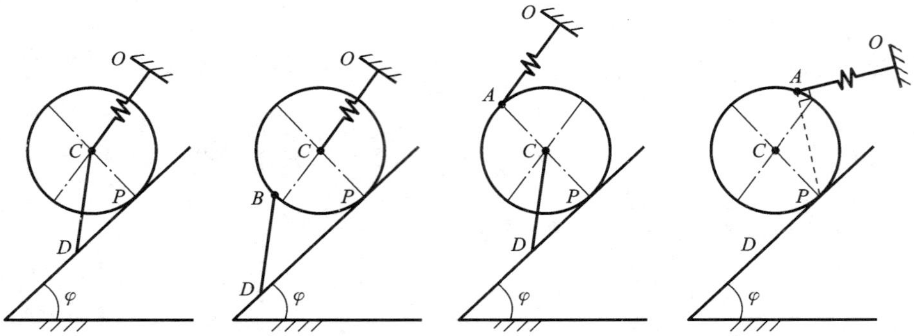

(a)　　(b)　　(c)　　(d)

图 11.10　单自由度系统

类似地，可以证明，求解类似例 9.4 这样做大幅振动的单自由度保守系统，应用机械能守恒定律求速度问题时，若在振动过程中，如下两个条件同时成立，则在计算势能时，不考虑弹簧静变形和重力势能：①有势力作用点处的速度与速度自变量的比例系数一直保持不变；②有势力作用点处的速度矢量与有势力矢量夹角一直保持不变。

对于静平衡系统，采用静力学平衡方程的方法，不一定能做到不引入其他不待求的未知力。特别是多物体系统，采用静力学平衡方程的方法往往会引入较多的物体间的约束反力。但应用虚位移原理的虚速度法，选取合适的虚位移模式，就可以实现不引入任何不待求的约束反力。

虚位移原理揭示了自然界静止与运动的统一。该方法采用能量和功等标量来描述力学系统，这些量与具体的坐标无关，摒弃了位移和力这些矢量概念，因此，以这些量表达的力学方程具有更广泛的用途，其适用范围甚至超出了力学本身而被应用于物理学的其他领域，比如，在多物理场耦合系统如机械系统、热力学系统、电磁场等的分析中，就可以通过共同的量——能量来建立相对于牛顿力学体系来说更简单的关系。基于虚位移原理和动静法得到的动力学普遍方程是分析力学的基础，分析力学中所有重要的动力学方程都可以以它为起点推导出来。

小　　结

小结

1. 虚位移

虚位移可以理解为系统在当前的几何约束允许下，任意施加力所能发生的无限小的位形变更。基于虚位移的概念，利用分析力学能建立一种从各种可能的位形中找到与真实力对应的实际位形的一种优化分析方法。虚位移是与时间无关的一个概念，也称为等时变分。

2. 求虚位移的方法

解析法：选取一个坐标系，将各点的坐标表示为广义坐标的函数，再求等时变分。其中，虚位移(转角)的正方向是位移(转角)增大的方向。

几何法：主要采用虚速度法，利用虚位移之比等于虚速度之比来计算虚速度之间的关系。

3. 虚位移原理

一般性表述为：对于具有双面约束的质点系，其平衡的充要条件是主动力和约束力在任意虚位移上所做的虚功之和等于零。

附加条件的虚位移原理：对于具有双面理想定常约束的完整系统，若其原处于静止状态(即所有点的速度均为 0)，则系统保持静平衡的充要条件是作用在质点系上的所有主动力在任意虚位移上所做的虚功之和等于零。

4. 应用解析法求解静力学问题的格式

对于具有 n 个广义坐标的静平衡系统，建立做虚功的力的作用点坐标 x_i 与广义坐标 q_j 的关系，得到 $\delta x_i = \sum_{j=1}^{n} \frac{\partial x_i}{\partial q_j}\delta q_j$，代入虚位移原理方程，得到

$$\sum_{j=1}^{n} f_j(F_1, F_2, \cdots, F_n)\delta q_j = 0$$

考虑到静平衡系统中 $\delta q_j, j=1,2,\cdots,n$ 间彼此独立，故得到 n 个独立方程 $f_j(F_1, F_2, \cdots, F_n)=0, j=1,2,3,\cdots,n$，联立求解即可。

5. 应用虚速度法求解静力学问题的格式

对于静定问题，若仅求某一力，采用虚速度法一定可不引入不待求未知力，分析格式如下。

① 对于零自由度的完整系统，主动力一定已知，在求任意方向的约束力或力矩时，将该待求力对应方向的约束去除，该系统便变成 1 个自由度系统。对于 1 个自由度系统，在其几何约束允许下，将任意一个虚速度作为自变量，得到虚速度模式，对该模式对应的类似虚位移模式应用虚位移原理。

②对于 n 个自由度的完整系统，一定有 n 个未知主动力，若求主动力 F，假设其他 $n-1$ 个未知主动力作用点处分别有一与其方向垂直的虚速度(对于未知力偶矩，假设其作用的刚体虚角速度为 0)，这样，相当于施加了 $n-1$ 个约束，该系统便变成 1 个自由度系统；若求某一方向的约束力或力矩，将该待求力对应方向的约束去除，并假设所有未知主动力作用点处有一与其方向垂直的虚速度，这样系统就变成 1 个自由度系统。对于 1 个自由度系统，在其几何约束允许下，得到虚速度模式，对该模式对应的类似虚位移模式应用虚位移原理。

6. 解析法和虚速度优选判据

当坐标关系不都是由直角三角形或比例关系得到时，优选虚速度法，否则，比较两种方法后进行选择。

习　　题

11.1　虚位移分析。

1. 在题 11.1.1 图所示的平面机构中，已知 $O_2B=BC$，$O_3O_4=DE$，$O_3D=O_4E$，求点 A 和点 E 的虚位移之间的关系。

2. 在题 11.1.2 图所示的连杆机构中，当曲柄 OC 绕轴 O 摆动时，滑块 A 沿曲柄自由滑动，从而带动杆 AB 在垂直导槽内移动。已知：$OC=a$，$OK=L$。求机构平衡时，点 C 和点 B 虚位移之间的关系(要求分别用解析法和虚速度法求解)。

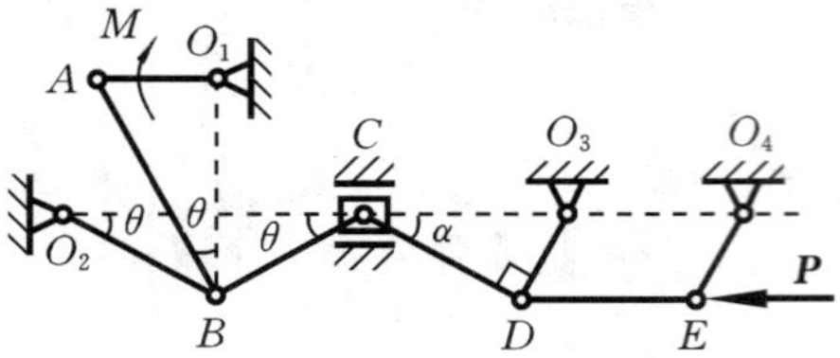

题 11.1.1 图

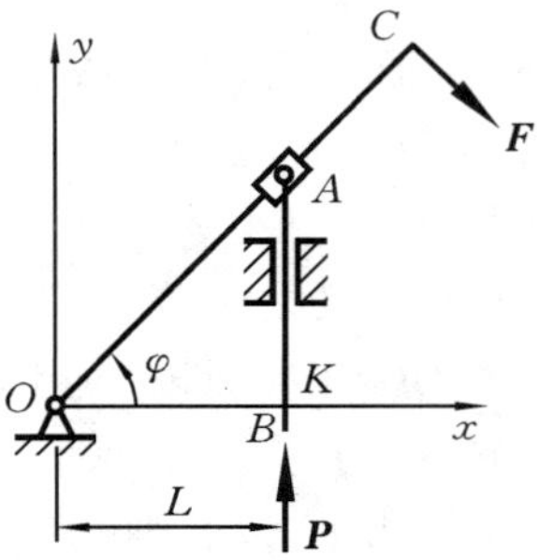

题 11.1.2 图

11.2　题 11.2 图所示的构架由直杆 BC、CD 及直角弯杆 AB 组成，各杆自重不计，载荷分布及尺寸如图所示。AB 及 BC 两构件通过销钉 B 铰接，在销钉 B 上作用竖直力 P。已知 q、a、M，且 $M=qa^2$。求固定端 A 处的约束力偶矩。

11.3　在题 11.3 图所示平面机构中，曲柄 OA 上作用一力偶，其矩为 M，在滑块 D 上作用一水平力 P，机构尺寸如图所示。求当机构平衡时 P 与 M 之间的关系。各处光滑，各构件自重不计。

11.4　如题 11.4 图所示，在压榨机手轮上作用一力偶，其矩为 M，手轮轴上的两端各有螺距均为 h 但方向相反的螺纹，螺纹上套有螺母，这两个螺母用销子分别与边长为 a、由销钉连接的菱形框架的两顶点相连。框架上顶点 D 固定而下顶点 C 连接在压榨机的水平板上，求当顶角为 2α 时，压榨机对被压物体的压力。各处光滑，各构件自重不计。

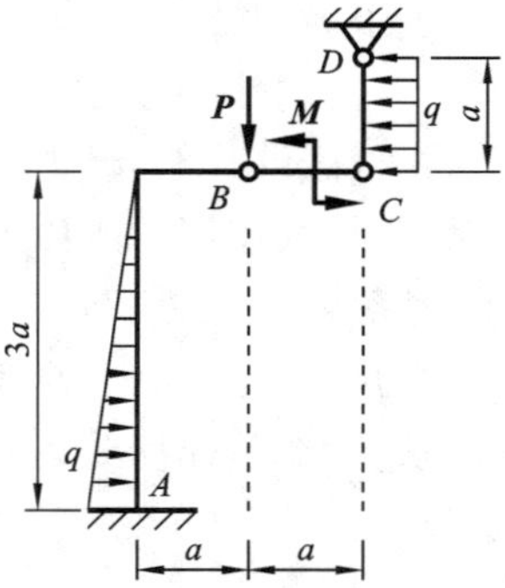

题 11.2 图

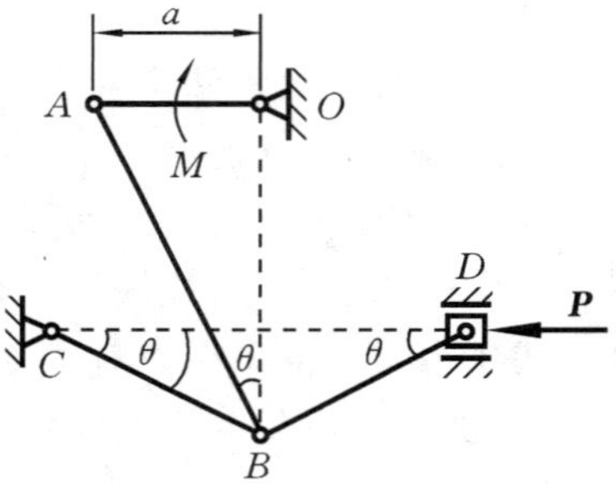

题 11.3 图

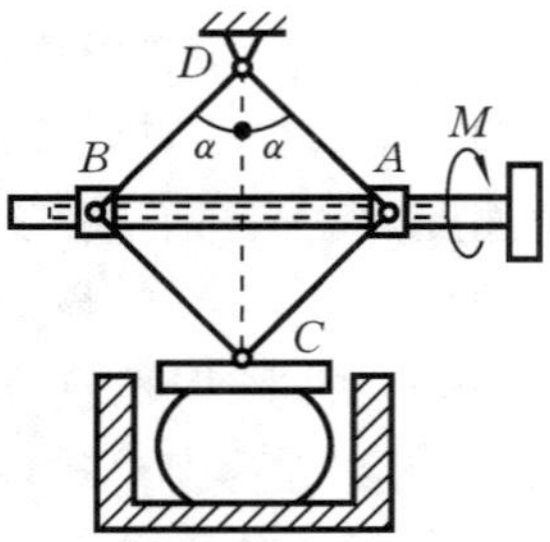

题 11.4 图

11.5　题 11.5 图所示为三孔拱桥，本身重力不计，各处光滑。已知拱的尺寸 a 和作用的两力 P 和 Q，用虚位移原理求支座 C 的约束反力。

11.6　题 11.6 图所示机构中，杆长 $AB=BC=L$，弹簧原长为 h，刚度系数为 k，不计两杆及小轮 C 的重力，各处光滑。求平衡时角 φ 和弹簧张力 F 的表达式。

11.7　题 11.7 图所示机构中，$OA=0.2$ m，$O_1D=0.15$ m，弹簧的刚度系数 $k=10$ kN/m，图示位置弹簧拉伸变形 $\lambda=0.02$ m，$\angle OBA=30°$，$M_1=200$ N · m。试求系统处于图示平衡位置

时 M_2 的大小(M_1 和 M_2 为力偶矩)。各处光滑,不计各构件自重。

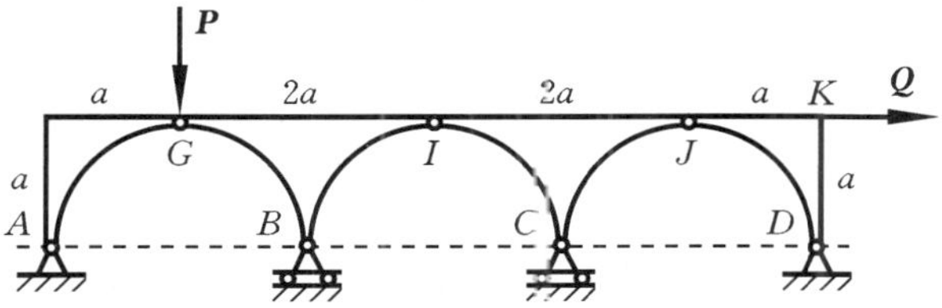

题 11.5 图

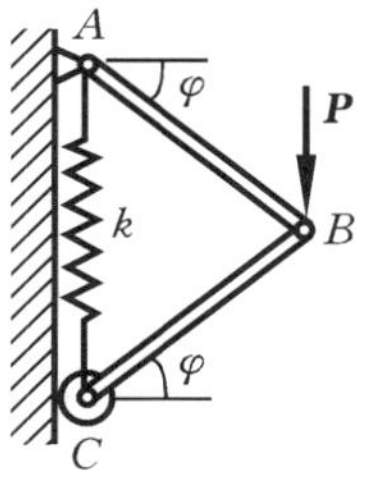

题 11.6 图

11.8　如题 11.8 图所示,平面机构中,$AC=CE=BC=CD=DF=EF$,在点 F 上作用一力 P,其方向如图所示,同时于 B 处作用一水平力 Q。试问:系统平衡时,角 φ 应等于多大?各处光滑,不计各构件自重。

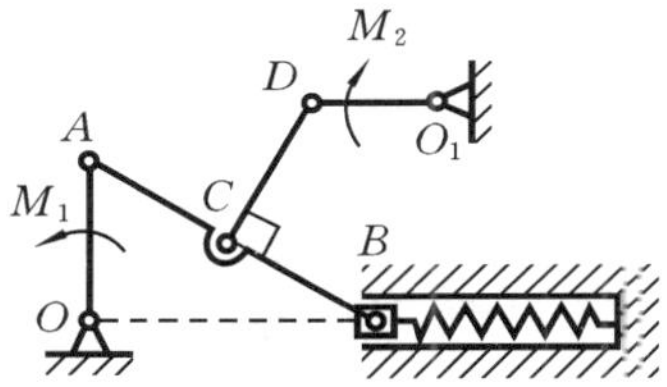

题 11.7 图

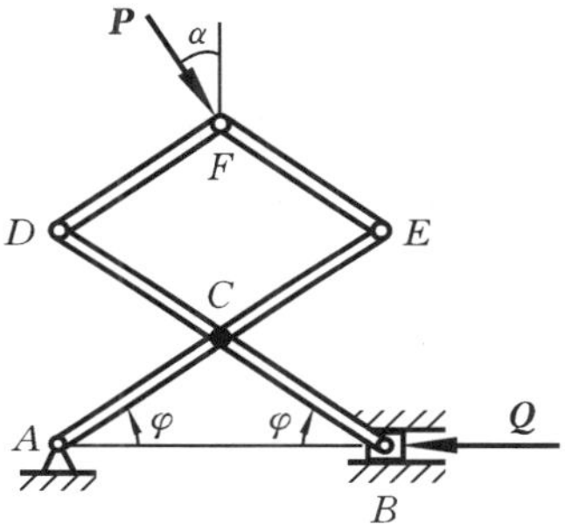

题 11.8 图

11.9　结构及其尺寸、载荷如题 11.9 图所示。已知 $Q=1000\ \text{N}$,$P=500\ \text{N}$,力偶矩 $M=150\ \text{N}\cdot\text{m}$。求销钉 B 对杆 AB 的水平作用力。除物块 Q 的重力外,各处光滑,不计各构件自重。

11.10　求题 11.10 图所示组合梁支座 A 处的垂直反力。各处光滑,不计各构件自重。

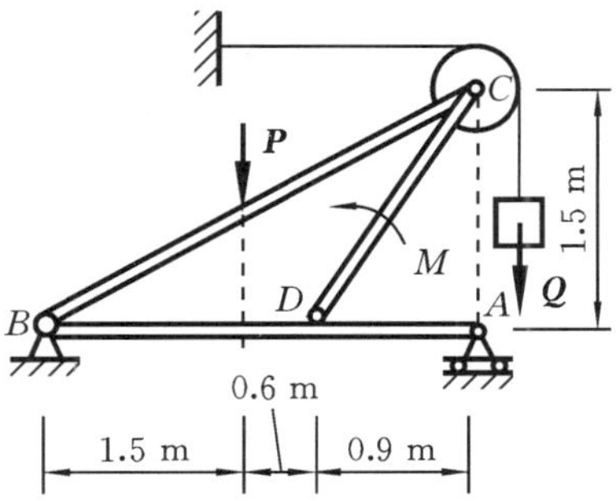

题 11.9 图

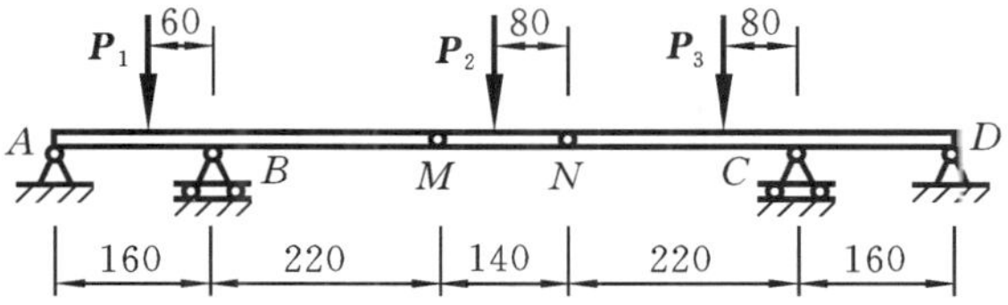

题 11.10 图

11.11　试用虚位移原理求题 11.11 图所示桁架中支座 A 的约束力及杆 AD 的内力。节点 C 处作用有水平力 P。

11.12　题 11.12 图所示机构位于竖直平面内,已知各杆长 $OA=a$,$OB=b$,$AC=BD=L$。在点 C 上作用一垂直力 F_1,在点 D 作用一水平力 F_2,各杆重力不计,使系统在图示位置处于平衡状态。求杆 AB、CD 与水平线的夹角 φ_1 和 φ_2。

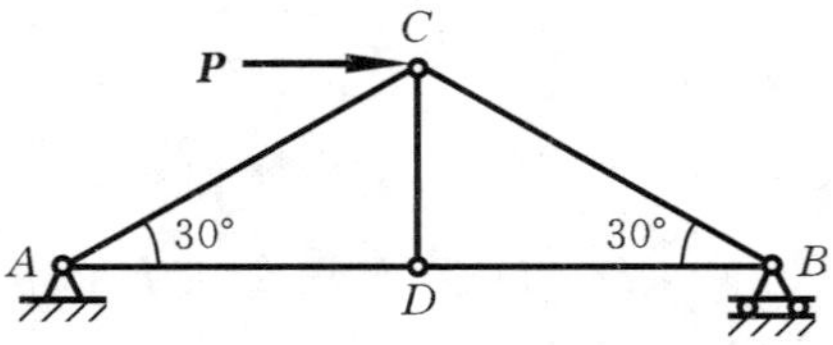

题 11.11 图

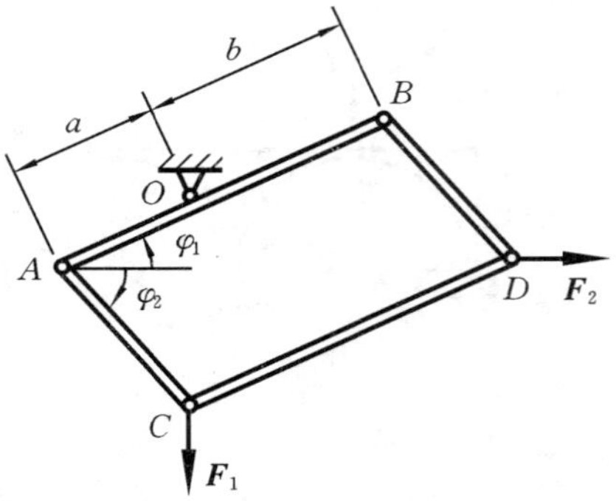

题 11.12 图

11.13　如题 11.13 图所示，桁架由边长为 a 的等腰直角三角形单元构成，已知外力 $F_1 = 10\ \text{kN}$，$F_2 = F_3 = 20\ \text{kN}$。求杆 7 的内力。

11.14　构架 ABC 由三杆 AB、AC 和 DF 组成，杆 DF 上的销子 E 可在杆 AB 的光滑槽内滑动，构架尺寸和载荷如题 11.14 图所示，已知 $M = 2400\ \text{N}\cdot\text{m}$，$P = 200\ \text{N}$，试求固定支座 B 的水平约束反力。不计各构件自重。

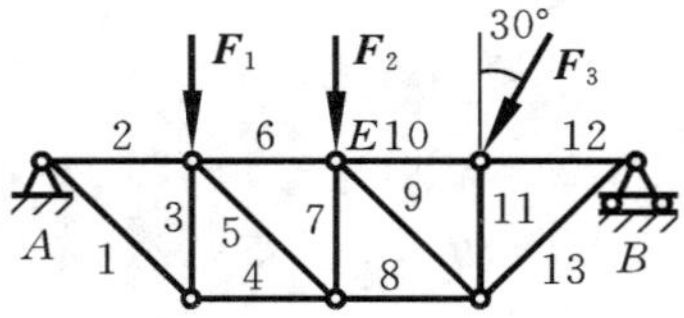

题 11.13 图

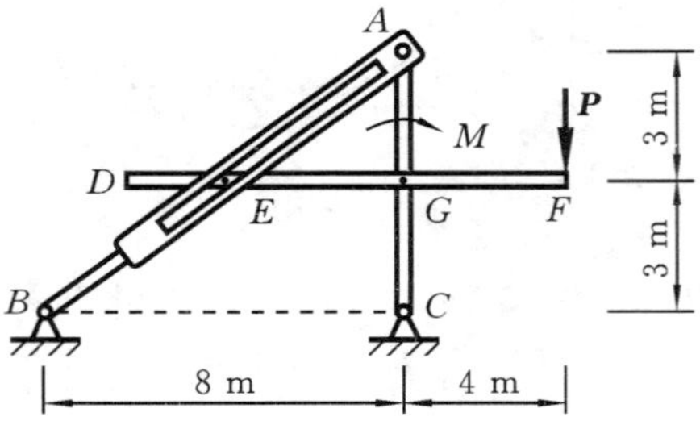

题 11.14 图

第 12 章　动力学普遍方程及第二类拉格朗日方程

应用达朗贝尔原理，基于自由度，在分析动力学问题时，可以确定至少需要列的动力学方程数目，但若能准确地确定所需列的动力学方程数目，而不是至少，则使动力学分析变得更简单和有规律。当应用虚速度法求静定问题中任意一个未知力时，一定可以采取一种合适的虚位移模式，不引入其他不待求未知力，仅应用一次虚位移原理就可求出待求未知力或力偶。上述是两种不同的力学分析方法，具体地体现了自然界动静相互转化的哲学原理，也体现了研究客观世界规律的方法的多样性，这也是哲学上认为的事物具有多样性的特点。但哲学也认为，客观世界具有同一性，是多样性和同一性的统一。那么，能否将虚功原理和达朗贝尔原理统一起来呢？根据这两个原理各自的特点，应用达朗贝尔原理，将具有理想约束的动力学问题转化为类似静力学形式的问题，然后，利用虚速度法求静平衡系统问题，就一定能实现不引入其他不待求未知力，并明确所需列的动力学方程数目，这就是动力学普遍方程（达朗贝尔-拉格朗日方程）。

动力学普遍方程及第二类拉格朗日方程

12.1　动力学普遍方程

动力学普遍方程

12.1.1　广义力

设质点系上作用的力系为 $\boldsymbol{F}_i, i=1,2,\cdots,N$，则该力系的虚功表达式为

$$\delta W=\sum_{i=1}^{N}\boldsymbol{F}_i\cdot\delta\boldsymbol{r}_i=\sum_{i=1}^{N}\boldsymbol{F}_i\cdot\left(\sum_{k=1}^{n}\frac{\partial\boldsymbol{r}_i}{\partial q_k}\delta q_k\right)=\sum_{k=1}^{n}\left(\sum_{i=1}^{N}\boldsymbol{F}_i\cdot\frac{\partial\boldsymbol{r}_i}{\partial q_k}\right)\delta q_k$$
$$=\sum_{k=1}^{n}Q_k\delta q_k \tag{12.1}$$

即
$$\delta W=\sum_{k=1}^{n}Q_k\delta q_k \tag{12.2}$$

其中
$$Q_k=\sum_{i=1}^{N}\boldsymbol{F}_i\cdot\frac{\partial\boldsymbol{r}_i}{\partial q_k} \tag{12.3}$$

称为力系 $\boldsymbol{F}_i, i=1,2,\cdots,N$ 关于广义坐标 q_k 的**广义力**。

具体求广义力时，一般不用式(12.3)。因为对于完整系统，$\delta q_k, k=1,2,\cdots,n$ 相互独立，故可取某个 $\delta q_k\neq0$，而取其他坐标变分等于零，计算出 $\delta W=\delta W(\delta q_k)$，则

$$\delta W(\delta q_k)=Q_k\delta q_k\quad\Rightarrow\quad Q_k=\frac{\delta W(\delta q_k)}{\delta q_k} \tag{12.4}$$

该方法的本质是认为系统总的虚功可分解为在各广义坐标或自由度方向的独立分量。在例 11.2 的解法 1（解析法）中，$\delta W=f_1(F_A,F_B)\delta\varphi_1+f_2(F_A,F_B)\delta\varphi_2=\delta W(\delta\varphi_1)+\delta W(\delta\varphi_2)$，其中广义力 Q_k 就是 $f_k(F_A,F_B)$。而虚速度法与此不同，认为系统总的虚功可分解为如下虚位移模式下的独立分量：每个虚位移模式除待求力做功外，其他力作用点处也有虚位移，但其虚位移方向与该力垂直。这与振动力学中将系统的能量分解为独立的模态能量思想相同。从线性

代数角度来理解，虚速度法相当于选用如下的独立坐标：对解析法中的广义坐标进行一系列坐标变换，使广义力矩阵解耦变成对角阵的一组向量。

设质点系上作用了有势力，各个质点上作用的有势力及其矢径分别为

$$\boldsymbol{F}_i = F_{ix}\boldsymbol{i} + F_{iy}\boldsymbol{j} + F_{iz}\boldsymbol{k},\quad \boldsymbol{r}_i = x_i\boldsymbol{i} + y_i\boldsymbol{j} + z_i\boldsymbol{k},\quad i=1,2,\cdots,N \tag{12.5}$$

设系统的势能为 V，则有

$$F_{ix} = -\frac{\partial V}{\partial x_i},\quad F_{iy} = -\frac{\partial V}{\partial y_i},\quad F_{iz} = -\frac{\partial V}{\partial z_i} \tag{12.6}$$

假定势力场是定常的，即

$$x_i = x_i(q_1, q_2, \cdots, q_n),\quad y_i = y_i(q_1, q_2, \cdots, q_n),\quad z_i = z_i(q_1, q_2, \cdots, q_n)$$

所以

$$\frac{\partial \boldsymbol{r}_i}{\partial q_k} = \frac{\partial x_i}{\partial q_k}\boldsymbol{i} + \frac{\partial y_i}{\partial q_k}\boldsymbol{j} + \frac{\partial z_i}{\partial q_k}\boldsymbol{k} \tag{12.7}$$

于是有势力的广义力为

$$Q_k = \sum_{i=1}^{N}\boldsymbol{F}_i \cdot \frac{\partial \boldsymbol{r}_i}{\partial q_k} = -\sum_{i=1}^{N}\left(\frac{\partial V}{\partial x_i}\frac{\partial x_i}{\partial q_k} + \frac{\partial V}{\partial y_i}\frac{\partial y_i}{\partial q_k} + \frac{\partial V}{\partial z_i}\frac{\partial z_i}{\partial q_k}\right),\quad k=1,2,\cdots,n \tag{12.8}$$

另外，势能 V 是位置的函数，可写成 $V=V(x_1, y_1, z_1, x_2, y_2, z_2, \cdots, x_n, y_n, z_n)$，于是由复合函数求导法则得

$$\frac{\partial V}{\partial q_k} = \sum_{i=1}^{N}\left(\frac{\partial V}{\partial x_i}\frac{\partial x_i}{\partial q_k} + \frac{\partial V}{\partial y_i}\frac{\partial y_i}{\partial q_k} + \frac{\partial V}{\partial z_i}\frac{\partial z_i}{\partial q_k}\right),\quad k=1,2,\cdots,n$$

所以有势力的广义力为

$$Q_k = -\frac{\partial V}{\partial q_k},\quad k=1,2,\cdots,n \tag{12.9}$$

例 12.1　如图 12.1 所示，一条平行于光滑斜面的弹簧的刚度系数为 k，一端固定，另一端与物块 A 连接，杆 AB 与物块 A 铰接，物块和杆的质量均为 m，杆长为 l。系统的广义坐标为 x、φ，x、φ 的原点取在系统的平衡位置，求系统弹性力和重力的广义力。

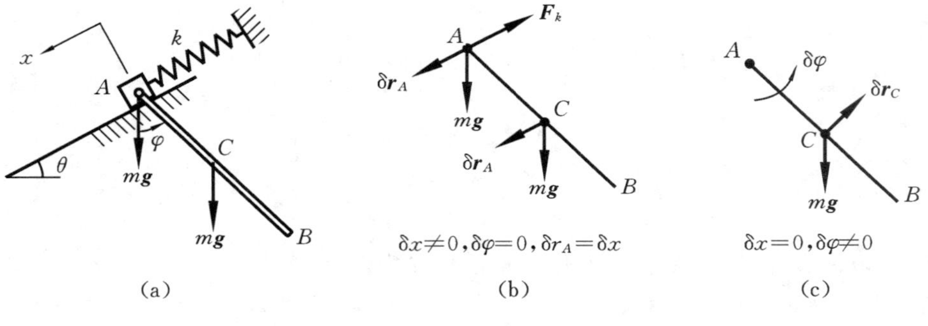

图 12.1　例 12.1 图

解法 1　先计算势能再求广义力。

取系统的平衡位置为零势位，如图 12.1(a)所示，系统的势能为

$$V = \frac{1}{2}mgl(1-\cos\varphi) + \frac{1}{2}kx^2$$

所以广义力为

$$Q_x = -\frac{\partial V}{\partial x} = -kx$$

$$Q_\varphi = -\frac{\partial V}{\partial \varphi} = -\frac{1}{2}mgl\sin\varphi$$

解法 2　应用公式(12.4)计算广义力。

令 $\delta x \neq 0$、$\delta\varphi = 0$，此时系统弹性力、重力及其虚位移如图 12.1(b)所示，虚功为

$$\delta W(\delta x) = 2mg\boldsymbol{j} \cdot \delta \boldsymbol{r}_A + \boldsymbol{F}_k \cdot \delta \boldsymbol{r}_A = 2mg\delta x\sin\theta - k(x+\Delta)\delta x \tag{a}$$

其中，$\boldsymbol{j}$ 为竖直向下的单位矢量，Δ 为系统平衡时弹簧的伸长量，由平衡条件易知

$$k\Delta = 2mg\sin\theta \quad \Rightarrow \quad \Delta = \frac{2mg\sin\theta}{k}$$

所以式(a)变为

$$\delta W(\delta x) = -kx\delta x$$

所以

$$Q_x = \frac{\delta W(\delta x)}{\delta x} = -kx$$

令 $\delta x = 0$、$\delta\varphi \neq 0$，此时只有杆的重力在其质心 C 的虚位移上做虚功，如图12.1(c)所示，虚功为

$$\delta W(\delta\varphi) = mg\boldsymbol{j} \cdot \delta\boldsymbol{r}_C = -mg \cdot \frac{1}{2}l\delta\varphi\sin\theta$$

所以

$$Q_\varphi = \frac{\delta W(\delta\varphi)}{\delta\varphi} = -\frac{1}{2}mgl\sin\varphi$$

12.1.2　用广义力表示的虚位移原理

设系统的主动力系 $\boldsymbol{F}_i, i=1,2,\cdots,N$ 形成的广义力为 $Q_k, k=1,2,\cdots,n$，由方程(12.1)和虚功原理可得

$$\delta W = \sum_{i=1}^{N} \boldsymbol{F}_i \cdot \delta \boldsymbol{r}_i = \sum_{k=1}^{n} Q_k \cdot \delta q_k = 0 \tag{12.10}$$

对于完整系统，$\delta q_k, k=1,2,\cdots,n$ 是相互独立的，因此式(12.10)成立的充要条件即系统保持平衡的充要条件是

$$Q_k = 0, \quad k=1,2,\cdots,n \tag{12.11}$$

这就是**用广义力表示的虚功原理**。

请读者仔细思考该方程与静力学平衡方程的联系和差异，从中得到何启迪？实际上，该原理揭示的是在沿广义坐标方向的广义力作用下，系统在该广义坐标方向上处于静平衡状态，类似静力学中在物理坐标下所建立的某个方向(比如 x 方向)的平衡方程。这种将物理坐标下的平衡方程转化为相互独立的广义坐标下的平衡方程的思想，提供了一种新的分析力学问题的视角，以后在振动力学里将物理空间下的振动方程转化为模态空间的振动方程的思想与此相似。

如果系统做功的力均为有势力，则有

$$Q_k = -\frac{\partial V}{\partial q_k}, \quad k=1,2,\cdots,n \tag{12.12}$$

进而

$$\delta V = \sum_{i=1}^{N} \frac{\partial V}{\partial q_i}\delta q_k = -\sum_{i=1}^{N} Q_k \delta q_k \tag{12.13}$$

因此，有势力系统保持平衡的充要条件为

$$\frac{\partial V}{\partial q_k}=0,\quad k=1,2,\cdots,n \quad \text{或} \quad \delta V=0 \tag{12.14}$$

式(12.14)是保守系统处于平衡的条件。但处于平衡状态的质点系,在此平衡状态下如果受到一个微小干扰偏离其平衡状态,其力学系统在干扰去掉后能回到其平衡位置或构形,则称其平衡状态为稳定平衡。若在干扰去掉后不能回到其平衡位置或构形,则称其平衡状态为不稳定平衡。平衡状态的稳定性研究在许多工程中有着重要的需求。例如船舶处于悬浮的平衡状态若是不稳定平衡,受到扰动后,将可能倾翻。那么,如何分析稳定性问题呢?感兴趣的读者可阅读专题5"平衡稳定性"。

12.1.3 动力学普遍方程

设 N 个质点组成的质点系处于运动状态,各个质点 $m_i, i=1,2,\cdots, N$ 上的主动力合力为 $\boldsymbol{F}_i$,约束力的合力为 $\boldsymbol{N}_i$,其加速度为 $\boldsymbol{a}_i$,根据达朗贝尔原理或牛顿定律,在任一瞬时有

$$\boldsymbol{F}_i+\boldsymbol{N}_i-m_i\boldsymbol{a}_i=\boldsymbol{0},\quad i=1,2,\cdots,N$$

如果系统具有理想约束,在质点的任意一组虚位移 $\delta\boldsymbol{r}_i, i=1,2,\cdots,N$ 上,有

$$\sum_{i=1}^{N}\boldsymbol{N}_i\cdot\delta\boldsymbol{r}_i=0 \tag{12.15}$$

故

$$\sum_{i=1}^{N}(\boldsymbol{F}_i-m_i\boldsymbol{a}_i)\cdot\delta\boldsymbol{r}_i=0 \tag{12.16}$$

这一方程适用于任意理想系统的所有运动过程,称为**动力学普遍方程**(达朗贝尔-拉格朗日方程),对应的原理称为**动力学的虚位移原理**,用文字表述为:具有理想约束的质点系运动时,在任意瞬时,主动力和惯性力在任意虚位移上所做的虚功之和等于零。

说明

(1) 本原理只限定约束为理想的情形,没有规定约束的其他性质,因此它适合任意形式的具有理想约束的质点系。对具有非理想约束的质点系,可将非理想约束力作为主动力来处理,本原理同样适用,因此它适合任意形式的质点系。动力学普遍方程的普遍性也正在于此。

(2) 本原理是分析力学的基本原理,由它可得出非自由系统动力学所需要的全部方程。

(3) 本原理虽有如此普遍的意义,但仍然不能取代牛顿定律,不可能由它推出作用力与反作用力定律。此外,本原理只是建立了整个系统所受主动力与运动之间的整体规律,不能由它得到每个质点的力与运动的关系,即牛顿第二定律,因为各质点的虚位移并不相互独立。

(4) 它也不能取代虚位移原理,因为若令 $\boldsymbol{a}_i=\boldsymbol{0}$,且规定约束是定常的,由它只能得到系统平衡的必要条件 $\sum\limits_{i=1}^{N}\boldsymbol{F}_i\cdot\delta\boldsymbol{r}_i=0$,而平衡的充分性需单独证明。

对于 n 个自由度的完整系统,动力学普遍方程为

$$\sum_{k=1}^{n}(Q_k+S_k)\delta q_k=0 \tag{12.17}$$

其中

$$S_k=\sum_{i=1}^{N}(-m_i\boldsymbol{a}_i)\cdot\frac{\partial\boldsymbol{r}_i}{\partial q_k},\quad k=1,2,\cdots,n \tag{12.18}$$

称为**广义惯性力**,即系统的惯性力系对应于广义坐标 q_k 的广义力。由于 $\delta q_k, k=1,2,\cdots,n$ 是相互独立的,因此方程(12.17)变为

$$Q_k+S_k=0,\quad k=1,2,\cdots,n \tag{12.19}$$

这就是用广义力表示的、完整系统的动力学普遍方程。

动力学普遍方程的主要用途是以它为起点推导非自由系统的动力学方程和建立基于能量的拉格朗日力学体系,在很多场合,也可以直接用于动力学问题的求解。在具体分析动力学问题时,相比达朗贝尔原理,基于动力学的虚位移原理能确定所需列的动力学方程数目,而不是至少需列的方程数目,这使动力学分析变得更简单和有规律。下面举例说明如何基于动力学普通方程明确所需列的动力学方程数目。

例 12.2　如图 12.2(a)所示,长度为 $2L$ 的均质杆 OA 质量为 m_1,长度为 $1.5L$ 的非均质杆 AB 的质量为 m_2,质心 D 距离 A 的长度为 L,对质心 D 的转动惯量为 J_D。在竖直面内,在 A、B 处作用分别与 OA、AB 垂直的未知力 F_A、F_B,在 $\varphi_1 = 60°$、$\varphi_2 = 30°$ 位置,OA 与 AB 的角速度均为 0,角加速度分别为 α_1 和 α_2。求图示位置的 F_A。

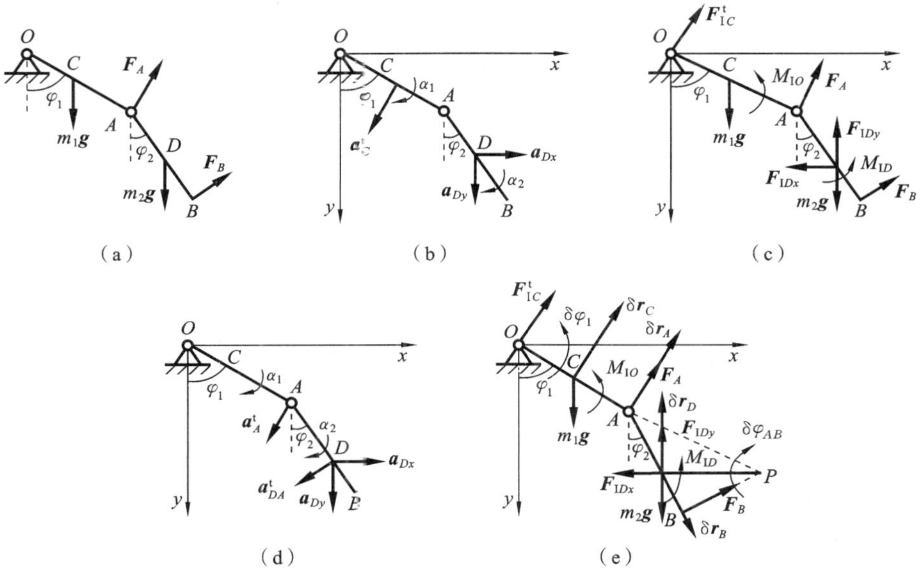

图 12.2　例 12.2 图

解法 1　*广义坐标法。*

本题为 2 个自由度系统,由动力学普遍方程,可得 2 个独立的动力学方程。对系统取两组独立的虚位移,在这两组虚位移上令系统的主动力系和惯性力系的虚功之和为零,就得到这 2 个方程。取系统的广义坐标为 φ_1、φ_2,如图 12.2(a)所示,质心加速度如图 12.2(b)所示,惯性力简化如图 12.2(c)所示,其中

$$M_{IO} = J_O \alpha_1, \quad M_{ID} = J_D \alpha_2, \quad F_{IDx} = m_2 a_{Dx}, \quad F_{IDy} = m_2 a_{Dy}$$

令 $\delta\varphi_1 = 0$、$\delta\varphi_2 \neq 0$,由动力学普遍方程,得

$$[M_{ID} + 1.5L F_B - (m_2 g - F_{IDy})L\sin\varphi_2 - F_{IDx}L\cos\varphi_2]\delta\varphi_2 = 0$$

即

$$M_{ID} + 1.5L F_B - (m_2 g - F_{IDy})L\sin\varphi_2 - F_{IDx}L\cos\varphi_2 = 0 \tag{a}$$

令 $\delta\varphi_2 = 0$、$\delta\varphi_1 \neq 0$,由动力学普遍方程,得

$$M_{IO}\delta\varphi_1 + 2L F_A \delta\varphi_1 + 2L F_B \cos(\varphi_2 - \varphi_1)\delta\varphi_1 - Lm_1 g\sin\varphi_1 \delta\varphi_1$$
$$- 2L(m_2 g - F_{IDy})\sin\varphi_1 \delta\varphi_1 - 2L F_{IDy}\cos\varphi_1 \delta\varphi_1 = 0$$

即

$$M_{IO} + 2L F_A + 2L F_B \cos(\varphi_2 - \varphi_1) - Lm_1 g\sin\varphi_1$$

$$-2L(m_2 g-F_{\mathrm{ID}y})\sin\varphi_1-2LF_{\mathrm{ID}y}\cos\varphi_1=0 \tag{b}$$

对于 DA,由基点法,有图 12.2(d)所示的运动学加速度关系:

$$\boldsymbol{a}_{Dx}+\boldsymbol{a}_{Dy}=\boldsymbol{a}_A^{\mathrm{t}}+\boldsymbol{a}_{DA}^{\mathrm{t}} \tag{c}$$

其中,

$$a_A^{\mathrm{t}}=2L\alpha_1,\quad a_{DA}^{\mathrm{t}}=L\alpha_2$$

由式(c)得

$$a_{Dx}=-L\alpha_1-\frac{\sqrt{3}}{2}L\alpha_2,\quad a_{Dy}=\sqrt{3}L\alpha_1+\frac{1}{2}L\alpha_2 \tag{d}$$

由式(a)(b)和(d),得

$$F_A=m_1\left(\frac{\sqrt{3}}{4}g-\frac{2}{3}L\alpha_1\right)+\frac{\sqrt{3}}{3L}J_D\alpha_2+\frac{\sqrt{3}}{3}m_2\left(g-\sqrt{3}L\alpha_2-\frac{1}{2}L\alpha_2\right)$$

从上述求解步骤可知,采用广义坐标的方法,当仅求某一个力时,有时需要引入不待求的未知力 ,比如该题 $\boldsymbol{F}_B$。为了明确需要且只需要列的动力学方程数目,使动力学分析变得更有规律,可采用如下基于虚速度的几何法替代广义坐标法 。

解法 2　虚速度法。

为了不引入不待求的未知力 $\boldsymbol{F}_B$,如图 12.2(e)所示,假设 $\boldsymbol{F}_B$ 作用点 B 的虚位移 $\delta\boldsymbol{r}_B$ 与 $\boldsymbol{F}_B$ 垂直。由于做了这一假设,相当于给了一个约束,因此,该 2 个自由度的系统就变成了 1 个自由度的系统。对于 1 个自由度系统,可假设虚位移如图 12.2(e)所示。由虚位移原理有

$$\delta W=M_{\mathrm{IO}}\delta\varphi_1-m_1 g\sin\varphi_1\delta r_C+F_A\delta r_A-M_{\mathrm{ID}}\delta\varphi_{AB}-(m_2 g-F_{\mathrm{ID}y})\sin(\varphi_1+\varphi_2)\delta r_D=0$$

若用虚速度法,有

$$M_{\mathrm{IO}}\omega-m_1 g\sin\varphi_1 v_C+F_A v_A-M_{\mathrm{ID}}\omega_{AB}-(m_2 g-F_{\mathrm{ID}y})\sin(\varphi_1+\varphi_2)v_D=0 \tag{e}$$

式(e)中的虚速度关系类似图 12.2(e)中的虚位移关系,只需把虚位移改成虚速度即可。

取虚角速度 $\omega=\dot{\varphi}_1$ 为自变量,对于其他任一虚速度一定有 $v_i=s_i\omega$,其中 P 为 AB 的虚速度瞬心。由运动学求速度的方法可得

$$v_C=L\omega,\quad v_A=2L\omega,\quad \omega_{AB}=\frac{v_A}{AP}=\frac{2}{\sqrt{3}}\omega,\quad v_D=PD\cdot\omega_{AB}=\frac{2}{\sqrt{3}}L\omega \tag{f}$$

将上述速度关系代入式(e)得

$$\left[M_{\mathrm{IO}}-m_1 gL\sin\varphi_1+2LF_A-M_{\mathrm{ID}}\frac{2}{\sqrt{3}}-(m_2 g-F_{\mathrm{ID}y})\frac{2L}{\sqrt{3}}\sin(\varphi_1+\varphi_2)\right]\omega=0 \tag{g}$$

对于 DA,由基点法,有图 12.2(d)所示的运动学加速度关系:

$$\boldsymbol{a}_{Dx}+\boldsymbol{a}_{Dy}=\boldsymbol{a}_A^{\mathrm{t}}+\boldsymbol{a}_{DA}^{\mathrm{t}} \tag{h}$$

其中,

$$a_A^{\mathrm{t}}=2L\alpha_1,\quad a_{DA}^{\mathrm{t}}=L\alpha_2$$

由式(h)得

$$a_{Dx}=-L\alpha_1-\frac{\sqrt{3}}{2}L\alpha_2,\quad a_{Dy}=\sqrt{3}L\alpha_1+\frac{1}{2}L\alpha_2 \tag{i}$$

由式(g)和式(i),得

$$F_A=m_1\left(\frac{\sqrt{3}}{4}g-\frac{2}{3}L\alpha_1\right)+\frac{\sqrt{3}}{3L}J_D\alpha_2+\frac{\sqrt{3}}{3}m_2\left(g-\sqrt{3}L\alpha_2-\frac{1}{2}L\alpha_2\right)$$

例 12.3　均质圆柱 A 的半径为 r,质量为 M,均质杆 AB 的长度为 $4r$,质量为 m。铰 A 光滑,杆 AB 的 B 端可在摩擦角 $\varphi_{\mathrm{f}}=30°$ 的墙面滑动,地面粗糙使得圆柱做纯滚动,墙面与水平地

面垂直。初始时系统静止，且 $\theta=60°$，然后释放，求开始运动时点 A 的加速度(要求不引入任何不待求未知力)。

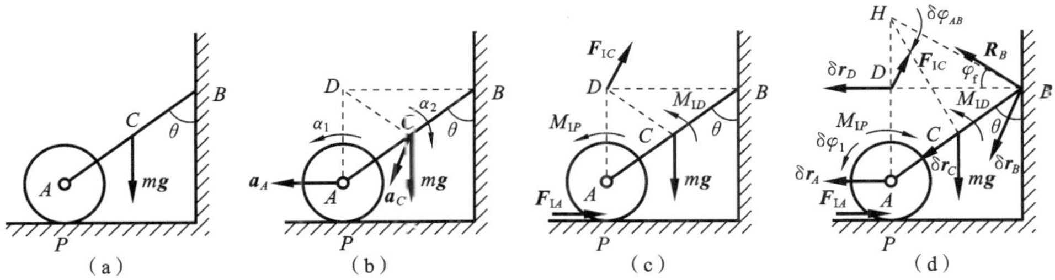

图 12.3　例 12.3 **图**

解　用虚速度法。

本题为 1 个自由度系统，由动力学普遍方程，可得 1 个独立的动力学方程。质心加速度如图 12.3(b)所示，惯性力简化如图 12.3(c)所示，其中 $M_{IP}=J_P\alpha_A$，$F_{IA}=m_1a_A$，$M_{ID}=J_D\alpha_2$，$F_{IC}=ma_C$，$J_P=\dfrac{3}{2}Mr^2$，$J_D=\dfrac{16}{3}mr^2$。为了不引入墙面对 AB 的不待求的摩擦力与支持力，将摩擦力与支持力用合力 $\boldsymbol{R}_B$ 表示，如图 12.3(d)所示。假设 $\boldsymbol{R}_B$ 作用点 B 的虚位移 $\delta\boldsymbol{r}_B$ 与 $\boldsymbol{R}_B$ 垂直，并假设圆柱 A 做纯滚动。对于 1 个自由度的系统，可假设虚位移如图 12.3(d)所示。由虚位移原理有

$$\delta W=-M_{IP}\delta\varphi_1-M_{ID}\delta\varphi_{AB}+mg\cos60°\delta r_C+F_{IC}\cos120°\delta r_D=0$$

若用虚速度法，有

$$-M_{IP}\omega_1-M_{ID}\omega_{AB}+mg\cos60°v_C+F_{IC}\cos120°v_D=0 \tag{a}$$

式(a)中的虚速度关系类似图 12.3(d)中的虚位移关系，只需把虚位移改成虚速度即可。

取虚角速度 $\omega_1=\dot{\varphi}_1$ 为自变量，对于其他任一虚速度一定有 $v_i=s_i\omega$，其中 H 为杆 AB 的虚速度瞬心，P 为圆柱 A 的虚速度瞬心。由运动学求速度的方法可得

$$\omega_{AB}=\frac{v_A}{AH}=\frac{1}{4}\omega_1,\quad v_C=2\sqrt{3}r\omega_{AB}=\frac{\sqrt{3}r}{2}\omega_1,\quad v_D=2r\omega_{AB}=\frac{r}{2}\omega_1$$

将上述速度关系代入式(a)得

$$\left(-M_{IP}-\frac{1}{4}M_{ID}+\frac{\sqrt{3}}{4}rmg-\frac{1}{4}rF_{IC}\right)\omega_1=0$$

即

$$-M_{IP}-\frac{1}{4}M_{ID}+\frac{\sqrt{3}}{4}rmg-\frac{1}{4}rF_{IC}=0 \tag{b}$$

由运动学可知，杆 AB 的实际速度瞬心 D 的加速度为 0，又因为实际角速度为 0，故

$$\alpha_{AB}=\frac{a_A}{DA}=\frac{1}{2r}a_A,\quad a_C=DC\cdot\alpha_{AB}=a_A \tag{c}$$

对于圆柱 A，

$$\alpha_1=\frac{a_A}{r} \tag{d}$$

将式(c)(d)和代入式(b)得

$$a_A=\frac{3\sqrt{3}mg}{18M+11m}$$

本题为1个自由度系统，若求地面对圆柱的支持力 F_{PN}，要列2个基于动力学理论的方程。除了由上述的虚位移模式得到的1个动力学普遍方程，还需补充1个。可去除地面的约束，再假设让 F_{PN} 做虚功，其他不待求力不做虚功，得到另一个动力学普遍方程。

说明：对于上述两题，采用动静法都会引入不待求未知力，而采用动力学普遍方程法则不需要。

从例12.2可知，采用广义坐标法不能保证一定不引入不待求未知力，但采用虚速度法则一定可以实现，从而可以达到如下目标：对于 n 个自由度(指未给定任何与角加速度或切向加速度有关的加速度量时计算得到的自由度)具有理想约束的完整约束系统，已知 s 个与切向加速度(或角加速度)有关的加速度量，若不求任何未知力，则需且只需列 $k=n-s$ 个动力学二阶微分方程。若还需求 m 个待求真实力，则需且只需补充 m 个方程。由其他任何动力学理论得到的不引入其他不待求未知力的动力学二阶微分方程必然可由这 k 个方程联合运动学加速度关系推出，是不独立的，因此无须再列。采用虚速度的动力学普遍方程方法，可使得动力学系统分析变得更有规律。

此外，对于 n 个自由度具有理想约束的完整约束系统，已知 n 个切向加速度(或角加速度)，若求任意 s 个未知力，则必然需且只需列 s 个独立的动力学普遍方程，不需联立求解(指普遍方程之间)。但若已知切向加速度(或角加速度)数目少于 n，需列的动力学普遍方程之间还不能解耦，普遍方程之间还需要联立。

由上述分析总结出的普遍方程中采用虚速度的几何法的一般分析步骤如下。

(1) 类似达朗贝尔原理，将动力学问题转化为静力学形式后，根据题意，确定所需列的 k 个动力学方程。这里 k 不是至少需列的方程数目，而是需且只需列的方程数目。

(2) 再分别选取 k 个虚位移模式，得到 k 个不含不待求未知力的动力学方程。位移模式可借助广义坐标来选取。当不求任何真实力时，要求满足在所选取的广义坐标方向有虚速度时，不待求的未知力或力偶矩不做功。当还需求某一真实力时，除了上述虚位移模式外，再补充让待求力做虚功、不待求的未知力或力偶矩不做功的虚位移模式。

对于1个自由度多物体系统，若仅求做功的力或与切向加速度及角加速度有关的量，则采用功率方程法或动力学普遍方程法比动静法简单。从动力学普遍方程法的求解步骤可知，惯性力简化后，若其虚速度模式与实际运动相同，则动力学普遍方程法求解步骤几乎与功率方程法相同。因此，动力学普遍方程可以替代功率方程，但求解步骤没有功率方程简洁。对于多自由度系统，动力学普遍方程法比功率方程法有优势。此外，对于速度关系不都是由直角三角形或比例关系得到的多自由度多物体系统，动力学普遍方程法相对其他方法(包括后面介绍的第二类拉格朗日方程法)都要简单。

12.2 第二类拉格朗日方程

第二类拉格朗日方程

应用动力学普遍方程，可以建立任何有限自由度系统的运动微分方程，但一般仍需要补充复杂的运动学关系。本书在理论力学的运动学部分，重点介绍了应用点的速度和加速度合成定理，而不推荐采用数学求导的方法，主要是因为对于复杂的机构，采用数学求导的方法很复杂。仅只分析运动学关系，点的加速度合成定理相对于求导法在很多情形下具有优势，但若兼顾动力学分析，数学求导法是否能重新焕发生命力呢?

以前的动力学分析方法之所以要补充加速度关系，根本原因在于一些本来相关的加速度量在分析的第一步被当作独立变量，所以需要在后续步骤中补充运动方程来体现其相关性。如果所有的加速度都采用由广义坐标对应的加速度来表示，因为广义坐标间是相互独立的，那么就不需要补充复杂的加速度关系了，使求解动力学问题变得更简单，这就逐渐发展出基于能量意义来分析的第二类拉格朗日(Lagrange)方程。

除了第二类拉格朗日方程，还有第一类拉格朗日方程。第一类拉格朗日方程是用不独立坐标表示的一组系统动力学方程，它与约束方程一起构成封闭方程组，适用于所有系统。通常说的拉格朗日方程是指第二类拉格朗日方程，它是用广义坐标表示的一组一般形式的系统动力学方程，只能用于完整系统，用它可以建立任何有限自由度系统的运动微分方程。拉格朗日方程结构形式规范，使用过程直接简便，因此它是建立有限自由度系统动力学方程的最常用和有效的数学形式之一。

约瑟夫·拉格朗日(Joseph Lagrange，1736.1.25—1813.4.11)，法国籍意大利裔数学家和天文学家。拉格朗日曾为普鲁士腓特烈大帝在柏林工作了 20 年，被腓特烈大帝称为"欧洲最伟大的数学家"，后受法国国王路易十六的邀请定居巴黎直至去世。拉格朗日才华横溢，在数学、物理和天文等领域做出了很多重大的贡献，其中以数学方面的成就最为突出。他的成就包括建立了著名的拉格朗日中值定理、创立了拉格朗日力学等等。18 岁时，拉格朗日用意大利语写了第一篇论文，是用牛顿二项式定理处理两函数乘积的高阶微商，他又将论文用拉丁语写出，寄给了当时在柏林科学院任职的数学家欧拉。不久后，他获知这一成果早在半个世纪前就被莱布尼兹取得了。这个并不幸运的开端并未使拉格朗日灰心，相反，更坚定了他投身数学分析领域的信心。1755 年拉格朗日 19 岁时，在探讨数学难题"等周问题"的过程中，他以欧拉的思路和结果为依据，用纯分析的方法求变分极值。第一篇论文"极大和极小的方法研究"，发展了欧拉所开创的变分法，为变分法奠定了理论基础。变分法的创立，使拉格朗日在都灵名声大振，并使他在 19 岁时就当上了都灵皇家炮兵学校的教授，成为当时欧洲公认的第一流数学家。1756 年，受欧拉的举荐，拉格朗日被任命为普鲁士科学院通讯院士。

拉格朗日在数学、力学和天文学三个学科都有重大历史性贡献，但他主要是数学家，研究力学和天文学的目的是表明数学分析的威力。而与他同时代的达朗贝尔认为力学应该是数学家的主要兴趣，所以达朗贝尔一生对力学也做了大量研究。二者合作发现了动力学普遍方程。拉格朗日的学术生涯主要在 18 世纪后半期。当时对数学、物理学和天文学的研究是自然科学主体，数学的主流是由微积分发展起来的数学分析，以欧洲大陆为中心；物理学的主流是力学；天文学的主流是天体力学。数学分析的发展使力学和天体力学研究深化，而力学和天体力学的课题又成为数学分析发展的动力，当时的自然科学代表人物都在此三个学科做出了历史性重大贡献。

12.2.1　第二类拉格朗日方程的推导

设一个完整理想系统由 N 个质点组成，其自由度为 n，对应的广义坐标用 $q_1, q_2, \cdots, q_n$ 表示。完整系统的广义坐标的变分相互独立，在第 12.1.3 节已经得到，用广义力表示的完整系统动力学普遍方程为

$$Q_k + S_k = 0,\quad k = 1, 2, \cdots, n \tag{12.20}$$

其中，Q_k 为主动力系的广义力，S_k 为惯性力系的广义力。由方程(12.20)可推导出拉格朗日

方程。

下面先给出两个拉格朗日经典关系。对于完整系统,其任一质点的矢径 $\boldsymbol{r}_i=\boldsymbol{r}_i(q_1,q_2,\cdots,q_n,t)$,而不是非完整约束 $\boldsymbol{r}_i=\boldsymbol{r}_i(q_1,q_2,\cdots,q_n,\dot{q}_1,\dot{q}_2,\cdots,\dot{q}_n,t)$,所以

$$\dot{\boldsymbol{r}}_i=\frac{\mathrm{d}\boldsymbol{r}_i}{\mathrm{d}t}=\sum_{j=1}^{n}\frac{\partial \boldsymbol{r}_i}{\partial q_j}\dot{q}_j+\frac{\partial \boldsymbol{r}_i}{\partial t},\quad i=1,2,\cdots,N \tag{12.21}$$

因为$\partial\boldsymbol{r}_i/\partial q_j$,$\partial\boldsymbol{r}_i/\partial t$ 是 $q_1,q_2,\cdots,q_n,t$ 的函数,因此将式(12.21)对广义坐标 q_k 求偏导数可得

$$\frac{\partial \dot{\boldsymbol{r}}_i}{\partial q_k}=\sum_{j=1}^{n}\frac{\partial^2 \boldsymbol{r}_i}{\partial q_k\partial q_j}\dot{q}_j+\frac{\partial^2 \boldsymbol{r}_i}{\partial q_k\partial t}$$

将$\partial\boldsymbol{r}_i/\partial q_k$ 直接对 t 求全导数可得

$$\frac{\mathrm{d}}{\mathrm{d}t}\left(\frac{\partial \boldsymbol{r}_i}{\partial q_k}\right)=\sum_{j=1}^{n}\frac{\partial^2 \boldsymbol{r}_i}{\partial q_j\partial q_k}\dot{q}_j+\frac{\partial^2 \boldsymbol{r}_i}{\partial q_k\partial t}$$

比较上面两式得

$$\frac{\mathrm{d}}{\mathrm{d}t}\left(\frac{\partial \boldsymbol{r}_i}{\partial q_k}\right)=\frac{\partial \dot{\boldsymbol{r}}_i}{\partial q_k},\quad k=1,2,\cdots,n \tag{12.22}$$

再将式(12.21)对广义速度 $\dot{q}_k$ 求偏导数,并考虑到$\partial\boldsymbol{r}_i/\partial q_j$,$\partial\boldsymbol{r}_i/\partial t$ 与广义速度无关,得

$$\frac{\partial \dot{\boldsymbol{r}}_i}{\partial \dot{q}_k}=\frac{\partial \boldsymbol{r}_i}{\partial q_k},\quad k=1,2,\cdots,n \tag{12.23}$$

式(12.22)和式(12.23)便是两个**拉格朗日经典关系式**。

对方程(12.20)中的广义惯性力做以下推演:

$$\begin{aligned}S_k&=\sum_{i=1}^{N}(-m_i\boldsymbol{a}_i)\cdot\frac{\partial \boldsymbol{r}_i}{\partial q_k}=-\sum_{i=1}^{N}m_i\frac{\mathrm{d}\dot{\boldsymbol{r}}_i}{\mathrm{d}t}\cdot\frac{\partial \boldsymbol{r}_i}{\partial q_k}\\&=-\frac{\mathrm{d}}{\mathrm{d}t}\sum_{i=1}^{N}m_i\dot{\boldsymbol{r}}_i\cdot\frac{\partial \boldsymbol{r}_i}{\partial q_k}+\sum_{i=1}^{N}m_i\dot{\boldsymbol{r}}_i\cdot\frac{\mathrm{d}}{\mathrm{d}t}\frac{\partial \boldsymbol{r}_i}{\partial q_k}\end{aligned}$$

应用以上两个经典关系式,得

$$\begin{aligned}S_k&=-\frac{\mathrm{d}}{\mathrm{d}t}\sum_{i=1}^{N}m_i\dot{\boldsymbol{r}}_i\cdot\frac{\partial \dot{\boldsymbol{r}}_i}{\partial \dot{q}_k}+\sum_{i=1}^{N}m_i\dot{\boldsymbol{r}}_i\cdot\frac{\partial \dot{\boldsymbol{r}}_i}{\partial q_k}\\&=-\frac{\mathrm{d}}{\mathrm{d}t}\sum_{i=1}^{N}\frac{1}{2}\frac{\partial(m_i\dot{\boldsymbol{r}}_i\cdot\dot{\boldsymbol{r}}_i)}{\partial \dot{q}_k}+\sum_{i=1}^{N}\frac{1}{2}\frac{\partial(m_i\dot{\boldsymbol{r}}_i\cdot\dot{\boldsymbol{r}}_i)}{\partial q_k}\\&=-\frac{\mathrm{d}}{\mathrm{d}t}\frac{\partial}{\partial \dot{q}_k}\left(\frac{1}{2}\sum_{i=1}^{N}m_i\dot{\boldsymbol{r}}_i\cdot\dot{\boldsymbol{r}}_i\right)+\frac{\partial}{\partial q_k}\left(\frac{1}{2}\sum_{i=1}^{N}m_i\dot{\boldsymbol{r}}_i\cdot\dot{\boldsymbol{r}}_i\right)\\&=-\frac{\mathrm{d}}{\mathrm{d}t}\frac{\partial T}{\partial \dot{q}_k}+\frac{\partial T}{\partial q_k}\end{aligned} \tag{12.24}$$

其中,$T=\dfrac{1}{2}\sum_{i=1}^{N}m_i\dot{\boldsymbol{r}}_i\cdot\dot{\boldsymbol{r}}_i$ 为系统的动能。将式(12.24)代入方程(12.20),得

$$\frac{\mathrm{d}}{\mathrm{d}t}\frac{\partial T}{\partial \dot{q}_k}-\frac{\partial T}{\partial q_k}=Q_k,\quad k=1,2,\cdots,n \tag{12.25}$$

这组方程就是适用于完整系统的第二类拉格朗日方程,也就是通常所说的**拉格朗日方程**(简称**拉氏方程**)。

这是由 n 个独立方程组成的方程组,系统的动能 T 可以写成广义速度、广义坐标和时间的函数,因此这组方程是关于 n 个广义坐标的封闭方程组,完全描述了完整系统在广义坐标的位形空间中的动力学规律。

第二类拉格朗日方程与动力学普遍方程的内在联系是：采用广义坐标法建立动力学普遍方程，不用补充加速度关系，就是拉格朗日方程。差异是拉格朗日方程将动静法中的加速度与力的量转化为动能、势能和功的量。因此，可认为动力学普遍方程是属于牛顿力学体系向拉格朗日力学体系过渡的桥梁。

当系统的主动力均为有势力时，其广义力为

$$Q_k = -\frac{\partial V}{\partial q_k},\quad k=1,2,\cdots,n \tag{12.26}$$

因为 V 不显含广义速度，拉格朗日方程可写成

$$\frac{\mathrm{d}}{\mathrm{d}t}\frac{\partial \mathcal{L}}{\partial \dot{q}_k} - \frac{\partial \mathcal{L}}{\partial q_k} = 0,\quad k=1,2,\cdots,n \tag{12.27}$$

其中，$\mathcal{L}=T-V$ 称为**拉格朗日函数**。

由第二类拉格朗日方程可知，需要对采用广义速度表示的动能方程对时间求导，若建立的速度关系不都是由直角三角形或比例关系得到的，则涉及对由余弦定理得到的根号内的变量求导，非常复杂。所以，对于速度关系可由直角三角形或比例关系得到的多物体系统，第二类拉格朗日方程方法相对其他方法才更简单。

对于 1 个自由度多物体系统，若仅求做功的力或与切向加速度及角加速度有关的量，则当速度关系都可由直角三角形或比例关系得到时，功率方程方法 2 与第二类拉格朗日方程方法几乎一样，只是功率方程方法 2 求解步骤更简洁。对于多自由度多物体系统，仅求做功的力或加速度量，当速度关系都可由直角三角形或比例关系得到时，利用第二类拉格朗日方程方法求解比其他方法都有优势。

拉格朗日方程所揭示的物理意义是：系统总能量可由各自由度上的分能量组成，且各分能量间是彼此独立的。各分能量在其自由度方向满足能量最小原理，即存在的稳定状态必然是能量最小的，故可由各分能量对其广义坐标的偏导数为 0 得到条件极值。

12.2.2　第二类拉格朗日方程的应用

有限自由度系统动力学的一个基础研究工作就是建立系统的运动微分方程，对于自由度数目不太大的多物体完整系统，用第二类拉格朗日方程方法来完成这项工作是较有效和直接的，其步骤为：分析系统，确定自由度，选取广义坐标；确定系统的动能表达式；求出系统主动力系（包括非理想约束力）的广义力；将动能和广义力代入拉格朗日方程并对动能做微分运算，这样就得到了系统的运动微分方程。

例 12.4　如图 12.4 所示的系统，三角滑块 A 质量为 m_1，放在光滑水平面上；圆柱 C 质量为 m_2，半径为 r，圆柱在三角滑块的斜面上做无滑动的滚动。以图示 x、y 为广义坐标，试用拉格朗日方程建立系统的运动微分方程，并求出三角滑块的加速度 a。

解　系统的动能为

$$\begin{aligned} T &= \frac{1}{2}m_1\dot{x}^2 + \frac{1}{2}m_2[(\dot{x}+\dot{y}\cos\beta)^2 + (\dot{y}\sin\beta)^2] + \frac{1}{2}\left(\frac{1}{2}m_2 r^2\right)\left(\frac{\dot{y}}{r}\right)^2 \\ &= \frac{1}{2}(m_1+m_2)\dot{x}^2 + \frac{3}{4}m_2\dot{y}^2 + m_2\dot{x}\dot{y}\cos\beta \end{aligned}$$

取三角滑块的顶点 A 为零势能点，系统的势能为

$$V = -m_2 g y\sin\beta$$

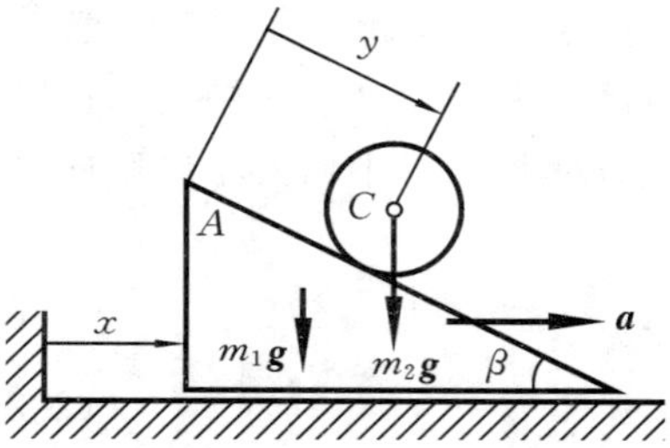

图 12.4　例 12.4 图

将 $\mathcal{L}=T-V$ 代入拉格朗日方程

$$\begin{cases}\dfrac{\mathrm{d}}{\mathrm{d}t}\dfrac{\partial \mathcal{L}}{\partial \dot{x}}-\dfrac{\partial \mathcal{L}}{\partial x}=0\\ \dfrac{\mathrm{d}}{\mathrm{d}t}\dfrac{\partial \mathcal{L}}{\partial \dot{y}}-\dfrac{\partial \mathcal{L}}{\partial y}=0\end{cases}$$

得系统的运动微分方程为

$$\begin{cases}(m_1+m_2)\ddot{x}+m_2\ddot{y}\cos\beta=0\\ 2m_2\ddot{x}\cos\beta+3m_2\ddot{y}-m_2 g\sin\beta=0\end{cases}$$

由此可解得

$$a=\ddot{x}=-\frac{m_2 g\sin 2\beta}{3(m_1+m_2)-2m_2\cos^2\beta}$$

思考:(1) 为了求地面的支持力,要求不引入不待求未知力,可假设三角滑块匀速向上运动,则该题系统变成 3 个自由度系统,那么如何应用第二类拉格朗日方程求解该题中地面对三角滑块不做功的支持力?

(2) 采用广义坐标来表示动能和势能,如何应用功率方程方法求解多自由度系统的加速度问题?如何应用功率方程方法求解该题中地面对三角滑块不做功的支持力?

(3) 当采用广义坐标来表示动能和势能时,请比较第二类拉格朗日方程与功率方程的异同。

(4) 如果地面与三角滑块的滑动摩擦因数为 $\tan\varphi_{\mathrm{f}}$,如何不引入不待求未知力,应用第二类拉格朗日方程求解该题?

例 12.5　如图 12.5 所示,半径为 R 的半圆柱 O 固定,其上有一质量为 m、长为 l 的均质杆 AB 做无滑动摆动,静平衡时,杆的中心与半圆柱顶点 C 重合。试以 θ 为广义坐标,用拉格朗日方程建立系统的运动微分方程。

解　系统的动能为

$$T=\frac{1}{2}J_D\dot{\theta}^2=\frac{1}{2}\left(\frac{1}{12}ml^2+mR^2\theta^2\right)\dot{\theta}^2$$

以地面为零势能点,得系统的势能为

$$V=mg(R\cos\theta+R\theta\sin\theta)$$

所以广义力为

$$Q_\theta=-\frac{\partial V}{\partial \theta}=-mgR\theta\cos\theta \tag{a}$$

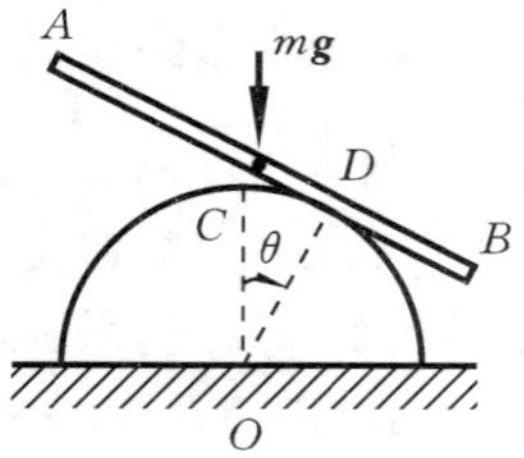

图 12.5　例 12.5 图

拉格朗日方程中的动能微分项为

$$\frac{\mathrm{d}}{\mathrm{d}t}\frac{\partial T}{\partial \dot{\theta}}=\frac{\mathrm{d}}{\mathrm{d}t}\left\{\frac{\partial}{\partial \dot{\theta}}\left[\frac{1}{2}\left(\frac{1}{12}ml^2+mR^2\theta^2\right)\dot{\theta}^2\right]\right\}=\frac{\mathrm{d}}{\mathrm{d}t}\left[\left(\frac{1}{12}ml^2+mR^2\theta^2\right)\dot{\theta}\right]$$

$$=\left(\frac{1}{12}ml^2+mR^2\theta^2\right)\ddot{\theta}+2mR^2\theta\dot{\theta}^2 \tag{b}$$

$$\frac{\partial T}{\partial \theta}=\frac{\partial}{\partial \theta}\left[\frac{1}{2}\left(\frac{1}{12}ml^2+mR^2\theta^2\right)\dot{\theta}^2\right]=mR^2\theta\dot{\theta}^2 \tag{c}$$

本题的拉格朗日方程的一般形式为

$$\frac{\mathrm{d}}{\mathrm{d}t}\frac{\partial T}{\partial \dot{\theta}}-\frac{\partial T}{\partial \theta}=Q_\theta \tag{d}$$

将式(a)至式(c)代入式(d)，就得到系统的运动微分方程：

$$\left(\frac{1}{12}l^2+R^2\theta^2\right)\ddot{\theta}+R^2\theta\dot{\theta}^2+gR\theta\cos\theta=0$$

例 12.6　图示系统中，均质细杆 AB 长为 l，均质圆柱半径为 r，两者的质量均为 m，弹簧的刚度系数为 k，圆柱 A 在水平面上作纯滚动。以 θ 和 φ 为广义坐标，广义坐标的原点取在系统的平衡位置，用拉格朗日方程求系统的运动微分方程。

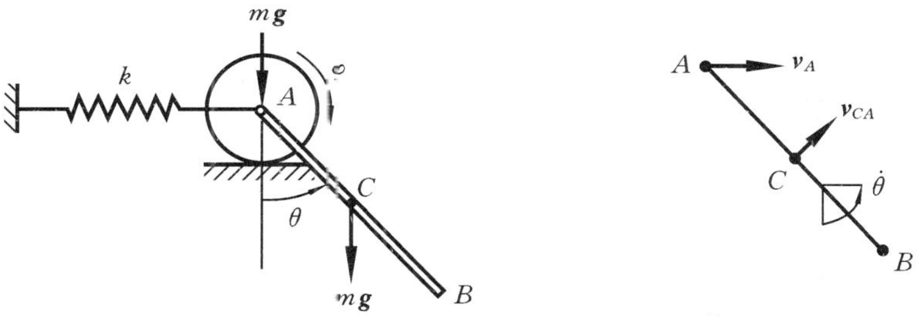

(a)　　　　(b)

图 12.6　例 12.6 **图**

解　杆 AB 速度分析如图 12.6(b)所示。杆 AB 的质心速度为

$$\boldsymbol{v}_C=\boldsymbol{v}_A+\boldsymbol{v}_{CA}$$

其中

$$v_A=r\dot{\varphi},\quad v_{CA}=\frac{1}{2}l\dot{\theta}$$

所以

$$v_C^2=(\boldsymbol{v}_A+\boldsymbol{v}_{CA})\cdot(\boldsymbol{v}_A+\boldsymbol{v}_{CA})=v_A^2+v_{CA}^2+2\boldsymbol{v}_A\cdot\boldsymbol{v}_{CA}$$

$$=r^2\dot{\varphi}^2+\frac{1}{4}l^2\dot{\theta}^2+rl\dot{\varphi}\dot{\theta}\cos\theta$$

由此，系统的动能为

$$T=\frac{1}{2}\times\left(\frac{3}{2}mr^2\right)\dot{\varphi}^2+\frac{1}{2}mv_C^2+\frac{1}{2}\times\left(\frac{1}{12}ml^2\right)\dot{\theta}^2$$

$$=\frac{3}{4}mr^2\dot{\varphi}^2+\frac{1}{2}m\left(r^2\dot{\varphi}^2+\frac{1}{4}l^2\dot{\theta}^2+rl\dot{\varphi}\dot{\theta}\cos\theta\right)+\frac{1}{24}ml^2\dot{\theta}^2$$

$$=\frac{5}{4}mr^2\dot{\varphi}^2+\frac{1}{6}ml^2\dot{\theta}^2+\frac{1}{2}mrl\dot{\varphi}\dot{\theta}\cos\theta$$

以系统的平衡位置作为零势能点，得系统的势能为

$$V=\frac{1}{2}k(r\varphi)^2+\frac{1}{2}lmg(1-\cos\theta)$$

所以

$$\begin{cases}\dfrac{\mathrm{d}}{\mathrm{d}t}\dfrac{\partial T}{\partial\dot{\varphi}}=\dfrac{5}{2}mr^2\ddot{\varphi}+\dfrac{1}{2}mrl\ddot{\theta}\cos\theta-\dfrac{1}{2}mrl\dot{\theta}^2\sin\theta,\quad\dfrac{\partial T}{\partial\varphi}=0\\[2ex]\dfrac{\mathrm{d}}{\mathrm{d}t}\dfrac{\partial T}{\partial\dot{\theta}}=\dfrac{1}{3}ml^2\ddot{\theta}+\dfrac{1}{2}mrl\ddot{\varphi}\cos\theta-\dfrac{1}{2}mrl\dot{\varphi}\dot{\theta}\sin\theta,\quad\dfrac{\partial T}{\partial\theta}=-\dfrac{1}{2}mrl\dot{\varphi}\dot{\theta}\sin\theta\end{cases}\tag{a}$$

广义力为

$$Q_\varphi=-\frac{\partial V}{\partial\varphi}=kr^2\varphi,\quad Q_\theta=-\frac{\partial V}{\partial\theta}=-\frac{1}{2}lmg\sin\theta\tag{b}$$

拉格朗日方程为

$$\begin{cases}\dfrac{\mathrm{d}}{\mathrm{d}t}\dfrac{\partial T}{\partial \dot{\varphi}}-\dfrac{\partial T}{\partial \varphi}=Q_{\varphi}\\ \dfrac{\mathrm{d}}{\mathrm{d}t}\dfrac{\partial T}{\partial \dot{\theta}}-\dfrac{\partial T}{\partial \theta}=Q_{\theta}\end{cases} \tag{c}$$

将式(a)、式(b)代入式(c),得系统的运动微分方程为

$$\begin{cases}5r\ddot{\varphi}+l\ddot{\theta}\cos\theta-l\dot{\theta}^2\sin\theta-\dfrac{2kr}{m}\varphi=0\\ 3r\ddot{\varphi}\cos\theta+2l\ddot{\theta}+3g\sin\theta=0\end{cases}$$

例 12.7　如图 12.7 所示,质量为 M 的滑块放在光滑水平面上,其上有半径为 R 的圆弧形凹槽,一质量为 m、半径 r 的均质圆柱 C 在凹槽内做纯滚动,滑块侧面通过刚度系数为 k 的弹簧与基础连接。取图示 x、θ 为广义坐标,坐标原点为系统的静平衡位置。试用拉格朗日方程求系统的运动微分方程。

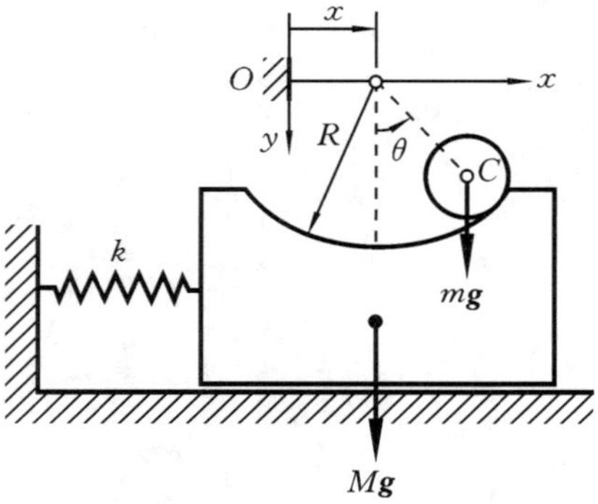

图 12.7　例 12.7 图

解　圆柱中心的坐标为

$$x_C=x+(R-r)\sin\theta,\quad y_C=(R-r)\cos\theta$$

由此,系统的动能为

$$\begin{aligned}T&=\frac{1}{2}M\dot{x}^2+\frac{1}{2}m(\dot{x}_C^2+\dot{y}_C^2)+\frac{1}{2}J_C\left[\frac{\dot{\theta}(R-r)}{r}\right]^2\\&=\frac{1}{2}M\dot{x}^2+\frac{1}{2}m[\dot{x}+(R-r)\dot{\theta}\cos\theta]^2\\&\quad+\frac{1}{2}m(R-r)^2\dot{\theta}^2\sin^2\theta+\frac{1}{4}m(R-r)^2\dot{\theta}^2\end{aligned}$$

以系统的静平衡位置为零势能点,得系统的势能为

$$V=mg(R-r)(1-\cos\theta)+\frac{1}{2}kx^2$$

将 $\mathcal{L}=T-V$ 代入拉格朗日方程,得系统的运动微分方程为

$$\begin{cases}(M+m)\ddot{x}+m(R-r)\cos\theta\ddot{\theta}-m(R-r)\sin\theta\dot{\theta}^2+kx=0\\ m(R-r)\cos\theta\ddot{x}+\dfrac{3}{2}m(R-r)^2\ddot{\theta}+mg(R-r)\sin\theta=0\end{cases}$$

例 12.8　如图 12.8 所示的系统,长为 l 的均质细杆 OA 和套筒 B 的质量均为 m,套筒 B 套在细杆 OA 上,刚度系数为 k、原长为 a 的弹簧将套筒 B 与支座 O 相连,系统在竖直面内。试以 θ、x 为广义坐标,用拉格朗日方程建立系统的运动微分方程(各处摩擦不计,套筒可视为质点)。

解　系统动能为

$$\begin{aligned}T&=\frac{1}{2}\times\left(\frac{1}{3}ml^2\right)\dot{\theta}^2+\frac{1}{2}m(x^2\dot{\theta}^2+\dot{x}^2)\\&=\frac{1}{2}m\left(\frac{1}{3}l^2+x^2\right)\dot{\theta}^2+\frac{1}{2}m\dot{x}^2\end{aligned}$$

以 $x=a$ 为弹性势能的零势能点,以过点 O 的水平线为重力势能的零势能点,则系统势能为

$$V=\frac{1}{2}k(x-a)^2-mg\left(\frac{1}{2}l+x\right)\cos\theta$$

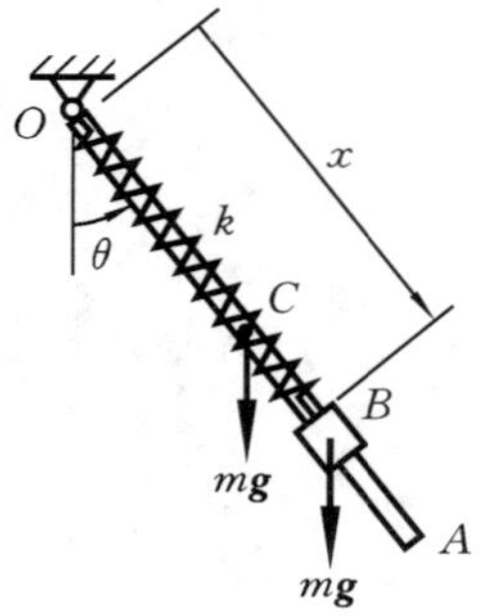

图 12.8　例 12.8 图

故以广义力为

$$Q_x=-\frac{\partial V}{\partial x}=-k(x-a)+mg\cos\theta,\quad Q_\theta=-\frac{\partial V}{\partial \theta}=-mg\left(\frac{1}{2}l+x\right)\sin\theta$$

由拉格朗日方程，得系统运动微分方程为

$$\begin{cases}m\ddot{x}-mx\dot{\theta}^2+k(x-a)-mg\cos\theta=0\\ m\left(\frac{1}{3}l^2+x^2\right)\ddot{\theta}+2mx\dot{x}\dot{\theta}+mg\left(\frac{1}{2}l+x\right)\sin\theta=0\end{cases}$$

分析一个动力学问题，目前有牛顿力学与分析力学两类理论体系的方法。每一体系又有不同的分析方法。每一种分析方法在力学发展过程中都有自己独特的作用。在目前所学的方法中，仅从解题简便性上，根据各方法的特点，可以按下面的判据选择合适的方法来建立动力学微分方程。

(1) 对于动静法和功率方程方法之间的选择方法，可参考第 10 章的总结。

(2) 对于动静法与第二类拉格朗日方程方法间的选择，当拉格朗日方程中的变量与广义坐标间都是比例关系或直角三角形关系且不求约束反力时，采用第二类拉格朗日方程方法一般更简单，否则，采用动静法一般更简单。

(3) 对于动静法与动力学普遍方程方法间的选择，当采用动静法需要引入过多未知力时，采用动力学普遍方程方法一般更简单。

(4) 对于动力学普遍方程方法与第二类拉格朗日方程方法间的选择，当拉格朗日方程中的变量与广义坐标间都是比例关系或直角三角形关系时，采用第二类拉格朗日方程方法一段更简单。

(5) 对于单自由度多物体系统，若仅求做功的力或加速度，则优选功率方程方法。当速度关系不都是直角三角形关系或比例关系时，优选功率方程方法 1，否则，比较功率方程方法 1 和方法 2 后选择。

12.3　初次积分

初次积分

求系统到达某位置时的速度问题是动力学中一个重要问题。对于多自由度系统，一般没有解析解，而采用数值积分方法不仅计算量大，而且有时会出现很大的误差，特别是对于强非线性动力学系统。若能找到全部或部分积分方程，则能极大减少计算量并提高计算精度。

一般地，整个系统的所有机械能可能不守恒或动量、动量矩不守恒，但某些局部的特征可能存在某种守恒关系，根据动能的组成特点将整个系统进一步分为 3 个组成部分后，有些情况下可得到某种守恒关系，便于寻找积分方程，简化求解过程。初次积分中的循环积分和 Jacobi 能量积分便是其中两类积分方程。下面介绍初次积分及其存在判据。

12.3.1　动能的结构

将完整系统各质点的速度表示为广义坐标的列向量形式：

$$\dot{\boldsymbol{r}}_i=\sum_{j=1}^{n}\frac{\partial \boldsymbol{r}_i}{\partial q_j}\dot{q}_j+\frac{\partial \boldsymbol{r}_i}{\partial t}=\left(\frac{\partial \boldsymbol{r}_i}{\partial \boldsymbol{q}}\right)^{\mathrm{T}}\dot{\boldsymbol{q}}+\frac{\partial \boldsymbol{r}_i}{\partial t},\quad i=1,2,\cdots,N \tag{12.28}$$

其中　$\dot{\boldsymbol{q}}=(\dot{q}_1,\dot{q}_2,\cdots,\dot{q}_n)^{\mathrm{T}}$，$\dfrac{\partial \boldsymbol{r}_i}{\partial \boldsymbol{q}}=\left(\dfrac{\partial \boldsymbol{r}_i}{\partial q_1},\dfrac{\partial \boldsymbol{r}_i}{\partial q_2},\cdots,\dfrac{\partial \boldsymbol{r}_i}{\partial q_n}\right)^{\mathrm{T}}$，$i=1,2,\cdots,N$

因此系统动能可写为

$$
\begin{aligned}
T&=\frac{1}{2}\sum_{i=1}^{N} m_i\dot{\boldsymbol{r}}_i\cdot\dot{\boldsymbol{r}}_i=\frac{1}{2}\sum_{i=1}^{N}\left\{m_i\left[\left(\frac{\partial \boldsymbol{r}_i}{\partial \boldsymbol{q}}\right)^{\mathrm{T}}\dot{\boldsymbol{q}}+\frac{\partial \boldsymbol{r}_i}{\partial t}\right]\cdot\left[\left(\frac{\partial \boldsymbol{r}_i}{\partial \boldsymbol{q}}\right)^{\mathrm{T}}\dot{\boldsymbol{q}}+\frac{\partial \boldsymbol{r}_i}{\partial t}\right]\right\}\\
&=\frac{1}{2}\dot{\boldsymbol{q}}^{\mathrm{T}}\left[\sum_{i=1}^{N} m_i\frac{\partial \boldsymbol{r}_i}{\partial \boldsymbol{q}}\left(\frac{\partial \boldsymbol{r}_i}{\partial \boldsymbol{q}}\right)^{\mathrm{T}}\right]\dot{\boldsymbol{q}}+\left[\sum_{i=1}^{N} m_i\frac{\partial \boldsymbol{r}_i}{\partial t}\left(\frac{\partial \boldsymbol{r}_i}{\partial \boldsymbol{q}}\right)^{\mathrm{T}}\right]\dot{\boldsymbol{q}}+\frac{1}{2}\sum_{i=1}^{N} m_i\frac{\partial \boldsymbol{r}_i}{\partial t}\frac{\partial \boldsymbol{r}_i}{\partial t}
\end{aligned}
\tag{12.29}
$$

令 $\boldsymbol{M}_2$ 为 n 阶对称方矩阵：

$$\boldsymbol{M}_2=\sum_{i=1}^{N} m_i\frac{\partial \boldsymbol{r}_i}{\partial \boldsymbol{q}}\left(\frac{\partial \boldsymbol{r}_i}{\partial \boldsymbol{q}}\right)^{\mathrm{T}}$$

$\boldsymbol{M}_1$ 为 n 阶列向量：

$$\boldsymbol{M}_1=\sum_{i=1}^{N} m_i\frac{\partial \boldsymbol{r}_i}{\partial t}\frac{\partial \boldsymbol{r}_i}{\partial \boldsymbol{q}}$$

广义速度的二次齐次式 T_2 为

$$T_2=\frac{1}{2}\dot{\boldsymbol{q}}^{\mathrm{T}}\boldsymbol{M}_2\dot{\boldsymbol{q}}$$

广义速度的一次齐次式 T_1 为

$$T_1=\boldsymbol{M}_1^{\mathrm{T}}\dot{\boldsymbol{q}}$$

广义速度的零次齐次式 T_0 为

$$T_0=\frac{1}{2}\sum_{i=1}^{N} m_i\frac{\partial \boldsymbol{r}_i}{\partial t}\frac{\partial \boldsymbol{r}_i}{\partial t}$$

则动能可表示成

$$T=T_2+T_1+T_0 \tag{12.30}$$

因为系统处于运动状态，广义速度不可能都为零，因此 $T_2>0$，进而 $\boldsymbol{M}_2$ 为正定矩阵。

对于完整系统，系统的动能可以表示为

$$T=T(\boldsymbol{q},\dot{\boldsymbol{q}},t) \tag{12.31}$$

因此，第二类拉格朗日方程的显式表达式为

$$\ddot{q}_j+f_i(\dot{q}_1,\dot{q}_2,\cdots,\dot{q}_n;q_1,q_2,\cdots,q_n;t)=0 \tag{12.32}$$

显式拉格朗日方程指的是每个方程中的广义加速度项中只有对应广义坐标的广义加速度。

如果存在某一函数

$$F(q_j,\dot{q}_j,t)=常数=C \tag{12.33}$$

则有

$$\frac{\mathrm{d}F}{\mathrm{d}t}=\sum_{j=1}^{n}\left(\frac{\partial F}{\partial \dot{q}_j}\ddot{q}_j+\frac{\partial F}{\partial q_j}\dot{q}_j\right)+\frac{\partial F}{\partial t}=0 \tag{12.34}$$

称 F 为式(12.32)的**初次积分**(原函数)，初次积分也称为**第一次积分**或**首次积分**。

12.3.2　循环积分

对于完整系统，第二类拉格朗日方程为

$$\frac{\mathrm{d}}{\mathrm{d}t}\frac{\partial \mathcal{L}}{\partial \dot{q}_j}-\frac{\partial \mathcal{L}}{\partial q_j}=Q_j\quad(j=1,2,\cdots,n) \tag{12.35}$$

其中，Q_j 为广义坐标 q_j 的非有势力的广义力。

若能选取合适的广义坐标，使得 $\mathcal{L}$ 中不显含某个广义坐标 q_j（可以含其广义速度），则有

$$\frac{\partial \mathcal{L}}{\partial q_j}=0 \tag{12.36}$$

若

$$Q_j=0 \tag{12.37}$$

将式(12.36)、式(12.37)代入式(12.35)，有

$$\frac{\mathrm{d}}{\mathrm{d}t}\frac{\partial \mathcal{L}}{\partial \dot{q}_j}=0 \tag{12.38}$$

因此

$$\frac{\partial \mathcal{L}}{\partial \dot{q}_j}=\text{常数}$$

即

$$\frac{\partial \mathcal{L}}{\partial \dot{q}_j}=\frac{\partial T}{\partial \dot{q}_j}-\frac{\partial V}{\partial \dot{q}_j}=\frac{\partial T}{\partial \dot{q}_j}=\text{常数} \tag{12.39}$$

对于一个平面运动的刚体，其动能为

$$T=\frac{1}{2}mv_C^2+\frac{1}{2}J_C\omega^2 \tag{12.40}$$

$$p_1=\frac{\partial T}{\partial v_C}=mv_C,\quad p_2=\frac{\partial T}{\partial \omega}=J_C\omega \tag{12.41}$$

$\frac{\partial T}{\partial \dot{q}_j}$具有动量或动量矩性质，定义 $p_j=\frac{\partial T}{\partial \dot{q}_j}$为广义动量。

当$\frac{\partial \mathcal{L}}{\partial \dot{q}_j}=$常数，$p_j(q_j,\dot{q}_j,t)=$常数时，$p_j$是一个初次积分。该积分称为循环积分，对应的广义坐标 q_j 称为循环坐标或可遗坐标。

从上面推导可知，对于完整系统，若能选取合适的广义坐标，使得 $\mathcal{L}$ 中不显含某个广义坐标 q_j，且 $Q_j=0$，则 q_j 为循环坐标。

12.3.3 Jacobi 能量积分

为了分析方便，下面先将已知速度 $\dot{q}_n$ 的坐标 q_n 也视为广义坐标（实际上，该坐标可直接由 $\dot{q}_n$ 积分得到，不是广义坐标）。

对于存在非保守力的主动力的完整系统，有

$$\mathcal{L}=\mathcal{L}(q_1,\dot{q}_1,\cdots,q_j,\dot{q}_j,\cdots,q_n,\dot{q}_n,t),(j=1,2,\cdots,n) \tag{12.42}$$

式(12.42)对时间 t 求导有

$$\frac{\mathrm{d}\mathcal{L}}{\mathrm{d}t}=\sum_{j=1}^{n}\left(\frac{\partial \mathcal{L}}{\partial \dot{q}_j}\ddot{q}_j+\frac{\partial \mathcal{L}}{\partial q_j}\dot{q}_j\right)+\frac{\partial \mathcal{L}}{\partial t} \tag{12.43}$$

将拉格朗日方程进行变换，有

$$\frac{\partial \mathcal{L}}{\partial q_j}=\frac{\mathrm{d}}{\mathrm{d}t}\frac{\partial \mathcal{L}}{\partial \dot{q}_j}-Q_j\quad(j=1,2,\cdots,n) \tag{12.44}$$

将式(12.44)代入式(12.43)有

$$\frac{\mathrm{d}\mathcal{L}}{\mathrm{d}t}=\sum_{j=1}^{n-1}\left(\frac{\partial \mathcal{L}}{\partial \dot{q}_j}\ddot{q}_j+\frac{\mathrm{d}}{\mathrm{d}t}\frac{\partial \mathcal{L}}{\partial \dot{q}_j}\dot{q}_j-Q_j\dot{q}_j\right)+\left[\frac{\partial \mathcal{L}}{\partial \dot{q}_n}\ddot{q}_n+\frac{\partial \mathcal{L}}{\partial q_n}\dot{q}_n\right]+\frac{\partial \mathcal{L}}{\partial t} \tag{12.45}$$

利用分部积分

$$\frac{\mathrm{d}}{\mathrm{d}t}\left(\sum_{j=1}^{n-1}\frac{\partial \mathscr{L}}{\partial \dot{q}_j}\dot{q}_j\right)=\sum_{j=1}^{n-1}\left(\frac{\partial \mathscr{L}}{\partial \dot{q}_j}\ddot{q}_j+\frac{\mathrm{d}}{\mathrm{d}t}\frac{\partial \mathscr{L}}{\partial \dot{q}_j}\dot{q}_j\right) \tag{12.46}$$

方程(12.45)变成

$$\frac{\mathrm{d}\mathscr{L}}{\mathrm{d}t}=\left[\frac{\mathrm{d}}{\mathrm{d}t}\left(\sum_{j=1}^{n-1}\frac{\partial \mathscr{L}}{\partial \dot{q}_j}\dot{q}_j\right)-\sum_{j=1}^{n-1}Q_j\dot{q}_j\right]+\left[\frac{\partial \mathscr{L}}{\partial \dot{q}_n}\ddot{q}_n+\frac{\partial \mathscr{L}}{\partial q_n}\dot{q}_n\right]+\frac{\partial \mathscr{L}}{\partial t} \tag{12.47}$$

在式(12.47)中,若 $\mathscr{L}$ 中不含有坐标 q_n,有

$$\frac{\partial \mathscr{L}}{\partial q_n}=0 \tag{12.48}$$

进一步,若

$$\ddot{q}_n=0,\quad Q_j=0(j=1,2,\cdots,n-1),\quad \frac{\partial \mathscr{L}}{\partial t}=0 \tag{12.49}$$

则方程(12.47)简化成

$$\frac{\mathrm{d}\mathscr{L}}{\mathrm{d}t}=\frac{\mathrm{d}}{\mathrm{d}t}\left(\sum_{j=1}^{n-1}\frac{\partial \mathscr{L}}{\partial \dot{q}_j}\dot{q}_j\right) \tag{12.50}$$

若给定坐标 q_n 的加速度 $\ddot{q}_n=0$,且 $\mathscr{L}$ 中不显含 q_n 和时间 t,以及作为广义坐标的非有势力的所有广义力 Q_j 均为0,则方程(12.50)成立,从而有

$$\frac{\mathrm{d}}{\mathrm{d}t}\left(\sum_{j=1}^{n-1}\frac{\partial \mathscr{L}}{\partial \dot{q}_j}\dot{q}_j-\mathscr{L}\right)=0 \tag{12.51}$$

由式(12.51)得到 $E^*(q,\dot{q})=\sum_{j=1}^{n-1}\frac{\partial \mathscr{L}}{\partial \dot{q}_j}\dot{q}_j-\mathscr{L}=$ 常数,这也是式(12.32)的初次积分,此积分具有能量的量纲,称为Jacobi能量积分。

考虑

$$T=\frac{1}{2}\sum_{k=1}^{n}\sum_{j=1}^{n}A_{kj}\dot{q}_j\dot{q}_k+\sum_{j=1}^{n}B_j\dot{q}_j+\frac{1}{2}\left[\left(\sum_{i=1}^{N}m_i\cdot\left(\frac{\partial r_i}{\partial t}\right)^2\right]=T_2+T_1+T_0$$

$$E^*=\sum_{j=1}^{n-1}\frac{\partial \mathscr{L}}{\partial \dot{q}_j}\dot{q}_j-\mathscr{L}=2T_2+T_1-(T_2+T_1+T_0-V)=T_2-T_0+V=\text{常数} \tag{12.52}$$

从上面推导可知,对于有非有势力的非保守系统,存在Jacobi能量积分须同时满足如下条件。

(1) 当给定坐标 q_n 的加速度 $\ddot{q}_n=0$ 时,一定有做功的主动力,不是保守系统。

(2) $\mathscr{L}$ 中不显含 q_n。

(3) $\mathscr{L}$ 中不显含时间 t。

(4) 作为广义坐标的非有势力的所有广义力均为0。

当 $\ddot{q}_n=0$ 时,考虑 $q_n=C_0+C_1\dot{q}_nt+\frac{1}{2}\ddot{q}_nt^2=C_0+C_1\dot{q}_nt$,因此 q_n 中显含时间 t,可发现要满足上述条件(3),则必须满足条件(1)(2),故Jacobi能量积分的存在条件是需要同时满足条件(3)和(4),但是将条件(1)～(4)作为判据更容易判断。

对于具有完整约束的保守系统,上述条件(2)～(4)均成立,故存在Jacobi能量积分,该积分中 $T_0=0$,$T=T_2$,故 $E^*=T+V=$ 常数,即机械能守恒。

例 12.9　如图12.9所示,半径为 r、质量为 m 的均质圆盘,其圆心 O 与长为 $2r$、质量为 m

的均质杆件 OA 铰接。圆盘可在粗糙水平地面做纯滚动。OA 上作用常力偶矩 M，初始时刻 OA 处于水平位置，由静止释放，求 OA 到达竖直位置时点 O 的速度和 OA 的角速度。

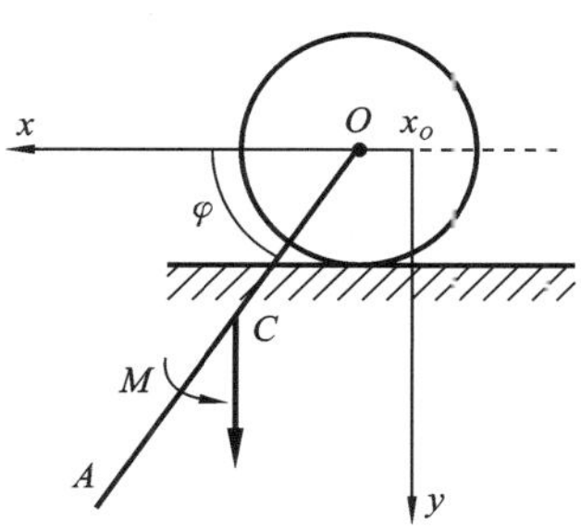

图 12.9　例 12.9 图

分析　系统自由度为 2，需列 2 个积分方程。按照第 10 章总结的步骤，由动能定理得到 1 个积分方程，再选取合适坐标，得到 1 个循环积分方程。

解　建立图 12.9 所示坐标系，选取 x_O、φ 为广义坐标。

$$x_C=x_O+r\cos\varphi,\quad y_C=r\sin\varphi \tag{a}$$

$$\dot{x}_C=\dot{x}_O-r\sin\varphi\dot{\varphi},\quad \dot{y}_C=r\cos\varphi\dot{\varphi} \tag{b}$$

取点 O 为零势能点，则

$$\begin{aligned}\mathcal{L}&=\frac{3}{4}m\dot{x}_O^2+\frac{1}{2}m\dot{x}_O^2+\frac{1}{2}mr^2\dot{\varphi}^2-mr\sin\varphi\dot{x}_O\dot{\varphi}+\frac{1}{2}\frac{1}{3}mr^2\dot{\varphi}^2-mgr\sin\varphi\\&=\frac{5}{4}m\dot{x}_O^2+\frac{2}{3}mr^2\dot{\varphi}^2-mr\sin\varphi\dot{x}_O\dot{\varphi}-mgr\sin\varphi\end{aligned} \tag{c}$$

非有势力的广义力为

$$Q_{x_O}=0,\quad Q_\theta=M \tag{d}$$

根据循环积分和 Jacobi 能量积分存在判据，x_O 是循环坐标，存在循环积分，不存在 Jacobi 能量积分。由循环积分有

$$\frac{\partial T}{\partial \dot{x}_O}=\frac{5}{2}m\dot{x}_O-mr\sin 90^\circ\dot{\varphi}=\text{常数}=0 \tag{f}$$

由动能定理有

$$\frac{5}{4}m\dot{x}_O^2+\frac{2}{3}mr^2\dot{\varphi}^2-mr\dot{x}_O\dot{\varphi}=mgr+\frac{\pi}{2}M \tag{g}$$

联立式(f)、式(g)有

$$\dot{x}_O=2\sqrt{\frac{3}{35}\left(gr+\frac{\pi}{2}\frac{M}{m}\right)},\quad \dot{\varphi}=\frac{5}{r}\sqrt{\frac{3}{35}\left(gr+\frac{\pi}{2}\frac{M}{m}\right)}$$

例 12.10　如图 12.10 所示，质量为 m 的小球在光滑细管中自由滑动，细管弯成半径为 R 的圆环，在未知变化的力偶矩 M 作用下，以匀角速度 ω 绕竖直直径上的轴 AB 转动，细管对转轴的转动惯量为 J，不考虑各处摩擦。小球在圆环最高点时，相对细管速度为 0，然后受到微小扰动。求小球下降到图示 θ 位置时，小球相对细管的速度。

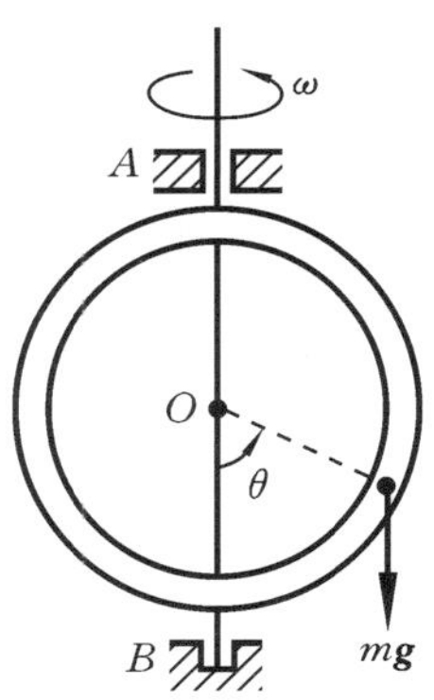

图 12.10　例 12.10 图

分析　系统自由度为 1，需要列 1 个积分方程，该题具有 Jacobi 能量积分。

解　如图 12.10 所示，取 θ 为系统的广义坐标。取小球为动点，细管为动系，有

$$\boldsymbol{v}_a=\boldsymbol{v}_e+\boldsymbol{v}_r \tag{a}$$

其中，$v_e=R\sin\theta\omega$（方向垂直于细管平面），$v_r=R\dot{\theta}$（方向在细管平面内与环相切），因此系统的动能为

$$T=\frac{1}{2}mR^2\dot{\theta}^2+\frac{1}{2}m\omega^2R^2\sin^2\theta+\frac{1}{2}J\omega^2 \tag{b}$$

有

$$T_2=\frac{1}{2}mR^2\dot{\theta}^2,\quad T_1=0,\quad T_0=\frac{1}{2}m\omega^2R^2\sin^2\theta+\frac{1}{2}J\omega^2$$

取细管圆心为零势能点，故系统势能为

$$V=-mgR\cos\theta \tag{c}$$

因为 $Q_\theta=0$，$\dot{\omega}=0$，$\mathcal{L}$ 中不含有细管的转角坐标且不显含时间 t，故 Jacobi 能量积分为

$$E^*=T_2-T_0+V=\frac{1}{2}mR^2\dot{\theta}^2-\frac{1}{2}mR^2\omega^2\sin^2\theta-\frac{1}{2}J\omega^2-mgR\cos\theta$$

$$=\text{常数}=-\frac{1}{2}J\omega^2+mgR \tag{d}$$

解得

$$v_r=\sqrt{2gR(1+\cos\theta)+R^2\omega^2\sin^2\theta}$$

例 12.11　如图 12.11 所示，质量为 m、长为 l 的均质杆 AB 沿直角架 DOB 两边无摩擦地滑动，直角边 OD 是竖直的。杆的点 A 用刚度系数为 k 的弹簧与固定点连接。架 DOB 在未知变化的力偶矩 M 作用下，以匀角速度 ω 绕边 OD 转动，如果在 $\varphi=\varphi_0$ 处弹簧处于原长，杆 AB 相对框架静止，然后释放，求 AB 相对框架的角速度 $\dot{\varphi}$ 与 φ 的关系。(不考虑直角架 DOB 及弹簧的质量。)

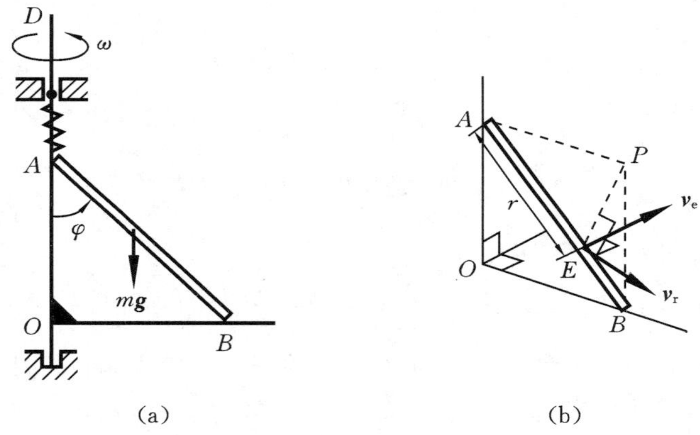

图 12.11　**例** 12.11 **图**

解　以直角架 DOB 为动系，杆 AB 相对运动的速度瞬心为点 P，杆上与点 A 距离为 r 的点的速度分析如图 12.11(b)所示。因为在整个杆上有 $\boldsymbol{v}_r\perp\boldsymbol{v}_e$，所以杆的动能为

$$T=\frac{1}{2}\sum mv_r^2+\frac{1}{2}\sum mv_e^2=\frac{1}{2}J_P\dot{\varphi}^2+\frac{1}{2}\int_0^l(\omega r\sin\varphi)^2\,\frac{m}{l}\mathrm{d}r$$

$$=\frac{1}{6}ml^2(\dot{\varphi}^2+\omega^2\sin^2\varphi)$$

所以

$$T_2=\frac{1}{6}ml^2\dot{\varphi}^2,\quad T_1=0,\quad T_0=\frac{1}{6}m\omega^2l^2\sin^2\varphi$$

以 $\varphi=\varphi_0$ 为弹性势能的零势能点，以 OB 为重力势能的零势能点，则势能为

$$V=\frac{1}{2}mgl\cos\varphi+\frac{1}{2}kl^2(\cos\varphi-\cos\varphi_0)^2$$

该系统具有 Jacobi 能量积分，为

$$E^{*}=\frac{1}{6}ml^{2}\dot{\varphi}^{2}+\frac{1}{2}mgl\cos\varphi+\frac{1}{2}kl^{2}(\cos\varphi-\cos\varphi_{0})^{2}-\frac{1}{6}m\omega^{2}l^{2}\sin^{2}\varphi=常数$$

$$=-\frac{1}{6}m\omega^{2}l^{2}\sin^{2}\varphi_{0}+\frac{1}{2}mgl\sin\varphi_{0}$$

由上式得到

$$\dot{\varphi}=\left[\omega^{2}(\sin^{2}\varphi-\sin^{2}\varphi_{0})+\frac{3}{l}g(\cos\varphi_{0}-\cos\varphi)-\frac{3}{m}k(\cos\varphi-\cos\varphi_{0})^{2}\right]^{1/2}$$

本章介绍了动力学普遍方程和第二类拉格朗日方程。第二类拉格朗日方程是用广义坐标表示的一组系统动力学方程，只能用于完整系统；而第一类拉格朗日方程是用不独立坐标表示的一组系统动力学方程，它与约束方程一起构成封闭方程组，适用于所有系统。可阅读专题 6 “第一类拉格朗日方程”以了解第一类拉格朗日方程。

小　结

小结

1. 广义力的计算

对于完整系统，$\delta q_k, k=1,2,\cdots,n$ 相互独立，可取某个 $\delta q_k\neq 0$，而取其他坐标变分等于零，计算出 $\delta W=\delta W(\delta q_k)$，则

$$\delta W(\delta q_k)=Q_k\delta q_k \quad\Rightarrow\quad Q_k=\frac{\delta W(\delta q_k)}{\delta q_k}$$

有势力的广义力为

$$Q_k=-\frac{\partial V}{\partial q_k},\quad k=1,2,\cdots,n$$

2. 用广义力表示的虚位移原理

对于完整系统，$\delta q_k, k=1,2,\cdots,n$ 是相互独立的，系统保持平衡的充要条件是

$$Q_k=0,\quad k=1,2,\cdots,n$$

具有 n 个广义坐标的完整系统处于静平衡状态，一定有 n 个未知主动力，由上述得到的 n 个方程便可求得未知主动力。

3. 动力学普遍方程

动力学普通方程一般形式为

$$\sum_{i=1}^{N}(\boldsymbol{F}_i-m_i\boldsymbol{a}_i)\cdot\delta\boldsymbol{r}_i=0$$

用广义坐标表示时，有

$$\sum_{k=1}^{n}(Q_k+S_k)\delta q_k=0$$

其中，

$$S_k=\sum_{i=1}^{N}(-m_i\boldsymbol{a}_i)\cdot\frac{\partial\boldsymbol{r}_i}{\partial q_k},\quad k=1,2,\cdots,n$$

该方程中无约束反力，对于多物体系统，采用动静法往往会引入约束反力，相对于动静法，采用该方程计算更简单。该一般形式的成立条件是双面约束，不要求系统完整。

对于完整系统，δq_k 间彼此独立，此时得到 n 个独立的以广义坐标表示的动力学普遍方程：

$$Q_k + S_k = 0, \quad k=1,2,\cdots,n$$

4. 第二类拉格朗日方程

第二类拉格朗日方程对于完整系统才成立，有

$$\frac{\mathrm{d}}{\mathrm{d}t}\frac{\partial T}{\partial \dot{q}_k} - \frac{\partial T}{\partial q_k} = Q_k, \quad k=1,2,\cdots,n$$

其中，Q_k为主动力系的广义力。

拉格朗日函数为

$$\mathscr{L} = T - V$$

对于保守系统，第二类拉格朗日方程可写成

$$\frac{\mathrm{d}}{\mathrm{d}t}\frac{\partial \mathscr{L}}{\partial \dot{q}_k} - \frac{\partial \mathscr{L}}{\partial q_k} = 0, \quad k=1,2,\cdots,n$$

5. 初次积分

1) 循环积分

对于完整系统，若能选取合适的广义坐标，使得 $\mathscr{L}$ 中不显含某个广义坐标 q_j，且 $Q_j=0$，则 q_j为循环坐标，对应的循环积分为

$$\frac{\partial T}{\partial \dot{q}_j} = \text{const}$$

2) Jacobi 能量积分

系统 Jacobi 能量积分为

$$E^* = \sum_{j=1}^{n-1} \frac{\partial \mathscr{L}}{\partial \dot{q}_j}\dot{q}_j - \mathscr{L} = T_2 - T_0 + V = \text{const}$$

Jacobi 能量积分成立条件为

(1) 当给定坐标 q_n 的加速度 $\ddot{q}_n=0$ 时，一定有做功的主动力，不是保守系统。

(2) $\mathscr{L}$ 中不显含 q_n。

(3) $\mathscr{L}$ 中不显含时间 t。

(4) 作为广义坐标的非有势力的所有广义力均为 0。

对于具有完整约束的保守系统，上述条件(2)～(4)均成立，故存在 Jacobi 能量积分，该积分中 $T_0=0, T=T_2$，故 $E^*=T+V=\text{const}$，即机械能守恒。

6. 动力学解法的优选判据

对于 $n(n>1)$个自由度系统，当动能表达式中的各速度关系用广义速度表示，且都可以通过直角三角形或比例关系得到，不求约束反力，求主动力或加速度时，优选第二类拉格朗日方程方法，否则，选用其他方法。对于单自由度系统，当各速度关系用广义速度表示，且都可以通过直角三角形或比例关系得到时，则第二类拉格朗日方程与功率方程方法 2 几乎相同，但功率方程方法 2 表述更简洁。

对于 $n(n>1)$个自由度且多物体系统，当各相关坐标或速度不都可以通过直角三角形或比例关系得到时，一般优选动力学普遍方程方法。对于单自由度且多物体系统，当各相关坐标或速度不都可以通过直角三角形或比例关系得到时，取实际位移为虚位移的动力学普遍方程方法与功率方程方法 1 几乎相同，但功率方程方法 1 表述更简洁。

当不引入未知约束反力时，动静法一般不会比上述各种解法复杂，可采用动静法或与其难易程度差不多的解法。

习　题

12.1　在题 12.1 图所示的系统中，已知物块 A、B、C 的质量均为 m，光滑斜面的倾角分别为 α 和 β，滑轮质量均忽略不计。试以动力学普遍方程方法求：(1) 系统的运动微分方程；(2) 物块 A 和 B 的加速度 a_A 和 a_B。

12.2　如题 12.2 图所示，重物 A 的质量为 m，绞盘 C 与 D 的半径均为 R，对各自转轴的转动惯量均为 J。在两绞盘上分别作用力偶矩 M_1 和 M_2，忽略各滑轮的质量及摩擦，试用动力学普遍方程方法求重物 A 加速度的大小。

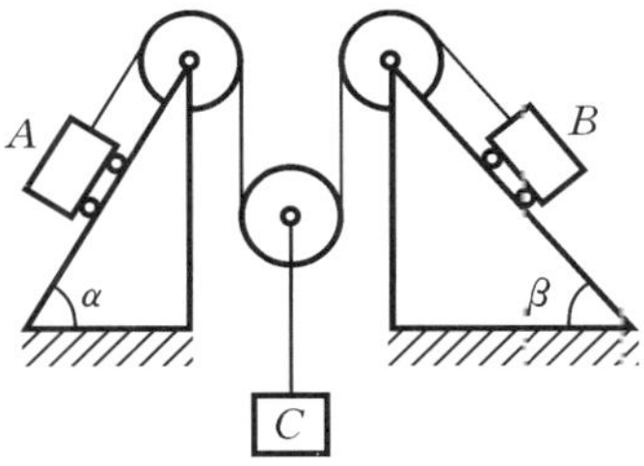

题 12.1 图

12.3　如题 12.3 图所示，质量为 m 的均质杆 OA 在变化力偶矩作用下，在竖直面内匀速转动，并带动均质连杆 AB 和半径为 r 的均质圆盘在半径为 $5r$ 的固定圆上做纯滚动。$AB=4r$，$OA=2r$。杆 OA 以匀角速度 3ω 转动，试用动力学普遍方程方法求图示瞬时固定圆对圆盘 B 的支持力。圆盘 B 和连杆 AB 的质量均为 m。

12.4　如题 12.4 图所示，球面摆（即在重力作用下沿半径为 L 的光滑球面运动的质点 m）的自由度是多少？选择一组广义坐标，写出动能表达式。

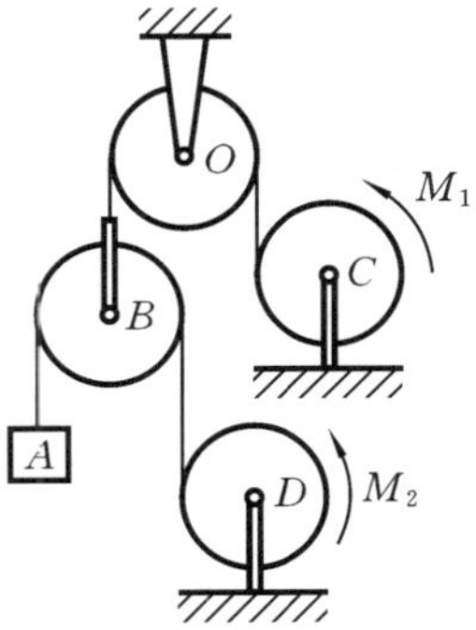

题 12.2 图

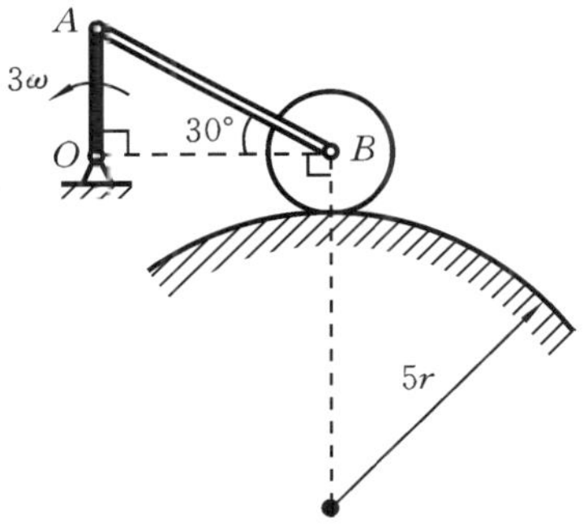

题 12.3 图

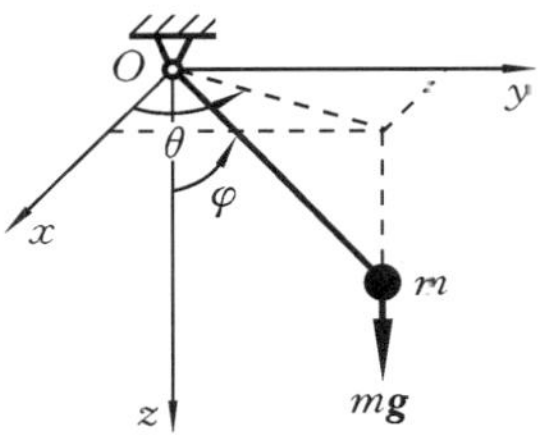

题 12.4 图

12.5　如题 12.5 图所示，均质杆 AB 长 $2L$、重 P，端点 A 沿竖直线滑动。(1) 如果杆的 B 端可以在 Oxy 平面上自由运动，自由度是多少？选出适当的广义坐标，并写出系统的动能和势能表达式。(2) 如果杆的 E 端被限制沿 Oxy 平面上的直线 BC 滑动，BC 平行于轴 y，与轴 y 的距离为 b，问其自由度又是多少？选出适当的广义坐标，并写出系统的动能和势能表达式。

12.6　如题 12.6 图所示，质量为 m 的物体 A 挂在绳子上，绳子跨过不计质量的定滑轮 D 而绕在鼓轮 B 上，重物下降带动轮 C 沿水平轨道做纯滚动。已知鼓轮半径 r，轮 C 半径 R，二者固连一起，总质量为 m_0，对质心轴 O 的回转半径为 ρ，用拉格朗日方程求重物 A 的加速度。

12.7　如题 12.7 图所示，质量为 m 的小球在光滑细管中自由滑动，细管弯成半径为 R 的圆环，圆环绕竖直直径上的轴 AB 转动，轴上作用转矩 M_z。试用拉格朗日方程建立系统的运动微分方程；如果圆环绕轴 AB 以匀角速度 ω 转动，求出转矩 M_z 的表达式（不计圆环质量）。

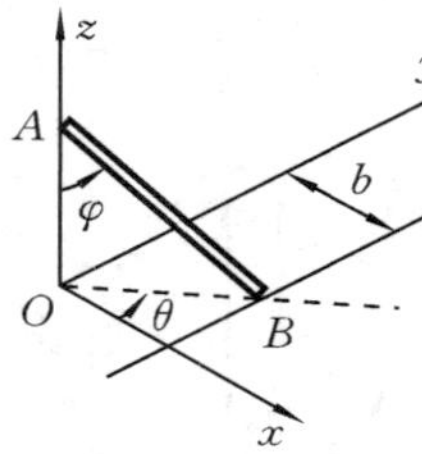

题 12.5 图

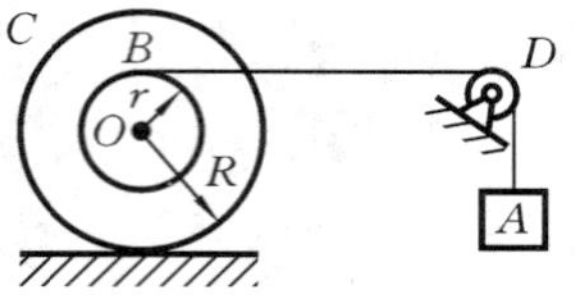

题 12.6 图

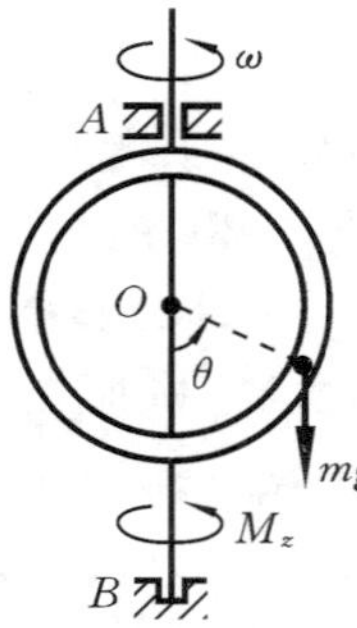

题 12.7 图

12.8　均质杆 AB 长为 L，质量为 M，弹簧的刚度系数为 k，弹簧的原长为 a_0，小球的质量为 m，杆、弹簧和小球连成如题 12.8 图所示的系统，且在光滑水平面内运动，设杆以匀角速度 ω 绕垂直于纸面的固定轴 A 转动。试用拉格朗日方程求此系统的运动微分方程。

12.9　如题 12.9 图所示，用刚度系数均为 k 的两根弹簧与两端固定墙连接，并连接质量为 m 的物块，物块可在光滑的水平上滑动。物块上质量为 $m/2$、半径为 r 的均质圆盘做纯滚动，圆盘中心 C 与物块的一端用刚度系数为 $2k$ 的弹簧连接。试用拉格朗日方程建立系统的运动微分方程。

12.10　实心均质圆柱 A 和质量分布在边缘的空心圆柱 B 的质量分别为 m_A 和 m_B，半径皆为 R，如题 12.10 图所示，两者由绕在 B 上的细绳并通过不计质量的定滑轮相连。设圆柱 A 沿水平面做纯滚动(滚阻不计)，圆柱 B 竖直下降。试用拉格朗日方程求两圆柱的圆心的加速度 a_A 和 a_B。

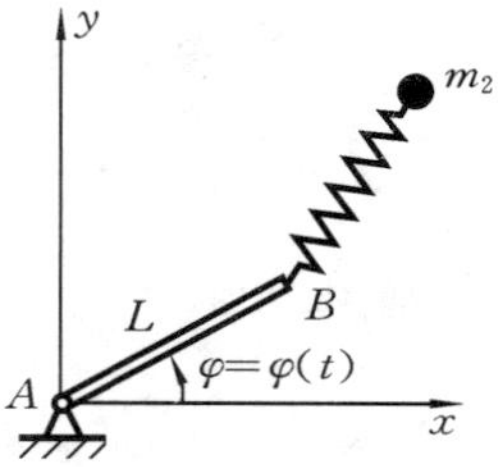

题 12.8 图

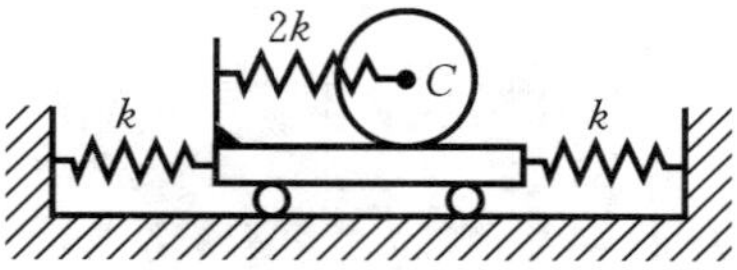

题 12.9 图

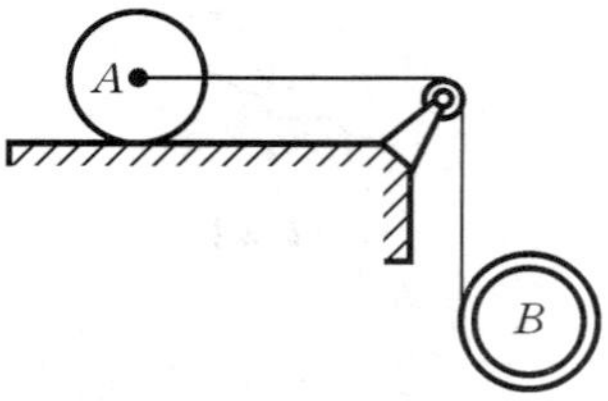

题 12.10 图

12.11　如题 12.11 图所示，均质圆柱 B 的质量 $m_1=2$ kg，半径 $R=0.1$ m，通过绳和弹簧与质量为 $m_2=1$ kg 的物体 D 相连，弹簧的刚度系数为 $k=0.2$ kN/m，斜面倾角 $\alpha=30°$，圆柱 B 沿斜面滚而不滑，定滑轮 A 的质量不计。试用拉格朗日方程建立系统的运动微分方程。

12.12　一均质杆 AB 长为 $2L$，质量为 m，两端分别沿框架的竖直边与水平边滑动(不计摩擦)，框架以匀角速度 ω 绕其竖直边转动，如题 12.12 图所示，试用拉格朗日方程建立杆 AB 的运动微分方程。

12.13　如题 12.13 图所示，一质量为 m_1、长为 L 的单摆，其上端连在圆轮的中心 O 上。圆轮的质量为 m_2，半径为 r，可视为均质圆盘。圆轮放在水平面上，圆轮与平面间有足够的摩擦力阻止滑动。试用拉格朗日方程求轮心 O 的加速度。

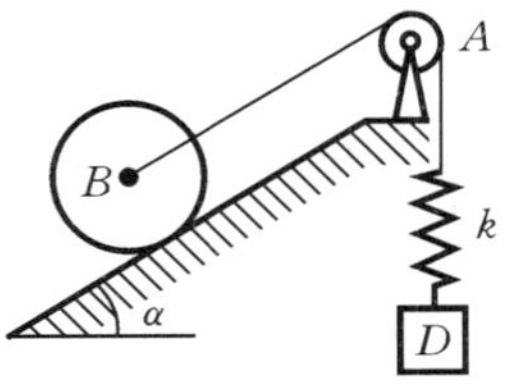

题 12.11 图

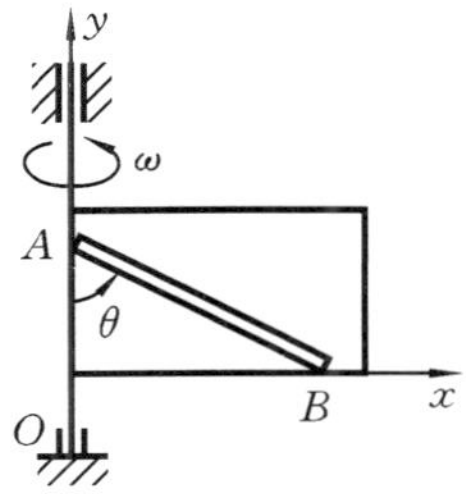

题 12.12 图

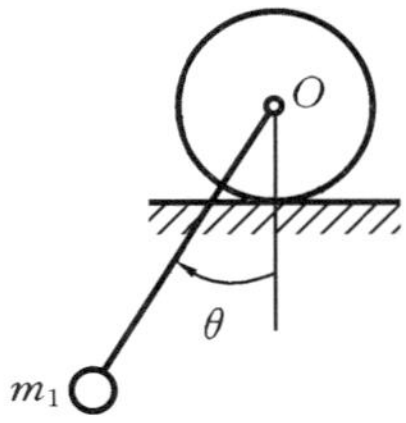

题 12.13 图

碰撞

第13章 碰　　撞

当物体受到冲击或运动遇到障碍时，在非常短的时间内，它的速度发生急剧改变，这种现象称为**碰撞**或**冲击**。求解碰撞问题实际上仍是求解一个过程的速度问题，只是这时计算冲击力和力矩比较困难，所以用冲量、冲量矩来取代冲击力和力矩，冲量定理(动量定理的积分形式)、冲量矩定理(动量矩定理的积分形式)取代动量定理、动量矩定理，分析方法本质上与求一个过程中速度变化问题的相同。碰撞是一种广泛而重要的现象。它既有有利的一面，如锻铁、打桩、激发炮弹等，也有不利的一面，如会引起机械和结构的破坏。碰撞后物体有时会发生转动。

碰撞的2个基本假设

13.1　碰撞的2个基本假设

碰撞过程(碰撞开始至结束)在极短时间($10^{-4}\sim10^{-2}$ s)内完成，而碰撞物体的速度或动量却发生有限改变，故加速度很大，进而相互作用力也很大，碰撞过程中的作用力称为**碰撞力**或**瞬时力**。由于碰撞过程时间很短，因此碰撞物体的位移很小。

碰撞过程虽然极其短暂，但非常复杂，会发生各种物理和化学变化。精确地研究碰撞问题非常困难，在工程上可以基于如下2个基本假设研究简单系统在碰撞前后的运动状态的变化问题。

(1) 在碰撞过程中，非碰撞力与碰撞力相比一般很小，假设非碰撞力在碰撞过程中的冲量忽略不计；

(2) 碰撞过程时间很短，物体的位移可忽略不计。

碰撞时的动量定理(冲量定理)

13.2　碰撞时的动量定理(冲量定理)

对系统的碰撞过程应用质点系动量定理的积分形式，得

$$\sum m\boldsymbol{v}_2-\sum m\boldsymbol{v}_1=\sum \boldsymbol{I}^{(e)} \tag{13.1}$$

$$\boldsymbol{I}^{(e)}=\int_0^{\tau}\boldsymbol{F}^{(e)}\,\mathrm{d}t \tag{13.2}$$

式中：$\boldsymbol{v}_1$ 为碰撞开始瞬时系统各质点的速度矢量；$\boldsymbol{v}_2$ 为碰撞结束瞬时系统各质点的速度矢量；$\boldsymbol{I}^{(e)}$ 为外碰撞力 $\boldsymbol{F}^{(e)}$ 的冲量，简称**碰撞冲量**；τ 为碰撞时间。当 $\boldsymbol{I}^{(e)}$ 和 τ 已知时，碰撞力的平均值为

$$\boldsymbol{F}_{\mathrm{aver}}^{(e)}=\boldsymbol{I}^{(e)}/\tau \tag{13.3}$$

方程(13.1)称为**冲量定理**，其意思是，由于碰撞过程很短暂，外碰撞力的变化又很复杂，因此研究碰撞问题时只利用整个碰撞过程的冲量，而不关注外碰撞力的变化，也不考虑非外碰撞力的冲量(如重力、已知的常规外作用力等)。

注意：力是否为外碰撞力随分析对象的不同而不同。根据碰撞特征及假设，可采用如下的

判别方法：两个分离的刚体发生接触(一般视为突然接触)是碰撞，所引起的刚性约束处的约束反力是碰撞力；两个物体突然分离或一个刚体与一个柔性体(比如弹簧)突然接触等其他情形不属于碰撞。

13.3 碰撞时的动量矩定理(冲量矩定理)

碰撞时的动量矩定理(冲量矩定理)

1. 绝对运动冲量矩定理

由质点系动量矩定理有

$$\frac{\mathrm{d}\boldsymbol{L}_O}{\mathrm{d}t}=\sum \boldsymbol{m}_O(\boldsymbol{F}^{(e)})=\sum \boldsymbol{r}\times\boldsymbol{F}^{(e)} \quad\Rightarrow\quad \mathrm{d}\boldsymbol{L}_O=\sum \boldsymbol{r}\times\boldsymbol{F}^{(e)}\mathrm{d}t$$

在碰撞过程中，根据碰撞的基本假设，各质点的位置 $\boldsymbol{r}$ 不变，将上式在碰撞过程时间内积分，可得

$$\boldsymbol{L}_{O2}-\boldsymbol{L}_{O1}=\sum\int_0^\tau \boldsymbol{r}\times\boldsymbol{F}^{(e)}\mathrm{d}t=\sum \boldsymbol{r}\times\int_0^\tau \boldsymbol{F}^{(e)}\mathrm{d}t=\sum \boldsymbol{r}\times\boldsymbol{I}^{(e)}=\sum \boldsymbol{m}_O(\boldsymbol{I}^{(e)})$$

即

$$\boldsymbol{L}_{O2}-\boldsymbol{L}_{O1}=\sum \boldsymbol{m}_O(\boldsymbol{I}^{(e)}) \tag{13.4}$$

式中：$\boldsymbol{L}_{O1}$、$\boldsymbol{L}_{O2}$ 分别为在碰撞开始和结束瞬时系统对固定点 O 的动量矩；$\boldsymbol{m}_O(\boldsymbol{I}^{(e)})$ 为外碰撞力冲量 $\boldsymbol{I}^{(e)}$ 对点 O 的**冲量矩**。方程(13.4)为研究碰撞的绝对运动**冲量矩定理**。

2. 相对质心的冲量矩定理

由质点系相对质心的动量矩定理，有

$$\frac{\mathrm{d}\boldsymbol{L}_C}{\mathrm{d}t}=\sum \boldsymbol{m}_C(\boldsymbol{F}^{(e)})=\sum \boldsymbol{r}\times\boldsymbol{F}^{(e)} \quad\Rightarrow\quad \mathrm{d}\boldsymbol{L}_C=\sum \boldsymbol{r}\times\boldsymbol{F}^{(e)}\mathrm{d}t$$

其中，$\boldsymbol{L}_C$ 为质点系相对质心 C 的相对运动动量矩；$\boldsymbol{r}$ 为各质点相对质心的矢径，它们在碰撞过程中不变，对上式在碰撞过程时间内积分，可得

$$\boldsymbol{L}_{C2}-\boldsymbol{L}_{C1}=\sum\int_0^\tau \boldsymbol{r}\times\boldsymbol{F}^{(e)}\mathrm{d}t=\sum \boldsymbol{r}\times\int_0^\tau \boldsymbol{F}^{(e)}\mathrm{d}t=\sum \boldsymbol{r}\times\boldsymbol{I}^{(e)}=\sum \boldsymbol{m}_C(\boldsymbol{I}^{(e)})$$

$$\boldsymbol{L}_{C2}-\boldsymbol{L}_{C1}=\sum \boldsymbol{m}_C(\boldsymbol{I}^{(e)}) \tag{13.5}$$

方程(13.5)称为质点系**相对质心的冲量矩定理**。

多物体系统的相对质心 C 的动量矩可利用其等于对与点 C 重合的固定点 C_1 的绝对动量矩来计算。

在相对运动动量矩定理中，还可以取使瞬时加速度为零和加速度指向质心的两种动矩心，但这两种动矩心一般只使定理瞬时成立，而在上面的积分中，要求相对运动动量矩定理在碰撞过程中始终成立，因此，这两种动矩心一般不能使用，而只采用相对于质心的冲量矩定理(13.5)。

13.4 两物体的碰撞及其恢复系数

两物体的碰撞及其恢复系数

1. 两物体的对心碰撞

当两个物体发生碰撞时，如果这两个物体的质心在碰撞接触面的公法线上，则称这两个物体做**对心碰撞**。

如图 13.1 所示，做对心碰撞的两个物体，如果它们的质心速度也在碰撞接触面的公法线上，则称这两个物体做**对心正碰撞**；否则，称这两个物体做**对心斜碰撞**。

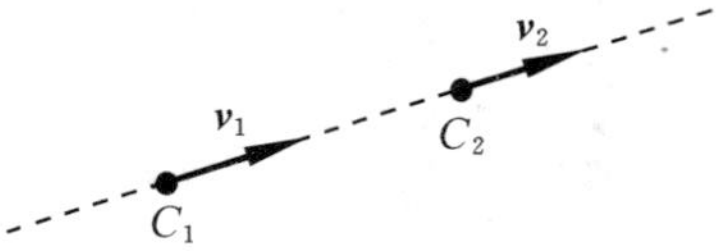

(a) 对心正碰撞

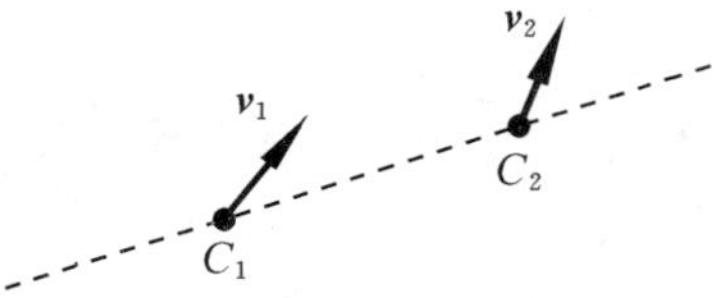

(b) 对心斜碰撞

图 13.1 两物体的对心碰撞

2. 对心正碰撞的恢复系数

实验证明，给定材料的两个物体发生正碰撞时，不论碰撞前后的速度如何，两物体碰撞前后的相对速度大小的比值是不变的，该比值称为**恢复系数**，用 k 表示：

$$k=\frac{|u_r|}{|v_r|} \tag{13.6}$$

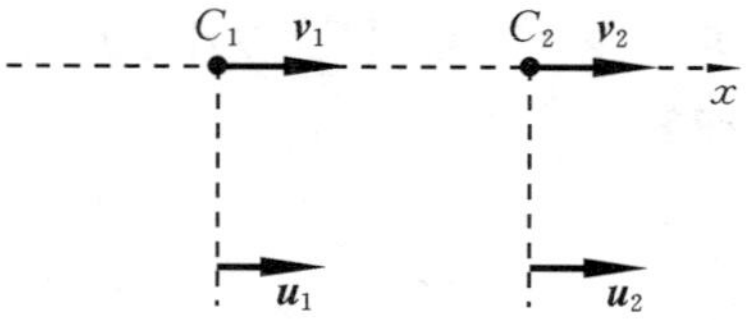

图 13.2 对心正碰撞前后的速度

设质量为 m_1、m_2 的两物体发生正碰撞，碰撞前的速度分别为 $\boldsymbol{v}_1$、$\boldsymbol{v}_2$，碰撞后的速度分别为 $\boldsymbol{u}_1$、$\boldsymbol{u}_2$。取两物体质心的连线作为 x 轴，因为物体做对心正碰撞，$\boldsymbol{v}_1$、$\boldsymbol{v}_2$、$\boldsymbol{u}_1$、$\boldsymbol{u}_2$ 与 x 轴共线，假设 $\boldsymbol{v}_1$、$\boldsymbol{v}_2$、$\boldsymbol{u}_1$、$\boldsymbol{u}_2$ 方向与 x 轴正向相同，如图 13.2 所示，恢复系数 k 为

$$k=\frac{u_2-u_1}{v_1-v_2} \tag{13.7}$$

其中，v_1、v_2、u_1、u_2 为 $\boldsymbol{v}_1$、$\boldsymbol{v}_2$、$\boldsymbol{u}_1$、$\boldsymbol{u}_2$ 在 x 轴正方向的投影。在 x 轴正方向应用冲量定理有

$$(m_1u_1+m_2u_2)-(m_1v_1+m_2v_2)=0 \tag{13.8}$$

方程(13.7)(13.8)是求解正碰撞问题时的两个基本方程。

3. 对心正碰撞过程的动能关系

碰撞前两物体的动能为

$$T_1=\frac{1}{2}m_1v_1^2+\frac{1}{2}m_2v_2^2 \tag{13.9}$$

碰撞后两物体的动能为

$$T_2=\frac{1}{2}m_1u_1^2+\frac{1}{2}m_2u_2^2 \tag{13.10}$$

考虑到方程(13.7)(13.8)，可得

$$T_1-T_2=\frac{m_1m_2}{2(m_1+m_2)}(1-k^2)(v_1-v_2)^2 \tag{13.11}$$

或

$$T_1-T_2=\frac{1-k}{1+k}\left[\frac{1}{2}m_1(v_1-u_1)^2+\frac{1}{2}m_2(v_2-u_2)^2\right] \tag{13.12}$$

由于两物体在碰撞过程中无外界能量输入，故必有

$$T_1\geqslant T_2 \quad 或 \quad T_1-T_2\geqslant 0 \tag{13.13}$$

由此得

$$0\leqslant k\leqslant 1 \tag{13.14}$$

因此，T_1-T_2 就是碰撞前后系统的动能损失，由此将碰撞过程分为以下几种。

（1）$k=1$ 时，动能无损失，称为**完全弹性碰撞**。

（2）$k=0$ 时，$u_2=u_1$，两物体碰撞后不分开，动能损失达最大值，称为**塑性碰撞**或**完全非弹性碰撞**。

（3）$0<k<1$ 时，有动能损失，但两物体碰撞后分开，称为**非完全弹性碰撞**。

因此，恢复系数 k 的大小表征了两物体在碰撞过程中动能损失的大小。

在分析完全弹性碰撞问题时，可以用式(13.7)补充方程，也可以用碰撞前后动能不变来补充方程，但二者只能选一。恢复系数揭示的是物体碰撞处的能量与大气的能量交换，大气作为独立于碰撞物体的对象，恢复系数可视为考虑了大气的一个独立的动力学方程，这样，对于 2 个物体的平面碰撞问题，对每个物体可列 3 个独立的动力学方程，总共可列 7 个独立的动力学方程。

4. 对心斜碰撞的恢复系数

对于斜碰撞问题，恢复系数定义为

$$k=\frac{u_{2n}-u_{1n}}{v_{1n}-v_{2n}} \tag{13.15}$$

其中，v_{1n}、v_{2n}、u_{1n}、u_{2n} 为 $\boldsymbol{v}_1$、$\boldsymbol{v}_2$、$\boldsymbol{u}_1$、$\boldsymbol{u}_2$ 在碰撞接触面公法线上的投影，如图 13.3 所示。此外，将方程(13.9)至方程(13.12)中的 v_1、v_2、u_1、u_2 改为 v_{1n}、v_{2n}、u_{1n}、u_{2n} 方程仍然成立。

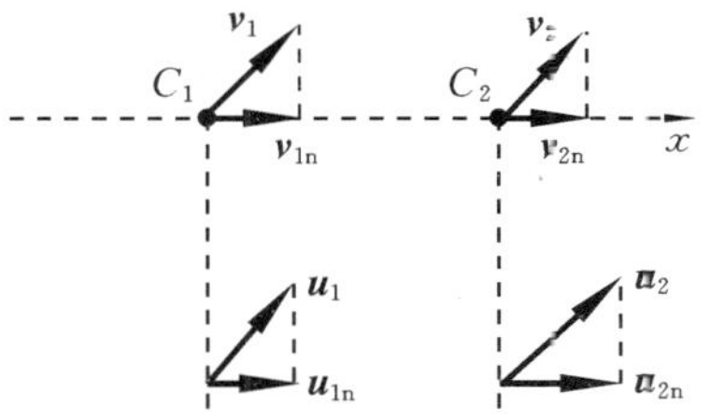

图 13.3　对心斜碰撞前后的速度

5. 两物体非对心碰撞的恢复系数

以上关于恢复系数的定义对非对心碰撞的两物体也近似适用，这时恢复系数定义与方程(13.15)相同，但 v_{1n}、v_{2n}、u_{1n}、u_{2n} 为两物体在碰撞接触点的法向速度。

对心斜碰撞的恢复系数用质心的速度来定义，当类似非对心碰撞采用接触处的速度来定义时，由速度投影定理也能得到相同的结果。

13.5　撞击中心

撞击中心

设图 13.4 所示的刚体可绕轴 O 转动，其质心为点 C，对轴 O 的转动惯量为 J_O，质量为 m，对转轴应用冲量矩定理，得

$$J_O\omega_2-J_O\omega_1=\sum m_O(\boldsymbol{I}^{(e)})$$

或

$$\omega_2-\omega_1=\frac{\sum m_O(\boldsymbol{I}^{(e)})}{J_O} \tag{13.16}$$

其中，ω_1、ω_2 为碰撞前后刚体的角速度。

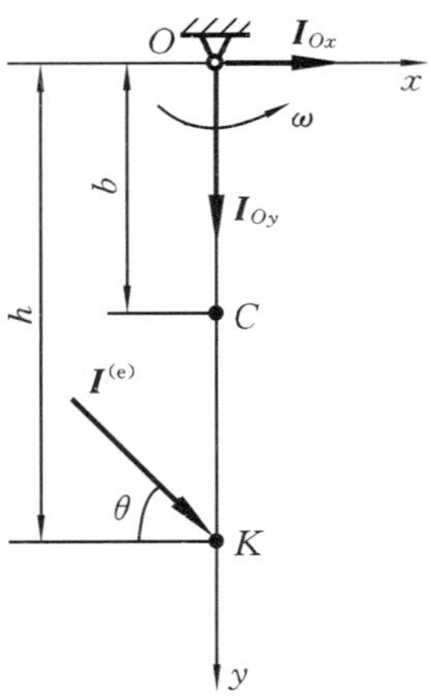

图 13.4　受冲击的定轴转动刚体

下面研究撞击中心的问题。设定轴转动刚体在外碰撞冲量 $\boldsymbol{I}^{(e)}$ 的作用下，在轴承 O 处产生的反作用冲量为 $\boldsymbol{I}_O=I_{Ox}\boldsymbol{i}+I_{Oy}\boldsymbol{j}$。由冲量定理有

$$m(\omega_2-\omega_1)b=I^{(e)}\cos\theta+I_{Ox}$$
$$0=I^{(e)}\sin\theta+I_{Oy}$$

得

$$I_{Oy}=-I^{(e)}\sin\theta,\quad I_{Ox}=mb(\omega_2-\omega_1)-I^{(e)}\cos\theta \tag{13.17}$$

希望 $I_{Ox}=I_{Oy}=0$，为此，必须有

$$\theta=0,\quad I^{(e)}=mb(\omega_2-\omega_1)\tag{13.18}$$

由冲量矩定理,并考虑到 $\theta=0$,得

$$\omega_2-\omega_1=\frac{hI^{(e)}}{J_O}\tag{13.19}$$

由式(13.18)(13.19),得

$$h=\frac{J_O}{mb}\tag{13.20}$$

对于长 $L=2b$ 的均质杆件,$h=\frac{2}{3}L$。

可见,定轴转动刚体在外碰撞冲量 $\boldsymbol{I}^{(e)}$ 的作用下,当外碰撞冲量 $\boldsymbol{I}^{(e)}$ 垂直于转轴 O 与质心 C 的连线 OC,作用点到转轴 O 的距离由式(13.20)确定时,转轴 O 处将无反作用冲量。外碰撞冲量 $\boldsymbol{I}^{(e)}$ 的这种作用点 K 称为**撞击中心**,撞击中心与冲量的大小无关。对于经常受到冲击的旋转物体,让冲击点在物体的撞击中心上,可以保护该物体;当用一个杆子击打另一个物体(如击球)时,使打击点在撞击中心上,可以使握杆的手不受或少受杆反作用冲击。

13.6　平面运动刚体的碰撞问题分析方法

平面运动刚体的碰撞问题分析方法

将冲量定理和相对质心的冲量矩定理用于平面运动刚体的碰撞过程分析,可得平面运动刚体碰撞的基本积分方程为

$$\begin{cases}M(u_{Cx}-v_{Cx})=\sum I_x^{(e)}\\ M(u_{Cy}-v_{Cy})=\sum I_y^{(e)}\\ J_C(\omega_2-\omega_1)=\sum m_C(\boldsymbol{I}^{(e)})\end{cases}\tag{13.21}$$

其中,ω_1、ω_2 为碰撞前后刚体的平面运动角速度;$\boldsymbol{v}$、$\boldsymbol{u}$ 为碰撞前后刚体的质心速度。

研究平面运动刚体的碰撞问题与求一个过程的速度问题基本相同,不同之处在于:

(1) 需要判断是否为碰撞问题。若是碰撞问题,则需要判别哪些力是碰撞力且仅考虑碰撞力的作用。

(2) 碰撞前后位置不变,若只有一处有碰撞力,则该点处绝对动量矩守恒,可以此替换冲量矩定理,简化计算。

(3) 需要考虑恢复系数 k。当碰撞是完全弹性碰撞时,若需要考虑碰撞处公法线方向速度分量的关系,则用 $k=1$ 替代动能不变的关系更简单。

了解碰撞问题的上述特点后,为了分析问题方便,可将恢复系数方程视为约束方程(可用动能不变关系替换恢复系数方程,对该关系也可列 1 个约束方程),这样,两个平面运动刚体的碰撞系统具有 5 个自由度,一个与光滑地面发生碰撞的系统具有 2 个自由度。可采用如下的分析方法。

①对于 n 个自由度系统,若仅求碰撞结束瞬时的速度,则只需要列 n 个动力学积分方程,若需求 s 个碰撞处冲量,则需多列 s 个动力学积分方程。

②寻找积分方程的方法:基于尽量不引入不待求未知冲量的原则,先从整体分析,确定 x、y 方向是否存在动量守恒,若需求某方向的冲量,则采用冲量定理;再分析对于固定点或系统质心,是否存在动量矩守恒;再分析局部,按类似方法寻找积分方程。

③ 若碰撞结束前后，2个物体不都静止，则需要利用恢复系数建立2个物体的碰撞点在公法线方向的速度分量的关系，再利用运动学中的基点法建立碰撞结束瞬时各物体的碰撞点与其各自质心的速度关系，然后联立求解。

下面通过例题来演示上述分析方法。

例 13.1 如图13.5所示，质量为m_1、半径为$r=3$ m的均质圆盘在水平粗糙地面上向右以角速度$\omega_0=1$ rad/s做纯滚动，其前方有一高度为H的台阶。若圆盘与台阶塑性碰撞，求圆盘能越过台阶时台阶的最大高度。（设碰撞结束后圆盘越过台阶的过程为绕A做定轴转动，重力加速度$g=10$ m/s^2。）

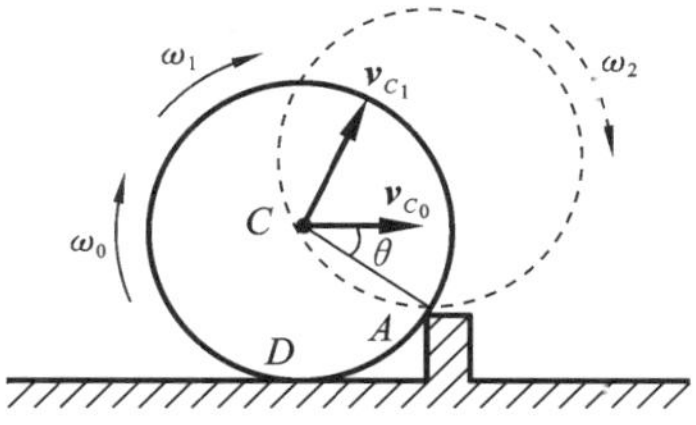

图 13.5 例13.1图

解 按前述分析方法，将恢复系数视为约束方程，一般视公切线处无相对速度，则碰撞过程有1个自由度，仅求碰撞结束瞬时的速度，只需要列1个动力学积分方程。碰撞时，D处脱离地面，导致D处支持力从有限大小突变到0，按碰撞特征，该力的变化不需要考虑，仅需考虑碰撞处A的冲量，因此，碰撞过程中圆盘对A的绝对动量矩守恒，因此有

$$\boldsymbol{L}_A^{(0)}=\boldsymbol{L}_A^{(1)} \tag{a}$$

其中，碰撞前的动量矩为

$$\boldsymbol{L}_A^{(0)}=\boldsymbol{r}_{AC}\times m\boldsymbol{v}_{C_0}+J_C\boldsymbol{\omega}_0 \tag{b}$$

碰撞结束瞬时的动量矩为

$$\boldsymbol{L}_A^{(1)}=J_A\boldsymbol{\omega}_1 \tag{c}$$

考虑$v_{C_0}=r\omega_0$，$J_C=\dfrac{1}{2}m_1r^2$，$J_A=\dfrac{3}{2}m_1r^2$，由式(a)至式(c)得到

$$\omega_1=\frac{1+2\sin\theta}{3}\omega_0 \tag{d}$$

圆盘要越过台阶，要求其到达最高处时角速度$\omega_2>0$，碰撞结束后圆盘到达最高位置的过程中机械能守恒，因此有

$$\frac{1}{2}J_A\omega_1^2=\frac{1}{2}J_A\omega_2^2+m_1gR(1-\sin\theta)>m_1gR(1-\sin\theta) \tag{e}$$

由方程(e)，考虑$\sin\theta=\dfrac{r-H}{r}$，得到

$$H\approx 0.526\ \text{m}$$

例 13.2 如图13.6所示，质量为$m_1=1$ kg、半径为$r=1$ m的均质圆盘绕盘心O做角速度$\omega_0=3$ rad/s的定轴转动。圆盘上绕有绳子，绳子的一端系有一置于水平地面上质量也为m_1的重物A，重物A与地面间的动滑动摩擦因数$f=0.25$，绳子张紧时与圆盘最高处相切。绳子初始时松弛，求绳子被拉紧后重物A能够移动的最大距离($g=10$ m/s^2)。

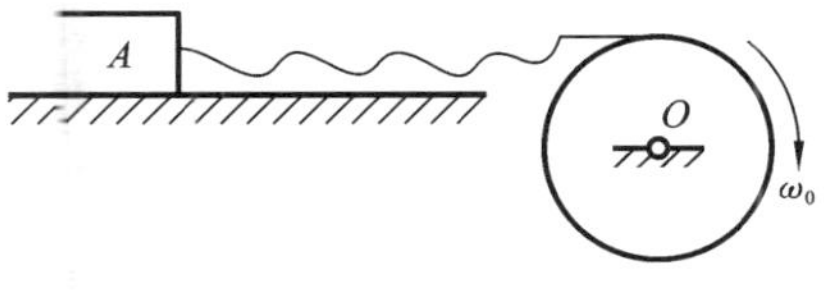

图 13.6 例13.2图

解 绳子突然张紧时的张紧变形虽然很小，但力很大，故会做功，系统机械能不守恒。绳子突然张紧的过程是冲击过程，故摩擦力和重力等可忽略不计，由张紧的过程中系统对盘心O动量矩守恒有

$$J_O\omega_0 = J_O\omega_1 + mv_A r \tag{a}$$

其中，$J_O=\dfrac{1}{2}m_1 r^2$，$v_A = r\omega_1$。

由方程(a)得

$$\omega_1=\frac{1}{3}\omega_0=1\ \text{rad/s},\quad v_A=r\omega_1=1\ \text{m/s}$$

绳子张紧后，摩擦力将产生作用。在 A 速度变成零之前，绳子将一直处于张紧状态，否则，若某个时刻松弛，圆盘将匀速运动，其上绳子速度会高于 A 的速度，将使得 A 处的绳子处于张紧状态，故 A 与圆盘的速度同时变为零。由动能定理有

$$fm_1 gS=\frac{1}{2}J_O\omega_1^2+\frac{1}{2}m_1 v_A^2 \tag{b}$$

由方程(b)得绳子被拉紧后重物 A 能够移动的最大距离 $S=0.3$ m。

例 13.3　如图 13.7 所示，长度为 $4R$、质量为 m 的均质杆件 AB，在摩擦因数为 f 的水平面上，开始时处于静止状态，某瞬时 B 端受到垂直于 AB 的冲击 I。求冲击结束时 AB 的角加速度。

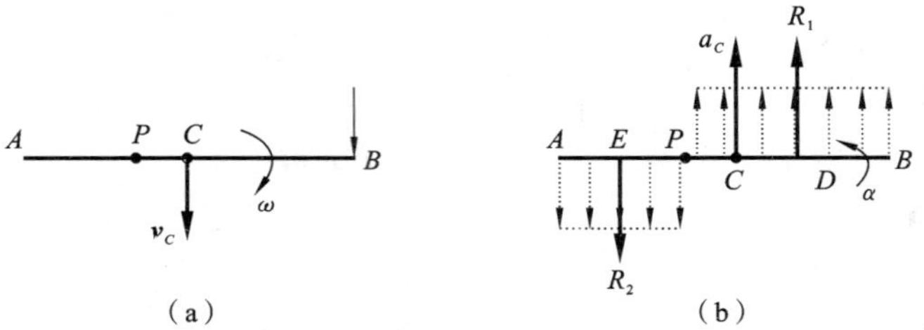

图 13.7　例 13.3 **图**

解　如图 13.7(a)所示，点 C 为质心，P 为冲击结束时的速度瞬心。由动量守恒(冲量定理)和对 C 的相对动量矩守恒(冲量矩定理)有

$$mv_C=I \tag{a}$$

$$\frac{4mR^2}{3}\omega=2RI \tag{b}$$

速度瞬心 P 的位置为

$$PC=\frac{v_C}{\omega} \tag{c}$$

由式(a)(b)(c)得

$$PC=\frac{2}{3}R \tag{d}$$

碰撞结束后，AB 上作用有图 13.7(b)所示的分布摩擦力。AP 段和 BP 段的摩擦力分别可简化为

$$R_1=\frac{2mgf}{3},\quad R_2=\frac{mgf}{3},\quad DC=\frac{2}{3}R,\quad EC=\frac{4}{3}R$$

由动量矩定理有

$$\frac{4}{3}mR^2\alpha=DC\cdot R_1+EC\cdot R_2 \tag{e}$$

由方程(e)解得

$$\alpha=\frac{2}{3}\frac{gf}{R}$$

求上述碰撞问题，也可以对地面上任一点应用绝对冲量矩定理，比如与 AB 重合的任意点 D，由 $\boldsymbol{L}_D-0=\boldsymbol{r}_{DB}\times\boldsymbol{I}$，$\boldsymbol{L}_D=\boldsymbol{r}_{DC}\times m\boldsymbol{v}_C+J_C\boldsymbol{\omega}=\boldsymbol{r}_{DC}\times\boldsymbol{I}+J_C\boldsymbol{\omega}$ 得到

$$\boldsymbol{r}_{DC}\times\boldsymbol{I}+J_C\boldsymbol{\omega}=\boldsymbol{r}_{DB}\times\boldsymbol{I}$$

上式可转化为 $J_C\boldsymbol{\omega}=\boldsymbol{r}_{CB}\times\boldsymbol{I}$，即方程(b)。

例 13.4　如图 13.8(a)所示，一长为 $2l$ 的均质杆与竖直方向成 θ 角，自高处无初速落下时与光滑水平面做完全非弹性碰撞。证明：若杆中心下落高度

$$H>\frac{l(1+3\sin^2\theta)^2}{18\sin^2\theta\cos\theta}$$

则杆下端与地面接触后又立即离开地面。

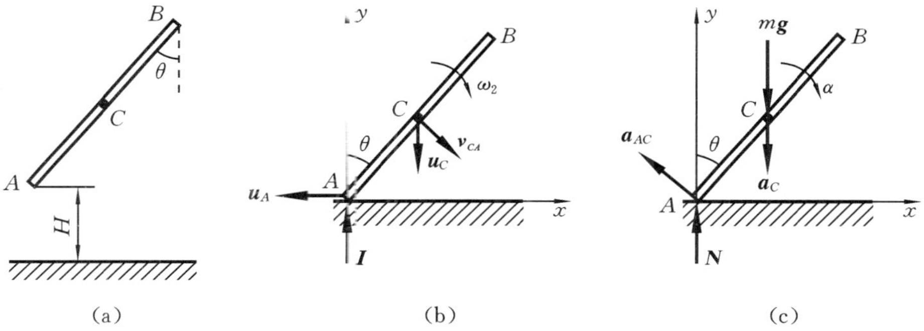

图 13.8　例 13.4 图

证明　1. 分析碰撞问题

杆下落时在空中做平动，A 端碰到地面时杆的速度为

$$v_C=\sqrt{2gH} \tag{a}$$

由于杆与光滑水平面做完全非弹性碰撞，因此碰撞结束时 A 端的速度 $\boldsymbol{u}_A$ 沿水平方向，如图 13.8(b)所示。系统自由度为 2，由水平动量守恒(水平冲量定理)得

$$u_{Cx}=0 \tag{b}$$

对 A 端根据动量矩守恒(冲量矩定理)可得

$$mv_Cl\sin\theta=mu_Cl\sin\theta+\frac{4ml^2}{3}\omega_2 \tag{c}$$

【AC】　由基点法有

$$\boldsymbol{u}_C=\boldsymbol{v}_A+\boldsymbol{v}_{CA} \tag{d}$$

其中，$v_{CA}=l\omega_2$。

将方程(d)垂直于 $\boldsymbol{v}_A$ 投影得

$$\omega_2=\frac{u_C}{l\sin\theta} \tag{e}$$

由式(a)(e)和方程(c)得

$$u_C=\frac{3\sin^2\theta}{1+3\sin^2\theta}v_C,\quad \omega_2=\frac{3\sin\theta}{1+3\sin^2\theta}\frac{v_C}{l} \tag{f}$$

2. 分析碰撞结束时的动力学问题

碰撞结束后，杆开始做平面运动，如图 13.8(c)所示，由平面运动动力学方程，得

$$ma_C = mg - N \tag{g}$$

$$\frac{1}{12}m \cdot 4l^2\alpha = Nl\sin\theta \tag{h}$$

该题恢复系数 $k=0$，仅表明碰撞结束瞬时 $v_A=0$，并不能说明碰撞结束后 A 将脱离地面并有向上的加速度分量。

如果碰撞结束后，A 端没有受到地面作用力，则 $N=0$，这样由以上两式可得

$$a_C = g, \quad \alpha = 0 \tag{i}$$

上述分析过程只反映地面使得点 A 速度为 0，而 $N=0$ 也仅表示点 A 没有受力。点 A 在 $v_A=0$、$N=0$ 的状态下，下一时刻可能向上也可能向下运动，要使 A 端离开地面，还必须要求 $a_{Ay}>0$。

【AC】 由基点法有

$$\boldsymbol{a}_{Ax} + \boldsymbol{a}_{Ay} = \boldsymbol{a}_C + \boldsymbol{a}_{AC}^{n} + \boldsymbol{a}_{AC}^{t} \tag{j}$$

其中，$a_{AC}^{n} = l\omega_2^2$，$a_{AC}^{t} = l\alpha$。

将方程(j)垂直于 $\boldsymbol{a}_{Ax}$ 投影，考虑式(i)，得

$$a_{Ay} = -a_C + a_{AC}^{n} \cdot \cos\theta = -g + \omega_2^2 l\cos\theta \tag{k}$$

由 $a_{Ay}>0$，得

$$H > \frac{l\,(1+3\sin^2\theta)^2}{18\sin^2\theta\cos\theta}$$

该题若恢复系数 $k>0$，根据恢复系数的定义，碰撞结束时，点 A 必然有向上的速度，故无论 H 多高，都满足题意要求，不需要进一步分析 $a_{Ay}>0$。A 具体升高多少再碰到地面，是二次碰撞问题，不在本题讨论范围之内。

例 13.5　如图 13.9(a)所示，一长为 $2r$、质量为 m 的均质杆 PQ 自由地铰接在一圆盘的边缘 P 处，圆盘是均质的，半径为 r，质量为 m，圆心为 O。系统静止在光滑水平面上，且 OPQ 在一直线上。今有冲量 $\boldsymbol{I}$ 作用在点 Q，方向垂直于 PQ。求冲击结束时圆盘的角速度。

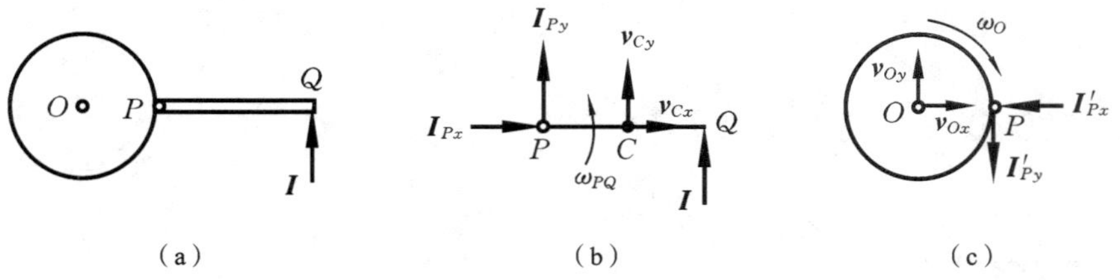

图 13.9　例 13.5 图

分析　系统自由度为 4，故需列 4 个积分方程，先根据整体冲量定理和相对质心的动量矩定理(或对任意固定点的绝对冲量矩定理)列方程(方程(c))，再对局部 PQ 或 PO 的与点 P 重合的固定点应用绝对冲量矩定理，其中方程(c)用来自局部的绝对冲量矩定理来确定更简单，再由基点法补充点 O、P、C 的运动学速度关系方程。

解　由整体冲量定理有

$$mv_{Cx}+mv_{Ox}=0 \tag{a}$$

$$mv_{Cy}+mv_{Oy}=I \tag{b}$$

【QP】（见图13.9(b)）

$$rmv_{Cy}+\frac{mr^2}{3}\omega_{PQ}=2rI \tag{c}$$

【OP】（见图13.9(c)）

$$rmv_{Oy}+\frac{mr^2}{2}\omega_O=0 \tag{d}$$

运动学分析如下。

【CP】 由基点法有

$$\boldsymbol{v}_P=\boldsymbol{v}_{Cx}+\boldsymbol{v}_{Cy}+\boldsymbol{v}_{PC} \tag{e}$$

【OP】 由基点法有

$$\boldsymbol{v}_P=\boldsymbol{v}_{Ox}+\boldsymbol{v}_{Oy}+\boldsymbol{v}_{PO} \tag{f}$$

由方程(e)(f)有

$$\boldsymbol{v}_{Ox}+\boldsymbol{v}_{Oy}+\boldsymbol{v}_{PO}=\boldsymbol{v}_{Cx}+\boldsymbol{v}_{Cy}+\boldsymbol{v}_{PC} \tag{g}$$

对方程(g)分别在x、y方向投影有

$$v_{Ox}=v_{Cx},\quad v_{Oy}=v_{Cy}+r(\omega_O-\omega_{PQ}) \tag{h}$$

联立(h)和方程(a)～(d)，得

$$\omega_O=\frac{4I}{7mr}$$

小 结

小结

1. 碰撞的2个基本假设

(1) 在碰撞过程中，非碰撞力与碰撞力相比一般很小，假设非碰撞力在碰撞过程中的冲量忽略不计。

(2) 碰撞过程时间很短，物体的位移可忽略不计。

2. 碰撞冲量定理

碰撞冲量定理为

$$\sum m\boldsymbol{v}_2-\sum m\boldsymbol{v}_1=\sum \boldsymbol{I}^{(e)}$$

3. 碰撞冲量矩定理

(1) 对固定点O的绝对运动冲量矩定理：

$$\boldsymbol{L}_{O2}-\boldsymbol{L}_{O1}=\sum \boldsymbol{m}_O(\boldsymbol{I}^{(e)})$$

(2) 对系统质心C的相对运动冲量矩定理：

$$\boldsymbol{L}_{C2}-\boldsymbol{L}_{C1}=\sum \boldsymbol{m}_C(\boldsymbol{I}^{(e)})$$

多物体系统的相对质心C的动量矩可利用其等于对与点C重合的固定点C_1的绝对动量矩来计算。

4. 恢复系数

恢复系数为

$$k=\frac{u_{2n}-u_{1n}}{v_{1n}-v_{2n}}$$

其中，v_{1n}、v_{2n}、u_{1n}、u_{2n}为$\boldsymbol{v}_1$、$\boldsymbol{v}_2$、$\boldsymbol{u}_1$、$\boldsymbol{u}_2$在碰撞接触面公法线上的投影。

(1) $k=1$ 时,动能无损失,称为完全弹性碰撞。

(2) $k=0$ 时,$u_2=u_1$,两物体碰撞后不分开,动能损失达最大值,称为塑性碰撞或完全非弹性碰撞。

(3) $0<k<1$ 时,有动能损失,但两物体碰撞后分开,称为非完全弹性碰撞。

恢复系数 k 的大小表征了两物体在碰撞过程中动能损失的大小。

5. 撞击中心

长为 L 的绕其一端的轴 O 转动的均质杆件,其撞击中心与点 O 距离为 $2/3L$。

6. 平面运动刚体的碰撞问题分析方法

(1) 判断是否为碰撞问题。若是碰撞问题,则需要判别哪些力是碰撞力且仅考虑碰撞力的作用。根据碰撞特征及假设,可采用如下的判别方法:两个分离的刚体发生接触(一般视为突然接触)是碰撞,所引起的刚性约束处的约束反力是碰撞力;两个物体突然分离或一个刚体与一个柔性体(比如弹簧)突然接触等其他情形不属于碰撞。

(2) 碰撞前后位置不变,若只有一处有碰撞力,则该点处绝对动量矩守恒,可以此替换冲量矩定理,简化计算。

(3) 考虑恢复系数 k。当碰撞是完全弹性碰撞时,若需要考虑碰撞处公法线方向速度分量的关系,则用 $k=1$ 替代动能不变的关系更简单。恢复系数可视为一个与碰撞基本方程独立的动力学积分方程。故 2 个平面运动刚体发生碰撞时可列 7 个独立动力学方程。

(4) 为了分析问题方便,可将恢复系数方程视为约束方程(可用动能不变关系替换恢复系数方程,对该关系也可列 1 个约束方程)。这样,对于 n 个自由度系统,若仅求碰撞结束瞬时的速度,则只需要列 n 个动力学积分方程,若需求 s 个碰撞处冲量,则需多列 s 个动力学积分方程。

寻找积分方程的方法:基于尽量不引入不待求未知冲量的原则,先从整体分析,确定 x、y 方向是否存在动量守恒,若需求某方向的冲量,则采用冲量定理;再分析对于固定点或系统质心,是否存在动量矩守恒;再分析局部,按类似方法寻找积分方程。

若碰撞结束前后,2 个物体不都静止,则需要利用恢复系数建立 2 个物体的碰撞点在公法线方向的速度分量的关系,再利用运动学中的基点法建立碰撞结束瞬时各物体的碰撞点与其各自质心的速度关系,然后联立求解。

习　题

13.1 两个相同的弹性球 A 与 B 正面相对运动,碰撞的恢复系数为 k,问两者在碰撞前速度之比为多少方能使球 A 在碰撞后停止运动?

13.2 一摆由一直杆与一圆盘固连而成,如题 13.2 图所示,设杆长为 L,圆盘的半径为 r,且 $L=4r$。试求当摆的撞击中心正好与圆盘的质心重合时,直杆与圆盘的质量之比。

13.3 如题 13.3 图所示,摆锤 A 的质量 $m_A=4$ kg,悬线长 $L_A=3$ m,摆锤自偏角 $\theta_A=90°$ 处无初速地落下,击中静止在水平面上质量 $m_B=5$ kg 的物块 B。撞击后物块 B 在水平面上滑行了距离 s_B 而停止,设恢复系数 $k=0.8$,动摩擦因数 $f=0.3$,求 s_B 以及摆锤碰撞后升高的偏角 θ'_A。

13.4 如题 13.4 图所示,物体 A、B 质量均为 m,物体 A 自高度 h 自由落下,与物体 B 相碰撞,支持 B 的弹簧(刚度系数为 k)在碰撞前已有静压缩量 mg/k,假定碰撞是塑性的,求碰撞结束时弹簧的总压缩量。

题 13.2 图

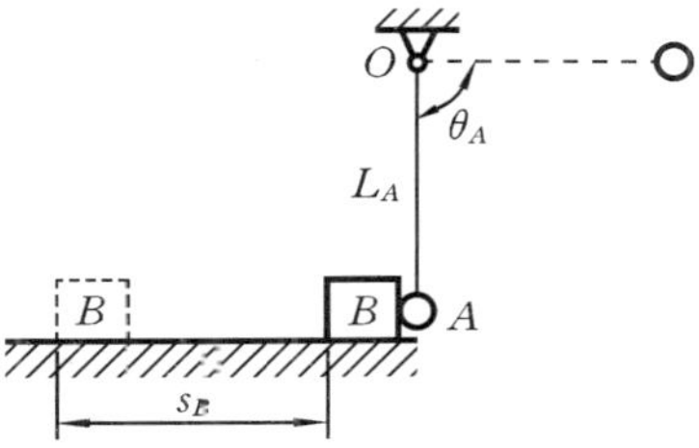

题 13.3 图

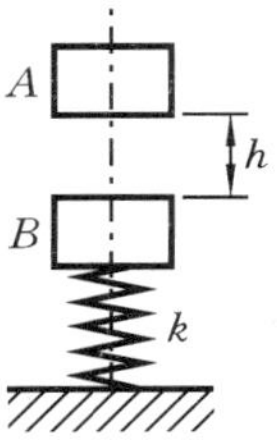

题 13.4 图

13.5 如题 13.5 图所示，带有 n 个齿的凸轮驱使桩锤运动。设在凸轮与锤相撞前锤是静止的，而凸轮的角速度为 ω_1。若凸轮对轴 O 的转动惯量为 J_O，锤的质量为 m，并且碰撞是完全非弹性的，试求碰撞后凸轮的角速度 ω_2、锤的速度 v 及碰撞时凸轮对锤的碰撞冲量 I。

13.6 如题 13.6 图所示，两均质杆 OA 和 O_1B 上端固定铰支，下端与杆 AB 铰接，杆 OA 与杆 O_1B 竖直，而杆 AB 水平。如在铰链 A 处向右作用一水平冲量 I，试求杆 OA 及杆 O_1B 的最大偏角 φ。设各铰链均光滑，三杆的质量均为 m，且杆长 $OA=O_1B=AB=L$。

13.7 一质量为 M、倾角 $\varphi=15°$ 的光滑三棱柱放置在光滑的水平地面上，开始时静止，若一质量为 m 的小球从高度 $h=1.6$ m 处由静止开始自由下落到光滑三棱柱上，碰撞点距离地面高度 $H=1$ m，如题 13.7 图所示。小球与三棱柱的法向碰撞恢复系数 $k=0.6$，且已知 $M=2m$，假定碰撞后三棱柱不会离开水平地面。试：

(1) 计算碰撞后小球的回弹速度以及三棱柱的水平速度。

(2) 计算碰撞后小球达到的最高位置(相对原碰撞点的高度)。

(3) 判断小球碰撞后是否能落到三棱柱斜面上？

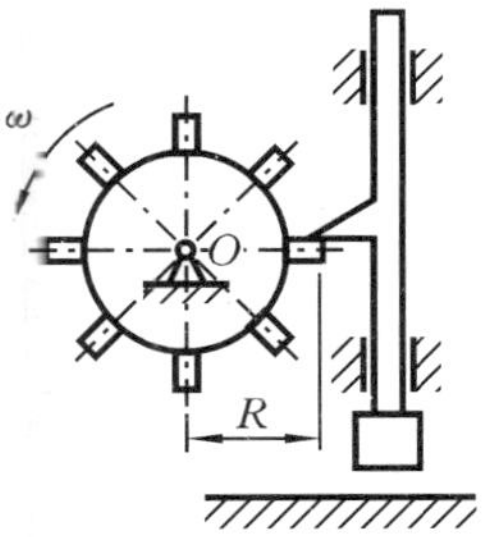

题 13.5 图

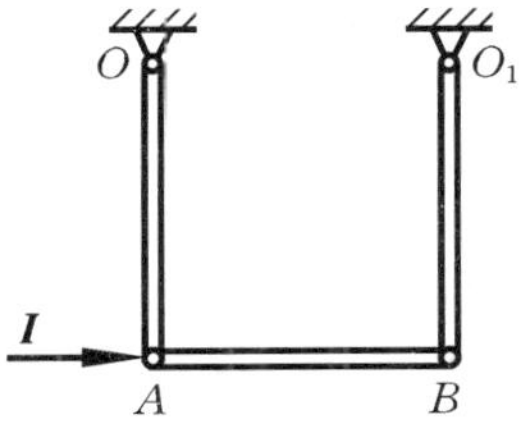

题 13.6 图

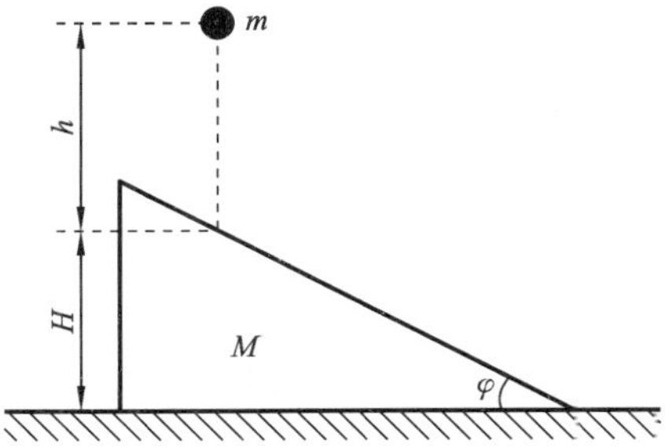

题 13.7 图

刚体空间运动学和动力学

第 14 章 刚体空间运动学和动力学

空间任意运动刚体的运动分析

14.1 空间任意运动刚体的运动分析

如图 14.1 所示，在空间做任意运动的刚体上任取一点 A，称为**基点**，附加一个随基点平动的坐标系 $Ax_Ay_Az_A$，那么在坐标系 $Ax_Ay_Az_A$ 中的观察者将看到刚体做定点转动，根据第 5 章关于刚体定点转动的论述，每一瞬时，他会观察到从点 A 出发的角速度矢量 $\boldsymbol{\omega}$ 以及相应的角加速度矢量 $\boldsymbol{\alpha}$，由于坐标系 $Ax_Ay_Az_A$ 做平动，动系与静系之间始终无角度变化，因此静系中的观察者也将观察到相同大小和指向的 $\boldsymbol{\omega}$ 与 $\boldsymbol{\alpha}$ 矢量。由此推知，当选取不同的基点时，比如另一基点 B，在平动坐标系 $Bx_By_Bz_B$ 中观察到的角速度和角加速度矢量仍然为 $\boldsymbol{\omega}$ 与 $\boldsymbol{\alpha}$。因此，任意运动刚体的角速度矢量 $\boldsymbol{\omega}$ 和角加速度矢量 $\boldsymbol{\alpha}$ 的大小和指向与基点的选取无关，它们没有明确的起点，为自由矢量。

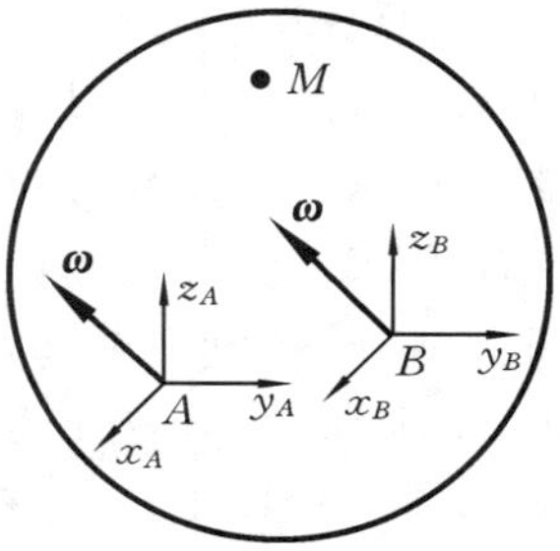

图 14.1 任意运动刚体

由以上分析可知，刚体的任意运动可以分解成随基点的平动和绕基点的转动。

下面给出刚体上任一点 M 的速度和加速度。

由基点法有

$$\boldsymbol{v}_M=\boldsymbol{v}_A+\boldsymbol{v}_{MA} \tag{14.1}$$

将 $\boldsymbol{v}_{MA}=\boldsymbol{\omega}\times\boldsymbol{r}_{AM}$ 代入式(14.1)，得到空间任意运动刚体上任意两点 M 和 A 的速度关系为

$$\boldsymbol{v}_M=\boldsymbol{v}_A+\boldsymbol{\omega}\times\boldsymbol{r}_{AM} \tag{14.2}$$

因为动系做平动，故将式(14.2)对时间求导，得到空间任意运动刚体上任意两点 M 和 A 的加速度关系为

$$\boldsymbol{a}_M=\boldsymbol{a}_A+\boldsymbol{\alpha}\times\boldsymbol{r}_{AM}+\boldsymbol{\omega}\times\boldsymbol{v}_{MA} \tag{14.3}$$

其中，$\boldsymbol{a}_{MA}^{\mathrm{t}}=\boldsymbol{\alpha}\times\boldsymbol{r}_{AM}$，为相对切向加速度；$\boldsymbol{a}_{MA}^{\mathrm{n}}=\boldsymbol{\omega}\times\boldsymbol{v}_{MA}$，为相对法向加速度。

空间运动刚体的相对运动动量矩定理

14.2 空间运动刚体的相对运动动量矩定理

图 14.2 所示为一个在惯性系 $Oxyz$ 中做任意运动的刚体，其运动可分解为随质心 C 的平动和绕基点 D 的转动。质心 C 的运动由质心运动定理控制，其方程不再写出。下面来研究刚体绕基点 D 的转动。

1. 定理的推导

将相对运动动量矩定理应用于空间运动刚体，取基点 D 为三种特殊动矩心之一，取平动坐标系 $Dx_Dy_Dz_D$，再取一个做任意运动的正交坐标系 $Dx_1x_2x_3$。

设刚体的瞬时角速度为 $\boldsymbol{\omega}$，动系 $Dx_1x_2x_3$ 的角速度为 $\boldsymbol{\Omega}$。首先计算刚体的相对运动动量

矩 $\boldsymbol{L}_{Dr}$，有

$$\begin{aligned}\boldsymbol{L}_{Dr} &= \sum \boldsymbol{r}_r \times m\boldsymbol{v}_r = \sum \boldsymbol{r}_r \times (m\boldsymbol{\omega} \times \boldsymbol{r}_r) \\ &= \sum m[(\boldsymbol{r}_r \cdot \boldsymbol{r}_r)\boldsymbol{\omega} - (\boldsymbol{\omega} \cdot \boldsymbol{r}_r)\boldsymbol{r}_r]\end{aligned} \tag{14.4}$$

式(14.4)用到了三个矢量 $\boldsymbol{a}$、$\boldsymbol{b}$、$\boldsymbol{c}$ 的三重矢积公式：

$$\boldsymbol{a}\times(\boldsymbol{b}\times\boldsymbol{c})=(\boldsymbol{a}\cdot\boldsymbol{c})\boldsymbol{b}-(\boldsymbol{a}\cdot\boldsymbol{b})\boldsymbol{c}$$

设矢量 $\boldsymbol{r}_r$、$\boldsymbol{\omega}$ 在动系 $Dx_1x_2x_3$ 中的投影式为

$$\boldsymbol{r}_r = x_1\boldsymbol{e}_1 + x_2\boldsymbol{e}_2 + x_3\boldsymbol{e}_3, \quad \boldsymbol{\omega} = \omega_1\boldsymbol{e}_1 + \omega_2\boldsymbol{e}_2 + \omega_3\boldsymbol{e}_3 \tag{14.5}$$

其中，$\boldsymbol{e}_1$、$\boldsymbol{e}_2$、$\boldsymbol{e}_3$ 分别为三个坐标轴 x_1、x_2、x_3 的正向单位矢量。将式(14.5)代入式(14.4)，得

$$\boldsymbol{L}_{Dr} = L_{D1}\boldsymbol{e}_1 + L_{D2}\boldsymbol{e}_2 + L_{D3}\boldsymbol{e}_3 \tag{14.6}$$

其中，
$$\begin{cases} L_{D1} = J_{11}\omega_1 - J_{12}\omega_2 - J_{13}\omega_3 \\ L_{D2} = -J_{21}\omega_1 + J_{22}\omega_2 - J_{23}\omega_3 \\ L_{D3} = -J_{31}\omega_1 - J_{32}\omega_2 + J_{33}\omega_3 \end{cases} \tag{14.7}$$

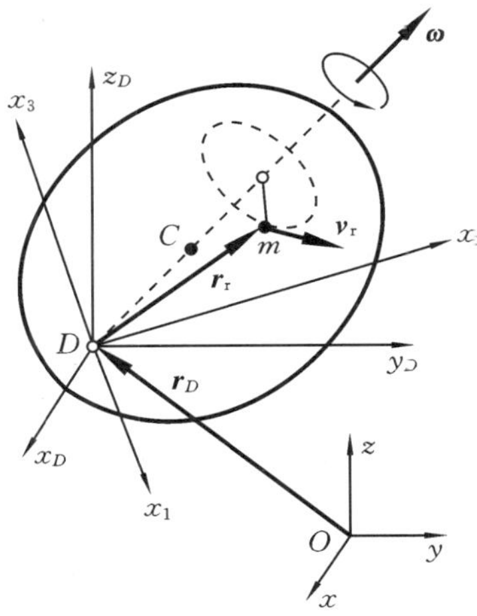

图 14.2　空间运动刚体

写成矩阵形式为

$$\begin{bmatrix} L_{D1} \\ L_{D2} \\ L_{D3} \end{bmatrix} = \begin{bmatrix} J_{11} & -J_{12} & -J_{13} \\ -J_{21} & J_{22} & -J_{23} \\ -J_{31} & -J_{32} & J_{33} \end{bmatrix} \begin{bmatrix} \omega_1 \\ \omega_2 \\ \omega_3 \end{bmatrix} \tag{14.8}$$

其中　$$J_{11} = \sum m(x_2^2 + x_3^2), \quad J_{22} = \sum m(x_1^2 + x_3^2), \quad J_{33} = \sum m(x_1^2 + x_2^2) \tag{14.9}$$

$$J_{12} = J_{21} = \sum m x_1 x_2, \quad J_{13} = J_{31} = \sum m x_1 x_3, \quad J_{23} = J_{32} = \sum m x_2 x_3 \tag{14.10}$$

J_{ii} 称为刚体对轴 x_i 的**转动惯量**，J_{ij} 称为刚体的**惯性积**。由于刚体与动系 $Dx_1x_2x_3$ 之间有相对运动，因此，J_{ij} 一般是时变量。但是，如果 $Dx_1x_2x_3$ 与刚体固连，则 J_{ij} 为常量。方程(14.8)等号右边由 J_{ij} 构成的矩阵称为**惯量矩阵**，它是一个实对称正定矩阵。

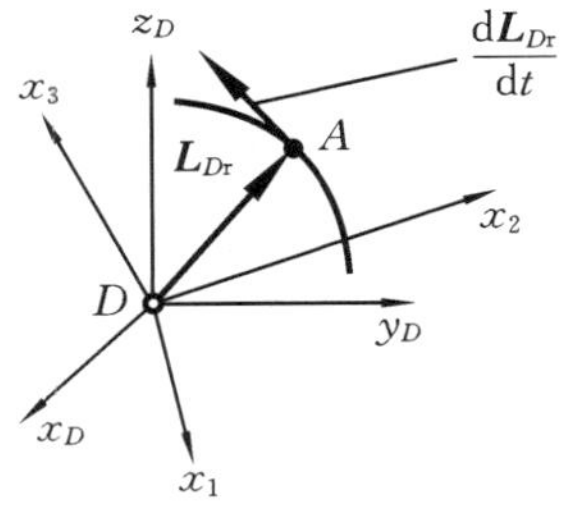

图 14.3　$\mathrm{d}\boldsymbol{L}_{Dr}/\mathrm{d}t$ 的几何解释

为了对空间运动刚体应用相对运动动量矩定理，需要计算 $\mathrm{d}\boldsymbol{L}_{Dr}/\mathrm{d}t$。$\mathrm{d}\boldsymbol{L}_{Dr}/\mathrm{d}t$ 是在平动坐标系 $Dx_Dy_Dz_D$ 中求导数。如图 14.3 所示，$\boldsymbol{L}_{Dr}$ 是从平动坐标系 $Dx_Dy_Dz_D$ 的原点 D 出发的一个时变矢量，因此对平动坐标系 $Dx_Dy_Dz_D$ 中的观察者而言，$\mathrm{d}\boldsymbol{L}_{Dr}/\mathrm{d}t$ 是矢量 $\boldsymbol{L}_{Dr}$ 终点的速度。将矢量 $\boldsymbol{L}_{Dr}$ 的终点取为动点(图 14.3 中的点 A)，将 $Dx_Dy_Dz_D$ 视为静系，$Dx_1x_2x_3$ 视为动系，由点的复合运动分析方法可得

$$\frac{\mathrm{d}\boldsymbol{L}_{Dr}}{\mathrm{d}t} = \sum_{i=1}^{3} \frac{\mathrm{d}L_{Di}}{\mathrm{d}t}\boldsymbol{e}_i + \boldsymbol{\Omega} \times \boldsymbol{L}_{Dr} \tag{14.11}$$

式(14.11)等号右边第一项表示相对速度，第二项表示牵连速度。方程(14.11)称为**莱沙尔(Resal)定理**。

由相对运动动量矩定理 $\mathrm{d}\boldsymbol{L}_{Dr}/\mathrm{d}t = \boldsymbol{M}_D^{(e)}$（$D$ 为特殊动矩心）和方程(14.11)，得

$$\sum_{i=1}^{3} \frac{\mathrm{d}L_{Di}}{\mathrm{d}t}\boldsymbol{e}_i + \boldsymbol{\Omega} \times \boldsymbol{L}_{Dr} = \boldsymbol{M}_D^{(e)} \tag{14.12}$$

这就是**空间运动刚体相对特殊动矩心 D 的相对运动动量矩定理**。将角速度矢量 $\boldsymbol{\Omega}$ 和外力矩

矢量 $\boldsymbol{M}_D^{(e)}$ 写成在任意动系 $Dx_1x_2x_3$ 中的投影式，有

$$\boldsymbol{\Omega}=\Omega_1\boldsymbol{e}_1+\Omega_2\boldsymbol{e}_2+\Omega_3\boldsymbol{e}_3,\quad \boldsymbol{M}_D^{(e)}=M_{D1}^{(e)}\boldsymbol{e}_1+M_{D2}^{(e)}\boldsymbol{e}_2+M_{D3}^{(e)}\boldsymbol{e}_3 \tag{14.13}$$

将方程(14.6)、方程(14.13)代入方程(14.12)，得

$$\begin{cases}\dfrac{\mathrm{d}L_{D1}}{\mathrm{d}t}+(\Omega_2L_{D3}-\Omega_3L_{D2})=M_{D1}^{(e)}\\\dfrac{\mathrm{d}L_{D2}}{\mathrm{d}t}+(\Omega_3L_{D1}-\Omega_1L_{D3})=M_{D2}^{(e)}\\\dfrac{\mathrm{d}L_{D3}}{\mathrm{d}t}+(\Omega_1L_{D2}-\Omega_2L_{D1})=M_{D3}^{(e)}\end{cases} \tag{14.14}$$

这就是**空间运动刚体相对特殊动矩心 D 的动量矩定理方程在任意动系 $Dx_1x_2x_3$ 中的投影方程**。其中 L_{D1}、L_{D2}、L_{D3} 由方程(14.7)或方程(14.8)给出。

当动系 $Dx_1x_2x_3$(D 为特殊动矩心)与刚体固连时，有 $\boldsymbol{\Omega}=\boldsymbol{\omega}$，方程(14.14)变为

$$\begin{cases}\dfrac{\mathrm{d}L_{D1}}{\mathrm{d}t}+(\omega_2L_{D3}-\omega_3L_{D2})=M_{D1}^{(e)}\\\dfrac{\mathrm{d}L_{D2}}{\mathrm{d}t}+(\omega_3L_{D1}-\omega_1L_{D3})=M_{D2}^{(e)}\\\dfrac{\mathrm{d}L_{D3}}{\mathrm{d}t}+(\omega_1L_{D2}-\omega_2L_{D1})=M_{D3}^{(e)}\end{cases} \tag{14.15}$$

同时方程(14.7)或方程(14.8)中的 J_{ij} 为常量，将方程(14.8)代入方程(14.15)，得

$$\begin{bmatrix}J_{11}&-J_{12}&-J_{13}\\-J_{21}&J_{22}&-J_{23}\\-J_{31}&-J_{32}&J_{33}\end{bmatrix}\begin{bmatrix}\dot{\omega}_1\\\dot{\omega}_2\\\dot{\omega}_3\end{bmatrix}+\begin{bmatrix}0&-\omega_3&\omega_2\\\omega_3&0&-\omega_1\\-\omega_2&\omega_1&0\end{bmatrix}\begin{bmatrix}J_{11}&-J_{12}&-J_{13}\\-J_{21}&J_{22}&-J_{23}\\-J_{31}&-J_{32}&J_{33}\end{bmatrix}\begin{bmatrix}\omega_1\\\omega_2\\\omega_3\end{bmatrix}=\begin{bmatrix}M_{D1}^{(e)}\\M_{D2}^{(e)}\\M_{D3}^{(e)}\end{bmatrix} \tag{14.16}$$

这就是**空间运动刚体相对特殊动矩心 D 的动量矩定理方程在与刚体固连的坐标系 $Dx_1x_2x_3$ 中的投影方程**。这组方程与刚体的质心运动定理方程一起构成空间运动刚体的完备的动力学方程组，是研究空间运动刚体的基础。

2. 惯性主轴，欧拉运动方程

对于一个与刚体固连的正交轴系，如果刚体在这个轴系中的所有惯性积为零，则这一轴系称为**惯性主轴系**，如果这一条件只对某一轴成立，则该轴称为**惯性主轴**，比如，若 $\sum mx_1x_3=\sum mx_2x_3=0$，则轴 x_3 为惯性主轴，通过质心的惯性主轴称为**中心惯性主轴**。刚体对惯性主轴的转动惯量称为**主转动惯量**。

定理 在刚体的任意点 D 上，总可以找到至少一个正交的惯性主轴系 $D\xi\eta\zeta$。

证明 显然，惯性主轴系的存在和方向与刚体的转动无关，即与刚体的角速度矢量 $\boldsymbol{\omega}$ 无关。为了证明定理，只需证明存在 $J>0$ 和 $\boldsymbol{\omega}\neq\boldsymbol{0}$，使式(14.17)成立。

$$\boldsymbol{L}_{Dr}=J\boldsymbol{\omega} \tag{14.17}$$

如果确实如此，那么根据定义，过点 D 且与 $\boldsymbol{\omega}$ 平行的轴线就是惯性主轴，而 J 则为刚体对该惯性主轴的转动惯量。

另外，$\boldsymbol{L}_{Dr}$ 总是可以在任意正交坐标系 $Dx_1x_2x_3$ 中表示为方程(14.6)和方程(14.8)的形式，所以方程(14.17)等价于下面的方程：

$$\begin{bmatrix} \boldsymbol{e}_1 & \boldsymbol{e}_2 & \boldsymbol{e}_3 \end{bmatrix}\begin{bmatrix} J_{11} & -J_{12} & -J_{13} \\ -J_{21} & J_{22} & -J_{23} \\ -J_{31} & -J_{32} & J_{33} \end{bmatrix}\begin{bmatrix} \omega_1 \\ \omega_2 \\ \omega_3 \end{bmatrix} = J\begin{bmatrix} \boldsymbol{e}_1 & \boldsymbol{e}_2 & \boldsymbol{e}_3 \end{bmatrix}\begin{bmatrix} \omega_1 \\ \omega_2 \\ \omega_3 \end{bmatrix}$$

由于矢量基($\boldsymbol{e}_1$,$\boldsymbol{e}_2$,$\boldsymbol{e}_3$)是任取的,所以上式变为

$$\begin{bmatrix} J_{11} & -J_{12} & -J_{13} \\ -J_{21} & J_{22} & -J_{23} \\ -J_{31} & -J_{32} & J_{33} \end{bmatrix}\begin{bmatrix} \omega_1 \\ \omega_2 \\ \omega_3 \end{bmatrix} = J\begin{bmatrix} \omega_1 \\ \omega_2 \\ \omega_3 \end{bmatrix} \tag{14.18}$$

惯量矩阵是实对称正定矩阵,根据线性代数理论,式(14.18)一定存在三个正的特征根 J_1、J_2、J_3,以及三个正交的特征向量。三个正交特征向量就是在坐标系 $Dx_1x_2x_3$ 中的惯性主轴系 $D\xi\eta\zeta$ 的三个正交方向向量。这样我们就证明了存在满足方程(14.17)的 $J>0$ 和 $\boldsymbol{\omega}\neq\boldsymbol{0}$。

J_1、J_2、J_3 为方程(14.19)的解:

$$\begin{vmatrix} J_{11}-J & -J_{12} & -J_{13} \\ -J_{21} & J_{22}-J & -J_{23} \\ -J_{31} & -J_{32} & J_{33}-J \end{vmatrix} = 0 \tag{14.19}$$

求出 J_1、J_2、J_3 后,将它们分别回代方程(14.18),可解出对应的特征向量,这些特征向量所在的方向就是刚体在点 D 的惯性主轴的方向。证毕。

在与刚体固连的惯性主轴系 $D\xi\eta\zeta$(D 为特殊动矩心)中,由方程(14.8)(14.15)或方程(14.16),可得刚体的相对运动动量矩方程体系为

$$L_\xi = J_\xi\omega_\xi,\quad L_\eta = J_\eta\omega_\eta,\quad L_\zeta = J_\zeta\omega_\zeta \tag{14.20}$$

$$\begin{cases} J_\xi\dot{\omega}_\xi + (J_\zeta - J_\eta)\omega_\eta\omega_\zeta = M_\xi^{(e)} \\ J_\eta\dot{\omega}_\eta + (J_\xi - J_\zeta)\omega_\zeta\omega_\xi = M_\eta^{(e)} \\ J_\zeta\dot{\omega}_\zeta + (J_\eta - J_\xi)\omega_\xi\omega_\eta = M_\zeta^{(e)} \end{cases} \tag{14.21}$$

或

$$\begin{bmatrix} J_\xi\dot{\omega}_\xi \\ J_\eta\dot{\omega}_\eta \\ J_\zeta\dot{\omega}_\zeta \end{bmatrix} + \begin{bmatrix} 0 & -\omega_\zeta & \omega_\eta \\ \omega_\zeta & 0 & -\omega_\xi \\ -\omega_\eta & \omega_\xi & 0 \end{bmatrix}\begin{bmatrix} J_\xi & 0 & 0 \\ 0 & J_\eta & 0 \\ 0 & 0 & J_\zeta \end{bmatrix}\begin{bmatrix} \omega_\xi \\ \omega_\eta \\ \omega_\zeta \end{bmatrix} = \begin{bmatrix} M_\xi^{(e)} \\ M_\eta^{(e)} \\ M_\zeta^{(e)} \end{bmatrix} \tag{14.22}$$

方程(14.21)或方程(14.22)称为刚体的**欧拉**(Euler)**运动方程**。注意,该方程要求点 D 为特殊动矩心。

显然,方程(14.21)或方程(14.22)适用于刚体的定点转动,因此方程(14.21)或方程(14.22)也是定点转动刚体的欧拉运动方程。

14.3　空间运动刚体惯性力的简化

空间运动刚体惯性力的简化

1. 惯性力向特殊动矩心简化

只要将空间运动刚体的运动量转化为惯性力,便可将系统视为静力学形式的平衡系统,采用静力学列力矩方程的方法求解有关问题,往往更简单。

当动系 $Dx_1x_2x_3$ 与刚体固连,且点 D 为三种特殊动矩心之一时,方程(14.16)可写成简洁的形式,即

$$\begin{cases} M_{D1}^{(e)}+M_{D1}^{(I)}=0 \\ M_{D2}^{(e)}+M_{D2}^{(I)}=0 \\ M_{D3}^{(e)}+M_{D3}^{(I)}=0 \end{cases} \tag{14.23}$$

其中，$M_{D1}^{(I)}$、$M_{D2}^{(I)}$、$M_{D3}^{(I)}$分别为惯性力向过点 D 的轴 x_1、x_2、x_3 的惯性力矩，方向分别与 $\dot{\omega}_1$，$\dot{\omega}_2$，$\dot{\omega}_3$ 方向相同。

$$\begin{cases} M_{D1}^{(I)}=-\{(J_{11}\dot{\omega}_1-J_{12}\dot{\omega}_2-J_{13}\dot{\omega}_3)+[(J_{21}\omega_3-J_{31}\omega_2)\omega_1 \\ \quad -(J_{22}\omega_3+J_{32}\omega_2)\omega_2+(J_{23}\omega_3+J_{33}\omega_2)\omega_3]\} \\ M_{D2}^{(I)}=-\{(-J_{21}\dot{\omega}_1+J_{22}\dot{\omega}_2-J_{23}\dot{\omega}_3)+[(J_{11}\omega_3+J_{31}\omega_1)\omega_1 \\ \quad +(-J_{12}\omega_3+J_{32}\omega_1)\omega_2+(-J_{13}\omega_3-J_{33}\omega_1)\omega_3]\} \\ M_{D3}^{(I)}=-\{(-J_{31}\dot{\omega}_1-J_{32}\dot{\omega}_2+J_{33}\dot{\omega}_3)+[(-J_{11}\omega_2-J_{21}\omega_1)\omega_1 \\ \quad +(J_{12}\omega_2+J_{22}\omega_1)\omega_2+(J_{13}\omega_2-J_{23}\omega_1)\omega_3]\} \end{cases} \tag{14.24}$$

惯性力为

$$F_{ID1}=-ma_{Cx},\quad F_{ID2}=-ma_{Cy},\quad F_{ID3}=-ma_{Cz}$$

惯性力作用在点 D，方向分别与 a_{Cx}、a_{Cy}、ma_{Cz} 方向相同。

2. 惯性力向中心惯性主轴简化

当 $Cx_1x_2x_3$ 为过质心 C、由 3 个中心惯性主轴构成的动系时，由式(14.24)中惯性积为零可得到惯性力**向中心惯性主轴的简化**，即

$$\begin{cases} M_{C1}^{(I)}=-[J_{11}\dot{\omega}_1+(J_{33}-J_{22})\omega_2\omega_3] \\ M_{C2}^{(I)}=-[J_{22}\dot{\omega}_2+(J_{11}-J_{33})\omega_1\omega_3] \\ M_{C3}^{(I)}=-[J_{33}\dot{\omega}_3+(J_{22}-J_{11})\omega_1\omega_2] \end{cases} \tag{14.25}$$

3. 定轴转动刚体的惯性力简化

如图 14.4 所示，取简化中心为转轴上任意一点 D 或质心 C，则惯性力主矢为

$$\begin{aligned} \boldsymbol{F}_{IC}&=-M\boldsymbol{a}_C=-M\boldsymbol{a}_C^{n}-M\boldsymbol{a}_C^{t}=-M\omega^2 r_C\boldsymbol{n}-M\alpha r_C\boldsymbol{\tau} \\ &\triangleq \boldsymbol{F}_{IC}^{n}+\boldsymbol{F}_{IC}^{t}=M(\omega^2 x_C+\alpha y_C)\boldsymbol{i}+M(\omega^2 y_C-\alpha x_C)\boldsymbol{j} \end{aligned} \tag{14.26}$$

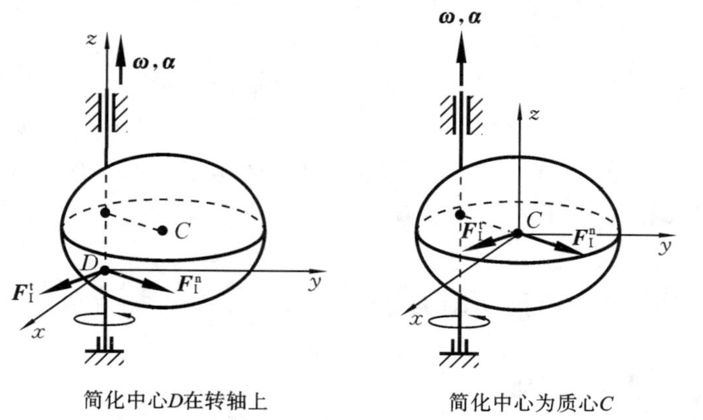

图 14.4　定轴转动刚体惯性力简化

按照坐标系 $Dxyz$ 的取法，有 $\boldsymbol{\omega}=\omega\boldsymbol{k}$，$\boldsymbol{\alpha}=\alpha\boldsymbol{k}$，由式(14.24)，得惯性力主矩为

$$\boldsymbol{M}_I=(\alpha J_{xz}-\omega^2 J_{yz})\boldsymbol{i}+(\alpha J_{yz}+\omega^2 J_{xz})\boldsymbol{j}-\alpha J_z\boldsymbol{k} \tag{14.27}$$

刚体对坐标轴的惯性积为 $J_{xy}=J_{yx}=\sum m_i x_i y_i$，$J_{yz}=J_{zy}=\sum m_i y_i z_i$，$J_{xz}=J_{zx}=\sum m_i x_i z_i$；刚体对 z 轴即转轴的转动惯量为 J_z。方程(14.27)写成分量形式为

$$M_{\mathrm{I}x}=\alpha J_{xz}-\omega^2 J_{yz},\quad M_{\mathrm{I}y}=\alpha J_{yz}+\omega^2 J_{xz},\quad M_{\mathrm{I}z}=-\alpha J_z \tag{14.28}$$

14.4　定轴转动刚体对轴承的附加动反力

定轴转动刚体对轴承的附加动反力

图 14.4 所示为一个定轴转动刚体，定轴转动刚体也称为**刚性转子**。取转轴上点 D 为惯性力系的简化中心，取坐标系 $Dxyz$，z 轴与转轴重合，$Dxyz$ 可以与刚体固连，也可以不固连。惯性力主矢为式(14.26)，惯性力主矩为式(14.27)。

下面求轴承 A、B 处的支座反力的表达式。设主动力系向点 D 简化结果为

$$\begin{cases}\text{主矢：}\boldsymbol{F}=F_x\boldsymbol{i}+F_y\boldsymbol{j}+F_z\boldsymbol{k}\\ \text{主矩：}\boldsymbol{M}_{\mathrm{F}}=M_{\mathrm{F}x}\boldsymbol{i}+M_{\mathrm{F}y}\boldsymbol{j}+M_{\mathrm{F}z}\boldsymbol{k}\end{cases}$$

约束反力为轴承的支座反力，向点 D 简化的结果为

$$\begin{cases}\text{主矢：}\boldsymbol{F}_{\mathrm{N}}=(F_{Ax}+F_{Bx})\boldsymbol{i}+(F_{Ay}+F_{By})\boldsymbol{j}+F_{Bz}\boldsymbol{k}\\ \text{主矩：}\boldsymbol{M}_{\mathrm{N}}=(F_{By}l_B-F_{Ay}l_A)\boldsymbol{i}+(F_{Ax}l_A-F_{Bx}l_B)\boldsymbol{j}+0\boldsymbol{k}\end{cases}$$

由达朗贝尔原理，有

$$\boldsymbol{F}+\boldsymbol{F}_{\mathrm{N}}+\boldsymbol{F}_{\mathrm{I}}=\boldsymbol{0},\quad \boldsymbol{M}_{\mathrm{F}}+\boldsymbol{M}_{\mathrm{N}}+\boldsymbol{M}_{\mathrm{I}}=\boldsymbol{0}$$

写成投影形式，可得 6 个平衡方程：

$$F_x+F_{Ax}-F_{Bx}+M(\omega^2 x_C+\alpha y_C)=0$$
$$F_y+F_{Ay}+F_{By}+M(\omega^2 y_C-\alpha x_C)=0$$
$$F_z+F_{Bz}=0$$
$$M_{\mathrm{F}x}+F_{By}l_B-F_{Ay}l_A+\alpha J_{xz}-\omega^2 J_{yz}=0$$
$$M_{\mathrm{F}y}+F_{Ax}l_A-F_{Bx}l_B+\alpha J_{yz}+\omega^2 J_{xz}=0$$
$$M_{\mathrm{F}z}-\alpha J_z=0$$

第 6 个方程为刚体的定轴转动动力学方程。由前 5 个方程解得轴承支座反力为

$$F_{Ax}=-\frac{1}{l}[F_x l_B+M_{\mathrm{F}y}+Ml_B(\omega^2 x_C+\alpha y_C)+(\alpha J_{yz}+\omega^2 J_{xz})]$$

$$F_{Ay}=-\frac{1}{l}[F_y l_B-M_{\mathrm{F}x}+Ml_B(\omega^2 y_C-\alpha x_C)-(\alpha J_{xz}-\omega^2 J_{yz})]$$

$$F_{Bx}=-\frac{1}{l}[F_x l_A-M_{\mathrm{F}y}+Ml_A(\omega^2 x_C+\alpha y_C)-(\alpha J_{yz}+\omega^2 J_{xz})]$$

$$F_{By}=-\frac{1}{l}[F_y l_A+M_{\mathrm{F}x}+Ml_A(\omega^2 y_C-\alpha x_C)+(\alpha J_{xz}-\omega^2 J_{yz})]$$

$$F_{Bz}=-F_z$$

以上各式中与转动有关(与 ω、α 有关)的项称为**轴承的附加动反力**，它们为

$$F_{Ax}^{(\mathrm{d})}=-\frac{1}{l}[Ml_B(\omega^2 x_C+\alpha y_C)+(\alpha J_{yz}+\omega^2 J_{xz})]$$

$$F_{Ay}^{(\mathrm{d})}=-\frac{1}{l}[Ml_B(\omega^2 y_C-\alpha x_C)-(\alpha J_{xz}-\omega^2 J_{yz})]$$

$$F_{Bx}^{(d)}=-\frac{1}{l}[Ml_A(\omega^2 x_C+\alpha y_C)-(\alpha J_{yz}+\omega^2 J_{xz})]$$

$$F_{By}^{(d)}=-\frac{1}{l}[Ml_A(\omega^2 y_C-\alpha x_C)+(\alpha J_{xz}-\omega^2 J_{yz})]$$

如果刚体不转动,则轴承支座反力中便不会出现以上这些项。

当转子的转速较高时,附加动反力很大,会对轴承和机械造成损害,甚至发生安全事故,因此希望消除附加动反力。为了消除附加动反力,要求转子满足以下条件:

$$\begin{cases}\omega^2 x_C+\alpha y_C=0\\ \omega^2 y_C-\alpha x_C=0\end{cases},\quad \begin{cases}\alpha J_{yz}+\omega^2 J_{xz}=0\\ \alpha J_{xz}-\omega^2 J_{yz}=0\end{cases}$$

将它们写成矩阵形式的线性方程组为

$$\begin{bmatrix}\omega^2 & \alpha\\ -\alpha & \omega^2\end{bmatrix}\begin{bmatrix}x_C\\ y_C\end{bmatrix}=0,\quad \begin{bmatrix}\omega^2 & \alpha\\ \alpha & -\omega^2\end{bmatrix}\begin{bmatrix}J_{xz}\\ J_{yz}\end{bmatrix}=0$$

这是两个齐次线性方程组,只要转子运动,ω 和 α 就不会同时等于零,因此它们的系数矩阵行列式一定不为零,方程组只有零解,由此得到 2 种平衡状态。消除附加动反力的条件如下。

(1) $x_C=y_C=0$,即转轴通过转子质心,这种情况称为**静平衡**。

(2) $J_{xz}=J_{yz}=0$,即转轴为惯性主轴,当转轴还通过转子质心,即转轴为中心惯性主轴时,转子对轴承的附加动反力能被消除,这种情况称为**动平衡**。

上述 2 种平衡状态中,动平衡是消除附加动反力的条件。对于刚性转子目前已有很好的实现动平衡的技术。但机器转速逐渐变高,转子不能再视为刚体。对于柔性转子目前还没有很好的实现动平衡的技术,感兴趣的读者可将其作为研究方向进行突破。

14.5　动静法求解空间动力学问题

动静法求解空间动力学问题

对于完整约束的空间动力学系统,其动静法的分析格式类似平面动力学的分析格式。

(1) 惯性力简化。

每个刚体的质心 C_i 的加速度量 $\boldsymbol{a}_{C_i}$ 和角加速度 $\boldsymbol{\alpha}_i$ 向各自的特殊动矩心 D_i 简化为类似静力学形式的力偶矩 $\boldsymbol{M}_{\mathrm{I}D_i}$ 和力 $\boldsymbol{F}_{\mathrm{I}C_i}$。

当 $Cx_1x_2x_3$ 为过质心 C 的由 3 个中心惯性主轴构成的坐标系时,惯性力矩简化公式为式(14.25)。

对于均质球体,设 $\boldsymbol{\omega}=\omega_1\boldsymbol{i}+\omega_2\boldsymbol{j}+\omega_3\boldsymbol{k}$,$\boldsymbol{a}=\alpha_1\boldsymbol{i}+\alpha_2\boldsymbol{j}+\alpha_3\boldsymbol{k}$。因为其对任意直径具有对称性,因此,对质心简化的力偶矩中的惯性积为 0,惯性矩都为 J,且 $\sum m_i x_i^2=\sum m_i y_i^2=\sum m_i z_i^2$,由此得到其向质心简化的力偶矩

$$\begin{aligned}\boldsymbol{M}_{\mathrm{I}C}&=\left[-J\alpha_1+\left(\sum m_i z_i^2-\sum m_i y_i^2\right)\omega_2\omega_3\right]\boldsymbol{i}+\left[-J\alpha_2+\left(\sum m_i x_i^2-\sum m_i z_i^2\right)\omega_1\omega_3\right]\boldsymbol{j}\\&\quad+\left[-J\alpha_3+\left(\sum m_i y_i^2-\sum m_i x_i^2\right)\omega_1\omega_2\right]\boldsymbol{k}\\&=-J\alpha_1\boldsymbol{i}-J\alpha_2\boldsymbol{j}-J\alpha_3\boldsymbol{k}\end{aligned}$$

类似可以得到,对于均质圆柱体、长方体等物体,以质心 C 为原点 O,建立正交坐标轴 x、y、z,当物体分别相对 Oxy,Oyz,Oxz 平面对称时,其向质心简化的力偶矩中不包含角速度和

惯性积项，具有如下形式

$$\boldsymbol{M}_{\mathrm{IC}}=-J_x\alpha_1\boldsymbol{i}-J_y\alpha_2\boldsymbol{j}-J_z\alpha_3\boldsymbol{k}$$

(2) 确定至少需要列的动力学方程数目 k：$k=n-s+m$。

一个空间自由刚体和一个质点的自由度分别为 6 和 3。

(3) 得到 k 个类似静力学形式的方程：尽量对轴而不是对点列力矩平衡方程；不能对过一点的 3 根以上的轴或 3 根以上的平行轴列力矩平衡方程。

(4) 补充运动学方程。

因为动力学方程建立的是刚体角加速度和质心加速度与力的关系，所以运动学方程首先需要建立加速度关系。因为可能会引入法向加速度和科氏加速度，故有时还需进一步补充运动学的速度关系。

为了得到加速度量间的关系，需要利用待求点（质心是待求点）与机构间连接点的相互关系。运动的机构中各构件都是通过连接点传递运动的，分析运动必须体现出这些联系。空间运动的加速度合成定理公式和基点法公式的形式与平面问题的相同，刚体上任意两点 M 和 A 的速度和加速度关系式分别为

$$\boldsymbol{v}_M=\boldsymbol{v}_A+\boldsymbol{v}_{MA}=\boldsymbol{v}_A+\boldsymbol{\omega}\times\boldsymbol{r}_{AM}$$

$$\boldsymbol{a}_M=\boldsymbol{a}_A+\boldsymbol{a}_{MA}^{\mathrm{n}}+\boldsymbol{a}_{MA}^{\mathrm{t}}$$

其中，

$$\boldsymbol{a}_{MA}^{\mathrm{n}}=\boldsymbol{\omega}\times\boldsymbol{v}_{MA}=\boldsymbol{\omega}\times(\boldsymbol{\omega}\times\boldsymbol{r}_{AM}),\quad \boldsymbol{a}_{MA}^{\mathrm{t}}=\boldsymbol{\alpha}\times\boldsymbol{r}_{AM}$$

(5) 求解。

消去运动学加速度方程中未在动力学方程中出现的加速度量，得到新的仅含在动力学方程中出现的加速度量方程，与 k 个动力学方程联立求解即可。

例 14.1　如图 14.5 所示，在真空中处于失重状态的均质球形刚体，其半径 $r=1$ m，质量 $M=2.5$ kg，对直径的转动惯量 $J=1$ kg·m²，球体固连坐标系 $Oxyz$，另有质量 $m=1$ kg 的质点 A 在内力驱动下沿球体大圆上的光滑无质量管道（位于 Oxy 平面内）以相对速度 $v_{\mathrm{r}}=1$ m/s 运动。初始时，系统质心速度为零，质点 A 在 x 轴上。

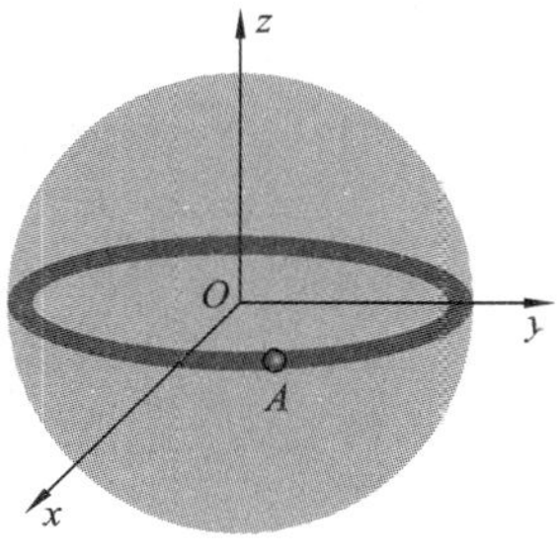

图 14.5　例 14.1 图

(1) 试判断系统自由度；

(2) 当球体初始角速度 $\omega_{x0}=0$，$\omega_{y0}=0$，$\omega_{z0}=1$ rad/s 时，求球心 O 的绝对速度 $\boldsymbol{v}_O$、球体的角速度沿 z 轴的分量 ω_z、质点 A 的绝对速度 $\boldsymbol{v}_A$ 和绝对加速度 $\boldsymbol{a}_A$；

(3) 当球体初始角速度 $\omega_{x0}=1$ rad/s，$\omega_{y0}=0$，$\omega_{z0}=0.4$ rad/s 时，求球体的角速度 $\boldsymbol{\omega}$ 和角加速度 $\boldsymbol{\alpha}$。

解　第(1)问：题意已给定相对速度为匀速，故系统自由度为 6。

第(2)问：设 $\boldsymbol{\omega}=\omega_1\boldsymbol{i}+\omega_3\boldsymbol{k}$（该例(2)和(3)问具有此通式），$\boldsymbol{\alpha}=\alpha_1\boldsymbol{i}+\alpha_2\boldsymbol{j}+\alpha_3\boldsymbol{k}$。根据题意有 $\boldsymbol{r}=\boldsymbol{r}_{OA}=\boldsymbol{i}$，$\boldsymbol{v}_{\mathrm{r}}=\pm\boldsymbol{j}$，$\boldsymbol{a}_{\mathrm{r}}^{\mathrm{n}}=-\dfrac{v_{\mathrm{r}}^2}{r}\boldsymbol{i}=-\boldsymbol{i}$。下面先讨论 $\boldsymbol{v}_{\mathrm{r}}=\boldsymbol{j}$ 的情形。

①求速度。

系统有 6 个自由度，已知初始瞬时的 3 个角速度，并根据已知的系统质心速度为 0，由系统质心公式有

$$M\boldsymbol{v}_O+m\boldsymbol{v}_A=\boldsymbol{0} \tag{a}$$

得到

$$\boldsymbol{v}_O=-\frac{m}{M}\boldsymbol{v}_A \tag{b}$$

取质点 A 为动点,球为动系,则

$$\boldsymbol{v}_A=\boldsymbol{v}_{A_1}+\boldsymbol{v}_{\mathrm{r}} \tag{c}$$

【OA_1】(同一刚体两点问题,采用基点法),有

$$\boldsymbol{v}_{A_1}=\boldsymbol{v}_O+\boldsymbol{v}_{A_1O}=\boldsymbol{v}_O+\boldsymbol{\omega}\times\boldsymbol{r} \tag{d}$$

将式(b)和式(d)代入式(c),有

$$\left(1+\frac{m}{M}\right)\boldsymbol{v}_A=\boldsymbol{\omega}\times\boldsymbol{r}+\boldsymbol{v}_{\mathrm{r}}=\boldsymbol{k}\times\boldsymbol{i}+\boldsymbol{j}=2\boldsymbol{j}$$

因此

$$\boldsymbol{v}_A=\frac{10}{7}\boldsymbol{j} \tag{e}$$

将式(e)代入式(b),有

$$\boldsymbol{v}_O=-\frac{4}{7}\boldsymbol{j}$$

②求加速度。

本例优选动静法,求解过程如下。

(a) 惯性力简化(球的惯性力向质心 O 简化,图中未画出),有

$$\boldsymbol{M}_{\mathrm{I}O}=-J\alpha_1\boldsymbol{i}-J\alpha_2\boldsymbol{j}-J\alpha_3\boldsymbol{k},\quad \boldsymbol{F}_{\mathrm{I}O}=-M\boldsymbol{a}_O,\quad \boldsymbol{F}_{\mathrm{I}A}=-m\boldsymbol{a}_A$$

(b) 系统自由度为 6,需要列 6 个动力学二阶微分方程。

(c) 根据静力学知识列 6 个方程的流程如下。

原则:尽量不引入不待求未知力(在本例中指 A 与滑道的作用力)。

具体方法:先整体,再局部。

【整体】(空间平衡问题,正好可列 6 个方程),有

$$m\boldsymbol{a}_A+M\boldsymbol{a}_O=\boldsymbol{0}\quad\Rightarrow\quad \boldsymbol{a}_O=-\frac{m}{M}\boldsymbol{a}_A\quad \text{(相当于列了 3 个方程,还差 3 个)} \tag{f}$$

$$\sum M_x=0:\qquad -J_x\alpha_1=0\quad\Rightarrow\quad \alpha_1=0 \tag{g}$$

$$\sum M_y=0:\qquad -J_y\alpha_2+ma_{Az}r=0\quad\Rightarrow\quad -\alpha_2+a_{Az}=0 \tag{h}$$

$$\sum M_x=0:\qquad -J_z\alpha_3-ma_{Ay}r=0\quad\Rightarrow\quad -\alpha_3-a_{Ay}=0 \tag{i}$$

动力学方程数目已够,且未引入任何不待求的力,若不引入不待求力,则其他任何基于动力学理论所列的方程必然可由上述 6 个方程和后面的运动学加速度方程推出,或会引入不待求的未知力。所以,下面要做的是补充运动学加速度关系方程。

(d) 补充运动学加速度关系方程。

取质点 A 为动点,球为动系(存在稳定接触点问题),则

$$\boldsymbol{a}_A=\boldsymbol{a}_{A_1}+\boldsymbol{a}_{\mathrm{r}}^{\mathrm{n}}+\boldsymbol{a}_{\mathrm{k}} \tag{j}$$

【OA】(同一刚体两点问题,用基点法),则

$$\boldsymbol{a}_{A_1}=\boldsymbol{a}_O+\boldsymbol{a}_{A_1O}^{\mathrm{n}}+\boldsymbol{a}_{A_1O}^{\mathrm{t}}=\boldsymbol{a}_O+\boldsymbol{\omega}\times(\boldsymbol{\omega}\times\boldsymbol{r})+\boldsymbol{\alpha}\times\boldsymbol{r} \tag{k}$$

(e) 求解。

将公式(f)(k)代入式(j)，有

$$\left(1+\frac{m}{M}\right)\boldsymbol{a}_A=\boldsymbol{\omega}\times(\boldsymbol{\omega}\times\boldsymbol{r})+\boldsymbol{\alpha}\times\boldsymbol{r}+\boldsymbol{a}_{\mathrm{r}}^{\mathrm{n}}+2\boldsymbol{\omega}\times\boldsymbol{v}_{\mathrm{r}} \tag{l}$$

将 $\boldsymbol{\omega}=\omega_1\boldsymbol{i}+\omega_3\boldsymbol{k}$，$\boldsymbol{\alpha}=\alpha_1\boldsymbol{i}+\alpha_2\boldsymbol{j}+\alpha_3\boldsymbol{k}$，$\boldsymbol{r}=\boldsymbol{r}_{OA}=\boldsymbol{i}$，$\boldsymbol{v}_{\mathrm{r}}=\boldsymbol{j}$，$\boldsymbol{a}_{\mathrm{r}}^{\mathrm{n}}=-\boldsymbol{i}$ 代入式(l)，有

$$\frac{7}{5}\boldsymbol{a}_A=(-\omega_3^2-1-2\omega_3)\boldsymbol{i}+\alpha_3\boldsymbol{j}+(-\alpha_2+\omega_1\omega_3+2\omega_1)\boldsymbol{k} \tag{m}$$

因此

$$a_{Ax}=\frac{5}{7}(-\omega_3^2-1-2\omega_3) \tag{n}$$

$$a_{Ay}=\frac{5}{7}\alpha_3 \tag{o}$$

$$a_{Az}=\frac{5}{7}(-\alpha_2+\omega_1\omega_3+2\omega_1) \tag{p}$$

将式(n)代入式(i)，得

$$\alpha_3=0,\quad a_{Ay}=0 \tag{q}$$

将式(p)代入式(h)，得

$$\alpha_2=\frac{5\omega_1(\omega_3+2)}{12},\quad a_{Az}=\frac{5[-\alpha_2+\omega_1(\omega_3+2)]}{7} \tag{r}$$

讨论 1　第(2)问，$\omega_3=1$，$\omega_1=0$，将其代入式(n)(q)(r)有

$$\alpha_2=\frac{5\omega_1(\omega_3+2)}{12},\quad a_{Az}=\frac{5[-\alpha_2+\omega_1(\omega_3+2)]}{7}$$

$$a_A=a_{Ax}=\frac{5}{7}(-1^2-1-2)\ \mathrm{m/s^2}=-\frac{20}{7}\ \mathrm{m/s^2}$$

讨论 2　第(3)问，$\omega_3=0.4$，$\omega_1=1$。由式(g)得出 $\alpha_1=0$；由式(r)得出 $\alpha_2=1\ \mathrm{rad/s^3}$；由式(c)得出 $\alpha_3=0$；故

$$\boldsymbol{\alpha}=\alpha_2\boldsymbol{j}=\boldsymbol{j}$$

当相对速度方向与 y 轴正方向相反时，将上述求解过程中的 $\boldsymbol{v}_{\mathrm{r}}=\boldsymbol{j}$ 换成 $\boldsymbol{v}_{\mathrm{r}}=-\boldsymbol{j}$，得到第(2)问结果 $v_O=v_A=0$，$a_O=a_A=0$，得到第(3)问结果 $\boldsymbol{\alpha}=-\frac{2}{3}\boldsymbol{j}$。

小　　结

小结

1. 空间任意运动刚体速度和加速度

刚体上任意两点 M 和 A 的速度关系为

$$\boldsymbol{v}_M=\boldsymbol{v}_A+\boldsymbol{v}_{MA}=\boldsymbol{v}_A+\boldsymbol{\omega}\times\boldsymbol{r}_{AM}$$

刚体上任意两点 M 和 A 的加速度关系为

$$\boldsymbol{a}_M=\boldsymbol{a}_A+\boldsymbol{\alpha}\times\boldsymbol{r}_{AM}+\boldsymbol{\omega}\times\boldsymbol{v}_{MA}$$

其中，$\boldsymbol{a}_{MA}^{\mathrm{t}}=\boldsymbol{\alpha}\times\boldsymbol{r}_{AM}$，为相对切向加速度；$\boldsymbol{a}_{MA}^{\mathrm{n}}=\boldsymbol{\omega}\times\boldsymbol{v}_{MA}$，为相对法向加速度。

2. 空间运动刚体的相对运动动量矩定理

(1) 空间运动刚体相对特殊动矩心 D 的动量矩定理方程在与刚体固连的坐标系 $Dx_1x_2x_3$ 中的投影方程为

$$\begin{bmatrix} J_{11} & -J_{12} & -J_{13} \\ -J_{21} & J_{22} & -J_{23} \\ -J_{31} & -J_{32} & J_{33} \end{bmatrix}\begin{bmatrix} \dot{\omega}_1 \\ \dot{\omega}_2 \\ \dot{\omega}_3 \end{bmatrix} + \begin{bmatrix} 0 & -\omega_3 & \omega_2 \\ \omega_3 & 0 & -\omega_1 \\ -\omega_2 & \omega_1 & 0 \end{bmatrix}\begin{bmatrix} J_{11} & -J_{12} & -J_{13} \\ -J_{21} & J_{22} & -J_{23} \\ -J_{31} & -J_{32} & J_{33} \end{bmatrix}\begin{bmatrix} \omega_1 \\ \omega_2 \\ \omega_3 \end{bmatrix} = \begin{bmatrix} M_{D1}^{(e)} \\ M_{D2}^{(e)} \\ M_{D3}^{(e)} \end{bmatrix}$$

(2) 惯性主轴。

对于一个与刚体固连的正交轴系,如果刚体在这个轴系中的所有惯性积为零,则这一轴系称为惯性主轴系,如果这一条件只对某一轴成立,则该轴称为惯性主轴。通过质心的惯性主轴称为**中心惯性主轴**。刚体对惯性主轴的转动惯量称为**主转动惯量**。

(3) 欧拉(Euler)运动方程。

在与刚体固连的惯性主轴系 $D\xi\eta\zeta$(D 为特殊动矩心)中,刚体的相对运动动量矩方程体系为

$$L_\xi = J_\xi \omega_\xi, \quad L_\eta = J_\eta \omega_\eta, \quad L_\zeta = J_\zeta \omega_\zeta$$

$$\begin{cases} J_\xi \dot{\omega}_\xi + (J_\zeta - J_\eta)\omega_\eta \omega_\zeta = M_\xi^{(e)} \\ J_\eta \dot{\omega}_\eta + (J_\xi - J_\zeta)\omega_\zeta \omega_\xi = M_\eta^{(e)} \\ J_\zeta \dot{\omega}_\zeta + (J_\eta - J_\xi)\omega_\xi \omega_\eta = M_\zeta^{(e)} \end{cases}$$

上述方程称为刚体的**欧拉(Euler)运动方程**。该方程也适用于刚体的定点转动。

3. 空间运动刚体惯性力向中心惯性主轴简化

当 $Cx_1x_2x_3$ 为过质心 C、由 3 个中心惯性主轴构成的动系时,惯性力矩向中心惯性主轴的简化为

$$M_{C1}^{(I)} = -[J_{11}\dot{\omega}_1 + (J_{33} - J_{22})\omega_2\omega_3]$$

$$M_{C2}^{(I)} = -[J_{22}\dot{\omega}_2 + (J_{11} - J_{33})\omega_1\omega_3]$$

$$M_{C3}^{(I)} = -[J_{33}\dot{\omega}_3 + (J_{22} - J_{11})\omega_1\omega_2]$$

作用在质心的惯性力为

$$F_{IC1} = -ma_{Cx}, \quad F_{IC2} = -ma_{Cy}, \quad F_{IC3} = -ma_{Cz}$$

惯性力作用在点 C,方向分别与 a_{Cx}、a_{Cy}、ma_{Cz} 方向相同。

4. 定轴转动刚体的惯性力简化

取简化中心为转轴上任意一点 D 或质心 C,惯性力主矢为

$$\boldsymbol{F}_{IC} = -M\boldsymbol{a}_C = -M\boldsymbol{a}_C^n - M\boldsymbol{a}_C^t = -M\omega^2 r_C \boldsymbol{n} - M\alpha r_C \boldsymbol{\tau}$$

$$\triangleq \boldsymbol{F}_{IC}^n + \boldsymbol{F}_{IC}^t = M(\omega^2 x_C + \alpha y_C)\boldsymbol{i} + M(\omega^2 y_C - \alpha x_C)\boldsymbol{j}$$

惯性力主矩为

$$\boldsymbol{M}_I = (\alpha J_{xz} - \omega^2 J_{yz})\boldsymbol{i} + (\alpha J_{yz} + \omega^2 J_{xz})\boldsymbol{j} - \alpha J_z \boldsymbol{k}$$

刚体对坐标轴的惯性积为

$$J_{xy} = J_{yx} = \sum m_i x_i y_i$$

$$J_{yz} = J_{zy} = \sum m_i y_i z_i$$

$$J_{xz} = J_{zx} = \sum m_i x_i z_i$$

刚体对 z 轴即转轴的转动惯量为 J_z。

5. 定轴转动刚体的静平衡和动平衡

(1) $x_C = y_C = 0$,即转轴通过转子质心,这种情况称为静平衡。

(2) $J_{xz}=J_{yz}=0$,即转轴为惯性主轴,当转轴还通过转子质心,即转轴为中心惯性主轴时,转子对轴承的附加动反力能被消除,这种情况称为动平衡。

习　题

14.1　如题 14.1 图所示,坐标系 $Dx_1x_2x_3$ 与边长为 a 的均质等厚正方形薄板固连,已知板的质量为 m。在坐标系 $Dx_1x_2x_3$ 中,求:(1) 薄板的转动惯量和惯性积;(2) 惯性主轴系 $D\xi\eta\zeta$ 的方向以及相应的主转动惯量 J_1、J_2、J_3。

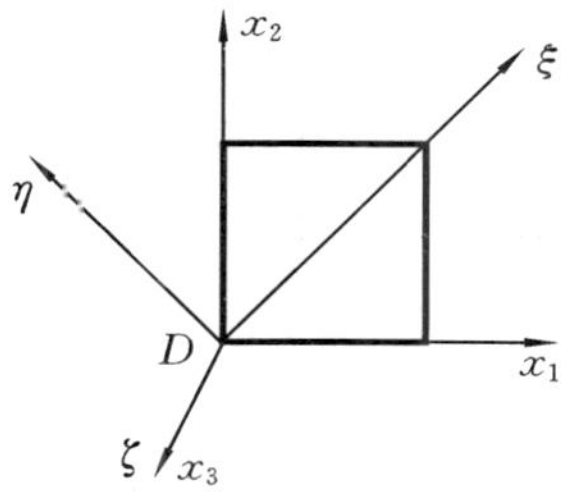

题 14.1 图

专题1　在极坐标、柱坐标和球坐标下点的合成运动

本书前面的讨论是在正交轴系下描述运动，有些情况下采用极坐标、柱坐标和球坐标描述运动更方便，那么，如何用合成运动方法分析在这三种坐标系下的动点运动呢？本专题介绍此方面内容。

1. 极坐标描述

如专题图1.1(a)所示，当动点 M 在平面内运动时，其瞬时位置可以用矢径 $\boldsymbol{r}=\overrightarrow{OM}$ 的长度 r 和矢径的转角 φ 来确定，即动点的瞬时位置为 (r,φ)，这就是动点位置的极坐标描述。再沿矢径方向取单位矢量 $\boldsymbol{e}_1$，将 $\boldsymbol{e}_1$ 沿 φ 的正转向转 $90°$，得到单位矢量 $\boldsymbol{e}_2$，将 $\boldsymbol{e}_1$，$\boldsymbol{e}_2$ 作为极坐标系的正交矢量基。

动点 M 的直角坐标为 (x,y)，其与极坐标 (r,φ) 的关系为

$$x=r\cos\varphi,\quad y=r\sin\varphi \tag{1}$$

由此可以求出用 r、φ、$\dot{r}$、$\dot{\varphi}$、$\ddot{r}$、$\ddot{\varphi}$ 表示的 $\dot{x}$、$\dot{y}$、$\ddot{x}$、$\ddot{y}$，即用 r、φ、$\dot{r}$、$\dot{\varphi}$、$\ddot{r}$、$\ddot{\varphi}$ 表示动点 M 在 x、y 方向的速度和加速度分量。如果需要求动点 M 在 $\boldsymbol{e}_1$、$\boldsymbol{e}_2$ 方向的速度和加速度分量，则可以将 $\dot{x}\boldsymbol{i}$、$\dot{y}\boldsymbol{j}$、$\ddot{x}\boldsymbol{i}$、$\ddot{y}\boldsymbol{j}$ 向 $\boldsymbol{e}_1$、$\boldsymbol{e}_2$ 方向投影叠加得到，作为练习，请读者自行推演。下面用合成运动方法来分析这一问题。

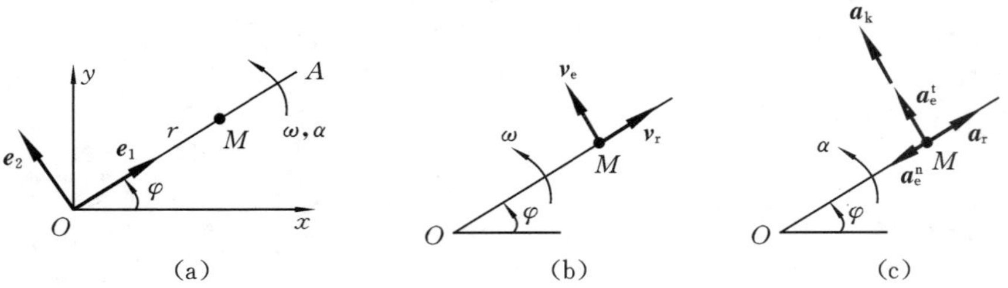

专题图1.1　点运动的极坐标描述

(a) 极坐标　(b) 速度分析　(c) 加速度分析

以矢径所在直线 OA 为动系，动点 M 本身为动点，速度、加速度的合成运动分析如专题图1.1(b)(c)所示。动系的角速度 ω、角加速度 α 分别为

$$\omega=\dot{\varphi},\quad \alpha=\ddot{\varphi} \tag{2}$$

由速度合成定理，动点的绝对速度 $\boldsymbol{v}$ 为

$$\boldsymbol{v}=\boldsymbol{v}_{\mathrm{r}}+\boldsymbol{v}_{\mathrm{e}} \tag{3}$$

其中

$$v_{\mathrm{r}}=\dot{r},\quad v_{\mathrm{e}}=\omega r=\dot{\varphi}r \tag{4}$$

所以动点速度的极坐标表示为

$$\boldsymbol{v}=\dot{r}\boldsymbol{e}_1+\dot{\varphi}r\boldsymbol{e}_2 \tag{5}$$

由加速度合成定理，动点的绝对加速度 $\boldsymbol{a}$ 为

$$\boldsymbol{a}=\boldsymbol{a}_{\mathrm{r}}+\boldsymbol{a}_{\mathrm{e}}^{\mathrm{n}}+\boldsymbol{a}_{\mathrm{e}}^{\mathrm{t}}+\boldsymbol{a}_{\mathrm{k}} \tag{6}$$

其中

$$a_r=\ddot{r},\quad a_e^n=\omega^2 r=\dot{\varphi}^2 r,\quad a_e^t=\alpha r=\ddot{\varphi}r,\quad a_k=2\omega v_r=2\dot{\varphi}\dot{r}$$

所以动点加速度的极坐标表示为

$$\boldsymbol{a}=(\ddot{r}-\dot{\varphi}^2 r)\boldsymbol{e}_1+(\ddot{\varphi}r+2\dot{\varphi}\dot{r})\boldsymbol{e}_2 \tag{7}$$

例 1　专题图 1.2 中的凸轮以角速度 ω 绕 O 轴匀速转动，使杆件 CD 升降。欲使杆 CD 匀速上升，则凸轮上的 AB 段轮廓线应满足何条件？

解　如专题图 1.2 所示，以凸轮为参考系，O 为极坐标的原点，取极坐标研究杆上点 C 的运动。

根据题意有

$$\frac{\mathrm{d}\varphi}{\mathrm{d}t}=\omega(\text{常数}),\quad \frac{\mathrm{d}\rho}{\mathrm{d}t}=v(\text{常数})$$

对上式进行一重积分，并设点 A 为动点 C 在 $t=0$ 时的初始位置，则以极坐标表示的点 C 相对于凸轮的运动方程为

$$\varphi=\omega t,\quad \rho=R+vt$$

消去时间 t，得到点 C 相对凸轮的运动轨迹为

$$\rho=R+\frac{\varphi v}{\omega}$$

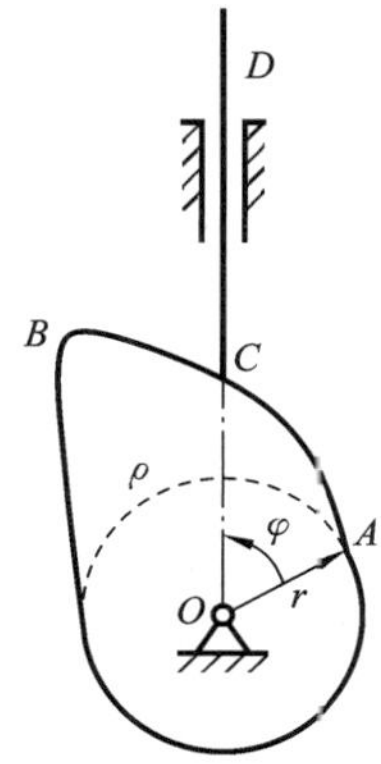

专题图 1.2　例 1 图

凸轮转动，杆件 CD 匀速上升，故 ω、v 应为常数，可知上式为阿基米德螺旋线，即轮廓线应满足的条件。

例 2　有 $n(n\geqslant 3)$ 条小狗，初始时刻正好分别位于边长为 L 的正 n 边形的顶点上，小狗的速率均为 v(常数)，同时出发，沿逆时针方向鱼贯追逐，且在任意时刻，某一条狗 A_1 的速度方向均指向它前方那条狗 A_2 的方向。求：(1) 小狗的运动轨迹方程；(2) 小狗们相遇的时间。

解　小狗的速率不变，但其方向在变，画图观察各小狗的位置变化趋势，将发现小狗们最终会在正 n 边形的中心点 O 相遇，且在任意时刻小狗的位置连线构成一个新的正 n 边形，小狗在其顶点上。建立如专题图 1.3 所示的极坐标。

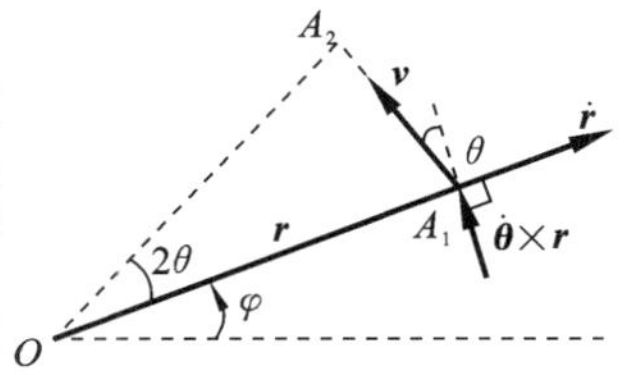

专题图 1.3　例 2 图

$$\theta=\frac{\pi}{n},\quad \angle A_2OA_1=2\theta=\frac{2\pi}{n}$$

初始条件

$$t=0,\quad r=r_0=\frac{L}{2\sin\theta},\quad \varphi=0$$

(1) 求小狗的运动轨迹方程。

速度关系为

$$\begin{cases}\dot{r}=-v\sin\theta & \text{(a)}\\ r\dot{\varphi}=v\cos\theta & \text{(b)}\end{cases}$$

将式(a)除以式 (b)得

$$\frac{\mathrm{d}r}{r}=-\tan\theta\mathrm{d}\varphi \tag{c}$$

对式(c)两边积分有

$$r=C\mathrm{e}^{-\tan\theta}=C\mathrm{e}^{-\tan(\pi/n)}$$

代入初始条件得

$$r=\frac{L}{2\sin\frac{\pi}{n}}\mathrm{e}^{-\tan(\pi/n)}$$

上式为小狗的运动轨迹方程(对数螺旋线)。

(2) 求小狗的相遇时间。

每条小狗沿径向的速率大小为$|\dot{r}|=v\sin\frac{\pi}{n}$,为常数。

相遇时小狗的径向位移为$r_0=\frac{L}{2\sin\frac{\pi}{n}}$,故小狗相遇的时间为

$$t=\frac{r_0}{|\dot{r}|}=\frac{L}{2v\sin^2\left(\frac{\pi}{n}\right)}$$

例 3　如专题图 1.4(a)所示的平面机构,杆件 OA 长度为 L,以匀角速度 ω 转动。杆 AB 始终与方角保持接触,$AC=2L$,在图示瞬时,点 C 在方角的位置,$\theta=60°$。求杆 AB 上点 C 在图示瞬时绝对运动轨迹的曲率半径。

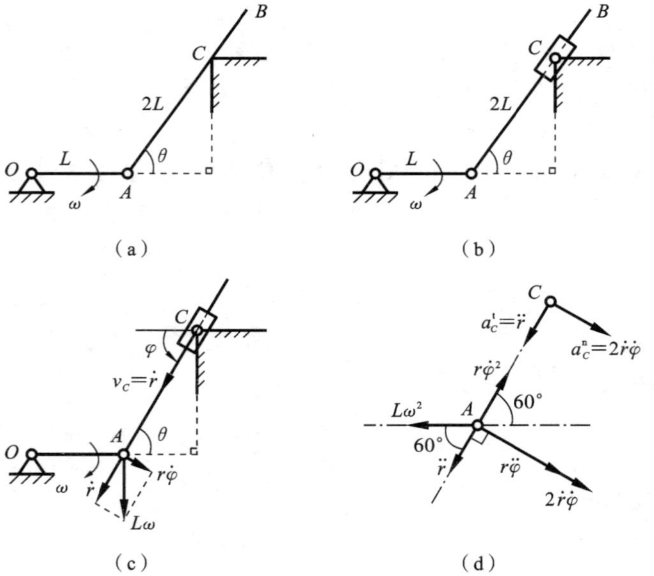

专题图 1.4　例 3 图

解　该题可采用弧坐标描述方法,利用速度合成定理求出速度大小,再利用加速度合成定理求出法向加速度,从而得到曲率半径。此处给出极坐标下的求解方法。

专题图 1.4(a)可转化为专题图 1.4(b)所示的套筒/滑杆问题,套筒绕地面的角点做定轴转动。取角点为极坐标的原点,AB 上任意点 M 的速度和加速度用极坐标描述法表示。

(1) 先分析点 A 的速度(见专题图 1.4(c)),有

$$r=2L,\quad \dot{r}=v_A\sin60°=L\omega\sin60°=\frac{\sqrt{3}}{2}L\omega$$

$$r\dot{\varphi}=v_A\cos60^\circ=\frac{1}{2}L\omega$$

图示位置时，$r=2L$，因此 $\dot{\varphi}=\frac{\omega}{4}$。

(2) 分析点 A 的加速度(见专题图 1.4(d))。

将加速度分别向径向与切向投影得

径向：
$$\ddot{r}-r\dot{\varphi}^2=\frac{1}{2}L\omega^2$$

$$\ddot{r}=r\dot{\varphi}^2+\frac{1}{2}L\omega^2=2L\left(\frac{\omega}{4}\right)^2+\frac{1}{2}L\omega^2=\frac{5}{8}L\omega^2$$

切向：
$$r\ddot{\varphi}+2\dot{r}\dot{\varphi}=-\frac{\sqrt{3}}{2}L\omega^2$$

$$2L\ddot{\varphi}+2\left(\frac{\omega}{4}\right)\left(\frac{\sqrt{3}}{2}L\omega\right)=-\frac{\sqrt{3}}{2}L\omega^2$$

$$\ddot{\varphi}=-\frac{3\sqrt{3}}{8}\omega^2$$

(3) 分析杆 AB 上点 C 的速度和加速度(即 $r=0$ 的点，见专题图 1.4(c)(d))。

$$v_C=\dot{r}=\frac{\sqrt{3}}{2}L\omega,\quad a_C^{\mathrm{n}}=2\dot{\varphi}\dot{r}=\frac{\sqrt{3}}{4}L\omega^2$$

$$\rho=\frac{v_C^2}{a_C^{\mathrm{n}}}=\sqrt{3}L$$

2. 柱坐标描述

点的空间运动可以用柱坐标来描述，这对于在柱面上运动的点更具优越性。如专题图1.5(a)所示，动点 M 在某瞬时位置的柱坐标为(r,φ,z)。同时，将 $\boldsymbol{e}_1$、$\boldsymbol{e}_2$、$\boldsymbol{k}$ 作为柱坐标系的正交矢量基，其中 $\boldsymbol{e}_1$、$\boldsymbol{e}_2$ 的取法与极坐标中的相同。

动点的柱坐标(r,φ,z)与对应的直角坐标(x,y,z)的关系为

$$x=r\cos\varphi,\quad y=r\sin\varphi,\quad z=z \tag{8}$$

由此可以直接对 t 求导数得到动点 M 的速度和加速度的直角坐标分量及在柱坐标系正交矢量基 $\boldsymbol{e}_1$、$\boldsymbol{e}_2$、$\boldsymbol{k}$ 中的分量。下面用合成运动方法来分析这一问题。

以过动点 M、绕轴 z 转动的平面 π 为动系，动点 M 本身为动点，速度、加速度的合成运动分析分别如专题图 1.5(a)(b)所示。动系的角速度 ω、角加速度 α 为

$$\omega=\dot{\varphi},\quad \alpha=\ddot{\varphi} \tag{9}$$

由速度合成定理，动点的绝对速度 $\boldsymbol{v}$ 为

$$\boldsymbol{v}=\boldsymbol{v}_{rr}+\boldsymbol{v}_{rz}+\boldsymbol{v}_{e} \tag{10}$$

可见，现在相对速度有两个分量 $\boldsymbol{v}_{rr}$、$\boldsymbol{v}_{rz}$。其中

$$v_{rr}=\dot{r},\quad v_{rz}=\dot{z},\quad v_e=\omega r=\dot{\varphi}r \tag{11}$$

所以动点速度的柱坐标表示为

$$\boldsymbol{v}=\dot{r}\boldsymbol{e}_1+\dot{\varphi}r\boldsymbol{e}_2+\dot{z}\boldsymbol{k} \tag{12}$$

由加速度合成定理，动点的绝对加速度 $\boldsymbol{a}$ 为

$$\boldsymbol{a}=\boldsymbol{a}_{rr}+\boldsymbol{a}_{rz}+\boldsymbol{a}_e^{\mathrm{n}}+\boldsymbol{a}_e^{\mathrm{t}}+\boldsymbol{a}_{\mathrm{k}} \tag{13}$$

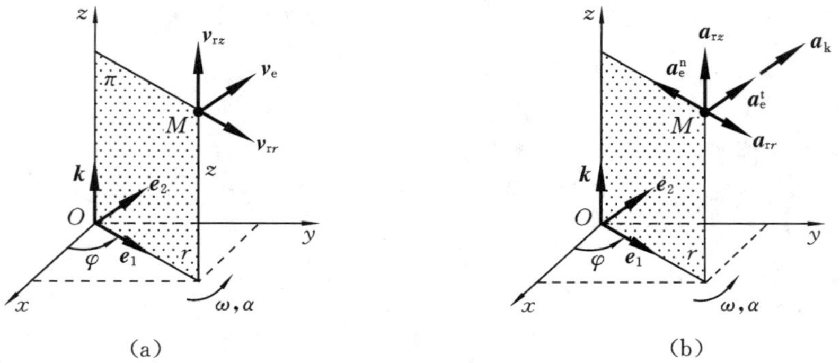

专题图 1.5　动点的柱坐标描述和运动分析

(a) 动点 M 的柱坐标描述、速度分析

(b) 加速度分析

相对加速度也有两个分量 $\boldsymbol{a}_{rr}$、$\boldsymbol{a}_{rz}$。其中

$$a_{rr}=\ddot{r},\quad a_{rz}=\ddot{z},\quad a_e^n=\omega^2 r=\dot{\varphi}^2 r,\quad a_e^t=\alpha r=\ddot{\varphi}r$$

所以动点加速度的柱坐标表示为

$$\boldsymbol{a}=(\ddot{r}-\dot{\varphi}^2 r)\boldsymbol{e}_1+(\ddot{\varphi}r+2\dot{\varphi}\dot{r})\boldsymbol{e}_2+\ddot{z}\boldsymbol{k} \tag{14}$$

3. 球坐标描述

点的空间运动也可以用球坐标来描述,这对于在球面上运动的点更具优越性。如专题图 1.6(a)所示,动点 M 在某瞬时位置的球坐标为(r,θ,φ),其中 $r=OM$。同时,将 $\boldsymbol{e}_1$、$\boldsymbol{e}_2$、$\boldsymbol{e}_3$ 作为球坐标系的正交矢量基,其中 $\boldsymbol{e}_1$ 沿矢径 $\boldsymbol{r}=\overrightarrow{OM}$的方向,$\boldsymbol{e}_2$ 在轴 z 与 OM 形成的平面上,由 $\boldsymbol{e}_1$ 沿转角 θ 的正向转 90°得到,而 $\boldsymbol{e}_3=\boldsymbol{e}_1\times\boldsymbol{e}_2$。

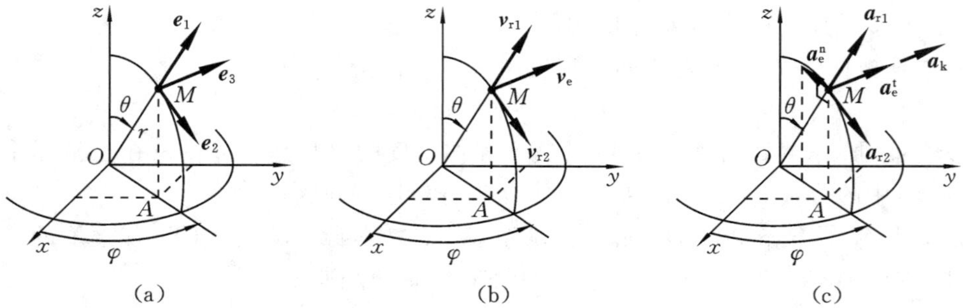

专题图 1.6　动点的球坐标描述和运动分析

(a) 球坐标　(b) 速度分析　(c) 加速度分析

动点的球坐标(r,φ,z)与对应的直角坐标(x,y,z)的关系为

$$x=r\sin\theta\cos\varphi,\quad y=r\sin\theta\sin\varphi,\quad z=r\cos\theta \tag{15}$$

同样,可以直接对 t 求导数得到动点 M 的速度和加速度的直角坐标分量及在球坐标系正交矢量基 $\boldsymbol{e}_1$、$\boldsymbol{e}_2$、$\boldsymbol{e}_3$ 中的分量。下面用合成运动方法来分析这一问题。

以过动点 M、绕轴 z 转动的平面为动系,动点 M 本身为动点,如专题图 1.6(a)所示。可见,动点的相对运动可以用动系平面内的极坐标(ρ,θ)描述,由式(5)(7)可得相对速度、相对加

速度为

$$\boldsymbol{v}_{\mathrm{r}}=\dot{r}\boldsymbol{e}_1+\dot{\theta}r\boldsymbol{e}_2=\boldsymbol{v}_{\mathrm{r}1}+\boldsymbol{v}_{\mathrm{r}2} \tag{16}$$

$$\boldsymbol{a}_{\mathrm{r}}=(\ddot{r}-\dot{\theta}^2 r)\boldsymbol{e}_1+(\ddot{\theta}r+2\dot{\theta}\dot{r})\boldsymbol{e}_2=\boldsymbol{a}_{\mathrm{r}1}+\boldsymbol{a}_{\mathrm{r}2} \tag{17}$$

其中

$$\boldsymbol{v}_{\mathrm{r}1}=\dot{r}\boldsymbol{e}_1,\quad \boldsymbol{v}_{\mathrm{r}1}=\dot{\theta}r\boldsymbol{e}_2 \tag{18}$$

$$\boldsymbol{a}_{\mathrm{r}1}=(\ddot{r}-\dot{\theta}^2 r)\boldsymbol{e}_1,\quad \boldsymbol{a}_{\mathrm{r}2}=(\ddot{\theta}r+2\dot{\theta}\dot{r})\boldsymbol{e}_2 \tag{19}$$

速度、加速度的合成运动分析分别如专题图 1.6(b)(c)所示。动系的角速度 ω、角加速度 α 分别为

$$\omega=\dot{\varphi},\quad \alpha=\ddot{\varphi} \tag{20}$$

由速度合成定理,动点的绝对速度 $\boldsymbol{v}$ 为

$$\boldsymbol{v}=\boldsymbol{v}_{\mathrm{r}1}+\boldsymbol{v}_{\mathrm{r}2}+\boldsymbol{v}_{\mathrm{e}} \tag{21}$$

其中,计算 $\boldsymbol{v}_{\mathrm{e}}$ 时所对应的转动半径为 OA,所以

$$\boldsymbol{v}_{\mathrm{e}}=\omega r\sin\theta\boldsymbol{e}_3=\dot{\varphi}r\sin\theta\boldsymbol{e}_3 \tag{22}$$

动点速度的球坐标表示为

$$\boldsymbol{v}=\dot{r}\boldsymbol{e}_1+\dot{\theta}r\boldsymbol{e}_2+\dot{\varphi}r\sin\theta\boldsymbol{e}_3 \tag{23}$$

由加速度合成定理,动点的绝对加速度 $\boldsymbol{a}$ 为

$$\boldsymbol{a}=\boldsymbol{a}_{\mathrm{r}1}+\boldsymbol{a}_{\mathrm{r}2}+\boldsymbol{a}_{\mathrm{e}}^{\mathrm{n}}+\boldsymbol{a}_{\mathrm{e}}^{\mathrm{t}}+\boldsymbol{a}_{\mathrm{k}} \tag{24}$$

其中,计算 $\boldsymbol{a}_{\mathrm{e}}^{\mathrm{n}}$、$\boldsymbol{a}_{\mathrm{e}}^{\mathrm{t}}$ 时对应的转动半径为 OA,$\boldsymbol{a}_{\mathrm{e}}^{\mathrm{n}}$ 的方向与$\overrightarrow{OA}$方向相反,所以

$$\boldsymbol{a}_{\mathrm{e}}^{\mathrm{n}}=-\omega^2 r\sin\theta\frac{\overrightarrow{OA}}{OA}=-\dot{\varphi}^2 r\sin\theta\frac{\overrightarrow{OA}}{OA}=-\dot{\varphi}^2 r\sin\theta\cos\theta\boldsymbol{e}_1-\dot{\varphi}^2 r\sin\theta\sin\theta\boldsymbol{e}_2 \tag{25}$$

$$\boldsymbol{a}_{\mathrm{e}}^{\mathrm{t}}=\alpha r\sin\theta\boldsymbol{e}_3=\ddot{\varphi}r\sin\theta\boldsymbol{e}_3$$

而

$$\begin{aligned}\boldsymbol{a}_{\mathrm{k}}&=2\boldsymbol{\omega}\times\boldsymbol{v}_{\mathrm{r}}=2\omega\boldsymbol{k}\times\boldsymbol{v}_{\mathrm{r}1}+2\omega\boldsymbol{k}\times\boldsymbol{v}_{\mathrm{r}2}=2\omega\boldsymbol{k}\times\dot{r}\boldsymbol{e}_1+2\omega\boldsymbol{k}\times\dot{\theta}r\boldsymbol{e}_2\\&=(2\dot{r}\dot{\varphi}\sin\theta+2r\dot{\varphi}\dot{\theta}\cos\theta)\boldsymbol{e}_3\end{aligned} \tag{26}$$

所以,动点加速度的球坐标表示为

$$\begin{aligned}\boldsymbol{a}=&(\ddot{r}-\dot{\theta}^2 r)\boldsymbol{e}_1+(\ddot{\theta}r+2\dot{\theta}\dot{r})\boldsymbol{e}_2-\dot{\varphi}^2 r\sin\theta\cos\theta\boldsymbol{e}_1-\dot{\varphi}^2 r\sin\theta\sin\theta\boldsymbol{e}_2+\ddot{\varphi}r\sin\theta\boldsymbol{e}_3\\&+(2\dot{r}\dot{\varphi}\sin\theta+2r\dot{\varphi}\dot{\theta}\cos\theta)\boldsymbol{e}_3\end{aligned}$$

即

$$\begin{aligned}\boldsymbol{a}=&(\ddot{r}-r\dot{\theta}^2-r\dot{\varphi}^2\sin\theta\cos\theta)\boldsymbol{e}_1+(r\ddot{\theta}+2\dot{r}\dot{\theta}-r\dot{\varphi}^2\sin\theta\sin\theta)\boldsymbol{e}_2\\&+(r\ddot{\varphi}\sin\theta+2\dot{r}\dot{\varphi}\sin\theta+2r\dot{\theta}\dot{\varphi}\cos\theta)\boldsymbol{e}_3\end{aligned} \tag{27}$$

习　题

专题 1.1　杆 AB 的一端 A 以匀速 v_A 沿直线导轨 CD 移动,如专题 1.1 题图所示。杆 AB 始终穿过一与导轨 CD 相距为 a 的可转动套筒 O。杆 AB 上的点 M 至滑块 A 的距离为 b,取 O 为极点。试用极坐标 r、φ 表示点 M 的速度和加速度。

专题 1.2　点 M 沿螺旋线运动的柱坐标形式的运动方程为

$$r=a,\quad \varphi=kt,\quad z=st$$

求该点的加速度在柱坐标轴上的投影、加速度的切向与法向分量,以及螺旋线的曲率半径。

专题 1.3　海船沿着与地理子午线成不变的航向角 α 的方向航行,如专题 1.3 题图所示,画出斜航线。假定船的速度 v 的大小不变,求船的加速度在球坐标 r、λ、φ 各轴上的投影(λ 和 φ 分别是当地的经度和纬度),并求加速度的大小和斜航线的曲率半径。

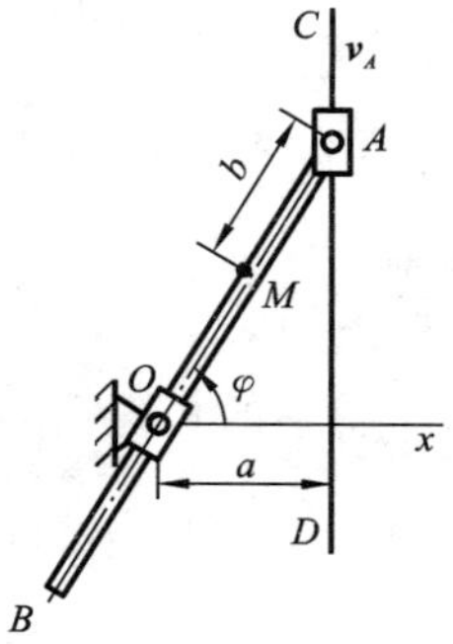

专题 1.1 题图

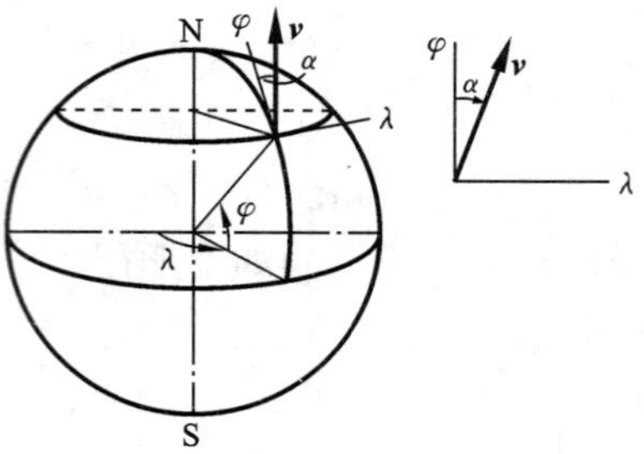

专题 1.3 题图

专题 2　质点相对运动动力学

1. 基本方程

所谓质点的相对运动动力学问题，是指质点在非惯性系中的运动与力之间的关系。这种运动在实际中经常会遇到，比如，交通工具上质点的相对运动，流体质点在转动坐标系中的运动，高速、大范围运动物体（炮弹、导弹、飞船等）相对地球的运动等。

如专题图 2.1 所示，将惯性系 $Oxyz$ 作为静系，相对于该惯性系做任意运动的参考系 $Dx_1x_2x_3$ 作为动系，质点 m 作为动点。由点的加速度合成定理，有

$$\boldsymbol{a}=\boldsymbol{a}_{\mathrm{r}}+\boldsymbol{a}_{\mathrm{e}}+\boldsymbol{a}_{\mathrm{k}}$$

所以有

$$m\boldsymbol{a}=m\boldsymbol{a}_{\mathrm{r}}+m\boldsymbol{a}_{\mathrm{e}}+m\boldsymbol{a}_{\mathrm{k}} \tag{1}$$

由质点的动力学基本方程可得

$$m\boldsymbol{a}_{\mathrm{r}}=\boldsymbol{F}-m\boldsymbol{a}_{\mathrm{e}}-m\boldsymbol{a}_{\mathrm{k}} \tag{2}$$

令

$$\boldsymbol{F}_{\mathrm{Ie}}=-m\boldsymbol{a}_{\mathrm{e}},\quad \boldsymbol{F}_{\mathrm{IC}}=-m\boldsymbol{a}_{\mathrm{k}} \tag{3}$$

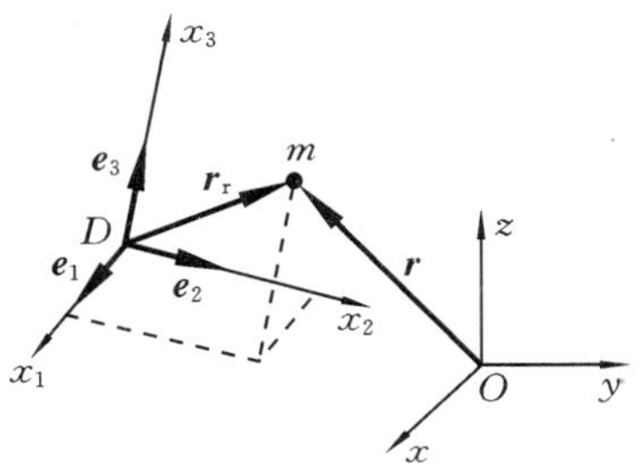

专题图 2.1　质点的相对运动

$\boldsymbol{F}_{\mathrm{Ie}}$ 和 $\boldsymbol{F}_{\mathrm{IC}}$ 具有力的量纲，分别称为**牵连惯性力**和**科氏惯性力**（**或科氏力**）。于是，方程（2）可表示为

$$m\boldsymbol{a}_{\mathrm{r}}=\boldsymbol{F}+\boldsymbol{F}_{\mathrm{Ie}}+\boldsymbol{F}_{\mathrm{IC}} \tag{4}$$

方程（4）给出了在任意参考系中质点的加速度 $\boldsymbol{a}_{\mathrm{r}}$ 需要满足的规律，或者说给出了质点在任意参考系中的相对运动规律，因此方程（4）称为**质点的相对运动动力学基本方程**。用这个方程可以研究质点在任意非惯性系中的运动规律。

2. 质点相对动能定理

分析质点相对运动物体运动到某一位置的速度，有时采用相对动能定理更方便。在方程（2）中，科氏加速度 $\boldsymbol{a}_{\mathrm{k}}$ 与相对速度 $\boldsymbol{v}_{\mathrm{r}}$ 垂直，其与 $\boldsymbol{v}_{\mathrm{r}}$ 的点积为 0，利用此特征，将方程（4）左右两边与 $\boldsymbol{v}_{\mathrm{r}}$ 进行点积就可以得到简单形式的质点相对动能定理方程。

$$m\boldsymbol{a}_{\mathrm{r}}\cdot\boldsymbol{v}_{\mathrm{r}}=\boldsymbol{F}\cdot\boldsymbol{v}_{\mathrm{r}}+\boldsymbol{F}_{\mathrm{Ie}}\cdot\boldsymbol{v}_{\mathrm{r}}+\boldsymbol{F}_{\mathrm{IC}}\cdot\boldsymbol{v}_{\mathrm{r}}=\boldsymbol{F}\cdot\boldsymbol{v}_{\mathrm{r}}+\boldsymbol{F}_{\mathrm{Ie}}\cdot\boldsymbol{v}_{\mathrm{r}} \tag{5}$$

对方程（5）积分有

$$\int_{v_{\mathrm{r0}}}^{v_{\mathrm{r}}}\mathrm{d}\left(\frac{1}{2}mv_{\mathrm{r}}^2\right)=\int_{r_0}^{r_1}\boldsymbol{F}_i\cdot\mathrm{d}\boldsymbol{r}_i+\int_{r_0}^{r_1}\boldsymbol{F}_{\mathrm{Ie}}\cdot\mathrm{d}\boldsymbol{r}_i \tag{6}$$

$$\frac{1}{2}mv_{\mathrm{r}}^2-\frac{1}{2}mv_0^2=\int_{r_0}^{r_1}\boldsymbol{F}_i\cdot\mathrm{d}\boldsymbol{r}_i+\int_{r_0}^{r_1}\boldsymbol{F}_{\mathrm{Ie}}\cdot\mathrm{d}\boldsymbol{r}_i \tag{7}$$

上述方程在分析质点相对运动物体运动到某一位置的速度问题时有优势，但在分析刚体上的点相对另一运动刚体运动到某一位置的速度时比较复杂，一般不采用。

3. 质点相对运动微分方程

由方程（4）可得质点相对运动动力学微分方程，有以下几种形式。

1）矢量式

如专题图 2.1 所示，令质点在动系中的相对运动矢径为 $\boldsymbol{r}_{\mathrm{r}}$，则有

$$m\frac{\mathrm{d}^2\boldsymbol{r}_{\mathrm{r}}}{\mathrm{d}t^2}=\boldsymbol{F}+\boldsymbol{F}_{\mathrm{Ie}}+\boldsymbol{F}_{\mathrm{IC}} \tag{8}$$

这就是矢量形式的质点相对运动微分方程。

2) 直角坐标形式

$\boldsymbol{F}$、$\boldsymbol{F}_{\mathrm{Ie}}$、$\boldsymbol{F}_{\mathrm{IC}}$和相对运动矢径 $\boldsymbol{r}_{\mathrm{r}}$ 在动系 $Dx_1x_2x_3$ 中的投影式分别为

$$\boldsymbol{F}=F_1\boldsymbol{e}_1+F_2\boldsymbol{e}_2+F_3\boldsymbol{e}_3,\quad \boldsymbol{F}_{\mathrm{Ie}}=F_{\mathrm{Ie1}}\boldsymbol{e}_1+F_{\mathrm{Ie2}}\boldsymbol{e}_2+F_{\mathrm{Ie3}}\boldsymbol{e}_3$$

$$\boldsymbol{F}_{\mathrm{IC}}=F_{\mathrm{IC1}}\boldsymbol{e}_1+F_{\mathrm{IC2}}\boldsymbol{e}_2+F_{\mathrm{IC3}}\boldsymbol{e}_3,\quad \boldsymbol{r}_{\mathrm{r}}=x_1\boldsymbol{e}_1+x_2\boldsymbol{e}_2+x_3\boldsymbol{e}_3$$

代入方程(8),得

$$\begin{cases} m\dfrac{\mathrm{d}^2x_1}{\mathrm{d}t^2}=F_1+F_{\mathrm{Ie1}}+F_{\mathrm{IC1}} \\ m\dfrac{\mathrm{d}^2x_2}{\mathrm{d}t^2}=F_2+F_{\mathrm{Ie2}}+F_{\mathrm{IC2}} \\ m\dfrac{\mathrm{d}^2x_3}{\mathrm{d}t^2}=F_3+F_{\mathrm{Ie3}}+F_{\mathrm{IC3}} \end{cases} \tag{9}$$

这就是直角坐标形式的质点相对运动微分方程。

3) 自然坐标形式

相对加速度 $\boldsymbol{a}_{\mathrm{r}}$ 在相对运动轨迹的自然轴系中的表达式为

$$\boldsymbol{a}_{\mathrm{r}}=\frac{v_{\mathrm{r}}^2}{\rho}\boldsymbol{n}_{\mathrm{r}}+\frac{\mathrm{d}v_{\mathrm{r}}}{\mathrm{d}t}\boldsymbol{\tau}_{\mathrm{r}}=\frac{v_{\mathrm{r}}^2}{\rho_{\mathrm{r}}}\boldsymbol{n}_{\mathrm{r}}+\frac{\mathrm{d}^2s_{\mathrm{r}}}{\mathrm{d}t^2}\boldsymbol{\tau}_{\mathrm{r}}$$

其中,s_{r} 表示质点在相对轨迹上的弧坐标;$\boldsymbol{\tau}_{\mathrm{r}}$、$\boldsymbol{n}_{\mathrm{r}}$ 分别为相对轨迹的切向和主法向单位矢量。同样可得出 $\boldsymbol{F}$、$\boldsymbol{F}_{\mathrm{Ie}}$、$\boldsymbol{F}_{\mathrm{IC}}$在相对运动轨迹的自然轴系中的投影式分别为

$$\boldsymbol{F}=F_{\mathrm{t}}\boldsymbol{\tau}_{\mathrm{r}}+F_{\mathrm{n}}\boldsymbol{n}_{\mathrm{r}}+F_{\mathrm{b}}\boldsymbol{b}_{\mathrm{r}},\quad \boldsymbol{F}_{\mathrm{Ie}}=F_{\mathrm{Iet}}\boldsymbol{\tau}_{\mathrm{r}}+F_{\mathrm{Ien}}\boldsymbol{n}_{\mathrm{r}}+F_{\mathrm{Ieb}}\boldsymbol{b}_{\mathrm{r}},\quad \boldsymbol{F}_{\mathrm{IC}}=F_{\mathrm{ICt}}\boldsymbol{\tau}_{\mathrm{r}}+F_{\mathrm{ICn}}\boldsymbol{n}_{\mathrm{r}}+F_{\mathrm{ICb}}\boldsymbol{b}_{\mathrm{r}}$$

其中,$\boldsymbol{b}_{\mathrm{r}}$ 为相对轨迹的副法向单位矢量。此外,因为恒有 $\boldsymbol{F}_{\mathrm{IC}}\perp\boldsymbol{v}_{\mathrm{r}}\Rightarrow\boldsymbol{F}_{\mathrm{IC}}\perp\boldsymbol{\tau}_{\mathrm{r}}$,所以 $F_{\mathrm{ICt}}\equiv 0$。将这些结果代入方程(4)得

$$\begin{cases} m\dfrac{\mathrm{d}^2s_{\mathrm{r}}}{\mathrm{d}t^2}=F_{\mathrm{t}}+F_{\mathrm{Iet}} \quad 或 \quad m\dfrac{\mathrm{d}v_{\mathrm{r}}}{\mathrm{d}t}=F_{\mathrm{t}}+F_{\mathrm{Iet}} \\ m\dfrac{v_{\mathrm{r}}^2}{\rho}=F_{\mathrm{n}}+F_{\mathrm{Ien}}+F_{\mathrm{ICn}} \\ 0=F_{\mathrm{b}}+F_{\mathrm{Ieb}}+F_{\mathrm{ICb}} \end{cases} \tag{10}$$

这就是自然坐标形式的质点相对运动微分方程。

例 1　如专题图 2.2 所示,质量为 m 的小环套在光滑的金属丝上,金属丝的形状为一顶点在上方的抛物线,其方程为 $x^2=4ay$,a 为常数,轴 y 竖直向下。假设金属丝以匀角速度绕轴 y 转动。

(1) 求小环相对金属丝的运动微分方程。

(2) 小环在顶点相对金属丝的速度为 0,受到微小扰动后,求小环下降高度 h 时相对金属丝的速度。

解　(1) 如图所示,将直角坐标系 Oxy 与金属丝固连作为动系,小球的相对运动方程为

$$m\ddot{\boldsymbol{r}}=mg\boldsymbol{j}+\boldsymbol{N}+\boldsymbol{F}_{\mathrm{Ie}}+\boldsymbol{F}_{\mathrm{IC}} \tag{a}$$

其中,

$$\boldsymbol{r}=x\boldsymbol{i}+y\boldsymbol{j},\quad \boldsymbol{F}_{\mathrm{Ie}}=m\omega^2x\boldsymbol{i},$$

$$F_{IC}=-2m\boldsymbol{\omega}\times\dot{\boldsymbol{r}}=2m\omega\boldsymbol{j}\times(\dot{x}\boldsymbol{i}+\dot{y}\boldsymbol{j})=-2\omega m\dot{x}\boldsymbol{k} \tag{b}$$

将式(b)代入式(a),得

$$m\ddot{x}=-N\sin\theta+mx\omega^2,\quad m\ddot{y}=mg+N\cos\theta \tag{c}$$

切线角 θ 为

$$\theta=\arctan\frac{dy}{dx}=\arctan\frac{x}{2a} \tag{d}$$

消去式(c)和式(d)中的 θ 和 N,得

$$\frac{\ddot{x}-x\omega^2}{\ddot{y}-g}=-\tan\theta=-\frac{x}{2a} \tag{e}$$

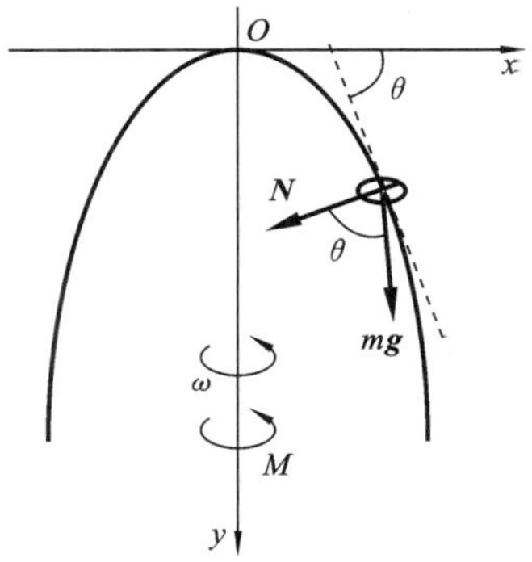

专题图 2.2　例 1 图

由抛物线方程可得 $\ddot{y}=(x\ddot{x}+\dot{x}^2)/(2a)$,代入方程(e),得到

$$\left(1+\frac{x^2}{4a^2}\right)\ddot{x}+\frac{x\dot{x}^2}{4a^2}-x\left(\omega^2-\frac{g}{2a}\right)=0$$

采用拉氏方程更易得到上述微分方程。

求质点相对运动物体的运动微分方程可以采用本专题的方法,也可以取相对坐标为广义坐标,用拉氏方程得到。当求刚体或刚体上的点相对运动物体的运动微分方程时,一般采用拉氏方程更简单。

(2) 由相对动能定理有

$$\frac{1}{2}mv_r^2=\int_0^h mg\,dy+\int_0^{2\sqrt{ah}}m\omega^2x\,dx=mgh+2mah\omega^2 \tag{f}$$

得

$$v_r=\sqrt{2gh+4ah\omega^2}$$

说明:该题存在 Jacobi 能量积分,故求 v_r 也可以采用 Jacobi 能量积分方式。取坐标原点 O 为零势能点,有

$$T=\frac{1}{2}mv_r^2+\frac{1}{2}m(x\omega)^2+\frac{1}{2}J_{金属丝}\omega^2,\quad V=-mgh \tag{g}$$

Jacobi 能量积分为

$$T_2-T_0+V=\frac{1}{2}mv_r^2+\frac{1}{2}m(x\omega)^2+\frac{1}{2}J_{金属丝}\omega^2-mgh=\text{const}=\frac{1}{2}J_{金属丝}\omega^2 \tag{h}$$

考虑 $x^2=4ah$,由(h)得

$$v_r=\sqrt{2gh+4ah\omega^2}$$

从该题可知,若系统具有 Jacobi 能量积分,且只求质点相对匀速转动物体的相对速度,则可用相对动能定理求解。若求刚体或刚体上的点相对运动刚体的相对速度,且系统具有 Jacobi 能量积分,则采用 Jacobi 能量积分方程比采用相对动能定理方程简单。但利用质点相对动能定理方程可以求解一些不一定具有 Jacobi 能量积分的问题。

专题3 流动流体对管壁的附加动反力及变质量系统

1. 理想不可压缩流体一维定常流动管壁的附加动反力

动量定理在流体力学中的一个直接应用，就是计算理想不可压缩流体一维定常流动管壁的附加动反力。“一维”是指运动是单个空间变量的函数，“理想流体”，是指没有内摩擦的流体，“不可压缩”是指任何一个流体微团在运动过程中体积或密度不变，“定常”是指在任一个确定的空间点上，流体的速度不变。专题图 3.1 所示为一段管子的示意图，其内为理想不可压缩做一维定常运动的流体。我们的目的是应用动量定理，计算管壁对流体的附加动反力，即由于流体流动而需要管壁提供的额外的约束力。

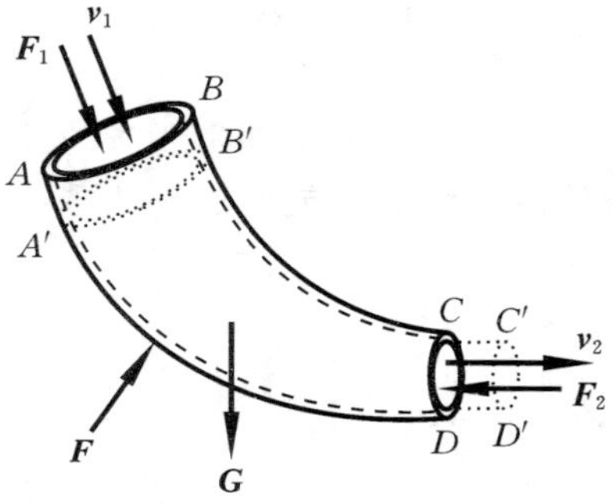

专题图 3.1 理想流体的一维定常流动

在 t 瞬时截取任意一段流体 $ABCD$，以此为分析对象。设进口截面 AB 处流体的流速为 $\boldsymbol{v}_1$，压力为 $\boldsymbol{F}_1$；出口截面 CD 处流体的流速为 $\boldsymbol{v}_2$，压力为 $\boldsymbol{F}_2$。在 $t+\Delta t$ 瞬时，这段流体运动到了 $A'B'C'D'$。设 $ABB'A'$ 段的质量为 $\mathrm{d}m$，由于流体不可压缩，$CDD'C'$ 段的质量也为 $\mathrm{d}m$。又因为流体做定常运动，所以 $A'B'CD$ 段流体的动量不变，设为 $\boldsymbol{p}_0$。于是同一段流体在 t 瞬时和在 $t+\Delta t$ 瞬时的动量分别为

$$\boldsymbol{p}(t)=\boldsymbol{p}_0+\mathrm{d}m\cdot\boldsymbol{v}_1$$

$$\boldsymbol{p}(t+\Delta t)=\boldsymbol{p}_0+\mathrm{d}m\cdot\boldsymbol{v}_2$$

动量的增量为

$$\Delta\boldsymbol{p}(t)=\boldsymbol{p}(t+\Delta t)-\boldsymbol{p}(t)=(\boldsymbol{v}_2-\boldsymbol{v}_1)\mathrm{d}m=\rho q_{\mathrm{v}}(\boldsymbol{v}_2-\boldsymbol{v}_1)\Delta t$$

其中，q_{v} 为管中流体的体积流量；ρ 为流体的密度。由动量定理 $\lim\limits_{\Delta t\to 0}\dfrac{\Delta\boldsymbol{p}}{\Delta t}=\boldsymbol{F}^{(\mathrm{e})}$，得

$$\rho q_{\mathrm{v}}(\boldsymbol{v}_2-\boldsymbol{v}_1)=\boldsymbol{G}+\boldsymbol{F}+\boldsymbol{F}_1+\boldsymbol{F}_2$$

其中，$\boldsymbol{G}$ 为流体重力，$\boldsymbol{F}$ 为管壁对流体的约束力合力。将 $\boldsymbol{F}$ 分解为

$$\boldsymbol{F}=\boldsymbol{F}_{\mathrm{s}}+\boldsymbol{F}_{\mathrm{D}}$$

其中，$\boldsymbol{F}_{\mathrm{s}}$ 为管壁对流体的静态约束力合力，由于静态力（系统处于静平衡状态时受的力）只能由静态力来平衡，因此它与其他静态力 $\boldsymbol{G}$、$\boldsymbol{F}_1$、$\boldsymbol{F}_2$ 一起构成平衡力系，即 $\boldsymbol{F}_{\mathrm{s}}=-(\boldsymbol{G}+\boldsymbol{F}_1+\boldsymbol{F}_2)$。所以有

$$\boldsymbol{F}_{\mathrm{D}}=\rho q_{\mathrm{v}}(\boldsymbol{v}_2-\boldsymbol{v}_1)$$

因此，$\boldsymbol{F}_{\mathrm{D}}$ 就是由于流体流动而需要管壁额外提供的约束力，称为**管壁的附加动反力**。

例 1 如专题图 3.2 所示，水流入固定水管。进口流速 $v_1=2\ \mathrm{m/s}$，方向竖直，进口截面积为 $0.02\ \mathrm{m^2}$。出口流速 $v_2=4\ \mathrm{m/s}$，与水平方向成 30°。求水对管壁的动压力。

解 体积流量为

$$q_{\mathrm{v}}=0.02\times v_1=0.04\ \mathrm{m^2/s}$$

管壁的附加动反力为

$$F_{Dx}=\rho q_v(v_{2x}-v_{1x})=1000\times0.04\times v_2\cos30^\circ\ \mathrm{N}=80\sqrt{3}\ \mathrm{N}$$

$$F_{Dy}=\rho q_v(v_{2y}-v_{1y})=1000\times0.04\times(v_2\sin30^\circ-v_1)=0$$

水对管壁的动压力与上述附加动反力等值反向。

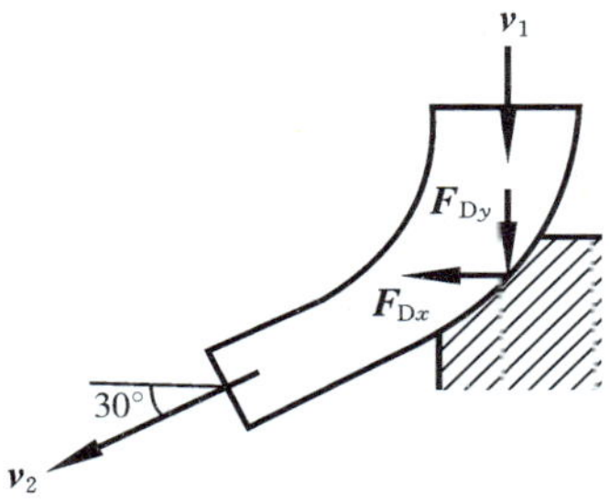

专题图 3.2　例 1 图

2. 一类变质量系统问题

上述给出了质量不变的质点系和刚体的动量定理，若系统是变质量的，如何应用动量定理呢？

考虑如下问题：设一个系统的质量随时间 t 连续变化，t 瞬时质量为 $m(t)$，在 Δt 时间内，质量的变化量为 $\mathrm{d}m=(\mathrm{d}m/\mathrm{d}t)\mathrm{d}t$，当 $\mathrm{d}m>0$ 时，外界向系统输入质量，当 $\mathrm{d}m<0$ 时，系统向外界抛出质量。下面推导这种变质量系统的控制微分方程。

瞬时质量为 $m(t)$ 的系统称为**主系统**，设 t 瞬时主系统的质心速度为 $\boldsymbol{v}$，质量为 m，到 $t+\Delta t$ 瞬时，主系统的质量变为 $m+\mathrm{d}m$，质心的速度变为 $\boldsymbol{v}+\mathrm{d}\boldsymbol{v}$。在 Δt 时间内，主系统与外界交换的质量为 $\mathrm{d}m$，假定 $\mathrm{d}m$ 进入(或离开)主系统时相对于主系统质心的速度为 $\boldsymbol{v}_r$。将 $m+\mathrm{d}m$ 作为分析对象，如专题图 3.3 所示，那么在$(t,t+\Delta t)$时间内，分析对象的质量不变，可以应用动量定理。

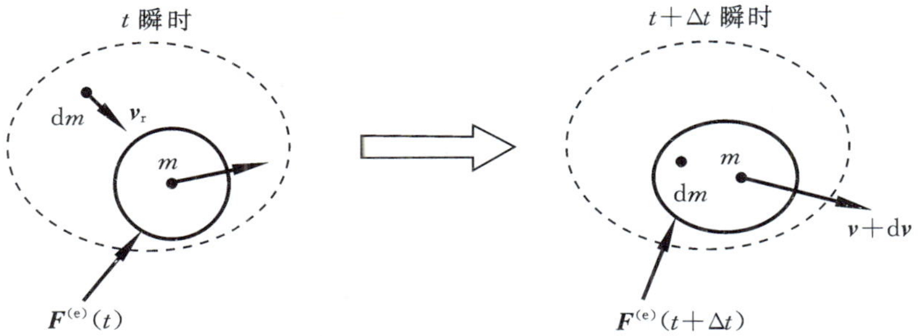

专题图 3.3　变质量系统的运动和受力

t 瞬时的动量为

$$\boldsymbol{p}(t)=m\boldsymbol{v}+\mathrm{d}m\cdot(\boldsymbol{v}+\boldsymbol{v}_r)$$

$t+\Delta t$ 瞬时的动量为

$$\boldsymbol{p}(t+\Delta t)=(m+\mathrm{d}m)(\boldsymbol{v}+\mathrm{d}\boldsymbol{v})=m\boldsymbol{v}+\boldsymbol{v}\mathrm{d}m+m\mathrm{d}\boldsymbol{v}+\mathrm{d}m\mathrm{d}\boldsymbol{v}$$

仅当主质量 $m(t)\gg\mathrm{d}m$ 时，认为 t 时刻主系统的质心速度 $\boldsymbol{v}$ 是 t 时刻总质量的质心速度，上式才成立，故在系统开始几乎没有质量，由外部输入质量的微小时间段内，下面得到的变质量系统的质心运动微分方程不成立。

动量的增量为

$$\Delta\boldsymbol{p}(t)=\boldsymbol{p}(t+\Delta t)-\boldsymbol{p}(t)=m\mathrm{d}\boldsymbol{v}-\boldsymbol{v}_r\mathrm{d}m+\mathrm{d}m\mathrm{d}\boldsymbol{v}$$

由动量定理 $\lim\limits_{\Delta t\to0}\dfrac{\Delta\boldsymbol{p}}{\Delta t}=\boldsymbol{F}^{(e)}$，得

$$m\frac{\mathrm{d}\boldsymbol{v}}{\mathrm{d}t}-\boldsymbol{v}_r\frac{\mathrm{d}m}{\mathrm{d}t}=\boldsymbol{F}^{(e)}(t)$$

这就是**变质量系统的质心运动微分方程**。

例 2　如专题图 3.4 所示,细绳绕过定滑轮竖直提升链条。假设链条总长度为 $l=20$ m,链条以 $v=0.4$ m/s 匀速上升,求提升力 $\boldsymbol{F}$ 和地面支持力 $\boldsymbol{N}$ 的大小随时间 t 变化的函数。已知初始时刻链条在地面上静止,链条单位长度的质量为 2 kg/m。

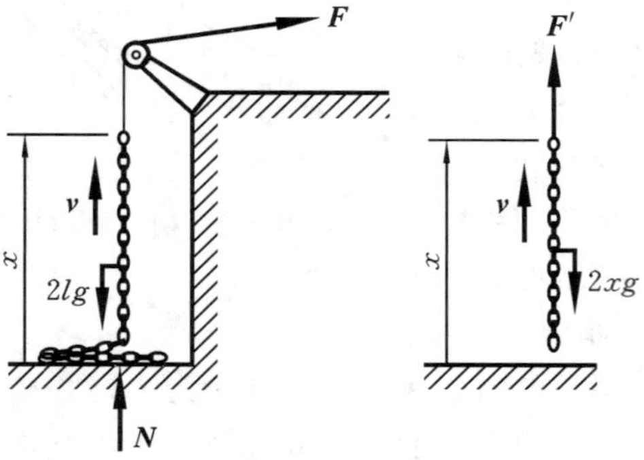

(a)　　(b)

专题图 3.4　例 2 图

解　设链条最高点 H 的瞬时高度为 $x=vt$,链条运动部分(即主系统)的质量为 $2x$。以运动部分的链条为分析对象,在 $\mathrm{d}t$ 时间内进入运动的、长度为 $\mathrm{d}x$ 的一小段链条,经链条运动部分的冲击,绝对速度由零突变为 $\boldsymbol{v}$,所以 $\boldsymbol{v}_{\mathrm{r}}=\boldsymbol{0}-\boldsymbol{v}$。在 x 方向应用变质量系统的运动微分方程,得

$$2x\frac{\mathrm{d}v}{\mathrm{d}t}+v\frac{2\mathrm{d}x}{\mathrm{d}t}=F-2xg$$

因为 $\mathrm{d}x/\mathrm{d}t=v$,$\mathrm{d}v/\mathrm{d}t=0$,所以

$$F=2gvt+2v^2=(7.84t+0.32)\ \mathrm{N}$$

再以整根链条为质点系,链条总质量为 $2l$,竖直方向的动量为

$$p_y(t)=2xv$$

由动量定理,得

$$\frac{\mathrm{d}p_y}{\mathrm{d}t}=\frac{\mathrm{d}(2xv)}{\mathrm{d}t}=F+N-2lg$$

所以

$$N=2gl-2gvt=(392-7.84t)\ \mathrm{N}$$

上述结论在链条整体在地面,开始向上提升的微小时间段内不成立。

思考:如果链条从上往下以匀速 v 落到地面上,则分析有何不同?结果如何?

例 3　如专题图 3.5 所示,水平地面光滑,设车厢质量为 2000 kg,车上载有 1000 kg 的沙子。原来车和沙子都是静止的,后将沙子水平向后抛出,沙子离开车厢时的相对速度大小为 v_{r}。设车子不受水平外力,求沙子抛完时车厢的速度大小 v 与 v_{r} 的比值。

解　在水平方向应用变质量系统的运动微分方程,得

$$m\frac{\mathrm{d}v}{\mathrm{d}t}+v_{\mathrm{r}}\frac{\mathrm{d}m}{\mathrm{d}t}=0$$

即

$$\mathrm{d}v+v_{\mathrm{r}}\frac{\mathrm{d}m}{m}=0$$

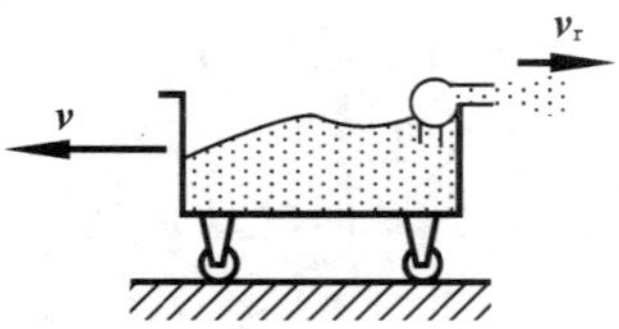

专题图 3.5　例 3 图

因为 v_{r} 为常值,所以对上式积分,得

$$v+v_{\mathrm{r}}\ln m=C$$

其中,C 为积分常数。由初始条件得

$$C=v_{\mathrm{r}}\ln m_0=v_{\mathrm{r}}\ln 3000$$

所以

$$v+v_{\mathrm{r}}\ln m=v_{\mathrm{r}}\ln 3000\ \Rightarrow\ \frac{v}{v_{\mathrm{r}}}=\ln\frac{3000}{m}$$

沙子抛完时,$m=2000$ kg,此时有

$$\frac{v}{v_{\mathrm{r}}}=\ln\frac{3}{2}\approx 0.405$$

专题4　空间运动刚体的动能

前面章节介绍的动力学普遍定理给出了刚体做平面运动的动能，刚体做空间运动的动能又如何表示呢？本专题给出相应理论。

1. 定点转动刚体的动能

如专题图 4.1 所示，刚体绕固定点 O 做定点转动，正交坐标系 $Ox_1x_2x_3$ 与刚体固连。刚体的瞬时角速度矢量为 $\boldsymbol{\omega}$，刚体中任意质点 m 的瞬时速度为 $\boldsymbol{v}=\boldsymbol{\omega}\times\boldsymbol{r}$，由此刚体的动能为

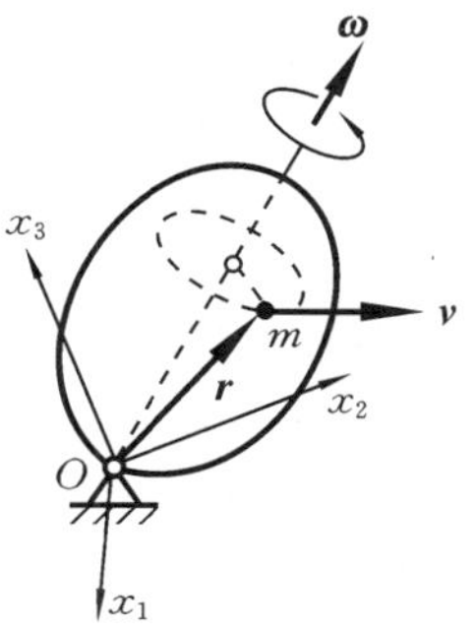

专题图 4.1　定点转动刚体

$$T=\frac{1}{2}\sum mv^2=\frac{1}{2}\sum m(\boldsymbol{\omega}\times\boldsymbol{r})\cdot(\boldsymbol{\omega}\times\boldsymbol{r})$$

而

$$\boldsymbol{\omega}=\omega_1\boldsymbol{e}_1+\omega_2\boldsymbol{e}_2+\omega_3\boldsymbol{e}_3,\quad \boldsymbol{r}=x_1\boldsymbol{e}_1+x_2\boldsymbol{e}_2+x_3\boldsymbol{e}_3$$

故

$$\begin{aligned}\boldsymbol{\omega}\times\boldsymbol{r}&=\begin{vmatrix}\boldsymbol{e}_1 & \boldsymbol{e}_2 & \boldsymbol{e}_3\\ \omega_1 & \omega_2 & \omega_3\\ x_1 & x_2 & x_3\end{vmatrix}\\ &=(\omega_2x_3-\omega_3x_2)\boldsymbol{e}_1+(\omega_3x_1-\omega_1x_3)\boldsymbol{e}_2+(\omega_1x_2-\omega_2x_1)\boldsymbol{e}_3\end{aligned}$$

所以

$$\begin{aligned}T&=\frac{1}{2}\sum m[(\omega_2x_3-\omega_3x_2)^2+(\omega_3x_1-\omega_1x_3)^2+(\omega_1x_2-\omega_2x_1)^2]\\ &=\frac{1}{2}\Big[\omega_1^2\sum m(x_2^2+x_3^2)+\omega_2^2\sum m(x_1^2+x_3^2)+\omega_3^2\sum m(x_1^2+x_2^2)\\ &\quad-2\Big(\omega_1\omega_2\sum mx_1x_2-\omega_1\omega_3\sum mx_1x_3+\omega_2\omega_3\sum mx_2x_3\Big)\Big]\\ &=\frac{1}{2}[J_1\omega_1^2+J_2\omega_2^2+J_3\omega_3^2-2(J_{12}\omega_1\omega_2+J_{13}\omega_1\omega_3+J_{23}\omega_2\omega_3)]\end{aligned}\tag{1}$$

其中

$$\begin{cases}J_1=\sum m(x_2^2+x_3^2),\quad J_2=\sum m(x_1^2+x_3^2),\quad J_3=\sum m(x_1^2+x_2^2)\\ J_{12}=\sum mx_1x_2,\quad J_{13}=\sum mx_1x_3,\quad J_{23}=\sum mx_2x_3\end{cases}\tag{2}$$

为刚体对固连正交轴系 $Ox_1x_2x_3$ 的转动惯量和惯性积。如果 $Ox_1x_2x_3$ 为刚体的惯性主轴系，则所有惯性积为零，方程(1)变为

$$T=\frac{1}{2}(J_1\omega_1^2+J_2\omega_2^2+J_3\omega_3^2)\tag{3}$$

可见，以上结果只与刚体的质量特性和角速度有关，因此，以上结果也适用于点 O 运动、刚体在随点 O 平动的坐标系中的相对运动动能的计算。此时，在随点 O 平动的坐标系中，刚体的瞬时角速度矢量仍为 $\boldsymbol{\omega}$，以上计算中用到的速度 $\boldsymbol{v}=\boldsymbol{\omega}\times\boldsymbol{r}$ 称为平动动系中的相对速度；而转动惯量和惯性积是相对于固连正交轴系 $Ox_1x_2x_3$ 计算的，与刚体的运动无关。因此，当点 O 运动时，方程(1)表示刚体在随点 O 平动的坐标系中的相对运动动能。

2. 空间运动刚体的动能

将专题图 4.2 所示的质点系看成刚体，则空间运动刚体的动能仍然由方程(8.101)给出。

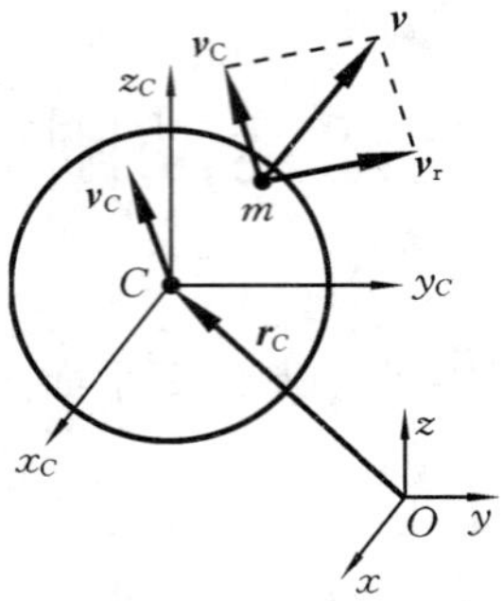

专题图 4.2　质点系运动分解

需要改变的是，对于在平动动系 $Cx_Cy_Cz_C$ 中绕质心 C 做相对定点运动的刚体，其相对运动动能 T_r 可以由方程(1)计算，只是与刚体固连的正交轴系的原点为质心 C，即原来的固连正交轴系 $Ox_1x_2x_3$ 变为 $Cx_1x_2x_3$。

专题5　平衡稳定性

专题图5.1所示的7个小球，其中球2和球7不处于静平衡状态。其他处于静平衡状态的小球，具有不同的平衡状态。球3和球5在一个凹曲面的最低点上，在给小球一个很小的扰动后，小球在重力作用下，在平衡位置往复振动，由于摩擦力等，最后仍然会在原来的平衡位置处于平衡状态，这样的平衡状态称为稳定平衡。而对于球4，当给小球一个很小的扰动后，其将逐渐远离平衡位置，到达新的稳定平衡点3或5；球1和球6将逐渐远离平衡位置，到达新的稳定平衡点或一直远离平衡点运动，这样的平衡，称为不稳定平衡。

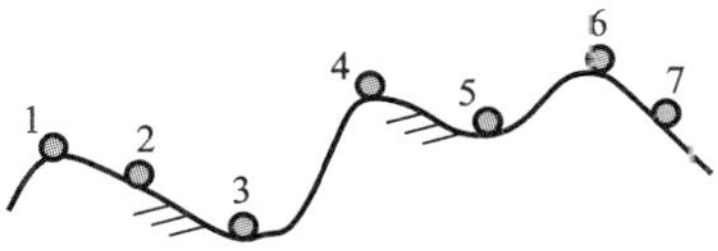

专题图5.1　平衡稳定性

研究平衡状态的稳定性的方法很多，常见的有静力法、动力法和能量法。动力法涉及固有频率的计算，能量法涉及泛函，鉴于目前读者对这些知识还不太了解，下面仅从静力平衡方程和线性代数知识出发介绍静力法。更复杂的稳定性问题的分析见《振动力学》《系统稳定性》等书籍。

若系统在某一平衡状态受到任意扰动，从数学上，如果静平衡状态下只存在零解，则该平衡状态就是稳定的。若存在非零扰动解，则该平衡状态就是不稳定的。

设系统平衡状态的解为 $q_{j0}, j=0,1,2,\cdots,k$，因为拉氏方程中的运动量为0，故由拉氏方程得到当系统处于静平衡状态时，有

$$\frac{\partial V(q_1,q_2,\cdots,q_k)}{\partial q_j}=\tilde{Q}_j,\quad j=0,1,2,\cdots,k \tag{1}$$

其中，V 为势能函数；$\tilde{Q}_j$ 为非有势力的广义力。

若系统在此平衡状态下受一组任意扰动 $\delta q_k, k=1,2,3,\cdots,n$ 的作用，在扰动后各广义坐标变为

$$q_k=q_{k0}+\delta q_k,\quad k=1,2,3,\cdots,n \tag{2}$$

在扰动后系统仍应使式(1)成立。

将式(2)代入式(1)，并将各项在原平衡位置处展开，得到

$$\sum_{r=0}^{k}\left[\frac{\partial^2 V(q_{10},q_{20},\cdots,q_{k0})}{\partial q_r \partial q_j}-\frac{\partial \tilde{Q}(q_{10},q_{20},\cdots,q_{k0})}{\partial q_r}\right]\delta q_r=0 \tag{3}$$

式(3)是关于扰动量 $\delta q_r=0, r=1,2,3,\cdots,n$ 的齐次线性方程组，其表征了系统的内在本质属性，通过该方程可以研究平衡点稳定性，其称为平衡稳定性特征方程。从线性代数的有解性可知，当式(3)的系数矩阵的行列式不为0(即矩阵非奇异)时，其只能有唯一解，且唯一解是所有扰动量均为0。即当静平衡位置附近的微小扰动不为0时，系统不会处于静平衡状态，在微小扰动附近只有原来平衡位置一个平衡状态，故该平衡状态是稳定的。系数矩阵的行列式等于0(即矩阵奇异)，说明在静平衡位置存在其他的解，系统不会回到原来的平衡位置，故原来的平衡位置是不稳定的。

$$\left|\begin{matrix} a_{11} & \cdots & a_{1n} \\ \vdots & & \vdots \\ a_{n1} & \cdots & a_{nn} \end{matrix}\right] \tag{4}$$

其中，

$$a_{ij}=\frac{\partial^2 V}{\partial q_i \partial q_j}-\frac{\partial \widetilde{Q}_j}{\partial q_j},\quad i,j=1,2,\cdots,n$$

由线性代数理论可知，若矩阵方程的系数矩阵是正定的，其系数行列式非 0，则系统平衡状态是稳定的，否则是非稳定的。有关矩阵是否正定的判别方法请参考线性代数，其中一种正定判别法要求系数矩阵中每一阶的主子式行列式均大于 0。下面给出常见的单自由度和 2 个自由度系统的稳定性判据。

对于单自由度系统，判别条件为 $a_{11}>0$ 时，其对应的平衡状态是稳定的，$a_{11}<0$ 时，其对应的平衡状态是不稳定的；$a_{11}=0$ 时，其对应的平衡状态是否稳定还需要由高阶导数来确定。对于 2 个自由度系统，在 $\Delta=[(a_{12})^2-a_{11}a_{12}]|_{q_{10},q_{20}}<0$ 的条件下，若 $a_{ii}>0(i=1,2)$，系数矩阵是正定的，系统的平衡状态是稳定的，若 $a_{ii}<0(i=1,2)$，系统的平衡状态是不稳定的。在 $\Delta<0$ 的条件下，若 $a_{11}=0$ 或 $a_{22}=0$ 以及 $\Delta=0$，其对应的平衡状态是否稳定还需要由高阶导数来确定。需要说明的是，在方程(3)的泰勒展开式中只取了线性项进行讨论，该稳定性分析理论称为稳定性的线性理论。对于系数矩阵中主子式行列式等于 0 的情形，利用该理论无法确定平衡状态的稳定性，需要取高阶项(系数矩阵的主子式中含有高阶导数)，通过矩阵的正定性来判断。

由式(4)的系数矩阵的正定性条件就可以获得平衡状态随系统参数变化时，系统由稳定状态过渡到不稳定状态的条件，从而设计出抗干扰能力强、可以稳定工作的系统。

例 1　在竖直平面内的齿轮系统如专题图 5.2 所示，齿轮 1 与齿轮 2 在点 D 啮合，曲柄上作用有一个力偶，其力偶矩 M 为常值。齿轮 1 半径为 r，质量为 m；齿轮 2 半径为 $R=2r$，质量为 $4m$；曲柄质量为 m；齿轮 1 和齿轮 2 视为均质圆盘，圆心分别在点 C_1 和点 C_2；另有一集中质量 $m/2$ 焊接在齿轮 2 的 C_0 处，$\overline{C_2C_0}=e=r/4$；曲柄视为均质直杆，其质心为点 C。齿轮 2 的转角用 φ 表示，曲柄的转角用 θ 表示。求系统的平衡位置，并判断其稳定性。

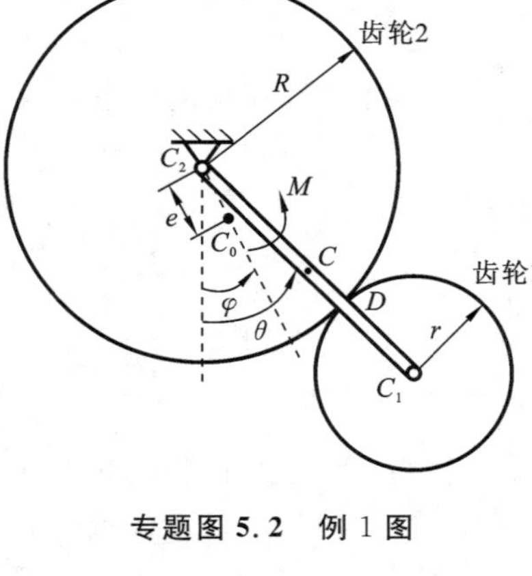

专题图 5.2　例 1 图

解　如专题图 5.2 所示，取 θ、φ 为广义坐标，C_2 为零势能点。

势能为

$$\begin{aligned}V&=\frac{1}{2}mge(1-\cos\varphi)+\frac{3}{2}mg(R+r)(1-\cos\theta)\\&=\frac{1}{8}mgr(1-\cos\varphi)+\frac{9}{2}mgr(1-\cos\theta)\end{aligned}\tag{a}$$

非有势力的广义力为

$$\widetilde{Q}_\theta=M,\quad \widetilde{Q}_\varphi=0\tag{b}$$

1) 求平衡位置

对于平衡位置，有

$$\frac{\partial V}{\partial \varphi}-\widetilde{Q}_\varphi=\frac{1}{8}mgr\sin\varphi=0\tag{c}$$

$$\frac{\partial V}{\partial \theta}-\widetilde{Q}_{\theta}=\frac{9}{2}mgr\sin\theta-M=0 \tag{d}$$

由方程(c)解得

$$\varphi_1=0,\quad \varphi_2=\pi \tag{e}$$

由方程(d)解得

$$\sin\theta=\frac{2M}{9mgr} \tag{f}$$

故

$$\theta_1=\bar{\theta}=\arcsin\left(\frac{2M}{9mgr}\right),\quad \theta_2=\pi-\bar{\theta},\quad 0\leqslant\bar{\theta}<\pi/2 \tag{g}$$

(1) 当 $M>M_C=\frac{9}{2}mgr$ 时，系统无平衡位置。

(2) 当 $M<M_C=\frac{9}{2}mgr$ 时，系统有四个平衡位置(专题图 5.3)：$P_1=(0,\bar{\theta})$；$P_2=(0,\pi-\bar{\theta})$；$P_3=(\pi,\bar{\theta})$；$P_4=(\pi,\pi-\bar{\theta})$。

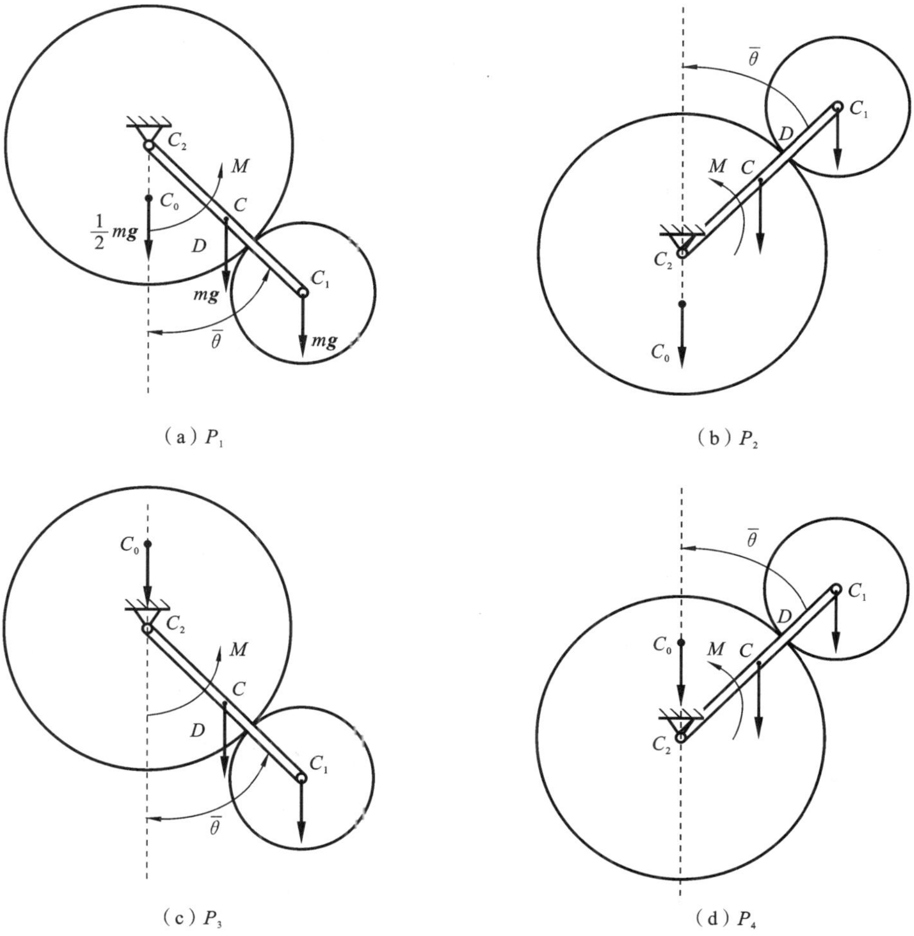

专题图 5.3　平衡位置

(3) 当 $M=M_C=\frac{9}{2}mgr$ 时，系统有两个临界平衡位置（专题图 5.4）：$P_{1C}=(0,\pi/2)$，$P_{2C}=(\pi,\pi/2)$。　(h)

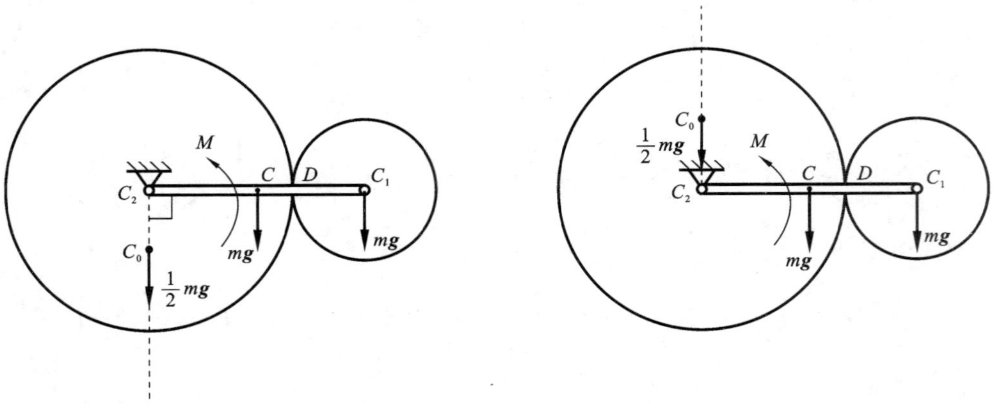

(a) P_{1C}　　(b) P_{2C}

专题图 5.4　临界平衡位置

2) 求平衡位置稳定性

由方程(a)得

$$\frac{\partial^2 V}{\partial\theta^2}=\frac{9}{2}mgr\cos\theta,\quad \frac{\partial^2 V}{\partial\varphi^2}=\frac{1}{8}mgr\cos\varphi,\quad \frac{\partial^2 V}{\partial\varphi\partial\theta}=0 \tag{i}$$

由式(b)得

$$\frac{\partial\widetilde{Q}}{\partial\theta}=\frac{\partial\widetilde{Q}}{\partial\varphi}=0 \tag{j}$$

当 $M<M_C$ 时，由式(i)和式(j)，得

$$\frac{\partial\widetilde{Q}}{\partial\theta}=\frac{\partial\widetilde{Q}}{\partial\varphi}=0$$

对于 P_1，有

$$\frac{\partial^2 V}{\partial\varphi^2}-\frac{\partial\widetilde{Q}}{\partial\varphi}=\frac{1}{8}mgr>0,\quad \frac{\partial^2 V}{\partial\theta^2}-\frac{\partial\widetilde{Q}}{\partial\theta}=\frac{9}{2}mgr\cos\bar{\theta}>0,$$

$$\frac{\partial^2 V}{\partial\theta\partial\varphi}-\frac{\partial\widetilde{Q}}{\partial\varphi}=0,\quad \frac{\partial^2 V}{\partial\varphi\partial\theta}-\frac{\partial\widetilde{Q}}{\partial\theta}=0$$

对于 P_2，有

$$\frac{\partial^2 V}{\partial\varphi^2}-\frac{\partial\widetilde{Q}}{\partial\varphi}=\frac{1}{8}mgr>0,\quad \frac{\partial^2 V}{\partial\theta^2}-\frac{\partial\widetilde{Q}}{\partial\theta}=-\frac{9}{2}mgr\cos\bar{\theta}<0,$$

$$\frac{\partial^2 V}{\partial\varphi\partial\theta}-\frac{\partial\widetilde{Q}}{\partial\theta}=0,\quad \frac{\partial^2 V}{\partial\theta\partial\varphi}-\frac{\partial\widetilde{Q}}{\partial\varphi}=0$$

对于 P_3，有

$$\frac{\partial^2 V}{\partial\varphi^2}-\frac{\partial\widetilde{Q}}{\partial\varphi}=-\frac{1}{8}mgr<0,\quad \frac{\partial^2 V}{\partial\theta^2}-\frac{\partial\widetilde{Q}}{\partial\theta}=\frac{9}{2}mgr\cos\bar{\theta}>0,$$

$$\frac{\partial^2 V}{\partial\varphi\partial\theta}-\frac{\partial\widetilde{Q}}{\partial\theta}=0,\quad \frac{\partial^2 V}{\partial\theta\partial\varphi}-\frac{\partial\widetilde{Q}}{\partial\varphi}=0$$

对于 P_4，有

$$\frac{\partial^2 V}{\partial \varphi^2}-\frac{\partial \widetilde{Q}}{\partial \varphi}=-\frac{1}{8}mgr<0,\quad \frac{\partial^2 V}{\partial \theta^2}-\frac{\partial \widetilde{Q}}{\partial \theta}=-\frac{9}{2}mgr\cos\bar{\theta}<0,$$

$$\frac{\partial^2 V}{\partial \varphi \partial \theta}-\frac{\partial \widetilde{Q}}{\partial \theta}=0,\quad \frac{\partial^2 V}{\partial \theta \partial \varphi}-\frac{\partial \widetilde{Q}}{\partial \varphi}=0$$

根据稳定性判据，只有位置 P_4 是稳定的。

专题 6　第一类拉格朗日方程

拉格朗日方程是一组一般形式的系统动力学方程，根据它可以建立任何有限自由度系统的运动微分方程。拉格朗日方程有两类，分别称为第一类拉格朗日方程和第二类拉格朗日方程。前面章节所介绍的第二类拉格朗日方程是用广义坐标表示的一组系统动力学方程，只能用于完整系统，并且要用广义坐标表示，对于复杂多自由度系统，选取广义坐标绝非易事。此外，到目前为止，还没有办法建立非完整系统的运动微分方程。第一类拉格朗日方程就是要解决这些问题。第一类拉格朗日方程是用不独立坐标表示的一组系统动力学方程，它与约束方程一起构成封闭方程组，适用于所有系统。本专题介绍第一类拉格朗日方程。

设由 N 个质点组成的理想质点系处于运动状态，质点 $m_i, i=1,2,\cdots,N$ 的主动力合力为 $\boldsymbol{F}_i$，约束力的合力为 $\boldsymbol{N}_i$，加速度为 $\boldsymbol{a}_i$，由动力学普遍方程，有

$$\sum_{i=1}^{N}(\boldsymbol{F}_i - m_i\boldsymbol{a}_i)\cdot\delta\boldsymbol{r}_i = 0 \tag{1}$$

设系统的位形可用 n 个时变坐标(或参数)$u_1, u_2, \cdots, u_n$ 确定，注意，这里只要求这 n 个参数能描述系统的位置，而没有要求它们相互独立。因此各质点的矢径可表示为

$$\boldsymbol{r}_i=\boldsymbol{r}_i(u_1,u_2,\cdots,u_n,t),\quad i=1,2,\cdots,N \tag{2}$$

求等时变分，得

$$\delta\boldsymbol{r}_i = \sum_{k=1}^{n}\frac{\partial\boldsymbol{r}_i}{\partial u_k}\delta u_k,\quad i=1,2,\cdots,N \tag{3}$$

代入动力学普遍方程可得

$$\sum_{k=1}^{n}(Q_k + S_k)\delta u_k = 0 \tag{4}$$

其中，$Q_k = \sum\limits_{i=1}^{N}\boldsymbol{F}_i\cdot\dfrac{\partial\boldsymbol{r}_i}{\partial u_k}$，$S_k = \sum\limits_{i=1}^{N}(-m_i\boldsymbol{a}_i)\cdot\dfrac{\partial\boldsymbol{r}_i}{\partial u_k}$。对方程(1)至方程(4)未做任何进一步的限制，因此方程(1)与方程(4)是完全等价的。

Q_k 和 S_k 可以认为是在一般坐标体系下，系统的**广义力**和**广义惯性力**，但是，现在不能由方程(4)得到 $Q_k+S_k=0(k=1,2,\cdots,n)$ 的结论，因为各个 δu_k 之间不独立。

仿照第 12 章中的推导过程，很容易验证，两个拉格朗日经典关系式现在仍然成立，即有

$$\frac{\mathrm{d}}{\mathrm{d}t}\left(\frac{\partial\boldsymbol{r}_i}{\partial u_k}\right)=\frac{\partial\dot{\boldsymbol{r}}_i}{\partial u_k},\quad \frac{\partial\dot{\boldsymbol{r}}_i}{\partial\dot{u}_k}=\frac{\partial\boldsymbol{r}_i}{\partial u_k} \tag{5}$$

进一步容易验证现在 S_k 变为

$$S_k=-\frac{\mathrm{d}}{\mathrm{d}t}\left(\frac{\partial T}{\partial\dot{u}_k}\right)+\frac{\partial T}{\partial u_k} \tag{6}$$

其中，T 为系统的动能，$T = \dfrac{1}{2}\sum\limits_{i=1}^{N}m_i\dot{\boldsymbol{r}}_i\cdot\dot{\boldsymbol{r}}_i$。将式(6)代入方程(4)，得

$$\sum_{k=1}^{n}\left(\frac{\mathrm{d}}{\mathrm{d}t}\frac{\partial T}{\partial\dot{u}_k} - \frac{\partial T}{\partial u_k} - Q_k\right)\delta u_k = 0 \tag{7}$$

方程(7)称为**拉格朗日变分方程**。显然,它与方程(4)等价,进而与方程(1)等价,因此对完整系统和非完整系统都适用。

现在从拉格朗日变分方程(7)出发,来推导在一般坐标体系 $u_1,u_2,\cdots,u_n$ 下,非完整系统的拉格朗日方程。设系统受到 m 个约束,其中有 l 个完整约束,$m-l$ 个非完整约束,只对一阶线性非完整约束进行讨论,约束方程可写为

$$f_j(u_1,u_2,\cdots,u_n,t)=0,\quad j=1,2,\cdots,l \tag{8}$$

$$\sum_{k=1}^{n}a_{jk}\dot{u}_k+a_j=0,\quad j=l+1,l+2,\cdots,m;\quad m<n \tag{9}$$

其中,a_{jk} 和 a_j 一般为 $u_1,u_2,\cdots,u_n,t$ 的函数。

对式(8)求等时变分,得

$$\sum_{k=1}^{n}a_{jk}\delta u_k=0,\quad j=1,2,\cdots,l \tag{10}$$

其中,$a_{jk}=\dfrac{\partial f_j}{\partial u_k}$。式(9)可写成微分形式:

$$\sum_{k=1}^{n}a_{jk}\mathrm{d}u_k+a_j\mathrm{d}t=0,\quad j=l+1,l+2,\cdots,m \tag{11}$$

式(11)中,$\mathrm{d}t=0$ 时,$\mathrm{d}u_k$ 变成坐标的等时变分 δu_k,得

$$\sum_{k=1}^{n}a_{jk}\delta u_k=0,\quad j=l+1,l+2,\cdots,m \tag{12}$$

式(10)(12)是完整和非完整约束对坐标变分的限制方程,可统一写成

$$\sum_{k=1}^{n}a_{jk}\delta u_k=0,\quad j=1,2,\cdots,m \tag{13}$$

将式(13)的各个方程分别乘以未定乘子 $\lambda_j,j=1,2,\cdots,m$ 后相加,得

$$\Big(\sum_{j=1}^{m}\lambda_j a_{j1}\Big)\delta u_1+\Big(\sum_{j=1}^{m}\lambda_j a_{j2}\Big)\delta u_2+\cdots+\Big(\sum_{j=1}^{m}\lambda_j a_{jn}\Big)\delta u_n=0 \tag{14}$$

将式(14)与拉格朗日变分方程(7)相加,得

$$\sum_{k=1}^{n}\left(\frac{\mathrm{d}}{\mathrm{d}t}\frac{\partial T}{\partial \dot{u}_k}-\frac{\partial T}{\partial u_k}-Q_k-\sum_{j=1}^{m}\lambda_j a_{jk}\right)\delta u_k=0 \tag{15}$$

式(15)是关于变分 $\delta u_k,k=1,2,\cdots,n$ 的 m 个线性方程组,矩阵 $(a_{jk})_{m\times n}$ 的秩一般为 m(否则,可以事先合并多余的约束方程),因此,由方程(13)一定可以选出其中 $n-m$ 个变分作为独立变量,而其余 m 个变分是这些独立变分的线性组合,不妨设 $\delta u_{m+1},\delta u_{m+2},\cdots,\delta u_n$ 为独立变量。现在选择乘子 $\lambda_j,j=1,2,\cdots,m$,使式(15)前 m 个括号内的各项等于零,即

$$\sum_{j=1}^{m}\lambda_j a_{jk}=\frac{\mathrm{d}}{\mathrm{d}t}\frac{\partial T}{\partial \dot{u}_k}-\frac{\partial T}{\partial u_k}-Q_k,\quad k=1,2,\cdots,m \tag{16}$$

因为式(16)是关于 m 个乘子的 m 个线性方程,矩阵 $(a_{jk})_{m\times m}$ 的秩一般为 m,因此存在唯一的解,即一定存在一组取值 $\lambda_j,j=1,2,\cdots,m$,使方程(16)成立。于是方程(15)变为

$$\sum_{k=m+1}^{n}\left(\frac{\mathrm{d}}{\mathrm{d}t}\frac{\partial T}{\partial \dot{u}_k}-\frac{\partial T}{\partial u_k}-Q_k-\sum_{j=1}^{m}\lambda_j a_{jk}\right)\delta u_k=0 \tag{17}$$

因为 $\delta u_{m+1},\delta u_{m+2},\cdots,\delta u_n$ 为独立变量,式(17)中各个括号内的项必须等于零,即

$$\frac{\mathrm{d}}{\mathrm{d}t}\frac{\partial T}{\partial \dot{u}_k}-\frac{\partial T}{\partial u_k}-Q_k-\sum_{j=1}^{m}\lambda_j a_{jk}=0,\quad k=m+1,m+2,\cdots,n \tag{18}$$

式(16)(18)共有 n 个方程,但有 $n+m$ 个未知量,即 $u_k,k=1,2,\cdots,n$ 和 $\lambda_j,j=1,2,\cdots,m$,因此式(16)(18)的 n 个方程不封闭。如果将约束方程(8)(9)中的 m 个方程考虑进来,便得到一组关于坐标和未定乘子的封闭动力学方程组,共有 $n+m$ 个方程,完整的方程组为

$$\begin{cases}\dfrac{\mathrm{d}}{\mathrm{d}t}\dfrac{\partial T}{\partial \dot{u}_k}-\dfrac{\partial T}{\partial u_k}=Q_k+\sum\limits_{j=1}^{m}\lambda_j a_{jk}, & k=1,2,\cdots,n\\ f_j(u_1,u_2,\cdots,u_n,t)=0, & j=1,2,\cdots,l\\ \sum\limits_{k=1}^{n}a_{jk}\dot{u}_k+a_j=0, & j=l+1,l+2,\cdots,m\end{cases}\tag{19}$$

其中,$a_{jk}=\partial f_j/\partial u_k,j=1,2,\cdots,l$。

这就是**非独立坐标体系下、适合于非完整系统的第一类拉格朗日方程**,也称为**拉格朗日乘子方程**。如果方程(19)中没有非完整约束,则其就变为完整系统在非独立坐标体系下的拉格朗日方程。对于用广义坐标表示的非完整系统,方程变为

$$\begin{cases}\dfrac{\mathrm{d}}{\mathrm{d}t}\dfrac{\partial T}{\partial \dot{q}_k}-\dfrac{\partial T}{\partial q_k}=Q_k+\sum\limits_{j=1}^{m}\lambda_j a_{jk}, & k=1,2,\cdots,n\\ \sum\limits_{k=1}^{n}a_{jk}\dot{q}_k+a_j=0, & j=1,2,\cdots,m\end{cases}\tag{20}$$

这组方程称为**罗思**(Routh)**方程**。

至此,已解决了如何建立非完整系统在任意坐标体系下的运动微分方程(建模问题),进一步的问题是求出方程的解,即研究系统的演化问题。一般情况下,这是一项非常困难的工作。

例 1　如专题图 6.1 所示的冰橇,设冰刀安装在冰橇的质心 C,研究在变化的未知主动力作用的情况下冰橇的平面运动。冰橇的非完整约束为 $\dot{x}\sin\varphi-\dot{y}\cos\varphi=0$,冰橇质量为 m,冰橇对质心的转动惯量 $I_C=mk^2$,k 为冰橇对质心轴的回转半径。

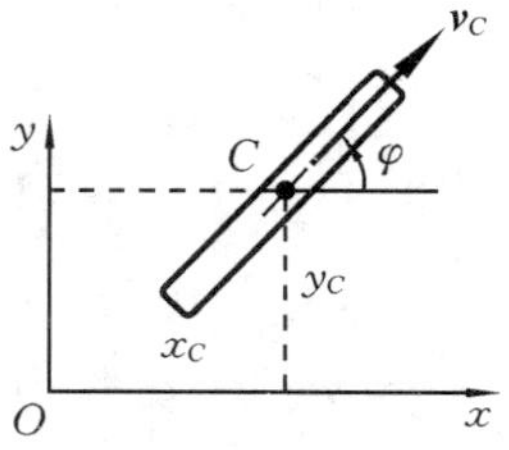

专题图 6.1　例 1 图

解　动能为　$T=\dfrac{1}{2}m(\dot{x}_C^2+\dot{y}_C^2+k^2\dot{\varphi}^2)$

非完整约束为

$$\dot{x}_C\sin\varphi-\dot{y}_C\cos\varphi=0\tag{a}$$

由此得系统运动微分方程为

$$\begin{cases}m\ddot{x}_C=\lambda\sin\varphi\\ m\ddot{y}_C=-\lambda\cos\varphi\\ mk^2\ddot{\varphi}=0\\ \dot{x}_C\sin\varphi-\dot{y}_C\cos\varphi=0\end{cases}\tag{b}$$

由式(b)的第三个方程得

$$\dot{\varphi}=\omega=\text{常数}\quad\Rightarrow\quad\varphi=\omega t$$

由式(b)的第一、第二个方程消去乘子 λ,得

$$\ddot{x}_C\cos\varphi+\ddot{y}_C\sin\varphi=0\tag{c}$$

有　$$\frac{\mathrm{d}}{\mathrm{d}t}(\dot{x}_C\cos\varphi+\dot{y}_C\sin\varphi)=\ddot{x}_C\cos\varphi+\ddot{y}_C\sin\varphi-(\dot{x}_C\sin\varphi-\dot{y}_C\cos\varphi)\dot{\varphi}$$

由式(a)、式(c)解得

$$\frac{\mathrm{d}}{\mathrm{d}t}(\dot{x}_C\cos\varphi+\dot{y}_C\sin\varphi)=0 \quad \Rightarrow \quad \dot{x}_C\cos\varphi+\dot{y}_C\sin\varphi=v_C=\text{常数} \tag{d}$$

由式(a)和式(d)解得

$$\dot{x}_C=v_C\cos\varphi, \quad \dot{y}_C=v_C\sin\varphi$$

积分一次，得到冰橇质心的运动方程为

$$x=v\omega^{-1}\sin\omega t+x_0, \quad y=-v\omega^{-1}\cos\omega t+y_0$$

即冰橇质心做圆周运动。

如本例这样能得到解析解的非完整系统是很少的。

例 2 滚盘问题：半径为 b、质量为 m 的均质圆盘在水平面上做纯滚动，如专题图 6.2 所示，试用第一类拉格朗日方程建立圆盘的运动微分方程。

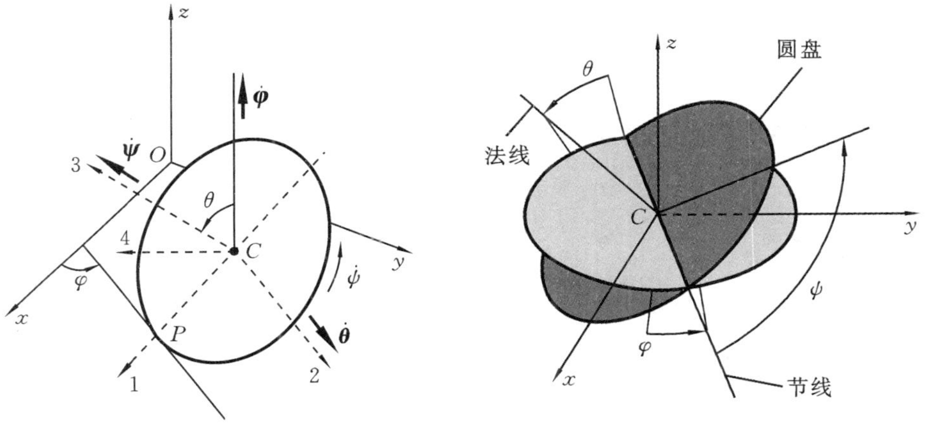

专题图 6.2 例 2 图

解 设盘心 C 的直角坐标为(x,y,z)，三个欧拉角为 φ、θ、ψ(如专题图 6.2(b)所示，滚盘由水平位置开始，先绕轴 z 转 φ 角，再绕节线轴转 θ 角，最后绕法线转 ψ 角)。这六个坐标可完全确定系统位置。

由于圆盘做纯滚动，因此接触点 P 的速度为

$$\boldsymbol{v}_P=\boldsymbol{v}_C+\boldsymbol{\omega}\times\overrightarrow{CP}=\mathbf{0} \tag{a}$$

为了得到式(a)的投影方程，将式(a)中各矢量向正交轴系 $C123$ 投影，得滚盘的角速度为

$$\boldsymbol{\omega}=(\omega_1,\omega_2,\omega_3)^{\mathrm{T}}=(-\dot{\varphi}\sin\theta,\dot{\theta},\dot{\psi}+\dot{\varphi}\cos\theta)^{\mathrm{T}} \tag{b}$$

矢径

$$\overrightarrow{CP}=(b,0,0)^{\mathrm{T}} \tag{c}$$

$\boldsymbol{v}_C$ 的投影可按以下方法获得：先作过点 C 与轴 2 垂直的水平轴 4，注意轴 2、4 在水平面内，而轴 1、3、4 在竖直面内，因此 $\boldsymbol{v}_{Cx}$ 和 $\boldsymbol{v}_{Cy}$ 可先向轴 2、4 分解，再将轴 4 的分量向轴 1、3 分解，而 $\boldsymbol{v}_{Cz}$ 则直接向轴 1、3 分解。由此可得

$$\begin{aligned}\boldsymbol{v}_{Cx}&=\dot{x}\boldsymbol{i}=\dot{x}(\cos\varphi\boldsymbol{e}_2+\sin\theta\boldsymbol{e}_4)=\dot{x}[\cos\varphi\boldsymbol{e}_2+\sin\varphi(\cos\theta\boldsymbol{e}_1+\sin\theta\boldsymbol{e}_3)]\\&=\dot{x}\sin\varphi\cos\theta\boldsymbol{e}_1+\dot{x}\cos\varphi\boldsymbol{e}_2+\dot{x}\sin\varphi\sin\theta\boldsymbol{e}_3\\\boldsymbol{v}_{Cy}&=\dot{y}\boldsymbol{j}=\dot{y}(\sin\varphi\boldsymbol{e}_2-\cos\varphi\boldsymbol{e}_4)=\dot{y}[\sin\varphi\boldsymbol{e}_2-\cos\varphi(\cos\theta\boldsymbol{e}_1+\sin\varphi\boldsymbol{e}_3)]\\&=-\dot{y}\cos\varphi\cos\theta\boldsymbol{e}_1+\dot{y}\sin\varphi\boldsymbol{e}_2-\dot{y}\cos\varphi\sin\theta\boldsymbol{e}_3\end{aligned}$$

$$\boldsymbol{v}_{Cz}=\dot{z}\boldsymbol{k}=-\dot{z}\sin\theta\,\boldsymbol{e}_1+\dot{z}\cos\theta\,\boldsymbol{e}_3$$

其中,$\boldsymbol{e}_1$、$\boldsymbol{e}_2$、$\boldsymbol{e}_3$ 为轴 1、2、3 的正向单位矢量。有

$$\begin{aligned}\boldsymbol{v}_C&=\boldsymbol{v}_{Cx}+\boldsymbol{v}_{Cy}+\boldsymbol{v}_{Cz}\\&=(\dot{x}\sin\varphi\cos\theta-\dot{y}\cos\varphi\cos\theta-\dot{z}\sin\theta)\boldsymbol{e}_1+(\dot{x}\cos\varphi+\dot{y}\sin\varphi)\boldsymbol{e}_2\\&\quad+(\dot{x}\sin\varphi\sin\theta-\dot{y}\cos\varphi\sin\theta+\dot{z}\cos\theta)\boldsymbol{e}_3\end{aligned}\tag{d}$$

综合式(a)至式(d),得

$$\dot{x}\sin\varphi\cos\theta-\dot{y}\cos\varphi\cos\theta-\dot{z}\sin\theta=0\tag{e}$$

$$\dot{x}\cos\varphi+\dot{y}\sin\varphi+b(\dot{\psi}+\dot{\varphi}\cos\theta)=0\tag{f}$$

$$\dot{x}\sin\varphi\sin\theta-\dot{y}\cos\varphi\sin\theta+\dot{z}\cos\theta-b\dot{\theta}=0\tag{g}$$

式(e)与$\cos\theta$之积加上式(g)与$\sin\theta$之积,式(e)与$\sin\theta$之积加上式(g)与$\cos\theta$之积,得

$$\dot{x}\sin\varphi-\dot{y}\cos\varphi-b\dot{\theta}\sin\theta=0\tag{h}$$

$$\dot{z}-b\dot{\theta}\cos\theta=0\tag{i}$$

其中,式(i)可积,因此它是完整约束,最后由式(f)(h)(i),得系统的约束方程为

非完整约束

$$\begin{cases}\dot{x}\sin\varphi-\dot{y}\cos\varphi-b\dot{\theta}\sin\theta=0\\\dot{x}\cos\varphi+\dot{y}\sin\varphi+b(\dot{\psi}+\dot{\varphi}\cos\theta)=0\end{cases}\tag{j}$$

完整约束

$$z=b\sin\theta\tag{k}$$

由于完整约束的存在,系统可取 x、y、φ、θ、ψ 这五个变量为广义坐标。

下面计算动能。专题图 6.2(a)中三条虚线轴 1、2、3 为滚盘的三根中心惯性主轴,设滚盘对法线主轴的转动惯量为 J_B,对两根直径主轴的转动惯量为 J_A,则滚盘的动能为

$$\begin{aligned}T&=\frac{1}{2}m(\dot{x}^2+\dot{y}^2+\dot{z}^2)+\frac{1}{2}(J_A\omega_1^2+J_A\omega_2^2+J_B\omega_3^2)\\&=\frac{1}{2}m(\dot{x}^2+\dot{y}^2+b^2\dot{\theta}^2\cos^2\theta)+\frac{1}{2}J_A(\dot{\varphi}^2\sin^2\theta+\dot{\theta}^2)+\frac{1}{2}J_B(\dot{\psi}+\dot{\varphi}\cos\theta)^2\end{aligned}\tag{l}$$

系统的势能为

$$V=mgz=mgb\sin\theta\tag{m}$$

由于系统为有势力系统,并且使用了广义坐标,因此广义力可由势能直接求出,为

$$Q_x=Q_y=Q_\varphi=Q_\psi=0,\quad Q_\theta=-\partial V/\partial\theta=-mgb\cos\theta\tag{n}$$

由罗思方程得系统的运动微分方程为

$$\begin{cases}m\ddot{x}=(\lambda_1\sin\varphi+\lambda_2\cos\varphi)\\m\ddot{y}=(\lambda_1\cos\varphi-\lambda_2\sin\varphi)\\\dfrac{\mathrm{d}}{\mathrm{d}t}[J_A\dot{\varphi}\sin^2\varphi+J_B(\dot{\psi}+\dot{\varphi}\cos\theta)\cos\theta]=\lambda_2b\cos\theta\\\dfrac{\mathrm{d}}{\mathrm{d}t}[(mb^2\cos^2\theta+J_A)\dot{\theta}]+mb^2\dot{\theta}^2\cos\theta\sin\theta-J_A\dot{\varphi}^2\cos\theta\sin\theta+J_B(\dot{\psi}+\dot{\varphi}\cos\theta)\dot{\varphi}\sin\theta\\=-\lambda_1b\sin\theta-mgb\cos\theta\\\dfrac{\mathrm{d}}{\mathrm{d}t}[J_B(\dot{\psi}+\dot{\varphi}\cos\theta)]=\lambda_2b\end{cases}$$

再加上式(j)的两个非完整约束方程,就组成封闭的动力学方程组。

专题7　陀螺运动

陀螺仪(或回转仪)在动力系统制导等装置中有重要的应用,本专题介绍其理论基础——陀螺运动。

1. 欧拉角

如专题图 7.1 所示,设 $Oxyz$ 为一个正交坐标惯性系,另一个正交坐标系 $Ox_1x_2x_3$ 或 $O\xi\eta\zeta$ 绕坐标原点 O 定点转动,坐标系 $Ox_1x_2x_3$(动系)相对于 $Oxyz$ 的角位置关系可以用多种方法来描述,其中用三个**欧拉角** ϕ、θ、ψ 来描述是刚体动力学中常见的方法。

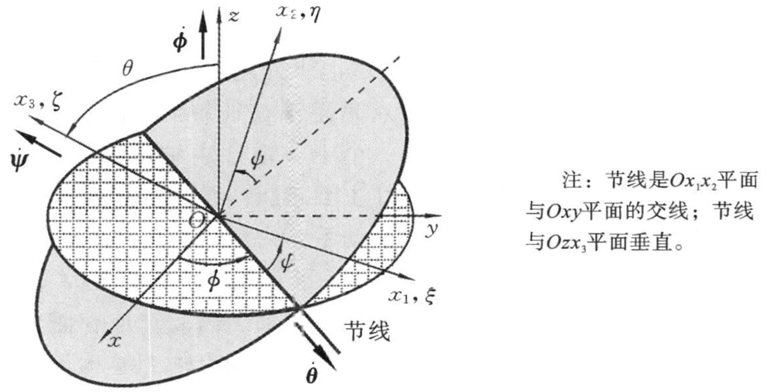

专题图 7.1　欧拉角的定义

参见专题图 7.1,坐标系 $Ox_1x_2x_3$ 的当前位置,可以将坐标系 $Oxyz$ 转动三次到达,先将 $Oxyz$ 绕轴 z 转 ϕ 角,记为坐标系 1,轴 x 到达节线的位置;再将坐标系 1 绕节线转 θ 角,记为坐标系 2,这时轴 z 变为轴 x_3;最后将坐标系 2 绕轴 x_3 转 ψ 角就得到 $Ox_1x_2x_3$,其中原来的轴 x 变为轴 x_1,轴 y 变为轴 x_2,轴 z 变为轴 x_3。这三个角是相互独立的,分别称为动系的**进动角**(ϕ)、**章动角**(θ)**和自转角**(ψ)(节线绕轴 z 的转动为**进动**,动系绕节线的转动为**章动**,动系绕自转轴 x_3 的转动为**自转**)。一般情况下,它们可唯一地确定动系(刚体)的瞬时角位置。

再来确定动系 $Ox_1x_2x_3$ 的角速度矢量 $\boldsymbol{\Omega}$。在 $t\sim t+\Delta t$ 的时间内,设动系角位置的无穷小增量为 $\Delta\phi$、$\Delta\theta$ 和 $\Delta\psi$,动系的这种无穷小角位置改变可以将动系分别绕轴 z 转 $\Delta\phi$、绕节线转 $\Delta\theta$ 和绕轴 x_3 转 $\Delta\psi$ 后叠加得到,且结果与转动次序无关(对此不做证明,但必须注意,刚体多次有限转动的结果与转动次序有关,不能叠加。比如,将一本书沿任意两条边以一种次序各转 90°,再重新按不同的次序各转 90°,结果是不同的)。$\Delta\phi$、$\Delta\theta$ 和 $\Delta\psi$ 的时间导数为

$$\dot{\phi}=\frac{\Delta\phi}{\Delta t},\quad \dot{\theta}=\frac{\Delta\theta}{\Delta t},\quad \dot{\psi}=\frac{\Delta\psi}{\Delta t} \tag{1}$$

根据角速度的定义,它们分别为动系绕轴 z、节线和轴 x_3 转动的角速度,将它们按右手定则转化为矢量,记为 $\dot{\boldsymbol{\phi}}$、$\dot{\boldsymbol{\theta}}$、$\dot{\boldsymbol{\psi}}$,由刚体角速度在同一瞬时的唯一性,$\dot{\boldsymbol{\phi}}$、$\dot{\boldsymbol{\theta}}$、$\dot{\boldsymbol{\psi}}$ 一定是动系 $Ox_1x_2x_3$ 角速度矢量 $\boldsymbol{\Omega}$ 在轴 z、节线和轴 x_3 方向的分量(否则同一瞬时刚体在某个方向上会出现两种不同

的角速度,这对刚体是不可能的),所以动系 $Ox_1x_2x_3$ 的角速度 $\boldsymbol{\Omega}$ 用欧拉角表示为

$$\boldsymbol{\Omega}=\dot{\boldsymbol{\phi}}+\dot{\boldsymbol{\theta}}+\dot{\boldsymbol{\psi}} \tag{2}$$

$\dot{\boldsymbol{\phi}}$、$\dot{\boldsymbol{\theta}}$、$\dot{\boldsymbol{\psi}}$ 分别称为动系的**进动角速度、章动角速度**和**自转角速度**。

注意到 $\dot{\boldsymbol{\phi}}$、$\dot{\boldsymbol{\theta}}$、$\dot{\boldsymbol{\psi}}$ 这三个矢量不完全正交,也不完全沿动系 $Ox_1x_2x_3$ 的三根轴 x_1、x_2、x_3,因此角速度 $\boldsymbol{\Omega}$ 沿坐标轴 x_1、x_2、x_3 的三个投影 Ω_1、Ω_2、Ω_3 需要用欧拉角表示,即

$$\begin{cases}\Omega_1=\dot{\phi}\sin\theta\sin\psi+\dot{\theta}\cos\psi\\ \Omega_2=\dot{\phi}\sin\theta\cos\psi-\dot{\theta}\sin\psi\\ \Omega_3=\dot{\phi}\cos\theta+\dot{\psi}\end{cases} \tag{3}$$

因动系 $Ox_1x_2x_3$ 是任意的,故式(3)对于与刚体固连的主轴轴系 $O\xi\eta\zeta$ 也适用。

2. 陀螺的运动方程

具有质量对称轴的刚体绕对称轴上一固定点做定点转动时,该刚体称为**陀螺**(或**回转仪**);如专题图 7.2 所示。研究陀螺的运动时,要反映陀螺的特点,其特点是陀螺往往绕对称轴高速旋转,对称轴是陀螺的一个中心惯性主轴,与对称轴垂直的任意轴亦是惯性主轴,且转动惯量相等。

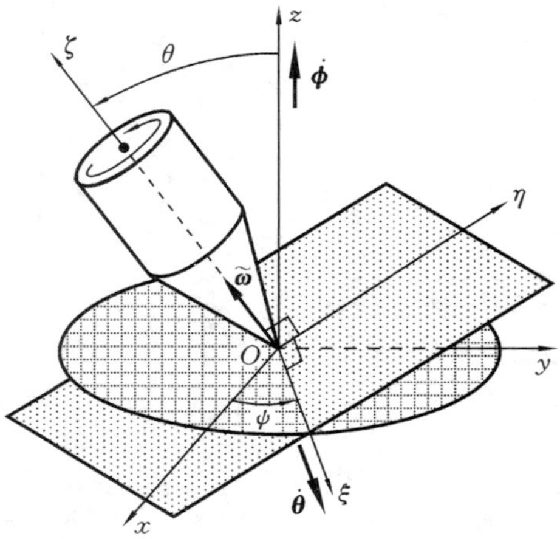

专题图 7.2 陀螺的运动及其坐标系的选取

取动系 $O\xi\eta\zeta$,且取上述对称轴作为轴 ζ,即陀螺的自转轴,由陀螺的特点,不管 ξ、η 如何选择,其总是陀螺的惯性主轴。因此选取在陀螺的运动过程中始终与节线重合的轴为轴 ξ,这时陀螺相对于动系的角速度称为**陀螺的自转角速度**,动系的自转角 ψ 和角速度 $\dot{\psi}$ 恒为零。而 $\dot{\phi}$、$\dot{\theta}$ 分别为动系(亦为陀螺)的进动角速度、章动角速度。陀螺自转轴的方向由 ϕ、θ 唯一确定。

设动系 $O\xi\eta\zeta$ 的三个轴向单位矢量为 $\boldsymbol{e}_\xi$、$\boldsymbol{e}_\eta$、$\boldsymbol{e}_\zeta$。设陀螺的自转角速度为

$$\tilde{\boldsymbol{\omega}}=\tilde{\omega}\boldsymbol{e}_\zeta \tag{4}$$

动系 $O\xi\eta\zeta$ 的瞬时角速度为 $\boldsymbol{\Omega}$,其投影式为

$$\boldsymbol{\Omega}=\Omega_\xi\boldsymbol{e}_\xi+\Omega_\eta\boldsymbol{e}_\eta+\Omega_\zeta\boldsymbol{e}_\zeta \tag{5}$$

则陀螺的瞬时角速度 $\boldsymbol{\omega}$ 为

$$\boldsymbol{\omega}=\tilde{\boldsymbol{\omega}}+\boldsymbol{\Omega}=\Omega_\xi\boldsymbol{e}_\xi+\Omega_\eta\boldsymbol{e}_\eta+(\Omega_\zeta+\tilde{\omega})\boldsymbol{e}_\zeta \tag{6}$$

所以陀螺对固定点 O 的动量矩 $\boldsymbol{L}_O$ 为

$$\boldsymbol{L}_O=J_\xi\Omega_\xi\boldsymbol{e}_\xi+J_\eta\Omega_\eta\boldsymbol{e}_\eta+J_\zeta(\Omega_\zeta+\tilde{\omega})\boldsymbol{e}_\zeta \tag{7}$$

由方程(14.7)(14.14),并考虑到所有惯性积恒为零,所有转动惯量为常数,且 $J_\xi=J_\eta$,可得陀螺的动力学方程为

$$\begin{cases}J_\xi\dot{\Omega}_\xi+(J_\zeta-J_\eta)\Omega_\eta\Omega_\zeta+J_\zeta\Omega_\eta\tilde{\omega}=M_\xi^{(e)}\\ J_\eta\dot{\Omega}_\eta+(J_\xi-J_\zeta)\Omega_\xi\Omega_\zeta-J_\zeta\Omega_\xi\tilde{\omega}=M_\eta^{(e)}\\ J_\zeta(\dot{\Omega}_\zeta+\dot{\tilde{\omega}})=M_\zeta^{(e)}\end{cases} \tag{8}$$

式(8)中动系 $O\xi\eta\zeta$ 的瞬时角速度分量 Ω_ξ、Ω_η、Ω_ζ 由方程(3)给出,考虑到 ψ 和 $\dot{\psi}$ 恒为零,可得

$$\Omega_\xi=\dot{\theta},\quad \Omega_\eta=\dot{\phi}\sin\theta,\quad \Omega_\zeta=\dot{\phi}\cos\theta \tag{9}$$

因此，方程组(8)可以用欧拉角表示成

$$\begin{cases}J_\xi\ddot{\theta}+(J_\zeta-J_\eta)\dot{\phi}^2\sin\theta\cos\theta+J_\zeta\dot{\phi}\bar{\omega}\sin\theta=M_\xi^{(e)}\\ J_\eta(\ddot{\phi}\sin\theta+\dot{\phi}\dot{\theta}\cos\theta)+(J_\xi-J_\zeta)\dot{\phi}\dot{\theta}\cos\theta-J_\zeta\dot{\theta}\bar{\omega}=M_\eta^{(e)}\\ J_\zeta(\ddot{\phi}\cos\theta-\dot{\phi}\dot{\theta}\sin\theta+\dot{\omega})=M_\zeta^{(e)}\end{cases} \tag{10}$$

3. 陀螺的运动规律

当陀螺以恒定转速高速自转，而其章动、进动角速度相对很小时，陀螺的瞬时角速度 $\boldsymbol{\omega}$ 近似为

$$\boldsymbol{\omega}\approx\tilde{\boldsymbol{\omega}}=\bar{\omega}\boldsymbol{e}_\zeta \tag{11}$$

陀螺的动量矩 $\boldsymbol{L}_O$ 近似为

$$\boldsymbol{L}_O\approx J_\zeta\bar{\omega}\boldsymbol{e}_\zeta \tag{12}$$

而由方程组(8)的第三个方程，有

$$M_\zeta^{(e)}\approx 0 \tag{13}$$

故

$$\boldsymbol{M}_O^{(e)}\approx M_\xi^{(e)}\boldsymbol{e}_\xi+M_\eta^{(e)}\boldsymbol{e}_\eta \tag{14}$$

因此，近似有

$$\boldsymbol{L}_O\perp\boldsymbol{M}_O^{(e)} \tag{15}$$

进而，由方程组(10)的第一、二个方程可得

$$M_\xi^{(e)}\approx J_\zeta\dot{\phi}\bar{\omega}\sin\theta,\quad M_\eta^{(e)}\approx -J_\zeta\dot{\theta}\bar{\omega} \tag{16}$$

由此可得以下结论。

(1) 当 $M_\xi^{(e)}=0, M_\eta^{(e)}=0$ 时，由方程(16)得

$$\dot{\phi}=0,\quad \dot{\theta}=0\quad\Rightarrow\quad \phi=\text{常数},\quad \theta=\text{常数}$$

此时，陀螺既不进动，也不章动。

(2) 当 $M_\eta^{(e)}=0$ 时，由方程(14)和方程(16)得

$$\boldsymbol{M}_O^{(e)}\approx M_\xi^{(e)}\boldsymbol{e}_\xi\quad\Rightarrow\quad \boldsymbol{M}_O^{(e)}\approx J_\zeta\dot{\boldsymbol{\phi}}\times\tilde{\boldsymbol{\omega}} \tag{17}$$

(3) 当 $M_\xi^{(e)}=0$ 时，由方程(14)和方程(16)得

$$\boldsymbol{M}_O^{(e)}\approx M_\eta^{(e)}\boldsymbol{e}_\eta\quad\Rightarrow\quad \boldsymbol{M}_O^{(e)}\approx J_\zeta\dot{\boldsymbol{\theta}}\times\tilde{\boldsymbol{\omega}} \tag{18}$$

综上所述，得出以下结论。

(1) 当陀螺上无外力矩作用时，陀螺的自转角速度方向不变，这称为陀螺的**指向性**。

(2) 要使陀螺的自转角速度方向发生进动，必须作用一个外力矩，外力矩的方向不沿进动角速度矢量 $\dot{\boldsymbol{\phi}}$ 的方向，而是力图使进动角速度矢量 $\dot{\boldsymbol{\phi}}$ 以最短的途径向自转角速度矢量 $\tilde{\boldsymbol{\omega}}$ 方向偏转，即 $\boldsymbol{M}_O^{(e)}\approx J_\zeta\dot{\boldsymbol{\phi}}\times\tilde{\boldsymbol{\omega}}$（外力矩矢量 $\boldsymbol{M}_O^{(e)}$ 沿陀螺的节线）。这便是陀螺的**进动规律**。

(3) 要使陀螺的自转角速度方向发生章动，必须作用一个外力矩，外力矩的方向不沿章动角速度矢量 $\dot{\boldsymbol{\theta}}$ 的方向，而是力图使章动角速度矢量 $\dot{\boldsymbol{\theta}}$ 以最短的途径向自转角速度矢量 $\tilde{\boldsymbol{\omega}}$ 方向偏转，即 $\boldsymbol{M}_O^{(e)}\approx J_\zeta\dot{\boldsymbol{\theta}}\times\tilde{\boldsymbol{\omega}}$。这便是陀螺的**章动规律**。

4. 陀螺力矩与陀螺效应

当章动角速度 $\dot{\theta}=0$，即 $\theta=$常数时，陀螺的进动称为**规则进动**。这时，有

$$M_\eta^{(e)}=0,\quad \boldsymbol{M}_O^{(e)}=M_\xi^{(e)}\boldsymbol{e}_\xi \tag{19}$$

由方程(16)，规则进动角速度为

$$\dot{\phi}\approx\frac{M_O^{(e)}}{J_\zeta\bar{\omega}\sin\theta} \tag{20}$$

陀螺规则进动时,陀螺必有一个与外作用力矩 $\boldsymbol{M}_O^{(e)}$ 等值、反向的力矩 $\boldsymbol{M}_G$ 反作用于外界刚体(如轴承、支架)上,这个反作用力矩称为**陀螺力矩**,工程中把产生陀螺力矩的现象称为**陀螺效应**。显然

$$\boldsymbol{M}_G=-\boldsymbol{M}_O^{(e)}=J_\zeta\bar{\boldsymbol{\omega}}\times\dot{\boldsymbol{\phi}} \quad 或 \quad M_G=-J_\zeta\bar{\omega}\dot{\phi}\sin\theta \tag{21}$$

思考:请分析自行车轮子的章动和进动,它不会翻倒的原因何在?

专题 8　单自由度系统的振动

本专题通过最简单的弹簧-阻尼-质量振动系统介绍单自由度系统的振动特征。对于单自由度多物体系统，只要建立的二阶微分方程具有相同的微分方程形式，其振动都具有相同的特征。本章只介绍自由振动和谐波强迫振动。

1. 单自由度系统的自由振动

1）单自由度无阻尼的自由振动系统

专题图 8.1 所示为单自由度无阻尼的自由振动系统，其运动微分方程为

$$m\ddot{x}(t)+kx(t)=0 \tag{1}$$

或

$$\ddot{x}(t)+\omega_n^2 x(t)=0 \tag{2}$$

式中：

$$\omega_n=\sqrt{\frac{k}{m}} \tag{3}$$

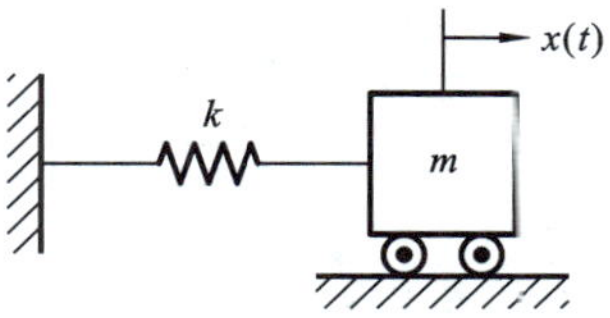

专题图 8.1　无阻尼的自由振动系统

式(1)或(2)是一个二阶常系数的齐次线性微分方程。其通解为

$$x(t)=X_1\cos\omega_n t+X_2\sin\omega_n t \tag{4}$$

此式表明 ω_n 是该系统自由振动的角频率，故

$$f_n=\frac{\omega_n}{2\pi}=\frac{1}{2\pi}\sqrt{\frac{k}{m}} \tag{5}$$

f_n 称为系统的无阻尼自然频率，其单位为 Hz 或 1/s，意义为每秒的振动次数，其大小也等于后文的无阻尼谐波强迫振动的共振频率，本书也称 ω_n 为系统的自然频率。

式(4)中，X_1、X_2 是由初始条件确定的常数，若记初位移为 $x(0)=x_0$，初速度为 $\dot{x}(0)=v_0$，代入式(4)，易求出

$$X_1=x_0,\quad X_2=v_0/\omega_n \tag{6}$$

代入式(4)得

$$x(t)=x_0\cos\omega_n t+\frac{v_0}{\omega_n}\sin\omega_n t \tag{7}$$

式(7)也可改写为

$$x(t)=X\cos(\omega_n t-\psi) \tag{8}$$

式中：X 为振幅；ψ 为初相角，且有

$$X=\sqrt{x_0^2+\left(\frac{v_0}{\omega_n}\right)^2},\quad \psi=\arctan\frac{v_0}{\omega_n x_0} \tag{9}$$

分析上述各式，可得到无阻尼自由振动的一些很重要的特性：

(1) 式(7)、式(8)表明，单自由度无阻尼系统的自由振动是以正弦或余弦函数，或统称为谐波函数表示的，故称为简谐振动，这种系统又被称为谐振子。

(2) 自由振动的角频率即系统的自然频率 $\omega_n=\sqrt{k/m}$，仅由系统本身的参数确定，而与外

界激励、初始条件等均无关。这说明自由振动显示了系统内在的特性。

(3) 无阻尼自由振动的周期为

$$T=2\pi/\omega_n=2\pi\sqrt{\frac{m}{k}} \tag{10}$$

即线性系统自由振动的周期也仅由其本身的参数决定,而与初始条件及振幅的大小无关,这种现象称为谐振子振动的“等时性”。

(4) 自由振动的振幅 X 和初相角 ψ 由初始条件确定。

(5) 式(8)表明,单自由度无阻尼系统的自由振动是等幅振动。

2) 有阻尼的自由振动系统

专题图 8.2 所示为单自由度有阻尼的自由振动系统,其运动微分方程为

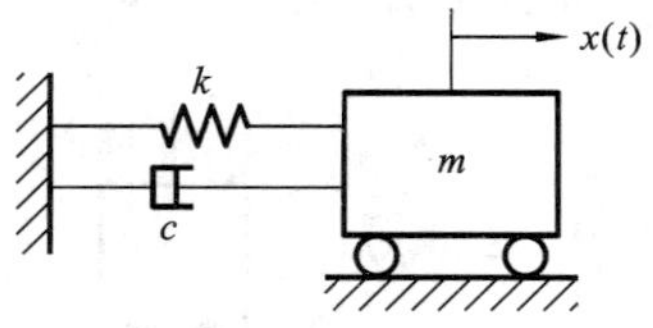

专题图 8.2 有阻尼的自由振动系统

$$m\ddot{x}(t)+c\dot{x}(t)+kx(t)=0 \tag{11}$$

或

$$\ddot{x}(t)+2\xi\omega_n\dot{x}(t)+\omega_n^2x(t)=0 \tag{12}$$

式中:

$$\omega_n=\sqrt{\frac{k}{m}},\quad \xi=\frac{c}{2m\omega_n}=\frac{c}{2\sqrt{mk}} \tag{13}$$

ω_n 的意义同前,ξ 称为黏滞阻尼因子或阻尼率,它是无量纲的。

设式(12)的通解为

$$x(t)=Xe^{st} \tag{14}$$

式中:X、s 为待定常数,这里将 X 视为实数,而 s 为复数。将式(14)代入式(12),得到特征方程为

$$s^2+2\xi\omega_n s+\omega_n^2=0 \tag{15}$$

由此式可解得两个特征根:

$$s_{1,2}=(-\xi\pm\sqrt{\xi^2-1})\omega_n \tag{16}$$

由式(16)可见,特征根 s_1,s_2 与 ξ,ω_n 有关,但其性质主要取决于 ξ,下面分别讨论 ξ 的不同取值情况。

(1) 无阻尼($\xi=0$)情况。

显然,$\xi=0$ 即 $c=0$,即是前述所讨论的情况。

其时间历程如专题图 8.3(a)所示。

(2) 小阻尼($0<\xi<1$)情况。

由式(16)解得此时的两特征根为共轭复根:

$$s_{1,2}=(-\xi\pm i\sqrt{1-\xi^2})\omega_n$$

或

$$s_{1,2}=-\xi\omega_n\pm i\omega_d \tag{17}$$

式中:

$$\omega_d=\sqrt{1-\xi^2}\omega_n \tag{18}$$

称为**有阻尼自然角频率**,或简称为阻尼自然频率。将 s_1,s_2 代入式(14),有

$$\begin{aligned} x(t)&=X_1e^{(-\xi\omega_n+i\omega_d)t}+X_2e^{(-\xi\omega_n-i\omega_d)t}\\ &=e^{-\xi\omega_n t}[(X_1+X_2)\cos\omega_d t+i(X_1-X_2)\sin\omega_d t] \end{aligned}$$

整理后有

$$x(t)=Xe^{-\xi\omega_n t}\cos(\omega_d t-\psi) \tag{19}$$

式中：X、ψ 为由初始条件 x_0、v_0 确定的常数，有

$$\begin{cases} X=\sqrt{x_0+\dfrac{(v_0+\xi\omega_n x_0)^2}{\omega_d^2}} \\ \psi=\arctan\dfrac{v_0+\xi\omega_n x_0}{x_0\omega_d} \end{cases} \tag{20}$$

显然，当 $\xi=0$ 时，式(20)即退化为式(9)的形式。

分析上述结果，有如下结论。

① 在式(19)中，若将 $Xe^{-\xi\omega_n t}$ 视为振幅，则表明有阻尼系统的自由振动是一种减幅振动，其振幅按指数规律衰减。阻尼率 ξ 值越大，振幅衰减越快。其时间历程如专题图 8.3(b)所示。

② 由式(18)可见，阻尼自然频率也完全由系统本身的特性所决定。该式表明 $\omega_d<\omega_n$，即阻尼自然频率低于无阻尼自然频率。

③ 初始条件 x_0 与 v_0 只影响有阻尼自由振动的初始振幅 X 与初相角 ψ，如式(20)所示。

(3) 过阻尼($\xi>1$)情况。

由式(16)解得特征根为实数：

$$s_{1,2}=(-\xi\pm\sqrt{\xi^2-1})\omega_n \quad (\xi>1) \tag{21}$$

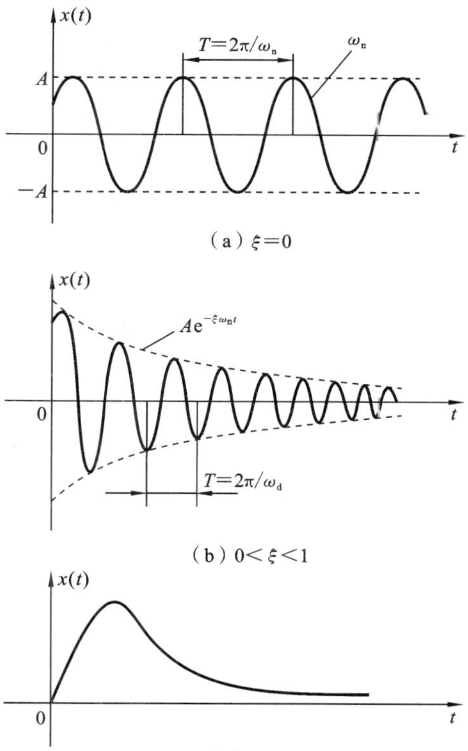

(c) $\xi\geq1$

专题图 8.3　有阻尼自由振动系统时间历程

则由式(14)有

$$x(t)=X_1e^{s_1 t}+X_2e^{s_2 t} \tag{22}$$

式中：X_1、X_2 为由初始条件确定的常数。这种条件下，s_1，s_2 均为负实数，这时系统不产生振动，很快就趋近于平衡位置，如专题图 8.3(c)所示。从物理意义上来看，当阻尼较大时，由初始激励输入系统的能量很快就被消耗掉了，而系统来不及产生往复振动。

(4) 临界阻尼($\xi=1$)情况。

这种情况是前述两种情况的分界线，由式(13)的第二式，有 $c_0=2\sqrt{mk}$，即临界阻尼系数 c_0 由系统的参数确定。将上式再代回式(13)，有 $\xi=c/c_0$，这可看成阻尼率的一种定义。

由式(16)，特征根为两重根($-\omega_n$)，可以验证此时式(12)的解为

$$x(t)=(A_1+A_2 t)e^{-\omega_n t}$$

式中：A_1、A_2 是待定常数，显然，这种情况下的运动也是非周期性的。将初始条件 x_0、v_0 代入上式，消去 A_1、A_2，得

$$x(t)=e^{-\omega_n t}[x_0+(v_0+\omega_n x_0)t]$$

此外，还有一种负阻尼($\xi<0$)情况，此时，$x(t)$表现为一种增幅振动。

2. 谐波激励下的单自由度系统强迫振动

给定一个弹簧初始变形量或振子初始速度，无其他外力作用在振子上，无阻尼的系统将一直以自然频率(也称固有频率)等幅自由振动，当有小阻尼时，其振动将会衰减直至最后停止。若给振子持续施加一个频率为 ω 的谐波(即正弦或余弦函数)激励，其响应 $x(t)$将包含两部

分：自由振动和强迫振动。当有阻尼时，自由振动项将会较快衰减，强迫振动为主要形式。在谐波激励的强迫振动(也称简谐振动)中，若激励频率等于无阻尼系统的固有频率，系统振幅将急剧增大，导致系统破坏。若激励频率等于阻尼系统的固有频率，系统振幅将很大。下面研究谐波激励下的单自由度系统强迫振动。

谐波激励是最简单的激励。之所以简单，是因为系统对谐波激励的响应仍然是频率相同的谐波；另外，由于线性系统满足叠加原理，因此，各种复杂的激励可先分解为一系列的谐波激励，而系统总的响应则可由叠加各谐波响应得到。因此，掌握了谐波响应分析方法，原则上就可以求一个线性系统在任何激励下的响应。

在对专题图 8.1 所示系统施加谐波激励力 $F(t)=F\cos\omega t$ 时，单自由度线性系统强迫振动的运动微分方程为

$$m\ddot{x}(t)+c\dot{x}(t)+kx(t)=F(t)=F\cos\omega t=kf(t)=kA\cos\omega t \tag{23}$$

式中：$F(t)$为谐波激励力，具有力的量纲，而 $f(t)$应具有位移量纲。这样，激励函数 $f(t)$与系统的响应 $x(t)$均具有位移量纲，便于分析。同时，式(23)中 F 为简谐激励力的力幅。而且

$$A=F/k \tag{24}$$

式(24)就是与简谐激励力的力幅 F 相等的恒力作用在系统上时引起的静态位移。

引入式(13)，得

$$\ddot{x}(t)+2\xi\omega_n\dot{x}(t)+\omega_n^2x(t)=\omega_n^2f(t)=\omega_n^2A\cos\omega t \tag{25}$$

方程(25)的解为

$$x(t)=x_0(t)+x^*(t) \tag{26}$$

其中，$x_0(t)$为方程(25)的齐次解，即自由振动的响应，表达式为式(19)。$x^*(t)$为方程(25)的特解。对于有阻尼的系统，自由振动的响应项会迅速衰减，故在强迫振动中起主要作用的是特解对应的强迫振动响应项，故下面只研究特解对应的强迫振动响应项。

根据微分方程的理论，可设方程(25)的特解为

$$x(t)=X\cos(\omega t-\varphi) \tag{27}$$

代入微分方程(25)，得

$$X[(\omega_n^2-\omega^2)\cos\varphi+2\xi\omega_n\sin\varphi]\cos\omega t+X[(\omega_n^2-\omega^2)\sin\varphi-2\xi\omega_n\cos\varphi]\sin\omega t=\omega_n^2A\cos\omega t$$

上式对任意时刻 t 都成立，因此等号两边 $\cos\omega t$ 和 $\sin\omega t$ 项的系数必须相等，即有

$$\begin{cases}X[(\omega_n^2-\omega^2)\cos\varphi+2\xi\omega_n\sin\varphi]=\omega_n^2A\\X[(\omega_n^2-\omega^2)\sin\varphi-2\xi\omega_n\cos\varphi]=0\end{cases} \tag{28}$$

联立以上两式，可解得

$$X=\frac{A}{\sqrt{[1-(\omega/\omega_n)^2]^2+(2\xi\omega/\omega_n)^2}} \tag{29}$$

$$\varphi=\arctan\frac{2\xi\omega/\omega_n}{1-(\omega/\omega_n)^2} \tag{30}$$

从强迫振动的特解可知：

(1) 单自由度线性系统在谐波激励下的响应仍然是谐波。

(2) 响应频率与激励频率相同。

(3) 振幅 X 与激励的幅值 A 成比例，即

$$X=|H(\omega)|A \tag{31}$$

$|H(\omega)|$是无量纲的，

$$|H(\omega)|=\frac{1}{\sqrt{\left[1-\left(\frac{\omega}{\omega_n}\right)^2\right]^2+\left(2\xi\frac{\omega}{\omega_n}\right)^2}} \tag{32}$$

在物理意义上，$|H(\omega)|$表示动态振动的振幅 X 较静态位移 A 放大了多少倍，故又称为放大系数。由式(32)可见，$|H(\omega)|$不仅是系统参数 $\xi,\omega_n(m,c,k)$的函数，而且还是激励频率 ω 的函数。因此，即使对于同一系统，激励频率 ω 不同，放大系数$|H(\omega)|$的取值将不同，从而系统响应的振幅也是不相同的。

(4) 相位差 φ 表示响应滞后于激励的相位角。读者不应将相位差 φ 与式(19)中的初相位 ψ 相混淆，在式(19)中，ψ 表示系统自由振动在 $t=0$ 时刻的初始相位，它是由初位移与初速度的相对大小关系决定的；而相位差 φ 反映响应相对于激励的相位滞后，它是由于系统具有阻尼引起的。外加激励对一个动态系统的作用，并不能立即改变系统的响应，激励效应累积后才引起响应的变化。由此不难理解，响应一般会滞后于激励，滞后的时间为 φ/ω。

专题图 8.4 给出了单自由度简谐激励的$|H(\omega)|$曲线(称为幅频特性)。从该图可知，对于无阻尼系统，当其激励频率等于自由振动的自然频率(也称为固有频率)ω_n 时，系统振幅将放大无限大倍数，系统振幅在一个激励周期内便达到最大，此现象称为无阻尼共振，系统将迅速毁坏，其共振频率等于 ω_n。对于有阻尼系统，其激励频率等于有阻尼系统的固有频率 ω_d 时，系统振幅最大，但不会达到无限大，其共振频率等于 ω_d。有阻尼系统的固有频率 ω_d 仅比无阻尼系统的固有频率 ω_n 稍小。当需要降低简谐激励的振幅时，可以使激励频率远离固有频率。若激励频率需要在固有频率附近，则可增大阻尼来降低振幅。

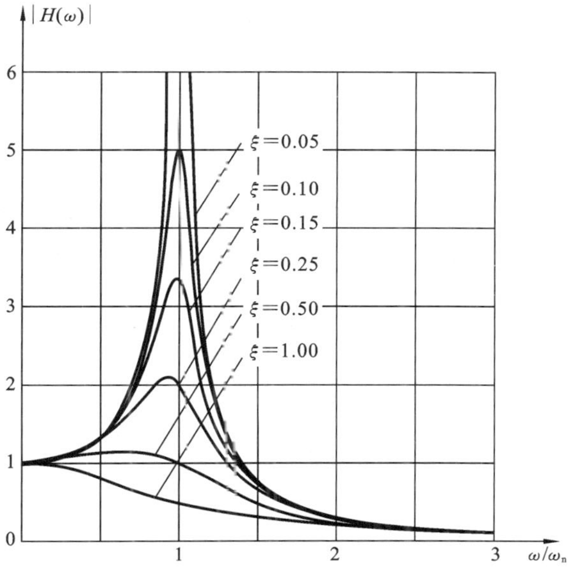

专题图 8.4　幅频特性

部分习题参考答案

第 2 章

2.3 $F_R \approx -200\ \text{N}$, $F_2 \approx 150\ \text{N}$

2.4 $F_{Ey} = \dfrac{P}{2\sin^2\alpha}$, $F_{Ex} = \dfrac{P}{\sin 2\alpha}$

2.5 $F_C = 2000\ \text{N}$, $F_B = F_A = 2010\ \text{N}$

2.6 $N_1 = N_2 = N_3 = N_4 = 70.7\ \text{kN}$,各杆内力均为拉力;$S_1 = S_2 = S_3 = 50\ \text{kN}$

2.7 $F_A = \dfrac{\sqrt{2}M}{b-a}$,$F_C = \dfrac{\sqrt{2}M}{b-a}$

2.8 $\varphi_1 = 2 - \varphi_2$, $\tan\varphi_2 = \dfrac{\sin 2}{2+\cos 2}$

$\varphi_1 = 84°45'$, $\varphi_2 = 29°50'$

$N_1 = \cos\varphi_1\ \text{N} = 0.092\ \text{N}$

$N_2 = 2\cos\varphi_2\ \text{N} = 1.73\ \text{N}$

2.9 $H = 3h\sin\alpha$

2.10 $Q = 430\ \text{N}$

2.11 $l, \dfrac{l}{2}, \dfrac{l}{3}, \dfrac{l}{4}, \dfrac{l}{5}, \cdots$,以此类推

2.12 $x = 2\ \text{cm}$

2.13 $\dfrac{4-\sqrt{13}}{6}L$

2.14 $M_A = 502\ \text{N}\cdot\text{m}$, $M_B = 214\ \text{N}\cdot\text{m}$, $M_C = 33\ \text{N}\cdot\text{m}$

2.15 $M_2 = 1\ \text{kN}\cdot\text{m}$, $M_2 = 2\ \text{kN}\cdot\text{m}$

2.16 不对。在做整体分析时可按题中方法处理;但是,对各构件进行分析时必须保持各自原来的主动力不变,否则结果会错误。比如:杆 BC 是力偶系平衡构件,如果按题中方法处理,则变为一个二力杆,显然结果不对

2.19 (a) $y = 2x - 3a$ (b) $x = \dfrac{\pi r}{2}$

2.20 $F_{Ax} = 13.7\ \text{kN}$, $F_{Ay} = 2.5\ \text{kN}$, $M_A = -27\ \text{kN}\cdot\text{m}$

2.21 $\tan\theta = -\dfrac{P_2 + P_1\cos\alpha}{P_1\sin\alpha}$, $T_1 = P_1\dfrac{\sin\left(\theta - \frac{\alpha}{2}\right)}{\cos\frac{\alpha}{2}}$, $T_2 = P_2\dfrac{\sin\left(\theta - \frac{\alpha}{2}\right)}{\cos\frac{\alpha}{2}}$, $N = P_2\dfrac{|\cos\theta|}{\cos\frac{\alpha}{2}}$

2.22 $F_{Ax} = -qa$, $F_{Ay} = F + qa$, $M_A = (F+qa)a$,

$F_{BAx} = -\dfrac{1}{2}qa$, $F_{BAy} = -(F+qa)$,

$F_{BCx} = \dfrac{1}{2}qa$, $F_{BCy} = qa$

2.23 $F_1 = -6.25\ \text{kN}$, $F_2 = F_3 = -5.77\ \text{kN}$, $F_4 = 1.25\ \text{kN}$,

$F_{Ax} = \pm 2.89\ \text{kN}$, $F_{Ay} = \pm 3.75\ \text{kN}$

2.24 $F_{AD}=-87.5\ \text{kN}$， $F_{AC}=179.2\ \text{kN}$

2.25 $F_{Ax}=0$， $F_{Ay}=42.5\ \text{kN}$， $M_A=165\ \text{kN}\cdot\text{m}$， $N_B=7.5\ \text{kN}$

2.26 $F_{BAx}=3\ \text{kN}$， $F_{BAy}=10\ \text{kN}$， $F_{BCx}=-23\ \text{kN}$， $F_{BCy}=-30\ \text{kN}$

2.27 (1) $F_{Ax}=-\frac{\sqrt{3}}{4}P-\frac{3}{4}Q$， $F_{Ay}=-\frac{1}{2}P-\frac{\sqrt{3}}{2}Q$

(2) $F_{ADx}=-\frac{\sqrt{3}}{4}P-\frac{3}{4}Q$， $F_{ADy}=-\frac{1}{2}P-\frac{\sqrt{3}}{2}Q$， $F_{AEx}=\frac{\sqrt{3}}{4}P-\frac{3}{4}Q$， $F_{AEy}=\frac{1}{2}P+\frac{\sqrt{3}}{2}Q$

2.28 $F_{Ax}=25.875\ \text{kN}$， $F_{Ay}=2.5\ \text{kN}$， $M_A=40.125\ \text{kN}\cdot\text{m}$，

$F_{Dx}=1.125\ \text{kN}$， $F_{Dy}=2.5\ \text{kN}$

2.30 $F_{Cx}=325\ \text{N}$， $F_{Cy}=600\ \text{N}$

2.31 (a) $N_1=2P$， $N_2=-\sqrt{5}P$， $N_3=P$， $N_4=-2P$， $N_5=0$， $N_6=\sqrt{5}P$

(b) $N_1=\frac{2}{3}P$， $N_2=-\frac{5}{6}P$， $N_3=P$

2.32 $N_{AB}=\frac{5}{6}P$

2.33 $N_1=-\frac{50}{3}\ \text{kN}$， $N_2=50\ \text{kN}$， $N_3=-\frac{100}{3}\text{kN}$， $N_4=10\ \text{kN}$

2.34 $F_A=70.7\ \text{kN}$， $F_B=-60\ \text{kN}$， $F_C=67.08\ \text{kN}$

2.35 $F_{Ax}=12\ \text{kN}$， $F_{Ay}=1.5\ \text{kN}$， $N_{BC}=15\ \text{kN}$

2.36 $N_1=\frac{175}{6}\ \text{kN}$， $N_2=-\frac{31}{2}\ \text{kN}$， $N_3=-\frac{39}{2}\ \text{kN}$， $N_4=\frac{175}{6}\ \text{kN}$

2.37 $F_s=\frac{5\sqrt{3}}{2}mg$

2.38 0.5

2.39 0

2.40 $Q_{\max}=\frac{3bP}{6b-6r-2a}$

2.41 $F_{BE}=\frac{3\sqrt{2}}{2}F$(受压)或$-\frac{3\sqrt{2}}{2}F$

2.42 $F_{AB}=0$

2.43 $F_1=\sqrt{2}F_P$(受压)，$F_2=0$

第 3 章

3.2 $f=0.226$

3.3 $\frac{\cos\theta-f\sin\theta}{\sin\theta+f\cos\theta}\cdot\frac{M}{r}\leqslant G\leqslant\frac{\cos\theta+f\sin\theta}{\sin\theta-f\cos\theta}\cdot\frac{M}{r}$

3.4 $49.6\ \text{N}\cdot\text{m}\leqslant M_C\leqslant 70.4\ \text{N}\cdot\text{m}$

3.5 $a=16.7\ \text{cm}$

3.6 b_1、$b_2\leqslant 110\ \text{mm}$

3.7 $\frac{Qr}{2a(\sin\alpha+f\cos\alpha)}\leqslant P\leqslant\frac{Qr}{2a(\sin\alpha-f\cos\alpha)}$

3.8 $0.335\ \text{kN}\leqslant Q\leqslant 4.665\ \text{kN}$

3.9 A 侧固定，$P_1=238.8\ \text{N}$；B 侧固定，$P_2=241.2\ \text{N}$

3.10 $f\geqslant(2\sqrt{2}-1)/7$ 时，$\frac{8a}{-2f+2+\sqrt{2}}\leqslant L\leqslant\frac{8a}{f\sqrt{2}/2+2+\sqrt{2}/2}$

$f<(2\sqrt{2}-1)/7$ 时，无解

3.11 $Q=P_1\left(\sin\alpha+f\cos\alpha+\dfrac{2\delta}{r}\cos\alpha\right)+P_2(-\sin\alpha+f\cos\alpha)$

3.12 $T\leqslant\dfrac{fG}{(f^2+1)\cos\alpha-f}$

第 4 章

4.3 $\boldsymbol{P}=100\sqrt{5}(-2\boldsymbol{i}+\boldsymbol{k})$ N， $\boldsymbol{Q}=50\sqrt{14}(-2\boldsymbol{i}-3\boldsymbol{j}+\boldsymbol{k})$ N

4.4 $T_A=\dfrac{\sqrt{3}}{3}P$， $T_B=T_C=\dfrac{\sqrt{2}}{3}P$

4.5 $F_R=\sqrt{2}P(\boldsymbol{i}+\boldsymbol{k})$，其作用线方程为 $\boldsymbol{r}=a\boldsymbol{i}+y\boldsymbol{j}+y\boldsymbol{k}$

4.6 $M_x=20\sqrt{3}-8$ N·m， $M_y=6-15\sqrt{3}$ N·m， $M_z=0$

4.7 $\boldsymbol{M}=-29.3\boldsymbol{i}-70.7\boldsymbol{j}+100\boldsymbol{k}$ N·m

4.8 $P_3=500$ N， $\alpha=\dfrac{\pi}{2}+\arcsin\dfrac{3}{5}$

4.9 $M_\xi=\dfrac{12\sqrt{5}}{5}$ kN·m

4.10 $N_1=\boldsymbol{Q}$， $N_2=-\sqrt{2}\boldsymbol{Q}$， $N_3=-\sqrt{2}\boldsymbol{Q}$， $N_4=\sqrt{6}\boldsymbol{Q}$， $N_5=-P-\sqrt{2}\boldsymbol{Q}$， $N_6=\boldsymbol{Q}$

4.11 合力偶 $\boldsymbol{M}$ 的大小为 M，方向垂直于面 ABC 指向四面体内部，因此，如果在面 ABC 上施加的力偶 $M_3=M$ 的方向与力偶 $\boldsymbol{M}$ 的相反，则四面体平衡

4.12 合成的最后结果为一力螺旋：$\boldsymbol{F}_R=-200\boldsymbol{k}$，$\boldsymbol{M}=200\boldsymbol{k}$，其中合力 $\boldsymbol{F}_R$ 过点(0，−2，0)

4.13 $\boldsymbol{F}_R=-20\boldsymbol{i}-30\boldsymbol{j}+40\boldsymbol{k}$ N， $\boldsymbol{M}_A=40\boldsymbol{i}+160\boldsymbol{j}+160\boldsymbol{k}$ N·m， $M_{AB}=64$ N·m

4.14 $T_{EF}=320$ N， $F_{Ax}=69.3$ N， $F_{Ay}=-280$ N， $F_{Bx}=207.9$ N， $F_{By}=440$ N， $F_{Bz}=640$ N

4.15 $F_{Ax}=-5.2$ kN， $F_{Az}=6$ kN， $F_{Bx}=-7.8$ kN， $F_{Bz}=1.5$ kN， $T_1=10$ kN， $T_2=5$ kN

4.16 $F_{Ax}=5\,683.1$ N， $F_{Ay}=2\,218.6$ N， $F_{Az}=0$

4.17 $F=200$N， $F_{Bz}=F_{Bx}=0$， $F_{Ax}\approx86.6$ N， $F_{Ay}=150$ N， $F_{Az}=100$ N

4.18 $F=14.8$ N

第 5 章

5.5 $v_D=0.54$ m/s，点 D 的轨迹方程为$\dfrac{x_D^2}{0.12^2}+\dfrac{y_D^2}{0.36^2}=1$

5.6 $s=25t^2$

5.7 $\rho=\dfrac{13\sqrt{13}}{6}$ cm

5.9 $v_B=0.5$ m/s， $a_B=0.045$ m/s^2

5.10 $\phi=\dfrac{\sqrt{3}}{3}\ln\dfrac{1}{1-\sqrt{3}\omega_0 t}$，$\omega=\omega_0 e^{\sqrt{3}\phi}$

5.11 $\alpha=\dfrac{v^2 b}{2\pi r^3}$

5.12 走刀速度 $v=16$ mm/s

5.13 $v_C=\dfrac{\sqrt{5}v\cos^2\varphi}{\sin\varphi}$， $a_C=\dfrac{\sqrt{5}v^2}{a}\cot^3\varphi\sqrt{1+3\sin^2\varphi}$

5.14 $\boldsymbol{v}_M=60(4\boldsymbol{i}+5\boldsymbol{j}-3\boldsymbol{k})$ mm/s 或 $v_M=424.26$ mm/s

5.15 $v_B=7.8\ \text{mm/s}$

5.16 $\omega_{\min}=\pi\ \text{rad/s}$， $\omega_{\max}=81\ \pi\ \text{rad/s}$

第 6 章

6.3 $v_A=\dfrac{bLu}{x^2+b^2}$， $a_A^n=\dfrac{b^2u^2L}{(x^2+b^2)^2}$， $a_A^t=\dfrac{2u^2bxL}{(x^2+b^2)^2}$

6.4 $\omega=\dfrac{v\cos^2\varphi}{L}$， $v_r=v\sin\varphi$

6.5 $v_{CDE}=\dfrac{\sqrt{3}}{3}\omega r$

6.6 $v_r=10.06\ \text{m/s}$，$\angle(\boldsymbol{v}_r,\boldsymbol{R})=41°48'$

6.7 $v_D=\dfrac{3}{2}\omega r$， $a_D=\dfrac{21}{4}\omega^2 r$

6.8 $\omega=\dfrac{v}{2L}$， $\alpha=-\dfrac{v^2}{2L^2}$

6.9 $v_M=0.763\ \text{m/s}$， $a_M=3.12\ \text{m/s}^2$

6.10 $v_{CD}=\dfrac{\sqrt{3}}{2}\omega r$， $a_{CD}=\dfrac{7}{8}\omega^2 r$

6.11 $v_M=0.283\ \text{m/s}$， $a_M=0.132\ \text{m/s}^2$

6.12 $v_{AB}=\omega e\cos\varphi$， $a_{AB}=\omega^2 e\sin\varphi$

6.13 $a_M=35.55\ \text{cm/s}^2$

6.14 (a) $a_A=6\omega^2 r$， $a_B=2\sqrt{5}\omega^2 r$ (b) $a_A=4\omega^2 r$， $a_B=3\omega^2 r$

6.15 $v_P=\sqrt{\omega^2L^2+v^2}$， $a_P=2\omega v$

6.16 $\omega_{AB}=\dfrac{\sqrt{3}}{6}\omega$， $\alpha_{AB}=\dfrac{18+5\sqrt{3}}{36}\omega^2$

6.17 $v_r=\dfrac{1}{8}\omega r_1$

6.18 (1) $\omega_{CD}=1\ \text{rad/s}$ (2) $a_{By}=0.2\ \text{m/s}^2$ (3) $\alpha_{OA}=0.025\ \text{rad/s}^2$

6.19 $\omega_{AB}=\dfrac{3v}{4R}$， $\alpha_{AB}=\dfrac{5\sqrt{3}v^2}{8R^2}$

6.20 $a_M=0.860\ \text{m/s}^2$， $a_N=0.841\ \text{m/s}^2$

6.21 科氏加速度方向向西。$a_k=1.89\times10^{-4}\ \text{m/s}^2$，靠右岸的水面较高，高出 0.0096 m

6.22 $a=2.23\ \text{m/s}^2$

6.23 $a_M=\omega^2[\varphi_0^2(l-a)-a(2\varphi_0+1)]$，方括号内的数值为正时表示加速度的方向竖直向上

第 7 章

7.3 (a) $a_A=0$， $a_B=\omega^2 r$， $a_P=\omega^2 r$

(b) $a_A=\dfrac{r}{R-r}\omega^2 r$， $a_B=\dfrac{2r-R}{R-r}\omega^2 r$， $a_P=\dfrac{R}{R-r}\omega^2 r$

(c) $a_A=\dfrac{r}{R+r}\omega^2 r$， $a_B=\dfrac{2r+R}{R+r}\omega^2 r$， $a_P=\dfrac{R}{R+r}\omega^2 r$

7.4 $\omega_{AC}=\dfrac{6\sqrt{3}\pi}{17}\ \text{rad/s}$， $v_D=24\pi\ \text{cm/s}$

7.5 $v_M=0.098\ \text{m/s}$， $a_M=0.013\ \text{m/s}^2$

7.6 $\omega_{BC}=\dfrac{1}{3}\omega$， $\alpha_{BC}=\dfrac{8\sqrt{3}}{27}\left(1+\dfrac{\sqrt{3}b}{R-r}\right)\omega^2$， $\omega_C=\dfrac{2\sqrt{3}\omega b}{3r}$， $\alpha_C=\dfrac{2b}{9r}\left(1-\dfrac{2\sqrt{3}b}{R-r}\right)\omega^2$

7.7 $\omega_{O_1A}=0.2\ \text{rad/s}$

7.8 $v_C=0.436\ \text{m/s}$

7.9 $\omega_{OB}=3.75\ \text{rad/s}$， $\omega_{\text{I}}=6\ \text{rad/s}$

7.10 $v_C=2.83\ \text{m/s}$

7.11 当 $v_1>v_2$ 时，$\omega=\dfrac{v_1-v_2}{a+b}\cos^2\alpha$

7.12 速度瞬心的轨迹为半径等于 $2r$、圆心在点 A 的圆

7.13 $a_D=29.4\ \text{cm/s}^2$，$\alpha_{AB}=5.2\ \text{rad/s}^2$

7.14 $a_D=32.4\ \text{cm/s}^2$，$\alpha_{BD}=2.56\ \text{rad/s}^2$

7.15 $a_C=6\ \text{cm/s}$

7.16 $\omega_{AB}=0.6\ \text{rad/s}$，$\alpha_{AB}=0.62\ \text{rad/s}^2$，$\rho=4r$

7.17 $v_C=0$， $a_C=\sqrt{\dfrac{v_A^4}{L_1^2}+\dfrac{v_B^4}{L_2^2}}$

7.18 $a_B^{\text{n}}=2\omega_O^2r$， $a_B^{\text{t}}=\sqrt{3}\omega_O^2r-2\alpha_Or$

7.19 $\omega=\sqrt{\dfrac{a\cos\beta-a_1}{2(r_1+r_2)}}$， $\alpha=\dfrac{a\sin\beta}{2(r_1+r_2)}$， $\omega_{\text{II}}=\sqrt{\dfrac{a\cos\beta+a_1}{2r_2}}$， $\alpha_{\text{II}}=\dfrac{a\sin\beta}{2r_2}$

7.20 $v_C=\dfrac{3}{2}\omega_Or$， $a_C=\dfrac{\sqrt{3}}{12}\omega_O^2r$

7.21 $\omega_3=-2n_0=-60\ \text{r/min}$，负号表示与 n_0 转向相反

7.22 $\omega=\dfrac{\sqrt{3}}{4}\omega_O$， $\alpha=\dfrac{1+\sqrt{3}}{8}\omega_O^2$

7.23 $\omega_{CD}=\omega$， $\alpha_{CD}=-4\sqrt{3}\omega^2$

7.24 $\omega_{BD}=1\ \text{rad/s}$， $\alpha_{BD}=\dfrac{8}{3}\ \text{rad/s}$

7.25 $v_M=450\ \text{cm/s}$， $a_M=1170\ \text{cm/s}^2$

7.26 $v_M=129\ \text{cm/s}$， $a_A=278\ \text{cm/s}^2$， $a_D=380\ \text{cm/s}^2$

7.27 $v_A=314\ \text{cm/s}$， $a_A=7170\ \text{cm/s}^2$

7.28 $\dfrac{v_{C2}}{v_{C1}}=2+\dfrac{\sqrt{2}}{2}$

7.29 $\dfrac{a_E}{a_F}=\dfrac{\sqrt{7}}{2}$

7.30 $\dfrac{a_C}{a_A}=\sqrt{3}$

7.31 都是点 A，$a_A=4\sqrt{7}\ \text{m/s}^2$

7.32 $a+\dfrac{a}{\cos\theta}+\dfrac{v^2\sin\theta(1-\cos\theta)}{R\cos^3\theta}$

第 8 章

8.1 1. (a) $p=\dfrac{1}{2}m\omega l$ (b) $p=m\omega r$ (c) $p=mv$ (d) $p=m(R-r)\dot{\theta}$

2. $p=2m\omega r$

3. $p_x=\dfrac{1}{2}(m_1+2m_2+4m_3)\omega L\sin\theta$， $p_y=\dfrac{1}{2}(m_1+2m_2)\omega L\cos\theta$

4. $I_x=-10.96\ \text{N}\cdot\text{s}$， $I_y=3.96\ \text{N}\cdot\text{s}$

5. $x_C=\frac{m_3 l+(m_1+2m_2+2m_3)l\cos\omega t}{2(m_1+m_2+m_3)}$，　$y_C=\frac{(m_1+2m_2)l\sin\omega t}{2(m_1+m_2+m_3)}$

6. 运动方程：$x_C=\frac{(4Q+5P)l\cos\omega t}{2(2Q+3P)}$，　$y_C=\frac{(4Q+5P)l\sin\omega t}{2(2Q+3P)}$；

轨迹方程：$x_C^2+y_C^2=\left[\frac{(4Q+5P)l}{2(2Q+3P)}\right]^2$

8.2　$v=\frac{(5P+4G_1)}{2(3P+2G_1+G)}\omega L\sin\omega t$

8.3　$N_{xd}=-\frac{P+G}{g}\omega^2 e\cos\omega t$，　$N_{yd}=-\frac{P}{g}\omega^2 e\sin\omega t$

8.4　$N_{x\max}=\frac{P_1+2P_2+2P_3}{g}\omega^2 l$

8.5　$\varphi=0$ 时，$N_x=-\frac{1}{12}(6P_1+13P_2+14P_3)\frac{\omega^2 r}{g}$，

$\varphi=\pi$ 时，$N_x=\frac{1}{12}(6P_1+11P_2+10P_3)\frac{\omega^2 r}{g}$

8.6　$p=3mv$，方向向右

8.7　(a) $x_C=5.3$ cm，　$y_C=13.24$ cm　(b) $x_C\approx19$ cm，　$y_C\approx19$ cm

8.8　$x_C=31.12$ mm，　$y_C=48.88$ mm，　$z_C=31.12$ mm

8.11　(1) $v_{a1}=v_{a2}=\frac{v_1+v_2}{2}$；　(2) $v_{a1}=\frac{5v_1+4v_2}{9}$，$v_{a2}=\frac{4v_1+5v_2}{9}$

8.12　$a=\frac{(Mk-PR)R}{\frac{P}{g}R^2+J_1k^2+J_2}$

8.13　$P=\frac{600\pi}{7}$ N$=269.3$ N

8.14　(1) $L_O=mv_0(L+r)$；　(2) $\omega=\frac{mv_0 L(1-\cos\varphi)}{J_0+m(r^2+L^2+2rL\cos\varphi)}$

8.15　$t=\frac{1+f^2}{2gf(1+f)}\omega_0 r$

8.16　$a=\frac{3[F-(m_1+m_2)gf]}{3m_1+m_2}$

8.17　$\alpha=2.52$ rad/s

8.18　$v_A=\sqrt{\frac{3}{m}\left(\frac{\pi}{2}M-mgl\right)}$

8.19　(1) $a_O=\frac{1}{2mR}(M-mgR\sin\theta)$，$T=\frac{1}{4R}(3M+mgR\sin\theta)$；

(2) $F_{Cx}=\frac{\cos\theta}{4R}(3M+mgR\sin\theta)$，　$F_{Cy}=\frac{\sin\theta}{4R}(3M+mgR\sin\theta)+mg$，　$M_C=\frac{l\cos\theta}{4R}(3M+mgR\sin\theta)$

8.20　1. 动能依次为：$\frac{1}{6}mL^2\omega^2$，$\frac{3}{4}mr^2\omega^2$，$\frac{3}{4}mr^2\omega^2$

2. $T=\frac{1}{16}(8m_1+12m_2+3m_3)v^2$

3. $T=\frac{r^2}{6a^2}m(3\rho^2+a^2)\omega^2$

4. $T=6\ 276.5$ J

8.21　1. $W=-4.7$ N·m；

2. $W=40$ N·m；

3. $W=(P+G+P_1)L$；

4. $W_F=F(s+\delta_1)$，力 **F** 所做之功不等于 M_1 和 M_2 的动能之和

8.22 $\omega=2\sqrt{\dfrac{3gr(m_1+m_2)}{m_1r^2+3J_O}}$

8.23 $v=\sqrt{\dfrac{6Lg(2-\sqrt{2})}{5}}=2.63\ \text{m/s}$

8.24 $v=2.51\ \text{m/s}$

8.25 $v=\sqrt{\dfrac{2ghJ_z}{J_z+mr^2}}$，　$\omega=mr\sqrt{\dfrac{2gh}{J_z(J_z+mr^2)}}$

8.26 $k=145.6\ \text{N/cm}$

8.27 $\dfrac{M}{m}<\dfrac{2}{3}$

8.28 $\dfrac{1}{2k}[\ln(g+kv^2)-\ln g]$

8.29 $v=\dfrac{p}{kS}(1-e^{-\frac{kS}{M}t})$

8.30 $R=2.83\ \text{m}$

8.31 $t=\dfrac{2J}{kD}\ln\left(1+\dfrac{kD\omega_0}{2M_2}\right)$

8.32 $J_z=\dfrac{Mr^2}{2}\left(\dfrac{T_1}{T_2}\right)^2$

第 9 章

9.2 $\omega=\sqrt{\omega_0^2-kb^2\theta^2/J_O}$

9.3 $a=\dfrac{16F}{16m_1+3(3n-1)m_2}$

9.4 $\alpha_{O_1A}=\dfrac{3\sqrt{2}m_1g}{2R(4m_1+9m_0)}$

9.5 $a_B=13/42\ \text{m/s}^2$

9.6 $M=\dfrac{1}{2}mgr+\dfrac{21\sqrt{3}r^2}{32}m\omega_0^2$

9.7 $N=\dfrac{7}{3}mg\cos\theta$，　$F=\dfrac{1}{3}mg\sin\theta$

9.8 (1) $v_B=1.42\ \text{m/s}$；　(2) $v_B=1.53\ \text{m/s}$

9.9 $\dot{\varphi}=\sqrt{\dfrac{3g}{2a}\left(\sin\varphi-\dfrac{\sqrt{2}}{2}\right)}$，　$N_A=\left(\dfrac{5\sqrt{2}}{4}\sin\varphi-\dfrac{\sqrt{2}}{8}\cos\varphi-\dfrac{3}{4}\right)P$，

$N_B=\left(\dfrac{5\sqrt{2}}{4}\sin\varphi+\dfrac{\sqrt{2}}{8}\cos\varphi-\dfrac{3}{4}\right)P$

9.10 $\omega=6\sqrt{\dfrac{2g}{61R}}$，　$\alpha=\dfrac{36g}{61R}$，　$F_{Ox}=-\dfrac{81}{122}mg$

第 10 章

10.6 $a\leqslant 0.2g$

10.7 $\alpha=47.04\ \text{rad/s}^2$，　$F_{Ax}=-95.3\ \text{N}$，　$F_{Ay}=137.6\ \text{N}$

10.8 $N_A=\dfrac{5}{8}P$，　$N_B=\dfrac{3}{8}P$

10.9 $F_{Ay}=P+G+\frac{2P(M-PR)}{(2P+G)R}$， $M_A=(P+G)L+\frac{2P(M-PR)L}{(2P+G)R}$

10.10 $a_C=\frac{3}{7}g$， $T=\frac{4}{7}P$

10.11 $N_E=\frac{\sqrt{3}}{6}m\omega_0^2 r$

10.12 $a_B=\frac{3}{7}g$， $a_D=\frac{9}{7}g$

10.13 $\alpha_{AB}=3.81\ \mathrm{rad/s^2}$， $\alpha_C=19.33\ \mathrm{rad/s^2}$

10.14 $v_B=\sqrt{\frac{3(P+G)r}{P+3G}g}$， $N_B=\frac{G(F+2G)}{P+3G}$

10.15 $a_A=a_B=1.87\ \mathrm{m/s^2}$

10.16 $a_O=-\frac{m_1\sin 2\theta}{3m_2+2m_1\sin^2\theta}g$

10.17 $a_A=\frac{3Qg+m_2g^2\sin 2\theta}{3(m_1g+Q+m_2g)-2m_2g\cos^2\theta}$

10.18 $2(2-\cos\varphi)\ddot{\varphi}+\left(\dot{\varphi}^2+\frac{g}{r}\right)\sin\varphi=0$

10.19 $N_A=\frac{1}{12}m\omega^2 h$， $N_B=\frac{1}{4}m\omega^2 h$

10.20 $M(t)=2mb^2\omega^2\sinh\omega t\cosh\omega t$

10.21 通解：$r=Ce^{-\omega t}+(r_0-C)e^{\omega t}$，$C$ 为积分常数；$v_0=-\omega r_0$，$r=r_0e^{-\omega t}$

10.22 (1) $F_{Ds}=\frac{3}{2}\frac{mMg}{4m+9M}$(向左)

(2) $F_{Ax}=\frac{9}{2}\frac{mMg}{4m+9M}$(向左)， $F_{Ay}=mg\left(1-\frac{3}{2}\frac{m}{4m+9M}\right)$(向上)

10.23 $\omega_{\max}=\frac{1}{R}\sqrt{[\sigma]/\rho}$

10.24 $\omega=\frac{1}{\rho}\sqrt{2ar}$

10.25 $\omega=\sqrt{\frac{k(\varphi-\varphi_0)}{ml^2\sin 2\varphi}}$， $F_{Ax}=F_{Bx}=0$， $F_{Ay}=\frac{ml^2\omega^2\sin 2\varphi}{2b}$， $F_{Az}=2mg$， $F_{By}=\frac{ml^2\omega^2\sin 2\varphi}{2b}$

第 11 章

11.1 1. $\frac{\delta r_E}{\delta r_A}=\cos\alpha\tan 2\theta$

2. $\frac{\delta r_B}{\delta r_C}=\frac{L}{a\cos^2\varphi}$

11.2 $M_A=(P+qa)a$

11.3 $P=\frac{M}{a}\cot 2\theta$

11.4 $N=\frac{\pi M}{h}\cot\alpha$

11.5 $N_C=-(P+Q)$

11.6 $\varphi=\arcsin\frac{2kh+P}{4kL}$， $F=\frac{P}{2}$

11.7 $M_2=120\sqrt{3}\ \mathrm{N\cdot m}$

11.8　$\varphi=\arctan\dfrac{3P\cos\alpha}{2Q-P\sin\alpha}$

11.9　$F_{BAx}=500\ \mathrm{N}$(向右)

11.10　$F_{Ay}=\dfrac{3}{8}P_1-\dfrac{11}{14}P_2$

11.11　$F_{Ax}=-P$，　$F_{Ay}=-\dfrac{\sqrt{3}}{6}P$，　$N_{AD}=\dfrac{P}{2}$

11.12　$\varphi_1=\arctan\dfrac{F_1a}{F_2b}$，　$\varphi_2=\arctan\dfrac{F_1}{F_2}$

11.13　$N_7=-11.83\ \mathrm{kN}$

11.14　$F_{Bx}=-325\ \mathrm{N}$

第　12　章

12.1　(1) $\begin{cases}\dfrac{5}{4}\ddot{x}_A+\dfrac{1}{4}\ddot{x}_B+\left(\dfrac{1}{2}-\sin\alpha\right)g=0\\ \dfrac{1}{4}\ddot{x}_A+\dfrac{5}{4}\ddot{x}_B+\left(\dfrac{1}{2}-\sin\beta\right)g=0\end{cases}$

(2) $a_A=\ddot{x}_A=\dfrac{5\sin\alpha-\sin\beta-2}{6}g$，　$a_B=\ddot{x}_B=\dfrac{5\sin\beta-\sin\alpha-2}{6}g$

12.2　$a_A=\ddot{x}_A=\dfrac{(2M_1+M_2-5mgR)R}{J+5mR^2}g$

12.3　$N=\dfrac{3}{2}mg-\dfrac{11}{3}m\omega^2r$

12.4　2 个自由度，广义坐标为 φ、θ，$T=\dfrac{1}{2}mL^2(\dot{\varphi}^2+\dot{\theta}^2\sin^2\varphi)$

12.5　(1) 自由度为 2，广义坐标为 φ、θ，$T=\dfrac{2}{3}\dfrac{P}{g}L^2(\dot{\varphi}^2+\dot{\theta}^2\sin^2\varphi)$，$V=PL\cos\varphi$

(2) 自由度为 1，广义坐标为 φ，$T=\dfrac{2}{3}\dfrac{PL^2}{g}\cdot\dfrac{4L^2\sin^2\varphi-b^2\sin^2\varphi}{4L^2\sin^2\varphi-b^2}\cdot\dot{\varphi}^2$，$V=PL\cos\varphi$

12.6　$a=\dfrac{m(R+r)^2}{m_0(\rho^2+R^2)+m(R+r)^2}g$

12.7　$\begin{cases}\ddot{\theta}+\left(\dfrac{g}{R}-\dot{\varphi}^2\cos\theta\right)\sin\theta=0\\ mR^2(\ddot{\varphi}\sin^2\theta+\dot{\varphi}\dot{\theta}\sin2\theta)=M_z\end{cases}$，　$M_z=m\omega R^2\dot{\theta}\sin2\theta$

12.8　取弹簧总长度 r、弹簧与轴 x 的夹角 φ 为广义坐标，则方程为

$$\begin{cases}\ddot{r}-L\omega^2\cos(\varphi-\omega t)-r\dot{\varphi}^2+(r-a_0)\dfrac{k}{m_2}=0\\ r^2\ddot{\varphi}+2r\dot{r}\dot{\varphi}+L\omega^2r\sin(\varphi-\omega t)=0\end{cases}$$

12.9　取物块的位移 x、圆盘的平面运动转角 φ 为广义坐标，则方程为

$$\begin{cases}3m\ddot{x}+mr\ddot{\varphi}+4kx=0\\ 2m\ddot{x}+3mr\ddot{\varphi}+8kr\varphi=0\end{cases}$$

12.10　$a_A=\dfrac{m_B}{3m_A+m_B}g$，　$a_B=\dfrac{3m_A+2m_B}{2(3m_A+m_B)}g$

12.11　取柱心 B 的绝对位移 x_1、物块 D 的绝对位移 x_2 为广义坐标，则方程为

$$\begin{cases}3\ddot{x}_1+200(x_1-x_2)=0\\ \ddot{x}_2+200(x_2-x_1)=0\end{cases}$$

12.12　$\dfrac{4}{3}L\ddot{\theta}-\left(\dfrac{4}{3}L\omega^2\cos\theta+g\right)\sin\theta=0$

12.13 $a_O=-\frac{m_1\sin 2\theta}{3m_2+2m_1\sin^2\theta}g$

第 13 章

13.1 $\frac{v_A}{v_B}=\frac{1+k}{1-k}$

13.2 $\frac{m_1}{m_2}=\frac{3}{28}$

13.3 $s_B=6.4\ \mathrm{m}, \theta'_A=0$

13.4 $\lambda=\frac{mg}{k}\left(2+\sqrt{1+\frac{kh}{mg}}\right)$

13.5 $\omega_2=\frac{J_O\omega_1}{J_O+mR^2}, v=\frac{J_O\omega_1 R}{J_O+mR^2}, I=\frac{mJ_O\omega_1 R}{J_O+mR^2}$

13.6 $\varphi=2\arcsin\left(\frac{I}{2m}\sqrt{\frac{3}{10gL}}\right)$

13.7 (1) 3.3 m/s, $v_{Mx}=1.084$ m/s；

(2) $h_{\max}=0.316$ m；

(3) $\Delta x=2.308<\Delta x_{\max}=3.864$，能落在斜面上

第 14 章

14.1 (1) $J_{11}=\frac{1}{3}ma^2, J_{22}=\frac{1}{3}ma^2, J_{33}=\frac{2}{3}ma^2$

(2) J 的特征值结果为 $J_1=\frac{1}{12}ma^2, J_2=\frac{7}{12}ma^2, J_3=\frac{2}{3}ma^2$

对应的特征向量为

$$\begin{bmatrix}\omega_1\\ \omega_2\\ \omega_3\end{bmatrix}=\begin{bmatrix}1\\ 1\\ 0\end{bmatrix},\quad \begin{bmatrix}\omega_1\\ \omega_2\\ \omega_3\end{bmatrix}=\begin{bmatrix}-1\\ 1\\ 0\end{bmatrix},\quad \begin{bmatrix}\omega_1\\ \omega_2\\ \omega_3\end{bmatrix}=\begin{bmatrix}0\\ 0\\ 1\end{bmatrix}$$

专 题 1

专题 1.1 题 $v_M=\frac{v_A}{a}\sqrt{a^2\sin^2\varphi+r^2\cos^4\varphi}$， $a_M=\frac{v_A^2 b}{a^2}\cos^3\varphi\sqrt{1+3\sin^2\varphi}$

其中，$r=\frac{v_A^2 b}{a^2}\cos^3\varphi\sqrt{v_A^2t^2+a^2}-b$， $\varphi=\arctan(v_At/a)$

专题 1.2 题 (1) $a_r=-ak^2, a_\varphi=0, a_z=0$

(2) $a_t=0, a_n=ak^2$

(3) $\rho=(ak^2+s^2)/(ak^2)$

专题 1.3 题 $a_r=-\frac{v}{R}$， $a_\lambda=-\frac{v^2}{R}\sin\alpha\cos\alpha\tan\varphi$

$a_\varphi=-\frac{v^2}{R}\sin^2\alpha\tan\varphi$， $a=\frac{v^2}{R}\sqrt{1-\sin^2\alpha\tan^2\varphi}$

$\rho=\frac{R}{\sqrt{1+\sin^2\alpha\tan^2\varphi}}$

其中，R 是地球半径，$\varphi=\varphi_0+\frac{v\sin\alpha}{R}t$

参考文献

［1］ 朱照宣，周起钊，殷金生．理论力学［M］．上、下册．北京：北京大学出版社，1982．

［2］ 何锃．理论力学［M］．武汉：华中科技大学出版社，2007．

［3］ 哈尔滨工业大学理论力学教研室．理论力学［M］．上、下册．6版．北京：高等教育出版社，2002．

［4］ 王光远．应用分析动力学［M］．北京：高等教育出版社，1981．

［5］ 郑权旌．工程静力学［M］．武汉：华中工学院出版社，1987．

［6］ 郑权旌．工程运动学［M］．武汉：华中理工大学出版社，1988．

［7］ 郑权旌．工程动力学［M］．武汉：华中理工大学出版社，1991．

［8］ 贾书慧．理论力学教程［M］．北京：清华大学出版社，2004．

［9］ 范钦珊，刘燕，王琪．理论力学［M］．北京：清华大学出版社，2004．

［10］ Hibbeler R C. Engineering Mechanics：Statics，Dynamics［M］．10th ed，影印版．北京：高等教育出版社，2004．

［11］ 高云峰，蒋持平，吴鹤华，等．力学小问题及全国大学生力学竞赛试题［M］．北京：清华大学出版社，2003．

［12］ 中国大百科全书总编辑委员会．中国大百科全书（力学卷）［M］．北京：中国大百科全书出版社，1985．

［13］ 谈开孚．分析力学［M］．哈尔滨：哈尔滨工业大学出版社，1985．

［14］ 周又和．理论力学［M］．北京：高等教育出版社，2015．

［15］ 郝桐生．理论力学［M］．3版．北京：高等教育出版社，2004．

［16］ 密歇尔斯基．理论力学习题集［M］．李俊峰，译．50版．北京：高等教育出版社，2013．

［17］ 梅凤翔，吴惠彬，例彦敏．分析力学史略［M］．北京：科学出版社，2019．

［18］ 中国力学协会．全国周培源大学生力学竞赛赛题详解及点评2021版［M］．北京：机械工业出版社，2021．

静力学公理和物体的受力分析

第1章

静力学公理和物体的受力分析

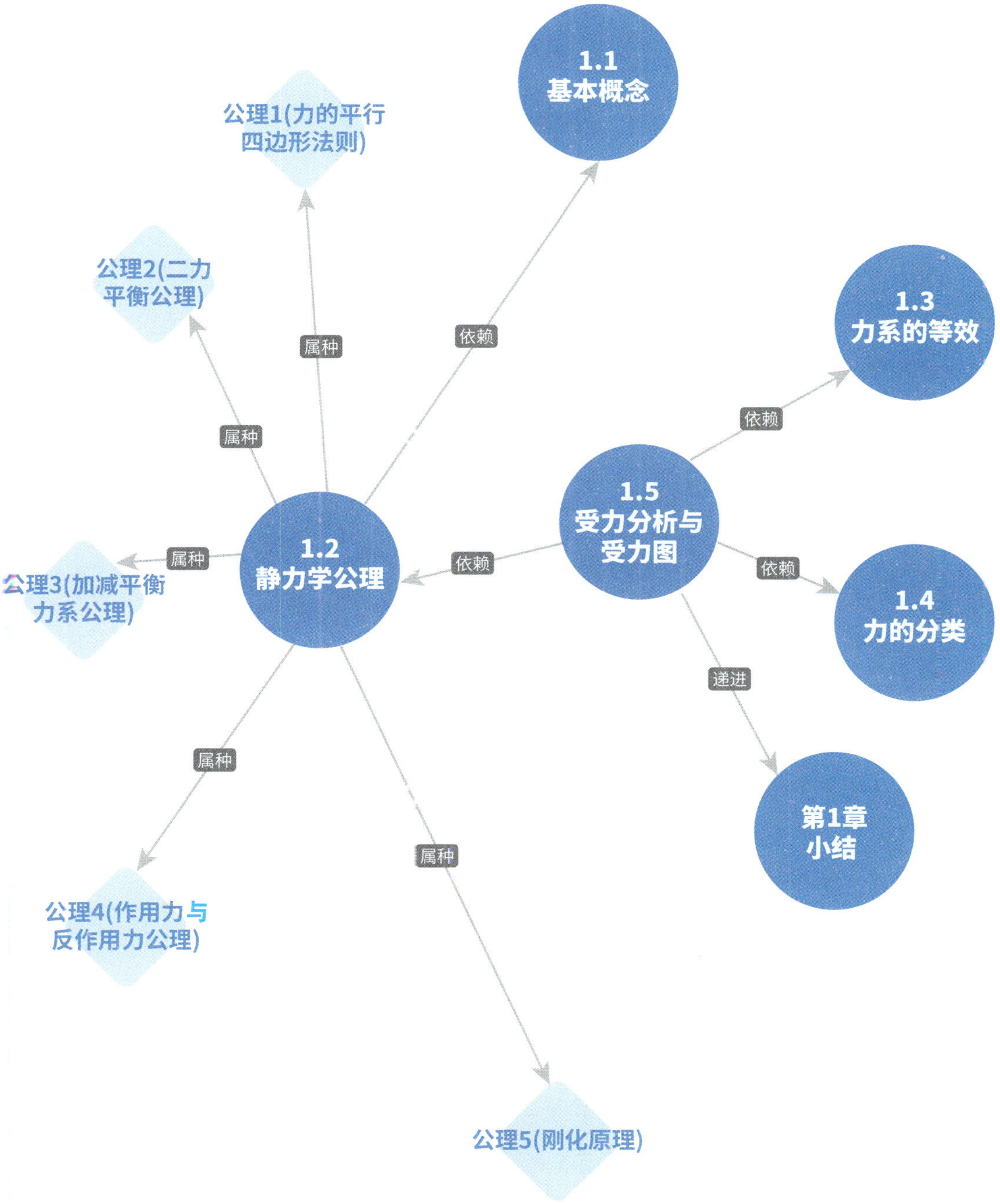

平面力系的
简化和平衡

第2章

平面力系的简化和平衡

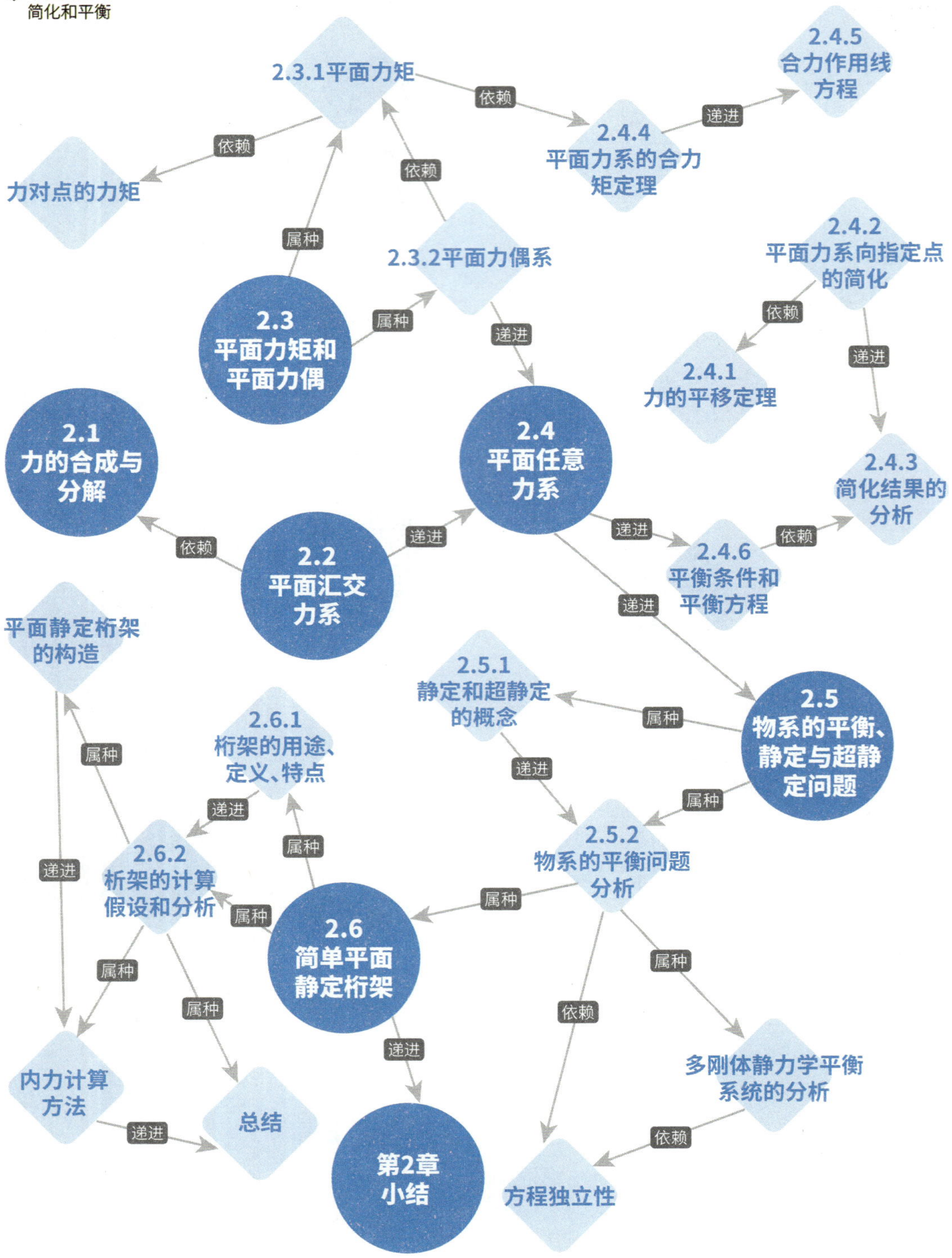
2.3.1平面力矩
依赖
2.4.4
平面力系的合力
矩定理
递进
2.4.5
合力作用线
方程
依赖
力对点的力矩
依赖
属种
2.3.2平面力偶系
2.4.2
平面力系向指定点
的简化
2.3
平面力矩和
平面力偶
属种
递进
依赖
2.4.1
力的平移定理
递进
2.1
力的合成与
分解
2.4
平面任意
力系
2.4.3
简化结果的
分析
依赖
2.2
平面汇交
力系
递进
递进
2.4.6
平衡条件和
平衡方程
依赖
递进
平面静定桁架
的构造
2.5.1
静定和超静定
的概念
属种
2.5
物系的平衡、
静定与超静
定问题
2.6.1
桁架的用途、
定义、特点
属种
递进
属种
递进
2.5.2
物系的平衡问题
分析
2.6.2
桁架的计算
假设和分析
属种
递进
属种
2.6
简单平面
静定桁架
属种
属种
属种
依赖
递进
多刚体静力学平衡
系统的分析
内力计算
方法
总结
递进
第2章
小结
依赖
方程独立性

摩擦

第3章
摩擦

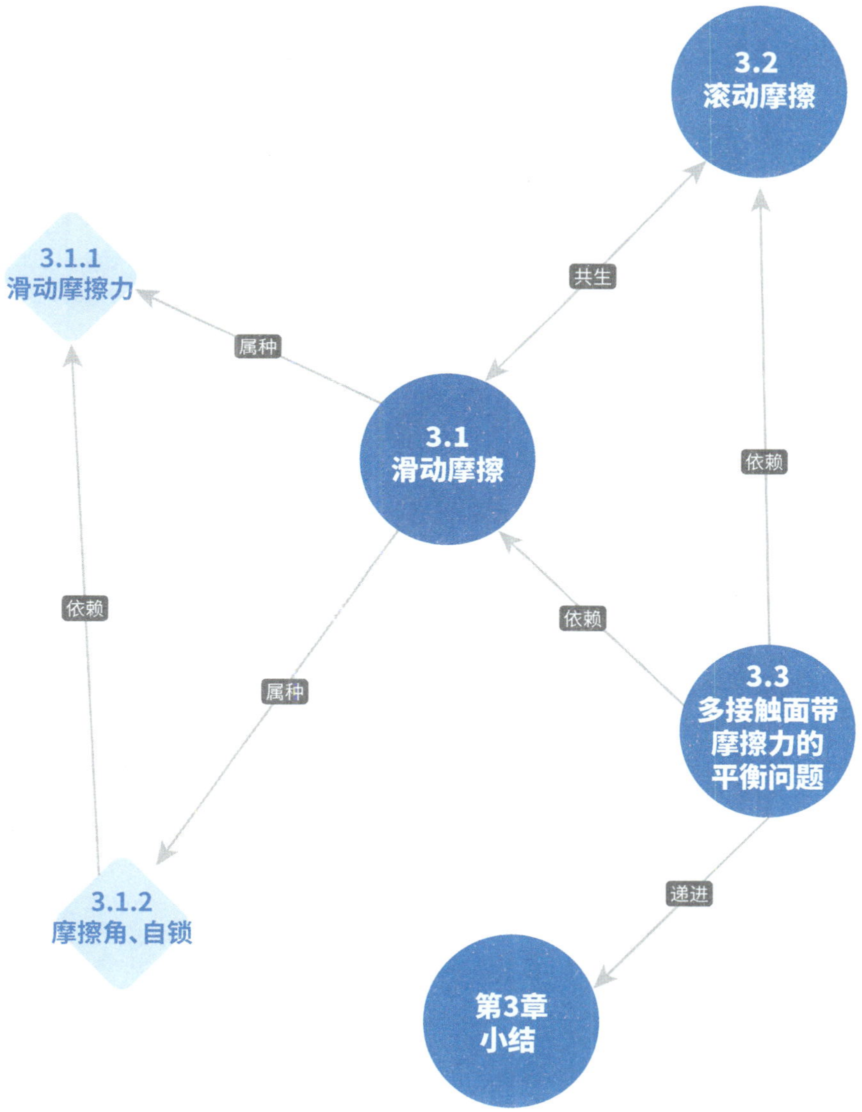
3.2
滚动摩擦
共生
3.1.1
滑动摩擦力
属种
3.1
滑动摩擦
依赖
依赖
依赖
属种
3.3
多接触面带摩擦力的平衡问题
递进
3.1.2
摩擦角、自锁
第3章
小结

空间力系的简化与平衡

第4章
空间力系的简化与平衡

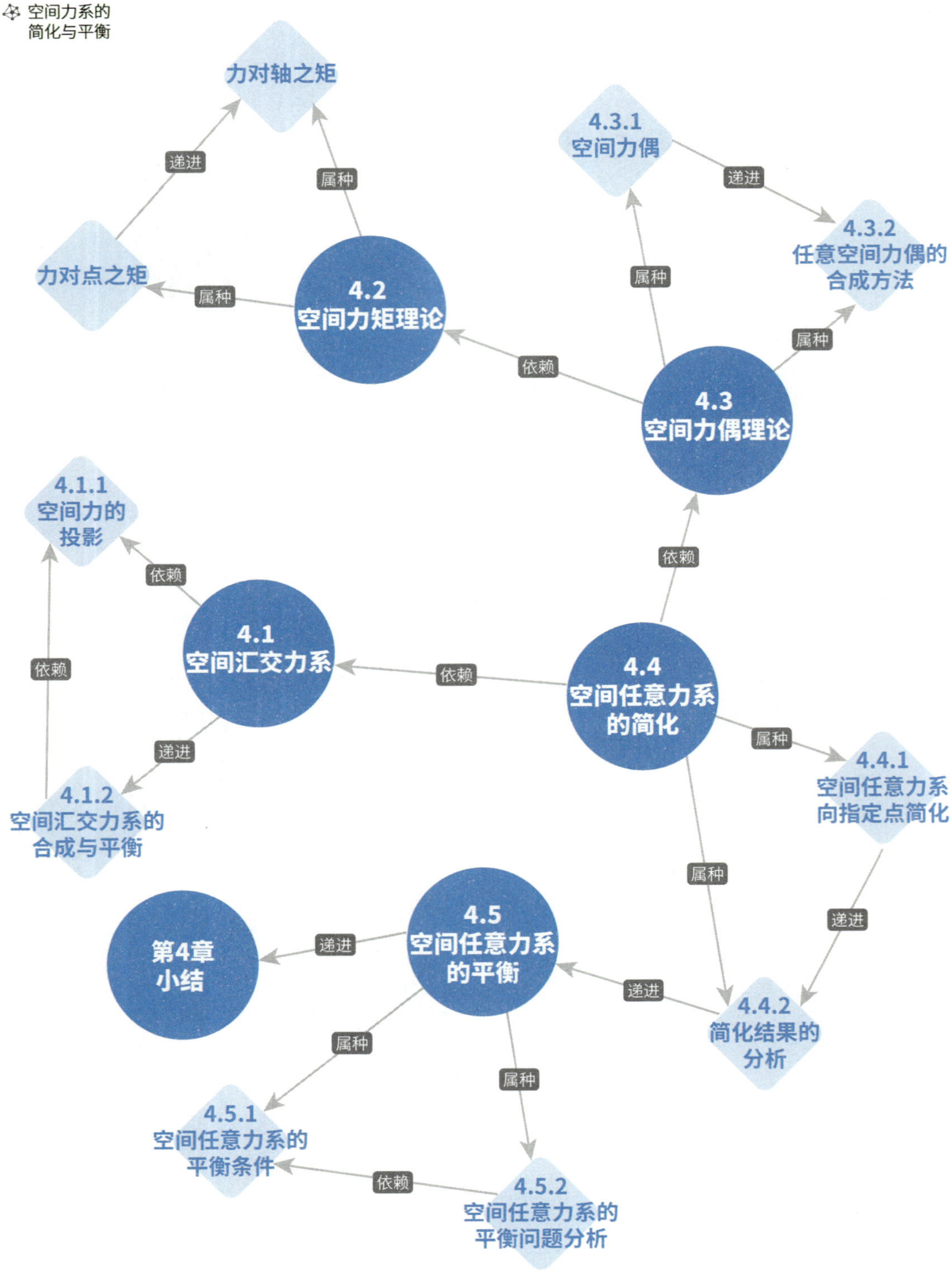

点的运动学和
刚体的基本运动

第5章

点的运动学和刚体的基本运动

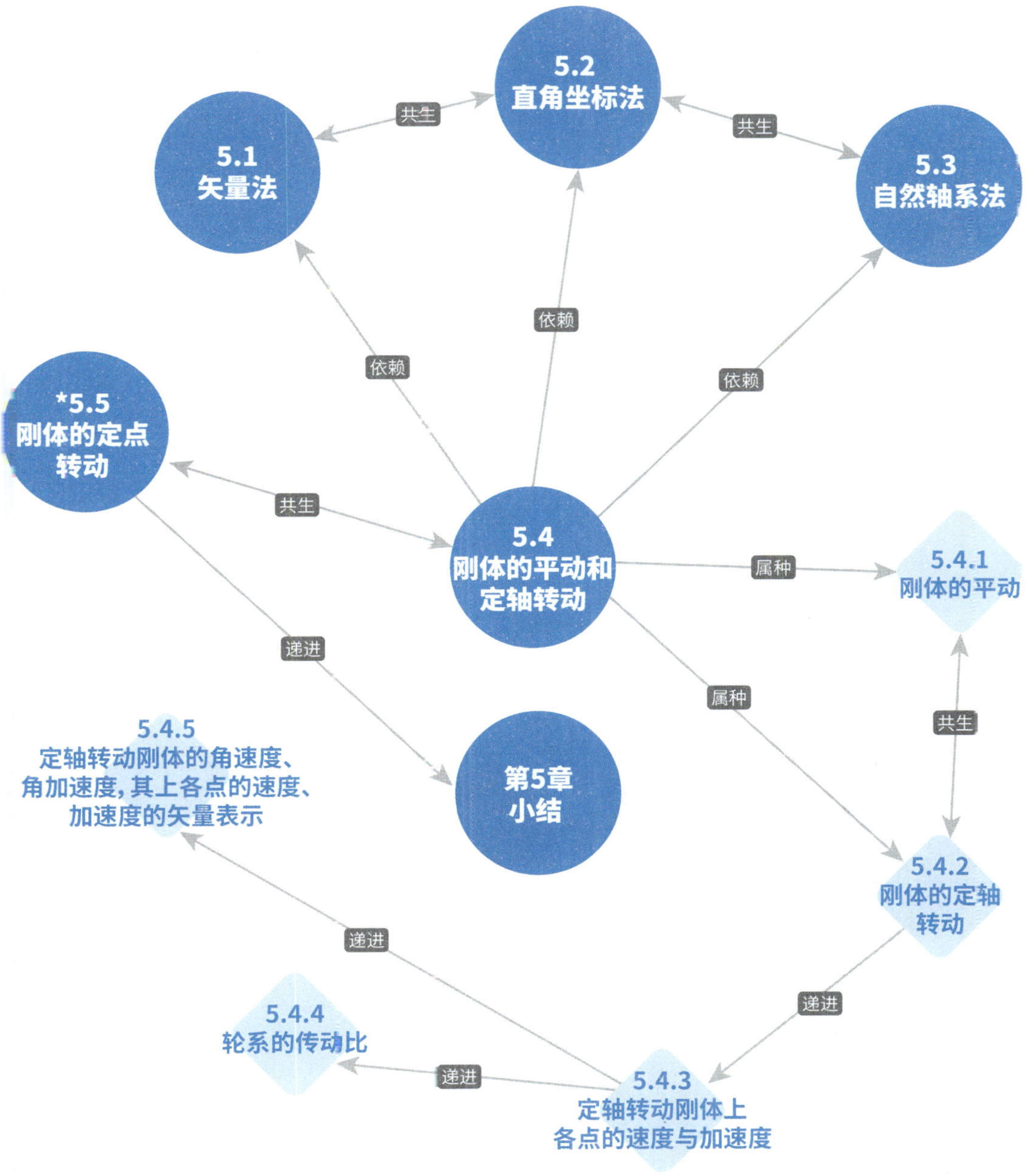

点的合成运动

第6章 点的合成运动

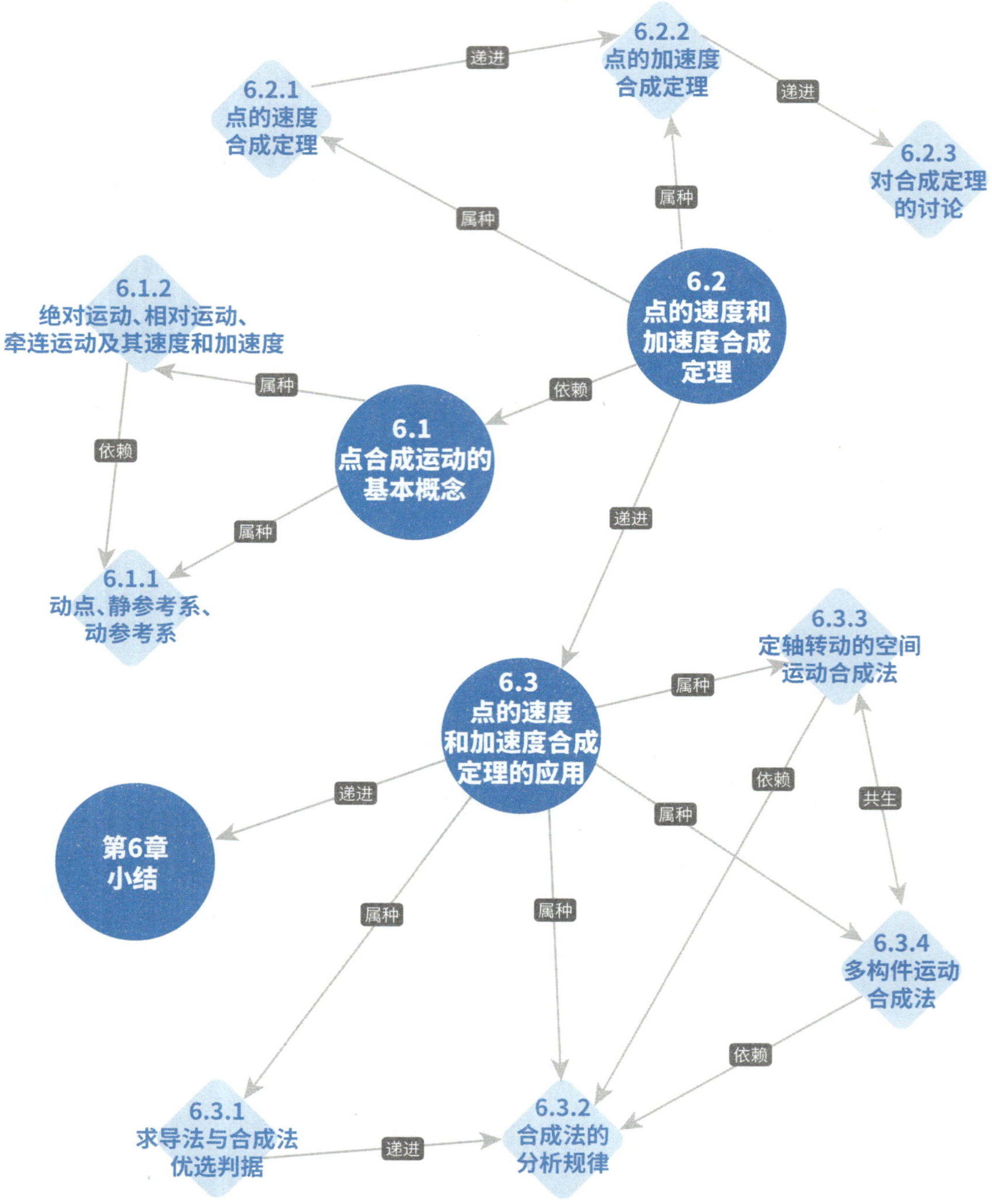

6.2.1
点的速度
合成定理
递进
6.2.2
点的加速度
合成定理
递进
6.2.3
对合成定理
的讨论
属种
属种
6.2
点的速度和
加速度合成
定理
6.1.2
绝对运动、相对运动、
牵连运动及其速度和加速度
属种
依赖
6.1
点合成运动的
基本概念
依赖
属种
6.1.1
动点、静参考系、
动参考系
递进
6.3.3
定轴转动的空间
运动合成法
属种
6.3
点的速度
和加速度合成
定理的应用
递进
第6章
小结
依赖
共生
属种
属种
属种
6.3.4
多构件运动
合成法
依赖
6.3.1
求导法与合成法
优选判据
递进
6.3.2
合成法的
分析规律

刚体的平面运动

第7章

刚体的平面运动

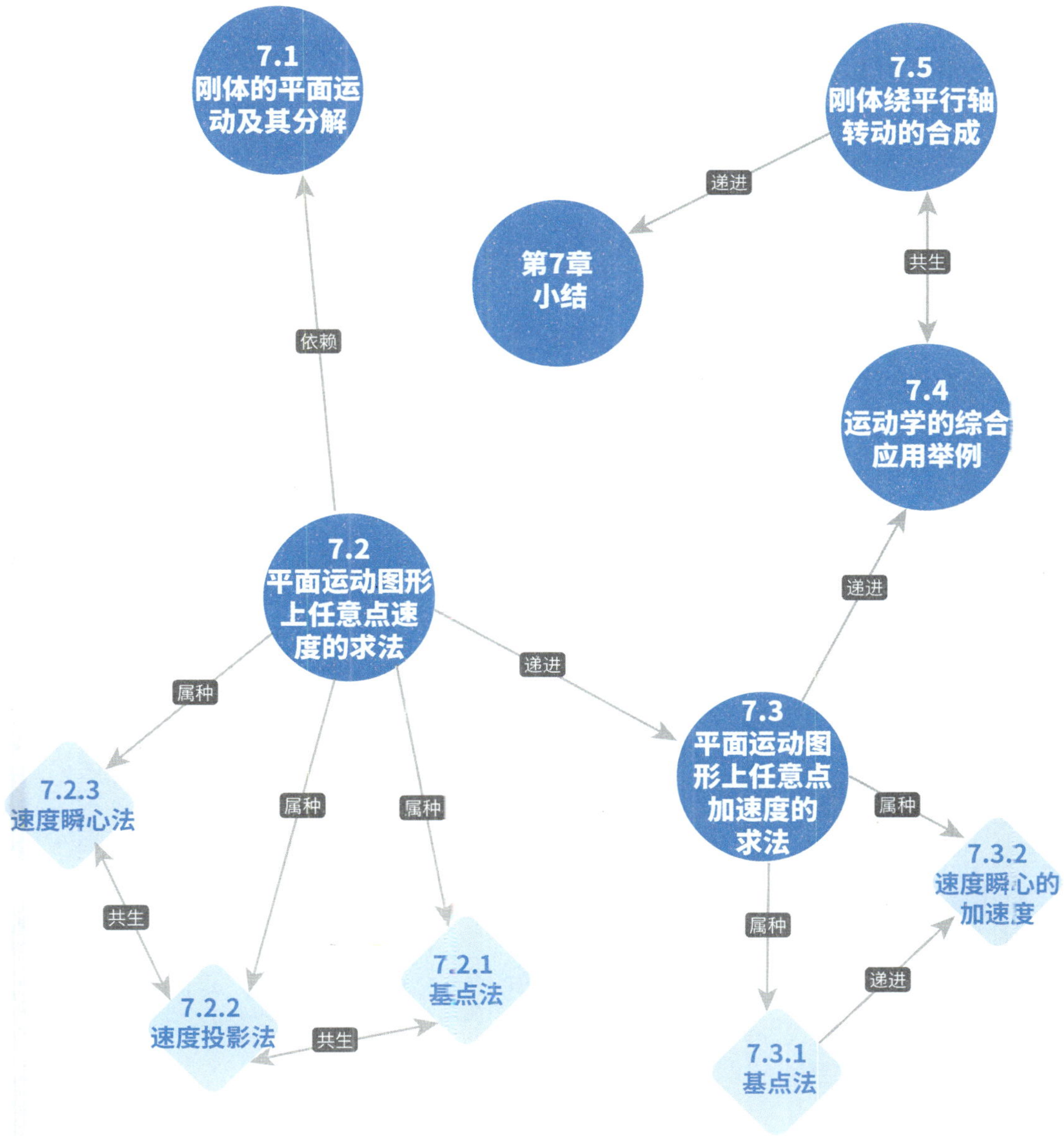

动力学普遍定理

第8章 动力学普遍定理

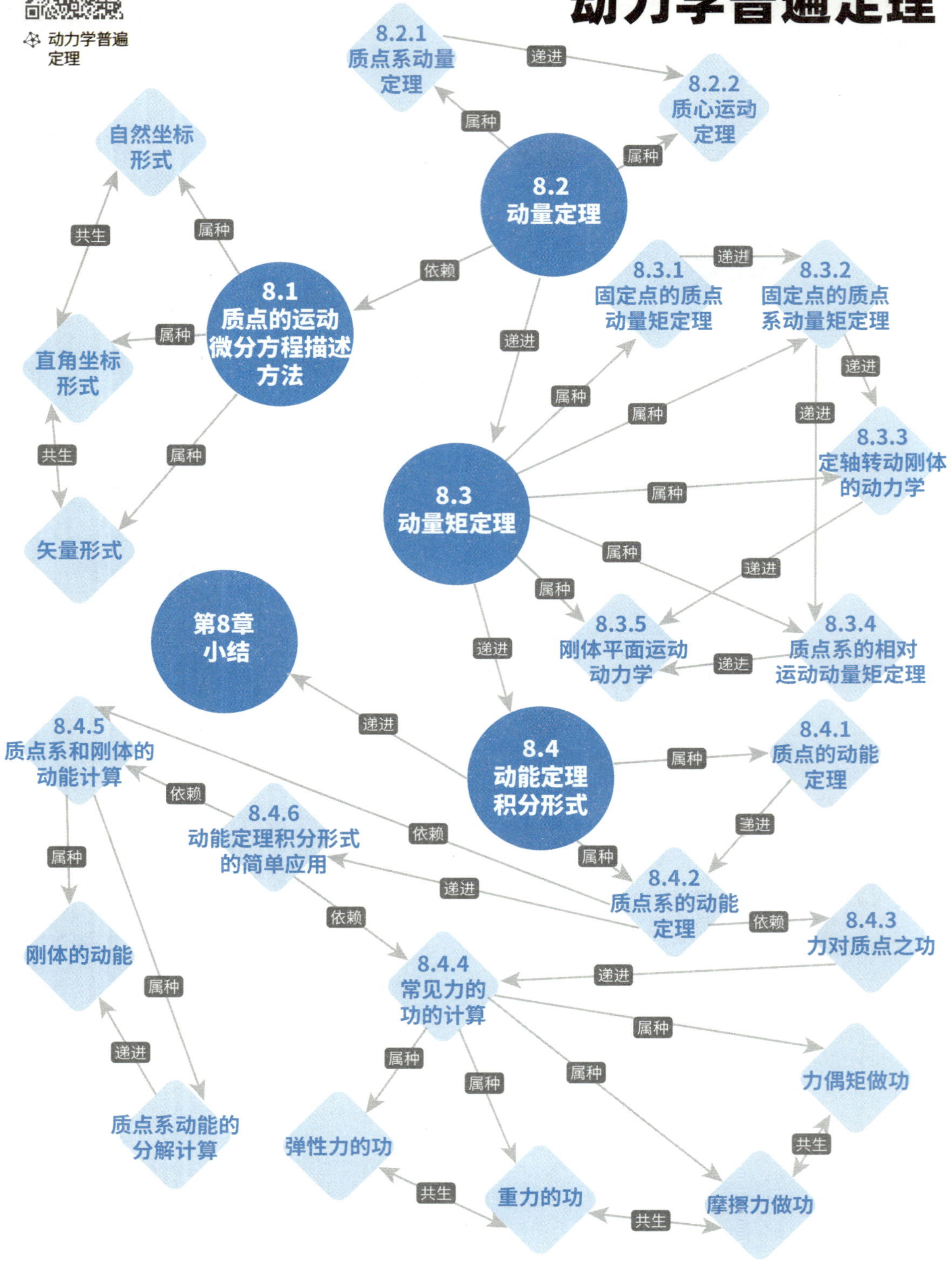

8.2.1 质点系动量定理
递进
8.2.2 质心运动定理
属种
属种
8.2 动量定理
自然坐标形式
共生
属种
依赖
8.1 质点的运动微分方程描述方法
属种
直角坐标形式
递进
8.3.1 固定点的质点动量矩定理
递进
8.3.2 固定点的质点系动量矩定理
递进
属种
属种
递进
共生
属种
8.3.3 定轴转动刚体的动力学
矢量形式
8.3 动量矩定理
属种
属种
递进
属种
第8章 小结
递进
8.3.5 刚体平面运动动力学
递进
8.3.4 质点系的相对运动动量矩定理
8.4.5 质点系和刚体的动能计算
递进
8.4 动能定理积分形式
属种
8.4.1 质点的动能定理
依赖
8.4.6 动能定理积分形式的简单应用
依赖
递进
属种
属种
8.4.2 质点系的动能定理
递进
依赖
依赖
8.4.3 力对质点之功
刚体的动能
8.4.4 常见力的功的计算
递进
属种
属种
属种
属种
力偶矩做功
递进
属种
质点系动能的分解计算
弹性力的功
共生
共生
重力的功
共生
摩擦力做功

动力学普遍定理的综合应用

第9章

动力学普遍定理的综合应用

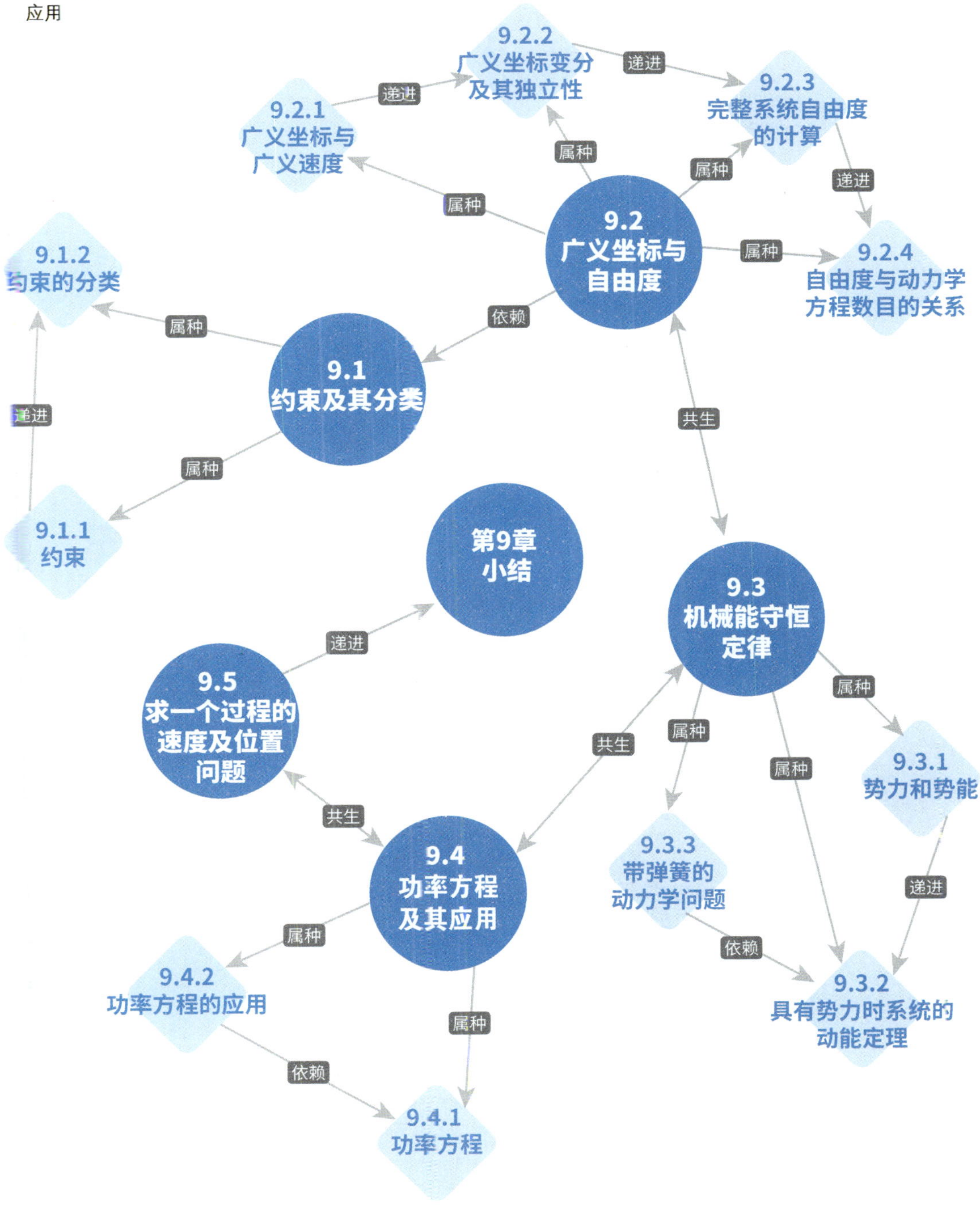

第10章

达朗贝尔原理

达朗贝尔原理

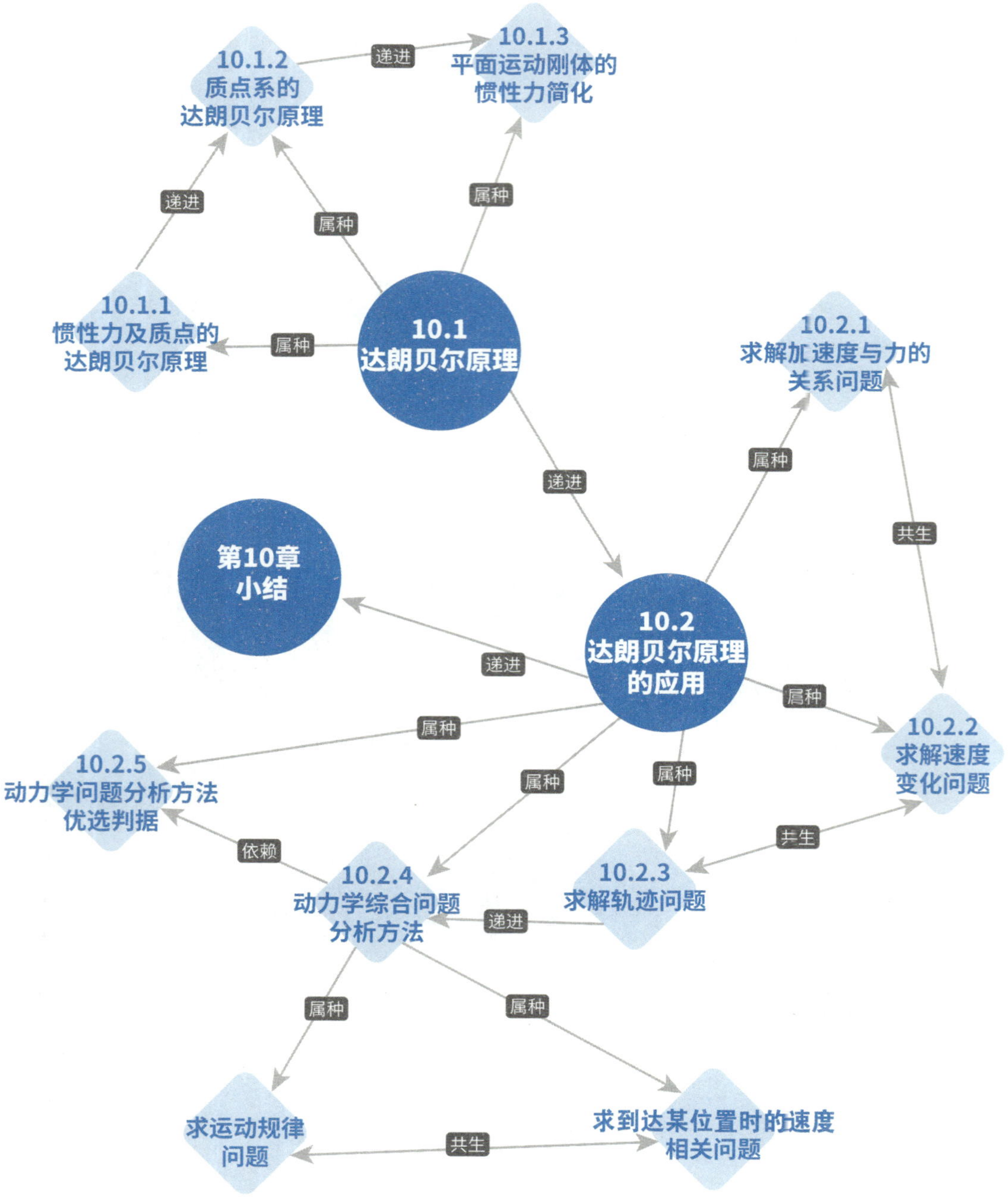
10.1.2
质点系的
达朗贝尔原理
递进
10.1.3
平面运动刚体的
惯性力简化
递进
属种
属种
10.1.1
惯性力及质点的
达朗贝尔原理
属种
10.1
达朗贝尔原理
10.2.1
求解加速度与力的
关系问题
属种
递进
共生
第10章
小结
10.2
达朗贝尔原理
的应用
递进
属种
属种
10.2.2
求解速度
变化问题
10.2.5
动力学问题分析方法
优选判据
属种
属种
依赖
共生
10.2.4
动力学综合问题
分析方法
10.2.3
求解轨迹问题
递进
属种
属种
求运动规律
问题
共生
求到达某位置时的速度
相关问题

虚位移原理
(虚功原理)

第11章

虚位移原理(虚功原理)

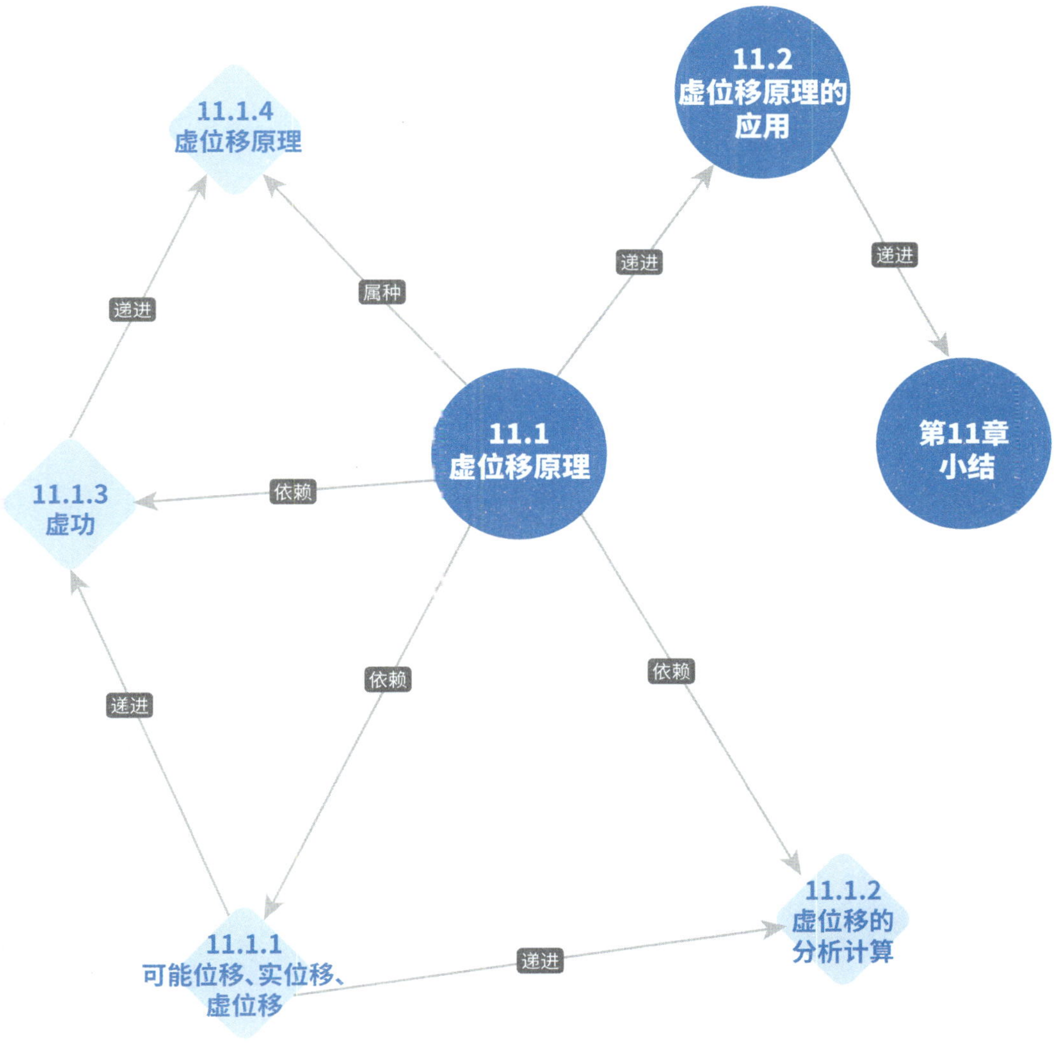

动力学普遍方程及第二类拉格朗日方程

第12章

动力学普遍方程及第二类拉格朗日方程

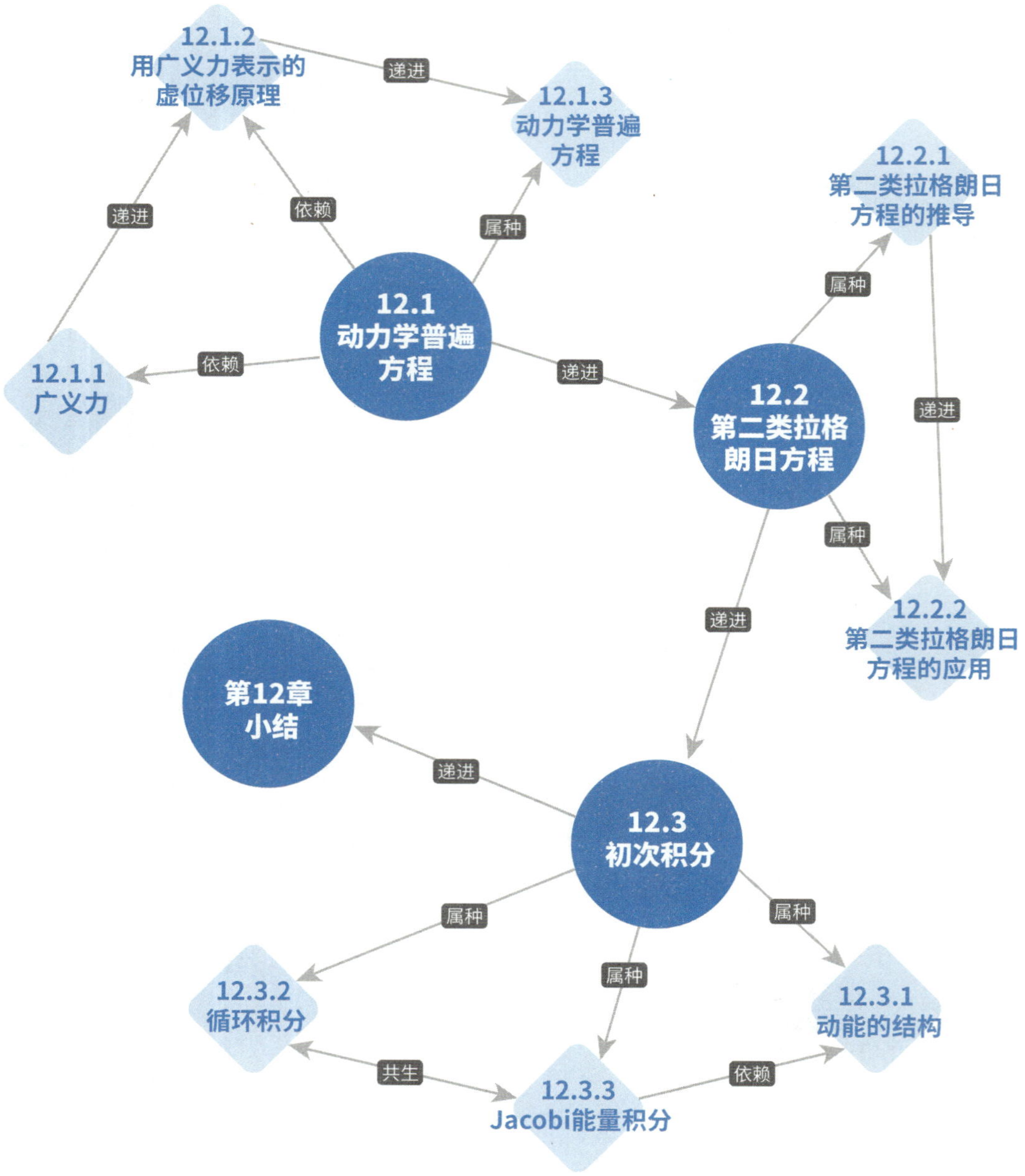

第13章
碰撞

碰撞

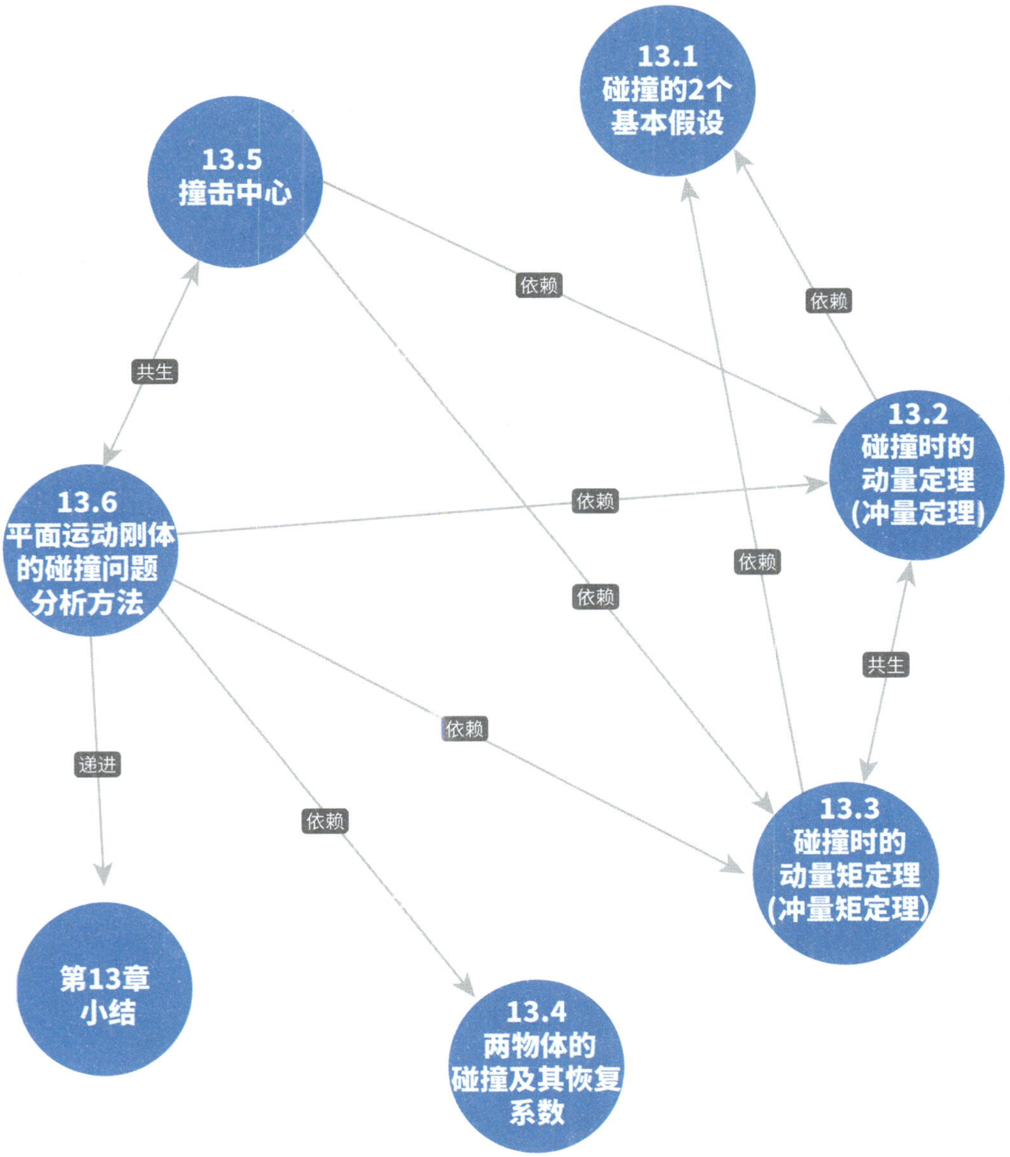

13.1
碰撞的2个
基本假设
13.5
撞击中心
依赖
依赖
共生
13.2
碰撞时的
动量定理
(冲量定理)
13.6
平面运动刚体
的碰撞问题
分析方法
依赖
依赖
依赖
共生
依赖
递进
依赖
13.3
碰撞时的
动量矩定理
(冲量矩定理)
第13章
小结
13.4
两物体的
碰撞及其恢复
系数

刚体空间运动学和动力学

第14章

刚体空间运动学和动力学

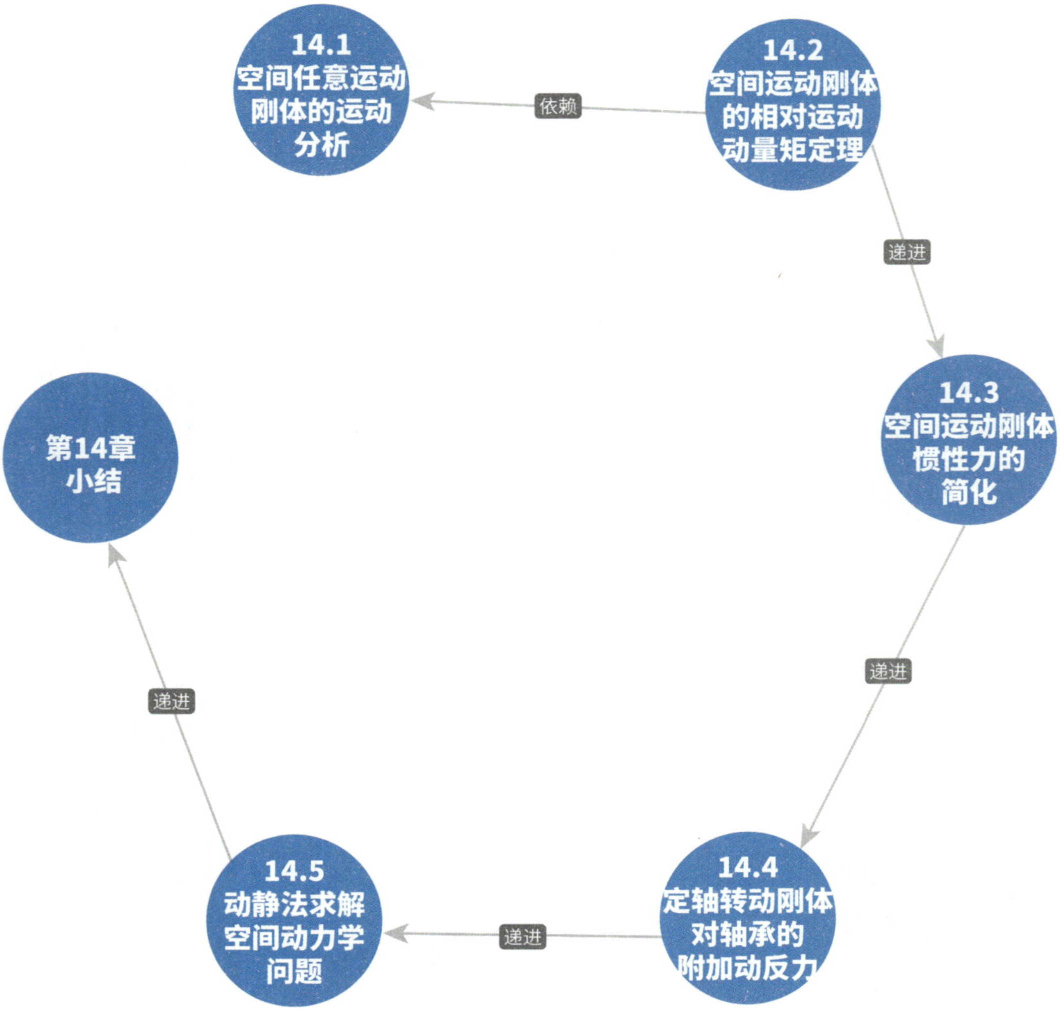